流体力学の計算手法

ジョエル H. ファーツィガー • ミロバン ペリッチ •
ロバート L. ストリート 著

大島伸行 • 坪倉 誠 • 小林敏雄 訳

Joel H. Ferziger • Milovan Perić • Robert L. Street
Computational Methods for Fluid Dynamics *Fourth Edition*

原著4版

丸 善 出 版

Springer

Computational Methods for Fluid Dynamics

Fourth Edition

by

Joel H. Ferziger, Milovan Perić and Robert L. Street

First published in English under the title
Computational Methods for Fluid Dynamics
by Joel H. Ferziger, Milovan Peric and Robert L. Street, edition: 4

序

数値流体力学，通称「CFD」として知られるこの分野は，依然として大きな成長を続けている．流れの問題を解くために，数多くのソフトウェアパッケージが利用可能であり，数千人のエンジニアが広範な産業界や研究分野で使用している．その市場は毎年約 15 % の成長を遂げていると見られている．今日では，CFD コードは多くの産業分野で設計ツールとして受け入れられ，単なる問題の解決だけでなく，さまざまな製品の設計や最適化，そして研究の手段として使われている．この本の初版が 1996 年に出版されて以来，商用 CFD ツールの使いやすさは大きく向上しているが，効率的かつ高い信頼性のもとで使うためには，依然としてユーザーが流体力学と CFD の両方についてしっかりとした基礎を知っていることが必要である．本書では，読者が流体力学の理論に精通していることを前提として，CFD の計算手法についての有用な情報を提供するよう努める．

本書は，著者らが過去にスタンフォード大学，エアランゲン・ニュルンベルク大学，ハンブルク工科大学で行ってきた講義や数々の短期コースで用いてきた教材に基づいている．さらに著者らが行ってきた数値計算手法の開発，CFD コードの作成，そしてそれらを用いて工学や地球物理学の問題を解決してきた経験が反映されている．本書で紹介する解析事例に用いたコードの多くは，長方形格子を用いた簡単なものから，非直交格子やマルチグリッド法を使用するものまで，興味を持つ読者が利用できるようになっている．実際の入手にあたっては，本書の付録を参照されたい．これらのコードは本書で紹介した手法のいくつかを実践しており，多くの流体力学の問題を解決するためにさらに拡張させて適用することができる．学生諸君は自らこのコードを改良し（例えば，異なる境界条件，補間スキーム，微分や積分の近似の実装など），プログラムを動かすことで，方法論の本質を理解することが重要である．実際，多くの研究者が，過去に研究プロジェクトの基礎としてこれらのコードを活用している．

本書では有限体積法に重点を置いているが，有限差分法についても十分詳細な説明をしたと思っている．これに対して有限要素法については，すでに多数の書籍があるので，ここでは詳細には触れていない．

各トピックの基本となる考え方については，できるだけ読者が理解できるように丁寧に説明し，冗長な数学的解析はできるだけ避けている．通常は，考え方や方法について一般的に説明をした後に，いくつかの代表的な数値スキームについて（必要な式も交えて）さらに詳細に説明し，その他のアプローチやその拡張については簡単に触れるにとどめる．すなわち，さまざまな方法の違いよりもその共通点に重点を置き，その拡張は自ずから導けるような基礎を提供するよう努めた．

本書では数値誤差の評価が必要であることをことさらに強調しており，ここで紹介する解析例のほとんどは，誤差解析を行っている．ある問題に対して**質的に正しくない**解が，見かけ上，理にかなっているように見えることがある（別の問題に対してはそれは良い解かもしれない）．しかしそれを受け入れてしまうと，深刻な結果を招く可能性がある．一方で，精度がそれほど高くない解であっても，注意を払って扱えば価値を持つ場合がある．商用コードを使用する産業界のユーザーは，結果を信じる前にその品質を正しく判断する必要がある．同様に，研究者も同じ課題に直面している．本書が，数値解は常に近似であり，適切に評価されるべきであるという意識を高める一助となることを願っている．

本書では，今日よく使われる手法を横断的にカバーするよう努めており，多面体格子や重合格子，マルチグリッド法，並列計算，移動格子や自由表面流れの手法，乱流の直接数値シミュレーションおよびラージ・エディ・シミュレーション (LES) などを含んでいる．もちろん，これらのトピックすべてを詳細にカバーすることはできなかったが，それぞれのトピックに対して読者に有用な一般的な知識は提供できたとすれば幸いである．特定のトピックについてさらに詳細に学びたい読者のために，参考文献を紹介している．

この本の前版と今版の間に長い時間がかかった理由は，2004 年にジョエル・H・ファーツィガーが突然亡くなったことである．前版の残された共著者は，このプロジェクトを継続するために素晴らしいパートナーであるボブ・ストリートを見つけたが，さまざまな理由（主に時間の不足）でこの新版が完成するまでに時間がかかってしまった．新しい共著者は新たな専門知識をもたらし，時間が経過したことも相まって，ほとんどの章を大幅に改訂する必要があった．特にかつての 7 章であるナビエ・ストークス方程式の解法についての章は，完全に書き直され，2 つの章に分割された．ラージ・エディ・シミュレーションで広く使用されているフラクショナル・ステップ法が詳細に記述され，新しい陰解法バージョンが導出された．フラクショナル・ステップ法に基づく新しいコードも，読者が専用ウェブサイト (www.cfd-peric.de) からダウンロードできるように追加されている．後半の章のほとんどの例は，商用ソフトウェアを使用して再計算しており，これらの例のシミュレーションファイルといくつかの説明も，上記ウェブサイトからダウンロードできるようになっている．

タイプミスやスペルミス，その他のエラーを避けるためにあらゆる努力を払ったが，読者によって発見されるであろういくつかの誤りは残っているに違いない．今後の版での改善に向けてコメントや提案とともに，誤りを発見した場合はお知らせいただければ幸いである．そのために，著者の電子メールアドレスを最後に記載している．今後の訂正や，一部の例に関する追加の詳細なレポートも上記のウェブサイトでダウンロードできるようにする予定である．自身の仕事が参照されなかった同僚の方々にはお詫び申し上げる．省略は意図的なものではない．

この仕事を完成するのに貢献してくれた現在および過去のすべての学生，同僚，友人に感謝したい．その名前をここですべて挙げることはできないが，どうしても触れずにはいられない名前としては（アルファベット順に）Drs. Steven Armfield, David Briggs, Fotini (Tina) Katapodes Chow, Ismet Demirdžić, Gene Golub, Sylvain Lardeau, Željko Lilek, Samir Muzaferija, Joseph Oliger, Eberhard Schreck, Volker Seidl, Kishan Shah がいる．TEX，LATEX，Linux，Xfig，Gnuplot その他のツールを作成し，提供してくれた人々の助力にも感謝する．特に，第 13 章の流体構造相互作用の例を提供してくれた Rafael Ritterbusch には，特別な感謝を捧げる．

我々の家族はこの取り組みの間，多大な支援をしてくれた．特に，Eva Ferziger, Anna James, Robinson and Kerstin Perić，Norma Street に感謝を申し上げる．

地理的に離れた同僚たちとの最初の協力は，アレクサンダー・フォン・フンボルト財団（JHF への助成）とドイツ研究振興協会（MP への助成）からの助成金と奨学金によって可能になった．これらの支援がなければ，本書は決して生まれることはなかっただろうし，その感謝の念を十分に表すことはできない．著者の一人（ミロバン・ペリッチ）は，特に故 Peter S. MacDonald（CD-adapco 社の元社長）にその支援に対して深く感謝している．また，Siemens のマネージャーである Jean-Claude Ercollanely, Deryl Sneider，Sven Enger に対してもその支援とともに，9 章から 13 章の例[1]を作成するために提供された Simcenter STAR-CCM+ソフトウェアに感謝している．ロバート・L・ストリートは，親友であり研究の同僚であるジョエル・ファーツィガーの仕事を引き継ぐ機会を得られたことに深く感謝している．

ミロバン・ペリッチ (milovan@cfd-peric.de)
デュースブルク，ドイツ
ジョエル・H・ファーツィガー
スタンフォード，USA
ロバート・L・ストリート (street@stanford.edu)
スタンフォード，USA

[1] 9.12.2 項，10.3.5 項，10.3.8 項，12.2.2 項，12.5.2 項，12.6.4 項で示した解析例のほか，特に出典が明記されている場合を除き，13 章の解析例はすべて，Siemens Industry Software NV およびその関連会社の商標または登録商標である Simcenter STAR-CCM+を使用してシミュレーションを行い，画像を作成した．

目　次

略　記　表

1D (one-dimensional)　1 次元
2D (two-dimensional)　2 次元
3D (three-dimensional)　3 次元
ADI (alternating direction implicit)　方向交替陰解法
ALM (actuator line model)　アクチュエータ・ライン（動力線）モデル
BDS (backward difference scheme)　後退差分
CDS (central difference scheme)　中心差分
CFD (computational fluid dynamics)　数値流体力学
CG (conjugate gradient method)　共役勾配法
CGSTAB (CG stabilized)　安定化つき CGS 法
CM (control mass)　検査質量（コントロール・マス）
CV (control volume)　検査体積（コントロール・ボリューム）
CVFEM (control-volume-based finite element method)　有限体積に基づく有限要素法
DDES (delayed detached-eddy simulation)　緩和的 DES
DES (detached-eddy simulation)　デタッチド・エディ（はく離渦）・シミュレーション
DNS (direct numerical simulation)　（乱流の）直接数値シミュレーション
EARSM (explicit algebraic Reynolds-stress model)　陽的代数型レイノルズ応力モデル
EB (elliptic blending)　楕円型混合法
ENO (essentially non-oscillatory)　非振動型（スキーム）
FAS (full approximation scheme)　完全近似スキーム
FD (finite difference)　有限差分（法）
FDS (forward difference scheme)　前進差分スキーム
FE (finite elements)　有限要素（法）
FFT (fast Fourier transform)　高速フーリエ変換
FMG (full multigrid method)　完全マルチグリッド法
FV (finite volume)　有限体積（法）
GC (global communication)　広域通信
GS (Gauss-Seidel method)　ガウス・ザイデル法
ICCG (CG preconditioned by incomplete Cholesky method)　不完全コレスキー分解共役勾配法
IDDES (improved delayed detached-eddy simulation)　改良型緩和的 DES

IFSM (implicit fractional-step method)	陰的フラクショナル・ステップ法
ILES (implicit large-eddy simulation)	陰的 LES
ILU (incomplete lower-upper decomposition)	不完全 LU（上下三角行列）分解
LC (local communication)	局所通信
LES (large-eddy simulation)	ラージ・エディ・シミュレーション
LU (lower-upper decomposition)	LU（上下三角行列）分解
MAC (marker-and-cell)	MAC 法
MG (multigrid)	マルチグリッド（法）
MPI (message-passing interface)	MPI（メッセージ・パッシング・インターフェース）*
PDE (partial differential equation)	偏微分方程式
PVM (parallel virtual machine)	PVM（仮想並列マシン）*
RANS (Reynolds averaged Navier-Stokes)	レイノズル平均ナビエ・ストークス方程式（モデル）
rms (root mean square)	二乗平均平方根
rpm (revolutions per minute)	（分速）回転数
RSFS (resolved sub-filter scale)	格子解像されるサブフィルター・スケール
RSM (Reynolds-stress model)	レイノルズ応力モデル
SBL (stable boundary layer)	安定な境界層（流れ）
SCL (space conservation law)	体積保存則
SFS (sub-filter scale)	サブフィルター・スケール
SGS (subgrid scale)	サブグリッド・スケール
SIP (strongly implicit procedure)	強陰的解法
SOR (successive over-relaxation)	逐次過緩和法（SOR 法）
SST (shear stress transport)	せん断応力輸送（モデル）
TDMA (tridiagonal matrix algorithm)	三重対角行列アルゴリズム
TRANS (transient RANS)	過渡的 RANS（モデル）
TVD (total variation diminishing)	トータル変動減衰（スキーム）
UDS (upwind difference scheme)	風上差分
URANS (unsteady RANS)	非定常 RANS（モデル）
VLES (very-large-eddy simulation)	ベリー・ラージ・エディ・シミュレーション
VOF (volume-of-fluid)	VOF 法

* 並列計算プログラム・ライブラリとして用いられる

第1章　流体の流れの基本概念

1.1　はじめに

流体とは，その分子構造が外部からのせん断力に対して抗わない物質であり，極めて小さな力が作用したとしても，流体粒子に**変形**を引き起こす．**液体**と**気体**では大きな違いはあるものの，どちらも同じ運動法則に従う．ほとんどの場合，流体は**連続体**，すなわち連続した物質であるとみなすことができる．

流体の流れは外部から作用する力によって引き起こされる．一般的な駆動力には，圧力差，重力，せん断力，回転により生じる力，表面張力が含まれる．これらは**面積力**（例えば，海の上を吹く風によるせん断力や，流体に対して相対的に動く固体壁によって生じる圧力やせん断力）と，**体積力**（例えば，重力や，回転によって引き起こされる力）に分類することができる．

すべての流体は，力の作用下では類似の振る舞いをするが，それらの**巨視的特性**は大きく異なる．流体の運動を調べる場合には，これらの巨視的特性をあらかじめ知っておかなければならない．単純な流体に対するこれらの特性のうち，最も重要なものは，**密度**と**粘度**である．その他にも，**プラントル数**，**比熱**や**表面張力**などは，特定の条件下，例えば大きな温度差がある場合には，流れに影響を与える．流体の特性は，他の物理変数（例えば温度や圧力）の関数であり，統計力学や動力学理論によって推定できるものもあるが，一般的には実験計測により得られる．

流体力学は非常に対象の広い分野である．対象となりうるすべてのトピックスを網羅しようとすると，ちょっとした図書館が必要となるであろう．本書では主にエンジニアにとって興味の対象となる流れに注目していきたいが，それでもなお非常に広範囲（例えば風車からガスタービンまで，ナノスケールから旅客機スケールまで，空調設備から人体の血液の流れまで）にわたってしまうであろう．とはいってもここでは，これから扱う問題の種類をできるだけ分類してみることにしよう．不十分ではあるが，より数学的な分類方法については1.8節にみることができる．

流れの速度は，さまざまな形でその特性に影響を与える．流速が十分遅くなると，流体の慣性を無視することができ，**クリープ流れ**が現れる．この領域は小さな粒子を含む流れ（懸濁液）や，多孔質物質内の流れや隙間流れ（コーティング技術やマイクロデバイス）において重要となる．このような領域からさらに流速が増加すると，やがて慣性が重要となるが，はじめの段階では流体を構成する流体粒子は滑らかな軌跡を描く．このような流れは**層流**と呼ばれる．ここからさらに流速が増加すると不安定性が生じ，**乱流**と呼ばれるよりランダムな性状の流れとなる．層流から乱流への**遷移**の過程は，このこと自体が流体力学の重要な分野の1つである．流速と流体内の音速の比（**マッハ数**）は，運動エネルギーと内部自由度の間のエネルギーのやりとりを考慮する必要があるかどうかを決定する．$\mathrm{Ma} < 0.3$ の小さなマッハ数の場合，流れは**非圧縮性**とみなせるであろう．そうでない場合は，**圧縮性**である．$\mathrm{Ma} < 1$ の場合，流れは**亜音速**と呼ばれ，$\mathrm{Ma} > 1$ の場合，流れは**超音速**と呼ばれる．超音速の場合は衝撃波が生じる可能性がある．やがて $\mathrm{Ma} > 5$ に達すると，流体の圧縮性効果によって，流体はその化学的性質が変化するほどの高温となる可能性がある．このような流れは**極超音速**と呼ばれる．これらの違いは，扱う問題の数学的性質，ひいてはその問題の解法にも影響を与える．ここで我々が流れを圧縮性，非圧縮性と呼ぶのは，流体の特性としてそう呼ぶのではなく，マッハ数に依存することに注意されたい．すなわち，圧縮性を有する流体であっても，低いマッハ数では流体力学的には本質的には非圧縮性であるということができる．

エンジニアが海洋や大気といった地球物理学で対象とする流れを扱うことも，現在では一般的になっている．このような流れでは，流体の密度が圧力と対応することから，多くの場合，流体はそれ自体が運動していない場合でも実質的に圧縮性であるとみなすことができる．しかし深海を扱うような問題を除けば，海水中の音速は非常に大きく，その密度は海水温や塩分濃度に依存して変化するものの，海水自体は非圧縮性であるとみなすことができる．これに対して大気は大きく異なる．大気中では圧力と空気密度は高度の上昇とともに指数関数的に減少するため，おそらく地表近傍の大気境界層を除いて，流体は圧縮性として扱う必要があるだろう．

多くの流れで粘性の影響は固体壁の近傍でのみ重要であるため，ほとんどの領域で流体は**非粘性**とみなすことができる．本書で扱う流体は，ニュートンの粘性法則が適用できるとし，この近似をもっぱら用いることとする．ニュートンの法則に従う流体を**ニュートン流体**と呼ぶ．工学的応用問題の中には**非ニュートン流体**が重要な場合もあるが，ここでは扱わない．

他にも多くの現象が流れ場に影響を与える．**熱輸送**を引き起こす温度差や，**浮力**を引き起こす密度差もその1つである．これらに加えて溶質の濃度差が流れを引き起こす唯一の原因となるほどに大きな影響を与える場合もある．沸騰，凝縮，溶融，凝固といった相変化が起こると，流れは大きく変化し，**混相流**と呼ばれる状態になる．その他，粘度，表面張力などの流体特性の変化も流れの性質を決める上で重要な役割を果たすことがあるが，少数の例外を除いて，これらの影響については本書では触れない．

本章では，流体の流れおよびその関連する現象を支配する基礎方程式を，以下のようにいくつかの形式で表現する．(i) 座標系によらない形式，これはさまざまな座標系への橋渡しとなる．(ii) 有限体積法に対する積分形，これは重要な数値解析手法の出発点として役立つ．(iii) デカルト座標系における微分（テンソル）形，これはその他の別の重要な手法の基礎となる．これらの方程式を導く基礎となる保存原理や原則は，ここでは簡単に要約するにとどめる．より詳細な導出については，流体力学の標準的な教科書（例えば Bird et al., 2006; White, 2010）にみることができる．本書の読者は流体の流れとそれに関連する現象に対してある程度慣れ親しんでいるものとして，ここでは支配方程式に対する数値解法のテクニックに焦点を当てることにする．

1.2 保存原理

保存則は，ある一定量の物質もしくは**検査質量** (control mass: CM) と，質量，運動量，エネルギーといったその物質の量に比例する**示量**的特性を考えることで導くことができる．固体の運動を扱う場合，CM（**系**と呼ばれることもある）は容易に与えることができるので，このアプローチは固体力学を学ぶ際に広く用いられている．一方，流体の流れでは，流体を構成する物質の塊を追いかけるのは容易ではない．そこで，**検査体積** (control volume: CV) と呼ばれる特定の空間領域を考え，その中の流れを扱うことにすれば，対象とする領域をあっという間に通り抜けてしまう流体の塊を扱うよりもはるかに便利である．この方法を**検査体積法**と呼ぶ．

ここではまず，質量と運動量という 2 つの示量的特性に着目する．まず，すべての保存方程式に共通の項について考える．

示量的特性の保存則は，与えられた検査質量当たりの特性量の変化率を，外部から働く効果と関連付ける．質量の場合は，工学的に関心のある流れでは生成も消滅もしないので，保存方程式は次のように書くことができる：

$$\frac{\mathrm{d}m}{\mathrm{d}t} = 0\,. \tag{1.1}$$

一方，運動量の場合は，外部から働く力の効果により変化し，その保存則はニュートンの運動の第 2 法則で記述することができる：

$$\frac{\mathrm{d}(m\mathbf{v})}{\mathrm{d}t} = \sum \mathbf{f}\,, \tag{1.2}$$

ここで，t は時間，m は質量，$\mathbf{v}$ は速度，$\mathbf{f}$ は検査質量に作用する力である[1]．

これらの法則を，本書を通して用いる検査体積の形式に変形しよう．ここで基本変数として，示量特性量ではなく，示性特性量を考える．すなわち，示性特性量は流体を構成する物質の量とは独立した量である．例えば，密度 ρ（単位体積当たりの質

---

[1] 本書では，ボールド体の記号（例えば $\mathbf{v}$ や $\mathbf{f}$）は 3 成分を持つベクトルを表す．

量）や速度 $\mathbf{v}$（単位質量当たりの運動量）がこれにあたる．

ここで ϕ を，保存される任意の示性特性量（質量保存では $\phi = 1$，運動量保存では $\phi = \mathbf{v}$，スカラー保存では ϕ は単位質量当たりの保存量）とすれば，それに対応する示量特性量 Φ は次のように表すことができる：

$$\Phi = \int_{V_{\mathrm{CM}}} \rho\phi \, \mathrm{d}V \, , \tag{1.3}$$

ここで V_{CM} は検査質量（以下 CM）によって占められる体積を表す．この定義を用いると，ある検査体積（以下 CV）に対するそれぞれの保存方程式の左辺は以下のように書ける[2]：

$$\frac{\mathrm{d}}{\mathrm{d}t}\int_{V_{\mathrm{CM}}} \rho\phi \, \mathrm{d}V = \frac{\mathrm{d}}{\mathrm{d}t}\int_{V_{\mathrm{CV}}} \rho\phi \, \mathrm{d}V + \int_{S_{\mathrm{CV}}} \rho\phi \, (\mathbf{v} - \mathbf{v}_{\mathrm{s}}) \cdot \mathbf{n} \, \mathrm{d}S \, , \tag{1.4}$$

ここで，V_{CV} は CV の体積，S_{CV} は CV を取り囲む面積，$\mathbf{n}$ は S_{CV} に直交する外向きの単位ベクトル，$\mathbf{v}$ は流速，$\mathbf{v}_{\mathrm{s}}$ は CV の表面の移動速度である．大抵の場合，CV は空間に固定されているので，$\mathbf{v}_{\mathrm{s}} = \mathbf{0}$ となり，右辺の 1 階微分は偏導関数になる．この方程式は，CM 内の特性量 Φ の変化率が，CV 中の特性量の時間変化率に，流体の運動により CV の境界を通る流束の総和を加えたものであることを示している．最後の項は一般に，CV の境界面を通る ϕ の**対流**（もしくは時に移流）流束と呼ばれる．もし，CV が動くことでその境界が CM の境界と一致する場合，$\mathbf{v} = \mathbf{v}_{\mathrm{s}}$ となることから，この項はゼロとなる．

この方程式のより詳しい導出は多くの流体力学の教科書（例えば Bird et al., 2006; Street et al., 1996; Pritchard, 2010）に載っているので，ここではこれ以上は触れない．質量，運動量，スカラーの保存方程式を，続く 3 つの節で示すが，その際は簡単のために空間に固定された CV を考える．その際，V は CV の体積を，S は CV の表面積を表すものとする．

1.3　質 量 保 存

質量保存の方程式（連続の式）の積分形は，$\phi = 1$ とすることで検査体積方程式より直ちに得られる：

$$\frac{\partial}{\partial t}\int_{V} \rho \, \mathrm{d}V + \int_{S} \rho\mathbf{v} \cdot \mathbf{n} \, \mathrm{d}S = 0 \, . \tag{1.5}$$

ガウスの発散定理を対流項に適用すると，面積積分を体積積分に変換することができる．ここで検査体積を無限に小さくとると，座標系に依存しない微分形の連続の式を得ることができる：

---

[2] この方程式はしばしば**検査体積方程式**，もしくは**レイノルズ輸送理論**と呼ばれる．

$$\frac{\partial \rho}{\partial t} + \boldsymbol{\nabla}\cdot(\rho \mathbf{v}) = 0\,. \tag{1.6}$$

この座標系に依存しない形式に対して，座標系固有の発散演算子を作用させることで，特定の座標系に対する形式に変換することができる．デカルト座標系，円筒座標系，球座標系などの汎用的な座標系に対する形式は，多くの教科書 (例えば Bird et al., 2006) にみることができる．一方，より一般性を持たせた非直交格子系の表記については，例えば Aris (1990) や Chen et al. (2004a) に記載されている．以下では，テンソルとその拡張表記に基づくデカルト座標上での定式化を示す．以降，本書ではアインシュタインの総和規約を採用し，同じ添字が 1 つの項に対して 2 度現れる場合，その添字に対する総和をとるものとする：

$$\frac{\partial \rho}{\partial t} + \frac{\partial(\rho u_i)}{\partial x_i} = \frac{\partial \rho}{\partial t} + \frac{\partial(\rho u_x)}{\partial x} + \frac{\partial(\rho u_y)}{\partial y} + \frac{\partial(\rho u_z)}{\partial z} = 0\,, \tag{1.7}$$

ここで x_i $(i = 1,2,3)$ であり，(x,y,z) はデカルト座標を，u_i すなわち (u_x,u_y,u_z) は，速度ベクトル $\mathbf{v}$ のデカルト座標系での各成分を表している．このようなデカルト座標系での保存則の式はよく用いられ，本書においてもしばしば目にする．これに対して非直交系座標における微分形の保存方程式は，9 章で示す．

1.4　運動量保存

運動量保存の方程式を導く方法はいくつかある．その 1 つは 1.2 節で述べた検査体積法を用いる方法で，式 (1.2) と (1.4) に対して ϕ を $\mathbf{v}$ に置き換えればよい．例えば空間に固定された，流体を含む検査体積に対しては以下のようになる：

$$\frac{\partial}{\partial t}\int_V \rho \mathbf{v}\ \mathrm{d}V + \int_S \rho \mathbf{v}\mathbf{v}\cdot\mathbf{n}\ \mathrm{d}S = \sum \mathbf{f}\,. \tag{1.8}$$

ここで，右辺を示強性に関して表すために，CV 内の流体に作用する可能性のある力を考える必要がある：

- 面積力（圧力，垂直およびせん断応力，表面張力など）.
- 体積力（重力，遠心力とコリオリ力，電磁力など）.

圧力や応力による表面力は，分子的な視点からみれば，その表面を通過する運動量流束とみることができる．もしこれらの流束が，密度や速度といったその保存特性が支配方程式で記述される特性量でうまく表せないのであれば，その方程式系は閉じていないことになる．すなわち，独立変数の数に対して方程式が少なく，解を得ることはできない．このような可能性は，ある仮定をすることで回避することができる．その中で最も簡単なものは，ニュートン流体を仮定することであり，幸いにもこの仮定は多くの実在流体に当てはまる．

ニュートン流体では，応力テンソル T は，分子運動による単位時間当たりの運動量の輸送として次のように記述される：

$$\mathsf{T} = -\left(p + \frac{2}{3}\mu\,\nabla\cdot\mathbf{v}\right)\mathsf{I} + 2\mu\mathsf{D}\,, \tag{1.9}$$

ここで，μ は粘性係数，I は単位テンソル，p は静圧，D はひずみ速度（変形速度）テンソルである：

$$\mathsf{D} = \frac{1}{2}\left[\nabla\mathbf{v} + (\nabla\mathbf{v})^T\right]\,. \tag{1.10}$$

これら2つの方程式は，デカルト座標系における成分表示では次のように書くこともできる：

$$T_{ij} = -\left(p + \frac{2}{3}\mu\,\frac{\partial u_j}{\partial x_j}\right)\delta_{ij} + 2\mu D_{ij}\,, \tag{1.11}$$

$$D_{ij} = \frac{1}{2}\left(\frac{\partial u_i}{\partial x_j} + \frac{\partial u_j}{\partial x_i}\right)\,, \tag{1.12}$$

ここで δ_{ij} はクロネッカーのデルタ記号 ($i = j$ なら $\delta_{ij} = 1$，そうでなければ $\delta_{ij} = 0$) である．非圧縮性流体では，式 (1.11) の括弧内の第2項は連続の式からゼロとなる．また，応力テンソルの粘性部分には，次の表現がよく用いられる：

$$\tau_{ij} = 2\mu D_{ij} - \frac{2}{3}\mu\delta_{ij}\,\nabla\cdot\mathbf{v}\,. \tag{1.13}$$

非ニュートン流体では，応力テンソルと速度ベクトルは偏微分方程式の組で定義され，問題ははるかに複雑になる．これについては例えば Bird and Wiest (1995) を参照されたい．上記と類似の構成方程式で表現される非ニュートン流体では，（典型的には速度勾配と温度に対して非線形な関数として）粘性係数が変数として表されたり，10章で表されるようなレイノルズ応力モデルと類似の応力モデルで表現できるときがあり，このような場合には結果的にニュートン流体と同じ方法を適用することができる[3](Tokuda et al., 2008)．しかしながら一般的には Bird and Wiest (1995) にみられるように，種類の異なる非ニュートン流体ではその構成方程式も異なるため，結果的にそれぞれに特化された解法が必要となるであろう．この問題は複雑であり，13章で簡単に触れるにとどめる．

体積力（単位質量当たり）を $\mathbf{b}$ で表せば，運動量保存方程式の積分形は次のようになる：

$$\frac{\partial}{\partial t}\int_V \rho\mathbf{v}\,\mathrm{d}V + \int_S \rho\mathbf{v}\mathbf{v}\cdot\mathbf{n}\,\mathrm{d}S = \int_S \mathsf{T}\cdot\mathbf{n}\,\mathrm{d}S + \int_V \rho\mathbf{b}\,\mathrm{d}V\,. \tag{1.14}$$

座標系に依存しないベクトル形式の運動量保存方程式 (1.14) は，対流流束と拡散流

[3] 例えば，血液の粘性係数は変数であるが (Perktold and Rappitsch, 1995)，強いせん断場ではニュートン流体として扱うことができる (Tokuda et al., 2008).

束の項にガウスの発散定理を適用することで次のように得ることができる：

$$\frac{\partial(\rho \mathbf{v})}{\partial t} + \nabla\cdot(\rho \mathbf{v}\mathbf{v}) = \nabla\cdot\mathsf{T} + \rho \mathbf{b} \ . \tag{1.15}$$

これに対応するデカルト座標系の i 方向成分の方程式は次のようになる：

$$\frac{\partial(\rho u_i)}{\partial t} + \nabla\cdot(\rho u_i \mathbf{v}) = \nabla\cdot\mathbf{t}_i + \rho b_i \ . \tag{1.16}$$

運動量はベクトル量であるから，CV の境界を通った運動量の対流および拡散流束は，2 階のテンソル ($\rho\mathbf{v}\mathbf{v}$ と T) と表面ベクトル $\mathbf{n}\,\mathrm{d}S$ のスカラー積である．この結果，上の式の積分形は次のようになる：

$$\frac{\partial}{\partial t}\int_V \rho u_i \ \mathrm{d}V + \int_S \rho u_i \mathbf{v}\cdot\mathbf{n} \ \mathrm{d}S = \int_S \mathbf{t}_i\cdot\mathbf{n} \ \mathrm{d}S + \int_V \rho b_i \ \mathrm{d}V \ . \tag{1.17}$$

ここで式 (1.9) と (1.10) より次を得る：

$$\mathbf{t}_i = \mu\,\nabla u_i + \mu\,(\nabla\mathbf{v})^T\cdot\mathbf{i}_i - \left(p + \frac{2}{3}\mu\,\nabla\cdot\mathbf{v}\right)\mathbf{i}_i = \tau_{ij}\mathbf{i}_j - p\mathbf{i}_i \ , \tag{1.18}$$

ここで b_i は体積力の i 方向成分を表し，上付きの添字 ^{T} は行列の転置，$\mathbf{i}_i$ はデカルト座標 x_i 成分方向の単位ベクトルを表す．デカルト座標系では，上の表現は次のように書くことができる：

$$\mathbf{t}_i = \mu\left(\frac{\partial u_i}{\partial x_j} + \frac{\partial u_j}{\partial x_i}\right)\mathbf{i}_j - \left(p + \frac{2}{3}\mu\,\frac{\partial u_j}{\partial x_j}\right)\mathbf{i}_i \ . \tag{1.19}$$

ベクトル場はさまざまな方法で表すことができる．すなわち，ベクトルを表記する際の基底ベクトルは，局所的にも大域的にもとることができる．曲線座標系は境界形状が複雑な場合に一般的に用いられ（9 章参照），そのときには，図 1.1 にみられるように，基底ベクトルに対して共変か反変かを選択することができる．共変の場合，局所的な座標軸に沿ってベクトルが表され，反変の場合は局所座標面への正射影で表される．デカルト座標系ではこの 2 つは同じである．また，基底ベクトル自体は無次元でも有次元でもかまわない．このような選択肢をすべて考慮すると，運動方程式は 70 以上の異なる表現が可能である．数学的にはすべての表現は同じであるが，数値計算の観点からは，それぞれの扱いやすさに違いがある．

運動方程式において，すべての項がベクトルもしくはテンソルの発散の形をとる場合，この方程式は「強保存形」と呼ばれる．このような形になるのは，その方程式を成分表示した場合に，その座標の基底方向が場所によらず固定されている場合にのみ可能である．座標に依存したベクトル成分は座標の方向に沿って回転するので，その回転を生み出すための「見かけの力」が必要となる．このような力は上述した定義に沿えば非保存形となる．例えば，円筒座標系では半径方向と周方向は場所によって変化するので，空間的に一定なベクトル成分（例えば一様な速度場）は r や θ に応じて変化し，さらに座標原点では特異点となる．これに対応して，このような座標成分

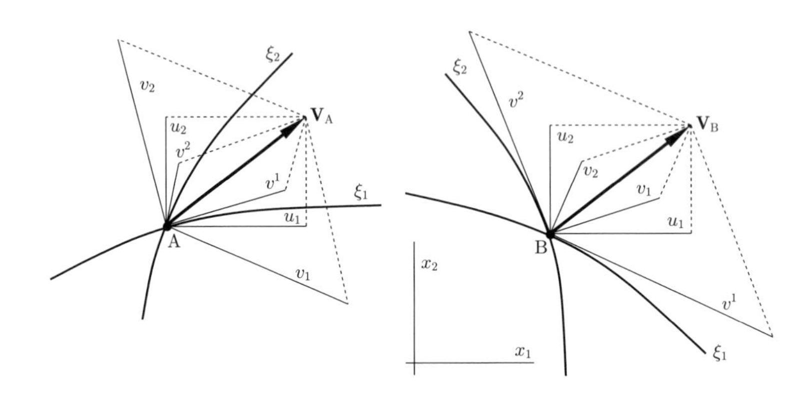

図 1.1　あるベクトルの異なった種類の成分表示：u_i はデカルト座標系での成分; v^i は反変成分; v_i は共変成分 [$\mathbf{v}_A = \mathbf{v}_B$, $(u_i)_A = (u_i)_B$, $(v^i)_A \neq (v^i)_B$, $(v_i)_A \neq (v_i)_B$].

に対する方程式には，遠心力やコリオリ力を表す項が含まれる．

図 1.1 はベクトル $\mathbf{v}$ とその反変，共変，デカルト座標成分を示している[4]．ベクトル $\mathbf{v}$ 自体が不変であっても，基底ベクトルが変化するとその反変および共変成分が変化することは明らかである．9 章では，速度成分のとり方が数値解析手法にどのような効果を及ぼすのかを議論する．

有限体積法において，運動方程式の強保存形を用いることは，その解析において系全体の運動量保存を自動的に保証することになる．これは保存方程式の重要な性質であるとともに，数値解法におけるその保存もまた同じくらい重要である．この保存特性を保証することは，数値解法が計算途中で発散しないことを保証するのに役立ち，ひいては計算の「実現性 (realizability)」の一種とみなすこともできる．

一部の流れに対しては，空間的に変化する方向に沿って運動方程式を解くことが有利となることがある．例えば渦糸中の速度は，デカルト座標を用いれば 2 つの成分で表記できるが，極座標を用いれば一成分の u_θ のみで表すことができる．旋回成分のない軸対称流れは，デカルト座標を用いれば 3 次元であるが，円筒座標系を用いれば 2 次元である．非直交座標を用いる数値解法には，反変速度成分を用いるものがあり，この場合，方程式はいわゆる「曲率項 (curvature terms)」を含む．この項は近似が難しい座標変換に関する 2 階の微係数を含むため，正確に計算することが難しい．

本書を通して，速度ベクトルと応力テンソルに対してはデカルト座標成分に基づく成分表示を行い，運動方程式に対してもデカルト座標系での保存形式を用いることに

---

[4]　訳注：共変基底ベクトルには反変成分が，反変基底ベクトルには共変成分がそれぞれ対応する．

する．

式 (1.16) は強保存形であり，この方程式の非保存形を得るためには，まず連続の式を次のように変形する：

$$\nabla\cdot(\rho\mathbf{v}u_i) = u_i\,\nabla\cdot(\rho\mathbf{v}) + \rho\mathbf{v}\cdot\nabla u_i\ .$$

これより次を得る：

$$\rho\frac{\partial u_i}{\partial t} + \rho\mathbf{v}\cdot\nabla u_i = \nabla\cdot\mathbf{t}_i + \rho b_i\ . \tag{1.20}$$

$\mathbf{t}_i$ に含まれる圧力項も，次のように書くことができる．

$$\nabla\cdot(p\,\mathbf{i}_i) = \nabla p\cdot\mathbf{i}_i\ .$$

この結果，圧力勾配は体積力とみなすことができ，これは圧力項を非保存的に扱ったことに相当する．このような方程式の非保存形式は，表式がいくぶん簡単になることから有限差分法でよく用いられる．極限まで格子を細かくした場合，方程式をどのような形式で表しても，どのような数値解法を用いたとしても，同じ解が得られるはずであるが，粗い格子を用いた場合には非保存形の方程式が付随する誤差を招き，重大な問題となる場合がある．

応力テンソルの粘性部分の表記である式 (1.13) を，デカルト座標系における成分表示である式 (1.16) に代入し，重力を唯一の体積力とすれば，以下の式を得る：

$$\frac{\partial(\rho u_i)}{\partial t} + \frac{\partial(\rho u_j u_i)}{\partial x_j} = \frac{\partial\tau_{ij}}{\partial x_j} - \frac{\partial p}{\partial x_i} + \rho g_i\ , \tag{1.21}$$

ここで，g_i は重力加速度 $\mathbf{g}$ のデカルト座標 x_i 方向の成分である．密度と重力が一定とみなせる場合，$\rho\mathbf{g}$ は $\nabla(\rho\mathbf{g}\cdot\mathbf{r})$ と書くことができる．ここで，$\mathbf{r}$ は位置ベクトルであり，$\mathbf{r} = x_i\mathbf{i}_i$ で与えられる（一般に，重力は z 軸の負の方向に作用するとし，$\mathbf{g} = g_z\mathbf{k}$ として g_z を負値として与える．この場合，$\mathbf{g}\cdot\mathbf{r} = g_z z$）．$-\rho g_z z$ は静水圧であり，新たに**水頭**として $\tilde{p} = p - \rho g_z z$ を定義してこれを圧力の代わりに用いると，上式から ρg_i を消すことができ，簡便かつ数値解法としてもより効果的になる．なお，実際の圧力が必要になった場合は，$\tilde{p}$ に $\rho g_z z$ を加えるだけでいつでも得ることができる．

なお，方程式には圧力の勾配のみが含まれているだけなので，圧縮性流れ（大気や海洋の流れを含む）や大気と接する自由界面を含む流れを除いて，圧力の絶対値は重要ではない．

密度が変化する流れでは，ρg_i 項を $\rho_0 g_i + (\rho - \rho_0)g_i$ と 2 つの項に分離することができる．ここで ρ_0 は基準密度である．この場合，第 1 項は圧力に含めることができ，もし密度の変化が重力項の中のみで考慮されるのであれば，1.7 節に示す**ブシネスク**近似を使うことができる（本書で扱うすべての流れでは重力の変化は無視する）．

1.5　スカラー量の保存

スカラー量 ϕ の保存を表す積分形の方程式は，先に述べた方程式と類似しており，次のように表すことができる：

$$\frac{\partial}{\partial t}\int_V \rho\phi \, \mathrm{d}V + \int_S \rho\phi\mathbf{v}\cdot\mathbf{n} \, \mathrm{d}S = \sum f_\phi \,, \tag{1.22}$$

ここで f_ϕ は，対流以外のメカニズムによる ϕ の輸送とその生成，消散を表す．拡散による輸送はどのような場合にも（静止流体でさえも）存在し，通常，勾配近似によって表される．これは例えば熱拡散であれば**フーリエの法則**，物質拡散であれば**フィックの法則**と呼ばれる：

$$f_\phi^{\mathrm{d}} = \int_S \Gamma \, \boldsymbol{\nabla}\phi\cdot\mathbf{n} \, \mathrm{d}S \,, \tag{1.23}$$

ここで Γ は ϕ の拡散係数である．1つの例として，ほとんどの工学的流れに現れるエネルギー方程式は，次のように書ける：

$$\begin{aligned}\frac{\partial}{\partial t}\int_V \rho h \, \mathrm{d}V &+ \int_S \rho h\mathbf{v}\cdot\mathbf{n} \, \mathrm{d}S \\ &= \int_S k \, \boldsymbol{\nabla}T\cdot\mathbf{n} \, \mathrm{d}S + \int_V (\mathbf{v}\cdot\boldsymbol{\nabla}p + \mathsf{S} : \boldsymbol{\nabla}\mathbf{v}) \, \mathrm{d}V + \frac{\partial}{\partial t}\int_V p \, \mathrm{d}V \,,\end{aligned} \tag{1.24}$$

ここで $h = p/\rho + e$ は単位質量当たりのエンタルピー，もしくは比エンタルピーで，系の全エネルギーの指標として用いられる．e は内部エネルギーである．また，T は温度，k は熱伝導率 $k = \mu c_{\mathrm{p}}/\mathrm{Pr}$，$\mathsf{S}$ は応力テンソルの粘性成分 $\mathsf{S} = \mathsf{T} + p\mathsf{I}$ である．Pr はプラントル数で，運動量拡散係数（動粘性係数）と熱拡散係数の比，c_{p} は定圧比熱である．生成項は圧力と粘性力によってなされる仕事を表し，非圧縮性流れでは無視することができる．ここで比熱が一定の流体を考えるとさらに式は簡略に表すことができ，温度の対流/拡散方程式に帰着することができる：

$$\frac{\partial}{\partial t}\int_V \rho T \, \mathrm{d}V + \int_S \rho T\mathbf{v}\cdot\mathbf{n} \, \mathrm{d}S = \int_S \frac{\mu}{\mathrm{Pr}} \, \boldsymbol{\nabla}T\cdot\mathbf{n} \, \mathrm{d}S \,. \tag{1.25}$$

化学種の濃度方程式も同じ形をしており，T を濃度 c に，Pr をシュミット数 Sc（動粘性係数と化学種の拡散係数の比）に置き換えればよい．

以上の保存方程式はすべて共通の項を持っているので，このような保存方程式をより一般的な形で記述するとよい．そうすることで，方程式の離散化と数値解析を一般化し，ある方程式に特化された項のみを個別に扱うことができるからである．

一般化した保存方程式の積分形は式 (1.22) と (1.23) より直接導くことができる：

$$\frac{\partial}{\partial t}\int_V \rho\phi \, \mathrm{d}V + \int_S \rho\phi\mathbf{v}\cdot\mathbf{n} \, \mathrm{d}S = \int_S \Gamma \, \boldsymbol{\nabla}\phi\cdot\mathbf{n} \, \mathrm{d}S + \int_V q_\phi \, \mathrm{d}V \,, \tag{1.26}$$

ここで q_ϕ は ϕ の生成あるいは消滅を表す．この方程式の座標系に依存しないベクトル形式は次のように与えられる：

$$\frac{\partial(\rho\phi)}{\partial t} + \nabla\cdot(\rho\phi\mathbf{v}) = \nabla\cdot(\Gamma\,\nabla\phi) + q_\phi\ . \tag{1.27}$$

デカルト座標系でのテンソル表記で表すと，一般化された保存方程式の微分形は次のようになる：

$$\frac{\partial(\rho\phi)}{\partial t} + \frac{\partial(\rho u_j\phi)}{\partial x_j} = \frac{\partial}{\partial x_j}\left(\Gamma\frac{\partial\phi}{\partial x_j}\right) + q_\phi\ . \tag{1.28}$$

まずこの一般化された保存方程式に対して数値解法を記述した後，その拡張として，連続の式と運動方程式（しばしば**ナビエ・ストークス方程式**と呼ばれる）に特化した問題を議論する．

1.6　方程式の無次元化

実験による流れの研究は小さな模形を用いて行われることが多いが，その結果を無次元化した形で示すことで，実際の流れのスケールに対応させることができる．同様のアプローチは数値解析でもとることができる．すなわち支配方程式に対して適切に正規化を行うことで，無次元形式に変換することができる．例えば，速度を代表速度 v_0 で，空間座標を代表長さ L_0 で，時間を代表時間 t_0 で，圧力を ρv_0^2 で，温度を適当な温度差 $T_1 - T_0$ を用いて正規化することができ，無次元化された変数は次のようになる：

$$t^* = \frac{t}{t_0}\ ;\quad x_i^* = \frac{x_i}{L_0}\ ;\quad u_i^* = \frac{u_i}{v_0}\ ;\quad p^* = \frac{p}{\rho v_0^2}\ ;\quad T^* = \frac{T - T_0}{T_1 - T_0}\ .$$

もし流体の特性値が定数であれば，連続の式，運動方程式，温度の式は，それぞれ無次元化形式で次のようになる：

$$\frac{\partial u_i^*}{\partial x_i^*} = 0\ , \tag{1.29}$$

$$\mathrm{St}\frac{\partial u_i^*}{\partial t^*} + \frac{\partial(u_j^* u_i^*)}{\partial x_j^*} = \frac{1}{\mathrm{Re}}\frac{\partial^2 u_i^*}{\partial x_j^{*2}} - \frac{\partial p^*}{\partial x_i^*} + \frac{1}{\mathrm{Fr}^2}\gamma_i\ , \tag{1.30}$$

$$\mathrm{St}\frac{\partial T^*}{\partial t^*} + \frac{\partial(u_j^* T^*)}{\partial x_j^*} = \frac{1}{\mathrm{Re}\,\mathrm{Pr}}\frac{\partial^2 T^*}{\partial x_j^{*2}}\ . \tag{1.31}$$

これらの方程式には，次の無次元数が含まれている：

$$\mathrm{St} = \frac{L_0}{v_0 t_0}\ ;\qquad \mathrm{Re} = \frac{\rho v_0 L_0}{\mu}\ ;\qquad \mathrm{Fr} = \frac{v_0}{\sqrt{L_0 g}}\ . \tag{1.32}$$

これらはそれぞれ，ストローハル数，レイノルズ数，フルード数と呼ばれる．ここで γ_i は正規化された重力加速度の x_i 方向成分である．

自然対流に対しては，ブシネスク近似がしばしば用いられ，運動方程式の最後の項は次のようになる：

$$\frac{\mathrm{Ra}}{\mathrm{Re}^2\,\mathrm{Pr}}T^*\gamma_i\,,$$

ここで，Ra はレイリー数であり，次のように定義される：

$$\mathrm{Ra}=\frac{\rho^2 g\beta(T_1-T_0)L_0^3}{\mu^2}\,\mathrm{Pr}=\mathrm{Gr}\,\mathrm{Pr}\,. \tag{1.33}$$

ここで Gr は別の無次元数であり，グラスホフ数と呼ばれる．また，β は熱膨張係数である．

単純な流れでは，どのような量を代表値とするかは明らかであろう．すなわち v_0 として平均流速，L_0 として流れ場の幾何学的な長さスケール，T_0 と T_1 としてそれぞれ低温および高温壁の温度をとればよい．これに対して流れ場の形状が複雑で，流体の特性値も一定でなく，境界条件も非定常であるような場合には，流れを記述するための無次元パラメータが膨大となり，無次元化した方程式が役に立たなくなる場合も想定される．

無次元化した方程式は，解析的な研究や，方程式に含まれる各項の相対的な重要性を決めるのに有効である．例えば，チャネルやパイプ内の定常流はレイノルズ数のみに依存するが，ひとたび形状が変化すれば，流れは境界の形状にも影響を受ける．我々は複雑な形状を有する流れを数値解析することに興味があるので，本書では輸送方程式は有次元のままで扱うこととする．

1.7　簡略化された数理モデル

質量や運動量の保存方程式は，見かけよりも複雑である．これらの方程式は非線形でありかつ連成しており，解を得ることは難しく，さらには既存の数学的手法では特定の境界条件に対して解が一意に存在することを証明することさえ難しい．経験的にはナビエ・ストークス方程式はニュートン流体による現象を正しく記述しているとされているが，この方程式の解析解を得ることができるのは，パイプ内や並行な板の間の流れといった単純な形状で十分発達した場合のようなごく限られた条件においてのみである．これらの流れは流体力学の基本を学ぶ上では重要であるが，実用的な問題との対応には限界がある．

解析解が得られるようなすべてのケースでは，方程式中の多くの項がゼロとなる．そうでないような流れでも，方程式中のいくつかの項が重要でなく無視できそうに思われる場合もあるが，このような簡略化は一般に誤差を引き起こす．またほとんどの場合，方程式を簡略化したとしても解析解を得ることはできず，数値解析に頼らざるを得ない．しかしながら完全な方程式を解くよりははるかに小さな労力で解を得られる場合もあり，これは方程式の簡略化を行う正当な理由となるであろう．ここでは，運動方程式が簡略化できるいくつかの流れの種類を挙げる．

1.7.1 非圧縮性流れ

1.3 節および 1.4 節で示した質量と運動量の保存方程式は，最も一般化された形であり，すべての流体と流れの特性は時空間的に変化することを仮定している．一方，多くの実用問題では，流体の密度は一定であるとみなせることが多く，これは液体の流れのように実際に流体の圧縮性が無視できる場合のみならず，気体においてもマッハ数が 0.3 以下では正しいといえる．このような流れはすべて非圧縮性であると呼ばれる[5]．もし流れが**等温**であれば，その粘度も一定となる．このような場合，質量と運動量の保存方程式 (1.6) と (1.16) は，さらに次のように簡略化できる：

$$\nabla\cdot\mathbf{v} = 0\ , \tag{1.34}$$

$$\frac{\partial u_i}{\partial t} + \nabla\cdot(u_i\mathbf{v}) = \nabla\cdot(\nu\,\nabla u_i) - \frac{1}{\rho}\,\nabla\cdot(p\,\mathbf{i}_i) + b_i\ , \tag{1.35}$$

ここで $\nu = \mu/\rho$ は動粘性係数である．この程度の簡略化は，方程式を解析的に解く上ではほとんど簡単になっていないので，一般的にはそれほど価値があるわけではない．しかしながら，数値解法の観点では大変役に立つものである．

1.7.2 非粘性（オイラー）流れ

物体表面から十分離れたところの流れは，粘性の効果は大抵非常に小さい．ここでもし粘性の効果をまったく無視できると仮定すれば，応力テンソルは $\mathsf{T} = -p\mathsf{I}$ に簡略化されて，ナビエ・ストークス方程式はオイラー方程式に簡略化することができる．このとき，連続の式は (1.6) と同じであるが，運動方程式は次のようになる：

$$\frac{\partial(\rho u_i)}{\partial t} + \nabla\cdot(\rho u_i\mathbf{v}) = -\nabla\cdot(p\,\mathbf{i}_i) + \rho b_i\ . \tag{1.36}$$

流体は非粘性なので，物体壁面で粘着条件とはならず，滑り条件が可能となる．オイラー方程式は，高マッハ数の圧縮性流体流れを調べる際にしばしば用いられる．流速が大きいと，レイノルズ数が非常に高くなり，粘性や乱流の効果は固体壁近傍の限られた領域でのみ重要となる．このような流れではオイラー方程式を用いることでうまく予想することができる．

オイラー方程式も解くことは簡単ではないが，壁近くの境界層を解く必要がないので，比較的粗い格子を用いることができる．Hirsch (2007) の序論によれば，数値解

[5] 例えば非常に高圧であるとか深海であるといった特定の状況では，液体であってもその圧縮性を考慮する必要がある．同様に，1.1 節で述べたように，大気のシミュレーションではそのマッハ数は非常に小さいにもかかわらず，圧縮性を考慮した流れの方程式を使う必要がある場合がある．

法とコンピュータの計算能力の進化により，1990 年代半ば以降，航空機，船舶，自動車などの周りの流れや，多段ポンプや圧縮機内の流れの 3 次元ナビエ・ストークスシミュレーションが可能となっている一方，完全なオイラーシミュレーションは 1980 年代初頭にはすでに可能であった．今日，エンジニアは業務に対して最も効率的な手段を選ぶという点で，オイラー方程式は依然として重要なツールの一部になっている（例えば Wie et al., 2010）.

圧縮性のオイラー方程式を解くために多くの数値解法が開発されており，そのうちの代表的なものを 11 章で簡単に述べる．詳細については Hirsch (2007), Fletcher (1991), Knight (2006), Tannehill et al. (1997) らの本にみることができる．本書で示すさまざまな解法は，圧縮性オイラー方程式を解くことにも使うことができ，11 章でみるように圧縮性流れ用に開発された特別な手法と同様に機能する.

1.7.3　ポテンシャル流れ

最も単純な流れのモデルとして，ポテンシャル流れが挙げられる．流体は（オイラー方程式と同様に）非粘性であると仮定し，さらに速度場が非回転であるという条件を課す：

$$\mathrm{rot}\,\mathbf{v} = 0\,. \tag{1.37}$$

この条件により**速度ポテンシャル** Φ が存在し，速度ベクトルを $\mathbf{v} = -\boldsymbol{\nabla}\Phi$ と定義することができる．これにより非圧縮性流れの連続の式 $\boldsymbol{\nabla}\cdot\mathbf{v} = 0$ は，ポテンシャル Φ のラプラス方程式となる：

$$\boldsymbol{\nabla}\cdot(\boldsymbol{\nabla}\Phi) = 0\,. \tag{1.38}$$

さらに運動方程式を積分することでベルヌーイの式を導くことができる．ベルヌーイの式は代数方程式であり，ポテンシャルがわかれば解くことができる．すなわちポテンシャル流れはスカラー量のラプラス方程式で表すことができる．ラプラス方程式は任意の形状に対して解析的に解くことはできないが，単純な流れに対しては解析解（一様流，吹き出し，吸い込み，渦）が得られており，これらを組み合わせることで円柱周りの流れのような複雑な流れを作り出すことができる.

また，適当な速度ポテンシャル Φ に対して，それに対応する**流れ関数** Ψ を定義することができる．このとき，速度ベクトルは流線（流れ関数の等値線）の接線方向で与えられる．流線はポテンシャルの等値線に直交するので，速度ポテンシャルと流れ関数の等値線は互いに直交する**流線網**を形成する.

時として，ポテンシャル流れはあまり現実的でない場合がある．例えば，物体周りの流れにポテンシャル理論を適用すると，ダランベールのパラドックスを引き起こす．すなわち，ポテンシャル流れの中の物体には抗力も揚力も作用しない（例えば

Street et al., 1996 もしくは Kundu and Cohen, 2008）．しかし，ポテンシャル流れ理論は多孔質媒体内の流れに多くの適用例があり，また，この理論に基づく数値解析手法は，例えば造船分野（造波抵抗，プロペラ性能，浮体運動など）を始めとし，多くの分野で用いられている．ポテンシャル流れを予測するための数値解法は，一般に境界要素法かパネル法に基づくことが多い（Hess, 1990 と Kim et al., 2018）が，特定の問題のために開発された特別な手法もある．これらについては本書では扱わないが，興味のある読者は Wrobel (2002) もしくは学術誌 *Engineering analysis with boundary elements* に関連情報をみることができる．

1.7.4　クリープ（ストークス）流れ

流速が非常に小さい，流体の粘性が非常に高い，もしくはその幾何学的寸法が非常に小さい場合（すなわち，レイノルズ数が小さい場合），ナビエ・ストークス方程式の対流（慣性）項は重要でなくなり，無視することができる（運動方程式 (1.30) の無次元表記を参照）．このときの流れは，粘性，圧力および体積力によって支配され，**クリープ流れ**と呼ばれる．ここでもし流体の特性値が一定とみなせるなら，運動方程式は線形となり，これは**ストークス方程式**と呼ばれる．流速が低く，非定常項も無視できるとすれば，これは大幅な簡略化につながる．このとき，連続の式は (1.34) と同じであるが，運動方程式は次のようになる：

$$\nabla\cdot(\mu\,\nabla u_i) - \frac{1}{\rho}\,\nabla\cdot(p\,\mathbf{i}_i) + b_i = 0\,. \tag{1.39}$$

クリープ流れは，多孔質媒体，コーティング技術，マイクロデバイスといったところで実際にみられる．

1.7.5　ブシネスク近似

熱輸送を伴う流れでは，通常，流体の特性値は温度の関数となる．その変化は小さいかもしれないが，それでも流体運動の原因となる場合がある．密度の変化が大きくない場合，非定常項と対流項では密度を一定として扱い，重力項においてのみ変数として扱うことができる．これは，**ブシネスク近似**と呼ばれる．通常，密度は温度に対して線形に変化すると仮定することができ，1.4 節で示されているように，体積力の平均密度に対する影響を圧力項に組み込めば，残りの項は次のように表すことができる：

$$(\rho - \rho_0)g_i = -\rho_0 g_i \beta(T - T_0)\,, \tag{1.40}$$

ここで β は体膨張係数である．この近似は温度差が，例えば水で 2 ℃，空気で 15 ℃以下の場合，1% オーダーの誤差を生む．この誤差は温度差が大きくなるとより大きくなり，得られた解は定性的にさえ誤りとなる場合がある（例えば Bückle and

Perić, 1992).

1.7.6　境界層近似

流れが主要な方向に沿っており（すなわち逆流や再循環がない），流れ場の幾何学的な変化が緩やかであれば，流れは主に上流で起こったことに影響される．チャネルやパイプ内の流れ，平板や緩やかに曲がった壁面上の流れはその一例である．このような流れは**薄いせん断層**もしくは**境界層流れ**と呼ばれ，ナビエ・ストークス方程式は次のように簡略化することができる：

- 主流方向の運動量拡散は，対流輸送に対して非常に小さく，無視することができる．
- 主流方向の速度成分は，その他の方向に対して非常に大きい．
- 流れを横切る方向の圧力勾配は，主流方向に対して非常に小さい．

2次元の境界層方程式は次のように簡略化される：

$$\frac{\partial(\rho u_1)}{\partial t} + \frac{\partial(\rho u_1 u_1)}{\partial x_1} + \frac{\partial(\rho u_2 u_1)}{\partial x_2} = \mu \frac{\partial^2 u_1}{\partial x_2^2} - \frac{\partial p}{\partial x_1} \ . \tag{1.41}$$

この方程式は，連続の式と連立して解く必要がある．一方，主流方向に対して垂直な方向の運動方程式は，$\partial p / \partial x_2 = 0$ に簡略化される．x_1 の関数である圧力は，ポテンシャル流れが一般に仮定できる境界層外側の流れを計算することで得なければならず，境界層方程式それ自体は流れを完全に記述するものではない．この簡略化した方程式は，常微分方程式の初期値問題に用いる逐次解法により解くことができる．このようなテクニックは，空気力学において広く使われており，その手法は大変有効であるが，はく離のない流れにしか適用することができない．

1.7.7　複雑な流れ現象のモデル化

実用上の関心がある流れの多くは，正確に解くことはおろか，数学的に正しく表現することさえ難しい．このような流れには，乱流，燃焼流，混相流が含まれ，いずれも大変重要な流れである．これらの現象を表す場合，正確な表現は大抵の場合現実的ではないので，半経験的なモデルを使うことが一般的である．乱流モデル（10章である程度詳しく扱う），燃焼モデル，混相流モデルなどはその例である．これらのモデルは，上述の方程式の簡略化と同様に，解の正確さに影響を与える．さまざまな近似により引き起こされる誤差は，お互いに増幅しあう場合もあるし，打ち消しあう場合もあるので，モデルを用いた計算から何らかの結論を導く場合には，注意が必要である．数値解法におけるさまざまな種類の誤差の重要性から，本書ではこのトピックには特に注意を払う．具体的な誤差のタイプについては，その都度明確にして説明する．

1.8　流れの数学的分類

2 つの独立変数を持つ 2 階の準線形偏微分方程式は，双曲型，放物型，楕円型の 3 つの型に分類することができる．この区別は，その解の情報がどのように伝達するかという特性曲線の性質に基づいている．この型の方程式はすべて 2 組の特性曲線を持つ（例えば Street, 1973）．

双曲型の場合，その特性曲線は相異なる 2 つの実数で表される．これは解の情報が有限の速度で 2 組の方向に伝達することを意味している．一般に，解の情報は特定の方向に伝達するため，それぞれの特性曲線に対して 1 つのデータを初期条件として与える必要がある．もし側面境界がある場合，通常各点で 1 つの境界条件が必要となる．これは，1 つの特性が領域の外側に情報を伝達し，もう 1 つの特性が外部から情報を持ち込むからである．ただしこれには例外もある．

放物型方程式の場合，特性曲線は 1 つの実数に縮退する．その結果，通常必要な初期条件は 1 つだけである．側面境界では，それぞれの点において 1 つの条件が必要となる．

最後に楕円型の場合，その特性は実数ではなく，相異なる 2 つの複素数（もしくは虚数）となる．その結果，解の情報の伝達が特定の方向をとることはない．実際，その情報はすべての方向に均一に伝わる．一般に境界上の各点において 1 つの境界条件が必要であり，解の領域は通常は閉じているが，一部については無限に広がる場合もある．なお，非定常問題が楕円型になることはない．

このような方程式の性質の違いは，それらを解く際の解法に反映される．よって解く対象とする方程式の特性を考慮に入れることは，数値解法を考える上での原則となる．

3 次元のナビエ・ストークス方程式は，4 つの独立変数に対する，2 階非線形微分方程式系であり，上述の数学的分類を直接適用することはできない．しかしながら上述した特性の多くを備えており，2 つの独立変数の 2 階微分方程式を解く際の多くのアイデアを，注意が必要ではあるが，適用することができる．

1.8.1　超音速流れ

はじめに非定常非粘性の圧縮性流れを考える．圧縮性流体では音や衝撃波の伝播を許すことから，その方程式は本質的に双曲型の特性を持つのは自然なことである．この方程式を解くほとんどの場合，その解法は方程式が双曲型であるという考えに基づいており，これに十分な注意を払うことで非常にうまくいく．このような方法についてはすでに簡単に述べた．

定常の圧縮性流れでは，その特性は流速に依存する．流れが超音速なら方程式は双曲型であるが，亜音速の場合には本質的に楕円型となる．後に詳細に議論するようにこのことは難しい問題となる．

圧縮性流れに粘性を考慮する場合，方程式はさらに複雑になることに注意されたい．この場合，その特性はこれまでに述べてきたすべての型の流れが混合したものになり，ある特定の分類にうまくあてはめることはできず，数値解法もより構築しにくくなる．

1.8.2 放物型流れ

前に簡単に述べた境界層近似では，支配方程式は本質的に放物型となる．このような方程式では解の情報は下流にのみ伝播するので，放物型方程式に対する解法を使うことで解くことができる．

ただし，境界層方程式に含まれる圧力は，ポテンシャル流れの問題を解くことで得なければならないことに注意が必要である．亜音速のポテンシャル流れは楕円型が支配方程式（非圧縮条件下ではラプラス方程式）となることから，この問題は全体としては放物型と楕円型が混合した特性を持つことになる．

1.8.3 楕円型流れ

流れが再循環領域，すなわち主流に対して逆方向の流れを伴う場合，解の情報は下流のみならず上流にも伝播する．その結果，境界条件を流れの上流端のみに適用するだけでは不十分である．このような問題は，楕円型の特性を持つことになる．このような状況は（非圧縮性を含む）亜音速流れで起こり，方程式を解くことが非常に困難になる．

非定常非圧縮性流れは，楕円型と放物型の混合した特性を持つことに注意されたい．楕円型の特性は空間において解の情報が2つの方向に伝播することに由来し，放物型は解の情報が時間的には前進方向にしか伝播しないという事実に由来する．この種の問題は，不完全放物型と呼ばれる．

1.8.4 混合型流れ

これまでみてきたように，ある特定の1つの型として支配方程式が与えられないような流れがあり得る．定常遷音速流れもその一例であり，亜音速領域と超音速領域が混在する定常圧縮性流れである．そこでは超音速領域は双曲型の特性を持ち，亜音速領域は楕円型の特性を持つ．したがってこの場合，方程式の近似方法を局所的な流れ特性の関数として変化させる必要があるであろう．さらに困ったことに，そのような局所的な流れの特性は方程式を解いてみるまでわからない．

1.9 本書の内容

本書は13章からなる．ここでは残りの12章の概要を簡単に述べる．

2章ではまず，数値解法の基礎について紹介する．数値解法の長所と短所について議論し，計算によるアプローチの可能性とその限界について概説する．続いて，数値解法を構成するさまざまな要素とその特性について説明する．最後に，基本的な計算手法（有限差分，有限体積および有限要素）について述べる．

3章では，有限差分(finite difference: FD)法について述べる．そこではまず，テイラー級数展開と多項式フィッティングを用いて，独立変数に対する1階，2階および混合導関数の近似手法を紹介する．高次精度手法の導出や非線形項や境界での処理についても議論する．不等間隔格子を用いた際の打ち切り誤差への影響や離散化誤差の見積もりについても注意を払う．スペクトル法についても簡単に紹介する．

4章では，有限体積(finite volume: FV)法について述べる．ここでは，表面および体積積分の近似と，セル中心とは異なる場所での変数の値とその微分を求めるための内挿の仕方について紹介する．高次精度スキームの導出と，遅延補正法を用いた代数方程式の簡略解についても紹介する．内挿と積分近似による離散誤差の分析には特に注意を払う．最後に，さまざまな境界条件の実装方法について議論する．

基本的な有限差分法と有限体積法の適用方法については，3章と4章では，デカルト座標格子のみを対象として紹介する．この制限により，我々は離散化のテクニックの背後にあるそれぞれの手法の重要な概念に専念し，幾何学的な複雑性に関する離散化の問題を切り離すことができる．複雑な形状の扱いについては，その後9章で紹介する．

5章では，離散化の結果得られた代数方程式の解法について述べる．直接法については簡単に触れるのみとして，議論の大部分は反復法のテクニックに割く．不完全LU分解，共役勾配法，マルチグリッド法について特に詳しく述べる．連成かつ非線形な方程式系へのアプローチについても述べる．これには不足緩和や収束判定に関する問題も含まれる．

6章では，時間積分法について説明する．まず，常微分方程式を対象として，基本解法，予測子–修正子法，多点法，ルンゲ・クッタ法などについて述べる．その次にこのような手法の具体的な適用として，非定常輸送方程式の解法について述べる．これには安定性と精度に関する解析を含む．

7章と8章では，ナビエ・ストークス方程式の複雑性と，非圧縮性流れに固有な特徴について議論する．非圧縮性流れに対して，フラクショナル・ステップ法やSIMPLE法のアルゴリズムを用いた場合の，変数のスタガードおよびコロケート配置，圧力方程式，圧力と速度のカップリングについて詳細に述べる．その他のアプローチ

（PISO 法，流れ関数–渦度法，擬似圧縮性法）についても紹介する．特にスタガード系およびコロケート系のデカルト格子については詳細に述べ，実際にコンピュータコードを書けるようにする．これらのコードはインターネットを通じて入手が可能である．最後に，フラクショナル・ステップ法と SIMPLE 法のアルゴリズムに基づいて作成・提供されたコードを用いて実際に計算された定常および非定常の層流の例をいくつか図示するとともに，反復誤差および離散化誤差の評価について議論する．

9 章では，複雑形状の扱いについて焦点を当てる．具体的な格子の選択，複雑物体形状に対する格子生成法，格子の特性，速度成分や変数の配置について議論する．また，有限差分法や有限体積法に立ち返り，複雑な形状に特化した方法（例えば，非直交，ブロック構造や非構造格子，非整合格子インターフェース，任意形状の検査体積，重合格子など）について議論する．ここでは特に圧力修正方程式と境界条件について注意を払う．ここでもまた，フラクショナル・ステップ法と SIMPLE 法のアルゴリズムに基づいて作成・提供されたコードを用いて計算された定常および非定常の 2 次元および 3 次元層流の例を図示するとともに，離散化誤差の評価や，特に異なるタイプの格子（階層直交格子や任意の多面体）を用いた場合に得られる結果の比較も行う．

10 章では，乱流の計算について取り扱う．そこでは乱流の特徴と，直接シミュレーション，ラージ・エディ・シミュレーション，レイノルズ平均ナビエ・ストークスシミュレーションという 3 つの手法について議論する．特に比較的広く使われる後者 2 つのモデルについては，境界条件とともにその詳細について示す．またこれら 3 つのアプローチの実例について，それぞれの比較とともに紹介する．

11 章では，圧縮性流れを扱う．圧縮性流れを対象とした解析手法についてまず簡単に議論する．次に，非圧縮性流れのために開発されたフラクショナル・ステップ法や SIMPLE 法のアルゴリズムに基づく圧力修正の方法の，圧縮性流れへの拡張について紹介する．衝撃波を扱う方法（例えば格子適合，TVD スキーム，ENO スキーム）についても議論する．圧縮性流れ（亜音速，遷音速，超音速）のさまざまなタイプの境界条件についても述べる．最後に，その適用例について紹介し，議論する．

12 章は計算精度と効率の改善に焦点を当てる．まずマルチグリッド法による収束性の向上について述べ，その実例を示す．次に適合格子法と局所的格子細分化の節を設けて紹介する．最後に，計算の並列化について議論する．特に空間と時間に対する領域分解に基づく陰解法の並列処理に着目する．これら 3 つの論点については実計算例を用いて検証を行う．

最後に 13 章では，いくつかの特殊な問題を取り扱う．これには，共役熱伝達，自由表面を伴う流れ，移動格子を必要とする移動境界問題，流体構造連成解析やキャビテーションが含まれる．熱や物質移動，二相流，化学反応が流れに与える特筆すべき効果についても簡単に触れる．

最後に少し注意を述べて，この章を終わりにしたい．数値流体力学 (computational fluid dynamics: CFD) は，流体力学か数値解析の一分野であると考える読者もいるかもしれないが，CFD の持つ力を存分に発揮するためには，それを実践する者が両方の分野で十分なバックグラウンドを持っていることが重要である．どちらかの分野のエキスパートであっても，もう一方の分野が不要であると軽視すると，質の高い結果は残せないであろう．本書の読者がこのことに留意し，必要なバックグラウンドを身につけられることを期待する．

第2章　数値解析の基礎

2.1　流体力学の問題を解くためのアプローチ

流体力学の方程式は一世紀以上も前から知られていたが，1章で述べたように，限られた流れ場に対してしか解くことができなかった．しかも，これらのすでに知られている解は流体の流れを理解するには大変有用であるものの，工学的解析や設計に直接使うことができるのはまれである．したがって，エンジニアは従来，他のアプローチを使うことを余儀なくされてきた．

このようなアプローチとして最も一般的なものは，方程式の簡略化である．これは近似と次元解析の組み合わせに基づき，大抵は経験的なパラメータを必要とする．例えば，物体に作用する流体抵抗は次元解析によると次のようになる：

$$F_{\mathrm{D}} = C_{\mathrm{D}} S \rho v^2 \; , \tag{2.1}$$

ここで，S は流れ方向からみた物体の投影面積，v は流速，ρ は流体の密度であり，C_{D} は抗力係数と呼ばれるパラメータである．この値は，特定の問題に対する他の無次元パラメータの関数となっており，ほとんどの場合，実験データとの相関から得られる．このようなアプローチは対象とする系が1つか2つのパラメータで表すことができる場合には大変うまくいくが，多くのパラメータでしか表せないような複雑な形状に対しては有効でない．

これと関連したアプローチとしては，ナビエ・ストークス方程式を無次元化することにより，多くの流れ場に対してレイノルズ数を唯一の独立した無次元パラメータとすることで達成することができる．対象とする物体の形状を相似に保った縮小モデルを用いた実験により必要とする結果を得ることができる．対象とするレイノルズ数は，流体と流れ場のパラメータを注意して選ぶか，もしくは実験のレイノルズ数を外挿することで得られるが，後者は危険をはらむ．このようなアプローチは大変有用であり，今日においても実際の工学的設計における主要な方法となっている．

このアプローチの問題は，多くの流れがその現象を表すのに複数の無次元パラメータを必要とし，実際の流れに対して縮小した実験を設定することが不可能な場合があるということである．航空機や船の周りの流れはその一例である．実際の現象と同じレイノルズ数を小さなモデルで実現しようとすると，流体の速度を上げる必要がある．つまり航空機の場合，同じ流体（空気）を用いると，マッハ数が大きくなりすぎてしまう．そこでレイノルズ数とマッハ数の2つを実際の値とそろえるためには，適当な別の流体を探すことになる．船の場合は，レイノルズ数とフルード数の2つを，実際と一致させる問題になり，これは現実的にはほとんど不可能である．

それ以外にも，実験が非常に難しい，あるいは不可能な場合がある．例えば，計測装置が流れを乱すような場合や，流れそのものに接触できないケースが挙げられる(例えば結晶成長装置内の溶融シリコンの流れ)．また，現在の技術ではそもそも計測することができない物理量や，できたとしても十分とはいえない精度である場合もあろう．

実験は，抗力や揚力，圧力損失，熱伝達係数といった大局的なパラメータを計測するには効果的な方法である．しかし多くの場合，流れのはく離が起こるのか，壁面の温度が限界を超えるのかといった，流れの詳細が重要であることが多い．これに加えて，技術の向上や競争の激化によって，より注意深い設計の最適化が必要になったり，新しいハイテクノロジーの適用により，既存のデータベースでは十分でない流れの予測が必要になったりした場合，実験による開発にはコストや時間がかかりすぎるということもあり得る．したがって合理的な代替案を見つけることが不可欠である．

実験の代替技術，少なくともその補完手段が，コンピュータの誕生とともに登場した．偏微分方程式の数値解法のための主要なアイデアは100年以上も前に確立されていたが，それらはコンピュータが登場する以前はほとんど役に立たなかった．コンピュータの性能に対するコストパフォーマンスは，1950年代以降，驚異的な速さで向上しており，減速の兆しはみられない．すなわち，1950年代に建造された初代のコンピュータは，1秒当たりわずか数百の演算しか行えなかったが，2017年6月時点でのTOP500リスト(http://www.top500.org)で1位にランクされたコンピュータは，ピーク性能が93ペタフロップス（1ペタフロップス $= 10^{15}$ 浮動小数点演算/秒）であり，100万以上の処理コアを搭載し，メモリサイズは1.3ペタバイト（1ペタバイト$=10^{15}$ バイト）である．さらにラップトップコンピュータでさえマルチコアのチップで複数のプロセッサが搭載されており，GPUも大規模な並列計算を実行するために使用できる(Thibault and Senocak, 2009; Senocak and Jacobsen, 2010)．データの保存能力も劇的に増加しており，20年前にはスーパーコンピュータにしかなかった10ギガバイト（10ギガバイト$= 10^{10}$ バイトもしくは文字数）のハードディスクは，今ではラップトップコンピュータでも1テラバイトのハードディスクを搭載している．スマートフォンサイズのバックアップディスクでさえ300ギガバイト以上の容量がある．1980年には数百万ドルの建設費用がかかり巨大な部屋を占有し，常駐の保守と運用スタッフを必要とした計算機が，いまや膝の上にのるのである！　将来何が起こるかを予測することは難しいが，手ごろなコンピュータの計算速度とメモリの両方が，さらに著しい発展を遂げることは間違いない．

コンピュータが流体の流れの研究をより簡単かつ効果的にすることは想像に難くなく，ひとたびコンピュータのこの力が認識されると，数値解析技術への関心は一挙に高まった．この分野は，**数値流体力学** (computational fluid dynamics: CFD) として知られており，多くの専門分野により構成されている．CFD はここ数十年の間に専門的な研究領域から強力なツールへと進化し，今や大学のカリキュラムにも組み込まれ，流体の流れの本質を理解するための研究に利用されるとともに，ほぼすべての産業分野で活用されている．

流体の流れと関連する現象を記述する方程式を解く手法としては，ここではごく一部に限定して詳細に議論し，その他の手法については簡単に触れ，文献を紹介するにとどめる．

2.2　CFD とは何か？

1 章でみてきたように，流れとそれに関連する現象は偏微分方程式（もしくはその積分形）で表すことができるが，特別な場合を除いて解析的に解くことはできない．数値的に近似解を得るためには，**離散化手法**を用いて偏微分方程式系を代数方程式系に近似する必要があり，これによりコンピュータ上で解くことができる．この近似は空間もしくは時間の小さな領域に適用されることから，数値解は時空間の**離散点**で与えられる．実験データの精度が使用する装置の性能に依存するように，数値解の精度も離散化の質に依存する．

数値流体力学の活躍の場は非常に広く，よく確立されたエンジニアリング設計手法の自動化から，複雑な流れの特性を調べるための実験的研究の代替としてナビエ・ストークス方程式の詳細な解を利用することまで，広範囲に及ぶ．すなわち，一方では，配管系に対してパソコンやワークステーション上で数秒から数分で解を得ることができるような設計パッケージを購入することができるし，もう一方では，最大規模のスーパーコンピュータ上で数百時間かかって解を得るようなコードもある．その幅は流体力学の対象とする分野そのものと同じくらい広範囲に及び，1 冊にそのすべてを詰め込むことは不可能になっている．また，CFD の対象分野は急速に広まっており，短時間で時代遅れになってしまう危険性もはらんでいる．

本書では，自動化された単純な手法については触れないことにする．このような手法の基礎については初等的な教科書や学部の授業の範疇であり，入手可能なプログラムパッケージも理解しやすく使い勝手もよい．

本書では，2 次元や 3 次元の流体運動の方程式を解くために開発された手法に焦点を当てる．これらは，解（もしくは少なくとも良い近似値）が教科書やハンドブックでは見つけることができないという意味で，標準的とはいえない問題に対して適用できる手法である．このような手法は，開発当初から（航空宇宙分野などの）ハイテクノロジー工学の分野で活用されるとともに，標準的な方法では取り扱えないような複雑形状や重要な特性（汚染濃度の予測など）に関連する工学分野への展開も進んでいる．

CFDは，機械，プロセス，化学，土木，環境工学などにその活路を見出したほか，天気予報から気候変動まで大気科学のあらゆる側面において重要な役割を果たしている．これらの分野を最適化することで，設備やエネルギーの大幅な削減，洪水や嵐の予測精度の向上，環境汚染の削減などにつながる可能性がある．

2.3　数値解法の可能性と限界

実験作業に関するいくつかの問題についてはすでに述べたが，そのいくつかはCFDで解決することができる．例えば，風洞内で走る自動車周りの流れを再現したい場合，車を固定してそこに風を吹かせなければならない．このとき，床は風と同じ速度で動かさないといけないが，これには困難を伴う．一方，数値解析では何も難しいことはない．その他の種類の境界条件もシミュレーション上では簡単に与えることができ，例えば流体の温度や不透明性は問題にならない．非定常3次元ナビエ・ストークス方程式を正確に解けば（乱流の直接シミュレーションのように），物理的に重要な任意の量を引き出すことのできる完全なデータセットが得られる．

しかし，これはあまりにもできすぎているように思える．実際，CFDのこれらの利点は，ナビエ・ストークス方程式を正確に解けるということが条件となっているが，実際には工学的に関心のあるほとんどの流れにおいて非常に難しいことである．10章では，高レイノルズ数流れに対してナビエ・ストークス方程式の正確な数値解を得ることがなぜそれほど難しいのかを説明する．

もしすべての流れに対して**正確な**解を得ることができないのであれば，その代わりとして何を得ることができるのかを見極め，得られた結果を分析し判断することを学ばなくてはならない．まず第一に，数値解は常に**近似値**であることを心に留めておかなければならない．数値解を得るための各プロセスで常に誤差が生じることから，計算結果と「現実」との間には差異が生じるもっともな理由がある．

- 偏微分方程式には，1.7節で議論したように，その導出過程において近似や理想化が含まれる場合がある．
- 近似は離散化の過程でも生じる．
- 離散化された方程式を解く際には，反復法が用いられる．その際，十分長い時間計算を実行しない限り，離散化された方程式の厳密解は得られない．

支配方程式が正確にわかっている場合（例えば非圧縮性ニュートン流体に対するナビエ・ストークス方程式のように），原理的には任意の精度で解を得ることができる．

しかし多くの現象では（例えば乱流や燃焼，混相流のような），正確な方程式はわからないか，わかったとしてもその数値解を得ることができない．この結果，モデルの導入が必要となる．この場合，方程式を正確に解いたとしても，その解は現実を正しく表していないことになる．導入したモデルを**検証する**ためには，実験データに頼らざるを得ない．また，たとえ厳密な取り扱いが可能な場合でも，コスト削減の観点からはその導入がしばしば検討される．

離散化に伴う誤差は，より正しい補間や近似，あるいは近似をより小さい領域に限定することで小さくすることができるが，その代償として解を得るための時間とコストは大きくなる，すなわち両者の妥協が常に必要となる．本書ではいくつかの手法を詳細に紹介するとともに，より正確な近似を実現するための方法についても述べる．

離散化された方程式を解く際にも妥協が必要である．直接解法は正確な解を得ることができるが，コストが高くつくためほとんど利用されない．したがって，より一般的なのは反復法だが，反復を止めるのが早すぎることに起因する誤差を考慮する必要がある．

本書では一貫して誤差とその評価に重点を置き，多くの例に対して誤差の推定を提示する．数値誤差の評価と推定の必要性は，いくら強調してもしすぎることはない．

得られた結果を説明する場合，数値解をベクトル，等高線，その他プロットを用いて可視化したり，非定常流れであれば動画（ビデオ）を使用することが大切である．これは，計算によって得られる膨大なデータを解釈するための最も効果的な手段といえる．しかしながら，誤差を含んだ解が，実際の境界条件や流体の特性などをうまく反映していないにもかかわらず，見栄えよく見える可能性があるという危険をはらんでいる．著者らは，誤った数値解であるにもかかわらず，物理現象と解釈される可能性のある，もしくは解釈されてきた流れ現象に遭遇したことがある．商用ソフトのセールスマンの楽観主義は非常に有名であり，産業界の商用 CFD コードの利用者は，この点を特に注意する必要がある．美しいカラー写真は良い印象を与えるが，その結果が定量的に正確でなければ価値はない．数値解は，それを信じる前に十分批判的に検討される必要がある．

2.4 数値解法の構成要素

本書は，商用コードのユーザーのみならず，新しい CFD コードを開発しようとする若手研究者を対象としているので，ここでは数値解法の重要な中身について紹介しよう．その詳細については，後の章で詳しく述べる．

2.4.1 数理モデル

どのような数値解法であれ，その出発点は数理モデル，すなわち，偏微分方程式やその積分形方程式の組，およびその境界条件である．流れを予測するための方程式系の例を1章で紹介した．その際，解きたい問題に適したモデル（非圧縮，非粘性，乱流や2次元か3次元かなど）を選択する．すでに述べたように，このモデルには，正確な保存則の簡略化が含まれる場合がある．解法は通常，ある特化した方程式の組を対象として開発される．つまり，すべての流れに適用可能な汎用的な解法を作ろうとするのは不可能ではないにしても実用的ではなく，ほとんどの汎用ツールのように，通常は特定の問題に対して最適とはいえない．

2.4.2　離散化手法

数理モデルを選択した後は，適切な離散化手法，すなわち対象とする微分方程式を近似して，時空間的な離散点で定義された変数に対する代数方程式の組にする方法を決めなくてはならない．これには多くのアプローチがあるが，その中でも最も重要なものは，有限差分 (finite difference: FD) 法，有限体積 (finite volume: FV) 法そして有限要素 (finite element: FE) 法である．これら3種類の離散化手法の重要な特徴は本章の最後で説明する．その他の手法，例えばスペクトル法，境界要素法，格子ボルツマン法なども CFD で使われるが，その活用は特殊な問題に限定されている．

計算格子が十分細かい場合，どのような手法であっても同じ解が得られるが，ある手法は特定の問題に対してより適しているという場合がある．ただし多くの場合，手法の選択はその開発者の好みにより決まることが多い．さまざまな手法の長所と短所については後述する．

2.4.3　座標系と基底ベクトル系

1章では，選択した座標系とそこで使用される基底ベクトルのとり方次第で保存方程式はさまざまな形式に書かれることを述べた．デカルト座標，円筒座標，球座標，直交または非直交曲線座標は，それぞれ選択できる座標系の一例である．その選択は対象とする流れによるが，離散化手法や格子のタイプにも影響を与える場合がある．

座標系とともに，ベクトルやテンソルを定義するための基底も決める必要がある（固定なのか可変なのか，共変なのか反変なのか，など）．この選択によって，速度ベクトルや応力テンソルは，例えばデカルト座標成分，共変/反変成分，物理/非物理座標成分などで表現される．本書では，9章で説明する理由から，もっぱらデカルト座標成分のみを使用する．

2.4.4　計 算 格 子

求めたい変数を計算するための離散点は計算格子により規定される．計算格子は，対象とする問題を解くための解析領域の離散的な表現であり，有限個の部分領域（要素や検査体積など）で分割される．その際の選択肢のいくつかを以下に述べる．

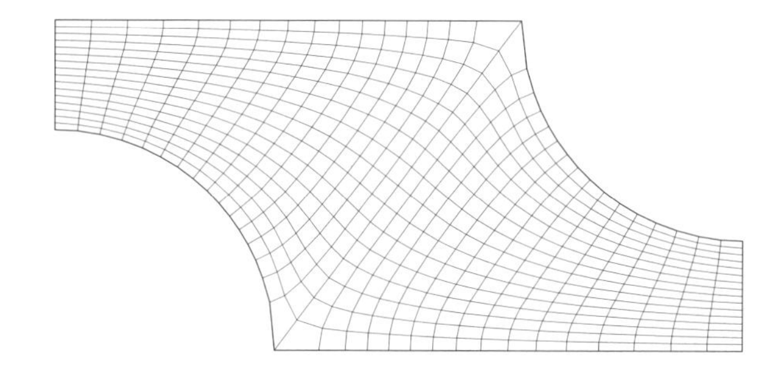

図 2.1　スタガード状に対象に配置された管路群周りの流れのために作成された 2 次元非直交構造格子の例.

- **構造（レギュラー）格子**　レギュラー格子もしくは構造格子は，次のような格子線の組により構成される単一の組におけるいずれの 2 つの格子線もそれ自体が交差することがなく，異なる組の格子線は一度だけ交差する．これにより，それぞれの格子線に対して連続的に番号を付けることができるので，計算領域内のどのような格子点（もしくは検査体積）の位置も，一連の 2 つ（2 次元の場合）もしくは 3 つ（3 次元の場合）の組の添字によって，(i, j, k) のように一意に表すことができる.

  これは最も単純な格子構造であり，理論的にはデカルト座標と同じである．各格子点は 2 次元では 4 個の，3 次元では 6 個の隣り合った格子点を持つ．ある点 P（i, j, k と添字を付けられた）に隣接した格子点の添字は，P の添字に対してそれぞれ ± 1 だけ異なる．2 次元の構造格子の例を図 2.1 に示す．この隣接点との関連性はプログラムを簡潔にする効果があるとともに，離散化により得られる代数方程式系の行列は規則的な構造を持つため，その解法を考える際にこの特徴を利用することができる．実際，構造格子にのみ使うことができる高性能な線形ソルバーが多数ある（5 章を参照）．構造格子の欠点は，解析対象が幾何学的に単純な形状に限られることである．もう一つの欠点は，格子点の分布を制御することが難しいことである．すなわち，予測精度の観点から特定の領域に格子点を集中させると，解析領域の他の場所で不必要に小さな間隔で格子点が現れ，計算資源を無駄にしてしまうことになる．この問題は 3 次元形状においてより顕著になるうえ，細長く薄い格子形状は計算の際の収束の悪化につながる.

  構造格子は H 型，O 型，C 型に分けることができる．これらの名前は解析領域の境界でのトポロジーに由来している．図 2.1 は H 型格子の一例を示しており，矩形形状領域に対してこの格子を適用した場合，明確な東西南北の境界を持つ．O 型格子の場合，2 つの対向する境界が互いに接続される（例えば東と西，または南と北）．図 9.22 に示す円柱の周りの格子がその例である．（円形であるかそうでないかは別として）円柱の表面が南の境界で，外縁が北の境界である場合，西と東の境界が結合され，円柱の周りに切れ目のない格子線ができる．添字 i は西と東の境界の間の界面を表す任意の半径方向の格子線を起点とする．この界面では，格子が一致する場合とそうでない場合がある．このような界面の取り扱いについては 9 章で説明する．

C 型格子の場合，ある境界の一部が自分自身と重なる．翼型の周りの格子がその一例である．格子線の 1 つの組が翼の周りを覆い，もう一方の組はそれにほぼ直交する．例えば，翼表面が南境界である場合，境界は翼後端から翼の後ろ側の適当な距離にまで引き伸ばされる一方，北境界は解析領域の下側，左側，上側の境界をカバーする．O 型格子と同様，接触している南境界の 2 つの部分のインターフェースは，一致する場合と一致しない場合がある．

- **ブロック構造格子**　ブロック構造格子では，解を求める領域に対して 2 段階以上の分割を行う．粗い分割段階では，解析領域の比較的大きなセグメントを占めるブロックがあり，その構造は不規則で領域同士が重なる場合もある．一方，より細かい分割段階で，それぞれのブロックの中で構造格子が定義される．ブロック間のインターフェースでは特別な処理を必要とし，そのいくつかは 9 章で説明される．

  図 2.2 にブロック境界が整合している場合のブロック構造格子を示す．流れ場は図 2.1 と同じである．ブロック間のインターフェースは最初は規則的な面（円筒や平面）であったが，格子の品質を良くするためにスムージング操作を何度か行うことでやや不規則な面になる．ブロック構造格子では，時間をかければ品質の良い格子を作成することが可能である．実際，エンジニアが比較的複雑な形状に対して品質の良い格子を作成するために，1，2 週間を費やすことは珍しいことではない．

  図 2.3 にブロック境界が整合していない場合のブロック構造格子を示す．管路周りのブロックに細かい格子が使われている以外は，図 2.2 とよく似ている．この種の格子は，これまでの格子と比較すると，空間解像度を高めたい領域（例えば熱伝達を正確に評価したい円管周りなど）により細かい格子を配することができるため，より柔軟性が高いといえる．ブロック境界の不整合は，完全に保存的な方法で処理するか，「ハンギングノード」を使って処理することができる．これについては 9 章で述べる．格子の平滑化はそれぞれのブロックで個別に行えるので，図 2.2 と 2.3 を比較すればわかるように，ブロック境界の形状そのものは一般に変化させる必要はない．計算プログラム自体は，これまで述べた構造格子と比較すると複雑になる．構造格子を対象とした解法はそれぞれのブロック単位に適用され，より複雑な解析領域を構造格子で扱うことができる．

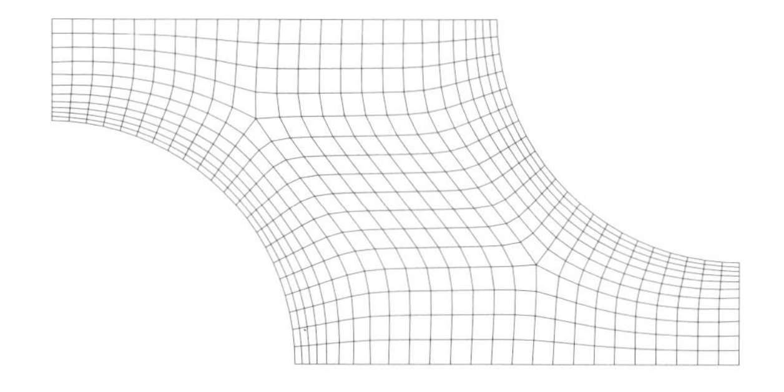

図 2.2 ブロック境界が整合した 2 次元ブロック構造格子の例.

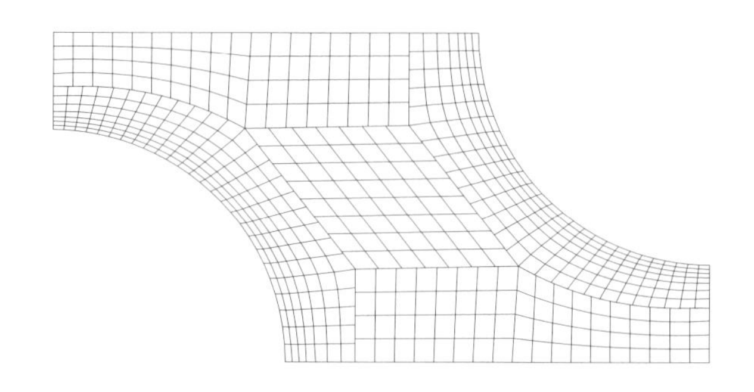

図 2.3 ブロック境界が不整合な 2 次元ブロック構造格子の例.

また，局所的な格子の細分化もブロックごとに個別に行うことができる（つまり，格子を特定のブロックで細分化できる）.

ブロック同士が重合するようなブロック構造格子を**重合**格子もしくは**キメラ**格子と呼ぶ．このような格子の例を図 2.4 に示す．ブロック同士が重なる部分では，1 つのブロックの境界条件は，もう一方の（重なり合った）ブロックの解を補間することで得られる．この種の格子の欠点は，ブロック境界での保存性を満たすことが容易ではないことである．一方，利点は複雑な形状の領域を容易に処理できることと，移動物体を追いかけられることである．この場合，物体にブロック格子を貼り付けて移動物体とともに移動させ，移動物体から離れた領域を静止した格子が覆う.

1980 年代後半から 1990 年代初頭にかけて，多くの著者によって重合構造格子を用いる手法が開発され (Tu and Fuchs, 1992; Perng and Street, 1991; Hinatsu and Ferziger, 1991; Zang and Street, 1995; Hubbard and Chen, 1994, 1995)，例えば SHIPFLOW，CFDShip-Iowa，OVERFLOW (NASA) といった

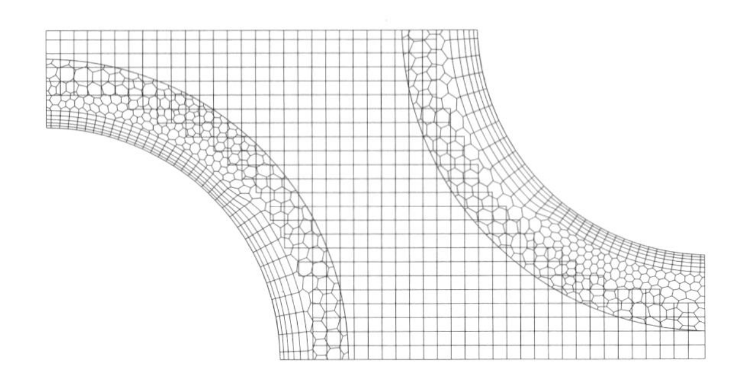

図 2.4　図 2.1 と同じ流れ形状に対する 2 次元重合格子.

いくつかの半商用コードがこの方法を採用している．特に流体中を移動する物体周りの流れを対象として，この手法に対する強い関心が 21 世紀の初めに再燃している．その 1 つである Hadžić (2005) によって開発された手法は，多面体格子に適用可能なバージョンが商用ソフトウェア STAR-CCM+で利用可能である．これについては 9 章で詳しく説明する．

- **非構造格子**　非常に複雑な形状に対して最も柔軟性が高いのは，任意の解析領域の境界に適合する格子である．このような格子は原理的には，どのような離散化手法であっても利用できるはずであるが，有限体積法と有限要素法に最も適している．このような手法では，要素または検査体積は任意の形状を持つことができ，隣接する要素や節点の数に制限はない．実際には，2 次元では三角形，四角形もしくは任意の多角形，3 次元では四面体，六面体，または任意の多面体からなる格子がよく用いられる．壁に沿ってプリズム層を配した典型的な非構造格子の 3 つの例を図 2.5 に示す．

  最近は，四面体よりも優れた特性を持ち，六面体よりも格子の自動作成が容易な，多面体検査体積による格子が人気である．多面体格子は，市販の構成生成ツールを用いて自動作成が可能であり，必要に応じて格子の直交性を最適化したりアスペクト比を簡単に制御したり，局所的に細分化することもできる．この格子作成に対する柔軟性という利点は，データ構造の不規則性という欠点によって相殺される．まず非構造格子では，節点の位置と近傍節点との接続関係が明示的に示される必要がある．また，代数方程式系の行列成分の配置にはもはや規則性や対角性はみられなくなるので，行列のバンド幅はこの節点の接続関係を再構築することで小さくする必要がある．さらに代数方程式系のソルバーは，データに対する間接的なアドレス指定を利用することにより，構造格子と比較して計算が遅くなる．そのため，例えば画像処理用計算ユニット (GPU) を用いて計算した場合，その加速効果は構造格子ほどは期待できない．

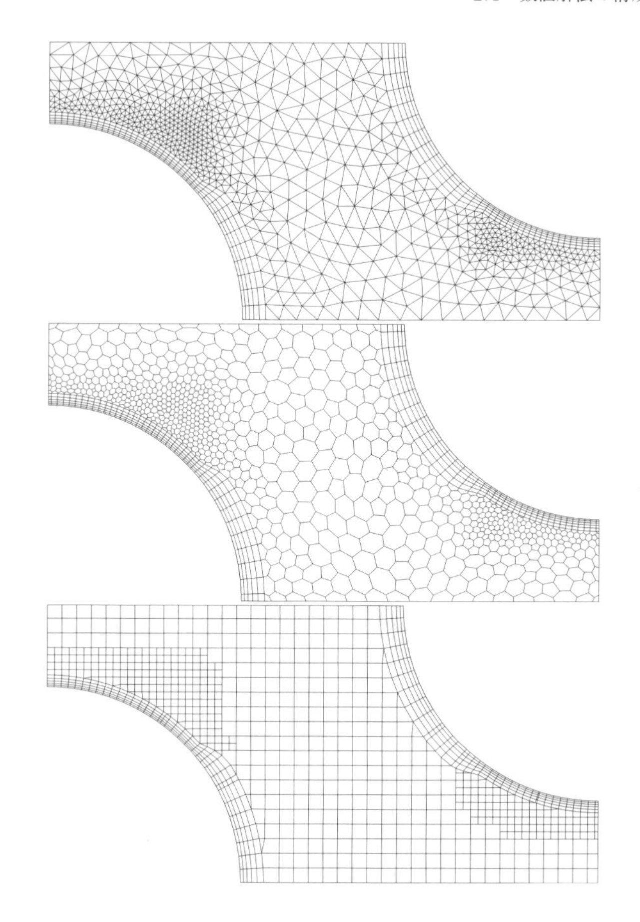

図 2.5　非構造格子の 3 つの例：壁に沿ってプリズム層を配して局所的に格子を細分化した，四面体（上），多面体（中），階層六面体（下）.

これはベクトルプロセッサを用いた場合も同じである.

非構造格子は一般的には有限要素法で用いられるが，有限体積法での利用も増えている．非構造格子を対象とした計算コードは格子に対して柔軟であり，局所的に細分化した場合や，異なる形状の要素や検査体積を用いた場合でも，プログラムそのものを修正する必要はない.

複雑な形状に対する自動格子作成が可能になったことで，非構造格子は産業界ではもはや例外ではなく一般的なものになった．壁近傍での構造格子の利点を活かすために，現在の格子作成ツールのほどんどは，壁境界に沿ってプリズム層を生成することもできる．この場合，格子は壁に平行な方向に対しては非構造であるが，壁に垂直な方向に対してはほぼ直交で層状の構造とすることで，境界層をより正確に近似することができる．本書で紹介する有限体積法は，非構造格子に適用することができる．詳細は，9章で説明する．

本書では，格子生成法そのものについては詳細に立ち入ることはしない．格子の特性やその生成法の基本については，9章で簡単に説明する．ブロック構造格子や非構造格子の生成法については多くの文献があるので，興味のある読者は Thompson et al. (1985) や Arcilla et al. (1991) の本を参照されたい．ただし，商用の格子作成やその最適化のためのツールに使われている多くの方法は公開されていない．つまり格子生成はもはや芸術的な領域といえ，特殊な処理を行うために使用される多くの手順は数学的に記述することができない．なお，格子の品質に関する問題は非構造格子においては特に重要であり，これについては12章で取り扱う．

2.4.5 有限近似

格子の選択の次は，方程式の離散化過程で使う近似方法を決めなければならない．例えば有限差分法では，格子点における微分の近似方法を選択する必要がある．一方，有限体積法では，検査体積での表面および体積積分の近似方法，有限要素法では，要素における形状関数と重み関数を決めなければならない．

近似方法の選択肢は多岐にわたり，本書ではその中から最もよく用いられるものの一部を紹介し，そのほかにも簡単に触れるが，そこに述べない多くの方法がある．その選択は近似の精度に影響を与えるほか，数値解法の開発やコーディング，さらにはデバッグの難易度にも影響する．より精度の高い近似はより多くの参照点を必要とし，係数行列はより密となる．これにより使用するメモリは増えるので，粗い格子を使わざるを得なくなり，結果的に高い精度という利点をいくぶんとも相殺してしまうかもしれない．すなわち，簡潔さ，実装の容易さ，精度，計算効率のバランスをとる必要がある．本書で紹介する手法が2次精度であるのは，このバランスを考慮してのものである．

2.4.6 解　法

離散化により，大規模な連立非線形代数方程式が得られる．この方程式の解法は対象とする問題に依存する．非定常流れでは，常微分方程式に対する初期値問題で一般的な方法（時間発展法）が使われる．この場合，各時刻においては楕円型問題を解かなければいけない．一方，定常流れでも，しばしば擬似的時間進行法かそれと同等の反復法が用いられることが多い．方程式が非線形であるので，その解法には反復法が用いられる．このような解法では，方程式に対して逐次的な線形近似を行い線形化されるので，ほとんどの場合，反復法で解くことができる．解法の選択は，選択した格子のタイプと各代数方程式に含まれる節点の数に依存する．これらの解法のいくつかは，5 章で紹介する．

2.4.7 収束判定基準

最後に，反復法における収束判定基準を決める必要がある．通常，反復には 2 段階あり，線形方程式を解くための内部反復と，方程式の連成と非線形性を取り扱うための外部反復に分けられる．それぞれの段階で反復をいつやめるのかは，計算精度と効率の両面で重要である．この問題は，5 章と 12 章で扱う．

2.5 数値解法の特性

数値解法はいくつかの特性を併せ持つ．ほとんどの場合，解法を完全に分析するということはできない．そこで 1 つの解決策はその解法の構成要素を分析することである．その構成要素が望ましい特性を持っていない場合，それを含む全体もまた同じであると判断するが，その逆は必ずしも正しくはない．数値解法が持つべき最も重要な特性を以下にまとめる．

2.5.1 整　合　性

離散化は，格子幅がゼロに近づくに従い正確になるべきである．元の厳密な方程式とその離散化式の差を**打ち切り誤差**と呼ぶ．打ち切り誤差は，離散空間におけるすべての節点の値を，ある点でのテイラー展開に置き換えることで見積もることができる．結果的に，離散式に対して元の厳密な常微分方程式との差を得ることができ，これが打ち切り誤差を表す．ある離散手法が**整合性**を持つとは，時空間の格子幅が $\Delta t \to 0$ や $\Delta x_i \to 0$ と小さくなるときに，打ち切り誤差がゼロに収束することを意味する．打ち切り誤差は通常，格子幅 Δx_i や時間幅 Δt のべき乗に比例する．もし，離散式中の重要な項が $(\Delta x)^n$ もしくは $(\Delta t)^n$ に比例するのであれば，この手法は n 次精度であるという．なお，整合性のためには $n > 0$ でなければならない．理想的には離散式中のすべての項は同じ精度であるべきであるが，特定の流れでは一部の項（例えば高レイノルズ数流れでは対流項，低レイノルズ数流れでは拡散項）が他の項に対して支配的になることがあり，このような場合はその項に対して高い精度にすることは理にかなっている．

離散化手法の中には，打ち切り誤差が Δx_i と Δt の比の関数となる場合がある．このような場合は，離散式の整合性は条件付，すなわち Δx_i と Δt が小さくなるときに，両者の比も適切にゼロになる．続く 2 つの章では，さまざまな離散化手法について，その整合性を検証する．

一方，離散近似が整合性を満たしていたとしても，離散化された方程式系の解が格子サイズを極限まで小さくした場合に，元の微分方程式の厳密解となるわけではない．このことを実現するためには，数値解法が以下に述べるように**安定**でなければならない．

2.5.2 安　定　性

数値解法が安定であるとは，数値解を得る過程で現れる誤差が増幅しないことを意味する．時間発展問題に対する安定性は，元の厳密な方程式の解が有界である場合に，数値解法の解も有界であることを保証する．反復法で安定な方法とは解が発散しない方法である．特に境界条件や非線形性が介在する場合，安定性を調べることは難しくなる．そのため，境界条件を伴わない定数係数を持つ線形問題の場合に対して解法の安定性を調べることが一般的である．経験的にはこのような方法で得られた結果は，複雑な問題にも適用できる場合が多いが，顕著な例外もある．

数値解法の安定性を調べる際に最も広く用いられているのはフォン・ノイマンの方法である．この方法については6章で簡単に説明する．本書で説明するスキームのほとんどは安定性に関する解析がすでになされており，各スキームを説明する際に安定性に関する重要な結果についても触れる．一方で，複雑な境界条件のもとで，非線形の強い連立方程式を解くような場合には，安定性解析の知見は少ないため，経験と直感に頼らざるを得ない．多くの解法では，時間ステップをある限界値に対して小さくしたり，不足緩和を用いたりする必要がある．時間ステップや不足緩和のパラメータ値の選択に関する問題は，6章，7章と8章で議論する．

2.5.3 収　束　性

数値解が収束するということは，格子幅がゼロに近づく際，離散方程式の解が元の微分方程式の厳密解に近づくことをいう．線形初期値問題に対しては，**ラックスの等価原理** (Richtmyer and Morton, 1967, もしくは Street, 1973) により「適切な線形初期値問題と整合性を満たす差分近似が与えられたとき，安定性が収束の必要十分条件となる」ことが証明されている．整合性を満たすスキームであっても，解が収束しなければ意味がないことは明らかである．

境界条件に大きく影響を受ける非線形問題では，その数値解法の安定性と収束性を示すことは難しい．したがって収束性は通常，数値実験，すなわち，段階的に格子を細かくした計算を繰り返すことで，チェックされる．ある解法が安定で，かつ離散化過程で使用されるすべての近似が整合性を満たす場合，計算結果は**格子に依存しない解**に収束することがわかる．十分に格子サイズが小さい場合，収束率は主要な打ち切り誤差の次数で決まる．これにより我々は解の誤差を推定することができる．これについては3章と5章で詳しく述べる．

2.5.4 保　存　性

解くべき方程式は保存則を表しているので，その数値解法も局所的かつ大域的にこの法則に従うべきである．これは，流れが定常で生成がない場合，閉じた体積内からの流出と流入は等しくなることを意味する．方程式が強保存形式の有限体積法では，個々の検査体積と解析領域全体に対してこの条件が保証される．その他の離散化手法においても，近似手法の選択に十分な注意を払えば，保存性を満たすことができる．保存すべき量の生成項および消散項の取り扱いは，領域における生成と消散の合算値が境界を通った総流束と一致するように一貫している必要がある．

保存性は，数値解の誤差の制約として働くという点で，数値解法の重要な特性といえる．もし，質量，運動量およびエネルギーの保存性が保証されていれば，解析領域全体でその数値誤差は，それぞれの数値解を不適切に配分しているだけであるとみることができる．これに対して非保存形のスキームは，物理量に対して人工的な生成や消散を流れ場に生み出すことから，局所的にも大域的にもそのバランスを変化させてしまう．一方で，非保存形スキームが整合性を満たし安定であることもあり，非常に細かい格子を用いることで正しい解を得ることも可能である．非保存形スキームを用いた場合の誤差は，大抵の場合，比較的粗い格子上で顕著になる．その場合の問題は，どの程度の格子でこのような誤差が十分に小さくなるのかを知ることが難しいことであり，この結果，保存形のスキームが好まれる．

2.5.5 有　界　性

数値解は適切な範囲内に収まる必要がある．物理的に負にならない量（例えば密度や乱流の運動エネルギーといった量）は常に正でなくてはならないし，濃度のような量は 0 % と 100 % の間の値をとらなければならない．また，生成項のない方程式（例えば熱源がない場合の温度の方程式）では，変数の最大値と最小値は解析領域の境界にあるはずである[1]．これらの条件は，数値解析による近似でも成立しなければならない．

有界性を保証することは容易ではない．実際，後に示すように，この特性を保証するのは，一部の 1 次精度スキームのみである．すなわち，すべての高次精度スキームは非有界の解をとり得る．幸いなことに，有界性を破る解が現れるのは，通常は格子が非常に粗い場合のみである．よって，解のオーバーシュートやアンダーシュートは，数値解の誤差が大きく格子の細分化（少なくとも局所的に）が必要であるということの指標になる．問題は，非有界な解を生じやすいスキームが安定性や収束の問題を抱えている場合で，このような手法は可能な限り避けるべきである．

1　訳注：拡散係数が不均一で対流と釣り合う場では，必ずしもそうならないこともある．

2.5.6 現　実　性

数値解析で直接取り扱うには複雑すぎる現象（例えば，乱流，燃焼，混相流など）は，物理的に現実的な解を保証するようにモデル化されなくてはならない．このこと自体は数値的な問題ではないが，現実性を満足しないモデルを用いた場合，非物理的な解が得られたり，数値解法が発散したりすることがある．本書ではこの問題には触れないが，CFD コードに新たに物理モデルを実装する場合は，この特性に注意する必要がある．

2.5.7 精　度

流体の流れや熱輸送の問題の数値解は，あくまで**近似解**にすぎない．解法アルゴリズムの開発やプログラム作成，境界条件の設定の過程で含まれる誤差に加えて，数値解には常に次の 3 つの系統的誤差が含まれる．

- **モデリング誤差**　実際の流れと，その数理モデルの厳密解との差として定義される．
- **離散化誤差**　保存方程式の厳密解と，その離散化によって得られる代数方程式の厳密解の差として定義される．
- **反復誤差**　代数方程式の厳密解と，その反復計算によって得られた解との差として定義される．

反復誤差はしばしば**収束誤差**とも呼ばれる（本書の旧版ではそうであった）．しかし，**収束**という用語は，反復解法における反復に伴う誤差の減少と関連付けられるだけでなく，（これもまた極めてもっともなことに）数値解が格子に依存せずにある解に漸近する場合にも用いられ，後者は離散化誤差と密接に関係している．そこで混乱を避けるために，上記の誤差の定義に従い，収束の問題を議論するときは，どちらの収束について話しているのかを明示する．

このようなさまざまな誤差があることを認識した上で，それぞれの誤差を区別しようとすることがさらに重要である．さまざまな誤差がお互いを打ち消しあい，それによって粗い格子で得られた解が，定義上はより正確なはずの解像度の高い格子で得られた解よりも実験値とよく一致することがある．

モデリング誤差は，変数に対する輸送方程式を導出する際に用いた仮定に依存する．ナビエ・ストークス方程式は流れを十分正確にモデル化しているので，層流の流れを解析する場合は，モデリング誤差は無視できると考えられる．一方で，乱流や二相流，燃焼などの場合，モデリング誤差は非常に大きくなる場合があり，モデルを含んだ方程式の厳密解自体が，**定性的**にも間違っている場合さえある．モデリング誤差は，解析領域の幾何的形状の単純化によっても生じる．モデリング誤差は前もって知ることができず，離散化誤差と反復誤差が無視できる数値解に対して，正確な実験データと比較したり，より正確なモデルを用いた数値解（例えば乱流の直接解析の結果など）と比較することでのみ，評価することができる．すなわち，物理現象のモデル（乱流モデルなど）の良否を判断する前に，反復誤差と離散化誤差を制御して見積もっておくことが肝要である．

前に述べた通り，離散化に伴う近似が誤差を生み，これは格子が細かくなるに従い小さくなる．また，近似精度の次数が正確さの尺度になる．しかしながら，ある格子上で同じ次数の近似精度の手法を用いた場合，その数値解の誤差が一桁も異なる場合がある．これは，近似精度の次数は，格子の細分化に応じてどのように離散化誤差が小さくなるのかをその**比率**で表しているにすぎず，ある特定の格子における誤差の絶対的な大きさについては何も意味していないからである．離散化誤差をどのように評価するかについては，次の章で述べる．

反復解法と計算の丸めに起因する誤差は，その制御が比較的容易であり，5 章で反復解法を紹介する際にそのやり方をみることにする．

数値解法の数は膨大であり，CFD コードの開発者はその中からどれを採用するかを決めるのに困惑するかもしれない．究極の到達点としては，最小の努力で必要とする精度を得るか，利用できる計算資源に対して最高の精度を得ることであろう．本書では，特定の解法を説明するたびに，その解法の利点と欠点をこれらの基準に基づいて指摘する．

2.6 離散化手法

2.6.1 有限差分法

この手法は，偏微分方程式の数値解法で最古の手法であり，18 世紀にオイラーによって考え出されたといわれる．また単純な幾何形状に対しては，最も簡単な手法といえる．

まず，保存方程式の微分形から話を始める．解析領域は格子により分割される．偏微分係数を格子点での従属変数の値の関数に置き換えることで，微分方程式をそれぞれの格子点で近似する．その結果，格子点ごとに 1 つの代数方程式が得られ，その点での変数の値と隣接するいくつかの格子点での値が未知数として現れる．

原理的に有限差分法はどのような格子に対しても適用できるが，著者の知る限り，すべての有限差分法の応用例は，構造格子への適用に限られている．その際，格子線は局所座標線として機能する．

ある座標に対する 1 階および 2 階導関数の近似には，テイラー展開や多項式によるフィッティングが用いられる．必要に応じて，これらの方法は格子点以外の場所での変数値を与えること（補間）にも用いられる．有限差分法により導関数を近似する場合の最も一般的な方法は，3章で説明する．

構造格子では，有限差分法は極めて単純かつ有効な方法である．レギュラー格子では高次のスキームを導出することも非常に簡単である．その中のいくつかの方法については3章で述べる．一方，有限差分法の欠点は，特別な取り扱いをしない限りは保存性が満たされないことである．また，単純な幾何形状しか扱えない点も，複雑流れ場においては大きな欠点である．

2.6.2　有限体積法

有限体積法は，保存方程式の積分形から話を始める．解析領域は，隙間のないような有限個の検査体積 (CV) により分割され，保存方程式がそれぞれの CV に適用される．それぞれの CV の重心には，変数が計算される節点がある．CV 表面での変数の値は，節点（CV 中心）の値を用いて内挿により表される．面積積分および体積積分は，適当な求積法を用いて近似する．その結果，各 CV に対して 1 つの代数方程式が得られ，この方程式にはいくつかの近隣節点の値が変数として現れる．

有限体積法はどのようなタイプの格子にも適応できるので，複雑形状に適している．格子は CV の界面のみを定義しており，座標系に関係付ける必要はない．この手法は，2 つの CV が共有する界面で面積積分（これは移流および拡散流束を表す）が同じである限り，構造上保存性を満たす．

有限体積法はおそらく最も理解しやすくかつプログラム化しやすい方法である．近似する必要のあるすべての項がなんらかの物理的意味を持っており，それがエンジニアに人気がある理由である．

有限体積法の欠点は，有限差分法と比較して，3 次元の場合に 2 次より高次の精度を実現することが難しい点である．これは，有限体積によるアプローチが，3 つのレベル，すなわち，補間，微分，および積分に対する近似を必要とするためである．有限体積法は本書で最も多く用いられる方法であり，その詳細を 4 章で説明する．

2.6.3　有限要素法

有限要素法は，多くの点で有限体積法に類似している．解析領域は，大抵の場合，非構造な一連の離散体積または有限要素に分割される．2 次元の場合は通常，三角形または四角形が用いられ，3 次元の場合は四面体や六面体がよく用いられる．有限要素法の特徴的な点は，方程式が領域全体にわたって積分される際に，基礎方程式に**重み関数**が掛けられることである．最も単純な有限要素法では，要素境界で解の連続性が保証されるように各要素内を線形関数で近似する．このような関数は，要素の角における値から構築することができる．重み関数には通常，この近似関数と同じ形式のものが使われる．

この近似を保存則の重み付き積分形に代入し，各節点での値に関する積分の変分がゼロになるという条件を付けることで，解くべき方程式が導出される．これは，許される関数のうちで最良の解（残差が最小という意味で）を選ぶということに相当する．その結果として，非線形代数方程式が得られる．

有限要素法の重要な利点の1つは，任意の幾何形状に対応できるという点である．有限要素法のための格子生成法の文献は豊富にある．各要素を再分割することで格子は容易に細分化することができる．有限要素法は，比較的容易に数学的に解析することができ，特定のタイプの方程式に対しては最適性を持つことが示されている．一方，主な欠点は，非構造格子を用いたすべての方法の常として，線形化された方程式の係数行列が，規則的な格子を用いた行列と比較して構造的でなく，効果的な行列解法を見つけることがより困難となることである．有限要素法の詳細な説明とそのナビエ・ストークス方程式への適用については，以下の書籍を参照されたい[2]．Oden (2006), Zienkiewicz et al. (2005), Donea and Huerta (2003), Glowinski and Pironneau (1992), Fletcher (1991).

ここで，**有限体積に基づく有限要素法** (control-volume-based finite element method: CVFEM) と呼ばれるハイブリッド法についても言及すべきであろう．この手法では，要素内の変数の分布を表すのに，形状関数を用いる．それぞれの要素の重心を結合することで界面とし，これにより各節点の周りに検査体積が形成される．有限体積法と同様，積分形の保存方程式が，この検査体積に適用され，検査体積界面での流束と方程式の生成項は，要素ごとに計算される．この手法については9章で簡単に説明する．

[2] 訳注：日本語の教科書としては，棚橋隆彦著 (1997)：応用数値計算ライブラリ 流れの有限要素法解析 I,II．朝倉書店．

第3章　有限差分法

3.1　はじめに

1章で述べたように，すべての保存方程式はよく似た形をしており，式(1.26), (1.27), (1.28)で表される一般化した輸送方程式の特別な場合とみなすことができる．そこで，本章とそれに続く章では，一般化した保存方程式のみを扱う．まず，すべての保存方程式に共通な項（移流，拡散，および生成）に対して離散化方法を示したのち，ナビエ・ストークス方程式に固有な特徴や，連成非線形問題を解くためのテクニックについて取り上げる．また，当面の間は非定常項は省略し，時間に依存しない問題のみを考える．

簡単のため，ここではデカルト座標のみを使用すると，一般化された保存方程式は次のようになる：

$$\frac{\partial(\rho u_j \phi)}{\partial x_j} = \frac{\partial}{\partial x_j}\left(\Gamma \frac{\partial \phi}{\partial x_j}\right) + q_\phi \, . \tag{3.1}$$

ここで，ρ, u_j, Γ, q_ϕ は既知であるとする．実際は速度がまだ計算されていない場合や，流体の特性が温度に依存する場合，さらには乱流モデルが使用されている場合はその特性が速度場にも依存する可能性があり，この仮定は必ずしも正しいとはいえない．しかしながら後にみるように，これらの方程式を解くために使用される反復解法では，ϕのみを未知としてみなし，他のすべての変数はその前の反復で得られた値に固定するので，これらを既知とすることは妥当なアプローチといえる．

非直交格子や非構造格子を用いた場合の特別な問題については，9章で議論する．そこではさらに，多くの可能な離散化テクニックの中から，重要な考え方を示すものを選んで説明する．それ以外の方法については引用文献を参照されたい．

3.2　基本的な考え方

数値解を得るための最初のステップは，解析領域を離散化すること，つまり，計算格子を定義することである．有限差分法の離散化では，通常，格子は局所的に構造化されており，各格子点は格子線に沿った軸を持つ局所座標系の原点とみなすことができる．これはまた，例えば同じ座標軸に属する2つの格子線は交わらないことを

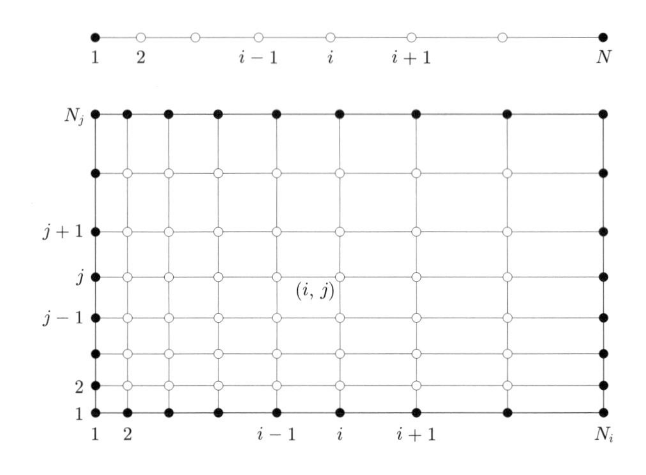

図 3.1　有限差分法における 1D（上）および 2D（下）のデカルト座標格子の例（黒丸は境界節点，白丸は内部計算節点）.

意味し，異なる座標軸に属する格子線のペア，例えば $\xi_1 = \text{const.}$ と $\xi_2 = \text{const.}$ は 1 度だけ交差することを意味する．同様に 3 次元では，各節点で 3 本の格子線が交差し，これらの格子線はそれ以外の節点では互いに交差しない．有限差分法における 1 次元 (1D) および 2 次元 (2D) のデカルト座標格子の例を，図 3.1 に示す．

各節点は，その場所で交差する格子線のインデックスの組，2 次元では (i, j)，3 次元では (i, j, k) によって一意に識別され，隣接節点はそのうちの 1 つのインデックスを 1 増減することで定義できる．

有限差分法の出発点として，一般化されたスカラー保存則の式の微分形を考える．この式は ϕ に対して線形であるから，格子点での変数の値を未知数とする線形代数方程式系として近似できる．そしてこの方程式系の解は，元の偏微分方程式 (partial differential equation: PDE) の近似解となる．

したがって，各節点にはそれに関連付けられた未知変数と，1 つの代数方程式が与えられなければならない．この代数方程式は，その節点での変数と隣接するいくつかの節点での変数との関係を表していて，着目している節点での PDE の各項を有限差分近似で置き換えることで得られる．もちろん，方程式の数と未知数の数は一致しなければならない．変数が陽的に与えられる境界（ディリクレ条件）では，方程式は必要ない．一方，境界で変数の導関数を含む場合（ノイマン条件），境界条件を離散化した上で解くべき方程式の組に組み込まなければならない．

有限差分法の背後にある考え方は，導関数の定義にみることができる：

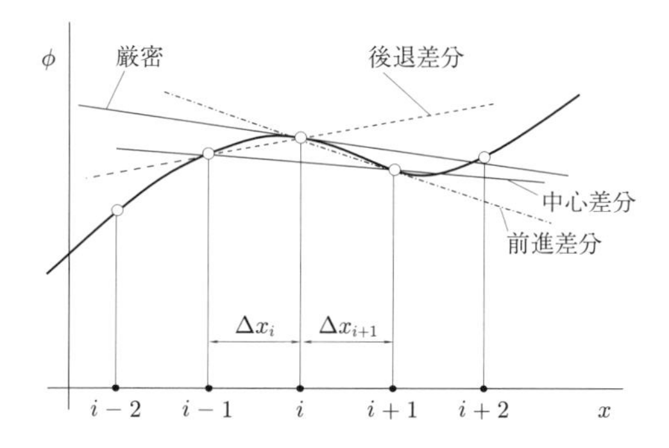

図 3.2 導関数の定義とその近似.

$$\left(\frac{\partial \phi}{\partial x}\right)_{x_i} = \lim_{\Delta x \to 0} \frac{\phi(x_i + \Delta x) - \phi(x_i)}{\Delta x} . \tag{3.2}$$

ここで，有限差分法でよく用いられる幾何学的解釈を図 3.2 に示す．ある点における 1 階導関数 $\partial\phi/\partial x$ は，その点における曲線 $\phi(x)$ の接線の傾きを表す．図中「厳密」と示された直線がそれに該当する．この傾きは，着目点近傍の曲線上の 2 点を結ぶ直線の傾きで近似することができる．一点鎖線は**前進差分** (forward difference scheme: FDS) による近似を示し，この場合，x_i での微分は x_i と $x_i + \Delta x$ を通る曲線の傾きで近似される．これに対して破線は**後退差分** (backward difference scheme: BDS) による近似であり，2 つ目の点を $x_i - \Delta x$ とした場合である．「中心差分」と示された直線は，**中心差分** (central difference scheme: CDS) による近似で，導関数を求めたい点に隣接する前後 2 つの点を通る直線の傾きを用いる．

図 3.2 より，ある近似が他よりも優れていることは明らかである．実際，中心差分近似の直線は，厳密な直線と非常に近い傾きとなっている．もし関数 $\phi(x)$ が 2 次の多項式であり，点が x 方向に等間隔であれば，傾きは厳密に一致する．

図 3.2 からも明らかなように，格子を細かくして x_i により近い位置に点を加えた場合，近似は向上する．図 3.2 に示されている近似は多くの近似の可能性のうちのごく一部であり，続く節では 1 階および 2 階導関数の近似を導出するための基本的なアプローチについて概説する．

続く 2 つの節では，1 次元の場合のみを考える．座標系については，デカルト座標と曲線座標との違いはここではほとんど重要ではない．多次元の有限差分では，通常，それぞれの座標は個別に扱われるため，ここで開発した手法は容易に高次元に拡張できる．

Fornberg (1988) は，差分近似による定式化の一般化手法を示し，さまざまな階数の導関数や次数精度に関して有用な表で示している．

3.3　1階導関数の近似

式 (3.1) の対流項の離散化には，1階導関数 $\partial(\rho u\phi)/\partial x$ の近似が必要になる．ここでは一般的な変数として ϕ の1階導関数の近似の仕方を説明する．なお，ここで述べる方法は任意の変数の1階導関数に適用できる．

前節では，1階導関数の近似を求める方法の一例を示したが，正確な近似を得るためにより適した体系的なアプローチがある．ここではそのいくつかを説明する．

3.3.1　テイラー級数展開

連続で微分可能な任意の関数 $\phi(x)$ は，x_i の近傍で次のようにテイラー展開して表すことができる：

$$\phi(x) = \phi(x_i) + (x - x_i)\left(\frac{\partial\phi}{\partial x}\right)_i \frac{(x-x_i)^2}{2!}\left(\frac{\partial^2\phi}{\partial x^2}\right)_i + \frac{(x-x_i)^3}{3!}\left(\frac{\partial^3\phi}{\partial x^3}\right)_i + \cdots + \frac{(x-x_i)^n}{n!}\left(\frac{\partial^n\phi}{\partial x^n}\right)_i + H\ , \tag{3.3}$$

ここで H は「高次の項」を意味する．この式で x を x_{i+1} や x_{i-1} で置き換えることで，これらの点での変数の値を x_i での変数とその導関数で表すことができる．これは x_i の近傍の点，例えば x_{i+2} や x_{i-2} にも拡張できる．

これらの級数展開を使用すると，x_i における1階および高階の導関数は，近傍の点での値の関数として近似することができる．例えば，式 (3.3) を x_{i+1} での ϕ に適用すると，次のように示せる：

$$\left(\frac{\partial\phi}{\partial x}\right)_i = \frac{\phi_{i+1}-\phi_i}{x_{i+1}-x_i} - \frac{x_{i+1}-x_i}{2}\left(\frac{\partial^2\phi}{\partial x^2}\right)_i - \frac{(x_{i+1}-x_i)^2}{6}\left(\frac{\partial^3\phi}{\partial x^3}\right)_i + H\ . \tag{3.4}$$

同様に x_{i-1} に対しては，

$$\left(\frac{\partial\phi}{\partial x}\right)_i = \frac{\phi_i-\phi_{i-1}}{x_i-x_{i-1}} + \frac{x_i-x_{i-1}}{2}\left(\frac{\partial^2\phi}{\partial x^2}\right)_i - \frac{(x_i-x_{i-1})^2}{6}\left(\frac{\partial^3\phi}{\partial x^3}\right)_i + H\ . \tag{3.5}$$

さらに x_{i-1} と x_{i+1} の両方を用いると，

$$\left(\frac{\partial\phi}{\partial x}\right)_i = \frac{\phi_{i+1}-\phi_{i-1}}{x_{i+1}-x_{i-1}} - \frac{(x_{i+1}-x_i)^2-(x_i-x_{i-1})^2}{2\,(x_{i+1}-x_{i-1})}\left(\frac{\partial^2\phi}{\partial x^2}\right)_i - \frac{(x_{i+1}-x_i)^3+(x_i-x_{i-1})^3}{6\,(x_{i+1}-x_{i-1})}\left(\frac{\partial^3\phi}{\partial x^3}\right)_i + H\ . \tag{3.6}$$

これら3つの式は，右辺のすべての項が与えられた場合，**厳密**に正確である．しかし実際は高階の導関数は未知なので，これらの式はそのままではあまり価値はない．ただし，格子間隔，すなわち $x_i - x_{i-1}$ や $x_{i+1} - x_i$ が小さい場合，高階の導関数が局所的に非常に大きくなるという特殊な場合を除いて，高次の項 H は小さくなる．このとき，右辺の第 1 項より後ろの項を打ち切ることで，1 階導関数の**近似**が得られる：

$$\left(\frac{\partial\phi}{\partial x}\right)_i \approx \frac{\phi_{i+1}-\phi_i}{x_{i+1}-x_i}\ ; \tag{3.7}$$

$$\left(\frac{\partial\phi}{\partial x}\right)_i \approx \frac{\phi_i-\phi_{i-1}}{x_i-x_{i-1}}\ ; \tag{3.8}$$

$$\left(\frac{\partial\phi}{\partial x}\right)_i \approx \frac{\phi_{i+1}-\phi_{i-1}}{x_{i+1}-x_{i-1}}\ . \tag{3.9}$$

これらの式は，それぞれ先に述べた前進差分 (FDS)，後退差分 (BDS) および中心差分 (CDS) である．右辺から打ち切られた項は，**打ち切り誤差**と呼ばれ，近似精度の尺度となるとともに，格子間隔を小さくするにつれて誤差が減少する比率を決める．特に打ち切りの最初の項が，一般的には誤差全体の主要因となる．

打ち切り誤差は，格子間隔のべき乗と $x = x_i$ での高階導関数との積の和となる．

$$\epsilon_\tau = (\Delta x)^m \alpha_{m+1} + (\Delta x)^{m+1}\alpha_{m+2} + \cdots + (\Delta x)^n \alpha_{n+1}\ , \tag{3.10}$$

ここで，Δx は格子間隔（ここでは等間隔と仮定）で，α は高階導関数に定数を掛けたものである．式 (3.10) から，格子間隔が小さい場合，Δx の高次のべきを含む項はより小さくなるため，（最小のべきを持つ）先頭の項が誤差の主要項となることがわかる．すなわち，Δx が減少するに従い，上の近似はその誤差が $(\Delta x)^m$ に比例して厳密解に収束する．ここで m は打ち切り誤差の主要項のべきを表している．近似の次数は，格子間隔が**細分化**されるに従いどれだけ速く誤差が**減少**するかを示すが，それ自体が誤差の大きさそのものを表すものではない．つまり誤差は，1 次精度，2 次精度，3 次精度，4 次精度でそれぞれ，2，4，8，16 倍で減少する．なお，このルールは**格子間隔が十分小さい**場合にのみ有効である．ここで「十分小さい」とは関数 $\phi(x)$ の分布に依存する．

式 (3.7) と (3.8) は，打ち切り誤差の主要項が格子間隔に比例することから，格子間隔が等間隔か不等間隔かにかかわらず，1 次精度の近似となっている (式 (3.4) と (3.5) を参照)．式 (3.9) の近似では，誤差の主要項は格子間隔が一様な場合には消える．この場合，残りの主要項は格子間隔の 2 乗に比例し，したがってこの近似は 2 次精度になる．格子の非一様性が打ち切り誤差に与える影響の詳細な議論は，3.3.4 項で行う．

3.3.2　多項式フィッティング

導関数の近似を得る他の方法として，補間曲線を関数にあてはめ，その補間曲線を微分する方法がある．例えば，補間曲線として線形補間を用いる場合，点 x_i の左側か右側に第2の点があるかによって，前進もしくは後退差分近似が得られる．

データポイントして，x_{i-1}，x_i および x_{i+1} に対して放物線をあてはめ，その補間曲線から x_i における1階導関数を計算すれば，次のようになる：

$$\left(\frac{\partial \phi}{\partial x}\right)_i = \frac{\phi_{i+1}(\Delta x_i)^2 - \phi_{i-1}(\Delta x_{i+1})^2 + \phi_i[(\Delta x_{i+1})^2 - (\Delta x_i)^2]}{\Delta x_{i+1}\Delta x_i(\Delta x_i + \Delta x_{i+1})} , \tag{3.11}$$

ここで $\Delta x_i = x_i - x_{i-1}$ である．この近似ではどんな格子に対しても2次精度の打ち切り誤差を持ち，同様の2次の近似は，式(3.6)における2階導関数を含む項を排除することで，テイラー展開を用いて得ることもできる（式(3.26)を参照）．等間隔格子では，さらに単純化されて式(3.9)で与えられる中心差分近似になる．

ほかにもスプライン曲線などの多項式を補間曲線として用いることで，その導関数を近似することもできる．一般的に1階導関数の近似は，ある関数を近似するために用いた多項式の次数と同じ次数の打ち切り誤差を持つ．以下に等間隔格子上で，4点に3次多項式をあてはめて得られた2つの3次精度近似と，5点に4次式をあてはめて得られた4次精度近似をそれぞれ示す：

$$\left(\frac{\partial \phi}{\partial x}\right)_i = \frac{2\,\phi_{i+1} + 3\,\phi_i - 6\,\phi_{i-1} + \phi_{i-2}}{6\,\Delta x} + \mathcal{O}\big((\Delta x)^3\big) ; \tag{3.12}$$

$$\left(\frac{\partial \phi}{\partial x}\right)_i = \frac{-\phi_{i+2} + 6\,\phi_{i+1} - 3\,\phi_i - 2\,\phi_{i-1}}{6\,\Delta x} + \mathcal{O}\big((\Delta x)^3\big) ; \tag{3.13}$$

$$\left(\frac{\partial \phi}{\partial x}\right)_i = \frac{-\phi_{i+2} + 8\,\phi_{i+1} - 8\,\phi_{i-1} + \phi_{i-2}}{12\,\Delta x} + \mathcal{O}\big((\Delta x)^4\big) . \tag{3.14}$$

上の近似はそれぞれ，3次精度後退差分，3次精度前進差分，および4次精度中心差分法である．不等間隔格子では，式中の係数は格子の拡大率の関数となる．

前進差分と後退差分の場合，着目点に対してどちらか一方により重みが置かれた近似になる．対流が支配的な問題では，格子点の x_{i-1} から x_i に流れがある場合には後退差分が，逆に負の方向に流れがある場合には前進差分が用いられる場合があり，このような方法を，**風上差分法** (upwind difference scheme: UDS) と呼ぶ．ただし1次精度の風上差分法は，近似としては正確とは言い難く，その打ち切り誤差は偽りの拡散効果を持つ（すなわち数値解は，実際の拡散に対してずっと大きな拡散係数に対応した値となる）．高次精度の風上差分法はより正確であるが，通常は，高次精度の中心差分の方が流れの方向に依存しない分だけより容易に実装することができる（上記の式を参照）．

ここでは，1次元の多項式のあてはめのみを示したが，同様のアプローチは任意の**形状関数**や補間関数と組み合わせることで，1次元，2次元，3次元を問わず利用することができる．その際の唯一の制約は，形状関数の係数の個数と，その係数を計算するために使用する格子点の数は一致しなければならないということである．このアプローチは，9.5節で示す座標変換を使わなくて済むため，不等間隔格子を用いた場合に特に有効である．

3.3.3　コンパクトスキーム

等間隔格子に対しては，多くの特別なスキームが導出されている．コンパクトスキーム (Lele, 1992; Mahesh, 1998) や後述するスペクトル法はその例であり，ここではパデ (Padé) スキームのみを取り上げる．

コンパクトスキームは，多項式のあてはめにより導かれる．ただしこの方法では，多項式の係数を導く際に，通常の格子点の変数の値に加えて，その導関数の値も用いる．このアイデアを 4 次精度のパデスキームの導出に適用してみよう．ここで目指すことは，着目点の近傍の情報のみを用いることである．これにより，得られた式の解法が容易になるとともに，境界領域近傍での近似値が計算しやすくなる．ここで特に説明する手法では，格子点 $i, i+1$ および $i-1$ での変数と，$i+1$ および $i-1$ での導関数を用いて，格子点 i での 1 階導関数の近似を求める．このために，格子点 i での 4 次の多項式を次のように定義する：

$$\phi = a_0 + a_1(x - x_i) + a_2(x - x_i)^2 + a_3(x - x_i)^3 + a_4(x - x_i)^4 \,. \tag{3.15}$$

係数 $a_0, \ldots, a_4$ は，上記の多項式を 3 つの変数と 2 つの導関数の値にあてはめることで求めることができる．しかしここでは，格子点 i での 1 階導関数にのみ興味があるため，係数 a_1 のみを計算すれば十分である．式 (3.15) を微分すると次のようになる：

$$\frac{\partial \phi}{\partial x} = a_1 + 2a_2(x - x_i) + 3a_3(x - x_i)^2 + 4a_4(x - x_i)^4 \,. \tag{3.16}$$

したがって，次を得る：

$$\left(\frac{\partial \phi}{\partial x}\right)_i = a_1 \,. \tag{3.17}$$

式 (3.15) に $x = x_i$, $x = x_{i+1}$ および $x = x_{i-1}$ を，式 (3.16) に $x = x_{i+1}$ と $x = x_{i-1}$ を代入して式変形をすると，次のようになる：

$$\left(\frac{\partial \phi}{\partial x}\right)_i = -\frac{1}{4}\left(\frac{\partial \phi}{\partial x}\right)_{i+1} - \frac{1}{4}\left(\frac{\partial \phi}{\partial x}\right)_{i-1} + \frac{3}{4}\frac{\phi_{i+1} - \phi_{i-1}}{\Delta x} \,. \tag{3.18}$$

さらに格子点 $i+2i-2$ での変数を加えれば，6 次の多項式が，さらにこれらの点での導関数も用いれば，8 次の多項式を使うことができる．式 (3.18) のような式はそれぞれの格子点に対して書くことができるので，実際には方程式系は各格子点での導関数に対する三重対角行列で表される式となる．そして導関数を計算したければ，この方程式系を解く必要がある．

6 次までのコンパクト中心近似は一般化して次のように書ける：

表 3.1　コンパクトスキーム：パラメータと打ち切り誤差.

スキーム	打ち切り誤差	α	β	γ
CDS-2	$\frac{(\Delta x)^2}{3!}\frac{\partial^3\phi}{\partial x^3}$	0	1	0
CDS-4	$\frac{13(\Delta x)^4}{3\cdot 3!}\frac{\partial^5\phi}{\partial x^5}$	0	$\frac{4}{3}$	$-\frac{1}{3}$
Padé-4	$\frac{(\Delta x)^4}{5!}\frac{\partial^5\phi}{\partial x^5}$	$\frac{1}{4}$	$\frac{3}{2}$	0
Padé-6	$\frac{4(\Delta x)^6}{7!}\frac{\partial^7\phi}{\partial x^7}$	$\frac{1}{3}$	$\frac{14}{9}$	$\frac{1}{9}$

$$\alpha\left(\frac{\partial\phi}{\partial x}\right)_{i+1}+\left(\frac{\partial\phi}{\partial x}\right)_{i}+\alpha\left(\frac{\partial\phi}{\partial x}\right)_{i-1}=\beta\frac{\phi_{i+1}-\phi_{i-1}}{2\,\Delta x}+\gamma\frac{\phi_{i+2}-\phi_{i-2}}{4\,\Delta x}\ . \qquad (3.19)$$

パラメータ α, β および γ のとり方によって，2 次と 4 次の中心差分，もしくは 4 次および 6 次のパデスキームが得られる．パラメータと対応する打ち切り誤差について表 3.1 に示す．

同じ近似次数の場合は，明らかにパデスキームはより少ない節点で計算することができるため，中心差分近似よりもよりコンパクトな参照構造（計算分子構造）を持つということもできる．すべての格子点で変数が既知であれば，三重対角行列で表される連立方程式を解くことで，格子線上のすべての節点で変数の導関数を計算することができる（これについての詳細は 5 章を参照のこと）．5.6 節では，これらのスキームの陰解法への適用をみることができる．この問題は，3.7 節でもう一度取り上げる．

ここで導いたスキームはほんの一部にすぎず，高次精度や高次元への拡張も可能である．不等間隔を用いた場合のスキームの導出も可能であるが，その場合，係数は用いた格子に依存することになる（例えば Gamet et al., 1999 を参照）．

3.3.4　不等間隔格子

打ち切り誤差は，格子間隔のみならず変数の導関数にも依存するので，等間隔格子上で離散化誤差を均一に分布させることはできない．この観点から不等間隔格子が用いられる．その考え方は，求める関数の導関数が大きい領域ではより小さな Δx を使用し，関数が滑らかな領域ではより大きな Δx を用いることで，領域全体で誤差をほぼ一様に分布させ，与えられた格子点の数に対してより良い解を得ようということである．この項では，不等間隔格子における有限差分近似の精度について議論する．

いくつかの近似では，格子が等間隔，すなわち $x_{i+1}-x_i=x_i-x_{i-1}=\Delta x$ であるときに打ち切り誤差の主要項がゼロになる．中心差分がその典型である（式 (3.6) を参照）．異なる近似が不等間隔格子において形式的に同じ次数精度であっても，同じ打ち切り誤差を持つというわけではない．さらにこれから示すように，不等間隔格子に対して中心差分を適用した場合，格子を細かくしていった場合の誤差の減少の割合は悪化しない．

過去の文献で多少の混乱があるこの点を実証するために，中心差分の打ち切り誤差は次のように与えられることに注意されたい（式 (3.9) と (3.6) を比較せよ）：

$$\epsilon_\tau = -\frac{(\Delta x_{i+1})^2 - (\Delta x_i)^2}{2\,(\Delta x_{i+1} + \Delta x_i)} \left(\frac{\partial^2 \phi}{\partial x^2}\right)_i - \frac{(\Delta x_{i+1})^3 + (\Delta x_i)^3}{6\,(\Delta x_{i+1} + \Delta x_i)} \left(\frac{\partial^3 \phi}{\partial x^3}\right)_i + H \,, \tag{3.20}$$

ここでは次の表記を使っている（図 3.2 を参照）：

$$\Delta x_{i+1} = x_{i+1} - x_i \,, \quad \Delta x_i = x_i - x_{i-1} \,.$$

誤差の主要項は Δx に比例するが，$\Delta x_{i+1} = \Delta x_i$ のとき，ゼロになる．これは，格子間隔がより不均一になるとそれだけ誤差も大きくなることを意味する．

ここで格子間隔が一定の割合 r_e で拡大または縮小すると考える．このような格子のことを**等比率分割（複利）格子**と呼ぶ：

$$\Delta x_{i+1} = r_\mathrm{e} \Delta x_i \,. \tag{3.21}$$

この場合，中心差分での主要打ち切り誤差項は次のように書ける：

$$\epsilon_\tau \approx \frac{(1 - r_\mathrm{e})\Delta x_i}{2} \left(\frac{\partial^2 \phi}{\partial x^2}\right)_i \,. \tag{3.22}$$

これに対して 1 次精度前進もしくは後退差分法の主要誤差項は，次のようになる：

$$\epsilon_\tau \approx \frac{\Delta x_i}{2} \left(\frac{\partial^2 \phi}{\partial x^2}\right)_i \,.$$

これより，もし r_e が 1 に近づけば，中心差分の 1 次の打ち切り誤差の方が後退差分のものよりもずっと小さくなることがわかる．

さてここで，格子を細分化していった場合に何が起こるか見てみよう．その方法として 2 つの可能性が考えられる．それは，2 つの粗い格子点の間隔を等分割することか，あるいは細かい格子の間隔の比率も一定となるように新しい点を挿入することである．

前者の場合，新しい格子点の周りでは格子は等間隔であり，古い格子点の拡大比率は粗い格子と同じままである．この格子細分化の操作を何度も繰り返せば，元の格子点の周りを除いて，どこでも一様な格子が得られる．この段階で，元の格子点を除いて，すべての格子点でその間隔は同じであり，中心差分の主要誤差項が消える．何度かの細分割の後，不等間隔となる格子点の数は相対的に少なくなるので，全体の誤差

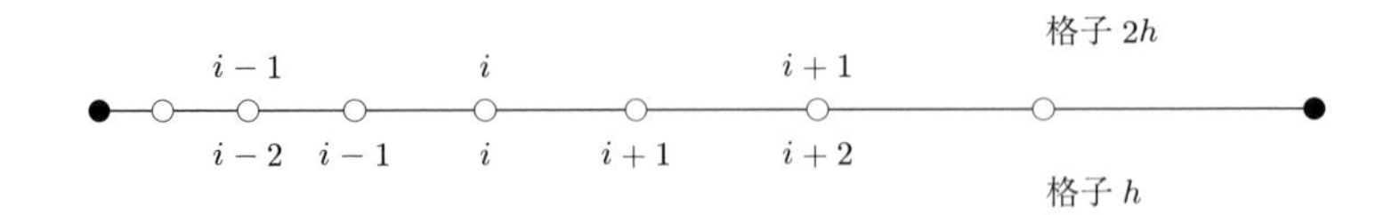

図 3.3　格子拡大率 r_e を一定にした場合の不等間隔格子の細分割.

の減少は正確な2次精度スキームよりもわずかに遅いのみである.

これに対して後者の場合, 細かくした格子の拡大率は元の粗い格子よりも小さくなる. 簡単な計算で次のことがわかる：

$$r_{\mathrm{e},h} = \sqrt{r_{\mathrm{e},2h}}\ , \tag{3.23}$$

ここで h は細かくした格子を, $2h$ は元の粗い格子を示す. 両方に共通な節点を考えると, 2つの格子での節点 i での打ち切り誤差の主要項は次のように与えられる（式(3.22) を参照）：

$$r_\tau = \frac{(1-r_\mathrm{e})_{2h}\,(\Delta x_i)_{2h}}{(1-r_\mathrm{e})_h\,(\Delta x_i)_h}\ . \tag{3.24}$$

2つの格子での格子間隔の間には, 次の関係がある（図 3.3 参照）：

$$(\Delta x_i)_{2h} = (\Delta x_i)_h + (\Delta x_{i-1})_h = (r_e+1)_h(\Delta x_{i-1})_h\ .$$

この式を式 (3.24) に代入し, 式 (3.23) を考慮すると, 中心差分の1次精度の打ち切り誤差は, 格子の細分化により次の比率で減少する：

$$r_\tau = \frac{(1+r_{\mathrm{e},h})^2}{r_{\mathrm{e},h}}\ . \tag{3.25}$$

この比率は $r_\mathrm{e} = 1$, すなわち等間隔のとき, 4となる. もし $r_\mathrm{e} > 1$（拡大格子）もしくは $r_\mathrm{e} < 1$（縮小格子）ならば, その比率は $r_\tau > 4$ となり, 1次の項が2次の誤差項よりも速く小さくなるのである. この方法では, 格子が細分化されるにつれて, $r_\mathrm{e} \to 1$ となるので, 細分化に伴う解の収束は, 漸近的に2次精度となる. これについては後に例を用いて示す.

同様の誤差分析は任意のスキームに対して行うことができ, 同じ結果が得られる. すなわち, 不等間隔格子に対して系統的な格子細分化を行うと, 等間隔格子に適用した場合と同じ精度で, 打ち切り誤差は減少していく.

ある与えられた格子点の数に対しては, ほとんどの場合, 不等間隔格子を用いることで誤差をより小さくすることができる. これがまさに不等間隔格子を用いる目的である. ただし, 格子がそのように働くためには, どこにより細かな格子が必要なのかを知っておくか, さらには解に対する格子の自動最適化手法を使う必要がある. 経験を積めば，どこに細かい格子を配置する必要があるかがわかるようになり，これについては 12 章で議論する．そこでは，自動的に誤差が誘導して格子を細分化する手法についても紹介する．ここで，対象とする問題の次元が大きくなるにつれて格子生成がより困難になることを強調しておく必要がある．実際，効果の良い格子を生成することは，数値流体力学において依然，最も困難な問題の 1 つとなっている．

上述の式で，より多くの格子点を用いることでさらに打ち切り誤差項を消し，1 階導関数に対してより高次の近似を求めることができる．例えば，ϕ_{i-1} を用いて x_i での 2 階導関数の近似を得て，これを式 (3.6) に代入することで，次に示す 2 次精度近似が得られる（主要な打ち切り誤差項は任意の格子に対して，その格子間隔の 2 乗に比例している）：

$$\left(\frac{\partial \phi}{\partial x}\right)_i = \frac{\phi_{i+1}(\Delta x_i)^2 - \phi_{i-1}(\Delta x_{i+1})^2 + \phi_i[(\Delta x_{i+1})^2 - (\Delta x_i)^2]}{\Delta x_{i+1}\Delta x_i(\Delta x_i + \Delta x_{i+1})} - \frac{\Delta x_{i+1}\Delta x_i}{6}\left(\frac{\partial^3 \phi}{\partial x^3}\right)_i + H \,. \tag{3.26}$$

等間隔格子では，これは式 (3.9) で与えられる式に簡略化される．

3.4　2 階導関数の近似

2 階導関数は，式 (3.1) にみられるように拡散項に現れる．ある点での 2 階導関数を見積もるには 1 階導関数の近似を 2 回用いればよい．流体の特性量が変数である場合は，拡散係数と 1 階導関数の積に対して微分が必要となるので，これが唯一可能なアプローチとなる．ここでは 2 階導関数に対する近似について考える．保存方程式の拡散項への適用については，その後に議論する．

幾何学的に 2 階導関数は，図 3.2 に示すように 1 階導関数を表す曲線の接線の傾きである．点 x_{i+1} と x_i での 1 階導関数の近似を用いると，2 階導関数の近似が得られる：

$$\left(\frac{\partial^2 \phi}{\partial x^2}\right)_i \approx \frac{\left(\frac{\partial \phi}{\partial x}\right)_{i+1} - \left(\frac{\partial \phi}{\partial x}\right)_i}{x_{i+1} - x_i} \,. \tag{3.27}$$

このような近似はすべて，少なくとも 3 点のデータを含む．

上式では，外側の微分を前進差分で見積もっているが，内側の微分に対しては異なる近似を用いることもでき，例えば後退差分を用いれば次のような表記が得られる：

$$\left(\frac{\partial^2 \phi}{\partial x^2}\right)_i = \frac{\phi_{i+1}(x_i - x_{i-1}) + \phi_{i-1}(x_{i+1} - x_i) - \phi_i(x_{i+1} - x_{i-1})}{(x_{i+1} - x_i)^2(x_i - x_{i-1})} \,. \tag{3.28}$$

これに対して，x_{i-1} と x_{i+1} での 1 階導関数に対して，中心差分を用いることもできる．さらに良い方法は，$\partial\phi/\partial x$ を x_i と x_{i+1}，x_i と x_{i-1} の中間点で評価することである．これらの中間点での2次中心差分近似は，それぞれ以下のようになる：

$$\left(\frac{\partial\phi}{\partial x}\right)_{i+\frac{1}{2}} \approx \frac{\phi_{i+1}-\phi_i}{x_{i+1}-x_i}, \quad \left(\frac{\partial\phi}{\partial x}\right)_{i-\frac{1}{2}} \approx \frac{\phi_i-\phi_{i-1}}{x_i-x_{i-1}} ,$$

その結果，次のような2階導関数の近似表現を得る：

$$\left(\frac{\partial^2\phi}{\partial x^2}\right)_i \approx \frac{\left(\frac{\partial\phi}{\partial x}\right)_{i+\frac{1}{2}} - \left(\frac{\partial\phi}{\partial x}\right)_{i-\frac{1}{2}}}{\frac{1}{2}(x_{i+1}-x_{i-1})}$$
$$\approx \frac{\phi_{i+1}(x_i-x_{i-1})+\phi_{i-1}(x_{i+1}-x_i)-\phi_i(x_{i+1}-x_{i-1})}{\frac{1}{2}(x_{i+1}-x_{i-1})(x_{i+1}-x_i)(x_i-x_{i-1})} . \tag{3.29}$$

等間隔格子では，式 (3.28) と (3.29) は次のようになる：

$$\left(\frac{\partial^2\phi}{\partial x^2}\right)_i \approx \frac{\phi_{i+1}+\phi_{i-1}-2\,\phi_i}{(\Delta x)^2} . \tag{3.30}$$

これに対して，テイラー級数展開を用いれば，2階導関数に対する近似について別の導出をすることができる．x_{i-1} と x_{i+1} での展開 (3.6) を用いると，その主要誤差項も含んだ形で式 (3.28) を導出できる：

$$\left(\frac{\partial^2\phi}{\partial x^2}\right)_i = \frac{\phi_{i+1}(x_i-x_{i-1})+\phi_{i-1}(x_{i+1}-x_i)-\phi_i(x_{i+1}-x_{i-1})}{\frac{1}{2}(x_{i+1}-x_{i-1})(x_{i+1}-x_i)(x_i-x_{i-1})}$$
$$- \frac{(x_{i+1}-x_i)-(x_i-x_{i-1})}{3}\left(\frac{\partial^3\phi}{\partial x^3}\right)_i + H . \tag{3.31}$$

上式で，主要打ち切り誤差項は1次であるが，格子間隔が一様な場合はこの項はゼロとなり，近似は2次精度となる．しかしながら格子が不等間隔であっても3.3.4項での議論から，格子の細分化に伴いその打ち切り誤差は2次精度で小さくなる．等比率分割格子を用いて細分化した場合，誤差は1階導関数の中心差分近似と同様に減少する．

2階導関数に対するより高次の近似は，x_{i-2} や x_{i+2} といったより多くの参照点を用いることで得ることができる．

最後に，n 次の多項式を $n+1$ 個のデータ点にあてはめて内挿する方法を示す．この内挿からは，その多項式を微分することで，n 階までの導関数をすべて近似することができる．3つの点に対する2次補間を用いると，上で与えた近似が得られる．3.3.3項で説明したようなアプローチは，2階導関数にも拡張することができる．

一般的に，2階導関数の近似の打ち切り誤差は，内挿補間に用いた多項式の次数から1を引いたものになる（例えば放物線の場合は1次，3次関数の場合は2次のように）．これに対して格子が等間隔で偶数次数の多項式を用いた場合は，精度が 1 つ向上する．例えば，等間隔で 4 次関数を 5 点にあてはめた場合，次のように 4 次精度近似が得られる：

$$\left(\frac{\partial^2 \phi}{\partial x^2}\right)_i = \frac{-\phi_{i+2} + 16\,\phi_{i+1} - 30\,\phi_i + 16\,\phi_{i-1} - \phi_{i-2}}{12(\Delta x)^2} + \mathcal{O}\big((\Delta x)^4\big)\ . \tag{3.32}$$

また 2 階導関数の近似を用いて，1 階導関数の近似の精度を向上させることもできる．例えば，式 (3.4) で表される 1 階導関数の前進差分表現に対して，右辺の 2 つの項のみを残し，2 階導関数に対して式 (3.29) の中心差分近似を代入すると，次のような 1 階導関数の近似が得られる：

$$\left(\frac{\partial \phi}{\partial x}\right)_i \approx \frac{\phi_{i+1}(\Delta x_i)^2 - \phi_{i-1}(\Delta x_{i+1})^2 + \phi_i[(\Delta x_{i+1})^2 - (\Delta x_i)^2]}{\Delta x_{i+1}\Delta x_i(\Delta x_i + \Delta x_{i+1})}\ . \tag{3.33}$$

この式は，どのような格子に対しても打ち切り誤差は 2 次精度となり，等間隔格子では 1 階導関数に対する標準的な中心差分表現に簡略化される．この近似は式 (3.26) と同一である．同様の方法で，打ち切り誤差の主要項に含まれる導関数を消去することで，任意の近似に対してその精度を向上させることができる．なお，より高次の近似はさらに多くの参照格子点を含み，その結果，解くべき方程式も複雑になり，境界条件の処理も複雑になるため，トレードオフが必要となる．工学的な問題に対しては，2 次精度の近似は一般的に使い勝手，精度，費用対効果に対して良いバランスとなっている．これと比べて 3 次および 4 次のスキームは，計算格子が十分に細かければ決められた格子数に対してより正確となるが，その扱いはより難しくなる．それより高い精度の近似が用いられるのは特殊なケースに限られる．

拡散項の保存形 (3.1) に対しては，まず括弧の中の 1 階導関数 $\partial\phi/\partial x$ を近似し，その結果に Γ を乗じて，その積をもう一度微分する必要がある．上記のように，括弧の内側と外側の微分に対しては必ずしも同じ近似を用いなくてもよい．

なかでも最も一般的に用いられるのは，2 次精度の中心差分である．その際，括弧の中の微分は格子点間の中点で近似され，格子幅 Δx を用いた中心差分が用いられる．この結果，次式を得る：

$$\left[\frac{\partial}{\partial x}\left(\Gamma\,\frac{\partial \phi}{\partial x}\right)\right]_i \approx \frac{\left(\Gamma\,\dfrac{\partial \phi}{\partial x}\right)_{i+\frac{1}{2}} - \left(\Gamma\,\dfrac{\partial \phi}{\partial x}\right)_{i-\frac{1}{2}}}{\frac{1}{2}(x_{i+1} - x_{i-1})} \approx \frac{\Gamma_{i+\frac{1}{2}}\,\dfrac{\phi_{i+1} - \phi_i}{x_{i+1} - x_i} - \Gamma_{i-\frac{1}{2}}\,\dfrac{\phi_i - \phi_{i-1}}{x_i - x_{i-1}}}{\frac{1}{2}(x_{i+1} - x_{i-1})}\ . \tag{3.34}$$

括弧の内側と外側の 1 階導関数に異なる近似を用いることで，その他の近似も簡単に得ることができる．その際，前節で紹介した 1 階導関数の近似のいずれをも使うことができる．

3.5　混合導関数の近似

混合導関数は，輸送方程式を非直交格子系で表現した場合にのみ現れる（例えば，9 章を参照）．混合導関数 $\partial^2\phi/\partial x\partial y$ は，上で述べた 2 階導関数と同様に，1 次元の近似を組み合わせることで扱うことができ，次のように書ける：

$$\frac{\partial^2\phi}{\partial x\partial y} = \frac{\partial}{\partial x}\left(\frac{\partial\phi}{\partial y}\right) . \tag{3.35}$$

点 (x_i, y_j) での混合 2 階導関数の近似は，上記で説明したように，まず y に対する 1 階導関数を (x_{i+1}, y_j) と (x_{i-1}, y_j) で中心差分により評価し，次にこの新しい関数を x に対する 1 階導関数として評価することで，得ることができる．

この微分の順番は変更することができるが，近似値はその順番に依存する場合がある．これは欠点のように思えるが，実際には問題はない．必要なのは，近似値が格子幅を無限に小さくした極限で厳密になることであり，順番を入れ替えた場合の近似値の差は離散誤差の違いによるものである．

3.6　その他の項の近似

3.6.1　微分を含まない項

スカラーの保存方程式には，微分を含まない項を含む場合があり，このような項（生成項 q_ϕ として 1 つにまとめることもできる）についても評価をしなければならない．有限差分法では，通常，節点上の値のみが必要であり，微分を含まない項が従属変数を含む場合，これらは節点での変数を用いて表現できる．この場合，その依存関係が非線形な場合は注意が必要である．このような項の扱いは方程式に依存し，さらなる議論は 5 章，7 章，8 章に譲る．

3.6.2　境界近傍で微分を含む項

導関数の高次精度近似では，3 点より多くの参照点が必要となり，解析領域内の節点での近似の際にも境界を超える節点のデータが必要となる場合があることから，問題が生じる．そのような場合，境界に近い節点では内部点とは異なる導関数の近似が必要になる．一般的には，内部点に対してより低次な片側差分を用いる場合が多い．例えば，境界での値と 3 つの内部点に対して 3 次関数でフィッティングを行い，境界の 1 つ内側の点の 1 階導関数として式 (3.13) が導かれる．あるいは，境界点と 4 つの内部点に対して 4 次関数をあてはめて，境界から 1 つ目の内部点 $x = x_2$ における 1 階導関数の近似として次式が得られる：

$$\left(\frac{\partial\phi}{\partial x}\right)_2 = \frac{-\phi_5 + 6\,\phi_4 + 18\,\phi_3 + 10\,\phi_2 - 33\,\phi_1}{60\,\Delta x} + \mathcal{O}\big((\Delta x)^4\big)\,. \tag{3.36}$$

同じ多項式から 2 階導関数の近似として，次式を得る：

$$\left(\frac{\partial^2\phi}{\partial x^2}\right)_2 = \frac{-21\,\phi_5 + 96\,\phi_4 + 18\,\phi_3 - 240\,\phi_2 + 147\,\phi_1}{180\,(\Delta x)^2} + \mathcal{O}\big((\Delta x)^3\big)\,. \tag{3.37}$$

同様の方法で，最初の内部格子点，境界点，および適当な個数の内部格子点における変数値を用いて，境界から 1 つ目の内部格子点での任意の次数の片側微分近似を導出できる．

3.7　境界条件の実装

与えられた偏微分方程式に対する有限差分近似は，解析領域内のすべての格子点で必要となる．解を一意に定めるためには，連続問題では領域境界における解の情報が必要となる．一般的には，境界での変数の値（ディリクレ境界条件）か，特定の方向に対するその変数の勾配（通常は境界に対して垂直な方向のノイマン境界条件），もしくはこれら 2 つの量の線形結合（ロビン境界条件）が与えられる．

境界条件はさまざまな方法で実装することができる．1 つのアプローチは，輸送方程式を常に境界内部格子点でのみ解き，境界値がわからない場合（ノイマンもしくはロビン境界条件）は，離散化された境界条件を使用して境界値を内部点の値で表現することにより，境界値を未知の値として消去してしまうことである．もう 1 つのアプローチは，ゴーストポイントを境界の外側に設け，未知の境界値に対して輸送方程式を解くことである．その際，ゴーストポイントの値は離散化された境界条件から得られる．

3.7.1　内部格子点を用いた境界条件の実装

もし変数の値がある境界点で既知である場合，境界の問題を解決する必要はない．境界点を参照点として含む有限差分方程式では既知の値が用いられ，それ以上の処理は必要ない．

もし境界で変数の勾配が与えられているなら，その勾配に対して適切な有限差分近似（境界内部の点のみを考えるのであれば片側差分近似）を施して，境界での変数値を計算することができる．例えば，境界に対して法線方向の勾配にゼロが与えられていれば，単純な有限差分近似により次式を得る：

$$\left(\frac{\partial\phi}{\partial x}\right)_1 = 0 \quad\Rightarrow\quad \frac{\phi_2 - \phi_1}{x_2 - x_1} = 0\,, \tag{3.38}$$

これにより $\phi_1 = \phi_2$ が得られ，境界値を境界から 1 つ目の節点値に置き換えることで，未知数として排除することができる．これは 1 次の近似であり，より高次の近似は高次の多項式フィッティングにより得られる．

境界と2つの内部点に対して2次関数をあてはめた場合，1階導関数に対して任意の格子で有効な次の2次精度近似が得られる：

$$\left(\frac{\partial\phi}{\partial x}\right)_1 \approx \frac{-\phi_3(x_2-x_1)^2+\phi_2(x_3-x_1)^2-\phi_1[(x_3-x_1)^2-(x_2-x_1)^2]}{(x_2-x_1)(x_3-x_1)(x_3-x_2)} .$$

これは等間隔格子では簡略化されて，次のようになる：

$$\left(\frac{\partial\phi}{\partial x}\right)_1 \approx \frac{-\phi_3+4\,\phi_2-3\,\phi_1}{2\Delta x} \quad\Rightarrow\quad \phi_1=\frac{4}{3}\phi_2-\frac{1}{3}\phi_3-2\Delta x\left(\frac{\partial\phi}{\partial x}\right)_1 . \tag{3.39}$$

このように，内部計算格子で離散化された項に現れる境界値は，添字2と3で表される節点での値と境界での勾配との組み合わせに置き換えられる．この場合，境界に隣接する節点（高次の近似が使用されている場合には，さらに次の節点層まで）の係数行列の成分をそれに合わせて適応させる必要があるが，解くべき方程式系は同じままである．

等間隔格子上での3次精度近似は，4点に対する3次関数のあてはめにより得られる：

$$\left(\frac{\partial\phi}{\partial x}\right)_1 \approx \frac{2\,\phi_4-9\,\phi_3+18\,\phi_2-11\,\phi_1}{6\,\Delta x} . \tag{3.40}$$

ある変数の境界値が与えられている境界上の点で，その法線方向の1階導関数を計算する場合（例えば，等温面を通る熱流束を計算する場合など），上で示したいずれの片側差分近似も適している．その際に得られる結果の精度は，用いた近似だけでなく，内部点の値の精度にも依存する．したがって両者に同じ次数精度の近似値を使用することが賢明である．4次精度までの片側差分による導関数の近似式のリストについては，Fornberg (1988) の表3を参照されたい．

3.3.3項で説明したコンパクトスキームを用いる場合，境界節点での変数値とその導関数の両方が必要になる．通常はこれらのうちの1つは既知であり，もう一方を領域内部の情報を用いて計算する必要がある．例えば，変数値そのものが既知の場合は，式 (3.40) のような境界節点での導関数に対する片側差分近似を用いることができる．一方，境界での導関数が既知の場合は，境界値を得るために多項式による内挿を用いて境界値を計算することができる．4点に対して3次関数をあてはめることで，境界値は次のように得ることができる：

$$\phi_1=\frac{18\phi_2-9\phi_3+2\phi_4}{11}-\frac{6\,\Delta x}{11}\left(\frac{\partial\phi}{\partial x}\right)_1 . \tag{3.41}$$

より低次，高次の近似も同様に求めることができる．

3.7.2　ゴーストポイントを用いた境界条件の実装

前節のやり方に対して，中心差分と境界外側にゴーストポイントを設けて，導関数

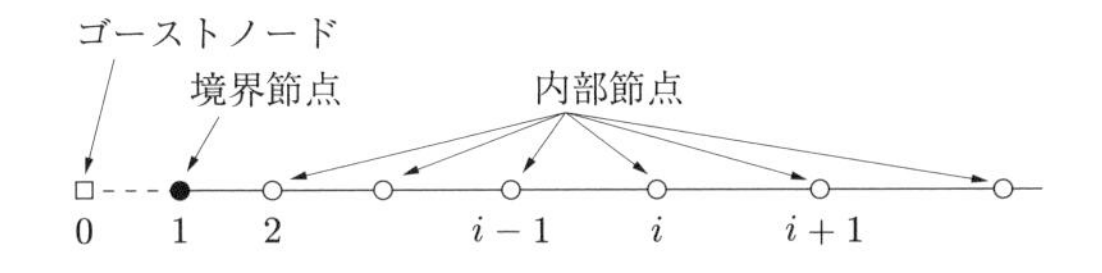

図 3.4　$i=0$ でのゴーストノードを示した 1 次元格子の例（図 3.1）の 1 次元格子の拡張.

に基づく境界条件を実装することも可能である．ただちに得られる効用として，例えば式 (3.38) に対して精度を向上させることができる．繰り返しになるが，ディリクレ境界条件では境界値が既知であるので，ここでは流束境界条件の実装のみを議論すれば十分である．

例えば，第 3 種の境界条件，つまり**ロビン**境界条件が境界の法線方向で規定されているならば，単純な中心差分近似により次式が得られる：

$$\left(\frac{\partial \phi}{\partial x} + c\phi\right)_1 = 0 \quad \Rightarrow \quad \frac{\phi_2 - \phi_0}{2(x_2 - x_1)} + c\phi_1 = 0\,. \tag{3.42}$$

これにより $\phi_0 = \phi_2 + 2(x_2 - x_1)c\phi_1$ が与えられる．図 3.4 より，0 は計算領域の外側にあることがわかる．ここで，微分項は中心に配置されているため，この境界条件の近似は 2 次精度となる．

このアプローチの実装方法は 2 つある．1 つの方法は，節点 1 に対する差分方程式を書いて，次に ϕ_0 を $\phi_2 + 2(x_2 - x_1)c\phi_1$ に置き換える．これは，ノイマン境界条件もしくはロビン境界条件が与えられる境界節点でも輸送方程式を解くけれども，未知数自体はすべて計算領域内にあることを意味する．もう 1 つの方法は，ゴーストポイントでの変数の値を未知数とみなし，式 (3.42) と同等の式を，変数の微分で与えられる境界条件が課される方程式系に追加することである．この方法は，方程式自体の構造が変化するため，好まれない．例えば方程式系が三重対角行列となる場合は，直接解法で逆行列計算ができるが，新たに式を加えることでこの構造を壊してしまう．しかしながら反復解法の場合は，この 2 つ目の方法はプログラミングが容易であり効率的である．

3.8　代数方程式系

有限差分近似により，それぞれの格子点で代数方程式が得られる．この代数方程式は，その格子点での変数値だけでなく隣接する格子点の値も含んでいる．もし元の微分方程式が非線形なら，その近似式も何らかの非線形項を含むことになる．したがって，その数値解法の過程で線形化が必要になる．このような非線形方程式の解法については 5 章で議論する．したがってここでは線形の場合に限定するが，ここに示す

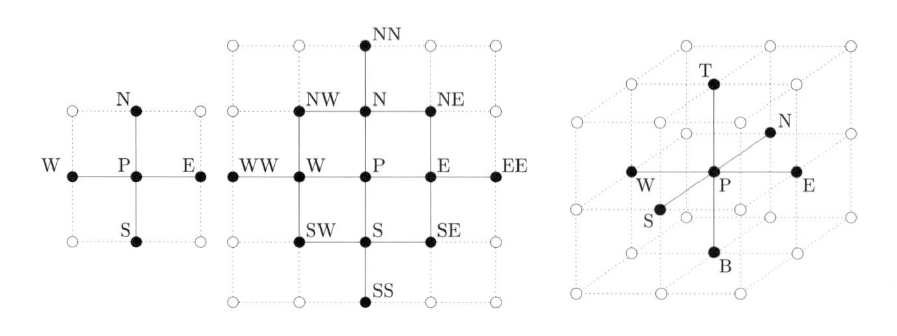

図 3.5　2 次元および 3 次元での計算分子構造の例.

方法は非線形の場合にも適用することができる．線形の場合，離散化の結果として次のような線形代数方程式系が得られる：

$$A_{\mathrm{P}}\phi_{\mathrm{P}} + \sum_{l} A_l \phi_l = Q_{\mathrm{P}}\ , \tag{3.43}$$

ここで添字 P は偏微分方程式を近似した点を表し，添字 l は有限差分近似において含まれる近傍のすべての参照点を表す．節点 P とその近傍参照点は，いわゆる**計算分子構造**を構成する．2 次および 3 次精度近似に基づく計算分子構造の例を図 3.5 に示す[1]．係数 A_l は，格子の幾何学的な量，流体の特性値，そして非線形方程式の場合は変数値自体に依存する．Q_{P} は未知変数を含まないすべての項を含み，既知である．

方程式と未知数の数は同じでなければならない，すなわちこれは各格子点に 1 つの方程式が必要であることを意味する．この結果，数値的に解かれるべき大規模な線形代数方程式系が得られる．この方程式系は**疎**であり，各方程式には限られた数のわずかな未知数しか含まれていないことを意味する．行列表記を用いれば，この方程式系は次のように書ける：

$$A\boldsymbol{\phi} = \mathbf{Q}\ , \tag{3.44}$$

ここで A は疎な正方係数行列，$\boldsymbol{\phi}$ は格子点での変数の値を含むベクトル（または列行列），$\mathbf{Q}$ は式 (3.43) の右辺項を含むベクトルである．

行列 A の構造は，ベクトル $\boldsymbol{\phi}$ に含まれる変数の順番に依存する．構造格子の場合，変数のラベル付けを領域の角を起点にして規則的に行を順番にたどるように行えば（**辞書式順序**），行列は多重対角な構造を持つ．ある方向に 5 点で構成される計算分子構造の場合，行列のすべての非ゼロ成分は，主対角線と 2 つの隣接する対角線，

---

[1] 例えば，式 (3.43) と図示された分子は**ポアソン方程式** $\nabla\cdot(\nabla\Phi) = f$ の離散化で得られる．

表 3.2 格子位置（インデックス）からベクトルもしくは列行列の格納位置への変換.

格子位置	相対方位記法	格納位置
i,j,k	P	$l=(k-1)N_jN_i+(i-1)N_j+j$
$i-1,j,k$	W	$l-N_j$
$i,j-1,k$	S	$l-1$
$i,j+1,k$	N	$l+1$
$i+1,j,k$	E	$l+N_j$
$i,j,k-1$	B	$l-N_iN_j$
$i,j,k+1$	T	$l+N_iN_j$

および主対角から N だけ離れた 2 つの他の対角線上にある．ここで N はある方向における節点の数であり，それ以外のすべての成分はゼロとなる．この行列構造により効果的な反復解法の使用が可能になる．

この本を通じてベクトル $\boldsymbol{\phi}$ の要素の順序付けを，南西（左下）の角から出発して格子線に沿って北（上）に進み，次にドメインを東（右）に進むように行う（3 次元の場合は，計算領域の下部から出発して，まずは水平面を前述の順序付けで進み，次に下から上に進む）．通常，変数は計算機に 1 次元配列として格納される．格子位置（インデックス），相対的方位記法，およびメモリ上の格納位置の間の変換を表 3.2 に示す．

行列 A は疎であるため，コンピュータのメモリに 2 次元や 3 次元の配列として記憶させる（これは一般的な行列に対しては標準的なやり方である）のはナンセンスである．2 次元の場合，各非ゼロ対角線の成分を $1\times N_iN_j$ の配列に格納すれば，N_i と N_j は 2 つの座標方向の格子点の数となり，$5N_iN_j$ ワードの記憶領域が必要となるにすぎない．これに対して完全な行列成分を記憶させるには，$N_i^2N_j^2$ ワードの記憶容量が必要になる．3 次元の場合，それぞれの記憶容量は $7N_iN_jN_k$ と $N_i^2N_j^2N_k^2$ になり，その差は非常に大きく，完全に成分を記憶させた場合では主メモリに収まらない問題でも，対角線のみを記憶させる方法であれば収まり得る．

例えば 2 次元では $\phi_{i,j}$ のように，ある格子での値を格子のインデックスで参照する場合，これは行列やテンソルの成分のように見える．しかし実際にはこれはベクトル $\boldsymbol{\phi}$ の成分であるため，図 3.2 右列に示されるように 1 つの添字を持つべきものである．

2 次元の線形化された代数方程式は，次のように書ける：

$$A_{l,l-N_j}\phi_{l-N_j}+A_{l,l-1}\phi_{l-1}+A_{l,l}\phi_l+A_{l,l+1}\phi_{l+1}+A_{l,l+N_j}\phi_{l+N_j}=Q_l\ . \tag{3.45}$$

前述のように，行列を配列として記憶することはあまり意味がない．その代わりに対角成分を個別に配列として記憶させる場合，それぞれの対角成分に対して個別の変数名を付けるのがよい．各対角成分は，中央の節点に対して特定の方向に位置する節

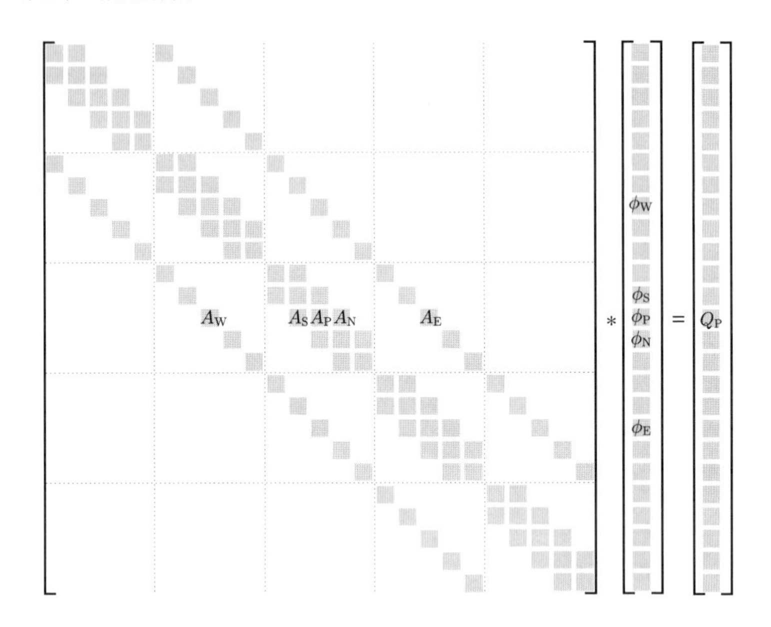

図 3.6　計算分子が5点からなる多重対角行列の構造（ゼロでない5つの対角線上の係数を影付きで示す．水平方向のボックスの組はそれぞれ1つの格子線に対応する）．

点の変数との関係を表しているので，それらを A_W，A_S，A_P，A_N，A_E と呼ぶことにする．内部節点が 5×5 の格子における係数行列内での位置関係を図3.6に示す．この点の並べ方によって，各節点は相対的な格納位置でもある添字 l によって識別される．この表記を用いれば，式(3.45)は次のように書ける．

$$A_W\phi_W + A_S\phi_S + A_P\phi_P + A_N\phi_N + A_E\phi_E = Q_P \, , \tag{3.46}$$

ここで，式(3.45)で行を表すために用いられている添字 l は省略し，列もしくはベクトル成分の位置を表す添字は対応する文字に置き換えられている．以降はこの省略表記を用い，必要に応じて明確にすべきときに限りインデックス表記を用いる（3次元の場合にも同様）．

ブロック構造格子や複合格子の場合には，この構造はそれぞれのブロックの中でのみ保持され，そこでは規則的な構造格子のソルバーを使うことができる．これについては5章で詳しく議論する．

これに対して非構造格子の場合，係数行列自体は同様に疎であるが，帯状の構造ではもはやなくなる．四角形の2次元格子と近傍の4節点のみを用いる近似では，任意の行もしくは列には5つの非ゼロ成分しか現れない．この場合，主対角成分はゼロではないが，他の非ゼロ成分は主対角成分から一定範囲内にはあるが，特定の対角線上にある必然性はなくなる．このような行列に対しては別の反復解法が必要となり，これについては5章で議論する．このような格子は複雑形状を対象とした有限体積法で一般的に用いられるため，非構造格子での変数の記憶方法については9章で紹介する．

3.9　離散化誤差

離散化された方程式は元の微分方程式の近似なので，後者の厳密解 Φ は差分方程式を満足しない．テイラー級数の打ち切りによるこの差を**打ち切り誤差**と呼ぶ．参照する格子間隔を h とした場合，打ち切り誤差 τ_h を次のように定義する：

$$\mathcal{L}(\mathbf{\Phi}) = L_h(\mathbf{\Phi}) + \boldsymbol{\tau}_h = 0 \, , \tag{3.47}$$

ここで $\mathcal{L}$ は微分方程式を表す演算子，L_h は式 (3.44) で与えられる格子 h で離散化した代数方程式系を表す演算子である．

格子 h 上の離散化方程式の厳密解 ϕ_h は，次の式を満たす：

$$L_h(\boldsymbol{\phi}_h) = (A\boldsymbol{\phi} - \mathbf{Q})_h = 0 \, . \tag{3.48}$$

この解は，偏微分方程式の厳密解に対して**離散化誤差** ϵ_h^{d} だけ異なる．すなわち，

$$\Phi = \phi_h + \epsilon_h^{\mathrm{d}} \, . \tag{3.49}$$

式 (3.47) と (3.48) から，線形問題において次の関係が得られる：

$$L_h(\boldsymbol{\epsilon}_h^{\mathrm{d}}) = -\boldsymbol{\tau}_h \, . \tag{3.50}$$

この方程式は，打ち切り誤差が離散誤差の要因として働き，演算子 L_h によって対流および拡散することを示している．非線形方程式の場合，厳密な解析は不可能であるが，類似の振る舞いが期待できる．いずれにせよ，もしその誤差が十分小さければ厳密な解に対して局所的な線形化が可能であり，本節での議論は有効である．打ち切り誤差の大きさと分布に関する情報は，格子の細分化の手がかりとして用いることができ，解析領域全体で離散化誤差のレベルを同じにするという目標を達成するのに役立つ．ただし，厳密解 Φ がわからないため，打ち切り誤差も厳密には計算することができない．ただしその近似は，別の（より細かい，もしくは粗い）格子の解を用いて見積もることができる．このようにして見積もられた打ち切り誤差はいつも正確というわけにはいかないが，大きな誤差を生じ格子の細分化が必要な領域を見つけるのに役立つ．

十分に細かい格子では，打ち切り誤差は（そして離散化誤差も），テイラー級数の主要項に比例する：

$$\epsilon_h^{\mathrm{d}} \approx \alpha h^p + H , \tag{3.51}$$

ここで H は主要項より高次の項を表し，α は注目する点での導関数に依存するが，h にはよらない．ここで離散化誤差は，規則的に格子を細分化（もしくは粗く）していった場合に得られる解の差から推定することができる．ここで厳密解は次のように表現される（式(3.49)を参照）：

$$\Phi = \phi_h + \alpha h^p + H = \phi_{2h} + \alpha(2h)^p + H . \tag{3.52}$$

ここで，スキームの精度を表す指数 p は次のように見積もられる：

$$p = \frac{\log\left(\dfrac{\phi_{2h} - \phi_{4h}}{\phi_h - \phi_{2h}}\right)}{\log 2} . \tag{3.53}$$

また，式(3.52)から，格子 h での離散化誤差は次のように近似できることがわかる：

$$\epsilon_h^{\mathrm{d}} \approx \frac{\phi_h - \phi_{2h}}{2^p - 1} . \tag{3.54}$$

規則的に大きさを変化させた2つの格子のサイズ比が2でない場合，最後の2つの方程式の因子2をその比率で置き換える必要がある（格子を規則的に細分化もしくは粗くしていない場合の誤差推定の詳細はRoache, 1994を参照のこと）．

複数の格子で解が得られている場合，最も細かい格子の解 ϕ_h に ϕ_h の誤差評価(3.54)を加えることで，ϕ_h に対してより正確な近似を得ることができる．この方法は**リチャードソンの外挿法**(Richardson, 1910)として知られている．これは単純で，収束が単調である場合には正確である．異なる格子での複数の解が利用できる場合，このプロセスを繰り返すことでさらに正確な解を得ることができる．

先に述べた通り，格子を細分化する際に重要なのは誤差が減少する速度であり，打ち切り誤差の主要項で定義される形式的なスキームの次数ではない．式(3.53)はこのことを考慮した正しい指数 p を返す．このスキームの次数の推定値はコードの検証においても有用なツールである．ある手法が例えば2次の精度であるべきなのに，式(3.53)がそれを1次精度であると判断した場合，おそらくコードになんらかの誤りがある．

式(3.53)を用いて推定される収束次数は，収束が単調である場合にのみ有効であり，これは十分細かい格子でのみ期待できる．格子が粗い場合に格子サイズに対する誤差の依存性が不規則であることを後に例示する．したがって，2つの異なる格子での解を比較する場合には注意しなければならない．実際，収束が単調でない場合，系統的に格子サイズを変化させた2つの格子上の解の誤差がほとんど変わらない場合がある．そのような場合，解が本当に収束していることを保証するには第3の格子

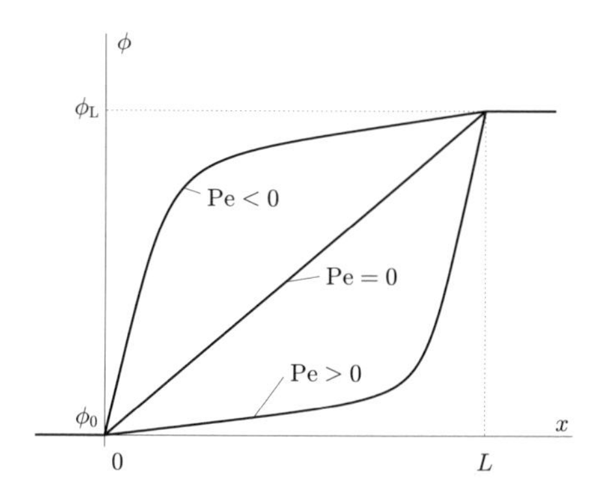

図 3.7　ペクレ数の関数として表した 1 次元対流拡散方程式の境界条件と解の分布．

が必要である．また，解が滑らかでない場合，テイラー展開による誤差推定は誤解を招く可能性がある．例えば乱流のシミュレーションでは，解は幅広い空間スケールで変化するため，解法の次数が解の品質の良し悪しの良い指標とはならない場合がある．3.11 節では，このようなシミュレーションで 4 次精度スキームの誤差が 2 次精度スキームとほとんど変わらないことが示される．

3.10　有限差分の例

ここでは，定常 1 次元で両端にディリクレ境界条件を持つ対流拡散方程式を取り上げる．その目的は，解析解を持つ簡単な問題に対して，有限差分による離散化手法の特性を示すことである．

ここで解くべき方程式は，

$$\frac{\partial(\rho u\phi)}{\partial x}=\frac{\partial}{\partial x}\left(\Gamma\frac{\partial\phi}{\partial x}\right) \tag{3.55}$$

であり（式 (1.28) を参照のこと），境界条件として $x=0$ で $\phi=\phi_0$, $x=L$ で $\phi=\phi_L$ を与える（図 3.7 を参照）．この場合，偏微分は常微分に置き換えられる．密度 ρ と速度 u を一定と仮定すると，この問題は次の解析解を持つ：

$$\phi=\phi_0+\frac{\mathrm{e}^{x\mathrm{Pe}/L}-1}{\mathrm{e}^{\mathrm{Pe}}-1}\left(\phi_L-\phi_0\right). \tag{3.56}$$

ここで Pe はペクレ数であり，次のように与えられる：

$$\mathrm{Pe}=\frac{\rho u L}{\Gamma}. \tag{3.57}$$

この問題は非常に簡単であるため，離散化や数値スキームなどの数値計算法の文脈としてよく用いられる．物理的にはこれは流れ方向に対して対流と拡散が釣り合っている状態を表すが，この釣り合いが重要な意味を持つような実際の流れ場の例はほとんどなく，通常，対流は，圧力勾配や流れに垂直な方向の拡散によって釣り合う．これまでの文献では，式 (3.55) に対して開発されナビエ・ストークス方程式に適用された多くの手法があるが，その結果は往々にして芳しいものではないため，大抵は用いないのが賢明である．実際，この問題をテストケースとして使用することで過去に多くの誤った手法を選択してきたかもしれない．とはいうものの，この問題に対して持ち上がるいくつかの問題は注目に値するため，ここではその点を検討してみる．

ここでは $u \geq 0$ かつ $\phi_0 < \phi_L$ の場合を考える（他の場合も簡単に扱える）．速度が小さい場合 ($u \approx 0$) や拡散係数 Γ が大きい場合，ペクレ数はゼロに近づき，対流は無視できる．この場合，解は x に対して線形になる．これに対して，ペクレ数が大きくなると，x とともに ϕ はゆっくりと増加し，$x = L$ に近づくと急激に ϕ_L まで増加する．このような ϕ の勾配の急激な変化は，離散化手法に対する厳しいテストとなる．

式 (3.55) に対して 3 点参照の計算分子を用いた有限差分法を用いて離散化すると，節点 i で導かれる代数方程式は，次のようになる：

$$A_{\mathrm{P}}^i \phi_i + A_{\mathrm{E}}^i \phi_{i+1} + A_{\mathrm{W}}^i \phi_{i-1} = Q_i \, . \tag{3.58}$$

拡散項には中心差分を用いた離散化が一般的であり，外側の微分に対しては次のようになる：

$$-\left[\frac{\partial}{\partial x}\left(\Gamma \frac{\partial \phi}{\partial x}\right)\right]_i \approx -\frac{\left(\Gamma \dfrac{\partial \phi}{\partial x}\right)_{i+\frac{1}{2}} - \left(\Gamma \dfrac{\partial \phi}{\partial x}\right)_{i-\frac{1}{2}}}{\frac{1}{2}(x_{i+1} - x_{i-1})} \tag{3.59}$$

これに対して内側の微分に中心差分を適用すると，

$$\left(\Gamma \frac{\partial \phi}{\partial x}\right)_{i+\frac{1}{2}} \approx \Gamma \frac{\phi_{i+1} - \phi_i}{x_{i+1} - x_i} \, ; \quad \left(\Gamma \frac{\partial \phi}{\partial x}\right)_{i-\frac{1}{2}} \approx \Gamma \frac{\phi_i - \phi_{i-1}}{x_i - x_{i-1}} \tag{3.60}$$

となる．したがって，代数方程式 (3.58) の係数に対する拡散項の寄与は以下のようになる：

$$A_{\mathrm{E}}^{\mathrm{d}} = -\frac{2\,\Gamma}{(x_{i+1} - x_{i-1})(x_{i+1} - x_i)} \, ;$$
$$A_{\mathrm{W}}^{\mathrm{d}} = -\frac{2\,\Gamma}{(x_{i+1} - x_{i-1})(x_i - x_{i-1})} \, ;$$
$$A_{\mathrm{P}}^{\mathrm{d}} = -(A_{\mathrm{E}}^{\mathrm{d}} + A_{\mathrm{W}}^{\mathrm{d}}) \, .$$

一方，対流項に対して 1 次精度風上差分を用いて離散化すれば（風上差分は流れ

の方向に応じて前進差分か後退差分），

$$\left[\frac{\partial(\rho u\phi)}{\partial x}\right]_i \approx \begin{cases} \rho u \dfrac{\phi_i - \phi_{i-1}}{x_i - x_{i-1}}\,, & \text{if} \quad u > 0 \\ \rho u \dfrac{\phi_{i+1} - \phi_i}{x_{i+1} - x_i}\,, & \text{if} \quad u < 0 \end{cases} \tag{3.61}$$

となり，式 (3.58) の係数に対して対流項分は次のようになる：

$$A_{\mathrm{E}}^{\mathrm{c}} = \frac{\min(\rho u, 0)}{x_{i+1} - x_i}\;; \quad A_{\mathrm{W}}^{\mathrm{c}} = -\frac{\max(\rho u, 0)}{x_i - x_{i-1}}\;;$$
$$A_{\mathrm{P}}^{\mathrm{c}} = -(A_{\mathrm{E}}^{\mathrm{c}} + A_{\mathrm{W}}^{\mathrm{c}})\,.$$

ここで，流れの方向に応じて，$A_{\mathrm{E}}^{\mathrm{c}}$ か $A_{\mathrm{W}}^{\mathrm{c}}$ はゼロである．

これに対して中心差分を適用した場合は，

$$\left[\frac{\partial(\rho u\phi)}{\partial x}\right]_i \approx \rho u \frac{\phi_{i+1} - \phi_{i-1}}{x_{i+1} - x_{i-1}} \tag{3.62}$$

となる．この場合，式 (3.58) の係数の対流項分は次のようになる：

$$A_{\mathrm{E}}^{\mathrm{c}} = \frac{\rho u}{x_{i+1} - x_{i-1}}\;; \quad A_{\mathrm{W}}^{\mathrm{c}} = -\frac{\rho u}{x_{i+1} - x_{i-1}}\;;$$
$$A_{\mathrm{P}}^{\mathrm{c}} = -(A_{\mathrm{E}}^{\mathrm{c}} + A_{\mathrm{W}}^{\mathrm{c}}) = 0\,.$$

ここで係数は結局，対流項と拡散項の寄与分 A^{c} と A^{d} を足したものとなる．

境界節点での ϕ は与えられており，$\phi_1 = \phi_0$ と $\phi_N = \phi_L$ である．ここで N は境界上の 2 点を含む節点の数である．すなわち，節点 $i = 2$ では，項 $A_{\mathrm{W}}^2\phi_1$ はあらかじめ計算することができるので右辺の Q_2 に加え，係数 A_{W}^2 を 0 と修正することになる．同様にして，節点 $i = N-1$ では，積 $A_{\mathrm{E}}^{N-1}\phi_N$ を Q_{N-1} に加え，係数 $A_{\mathrm{E}}^{N-1} = 0$ とする．

結果として得られる三重対角行列からなる連立方程式は容易に解くことができ，ここでは解のみを論じる．そのための解法は 5 章で紹介する．

ここで風上差分における偽拡散と，中心差分での振動解の可能性を議論するために，ペクレ数 $\mathrm{Pe} = 50$ ($L = 1.0$, $\rho = 1.0$, $u = 1.0$, $\Gamma = 0.02$, $\phi_0 = 0$, $\phi_L = 1.0$) の場合を考える．まず，等間隔の 11 節点（10 の等間隔分割）を用いた結果から始める．対流項に中心差分か風上差分，拡散項に対して中心差分を用いた場合の $\phi(x)$ の分布を図 3.8 に示す．

図から風上差分の結果は明らかに過剰に拡散的になっており，$\mathrm{Pe} \approx 18$（50 でなく）の厳密解の結果に対応している．すなわち，偽拡散の効果が真の拡散よりも強くなってしまうのである．一方，中心差分を用いた結果は，激しく振動している．この振動は最後の 2 点での ϕ の勾配の急激な変化によるものである．格子間隔に基づく局所ペクレ数 $\mathrm{Pe}_\Delta = \rho u \Delta x/\Gamma$ はすべての節点で等しく 5 である．

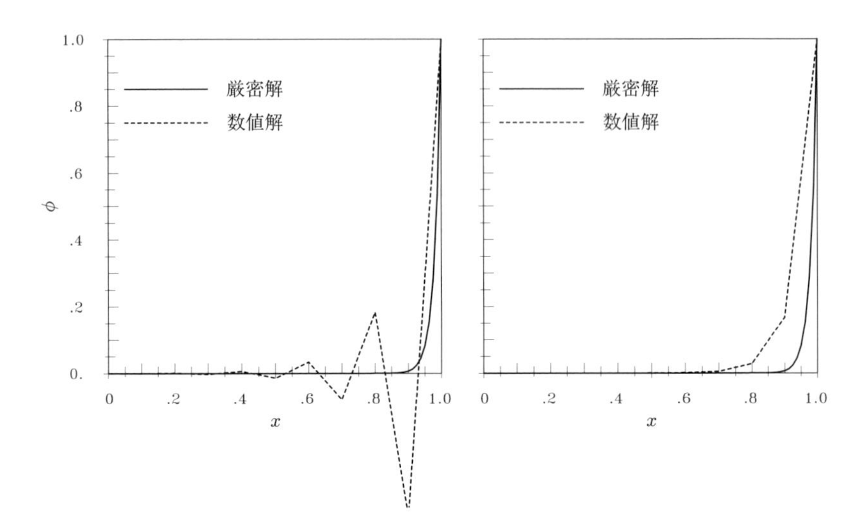

図 **3.8**　Pe = 50 の場合の 1 次元対流拡散方程式の解．対流項に中心差分（左）と風上差分（右）を用い，11 節点の等間隔格子を用いた場合．

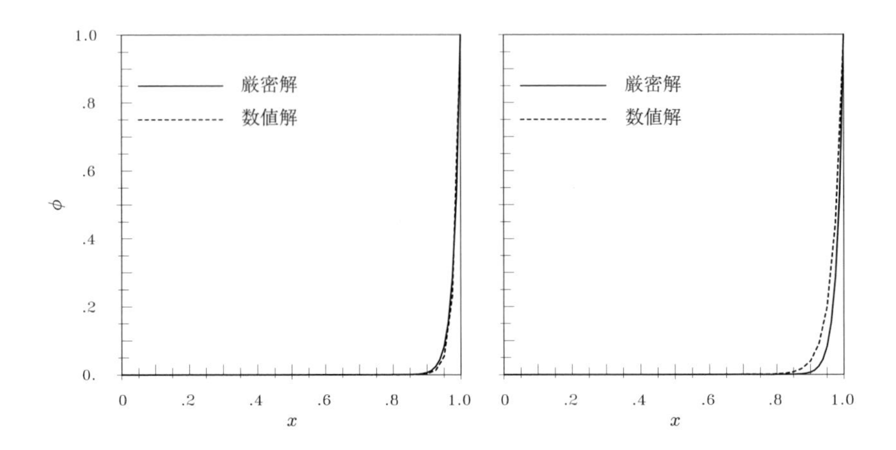

図 **3.9**　Pe = 50 の場合の 1 次元対流拡散方程式の解．対流項に中心差分（左）と風上差分（右）を用い，41 節点の等間隔格子を用いた場合．

格子を細分化すると中心差分の振動は減少するが，21 点を用いた場合も振動は残る．さらに細分化して 41 格子点にしてようやく中心差分の振動はなくなり，非常に正確になる（図 3.9 参照）．風上差分の解も格子の細分化により改善するが，$x > 0.8$ では依然として大きな誤差がある．

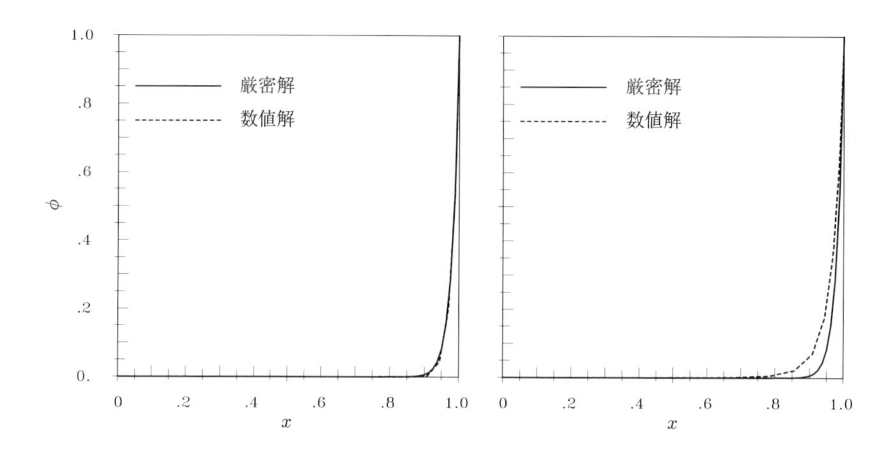

図 3.10 Pe = 50 の場合の 1 次元対流拡散方程式の解．対流項に中心差分（左）と風上差分（右）を用い，11 節点の不等間隔格子（右側境界近くで密）を用いた場合．

中心差分の振動は局所ペクレ数に依存し，各格子点で $\mathrm{Pe}_\Delta \le 2$ であれば振動は発生しない (Patankar, 1980 を参照)．これは中心差分の解が有界であるための十分条件ではあるが，必要条件ではない．**ハイブリッドスキーム** (Spalding, 1972) と呼ばれる手法は，局所ペクレ数が $\mathrm{Pe}_\Delta \ge 2$ となる任意の節点で，中心差分から風上差分へ切り替わるように設計されている．ただしこれは制約が厳しすぎ，精度を低下させる．振動は解が急激に変化する高い局所ペクレ数の領域でのみ生じる．

これを示すために，さらに 11 節点の不等間隔格子を用いて計算を続けてみる．最小および最大の格子幅はそれぞれ $\Delta x_{\min} = x_N - x_{N-1} = 0.0125$ と $\Delta x_{\max} = x_2 - x_1 = 0.31$ であり，これは隣接格子幅の拡大率 $r_\mathrm{e} = 0.7$ に相当する（式 (3.21) を参照）．この場合，最小局所ペクレ数は右側境界の近くで $\mathrm{Pe}_{\Delta,\min} = 0.625$ であり，最大ペクレ数は左側境界近くで $\mathrm{Pe}_{\Delta,\max} = 15.5$ である．すなわち，ペクレ数は ϕ が大きく変化する領域で 2 よりも小さく，ϕ がほぼ一定である領域で大きくなっている．この格子を用いて中心差分および風上差分で計算した結果を図 3.10 に示す．中心差分の結果に振動は見られない上，さらに 4 倍の格子点を用いた等間隔格子上での解と同じ程度に精度が高い結果が得られている．風上差分の結果も精度も不等間隔格子で改善はしているが，依然，満足できる結果とは言い難い．

この 1 次元対流拡散問題に対しては式 (3.56) の解析解が存在するので，数値解の誤差を直接計算することができる．その指標として，次の平均誤差を用いる：

$$\epsilon = \frac{\sum_i |\phi_i^{\mathrm{exact}} - \phi_i|}{N} \,. \tag{3.63}$$

ここでは中心差分および風上差分を対象として，等間隔および不等間隔格子で 321

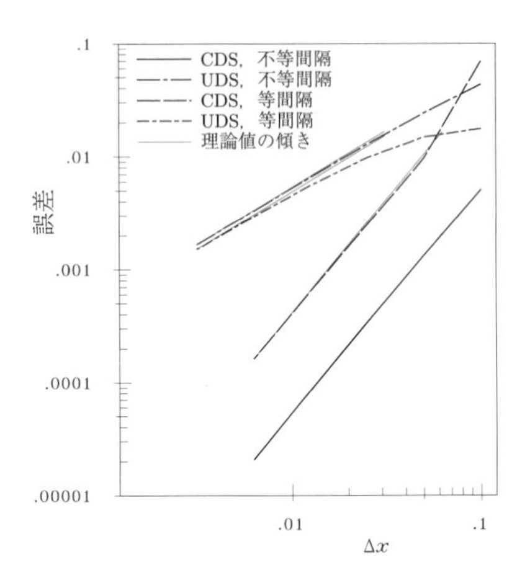

図 3.11　Pe = 50 の場合の 1 次元対流拡散方程式の解の平均メッシュ間隔に対する平均誤差.

節点まで用いて解析を行い，得られた平均誤差を平均格子間隔の関数として図 3.11 に示す．風上差分の誤差は 1 次精度スキームの傾きに漸近する．一方，中心差分は粗い格子から 2 番目以降は 2 次精度スキームの傾きを示し，格子幅が 1 桁小さくなると誤差は 2 桁減少している．

この例は，3.3.4 項で示したように，不等間隔格子では打ち切り誤差に 1 次の項が含まれているにもかかわらず，その解が等間隔格子の解と同じように収束することを明確に示している．また，中心差分の場合，不等間隔格子上の平均誤差は，同じ数の等間隔格子の平均誤差よりもほぼ 1 桁小さく，これは誤差が大きい場所で格子間隔が小さくなっているためである．図 3.11 で風上差分の不等間隔格子での平均誤差が，等間隔格子よりも大きくなっているのは，等間隔格子上の一部の格子点での大きな誤差が，平均的にはほとんど影響を与えないためである．実際，図 3.8 と 3.10 を見るとわかるように，ある格子での最大誤差は，不等間隔と比較して等間隔ではるかに大きくなっている．

これに関連する例は，次章の最終節を参照されたい．

3.11　スペクトル法の概要

スペクトル法は，有限体積法や有限要素法と比較して，一般的な用途の CFD としては適当ではないが，多くの応用計算（例えば大気・海洋を対象とした地球レベルの気象シミュレーションコード (Washington and Parkinson, 2005)，大気境界層の高解像度メソスケールモデリング (Moeng, 1984)，また，乱流シミュレーション (Moin and Kim, 1982)）でも重要であるので，ここで簡潔に述べておく．詳細な説明については Canuto et al. (2006 and 2007), Boyd (2001), Durran (2010), Moin (2010) らの本を参照されたい．

3.11.1　計算のツール

3.11.1.1　関数とその導関数の近似

スペクトル法では，空間微分はフーリエ級数（またはそれを一般化したもの）により見積もられる．最も単純なスペクトル法では，等間隔に配置された点での値によって指定される周期関数を用いる．このような関数は，**離散**フーリエ級数によって表すことができる：

$$f(x_i) = \sum_{q=-N/2}^{N/2-1} \hat{f}(k_q)\, \mathrm{e}^{\mathrm{i}k_q x_i} \ , \tag{3.64}$$

ここで $x_i = i\,\Delta x$，$i = 1, 2, \ldots, N$，$k_q = 2\pi q/\Delta x\, N$ である．式 (3.64) の逆変換もまた意外なほど単純に表される：

$$\hat{f}(k_q) = \frac{1}{N} \sum_{i=1}^{N} f(x_i)\, \mathrm{e}^{-\mathrm{i}k_q x_i} \ . \tag{3.65}$$

この式は，よく知られている幾何級数の総和に対するよく知られた公式を用いて証明される．q の組には任意性がある．すなわち，添字を q から $q \pm lN$（ここで l は整数）に変えても格子点での $\mathrm{e}^{\pm \mathrm{i}k_q x_i}$ の値は変化しない．この性質は**エイリアジング**として知られており，スペクトル法を用いない一般的な非線形微分方程式の数値解法でも一般的かつ重要な誤差要因となる．エイリアジングについては，乱流シミュレーションへのスペクトルコードの適用に関連して，10.3.4.3 で改めて述べる．

この級数が便利なのは，式 (3.64) を用いて $f(x)$ を内挿することができるからである．すなわち，離散値 x_i を連続値 x に置き換えることで，$f(x)$ をすべての x で定義できる．その際，異なる q の組は異なる補間となるので，q の範囲の選択が重要となる．最良の選択は，式 (3.64) で使われている最も滑らかな補間を与える組を選ぶことである（$-N/2+1, \ldots, N/2$ の組も同じくらい良い選択である）．こうして補間を定義したら，それを微分して導関数のフーリエ級数を作ることができる：

$$\frac{\mathrm{d}f}{\mathrm{d}x} = \sum_{q=-N/2}^{N/2-1} \mathrm{i}k_q \hat{f}(k_q)\, \mathrm{e}^{\mathrm{i}k_q x} \ . \tag{3.66}$$

これは $\mathrm{d}f/\mathrm{d}x$ のフーリエ係数が $\mathrm{i}k_q \hat{f}(k_q)$ であることを示している．ある関数の導関数をまとめると以下の通りである．

- $f(x_i)$ を与え，式 (3.65) を用いてフーリエ係数 $\hat{f}(k_q)$ を求める．
- $g = \mathrm{d}f/\mathrm{d}x$ のフーリエ係数を求める；　$\hat{g}(k_q) = \mathrm{i}k_q\hat{f}(k_q)$.
- 格子点での $g = \mathrm{d}f/\mathrm{d}x$ を得るために級数 (3.66) を求める．

注意点をいくつか挙げる．

- この手法は容易に高次導関数に一般化される．例えば，$\mathrm{d}^2 f/\mathrm{d}x^2$ のフーリエ係数は $-k_q^2\hat{f}(k_q)$ である．
- 導関数を求める際の誤差は，$f(x)$ が x に関して周期的であって格子点数 N が十分大きい場合，N に対して指数的に減少する．これにより，N が大きければ，スペクトル法は有限差分法と比較してずっと正確である．ただし，N が小さいとこの限りではない．N が「大きい」かどうかは関数に依存する．
- 式 (3.65) やその逆変換である式 (3.64) を用いてフーリエ係数を計算するコストは，そのまま行えば N^2 に比例し，これは現実的ではない．スペクトル法が実用化したのは，計算量が $N\log_2 N$ に比例する高速フーリエ変換 (fast Fourier transform: FFT) があるからである．

FFT によるスペクトル法が威力を発揮するには，関数が周期的で格子点が等間隔でなければならない．この条件は，複素指数関数を用いないことである程度緩和されるが，幾何形状や境界条件に適合するにはそのつどかなりの変更を要し，そのことがスペクトル法の柔軟性を相対的に低くしている．上記の条件を理想的に満たすような問題（例えば幾何的に単純な領域での乱流シミュレーション）では，この方法に勝るものはない．

3.11.1.2　離散化誤差の別の視点

スペクトル法は，計算手法としてだけでなく，打ち切り誤差を調べるのに別の視点を提供するのにも役立つ．周期関数を扱う限り，級数 (3.64) はその関数を表すことができ，その導関数を任意の方法で，特に上述の例の正確なスペクトル法や有限差分近似を使って近似することができる．これらの方法はいずれも，級数に対して項ごとに個別に適用できるため，$\mathrm{e}^{\mathrm{i}kx}$ の微分を考慮すれば十分である．その正確な結果は $\mathrm{i}k\mathrm{e}^{\mathrm{i}kx}$ である．これに対して中心差分式 (3.9) を適用すると，次のようになる：

$$\frac{\delta \mathrm{e}^{\mathrm{i}kx}}{\delta x} = \frac{\mathrm{e}^{\mathrm{i}k(x+\Delta x)} - \mathrm{e}^{\mathrm{i}k(x-\Delta x)}}{2\Delta x} = \mathrm{i}\,\frac{\sin(k\,\Delta x)}{\Delta x}\,\mathrm{e}^{\mathrm{i}kx} = \mathrm{i}k_{\mathrm{eff}}\,\mathrm{e}^{\mathrm{i}kx}\;. \tag{3.67}$$

有限差分近似を用いた場合，厳密な波数 k を k_{eff} に置き換えることに相当するため，k_{eff} は**有効波数**[2]と呼ばれる．その他のスキームに対しても類似の表現が可能であり，例えば式 (3.14) の 4 次精度の中心差分を用いた場合は，次のようになる：

[2] **修正波数**と呼ばれる場合もある．

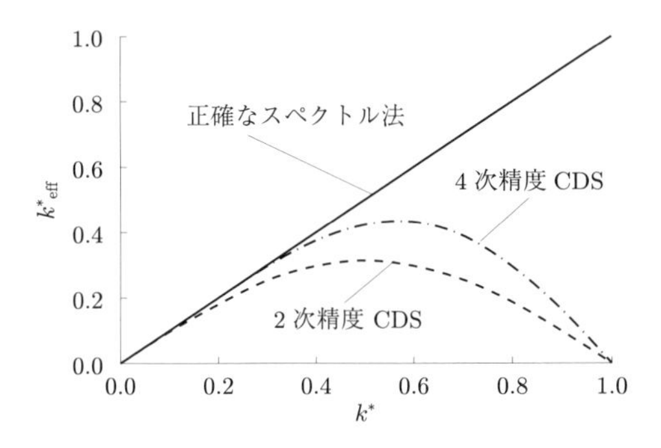

図 3.12 1 階導関数に対する 2 次および 4 次精度 CDS の有効波数（$k_{\max} = \pi/\Delta x$ で規格化）.

$$k_{\mathrm{eff}} = \frac{\sin(k\,\Delta x)}{3\Delta x}\,[4 - \cos(k\,\Delta x)]\ . \tag{3.68}$$

小さな波数（滑らかな関数に相当する）では，中心差分近似の有効波数はテイラー級数で展開することができる：

$$k_{\mathrm{eff}} = \frac{\sin(k\,\Delta x)}{\Delta x} = k - \frac{k^3(\Delta x)^2}{6}\ . \tag{3.69}$$

これは小さな k と Δx に対する 2 次精度近似の性質を示している．ただし実際の計算では，最大波数として $k_{\max} = \pi/\Delta x$ まで遭遇する可能性があり（式 (3.64) を参照），与えられたフーリエ級数の大きさは，近似を求める導関数の元の関数に依存する．つまり，滑らかな関数では高波数成分は小さいが，急激に変化する関数に対しては，波数とともに緩やかに減少するフーリエ係数を持つことになる．

図 3.12 に，$k_{\max}$ で規格化した波数に対する，2 次および 4 次精度の中心差分スキームの有効波数を示す．両者とも，最大波数の半分より大きい場合には良い近似とはいえない．格子が細かくなるにつれて，より多くの波数が含まれ，格子間隔の限界まで小さくすると，関数は格子に対して滑らかであり，小さい波数のみが大きな係数を持ち，正確な結果が期待される．あるいは，修正波数が実際の波数に近いほど，結果は正確になるともいえる．

解があまり滑らかでない問題を解く場合，離散化手法の次数はもはやあまり良い指標とはならない可能性がある．つまり，特定のスキームが高次であるからといって正確であると主張する際には非常に注意する必要がある．結果が正確であるのは，解に含まれる最高波数の波長当たりの節点数が十分多い場合に限られる．

スペクトル法の誤差は，格子サイズがゼロに近づく場合，格子幅の任意のべき乗に対してそれよりも速く減少する．これはスペクトル法の長所としてしばしば挙げられる．しかし，この挙動は十分な格子点が用いられた場合に限る（「十分」の定義は近似する関数による）．実際，格子点が少ない場合，スペクトル法は有限差分法よりも大きな誤差を生む場合がある．

最後に，風上差分法の有効波数は次のようになる：

$$k_{\text{eff}} = \frac{1 - \mathrm{e}^{-\mathrm{i}k\,\Delta x}}{\mathrm{i}\Delta x} \tag{3.70}$$

これは複素数であり，この近似が持つ拡散性もしくは散逸性を示している．前者は前節の風上差分の例で明らかにされた．6.3 節では，この風上差分近似が非定常微分方程式に対して用いられた場合に，散逸性，例えば，伝播する波の振幅が時間とともに不自然に急速に減衰することを示す．

3.11.2　微分方程式の解

ここでは，微分方程式を解くための 2 つの有名なスペクトル法を調べる（Boyd, 2001; Durran, 2010; Moin, 2010 を参照）．これらの方法は，未知の解を一連の級数，例えば式 (3.64) のように展開することに基づいている．多くの他のスペクトル法 (Canuto et al., 2007) も同様である．ここで述べる方法には，スペクトルエレメント法，パッチングコロケーション法，スペクトル不連続ガラーキン法などが含まれる．

1 つ目の定式化は対象とする微分方程式に対する**弱形式**と呼ばれる式変形であり，方程式の重み付き積分は解析領域にわたって満足するが，微分方程式自体はすべての点で満たされるわけではない．ガラーキン法の定式化がこのタイプに該当する．2 つ目の定式化は微分方程式の**強形式**であり，方程式は領域内の任意の点において満足する．この定式化の重要な変形はスペクトルコロケーションまたは**擬似スペクトル法**であり，この場合，解は打ち切り展開によって表されるが，微分方程式は領域内の有限の格子点で満たされる．この方法は，地球規模の循環モデルや大気境界層の乱流モデリング (Fox and Orszag, 1973; Moeng, 1984; Pekurovsky et al., 2006; Sullivan and Patton, 2011) といった流体力学の分野で用いられており，ナビエ・ストークス方程式やオイラー方程式の非線形項の微分を物理空間で評価することから，スペクトル空間で評価するよりもより効果的でコストも低い．

ここでは，狭い水路内での汚染物質の拡散に関する 1 次元方程式を考える．汚染物質は水路全体に不均一に流れ込み，両端で取り除かれるとしてその両端では濃度はゼロとする．汚染物質の濃度を ϕ，その拡散係数を D_x とすると，長さ π の水路に対して次の境界値問題が提起される：

$$D_x \frac{\partial^2 \phi}{\partial x^2} + A(x) = 0,\ 0 < x < \pi, \tag{3.71}$$

境界条件は

$$\phi(0) = 0, \quad \phi(\pi) = 0. \tag{3.72}$$

ここで $A(x)$ は水路に沿った汚染物質の流入を表し，この1次元問題では，境界を介した流入条件としてではなくソース項として表現することができる（多次元の場合も同様）．

3.11.2.1 弱形式とフーリエ級数を用いた場合

ここで用いるアプローチは，正しくは**フーリエ・ガラーキン法** (Canuto et al., 2006; Boyd, 2001) と呼ばれる．この方法は2つの重要な原理に基づいている．すなわち，任意の合理的な関数は，ある**基底**関数の完全な集合によって表現できることと，直交性の概念である (Street, 1973; Boyd, 2001; Moin, 2010)．この概念に基づけば，基本となるアイデアは，未知の変数を，未知の係数を掛けた基底関数で構成される級数として表すことになる（式 (3.64) を参照）．次に，基底関数の直交性を用いて，特定の方程式，例えば上記の式 (3.71) に一連の**テスト**関数を掛け，問題とする領域全体にわたって積分をする．フーリエ・ガラーキン法では基底関数とテスト関数に同じ関数を用いる．

ここで扱う式 (3.71) および (3.72) で表される問題では，境界条件は周期的ではなくディリクレ境界条件で与えられる．したがって，解を三角関数の正弦関数を用いて半区間（つまり，$0 < x < \pi$）で展開するのが便利である：

$$\phi^N(x) = \sum_{q=1}^{N} \hat{\phi}_q \sin(qx) . \tag{3.73}$$

上付き添字 N は，解が N 個の（有限な）部分和として表されることを意味する．ここで $\mathrm{e}^{\mathrm{i}kx} = \cos(kx) + \mathrm{i}\sin(kx)$ であることを考慮し，部分和の各項が問題の境界条件を満たしていることに注意されたい．一般に，部分和 $\phi^N(x)$ は基礎式 (3.71) を満たさないので，各点で**残差**が生じる：

$$R(\phi^N) = \frac{\partial^2 \phi^N}{\partial x^2} + \frac{A(x)}{D_x} \neq 0 . \tag{3.74}$$

この残差は，部分和として与えられる解の誤差に等しい．この残差を最小化する方法はいくつかあり（例えば Boyd, 2001 や Durran, 2010 を参照），最小二乗法や重み付き残差法がこれに含まれる．ここでは後者について示す．重み付き残差法では，方程式の重み付き平均がゼロになるようにする．これは方程式に対する**弱解**であり，これにより未知係数 $\hat{\phi}_q$ を決めることができる．

ここで，部分和 (3.73) を式 (3.71) に代入し，方程式全体に重み関数 $\sin(jx)$ を掛けて領域全体で積分すると次のようになる：

$$\int_0^{\pi} \left(\frac{\partial^2 \phi^N}{\partial x^2} + \frac{A(x)}{D_x} \right) \sin(jx)\ \mathrm{d}x = 0 . \tag{3.75}$$

この方程式は $j = 1, 2, \ldots, N$ に対して満たされる必要がある．ここでは，生成項

$A(x)/D_x$ は既知であるとしているが任意の形を取り得るので，次のように生成項を正弦級数として展開する：

$$\frac{A(x)}{D_x} = \sum_{q=1}^{N} \hat{a}_q \sin(qx)\,. \tag{3.76}$$

以下でみるように，生成項の形は解に影響を与え，特に生成項に不連続がある場合には顕著となる．

式 (3.75) に部分和を代入し，整理すると次のようになる：

$$\sum_{q=1}^{N} (-q^2 \hat{\phi}_q + \hat{a}_q) \int_0^{\pi} \sin(qx)\,\sin(jx)\,\mathrm{d}x = 0\,. \tag{3.77}$$

ただし，ここで級数展開と重みに同じ関数を選べば，これらは互いに直交するので，以下を得る：

$$\int_0^{\pi} \sin(qx)\,\sin(jx)\,\mathrm{d}x = \begin{cases} \pi/2 & \text{if } q = j \\ 0 & \text{if } q \neq j \end{cases} \tag{3.78}$$

これより，次式を得る：

$$-j^2 \hat{\phi}_j + \hat{a}_j = 0 \quad \text{または} \quad \hat{\phi}_j = \frac{1}{j^2} \hat{a}_j, \quad \text{for all } j\,. \tag{3.79}$$

式 (3.76) を重み関数で掛け，領域全体で積分して再び直交性を使えば，次のようになる：

$$\hat{a}_j = \frac{2}{\pi} \int_0^{\pi} \frac{A(x)}{D_x} \sin(jx)\,\mathrm{d}x\,. \tag{3.80}$$

この結果，最終的に次の解を得る：

$$\phi^N(x) = \frac{2}{\pi} \sum_{q=1}^{N} \frac{1}{q^2} \left(\int_0^{\pi} \frac{A(x)}{D_x} \sin(qx)\,\mathrm{d}x \right) \sin(qx)\,. \tag{3.81}$$

部分和 (3.81) は式 (3.71) の近似的な (弱) スペクトル解であり，境界条件 (3.72) を満たしている．なお，部分和で $N \to \infty$ とすれば，この単純な場合での標準的なフーリエ級数解となっている．上記で引用した参考文献は，より複雑な条件や他の基底関数やテスト関数についても扱っている．

図 3.13 は，領域の中央に汚染源を置いた場合の結果を示している．狭いステップ状の入力はデルタ関数を近似するので，解は汚染源の近くでゆっくりと収束する．つまり，生成項の急激な変化の近くでは，q の増加とともに係数 $\hat{\phi}_q$ が減少する割合が遅くなる．そのため，必要とするレベルの精度を得るためには，より多くの項が必要となる．この領域の外側では厳密解は線形であるが，この場合も部分展開の偶数番

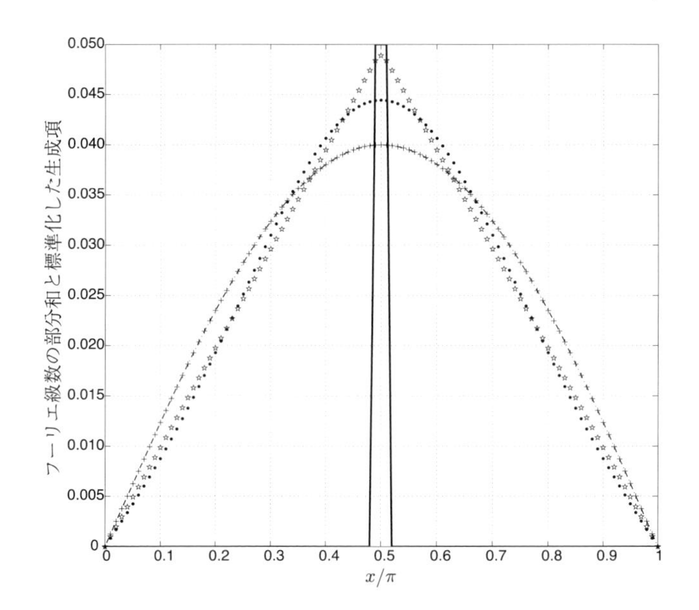

図 3.13 大きさ 1 の汚染源が $(0.49-0.51)\pi$ の間で流入する場合の解．汚染源を 20 分の 1（実線）とし，部分展開の項数を 1 (+), 2 (− · −), 3 (●), 512 (⋆) とした場合の解．

号の項 $(2,4,6,\ldots)$ はゼロとなる．これは図で項を 1 つ用いた場合と 2 つ用いた場合で，解が同じであることからわかる．100 項による展開では，厳密解と見分けがつかなくなる．

3.11.2.2 強形式とコロケーションフーリエ級数を用いた場合

強形式の擬似スペクトル法の場合，手順はかなり簡単になる．式 (3.71) と (3.72) で与えられる問題と解の部分級数展開 (3.73) に対して，$N-1$ 個の等間隔な格子もしくは節点で式 (3.71) を満たすとする[3]．この部分和はすでに境界条件を満たしているので，ここで境界条件を特別に考慮する必要はない．最後に得られる方程式系に対して境界条件を方程式として追加しなければならない場合については，Boyd (2001) を参照されたい．

フーリエ級数近似の場合，領域内の点は，$j=1,2,3,\ldots,N-1$ に対して $\delta x_j = \pi/N$ より $x_j=\pi j/N$ となり，等間隔である．しかし，解を部分展開で代入した微分方程式は，$N-1$ 点でしか満たされないことは明らかなので，式 (3.73) は次のように修正される：

[3] Boyd (2001) の 3 章では，この擬似スペクトル法の制約は，ディラックのデルタ関数 $\delta(x-x_i)$ を上記の重み付き残差法のテスト関数として用いることで得られると指摘している．

$$\phi^{N-1}(x) = \sum_{q=1}^{N-1} \hat{\phi}_q \sin(qx)\,. \tag{3.82}$$

このとき，次の関係を満たす必要がある：

$$\left(\frac{\partial^2 \phi^{N-1}}{\partial x^2} + \frac{A(x)}{D_x}\right) = 0 \quad \text{at} \quad x_j = \pi j/N, \quad \text{for} \quad j = 1, 2, 3, ..., N-1\,. \tag{3.83}$$

ここで式 (3.82) を用いれば，

$$\sum_{q=1}^{N-1} (q^2 \hat{\phi}_q \sin(qx_j)) = \frac{A(x_j)}{D_x} \tag{3.84}$$

であり，ここから $\hat{\phi}_q$ に対して $N-1$ 個の方程式が得られ，これは $(N-1)\times(N-1)$ の係数行列で表される．$N=4$ に対しては $x_j = \pi j/4$ であり，次のようになる．

$$A = \begin{pmatrix} \sin(x_1) & 4\sin(2x_1) & 9\sin(3x_1) \\ \sin(x_2) & 4\sin(2x_2) & 9\sin(3x_2) \\ \sin(x_3) & 4\sin(2x_3) & 9\sin(3x_3) \end{pmatrix},$$

$$Q = \begin{pmatrix} A(x_1)/D_x \\ A(x_2)/D_x \\ A(x_3)/D_x \end{pmatrix},$$

$$\hat{\phi} = \begin{pmatrix} \hat{\phi}_1 \\ \hat{\phi}_2 \\ \hat{\phi}_3 \end{pmatrix}.$$

その解については，次の連立方程式を解くことで得られる（5.2 節を参照）：

$$A\hat{\phi} = Q\,. \tag{3.85}$$

これは任意の N に対して得られる．

フーリエ・ガラーキン法で解いた問題に対して，コロケーション法を適用しても，類似の結果が得られる．式 (3.63) の平均誤差を領域内の ϕ の最大値で正規化し，用いる基底関数の数（またはコロケーション法では用いる節点か格子点の数）に対する弱解および強解の関数として図 3.14 に示した場合，誤差に顕著な違いが現れる．

この図では，誤差に対する影響をみるために，3 つの異なる汚染源の分布形状を検討した．図 3.13 に示す細い箱形の汚染源分布は，$0.49 \geq x/\pi \geq 0.51$ の範囲でのみ非ゼロの定数となっている．これに対してより広い箱形の分布は $0.45 \geq x/\pi \geq 0.55$ の範囲で非ゼロの一定値としている．汚染源と対応する ϕ の 2 階微分は，これらの端で不連続である．フーリエ・ガラーキン法による弱解はこれらの不連続を積分し，微

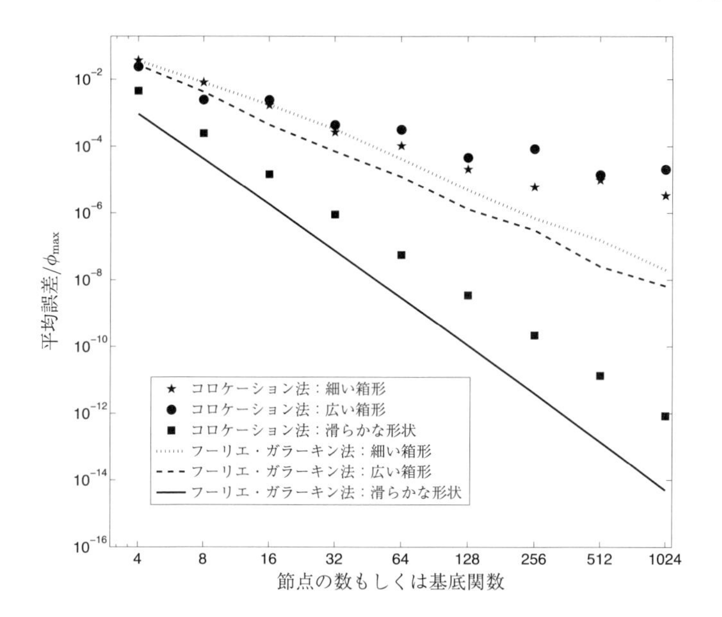

図 3.14 フーリエ・ガラーキン法とコロケーション法の誤差の基底関数もしくは節点の数に対する変化（汚染源の形を変化させた場合）.

分方程式が点ではなく平均的に満たされるとする．ここで解の 2 階微分の部分和を調べると，不連続点でギブス現象 (Ferziger, 1998; Gibbs, 1898,1899) をみることができる（図 3.15）．つまり，部分和の値が正しい値に対して上下に振動する．ただし，解の 1 階微分にはこの問題が発生せず連続にあり，解自体が影響を受けることはない．実際，解は生成項の解析的な積分に基づくので，汚染物質の総量はいつも保存される．もし数値的に積分する場合は，これは積分に用いる節点の間隔および積分方法に依存する誤差が含まれることになる．

これに対してコロケーション法では，不連続点をまたぐ節点で微分方程式を強制的に満たそうとするために不連続性が明示的となることから，汚染源はそれほど正確に表現できない．この結果，汚染物質の総量に避けがたい誤差を引き起こす．この誤差は，格子幅とあらかじめ与えられた非ゼロの汚染源の形状との関係に依存し，全体の汚染物質の総量を保存するように汚染源の体積を正規化することで，その誤差を減少させることができる．

汚染源分布の箱形状に対してその幅のみを変えた場合，節点と基底関数の数を増やすことである程度は誤差を削減することができるが，その効果はそれほど大きくはない．これに対して図 3.14 に示すように，滑らかな形状の汚染源分布 $A(x)/D_x = 1 - \cos(2x)$ を用いる効果は大きい．この場合，項または節点数を増やすことでどち

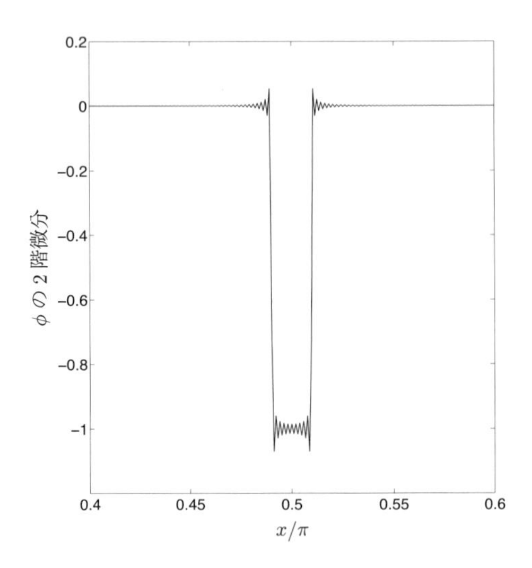

図 3.15　フーリエ・ガラーキン法による部分解の 2 階微分にみられるギブス現象：図 3.13 の汚染源の問題で 1024 項を用いた場合.

らの手法に対しても誤差は急激に減少する.

最後に大切なこととして，弱形式と強形式の方法では部分展開の係数を決める方法が異なるため，**基底関数が同じであっても 2 つの方法で係数が同じとは限らないこと**に注意されたい.

コロケーション法の適用は一般的に直接的でわかりやすいが，ナビエ・ストークス方程式に現れるような非線形項に対しては特別な扱いが必要となる．これについては入門の範囲を超えるので，詳細は以下を参照されたい (Boyd, 2001; Moin, 2010; Canuto et al., 2006, 2007).

第4章　有限体積法

4.1　はじめに

前章と同様，ここでもϕに対する一般化した保存方程式を考え，速度場や流体の特性（物性）は既知であるとする．有限体積法ではこの保存方程式の積分形を用いる：

$$\int_S \rho\phi\mathbf{v}\cdot\mathbf{n}\,\mathrm{d}S = \int_S \Gamma\,\boldsymbol{\nabla}\phi\cdot\mathbf{n}\,\mathrm{d}S + \int_V q_\phi\,\mathrm{d}V\,. \tag{4.1}$$

解析領域は，格子によって有限な数の小さな検査体積 (CV) に分割される．この際，格子を計算節点として定義する有限差分法 (FD) とは異なり，ここでは CV の境界を定義する．話を簡潔にするため，ここではデカルト格子を用いた場合について示す．複雑な形状を扱う場合については 9 章で扱う．

通常は適当な格子で CV を定義し，計算節点を CV の中心に割り当てる．しかし，構造格子の場合，節点の位置を最初に定義し，その周囲に CV を作ることもできる．この場合，CV の面は節点の中点に位置する（図 4.1 参照）．図中，境界条件を与える節点を黒丸で示す．

1 つ目のアプローチの利点は，CV の重心に節点があるため，節点での値が 2 つ目に対してより正確に（2 次精度）CV 体積での平均値を代表していることである．これに対して 2 つ目のアプローチの利点は，CV 界面が 2 つの節点のちょうど中間に位置することから，CV 界面での微分の中心差分近似がより正確である点である．1 つ目の方法がより多く用いられるので，本書でもこちらを採用する．

有限体積法には他にもいくつかの特殊な手法（セル–頂点法，デュアルグリッド法など）があり，そのいくつかは本章および 9 章で解説するが，ここではその基本的手法のみを述べる．すべての手法で離散化の原理は同じであり，考慮すべきなのは積分領域内における変数の定義位置の関係のみである．

まず積分形での保存方程式 (4.1) を，解析領域全体だけでなく，それぞれの CV にも適用する．各 CV に対する方程式の総和をとると，内側の CV 境界面の面積積分は相殺するので，大域的な保存方程式を得る．この結果，全体としての保存性を満足することになり，これがこの手法の重要な利点となっている．

特定の CV に対して代数方程式を得るには，求積公式を用いて面積積分と体積積

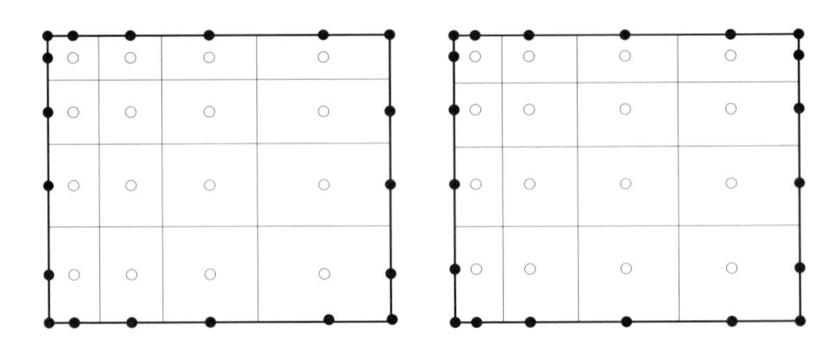

図 **4.1**　有限体積格子の 2 つの例．CV の中心に節点を置いた場合（左）と CV 界面を 2 つの節点の中心に置いた場合（右）．

分を近似する必要がある．得られる式は，有限差分法で得られる式と一致しない場合もある．

4.2　面積積分の近似

図 4.2 と図 4.3 に，典型的な 2D および 3D のデカルト座標系の CV を，そこで用いる表記とともに示す．CV 界面は，2D の場合は 4 つの面，3D の場合は 6 つの面からなる．それぞれの面を，中心の点 (P) に対する方向に対応して小文字 (e, w, n, s, t, b) で表す．2D は，従属変数が z 座標によらない 3D の特別な場合とみなすことができる．したがってこの章では主に 2D 格子を扱うが，2D から 3D 問題への展開は直感的に行うことができる．

CV 境界を通過する流束（フラックス）は，2D の場合は 4 つ，3D の場合は 6 つの CV 界面での積分の総和である：

$$\int_S f \, \mathrm{d}S = \sum_k \int_{S_k} f \, \mathrm{d}S \,, \tag{4.2}$$

ここで，f は対流流束 $(\rho\phi\mathbf{v}\cdot\mathbf{n})$ や拡散流束 $(\Gamma\boldsymbol{\nabla}\phi\cdot\mathbf{n})$ の，CV 界面に垂直方向の成分である．速度場と流体の物性値が既知と仮定すれば未知数は ϕ のみである．もし速度場が未知数なら，非線形方程式を含むより複雑な問題を扱うことになる．このような問題は 7 章と 8 章で扱う．

保存性を維持するには，CV 同士が重ならないことが重要である．すなわち，各 CV 界面は隣接する CV との間に唯一定義される．

以下，代表的な CV 界面として，図 4.2 において "e" とラベル付けされた面を考える．添字記号を適当に変えることによって，すべての面に対しても類似の式が得られ

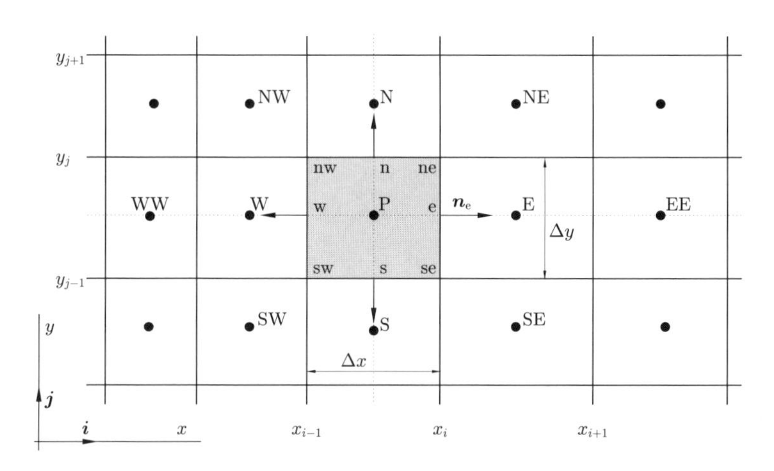

図 **4.2** 2D デカルト座標格子での CV とその表記法.

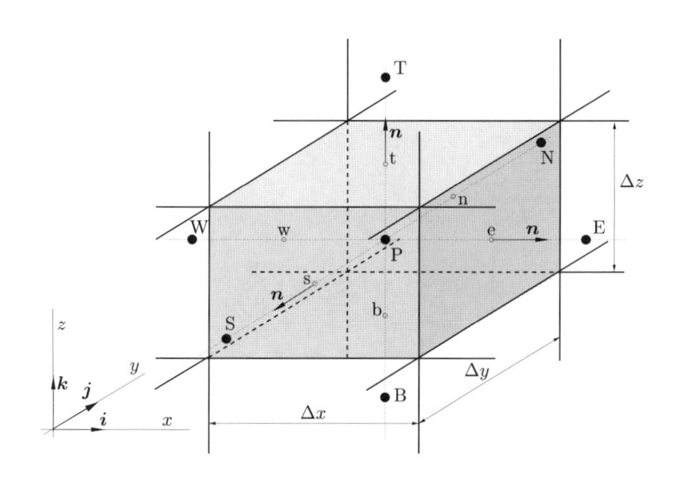

図 **4.3** 3D デカルト座標格子での CV とその表記法.

る.

式 (4.2) の面積積分を正確に計算するためには被積分関数 f を表面 S_e のいたるところで知る必要がある. しかし ϕ に対しては, CV 中心の節点値のみ計算されており, この値から近似しなければならない. ここでは 2 段階の近似を用いるのが最適である.

- 面積積分をセル界面の1つ以上の場所での変数で近似する．
- セル界面の代表値をCV中心の節点値で補間近似する．

積分の最も単純な近似は中点公式である．この場合，積分はCV界面の中心での関数値（それ自体が表面上の平均値の近似である）とCV界面の面積との積で近似する：

$$F_\mathrm{e} = \int_{S_\mathrm{e}} f \, \mathrm{d}S = \overline{f}_\mathrm{e} S_\mathrm{e} \approx f_\mathrm{e} S_\mathrm{e} \, . \tag{4.3}$$

この積分の近似は，“e” の場所での f の値が既知である場合，2次の精度を持つ．ここで簡単な2D問題で，積分の近似精度がどのように決まるのかを示す．デカルト座標系のCVの東（右）側を考えるので，y 座標に沿って積分をする．より簡単にするために座標原点をセル界面中心の “e” に設定する．したがって，$y_\mathrm{se} = -\Delta y/2$ かつ $y_\mathrm{ne} = +\Delta y/2$ となる．まず，f_e が既知であるとして，積分する関数 f を面の重心周りでテイラー級数展開して次式を得る：

$$f = f_\mathrm{e} + \left(\frac{\partial f}{\partial y}\right)_\mathrm{e} y + \left(\frac{\partial^2 f}{\partial y^2}\right)_\mathrm{e} \frac{y^2}{2} + H \, , \tag{4.4}$$

ここで H は「高次の項」である．東側の面で f を積分するので，次のようになる：

$$\int_{S_\mathrm{e}} f \, \mathrm{d}S = \int_{-\Delta y/2}^{\Delta y/2} f \, \mathrm{d}y \, . \tag{4.5}$$

式(4.4)を式(4.5)に代入して次式を得る：

$$\int_{-\Delta y/2}^{\Delta y/2} f \, \mathrm{d}y = \left[f_\mathrm{e} y + \left(\frac{\partial f}{\partial y}\right)_\mathrm{e} \frac{y^2}{2} + \left(\frac{\partial^2 f}{\partial y^2}\right)_\mathrm{e} \frac{y^3}{6} + H \right]_{-\Delta y/2}^{+\Delta y/2} . \tag{4.6}$$

f の1階微分を含む項は消えて次のようになる：

$$\int_{-\Delta y/2}^{\Delta y/2} f \, \mathrm{d}y = f_\mathrm{e} \Delta y + \left(\frac{\partial^2 f}{\partial y^2}\right)_\mathrm{e} \frac{(\Delta y)^3}{24} + H \, . \tag{4.7}$$

右辺第1項は中点公式の近似である．第2項は打ち切り誤差の主要項であり，普通は一番大きくなる．したがって局所的な誤差は $(\Delta y)^3$ に比例するが，積分は n 個のセグメント（ここで $n = Y/\Delta y$ で Y は総積分距離）からなる領域で行われることを考えなければならない．その結果，局所的な誤差が n 回発生するから誤差の総量は $(\Delta y)^2$ に比例する．

ここでセル界面中心の “e” での f の値はわからないので，補間をする必要がある．表面積分の中点公式は2次精度なので，この精度を保持するために f_e の値を少なくとも2次精度で計算する必要がある．4.4節では，一般的に用いられるいくつかの近似を示す．

2D での 2 次精度の表面積分のもう 1 つの近似として，台形公式がある．

$$F_{\mathrm{e}} = \int_{S_{\mathrm{e}}} f \,\mathrm{d}S \approx \frac{S_{\mathrm{e}}}{2} \left(f_{\mathrm{ne}} + f_{\mathrm{se}} \right) . \tag{4.8}$$

この場合，CV の角で流束ベクトルの成分を評価しなければならない．中点公式の近似と同じアプローチを用いてテイラー級数展開を “se” の周りで行い，f_{ne} と f_{se} が既知であると仮定すると，次のように，台形公式の局所打ち切り誤差が中点公式の 2 倍であり，符号が逆であることがわかる：

$$\int_{-\Delta y/2}^{\Delta y/2} f \,\mathrm{d}y = \frac{f_{\mathrm{ne}} + f_{\mathrm{se}}}{2} \Delta y - \left(\frac{\partial^2 f}{\partial y^2} \right)_{\mathrm{se}} \frac{(\Delta y)^3}{12} + H . \tag{4.9}$$

ただし，この場合の参照位置は界面の角であり，中点公式は使えないことに注意されたい．ここでもまた，CV の中心から界面の角への補間は，台形公式の 2 次の近似精度を保持するために，少なくとも 2 次精度である必要がある．

面積積分をより高次で近似するには，被積分関数の値を 2 か所以上で評価する必要がある．4 次精度の近似方法の 1 つにシンプソン (Simpson) 則があり，これは S_{e} 上の積分を次のように評価する．

$$F_{\mathrm{e}} = \int_{S_{\mathrm{e}}} f \,\mathrm{d}S \approx \frac{S_{\mathrm{e}}}{6} \left(f_{\mathrm{ne}} + 4\, f_{\mathrm{e}} + f_{\mathrm{se}} \right) . \tag{4.10}$$

ここでは f の値が CV 界面の中心 “e” と両端角 “ne” と “se” の 3 か所で必要になる．4 次精度を保つために，被積分関数の値は少なくともシンプソン則と同じ精度の補間によって得るべきである．後に示すように，それには 3 次多項式が適している．

3D でもやはり，中点公式は最も単純な 2 次精度の近似となる．より高精度の近似も可能であるが，それにはセル中心以外の位置（例えば角や辺）での被積分項の値が必要であり，その実装はより難しくなる．次節ではそのような高次精度近似の 1 つについて述べる．

関数 f の変化がある特定の単純な形であると仮定すれば（例えば多項式近似），積分は簡単である．そのときの近似の精度は形状関数の次数に依存する．

4.3 体積積分の近似

輸送方程式に含まれる項には CV にわたる体積積分を必要とするものがある．最も単純な 2 次精度の近似は，体積積分を被積分関数の CV 内での平均値と CV 体積との積に置き換えることである．その場合の平均値は CV の中心の値で近似される：

$$Q_{\mathrm{P}} = \int_V q \, \mathrm{d}V = \overline{q} \, \Delta V \approx q_{\mathrm{P}} \, \Delta V \ , \tag{4.11}$$

ここで，q_{P} は CV 中心での q の値であり，すべての変数が節点 P で与えられていて補間の必要がないことから，容易に求めることができる．この近似は q が CV 内で一定か線形に変化する場合は厳密に正しくなる．そうでない場合は，容易にわかるように 2 次の誤差を含む．

これよりも高次の近似をする場合は，中心だけでなく複数点での q の値が必要になる．その際は，節点での値を内挿補間するか，同じ意味として形状関数を用いて求めなければならない．

2 次元では体積積分は面積積分に置き換えられる．このとき例えば 4 次の近似は，双 2 次の形状関数を用いることによって得られる：

$$q(x,y) = a_0 + a_1 \, x + a_2 \, y + a_3 \, x^2 + a_4 \, y^2 + a_5 \, xy + a_6 \, x^2 y + a_7 \, xy^2 + a_8 \, x^2 y^2 \ . \tag{4.12}$$

上式の 9 個の係数は，関数を 9 点（図 4.2 における nw, w, sw, n, P, s, ne, e, se）における q の値にフィッティングすることで得られる．これを用いて積分を評価することができ，（デカルト座標の場合）2 次元では次のようになる：

$$Q_{\mathrm{P}} = \int_V q \, \mathrm{d}V \approx \Delta x \, \Delta y \left[a_0 + \frac{a_3}{12} (\Delta x)^2 + \frac{a_4}{12} (\Delta y)^2 + \frac{a_8}{144} (\Delta x)^2 (\Delta y)^2 \right] \ . \tag{4.13}$$

この場合，4 つの係数だけは求める必要がある．係数は上記の 9 つの位置での q の値に依存し，等間隔のデカルト座標では次の式を得る：

$$Q_{\mathrm{P}} = \frac{\Delta x \, \Delta y}{36} \left(16 \, q_{\mathrm{P}} + 4 \, q_{\mathrm{s}} + 4 \, q_{\mathrm{n}} + 4 \, q_{\mathrm{w}} + 4 \, q_{\mathrm{e}} + q_{\mathrm{se}} + q_{\mathrm{sw}} + q_{\mathrm{ne}} + q_{\mathrm{nw}} \right) \ . \tag{4.14}$$

ただし直接値が得られるのは点 P だけであるため，他の点での値 q を得るには補間が必要である．その際，積分の近似精度を保持するためには，少なくとも 4 次精度でなければならない．適用し得る定式化の事例は，次節で述べる．

上記の 2 次元での 4 次精度の体積積分の近似は，3 次元での表面積分の近似に適用できる．同じ方法で複雑ではあるが，3 次元における体積積分の高次近似についても導出できる．

4.4　補間と微分の実践

積分の近似には，計算節点（CV 中心の）以外の場所での変数の値が必要になる．前節で述べた被積分関数 f は，例えば対流流束では $f^{\mathrm{c}} = \rho\phi\mathbf{v}\cdot\mathbf{n}$，拡散流束では $f^{\mathrm{d}} = \Gamma \boldsymbol{\nabla}\phi \cdot \mathbf{n}$ といったように，これらの場所でのいくつかの変数やその勾配との積を含んでいる．ここで，速度場 v，流体の物性値である ρ と Γ は，すべての位置で既知と仮定する．対流流束，拡散流束を計算するには，ϕ とその CV 界面垂直方向の勾配が CV 界面の少なくとも 1 か所以上で必要である．また，生成項の体積積分にもこれらの値が必要になる場合がある．これらは節点間の値を補間することで表現しなければならない．

セル界面で ϕ やその勾配を計算するためには多くの方法がある．Waterson and Deconinck (2007) が有限体積法を前提として，数十ものスキームに対してその性能をレビューしている．商用コードでは一般に複数のスキームが実装されていて，それぞれの使い方と精度に関するアドバイスがなされている．ここではまず，一般的によく用いられるいくつかのスキームを詳細に調べ，その後，κ 法，フラックスリミッター，および**トータル変動減衰** (total variation diminishing: TVD) スキームを含むより一般的なスキームに拡張して見解をとりまとめることにする[1].

4.4.1　風上補間 (UDS)

セル界面 "e" に対して上流側の節点の値によって ϕ_{e} を近似することは，1 階導関数を求めるために（流れの方向によって）後退もしくは前進差分近似を用いることと同じである．そのため，この近似を**風上差分スキーム** (upwind differencing scheme: UDS) と呼ぶ．UDS では，ϕ_{e} は以下のように近似する：

$$\phi_{\mathrm{e}} = \begin{cases} \phi_{\mathrm{P}} & \text{if} \quad (\mathbf{v}\cdot\mathbf{n})_{\mathrm{e}} > 0 \, ; \\ \phi_{\mathrm{E}} & \text{if} \quad (\mathbf{v}\cdot\mathbf{n})_{\mathrm{e}} < 0 \, . \end{cases} \tag{4.15}$$

これは，無条件に有界性を満たす唯一の近似であることから，数値的な振動解を生じない．しかし，すでに前の章で示し，また以下でも再度示すように，UDS はこのために**数値拡散**を生じる．

デカルト座標格子において$(\mathbf{v}\cdot\mathbf{n})_{\mathrm{e}} > 0$のとき，点 P の近傍のテイラー級数展開は以下のようになる：

$$\phi_{\mathrm{e}} = \phi_{\mathrm{P}} + (x_{\mathrm{e}} - x_{\mathrm{P}}) \left(\frac{\partial \phi}{\partial x}\right)_{\mathrm{P}} + \frac{(x_{\mathrm{e}} - x_{\mathrm{P}})^2}{2} \left(\frac{\partial^2 \phi}{\partial x^2}\right)_{\mathrm{P}} + H \, , \tag{4.16}$$

ここで H は高次の項を表す．UDS 近似は右辺の初項だけを用いる 1 次精度スキームである．このとき，主要打ち切り誤差項は拡散的であり，具体的には以下の拡散流束と似ている．

$$f_{\mathrm{e}}^{\mathrm{d}} = \Gamma_{\mathrm{e}} \left(\frac{\partial \phi}{\partial x}\right)_{\mathrm{e}} \, . \tag{4.17}$$

係数 $\Gamma_{\mathrm{e}}^{\mathrm{num}} = (\rho u)_{\mathrm{e}} \Delta x / 2$ であり，これは数値拡散，人工拡散，偽拡散係数といった（さまざまな不名誉な名前での）呼ばれ方をする．この数値拡散は，多次元問題で流

---

[1] 本節では，ϕ とその導関数を定義するスキームに着目する．11.3 節では，いわゆる**流束修正法** (FCT) について検討する．

れが格子に対して斜めになる場合により顕著になり，その打ち切り誤差は流れの方向だけでなく流れに垂直な方向にも拡散を引き起こし，特に深刻な誤差を生み出す．結果として，変数の極値や急な変化が不鮮明になり，さらに格子を細かくした際の誤差の減少率が1次の精度であることから，正確な解を得るには非常に細かい格子分割が必要になる．

4.4.2　線形補間 (CDS)

CV 界面中心の値の別の簡単な近似法は，界面を挟む2つの節点での線形補間である．デカルト座標格子での点 “e” では，次のようになる（図 4.2 と図 4.3 を参照）：

$$\phi_\mathrm{e} = \phi_\mathrm{E}\lambda_\mathrm{e} + \phi_\mathrm{P}(1-\lambda_\mathrm{e})\ , \tag{4.18}$$

ここで，線形補間の係数 λ_e は次のように定義される：

$$\lambda_\mathrm{e} = \frac{x_\mathrm{e} - x_\mathrm{P}}{x_\mathrm{E} - x_\mathrm{P}}\ . \tag{4.19}$$

式 (4.18) は，テイラー級数を用いて ϕ_E を点 x_P について展開し，式 (4.16) の1階導関数を消去することで，2次精度であることがわかる．その結果は次のようになる：

$$\phi_\mathrm{e} = \phi_\mathrm{E}\lambda_\mathrm{e} + \phi_\mathrm{P}(1-\lambda_\mathrm{e}) - \frac{(x_\mathrm{e} - x_\mathrm{P})(x_\mathrm{E} - x_\mathrm{e})}{2}\left(\frac{\partial^2\phi}{\partial x^2}\right)_\mathrm{P} + H\ . \tag{4.20}$$

主要な打ち切り誤差項は，等間隔，不等間隔いずれでも格子幅の2乗に比例する．

1次より高次のすべての近似に共通した性質として，このスキームは数値振動を生じる可能性がある．これは最も簡単な2次精度スキームであり，最も広く用いられている．このスキームは，有限差分法における1階導関数の中心差分近似に相当し，以下では中心差分スキーム (CDS) と略称される．

P と E の節点間に線形分布を仮定すると，拡散流束の計算に必要な勾配の最も簡単な近似が得られる：

$$\left(\frac{\partial\phi}{\partial x}\right)_\mathrm{e} \approx \frac{\phi_\mathrm{E} - \phi_\mathrm{P}}{x_\mathrm{E} - x_\mathrm{P}}\ . \tag{4.21}$$

ϕ_e 周りのテイラー級数展開によって，この近似の打ち切り誤差は以下のようになる：

$$\begin{aligned}\epsilon_\tau = &\frac{(x_\mathrm{e} - x_\mathrm{P})^2 - (x_\mathrm{E} - x_\mathrm{e})^2}{2\,(x_\mathrm{E} - x_\mathrm{P})}\left(\frac{\partial^2\phi}{\partial x^2}\right)_\mathrm{e} \\ &- \frac{(x_\mathrm{e} - x_\mathrm{P})^3 + (x_\mathrm{E} - x_\mathrm{e})^3}{6\,(x_\mathrm{E} - x_\mathrm{P})}\left(\frac{\partial^3\phi}{\partial x^3}\right)_\mathrm{e} + H\ .\end{aligned} \tag{4.22}$$

点 “e” の位置が P と E の間の中点である場合（例えば等間隔格子では），右辺の第1項が消え，主要誤差項が $(\Delta x)^2$ に比例することから，この近似は2次精度である．不等間隔格子の場合，主要誤差項は Δx と格子拡大率の積から1を引いたものに比例し，この意味では 1 次精度であるが，実際に格子細分化に対する誤差減少は等間隔格子の 2 次精度に類似している．この誤差挙動の詳しい説明については 3.3.4 項を参照されたい．

4.4.3 2 次関数による風上補間 (QUICK)

ここまでの考察に従えば，次に P と E の間の分布を直線ではなく放物線で近似する改良が考えられる．放物線を定義するためには，さらに 1 点のデータを追加する必要があり，対流の性質に従って 3 点目を上流側にとる（すなわち，流れが P から E，$u_x > 0$ であれば W，$u_x < 0$ であれば EE．図 4.2 を参照）．すると次のようになる：

$$\phi_{\mathrm{e}} = \phi_{\mathrm{U}} + g_1(\phi_{\mathrm{D}} - \phi_{\mathrm{U}}) + g_2(\phi_{\mathrm{U}} - \phi_{\mathrm{UU}}) \,, \tag{4.23}$$

ここで D，U，UU はそれぞれ順に下流，上流 1 点目，上流 2 点目の節点を示す（流れの方向に応じて E，P，W または P，E，EE に相当）．ここで係数 g_1 と g_2 は，節点の座標値を用いて次のように与えられる：

$$g_1 = \frac{(x_{\mathrm{e}} - x_{\mathrm{U}})(x_{\mathrm{e}} - x_{\mathrm{UU}})}{(x_{\mathrm{D}} - x_{\mathrm{U}})(x_{\mathrm{D}} - x_{\mathrm{UU}})} \,; \quad g_2 = \frac{(x_{\mathrm{e}} - x_{\mathrm{U}})(x_{\mathrm{D}} - x_{\mathrm{e}})}{(x_{\mathrm{U}} - x_{\mathrm{UU}})(x_{\mathrm{D}} - x_{\mathrm{UU}})} \,.$$

等間隔格子では，3 つの節点の座標値で決まる係数は，下流側から順に $\frac{3}{8}$，$\frac{6}{8}$，$-\frac{1}{8}$ と定まる．このスキームは，各方向に参照点が 1 つ増えるという点では（参照構造としては 2 次元では節点 EE, WW, NN, SS を含む），中心差分スキームよりもいくぶん複雑である．そして非直交座標や不等間隔格子の場合，係数 g_i の表現は単純ではない．Leonard (1979) はこのスキームを QUICK (quadratic upwind interpolation for convective kinematics) と名付けて普及させた．

この 2 次関数による補間は，等間隔，不等間隔格子のどちらでも 3 次の打ち切り誤差を持っている．このことは式 (4.20) から ϕ_{W} を用いて 2 階の導関数を消すことで示され，$u_x > 0$ であるデカルト座標の等間隔格子では，以下のようになる：

$$\phi_{\mathrm{e}} = \frac{6}{8}\,\phi_{\mathrm{P}} + \frac{3}{8}\,\phi_{\mathrm{E}} - \frac{1}{8}\,\phi_{\mathrm{W}} - \frac{3(\Delta x)^3}{48}\left(\frac{\partial^3 \phi}{\partial x^3}\right)_{\mathrm{P}} + H \,. \tag{4.24}$$

右辺の最初の 3 項が QUICK スキームの近似を，最後の項が主要打ち切り誤差を表している．この補間スキームを表面積分の中点公式とともに用いると，全体の近似は求積法の精度である 2 次精度になる[2]．QUICK 近似は中心差分近似よりわずかに正確であるが，両者はともに漸近的に 2 次精度で収束し，その差はほとんどない．

[2] 訳注：正しくは，4.7.1 項に示されるように QUICK スキームが有限体積法で 2 次精度になるのは「体積積分」の求積法の精度による．4 次精度も同じ．

4.4.4 高次精度スキーム

3次以上の精度の補間が意味を持つのは，積分がより高次の公式を用いて近似される場合のみである．2次元の表面積分にシンプソン則を用いる場合，求積法の4次精度を維持するためには補間に少なくとも3次の多項式を用いなければならず，これにより補間の誤差を4次にすることができる．例えば，ある多項式

$$\phi(x) = a_0 + a_1\, x + a_2\, x^2 + a_3\, x^3 \tag{4.25}$$

を4つの節点（点 "e" の右，左それぞれの側における2つの節点 W, P, E, EE）での ϕ の値でフィッティングすることで係数 a_i が求まり，ϕ_{e} を各節点での値の関数として得られる．この結果，デカルト座標の等間隔格子では次の結果が得られる：

$$\phi_{\mathrm{e}} = \frac{9\,\phi_{\mathrm{P}} + 9\,\phi_{\mathrm{E}} - \phi_{\mathrm{W}} - \phi_{\mathrm{EE}}}{16}\ . \tag{4.26}$$

変数の導関数を求めるのにも同じ多項式を使うことができ，上式を1回微分して次の式を得る：

$$\left(\frac{\partial \phi}{\partial x}\right)_{\mathrm{e}} = a_1 + 2\, a_2\, x + 3\, a_3\, x^2\ . \tag{4.27}$$

この結果，デカルト座標の等間隔格子では次のようになる：

$$\left(\frac{\partial \phi}{\partial x}\right)_{\mathrm{e}} = \frac{27\,\phi_{\mathrm{E}} - 27\,\phi_{\mathrm{P}} + \phi_{\mathrm{W}} - \phi_{\mathrm{EE}}}{24\,\Delta x}\ . \tag{4.28}$$

上の近似は**4次精度中心差分**と呼ばれる．もちろん，より高次のあるいは多次元の多項式を使うこともできる．例えば，3次のスプライン曲線を導入した場合，解析領域にわたる補間関数と2階微分までの連続性を保証するが，計算コストはいくらか増す．

ひとたびCV界面の中心での変数とその変数の導関数の値が得られたならば，CV界面上の補間によりCV頂点での値を得ることができる．これは陽解法では難しくはないが，例えばシンプソン則と多項式補間に基づく4次精度スキームを陰解法に適用するには，計算参照点の幅（参照構造）が大きすぎる．5.6節で述べるように，**遅延補正法**を用いることでこの問題は回避できる．

別のアプローチとして，有限差分法におけるコンパクト(パデ)スキームを導く際の手法がある．例えば多項式(4.25)の係数を，セル界面を挟む2つの節点での値とその1階微分にフィッティングすることで求めることができる．等間隔デカルト座標に対しては，ϕ_{e} は次のように表せる：

$$\phi_{\mathrm{e}} = \frac{\phi_{\mathrm{P}} + \phi_{\mathrm{E}}}{2} + \frac{\Delta x}{8}\left[\left(\frac{\partial \phi}{\partial x}\right)_{\mathrm{P}} - \left(\frac{\partial \phi}{\partial x}\right)_{\mathrm{E}}\right]\ . \tag{4.29}$$

この式の右辺第1項は線形補間による2次精度近似であり，第2項は線形補間で主

要打ち切り誤差を近似した値であり（式 (4.20) 参照），中心差分で 2 階導関数を近似している．

ここで問題は，節点 P と E における微分値が未知であり，何らかの近似が必要であることである．しかし，たとえ 1 階導関数を 2 次精度中心差分で近似したとしても，すなわち，

$$\left(\frac{\partial \phi}{\partial x}\right)_{\mathrm{P}} = \frac{\phi_{\mathrm{E}} - \phi_{\mathrm{W}}}{2\,\Delta x}\ ; \quad \left(\frac{\partial \phi}{\partial x}\right)_{\mathrm{E}} = \frac{\phi_{\mathrm{EE}} - \phi_{\mathrm{P}}}{2\,\Delta x}\ ,$$

としても，結果としてセル界面での近似値は，用いた多項式の 4 次精度を維持している：

$$\phi_{\mathrm{e}} = \frac{\phi_{\mathrm{P}} + \phi_{\mathrm{E}}}{2} + \frac{\phi_{\mathrm{P}} + \phi_{\mathrm{E}} - \phi_{\mathrm{W}} - \phi_{\mathrm{EE}}}{16} + \mathcal{O}(\Delta x)^4\ . \tag{4.30}$$

これは式 (4.26) と同一である．

もしセル界面の両側の変数の値と，風上側の微分値をデータとして用いれば，放物線をあてはめることができる．この結果，前述の QUICK スキームに対応する近似を得ることができる：

$$\phi_{\mathrm{e}} = \frac{3}{4}\phi_{\mathrm{U}} + \frac{1}{4}\phi_{\mathrm{D}} + \frac{\Delta x}{4}\left(\frac{\partial \phi}{\partial x}\right)_{\mathrm{U}}\ . \tag{4.31}$$

同様の手法は，セル界面の中心での微分値の近似に対しても適用でき，多項式 (4.25) の微分から次のように求めることができる：

$$\left(\frac{\partial \phi}{\partial x}\right)_{\mathrm{e}} = \frac{\phi_{\mathrm{E}} - \phi_{\mathrm{P}}}{\Delta x} + \frac{\phi_{\mathrm{E}} - \phi_{\mathrm{P}}}{2\,\Delta x} - \frac{1}{4}\left[\left(\frac{\partial \phi}{\partial x}\right)_{\mathrm{P}} + \left(\frac{\partial \phi}{\partial x}\right)_{\mathrm{E}}\right]\ . \tag{4.32}$$

右辺第 1 項が 2 次精度中心差分による近似であることは明らかであり，残りの項が精度を上げるための修正項に相当する．

式 (4.29), (4.31) および (4.32) による近似の問題点は，未知数である CV 中心での 1 階導関数を含んでいることである．近似精度を維持したまま，節点での値を用いてこの微分値を 2 次精度で近似することは可能であるが，この結果，実際に計算に要する参照点の数が，本来の計算に要する数と比較して大幅に増加する．例えば 2 次元では，シンプソン則と 4 次多項式による補間を用いた場合，それぞれの流束を計算するのに 15 の節点の値を参照し，1 つの CV に対する代数方程式が 25 の値を含むことになる．この結果，この方程式系を解くのに要する費用は大変高価となる（5 章を参照）．

この問題を回避する方法として，5.6 節で説明する遅延補正法がある．

任意の格子に対して高次精度の近似が必ずしもより正確な解を保証するわけではないことを心しておく必要がある．用いる格子が解の持つ本質的な特性を完全に捉えるのに十分細かい場合にのみ，高い精度は維持される．このような格子のサイズがどれほどであるかは，体系的に格子を細分化することによってのみわかる．

4.4.5　その他のスキーム

対流流束に対しては多くの近似が提案されている．そのすべてを議論することはこの本の範囲を超えてしまうが，今までに述べたアプローチに従ってほとんどの近似は導出できる．本項と次項にいくつかの事例を簡単に紹介しよう．

風上側の2つの節点の線形外挿で ϕ_e を近似することにより，いわゆる**線形風上スキーム** (linear upwind scheme: LUDS) が導き出される．LUDS は2次精度であるが中心差分スキーム (CDS) よりも複雑であり，また有界性を満たさない解を生み出す可能性があるため，CDS がより良い選択といえる．

別のアプローチとして Raithby (1976) が提唱したのは，上流側からの外挿を，格子線に沿ってではなく流線に沿って行うもので（**歪風上**），風上差分スキーム (UDS) と LUDS に相当する1次と2次のスキームが提案されている．このスキームは格子の線に沿った外挿に基づくスキームよりもより正確であるが，かなり複雑であり（流れは多くの可能な方向を持っているから）多くの補間を必要とする．さらに，これらのスキームは格子が十分に細くない場合には振動解を生じやすく，プログラムも複雑になるため，広く用いられてはいない．

また，2つ以上の異なる近似を混合することも可能である（例えば4.4.6項を参照）．代表的な例は1970年代から80年代初めに多く用いられた Spalding (1972) のハイブリッドスキームであり（現在でも一部の商用コードで用いられている），ペクレ数の局所的な値に応じて UDS と CDS を切り替える（例えば局所ペクレ数 $\mathrm{Pe}_\Delta > 2$ の場合には UDS に切り替える）．また別の研究例としては，特に衝撃波を伴う圧縮性流れに対して，非物理的な振動を避けるために低次と高次のスキームを混合することが提案されている．これらのアイデアのいくつかを次項と11章で述べる．また以下に示すように，スキームの混合は反復解法の収束率を改善するために用いられる場合もある．

4.4.6　一般的な戦略，TVD スキームとフラックスリミッター

上記のスキームは，その精度および良好な（すなわち有界な）解を生み出す能力の観点で，広範囲にわたる．すでに述べたように，特に UDS スキームのみが数値振動のない解を保証する．Waterson and Deconinck (2007) は，対流項スキームの有界性と高次精度化について包括的なレビューをしている．ここでは，線形モデルを分類するための κ スキーム，**トータル変動減衰** (TVD) スキームおよびフラックスリミッタースキームの概念について簡単に説明する．時間進行法そのものを扱う6章までは非定常問題を明示的に扱わないが，本項で空間離散化スキームに対する時間の影響を考えておくのは都合がよい．以下では，等間隔な格子と境界面を仮定するが，不等間隔の場合への拡張は容易である．

表 4.1 有限体積法での線形対流方程式のための κ スキームの例.

スキーム	$-1 \leq \kappa \leq 1$	ϕ_eの表記	注記
CDS	1	$\frac{1}{2}(\phi_P + \phi_E)$	2 次精度 ; cf. 式 (4.18)（$\lambda_e = \frac{1}{2}$ の場合）
QUICK	$\frac{1}{2}$	$\frac{6}{8}\phi_P + \frac{3}{8}\phi_E - \frac{1}{8}\phi_W$	2 次精度; cf. 式 (4.24)
LUI	-1	$\frac{3}{2}\phi_P - \frac{1}{2}\phi_W$	2 次精度; 風上
CUI	$\frac{1}{3}$	$\frac{5}{6}\phi_P + \frac{2}{6}\phi_E - \frac{1}{6}\phi_W$	2 次精度[3]; Waterson-Deconinck (2007) のテストで最良の κ スキーム

上述のスキームの多くは，κ スキームと呼ばれるより一般的な枠組みにまとめることができる (Van Leer, 1985; Waterson and Deconinck, 2007). ここでは，読者が適切なスキームを選択する際にレビューしやすいように，Waterson and Deconinck (2007) のやり方に従う．図 4.2 と 4.3 に従えば，κ スキームは，等間隔格子上で正の方向に速度がある場合には，境界面での変数 ϕ_e は次のように記述できる：

$$\phi_e = \phi_P + \left\{ \frac{1+\kappa}{4}(\phi_E - \phi_P) + \frac{1-\kappa}{4}(\phi_P - \phi_W) \right\}, \tag{4.33}$$

ここで「先導」する項は風上差分スキーム式 (4.15) であり，これに付加されているのは数値拡散と風上バイアスの UDS を打ち消すための「反拡散」項である．κ は，表 4.1 に示すように，それぞれのスキームをどの程度有効にするかの指標になっている．

実際の計算コードでは，κ を変数として指定することで，任意のスキームを利用できるように，一般化した式 (4.33) をプログラムすればよい．Waterson and Deconinck (2007) は，線形スカラー対流方程式に対するテストをまとめ，CV 中心の点 P での定常 1 次元対流に対する**修正微分方程式**が，次のように κ スキームに基づいて記述できることを示した：

$$\begin{aligned}\left(u\frac{\partial \phi}{\partial x}\right)_P = &-\frac{1}{12}(3\kappa - 1)u(\Delta x)^2 \left(\frac{\partial^3 \phi}{\partial x^3}\right)_P \\ &+\frac{1}{8}(\kappa - 1)u(\Delta x)^3 \left(\frac{\partial^4 \phi}{\partial x^4}\right)_P + H.\end{aligned} \tag{4.34}$$

この方程式の左辺の対流項は，Waterson and Deconinck (2007) によって使用された表記と一致するように，運動方程式の非保存的な微分形（式 (1.20) 参照）で書かれており，これは “e” 面と “w” 面での対流流束の差を表している．

この修正微分方程式は，微分方程式の CV 形式を適切な補間を用いて表現し，点 P

[3] 訳注：Waterson and Deconinck (2007) では CUI スキームを 3 次精度と述べている．有限体積法の補間スキーム精度については谷口，生産研究 48–2 (1996) にも解説がある．

周りでテイラー展開することで得られる (Warming and Hyett, 1974; Fletcher, 1991 (Sect. 9.2); Ferziger, 1998). 結果は，元の方程式に対して，有限体積法の計算の際に陰的に埋め込まれている項が付加されたものとなっている．この修正方程式に基づく方法は，(1) 非線形スキームに対しても適用できることと，(2) 結果から特定のスキームを用いた場合の影響を理解できること，この2点から有用である．例えば，κ の値によって3階および4階の導関数が現れる．3階の導関数の項は分散的であり，非定常の場合には解の各成分が異なる速度で移動することから，初期の波形が分散されてしまうことを意味する[4]．これに対して4階の導関数の項は拡散的であり，解の散逸や劣化を引き起こす．したがって $\kappa = 1$ の中心差分スキームは，この手法の分類によって分散的であるが拡散的でないとわかる．一方，$\kappa = \frac{1}{3}$ の3次風上 (CUI) スキームは，精度が上がり，拡散的であるが，分散的ではなくなる．

一般的にはこのようなアプローチで十分であるが，その一方で例えばスカラーの対流で数値振動が負の密度や非物理的な塩分濃度を生み出したり，速度が衝撃波のような極端な条件のところで急激に変化するといった特有の問題がある．したがって，解が何らかの意味である程度制限されるようなテクニックを開発することは有用である．上述のテクニックの中では，風上差分だけが有界で単調な解の挙動を保証する．実際に，**トータル変動減衰** (TVD) スキームや**フラックスリミッター**の役割は有界な解を保証することである．

ここで，1次元で時間の関数であるスカラー ϕ の対流を考える．物質の生成や消滅（例えば，CV を通過する流束 $\left(u\frac{\partial \phi}{\partial x}\right)_\mathrm{P}$ の時間変化率）は考えないことにする．初期の濃度 ϕ が有界であるとすれば，その後の値も有界でなければならず，非物理的な条件を引き起こす可能性のある数値振動は発生してはならない．Harten (1983)（もしくは Hirsch, 2007 や Durran, 2010 を参照）は，このスキームにおいて必要な有界性を満たす方法を初めて定量化した．**スカラーの総変動量は時間とともに増加してはならない**（その後のこのトピックに関する文献は，上述の参考文献が示すように非常に多くある）．したがって，時刻 n における ϕ の総変動量を

$$TV(\phi^n) = \sum_k |\phi_k^n - \phi_{k-1}^n| \tag{4.35}$$

のように定義すれば（ここで k は格子点のインデックスである），その条件は次のようになる：

$$TV(\phi^{n+1}) \leq TV(\phi^n). \tag{4.36}$$

すなわち，時刻 $n+1$ での総変動量は，n での総変動量以下でなければならない．この効果は，CV 内へ流入する保存量の流束をある範囲に制限し，CV 内で局所的にそ

[4] 注意：これは**数値**分散であり，例えば非線形過程や海洋の波などでは実際に**物理**分散が現れることがある．

の分布に最大値や最小値を生じないようにすることである．この定義にもかかわらず，この制約は文献 (Durran, 2010) で，**トータル変動減衰**もしくはTVDとして知られるようになった．

次に問題になるのは，どのようにして式 (4.36) を満たすかということである．先に述べた，1959年にGodunovによって示された（Roe, 1986やHirsch, 2007を参照）ように，線形スキームの中では1次精度スキームのみがこの条件を満たす．これが非線形スキームへの大きな動機となり，その中で最も成功したものに**フラックスリミッター**がある．これは，「解空間において局所勾配の比に基づいて対流スキームを定義する単純な関数」(Waterson and Deconinck, 2007) となっている．Roe (1986) は，1つのやり方としてこの条件を満たすスキームは，風上差分から始めて，その精度を向上させるために非線形項を追加することであると述べている．ここではそのやり方に従い，次のように記述する（式 (4.33) の κ スキームでも「先導」項は風上差分であったのと同様）：

$$\phi_{\mathrm{e}} = \phi_{\mathrm{P}} + \frac{1}{2}\Psi(r)(\phi_{\mathrm{P}} - \phi_{\mathrm{W}})\,, \tag{4.37}$$

ここで，

$$r = \frac{\frac{1}{\Delta x}(\phi_{\mathrm{E}} - \phi_{\mathrm{P}})}{\frac{1}{\Delta x}(\phi_{\mathrm{P}} - \phi_{\mathrm{W}})} = \frac{\phi_{\mathrm{E}} - \phi_{\mathrm{P}}}{\phi_{\mathrm{P}} - \phi_{\mathrm{W}}} \tag{4.38}$$

である．

関数 r を式 (4.38) のように書くと，これは風上差分に対する中心差分の比率を表していることがわかる．重み関数 $\Psi(r)$ は特に変数が急激に変化するところで解が振動しないよう制御すると考えられ，$\Psi(r)$ がリミッターとなるように選択すればスキームがTVDとなるようにできる．このようなスキームの特徴は，変数の変化が滑らかなら2次精度である一方で，極値を持つ場合は1次精度になることである．このように振る舞う手法については数多くの文献があり，例えばWaterson and Deconinck (2007), Hirsch (2007), Sweby (1984, 1985), Yang and Przekwas (1992), Jakobsen (2003) に報告されている．リミッター関数 $\Psi(r)$ を選ぶ際の基本的なアイデアは，TVDの制約のもとで「反拡散」の効果を持つ高次項の効果を最大化することである．Hirsch (2007, Sect. 8.3.4) は，適切なリミッター領域をどのように選択するかの例を示し，Swebyの**フラックスリミッターダイアグラム**に示した．スキーム (4.37) がTVDであるための一般的な結果は次のようになる．

$$0 \le \Psi(r) \le \min(2r, 2)\,,\ \ r \ge 0, \quad \Psi(r) = 0\,,\ \ r \le 0\,. \tag{4.39}$$

Waterson and Deconinck (2007) は，約20種類のフラックスリミッターをテストしてMUSCL (Van Leer, 1977) が最も優れていることを示した．参考に表4.2にリミッ

表 4.2　さまざまなスキームでの $\Psi(r)$.

スキーム	$\Psi(r)$
Upwind	0
CDS	r
MUSCL	$\max\left[0, \min\left(2, 2r, \dfrac{1+r}{2}\right)\right]$
OSPRE	$\dfrac{3r(r+1)}{2(r^2+r+1)}$
H-CUI	$\dfrac{3(r+\lvert r\rvert)}{2(r+2)}$
Van Leer Harmonic	$\dfrac{r+\lvert r\rvert}{1+r}$
MINMOD	$\max\left[0, \min(\mathrm{r}, 1)\right]$
Superbee	$\max[0, \min(2r, 1), \min(r, 2)]$

ター関数の例を示す.

$\Psi(r) = 0$ のときは風上スキームに単純化され，これは 1 次精度の TVD である．また，$\Psi(r) = r$ のときは CDS スキームとなり，これは 2 次精度ではあるが TVD ではない．ここで示した TVD スキームでは，最初の 4 つ（MUSCL, OSPRE, H-CUI と Van Leer Harmonic）は，Waterson and Deconinck (2007) のテストで表の順番に最も高いスコアを示し，これらは 2 次精度である．表の下 2 つはよく使われるスキームではあるが，スコアはともにずっと低く，その精度も 2 次精度に遠く及ばない．Fringer et al. (2005) は，表に示された TVD リミッターのいくつかを用いて，特定の値の挙動（この場合は流れの位置エネルギー）を維持させるには計算中にリミッターを変更することが有用であることを示した.

ちなみに，式 (4.37) と (4.33) の類似性に着目して，κ スキームについて以下のように考えることができる（Waterson and Deconinck, 2007）：

$$\Psi(r) = \frac{(1+\kappa)}{2} r + \frac{(1-\kappa)}{2}.$$

この節で述べた，変数の界面での値を求めるための補間スキームは，定常でも非定常でも（使用する時間進行スキームに関係なく）役に立つ．2 次元および 3 次元の空間スキームも導出することができるが，通常は一方向のスキームを各方向に拡張して多次元化する．これに対して，対流項の輸送速度が空間で変動する場合，各項で実際の界面流束を使用してこれらのスキームを再導出する必要がある．なぜならこの場合，図 4.2 と図 4.3 において，例えば e 面と w 面，n 面と s 面，t 面と b 面では，輸送速度が異なる可能性があるからである．

これに加えて，上述したように多くの流れ場では変数の振動や大きな勾配が含まれるので，数値解に問題が生じないようにさらなる対策が必要となる．これについてはすでに議論したが，それ以外にもいくつかのスキームがある．そのようなものとして ENO (essentially non-oscillating) スキームや WENO (weighted essentially non-oscillating) スキームが挙げられる（11.3 節を参照）．Durran (2010) は，これらの方法を詳細に議論し，「滑らかな極大値および極大値の近傍で非常に高い精度を維持する能力」を挙げている．これらのスキームは，地球物理学的な問題で用いられるため，Gottlieb et al. (2006), Wang et al. (2016), Li and Xing (2016) といった現在でも盛んな研究が続けられており，最後の文献では多くの具体的な例が図示されている．

4.5 境界条件の実装

各 CV に対して 1 つの代数方程式を得ることができる．その際，体積積分についてはすべての CV で同じように計算すればよいが，CV 界面を通過する流束については，境界と界面が一致する場合は特別な扱いが必要となる．このような境界での流束は，既知であるか，もしくは境界での値と計算領域内での値を用いて表されなければならない．この際，方程式の数と節点の数は同じであり，セル中心の値のみが未知数として扱えることから，新たな未知数を導入すべきではない．また，計算領域境界の外には節点はないので，これらの近似の際は片側差分もしくは外挿によらなければならない．

一方で，3.7.2 項で示したように，領域の外側にゴーストポイントを設定することで中心差分を用いて微分に基づく境界条件を適用が可能である．このような外部点は，ノイマン境界条件の場合一般には，ゴーストポイントと領域から最初の内部点との間の境界条件の関係を用いて境界で適用される微分方程式に組み込む．

通常，流入境界では対流流束は既知である．また，不浸透性壁や対称面でもゼロとおくことができる．流出境界では，通常その垂直方向に変化しないとして，この場合は風上近似を適用することができる．拡散流束は壁面で規定される場合があり，例えば熱流束（特別な場合として断熱壁での熱流束ゼロ）や，変数の境界値が与えられる．このような場合，3.7 節で概説したように，拡散流束は壁面に対する垂直方向勾配に対して片側差分を用いて求められる．変数の勾配自体が与えられている場合，これを用いて流束を計算し，節点値に基づく流束の近似を使用して変数の境界での値を計算することができる．これについては後に例で示す．

4.6　代数方程式系

すべての流束近似と生成項との総和をとることにより，CV 中心での変数値に対してそれと隣接するいくつかの CV の値とを関連付ける代数方程式が導ける．方程式と未知数の数は CV の数に等しく，この方程式系は閉じている．CV の代数方程式は式 (3.43) のような形になり，全体の解析領域の代数方程式系は式 (3.44) で与えられる行列形式になる．節点に対して 3.8 節で述べた順序付けを行うと，行列 A は図 3.6 で示された形式になる．これは CV が四角形や六面体になる構造格子の場合であって，それ以外のときは行列の構造はより複雑になる（詳しくは 8 章を参照）が，いずれの場合も行列は疎である．任意の行に含まれる最大の要素数は 2 次精度の場合，隣接する CV の数に等しい．より高次の近似では，その数はスキームで用いられている近隣 CV の数に依存する．

4.7　計　算　例

ここではこれまで述べた有限体積法を実践し，上述した離散化手法の特性を示すために 3 つの例を紹介する．

4.7.1　有限体積近似の精度に関するテスト

有限体積近似（FV 近似）の精度に関する次数については，文献で誤解も見受けられるので，ここでは代表的なテスト結果を示す．テストには 2 次元等間隔の直交格子に対して 6 段階に格子を細分化して用いる（図 4.4 に最も粗い格子から 3 段階に細分化した図を示す）．議論を簡単にするため，変数 ϕ に対して 2 次元に限定してその変動を規定する 2 つの解析関数を考える：

$$\phi = -2x + 3x^2 - 7x^3 + x^4 + 5y^4, \quad \phi = \cos(x) + \cos(y) \,. \tag{4.40}$$

ここでは最も粗い格子の間隔を $\Delta x = \Delta y = 1$ とし，5 段階の格子細分化を行う．この結果，最も細かい格子では最も粗い格子の 1 つの面に対して 32 の面が対応する．ここでは，面中心の変数値を計算するためのさまざまな補間近似の精度と，対流流束表面積分に関する近似精度の両方をテストする．補間近似はある特定の位置でのみ評価する一方，積分近似は粗い格子の 1 つの面に対して評価する．

まず，式 (4.18) と (4.26) で定義される，2 次精度の中心差分 (CDS2) と 4 次精度の中心差分 (CDS4) の補間精度を検討する．変数の節点での値は節点の座標値を式 (4.40) に代入して厳密な値として与える．これに対して面の中心（$x = 0$ および $y = 0.5$）での各格子からの補間値を式 (4.40) から得られる厳密値と比較する．図

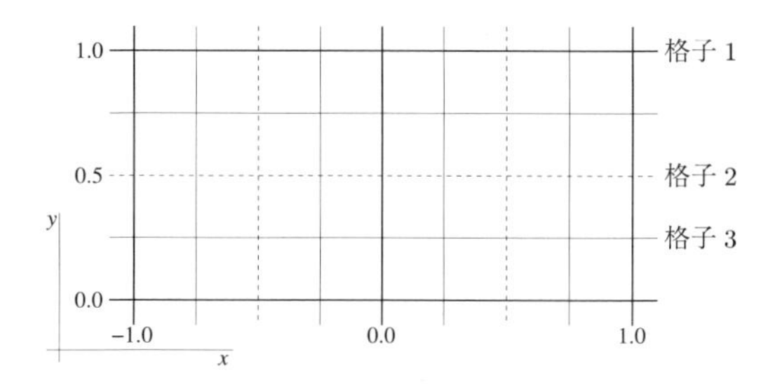

図 **4.4** 補間と積分の精度をテストする 3 段階の格子細分化図.

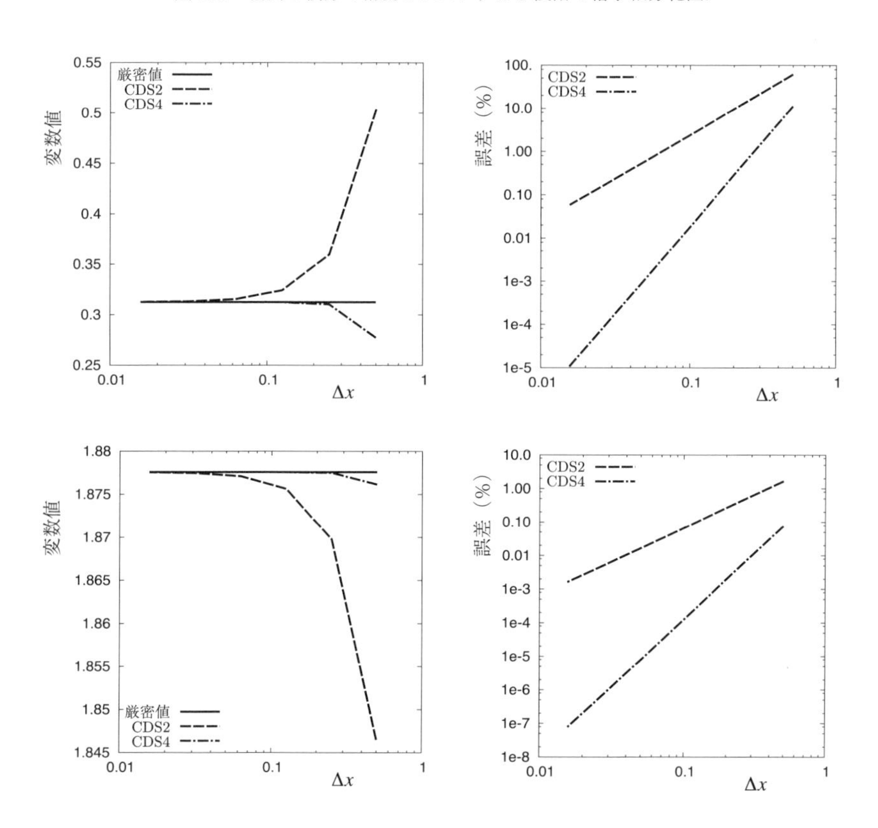

図 **4.5** 多項式（左上）と余弦関数（左下）に対して格子幅を段階的に半減した際の，格子面での変数値の変化（右上）と対応する誤差（右下）. 補間には 2 次精度中心差分と 4 次精度中心差分を用いている.

4.5 は，多項式関数と余弦関数に対して，格子が細分化されるにつれて補間値と誤差がどのように変化するかを示している．多項式関数の場合，CDS2 は値を過大評価

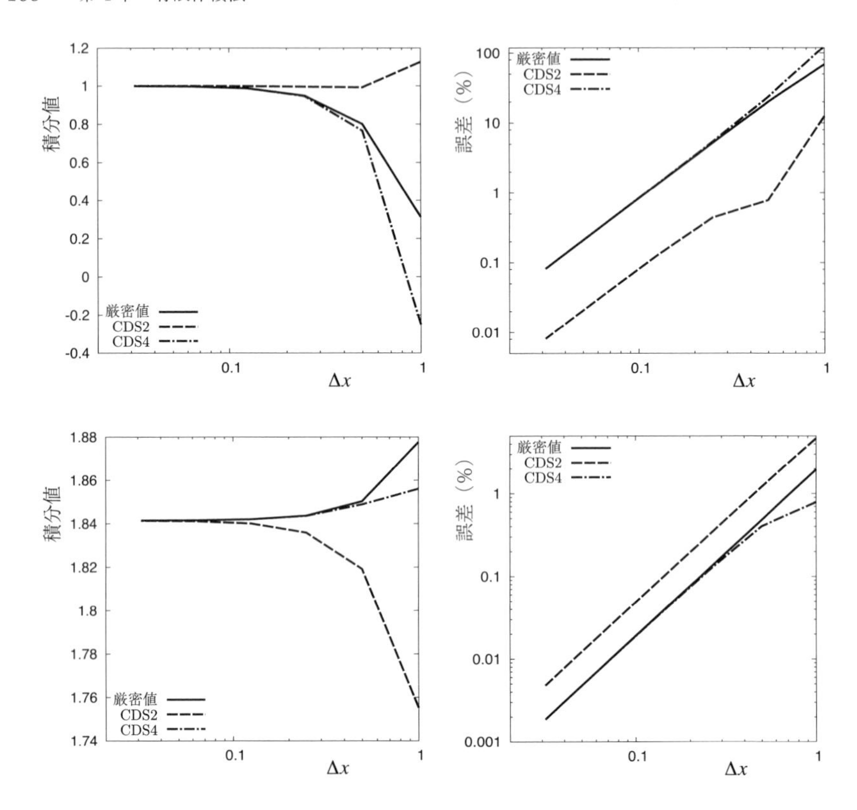

図 4.6　多項式（左上）と余弦関数（左下）に対して段階的に格子幅を半減した際の，表面積分値の変化（右上）と対応する誤差（右下）．表面積分には中点公式を用い，格子面中点での値には厳密値および 2 次精度中心差分と 4 次精度中心差分による補間値を用いている．

し，CDS4 は過小評価していることに注意されたい．両近似とも，格子間隔を半減するにつれ，期待した次数精度で特定の位置での厳密な関数値に収束する．CDS4 の近似はすべての格子でより正確であり，最も細かい格子では誤差が 4 桁低くなっている．

次に式 (4.3) と (4.10) で定義される中点公式とシンプソン則による積分近似の精度について考察する．どちらも積分点（面の重心と角）で，被積分値に関する 3 つの値（CDS2 および CDS4 による近似値と式 (4.40) の解析関数で与えられる厳密値）を用いる．中点公式を用いた場合の 2 つの関数（多項式関数と余弦関数）についての結果を図 4.6 に示す．結果は驚くべきもので，多項式関数の場合，CDS2 は積分を過大評価し，CDS4 は過小評価するが，その誤差は CDS2 の方が CDS4 や厳密な中点変数値を用いた場合よりも桁違いに小さくなる．これに対して余弦関数の場合，

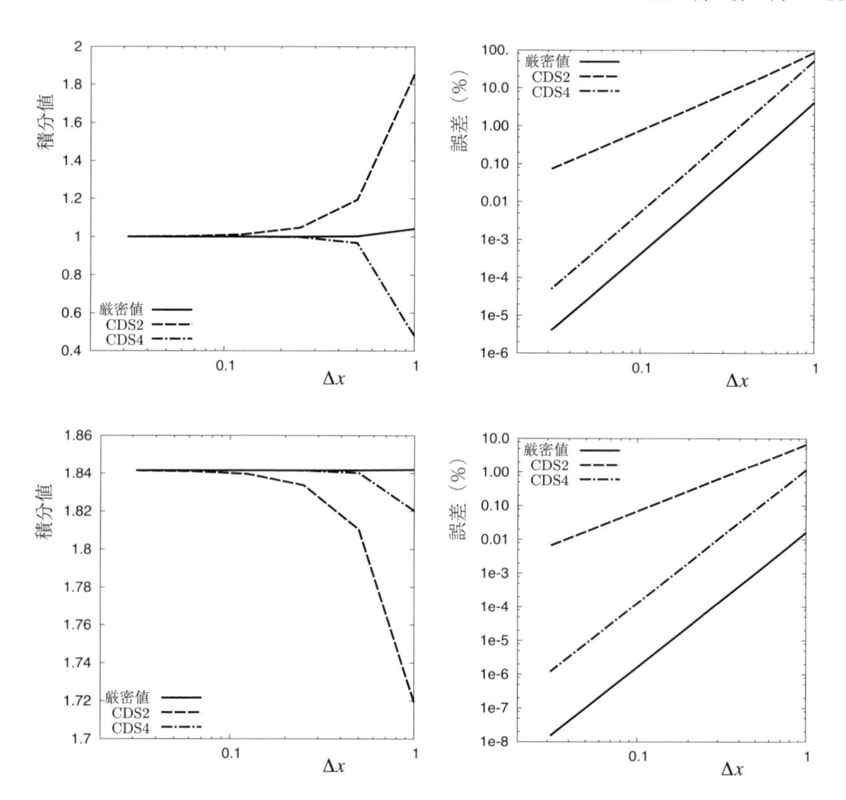

図 4.7 多項式（左上）と余弦関数（左下）に対して段階的に格子幅を半減した際の，表面積分値の変化（右上）と対応する誤差（右下）．表面積分にはシンプソン則を用い，格子面中点での値には厳密値および 2 次精度中心差分と 4 次精度中心差分による補間値を用いている．

CDS2 は積分を過小評価し，CDS4（および面重心での厳密値）は積分を過大評価するが，その誤差は CDS2 が CDS4 よりも約 3 倍大きいだけである．

いずれにしても，すべてのケースで誤差については 2 次精度の収束が得られている．この結果は，補間により精度の高いスキームを用いたとしても，積分近似の精度が同じように高い精度になるとは限らないことを示している．ここでは細かい格子での CDS4 の補間誤差は粗い格子に対して 4 桁小さくなったが，その値を用いた積分近似誤差は，余弦関数の場合はわずかに 3 分の 1 程度であり，多項式関数に至っては 10 倍程度大きくなってしまっている．

特に明らかなのは，補間の精度が 2 次より高くても（そして面の重心に厳密値を用いたとしても），その次数が中点公式の精度に影響を与えないことである．したがって，QUICK や CDS4 のような補間の精度が 2 次より高いスキームを用いても，積分近似に中点公式が使用される限り，全体の近似の精度は2次よりよくすることはできない．

最後に，シンプソン則による積分近似を調べる．ここでも積分点（面の重心と2つの角）での被積分値は，解析関数から厳密に得るか，またはCDS2またはCDS4の補間から得る．図4.7は，多項式関数と余弦関数に対して格子を細分化した際の積分値の変化と厳密値に対する誤差を示している．どちらの関数に対してもCDS4は積分を過小評価，CDS2は多項式関数では積分を過大評価，余弦関数では積分を過小評価している．積分点で厳密な関数値を使用することで，すべての格子で誤差が1桁以上小さくなる．また，CDS4は常にCDS2よりも積分誤差が小さく，最も粗い格子ではその差はそれほど大きくないが，最も細かい格子では差が3桁以上に開く．

これらの結果はまた，積分計算の精度の次数が，計算に用いる近似（補間や積分近似）の中で最も低い近似精度に等しいことを示している．CDS2を用いた補間では，シンプソン則による積分近似は2次の近似にしかならない．もし1次風上スキームが補間に使用された場合，全体の精度は1次になる．一方で，CDS2を補間に使用する場合，積分の近似にシンプソン則を使用すると，どちらの積分近似も結果的には2次精度であるにもかかわらず，中点公式の場合よりも誤差が1桁以上小さくなることにも注意すべきである（図4.6と図4.7でCDS2の線を参照）．

この結果は，拡散流束の計算に必要なセル界面での1階微分の2次および4次精度近似の比較と異なる表面積分の近似を比較する場合も同じである．

ここでの比較の目的は，有限体積法（FV法）の精度が，次の3つの要因に依存することを示すことであった．すなわち，(i) セルの重心から他の場所への補間，(ii) 拡散流束や生成項のための微分の近似，および (iii) 積分の近似，である．最適な結果を得るには，これら3つの近似のバランスを保つ必要がある．すなわち，どれか1つの近似精度を他よりもはるかに高くしても，結果が必ずしも改善されるわけではないということである．

4.7.2　既知の速度場におけるスカラー輸送

ここでは，図4.8に示すような既知の速度場でのスカラー量の輸送問題を考える．速度場は $u_x = x$, $u_y = -y$ で与え，これはよどみ点近くの非粘性流れを表している．

流線は $xy =$const. で，直交座標系格子に対してその方向が変化する．一方，すべてのCV界面の垂直速度は各面内で一定であり，対流流束の近似の誤差は ϕ_{e} に関する近似だけに依存するため精度解析が容易に行える．

解くべきスカラー輸送方程式は次で与える：

$$\int_S \rho\phi\mathbf{v}\cdot\mathbf{n}\,\mathrm{d}S = \int_S \Gamma\,\boldsymbol{\nabla}\phi\cdot\mathbf{n}\,\mathrm{d}S\,, \tag{4.41}$$

ここでは以下の境界条件を適用する：

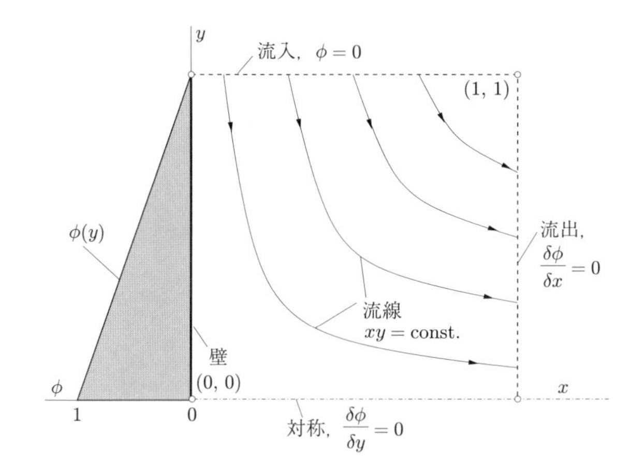

図 4.8　よどみ点流れのスカラー輸送問題の計算領域と境界条件.

- 上側の流入境界に沿って $\phi = 0$.
- 左側境界に沿って，$y = 1$ で $\phi = 0$ から $y = 0$ で $\phi = 1$ まで ϕ が線形的に変化.
- 下側境界線に対して対称（境界に対して垂直方向の勾配がゼロ）条件.
- 右側の流出境界で流れ方向の勾配がゼロ.

計算領域と流れ場を図 4.8 に示す．ここでは，面 “e” での離散化の詳細を調べてみる．

対流流束は，積分の中点公式と風上差分 (UDS) または中心差分 (CDS) による補間を用いて評価する．ここでは対流流束を次のように質量流束と ϕ の界面での平均値の積として表す：

$$F_{\mathrm{e}}^{\mathrm{c}} = \int_{S_{\mathrm{e}}} \rho\phi\mathbf{v}\cdot\mathbf{n}\,\mathrm{d}S \approx \dot{m}_{\mathrm{e}}\phi_{\mathrm{e}}\ , \tag{4.42}$$

ここで $\dot{m}_{\mathrm{e}}$ は面 “e” を通過する質量流束を表し，次のように与えられる：

$$\dot{m}_{\mathrm{e}} = \int_{S_{\mathrm{e}}} \rho\mathbf{v}\cdot\mathbf{n}\,\mathrm{d}S = (\rho u_x)_{\mathrm{e}}\Delta y\ . \tag{4.43}$$

この問題では速度 $u_{x,\mathrm{e}}$ は界面で一定であるので，式 (4.43) の表現は任意の格子点において**厳密**に正しい．このとき流束の近似は以下となる：

$$F_{\mathrm{e}}^{\mathrm{c}} = \begin{cases} \max(\dot{m}_{\mathrm{e}}, 0.)\,\phi_{\mathrm{P}} + \min(\dot{m}_{\mathrm{e}}, 0.)\,\phi_{\mathrm{E}} & \text{for UDS}\ , \\ \dot{m}_{\mathrm{e}}(1-\lambda_{\mathrm{e}})\,\phi_{\mathrm{P}} + \dot{m}_{\mathrm{e}}\lambda_{\mathrm{e}}\,\phi_{\mathrm{E}} & \text{for CDS}\ . \end{cases} \tag{4.44}$$

線形補間の係数 λ_{e} は式 (4.19) で定義する．他の CV 界面を通る類似の流束は，面

“e” を P の周りに特定の界面に重なるように回転し，添字を置き換えることで得られる．各界面での法線ベクトル $\mathbf{n}$ は外向き，すなわちセル中心 P から隣接セルの中心に向かっている（図 4.2 を参照）．例えば界面 “w” に対しては次のようになる：

$$F_{\mathrm{w}}^{\mathrm{c}} = \begin{cases} \max(\dot{m}_{\mathrm{w}}, 0.)\,\phi_{\mathrm{P}} + \min(\dot{m}_{\mathrm{w}}, 0.)\,\phi_{\mathrm{W}} & \text{for UDS,} \\ \dot{m}_{\mathrm{w}}(1-\lambda_{\mathrm{w}})\,\phi_{\mathrm{P}} + \dot{m}_{\mathrm{w}}\lambda_{\mathrm{w}}\,\phi_{\mathrm{W}} & \text{for CDS,} \end{cases} \tag{4.45}$$

および

$$\lambda_{\mathrm{w}} = \frac{x_{\mathrm{w}} - x_{\mathrm{P}}}{x_{\mathrm{W}} - x_{\mathrm{P}}} \ . \tag{4.46}$$

代数方程式の係数で表すと，UDS の場合，係数の対流流束部分は次のようになる：

$$\begin{aligned} &A_{\mathrm{E}}^{\mathrm{c}} = \min(\dot{m}_{\mathrm{e}}, 0.)\ ; \qquad A_{\mathrm{W}}^{\mathrm{c}} = \min(\dot{m}_{\mathrm{w}}, 0.)\ , \\ &A_{\mathrm{N}}^{\mathrm{c}} = \min(\dot{m}_{\mathrm{n}}, 0.)\ ; \qquad A_{\mathrm{S}}^{\mathrm{c}} = \min(\dot{m}_{\mathrm{s}}, 0.)\ , \\ &A_{\mathrm{P}}^{\mathrm{c}} = -(A_{\mathrm{E}}^{\mathrm{c}} + A_{\mathrm{W}}^{\mathrm{c}} + A_{\mathrm{N}}^{\mathrm{c}} + A_{\mathrm{S}}^{\mathrm{c}})\ . \end{aligned} \tag{4.47}$$

一方，CDS の場合には係数は次のようになる：

$$\begin{aligned} &A_{\mathrm{E}}^{\mathrm{c}} = \dot{m}_{\mathrm{e}}\lambda_{\mathrm{e}}\ ; \qquad A_{\mathrm{W}}^{\mathrm{c}} = \dot{m}_{\mathrm{w}}\lambda_{\mathrm{w}}\ , \\ &A_{\mathrm{N}}^{\mathrm{c}} = \dot{m}_{\mathrm{n}}\lambda_{\mathrm{n}}\ ; \qquad A_{\mathrm{S}}^{\mathrm{c}} = \dot{m}_{\mathrm{s}}\lambda_{\mathrm{s}}\ , \\ &A_{\mathrm{P}}^{\mathrm{c}} = -(A_{\mathrm{E}}^{\mathrm{c}} + A_{\mathrm{W}}^{\mathrm{c}} + A_{\mathrm{N}}^{\mathrm{c}} + A_{\mathrm{S}}^{\mathrm{c}})\ . \end{aligned} \tag{4.48}$$

係数 $A_{\mathrm{P}}^{\mathrm{c}}$ の表現は，速度場に対して満足する以下の連続の条件から得られる．

$$\dot{m}_{\mathrm{e}} + \dot{m}_{\mathrm{w}} + \dot{m}_{\mathrm{n}} + \dot{m}_{\mathrm{s}} = 0$$

節点 P を中心とする CV での $\dot{m}_{\mathrm{w}}, \lambda_{\mathrm{w}}$ は，節点 W を中心とする CV での $-\dot{m}_{\mathrm{e}}$，$1 - \lambda_{\mathrm{e}}$ に等しい．したがって実際の計算コードでは，質量流束と補間係数は 1 度だけ計算し，それぞれの CV で $\dot{m}_{\mathrm{e}}, \dot{m}_{\mathrm{n}}$ と $\lambda_{\mathrm{e}}, \lambda_{\mathrm{n}}$ として保存される．

拡散流束の積分はここでは中点公式で求め，界面に対する垂直方向微分は CDS にて評価する．これは最も単純で幅広く使われている近似である：

$$F_{\mathrm{e}}^{\mathrm{d}} = \int_{S_{\mathrm{e}}} \Gamma\, \boldsymbol{\nabla}\phi \cdot \mathbf{n}\, \mathrm{d}S \approx \left(\Gamma \frac{\partial \phi}{\partial x}\right)_{\mathrm{e}} \Delta y = \frac{\Gamma\, \Delta y}{x_{\mathrm{E}} - x_{\mathrm{P}}}(\phi_{\mathrm{E}} - \phi_{\mathrm{P}})\ . \tag{4.49}$$

ここでは $x_{\mathrm{E}} = \frac{1}{2}(x_{i+1} + x_i)$ と $x_{\mathrm{P}} = \frac{1}{2}(x_i + x_{i-1})$ を用いた（図 4.2 参照）．拡散係数 Γ は定数であると仮定するが，もしそうでない場合は，節点 P と E の間で線形補間すればよい．代数方程式の係数で表すと拡散項部分は次のようになる：

$$
\begin{aligned}
A_{\mathrm{E}}^{\mathrm{d}} &= -\frac{\Gamma\,\Delta y}{x_{\mathrm{E}} - x_{\mathrm{P}}}\,; \qquad A_{\mathrm{W}}^{\mathrm{d}} = -\frac{\Gamma\,\Delta y}{x_{\mathrm{P}} - x_{\mathrm{W}}}\,, \\
A_{\mathrm{N}}^{\mathrm{d}} &= -\frac{\Gamma\,\Delta x}{y_{\mathrm{N}} - y_{\mathrm{P}}}\,; \qquad A_{\mathrm{S}}^{\mathrm{d}} = -\frac{\Gamma\,\Delta x}{y_{\mathrm{P}} - y_{\mathrm{S}}}\,, \\
A_{\mathrm{P}}^{\mathrm{d}} &= -(A_{\mathrm{E}}^{\mathrm{d}} + A_{\mathrm{W}}^{\mathrm{d}} + A_{\mathrm{N}}^{\mathrm{d}} + A_{\mathrm{S}}^{\mathrm{d}})\,.
\end{aligned}
\tag{4.50}
$$

同じような近似を他の CV 界面に対しても適用すると，最終的に積分方程式は以下のようになる：

$$
A_{\mathrm{W}}\phi_{\mathrm{W}} + A_{\mathrm{S}}\phi_{\mathrm{S}} + A_{\mathrm{P}}\phi_{\mathrm{P}} + A_{\mathrm{N}}\phi_{\mathrm{N}} + A_{\mathrm{E}}\phi_{\mathrm{E}} = Q_{\mathrm{P}}\,. \tag{4.51}
$$

これは節点 P に対する方程式を表している．係数 A_l は対流と拡散の効果を足し合わせることによって得られる（式 (4.47), (4.48) と (4.50) を参照）：

$$
A_l = A_l^{\mathrm{c}} + A_l^{\mathrm{d}}, \tag{4.52}
$$

ここで l は P, E, W, N, S を表す．A_{P} がすべての隣接係数の和に負号を付けたものに等しいということは，すべての保存スキームに共通する特徴であり，一様場が元の微分方程式と同様に離散化された方程式においても解になることを保証する．

上の表現は，すべての解析領域内の CV で有効である．ただし境界に接する CV では境界条件に対応した修正が必要となる．北（上）側と西（左）側の境界では ϕ が与えられているので，境界に垂直方向の勾配は片側差分を用いて近似される．例えば西側の境界では以下のようになる：

$$
\left(\frac{\partial\phi}{\partial x}\right)_{\mathrm{w}} \approx \frac{\phi_{\mathrm{P}} - \phi_{\mathrm{W}}}{x_{\mathrm{P}} - x_{\mathrm{W}}}\,, \tag{4.53}
$$

ここで，W は CV 界面の中心 w の位置に定義された境界節点を表している．この近似は 1 次精度であるが，幅が半分の CV で用いられる．係数と境界値との積を生成項に付け加える．例えば実際の計算では，西側の境界上（$i = 2$ の CV）で $A_{\mathrm{W}}\phi_{\mathrm{W}}$ を Q_{P} に加え，係数 A_{W} をゼロと置き直す．北側の境界上でも同じ手順を係数 A_{N} に適用する．

南（下）側の境界上では ϕ の境界に垂直方向の勾配がゼロであり，これに片側差分近似を用いた場合，下側境界での値が CV 中心での値と等しいことを意味する．よって $j = 2$ の CV では，$\phi_{\mathrm{S}} = \phi_{\mathrm{P}}$ であり，この CV の代数方程式を以下のように修正する：

$$
(A_{\mathrm{P}} + A_{\mathrm{S}})\,\phi_{\mathrm{P}} + A_{\mathrm{N}}\phi_{\mathrm{N}} + A_{\mathrm{W}}\phi_{\mathrm{W}} + A_{\mathrm{E}}\phi_{\mathrm{E}} = Q_{\mathrm{P}}\,, \tag{4.54}
$$

これは A_{S} を A_{P} に加えたのち，$A_{\mathrm{S}} = 0$ とすることに相当する．流出境界での勾配ゼロの条件も同様にして対応する．

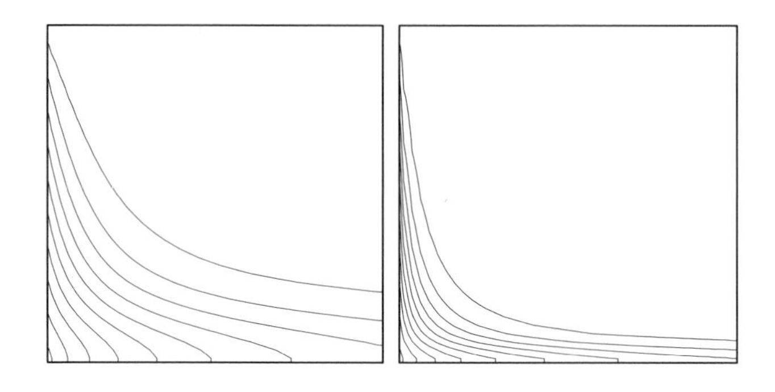

図 4.9　0.05 から 0.95 までを 0.1 刻みで (上から下に) 書いた ϕ の等値線図．$\Gamma = 0.01$（左）と $\Gamma = 0.001$（右）．

それでは以上の離散化に基づいた計算結果をみてみる．ここでは対流流束の計算に CDS を用い，等間隔格子上で 40 × 40 の CV を用いて ϕ を求めた．拡散係数 Γ を 0.001 と 0.01（ともに ρ は 1.0）にした場合の結果を図 4.9 に等値線で示す．想定通り，大きな Γ に対しては拡散によって流れを横切る方向の輸送が強くなることがみてとれる．

次に予測の精度を評価するために，ϕ が既定されている西（左）側の境界を通る ϕ の総流束をみてみる．この境界では対流流束はゼロであるから，総流束はこの境界に沿うすべての CV 界面での拡散流束を足し合わせることで得ることができ，これは式 (4.49) と (4.53) で近似することができる．図 4.10 は，対流流束を UDS と CDS で離散化した際（拡散流束はいずれも CDS）に，格子を細分化していったときに総流束がどのように変化するかを示している．この際，格子分割数は 10 × 10 から 320 × 320 まで細かくしている．最も粗い格子の場合，CDS を用いた場合に $\Gamma = 0.001$ では意味のある解が得られない．すなわち，対流が卓越する場合には，粗い格子では西側境界付近の ϕ の急変化（図 4.9 を参照）を捉えきれず，激しい振動解が生じ，ほとんどの反復計算は収束しなくなる（この格子では局所的なセルペクレ数 $\mathrm{Pe}_\Delta = \rho u_x \Delta x/\Gamma$ は 10 から 100 の範囲にある．遅延補正法によって収束解は得られるかもしれないが，解はかなり不正確となる）．さらに格子を細かくすると CDS の結果は格子に依存しない解に単調に収束する．40 × 40 の CV 格子では，局所ペクレ数は 2.5 から 25 の範囲になり，図 4.9 でわかるとおり解に振動はみられない．

これに対して UDS の解は，期待したとおりすべての格子で振動しない．しかし，細分化による収束は単調ではなく，最も粗い 2 つの格子で予測された流束は，細分化した際の収束値より小さい値をとるが，さらに細かい格子でいったん収束値よりも高い値になった後，収束解へと単調に近づく．ここで CDS に 2 次の収束を仮定してリチャードソンの外挿（詳細は 3.9 節を参照）を用いて格子に依存しない解を見

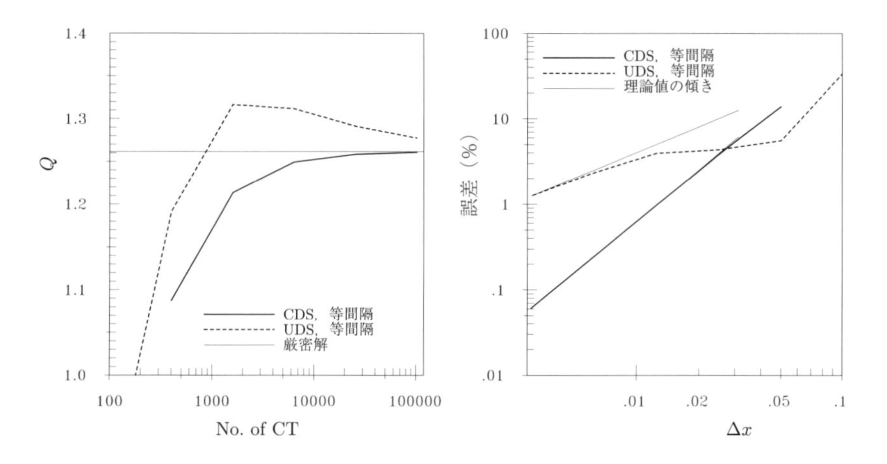

図 4.10 格子を細分化した際の西側の境界壁を通る ϕ の総流束の収束性（左）と格子幅に対する誤差の変化 ($\Gamma = 0.001$).

積もり各解の誤差を評価した．図 4.10 右に（最も粗い格子を $\Delta x = 1$ として）正規化した格子サイズに対するこの誤差を，UDS と CDS の両者について 1 次と 2 次スキームの理論上の傾きとともに示す．CDS の誤差の変化は 2 次スキームに相当する勾配に従っている．一方，UDS の誤差は最初の 3 つの粗い格子で不規則な挙動を示し，4 番目に細かい格子以後は予想通りの傾きに近づく．また，320×320 の格子でも UDS の解は 1 % を超える誤差を持っており，CDS による 80×80 の格子はこれより正確な結果を得ている．

4.7.3 数値拡散に関するテスト

もう 1 つの代表的な検証例題として，図 4.11 に示すような格子線に対して傾いた一様流れでの，ステップ分布のスカラー量の対流を取り上げる．この問題も上述と同じように境界条件（西（左）および南（下）の境界で ϕ を既定し，北（上）と東（右）の境界で流出条件）を設定することで解くことができる．ここでは離散化に UDS と CDS を用いて得られた結果を示す．

拡散がない場合，解くべき方程式は微分形で次のようになる：

$$u_x \frac{\partial \phi}{\partial x} + u_y \frac{\partial \phi}{\partial y} = 0 \, . \tag{4.55}$$

この場合，x, y 両方向に等間隔な格子上での UDS は，次のような簡単な式になる：

$$u_x \frac{\phi_{\mathrm{P}} - \phi_{\mathrm{W}}}{\Delta x} + u_y \frac{\phi_{\mathrm{P}} - \phi_{\mathrm{S}}}{\Delta y} = 0 \, , \tag{4.56}$$

この方程式は反復なしに逐次的に計算して解くことができる．一方，CDS の場合は

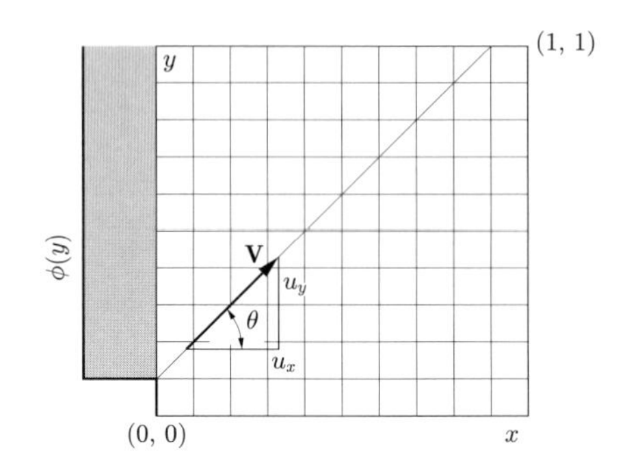

図 4.11　格子に対し傾いた一様流で輸送されるステップ分布の対流問題の計算領域と境界条件.

主対角線の係数 A_P の値がゼロとなるため，解を得るのが困難となる．実際，ほとんどの反復解法は収束しなくなるが，上述した遅延補正法（5.6 節で述べる）を用いることで，解を得ることができるようになる．

流れが x 軸に平行なら両スキームとも正しい結果を与え，スカラー量の分布は単に下流方向に運ばれるだけである．一方，流れが格子線に対して傾いているとき（$u_x = u_y = 1$，$\rho = 1$ で，西側境界では $\phi = 0$ $(y < 0.1)$，$\phi = 1$ $(0.1 < y < 1)$，南側境界では $\phi = 0$），UDS は下流方向に沿った横断面でなまった分布となる．これに対して，CDS は振動解を生じる．図 4.12 に，流れが格子に対して 45 度傾いている場合（すなわち $u_x = u_y$）の，$x = 0.45$ における ϕ の分布を示す．格子は，20×20, 40×40, 80×80 の等間隔とし，UDS, CDS，さらに CDS 95 % と UDS 5 % のブレンドの 3 つの離散化を用いている．UDS の解で数値拡散の影響は明らかで，ステップ分布は大きくなまってしまっており，これは 3 つの格子で同様である．この 3 つの格子では 1 次精度の収束にはほど遠く，格子間隔を半分にした際にこの違いが半減するまでには，格子を何度も細分化する必要があることを示している．一方，CDS はステップ分布の持つ急峻な変化を適切に再現するが，ステップの両端で振動を起こしている．この振動の振れ幅は格子を細かくしても減少せず，振動の波長のみが短くなる．5 % の UDS を 5 % の CDS にブレンドした場合は，振動の振れ幅は劇的に小さくなり，格子を細分化することでさらに大きな改善がみられる．この問題では物理的な拡散を考慮していないが，実際の流れでは粘性や拡散の効果が常にあるので，十分細かい格子を用いれば CDS の解から数値振動を取り除くことができる（詳細は 3.10 節）．12 章で議論するように，格子の局所的な細分化は振動を局在化させ，場合によっては除去するのに役立つ．また，数値拡散を局所的に導入すること（例えば，ここでのように領域全体に一様にではなく，局所的に必要な場所にのみ UDS を CDS にブレンドする）も数値振動の除去につながる．このような方法は圧縮性流体

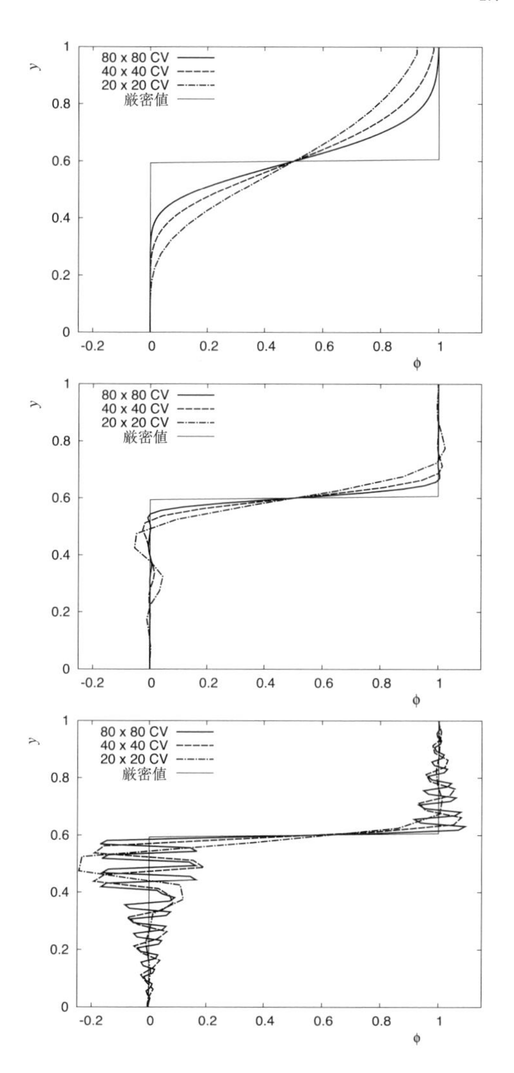

図 4.12 3 種類の格子で得られた $x = 0.5$ での変数 ϕ の分布．UDS（上），95 % CDS と 5 % UDS のブレンド（中），CDS（下）．

の衝撃波近傍に対して用いられる（このようなブレンド法の体系的なアプローチについては 4.4.6 項を参照）．

4.4.6 項で説明した**修正方程式**を用いれば，（セル中心での差分方程式のテイラー級数展開により）式 (4.56) の UDS は元々の式 (4.55) を解いているというよりは，実際は対流拡散問題を解いていることを示すことができる：

$$u_x \frac{\partial \phi}{\partial x} + u_y \frac{\partial \phi}{\partial y} = u_x \, \Delta x \, \frac{\partial^2 \phi}{\partial x^2} + u_y \, \Delta y \, \frac{\partial^2 \phi}{\partial y^2} \tag{4.57}$$

その意味で，式(4.57)はこの問題における**修正方程式**ということになる．この方程式を流れに対して平行および垂直な方向の座標軸に変換することによって，垂直方向の拡散効果を次のように示すことができる：

$$\Gamma_{\text{eff}} = U \, \sin\theta \, \cos\theta (\Delta x \, \cos\theta + \Delta y \, \sin\theta) \, , \tag{4.58}$$

ここでUは流速の大きさ，θはx方向に対する流れの傾き角を表す．よく似たさらに広く引用されている結果がVahl Davis and Mallinson (1972)により導かれている．4.4.6項でみたように，修正方程式により明らかにされた打ち切り誤差の結果として，有限体積法による離散化方程式は，我々が解きたい微分方程式を厳密には解いていないことがわかる．

本項で明らかになった点を以下にまとめておこう．

- 高次スキームは粗い格子で振動を起こすが，格子が細かくなるにつれて低次スキームよりもより速く正確な解に収束する．
- 1次のUDSは不正確であり使うべきでない．いくつかの商用のコードでは未だに使われているためこのスキームを取り上げたが，特に3次元の場合，この方法では手頃な格子で正確な解を得ることはできない．このスキームは流れ方向と垂直方向の両方に大きな拡散誤差を引き起こす[5]．
- CDSは2次精度の最も単純なスキームであり，精度，簡便さ，効率などを考慮すると良い妥協点となる．しかし，対流が支配的な問題では注意が必要で，格子が十分に細かくない場合，数値振動を避けるためにTVDのようなアプローチが必要になる．

---

[5] Spaldingのハイブリッドスキーム（4.4.5項）もこのスキームと同様の効果を持つことがある．Freitas et al. (1985)にみられるように，非定常3次元流れのシミュレーションでハイブリッドスキームをQUICKスキーム（4.4.3項）に置き換えると，ハイブリッドスキームによる数値拡散によって隠されていた渦や3次元流れの効果が明らかになった．

第5章　連立線形方程式の解法

5.1　はじめに

前の2章では，対流拡散方程式を有限差分法および有限体積法を用いてどのように離散化するのかを示した．いずれの場合も，離散化の結果は元の偏微分方程式の性質に応じて線形または非線形の代数方程式のあつまりとなる．非線形方程式の場合，離散化方程式を解くためには反復法を用いる必要がある．これは，初めに解を予測し，その解の周りで方程式を線形化し，解を修正するという手順を収束するまで繰り返す方法である．したがって，方程式が線形，非線形であるにかかわらず，連立線形方程式を効率的に解く方法が必要になる．

偏微分方程式から導かれる代数方程式の係数行列は常に疎行列，すなわちその要素のほとんどがゼロとなる．ここではまず，構造格子を用いた場合の方程式の解き方を説明する．この場合，行列のゼロでない要素はある定まった対角列にのみ現れ，行列を解く際にこの特徴を利用できる．また，ここで紹介する解法のいくつかは，非構造格子を用いた場合の行列にも適用できる．

2次元問題を5点近似（風上差分または中心差分）で離散化した場合の係数行列の構造を図3.6に示した．1つのCVまたは格子点に対する代数方程式は式(3.43)で与えられ，系全体に対する行列形式(3.44)を再掲する（3.8節を参照）：

$$A\phi = \mathbf{Q}\,. \tag{5.1}$$

この章では，離散化された偏微分方程式を表す連立線形方程式に対して，いくつかの優れた解法を示すとともに，非線形方程式の解法についても説明する．最初は線形方程式から始めるが，以下では読者が連立方程式の解法についてある程度の知識があるものとして説明は簡単にとどめる．

5.2　直接解法

行列 A は疎行列であると仮定する．実際に我々が扱う可能性のある最も複雑な行列はブロック型の帯行列であり，このおかげで解法はかなり簡単になるが，ここではより一般的な行列解法について紹介しておく．というのも疎行列の解法はこれらの方法と密接に関係しているからである．完全な行列を扱う手法について述べる際には，わかりやすさを考えて，一般的な行列表記（既出の対角成分表記ではなく，行，列の添字で示す）を用いる．

5.2.1　ガウス消去法

ガウス消去法は，最も基本的な連立線形方程式の解法であり，決まった手順で大きな方程式系を小さな系にするという考え方に基づいている．この手法では，従属変数の順序を変えずに行列要素を修正していくので，行列のみで説明するのがわかりやすい．

$$A = \begin{pmatrix} A_{11} & A_{12} & A_{13} & \dots & A_{1n} \\ A_{21} & A_{22} & A_{23} & \dots & A_{2n} \\ \vdots & \vdots & \vdots & \ddots & \vdots \\ A_{n1} & A_{n2} & A_{n3} & \dots & A_{nn} \end{pmatrix}. \tag{5.2}$$

計算アルゴリズムのポイントは A_{21} の消去，すなわち，この要素をゼロにする手順である．それには，最初の式（第1行目）に A_{21}/A_{11} を乗じてそれを第2行（の式）から引けばよい．このとき，第2行のすべての要素と，方程式の右辺の定数ベクトルの第2成分も同時に書き直される．行列の最初の列にある他の要素，$A_{31}, A_{41}, \dots,$ A_{n1} についても，例えば A_{i1} は第1行に A_{i1}/A_{11} を乗じて第 i 行から引くことにより，同様にして消去する．この操作を第1列に対して順次行えば A_{11} より下のすべての要素を消去できる．この操作の結果，方程式 $2, 3, \dots, n$ から変数 ϕ_1 が除かれ，$\phi_2, \phi_3, \dots, \phi_n$ に対する $n-1$ 個の方程式が得られる．同じ操作をこの1要素分小さくなった行列に対して行うと，今度は第2列の A_{22} より下のすべての要素が消去できる．

この手順を第 $1, 2, 3, \dots, n-1$ 列のすべてに対して繰り返すと，元の行列は上三角行列に置き換えられる：

$$U = \begin{pmatrix} A_{11} & A_{12} & A_{13} & \dots & A_{1n} \\ 0 & A_{22} & A_{23} & \dots & A_{2n} \\ \vdots & \vdots & \vdots & \ddots & \vdots \\ 0 & 0 & 0 & \dots & A_{nn} \end{pmatrix}. \tag{5.3}$$

最初の行の要素を除くと，他のすべての要素は元の行列 A とは異なるが，元の行列はこの後の計算には必要ないので，修正した要素を元の行列 A と同じ配列に記憶することでメモリを節約できる（元の行列 A を保存しておきたければ，消去手順の前に配列をコピーしておけばよい．）．

ガウス消去法アルゴリズムのここまでの部分を**前進消去**と呼ぶ．この際，方程式右

辺の要素 Q_i も修正する．

前進消去で得られた上三角行列による連立方程式は，簡単に解くことができる．まず，最終行の式は，変数 ϕ_n だけが含まれており，すぐに解くことができる：

$$\phi_n = \frac{Q_n}{A_{nn}} . \tag{5.4}$$

さらに，下から2行目の式には ϕ_{n-1}, ϕ_n だけしかなく，ϕ_n が求まれば続けて ϕ_{n-1} についても解ける．このようにして第1行までさかのぼっていけばすべての式が解ける．例えば，第 i 行から変数 ϕ_i が以下で与えられる：

$$\phi_i = \frac{Q_i - \sum_{k=i+1}^{n} A_{ik}\phi_k}{A_{ii}} . \tag{5.5}$$

この右辺は総和 $\sum$ 内のすべての値 ϕ_k が既知であり計算できる．このようにしてすべての変数を求めることができる．ガウス消去法アルゴリズムで，三角行列から始めて未知数を求める部分を**後退代入**と呼ぶ．

簡単な解析によって，ガウス消去法を用いて n 個の連立線形方程式を解くのに必要な演算数は，n が大きければ $n^3/3$ に比例することがわかる．その主要部分は前進消去であり，後退代入に必要な演算量はそれよりはるかに小さく $n^2/2$ にすぎない．ガウス消去法はこのように計算負荷が大きいが，一般の密行列に対しては他の効率的な手法と比べて劣ることはない．ガウス消去法の高い計算負荷は，差分方程式の離散化から生じる疎行列などの行列に対して，効率の良い特別な解法を探す動機につながっている．

疎ではない大規模な方程式系に対しては，ガウス消去法は誤差の蓄積によって数値解の精度を損なう恐れがあるため（Golub and van Loan, 1996；Watkins, 2010 を参照），実際の適用の際には修正が必要である．すなわち，ピボット要素（分母に現れる対角要素）ができるだけ大きな値をとるように操作を加えること（ピボッティング（行の入れ替え））で誤差の成長を抑えることができる．都合のよいことに，疎行列では丸め誤差が問題となることはまれであるので，ピボッティングの問題はここではそれほど重要ではない．

ただし，ガウス消去法はベクトル計算や並列計算には向かないので，CFD の計算でそのまま用いられることはまれである．

5.2.2 LU 分解

ガウス消去法にはいくつかのバリエーションがあるが，ここで取り上げるべきものは多くはなく，ここでは CFD で有用なものとして LU 分解についてその導出を簡単に紹介する．

ガウス消去法では，前進消去によって行列を上三角行列に変換した．この操作は，元の行列 A に下三角行列をかけることでより形式的に行える．そのこと自体はあまり面白くはないが，下三角行列の逆行列もやはり下三角行列となることから，この結果は（ここでは無視するがある制限のもとで）任意の行列 A は下三角行列 (L) と上三角行列 (U) の積に分解できることを示している：

$$A = LU . \tag{5.6}$$

L の対角要素である L_{ii} をすべて1と定義しておくと，この分解が一意に決められることが保証される．あるいは，U の対角成分を1としても同じである．

この分解が有用であるのは，簡単な手順で構成できるからである．実は，上三角行列 U はガウス消去法の前進消去で得られる行列そのものであり，また，L の要素はその消去操作で使われた乗数の因子（すなわち A_{ji}/A_{ii}）である．よって，この分解はガウス消去法を少し修正するだけで構成できる．しかも，L と U の要素は元の行列 A の要素と同じ配列に記憶できる．

この分解により，方程式 (5.1) は以下の2段階で解くことができる．

$$U\boldsymbol{\phi} = \mathbf{Y} , \tag{5.7}$$

$$L\mathbf{Y} = \mathbf{Q} . \tag{5.8}$$

後者の方程式は，ガウス消去法の後退代入で用いたのと同様の手法で，ただし，ここでは最終列ではなく第1列からスタートして解くことができる．式 (5.8) を $\mathbf{Y}$ に対して解いた後，式 (5.7) を $\boldsymbol{\phi}$ に対して解くことができる．この手順はガウス消去法の後退代入そのものである．

LU 分解法がガウス消去法に対して有利な点は，ベクトル $\mathbf{Q}$ を知らなくても行列分解を実行できることである．そのため，同じ行列に関して多数の系を解かねばならないとき，LU 分解を先に実行しておき複数の解に対して繰り返し利用することで大幅な計算量の節約になる．なお，ここで LU 分解法を紹介しておいた理由として以下で説明するように，LU 分解の考え方は連立線形方程式を解くための優れた反復法の基礎ともなっている．

5.2.3　三重対角行列

1次元の常微分方程式を，例えば中心差分で近似すると，得られる代数方程式は特に簡単な構造となる．すなわち，各方程式は定義した点とその左右の近傍点だけを変数として次のようになる：

$$A_{\mathrm{W}}^{i}\phi_{i-1} + A_{\mathrm{P}}^{i}\phi_{i} + A_{\mathrm{E}}^{i}\phi_{i+1} = Q_i . \tag{5.9}$$

これに対応する行列 A は主対角線（A_{P} で表す）とその上下に隣接する対角線（それぞれ A_{E}, A_{W} と表す）にだけゼロでない成分を持つ．このような行列を**三重対角行列**と呼ぶ．三重対角行列で表される連立方程式は特に簡単に解くことができ，その行列要素は 3 組の $n \times 1$ 配列としてうまく保存できる．

三重対角行列では前進消去で各行から取り除くべき要素が 1 つしかないので，ガウス消去法は極めて簡単になる．計算アルゴリズムにおいて第 i 行で行うのは A_{P}^{i} の修正だけであり，新しい値は次のようになる：

$$A_{\mathrm{P}}^{i} = A_{\mathrm{P}}^{i} - \frac{A_{\mathrm{W}}^{i} A_{\mathrm{E}}^{i-1}}{A_{\mathrm{P}}^{i-1}} \,, \tag{5.10}$$

ここでは，実際のプログラム上の表記をしており，右辺の計算結果が元の配列 A_{P}^{i} に上書きされる．定数項も同様に以下のように修正される：

$$Q_i^* = Q_i - \frac{A_{\mathrm{W}}^{i} Q_{i-1}^*}{A_{\mathrm{P}}^{i-1}} \,. \tag{5.11}$$

後退代入の部分も単純である．第 i 番目の変数は以下のように計算できる：

$$\phi_i = \frac{Q_i^* - A_{\mathrm{E}}^{i} \phi_{i+1}}{A_{\mathrm{P}}^{i}} \,. \tag{5.12}$$

この三重対角行列の解法は**トーマス・アルゴリズム**あるいは三重対角行列アルゴリズム (tridiagonal matrix algorithm: TDMA) とも呼ばれる．このプログラム作成は容易であり（FORTRAN では 8 行でコーディングできる），さらに重要なことには，密行列のガウス消去法に対して n^3 であった演算数が n，すなわち未知数の数に比例する．言い換えれば，未知数当たりの演算数は未知数の数に依存せず一定であり，これは望んでいる最適値に近い．よって，このアルゴリズムは可能な限り用いるべきである．実際，多くの解法において，問題を三重対角行列に分解して効率の良い TDMA を適用するという考え方が用いられている．

5.2.4 反復縮約法

やや特殊なケースに限られるが，TDMA よりさらに演算量を減らす方法がある．この手法は**反復縮約法**と呼ばれ，係数行列が三重対角であるだけでなく，すべての対角要素が同じであるような連立方程式に有効であり，方程式系が大きくなるにつれて変数当たりの演算量を実際に少なくすることができる．どうすればそのようなことが可能なのか，みてみよう．

ここでは連立方程式 (5.9) において，係数 A_{W}^{i}, A_{P}^{i}, A_{E}^{i} は格子点インデックス i によらないと仮定し，以下これを省略する．まず，i が偶数のとき $i-1$ 行に $A_{\mathrm{W}}/A_{\mathrm{P}}$ を乗じて i 行から引く．さらに $i+1$ 行に $A_{\mathrm{E}}/A_{\mathrm{P}}$ を乗じて i 行から引く．この結果，

偶数行の対角を挟む左右の要素が消え，その代わりに，対角の左2つ隣のゼロ要素が $-A_{\mathrm{W}}^2/A_{\mathrm{P}}$ に，右2つ隣のゼロ要素が $-A_{\mathrm{E}}^2/A_{\mathrm{P}}$ にそれぞれ置き換わる．また，対角要素は $A_{\mathrm{P}} - 2A_{\mathrm{W}}A_{\mathrm{E}}/A_{\mathrm{P}}$ となる．すべての偶数行の要素が同じであるので，新しい要素の計算は1度だけ実行すればよく，このことが演算量の節約につながる．

上記の操作により，偶数行には偶数列の要素のみが含まれることとなり，それらの要素だけを取り出した $n/2$ 個の方程式が得られる．この新たな方程式系に対する行列もまた三重対角で，かつ，すべての対角要素が同じとなる．言い換えれば，元の方程式系から，それと同じ形式を持つ半分の大きさの方程式系が得られる[1]．もし，元の方程式の数が2のべき乗 2^n であれば（2以外のべき乗でも同様に可能であるが），上記の操作を方程式が1つになるまで繰り返すことができる．残された変数は後退代入の手順で求めることができる．

この方法にかかる演算量は実は $\log_2 n$ に比例するので，変数の数が増えるに従い1変数当たりの演算量は減少する．この方法はかなり特殊にみえるが，実際のCFDでは具体的な応用例もみられる．例えば，乱流の直接計算やラージ・エディ・シミュレーション (LES)，あるいは，気象学の応用計算など，矩形の箱形領域のような極めて単純な領域を対象とする流れ解析がそれに当たる．

これらの応用例では，反復縮約法（および，それに類似した方法）により，ラプラス (Laplace) 方程式やポアソン (Poisson) 方程式などの楕円型方程式を（反復計算を用いないで）直接計算する．この方法での解は，反復誤差を含まないという意味では厳密でもあるので，利用できる場合には常に極めて有効となる[2]．

反復縮約法は，単純領域の楕円型方程式の解法に使用される高速フーリエ変換とも密接に関係付けられる．フーリエ変換は3.11節で解説したように，微分係数の評価にも用いられる．

5.3 反復解法

5.3.1 基本的な考え方

どのような連立方程式もガウス消去法やLU分解を用いれば解くことができる．しかし，疎行列を三角行列に分解したものは一般に疎行列にはならないため，残念なことにこれらの解法の計算コストはかなり高くなってしまう．一方で多くの解析では，離散化誤差が計算上の代数演算の精度よりかなり大きいことから，連立方程式をそれ

---

[1] 訳注：このような一連の手順により元より小さな行列を得る行列操作を縮約と呼ぶ．

[2] Bini and Meini (2009) は，反復縮約法の歴史，発展，新たな裏付けや定式化に関する調査を行っている．またこの方法は，高度に並列化されたグラフィックプロセッサユニット (GPU) を用いた流体計算におけるマルチグリッド法の平滑化（スムージング）にも用いられている (Göddeke and Strzodka, 2011).

ほど正確に解く必要はなく，離散化スキームの誤差よりいくらか精度の良い解法で十分である．

上記の理由から，反復解法を用いる余地が生まれる．反復解法は，非線形問題ではもちろん必須であるが，線形の連立方程式に対してもその係数行列が疎であれば有効な手法となる．反復解法では一般に，まず解を推定し，特定の式を用いて解を系統的に改善していく．各反復での計算量が少なく，かつ反復回数が少なければ，反復解法は直接法よりも計算コストが低くなるが，CFD では実際にそのような問題が多い．

ここでは，流れ問題に対して有限差分法や有限体積法による近似式 (5.1) で表されるような行列問題を考える．n 回の反復後の近似解 ϕ^n は，この式を厳密には満たさない．そこで，ゼロでない残差 ρ^n があるとする：

$$A\boldsymbol{\phi}^n = \mathbf{Q} - \boldsymbol{\rho}^n . \tag{5.13}$$

上式と式 (5.1) との差をとることにより，反復誤差と残差との関係を得る：

$$\boldsymbol{\epsilon}^n = \boldsymbol{\phi} - \boldsymbol{\phi}^n , \tag{5.14}$$

ここで，$\boldsymbol{\phi}$ は収束解であり，残差は次のようになる：

$$A\boldsymbol{\epsilon}^n = \boldsymbol{\rho}^n . \tag{5.15}$$

反復計算の目的は残差をゼロに導くことであり，それに応じて反復誤差 ϵ もゼロに収束する．これがどのように行われるかを理解するために，線形方程式系の反復スキームを次のように表してみる：

$$M\boldsymbol{\phi}^{n+1} = N\boldsymbol{\phi}^n + \mathbf{B} . \tag{5.16}$$

ここで，反復解法に必要とされる明白な要件として，収束結果が式 (5.1) を満足することが挙げられる．定義に従えば，収束したときには $\boldsymbol{\phi}^{n+1} = \boldsymbol{\phi}^n = \boldsymbol{\phi}$ となるので，

$$A = M - N, \quad \mathbf{B} = \mathbf{Q} \tag{5.17}$$

が得られ，より一般的には正則な**前処理行列** P を用いて，次のように与えられる：

$$PA = M - N, \quad \mathbf{B} = P\mathbf{Q} . \tag{5.18}$$

反復収束を実質的に高速化できる前処理行列については，後の 5.3.6.1 で議論する．

また，式 (5.16) の両辺から $M\boldsymbol{\phi}^n$ を引くと，反復解法の別な表現が得られる：

$$M(\boldsymbol{\phi}^{n+1} - \boldsymbol{\phi}^n) = \mathbf{B} - (M - N)\boldsymbol{\phi}^n \quad \text{または} \quad M\boldsymbol{\delta}^n = \boldsymbol{\rho}^n , \tag{5.19}$$

ここで，$\boldsymbol{\delta}^n = \boldsymbol{\phi}^{n+1} - \boldsymbol{\phi}^n$ は**修正量**もしくはアップデートと呼ばれ，反復誤差の近似ともみなせる．

効率の良い反復解法であるには，式 (5.16) の計算コストが低く，かつ収束が速くなければならない．反復が容易（低コスト）であるためには，$N\boldsymbol{\phi}^n$ の計算量が少なく，かつ，連立方程式が容易に解けることが要件となる．前者については，A が疎行列であれば N も疎行列となり，$N\boldsymbol{\phi}^n$ の計算は簡単である．後者に関しては，反復行列 M の逆計算が容易でなければならず，この理由から，M には対角行列，三重対角行列，三角行列，あるいは，これらのブロック型行列などが選ばれる（それ以外のタイプも以下で示される）．一方，速い収束のためには，行列 M は A の良い近似となるのがよく，そのとき，ある意味で $N\boldsymbol{\phi}$ は小さいことが必要である．この点については後で改めて議論する．

5.3.2　収　束　性

すでに指摘したように，反復を速く収束させることが効率的な解法を得る鍵である．ここで，簡単な解析により，何が収束率を決定するか，また，その改善法の糸口となるかを考えてみよう．

はじめに，反復誤差の挙動を決める方程式を導出する．これを導くために，収束時に $\boldsymbol{\phi}^{n+1} = \boldsymbol{\phi}^n = \boldsymbol{\phi}$ となる関係を再び用いて，収束解に対して以下の式を得る：

$$M\boldsymbol{\phi} = N\boldsymbol{\phi} + \mathbf{B}\,. \tag{5.20}$$

この式と式 (5.16) の差をとって，(5.14) の反復誤差の定義を用いると，次のようになる：

$$M\boldsymbol{\epsilon}^{n+1} = N\boldsymbol{\epsilon}^n, \tag{5.21}$$

または

$$\boldsymbol{\epsilon}^{n+1} = M^{-1}N\boldsymbol{\epsilon}^n\,. \tag{5.22}$$

$\lim_{n\to\infty} \boldsymbol{\epsilon}^n = 0$ ならば反復計算は収束する．ここで，以下に定義される反復行列 $M^{-1}N$ の固有値 λ_k と固有ベクトル $\boldsymbol{\psi}^k$ が判別条件を与える：

$$M^{-1}N\boldsymbol{\psi}^k = \lambda_k\boldsymbol{\psi}^k\,,\quad k = 1, \ldots, K\,, \tag{5.23}$$

ただし，K は方程式（すなわち，格子点）の数である．ここで固有ベクトルが完全な系（すなわち，すべての n 次元実数ベクトル空間 $\mathbf{R}^n$ の基底となる）と仮定すれば，初期誤差は以下で表される：

$$\boldsymbol{\epsilon}^0 = \sum_{k=1}^{K} a_k\boldsymbol{\psi}^k\,, \tag{5.24}$$

ただし，a_k は定数である．反復計算 (5.22) によって誤差は

$$\boldsymbol{\epsilon}^1 = M^{-1}N\boldsymbol{\epsilon}^0 = M^{-1}N\sum_{k=1}^{K} a_k \boldsymbol{\psi}^k = \sum_{k=1}^{K} a_k \lambda_k \boldsymbol{\psi}^k \tag{5.25}$$

となり，順に代入することで容易に次式が導かれる：

$$\boldsymbol{\epsilon}^n = \sum_{k=1}^{K} a_k (\lambda_k)^n \boldsymbol{\psi}^k \ . \tag{5.26}$$

これから明らかなように，大きな n に対して $\boldsymbol{\epsilon}^n$ がゼロに収束するための必要十分条件は，すべての固有値の絶対値が 1 より小さいことである．最大の固有値がこの条件を満足する必要があることから，その絶対値を特に，行列 $M^{-1}N$ の**収束半径** (spectral radius) と呼ぶ．実際に反復を繰り返した後では，式 (5.26) 中の小さな固有値の項は極めて小さくなり，最大の固有値（これを λ_1 とし，一意に決まると仮定する）の項だけが残る．このとき，

$$\boldsymbol{\epsilon}^n \sim a_1 (\lambda_1)^n \boldsymbol{\psi}^1 \ . \tag{5.27}$$

ここで解の収束を，反復誤差がある限度 δ より小さくなったときと定義すると，

$$a_1 (\lambda_1)^n \approx \delta \tag{5.28}$$

でなければならない．両辺の対数をとると，必要な反復回数の評価式が得られる：

$$n \approx \frac{\ln\left(\dfrac{\delta}{a_1}\right)}{\ln \lambda_1} \ . \tag{5.29}$$

これから，収束半径が 1 に近い場合には（$\ln \lambda_1$ が 0 に近づくので）反復計算の収束が非常に遅くなることがわかる．

簡単な例として（というより「取るに足らない」ともいえるが），方程式が 1 個の場合を考えてみよう．反復解法を用いようとは夢にも思わないだろうが，自明な問題ならば議論がより明確となる．まず，方程式，

$$ax = b \tag{5.30}$$

を解くとして，反復解法（$m = a + n$ であり p は反復回数）を適用すると，

$$mx^{p+1} = nx^p + b \ . \tag{5.31}$$

となる．また，誤差については式 (5.22) をスカラーに直して以下を得る：

$$\epsilon^{p+1} = \frac{n}{m}\epsilon^p \ . \tag{5.32}$$

誤差が速く減少するのは n/m が小さいときであり，これは，n が小さいならば $m \approx$

a を意味する．方程式系に対する反復解法を構成する際にも類似の結果が期待でき，すなわち，M が A の良い近似であるほど収束も速くなる．

反復解法において重要なことは，反復をやめるタイミングを決めるために反復誤差を評価できることである．反復行列の固有値の計算は困難である（陽的に求められないことが多い）ので，一般には適当な近似が用いられる．この章の後半で，反復誤差の評価と反復終了の判定方法について改めて述べる．

5.3.3　基本的な解法

最も単純なヤコビ (Jacobi) 法では，行列 M は対角行列で，その各要素は A の対角要素からなる．ラプラス方程式の5点差分近似に対して，各反復を領域の左下 (SW) から始め，すでに述べた位置関係の表記を使用した場合，次のようになる：

$$\phi_{\mathrm{P}}^{n+1} = \frac{Q_{\mathrm{P}} - A_{\mathrm{S}}\phi_{\mathrm{S}}^{n} - A_{\mathrm{W}}\phi_{\mathrm{W}}^{n} - A_{\mathrm{N}}\phi_{\mathrm{N}}^{n} - A_{\mathrm{E}}\phi_{\mathrm{E}}^{n}}{A_{\mathrm{P}}} \ . \tag{5.33}$$

この方法では，収束のために一方向の格子点数の2乗に比例した反復回数が必要であることが示されている．よって直接法より計算コストが高くつく（計算負荷が大きい）ため，この手法を用いる理由はほとんどない．

ガウス・ザイデル (Gauss–Seidel) 法では，M は A の下三角行列となる．これは次に述べるSOR法の特殊な場合とみなせるので後に両者を併せて議論する．ガウス・ザイデル法はヤコビ法の2倍速く収束するが，これだけではまだ実用的とはいえない．

これらに対してより優れた方法の1つは，ガウス・ザイデル法を加速した**逐次過緩和法**もしくはSOR (successive over-relaxation) 法である．ヤコビ法やガウス・ザイデル法の紹介と解析については，数値解法の入門書（Ferziger, 1982；Press, 1987など[3]）を参考とされたい．

SOR法の場合，同様に反復を領域の左下 (SW) から始めて格子点の位置関係の表記を用いると，次のようになる：

$$\phi_{\mathrm{P}}^{n+1} = \omega \, \frac{Q_{\mathrm{P}} - A_{\mathrm{S}}\phi_{\mathrm{S}}^{n+1} - A_{\mathrm{W}}\phi_{\mathrm{W}}^{n+1} - A_{\mathrm{N}}\phi_{\mathrm{N}}^{n} - A_{\mathrm{E}}\phi_{\mathrm{E}}^{n}}{A_{\mathrm{P}}} + (1-\omega)\phi_{\mathrm{P}}^{n} \ , \tag{5.34}$$

ここで n は反復回数で，ω は緩和係数である．緩和係数は加速時には1より大きくなければならない．緩和係数の選定は，長方形領域におけるラプラス方程式のような比較的単純な問題に対しては理論的に最適値を決めることができる．この理論を複雑な問題にそのままあてはめることは難しいが，幸いなことに単純な場合と類似の挙動を示すことが多い．一般的には格子点の数が多くなると，緩和係数の最適値も大きくなる（5.7節を参照）．このスキームは，通常は $1.6 \le \omega \le 1.9$ の範囲でうまく機能

[3] 訳注：日本語では田辺行人・高見穎郎監修，高見穎郎・河村哲也著 (1994)：東京大学基礎工学双書 偏微分方程式の差分解法，東京大学出版会など．

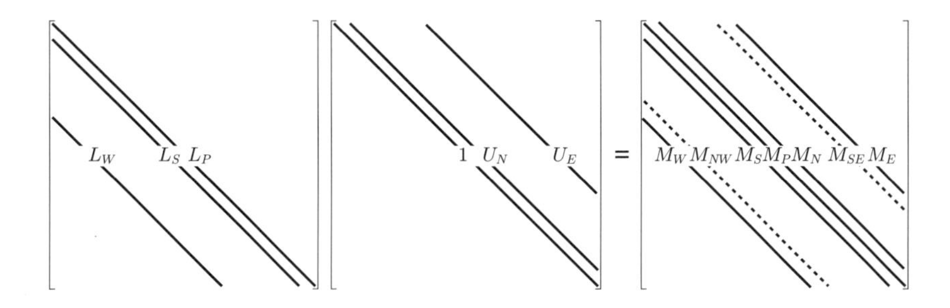

図 5.1 行列 L, U とその積行列 M の関係（行列 M の対角成分で A には含まれていないものを破線で示す）.

し，$\omega = 2.0$ で発散する．最適値より小さい ω を用いた場合は，収束は単調であり，値が増加するにつれて収束速度が向上する．そして最適値を超えると収束速度が低下し，振動的な挙動を示す．この知見を使うことで最適な緩和係数を見つけることができる．最適な緩和係数を使用すると反復回数は一方向の格子点の数に比例し，前述のヤコビ法より大幅に改善する．$\omega = 1$ の場合，SOR はガウス・ザイデル法になる．

5.3.4 不完全 LU 分解：ストーンの方法

ここでは，2 つの点に注目する．LU 分解は連立線形方程式を解くための優れた一般的方法であるが，疎行列であるという特徴を利用することができない．一方，反復法で行列 M が行列 A に対して良い近似であるなら，計算の収束が速くなる．これらの考察から，A の近似的な LU 分解を反復行列 M として使うというアイデアが導かれる．すなわち，小さな N に対して L と U はどちらも疎行列となるように次のように表す：

$$M = LU = A + N . \tag{5.35}$$

この方法で対称行列を対象とした場合は，**不完全コレスキー分解** (incomplete Cholesky factorization) として知られており，共役勾配法と組み合わせてよく用いられる．ただし，対流拡散問題やナビエ・ストークス方程式を離散化することによって生じる行列は対称でないため，この手法を適用することはできない．この方法の非対称行列を対象にしたバージョンは**不完全 LU 分解**（もしくは ILU）と呼ばれるが，それほど広くは用いられていない．ILU 分解では，LU 分解と同じように計算を進めていくが，その際，元の行列 A でゼロである要素に相当する L, U の要素をすべてゼロとする．この分解は厳密には正しくないが，これらの因子の積を反復法の行列 M として用いることができる．ただし，収束は比較的遅くなる．

CFD で用いられるもう 1 つの不完全分解法が Stone (1968) によって提案された．

この手法は，**強陰的解法** (strongly implicit procedure: SIP) とも呼ばれ，特に，偏微分方程式を離散化した代数方程式のために構築され，他の一般的な方程式系にはあまり適用されない.

ここでは，5 点の参照構造を持つ差分式，すなわち図 3.6 で示した行列構造に対して SIP 法を考える．同じ原理に基づいて，3 次元の場合は 7 点，2 次元の非構造格子の場合は 9 点の解法が構築できる.

ILU では，L と U の行列は A の要素がゼロでない対角線上の要素のみがゼロではない値を持つ．これらの構造を持つ上三角行列と下三角行列の積は，A よりもより多くのゼロでない対角成分を持つ．標準的な 5 点参照構造の場合，ベクトル上の格子点の並び方に応じて NW と SE，もしくは NE と SW に相当する 2 つの対角成分が追加され，3 次元の 7 点参照構造では，6 つの対角成分が追加される．2 次元問題の場合，この本で用いられている格子点の取り方では，追加される 2 つの対角成分は格子点 NW と SE に対応する（格子点インデックス (i, j) と 1 次元化したインデックス表記 l との対応は表 3.2 を参照）.

これらの行列は，U の主対角成分をすべて 1 とおくと規格化されて，それぞれを一意に求めることができ，結局，各行に対して L に 3 つ，U に 2 つの計 5 つの要素を決定することになる．図 5.1 に示した行列形式に従えば，L と U の行列積として次のように $M = LU$ の要素が与えられる.

$$
\begin{aligned}
M_{\mathrm{W}}^{l} &= L_{\mathrm{W}}^{l} \,, \\
M_{\mathrm{NW}}^{l} &= L_{\mathrm{W}}^{l} U_{\mathrm{N}}^{l-N_j} \,, \\
M_{\mathrm{S}}^{l} &= L_{\mathrm{S}}^{l} \,, \\
M_{\mathrm{P}}^{l} &= L_{\mathrm{W}}^{l} U_{\mathrm{E}}^{l-N_j} + L_{\mathrm{S}}^{l} U_{\mathrm{N}}^{l-1} + L_{\mathrm{P}}^{l} \,, \\
M_{\mathrm{N}}^{l} &= U_{\mathrm{N}}^{l} L_{\mathrm{P}}^{l} \,, \\
M_{\mathrm{SE}}^{l} &= L_{\mathrm{S}}^{l} U_{\mathrm{E}}^{l-1} \,, \\
M_{\mathrm{E}}^{l} &= U_{\mathrm{E}}^{l} L_{\mathrm{P}}^{l} \,.
\end{aligned}
\tag{5.36}
$$

ここで，反復行列 M が元の行列 A のできる限り良い近似となるように L と U を選ぶのであるが，少なくとも，残差行列 N は A ではゼロとなる M の 2 つの対角成分（図 5.1 に点線で示す）を含むはずである．そこで，わかりやすい方法として，これら 2 つの対角成分だけが N の非ゼロ要素となる，すなわち，M の他の対角成分を相当する A の対角成分と等しくなるように L, U を定める．これは実際に定式化が可能で，前述の ILU 法の標準的な方法であるが，残念ながら収束が遅い.

Stone (1968) は，残差行列 N が，$LU(= M)$ の 7 つの非ゼロ対角成分に対応するゼロでない要素を持たせることで，収束が改善することを確認した．この手法は以下

のベクトル $M\boldsymbol{\phi}$ を考えることで，容易に導くことができる：

$$(M\boldsymbol{\phi})_{\mathrm{P}} = M_{\mathrm{P}}\phi_{\mathrm{P}} + M_{\mathrm{S}}\phi_{\mathrm{S}} + M_{\mathrm{N}}\phi_{\mathrm{N}} + M_{\mathrm{E}}\phi_{\mathrm{E}} + M_{\mathrm{W}}\phi_{\mathrm{W}} + M_{\mathrm{NW}}\phi_{\mathrm{NW}} + M_{\mathrm{SE}}\phi_{\mathrm{SE}} \,. \tag{5.37}$$

この方程式の各項は $M = LU$ の 7 つの対角成分に相当し，最後の 2 つが「余分」な項である．

行列 N はこの 2 つの余分な対角成分を含む必要があるが，残りの対角成分について選択の余地がある．そこで，$N\boldsymbol{\phi} \approx \mathbf{0}$，すなわち次式の条件を与える：

$$N_{\mathrm{P}}\phi_{\mathrm{P}} + N_{\mathrm{N}}\phi_{\mathrm{N}} + N_{\mathrm{S}}\phi_{\mathrm{S}} + N_{\mathrm{E}}\phi_{\mathrm{E}} + N_{\mathrm{W}}\phi_{\mathrm{W}} + M_{\mathrm{NW}}\phi_{\mathrm{NW}} + M_{\mathrm{SE}}\phi_{\mathrm{SE}} \approx 0 \,. \tag{5.38}$$

これは上式の 2 つの余分な項の寄与が，残りの対角成分の寄与とほぼキャンセルされることを求めている．したがって，式 (5.38) は以下のように簡略化される：

$$M_{\mathrm{NW}}(\phi_{\mathrm{NW}} - \phi^*_{\mathrm{NW}}) + M_{\mathrm{SE}}(\phi_{\mathrm{SE}} - \phi^*_{\mathrm{SE}}) \approx 0 \,, \tag{5.39}$$

ここで，ϕ^*_{NW} と ϕ^*_{SE} は，ϕ_{NW} と ϕ_{SE} の近似値とする．

ストーンの方法がうまくいくポイントは，ここで扱う離散式が楕円型偏微分方程式を近似しているため，滑らかな解が期待できることにある．このとき，ϕ^*_{NW} と ϕ^*_{SE} は A の対角成分に相当する格子点の ϕ の値を使って近似することができる．そこでストーンは次の近似式を提案している（他の近似も可能である．例えば，Schneider and Zedan, 1981）：

$$\phi^*_{\mathrm{NW}} \approx \alpha(\phi_{\mathrm{W}} + \phi_{\mathrm{N}} - \phi_{\mathrm{P}}) \,, \quad \phi^*_{\mathrm{SE}} \approx \alpha(\phi_{\mathrm{S}} + \phi_{\mathrm{E}} - \phi_{\mathrm{P}}) \,. \tag{5.40}$$

もし $\alpha = 1$ なら 2 次精度の補間であるが，ストーンは $\alpha < 1$ が安定な収束計算の必要条件であることを示している．ただし，これらの近似は偏微分方程式の特性と関連付けられた場合にのみ有効であり，一般的な代数方程式に対してはほとんど意味がない．

これらの近似を式 (5.39) に代入して，その結果を式 (5.38) と等しいとおくと，行列 N の全要素は M_{NW} と M_{SE} の線形結合で与えられ，式 (5.36) の M の要素は A と N の和として定められる．結果的に得られる式は L と U のすべての要素を決定するのに十分であり，南西（左下）の格子点から始めて（反復計算なしに）逐次的に解くことができる．最終的に L, U の各要素は以下で与えられる：

$$
\begin{aligned}
L_{\mathrm{W}}^{l} &= A_{\mathrm{W}}^{l} / \left(1 + \alpha U_{\mathrm{N}}^{l-N_j}\right) , \\
L_{\mathrm{S}}^{l} &= A_{\mathrm{S}}^{l} / \left(1 + \alpha U_{\mathrm{E}}^{l-1}\right) , \\
L_{\mathrm{P}}^{l} &= A_{\mathrm{P}}^{l} + \alpha\left(L_{\mathrm{W}}^{l} U_{\mathrm{N}}^{l-N_j} + L_{\mathrm{S}}^{l} U_{\mathrm{E}}^{l-1}\right) - L_{\mathrm{W}}^{l} U_{\mathrm{E}}^{l-N_j} - L_{\mathrm{S}}^{l} U_{\mathrm{N}}^{l-1} , \\
U_{\mathrm{N}}^{l} &= \left(A_{\mathrm{N}}^{l} - \alpha L_{\mathrm{W}}^{l} U_{\mathrm{N}}^{l-N_j}\right) / L_{\mathrm{P}}^{l} , \\
U_{\mathrm{E}}^{l} &= \left(A_{\mathrm{E}}^{l} - \alpha L_{\mathrm{S}}^{l} U_{\mathrm{E}}^{l-1}\right) / L_{\mathrm{P}}^{l} .
\end{aligned}
\tag{5.41}
$$

この計算は上からこの順番に実行しなければならない．境界に隣接する格子点では，境界上の格子点を含む要素はゼロと解釈する．すなわち，$i = 2$ の西（左）側境界に関して $l - N_j$ の要素はゼロであり，同様に，$j = 2$ の南（下）側境界の $l - 1$ の要素，$j = N_j - 1$ の北（上）側境界の $l + 1$ 要素，$i = N_i - 1$ の東（右）側境界の $l + N_j$ 要素もゼロとする．

では，この近似分解を用いて連立方程式を解いてみよう．まず，修正量と残差を関係付ける式は以下のようになる（式 (5.19) 参照）：

$$
LU\boldsymbol{\delta}^{n+1} = \boldsymbol{\rho}^{n} . \tag{5.42}
$$

上式は一般的な LU 分解として解くことができ，L^{-1} を乗じると以下になる：

$$
U\boldsymbol{\delta}^{n+1} = L^{-1}\boldsymbol{\rho}^{n} = \mathbf{R}^{n} . \tag{5.43}
$$

$\mathbf{R}^n$ は l の昇順に従って簡単に計算できる：

$$
R^{l} = \left(\rho^{l} - L_{\mathrm{S}}^{l} R^{l-1} - L_{\mathrm{W}}^{l} R^{l-Nj}\right) / L_{\mathrm{P}}^{l} . \tag{5.44}
$$

$\mathbf{R}$ の計算が終われば，次に，式 (5.43) を l の降順に解く．

$$
\delta^{l} = R^{l} - U_{\mathrm{N}}^{l} \delta^{l+1} - U_{\mathrm{E}}^{l} \delta^{l+N_j} \tag{5.45}
$$

SIP 法では，行列 L と U の要素の計算は最初の反復計算の前に一度計算するだけで済み，後は反復計算して残差 ρ を求め，続いて $\mathbf{R}$ を最後に $\boldsymbol{\delta}$ を 2 つの三角行列を解いて計算するだけである．

ストーンの方法は一般に，少ない反復で収束するが，その収束速度は反復ごと，さらには格子点ごとに α を変えることで，改善することができる．ただし α を変化させるごとに行列の分解をやり直す必要があり，L や U の計算は反復計算と同様に計算負荷が高いので，結果的には α は固定しておくのが得策である．

ストーンの方法は一般化して 2 次元問題におけるコンパクト差分近似を用いた九重対角行列や，3 次元問題における中心差分近似を用いた七重対角行列に対して効果的な解法として利用できる．例えば，3 次元（7 点）のベクトル化版については Leister and Perić (1994) に，2 次元問題における 9 点版については Schneider and

Zedan (1981) や Perić (1987) にみることができる．また，五重対角（2 次元）や七重対角（3 次元）行列を対象とした計算コードはインターネットを介して入手できる（付録を参照）．5.8 節では，スカラー輸送問題に実際に SIP 法を適用した際の結果を示す．

ストーンの方法が他の方法と異なるところは，それ自体が優秀な反復解法であるばかりでなく，共役勾配法における前処理法やマルチグリッド法における平滑化操作としても優れている点である．これについては後に示す．

5.3.5 ADI 法とその他のスプリッティング法

楕円型偏微分方程式を解く一般的な方法は，方程式に 1 階の時間微分を含む項を付加して放物型とし，定常状態が得られるまで計算することである．すなわち定常状態で時間微分項はゼロとなり，解は元の楕円型方程式を満たす．すでに述べたものも含めて楕円型方程式を反復計算により解く方法の多くをこのように解釈することができる．この節では，放物型方程式との関係が深く，楕円型方程式だけを考えていては思いつかないような方法を述べる．

安定性を考えると放物型方程式が時間に対して陰的になるような手法が必要である．これにより 2 次元や 3 次元では，各時間ステップで楕円型方程式を解く必要があるため膨大な計算コストが必要となる．この場合，**方向交替陰解法** (alternating direction implicit)，もしくは ADI 法と呼ばれる解法を用いることで計算コストを大幅に減らすことができる．ここでは 2 次元での最も単純な方法とその変形について述べる．実際，ADI 法は他の多くの手法の基本となっている．詳細については Hageman and Young (2004) を参照のこと．

ここでは 2 次元ラプラス方程式を解くことを考える．この方程式に時間微分を付加することで，2 次元の熱伝導方程式が得られる：

$$\frac{\partial \phi}{\partial t} = \Gamma \left(\frac{\partial^2 \phi}{\partial x^2} + \frac{\partial^2 \phi}{\partial y^2} \right) . \tag{5.46}$$

時間微分に台形公式を用い（偏微分方程式に用いた場合，クランク・ニコルソン法と呼ばれる．これについては次章を参照），空間微分に等間隔格子における中心差分を用いて離散化すると，次の式を得る：

$$\frac{\phi^{n+1} - \phi^n}{\Delta t} = \frac{\Gamma}{2} \left[\left(\frac{\delta^2 \phi^n}{\delta x^2} + \frac{\delta^2 \phi^n}{\delta y^2} \right) + \left(\frac{\delta^2 \phi^{n+1}}{\delta x^2} + \frac{\delta^2 \phi^{n+1}}{\delta y^2} \right) \right] , \tag{5.47}$$

ここで空間の有限差分には次の簡略表現を用いている．

$$\left(\frac{\delta^2 \phi}{\delta x^2} \right)_{i,j} = \frac{\phi_{i+1,j} - 2\phi_{i,j} + \phi_{i-1,j}}{(\Delta x)^2}$$

$$\left(\frac{\delta^2 \phi}{\delta y^2} \right)_{i,j} = \frac{\phi_{i,j+1} - 2\phi_{i,j} + \phi_{i,j-1}}{(\Delta y)^2}$$

式 (5.47) を変形すると，時間ステップ $n+1$ において次の式を解く必要があることがわかる：

$$\left(1-\frac{\Gamma\Delta t}{2}\frac{\delta^2}{\delta x^2}\right)\left(1-\frac{\Gamma\Delta t}{2}\frac{\delta^2}{\delta y^2}\right)\phi^{n+1}$$
$$=\left(1+\frac{\Gamma\Delta t}{2}\frac{\delta^2}{\delta x^2}\right)\left(1+\frac{\Gamma\Delta t}{2}\frac{\delta^2}{\delta y^2}\right)\phi^{n}-\frac{(\Gamma\Delta t)^2}{4}\frac{\delta^2}{\delta x^2}\left[\frac{\delta^2(\phi^{n+1}-\phi^{n})}{\delta y^2}\right] . \quad (5.48)$$

$\phi^{n+1}-\phi^{n}\approx\Delta t\,\partial\phi/\partial t$ なので，Δt が小さいとき，最後の項は $(\Delta t)^3$ に比例することがわかる．この有限差分近似は 2 次精度なので，小さな Δt の場合に，最後の項は離散化誤差に対して小さく無視することができる．最後の項を除いた式は，次の 2 つの簡略化された方程式に分解することができる：

$$\left(1-\frac{\Gamma\Delta t}{2}\frac{\delta^2}{\delta x^2}\right)\phi^{*}=\left(1+\frac{\Gamma\Delta t}{2}\frac{\delta^2}{\delta y^2}\right)\phi^{n} , \quad (5.49)$$

$$\left(1-\frac{\Gamma\Delta t}{2}\frac{\delta^2}{\delta y^2}\right)\phi^{n+1}=\left(1+\frac{\Gamma\Delta t}{2}\frac{\delta^2}{\delta x^2}\right)\phi^{*} . \quad (5.50)$$

これら 2 つの式は三重対角行列で表される方程式の組であり，それに有効な TDMA 法で解くことができる．この場合，繰り返し計算が必要ないことから，式 (5.47) を直接解くよりずっと低い計算コストで計算が行える．式 (5.49) と (5.50) は，それぞれ単体では時間に対して 1 次精度で条件付安定でしかないが，両者を組み合わせて解くことで 2 次精度で絶対安定となる．このアイデアに基づく方法は，一般に**スプリッティング** (splitting) 法もしくは**近似分解** (approximate factorization) 法と呼ばれ，さまざまなバリエーションが開発されている．

時間に対する 3 次の項を無視することがこの近似分解の本質であり，これは時間ステップが小さい場合においてのみ正当化される．したがって手法自体は絶対安定であるが，時間ステップが大きくなると時間に対して精度が低くなる可能性がある．楕円型方程式を解く場合の目的は，可能な限り速く定常解を得ることである．したがって可能な限り大きな時間ステップ幅をとることが要求されるが，それは分解による誤差を大きくするため，結果的にこの手法の効果が薄れてしまう．実際，最も迅速に正しい解に収束する最適な時間ステップが存在し，この値を用いることで ADI 法は実際に有効な手段となる．この場合，収束までの反復回数は一方向の格子数に比例する．

この手法のさらに良い利用法は，周期的にいくつかの反復計算に対して異なる時間ステップを用いることである．この場合，収束までの反復計算回数を一方向の格子数の平方根に比例するようにでき，ADI 法は非常に優れたものとなる．

一方，対流項や生成項を含むような方程式に対しては，この方法は若干の一般化を必要とする．CFD では圧力や圧力修正の方程式が上述のタイプであり，ここで述べた方法の変形版がしばしば用いられる．ADI 法は圧縮性流れの解法として頻繁に用いられており，また並列計算にも非常に適している．

この節で述べた方法は行列の特定の構造を利用しており，これは構造格子を用いたことによるものである．しかしながらより詳細に調べれば，その基本となっているのは行列の**加算分解** (additive decomposition)：

$$A = H + V \ , \tag{5.51}$$

であることがわかる．

ここで H は x 方向の 2 階微分，V は y 方向の 2 階微分の寄与を表す行列である．

この分解に対して，他の加算分解が使えないという理由はない．1 つの有用な提案は加算による LU 分解を考えることである．

$$A = L + U \ . \tag{5.52}$$

これは 5.2.2 項で述べた乗算による LU 分解とは異なるものである．この分解により式 (5.49) と (5.50) は次のように書き換えられる：

$$\begin{aligned} (I - L\,\Delta t)\phi^* &= (I + U\,\Delta t)\phi^n \ , \\ (I - U\,\Delta t)\phi^{n+1} &= (I + L\,\Delta t)\phi^* \ . \end{aligned} \tag{5.53}$$

この場合，反復計算は本質的にはガウス・ザイデル法であり，収束率は上で述べた ADI 法と似ている．この手法のさらに重要な利点は，格子の構造，すなわち行列の構造に依存しないことであり，構造格子はもとより非構造格子への適用も可能である．しかしながら ADI 法の HV 分解のような並列化はできない．

5.3.6 クリロフ部分空間法

この項では非線形の方程式を解く手法をいくつか紹介する．非線形方程式の解法は，ニュートン法に基づく方法（5.5.1 項）と大域的解法 (global method) と 2 つに大きく分類できる．前者は，初期値から解の正確な見積もりが得られるならば非常に速く収束するが，初期値が正確な解からかけ離れているとまったくうまくいかない．「かけ離れている」というのは相対的な意味であり，具体的には方程式に依存する．初期値の見積もりが解に「十分近い」かどうかは試行錯誤するしかない．これに対して大域的解法は，解が存在するならば必ず見つけられることが保証されているが，あまり収束は速くはない．そこで，2 つの手法の組み合わせがしばしば用いられる．すなわち，最初に大域的解法を用い，解が収束するに従いニュートン法のような方法に切り替える．

この項の目的は，大規模な連立線形方程式に対して，まず大きな行列の近似を作成し，それを反復過程で使用することで小さな問題に縮小するスキームを作ることである．これは，問題を例えば $N \times N$ 次元から小さな次元に射影することから，**射影法**

(projection method) と呼ばれる．van der Vorst (2002) は，この手法を次のように表している．我々が解くべき連立方程式を行列 A を用いて式 (5.1) で表したとき，反復法の k 回目のステップを

$$\boldsymbol{\phi}_k = (I - A)\boldsymbol{\phi}_{k-1} + \mathbf{Q}$$

と表すと，次の式が得られる[4]：

$$\boldsymbol{\phi}_k = \boldsymbol{\phi}_0 + K^k(A; \boldsymbol{\rho}^0) = \boldsymbol{\phi}_0 + \{\boldsymbol{\rho}^0, A\boldsymbol{\rho}^0, \cdots, A^{k-1}\boldsymbol{\rho}^0\} \tag{5.54}$$

ここで $\boldsymbol{\phi}_0$ を初期推定値（反復の初期値）とすれば，初期残差は $\boldsymbol{\rho}^0 = \mathbf{Q} - A\boldsymbol{\phi}_0$ で与えられる．この反復過程は，**クリロフ**部分空間 $K^k(A; \boldsymbol{\rho}^0)$ で近似解を求めているとみなすことができる．このスキーム（リチャードソン反復法）自体は直感的ではあるが，効率的とも最適ともいえない．そこでこのクリロフ部分空間射影によるアプローチを，より良い近似解を求められるように改良する．

van der Vorst (2002) は，このための3つの方法を以下のように簡潔にまとめている．

1. **リッツ・ガラーキンアプローチ** (Ritz-Galerkin approach, R-G)：$\boldsymbol{\phi}_k$ を，その残差がクリロフ部分空間に直交するように決める；$\mathbf{Q} - A\boldsymbol{\phi}_k \perp K^k(A; \rho_0)$.
2. **最小残差アプローチ** (minimum residual approach)：$\boldsymbol{\phi}_k$ を，その残差のユークリッドノルム $\|\mathbf{Q} - A\boldsymbol{\phi}_k\|_2$ がクリロフ部分空間 $K^k(A; \boldsymbol{\rho}^0)$ で最小となるように決める．
3. **ペトロフ・ガラーキンアプローチ** (Petrov-Galerkin approach, P-G)：$\boldsymbol{\phi}_k$ を，その残差 $\mathbf{Q} - A\boldsymbol{\phi}_k$ が適当な k 次元空間に対して直交するように決める．

以下に示す方法は，上記の3つに分類できる（Saad, 2003 も参照のこと）．すなわち，共役勾配 (CG) 法は R-G アプローチ，双共役勾配法および CGSTAB は P-G アプローチ，GMRES は最小残差アプローチに属する．

5.3.6.1 共役勾配法

多くの大域的解法は再帰的な手法である[5]．これらの手法は，対象とする連立方程式をまず最小値問題に変換することから始める．ここで解くべき方程式を式 (5.1) とし，行列 A が対称でその固有値が正であるとすれば，そのような行列は**正定値** (positive definite) 行列と呼ばれる（実際は流体力学の問題に関するほとんどの行列は非対称でも正定値でもないので，後にこの手法を一般化する必要がある）．正定値行列

[4] 例えば $\boldsymbol{\phi}_3 = \boldsymbol{\phi}_0 + \boldsymbol{\rho}^0 + (I - A)\boldsymbol{\rho}^0 + (I - A)(I - A)\boldsymbol{\rho}^0$.

[5] 本書では連立線形方程式を対象とする．Shewchuk(1994) の 14 章では非線形共役勾配法およびその前処理について説明している．

の場合，行列方程式 (5.1) を解くことは，すべての ϕ_i に対して次の式の最小値を求めることと同値である：

$$F = \frac{1}{2}\boldsymbol{\phi}^T A\boldsymbol{\phi} - \boldsymbol{\phi}^T \mathbf{Q} = \frac{1}{2}\sum_{j=1}^{n}\sum_{i=1}^{n} A_{ij}\phi_i\phi_j - \sum_{i=1}^{n}\phi_i Q_i \tag{5.55}$$

これには，各変数に関して F を微分してそれが 0 になるようにすればよい．元の方程式系が正定値かどうかにかかわらず，最小値問題に置き換える方法の 1 つは，すべての方程式の 2 乗の和をとることである．しかしこれは新たな困難をもたらす．

関数の最小値を見つけるための古くからよく知られた方法は，**最急降下法** (steepest descent) である．ここで，関数 F は（超）空間上の面とみることができる．初期予測値を（超）空間上の点として表せば，その点から，関数を表す面に最も急に降下する経路を探すとすれば，これは関数の勾配に対して正反対の方向にあるはずである．そこで，その経路上で最も低い点を探せば，最初の点よりもより小さな F の値を得る．このようにして新しい見積もりが解に近づいていく．新しい値を次の繰り返し計算では初期値として利用し，このプロセスを収束するまで続ける．最急降下法は解の収束が保証されているが，残念ながら多くの場合に収束は遅い．

特に関数 F の等値線がせまい谷をつくるような場合，この手法は谷を挟んで解が振動する傾向にあり，収束に多くのステップ数が必要になる．言い換えれば，この方法は繰り返し同じ探索方向を選んでしまう傾向がある．

この欠点に対して多くの改良が提案されている．最も簡単な改良は，新しい探索方向がそれ以前のものとできるだけ異なるようにすることである．その 1 つが**共役勾配** (conjugate gradient) 法であり，以下では一般的な考え方とアルゴリズムだけを紹介する．より詳細な説明は Shewchuk (1994), Watkins (2010), Golub and van Loan (1996) を参照されたい．

共役勾配法は，一方向ずつ探索しつつ同時に複数の方向に関して関数を最小化することが可能であるという注目すべき発見に基づいている．それは探索方向を巧妙に選択することによって可能になる．まず，2 方向の場合に関して考えてみる．以下の式において，関数 F を最小化する α_1 と α_2 を探したいとする：

$$\boldsymbol{\phi} = \boldsymbol{\phi}^0 + \alpha_1\,\mathbf{p}^1 + \alpha_2\,\mathbf{p}^2\,, \tag{5.56}$$

これはすなわち，$\mathbf{p}^1 - \mathbf{p}^2$ 面で F を最小化することにあたる．この問題は $\mathbf{p}^1$ と $\mathbf{p}^2$ が以下の意味で共役である場合に，$\mathbf{p}^1$ と $\mathbf{p}^2$ に関して F を個別に最小化する問題

$$\mathbf{p}^1 \cdot A\,\mathbf{p}^2 = 0 \tag{5.57}$$

に帰着する．この直交性と類似する特性は「$\mathbf{p}^1$ と $\mathbf{p}^2$ が行列 A に関して共役である」と呼ばれ，この解法の名前にもなっている．下記に述べる方法を含むこれらの方法の

詳細な証明は，Golub and van Loan (1996) にみることができる．

この特性は探索方向が増えても一般に拡張できる．共役勾配法では，新しい探索方向は常にそれ以前のすべての方向に対して共役である必要がある．ほとんどの工学問題でそうであるように行列が特異でないなら，探索方向は線形独立であることが保証される．その結果，丸め誤差のない厳密な計算が適用されるなら，共役勾配法は反復数が行列の大きさに等しくなったときに厳密に収束する．実際はこの反復数は非常に大きく，厳密な収束は算術誤差のために達成できない．よって，共役勾配法は反復解法のひとつとみなすのが賢明である．

共役勾配法では，繰り返し計算ごとに誤差が減少することを保証するが，その程度は探索方向に依存する．この方法が最初の数回の反復では誤差をわずかにしか減少させず，その後，1回の反復で誤差を桁違いに減少させる方向を見つけることは珍しくない．実際，この方法（そしてより一般的な反復解法でも）の収束速度は，係数行列 A (式 (5.1)) に依存する．右辺 $\mathbf{Q}$ の摂動に対する未知数 $\boldsymbol{\phi}$ の変化は，次式に関係することが示されている (Watkins, 2010)：

$$\kappa = \|A\|\|A^{-1}\| \,, \tag{5.58}$$

ここで $\|A\|$ は A のノルムである．Saad (2003) はこの分析を反復手法に拡張できることを次のように示している．まず残差ノルムを定義する．

$$\|\boldsymbol{\rho}^k\| = \|\mathbf{Q} - A\boldsymbol{\phi}^k\| \,,$$

ここで，$\boldsymbol{\phi}^k$ は反復 k の後の解の予測値である．次に，式 (5.58) から（いくつかの式変形の後に)，反復誤差 $\boldsymbol{\epsilon}^k = \boldsymbol{\phi} - \boldsymbol{\phi}^k$ のノルムと解ベクトル $\boldsymbol{\phi}$ のノルムの比が，残差のノルムと $\mathbf{Q}$ のノルムの比と次のように関連していることがわかる：

$$\frac{\|\boldsymbol{\epsilon}^k\|}{\|\boldsymbol{\phi}\|} \le \kappa \frac{\|\boldsymbol{\rho}^k\|}{\|\mathbf{Q}\|} \,. \tag{5.59}$$

これにより反復誤差の上限が決まり，κ の大きさが反復に大きな影響を与えることがわかる．次に，基本的な線形代数 (Golub and van Loan, 1996) の知識を用いて，行列 A の固有値 λ は，次式において非ゼロである解を得る条件として求められる：

$$A\mathbf{x} = \lambda\mathbf{x} \,,$$

ここで $\mathbf{x}$ は A の固有ベクトルである．この結果と式 (5.58) から，$\lambda_{\max}$ と $\lambda_{\min}$ がそれぞれ固有値の最大値および最小値として，次式が得られる：

$$\kappa = \frac{\lambda_{\max}}{\lambda_{\min}} \,. \tag{5.60}$$

したがって，収束の速度はこの**条件数** (condition number)κ に依存し，これは係数行列のみで決まる特性である．この条件数を調べる有用な方法は，さまざまな代表的な行列に対して MATLAB^{TM} の「cond」関数を用いることである．

CFD で生じる行列の条件数は，近似的には大抵，各方法の最大格子点数の 2 乗に等しくなる．例えば各方向に 100 個の格子点があるときの条件数は約 10^4 であり，標準的な共役勾配法はゆっくりと収束することがわかる．共役勾配法は与えられた条件数のもとでは最急降下法よりも十分速く収束するものの，この基本的手法のままではあまり有用ではない．

この解法は，与えられた問題と同じ解を持つより小さな条件数の問題に書き換えることによって改良できる．これを実現するのが**前処理** (preconditioning) である．前処理の方法の 1 つは，（注意深く選定された）別の行列を前もって乗ずることで得られる．この操作が行列の対称性を壊すことを避けるため，以下の形式をとらなければならない：

$$C^{-1}AC^{-1}C\boldsymbol{\phi} = C^{-1}\mathbf{Q}\,. \tag{5.61}$$

このとき共役勾配法は，修正された問題 (5.61)，すなわち行列 $C^{-1}AC^{-1}$ に適用される．以上の方法に従って反復法を残差形式で表すと，以下のアルゴリズムが得られる（詳しい導出は Golub and van Loan, 1996 や Shewchuk, 1994 を参照）．ここで，$\boldsymbol{\rho}^k$ は k 回目の繰り返し計算での残差，$\mathbf{p}^k$ は k 回目の探索方向，$\mathbf{z}^k$ は計算用の補助ベクトル，α_k と β_k は新しい解とその残差および探索方向を構築するために用いられるパラメータとすると，アルゴリズムは以下のように要約される：

- 初期化：$k=0,\ \boldsymbol{\phi}^0=\boldsymbol{\phi}_{\mathrm{in}},\ \boldsymbol{\rho}^0=\mathbf{Q}-A\boldsymbol{\phi}_{\mathrm{in}},\ \mathbf{p}^0=\mathbf{0},\ s^0=10^{30}$
- 繰り返しの更新：$k=k+1$
- 行列を解く：$M\mathbf{z}^k=\boldsymbol{\rho}^{k-1}$
- 計算：$s^k=\boldsymbol{\rho}^{k-1}\cdot\mathbf{z}^k$

$$\beta^k = s^k/s^{k-1}$$
$$\mathbf{p}^k = \mathbf{z}^k + \beta^k\mathbf{p}^{k-1}$$
$$\alpha^k = s^k/(\mathbf{p}^k\cdot A\mathbf{p}^k)$$
$$\boldsymbol{\phi}^k = \boldsymbol{\phi}^{k-1} + \alpha^k\mathbf{p}^k$$
$$\boldsymbol{\rho}^k = \boldsymbol{\rho}^{k-1} - \alpha^k A\mathbf{p}^k$$

- 以上を収束するまで繰り返す．

このアルゴリズムは最初のステップで連立線形方程式を解くことを含んでいる．関係する行列は $M=C^{-1}$ で C は前処理行列であるが，この行列を実際に構築する必要はない．この手法が効率的であるためには，M の逆行列が容易に求められる必要がある．その際，M の選択として最もよく用いられるものが A の不完全コレスキー分解 (Cholesky factorization) であるが，ストーンの SIP 法で与えられる $M=LU$ によってもっと速い収束が得られることが知られている．具体例を後で例示する．

Saad (2003) は，シリアルおよび並列計算の両方での前処理についての広い議論を展開している．

5.3.6.2　BCG 法と CGSTAB 法

共役勾配法は対称行列にのみ適用される．ポアソン方程式を離散化して得られる行列はしばしば対称であるが（例としては熱伝導方程式や7章で紹介する圧力方程式もしくは圧力修正方程式），必ずしも対称ではない方程式系（例えば対流拡散方程式）にこの手法を適用するためには，非対称問題を対称問題に変換する必要がある．これにはいくつかの方法があるが，以下の方法が恐らく最も簡単である．まず，次の方程式系を考える：

$$\begin{pmatrix} 0 & A \\ A^T & 0 \end{pmatrix} \cdot \begin{pmatrix} \boldsymbol{\psi} \\ \boldsymbol{\phi} \end{pmatrix} = \begin{pmatrix} \mathbf{Q} \\ \mathbf{0} \end{pmatrix} . \tag{5.62}$$

この連立方程式は2つの連立方程式に分解できる．1つは元の方程式であり，もう1つはその転置行列を持つ方程式で，それらは互いに独立である．（必要なら少し余分な計算をするだけで，転置行列を含む方程式を解くこともできる）．前処理付きの共役勾配法をこの系に適用したものが**双共役勾配法**，**BCG** (biconjugate gradients) 法と呼ばれる手法であり，その計算手順は以下のようになる．

- 初期化：$k = 0$, $\boldsymbol{\phi}^0 = \boldsymbol{\phi}_{\text{in}}$, $\boldsymbol{\rho}^0 = \mathbf{Q} - A\boldsymbol{\phi}_{\text{in}}$, $\overline{\boldsymbol{\rho}}^0 = \mathbf{Q} - A^T\boldsymbol{\phi}_{\text{in}}$, $\mathbf{p}^0 = \overline{\mathbf{p}}^0 = \mathbf{0}$, $s^0 = 10^{30}$
- 繰り返しの更新：$k = k + 1$
- 行列を解く：$M\mathbf{z}^k = \boldsymbol{\rho}^{k-1}$, $M^T\overline{\mathbf{z}}^k = \overline{\boldsymbol{\rho}}^{k-1}$
- 計算：$s^k = \mathbf{z}^k \cdot \overline{\boldsymbol{\rho}}^{k-1}$

  $\beta^k = s^k / s^{k-1}$

  $\mathbf{p}^k = \mathbf{z}^k + \beta^k \mathbf{p}^{k-1}$

  $\overline{\mathbf{p}}^k = \overline{\mathbf{z}}^k + \beta^k \overline{\mathbf{p}}^{k-1}$

  $\alpha^k = s^k / (\overline{\mathbf{p}}^k A \mathbf{p}^k)$

  $\boldsymbol{\phi}^k = \boldsymbol{\phi}^{k-1} + \alpha^k \mathbf{p}^k$

  $\boldsymbol{\rho}^k = \boldsymbol{\rho}^{k-1} - \alpha^k A \mathbf{p}^k$

  $\overline{\boldsymbol{\rho}}^k = \overline{\boldsymbol{\rho}}^{k-1} - \alpha^k A^T \overline{\mathbf{p}}^k$
- 収束するまで繰り返す．

上のアルゴリズムは Fletcher (1976) によって発表された．この手法は1回の計算につき標準の共役勾配法のほぼ2倍の計算負荷になるが，ほぼ同じ反復回数で収束する．この手法は CFD の応用ではあまり使われてこなかったが，これはかなりロバスト（容易に幅広い問題を扱い得るという意味）な手法といえる．

これに対してより安定でロバスト性が向上した修正版も開発されている．その中でここでは，Sonneveld (1989) によって提案された CGS(conjugate gradient squared) 法，van der Vorst and Sonneveld (1990) によって提案された CGSTAB(CGS stabilized) 法，同じく van der Vorst (1992) による別のバージョン，さらに GMRES (5.3.6.3 を参照）を紹介する．これらすべての手法は非対称行列に適用でき，非構造格子と構造格子の両方に用いることができる．以下に，導出を省略して CGSTAB のアルゴリズムのみを示す．

- 初期化：$k = 0$, $\boldsymbol{\phi}^0 = \boldsymbol{\phi}_{\text{in}}$, $\boldsymbol{\rho}^0 = \mathbf{Q} - A\boldsymbol{\phi}_{\text{in}}$, $\mathbf{u}^0 = \mathbf{p}^0 = \mathbf{0}$
- 繰り返しの更新 $k = k + 1$，および計算：
  $\beta^k = \boldsymbol{\rho}^0 \cdot \boldsymbol{\rho}^{k-1}$
  $\omega^k = (\beta^k \gamma^{k-1})/(\alpha^{k-1}\beta^{k-1})$
  $\mathbf{p}^k = \boldsymbol{\rho}^{k-1} + \omega^k(\mathbf{p}^{k-1} - \alpha^{k-1}\mathbf{u}^{k-1})$
- 行列を解く：$M\mathbf{z} = \mathbf{p}^k$
- 計算：$\mathbf{u}^k = A\mathbf{z}$
  $\gamma^k = \beta^k/(\mathbf{u}^k \cdot \boldsymbol{\rho}^0)$
  $\mathbf{w} = \boldsymbol{\rho}^{k-1} - \gamma^k \mathbf{u}^k$
- 行列を解く：$M\mathbf{y} = \mathbf{w}$
- 計算：$\mathbf{v} = A\mathbf{y}$
  $\alpha^k = (\mathbf{v} \cdot \boldsymbol{\rho}^k)/(\mathbf{v} \cdot \mathbf{v})$
  $\boldsymbol{\phi}^k = \boldsymbol{\phi}^{k-1} + \gamma^k \mathbf{z} + \alpha^k \mathbf{y}$
  $\boldsymbol{\rho}^k = \mathbf{w} - \alpha^k \mathbf{v}$
- 収束するまで繰り返す．

$\mathbf{u}$, $\mathbf{v}$, $\mathbf{w}$, $\mathbf{y}$, $\mathbf{z}$ は計算用の補助ベクトルであり，ここでは速度ベクトルや y, z 座標とは関係はない．上述の行列解法アルゴリズムのうち，不完全コレスキー分解前処理付きの共役勾配法（ICCG，2 次元と 3 次元対称行列用）と 3 次元の CGSTAB 法の計算プログラムをインターネット上で得ることができる（詳しくは付録を参照)．また，2 次元の 9 点差分式に対する不完全コレスキー分解付きの BCG 法も同様に入手可能である．

5.3.6.3 一般化最小残差法

一般化最小残差法 (generalized minimum residual method: GMRES) は，Saad and Schultz (1986) により提案され，非対称行列 A を扱うことができる．この手法の詳細は Saad (2003) にみることができる．GMRES には欠点があるが，そのロバスト性の高さから人気の高い手法となっている．

1. 各反復過程で次の探索方向を計算するために，その前のすべての探索方向ベクトルが必要になる．その結果，記憶領域と演算数が線形に増加し，A が非常に大きい場合には大きな問題となる可能性がある．
2. 行列が正定値でない場合，反復計算が行き詰ってしまうことがある．

その改善策として以下の方法が挙げられる．(1) 事前に決めておいた反復ステップの後に反復を再スタートする，(2) 行列を前処理（5.3.6.1 を参照）することで，収束に必要な反復回数を減少させる．一連の論文（例えば Armfield and Street, 2004）では，再スタートと前処理を用いた GMRES 法が成功を収め，ポアソン方程式や圧力修正方程式（7.1.5 項を参照）の解法として他のソルバー（共役勾配法を含む）と比較して最も高い効率を上げたことが報告されている．

$A\boldsymbol{\phi} = \mathbf{Q}$ を解く場合の GMRES の基本的なアルゴリズムは次のようになる（Golub and van Loan, 1996, Saad, 2003 から引用）．

- START：誤差収束の判定基準を定め，反復数の上限 m を与える．
  初期化：$k = 0$, $\boldsymbol{\phi}^0 = \boldsymbol{\phi}_{\mathrm{in}}$, $\boldsymbol{\rho}^0 = \mathbf{Q} - A\boldsymbol{\phi}_{\mathrm{in}}$, $h_{10} = \|\boldsymbol{\rho}^0\|_2$
- 条件 $h_{k+1,k} > 0$ ならば，以下を計算する：

$\beta^{k+1} = \boldsymbol{\rho}^k / k_{k+1,k}$

$k = k + 1$

$\boldsymbol{\rho}^k = A\beta^k$

繰り返し $i = 1 : k$

　　$h_{ik} = \beta_i^T \boldsymbol{\rho}^k$

　　$\boldsymbol{\rho}^k \leftarrow \boldsymbol{\rho}^k - h_{ik}\beta^i$

$h_{k+1,k} = \|\boldsymbol{\rho}^k\|_2$

$\boldsymbol{\phi}^k = \boldsymbol{\phi}^0 + Q_k y_k$　y_k は以下の $(k+1) \times k$ 成分の最小二乗解：

$$\|h_{10} e_1 - \tilde{H}_k y_k\|_2 = min$$

もし判定条件を満たせば $\boldsymbol{\phi} = \boldsymbol{\phi}^k$ として STOP

判定条件を満たさず $k \geq m$ ならば $\boldsymbol{\phi}^0 = \boldsymbol{\phi}^k$ として START に戻り繰り返す

$k < m$ ならば，$h_{k+1,k} > 0$ に戻る

このアルゴリズムには 3 つの補助的な行列を含んでいる．

1. 行列 Q_k の列は直交化されたアーノルディベクトルである．
2. $\tilde{H}_k$ は上ヘッセンベルグ行列であり，その成分が h_{ij} である．
3. e_1 は単位行列 I_n の最初の列であり，

$$e_1 = (1, 0, 0, \cdots, 0)^T \; .$$

最後に，$\|\cdot\|_2$ は行列ノルムである．

5.3.7　マルチグリッド法

最後に紹介する線形方程式系の解法としてマルチグリッド (multigrid) 法を紹介す

る．この方法は 12.4 節で流れ計算に適用する．マルチグリッド法の基本概念は反復解法でのある発見によっている．それは，解法の収束率が反復における行列の固有値に依存しており，特に固有値の最も大きな値（行列の「スペクトル半径」(spectral radius)）が解に到達するまでの速度を決めるということである（5.3.2 項を参照）．この固有値に対応する固有ベクトルは反復誤差の空間的な分布を決定し，手法ごとに大きく異なる．そこで，すでに述べたいくつかの手法に対して，固有値と固有ベクトルの挙動を簡単に調べてみる．ここでは，ラプラス方程式の特性方程式を考えるが，その結果のほとんどは他の楕円型の偏微分方程式にも一般化できる．

ラプラス方程式に対してヤコビ法を用いた場合，2 つの大きさが最大の固有値は実数で正負逆の符号を持つ．これに対する 1 つの固有ベクトルは空間座標の滑らかな関数を表し，もう一方は高波数で振動する関数を表している．したがって，ヤコビ法の反復誤差はこの滑らかな関数と高周波の関数との混合により成っており，このことが収束を困難にしている．一方，ガウス・ザイデル法を用いた場合は，最大固有値は 1 つで正の実数であり，その固有ベクトルから反復誤差は空間座標上の滑らかな関数になる．

緩和係数が最適化された SOR 法の最大固有値は複素数平面の円周上に多数存在しているため，反復誤差は複雑な挙動を示す．ADI 法における誤差の性質もパラメータに依存し，その反復誤差はやはり複雑になりがちである．最後に，SIP 法は比較的滑らかな反復誤差分布を持つ．

このように，反復解法のいくつかは，空間座標上で滑らかな分布を持つ反復誤差を生み出す．その一例を取り上げてみる．n 回目の反復後の反復誤差 $\boldsymbol{\epsilon}^n$ と残差 $\boldsymbol{\rho}^n$ は式 (5.15) によって関連付けられる．ガウス・ザイデル法や SIP 法では，数回の反復後には誤差の高周波成分は取り除かれ，空間上の滑らかな関数になる．もし誤差分布が滑らかならば，その修正（反復誤差の近似）はより粗い格子でも計算できるであろう．2 次元で格子を 2 倍の粗さにすると計算負荷は細かい格子の 1/4 に，また，3 次元の場合には 1/8 になる上，反復計算も格子が粗い（格子点数が少ない）ときのほうがはるかに速く収束する．例えばガウス・ザイデル法では，格子が 2 倍粗いと 4 倍速く収束する．SIP 法ではそれよりやや割合は劣るが，それでもかなり速い収束が得られる．

上記の事実は，反復計算の多くの計算を粗い格子で行えることを示唆している．それを実際に行うにはいくつかの関係が現れる．すなわち，2 つの異なる格子の配置関係，粗い格子状での有限差分演算子，細かい格子から粗い格子への残差を滑らかに近似する方法（**制限補間** (restricting)），および粗い格子から細かい格子への新しい値の補間（**延長補間** (prolonging)）の方法をそれぞれ定義する必要がある．括弧内の言葉は特別な専門用語であるがマルチグリッド法の研究で一般的に使われている用語である．各問題には多くの選択肢があり，それぞれに計算手法の性質に影響を与え得る

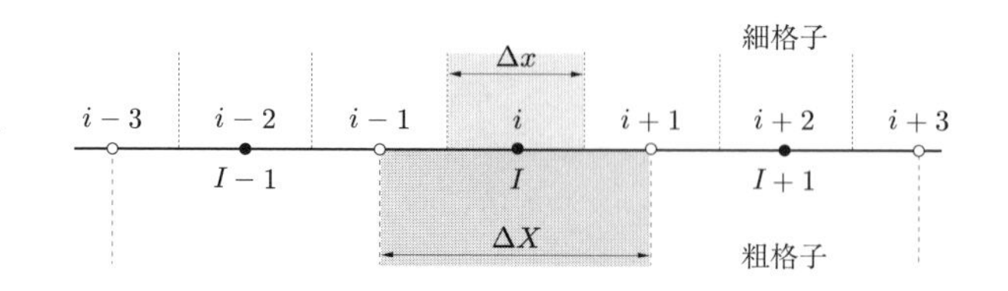

図 5.2　1次元問題のマルチグリッド法の格子例.

が，適切な選択をする限りにおいては本質的な差異はない．したがってここでは，各問題について一例ずつ紹介する．

有限差分法では，通常，細かい格子から2本おきに格子線をとって粗い格子を与える．有限体積法では細かい格子の2つのCV（2次元の場合は4つ，3次元の場合は8つ）から粗い格子のCVが得られる．いずれにしても，粗い格子の節点は細かい格子の節点の間に位置する．

マルチグリッド法の原理と一般的な場合に使われるいくつかの手順を容易に説明できるので，ここでは以下の1次元の問題を考える（実際は1次元ではTDMAのアルゴリズムが強力であるため，マルチグリッド法を使う理由はない）：

$$\frac{\mathrm{d}^2\phi}{\mathrm{d}x^2} = f(x) \tag{5.63}$$

等間隔格子での標準的な有限差分近似は，以下のようになる：

$$\frac{1}{(\Delta x)^2}\left(\phi_{i-1} - 2\phi_i + \phi_{i+1}\right) = f_i\ . \tag{5.64}$$

Δx 間隔の格子で n 回反復計算を行うと，近似的な解 ϕ^n を得る．このとき上式は，残差 ρ^n の範囲で成り立つ．

$$\frac{1}{(\Delta x)^2}\left(\phi^n_{i-1} - 2\phi^n_i + \phi^n_{i+1}\right) = f_i - \rho^n_i\ . \tag{5.65}$$

式 (5.64) からこの式を引くと，以下が得られる：

$$\frac{1}{(\Delta x)^2}\left(\epsilon^n_{i-1} - 2\epsilon^n_i + \epsilon^n_{i+1}\right) = \rho^n_i\ , \tag{5.66}$$

これが節点 i についての式 (5.15) であり，粗格子点上で反復計算すべき式となる．

粗格子点での離散化式を導くため，粗格子の節点 I 周りのCVを考えると，これは細格子における格子点 i のCVおよび $i-1$，$i+1$ の各半分のCVで成り立っている（図5.2を参照）．これは添字 $i-1$, $i+1$ の式 (5.66) の半分を添字 i での完全な式に足すことを示唆している．よって，次の式が導かれる（以下，添字 n は省略）：

$$\frac{1}{4\,(\Delta x)^2}\left(\epsilon_{i-2} - 2\epsilon_i + \epsilon_{i+2}\right) = \frac{1}{4}\left(\rho_{i-1} + 2\rho_i + \rho_{i+1}\right)\ . \tag{5.67}$$

2つの格子間の関係（$\Delta X = 2\,\Delta x$, 図5.2を参照）を用いると，これは粗格子点上での以下の式に等しいことがわかる：

$$\frac{1}{(\Delta X)^2}\left(\epsilon_{I-1} - 2\epsilon_I + \epsilon_{I+1}\right) = \overline{\rho}_I\ , \tag{5.68}$$

この式は，また，$\overline{\rho}_I$ を定義するのにも役に立つ．左辺は粗い格子上での2階導関数の標準的な近似であり，粗い格子点での離散化式として理にかなっているといえる．一方，右辺は細かい格子の外力項を平滑化もしくはフィルタリングしたものであり，制限補間の自然な定義となっている．

粗い格子から細かい格子への最も簡単な延長補間は，線形補間である．すなわち，2つの格子系で共通の格子点では粗格子の値を単に細格子の値として用いればよいし，細格子の点が粗格子の間にある場合は隣接する粗格子2点の平均をとって細格子の値とすればよい．

2つ粗密格子を用いた反復手法は，以下の通りである：

- 細格子で，滑らかな誤差分布を与える手法で反復計算．
- 細格子で，残差を計算．
- 残差を粗格子に制限補間（平滑化）．
- 粗格子で，補正式の反復計算．
- 細格子へ，補正量を延長補間．
- 細格子での解を更新．
- 残差が規定値に達するまで全体の手続きを繰り返す．

さてここで，その収束率を改良するためにさらに粗い格子を使えないか？　と問うことは当然であろう．実際，これは良い考えであり，さらに粗い格子点を定義することができなくなるまでこの手順を続けるべきである．最も粗い格子では未知数の数は非常に少なくなり，ほとんど無視できるような計算負荷で正確に問題を解くことができる．

マルチグリッド法は特定の手法 (method) というよりも一般的な手段 (strategy) を指すと考えたほうがよい．というのも上述の手続きにおいてさえ，粗い格子の構造，制限補間の方法，各格子での反復回数，各レベルの格子の利用回数など，ほぼ任意に決められる多数の選択肢が含まれている．そのなかでも，制限補間 (restriction) と延長補間 (prolongation) のスキームは，最も重要なものである．もちろん収束率は選択した手法に依存するが，最も悪い手法と最も良い手法でもその差はおそらく2倍未満である．

マルチグリッド法の最も重要な特長は，最も細かい格子において所定の収束解を得る反復計算回数が，おおまかにいって全格子点の数に依存しないことである．これは，計算コストが全格子数に比例するという期待し得る最善の場合に匹敵する．例えば各方向に100点の格子点を持つ2次元，3次元の問題に対して，マルチグリッド法は基本的な方法の1/10から1/100の時間で収束することを意味する．具体的な例は5.8節で示す．

マルチグリッド法に用いる反復計算では，それ単体で反復させた場合の収束性はあまり重要ではないが，滑らかな解を与えるものでなければならない．その意味でガウス・ザイデル法とSIP法は良い選択であるが，他の手法を用いてもよい．

2次元における制限補間（平滑化）操作には多くの選択肢がある．上で述べた手法を各方向にそれぞれ使うと9点を参照するスキームが得られるが，より簡単で効果的な制限補間は次に示す5点を参照するスキームである：

$$\overline{\rho}_{I,J} = \frac{1}{8}\left(\rho_{i+1,j} + \rho_{i-1,j} + \rho_{i,j+1} + \rho_{i,j-1} + 4\,\rho_{i,j}\right) . \tag{5.69}$$

同様に，効果的な延長補間は双1次補間である．2次元では，細かい格子点は，粗い格子点との対応において，3種類に分けられる．すなわち，粗格子点と一致する点にはそのまま粗格子の値を与える．これに対して粗格子点の隣接2点間にある細格子点では2点の平均値をとる．最後に，粗格子の四角形の中心の点に対しては，4つの隣接点の平均をとる．同じようなスキームがFV法や3次元問題に対しても適用できる．

反復計算での初期予測値は，大抵収束解からかけ離れている（実際，しばしば，全領域にゼロの値が用いられる）．よって，最初に（計算コストが低い）かなり粗い格子点で式を解き，その解を一段下の細かい格子上の予測値として用いることは理にかなっている．これにより最も細かい格子点にたどり着くまでに，すでにかなり良い初期値を得ていることになる．この種の手法は**完全マルチグリッド** (full-multigrid: FMG) 法と呼ばれる．最も細かい格子での初期解を得るためのこのような計算負荷は，（良い初期値から反復を始められるために）細かい格子点での反復計算の削減により十分に補われる．

最後に，それぞれの格子点での補正量ではなく，解自体の近似を求めて方程式を解く方法を構築できることにも注意したい．これは**完全近似スキーム** (full-approximation scheme: FAS) と呼ばれ，非線形問題を解くためにしばしば用いられる．ここで重要なことは，FASを用いて各段階の格子で得られる解は，その格子で通常の解法で得られる解**ではなく**，細格子の解を平滑化したものである点である．これは，各格子点から次の段階の粗格子点へ順に補正を伝達することで達成される．ナビエ・ストークス方程式に対するFASスキームの例が12章に紹介されている．

マルチグリッド法を詳細に調べた結果についてはBriggs et al. (2000), Hackbusch (2003), Brandt (1984) を参照されたい．ガウス・ザイデル法，SIP法，またはICCG法を平滑化法として用いた2次元のマルチグリッド法のソルバーがインターネット上で入手可能である．詳細は付録を参照のこと．

5.3.8 その他の反復解法

本書では詳しく述べることができないが，他にも多くの反復解法がある．ここでは，マルチグリッド法としばしば一緒に用いられるガウス・ザイデル法の「レッド・ブラック」解法について述べておく．まず，構造格子において格子点をチェッカーボードのように「色分け」されていると考える．この手法は2段階のヤコビ法のステップからなり，まず黒い格子点を更新し，次に赤い格子点を更新する．このとき，黒い格子点が更新される際には「古い」赤の格子点のみが使用される（式(5.33)を参照）．次のステップでは，その黒い格子点での値だけを用いて赤い点での値が計算される．このような，2つの格子セットを用いたヤコビ法の変形は，全体としてガウス・ザイデル法と同じ収束特性を持つ手法が得られる．レッド・ブラック型ガウス・ザイデル法の特長は，それぞれのステップでの（各色の格子内での）データ依存性がないため，ベクトル化や並列化の両方が効率よくできることにある．

多次元問題にしばしば適用される別の手法として，より低次元の問題に相当する反復行列の利用が挙げられる．この手法の1つが，前述したADI法（2次元問題を1次元問題の積に変換する）である．このとき，1次元問題から得られる三重対角行列は線ごとにTDMA法で解く．収束率を改善するためにTDMA法の方向は反復計算ごとに変えるが，このときガウス・ザイデル法と同様に，直前に求めた新しい変数の値をすぐに利用するのが一般的である．

レッド・ブラック型ガウス・ザイデル法の変種としてゼブラ法（縞様に色分けする）を挙げておく．ここでは，最初に奇数列の線の解を更新し，次に偶数列の線を計算する．このようにすることで，収束特性を下げずに，並列化やベクトル化の効率を高めることができる．

上記の考え方を面に適用すると，3次元問題に2次元SIPを適用する手法も可能であり，面ごとに処理を行い，隣接する面からの寄与を方程式の右辺に移す方法である．しかし，この方法は3次元SIPよりも特に計算負荷が軽くなるわけではなく，収束性も向上しないのであまり用いられていない．

5.4 方程式系のカップリングとその解法

流体力学や熱伝達のほとんどの問題では，いくつかの方程式を連立した方程式系として解くことが求められ，それぞれの方程式の主要な変数が他の方程式にも現れる．こういった問題に対処するためには2種類のアプローチがある．1つはすべての変数を同時に解くものである．もう1つは，それぞれの式を他の変数を既知として解き，方程式系全体の解が得られるまで反復計算を行うことである（2つのアプローチを組み合せる場合もある）．これらの手法をそれぞれ，同時解法，逐次解法と呼ぶ．以下に，それぞれの手法について詳しく述べる．

5.4.1 同時解法

同時解法においては各方程式をすべてまとめて1つの方程式系とみなす．流体力学の離散化された式は線形化することでブロックバンド構造の係数行列となる．このような行列の直接解法は一般にとても計算負荷が高く，特に問題が非線形で3次元のときは著しくなる．連立方程式系の反復計算の技術は，1つの式を解くための手法を一般化して導くことができる．実際，上記で説明した方法は連立方程式系への適用を考慮して選ばれている．反復解法に基づく同時解法は，例えばGalpin and Raithby (1986), Deng et al. (1994), Weiss et al. (1999) といった著者によって開発されている．

5.4.2 逐次解法

方程式が線形で強く連成しあっているときには，同時解法が最も良い方法である．しかし，方程式が非常に複雑で非線形であるときには，同時解法の適用は難しく計算負荷がかかる．そのような場合は各式に対してあたかも単一の未知数を持つかのように扱い，他の変数については利用可能な最善の値を使用して既知数として扱うことが望ましい場合がある．そして各方程式を順に解き，最終的にすべての方程式が満足されるまで反復を繰り返せばよい．この種の手法を用いるときは以下の2つの点に考慮する必要がある．

- 計算が進むにつれて，他の変数に依存する係数や生成項などのいくつかの項は変化するため，各反復で式を正確に解くことは非効率である．よって，直接解法は不要であり反復解法が好まれる．各式の解法として用いられる繰り返し計算のことを**内部** (inner) 反復と呼ぶ．
- すべての方程式を満足する解を得るために，係数行列と生成項ベクトルは1反復ごとに更新し，この過程が繰り返される．このサイクルのことを**外部** (outer) 反復と呼ぶ．

この種の解法の最適化に際しては，1回の外部反復当たり何回の内部反復を行うかを慎重に選択する必要がある．また外部反復のステップでそれぞれの変数の変化を制限すること（不足緩和，under-relaxation）も必要である．なぜなら，ある変数の変化は他の方程式の係数を変え，そのために収束が遅れたり，さらには妨げられたりするからである．残念ながら，これらの手法の収束をあらかじめ解析することは困難であり，緩和係数の選定は経験にゆだねられる．

上述の，内部反復（線形問題）の収束を加速する方法として紹介したマルチグリッド法は，連成問題への適用が可能であり，12章で述べるように外部反復の加速に対しても使用できる．

5.4.3　不足緩和

ここで，広く用いられている不足緩和の手法について示す．n 回目の外部反復の後，格子点Pでの一般的な変数 ϕ の代数方程式は以下のように書ける：

$$A_{\mathrm{P}}\phi_{\mathrm{P}}^{n}+\sum_{l}A_{l}\phi_{l}^{n}=Q_{\mathrm{P}}\,, \tag{5.70}$$

ここで Q は ϕ^{n} に陽には依存しないすべての項を含んでおり，係数 A_l と生成項 Q は ϕ^{n-1} を含んでいてもよい．離散化スキームが何であるかはここでは重要ではない．この式は線形であり，全解析領域に対する方程式系は通常は反復法で解かれる（内部反復）．

外部反復の初期に式(5.70)から得られる ϕ の変化をそのまま許すことは不安定性を引き起こすことがあるため，次のように ϕ^{n} の変化は期待される変化のごく一部の割合 α_{ϕ} だけ変化するように制限する：

$$\phi^{n}=\phi^{n-1}+\alpha_{\phi}(\phi^{\mathrm{new}}-\phi^{n-1})\,, \tag{5.71}$$

ここで ϕ^{new} は式(5.70)の結果であり，緩和係数は条件 $0<\alpha_{\phi}<1$ を満足するように定める．

係数行列と生成項ベクトルを更新したら，元の値はもはや必要ないので古い変数に新しい値を上書きしてよい．すなわち，式(5.71)の ϕ^{new} が以下の式によって置き換えられる：

$$\phi_{\mathrm{P}}^{\mathrm{new}}=\frac{Q_{\mathrm{P}}-\sum_{l}A_{l}\phi_{l}^{n}}{A_{\mathrm{P}}}\,, \tag{5.72}$$

これにより，式(5.70)から格子点Pでの修正された以下の式が得られる：

$$\underbrace{\frac{A_{\mathrm{P}}}{\alpha_{\phi}}}_{A_{\mathrm{P}}^{*}}\phi_{\mathrm{P}}^{n}+\sum_{l}A_{l}\phi_{l}^{n}=\underbrace{Q_{\mathrm{P}}+\frac{1-\alpha_{\phi}}{\alpha_{\phi}}A_{\mathrm{P}}\phi_{\mathrm{P}}^{n-1}}_{Q_{\mathrm{P}}^{*}}\,, \tag{5.73}$$

ここで，A_{P}^{*} と Q_{P}^{*} は修正された係数行列の主対角成分と生成項ベクトルの成分である．この修正式が内部反復によって解かれる．外部反復が収束するとき，α_{ϕ} を含む項は消え，元の問題の解を得ることができる．

このような不足緩和の方法はPatankar (1980) によって提案された．この方法は多くの反復解法において肯定的な影響を与える．なぜなら，行列 A の優対角性が増すからである（A_l が同じである一方で，要素 A_{P}^{*} は要素 A_{P} よりも大きくなる）．これは明示的に式(5.71)を用いて示すよりもわかりやすい．

最適な緩和係数の値は個別の具体的な問題に依存する．優れた戦略の1つは，外部反復の初期には小さい緩和係数を用い，収束が近づくにつれてそれを1にまで増加させていくことである．ナビエ・ストークス方程式を解く際の緩和係数の選択に関する指針は，7章，8章，9章，12章で示される．緩和係数は方程式の従属変数だけでなく個々の項にも適用できる．例えば，粘性係数，密度，プラントル数といった解に依存する流体の特性値を更新する必要がある場合，しばしば不足緩和を用いることが必要になる．

前に述べたように反復解法は，安定状態に達するまでの非定常（過渡）問題を解くとみなすことができる．この場合，時間ステップを制御することは解の収束性を制御する上で重要である．次章で，時間ステップが緩和係数としても解釈できることを紹介する．上に述べた不足緩和の方法は各格子点で異なる時間ステップを用いることに相当すると解釈することができる．

5.5　非線形方程式の解法

前述のように，非線形方程式を解く技術として2つの方法がある．すなわちニュートン法と大域的方法である．前者は解の良い予測値があるときに収束が速いが，後者は発散しないことが保証されており，収束の速さと発散しないという安全性の間でトレードオフの関係にある．したがって，この2つの手法の組み合わせがよく使われる．非線形方程式を解く手法には多くの研究が成されてきたが，まだ完全に満足のいく状態にはなっていない．本書では，それらの手法を十分に説明することはできないが，いくつかの要点だけを述べる．

5.5.1　ニュートン法

非線形方程式を解くため主要な方法としてニュートン法が挙げられる．例えばある1つの代数方程式 $f(x) = 0$ に対して，その根（解）を求めるとする．ニュートン法では，テイラー展開の最初の2項を用いて，x の予測値に関して関数を線形化する：

$$f(x) \approx f(x_0) + f'(x_0)(x - x_0)\,. \tag{5.74}$$

線形化された関数を0とすると，新しい根の見積もりが得られる：

$$x_1 = x_0 - \frac{f(x_0)}{f'(x_0)} \quad \text{または，一般に，} \quad x_k = x_{k-1} - \frac{f(x_{k-1})}{f'(x_{k-1})} \tag{5.75}$$

そこで根の変化 $x_k - x_{k-1}$ が十分小さくなるまでこの手続きを続ける．この手法は x_k での接線を用いて関数の曲線を近似することと同等である．見積もりが根に十分近づいた場合，この手法は2次精度で収束する．すなわち $k+1$ 回目の誤差は k 回目の誤差の2乗に比例する．このことは見積もりが根に近づいてからは，ほんの数回の繰り返し計算だけで十分であることを意味している．この理由から，可能な場合には常にこの方法が用いられる．

ニュートン法は連立方程式に容易に一般化できる．一般的な連立非線形方程式を次のように書く：

$$f_i(x_1, x_2, \ldots, x_n) = 0\,, \quad i = 1, 2, \ldots, n\,. \tag{5.76}$$

この方程式系は単一の方程式とまったく同じ方法で線形化できる．唯一の違いは，今度は多変数のテイラー級数展開を用いる必要がある点だけである：

$$f_i(x_1, x_2, \ldots, x_n) = f_i(x_1^k, x_2^k, \ldots, x_n^k) + \sum_{j=1}^{n}(x_j^{k+1} - x_j^k)\,\frac{\partial f_i(x_1^k, x_2^k, \ldots, x_n^k)}{\partial x_j}\,, \tag{5.77}$$

ここで $i = 1, 2, \ldots, n$ である．これを 0 とおくと，ガウス消去法や他の手法で解くことのできる連立線形代数式を得る．このとき，連立方程式の係数行列は以下の偏微分により与えられる：

$$a_{ij} = \frac{\partial f_i(x_1^k, x_2^k, \ldots, x_n^k)}{\partial x_j}\,, \quad i = 1, 2, \ldots, n\,, \quad j = 1, 2, \ldots, n\,, \tag{5.78}$$

これは**ヤコビアン** (Jacobian) と呼ばれる．これを用いて方程式系は以下のようにまとめられる：

$$\sum_{j=1}^{n} a_{ij}(x_j^{k+1} - x_j^k) = -f_i(x_1^k, x_2^k, \ldots, x_n^k)\,, \quad i = 1, 2, \ldots, n\,. \tag{5.79}$$

解の推定値が正しい根に近いとき，連立方程式に対するニュートン法は 1 つの方程式の場合と同じ速さで収束する．しかし大規模な連立方程式では，収束の速さはこの手法の持つ本質的な欠点で相殺されてしまう．というのも，ニュートン法が効果的であるためにはヤコビアンが各反復のつど計算されなければならず，これは 2 つの困難をもたらす．1 つ目は一般にヤコビアンは n^2 の要素を持ち，その計算がこの手法で最も計算負荷のかかる部分となること．2 つ目はヤコビアンを計算する直接的な手法が存在するとは限らないことである．実際，多くの連立方程式系で方程式が陰的にしか与えられていないか，もしくは与えられていたとしても，式が複雑でその導関数の計算がほとんど不可能である場合がある．

一般的な連立非線形方程式の解法として，割線 (secant) 法はより効果的な手法である．単一方程式の場合，割線法は関数の微分を曲線上の 2 つの点を結んだ割線によって近似する（Ferziger, 1998, もしくは Moin, 2010 を参照）．この方法はニュートン法より収束は遅いが，導関数の評価が必要ないためより小さい計算コストで解を見つけることができ，導関数の直接評価が不可能な問題にも適用できる．割線法を連立方程式に展開する多くの手法が存在し，いずれもかなり効果的であるが，CFD には適用されていないので本書では詳しく述べない．

5.5.2 その他の解法

非線形方程式を連立して解くための通常の手段は，前節で説明した通り，1つ1つの式を逐次的に分割して解いていくことである．対流項や生成項などの非線形項は，**ピカール反復** (Picard iteration) 法を用いて線形化される．対流項に関しては質量流量を既知として扱い，運動量 u_i 成分について方程式中の非線形な対流項は以下のように近似される：

$$\rho u_j u_i \approx (\rho u_j)^o u_i \;, \tag{5.80}$$

ここで添字 o は1回前の外部反復の結果からとられる値を示す．同様に，生成項は以下のように2つの項に分ける：

$$q_\phi = b_0 + b_1 \phi \;. \tag{5.81}$$

ここで，b_0 は代数方程式の右辺に含まれ，b_1 は係数行列 A にまとめられる．同様の操作が，複数の変数を含む非線形項にも適用できる．

この種の線形化は，ニュートン法のような線形化を用いた連立手法 (coupled technique) よりも多くの反復計算を必要とする．しかし，反復ごとの計算負荷ははるかに小さく，また，外部反復の回数はマルチグリッド法を用いることで減らすことができるので，この手法を用いるメリットは大きい．

ニュートン法は非線形項を線形化するのに用いられる場合がある．例えば，運動量 u_i 成分の方程式中の対流項は以下のように表される：

$$\rho u_j u_i \approx \rho u_j^o u_i + \rho u_i^o u_j - \rho u_j^o u_i^o \;. \tag{5.82}$$

生成項が非線形の場合も同様に扱える．この方法で得られる線形の連立方程式は解くことが困難で，完全なニュートン法が用いられない限り，その収束は2次にならない．しかし，この線形化に適した特別な連立反復解法が Galpin and Raithby (1986) によって開発されている．

5.6 遅延補正法

もし，格子点での未知数を含む項すべてを式 (3.43) の左辺に含めたままにしてしまうと，変数の参照構造（計算分子構造）は大変大きくなるであろう．参照構造の大きさは，計算に必要な記憶容量と連立線形方程式を解く負荷の両方に効いてくるため，できるだけ小さくしておくことが望ましい．したがって一般的には節点 P に対してその最近傍格子点の値のみを方程式の左辺に含むようにする．しかしながら，そのような単純な参照構造を用いた近似は，通常，十分正確とはいえない場合もあり，近似精度の向上のためには最近傍格子点以外の格子点の値を参照するよう迫られる場合もよくある．

この問題を回避する1つの方法は，最近傍格子点の値を含む項のみを式(3.43)の左辺に残し，その他の項はすべて右辺に持ってくることである．この場合，これらの右辺に移された項については，1つ前の反復計算の結果を用いて計算することになる．しかしこのように明示的に扱った項が本質的に重要である場合は反復が発散することもあり，必ずしも良い方法とはいえない．この発散を食い止めるには，強い不足緩和を反復計算のステップごとにかける必要があるが（5.4.3項を参照），この結果，収束は遅くなる．

この問題に対するより優れた方法は，高次精度の近似を用いた項に対してまず陽的に計算を行うことで方程式の右辺に持ってくるようにし，次にこれらの項に対してより単純な（すなわちより小さな参照構造となるような）近似を施したものを左辺（未知変数の値を含む）と右辺（既知の値を用いて陽的に計算）の両方に加える．このようにすることで，右辺は同じ項に対する2つの（高次と低次の）近似の差となり，値そのものが小さくなり，反復解法において問題を起こすことがなくなる．反復計算が収束すれば，低次近似を行った項は両辺でキャンセルし，高次近似に相当する解を得ることができる．

解くべき方程式が非線形性を有する場合は必然的に反復解法が必要となることから，陽解法で解く部分に小さな項を加えても大した計算負荷とはならない．一方で，陰解法で解く部分の参照構造を小さくする（すなわち計算参照点を減らす）ことで計算記憶容量と時間をともに大幅に減らすことができる．

我々は今後，この手法をしばしば参照することになる．というのもこの手法は，高次精度近似，格子の非直交性，解の振動といった望ましくない影響を避けるために用いられる．この場合の右辺は「補正」(correction) とみることができることから，遅延補正法と呼ばれる．ここでは，有限差分におけるパデスキーム（3.3.3項を参照）と有限体積法における高次精度補間（4.4.4項を参照）にこの方法を適用してみる．

もしパデスキームを陰的有限差分法に用いる場合，ある点での微分値を近似するのに隣接格子点での微分値が含まれるので，遅延補正法を用いなければならない．この場合1つの方法としては，隣接格子点での微分値と，遠方の格子点での変数値に対しては反復計算における「古い値」を用いることが考えられる．古い値としては通常，反復の1ステップ前の値が用いられ，結果，微分値は次のように近似される：

$$\left(\frac{\partial\phi}{\partial x}\right)_i = \beta\frac{\phi_{i+1}-\phi_{i-1}}{2\,\Delta x} + \gamma\left(\frac{\phi_{i+2}-\phi_{i-2}}{4\,\Delta x}\right)^{\text{old}} - \alpha\left(\frac{\partial\phi}{\partial x}\right)_{i+1}^{\text{old}} - \alpha\left(\frac{\partial\phi}{\partial x}\right)_{i-1}^{\text{old}} . \tag{5.83}$$

この場合，新しい外部反復計算では，右辺の最初の項のみが解くべき方程式の左辺に移される．

しかしながらこの近似を用いた場合，陰的に扱われる部分は微分値の近似というよりは，むしろその倍数となっており，この結果，収束率に悪影響を及ぼす可能性がある．したがって，次に示す遅延補正法を用いた方法がより有効となる：

$$\left(\frac{\partial \phi}{\partial x}\right)_i = \frac{\phi_{i+1} - \phi_{i-1}}{2\,\Delta x} + \left[\left(\frac{\partial \phi}{\partial x}\right)_i^{\text{Padé}} - \frac{\phi_{i+1} - \phi_{i-1}}{2\,\Delta x}\right]^{\text{old}} . \tag{5.84}$$

ここでは左辺に完全な2次精度CDSを用いており，右辺はそれぞれ陽的に計算されるパデスキームによる微分とCDSの差が現れている．これは，2次のCDSが十分に正確である場合，角括弧内の項が無視できるため，よりバランスのとれた表現となっている．陰的部分に対してCDSのかわりにUDSを用いることもできるが，この場合は方程式の両辺にUDSを用いなければならない．

遅延補正法は，高次精度のスキームを用いる有限体積法（4.4.4項を参照）においても有効である．流束の高次精度近似は「陽的」に計算を行い，この近似を陰的に扱う低次精度近似（隣接格子点の変数値のみを用いる）と組み合わせることで，次のように表すことができる（この方法はKhosla and Rubin, 1974により最初に提案された）：

$$F_{\text{e}} = F_{\text{e}}^{\text{L}} + \left(F_{\text{e}}^{\text{H}} - F_{\text{e}}^{\text{L}}\right)^{\text{old}} . \tag{5.85}$$

ここでF_{e}^{L}は適当な低次精度近似を表し（対流流束にはUDSが，拡散流束にはCDSがしばしば用いられる），F_{e}^{H}は高次精度近似を表している．括弧内の項については上付き添字「old」と記されているように，1ステップ前の反復の結果を用いて計算する．この項は通常，陰的に扱う部分と比較して小さく，陽的に扱っても収束に大きな影響を与えることはない．

これと同じアプローチは，スペクトル法を含むすべての高次精度近似に適用できる．遅延補正法を用いた場合にかかる反復計算の時間は，純粋な低次スキームと比較すれば増加するものの，高次精度項をすべて陰的に解いた場合にかかる負荷と比べればはるかに小さい．「old」と記された項に対してゼロから1までのブレンド係数を掛けることで，純粋な低次スキームと高次スキームを混合して用いることもできる．この手法は，特に十分細かいとはいえない格子に対して高次精度スキームを用いた場合に発生する数値振動を抑えるのに用いられる場合がある．例えば物体周りの流れを計算する場合，物体周りには細かい格子を，物体から離れたところには粗い格子を配したいが，これに高次精度スキームを用いると物体から離れた粗い格子の部分で数値振動が発生し全体の解を損なう場合がある．一方，粗い格子を用いた領域では変数がゆっくりと変化するので，この領域に対しては近似精度を下げてもよい．これを実現するためにブレンド係数を外側の領域にのみ適用すればよい．

遅延補正法のその他の適用例については後の章で詳しく説明する．

5.7 収束判定基準と反復誤差

反復計算を行う際は計算をいつ終えるのかを判断することが重要である．最も一般的な手順は，連続する 2 回の反復計算の差に基づくものであり，ある基準で測られた残差ノルムが前もって決められた値よりも小さくなったときに反復を終える．しかしこの判定方法では，誤差が小さくなくとも残差が小さくなってしまう恐れがある．したがって，適切な正規化が不可欠である．

5.3.2 項での解析から，以下の式が導かれる（式 (5.14) と (5.27) を参照）：

$$\boldsymbol{\delta}^n = \boldsymbol{\phi}^{n+1} - \boldsymbol{\phi}^n \approx (\lambda_1 - 1)(\lambda_1)^n a_1 \boldsymbol{\psi}_1 \,, \tag{5.86}$$

ここで δ^n は反復 $n+1$ と n での解の残差であり，λ_1 は反復行列の最も大きな固有値（もしくはスペクトル半径）である．それは，十分大きな n に対して以下のようにして見積もることができる (Ferziger, 1998)：

$$\lambda_1 \approx \frac{\|\boldsymbol{\delta}^n\|}{\|\boldsymbol{\delta}^{n-1}\|} \,, \tag{5.87}$$

ここで $\|\mathbf{a}\|$ は $\mathbf{a}$ のノルム（例えば二乗平均平方根もしくは L_2）を表している．

固有値が推定できるなら反復誤差の評価は難しくない．実際，式 (5.86) を整理すると以下のことがわかる：

$$\boldsymbol{\epsilon}^n = \boldsymbol{\phi} - \boldsymbol{\phi}^n \approx \frac{\boldsymbol{\delta}^n}{\lambda_1 - 1} \,. \tag{5.88}$$

したがって反復誤差の良い見積もりが以下で得られる：

$$\|\boldsymbol{\epsilon}^n\| \approx \frac{\|\boldsymbol{\delta}^n\|}{\lambda_1 - 1} \tag{5.89}$$

この誤差の見積もりは連続した 2 回の反復解から計算することができる．この手法は線形の連立方程式に対して構築されたものであるが，非線形方程式であっても収束値近くでは線形に漸近するので，誤差評価が最も必要な収束判定では非線形問題にも適応できる．

困ったことに，反復解法ではときに複素数の固有値を持つことがある．この場合，誤差の減衰は指数関数的ではなく，単調減少ですらない場合もある．対象となる方程式は実係数であるので，複素数の固有値は必ず 2 つの共役な組 (conjugate pair) として現れる．その際の誤差評価には前述の手続きを拡張しなければならず，より多くの反復計算の結果が必要である．ここでは，以下に Golub and van Loan (1996) により発見された判定法について述べる．

もし，最も大きな絶対値を持つ固有値が複素数なら，その固有値は少なくとも 2

つあり，式 (5.27) は以下のように書き換えられる：

$$\boldsymbol{\epsilon}^n \approx a_1(\lambda_1)^n \boldsymbol{\psi}_1 + a_1^*(\lambda_1^*)^n \boldsymbol{\psi}_1^* , \tag{5.90}$$

ここで，*は複素数の共役を意味する．前と同様に，$\boldsymbol{\delta}^n$ を得るために 2 つの連続する反復計算の結果を差し引く（式 (5.86) を参照）．ここで，

$$\boldsymbol{\omega} = (\lambda_1 - 1)a_1\boldsymbol{\psi}_1 , \tag{5.91}$$

とおくと，以下の表現が得られる：

$$\boldsymbol{\delta}^n \approx (\lambda_1)^n \boldsymbol{\omega} + (\lambda_1^*)^n \boldsymbol{\omega}^* . \tag{5.92}$$

ここでは，固有値 λ_1 の絶対値に最も興味があるので，以下のように書き直す：

$$\lambda_1 = \ell\, \mathrm{e}^{\mathrm{i}\vartheta} . \tag{5.93}$$

代入して計算していくと：

$$z^n = \boldsymbol{\delta}^{n-2} \cdot \boldsymbol{\delta}^n - \boldsymbol{\delta}^{n-1} \cdot \boldsymbol{\delta}^{n-1} = 2\ell^{2n-2}|\boldsymbol{\omega}|^2[\cos(2\vartheta) - 1] , \tag{5.94}$$

と表され，ここから以下のことが容易に示される：

$$\ell = \sqrt{\frac{z^n}{z^{n-1}}} \tag{5.95}$$

これが，固有値の絶対値の推定値となる．

誤差の推定にはさらに近似が必要である．複素数の固有値は誤差の振動を引き起こし，誤差の形は n が大きくなった場合でも反復回数と無関係ではない．誤差を推定するために上述の式から $\boldsymbol{\delta}^n$ と ℓ を計算すると，複素数の固有値と固有ベクトルによって結果は位相角度の cos 関数に比例する項を含む．ここではその絶対値だけに興味があるので，これらの項は平均するとゼロであると仮定して取り去ると，この 2 つの量の間に次の単純な関係が導かれる：

$$\boldsymbol{\epsilon}^n \approx \frac{\boldsymbol{\delta}^n}{\sqrt{\ell^2 + 1}} . \tag{5.96}$$

これが求める誤差の推定値である．解の振動により，この値はある特定の反復における誤差の推定としては正確でない場合があるが，以下に示すとおり平均としては非常に良い推定値となっている．

振動の影響を取り除くためには，固有値の推定値を何回かの反復にわたって平均しなければならない．問題ごと想定した反復回数などに応じて平均の範囲は大体 1 回から 50 回までの間になろう（通常は想定した反復回数の 1 % 程度）．

最後に，実数と複素数の固有値の両方を扱える手法が必要である．複素数の場合の誤差推定 (5.96) は，最大固有値 (λ_1) が実数の場合は，誤差を過小評価する．またこ

の場合，z^n に対する λ_1 の寄与はなくなってしまうので，固有値の見積もりはかなり不正確となる．しかし，このことは逆に λ_1 が実数か複素数かを決定するのに用いることができる．もし，以下の比が小さいなら固有値は恐らく実数であろう．逆に r が大きいなら固有値は複素数である．

$$r = \frac{z^n}{|\boldsymbol{\delta}^n|^2} \tag{5.97}$$

固有値が実数のとき，r はおおよそ 10^{-2} 以下の値になる一方，固有値が複素数のときは，約 1 になる．よって，固有値が実数か複素数かの判別値として $r = 0.1$ を採用すれば，適切な誤差評価式を使うことができる．

妥協案として，反復計算をやめる基準として残差の減少率を用いる場合がある．この場合，残差ノルムが反復の始めの値に対して一定の割合まで落ちたとき（通常は 3 桁か 4 桁程度）反復をやめる．これまで示したとおり，反復誤差は残差と関係しており式 (5.15) で表され，残差の減少は同時に反復誤差の減少を伴う．もし，反復計算の初期値を 0 から始めるならば，初期誤差は求める解自体に等しくなる．このとき，残差が最初のレベルからの 3 桁ないし 4 桁減少したとき，誤差も同程度に，すなわち求める解の 0.1 % 程度まで減少している．ただし反復計算の最初の段階では，残差と誤差の減少パターンが同じではないことがあるので注意を要する．また，行列が適当に前処理されていない場合，残差が減少していても誤差が増大することがあり得る．

多くの反復解法では残差の計算を必要とする．そのため，上述の残差を用いる判定法は他に付加的な計算を要求しない点で都合がよい．内部反復の最初に計算される残差ノルムは，その内部反復の収束を調べるための基準となるが，同時に外部計算の収束の判定としても用いられる．経験上，内部反復は残差が 1 桁ないし 2 桁落ちたときに反復を止められるが，外部反復は要求される精度に応じて，残差が 3 桁から 5 桁下がるまで反復をやめるべきでない．ここで，絶対残差（L_1 ノルム）の和を二乗平均ノルム (L_2) のかわりに用いることもできる．細かい格子では粗い格子に比べて離散化誤差が小さくなるので，収束基準はより厳密にとる必要がある．

もし初期誤差の大きさがわかるならば，2 回の反復計算の残差ノルムをモニターして計算初期の値と比較することが可能であり，残差ノルムが 3 桁ないし 4 桁の大きさにまで落ちた場合，誤差も通常は同程度に減少していると考えられる．

ここに挙げた手法はあくまで近似であるが，単に 2 回の連続した反復計算の結果の差を正規化せずに用いる場合と比較すれば，より優れているといえる．

反復誤差を推定する方法をテストするために，まず SOR 法を用いて線形 2 次元問題を解いてみる．ここでは，計算領域が $\{0 < x < 1;\ 0 < y < 1\}$ の正方形で，解 $\phi(x, y) = 100\,xy$ に対応するように選択されたディリクレの境界条件を持つラプラス方程式を考える．この問題を考える利点は，収束解に対する 2 次精度 CDS がどの格

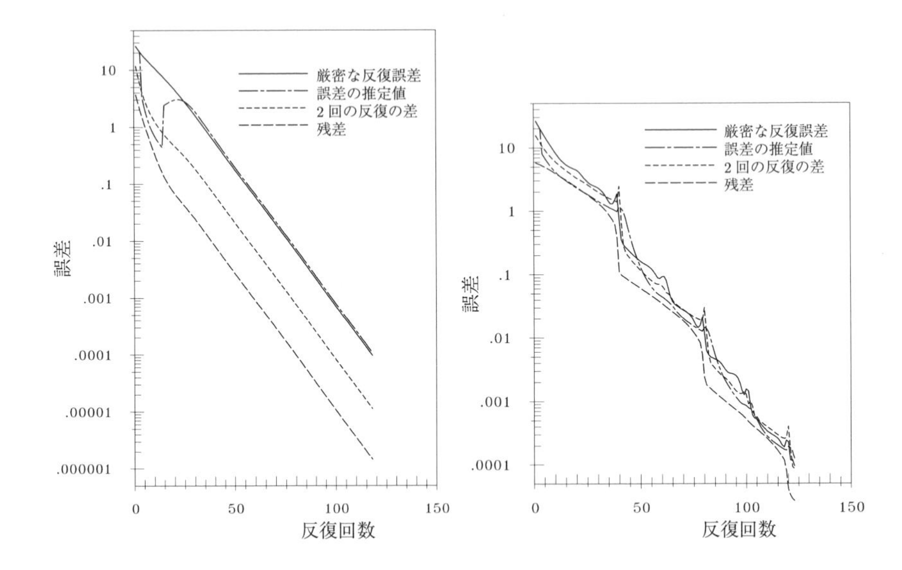

図 5.3　厳密な反復誤差，誤差の推定値，残差および2回の反復の差の変化：ラプラス方程式をSOR法で20 × 20のCV格子で解く場合（緩和係数が最適値1.73より小さい場合（左），大きい場合（右））.

子点でも正確に与えられ，反復の途中解と収束解との間の正確な残差が簡単に計算できることである．計算の初期値は解析領域のいたるところで0とする．計算手法にはSOR法を用いる．この場合，緩和係数が最適な値よりも大きいとき，固有値は複素数となる．

図5.3および5.4に，等間隔格子で20×20と80×80のCVを用いた結果が示されている．各ケースで，厳密な反復誤差とともに，これまでに述べた手法を用いた誤差の推定値，2回の反復の差，および，方程式の残差を示す．各ケースについて，それぞれ2つの緩和係数を用いた結果を示した．1つは緩和係数が最適値より小さく固有値が実数となるもの，もう1つは緩和係数が最適値より大きく複素数の固有値を持つものである[6]．固有値が実数の場合には滑らかな指数関数的収束が得られ，計算の初期を除いて誤差の推定はほぼ正確である．しかし，反復初期に残差と反復計算の差が急速に減少するのに対して，反復誤差の減少はそれに追従しない．この傾向は格子が細かいときにはより顕著で，80×80のCV格子では，残差ノルムは迅速に2桁落ちている一方で，誤差がわずかにしか減少していない．これに対して漸近的な減少率

---

[6] 単純な長方形領域とディリクレ境界条件に対する最適な緩和係数は$\omega = 2/(1 + \sin(\pi/N_{\rm CV}))$ (Brazier, 1974).

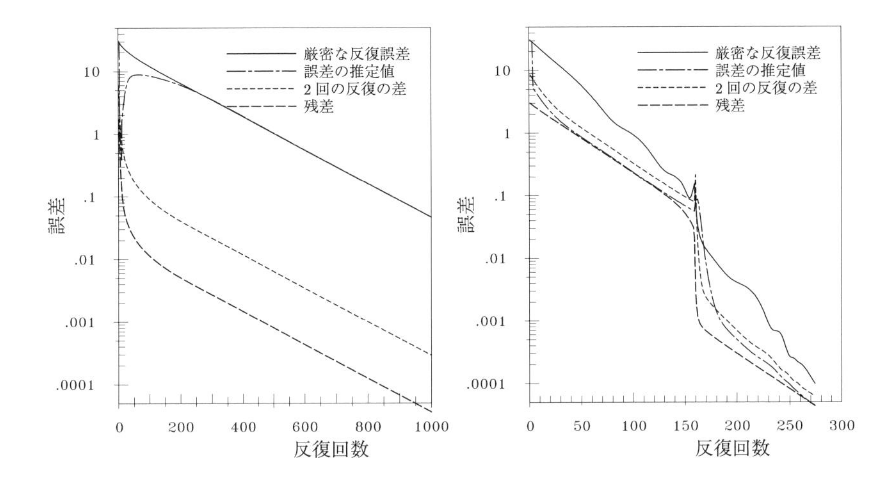

図 5.4 厳密な反復誤差，誤差の推定値，残差および 2 回の反復の差の変化：ラプラス方程式を SOR 法で 80 × 80 の CV 格子で解く場合（緩和係数が最適値 1.92 より小さい場合（左），大きい場合（右））．

に達すると，4 つの曲線の傾きがすべてに同じになる．

反復行列の固有値が複素数の場合，収束は単調でなく誤差に振動が現れる．この場合，反復誤差の推定値と厳密値との比較も非常に満足のいく結果となる．ここで述べたすべての収束基準は，この場合でも同様にうまく働く．

反復誤差の推定に関するさらなる例として，特に流れの連成方程式を解く場合の外部繰り返し計算について次に取り上げる．

5.8 計 算 例

前の章ではいくつかの 2 次元問題の解を，その解法の議論を省いて示した．ここでは，その際のよどみ点を持つ流れ場におけるスカラー輸送の問題に対して，さまざまな解法の性能についてみてみる．対象とする 2 次元問題の詳細や，線形代数方程式を得るための離散化手法については 4.7 節を参照されたい．

ここでは，$\Gamma = 0.01$ で，等間隔格子を用いた 20×20，40×40 および 80×80 の CV を用いた場合を考える．係数行列 A は非対称で，CDS（中心差分スキーム）を適用した場合には優対角線性も持たない．ここで行列が優対角であるとは，主対角成分が以下の条件を満たすことをいう：

$$A_{\mathrm{P}} \geq \sum_{l} |A_l| \, . \tag{5.98}$$

表 5.1　L_1 残差ノルムが 4 桁減少するのに要する各解法の反復回数：2 次元よどみ点流れのスカラー輸送問題の場合.

スキーム	格子	GS	LGS-X	LGS-Y	LGS-ADI	SIP
UDS	20×20	68	40	35	18	14
	40×40	211	114	110	52	21
	80×80	720	381	384	175	44
CDS	20×20	-	-	-	12	19
	40×40	163	95	77	39	19
	80×80	633	349	320	153	40

反復解法が収束するための十分条件は，上の関係が満たされ，かつ不等式が少なくとも 1 つの節点で成り立つことである．この条件が満足されるのは，対流項に UDS(風上差分スキーム) を適用した場合のみである．一般に，ヤコビ法やガウス・ザイデル法のような単純な解法はこの条件が満たされないと発散することが多いが，これに対して ILU 法，SIP 法あるいは共役勾配解法などは行列の優対角性の影響をそれほど受けない．

以下では，5 つの行列解法を検証する：

- ガウス・ザイデル法 (Gauss–Seidel)：記号 GS
- x 軸方向に TDMA を用いた線ガウス・ザイデル法：記号 LGS-X
- y 軸方向に TDMA を用いた線ガウス・ザイデル法：記号 LGS-Y
- x と y 軸方向で交互に TDMA を用いた線ガウス・ザイデル法：記号 LGS-ADI
- ストーンの ILU 法：記号 SIP

表 5.1 に各解法において残差の絶対値の和を 4 桁減少させるの必要な計算回数が示されている．

表から，LGS-X と LGS-Y は GS の約 2 倍の速さで収束し，LGS-ADI は LGS-X に対してさらに約 2 倍速い．また，細かい格子での SIP は LGS-ADI の約 4 倍の速さになる．GS と LGS では各方向に格子点数を 2 倍にまで細かくすると，約 4 倍の割合で反復回数が増える．SIP と LGS-ADI の場合では反復増加の割合は小さいが，次の例で示すように格子が非常に細かい極限では徐々に割合が増し，最終的には 4 倍に漸近する．

また別の興味深い点は，GS と LGS は 20×20 の CV 格子点で CDS を用いた場合に解が収束しないということであり，これは行列の優対角性が満たされないためである．40×40 格子であっても行列の優対角性が完全には満たされないが，それが解の一様な（勾配が小さい）領域に限られているため，収束を妨げるまでにはなっていない．一方，LGS-ADI と SIP は優対角性の影響を受けない．

表 5.2 正規化された L_1 誤差ノルムが 10^{-5} 未満となるのに要する各解法の反復回数：$X \times Y = 1 \times 1$ の正方領域のディリクレ境界条件下の 2 次元ラプラス方程式を等間隔格子で解く場合.

格子	GS	LGS-ADI	ADI	SIP	ICCG	MG-GS	MG-SIP
8×8	74	22	16	8	7	12	7
16×16	292	77	31	20	13	10	6
32×32	1160	294	64	67	23	10	6
64×64	4622	1160	132	254	46	10	6
128×128	–	–	274	1001	91	10	6
256×256	–	–	–	–	181	10	6

次に，解析解が存在し，かつ CDS 近似が任意の格子点で正確な解をもたらすような検証問題を考える．この問題は，解法の挙動解析には役立たないが，反復誤差の評価に役立つので，解法の性能を評価するのに最も適している．ここでは解析解が $\phi = xy$ となるディリクレ境界条件を持つラプラス方程式を解く．解析領域は長方形で境界上で解は与えられており，内部領域での初期値はすべて 0 とおく．そのため，初期誤差は解そのものであり，これは空間座標での滑らかな関数となっている．離散化は，前章で述べた有限体積法と CDS を用いる．ここでは対流項がないため，完全な楕円型問題となる．

ここでは以下の解法を取り上げる．

- ガウス・ザイデル (Gauss–Seidel) 法：記号 GS
- x と y 軸方向で交互に TDMA を用いた線ガウス・ザイデル法：記号 LGS-ADI
- 5.3.5 項で述べた ADI 法
- ストーンの ILU 法：記号 SIP
- 不完全コレスキー分解を用いた共役勾配法：記号 ICCG
- GS を用いたマルチグリッド法：記号 MG-GS
- SIP を用いたマルチグリッド法：記号 MG-SIP

表 5.2 は，正方形の解析領域に対して分割数を変えたいくつかの等間隔格子による結果を示している．前の例題と同じように，LGS-ADI は GS の約 4 倍，SIP は LGS-ADI のさらに約 4 倍の速さで収束する．格子が粗いときには，ADI は SIP ほど効果的ではないが，ADI で最適な時間ステップが選ばれた場合は，一方向の格子点数が倍増したとしても反復回数は単に 2 倍になるだけであり，格子点が細かい場合は効果的であるといえる．時間ステップを周期的に変えるならば，この解法はより効果的になる．これは SIP にも当てはまるが，パラメータの周期的な更新は 1 回の反復当たりの計算負荷を増す．表 5.3 は，ADI 法を用いた場合，時間刻み幅を変えたときに収束に達するために必要とする反復回数を示している．格子が細かくなる

表 5.3　時間刻み幅に対する ADI 法の反復回数（等間隔格子 64 × 64）の CV.

$1/\Delta t$	80	68	64	60	32	16	8
反復回数	152	134	132	134	234	468	936

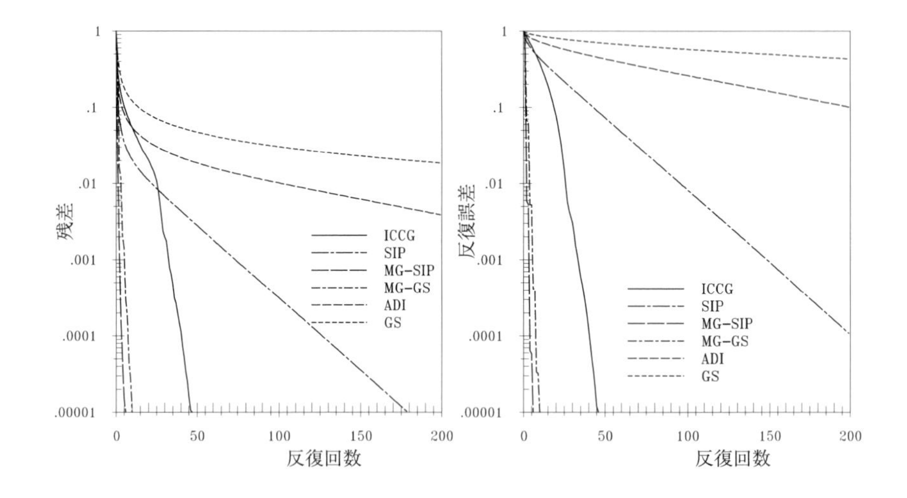

図 5.5　各解法（64 × 64 の CV 格子）での反復回数に対する残差（左）と反復誤差（右）の L_1 ノルムの変化.

と，最適な時間刻み幅は 2 分の 1 に減少する.

ICCG は SIP よりもかなり高速であり，特に格子が細かくなると反復回数は倍増することから，格子が細かい場合にその利点が大きくなる．マルチグリッド法は非常に効果的であり，SIP を平滑化に用いた場合，格子が細かくなっても 6 回の反復回数で十分である．ここでは MG 法での最も粗い格子を 2 × 2 の CV 格子としており，8 × 8 の CV 格子で 3 段階の，256 × 256 の CV 格子では 8 段階の細分レベルを用いている．最も細かい格子と各格子レベルで延長補間のあとで各 1 回の反復計算を行い，さらに制限補間 (restriction) ごとにも 4 回の反復を行っている．SIP 法ではパラメータ α は 0.92 に設定した．ここではパラメータの最適化は行っていないが，得られた結果は各解法の傾向と相対評価をするのに十分である．ここで，反復ごとの計算負荷は各解法で違っていることにも注意されたい．GS の反復計算負荷を基準とした場合，LGS-ADI で 2.5，ADI で 3.0，SIP では最初の反復で（初期化を含め）4.0，その後は 2.0，ICCG は最初の計算で 4.5 その後は 3.0 になる．MG 法では粗い格子レベルでの計算負荷を考慮するため，細かい格子点で計算回数を約 1.5 倍する必要があり，この場合，MG-GS 法は計算負荷の観点で最も効果的な解法といえる.

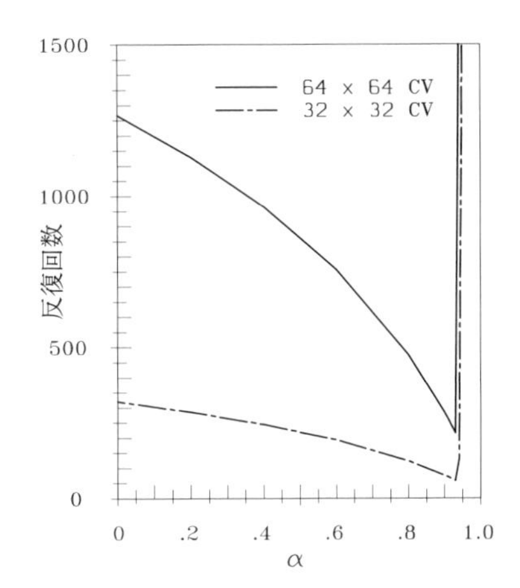

図 5.6 SIP 法のパラメータ α に対する反復回数（2D ラプラス問題で L_1 残差 10^{-4} 未満とするための）.

収束率は各解法で異なるので，相対的な計算負荷はどの程度正確に解を得たいかに依存する．この問題を検討するため，図 5.5 に反復回数ごとの残差絶対値の和と反復誤差の変化をそれぞれプロットした．ここでは 2 つの点に注目したい：

- 残差の和の減少傾向は反復の初期で不規則であるが，計算回数が進んだ後で収束率は一定になる．例外は ICCG 法であり，計算が進むにつれて収束速度が速くなる．非常に正確な解が必要なとき，MG 法と ICCG 法が最適な選択である．これに対して非線形問題を解く際の内部反復のようなそこそこの正確さでよいような場合には，SIP 法も選択肢となるし，ADI 法でさえも十分な場合がある．
- GS, SIP, ICCG, ADI の各解法の場合，残差ノルムの初期の減少は反復誤差の減少と等しくならない．この場合，MG 法を用いた場合にのみ，両者を同じ速さで減少させる．

これらの結論はかなり一般的であるが，実際には問題ごとに依存する特徴もある．8 章でナビエ・ストークス方程式を用いた場合の類似の結果を示す．

SIP 法は構造格子の CFD でしばしば用いられているため，図 5.6 にパラメータ α を変えた場合の収束に必要な反復回数を示す．$\alpha = 0$ のとき SIP 法は標準の ILU 法となる．これに対して α が最適値の場合，SIP 法は ILU 法よりも 6 倍速く収束する．SIP 法を使う際の問題は，α の最適値が利用できる値の範囲の限界値となることであり，最適値よりも少しでも大きくなるとこの手法は収束しなくなる．最適値は大抵

表 5.4　正規化された L_1 誤差が 10^{-5} 未満となるのに要する各解法の反復回数：$X \times Y = 10 \times 1$ の長方領域のディリクレ境界条件下の2次元ラプラス方程式を等間隔格子で解く場合.

格子	GS	LGS-ADI	SIP	ICCG	MG-GS	MG-SIP
8×8	74	5	4	4	54	3
16×16	293	8	6	6	140	4
32×32	1164	18	13	11	242	5
64×64	4639	53	38	21	288	6
128×128	–	189	139	41	283	6
256×256	–	–	–	82	270	6

表 5.5　L_1 誤差が 10^{-4} 未満となるのに要する各解法の反復回数：ノイマン境界条件下の3次元ポアソン方程式を解く場合.

格子	GS	SIP	ICCG	CGSTAB	FMG-GS	FMG-SIP
8^3	66	27	10	7	10	6
16^3	230	81	19	12	10	6
32^3	882	316	34	21	9	6
64^3	–	1288	54	41	7	6

0.92から0.95の間にある．安全策として $\alpha = 0.92$ を用いればよく（それは通常は最適値ではない），その場合，標準ILU法の約5倍の速さの収束を得られる.

いくつかの解法は格子アスペクト比の影響を受け，これは係数の大きさが方向によって一定にならないことによる．例えば $\Delta x = 10\,\Delta y$ の格子では，A_{N} と A_{S} が A_{W} と A_{E} に対して100倍になる（前章のいくつかの例の節を参照）．この効果を調べるため，$X \times Y = 10 \times 1$ の長方形領域に対して各方向に同数の格子点数で分割し，ラプラス方程式を解いた例を示す．表5.4に，さまざまな解法に対して正規化された残差ノルム L_1 を，10^{-5} 以下に落とすために必要な反復を示す．GS解法はアスペクト比自体は収束性に影響を与えないが，MG法における平滑化法としてはもはや効果的とはいえない．LGS-ADIとSIP法は正方形の問題と比較して大幅に収束速度が向上する．これに対してICCG法も若干収束が速くなる．MG-SIP法はアスペクト比の影響を受けない一方，MG-GSの収束は非常に悪くなる.

この挙動は典型的であり，対流拡散問題（ただしその影響についてはそれほど顕著ではないが）やアスペクト比の変化する不等間隔格子においても同様にみられる．アスペクト比を大きくしたときのGS法の収束悪化と，ILU法での改善に対する数学的な説明をBrandt (1984) が与えている.

最後に3次元でノイマン境界条件を与えたポアソン方程式の結果を示す．CFDでは圧力方程式あるいは圧力修正方程式がこのタイプの問題になる．解く方程式は以下の通りである：

$$\frac{\partial^2 \phi}{\partial x^2} + \frac{\partial^2 \phi}{\partial y^2} + \frac{\partial^2 \phi}{\partial z^2} = \sin(x^* \pi)\, \sin(y^* \pi)\, \sin(z^* \pi)\,, \tag{5.99}$$

ここで $x^* = x/X$, $y^* = y/Y$, $z^* = z/Z$ と正規化し，X, Y, Z は解析領域の各方向の大きさであり，方程式は CV 法を用いて離散化する．計算領域上で生成項の総和はゼロであるとして，ノイマン境界条件（境界に対して垂直方向勾配がゼロ）を全境界上で与える．

上述の GS, SIP, ICCG の各解法に加えて，不完全コレスキー分解前処理に用いた CGSTAB 法も用いた．初期解は全領域でゼロとし，正規化した残差の絶対値の和を 4 桁減少させるのに必要な計算回数を表 5.5 に示す．

この例題により得られた結果はディィリクレ境界条件を持つ 2 次元問題のものと似ている．正確な解が要求されるときは，細かい格子では GS と SIP 法は細かい格子では非効率的であり，共役勾配法がより良い選択となり，マルチグリッド法が最もよい．粗い格子での解を次の細かい格子での初期解を与える FMG 法は，単純なマルチグリッド法より優れている．FMG で平滑化のための反復計算として ICCG もしくは CGSTAB を用いた場合，さらに少ない反復回数（細かい格子で 3 から 4 回程度）で済むが，計算時間は MG-SIP 法よりも長くなる．FMG の原理は同様に他の解法にも適用できる．

第6章　非定常問題の解法

6.1　はじめに

非定常な流れを計算する際には，空間の他に**時間** (time) という4番目の座標軸を考え，空間の3つの座標軸と同様に時間にも離散化を施す必要がある．有限差分法においては「時間の離散点」を，有限体積法の視点からは「時間の体積」を考えることができる．空間と時間の性質の違いは情報の伝わる方向性にある．すなわち，空間に対しては任意の位置の力が流れ場のあらゆる方向に伝達されるが（楕円型問題），時間に対してはある瞬間に与えられた力が未来にしか影響を及ぼさない．言い換えれば時間は進行しており，過去へ影響を及ぼすことがないのである．よって，非定常流れの方程式は時間に対して放物型 (parabolic-like) である．これは，計算を開始した後ではいかなる時間においても解に条件（境界条件を除いて）を課す必要がないことを意味し，解法の構築に大きな影響を与える．時間の持つこの性質に忠実であるために，ほとんどすべての解法で時間刻みに従って時間を進行させる．これらの解法は常微分方程式 (ordinary differential equation: ODE) の初期値問題に適用される手法と類似しているので，次節ではまずそのような解法について説明しておく．

6.2　常微分方程式の初期値問題の解法

6.2.1　2時刻解法

初期値問題に関しては，ある初期条件下の1階の常微分方程式を考察することで十分である：

$$\frac{\mathrm{d}\phi(t)}{\mathrm{d}t} = f(t, \phi(t)) \; ; \quad \phi(t_0) = \phi^0 \; . \tag{6.1}$$

基本的な問題は，初期値から微小時間 Δt 経った後の解 ϕ をみつけることである．それが求まれば，$t_1 = t_0 + \Delta t$ での解 ϕ^1 は次の解の初期値となり，同様に $t_2 = t_1 + \Delta t$, $t_3 = t_2 + \Delta t, \ldots$ と，解を発展させることができる．

最も単純な解法は，式 (6.1) を t_n から $t_{n+1} = t_n + \Delta t$ まで積分することで構築される：

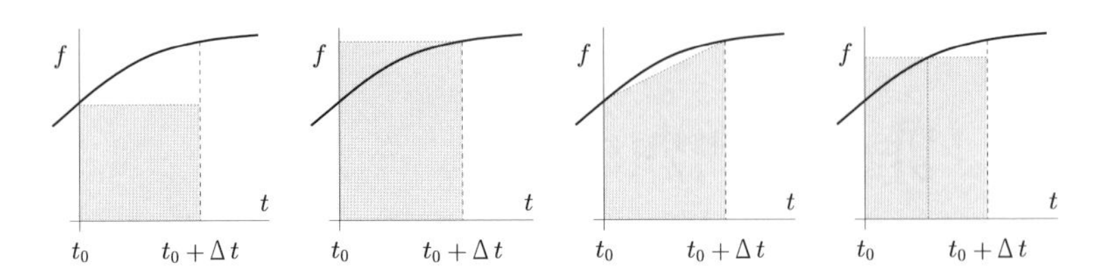

図 6.1　Δt 間隔での $f(t)$ の時間積分の近似（左より，陽的オイラー法，陰的オイラー法，台形公式，中点公式）.

$$\int_{t_n}^{t_{n+1}} \frac{\mathrm{d}\phi}{\mathrm{d}t}\,\mathrm{d}t = \phi^{n+1} - \phi^n = \int_{t_n}^{t_{n+1}} f(t, \phi(t))\,\mathrm{d}t\,, \tag{6.2}$$

ここで，簡略表記として $\phi^{n+1} = \phi(t_{n+1})$ を用いた．この方程式は厳密であるが，方程式の右辺は解がわからなければ評価できず，そこには何らかの近似が必要である．微積分の平均値の定理によれば，t_n から t_{n+1} の間の適当な点 $t = \tau$ で被積分関数を評価すると，積分値 $f(\tau, \phi(\tau))\,\Delta t$ となることが保証される．しかし，τ が未知なのでここで用いることはできない．よって，近似的な求積法を用いて積分を評価する必要がある．

比較的単純な4つの方法を以下に示す．図6.1にその概念を示している．

まず，式(6.2)の右辺を初期点 t_n での被積分関数の値を用いて評価する：

$$\phi^{n+1} = \phi^n + f(t_n, \phi^n)\,\Delta t\,, \tag{6.3}$$

となる．これは，**陽的オイラー** (explicit Euler) 法，または，**前進オイラー** (forward Euler) 法として知られている．

もし，初期点 t_n での被積分関数値の代わりに t_{n+1} での値を用いるならば，**陰的オイラー** (implicit Euler) 法または**後退オイラー** (backward Euler) 法が得られる：

$$\phi^{n+1} = \phi^n + f(t_{n+1}, \phi^{n+1})\,\Delta t\,. \tag{6.4}$$

また，積分区間の中間点を用いれば別の方法が得られる：

$$\phi^{n+1} = \phi^n + f(t_{n+\frac{1}{2}}, \phi^{n+\frac{1}{2}})\,\Delta t\,, \tag{6.5}$$

これは**中点公式** (midpoint rule) として知られており，偏微分方程式の重要な解法である蛙跳び法 (leapfrog method) の基礎となっている．

最後に t_n から t_{n+1} の間を直線補間して近似する方法も用いることができる：

$$\phi^{n+1} = \phi^n + \frac{1}{2}\left[f(t_n, \phi^n) + f(t_{n+1}, \phi^{n+1})\right]\Delta t\,, \tag{6.6}$$

これは**台形公式** (trapezoid rule) と呼ばれ，偏微分方程式の一般的な解法であるクランク・ニコルソン (Crank–Nicolson) 法の基礎になるものである．

これらの方法はたかだか2つの時刻においてのみ未知数を含むことから，2時刻解法として分類される（中点公式が2時刻解法となるかどうかは採用する近似式に依存する）．これらの解法の分析は，常微分方程式の数値解法の教科書にも載っているので，ここでは深く立ち入らない（例えば，Ferziger, 1998 や Moin, 2010[1]）．

これらの解法の重要な特徴をまとめておこう．まず気づくことは，最初の方法を除いて，すべての方法が $t = t_n$（t_n は積分区間の初期点で，ここでの解は既知である）以外の点での $\phi(t)$ の値を必要とすることである．そのため，これら3つの方法では右辺の計算には近似または反復計算を必要とする．そこで，最初の方法は**陽解法** (explicit method)，その他の方法は**陰解法** (implicit method) と分類される．

もし，Δt が小さければすべての方法が良い解を与える．しかし，大きな時間ステップをとる場合に解法の性質の違いは重要である．というのも，流体工学によく現れるような時間スケールが幅広い問題では，ゆっくりとした長い時間の解の挙動について計算することを目標とする場合が多く，その場合に短い時間スケールを持つ変動の存在が解析の妨げになるためである．このような幅広い時間スケールを持つ問題は難しい (stiff) とされ，常微分方程式を解くにあたっての最も困難な課題である．そこで，時間ステップを大きくとる場合の解法の挙動を調べておくことが重要となり，これは解析**安定性** (stability) の問題と呼ばれる．

安定性の定義は種々あるが，ここでは大雑把に次のように定義する．すなわち，もし，微分方程式の解が有界であるとき，解法が有界である解を与えるならば，その解法は安定であるとする．陽的オイラー法において，安定であるための条件は，

$$\left|1 + \Delta t \frac{\partial f(t,\phi)}{\partial \phi}\right| < 1 \tag{6.7}$$

で与えられる．ここで，$f(t,\phi)$ が複素数であることを許すならば，$\Delta t\,\partial f(t,\phi)/\partial\phi$ が複素平面で $-1 + 0i$ を中心とした単位円の中に制限されることが必要である（高次の系では複素数の固有値を持つ可能性があるので複素数の値が考慮されなければならない．実際には，複素数の実部が0か負のときにだけ関心がある．そのときに有界な解が得られるからである）．この性質を持った手法は**条件付き安定** (conditionally stable) であるといわれ，実数値を持つ f に対し式 (6.7) は以下のようになる（式 (6.1) を参照）：

$$\left|\Delta t \frac{\partial f(t,\phi)}{\partial \phi}\right| < 2\,. \tag{6.8}$$

これに対して，その他の3つの手法はすべて**無条件安定** (unconditionally stable)

[1] 訳注：日本語の教科書としては河村哲也著 (2020)：コンパクトシリーズ 数学 常微分方程式，インデックス出版など．

である．すなわち，$\partial f(t,\phi)/\partial\phi < 0$ ならどんな時間ステップに対しても有界な解を与える．しかし，台形公式が減衰のない振動解を生じやすいのに対し，陰的オイラー法では時間ステップが非常に大きいときでさえ，滑らかな解を与える傾向がある．結果として，台形公式が非線形問題に対し不安定になりやすいのに対して，陰的オイラー法は方程式が非線形であっても良い挙動を示す．

最後に，精度の問題を考える必要がある．この問題を大域的に扱う場合，扱う必要のある方程式が極めて多様性に富んでいるので，多くのことを議論することは難しい．ただ，微小な時間ステップに対してはテイラー展開を用いて評価でき，例えば，陽的オイラー法により時間 t_n における既知の値から $t_n + \Delta t$ での解を求めたときの誤差が $(\Delta t)^2$ に比例することがわかる．しかし，ある有限な最終時刻 $t = t_0 + T$ まで計算するのに必要なステップ数は Δt の逆数に比例し，この $(\Delta t)^2$ の誤差はそれぞれの時間ステップに生じて時間とともに蓄積されていくので，最終的な誤差は Δt に比例する．よって，陽的オイラー法は1次精度の手法であるとされる．陰的オイラー法もまた1次精度であるが，台形公式や中点公式は $(\Delta t)^2$ に比例する誤差を持ち，ゆえに2次精度の手法である．2時刻解法では2次精度の手法が最も高い精度であることがわかる．

ここで，ある手法の誤差の次数がその精度を示すただ1つの指標でないことを示しておくことも重要であろう．時間ステップが十分に小さければ高次精度の手法が低次精度のものより誤差が小さいのは事実であるが，同じ精度の手法でも1桁以上も異なる誤差を生じ得る場合があるのもまた事実である．つまり，精度の次数は単に時間ステップが0に漸近するときの誤差**減少率**を表しているにすぎず，これは時間ステップが十分小さいときのみ有効な性質である．ここで，**十分に小さい**とは解法や解くべき問題に依存するので，個々の問題に即して考えるべきであり，あらかじめ決定することはできない．

時間ステップが十分小さい場合，2つの異なるステップ幅を用いて得られた解を比較することにより離散化誤差を評価することができる．この手法は**リチャードソンの外挿法** (Richardson extrapolation) として3章に紹介されており，この手法を用いて空間と時間の両方についての離散化誤差を評価できる．また，誤差は異なる次数精度の2つの手法による解の違いを分析することでも評価し得る．これについては12章に述べる．

6.2.2　予測子–修正子法および多点法

2時刻解法で調べた性質には一般性がある．陽解法はプログラミングが容易であり，1ステップ当たりに必要なメモリと計算時間が小さい反面，時間ステップが大きいと不安定となる欠点もある．一方，陰解法は新しい時間ステップの値を得るために反復が必要で，これによりプログラミングは難しくなり，1ステップ当たりに必要なメモリと計算時間は増えるが，はるかに安定である（上述の陰解法は無条件安定であるが，すべての陰解法が無条件安定であるわけではない．それでも一般に，対応する陽解法に対してはより安定であるといえる）．陰解法と陽解法の長所を組み合わせることも可能であり，予測子–修正子法はその一例といえる．

さまざまな種類の予測子–修正子法が開発されているが，予測子–修正子法の名称は下記の手法に使われることが多い．この手法では新しい時間ステップの解を陽的オイラー法により**予測**する：

$$\phi_{n+1}^{*} = \phi^n + f(t_n, \phi^n)\,\Delta t\ , \tag{6.9}$$

ここで，$*$ は t_{n+1} での最終的な値ではないことを示し，ϕ_{n+1}^{*} を用いて微分計算に台形公式を適用することで解が**修正**される：

$$\phi^{n+1} = \phi^n + \frac{1}{2}\Big[f(t_n, \phi^n) + f(t_{n+1}, \phi_{n+1}^{*})\Big]\,\Delta t\ . \tag{6.10}$$

この手法は 2 次精度（台形公式の精度）の手法であると考えることができるが，安定性は陽的オイラー法と同程度である．一見，修正子を反復することによって安定性の向上を図れると思えるが，反復計算は Δt が十分に小さいときにのみ台形公式の解に収束するので，実際にはその通りにはならない．

この予測子–修正子法も一種の 2 時刻解法と分類される．2 時刻解法で得られる最高次の精度は 2 次精度である．高次の近似に対してはより多くの計算点の情報が必要である．追加する点はすでに計算された値か，あるいは，t_n から t_{n+1} の間に計算の簡便性を考慮して定められた適当な点に置かれる．前者は多点法，後者はルンゲ・クッタ (Runge–Kutta) 法と呼ばれる．ここではまず多点法について説明し，ルンゲ・クッタ法は次節に譲る．

一番よく知られた多点法はアダムス (Adams) 法であり，いくつかの時刻の計算点を用いて微分を多項式で近似することで得られる．ここで，ラグランジュ多項式（Ferziger, 1998, または Moin, 2010）を $f(t_{n-m}, \phi^{n-m})$, $f(t_{n-m+1}, \phi^{n-m+1})$, ..., $f(t_n, \phi^n)$ にあてはめ，その結果を式 (6.2) の積分の計算に用いるなら，$m+1$ 次の精度の陽解法を得る．この手法は**アダムス・バッシュフォース** (Adams–Bashforth) 法と呼ばれる．偏微分方程式の解に対しては低次精度のもののみが用いられている．1 次精度のものは陽的オイラー法であり，2 次精度の定式は以下のようになる：

$$\phi^{n+1} = \phi^n + \frac{\Delta t}{2}\Big[3\,f(t_n, \phi^n) - f(t_{n-1}, \phi^{n-1})\Big]. \tag{6.11}$$

同様に 3 次精度は

$$\phi^{n+1} = \phi^n + \frac{\Delta t}{12}\Big[23\,f(t_n, \phi^n) - 16\,f(t_{n-1}, \phi^{n-1}) + 5\,f(t_{n-2}, \phi^{n-2})\Big]. \tag{6.12}$$

ここで，t_{n+1} のデータを補間多項式に含めるならば陰解法となり，**アダムス・モー**

ルトン (Adams–Moulton) 法として知られる手法が得られる．これの1次精度の手法は陰的オイラー法，2次精度の手法は台形公式となり，3次精度の手法は以下のようになる：

$$\phi^{n+1} = \phi^n + \frac{\Delta t}{12}\Big[5\,f(t_{n+1},\phi^{n+1}) + 8\,f(t_n,\phi^n) - f(t_{n-1},\phi^{n-1})\Big]\,. \tag{6.13}$$

一般に，$(m-1)$ 次精度のアダムス・バッシュフォース法を予測子，m 次のアダムス・モールトン法を修正子として組み合わせて用いることで任意の精度の予測子–修正子法が得られる．

多点法は任意の精度の手法を構築するのが比較的容易であり，プログラミングも容易である．もう1つの長所として，1ステップ当たりに導関数の評価（特に，偏微分方程式の場合，非常に複雑な計算となり得る）を1回しか必要とせず演算量が少ないことも挙げられる（上式中で $f(t,\phi(t))$ の値は複数回参照されるが，1回計算した値を蓄えておくならば1ステップ当たり評価が必要なのは1回だけである）．一方，この手法の根本的な欠点は，現在の時刻より以前の値が必要となるため，1つの初期値のみからでは計算を始めることができないことである．よって，計算の初期には他の手法を使う必要がある．1つの解決方法は，低次精度の手法を用い（必要な精度が得られるように）時間ステップを十分小さくとって計算を始めて，過去の時刻が増えるに従い徐々に精度を上げることである．

これらの手法は多次精度の常微分方程式解法の基礎となっている．これらの解法では誤差評価により各時間ステップの解の次数精度が決定される．すなわち，解に十分な精度が得られなければ次数精度をプログラムにおいて許される最大まで増やす一方，解が必要とする以上に正確であれば次数を減じて計算時間を節約する．多点法では時間刻み幅を変化させるのは難しいので，設定された最大次数に到達するまでは精度改良にこの方法が用いられる[2]．

多点法は複数の時刻での値を必要とするので，物理的でない解が得られることがある．紙面の都合もありここでは細かく分析しないが，多くの場合に多点法での不安定性はこの非物理的な解が原因であることを記しておく．非物理的な解は初期計算の手法を注意深く選べば，十分とはいえないが避けることもできる．また，この手法では，しばらくの間は正確な解を与えた後，解の非物理的な成分の成長とともに解の挙動が悪くなるのが一般的である．計算をいったん打ち切り再計算することが，しばしば，この問題に対する改善策となる．これは効果的な手段であるが，精度を下げたり，計算効率を低くする点は考慮しておく必要がある．

同様の時間微分の多点スキーム（3点近似法）として触れておくべきものに**蛙跳び**

[2] 上で使用した数値積分近似は，時間刻みが一定であることを前提としている．時間刻みが変動することを許すと，異なる時間の関数値に掛かる係数が時間刻み幅の関数になり，空間における有限差分法でみたように複雑になる（3章参照）．

法 (leapfrog method) がある．これは本質的には，刻み幅 $2\Delta t$ に対して中点公式を適用したことと同じである：

$$\phi_i^{n+1} = \phi_i^{n-1} + f(t_n, \phi^n)\, 2\Delta t\,. \tag{6.14}$$

ただし，$2\Delta t$ の積分近似にもかかわらず，時間進行は Δt で行うので，積分域が重複する．この解法は過去に多用されており，その特徴を 6.3.1.2 に述べる．

6.2.3　ルンゲ・クッタ法

多点法における計算開始の問題は，過去の値でなく t_n から t_{n+1} の間の値を用いることで解決できる．この種の手法はルンゲ・クッタ (Runge–Kutta) 法と呼ばれ，流体の応用計算で大変よく使われる．この方法では体系的に任意の精度の手法を構築することができるが，ここでは 3 段階の方法をみてみよう．各手法の段階数はその精度を反映している．

1 次精度の手法は，実際はすでに述べた陽的オイラー法に他ならない．これに対して 2 次精度のルンゲ・クッタ法 (RK2) は，2 段階の計算ステップからなる．すなわち第 1 段階として，陽的オイラー法に基づいて半分の時間ステップを進めた時刻 $t_{n+1/2}$ での値（予測子と呼ぶ）を求め，第 2 段階として 2 次精度である中点公式により全時間ステップを進んだ t_{n+1} での値（修正子と呼ぶ）を求める：

$$\phi^*_{n+\frac{1}{2}} = \phi^n + \frac{\Delta t}{2}\, f(t_n, \phi^n)\,, \tag{6.15}$$

$$\phi^{n+1} = \phi^n + \Delta t\, f(t_{n+\frac{1}{2}}, \phi^*_{n+\frac{1}{2}})\,. \tag{6.16}$$

この手法は使いやすく，また，本来の 1 階微分方程式の特徴のとおり，1 つの初期値から計算が開始できて，それ以外の時刻の値を必要としない．実際，上述した予測子–修正子法とさまざまな共通点を持っている．しかし，Durran (2010) によれば RK2 は 1 を超える増幅率を持ち，時間とともに誤差が増幅し得る．

6.2.3.1　3 次精度ルンゲ・クッタ法

気象学分野のシミュレーションコードには 3 次精度のルンゲ・クッタ法 (RK3) が前述の蛙跳び法の改善として用いられているが，高次精度ルンゲ・クッタ法は 3 次精度法が唯一というわけではない．最もよく知られているのは**ホインの方法** (Heun's method) である．この方法は 3 段階の計算ステップで構成され，最初のステップは陽的オイラー法による予測子を 1/3 の時間刻みで適用する：

$$\phi^*_{n+\frac{1}{3}} = \phi^n + \frac{\Delta t}{3}\, f(t_n, \phi^n)\,. \tag{6.17}$$

次に 2/3 時刻まで中点公式（$t + \frac{\Delta t}{3}$ を中心にとる）で進める：

$$\phi^*_{n+\frac{2}{3}} = \phi^n + \frac{2\Delta t}{3} f(t_{n+\frac{1}{3}}, \phi^*_{n+\frac{1}{3}}) \,. \tag{6.18}$$

最終ステップとして，時間刻み全体へ台形公式を適用して，次時刻の積分値を t_n と $t_{n+\frac{2}{3}}$ での値の線形補外で与えると，

$$f(t_{n+1}, \phi^{n+1}) \approx \frac{3}{2} f(t_{n+\frac{2}{3}}, \phi^*_{n+\frac{2}{3}}) - \frac{1}{2} f(t_n, \phi^n) \,,$$

となり続けて

$$\phi^{n+1} = \phi^n + \frac{\Delta t}{4}\left[f(t_n, \phi^n) + 3\, f(t_{n+\frac{2}{3}}, \phi^*_{n+\frac{2}{3}})\right] \tag{6.19}$$

となる．RK3 はこれ以外にもあり，地球物理学の計算で用いられる別の解法を以下に述べる．

Wicker and Skamarock (2002) は時間分割による画期的な解法を提案している[3]．この方法は，気象研究・予報 (weather research and forecasting: WRF) モデルの ARF 版 (advanced research version) に実装されており (Skamarock and Klemp, 2008),「低周波，長周期」モードの運動（気象学では重要）に対しては，振動的，減衰的現象のいずれにも極めて良い安定性を持つ時間分割法を容易に適用できることが示されている．この際，音波と重力波に対しては，他の手法が用いられている．

Wicker and Skamarock (2002) の時間積分は，時刻 t_n から $t_{n+1} = t_n + \Delta t$ へ進む際に，次の 3 つのステップを踏む：

$$\begin{aligned} \phi^*_{n+\frac{1}{3}} &= \phi_n + \frac{\Delta t}{3} f(t_n, \phi^n) \,, \\ \phi^{**}_{n+\frac{1}{2}} &= \phi_n + \frac{\Delta t}{2} f(t_{n+\frac{1}{3}}, \phi^*_{n+\frac{1}{3}}) \,, \\ \phi_{n+1} &= \phi_n + \Delta t\, f(t_{n+\frac{1}{2}}, \phi^{**}_{n+\frac{1}{2}}) \,. \end{aligned} \tag{6.20}$$

Purser (2007) によれば，これは正しくはルンゲ・クッタ法ではなく，線形方程式に対しては 3 次精度であるが，非線形方程式では 2 次精度（RK2 と比較すると誤差はかなり小さいが）になることがわかっている．

6.2.3.2　4 次精度ルンゲ・クッタ法

高次精度のルンゲ・クッタ法として最もよく使われるのは 4 次精度のもの (RK4) である．最初の 2 段階では，$t_{n+\frac{1}{2}}$ の値を陽的オイラー法の予測子と陰的オイラー法の修正子を用いて与える．この後，t_{n+1} に対して中点公式を用いた予測子とシンプソン則の修正子を用いる．これにより，全体として 4 次精度が得られる．その定式

[3] 多くの地球物理学の計算では，例えば音響波などの特定の現象は，風や海流などの他の運動に比べて非常に高速に変化する．そのため，計算を実際に分割し，変化が高速な部分と遅い部分の計算を別々に行うことが有用である（Klemp et al., 2007 や Blumberg and Mellor, 1987）．

を以下に示す：

$$\phi^*_{n+\frac{1}{2}} = \phi^n + \frac{\Delta t}{2}\, f(t_n, \phi^n)\,, \tag{6.21}$$

$$\phi^{**}_{n+\frac{1}{2}} = \phi^n + \frac{\Delta t}{2}\, f(t_{n+\frac{1}{2}}, \phi^*_{n+\frac{1}{2}})\,, \tag{6.22}$$

$$\phi^*_{n+1} = \phi^n + \Delta t\, f(t_{n+\frac{1}{2}}, \phi^{**}_{n+\frac{1}{2}})\,, \tag{6.23}$$

$$\phi^{n+1} = \phi^n + \frac{\Delta t}{6}\left[f(t_n, \phi^n) + 2\, f(t_{n+\frac{1}{2}}, \phi^*_{n+\frac{1}{2}}) + 2\, f(t_{n+\frac{1}{2}}, \phi^{**}_{n+\frac{1}{2}}) + f(t_{n+1}, \phi^*_{n+1})\right]. \tag{6.24}$$

この手法についてはさまざまなバリエーションが提案されている．特に5段階目に4次ないし5次精度のいずれかの計算を加えて誤差の評価を行い，それによって誤差を自動的に制御できる手法がいくつか存在する．

上述のように，n 次精度のルンゲ・クッタ法は1時間ステップ当たりに導関数を n 回評価する必要があり，このため，ルンゲ・クッタ法は同じ次数の多点法よりもコストが高くつく手法となる．その代わり，同じ精度の多点法よりもルンゲ・クッタ法の方が解の精度は高く（誤差項に掛かる係数が小さい），また，より安定である．Purser (2007) は，体系的にルンゲ・クッタ法を構築するための方法を検討し，各手法間に整合性を持たせるように，手法に含まれる係数とその制約条件をブッチャー(Butcher) 配列を用いてまとめている（http://en.wikipedia.org/wiki/Butcher_tableau もしくは Butcher, 2008 を参照）．

6.2.4 その他の手法

他にも時間発展解を得るのにはさまざまな可能性がある．ここでは，工学的なCFDに広く応用されているものとして，多時刻の完全陰解法について述べる．

その1つとして3時刻2次精度陰解法を考えると，式 (6.2) の両辺を t_{n+1} 周りに区間 Δt ($t_{n+1} - \Delta t/2 \sim t_{n+1} + \Delta t/2$) にとって中点公式で積分することにより得られる．このとき，t_{n+1} の時間微分は t_{n-1}, t_n, t_{n+1} の3点を放物線近似して

$$\left(\frac{\mathrm{d}\phi}{\mathrm{d}t}\right)_{n+1} \approx \frac{3\,\phi^{n+1} - 4\,\phi^n + \phi^{n-1}}{2\,\Delta t} \tag{6.25}$$

と得る．このとき，式 (6.2) 右辺は時刻 t_{n+1} で表せばよい．積分域の中央で評価されるならば両辺は2次精度の近似となるので，中点公式による積分は単に両辺に Δt を乗するだけとなる[4]．これにより次式が導かれる：

[4] 訳注：近似した2次式の微分 $\mathrm{d}\phi/\mathrm{d}t$ は1次式となるので，区間 $t_{n+1} - \Delta t/2 \sim t_{n+1} + \Delta t/2$ での積分は中点公式により厳密に与えられる．

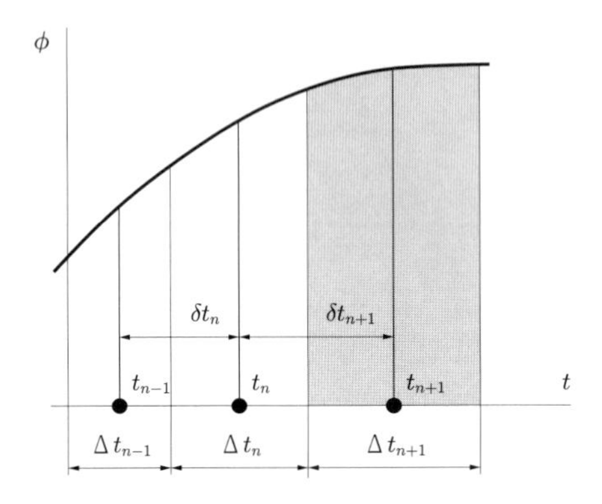

図 6.2　t_{n+1} での ϕ の時間微分と，中点公式と非一様な時間刻みを用いた場合の $f(t)$ の時間積分の近似．

$$\phi^{n+1} = \frac{4}{3}\phi^n - \frac{1}{3}\phi^{n-1} + \frac{2}{3} f(t_{n+1}, \phi^{n+1})\, \Delta t \,. \tag{6.26}$$

ここで関数 f は新しい時刻 t_{n+1} で評価されるので，この手法は陰解法である．これにより2次精度が容易に実現するが，陰解法であることから時間ステップごとに反復計算が必要である．

この時間発展スキームはCFDの工学応用では広く適用され，ほぼすべての商用コードや公開コードに採用されている．この手法の利点については6.3.2.4で詳しく解説をするが，他の手法との特筆される違いとして，ここでは非一様な時間刻みにも一般化できることを示しておく．

非一様な時間刻みが図6.2の表記に従うとき，3時刻の変数 ϕ の値を用いて放物近似することで，t_{n+1} での時間微分が

$$\left(\frac{\partial \phi}{\partial t}\right)_{n+1} \approx \frac{\phi_{n+1}\left[(1+\epsilon)^2 - 1\right] - \phi_n (1+\epsilon)^2 + \phi_{n-1}}{(t_{n+1} - t_n)\epsilon(1+\epsilon)} \tag{6.27}$$

と与えられる．ここで，

$$\epsilon = \frac{t_n - t_{n-1}}{t_{n+1} - t_n} = \frac{\delta t_n}{\delta t_{n+1}} \tag{6.28}$$

である．重要なのは，解を与える時刻 $(t_{n-1},\ t_n,\ t_{n+1})$ の定義は，通常の他の手法とは異なり評価する積分域の終点ではなく，中点にとられることである．よって，時刻は

$$t_n = \sum_{i=1}^{n-1} \Delta t_i + \frac{\Delta t_n}{2} = t_{n-1} + \frac{1}{2}(\Delta t_{n-1} + \Delta t_n)$$

で与えられる．また，この解法では（3 点以上の）多時刻で定式されているので，1 時刻の初期値だけから計算を始められず，他の解法を用いる必要があることにも注意を要する．一般には，小さな時間刻みで陰的オイラー法の計算を始める．

6.3 一般化した輸送方程式への応用

次に，一般の輸送方程式 (1.28) に対する上記の手法の適用を考える．3 章と 4 章では定常問題の対流流束，拡散流束，および生成項の離散化について議論した．これらの項は非定常問題においても同様に扱うことができるが，ここではさらに時間項をどのように評価するかという問題に答えなければならない．

もし，保存方程式を常微分方程式 (6.1) と似たような形式

$$\frac{\partial(\rho\phi)}{\partial t} = -\nabla\cdot(\rho\phi\mathbf{v}) + \nabla\cdot(\Gamma\,\nabla\phi) + q_\phi = f(t, \phi(t)) \,, \tag{6.29}$$

に書き直すことができれば，上述の時間積分法を用いることができる．ここで，関数 $f(t, \phi)$ は対流項，拡散項，生成項の和として表現され，これらすべては方程式の右辺に現れる．これらの項は未知であるため，先に述べたような求積法を近似に用いなければならない．対流，拡散，生成の各項は，1 つあるいはそれ以上の時刻において，3 章，4 章で述べた手法を用いて空間的に離散化される．時間積分に陽解法を用いる場合は，解がわかっている時間ステップでこれらの項を評価をすれば計算が可能である．陰解法では，方程式の右辺に対して新しい時間ステップでの値が必要で，これは未知である．よって，定常問題とは異なる代数方程式系を解く必要がある．まず，一例として 1 次元問題に適用した場合についてその特性を分析してみる．2 次元問題を含む具体的な解については 6.4 節で述べることにする．

6.3.1 陽 解 法

6.3.1.1 陽的オイラー法

陽的オイラー法は最も簡単な手法であり，時刻 t_n での既知の値のみを用いてすべての流束と生成項を評価する．すなわち，考えるべき方程式の CV（あるいは，格子点）において，新しい時間ステップの未知量は考えている（計算）節点での値のみであり，その近傍点の値は前の時間ステップの値を用いて評価される．このようにして，すべての節点での未知量の新しい値は陽的に計算できる．

陽的オイラー法や他の単純な手法の特性を学ぶ上で，式 (6.29) を 1 次元問題おいて考えてみよう．速度，流体の特性量は一定とし，生成項も省略すると，

$$\frac{\partial \phi}{\partial t} = -u \frac{\partial \phi}{\partial x} + \frac{\Gamma}{\rho} \frac{\partial^2 \phi}{\partial x^2} \tag{6.30}$$

となる．これはナビエ・ストークス方程式を簡略化したモデル方程式としてよく用いられ，定常問題の解法を考える際に用いた式 (3.55) を時間発展に拡張したものに当たる．同様に対流項と流れ方向の拡散のバランスが重要である．ただし，この平衡は実際の流れではほとんど成り立たないので，この式から得られた知見をナビエ・ストークス方程式に当てはめる際は注意が必要である．このような重大な欠点はあるものの，式 (6.30) を考えることは有用といえる．

まず最初に格子間隔は x 方向に一様で，空間微分を 2 次中心差分で近似すると考える．この場合，有限差分法と有限体積法では同様の離散化式が得られ，変数の新しい値を ϕ_i^{n+1} とすれば

$$\phi_i^{n+1} = \phi_i^n + \left[-u \frac{\phi_{i+1}^n - \phi_{i-1}^n}{2\,\Delta x} + \frac{\Gamma}{\rho} \frac{\phi_{i+1}^n + \phi_{i-1}^n - 2\,\phi_i^n}{(\Delta x)^2} \right] \Delta t \tag{6.31}$$

となる．また，これは次式に書き換えられる：

$$\phi_i^{n+1} = (1-2d)\,\phi_i^n + \left(d - \frac{c}{2}\right)\phi_{i+1}^n + \left(d + \frac{c}{2}\right)\phi_{i-1}^n \,, \tag{6.32}$$

ここで 2 つの無次元パラメータを導入する：

$$d = \frac{\Gamma\,\Delta t}{\rho(\Delta x)^2}, \quad c = \frac{u\,\Delta t}{\Delta x} \,. \tag{6.33}$$

ここで，パラメータ d は時間刻み Δt と特性拡散時間 $\rho(\Delta x)^2/\Gamma$ の比で，パラメータ c は時間刻み Δt と特性対流時間 $(\Delta x)/u$ の比である．前者は特性拡散時間が解の変化の拡散により距離 Δx を超えて伝えられるのに必要な時間，後者は擾乱が対流によって距離 Δx を伝わるのに必要な時間とみなせる．2 番目の値は**クーラン数** (Courant number) と呼ばれ，数値流体力学では重要なパラメータの 1 つである[5]．

ここで一例として ϕ を温度とするならば，式 (6.32) はいくつかの条件を満たす必要がある．すなわち，拡散の効果として過去の時刻に x_{i-1}, x_i, x_{i+1} のどの点でも温度が上がるとき，新しい時刻の x_i での温度は上昇しなければならない．また，対流に関しても $u > 0$ を仮定したときには x_{i-1}, x_i について同じことがいえる．また，ϕ が物質の濃度であったならその値は負であってはならない．

式 (6.32) で ϕ_i^{n-1}, ϕ_{i+1}^{n-1} の係数は負になり得るが，これにより問題を生じる可能性に注意すべきであり，詳細な解析を要する．そこで，常微分方程式で用いられる解析法が拡張できるものとして考えてみよう．簡単な解析法として，**フォン・ノイマン** (von Neumann) によって提案され，その名前が付けられている手法がある．ここでは，（重要ではない例外はあるが）境界条件が一般に問題の原因ではないとみなし，

[5] これは R.Courant, K.Friedrichs and H.Lewy の論文 (1928) にちなみ，CFL 数とも呼ばれる．

無視することで問題を単純化する．この解析法は基本的にはこの章で議論する計算手法のすべてに適用する事ができるので，この解析法について少し詳しく説明しよう．より詳細な点は Moin (2010) や Fletcher (1991) を参照されたい[6].

フォン・ノイマンの安定性解析は，本質的には以下のように導かれる．まず，式 (6.32) はひとまとめに行列形式

$$\boldsymbol{\phi}^{n+1} = A\boldsymbol{\phi}^n \ , \tag{6.34}$$

に書き直すことができ，ここで三重対角行列 A の要素は式 (6.32) と対応付けることにより得られる．この方程式は過去の時間ステップの解から新しい時間ステップの解を与える．そこで，t_{n+1} での解は行列 A の乗算を繰り返すことで初期解 $\boldsymbol{\phi}^0$ から得られることがわかる．問題は，（一定の境界条件下で）ある時間ステップの解とその次の時間ステップの解との残差を適切な手法で計量する際に，n の増大に従ってその残差が増加するか，減少するか，もしくは一定値にとどまるのかという点にある．例えば，残差の計量としてそのノルム

$$\epsilon = \|\phi^n - \phi^{n-1}\| = \sqrt{\sum_i (\phi_i^n - \phi_i^{n-1})^2} \tag{6.35}$$

をとると，微分方程式はこの量が拡散の作用によって時間とともに減少することを要求する．境界条件が変化しなければ，最終的には定常解が得られるはずである．当然ながら，数値解法が厳密解のこの特性を維持する条件を求めたい．

この問題は行列 A の固有値と強く結びついている．行列の固有値の 1 つでも 1 より大きければ n が増大するにつれ ϵ が大きくなることが示せる一方，固有値のすべてが 1 より小さければ ϵ は減衰する．一般には行列の固有値を推定するのは難しく，これより難しい問題に対しては重大な困難を伴うが，この問題では幸いなことに行列の対角成分が定数のため固有ベクトルは容易に見つけられる．固有ベクトルは sin や cos で表現することもできるが，複素数の指数形式を用いるのがより簡単である：

$$\phi_j^n = \sigma^n \mathrm{e}^{\mathrm{i}\alpha j} \ , \tag{6.36}$$

ここで，$\mathrm{i} = \sqrt{-1}$ で，α は任意に選ばれた波数である（波数をどう選ぶかは以下で議論する）．式 (6.36) を式 (6.32) に代入すると，複素指数項 $\mathrm{e}^{\mathrm{i}\alpha j}$ はどの項にも共通となるため消去でき，固有値 σ に対する厳密な表現が得られる：

$$\sigma = 1 + 2d(\cos\alpha - 1) + \mathrm{i}\, c \sin\alpha \ . \tag{6.37}$$

---

[6] 訳注：日本語の教科書としては C.A.J. フレッチャー著，澤見英男訳 (1993)：『コンピュータ流体力学』，シュプリンガー・フェアラーク東京．

ここでは，σ の大きさが重要である．複素数の大きさは実部と虚部の 2 乗の和から定義され

$$\sigma^2 = [1 + 2d(\cos\alpha - 1)]^2 + c^2 \sin^2\alpha \tag{6.38}$$

を得る．そこで，σ^2 が 1 より小さくなる条件を調べてみよう．

σ の表式には 2 つの独立したパラメータがあるので，特別な場合を最初に考えるのが最も簡単である．まず，拡散のない場合 $(d = 0)$ はすべての α に対して $\sigma > 1$ であり，この手法はいかなる c に対しても不安定，すなわち，**無条件不安定** (unconditionally unstable) となり，この手法は有効でない．一方，対流がない場合（クーラン数 $c = 0$）では，σ は $\cos\alpha = -1$ のとき最大をとることがわかる．そのとき，この手法は $d < 1/2$ で安定となり，これは**条件付き安定** (conditionally stable) である．

式 (6.32) に対して，過去の節点値に対応する係数が正であるべきであるという上記の直感的な考察により，ほぼ同様の結論 $d < 0.5$ かつ $c < 2d$ を得る．最初の条件は Δt に制限を付けることとなり，

$$\Delta t < \frac{\rho(\Delta x)^2}{2\Gamma} \, . \tag{6.39}$$

2 番目の条件は，時間ステップへの制限とはならないが，対流と拡散の間の関係

$$\frac{\rho u \, \Delta x}{\Gamma} < 2 \quad \text{または} \quad \mathrm{Pe}_\Delta < 2 \, , \tag{6.40}$$

すなわち，セルペクレ数 Pe が 2 より小さくあるべきことを示している．これらはすでに述べたように，対流流束に 2 次中心差分を用いた解が有界であるかどうかの（必要条件でないが）十分条件となる．

この方法は，常微分方程式に対する陽的オイラー法と空間微分に対する中心差分近似の組み合わせをもとに構築されているため，それぞれの精度を受け継いでいる．よって，この手法は時間に対して 1 次精度，空間に対しては 2 次精度である．$d < 0.5$ の制限は，空間格子を半分にすると時間刻みは 1/4 に減少しなければならないことを意味する．この条件により，高い時間解像度を必要としない（解がゆっくりと変化したり定常解に近づくような）問題にはこのスキームは不適切である．一方，このような場合には時間方向に 1 次精度の手法を使いたいと考えるので，その安定性のさらなる検証事例を以下に示そう．

式 (6.40) の条件に関連した不安定性の問題は，1920 年代に Courant と Friedrichs によりすでに認知されており，彼らは現在も用いられる対処法を提案している．すなわち，対流に支配される問題に対しては式 (6.32) 中の ϕ_{i+1}^{n-1} の係数が負になり得ることを指摘し，**風上差分** (upwind differences) を用いることでこの問題が回避できることを示した．そこで，上述の手法において対流項を 2 次中心差分で近似する代わりに風上差分を用いることにする（3 章を参照）．すると，式 (6.31) の代わりに次式を

得る：

$$\phi_i^{n+1} = \phi_i^n + \left[-u \frac{\phi_i^n - \phi_{i-1}^n}{\Delta x} + \frac{\Gamma}{\rho} \frac{\phi_{i+1}^n + \phi_{i-1}^n - 2\,\phi_i^n}{(\Delta x)^2} \right] \Delta t\,. \tag{6.41}$$

よって，式 (6.32) の代わりに

$$\phi_i^{n+1} = (1 - 2d - c)\phi_i^n + d\phi_{i+1}^n + (d + c)\phi_{i-1}^n \tag{6.42}$$

を得る．この場合，近傍点の係数が常に正となるので，非物理的な不安定挙動は起こらない．しかし，ϕ_i^n の係数は負になり得るため潜在的な問題は残されている．ϕ_i^n の係数が正であるためには，時間ステップについては以下の条件を満たさなければならない：

$$\Delta t < \frac{1}{\dfrac{2\Gamma}{\rho(\Delta x)^2} + \dfrac{u}{\Delta x}}\,. \tag{6.43}$$

したがって，対流が無視できるときには，安定性のための時間ステップの制限は式 (6.39) と同じになる．一方，拡散が無視できるときに満たすべき関係式は

$$c < 1 \quad \text{または} \quad \Delta t < \frac{\Delta x}{u} \tag{6.44}$$

となる．すなわち，クーラン数は 1 より小さくなければならない．

この問題にもフォン・ノイマンの安定性解析を用いることができ，これは先の結論と一致する．このように中心差分と異なり，風上近似はある程度の安定性に寄与することから，その使いやすさと相まって，この種の手法は長年にわたって多用され現在も使われ続けている．対流と拡散の両方が存在する場合の安定性の条件式はやや複雑になるので，複雑な問題をそのまま扱うよりは個々の独立した関係式を満たすことで，やや厳し過ぎるが安全な制約条件を課すことが実用的には好まれる．

この手法は空間と時間の両方に 1 次の打ち切り誤差を持つので，誤差を小さく保つためには非常に小さな時間ステップと空間解像度を用いなければならない．このことからこの手法を実際に用いるべき例はほとんどない．

クーラン数の制限は，流体粒子が 1 時間ステップの間に 1 格子間隔以上の距離を進むことができないことも意味している．この情報伝達速度の制限は一見合理的にみえるが，この種の手法を定常問題や局所的に非常に細かい格子（例えば壁近傍）に用いるときには収束速度を制限することになる．

その他の陽的解法についても常微分方程式の解法に基づいて説明することができる．実際，ここまでに述べた方法のすべてが，幾度となく CFD に用いられてきた．一例として，**蛙跳び法**として知られる，中心差分に基づく 3 時刻解法を次に示す．

6.3.1.2　蛙跳び（リープフロッグ）法

6.2.2 項に示した蛙跳び（leapfrog，リープフロッグ）法を，一般化した輸送方程式に適用し，空間の離散化に中心差分を適用すると

$$\phi_i^{n+1} = \phi_i^{n-1} + \left[-u\frac{\phi_{i+1}^n - \phi_{i-1}^n}{2\,\Delta x} + \frac{\Gamma}{\rho}\,\frac{\phi_{i+1}^n + \phi_{i-1}^n - 2\,\phi_i^n}{(\Delta x)^2}\right] 2\Delta t \tag{6.45}$$

を得る．ここで無次元係数 d と c を用いて書き直すと

$$\phi_i^{n+1} = \phi_i^{n-1} - 4d\phi_i^n + (2d-c)\phi_{i+1}^n + (2d+c)\phi_{i-1}^n \tag{6.46}$$

となる．この手法では，ϕ_i^n の係数が「無条件に負値」になるため，熱伝導解析の物理的に実現可能な制約条件を満足しない．したがって，安定性解析ではこの手法は無条件に不安定であり，非定常問題の数値解法には使えないように思える．しかし，ここでは輸送方程式における拡散の役割をより詳しく検討する必要がある．Mesinger and Arakawa (1976) は，この問題について以下のように明快な説明をしている．

残念なことに，蛙跳び法の構造上，このスキームは物理的に「正しい」真モードと，計算上の「間違った」偽モードの 2 つの解を伴う（これは 3 時刻陽解法すべてに共通する）．式 (6.46) にフォン・ノイマン安定性解析を適用すると，この方法は常に不安定であることが示される．しかし，$d = 0$ であるとき，すなわち拡散がない線形の対流方程式に対して，蛙跳び法はクーラン数 $c \leq 1$ において安定であり，このとき解は数値分散を含むが，数値拡散は含まない．この場合，上述の 2 つの解は互いに連成せず，計算上の偽モードのみが時間とともに増幅する．一方，時間刻みが小さければその不安定性は非常に小さく，振動的な解の減衰は他の解法に比べて極めて低く抑えられる．そのため特に，対流が支配的で拡散が小さい気象学や海洋学などの問題では，この解法が（安定性の工夫を加えて）実際によく用いられる．

Williams (2009) によれば，地球物理学の流体シミュレーションの計算コードの多くが蛙跳び法を用いており，さらにその多くは計算上の偽モードを抑制するために，Robert–Asselin (RA) の時間フィルター (Asselin, 1972) を使用していることを指摘している．RA 法では，解 ϕ_i^{n+1} を計算後に ϕ_i^n を次のように修正する：

$$\phi_i^n \leftarrow \phi_i^n + \frac{\nu}{2}\left(\phi_i^{n-1} - 2\phi_i^n + \phi_i^{n+1}\right) = \phi_i^n + d_f\ . \tag{6.47}$$

ここで，修正項 d_f は，中心差分に基づく時間に対する 2 階微分フィルターである．フィルター係数 ν は，計算上の偽モードを取り除くために必要な範囲で可能な限り小さな正値 (0.01–0.2) にとられる．一方，このフィルター操作によって蛙跳び法の精度は 2 次から 1 次に落ちて，解の振幅が減衰する．一方，Williams (2009) の修正では，代わりに

$$\phi_i^n \leftarrow \phi_i^n + \alpha d_f\ , \tag{6.48}$$

$$\phi_i^{n+1} \leftarrow \phi_i^{n+1} + (1-\alpha) d_f \ . \tag{6.49}$$

を用いる．これにより望ましくない数値的減衰が抑えられて，解の精度が向上する (Amezcua et al., 2011)．Williams は，計算の安定性を確保するためには $\alpha \geq 0.5$ が必要であり，例えば，$\alpha = 0.53$ と $\nu = 0.2$（Amezcua et al., 2011 では $\nu = 0.1$）とすることで RA 法に対して大幅に改善することを示している．この Williams の RAW 法（Amezcua et al., 2011 により名付けられた）が，蛙跳び法の利点を維持するものとして，気象計算コードに採用されつつある．これに対して別の計算コードの開発者は，6.2.3 項で述べた 3 次精度のルンゲ・クッタ法のような代替スキームを実装することを選択している．

6.3.2　陰　解　法

6.3.2.1　陰的オイラー法

もし安定性の確保が主要な要件であるならば，常微分方程式の解法の分析から後退オイラー法または陰的オイラー法と呼ばれる解法を使うことを推奨する．一般化された輸送方程式 (6.30) にこの手法を適用し，空間微分に中心差分近似を用いるならば，以下の式を得る：

$$\phi_i^{n+1} = \phi_i^n + \left[-u \frac{\phi_{i+1}^{n+1} - \phi_{i-1}^{n+1}}{2\,\Delta x} + \frac{\Gamma}{\rho} \frac{\phi_{i+1}^{n+1} + \phi_{i-1}^{n+1} - 2\,\phi_i^{n+1}}{(\Delta x)^2} \right] \Delta t \ , \tag{6.50}$$

もしくは，式 (6.33) で導入した無次元化係数 c と d を用いれば以下となる：

$$(1+2d)\,\phi_i^{n+1} + \left(\frac{c}{2} - d\right) \phi_{i+1}^{n+1} + \left(-\frac{c}{2} - d\right) \phi_{i-1}^{n+1} = \phi_i^n \ . \tag{6.51}$$

また，係数行列を用いれば，これは次のように書き直される：

$$A_{\mathrm{P}} \phi_i^{n+1} + A_{\mathrm{E}} \phi_{i+1}^{n+1} + A_{\mathrm{W}} \phi_{i-1}^{n+1} = Q_{\mathrm{P}} \ , \tag{6.52}$$

式 (6.33) にならって行列要素は以下となる：

$$\begin{aligned} &A_{\mathrm{E}} = \frac{c}{2} - d\ ; \quad A_{\mathrm{W}} = -\frac{c}{2} - d\ ; \\ &A_{\mathrm{P}} = 1 + 2d = 1 - (A_{\mathrm{E}} + A_{\mathrm{W}})\ ; \quad Q_{\mathrm{P}} = \phi_i^n \ . \end{aligned} \tag{6.53}$$

この手法では，すべての流束と生成項が新しい時刻での未知変数を含む形で評価される．その結果，得られる代数方程式の系は定常問題で得られたものとよく似ており，唯一の違いは，係数 A_{P} と生成項 Q_{P} に非定常項の寄与が付加されているところだけである．

常微分方程式の場合と同様に，陰的オイラー法を使うことで任意の大きな時間刻みをとることができる．この性質は，ゆっくり変化する流れや定常流れを解析する際に有効である．一方で，粗い格子で中心差分を用いたときに問題が起こる場合があり，(変数の勾配の変化が強い領域でペクレ数が大きすぎるならば）手法が安定であるにもかかわらず振動解を生じる．

この手法の欠点は，時間において1次の打ち切り誤差があることと，それぞれの時間ステップで大規模な連立方程式を解く必要があることにある．また，すべての係数行列 A と生成項ベクトルを記憶しなければならないので，陽解法よりはるかに多くの計算メモリを必要とする．これらの欠点にもかかわらず，定常解を時間発展で解く際に大きな時間ステップをとり得るという長所によって，特に解が定常状態に漸近するような場合には効果的な計算が可能となる．

6.3.2.2　クランク・ニコルソン (Crank–Nicolson) 法

偏微分方程式の問題で時間精度が重要な場合には，2次精度でありながら比較的単純であることから台形公式がしばしば適用される．これはクランク・ニコルソン法と呼ばれる．この手法を，特に1次元の一般化された輸送方程式に適用し，空間微分の離散化に中心差分を用いると以下のようになる：

$$\phi_i^{n+1} = \phi_i^n + \frac{\Delta t}{2}\left[-u\,\frac{\phi_{i+1}^{n+1} - \phi_{i-1}^{n+1}}{2\Delta x} + \frac{\Gamma}{\rho}\,\frac{\phi_{i+1}^{n+1} + \phi_{i-1}^{n+1} - 2\phi_i^{n+1}}{(\Delta x)^2}\right] + \frac{\Delta t}{2}\left[-u\,\frac{\phi_{i+1}^{n} - \phi_{i-1}^{n}}{2\Delta x} + \frac{\Gamma}{\rho}\,\frac{\phi_{i+1}^{n} + \phi_{i-1}^{n} - 2\phi_i^{n}}{(\Delta x)^2}\right] . \tag{6.54}$$

この手法は陰解法であり，新しい時刻における流束と生成項からの寄与により陰的オイラー法と同様の連立方程式が生じる．上記の式は書き直すと以下のようになる：

$$A_{\mathrm{P}}\phi_i^{n+1} + A_{\mathrm{E}}\phi_{i+1}^{n+1} + A_{\mathrm{W}}\phi_{i-1}^{n+1} = Q_i^t , \tag{6.55}$$

ここで，式 (6.33) で表される無次元係数 c と d を用いると，

$$\begin{aligned} A_{\mathrm{E}} &= \frac{c}{4} - \frac{d}{2}\, ; \quad A_{\mathrm{W}} = -\frac{c}{4} - \frac{d}{2}\, , \\ A_{\mathrm{P}} &= 1 + d = 1 - (A_{\mathrm{E}} + A_{\mathrm{W}})\, , \\ Q_i^t &= (1 + A_{\mathrm{E}} + A_{\mathrm{W}})\phi_i^n - A_{\mathrm{E}}\phi_{i+1}^n - A_{\mathrm{W}}\phi_{i-1}^n \end{aligned} \tag{6.56}$$

となる．Q_i^t は生成項への付加として表される項で，前の時刻 n の値からの寄与を含んでおり，新しい時刻 $n+1$ の値を求める反復計算の間は一定値をとる．この方程式は，新しい解に依存する生成項も含みうるので，上記の項 Q_i^t は別途，保存しておく必要がある．

この手法の1ステップ当たりの計算負荷は陰的オイラー法よりほとんど増えるこ

とはない．フォン・ノイマンの安定性解析によればこの手法は無条件安定であるが，時間ステップを大きくとると振動解を（不安定さえ）生じ得る．これは Δt が大きくなると ϕ_i^n の係数が負になる可能性があるためであるが，$1-d>0$ もしくは $\Delta t<\rho(\Delta x)^2/\Gamma$ であれば正係数であることが保証される．この値は陽的オイラー法で許される最大のステップサイズの 2 倍である．実際の問題では，もっと大きな時間ステップでも振動解を生じることなく使うことができる場合もあり，その制約条件は問題に依存する．

ここでもし修正方程式による方法[7]（4.4.6 項）を式 (6.54) に適用すると，先頭の打ち切り項のみを残した結果は次のようになる（Fletcher, 1991 の表 9.3 を参照）：

$$\frac{\partial\phi}{\partial t}+u\frac{\partial\phi}{\partial x}-\frac{\Gamma}{\rho}\frac{\partial^2\phi}{\partial x^2}=-u\frac{\Delta x^2}{6}\left(1+\frac{c^2}{2}\right)\frac{\partial^3\phi}{\partial x^3}+\frac{\Gamma}{\rho}\frac{\Delta x^2}{12}(1+3c^2)\frac{\partial^4\phi}{\partial x^4}\,. \tag{6.57}$$

ここでは 2 つのことが明らかである．まず，打ち切り誤差に 3 階導関数が残ることは，このスキームが分散的であることを示している．これは初期条件を適切に仮定したとしても，その解が時間とともに歪むことを意味する．なぜなら，解を構成する要素となる波形が分散誤差により異なる速度で移動するからである．Fletcher (1991) は，この影響はかなり大きくなり得ることを示している．次に，スキームには正の係数を持つ 4 階導関数が含まれており，これが物理的な拡散効果をわずかではあるが損なうことを示している[8]．Warming and Hyett (1974) および Donea et al. (1987) は，スキームの安定性には修正方程式内の主要な偶数次微分項が拡散的である必要があると示している．ただし完全な評価には，フォン・ノイマンの安定性解析が必要であろう．

クランク・ニコルソン法は，1 次の陽的オイラー法と陰的オイラー法を組み合わせたものとみることができ，同じ比率で加えた場合のみ 2 次精度が得られる．他の組み合わせ方としては，時間微分，空間微分のそれぞれの値に依存して変化させることもできるが，その場合の精度は 1 次のままである．陰解法の部分の寄与が大きくなれば安定性は増すが，精度は減少する．これについては次節で述べる．

---

[7] その手順は以下の通りである．(1) 対象となる差分スキームに含まれる項を，ある点（この場合は x_i, t_n）の周りで 2 次元 (x,t) のテイラー級数を用いて展開することで偏微分方程式を得る．(2) この偏微分方程式（およびその導関数）を用いて，展開された PDE 内のすべての高次および時間を含んだ項を空間微分に置き換える．(3) 元の PDE を左辺に，残りの項を右辺に移項する．手作業でこの方法を行う際には，Warming and Hyett (1974) の手順表が便利である．残った項が打ち切り誤差であり，差分方程式と元の方程式が解くものとの違いを示している．得られた解に含まれる最も重要な物理的影響を確認するために，最低次の項を定式に残しておくこと．

[8] スキームに含まれる効果として，拡散（または消散）が発生するためには，修正方程式内の偶数次微分の係数が，2 次の項の係数が正で 4 次の項の係数が負といったように，交互の符号を持っている必要がある．なお，元の微分方程式には物理的な効果として 2 次の拡散が含まれていることに注意せよ．

6.3.2.3　θ　法

陽的オイラー法，陰的オイラー法とクランク・ニコルソン法は，より一般化した（加重）スキームに統合することができる．これにより計算精度と安定性の配分を選択できるようになり，これは特に非線形問題を解く際に重要となるであろう．この場合，一般化した輸送方程式に対して，t_n から $t_{n+1} = t_n + \Delta t$ への時間進行を式 (6.54) に替えて次のように書く：

$$\phi_i^{n+1} = \phi_i^n + \theta\Delta t\left[-u\,\frac{\phi_{i+1}^{n+1} - \phi_{i-1}^{n+1}}{2\Delta x} + \frac{\Gamma}{\rho}\,\frac{\phi_{i+1}^{n+1} + \phi_{i-1}^{n+1} - 2\phi_i^{n+1}}{(\Delta x)^2}\right]$$
$$+(1-\theta)\Delta t\left[-u\,\frac{\phi_{i+1}^{n} - \phi_{i-1}^{n}}{2\Delta x} + \frac{\Gamma}{\rho}\,\frac{\phi_{i+1}^{n} + \phi_{i-1}^{n} - 2\phi_i^{n}}{(\Delta x)^2}\right]. \tag{6.58}$$

このスキームは，$\theta = 0$ のとき前進（陽的）オイラー法になる以外は，陰解法である．$\theta = 1$ では後退（陰的）オイラー法であり，$\theta = 0.5$ のとき上述のクランク・ニコルソン法となる．よって，式 (6.55), (6.56) に対する解法が適用でき，フォン・ノイマンの安定性解析によれば，$\theta < 1/2$ のとき不安定，$1/2 \le \theta \le 1$ で安定となる．予想されるように，$\theta = 1/2$ で最も高精度で 2 次精度となり，$1/2 < \theta$ では 1 次精度で散逸的となる．この方法を安定性限界 $\theta = 1/2\ (= 0.5)$ で実行することもできるが，実際の応用問題では，一般的に $0.52 \le \theta \le 0.60$ が用いられる．

この θ 法は Casulli and Cattani (1994) により述べられ，その後，Casulli によって自由表面を持つ非静水圧流れに関する印象的な一連の研究論文に用いられた．Fringer et al. (2006) はこの手法をプログラムに実装し，非静水圧沿岸海洋流のシミュレーションに適用している．

6.3.2.4　3 時刻解法

6.2.4 項でみたように，2 次精度の完全陰解法は，時間に対する 2 次式による後退近似により得られる．1 次元の一般化された輸送方程式に対し，空間項の離散化に中心差分を用いると次のようになる：

$$\rho\,\frac{3\,\phi_i^{n+1} - 4\,\phi_i^n + \phi_i^{n-1}}{2\Delta t}\,\Delta t = \left[-\rho u\,\frac{\phi_{i+1}^{n+1} - \phi_{i-1}^{n+1}}{2\Delta x} + \Gamma\,\frac{\phi_{i+1}^{n+1} + \phi_{i-1}^{n+1} - 2\phi_i^{n+1}}{(\Delta x)^2}\right]\Delta t\,. \tag{6.59}$$

結果的に得られる代数方程式は以下のように書ける：

$$A_{\mathrm{P}}\phi_i^{n+1} + A_{\mathrm{E}}\phi_{i+1}^{n+1} + A_{\mathrm{W}}\phi_{i-1}^{n+1} = 2\phi_i^n - \frac{1}{2}\,\phi_i^{n-1}\,. \tag{6.60}$$

行列係数 A_{E} と A_{W} は陰的オイラー法（式 (6.53) を参照）と同じであるが，中心点の係数への時間微分からの寄与が大きくなる：

$$A_{\mathrm{P}} = -(A_{\mathrm{E}} + A_{\mathrm{W}}) + \frac{3}{2} = \frac{3}{2} + 2d \,. \tag{6.61}$$

また，生成項には時間 t_{n-1} からの寄与が含まれる（式 (6.60) を参照).

この 3 時刻解法 (three-time-level: TTL) はクランク・ニコルソン法よりプログラムが容易であり，振動解を生じにくいという利点を持つ（それでも，Δt が大きいときには振動解を生じ得る）．3 つの隣り合った時刻の解が必要であるが，要求される計算メモリはクランク・ニコルソン法と同じである．この手法は時間に対し 2 次精度で無条件安定である．式 (6.60) から節点 i の古い値の係数は常に正であるが，t_{n-1} の値の係数は常に負値をとり，時間ステップが大きいときに振動解が生じる原因となる．

もし 4.4.6 項に述べた修正法を式 (6.59) に適用すると，打ち切り誤差の主要項のみを残して（Fletcher, 1991 の表 9.3 を参照）結果は以下となる．

$$\frac{\partial \phi}{\partial t} + u\,\frac{\partial \phi}{\partial x} - \frac{\Gamma}{\rho}\,\frac{\partial^2 \phi}{\partial x^2} = -u\frac{\Delta x^2}{6}(1+2c^2)\frac{\partial^3 \phi}{\partial x^3} + \frac{\Gamma}{\rho}\,\frac{\Delta x^2}{12}(1+12c^2)\frac{\partial^4 \phi}{\partial x^4}\,. \tag{6.62}$$

式 (6.62) から，クランク・ニコルソン法と同様に打ち切り誤差は $O(\Delta x^2)$ であるとわかる．興味深いことに，c^2 を小さくとった極限で両者の誤差が一致する一方，$c^2 = u\frac{\Delta t}{\Delta x} = O(1)$ では，3 時刻解法は数値分散が 2 倍大きく，また，「逆」拡散/散逸誤差は 3.25 倍になる．

この解法は 1 次の陰的オイラー法と組み合わせることができる．それには，中心点の影響係数と生成項への寄与のみを 5.6 節に述べた遅延補正法に従って変更すればよい．これは初期値として過去の時刻が 1 つあればよいので計算を始めるときに有効である．また，定常解を求める場合は，陰的オイラー法に切り替えれば安定性が確保され，大きな時間ステップを用いることができる．1 次精度スキームをわずかに加えることにより，解の振動を防ぎ，見栄えの良い解が得られる（振動がないからといって精度が向上するわけではないが，グラフィカルな見た目はよくなる）．正しくいうならば，振動が生じるのは時間的に大きな離散化誤差が発生している兆候であるので，時間ステップを小さくとらなければならない．ただしこれは，条件付き安定な解法には当てはまらない．

3 時刻解法はほとんどの商用コードや公開コードに実装されている．これほど普及している理由の 1 つは，完全陰解法であり，1 次精度の陰的オイラー法と同じく対流，拡散および生成のすべての項が新しい時刻でのみ計算されることにあるだろう．これは，2 つの時刻で格子を変化させられることを意味し，1 つ前の時刻で必要な情報は計算点の変数値のみで，これを新しい格子に補間をするだけでよい．すなわちクランク・ニコルソン法とは異なり，過去時刻での流束項や生成項を保存する必要がない．

6.3.3　その他の手法

上記の手法は，一般的な汎用 CFD コードで使われているものであるが，これに対して乱流のラージ・エディ・シミュレーション (LES) や直接計算などの特別な目的の場合には，3 次，4 次精度のルンゲ・クッタ法やアダムス法のような，高次精度スキームがしばしば使われる．一般的に，時間に対してこのような高次精度の離散化が使われるのは空間離散化が高次精度である場合であり，これは解析領域が規則的な単純形状で空間の高次精度スキームが容易に適用できる場合である．このような場合，常微分方程式で開発された高次精度スキームを CFD の問題に適用することが簡単でわかりやすい．

θ 法での陽的オイラー法および陰的オイラー法のブレンドと同様に，任意の 2 つのスキームを組み合わせることができる．この場合，一般的には，一方のスキームは高次精度であるが特定の条件下で安定性に問題があるのに対し，もう一方のスキームは条件付きで安定であるが精度が低い（陰的オイラー法がその典型）．このようなブレンドは，高次スキームが直面するような場所や状況で局所的に適用することができる．しかし，こうした条件をうまく特定し，精度と安定性の両方を最大化するための最適なブレンド係数を決定することは簡単ではない．そのような方法の具体例は示さないが，少なくともその可能性については指摘しておきたく，空間離散化に対する類似のアプローチを 4.4.6 項で説明した．

6.4　解法の適用例

上記の手法のいくつかの特性を調べるため，最初に 3 章での例題に対して非定常の場合を取り上げる．解くべき問題は式 (6.30) によって与えられ，初期条件と境界条件は，$t = 0$ で $\phi_0 = 0$，その後の時間で $x = 0$ で $\phi = 0$，$x = L = 1$ で $\phi = 1$ また $\rho = 1$, $u = 1$, $\Gamma = 0.1$ で一定とする．境界条件は時間によらず一定であるので，解は初期の 0 から 3.10 節に示した定常解まで発達する．空間微分の離散化には 2 次精度中心差分を用いた．時間の離散化には 1 次の陽的オイラー法および陰的オイラー法，クランク・ニコルソン法，完全陰的 3 時刻解法を用いた．

最初に，安定性を破る大きな時間ステップで陽的オイラー法（条件付き安定）を使ったとき，何が起こるかをみてみよう．図 6.3 は，式 (6.39) で与えられる臨界値に対して時間幅を少し小さく，または大きくとった場合について，短い時間ステップ数を計算した後の解の時間発展の様子を示す．時間幅が臨界値より大きい場合は解の振動が発生し，時間とともに無制限に増幅して，図 6.3 の最後の解から数ステップ後には計算機で扱えない（オーバーフローする）ほど大きくなる．一方，陰解法では時間ステップを非常に大きくしても特に問題は起こらない．

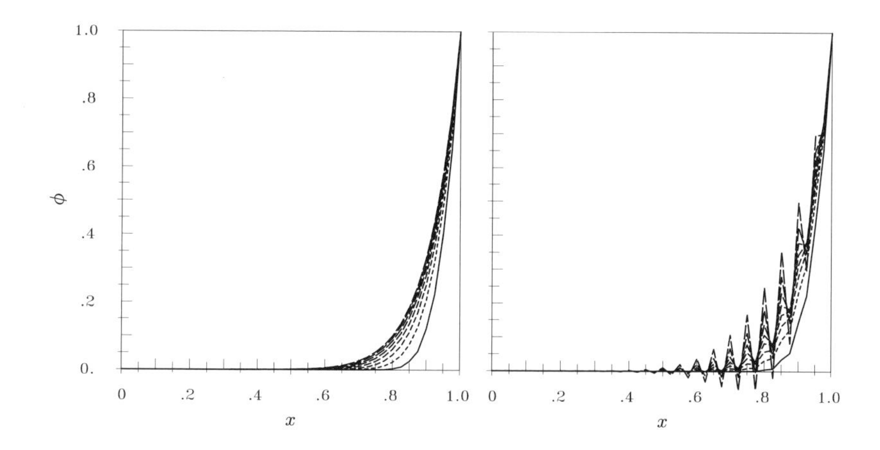

図 6.3　時間ステップを変化させた場合の陽的オイラー法の解の時間発展．左，$\Delta t = 0.003$ $(d < 0.5)$；右，$\Delta t = 0.00325$ $(d > 0.5)$．

次に，時間離散化の精度を調べるために，等間隔格子（41 点，$\Delta x = 0.025$）において $x = 0.95$, $t = 0.01$ での解に着目する．ここでは，$t = 0.01$ までの計算を時間ステップ数 5,10,20,40 に分割し（それぞれ，$\Delta t = 0.002$, 0.001, 0.0005, 0.00025 に相当），上記の 4 つの離散化法で計算を試みる．時間ステップを小さくしていった場合の $x = 0.95$, $t = 0.01$ での解 ϕ の収束の様子を図 6.4 に示す．正しい解に対して，陰的オイラー法と 3 時刻解法は過小に，陽的オイラー法とクランク・ニコルソン法は過大に予測している．また，すべての手法が時間ステップに依存しない解に向かって単調に収束していくのがわかる．

ここでは比較すべき厳密解がないので，クランク・ニコルソン法（ここではこれが最も高精度である）により $\Delta t = 0.0001$（100 時間ステップ）として計算し，$\Delta t = 0.01$ での解を正確な参照値とした．この解は他の 3 つの手法で得たものよりもはるかに正確なので，誤差評価においては厳密解とみなせる．この参照解から上記の手法の解を差し引いて，それぞれの手法と時間ステップ幅による時間離散化誤差を評価する．空間の離散化誤差はすべての手法で等しいのでここでは重要でない．このようにして得られた誤差を時間幅 Δt に対して図 6.4 に図示した．

2 つのオイラー法は予期されたように 1 次精度の挙動を示す．すなわちその誤差は，時間ステップを 1 桁小さくすると同様に 1 桁小さくなる．2 つの 2 次精度の手法の結果も理論値の傾きに近く，予期された誤差の減少率を示している．ただし，クランク・ニコルソン法は初期の誤差が非常に小さいのでより正確な解を与える一方，3 時刻解法は陰的オイラー法からスタートしているので初期に大きな誤差が生じている．この問題では，時間的な変化が単調に初期値から定常解へ進んでいるので，初期

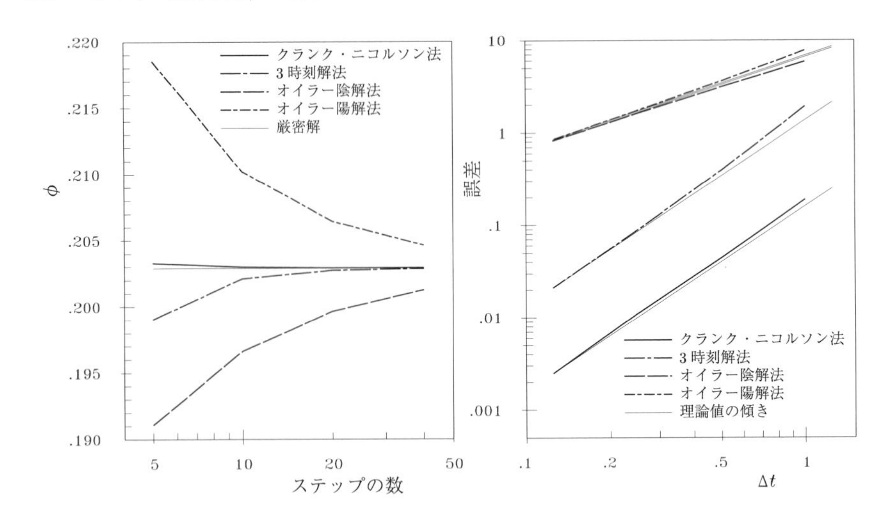

図 6.4　さまざまな時間積分スキームに対して，時間ステップを変化させた場合の $x = 0.95$, $t = 0.01$ での ϕ の収束（左）と時間の離散化誤差（右）．

誤差の違いが解の全体にわたって重要となっている．誤差の減少率は両方の手法で等しいが，この場合に誤差の大きさはその初期値に依存している．

次に，4章での2次元のテストケースを調べてみる．これは，よどみ点を持つ流れにおける一定温度の壁からの熱伝達問題である（4.7節を参照）．初期値はここでも $\phi_0 = 0$ であり，境界条件は時間によらず一定で，4.7節で調べた定常問題のときと同じ条件 ($\rho = 1.2$, $\Gamma = 0.1$) である．空間は中心差分により，計算領域は格子間隔一定で 20×20 の CV 格子を用いて離散化する．陰解法での連立線形方程式は SIP ソルバーを用いて解き，反復誤差は 10^{-5} 以下まで減少させる．時間発展は，定常解が得られるまで計算を進めた．図6.5に，4つの時刻での等温線を示す．

この問題に対して各スキームの解析精度を調べるために，時刻 $t = 0.12$ での等温壁での熱流束に着目する．熱流束 Q の変化は時間ステップの関数となり，これを図6.6に示す．前のテストケースと同様に，2次精度の解法を使った結果は時間ステップ数が増大してもほとんど変化しない．一方，1次精度の手法を使った場合はかなり精度が劣る結果となっている．特に，陽的オイラー法は収束が単調ではなく，最も大きい時間幅を使って得た解は，それより小さな時間幅による解とは厳密解を挟んで逆側にある．

誤差評価のために，クランク・ニコルソン法で非常に小さな時間幅（$\Delta t = 0.0003$ で $t = 0.12$ までに400ステップ）を用いて正確な参照解を計算した．空間の離散化はすべての手法で同じものを用いているので，空間の離散化誤差は解の差分をとれば

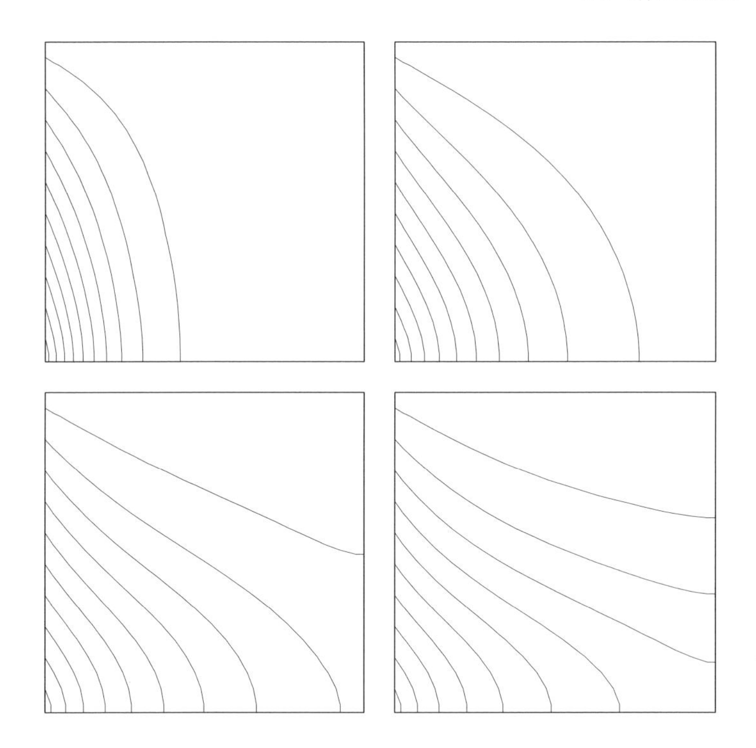

図 6.5 非定常 2D 問題における $t = 0.2$ (左上), $t = 0.5$ (右上), $t = 1.0$ (左下), $t = 2.0$ (右下) での等温線. 20×20 の等間隔 CV 格子を用いて, 空間には CDS, 時間にはクランク・ニコルソン法を用いて離散化.

打ち消される. 各手法でさまざまな時間幅で熱流束を計算し, 参照解から差し引くことで時間離散化誤差の評価を行う. 最大の時間ステップ幅で正規化された時間幅に対する時間離散化誤差を図 6.6 に示す.

ここでも, 1 次精度および 2 次精度の手法に対して予想通りの漸近収束率が得られているのがわかる. ただし, この問題では誤差が最小になるのは 2 次精度の 3 時刻解法である. これは前の例と同様に, 初期誤差の寄与の大きさによるといえるが, ここでは 3 時刻解法（開始時に陰的オイラー法を併用する）の初期誤差がクランク・ニコルソン法より小さくなっているからである. 2 次精度スキームの誤差は, いずれも 1 次精度スキームよりは十分小さくなっており, 2 次精度で最大の時間ステップを使った結果でさえ, 1 次精度で時間幅を 1/8 に小さくしたときよりも正確である.

ここでは, 初期値から定常解へ滑らかに変化する単純な非定常問題を扱ってきたにもかかわらず, 1 次のオイラー法はかなり不正確であることがわかった. 2 つのテストケースでは, 2 次精度スキームはオイラー法に比べて誤差が 2 桁以上小さい（そ

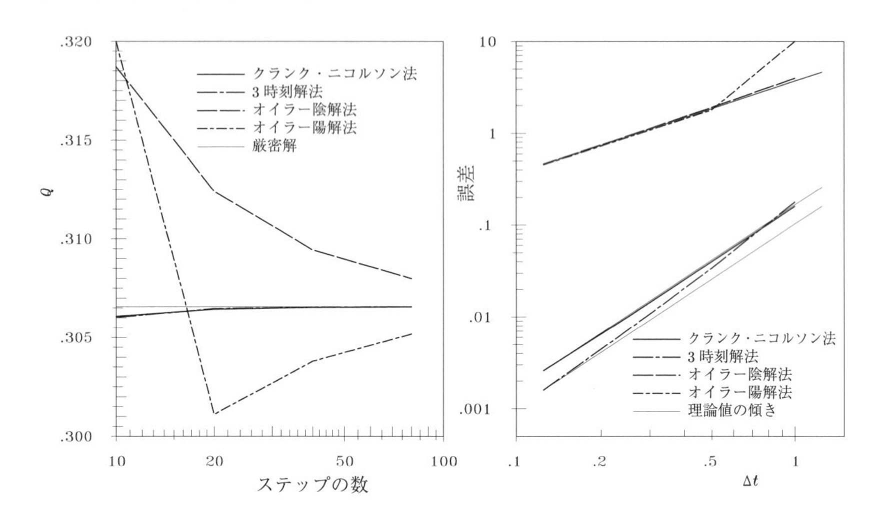

図 6.6　さまざまなスキームで時間ステップを変化させた場合の，$t = 0.12$ での等温壁での熱流束（左）と壁面熱流束の時間離散化誤差（右）．空間には中心差分を用いて等間隔 20 × 20 CV で離散化．

の誤差は最も小さい時間ステップで 1 % のオーダーであった）．過渡的に変化する流れでは，この差がさらに拡大すると予想される．定常解を求める場合は，1 次精度スキームの中では唯一，陰的オイラー法のみ使うことができる．これに対して過渡的な問題については 2 次精度（もしくはそれ以上）のスキームが推奨される．

非定常流れの問題については，8.4.2 項と 9.12 節で議論することとする．

第7章　ナビエ・ストークス方程式の解法（その1）

ナビエ・ストークス方程式の解法こそがこの本の主なトピックスであり，そのためにかなりの紙面を割き，内容を2つの章に分けてまとめた．この章では方程式の基本的問題，特徴および解法を扱い，よく用いられる解法の詳しい実装と適用例については次の章で述べる．この構成としたのは，初心者，専門家を問わずに使いやすいものを目指したためであり，初歩からでも特定問題への適用でも見通し良く学習できるように配慮した．例えば，(1) 商用ソフトウェアを用いたり，そこに使われる有用な解法を習得したい，あるいは，(2) ソフトウェア開発者としてさまざまな方法から選択したい，などの要望に応えている．

7.1　ナビエ・ストークス方程式の特徴

3章，4章，6章では一般化された保存方程式を取り扱った．そこで書かれた離散化の基礎は，当然ながら，運動方程式と連続の式（正しくはナビエ・ストークス方程式と呼ぶ）にも適用できる．まず，これらの方程式を積分形でもう一度示しておく：

$$\frac{\partial}{\partial t}\int_V \rho u_i \,\mathrm{d}V + \int_S \rho u_i \mathbf{v}\cdot\mathbf{n}\,\mathrm{d}S = \int_S \mathbf{t}_i\cdot\mathbf{n}\,\mathrm{d}S + \int_V \rho b_i\,\mathrm{d}V\,, \tag{7.1}$$

$$\frac{\partial}{\partial t}\int_V \rho\,\mathrm{d}V + \int_S \rho\mathbf{v}\cdot\mathbf{n}\,\mathrm{d}S = 0\,, \tag{7.2}$$

ここで，式 (1.18) つまり ($\mathbf{t}_i = \tau_{ij}\mathbf{i}_j - p\mathbf{i}_i$) を思い出せば，以下の微分形を得る：

$$\frac{\partial(\rho u_i)}{\partial t} + \frac{\partial(\rho u_j u_i)}{\partial x_j} = \frac{\partial \tau_{ij}}{\partial x_j} - \frac{\partial p}{\partial x_i} + \rho b_i\,, \tag{7.3}$$

$$\frac{\partial \rho}{\partial t} + \boldsymbol{\nabla}\cdot(\rho\mathbf{v}) = 0\,, \tag{7.4}$$

これらは式 (1.17), (1.21) および (1.5), (1.6) として求めたもので，1.4節の応力と力の定義についても合わせてみられたい．次に，運動方程式において一般化した保存方程式と異なる項をどのように取り扱うかについて記述しよう．

運動方程式の非定常項と対流項は一般化した保存方程式と同じ形をしている．拡散（粘性）項は一般化方程式の対応する項と同様の形をしているが，運動方程式がベクトル方程式であることからこの項の寄与は少し複雑になり，その取り扱いはより細かく考える必要がある．一方，運動方程式は一般化した式には含まれない圧力による寄与を含んでいる．圧力項は，生成項（体積力として圧力勾配を取り扱う――保存形式ではない）か，あるいは，面積力として（保存的な取り扱い）考えるかのどちらかであるが，圧力と連続の式の間には密接な関係があるので特別な注意が必要である．さらに，基礎変数がベクトルであることで変数定義の計算格子上配置に選択の余地が生じる．

7.1.1　対流項と粘性項の離散化

運動方程式の対流項は非線形であり，その微分形，積分形は以下のようになる（式(7.1), (7.3) を参照）：

$$\frac{\partial(\rho u_i u_j)}{\partial x_j}, \qquad \int_S \rho u_i \mathbf{v} \cdot \mathbf{n} \, \mathrm{d}S \,. \tag{7.5}$$

運動方程式の対流項の取り扱いは一般化した保存方程式と同様であり，3章，4章で示された手法を用いることができる．

次に，運動方程式の粘性項は，一般化した方程式の拡散項に対応し，その微分形，積分形は以下のようになる：

$$\frac{\partial \tau_{ij}}{\partial x_j}, \qquad \int_S (\tau_{ij} \mathbf{i}_j) \cdot \mathbf{n} \, \mathrm{d}S \,, \tag{7.6}$$

ここで非圧縮性ニュートン流体に対して，

$$\tau_{ij} = \mu \left(\frac{\partial u_i}{\partial x_j} + \frac{\partial u_j}{\partial x_i} \right) \tag{7.7}$$

である．運動方程式はベクトル方程式であるため粘性項は一般の拡散項に対して複雑な形をしている．運動方程式の粘性項のうちで一般化した保存方程式の拡散項と一致する部分

$$\frac{\partial}{\partial x_j} \left(\mu \frac{\partial u_i}{\partial x_j} \right), \qquad \int_S \mu \, \boldsymbol{\nabla} u_i \cdot \mathbf{n} \, \mathrm{d}S \tag{7.8}$$

は，3章，4章で述べた一般化した方程式で用いた手法と同じように離散化できるが，これは運動量の第 i 成分に働く粘性効果の一部にすぎない．

式 (1.28), (1.26), (1.21) と (1.17) から，これに加えて体積粘性（これは圧縮性流れでのみゼロでない値を持つ）とさらに空間的な粘性の変化の寄与がある．流体特性が一定の非圧縮性流れでは（連続の式により）これらの寄与は消えてしまう．

非圧縮性流れで粘性が空間的に変化するとき，このような0にならない付加項は式 (7.8) と同様に取り扱われ，

$$\frac{\partial}{\partial x_j} \left(\mu \frac{\partial u_j}{\partial x_i} \right), \qquad \int_S \left(\mu \frac{\partial u_j}{\partial x_i} \, \mathbf{i}_j \right) \cdot \mathbf{n} \, \mathrm{d}S \,, \tag{7.9}$$

となる．ここで $\mathbf{n}$ は検査体積 (CV) の表面に垂直で外向きの単位ベクトルで，j についての総和が適用される．上に示したように μ が一定値のときこの項は消える．そのため，陰解法を用いたときでもこの項は陽的に取り扱われることが多く，粘性が変化してもこの項は式 (7.8) に比べて小さく，収束率に大きな影響を与えることはないとされている．しかし，このことは積分形で考えるときのみ厳密にいえることで，この付加項は特定の CV の界面ではかなり大きくなることがある．

7.1.2 圧力項と体積力の離散化

1 章に示したように「圧力」は通常，$p - \rho_0 \mathbf{g} \cdot \mathbf{r} + \mu \frac{2}{3} \boldsymbol{\nabla} \cdot \mathbf{v}$ として取り扱われる．非圧縮性流れでは最後の項は 0 である．運動方程式の形式の中には（式 (7.3) を参照）この量の勾配を含んでいて，3 章で示した有限差分法によって近似する．ところが，格子上で圧力と流速の定義点が一致しない場合があるため，それに伴ってその微分に対する近似も違うものとなる．

有限体積法では圧力項は表面力（保存形式）として扱われるため，u_i の方程式で積分

$$- \int_S p \, \mathbf{i}_i \cdot \mathbf{n} \, \mathrm{d}S \tag{7.10}$$

を計算する必要がある．この場合，表面積分に対して 4 章で記述された方法が使える．以下にみるように，この項の取り扱いと格子上の変数の配置は計算の効率と数値解法の精度を保証するのに重要な役割を果たす．

代わりに，圧力を非保存形式で取り扱うこともでき，上記の積分を体積積分に直せば

$$- \int_V \boldsymbol{\nabla} p \cdot \mathbf{i}_i \, \mathrm{d}V \tag{7.11}$$

と書ける．この場合は，微分を（または非直交格子に対しては 3 つすべての微分）CV 内の 1 か所あるいは複数の場所で近似する必要がある．非保存形式では，系全体として非保存形式による誤差が生じる．格子幅が 0 に近づくほどこの誤差は小さくなるが，有限の格子幅では重要な影響を与える場合がある．

保存と非保存の 2 つのアプローチの違いは有限体積法でのみ重要な意味を持ち，有限差分法ではどちらの形式での近似も使えて，この 2 つの間に差はない．

その他の体積力として，非デカルト座標系で使われる共変，反変速度を使うときに生じる非保存項は有限差分法では取り扱いやすい．これらはいくつかの変数の単純な関数であり，3 章で記述したテクニックを使って計算することができる．もしこのような項が未知量を含んでいるなら，例えば円筒座標系での粘性項の成分

$$-2\mu \, \frac{v_r}{r^2}$$

として陰的に扱われることになる．このような取り扱いは，離散化式の中心点の影響係数 A_P に対してこの項が正の値として寄与するときに一般的で，操作行列の対角成分の優位性が増し反復解法の安定性を増す．そうでない場合は，このような付加項は陽的に扱われる．

有限体積法では，このような項はCV全体で積分する．これには通常は中点公式による近似を使い，CVの中心での値にセルの体積を掛けて計算する．これより精密な手法も適用可能であるが滅多に使われない．

時として，体積力として捉えられる非保存項が輸送方程式で支配的な効果を持つ場合がある（例えば，ターボ機械の中の流れのように，旋回流を極座標で計算するような場合）．このような場合は，非線形の生成項（非保存の体積力）と変数をどのようにカップリングさせるのかが重要な問題となる．

7.1.3　保存特性

ナビエ・ストークス方程式は，任意の（微視的でも巨視的でも）CVにおける運動量が，その界面を通過する流れや，表面に作用する力および体積力によってのみ変化するという特性を持つ．この重要な特性は，もし有限体積法を用いて離散化し，隣接したCV表面の流束が同一であるなら，離散化式にも受け継がれている．もしそうであれば，全領域での体積積分は微視的なCVでの体積積分の総和となり，領域の表面での面積積分の和にまとめられる．このようにして全体の質量保存則も同様に連続の式から導かれる．

これに対してエネルギーの保存はより複雑な問題となる．非圧縮性等温流れでは，重要なのは運動エネルギーのみである[1]．

熱伝達が重要となるときは，運動エネルギーが熱エネルギーに対して一般に十分小さいので，エネルギー輸送方程式は熱エネルギーに対する保存方程式となる．熱エネルギー方程式は，流体の特性値の温度依存性が重要でない限りは，運動方程式を解き終えたあとに別に解くことができる．このとき，エネルギーと運動量の連成は完全に一方通行 (one-way) となり，エネルギー方程式はパッシブスカラー量の輸送方程式となる．このようなケースは3章から6章でも取り扱った．

運動エネルギーの方程式は，速度と運動方程式のスカラー積をとることで導かれる．その方法は古典力学でエネルギー方程式を導くのと同様である．注意すべきは，圧縮性流れでは全エネルギーに対して個別の保存方程式があるが，それとは対照的に非圧縮性等温流れでは，運動方程式とエネルギー方程式の両方が同じ式から得られる

---

[1] 重力場で高低差によって流体に密度差がある場合，**成層** (stratified) 流れと呼ばれ，流れによって重い流体が上に，軽い流体が下に運ばれることで，周囲との密度差を生じる．このとき，流体は運動エネルギーとともに位置エネルギー（**ポテンシャルエネルギー** (potential energy) とも呼ぶ）を合わせて持つ．これが本章で後述する浮力をもたらし，気象学や海洋学において大変重要となる．

ということである．この節で主題となる問題はまさにこの点に起因する．

ここではまず，巨視的な CV（対象とする解析領域全体かもしくは有限体積法で用いる個別の小さな CV の 1 つのどちらでもよい）に対する運動エネルギーの保存方程式に着目したい．もし今示した手法で得られた局所的な運動エネルギー方程式を，CV にわたって体積積分すれば，ガウスの定理により次の式が得られる：

$$\frac{\partial}{\partial t}\int_V \rho\frac{v^2}{2}\,\mathrm{d}V = -\int_S \rho\frac{v^2}{2}\mathbf{v}\cdot\mathbf{n}\,\mathrm{d}S - \int_S p\mathbf{v}\cdot\mathbf{n}\,\mathrm{d}S + \int_S(\mathsf{S}\cdot\mathbf{v})\cdot\mathbf{n}\,\mathrm{d}S \\ - \int_V(\mathsf{S}:\boldsymbol{\nabla}\mathbf{v} - p\,\boldsymbol{\nabla}\cdot\mathbf{v} + \rho\mathbf{b}\cdot\mathbf{v})\,\mathrm{d}V\,. \tag{7.12}$$

ここで S は，式 (1.13) で定義された応力テンソル τ_{ij} の粘性成分を表し，$\mathsf{S}=\mathsf{T}+p\mathsf{I}$ である．右辺の体積積分の最初の項は流れが非粘性なら消え，第 2 項は流れが非圧縮なら 0，第 3 項は体積力が存在しなければ 0 となる．

この方程式には，指摘しておくべきいくつかの重要な点がある：

- 右辺の最初の 3 項は CV の表面での積分である．これは CV 内の運動エネルギーが，CV 内の対流や圧力の作用では変化しないことを意味する．すなわち粘性がない場合，CV の界面を通るエネルギーの流れか，界面に作用する力がなす仕事だけが，CV 内の運動エネルギーに影響を及ぼすことができる．この意味で，運動エネルギーは全体として保存される．これは数値解法でも保持しておきたい特性である．
- 数値解法で全体的なエネルギー保存を保証することは目的とするに値するが，それを達成するのは困難なことである．運動エネルギーの式は運動方程式に由来するものであり，個別の保存則ではないので，その保存性を別々に強制することはできない．
- もし数値解法がエネルギー保存性を満足し，界面を通る正味のエネルギー流束が 0 なら，領域内の運動エネルギーの総量は時間によらず一定である．もしこのような方法が用いられたなら，領域内のどの点でも速度は有界であり，これにより重要な数値安定性が得られる．実際，エネルギー法（物理学と無関係な場合もある）は，数値解法の安定性を証明するのにしばしば使われる．エネルギーの保存性はスキームの収束性や解の精度とは無関係であり，精度の高い解が運動エネルギーに関して非保存な手法で得られることもある．しかし，運動エネルギーの保存性は非定常流の計算では特に重要である．
- 運動エネルギー方程式は運動方程式に由来するものであり数値解法で独立の式として与えることができないので，全体の運動エネルギーの保存性は**離散化された**運動方程式から得られなければならない．このように保存性は離散化手法の特性であるが一見して明らかなものではない．これがどのように担保されるかをみるために，離散化された運動方程式に対する運動エネルギー方程式を速度と離散化された運動方程式のスカラー積をとり，すべてのCVに対して足し合わせることで作ってみる．この結果を項別にみてみよう．

- 圧力勾配項は特に重要なので，さらに詳しくみてみよう．圧力勾配項を式(7.12)の形にするために，次の恒等式を用いる：

$$\mathbf{v} \cdot \nabla p = \nabla \cdot (p\mathbf{v}) - p\, \nabla \cdot \mathbf{v}\ . \tag{7.13}$$

非圧縮性流れでは $p\, \nabla \cdot \mathbf{v} = 0$ であり，右辺の最初の項のみが残る．これはベクトルの発散なので体積積分を表面積分に変換できる．すでに示したように，圧力は表面での作用によってのみ全体の運動エネルギー収支に影響を与えることを示している．この特性を維持できるよう離散化を行いたい．これがどのように実現するのかみてみよう．

もし $G_i p$ が圧力勾配の i 番目の成分の数値的な近似を表しているなら，u_i の運動方程式に u_i を掛けたときの圧力勾配項は $\sum u_i\, G_i p\, \Delta V$ で与えられる．エネルギー保存性が成り立つためには（式(7.13)より）以下の等式が成立する必要がある：

$$\sum_{i=1}^{N} u_i\, G_i p\, \Delta V = \sum_{S_b} p v_n\, \Delta S - \sum_{N} p\, D_i u_i\, \Delta V\ , \tag{7.14}$$

ここで添字 N はすべてのCV（格子点）の総和，S_b は計算領域の境界，v_n は境界に垂直な速度成分，$D_i u_i$ は連続の式で使われる離散化された速度の発散を表す．もしこれが成り立つならば，それぞれの格子点で $D_i u_i = 0$ であるから，上式の第2項は0となる．この等式が保証されるのは G_i と D_i に下記の意味で互換性があるときだけである：

$$\sum_{i=1}^{N} (u_i\, G_i p + p\, D_i u_i)\, \Delta V = \text{界面項}\ . \tag{7.15}$$

これは，もし運動エネルギーの保存性を確保するなら，圧力勾配項と速度の発散の扱いに互換性がなければならないことを述べている．すなわちいずれかの近似を選択すれば，もう一方の近似の選択の自由度は失われる．

これをより具体的に表すために，圧力勾配に後退差分近似を，発散演算子に前進差分（スタガード格子で通常使われる方法）を使うことを仮定すると，1次元の等間隔格子に対して式(7.15)は次のようになる：

$$\sum_{i=1}^{N} [(p_i - p_{i-1})u_i + (u_{i+1} - u_i)p_i] = u_{N+1}p_N - u_1 p_0\ . \tag{7.16}$$

各点で総和をとったときに残る項は2つだけで，これは右辺の「表面項」のみである．2つの演算子に互換性があるというのはこのような意味である．逆に，圧力勾配に前進差分を用いたならば，連続の式には後退差分を用いる必要がある，中心差分を片方に用いたならば，他方も同様にする必要がある．

すべてのCV（格子点）で総和をとったとき，境界の項が残るという条件を他の2つの保存項（対流項と粘性項）にも適用する．この条件を満足させることはどのような場合でも簡単というわけではなく，特に自由度が高い非構造格子では難しい（スタガード格子およびコロケート格子についてはMahesh et al., 2004を参照）．もし，数値解法が等間隔のレギュラー格子においてエネルギーが非保存であるなら，より複雑な格子でも非保存となることは間違いないだろう．一方，等間隔格子で保存性を持つ解法は，より複雑な格子の上でもほぼ同様の保存性を持っている可能性がある．

- ポアソン方程式は圧力を計算するのに使われる．これは運動方程式の発散をとることにより得られる．よって，ポアソン方程式のラプラス演算子は，連続の式の発散演算子と運動方程式の勾配演算子の積 $L = D(G(\ ))$ で表される．すなわち，ポアソン方程式の近似は独自には選べず，質量保存性を得るためには発散と勾配の演算子が一貫性を持たねばならない．さらにエネルギー保存性もまた，発散・勾配演算子に対する近似が上記の意味で一貫性を持つという条件を必要とする．
- 体積力のない非圧縮性流れでは，残る体積部分は粘性項だけである．ニュートン流体では，この項は以下のようになる：

$$-\int_V \tau_{ij} \frac{\partial u_j}{\partial x_i} \, \mathrm{d}V \ .$$

この項を精査すると，積分の中身は2乗の和になっており（式(7.7)の τ_{ij} 定義を参照），この項は常に負（あるいは0）となることがわかる．これは流れの運動エネルギーが内部エネルギーに（熱力学的な意味で）不可逆に変換されることを表しており，これを**粘性散逸** (viscous dissipation) と呼ぶ．非圧縮性流れでは普通は流速が遅いので，内部エネルギーにとってエネルギーの移動はほとんど重要でないが，流れにとって運動エネルギーの損失は大変重要である．これに対して圧縮性流れでは，エネルギーの移動は内部エネルギーと運動エネルギーの両方において重要になる．

- 時間差分法はエネルギー保存特性を破る可能性がある．上記の空間離散化の条件に加え，時間微分の近似も適切に選ばなければならない．

この場合，クランク・ニコルソン法を選ぶのが特に良い選択である．ここで運動方程式の時間微分は次のように近似される：

$$\frac{\rho\,\Delta V}{\Delta t}\left(u_i^{n+1}-u_i^n\right).$$

もしこの項と $u_i^{n+1/2}$ のスカラー積をとると，$u_i^{n+1/2}$ はクランク・ニコルソン法では $(u_i^{n+1}+u_i^n)/2$ で近似され，このスカラー積は運動エネルギーの変化となる：

$$\frac{\rho\,\Delta V}{\Delta t}\left[\left(\frac{v^2}{2}\right)^{n+1}-\left(\frac{v^2}{2}\right)^{n}\right],$$

ここで（総和規約を適用して）$v^2=u_iu_i$ である．他の項に適当な近似を選んで施すと，クランク・ニコルソン法はエネルギー保存を満足する．

運動量の保存性とエネルギーの保存性が同じ方程式に支配されるという事実により，両方の特性を満たす数値スキームを構築するのは困難である．すでに示したように，運動エネルギーの保存性は独自に課すことができない．もし運動方程式が強い保存形式で書かれ有限体積法が使われているなら，全体の運動量保存が通常は保証される．これに対するエネルギー保存の構築は試行錯誤となり，あるスキームを選択してその保存特性を確認し，もし満たさない場合は保存則を満たすまで調整を行う．

運動エネルギーの保存性を保証する他の方法として，運動方程式に違う形のものを使うことも有効である．例えば非圧縮性流れでは次の式を使うことができる：

$$\frac{\partial u_i}{\partial t}+\epsilon_{ijk}u_j\omega_k=\frac{\partial\left(\dfrac{p}{\rho}+\dfrac{1}{2}u_ju_j\right)}{\partial x_i}+\nu\frac{\partial^2 u_i}{\partial x_j\partial x_j}, \tag{7.17}$$

ここで ϵ_{ijk} はエディントンの交代記号[2]で，もし ijk が (123)(231)(312) なら +1，(321)(213)(132) なら −1 で，その他は 0 である．ω は渦度で，式 (7.105) で定義される．エネルギー保存は対称性よりこの形式の運動方程式から求まる．すなわちこの式に u_i を掛けると，左辺第 2 項は ϵ_{ijk} の反対称性より 0 となる．ところがこの形式は，運動方程式に対しては保存形ではないため，運動量保存性を保証するスキーム構築には注意が必要である．

運動エネルギーの保存は複雑な非定常流れの計算において特に重要となる．このような例として，全球的な気象シミュレーションや乱流のシミュレーションが挙げられる．これらのシミュレーションではエネルギー保存が保証されていないと，運動エネルギーが増大し計算が不安定になることがある．一方，定常流れの場合はエネルギー保存はそれほど重要ではないが，反復解法の際に生じる特定の問題を防ぐことに役立つ．

運動エネルギーだけではなく，保存することが望ましいが独立してそれを強制す

---

[2] 訳注：英語では Levi-Civita symbol.

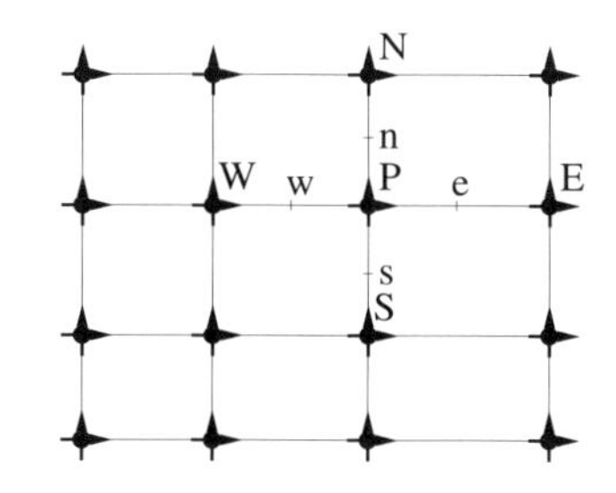

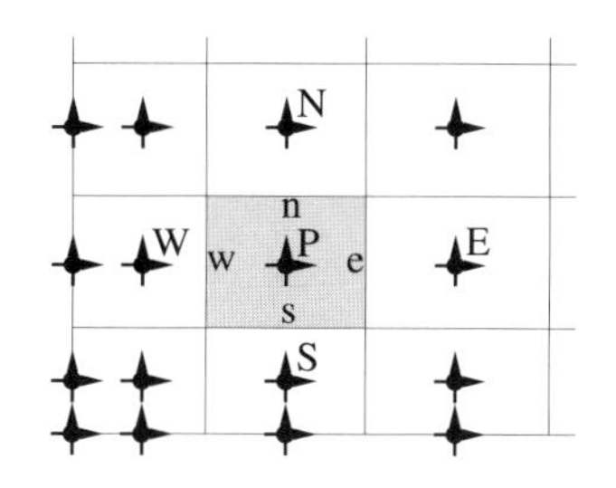

図 7.1 有限差分格子（左）と有限体積格子（右）での速度成分と圧力のコロケート配置.

ることができない物理量として，角運動量が挙げられる．回転機械，内燃機械に代表されるさまざまな装置の内部の流れには，顕著な回転や旋回運動がみられる．数値スキームが全角運動量の保存性を満たさないとき，計算に問題が生じやすくなる．この問題に関しては，中心差分が風上差分より一般的に良い結果を与えることが知られている．

7.1.4 格子上の変数の配置

では，離散化の方法に目を向けてみよう．まず最初の問題は，計算で求める未知の従属変数を領域内のどこで定義するかということである．これには想像以上に多くの可能性がある．基本的な計算格子の特徴は 2 章で概説したが，計算領域内での計算点の配置には実にさまざまなバリエーションがある．有限差分法と有限体積法での基本的な配置は図 3.1 と図 4.1 に示されているが，（ナビエ・ストークス方程式のような）速度場の連立方程式を解くときにはこれらの配置はより複雑になる．これらの問題を以下に述べる．

7.1.4.1 コロケート（集中）格子

変数を配置する場合の自明な選択は，格子点上にすべての変数を置くことで，すべての変数に同じ CV を用いる．このような格子を**コロケート** (colocated) 格子と呼ぶ（図 7.1 を参照）．この配置を用いることで，それぞれの方程式で多くの項が同じ形式を持つので，計算や記憶しなければならない代数方程式の係数の数は最小限となりプログラミングが単純になる．さらにマルチグリッド法を使ったとき，すべての変数に対する格子レベル間の情報伝達で同じ制限および延長補間の演算を使うことができる．

コロケート格子は複雑な計算領域で使うときにも重要な利点があり，特に境界が不連続に傾斜していたり，境界条件が不連続な場合に顕著である．このような場合，CV を不連続性を伴う境界に適合するよう配置することができる．これに対して他の

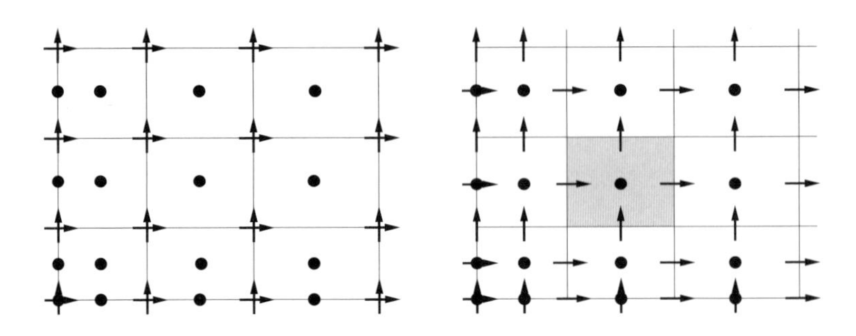

図 7.2　速度成分と圧力の完全スタガード配置（右）と有限体積格子上での部分スタガード配置（左）.

配置では変数のいくつかは格子の特異点の置かれることになり，離散化方程式に特異性を生じてしまう.

コロケート格子は，非圧縮性流れでは圧力と速度をカップリングして解く場合に圧力に振動が発生するという問題のため長い間好まれなかった．スタガード格子が紹介された 1960 年代の半ばから 1980 年代の初めまでの間，コロケート格子はほとんど使われなかった．その後，複雑形状の問題に取り組むようになって非直交格子を使うことが一般的になったときにスタガード格子の問題が指摘されることとなった．一般座標系においてスタガード格子が使えるのは，ベクトルやテンソルの反変（または格子に由来する）成分が基礎変数になる場合に限定される．この結果，数値的に扱いにくい曲率項の導入が必要になり，方程式が複雑になる．さらに，9 章にみるように格子が滑らかでない場合には非保存誤差を生む．これに対して，コロケート格子において改良された圧力と速度のカップリングアルゴリズムが 1980 年代に開発されると，それが一般的になった．今日では，すべての有名な商用ソフトウェアやパブリックドメインのソフトウェアが変数のコロケート配置を採用している．その長所は後述する.

7.1.4.2　スタガード格子

すべての変数が同じ格子を共有する必要はない．つまり，異なった配置の方が好都合になる場合がある．デカルト座標系でのスタガード格子は Harlow and Welsh (1965) によって導入され，これはコロケート格子に対しいくつかの長所を持っている．この配置を図 7.2 に示す．この場合，コロケート格子で補間が必要となるいくつかの項が補間なしで（2 次精度の近似で）計算できる．これは例えば，図 8.1 に示す x 方向運動量の CV で確認することができる．このとき，圧力項と拡散項の両方が，補間なしで中心差分を用いて自然な形で近似できる．これは圧力点が CV の界面の中心に配置される一方，拡散項に必要な速度の微分がCVの界面で容易に計算できるからである．さらに，連続の式に含まれる質量流束の計算が，圧力のCVの界面で簡単に行える．詳細は後に述べる．

おそらくスタガード格子の最大の長所は，圧力と速度が強くカップリングすることであろう．これにより，ある種の収束の問題や圧力と速度場の振動を避けることができる．この問題については後にさらに詳しく説明する．

スタガード格子での数値的近似は運動エネルギーの保存性も保ちやすく，その長所は先に述べた通りである．このことを証明するのはたやすいが，長くなるのでここでは省略する．

スタガード格子の別な配置方法も提案されており，例えば，部分スタガードALE法 (partially staggered arbitrary Lagrangian–Eulerian method) (Hirt et al., 1974, Donea et al., 2004) が挙げられる．この方法では，両方の速度成分を圧力のCVの角に配置する（図7.2を参照）．この方法は格子が非直交であるときにも有効であり，特に境界での圧力を決める必要がないという長所がある．その一方で，圧力場や速度場に振動を生むという顕著な欠点を持つ．

これ以外の格子配置はあまり使われておらず，ここではこれ以上は議論しない．

7.1.5 圧力の計算

圧力は各方向の運動方程式に勾配の形で寄与する一方，その独立した方程式がないことがナビエ・ストークス方程式の解を求めることを難しくしている．さらに，圧縮性流れの質量保存方程式では密度がその主要な変数であるのに対して，非圧縮性流れにおける連続の式はそのような主要な変数を持たない．この場合，質量の保存は力学的方程式というよりはむしろ，速度場の動力学的な拘束条件となっている．この問題を解決する1つの方法は，連続の式を満足するように圧力場を構築することである．最初は妙に思えるかもしれないが，これが可能であることを以下にみてみよう．なお，非圧縮性流れでは，絶対圧力は重要ではなく，圧力勾配（圧力差）のみが流れに影響を及ぼす．

なお，圧縮性流れでは密度を決めるのに連続の式を使い，圧力は状態方程式から計算するが，この方法は非圧縮性流れや低マッハ数流れでは適切ではない．

この項では，最も一般的な圧力と速度のカップリング手法の背後にある基礎的な考え方を紹介する．これに対して8章では，計算プログラムを作成する場合の基礎となる一連の離散化方程式とその他の注意点について示す．

7.1.5.1 圧力方程式とその解法

運動方程式の役割は明らかであり，それは各速度成分を決めることである．そこで，圧力を決めるのは連続の式ということになるが，この式に圧力は陽には含まれていない．では，どのように圧力を決めることができるのか．最も一般的な方法は，2つの方程式を組み合わせることにある．

連続の式の形から，運動方程式 (1.15) の発散をとることを考える．このとき，連続の式を用いて導出する方程式を単純化することができる．その結果，次のような圧力に対するポアソン方程式が得られる：

$$\nabla\cdot(\nabla p) = -\nabla\cdot\left[\nabla\cdot(\rho\mathbf{v}\mathbf{v} - \mathsf{S}) - \rho\mathbf{b} + \frac{\partial(\rho\mathbf{v})}{\partial t}\right] . \tag{7.18}$$

2次元のデカルト座標系では，この方程式は以下のようになる：

$$\frac{\partial}{\partial x_i}\left(\frac{\partial p}{\partial x_i}\right) = -\frac{\partial}{\partial x_i}\left[\frac{\partial}{\partial x_j}\left(\rho u_i u_j - \tau_{ij}\right)\right] + \frac{\partial(\rho b_i)}{\partial x_i} + \frac{\partial^2 \rho}{\partial t^2} . \tag{7.19}$$

密度，粘性係数，体積力が一定の場合，この方程式はさらに簡略化でき，粘性項と非定常項は連続の式によって消去されて次のようになる：

$$\frac{\partial}{\partial x_i}\left(\frac{\partial p}{\partial x_i}\right) = -\frac{\partial}{\partial x_i}\left[\frac{\partial(\rho u_i u_j)}{\partial x_j}\right] . \tag{7.20}$$

この圧力方程式は，3章と4章で示された楕円型方程式の数値解法を用いて解くことができる．この式の右辺が，運動方程式の各項の微分の和であることに注意されたい．すなわち，これらの項は元々の方程式の取り扱いと一貫した方法で近似しなければならない．ここで，圧力を得るのに2つのアプローチがある．1つは，時間発展や繰り返し計算スキームで新たな圧力を求める方法であり，もう1つは，（繰り返しの前ステップか過去時刻の）古い圧力に修正を加えて新たな圧力を得て $p^{\mathrm{new}} = p^{\mathrm{old}} + p'$ とする方法である．後者の場合，修正量 p' がより小さくなるように計算が進められるならばこの方法は有利である．

圧力方程式のラプラス演算子は，連続の式に由来する発散演算子と運動方程式からくる勾配演算子の積であることに注意を要する．数値的近似を行う際，これらの演算子に一貫性が維持されていることが重要である．つまり，ポアソン方程式の近似は，基礎方程式で使われた発散と勾配の近似の積によって定義されなければならない．この問題の重要性を強調するために，上記の方程式の圧力の微分を，連続の式に由来する外側の微分（発散演算）と運動方程式からの内側の微分（勾配演算）に分離して記述している．この外側と内側の微分に対しては異なるスキームを用いて離散化できるが，それぞれ連続の式と運動方程式で使われたものと同じでなければならない．この一貫性が保たれなくなると，連続の式を満足しなくなる（残念ながら，そのような例を8.2節でコロケート格子配置を用いる際にみる）．

この種の圧力方程式は，陽解法，陰解法の両方で圧力を計算するのに使われる．**使われた近似スキームの間で一貫性を維持するためには，ポアソン方程式そのものを近似するよりはむしろ，離散化された運動方程式と連続の式から圧力の式を得るのが一番よい．**圧力方程式は，渦度–流れ関数の方程式を解いて得た速度場から圧力を計算するためにも用いられる．これは 7.2.4 項を参照されたい．

7.1.5.2 圧力と非圧縮性について

まず，連続の式を満足しない速度場 $\mathbf{v}^*$ を考える．これは例えば，連続の式を用いずにナビエ・ストークス方程式を時間発展させて得ることができる．ここから，連続の式を満足し，かつ，この速度場と可能な限り近い新たな速度場 $\mathbf{v}$ を求めたい．

この問題は，数学的には次の式を最小化することと同値である：

$$\tilde{R} = \frac{1}{2}\int_V [\mathbf{v}(\mathbf{r}) - \mathbf{v}^*(\mathbf{r})]^2 \, \mathrm{d}V \ , \tag{7.21}$$

ここで，$\mathbf{r}$ は位置ベクトル，V は速度場を定義している全領域を表す．連続の式，

$$\boldsymbol{\nabla} \cdot \mathbf{v}(\mathbf{r}) = 0 \tag{7.22}$$

は制約条件となり，領域のすべての場所で満足する必要がある．境界条件については後で考慮することにしよう．

これは，変分法の標準的な問題であり，ラグランジュ乗数 (Lagrange multiplier) 法で扱うことができる．すなわち，ラグランジュ乗数 λ を導入すると，元の問題 (7.21) は以下の最小値問題に置き換えられる：

$$R = \frac{1}{2}\int_V [\mathbf{v}(\mathbf{r}) - \mathbf{v}^*(\mathbf{r})]^2 \, \mathrm{d}V - \int_V \lambda(\mathbf{r}) \, \boldsymbol{\nabla} \cdot \mathbf{v}(\mathbf{r}) \, \mathrm{d}V \ , \tag{7.23}$$

条件式 (7.22) によってラグランジュ乗数の項は 0 となるので，この項は最小値には寄与しない．評価関数 R を最小にする変数値を $\mathbf{v}^+$ とすると，当然ながら $\mathbf{v}^+$ は式 (7.22) を満足する：

$$R_{\mathrm{min}} = \frac{1}{2}\int_V [\mathbf{v}^+(\mathbf{r}) - \mathbf{v}^*(\mathbf{r})]^2 \, \mathrm{d}V \ . \tag{7.24}$$

ここで R_{min} が最小値であるならば，$\mathbf{v}^+$ 周りの変動に対して R の変化は 2 次のオーダーでなければならない．そこで，任意の微小変化

$$\mathbf{v} = \mathbf{v}^+ + \delta\mathbf{v} \ , \tag{7.25}$$

を考えると，これを式 (7.23) に代入した結果を $R_{\mathrm{min}} + \delta R$ として

$$\delta R = \int_V \delta\mathbf{v}(\mathbf{r}) \cdot [\mathbf{v}^+(\mathbf{r}) - \mathbf{v}^*(\mathbf{r})] \, \mathrm{d}V - \int_V \lambda(\mathbf{r}) \boldsymbol{\nabla} \cdot \delta\mathbf{v}(\mathbf{r}) \, \mathrm{d}V \tag{7.26}$$

を得る．ただし，$(\delta\mathbf{v})^2$ に比例する項は 2 次のオーダーとして無視した．この右辺の末項をガウスの定理に従って書き直すと以下の式を得る：

$$\delta R = \int_V \delta\mathbf{v}(\mathbf{r}) \cdot [\mathbf{v}^+(\mathbf{r}) - \mathbf{v}^*(\mathbf{r}) + \boldsymbol{\nabla}\lambda(\mathbf{r})] \, \mathrm{d}V + \int_S \lambda(\mathbf{r}) \, \delta\mathbf{v}(\mathbf{r}) \cdot \mathbf{n} \, \mathrm{d}S \ . \tag{7.27}$$

境界で速度場 $\mathbf{v}$ が与えられるところ（壁面，流入など）では，$\mathbf{v}$ と $\mathbf{v}^+$ が同じ境界条

件で固定されるので，$\delta\mathbf{v}$ はゼロとおかれる．このとき，式 (7.27) の境界積分の項への寄与はなくなるため，境界で λ に課される条件はここからは生じない．一方，$\delta\mathbf{v}$ が必ずしも 0 でない境界（対称面，流出など）では，境界積分を消去するために境界で λ が 0 でなければならない．

任意の $\delta\mathbf{v}$ に対して δR が 0 に収束するには，式 (7.27) の体積積分もまた 0 とならねばならず，

$$\mathbf{v}^{+}(\mathbf{r}) - \mathbf{v}^{*}(\mathbf{r}) + \boldsymbol{\nabla}\lambda(\mathbf{r}) = 0 \tag{7.28}$$

が得られる．

ここで，$\mathbf{v}^{+}(\mathbf{r})$ は連続の式 (7.22) を満たさなければならないことから，式 (7.28) の発散をとり，この条件を適用すると，結局，λ についてのポアソン方程式

$$\nabla^2\lambda(\mathbf{r}) = \boldsymbol{\nabla}\cdot\mathbf{v}^{*}(\mathbf{r}) \tag{7.29}$$

を得る．ここで，速度条件 $\mathbf{v}$ が与えられる境界では $\mathbf{v}^{+} = \mathbf{v}^{*}$ であり，よって，式 (7.28) から $\boldsymbol{\nabla}\lambda(\mathbf{r}) = 0$ が λ の境界条件となる．

式 (7.29) が境界条件とともに満足されるとき，速度場の発散は 0 となる．これらの解析は，連続な関数を離散化式に置き換えてもできることを確認されたい．

こうしてポアソン方程式が解ければ，式 (7.28) を書き直した次式によって修正速度場を求めることができる：

$$\mathbf{v}^{+}(\mathbf{r}) = \mathbf{v}^{*}(\mathbf{r}) - \boldsymbol{\nabla}\lambda(\mathbf{r})\,. \tag{7.30}$$

これは，ラグランジュ乗数 $\lambda(\mathbf{r})$ が実質的に圧力と同じであり，逆にいえば，非圧縮性流れでは連続の式を満たすような関数として圧力が決められることを意味している．

7.1.6　ナビエ・ストークス方程式の初期条件と境界条件

反復計算を始めるときには，すべての変数値を初期化する必要がある．定常流れの場合は最終的な解に関心があるので，初期値をどう与えるかは重要ではない．しかし一方で，計算の収束率や全体的な計算負荷に影響を与えるので，最終的な解になるべく近いような初期値を与えることが望ましい．とはいうものの，実用問題で最終解をよく近似するような初期値を作ることは容易ではなく，ほとんどの場合は単純な初期化で計算を始めることが多い（例えば，速度を 0 あるいは一様，圧力や温度を一様とする）．

一方，非定常流れの計算では初期条件への要求はより厳しくなる．初期時刻 $t = 0$ の速度，圧力場はナビエ・ストークス方程式を満たさなければならない．時刻 $t = \Delta t$ の解は $t = 0$ の解から強く影響を受けるので，初期解に含まれる誤差はすべてそ

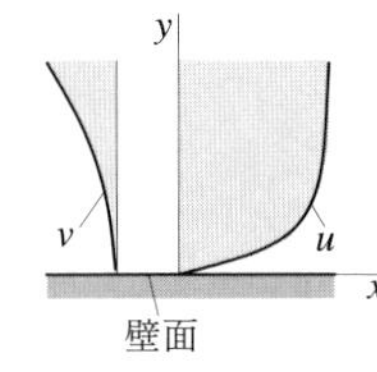

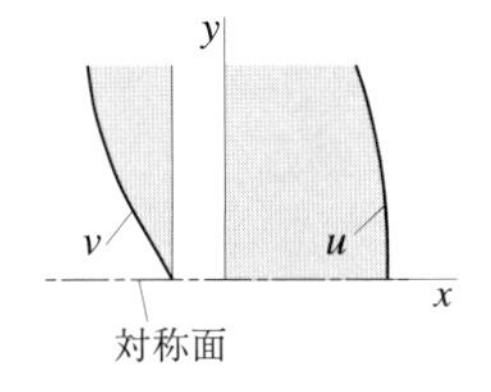

図 **7.3**　壁面や対称面での速度の境界条件.

の後の時刻に持ち越される．ただし，周期的な流れ（あるいは，統計的特性を有する流れ，例えば，10 章に述べる乱流の直接計算やラージ・エディ・シミュレーション）を計算するときに限れば，時間経過の後に初期値の影響は失われる．いずれにしても，不適切な初期値は時としてかなり大きな問題になることがあり，注意が必要である．

これに対して境界条件は計算の毎時間ステップで与える必要があり，これは時間に対して一定である場合も変化する場合もある．すでに 3 章，4 章で述べた一般化した保存方程式に対する境界条件の議論は運動方程式にも適用できるので，ここでは，ナビエ・ストークス方程式を扱う際の特筆すべき点についてのみ加えておこう．

滑りなし壁面では，境界で壁と流体の速度が等しいとするディリクレ条件となる．ただし有限体積法では，さらにもう 1 つの直接的な条件，すなわち壁面で垂直方向の粘性応力成分ゼロの条件が課される．これは，連続の式から次のように導かれる．壁面を $y = 0$ として（図 7.3 を参照）

$$\left(\frac{\partial u}{\partial x}\right)_{\rm wall} = 0 \;\Rightarrow\; \left(\frac{\partial v}{\partial y}\right)_{\rm wall} = 0 \;\Rightarrow\; \tau_{yy} = 2\mu\left(\frac{\partial v}{\partial y}\right)_{\rm wall} = 0\,. \tag{7.31}$$

すなわち，南側の境界 S での v 方程式の拡散流束は次のようになる：

$$F_{\rm s}^{\rm d} = \int_{S_{\rm s}} \tau_{yy}\,{\rm d}S = 0\,. \tag{7.32}$$

この条件は，単に壁面で $v = 0$ のみを与えるのではなく，直接境界条件として実装するのがよい．というのもこうしないと，セル中心では $v_{\rm P} \neq 0$ なので，壁面流束の（線形の）離散化式からは非ゼロの勾配が与えられてしまう．これに対して連続の式では壁面で $v = 0$ を与えればよい．せん断応力は微係数 $\partial u/\partial y$ を片側差分近似して計算できる．例えば，u 方程式について図 7.4 に従えば，以下の近似を得る：

$$F_{\rm s}^{\rm d} = \int_{S_{\rm s}} \tau_{xy}\,{\rm d}S = \int_{S_{\rm s}} \mu\frac{\partial u}{\partial y}\,{\rm d}S \approx \mu_{\rm s}\left(\frac{\partial u}{\partial y}\right)_{\rm s} S_{\rm s}\,. \tag{7.33}$$

壁面での速度成分 u の y 方向微分にはいくつかの近似が考えられる．その 1 つは，定義点 S を面 “s” の重心に置くもの（図 7.4 の左図），もう 1 つは点 S を計算領域の外に置き，隣接セルが壁と対称位置にあるように置くものである（図 7.4 の右図）．

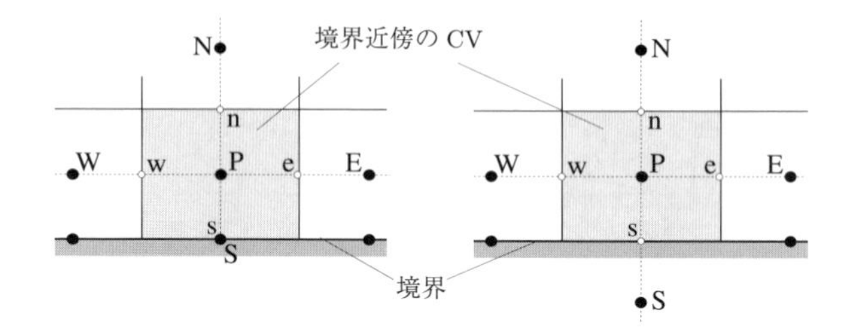

図 **7.4**　デカルト座標での速度境界条件の実装.

前者の方法によれば，u が y 方向に線形分布すると仮定して，以下の簡単な近似を得る：

$$\left(\frac{\partial u}{\partial y}\right)_{\mathrm{s}} \approx \frac{u_{\mathrm{P}} - u_{\mathrm{s}}}{y_{\mathrm{P}} - y_{\mathrm{s}}} \,. \tag{7.34}$$

これは片側差分となるので1次の精度しかない．ただし，壁からセル半分厚さに境界を定義してこの近似を与え，内部では中心差分近似を使用すると，解は2次で収束する．y 方向分布を2次関数で近似する2次精度の片側差分を用いることによっても離散化精度が向上する（図7.4において壁面 s と格子点 P と N に2次関数を当てはめる）．等間隔格子では，近似式は以下となる：

$$\left(\frac{\partial u}{\partial y}\right)_{\mathrm{s}} \approx \frac{9u_{\mathrm{P}} - 8u_{\mathrm{s}} - u_{\mathrm{N}}}{6(y_{\mathrm{P}} - y_{\mathrm{s}})} = \frac{9u_{\mathrm{P}} - 8u_{\mathrm{s}} - u_{\mathrm{N}}}{6(\Delta y/2)} \,. \tag{7.35}$$

これに対して後者の計算領域の外に「境界」点 S を置くならば，$\partial u/\partial y$ に対して境界面 “s” と内部界面 “n” とに同じ中心差分が適用できて，以下の近似式となる：

$$\left(\frac{\partial u}{\partial y}\right)_{\mathrm{s}} \approx \frac{u_{\mathrm{P}} - u_{\mathrm{S}}}{y_{\mathrm{P}} - y_{\mathrm{S}}} = \frac{u_{\mathrm{P}} - u_{\mathrm{S}}}{\Delta y} \,. \tag{7.36}$$

ただし，境界条件 $u_{\mathrm{s}} = u_{\mathrm{wall}}$ が与えられるように点 S の速度 u を計算領域内の一点または複数点から外挿する必要がある．最も簡単な近似は線形補外による：

$$u_{\mathrm{S}} \approx 2u_{\mathrm{s}} - u_{\mathrm{P}} \tag{7.37}$$

である．より高精度な近似は2次精度の外挿により得られ（式(7.35)の微分に対する差分近似と同じ），等間隔格子では以下となる：

$$u_{\mathrm{S}} \approx \frac{8}{3}u_{\mathrm{s}} - 2u_{\mathrm{P}} + \frac{1}{3}u_{\mathrm{N}} \,. \tag{7.38}$$

非等間隔格子での同様の表式も容易に導出でき，格子点での変数に掛かる係数が格子間隔の関数となる．

一方，対称面ではこれと逆の扱いをする．すなわち，せん断応力は0であるが，垂直応力は値を持つ（図 7.3 を参照）：

$$\left(\frac{\partial u}{\partial y}\right)_{\mathrm{sym}} = 0\,; \quad \left(\frac{\partial v}{\partial y}\right)_{\mathrm{sym}} \neq 0\,. \tag{7.39}$$

ここで，u 方程式の（壁面方向の）拡散流束は 0 であり，v 方程式の拡散流束は $\partial v/\partial y$ の近似が必要となる：

$$F_{\mathrm{s}}^{\mathrm{d}} = \int_{S_{\mathrm{s}}} \tau_{yy}\,\mathrm{d}S = \int_{S_{\mathrm{s}}} 2\mu\frac{\partial v}{\partial y}\,\mathrm{d}S \approx \mu_{\mathrm{s}}\left(\frac{\partial v}{\partial y}\right)_{\mathrm{s}}\,. \tag{7.40}$$

ここで，境界条件より $v_{\mathrm{s}} = 0$ である（対称面を通る流れはない）．また，すでに示した壁面での微係数 $(\partial u/\partial y)_{\mathrm{s}}$ と同じ近似が対称面の微係数 $(\partial v/\partial y)_{\mathrm{s}}$ にも適用できる．

有限体積法でスタガード格子を用いた場合，圧力の境界条件は必要ない（ただし，境界で圧力が指定されている場合は例外で，これについて 11 章で述べる）．これは，境界に垂直な速度成分の CV が，圧力が計算されるスカラーの CV の中心点までしかないことを考えればわかる（そこより外側の圧力定義を必要としない）．一方，コロケート格子を用いたときには，すべての変数の CV が計算領域の境界まで到達するので，運動方程式の圧力項を計算する際に境界での圧力を必要とする．この境界圧力を得るためには内部点からの外挿計算が必要であるが，2 次精度のスキームを用いている場合は単純な線形補外で大抵の場合は十分である．壁付近で大きな圧力勾配が必要な場合があり，これは法線速度成分の方程式で体積力（浮力，遠心力など）とバランスをとるためである．これに対して，法線方向の運動方程式の中で外力（浮力，遠心力など）と釣り合うように，壁近くで強い圧力勾配を作用させる必要がある場合がある．このような場合に圧力の外挿計算が不正確で応力の釣り合いの条件が満たされないと，壁面近傍に大きな法線速度を生じる結果となる．これを避けるためには，平面に接するセルでの法線速度成分を連続の式から与えるか，圧力の外挿計算を修正するか，あるいは，この部分での格子を細分化するなどの方法が考えられる．

圧力修正方程式の境界条件（7.2.2 項を参照）にもまた，十分な注意が払われるべきである．境界からの質量流束が定義されているときには式中の質量流束の修正は境界でゼロとおかれる．この条件は，圧力修正方程式を導く過程で，連続の式に対して直接与えるのがよい．これは，修正圧力にノイマン境界条件（勾配ゼロ）を課すのと同等である．フラクショナル・ステップ法における圧力修正に関する境界条件の議論は 8.3.4 項で述べる．

入口での質量流束が与えられている場合，遠方境界が関心のある領域から十分遠くてかつ高レイノルズ数の定常流れに対しては，境界に対して単純な速度の外挿（勾配ゼロ，例えば $u_{\mathrm{E}} = u_{\mathrm{P}}$）で与えることが一般的である．この外挿された速度は入口での総質量流束と厳密に一致するように修正される（修正なしにはいかなる外挿でもこれを保証できない）．この修正された速度は次の外部反復では既知量として扱われ，連続の式の評価としては流出境界の修正質量流束はゼロとおかれる．この結果，圧力修正方程式に対しては，すべての境界に対してノイマン条件を課すことになり，**数学的に特異な** (mathematically singular) 条件になる．そこで，解を一意に決定するために，一点で圧力を固定してその値を他の全点の圧力から引くか，または，別な方法としては全体の平均圧力をある値（一般には0）に定める[3]．ただし実用的にはこれらの手順を踏む必要はない．というのも多くの方法が各ステップで初期圧力を用いて計算を始めるが，非圧縮性流れでは実際の圧力そのものは重要ではなく，圧力勾配だけが重要だからである．これに対して実際の圧力が既知であるかもしくは必要である場合は，特定の物理的条件によって定義されることがほとんどである．例えば自由表面流では，表面の圧力が既知であることが多い．いずれにせよ，このような場合は慎重な取り扱いが推奨される．平均圧力が格子点間の圧力差と比較して非常に大きくなると，数値的な精度が低下する可能性がある．このような場合は，特定の点で圧力を固定することでこれを防ぐことができる．

また，流入と流出で圧力差が指定される場合もある．このときには境界での速度をあらかじめ与えることはできず，内部で圧力損失が指定された値になるように計算される必要がある．この条件はいくつかの方法で実現されるが，いずれにおいても境界速度は（コロケート格子でのセル境界への補間と同様に）内部領域点から外挿されたのち修正される．指定された静圧を与える場合の扱い方を11章に示す．

7.1.7　簡単なスキームの例

ナビエ・ストークス方程式の具体的な解を求めるにあたり，まず2つの簡単な解法について述べる．最初の手法は非定常流れに対する陽的な時間発展スキームであり，2つ目の方法は陰的解法の特徴を取り入れたスキームである．より一般的なスキームについての詳しい検討は7.2節に残しておこう．

7.1.7.1　単純な陽的時間進行法

非定常方程式の解法に着目し，その解法で離散化された圧力ポアソン方程式がどのように構築され，また，連続の式を課す役割を果たしているかをみてみよう．空間微分近似の選択はここでは重要ではないので，一部を離散化した（空間を離散化し，時間は離散化しない）運動方程式を記号でわかるように区別して書き表す：

$$\frac{\partial(\rho u_i)}{\partial t} = -\frac{\delta(\rho u_i u_j)}{\delta x_j} - \frac{\delta p}{\delta x_i} + \frac{\delta \tau_{ij}}{\delta x_j} = H_i - \frac{\delta p}{\delta x_i}. \tag{7.41}$$

ここで $\delta/\delta x$ は離散化された空間微分を表し（それぞれの項での任意の近似を表すものとする），H_i はここではその扱いが重要でない対流項や粘性項を略記したものであ

[3] 訳注：圧力修正方程式の計算に反復法を用いる場合には，一般に係数行列が非正規のままでも解は収束する．よって，上記の操作は係数行列を修正するのではなく，収束解を得てから行えばよい．

る．

単純化のため時間進行法に陽的オイラー法を用いて式 (7.41) を解くとすると，以下の式を得る：

$$(\rho u_i)^{n+1} - (\rho u_i)^n = \Delta t \left(H_i^n - \frac{\delta p^n}{\delta x_i} \right) . \tag{7.42}$$

この手法を適用するために時間ステップ n での速度を用いて H_i^n を計算し，さらにもし圧力が利用可能なら $\delta p^n / \delta x_i$ も計算される．これにより，新しい時間ステップ $n+1$ で ρu_i の推定値が得られる．しかし，一般にこの速度場は，制約条件として課すべき次の連続の式

$$\frac{\delta (\rho u_i)^{n+1}}{\delta x_i} = 0 \tag{7.43}$$

を満足しない．

当面は非圧縮性流れに関心を持っているのだが，この式が密度変化する流れも扱えることを強調するために密度を含めて示している．どのようにして連続条件が課されるかをみるために，数値的に式 (7.42) の発散をとってみると（このとき連続の式と同じ近似を数値演算子として使う），結果は以下のようになる：

$$\frac{\delta (\rho u_i)^{n+1}}{\delta x_i} - \frac{\delta (\rho u_i)^n}{\delta x_i} = \Delta t \left[\frac{\delta}{\delta x_i} \left(H_i^n - \frac{\delta p^n}{\delta x_i} \right) \right] . \tag{7.44}$$

最初の項は新しい速度場の発散で，これがゼロになって欲しい項である．**第 2 項は時間ステップ n で連続条件が課されていたならゼロになるべき項であるが，もしそうでなければこの項は式に残しておかなければならない．反復解法で圧力のポアソン方程式を解く場合，完全に解が収束してない限り，この項を維持することが必要である．**同様に H_i の粘性項は ρ が一定の場合はゼロになるべきであるが，ゼロでない値も容易に計算できる．これらすべてを考慮すると，結果として圧力 p^n に対して離散化されたポアソン方程式が得られる：

$$\frac{\delta}{\delta x_i} \left(\frac{\delta p^n}{\delta x_i} \right) = \frac{\delta H_i^n}{\delta x_i} . \tag{7.45}$$

ここで，$\delta p / \delta x_i$ は運動方程式の圧力勾配である一方，カッコの外側の演算子 $\delta / \delta x_i$ は，連続の式に由来する発散演算子であることに注意されたい．もし圧力 p_n がこの離散化ポアソン方程式を満足するなら，時間ステップ $n+1$ の速度場は（離散化された演算子に対して）発散がゼロとなる．もし圧力勾配項が陰的に扱われるなら p^n の代わりに p^{n+1} を用いても，他のものはまったく変化しないままであることから，この式の圧力が属している時間ステップが，実は任意であることに注意されたい．

以上から，時間進行のナビエ・ストークス方程式の解法として，次のようなアルゴリズムを得る：

- 時間 t_n の速度場からスタートする．t_n で速度場は発散がゼロであると仮定する（もし発散がゼロでなくともこれは修正できる）．
- 対流項と粘性項の組み合わせである H_i^n とその発散を計算する（両方とも後で使うのでメモリに記憶しておく必要がある）．
- p_n に対するポアソン方程式を解く．
- 新しい時間ステップの速度場を計算する．これは発散がゼロである．
- 次の時間ステップに移行する．

流れの精度の良い履歴が必要なとき，これに似たような方法が一般にナビエ・ストークス方程式を解くのに使われている．実際に基本的な違いは，1次のオイラー法より正確な時間進行法が普通は使われていることと，いくつかの項は陰的に扱われることである．これらの方法のいくつかは後に示すことにする．

ここでは，圧力のポアソン方程式を解くことでどのように速度場が連続の式を満足するのか，すなわち速度場の発散がゼロになるのかを示した．この考え方は，定常，非定常を問わずナビエ・ストークス方程式の多くの解法に使われており，そのいくつかについては後ほど説明する．

7.1.7.2　単純な陰的時間進行法

ナビエ・ストークス方程式を陰的時間進行で解く場合，新たにどのような問題が生じるかを調べてみよう．ここでは陰解法に特有の問題を明らかにすることに興味があるので，最も簡単な陰的解法である後退（陰的）オイラー法に基づくスキームを採用する．この手法を式 (7.41) に適用して以下を得る：

$$(\rho u_i)^{n+1} - (\rho u_i)^n = \Delta t \left(-\frac{\delta(\rho u_i u_j)}{\delta x_j} - \frac{\delta p}{\delta x_i} + \frac{\delta \tau_{ij}}{\delta x_j} \right)^{n+1} . \tag{7.46}$$

この式には，前目の陽解法ではみられなかったいくつかの難しさがあることが直ぐにわかる．それではこれらの困難さについて，1つずつ考えてみよう．

まず第一に，圧力に関して問題が生じる．新しい時間ステップにおける速度の発散はゼロになる必要があり，これを満たす方法は陽解法の場合とほとんど同じである．すなわち，式 (7.46) の発散をとり，時間ステップ n における速度の発散がゼロであると仮定し（必要ならば修正を加えてもよい），新しい時間ステップ $n+1$ でも発散がゼロとなる条件を課す．これにより圧力のポアソン方程式が得られる：

$$\frac{\delta}{\delta x_i} \left(\frac{\delta p}{\delta x_i} \right)^{n+1} = \frac{\delta}{\delta x_i} \left(\frac{-\delta(\rho u_i u_j)}{\delta x_j} \right)^{n+1} . \tag{7.47}$$

このとき問題は，$n+1$ ステップでの速度場がなければ右辺項が計算できない点にあり，また逆に，$n+1$ ステップでの速度場を求めるには圧力が必要である．結果として，ポアソン方程式と運動方程式は同時に解く必要があり，何らかの反復解法が必要となる．

第二の問題は，たとえ圧力が既知であっても，速度場を求めるための式 (7.46) は大規模な連立非線形方程式となることであり，その構造は差分近似化された圧力方程式のラプラス演算子の行列に似ている．ただし，運動方程式には対流項の寄与が含まれており，またディリクレ境界条件が一部の境界（流入，壁面，対称条件など）で与えられるので，その解法は通常，圧力やその修正方程式よりもいくぶん容易である．本章の末尾にその事例を紹介しよう．

もし式 (7.46) を厳密に解くのならば（次節に述べるフラクショナル・ステップの反復なしの場合に相当），最善の方法は，新しい速度場の初期推定値として前時間ステップの収束解を用い，ニュートン反復法を用いて収束解を得るか（5.5.1 項を参照），もしくは連立方程式に対する割線法 (secant method) (Ferziger, 1998; Moin, 2010) を用いることである．

ここまでナビエ・ストークス方程式を陽的，または陰的に扱う方法をみてきたが，以下ではより一般的に用いられる解法について学習しよう．ただし，ここに述べるものがすべてを網羅するわけではなく，他の解法は文献にある（例えば，Chang et al., 2002 による厳密射影法 (exact projection method)）．

7.2　定常・非定常流解法の基本的な考え方

本節では，定常・非定常の両方に適用可能で，反復法・非反復法によるアプローチに基づく，より一般的に使用される一連の解法について説明する．すべての方法には，前述（7.1.7 項）の議論と基本的に同様の考え方が使われる．特に非圧縮性流では定常であれ非定常であれ，時間的または反復的に解を進行させるには，（圧力，圧力修正，流れ関数などの）ポアソン方程式を解く必要が生じる．類似した解法ごとにまとめて以下に説明する．

7.2.1　フラクショナル・ステップ法

非定常ナビエ・ストークス方程式を時間についてスタガード的に積分するアイデアは，Harlow and Welsh (1965)，および Chorin (1968) の独創的な論文に記述されている．ここで説明する多くの手法は，これらの初期の仕事に基づくかまたはここから発展している．実際，Patankar and Spalding (1972) が SIMPLE アルゴリズム（次項に解説）を構築する際にこれらの先駆的仕事から受けた影響を述べている．SIMPLE が反復解法であるのに対して，予測ステップで反復を行わなかったり，圧力を無視する場合もある．ただし，これらの方法とその発展型に共通していえるのは，非圧縮性流れの連続条件を満たすために圧力を用いることである．Armfield (1991, 1994) および Armfield and Street (2002) は，多数あるフラクショナル・ステップ法の背景の説明に紙面を割いている．

フラクショナル・ステップ法の基本的手順は次のようにまとめられる．(i) 次ステップの速度場の正確な推定を現ステップの速度と（必要ならば）利用可能な圧力の情報を用いて行う，(ii) 新しい圧力か古い圧力に対する修正値を求めるためにポアソン方程式を解く，(iii) 新しい速度場を新しい圧力か圧力修正を用いて次ステップで質量保存則を満たすように更新する．反復計算は必ずしも必要ないが用いることも可能であり，これについては後に議論する．

Kim and Moin (1985) は，フラクショナル・ステップ法をスタガード格子に用いて非圧縮性流れを解くスキームを構築した．彼らは圧力を予測ステップでは用いず，修正ステップにのみ用いて計算している．Zang et al. (1994) はこの方法をコロケート格子の曲線座標系に拡張した．Kim and Moin も Zang et al. も予測ステップに近似因数分解 ADI 法（Beam and Warming, 1976，5.3.5 項を参照）を用いた．これは，各座標方向に三重対角行列の解により速度場を与えるもので，行列因数分解自体の誤差は $O((\Delta t)^3)$ なので解析全体に期待される誤差 $O((\Delta t)^2)$ より 1 オーダー小さい．これらの定式で大事な点は粘性（あるいは乱流粘性）を陰的に扱うことにあり，粘性項を陽的に扱う際の時間刻み幅の制約が除かれる (Ferziger, 1998)．これらの方法はよく知られて広く用いられており，特に行列因数分解近似による ADI は他のフラクショナル・ステップ法でも一般的といえる．さらに Zang et al. (1994) はコロケート格子で有限体積近似と CV 中心速度からその境界面への補間に対してコンパクト（参照点を狭くとる）な圧力離散化方程式を用いることで連続条件との整合性を与えた．この方法は Ye et al. (1999) によりその利点が指摘され，Kim and Choi (2000) により非構造格子へ拡張された．

フラクショナル・ステップ法については，Gresho (1990) が提唱した分類が簡潔で有用である．まず，「P1」スキームは運動方程式で圧力を 0 とおいて新しい速度場を評価し，その後に新しい圧力を圧力ポアソン式を解いて求める．前述の Kim and Moin (1985)，Zang et al. (1994) がこの方法であり，実際には圧力を直接求めることはなく，代わりに擬似圧力を解く．次に「P2」スキームは運動方程式の圧力を前時間ステップでの値とおいて，圧力ポアソン式を解いて修正圧力を求める．最後に「P3」スキームでは運動方程式の圧力を過去 2 時刻の値から 2 次精度スキームで外挿して与える．この最後の手法については後述するとして，この章ではまず，分類「P2」の一般的な定式を示す．スタガード格子，コロケート格子での具体的な実装は 8.3 節に述べ，最後に 8.4 節で正方キャビティ内の移動壁および浮力駆動の定常，非定常流れの解析結果を調べて，その他の代替手法との違いを直接比較しよう．

ここでは，Armfield and Street (2000, 2003, 2004) らの論文に従ってフラクショナ

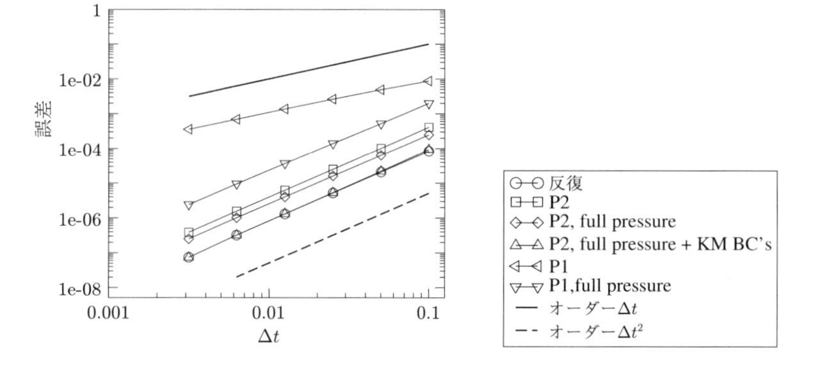

図 **7.5**　キャビティ内の自然対流場に対するさまざまな手法の圧力精度（Armfield and Street, 2003, 転載許可済み）.

ル・ステップ法を定式化する．彼らの重要な結果（図 7.5）として，P2 スキームでは圧力が時間について 2 次精度となることがわかる[4]．また，定式にはベクトル形式と演算子を用いる．これにより，特に手法の導出と計算手順が理解しやすくなる．

対象とする基礎式は，非圧縮性流れの 3 次元ナビエ・ストークス方程式とする（1.3, 1.4 節，式 (7.3), (7.4) を参照）：

$$\frac{\partial(\rho\mathbf{v})}{\partial t}+\boldsymbol{\nabla}\cdot(\rho\mathbf{v}\mathbf{v})=\boldsymbol{\nabla}\cdot\mathsf{S}-\boldsymbol{\nabla}p\,, \tag{7.48}$$

$$\boldsymbol{\nabla}\cdot(\rho\mathbf{v})=0\,, \tag{7.49}$$

ここで，$\mathbf{v}=(u_i)$ は速度，p は圧力，また，前述のとおり，$\mathsf{S}=\mathsf{T}+p\mathsf{I}$ は応力テンソルの粘性成分をそれぞれ表す（式 (1.9) と (1.13) 参照）．体積力については，解法の理解に重要ではないのでここでは触れない．

解法の目指すところは時間と空間の 2 次精度である．そのため，式 (7.48) と (7.49) の時間離散化については対流項に 2 次のアダムス・バッシュフォース法（6.2.2 項），粘性項にクランク・ニコルソン法（6.3.2.2）を用いる．よってこの手法は半陰解法となり，離散化式は以下に示される：

$$\frac{(\rho\mathbf{v})^{n+1}-(\rho\mathbf{v})^{n}}{\Delta t}+C(\mathbf{v}^{n+1/2})=-G(p^{n+1/2})+\frac{L(\mathbf{v}^{n+1})+L(\mathbf{v}^{n})}{2}\,, \tag{7.50}$$

$$D(\rho\mathbf{v})^{n+1}=0\,, \tag{7.51}$$

4　この場合，2 次精度の外挿 $p^{n+1}=(3/2)p^{n+1/2}-(1/2)p^{n-1/2}$ を用いる．

離散化項は，速度 $\mathbf{v}$，圧力 p，対流演算子 $C(\mathbf{v}) = \boldsymbol{\nabla}\cdot(\rho\mathbf{v}\mathbf{v})$，勾配演算子 $G() = G_i()$ $= \boldsymbol{\nabla}()$（式 (1.15)），および，発散演算子 $D() = D_i() = \boldsymbol{\nabla}\cdot()$（式 (1.6)）からなり，粘性項のラプラス型 (Laplace-type) 演算子は $L(\mathbf{v}) = \boldsymbol{\nabla}\cdot\mathsf{S}$ で与えられる．標準的な2次精度中心差分 (CDS) を用い，それを時間ステップの中間点 $n{+}1/2$ に定義すると時間と空間に対して2次精度のスキームを得る．ここで，アダムス・バッシュフォース法では以下となることに注意されたい：

$$C(\mathbf{v}^{n+1/2}) \sim \frac{3}{2}C(\mathbf{v}^n) - \frac{1}{2}C(\mathbf{v}^{n-1}) + O((\Delta t)^2)\,. \tag{7.52}$$

フラクショナル・ステップ法で式 (7.50)，(7.51) を解く手順は，以下の通りとなる：

1. 次の式を解いて，過去の圧力値 $p^{n-1/2}$ を用いて新しい速度場 $\mathbf{v}^*$ を推定する：
$$\frac{(\rho\mathbf{v})^* - (\rho\mathbf{v})^n}{\Delta t} + C(\mathbf{v}^{n+1/2}) = -G(p^{n-1/2}) + \frac{L(\mathbf{v}^*) + L(\mathbf{v}^n)}{2}\,, \tag{7.53}$$
2. 次の式で，修正圧力を定義する：
$$p^{n+1/2} = p^{n-1/2} + p'\,, \tag{7.54}$$
3. 速度 $\mathbf{v}^*$ に対する修正を，修正速度が式 (7.50) を近似した次の式を満たすように定義する（ここでは元の式に対して，すぐに明らかになる理由から演算子 L 中の $\mathbf{v}^{n+1}$ が $\mathbf{v}^*$ に置き換えられている）：
$$\frac{(\rho\mathbf{v})^{n+1} - (\rho\mathbf{v})^n}{\Delta t} + C(\mathbf{v}^{n+1/2}) = -G(p^{n+1/2}) + \frac{L(\mathbf{v}^*) + L(\mathbf{v}^n)}{2}\,. \tag{7.55}$$
式 (7.53) を式 (7.55) から引くことで，修正速度に対して以下の式を得る：
$$(\rho\mathbf{v})^{n+1} = (\rho\mathbf{v})^* - \Delta t\, G(p')\,, \tag{7.56}$$
この結果，
4. 連続の式 (7.51) に式 (7.56) を代入して，次の式から p' を得る：
$$D(G(p')) = \frac{D(\rho\mathbf{v})^*}{\Delta t}\,. \tag{7.57}$$

p' が得られれば，最終的な速度場 $\mathbf{v}^{n+1}$ と圧力 $p^{n+1/2}$ が，式 (7.56), (7.54) よりそれぞれ求まる．具体例として，対流項の空間離散化に QUICK スキーム（4.4.3 項を参照），他の項に中心差分を適用し，式 (7.53) を ADI 法（5.3.5 項，8.3.2 項），式 (7.57) をポアソン解法（例えば，前処理付き再初期化 GMRES 法 (5.3.6.3)）で解く．Armfield and Street (1999) の検証計算例によれば，ADI 法を4回反復することで高精度な収束解を得ている．

このようにして時間を1ステップ進めたら，何かエラーがないか確認することが大切である．まず，式 (7.56) を以下に書き直す：

$$(\rho\mathbf{v})^* = (\rho\mathbf{v})^{n+1} + \Delta t\, G(p')\ , \tag{7.58}$$

これを，修正した速度と圧力が満たす式 (7.55) に代入して，次式を得る．

$$\begin{aligned}&\frac{(\rho\mathbf{v})^{n+1} - (\rho\mathbf{v})^n}{\Delta t} + C(\mathbf{v}^{n+1/2})\\&\quad = -G(p^{n+1/2}) + \frac{L(\mathbf{v}^{n+1}) + L(\mathbf{v}^n)}{2} + \frac{1}{2}\Delta t\, L\left(\frac{1}{\rho}G(p')\right)\ .\end{aligned} \tag{7.59}$$

この我々が実際に計算する式 (7.59) と，本来求めるべき式 (7.50) を比べると，前者の最後に余分な項が加わっていることがわかる．これこそが，前述に残した L 演算子で修正前の $\mathbf{v}^*$ を用いることによる誤差を表しており，それはこの項が基本的に $L = D(G())$ で表されることからも明らかである．ここで圧力修正が

$$p' = p^{n+1/2} - p^{n-1/2} \approx \frac{\partial p}{\partial t}\Delta t \tag{7.60}$$

と表せることに気づけば，この付加項は $(\Delta t)^2$ に比例し，（2 次精度を満たすという）狙い通りの解法となっていることがわかる（Armfield and Street, 1999）．結局，スタガード格子かそうでないかにかかわらず，ここで示した P2 法は離散化式系の厳密解を与えない．すなわち，（圧力ポアソンの解法の精度内で）速度場は正しく連続条件を満たす一方で，アップデートされた速度場と圧力場は，離散化された運動方程式を厳密には満たさないのである．その誤差は時間に対して 2 次精度（時間刻みを 1/2 にすると誤差が 1/4 に減るという意味）であるが，時間刻みが十分小さくとれなければ無視できないものとなる．残念ながら，「十分小さい」の程度は対象とする問題に依存する．

上に述べた解法は数多くある選択肢の 1 つにすぎない．例えば，対流項に別の陽的スキームを適用すれば，圧力修正方程式はそのままで新たな解法となる．上述のアルゴリズムにおいて，速度場が t_{n+1} で計算されるのに対し圧力は $t_{n+1/2}$ で与えられており，もし，両者の時刻を合わせたければいずれかに補間が必要となる．あるいは，圧力項に粘性項と同様にクランク・ニコルソン法を適用することもできる．その際の違いは，新しい圧力項（時刻 t_{n+1} となる）の陰的な半分のみを修正し，残り半分を固定するだけでよい．

また，粘性項に陽的スキームを適用することもできる．これは，計算領域に極端に小さな計算セルがないならば，時間刻み幅の安定性の制限が厳しくないため有効な解法となる．このとき，運動方程式 (7.50) は連立方程式を解かずに陽的に計算できる．

対流と拡散の両方に陰的な時間発展スキームを用いる場合には問題はもう少し複雑である．このとき，非線形対流項の線形化が必要となり通常はピカールの反復法 (Picard-iteration) が用いられるが，どの量を既知として反復するかでさらに多くの

選択肢がある．また，1回の時間進行ステップでどのくらい反復するか，あるいは，運動方程式は一度しか解かないか，などにより解法は大きく変わる．前者についての選択は明らかで，前反復ステップの解を用いて

$$(\rho \mathbf{v}\mathbf{v})^{n+1} \approx (\rho \mathbf{v})^{m-1} \mathbf{v}^{m} \tag{7.61}$$

と与える．（時間ステップ n に対して）m は反復回数を表す．反復の初期値をどうするかは問題であるが，反復数が多くなれば解は収束して m と $m+1$ の2つの解は事実上同じとなるので初期値の選択にはよらない．ただし，反復計算をしないならば陽的成分 (m) をどのように定めるかが重要となる．最終的な解を2次精度に保ちたいならば，新しい時刻での近似誤差が2次精度となるように選ぶべきであり，前述の解法と同様に，2次精度以上のアダムス・バッシュフォース法を用いれば満足される．実際，陰解法を用いる場合は，すべての変数は2次精度の陽的時間進行を用いて求めた新しい時間レベルの値で初期化すべきである．これは非直交格子において離散化に遅延補正を含む場合に特にあてはまり，単に前の時間ステップの値を用いた場合は全体のスキームが1次精度になる．

反復による陰的解法にはさらに多くの選択肢がある．まずは運動方程式だけを反復して非線形項の更新と遅延補正を行い，そのあと，圧力修正ステップを1回だけ適用することもできる．この場合，連続の式を十分に満たすために，圧力修正方程式には比較的厳しい収束判定が課される．また，反復計算の範囲を運動方程式と圧力方程式の両方に広げて，方程式の非線形性と圧力と速度のカップリングを同時に更新して解く方法もある．そのような反復法の解法例を以下に示す：

1. 新しい時間ステップでの m 回目の反復で，以下の運動方程式を解いて解の予測を行う．ここでは時間に対して2次精度の3時刻完全陰解法を用いた（6.3.2.4を参照）．また，$\mathbf{v}^*$ は $\mathbf{v}^m$ の予測値であり，連続の式を満たすように後で修正が必要である：

$$\frac{3(\rho \mathbf{v})^* - 4(\rho \mathbf{v})^n + (\rho \mathbf{v})^{n-1}}{2\Delta t} + C(\mathbf{v}^*) = L(\mathbf{v}^*) - G(p^{m-1}) \ , \tag{7.62}$$

2. 修正後の速度と圧力が，次の運動方程式を満たすようにする：

$$\frac{3(\rho \mathbf{v})^m - 4(\rho \mathbf{v})^n + (\rho \mathbf{v}^{n-1})}{2\Delta t} + C(\mathbf{v}^*) = L(\mathbf{v}^*) - G(p^m) \ . \tag{7.63}$$

そこで，式 (7.62) と (7.63) の差をとって速度と圧力の修正関係式を得る：

$$\frac{3}{2\Delta t}\left[(\rho \mathbf{v})^m - (\rho \mathbf{v})^*\right] = -G(p') \quad \Rightarrow \quad (\rho \mathbf{v})' = -\frac{2\Delta t}{3} G(p') \ . \tag{7.64}$$

3. 速度の修正反復解 $\mathbf{v}^m$ に連続条件を課すことで，結果，次の修正圧力の方程式を得てこれを解く：

$$D(\rho\mathbf{v})^m = 0 \quad \Rightarrow \quad D(G(p')) = \frac{3}{2\Delta t} D(\rho\mathbf{v})^* \,. \tag{7.65}$$

4. 反復を 1 回進めて，手順 1–3 を残差が小さくなるまで繰り返す．最後に，$\mathbf{v}^{n+1} = \mathbf{v}^m$, $p^{n+1} = p^m$ として次の時刻ステップに進む．

上記解法の圧力修正方程式は，係数 (3/2) が掛かることを除いて前述の式 (7.57) とまったく同じように見える．ただし，$\mathbf{v}^*$ を与える運動方程式の定式が違うため実際には右辺が異なる．この解法では，線形化した運動方程式や圧力修正方程式を解くのにそれほど厳しい収束は必要ない．なぜなら，解は次の反復でも繰り返し更新されるので，1 回の反復で残差を 1 桁程度減少させるだけでも，1 つの時間ステップで 3 回以上の反復の後には十分な収束が得られるからである．

上記アルゴリズムを反復なしに用いる解法も容易に導かれる．このとき，式 (7.52) と類似のアダムス・バッシュフォース法を用いて時刻 t_{n+1} での対流項を求める．なお，ここでは時刻 $t_{n+1/2}$ ではなく t_{n+1} での値が必要である．

$$C(\mathbf{v}^{n+1}) \approx 2C(\mathbf{v}^n) - C(\mathbf{v}^{n-1}) \,. \tag{7.66}$$

この場合，外側の反復はなくなり運動方程式と圧力修正方程式を時間進行ステップごとに 1 回ずつ解く（ただし，より厳しい収束判定が課される）．

上記の反復計算による陰的フラクショナル・ステップ法（iterative implicit fractional-step method の頭文字をとって以後 IFSM と呼ぶ）は，次項で述べる SIMPLE アルゴリズムとよく似ている．両者の微妙な違いについては次項の最後で説明する．付録に示した通り，2 つの解法（反復あり，反復なし）を組み込んだ計算プログラムの入手が可能であり，このプログラムを用いた計算例が次の章の最後に示されている．

7.2.2 SIMPLE 法，SIMPLER 法，SIMPLEC 法，および PISO 法

6 章で示したように，定常問題の多くの解法が非定常計算を定常解に達するまで解くものとみなすことができる．基本的な違いとして，非定常問題が対象であれば正確な時間履歴が得られるよう時間ステップが定められるが，定常解が目的であれば定常状態に早く達するよう時間ステップを大きくとることが許される．陰解法は陽解法よりも時間ステップに対する拘束条件が緩いため（実際には制限がない場合もある），定常流や緩やかに変化する流れでは陰解法が好まれる．陰解法は，過渡問題に対して時間的に正確な解を得たい場合にもしばしば用いられる（特に商用 CFD コードを使う場合，陽解法スキームそのものが提供されていない場合が多い）．局所的に格子幅が細かくとられ，陽解法の計算安定性による時間刻み制約が時間発展解の求めるものよりも小さくなるときにはこのことがあてはまる．

よって，定常非圧縮性流れのため開発された多くの解法は，陰的な方法となる．そのなかでも最も一般的なものは，前節での手法の変形と考えることができる．これらの手法は，各時間ステップごとに，または定常ソルバーとしては各外部反復ごとに，質量の保存を満たすように圧力（または圧力修正）方程式を用いる．以下，これらの手法をいくつか示そう．本節では，SIMPLE 法および関連するスキームの一般的な定式を述べ，8.1 節および 8.2 節で，スタガード格子およびコロケート格子における SIMPLE 法と IFSM 法の離散化式を詳しく解説する．そして最後に 8.4.1 項で，2 種の格子配置における両手法の計算結果を示し，検討する．

SIMPLE 系解法とフラクショナル・ステップ法の類似点と相違点を明示するため，前節と同様の表式をここでも用いる．

まず，前項と同じく式 (7.48) と (7.49) から始めよう．SIMPLE 系解法（これには商用コードによく用いられる SIMPLEC 法，PISO 法なども含む）とフラクショナル・ステップ法の主な違いは，前者が通常は完全な陰解法（ただしクランク・ニコルソン法が適用可能）である点である．これはすべての流束量と生成量が新しい時刻で評価されることを意味し，前の時間ステップでの値は，離散化された時間微分項のみに現れる．ほとんどのコードでは，陰的オイラー法と 2 次精度後退差分のどちらかを選択するようになっている．（前者は 1 次精度であるので時間発展を正確に解くべき問題には推奨されない一方，後者は 3 時刻法とも呼び，時間に 2 次精度であるのでこのような問題に適している）．運動方程式と連続の式の離散化に前節と同じ演算子記号を用いると，2 つの時間進行法は以下で表される：

$$\frac{(\rho \mathbf{v})^{n+1} - (\rho \mathbf{v})^n}{\Delta t} + C(\mathbf{v}^{n+1}) = L(\mathbf{v}^{n+1}) - G(p^{n+1}) \, , \tag{7.67}$$

$$\frac{3(\rho \mathbf{v})^{n+1} - 4(\rho \mathbf{v})^n + (\rho \mathbf{v})^{n-1}}{2\Delta t} + C(\mathbf{v}^{n+1}) = L(\mathbf{v}^{n+1}) - G(p^{n+1}) \, . \tag{7.68}$$

前者は陰的オイラー法なので，時間に対して 1 次精度である（時間微分の近似は，その他の項を求める時間ステップに対して，1 次の後退スキームである）．一方後者は，その他の項を求める時間ステップからみて，2 次精度の時間微分近似になっている．この近似は 6.3.2.4 で説明したように，これは 2 次関数で新しい時間レベル $(n+1)$ を含む補間をし，それを微分することで得られる．いずれにおいても対流項，拡散項および生成項は常に時刻 t_{n+1} で評価されるため，この 2 つの時間進行法を切り替えたり，組み合わせて用いることも容易にできる．

ここでは，流れが非圧縮で密度変化がないと仮定して議論を進め，圧縮性流れへの拡張については 11 章に述べる．この仮定のもとでは連続の式に時間微分は現れないので，2 つの時間進行法の離散化式は前項の式 (7.51) と同一である．

すべての項が完全な陰解法として離散化されるので，非線形項を線形化して速度場 $\mathbf{v}^{n+1}$ と圧力場 p^{n+1} の方程式を反復して解く必要がある．非定常流れでかつ時間の精度が求められる場合は，それぞれの時間ステップ内で非線形方程式の全体の系が（狭い）許容誤差の範囲で満たされるまで反復を続けなければならない．一方，定常解に対しては許容誤差はかなり緩和できる．この場合，無限に大きい1回の時間刻みで非線形方程式系の定常解が得られるまで反復を行うか，各時刻での非線形解を十分満たさないまま時間進行を進めるか（この場合，時間ステップ当たり1回の反復のみでもよい），2つの選択が可能である．

各時間ステップで非線形項と連成項を更新する反復を**外部反復** (outer iteration) と呼び，既知係数の線形連立方程式を解くための**内部反復** (inner iteration) と区別する．

以下では，上付き添字 $n+1$ を使うのをやめ，代わりに新しい時刻 $n+1$ での解を得るための外部反復の回数 m で表す．この反復繰り返しが収束すると $\mathbf{v}^{n+1} \approx \mathbf{v}^m$ を得る．線形化には前項の式 (7.61) に示したピカールの反復法を用いることにする．実際，定常問題であろうと繰り返し反復を含む時間進行法 (SIMPLE, SIMPLEC, PISO) であろうと，他の選択肢はないといってよい．時間的に正確な解を効率的に得るためには，新しい時間レベルでの最初の反復が重要となる．実際，反復の初期値 ($m = 0$) に単に前時間ステップの値を用いた場合，時間ステップ内の反復回数は，もっと良い推定値（例えば，2次の陽的時間進行を用いた場合）を用いた場合よりも多くなる．この問題は特に PISO 法では顕著となり，このスキームでは時間ステップ当たり運動方程式を一度解くだけなので反復計算の初期推定の誤差を改善する手立てがなくなる．この問題については本節の最後で改めて触れよう．生成項と流体の特性量の変化についても同様に扱う．すなわちこれらの項の一部は前の時間ステップの反復で評価された値が用いられる．

線形化された運動方程式は逐次的に解かれる[5]．すべての陰的な離散化項をまとめると，各速度成分に対して以下の行列表式を得る：

$$A^{m-1} u_i^m = Q_i^{m-1} - G_i(p^m) \, , \tag{7.69}$$

ここで，G_i は勾配演算子の i 成分の略記号である．生成項 Q は，陽的に（u_i^{m-1} を用いて）計算されるすべての項のほか，任意の体積力とその他の線形化や遅延補正される項（これらは u_i^{n+1} や他の変数例えば温度などにも依存する可能性がある）を含む．さらにこの項は，式 (7.67), (7.68) に示したように，非定常項の一部として過去の時間ステップの解を参照する部分も含む．行列 A は3つの速度成分に対して同じとは限らないが，当面ここではその違いを無視する．離散化には有限体積法を用いているが，上記の方程式にセル体積を乗じるだけで有限体積法でも同様の解法が導出

[5] 連成解法（あるいは全体行列解法）も適用可能であり，ほとんどの商用パッケージで提供されている．このような解法の選択肢に関する議論は，各コードの解説書や文献（例えば，Heil et al., 2008; Malinen, 2012）を参照されたい．本書の11章にも一例を簡単に紹介している．

できる．見やすさのために以下では行列 A や生成項 Q に添字 $(m-1)$ を省略するが，これらが外部反復の前ステップの値を用いて計算されることは明らかであろう．

上式から1行（1つの計算点Pに対応）を取り出すと

$$A_{\mathrm{P}} u_{i,\mathrm{P}}^m + \sum_k A_k u_{i,k}^m = Q_{\mathrm{P}} - \left(\frac{\delta p^m}{\delta x_i} \right)_{\mathrm{P}} \tag{7.70}$$

となる．ここで圧力項を形式的な差分として表記したのは，この解法が空間微分の近似とは独立していることを強調するためである．空間微分の離散化は3章，4章に述べたいずれの近似精度の定式であってよい．ここで，行列係数 A_k は離散化された対流項や拡散項の寄与が含まれている一方，対角係数 A_{P} にはこれらに加えて非定常項（式 (7.67) と式 (7.68)）の成分が加わる．

ここでいったん，簡単な行列式表記 (7.69) に戻って，行列 A を対角成分による行列 A_{D} と非対角成分の行列 A_{OD} に分割してみよう．その意味はこのあとすぐにわかる．また，外部反復の現ステップを示す添字 m に替えて，近似のレベルに応じて記号*または**（これらは近似のレベルを表す）を用いる．

外部反復 m において，まず，圧力に前反復ステップの値を用いて以下の式を解く：

$$(A_{\mathrm{D}} + A_{\mathrm{OD}}) u_i^* = Q - G_i(p^{m-1}) \, . \tag{7.71}$$

この結果得られる速度場 $\mathbf{v}^{m*}$ は，まだ連続の式を満たしていないので，これを課すために圧力と速度を

$$p^* = p^{m-1} + p', \quad u_i^{**} = u_i^* + u_i' \tag{7.72}$$

と修正する．速度と圧力の修正値である v' と p' の関係は，これらが式 (7.69) を簡略化した

$$A_{\mathrm{D}} u_i^{**} + A_{\mathrm{OD}} u_i^* = Q - G_i(p^*) \tag{7.73}$$

を満たすように与えられる．ここで式 (7.71) を式 (7.73) から引くと，速度と圧力の修正値について以下の関係を得る：

$$A_{\mathrm{D}} u_i' = -G_i(p') \quad \Rightarrow \quad u_i' = -(A_{\mathrm{D}})^{-1} G_i(p') \, . \tag{7.74}$$

対角行列の逆行列は容易に得られることから，この関係は（圧力修正方程式を導くという意味で）シンプルである．というのも式 (7.73) でもし u_i^{**} にも非対角成分を適用したならば，この関係はあまりに複雑になり，圧力修正方程式を導くことが極めて困難となる．外部反復が収束するならばすべての修正量が0となり，最終的な解は簡略化の影響を受けないという事実によって，この簡略化が正当化されている．一方

で関係式の簡略化は反復の収束性には影響を与えるが，不足緩和係数を適切に選ぶことでこの問題が改善できることを後に示す．

まず，修正速度場 u_i^{**} が離散化された連続の式を満たすためには

$$D(\rho \mathbf{v})^* + D(\rho \mathbf{v}') = 0 \tag{7.75}$$

である．関係式 (7.74) を用いて u_i' を p' で表すと，圧力修正方程式

$$D(\rho (A_{\mathrm{D}})^{-1} G(p')) = D(\rho \mathbf{v})^* \tag{7.76}$$

を得る．これは，前節の式 (7.57) と同じ形式を持つ．以下に両者の類似点と相違点を調べてみよう．

まず，本項の解法は，前項で導いたものの変形とみることができる．これらの解法では，最初に連続の式を満たさない速度場を構築して，そのあと，何か（普通は圧力勾配）を減じて修正する．これは一般に**射影法** (projection method) と呼ばれる．このときベクトル解析の視点からは，圧力は連続の条件を通じて速度場に作用し，発散を持つ速度場を発散のない速度場に「射影」する演算子となっている（Kim and Moin, 1985 を参照）．

圧力修正方程式が解かれたならば，速度と圧力を式 (7.74) と (7.72) により更新し，これを m 回目の外部反復の解として，次の反復に進む．以上が SIMPLE 法と呼ばれる解法であり (Caretto et al., 1972)，“Semi-Implicit Method for Pressure-Linked Equation”（圧力と関係付けられた方程式による準陰解法）の頭文字をとって名付けられている．ここで，その特徴を検討しよう．

速度修正で非対角項 (OD) を無視するのではなく，その影響を近似することができる．すなわち，速度修正 u_i' をその近傍値の重み平均で近似する．例えば，

$$u_{i,\mathrm{P}}' \approx \frac{\sum_k A_k u_{i,k}'}{\sum_k A_k} \quad \Rightarrow \quad \sum_k A_k u_{i,k}' \approx u_{i,\mathrm{P}}' \sum_k A_k \ . \tag{7.77}$$

これによって，式 (7.69) から式 (7.71) を引く際に，単に式 (7.73) とするのではなく，速度と圧力の修正値の関係に含まれる $A_{\mathrm{OD}} u_i'$ を近似して，

$$A_{\mathrm{D}} u_i' + A_{\mathrm{OD}} u_i' = -G_i(p') \tag{7.78}$$

を与えることができる．式 (7.77) を用いると，式 (7.78) を簡略した定式（SIMPLE で左辺の第 2 項をすべて無視したよりも，もっと適切な簡略化）として以下を得る：

$$u_i' = -(A_{\mathrm{D}} + \tilde{A}_{\mathrm{D}})^{-1} G_i(p') \ . \tag{7.79}$$

ここで，$\tilde{A}_{\mathrm{D}}$ は式 (7.77) での非対角行列要素の和を表す（式 (7.77) 参照）．

有限体積法を用いる場合，対角行列要素への対流流束，拡散流束の寄与は，非対角行列要素の総和の逆符号となることに注目すべきである（詳細は8.1節参照）．他の寄与がなければ，式(7.79)にて $A_{\rm D} + \tilde{A}_{\rm D} = 0$ となる．幸いなことに，過渡問題を解くときには $A_{\rm D}$ には非定常項の寄与が加わるし，定常解を解くときには $A_{\rm D}$ を不足緩和係数 $\alpha_u < 1$ で割るので（この種の不足緩和については5.4.3項で詳しく述べた），いずれにしても $A_{\rm D}$ は正定値で，かつ，その絶対値は非対角要素の和による $\tilde{A}_{\rm D}$（これは負となる）よりも大きくなる．ただし，式(7.79)での $A_{\rm D} + \tilde{A}_{\rm D}$ は，SIMPLE法で修正(7.74)に用いた $A_{\rm D}$ よりもかなり小さい値となる．この項の逆数が修正圧力の勾配に乗ぜられるので，両手法で同じ速度修正をする場合，この修正された解法（後述のSIMPLEC）ではSIMPLE法と比べたときに圧力修正がはるかに小さくなる．後ほど詳しく解説するが，このことがSIMPLE法の圧力修正（これは導出過程における簡略化により過大評価される）で不足緩和が必要となる理由ともいえる．

次のステップとして修正した速度場は連続の式を満たす必要があり，修正圧力の式が得られる．この式は，行列 $A_{\rm D}$ が $A_{\rm D} + \tilde{A}_{\rm D}$ に置き換わる以外は式(7.76)と同じである．この解法はSIMPLEC（SIMPLE-Corrected，修正SIMPLE法の意味）と呼ばれる（Van Doormal and Raithby, 1984）．

これらの一般的な解法として，SIMPLE法を予測ステップとみなしてさらに一連の修正ステップを加えることで，さらに別の手法を導くこともできる．すなわち，単に速度，圧力の修正ステップを繰り返すことを添え記号*を追加して示すと，SIMPLE法を用いた後の最初の修正で，速度と圧力が次の形で運動方程式を満たすようにしたい：

$$A_{\rm D} u_i^{***} + A_{\rm OD} u_i^{**} = Q - G_i(p^{**}) \,. \tag{7.80}$$

そこで，式(7.80)から式(7.73)を引くと，速度と圧力の2回目の修正について，以下の関係式を得る：

$$A_{\rm D} u_i'' + A_{\rm OD} u_i' = -G_i(p'') \quad \Rightarrow \quad u_i'' = -(A_{\rm D})^{-1}(A_{\rm OD} u_i' + G_i(p'')) \,. \tag{7.81}$$

ここで，u_i' は前のステップにより既知である．そこで u_i^{***} も連続の式を満たすとして

$$D(\rho \mathbf{v})^{**} + D(\rho \mathbf{v}'') = 0 \tag{7.82}$$

となる．関係式(7.81)を用いて，u_i'' を p'' で表し，u_i^{**} がすでに連続の式を満たしていることを考慮すると，次のように2回目の圧力修正の方程式

$$D(\rho (A_{\rm D})^{-1} G(p'')) = D(\rho (A_{\rm D})^{-1} A_{\rm OD} u_i') \tag{7.83}$$

を得る．この計算手順は，式(7.80)の各項の修正レベル記号*を1つ増やすことで繰

り返すことができる．

すべての修正レベルで圧力修正方程式の係数行列は同じであるので，適当なソルバーを選べばこの特徴を利用することができる（行列の因数分解を保存して再利用可能）．この解法手順は PISO 法（pressure implicit with splitting of operators，分割的圧力陰解法）として知られる (Issa, 1986)．いくつかの商用コードやオープンソースの CFD コードでは，SIMPLE 法や SIMPLEC 法に加えてこの解法も提供されている．通常，3〜5 回の繰り返し修正が行われる．

最後に，もう 1 つ類似の方法で Patankar (1980) によって提案された解法があり，SIMPLER（SIMPLE-Revised，改訂版 SIMPLE）と呼ばれる手法を紹介する．SIMPLER では圧力修正方程式 (7.76) をまず最初に解いて，SIMPLE 法のとおりに速度を修正する．一方，新しい圧力場は式 (7.69) の発散をとって得られる圧力方程式を解いて得る．この解法があまり普及していないのは，いくつか述べた他の解法に対して特に優位性がないことによる．

すでに述べたように，非対角項の速度修正の影響を無視したために SIMPLE 法は収束が遅い．実際，計算された修正圧力を式 (7.72) に代入して圧力と速度の両方を修正するならば，時間刻みが十分小さくない限り，外部反復が収束しない場合がある．特に，定常流れを無限長さの時間刻みを用いて解く際には，その性能が運動方程式に使われる不足緩和係数の値に大きく依存する．このスキームの開発初期の試行錯誤から，p^{m-1} に p' の一部だけを加えることで，すなわち式 (7.72) を改良して圧力修正方程式を解いた後に圧力を次のように修正すれば，収束性が改善されることがわかっている：

$$p^m = p^{m-1} + \alpha_p p' , \tag{7.84}$$

ここで $0 \leq \alpha_p \leq 1$ である．これに対して，SIMPLEC，SIMPLER，PISO はデカルト座標格子では圧力修正に不足緩和を必要としないことを次章で示す，非直交座標格子での圧力修正方程式の離散化と解法では，格子の非直交性に関する項が遅延補正されるため不足緩和が必要となる．

SIMPLEC においては，近傍点の速度修正の影響を無視する代わりに近似して与えていた（式 (7.79)，式 (7.74) を参照）ことを考慮すると，速度と圧力に対する不足緩和係数の最適な関係を導くことができる．次のように SIMPLE 法と SIMPLEC 法とが同じ速度修正を与えるとすれば，

$$-\frac{1}{A_{\rm P}} \left(\frac{\delta p'}{\delta x_i} \right)_{\rm P}^{\rm SIMPLE} = -\frac{1}{A_{\rm P} + \sum_k A_k} \left(\frac{\delta p'}{\delta x_i} \right)_{\rm P}^{\rm SIMPLEC} \tag{7.85}$$

であり，これは，以下に書き直せる：

$$\left(\frac{\delta p'}{\delta x_i}\right)_{\mathrm{P}}^{\mathrm{SIMPLEC}} = \frac{A_{\mathrm{P}} + \sum_k A_k}{A_{\mathrm{P}}} \left(\frac{\delta p'}{\delta x_i}\right)_{\mathrm{P}}^{\mathrm{SIMPLE}} . \tag{7.86}$$

不足緩和の最適化は定常問題において特に重要となる．このとき（時間微分項の寄与がない），生成項の寄与がなければ，

$$A_{\mathrm{P}} = \frac{-\sum_k A_k}{\alpha_u} \tag{7.87}$$

と書くことができるので（5.4.3 項を参照），式 (7.86) に代入して

$$\left(\frac{\delta p'}{\delta x_i}\right)_{\mathrm{P}}^{\mathrm{SIMPLEC}} = (1-\alpha_u)\left(\frac{\delta p'}{\delta x_i}\right)_{\mathrm{P}}^{\mathrm{SIMPLE}} \tag{7.88}$$

を得る．この式は，SIMPLEC 法が与えるのと同等の速度修正を SIMPLE 法で与えるには，圧力修正の不足緩和係数として以下を掛けるべきであることを示唆している[6]：

$$\alpha_p = 1 - \alpha_u . \tag{7.89}$$

速度と圧力の不足緩和係数による SIMPLE 法の収束性は，8.4 節に例示される．

ここで分類されたいくつかの解法のアルゴリズムは以下のようにまとめられる（図 7.6 参照）：

1. まず前時刻の解 u_n^i と p^n を新しい時刻 t_{n+1} での u_i^{n+1} と p^{n+1} の初期予測値 $(m=0)$ として，計算を開始する．
2. 反復ステップを更新して m 回目の外部反復を開始する．
3. u_i^* を得るために，各速度成分（運動方程式）に対して方程式を線形化して代数方程式を組み立てて解く．
4. p' を得るために圧力修正方程式を組み立てて解く．
5. 速度と圧力を修正し，連続の式を満たすような速度 u_i^{**}，および新しい圧力 p^* を求める．SIMPLE および SIMPLEC ではこれらを反復 m の解とする．一方，SIMPLER では速度 u_i^{**} のみを解として採用する，
   これに対して PISO 法では，2 回目の圧力修正方程式を解き，速度と圧力の両方を再度修正する．このプロセスを修正が十分になるまで繰り返した後，次の時間ステップに進む．
   一方，SIMPLER では上記の u_i^m を得たあとで，さらに圧力方程式を解いて p^m を得る．

---

[6] この関係は，最初に Raithby and Schneider (1979) によって導かれ，のちに Perić (1985) によって別の議論で導出された．

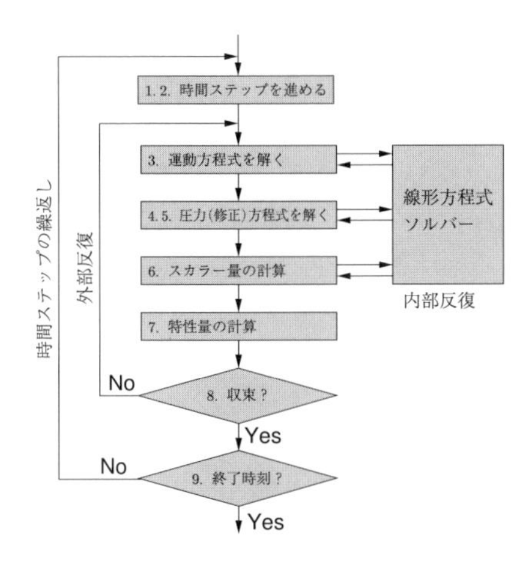

図 **7.6** SIMPLE 系解法アルゴリズムのフローチャート．

6. 付随する輸送方程式を解く必要があれば（例えば，温度，化学種，乱流モデルの変数など），この段階で行う．これには修正された圧力，速度や流量流束を必要に応じて用いる．
7. 流体の特性値（物性値など）が定数でないならば，更新された変数値を用いて格子点セル中心で最新の値を計算する．
8. u_i^m と p^m を u_i^{n+1} と p^{n+1} のさらにより推定値として使用し，すべての修正値が無視できるほど小さくなるまで，ステップ 2 に戻り繰り返す．
9. 次の時間ステップに進む．

ここで述べた解法は，定常問題を解くときにはかなり効果的であり，その収束性はマルチグリッド法を使うことでさらに改善できる．12 章でその実例を示す．この解法には多くの派生形があり，それぞれに異なる名称がつけられているが，すべて上述の考え方を元としているのでいちいち名前を挙げることはしない．また，この後に述べるように，この解法を元にして人工圧縮性解法を導くこともできる．

SIMPLE 系の方法の利点の 1 つは，さらに追加された輸送方程式を解く際にも容易に拡張できる点である（ステップ 6 に概説）．また，流体の特性値が変化する場合にも容易に対応できる．この場合，各外部反復中はその値は一定とみなし，すべての変数が更新された後にループの最後で再計算する．図 7.6 に示されているように，外部反復のループは非線形項や遅延補正項の更新や追加の方程式を解く場合にも容易に拡張が可能である．このことは前節で説明した陰的反復を含むフラクショナル・ステップ法でも同様で，基本的には同じフローチャートに従う．

前項のフラクショナル・ステップ法とここで分類した方法を比較すると，陰的解法と非常に似ていることがわかる．唯一の違いは，SIMPLE系の方法が圧力修正方程式を導出する際に，新しい速度の更新を（フラクショナル・ステップ法での）非定常項だけでなく，離散化された対流流束および拡散流束の対角成分も考慮して行う点である．この違いは，小さな時間ステップで非定常流を計算する場合にはそれほど重要ではないが，大きな時間ステップを使用して定常状態に向かって収束させる計算をする場合には重要になる．この問題については以降でさらに詳しく検討する．

7.2.2.1　SIMPLE法と陰的フラクショナル・ステップ法

式(7.57)と式(7.65)を詳しくみると，いずれも時間刻み幅を無限に大きくしたときに圧力修正のポアソン方程式の右辺の生成項がゼロに収束することがわかる．このことから，定常問題（非定常項を持たないか，時間刻みが大きすぎる）が，フラクショナル・ステップ法の定式では解けないことは明らかである．

これに対して，SIMPLE系の解法での圧力修正方程式を吟味してみると，この問題が回避されていることがわかる（式(7.76)参照）．このことは，両者の圧力修正式をある計算点での表式で比べてみるとより明確になる．まず，SIMPLE法では式(7.76)より以下のように書ける：

$$\frac{\delta}{\delta x_i}\left(\frac{\rho}{A_{\mathrm{P}}}\frac{\delta p'}{\delta x_i}\right) = \frac{\delta(\rho u_i^*)}{\delta x_i} \,. \tag{7.90}$$

ここで，仮に ρ/A_{P} が計算点ごとに変わらないと仮定すると（一般には正しくないが，ここでの議論に関しては妥当な仮定といえる），以下に書き直される：

$$\frac{\delta}{\delta x_i}\left(\frac{\delta p'}{\delta x_i}\right) = \frac{A_{\mathrm{P}}}{\rho}\frac{\delta(\rho u_i^*)}{\delta x_i} \,. \tag{7.91}$$

一方，フラクショナル・ステップ法に対しては，式(7.65)より

$$\frac{\delta}{\delta x_i}\left(\frac{\delta p'}{\delta x_i}\right) = \frac{3}{2\Delta t}\frac{\delta(\rho u_i^*)}{\delta x_i} \tag{7.92}$$

となる．ここで仮に，それぞれの係数が等しく $3/(2\Delta t) = A_{\mathrm{P}}/\rho$ であるならば，2つの式は本質的に同一となる．

そこで，行列係数 A_{P} の起源をみてみよう．式(7.68)より，明らかに $3\rho/(2\Delta t)$ の項が含まれており，加えて離散化された対流項および拡散項からの寄与がある．対流項と拡散項のオーダーはそれぞれ $\rho u_i/\Delta x$ および $\mu/(\Delta x)^2$ と見積もられる（具体的な近似は適用した離散化式による）．非圧縮性流れですべての項に保存的離散化を用いるとき，その寄与は $-\sum_k A_k$ となる．ただし，A_k は運動方程式を離散化，線形化したときの非対角行列要素を表す（式(8.20)参照）．結果，3時刻解法に対して

$$A_{\mathrm{P}} = \frac{3\rho}{2\Delta t} - \sum_k A_k \tag{7.93}$$

となる．ここで総和記号 Σ は計算点 P に対して空間離散化式に含まれるすべての近傍点についてとる．もし，SIMPLE 法の定式から対流と拡散の影響を除けば，それは明らかに，前項で述べた陰的フラクショナル・ステップ法と同じものとなり，速度修正（式 (7.56)，式 (7.81)）についても

$$u_i' = -\frac{2\Delta t}{3\rho}\frac{\delta p'}{\delta x_i} \quad \text{(IFSM)}, \tag{7.94}$$

$$u_i' = -\frac{1}{A_{\mathrm{P}}}\frac{\delta p'}{\delta x_i} \quad \text{(SIMPLE)} \tag{7.95}$$

となり，$(3/2\Delta t) = A_{\mathrm{P}}/\rho$ ならば一致する．時間刻み幅が小さいとき，A_{P} における近傍点からの寄与が $\rho/\Delta t$ に対して小さくなるため，SIMPLE による非定常計算と陰的フラクショナル・ステップ法は類似の結果となろう．しかし時間ステップが大きくなると，SIMPLE 法での圧力修正方程式の対角成分への対流項と拡散項の寄与，および，そこに加えられる不足緩和係数の影響により，フラクショナル・ステップ法とは異なる挙動を示す．8.4 節で，定常および非定常問題に対する両解法の性能を比較する．

7.2.2.2 SIMPLE 法の不足緩和と時間発展計算

SIMPLE 系の解法を定常流れの計算に用いる場合，大抵は時間刻みを無限に大きくとるものとして時間項が省かれる．しかし，5.4.3 項でも述べたように，この計算は不足緩和を用いなければ実行できない．定常問題を解く際に不足緩和を適用することと，非定常問題に陰的オイラー法を適用することには強い類似性があり，いずれもが新たな生成項を付加することによって係数行列の対角成分 A_{P} への寄与が生じる操作となっている．

もし，時間発展スキームで対角成分が式 (7.93) で与えられるならば，その結果は定常計算を不足緩和を用いて行うことに等しいといえ，そのとき，

$$\frac{\rho}{\Delta t} - \sum_k A_k = -\frac{\sum_k A_k}{\alpha_u} \tag{7.96}$$

となる（非対角成分は一般に負である）．ここで，添字 k は計算点の離散化スキームにおける近傍点すべてを指す．この式から，（SIMPLE での）不足緩和係数 α_u に対応する（フラクショナル・ステップ法での）時間刻み幅 Δt を導くこと，またその逆もでき，これにより両計算手法が同じ挙動を示すことがわかる：

$$\Delta t = \frac{\rho \alpha_u}{-(1-\alpha_u)\sum_k A_k} \quad \text{または} \quad \alpha_u = \frac{-\Delta t \sum_k A_k}{-\Delta t \sum_k A_k + \rho} \,. \tag{7.97}$$

ここでは，この関係を有限差分法に対して導いたが，有限体積法に対しても単に密度 ρ を ρV（V はセル体積）に置き換えるだけでよい．

新しい時間ステップでの反復では，その初期値として通常，前時間ステップの解を用いる．もし，最終的な定常解だけに関心があるならば初期値からの発展過程は重要でなく，時間ステップごと1回の反復でも十分である．この場合，古いステップの解は保存しなくてよく行列や生成項の計算だけに必要になる．

時間発展法と不足緩和法の大きな違いは，前者ですべての空間格子点で同じ時間刻みを用いた場合に対応する後者の不足緩和係数が各格子点で変化することであり，その逆もまたしかりである．

ここで指摘すべき大事な点は，各時間ステップ内の反復が1回だけでは，陰的オイラー法が満たす安定条件が完全には保持されないことである．よって，このような時間進行の際の時間刻み幅には，制限が課されることになる．一方，定常計算に外部反復で不足緩和を用いる解法では，緩和係数 α_u を1より小さくとらなければならないという制約がある．よく用いられる最適値は0.7〜0.9であるが，対象問題や計算格子に依存する（格子の品質がよくなかったり，問題が難しい (stiff) ときには緩和係数がさらに小さくとられる）．

ここでは時間発展の場合と不足緩和を用いた場合の比較でSIMPLEアルゴリズムを評価した．同様に今度は，7.2.1項で示した陰的フラクショナル・ステップ法と，不足緩和を用いたSIMPLE法で比較してみる．適切な時間ステップの選択と不足緩和係数の選択により，大なり小なり両者は同じように挙動させることができる．

SIMPLE系解法では，非定常流れを解く場合でも通常は不足緩和を残す．よって，係数行列の対角成分は常に以下となる：

$$A_{\mathrm{P}} = \frac{\dfrac{\rho}{\Delta t} - \displaystyle\sum_k A_k}{\alpha_u} \,. \tag{7.98}$$

この解法で不足緩和を用いないと，非線形項や変数間の連成効果が強いときには，時間刻み幅に対する制約が厳しくなりすぎる（例えば，RANS（レイノルズ平均）モデルにより乱流解析を行う場合）．いずれにしても，外部反復は時間ステップ内で実行するので，どのような場合でも不足緩和を少しは許容した方が安全である．不足緩和を外せるのは，例えば乱流の直接シミュレーションやラージ・エディ・シミュレーションのように時間ステップを非常に小さくした場合に限定される．

7.2.3 人工圧縮性解法

圧縮性流れは，流体力学の重要な分野の1つである．特に航空力学やタービンエンジンの設計といった応用問題において非圧縮性流れの方程式を数値的に解くためのスキーム開発に多くの注目が集まった．実際，すでに多くのスキームが提案されているが，1 つの疑問として，これらの解法が非圧縮性流れに適用できるかどうかが気になるところである．ここではこれらのスキームが非圧縮性流れにどのように適用できるかを示し，人工圧縮性解法のいくつかの重要な特徴について説明する．Kwak and Kiris (2011) の第 4 章にはこの解法の詳細な解説が，また，Louda et al. (2008) には RANS モデルを用いた乱流解析への最近の適用があるので参照されたい．

圧縮性流れと非圧縮性流れの方程式の大きな違いはその数学的特性にある．圧縮性流れの方程式は双曲型であり，これは情報が有限の伝播速度で伝わるという物理的な特性を意味する．また，この特性は圧縮性流れでは音波を考慮できることを反映している．これとは対照的に，非圧縮性方程式が放物型と楕円型の両方の特性を持っていることは本章でみてきたとおりである．よって圧縮性流れの解法を非圧縮性流れの計算に使おうとするなら，方程式の特性を修正する必要がある．

この特性の違いは，非圧縮性の連続の式が時間微分項を持たないことに典型的に現れている．これに対して圧縮性の連続の式には，密度の時間微分項を陽に含んでいる．したがって非圧縮性方程式に双曲型の特性を与える最も簡単な方法は，連続の式に時間微分を追加することである．しかし，密度は一定であるから，単に $\partial\rho/\partial t$ を加えた圧縮性の連続の式をそのまま使うことは不可能である．また，速度成分の時間微分は運動方程式中にすでに現れるため，論理的に選択できない．よって，圧力に対する時間微分項が残り，これは実際に適切な選択といえる．

連続の式に圧力の時間微分項を追加したことで，我々が解いているものは本当の非圧縮性方程式ではなくなる．結果として，得られた時間の履歴は正確ではあり得ないので，この方法を非定常問題に適用するのは（実際には試みられたことはあるが）疑問の残るところである．一方，解が収束した後では時間微分はゼロとなり，これは非圧縮性の方程式を満足する．この方法は Chorin (1967) によって最初に提案されたが，基礎となる圧縮性解法の違いによって多くのバリエーションが存在する．上述したように，本質的な考え方は連続の式に圧力の時間微分項を加えることにある：

$$\frac{1}{\beta}\frac{\partial p}{\partial t} + \boldsymbol{\nabla}\cdot(\rho\mathbf{v}) = 0\,, \tag{7.99}$$

ここで，人工圧縮性パラメータ β の値がこの手法の性能を決める鍵となる．明らかに，β がより大きくなると方程式はより“非圧縮的”となるが，β を大きくしすぎると数値計算が困難になる．ここまでは密度が一定の場合のみを考えてきたが，この解法は密度変化を含む流れにも適用可能である．

これらの方程式系に対してさまざまな解法を使うことができる．実際，それぞれの方程式が時間微分を含んでいるので，それらを解くには 6 章で示した常微分方程式を解くのに使った手法を用いればよい．人工圧縮性解法は基本的に定常流を目的としているので陰解法が好まれる．別の重要な点としては，亜音速から超音速への流れの遷移や，特に衝撃波の存在の可能性など圧縮性流れで直面する困難が避けられることも挙げられる．2次元，3次元問題の解法で最良な選択は，それぞれの時間ステップでは2次元，3次元問題の完全な解を必要としない陰解法である．これはADI法や近似因数分解法が最善の選択ということを意味する．人工圧縮性を用いて圧力方程式を導出するための手法の例を以下に取り上げる．

最も単純な手法は，時間の離散化に1次精度の陽解法を用いることで，これにより圧力を各点で陽的に計算できるが，同時に時間ステップの大きさに厳しい制限が付いてしまう．ただしここでは圧力の時間発展は重要でなく，可能な限り速く定常解を得ることに関心があるので，陰的オイラー法を使う方がよい．古い圧力を用いて運動方程式を解いて得られる中間速度場 $\mathbf{v}^*$ は非圧縮性の連続の式を満足しないので，この手法を前節で説明した方法と関連付けるために修正が必要なことに着目する．この速度修正は圧力修正と関係付けられるので以下のように与える：

$$\mathbf{v}^{n+1} = \mathbf{v}^* + \mathbf{v}', \quad p^{n+1} = p^n + p' \, . \tag{7.100}$$

運動方程式をみれば明らかなように速度の修正は圧力勾配に比例する．それに相当する関係式がフラクショナル・ステップ法やSIMPLE系解法で導かれているが，ここではSIMPLEの定式を式(7.74)を用いて

$$\mathbf{v}' = -(A_{\mathrm{D}})^{-1} G(p') \tag{7.101}$$

と書く．ここで，A_{D} は離散化された運動方程式により与えられる係数行列の対角成分であり，G は離散化された勾配演算子を表す．上記の2つの方程式で導入した定義により，修正された連続の式の離散化は以下のように書ける：

$$\frac{p'}{\beta\,\Delta t} - D\left[\rho (A_{\mathrm{D}})^{-1} G(p')\right] = -D(\rho \mathbf{v}^*) \, , \tag{7.102}$$

ここで，D は発散演算子を表す．

この式はSIMPLEの圧力修正式(7.76)と左辺第1項以外は同じであり，この項は圧力修正方程式の対角行列要素に付加され，不足緩和として働く（この種の不足緩和の詳細は5.4.3項を参照）．この付加項のために新しい時刻での修正速度 $\mathbf{v}^{n+1}$ は非圧縮性流れの連続の式を満たさないが，定常解に収束すればすべての修正量はゼロとなり，正しい方程式を満足する．

ここまでに述べたすべての圧力計算法は，少し違う考え方をたどりはしたが，基本的に同じ結果を得ている．重要なことをもう一度述べておくと，式(7.102)の[ ]内の圧力微分は運動方程式と同じ離散化法で近似されること，外側の微分は連続の式からくることである．

人工圧縮性に基づく解法の収束のためには，パラメータ β の選択が重要となる．

その自動最適化を提案する論文もあるが，最適値は対象問題に依存する．非圧縮性流れの連続条件を満たす正しい速度場を得るには，非常に大きな値とする必要がある．上述の解法の場合には，これは不足緩和を用いない SIMPLE 法に相当し小さな Δt でなければ計算が収束しない．ただし，SIMPLE と同様に p' の一部だけを圧力修正に用いるならば無限大に大きな β でも適用できる．その意味では，SIMPLE 法を無限大の β を用いた人工圧縮性解法ともみなすこともできる．

β の下限値については，圧力波の伝搬速度から定義でき，これを擬似音速と呼び

$$c = \sqrt{v^2 + \beta}$$

と評価する．

圧力波の伝搬が渦度の広がりよりも十分速いことを要求することを条件として，単純なチャネル流れに対して次の制約条件が導出されている（Kwak et al., 1986 参照）．

$$\beta \gg \left[1 + \frac{4}{\mathrm{Re}} \left(\frac{x_{\mathrm{ref}}}{x_\delta}\right)^2 \left(\frac{x_L}{x_{\mathrm{ref}}}\right)\right]^2 - 1 \, ,$$

ここで，x_L は流入出境界の距離，x_δ は 2 つの壁の間隔の半分，x_{ref} は代表長さを表す．人工圧縮性に基づくさまざまな解法で用いられる典型的な β 値は，0.1 から 10 の範囲である．

修正された速度場がほぼ連続の式を満たすためには，明らかに $1/(\beta\Delta t)$ は式 (7.102) の第 2 項から生じる係数に比べて小さくあるべきで，これが速い収束のためには必須である．いくつかの反復解法で（例えば並列計算で領域分割法や複雑形状でブロック格子を使う場合など），SIMPLE 法の圧力方程式の係数 A_{P} を 1 より小さい数（0.95 から 0.99）で割ることが有効であることがわかっている．これは人工圧縮性法で $1/(\beta\Delta t) \approx (0.01\sim0.05)A_{\mathrm{P}}$ とすることに対応している．

7.2.4　流れ関数–渦度法

非圧縮で流体の特性値が一定の 2 次元流れは，従属変数として**流れ関数** (stream-function) ψ と**渦度** ω を導入することで，ナビエ・ストークス方程式を単純化することができる．この 2 つの量はデカルト座標系の速度成分によって

$$\frac{\partial \psi}{\partial y} = u_x \, , \qquad \frac{\partial \psi}{\partial x} = -u_y \, , \tag{7.103}$$

および

$$\omega = \frac{\partial u_y}{\partial x} - \frac{\partial u_x}{\partial y} \tag{7.104}$$

と定義される．ψ の等値線が流線（いたるところで流れに対して平行となる線）となることが，その名前の由来となっている．一方，渦度は回転運動と関係している．式

(7.104) は，次に示す3次元に適用される渦度の一般的な定義の特別な場合である：

$$\boldsymbol{\omega} = \boldsymbol{\nabla} \times \mathbf{v} \,. \tag{7.105}$$

すなわち，2次元流では渦度ベクトルは流れを含む平面に直交する成分のみが値を持って，このとき式 (7.105) は式 (7.104) の形になる．流れ関数を導入した本質的な理由は，ρ, μ, $\mathbf{g}$ が一定である流れ場に対して連続の式が自動的に満たされ，これを陽的に扱う必要がないからである．式 (7.103) を渦度の定義式 (7.104) に代入して，次の流れ関数と渦度の動力学的な関係式が導かれる：

$$\frac{\partial^2 \psi}{\partial x^2} + \frac{\partial^2 \psi}{\partial y^2} = -\omega \,. \tag{7.106}$$

最後に x，y 方向の運動方程式をそれぞれ y と x 方向に微分してその差をとることにより，渦度の輸送方程式を得る：

$$\rho \frac{\partial \omega}{\partial t} + \rho u_x \frac{\partial \omega}{\partial x} + \rho u_y \frac{\partial \omega}{\partial y} = \mu \left(\frac{\partial^2 \omega}{\partial x^2} + \frac{\partial^2 \omega}{\partial y^2} \right) \,. \tag{7.107}$$

圧力はこれらの方程式のどちらにも現れない．つまり圧力は従属変数から排除されている．これによって，ナビエ・ストークス方程式系が2つの偏微分方程式に置き換えられ，速度2成分と圧力の計3つの変数の代わりに，流れ関数と渦度が基礎変数となる．この従属変数と方程式の減少がこの手法を魅力的なものにしている．

この2つの方程式は，ψ のポアソン方程式の生成項として作用する渦度 ω，および渦度輸送方程式中の u_x と u_y（これらは ψ の微分である）を通して相互に結びつけられる．速度成分は流れ関数を微分して得られる．もし必要なら，圧力は7.1.5.1で記述された圧力のポアソン方程式を解くことで得られる．

これらの方程式の解法を以下に示す．まず速度場の初期値が与えられたなら，渦度はその微分によって計算される．渦度輸送方程式は，新しい時間ステップでの渦度の計算を行うために使われる．標準の時間進行法のどれでもこの目的に使うことができる．渦度を得れば，ポアソン方程式を解くことで新しい時間ステップに対する流れ関数を計算することができる．このとき，楕円型方程式に対する任意の反復解法が使える．最後に，速度成分は流れ関数を微分することで容易に得られ，次の時間ステップへ進むことができる．

この方法は，境界条件，特に複雑形状の場合に問題点を生じる．流れは境界に平行であるため，固体境界や対称面で流れ関数は一定値となる．しかし，これらの境界の流れ関数の値は速度がわかってはじめて求めることができる．さらに難しいことに，境界上では渦度の値やその微分値も前もってはわからない．例えば，壁での渦度は $\omega_{\text{wall}} = -\tau_{\text{wall}}/\mu$ で与えられ，ここで τ_{wall} は壁面せん断応力であるが，これは通常，計算結果から求めようとしている値である．また，渦度の境界値は，流れ関数を境界に垂直な方向に片側差分を用いて微分して計算される（Spotz and Carey, 1995 もし

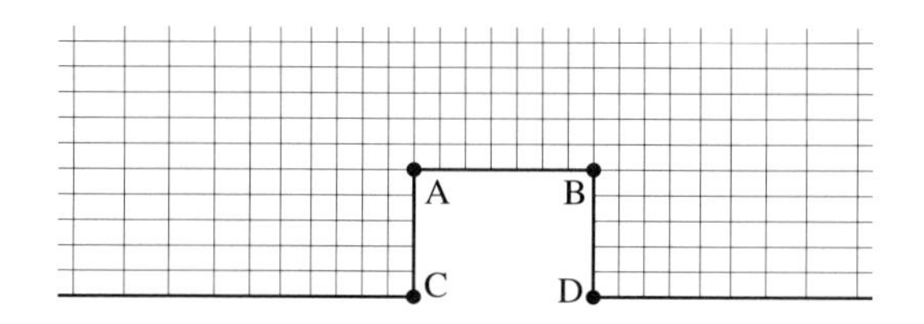

図 7.7　リブ周り流れのための差分格子．渦度の境界値を求める場合，A と B で示した角部で特別な処理が必要．

くは Spotz, 1998 を参照）．この手法は通常は収束率を悪化させる．

Calhoun (2002) は非常に不規則な境界に対して埋め込み（英語では embedded あるいは immersed）境界を導入した画期的なフラクショナル・ステップを提案している．ただし，計算領域内の任意形状の物体を扱うにあたっては，尖った角で渦度が特異性を持つために特別な扱いを必要とした．例えば，図 7.7 の角 A, B で微分値 $\partial u_y/\partial x$ と $\partial u_x/\partial y$ は不連続であることから，渦度 ω もまた不連続となり，上記の方法では計算できないことを意味する．境界の内側から渦度を外挿して推定する例もあるが，これも角 A，B で唯一の解を保障するものではない．角近傍の渦度の解析的な挙動を求め，これを用いて解を修正することは可能であるが，それぞれの特別な場合ごとに個別に扱うという難しい問題を生じる．単純だが大きな誤差（これは下流に流される）を避けるのに十分な方法としては，特異点の周りの格子を局所的に細かくすることである．

流れ関数–渦度法は 2 次元非圧縮性流れでは多く使われてきたが，3 次元への拡張が困難なため（ただしできなくはない．非スタガード格子での渦度ベクトル–ポテンシャル法については Weinan and Liu, 1997 や Wakashima and Saitoh, 2004 を参照），最近ではあまり使われていない．というのも 3 次元では，渦度と流れ関数の両方が 3 つの成分を持つベクトルとなり，（速度と圧力で流れを解く方法での 4 つの偏微分方程式に対して）偏微分方程式を 6 つ持つことになる．また 2 次元でみた，流体の特性値の変化，圧縮性，境界条件を取り扱う際の困難さについては，3 次元流でも同様に問題となる．

第8章　ナビエ・ストークス方程式の解法（その2）

これまで，輸送方程式を構成するさまざまな項の離散化方法を説明してきた．また，非圧縮性流れにおける圧力と速度成分の関連性を取り上げ，いくつかの解法も示した．その他にも数多くのナビエ・ストークス方程式を解く方法を導くこともできるが，そのすべてをここに記すことはできない．しかし，それらのほとんどには今まで示してきた方法と共通する部分もあるので，むしろこれまでの手法に精通しておくことは，他の手法を理解する助けとなろう．

そこでここでは，膨大なナビエ・ストークス方程式の解法の中から，その代表的な手法をいくつか取り上げて，詳しく解説する．最初に，スタガード格子にて圧力修正式を用いる陰解法（SIMPLE 法と反復あり陰的フラクショナル・ステップ法）を取り上げ，計算コードに直接実装できるよう詳しく説明する．対応する計算コードは，本文中の方程式との対応をコメントとして加えた形で，インターネットを通して入手可能であるので，詳細は付録を参照されたい．同様にして，コロケート格子での方法も解説した後，フラクショナル・ステップ法をこれら2つの格子配置に適用する際の問題を補足する．最後に，定常，非定常流れのシミュレーション結果を例示して，本章を締めくくる．

8.1　スタガード格子を用いた陰的反復解法

この節では，2次元直交座標系でのスタガード格子において，2種類の陰的な有限体積法を紹介する．1つが SIMPLE 系の解法で，もう1つがフラクショナル・ステップ法であり，後者について以下では「陰的フラクショナル・ステップ法」(implicit fractional-step method: IFSM) と呼ぶ．このいずれもが定常および非定常流れに適用できる．複雑形状に対する解法は次の章にて扱う．

積分形のナビエ・ストークス方程式は次のようになる：

$$\int_S \rho \mathbf{v} \cdot \mathbf{n} \, \mathrm{d}S = 0 \, , \tag{8.1}$$

$$\frac{\partial}{\partial t} \int_V \rho u_i \, \mathrm{d}V + \int_S \rho u_i \mathbf{v} \cdot \mathbf{n} \, \mathrm{d}S = \int_S \tau_{ij} \mathbf{i}_j \cdot \mathbf{n} \, \mathrm{d}S - \int_S p \mathbf{i}_i \cdot \mathbf{n} \, \mathrm{d}S + \int_V (\rho - \rho_0) g_i \, \mathrm{d}V \, . \tag{8.2}$$

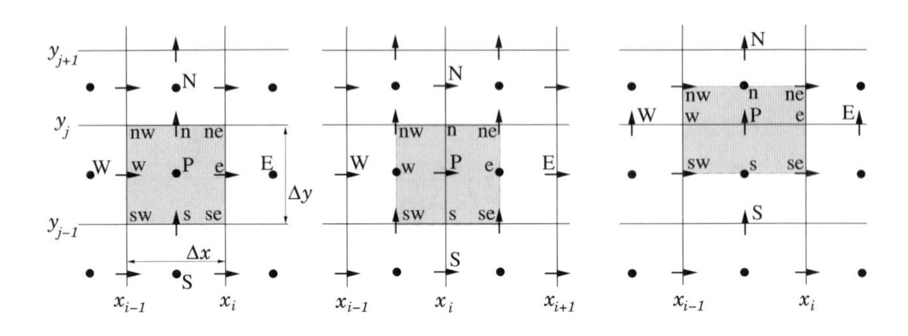

図 8.1　スタガード格子における CV．質量保存およびスカラー量（左），x 成分運動量（中央），y 成分運動量（右）．

簡便化のため体積力は浮力のみを考慮する．式 (1.18) でみたように，巨視的な運動量流束ベクトル $\mathbf{t}_i$ は，粘性の寄与 $\tau_{ij}\mathbf{i}_j$ と圧力の寄与 $p\mathbf{i}_i$ に分けられる．ここでは，浮力項の密度を除いて他の項の密度は一定の仮定，つまりブシネスク近似を用いる．1.4 節で示したように，平均の重力は圧力項の中に取り入れられる．

典型的なスタガード格子の検査体積 (CV，control volume．以下 CV と略す）を図 8.1 に示す．u_x, u_y に対する CV は，連続の式に対する CV とは異なったところに置かれる．格子間隔が一定でないとき，速度の節点はその CV の中心から外れる．速度 u_x の CV の面 “e” と “w”，u_y の CV の面 “n” と “s” は圧力の節点と節点の中間にある．以下わかりやすくするために，u_x の代わりに u を，u_y の代わりに v を用いることにする．

SIMPLE と IFSM とで計算アルゴリズムの大部分は同一であり，その違いは圧力修正方程式にのみ限られることをここでも強調しておく．ここでは，6.2.4 項に記した 2 次精度の 3 時刻陰解法を時間積分に用いる．これにより非定常項は次のように近似できる：

$$\left[\frac{\partial}{\partial t}\int_V \rho u_i \,\mathrm{d}V\right]_\mathrm{P} \approx \frac{\rho\,\Delta V}{2\,\Delta t}\left(3u_i^{n+1} - 4u_i^n + u_i^{n-1}\right)_\mathrm{P} = A_\mathrm{P}^\mathrm{t} u_{i,\mathrm{P}}^{n+1} - Q_{u_i}^\mathrm{t}\ ,$$

ここで

$$A_\mathrm{P}^\mathrm{t} = \frac{3\rho\,\Delta V}{2\Delta t}, \quad Q_{u_i}^\mathrm{t} = \frac{\rho\,\Delta V}{2\Delta t}\left(4u_i^n - u_i^{n-1}\right)_\mathrm{P} \tag{8.3}$$

である．

これ以降，添字 $n+1$ は省略するが，特に言及するときを除いてすべての項は t_{n+1} で評価される．このスキームは陰解法であるので，方程式は反復計算を必要とする．もし時間ステップが陽解法で用いられる程度に小さいならば，時間ステップ内の反復は 1,2 度行えば十分である．これに対してゆっくりと変化する過渡流れでは，より大きな時間ステップを使えるが，その場合は反復を増やす必要がある．先に述べたように，この反復は外部反復と呼ばれ，圧力修正方程式など線形方程式の求解に用いる内部反復とは区別される．内部反復には5章で示した解法の1つを使うとして，ここでは外部反復に注目しよう．

いま，対流と拡散の流束項と生成項の近似を考えることにする．表面積分はCVの4つの表面（以下CV界面と呼ぶ）での積分に分けられる．ここではCV界面“e”に着目するが，他の面も同様に扱うことができ，添字を適当に入れ替えればよい．ここでは4章で示された2次精度の中心差分近似を用いる．また，流束は，CV界面中心の値がその面全体を通る流束の平均値を表すと仮定して近似する（中点公式近似）．m番目の外部反復では，すべての非線形項が「古い」（前の外部反復で得られた）値と「新しい」値の積として近似される．したがって，運動方程式の離散化にあたって各CV界面を通過する質量流束は既知として

$$\dot{m}_{\mathrm{e}}^{m} = \int_{S_{\mathrm{e}}} \rho \mathbf{v} \cdot \mathbf{n} \, \mathrm{d}S \approx (\rho u)_{\mathrm{e}}^{m-1} S_{\mathrm{e}} \tag{8.4}$$

により，すでに計算された速度場で評価される．

この種の線形化は本来，ピカールの反復法の第1ステップにあたる．陰解法における他の線形化手法は5章に示されている．特に指示がなければ，この節で出てくる変数は以後m番目の外部反復での値である．質量流束(8.4)は，「スカラー量」のCVで（図8.1参照）連続の式を満たす．（スタガード格子を用いるため）運動方程式におけるCV界面での質量流束は補間しなければならない．この質量流束は運動量CVで質量の保存性を保つことが理想的であるが，これは補間の精度の範囲でのみ保証される．これには，スカラーのCV界面での質量流束を用いた補間も可能であり，u成分CVの“e”と“w”のCV界面は，スカラーのCV界面の中間にあることを用いて質量流束を以下のように計算することができる：

$$\dot{m}_{\mathrm{e}}^{u} = \frac{1}{2}(\dot{m}_{\mathrm{P}} + \dot{m}_{\mathrm{E}})^{u} \; ; \quad \dot{m}_{\mathrm{w}}^{u} = \frac{1}{2}(\dot{m}_{\mathrm{W}} + \dot{m}_{\mathrm{P}})^{u} \; . \tag{8.5}$$

u成分CVの“n”と“s”のCV界面を通過する質量流束もまた，2つのスカラーCV界面の質量流束の平均

$$\dot{m}_{\mathrm{n}}^{u} = \frac{1}{2}(\dot{m}_{\mathrm{ne}} + \dot{m}_{\mathrm{nw}})^{u} \; ; \quad \dot{m}_{\mathrm{s}}^{u} = \frac{1}{2}(\dot{m}_{\mathrm{se}} + \dot{m}_{\mathrm{sw}})^{u} \; , \tag{8.6}$$

で近似できる．ここで，上添字uはu成分CVでの値を表す（図8.1参照）．u成分CVの4つの質量流束の和は，近隣の2つのスカラーCVの質量流束の和の半分（すなわち，平均値）となる．この結果，2つのスカラーCVでは連続の式を満足することから，u成分CV界面を通過する質量流束もまた保存される．このことはvの運動量のためのCVでも同じである．運動量の各成分CVを通過する質量流束が連続の式を満たすことは，運動量保存のための必要条件である．

u_i 成分 CV の界面 “e” を通過する u_i 運動量の対流流束は

$$F_{i,\mathrm{e}}^{\mathrm{c}} = \int_{\mathrm{S}} \rho u_i \mathbf{v} \cdot \mathbf{n} \, \mathrm{d}S \approx \dot{m}_{\mathrm{e}} u_{i,\mathrm{e}} \tag{8.7}$$

となる（4.2 節および式 (8.4) 参照）．この定式で，CV 界面の u_i の値には必ずしも質量流束の計算に用いた値である必要はないが，同じ精度の近似が望ましい．線形補間が最も簡単な 2 次精度近似となる（詳細は 4.4.2 項を参照）．この近似自体も差分を含むわけではないが，ここには微分表現が直接には現れず，**中心差分法** (central difference scheme: CDS) と呼ばれる．これは，等間隔格子では中心差分の有限差分法と同じ代数方程式を与えるからである．

いくつかの反復解法では，対流流束に中心差分近似を導入すると代数方程式が収束しなくなる．これは，行列が必ずしも優対角とはならないためである．このような方程式を解く場合には，5.6 節で示した**遅延補正法** (deferred correction) を用いるのがベストである．この方法を用いた場合，運動量流束は

$$F_{i,\mathrm{e}}^{\mathrm{c}} = \dot{m}_{\mathrm{e}} u_{i,\mathrm{e}}^{\mathrm{UDS}} + \dot{m}_{\mathrm{e}} (u_{i,e}^{\mathrm{CDS}} - u_{i,e}^{\mathrm{UDS}})^{m-1} \tag{8.8}$$

と表される．ここで，上添字 CDS と UDS はそれぞれ中心差分と風上差分近似を意味する（4.4 節を参照）．括弧の中の項を前ステップの反復値で評価し，行列を風上差分近似を用いて計算する．反復解が収束すると，風上差分の寄与が打ち消されて中心差分の解のみが残る．この方法は純粋な風上差分とほぼ同じように収束する．

2 つの手法は陽的な部分（式 (8.8) の括弧の中の項）に $0 \leq \beta \leq 1$ の係数を掛けることで任意に組み合わすことができ，これによって，中心差分を粗い格子で使う際に発生する振動を除去することができる．ただし，結果の見た目は良くなるが精度が犠牲になることに注意されたい．したがってこのような方法はすべての領域にまんべんなく適用するよりも，その係数を局所的に調整することが好ましく，これによって例えば衝撃波を伴うような流れを中心差分の精度で計算できるようになる．

拡散流束の計算では，CV 界面 “e” で応力 τ_{xx}, τ_{yx} の評価が必要になる．CV 界面に対して外側への単位法線ベクトルは $\mathbf{i}$ なので，次の式が得られる：

$$F_{i,\mathrm{e}}^{\mathrm{d}} = \int_{S_{\mathrm{e}}} \tau_{ix} \, \mathrm{d}S \approx (\tau_{ix})_{\mathrm{e}} S_{\mathrm{e}} \, , \tag{8.9}$$

ここで u 成分 CV に対し $S_{\mathrm{e}} = y_j - y_{j-1} = \Delta y$，$v$ 成分 CV に対し $S_{\mathrm{e}} = \frac{1}{2}(y_{j+1} - y_{j-1})$ である．CV 界面での応力の計算には微分の近似が必要で，中心差分を使うと次のようになる：

$$(\tau_{xx})_{\mathrm{e}} = 2 \left(\mu \frac{\partial u}{\partial x} \right)_{\mathrm{e}} \approx 2\mu \frac{u_{\mathrm{E}} - u_{\mathrm{P}}}{x_{\mathrm{E}} - x_{\mathrm{P}}} \, , \tag{8.10}$$

$$(\tau_{yx})_{\mathrm{e}} = \mu \left(\frac{\partial v}{\partial x} + \frac{\partial u}{\partial y} \right)_{\mathrm{e}} \approx \mu \frac{v_{\mathrm{E}} - v_{\mathrm{P}}}{x_{\mathrm{E}} - x_{\mathrm{P}}} + \mu \frac{u_{\mathrm{ne}} - u_{\mathrm{se}}}{y_{\mathrm{ne}} - y_{\mathrm{se}}} \, . \tag{8.11}$$

ここで，τ_{xx} が u 成分 CV の界面 "e" で評価され，τ_{yx} は v 成分 CV 界面 "e" で評価されるため，添字はそれぞれ対応する CV での位置を表すことに注意されたい（図 8.1 を参照）．したがって，v 成分 CV での u_{ne} と u_{se} は速度 u の実際の節点での値となり補間は必要ない．

他の CV 界面でも類似の表現が得られ，u 成分 CV の界面 "e" と "w" で τ_{xx} を，界面 "n" と "s" で τ_{xy} を，v 成分 CV では界面 "e" と "w" で τ_{yx} を，界面 "n" と "s" で τ_{yy} をそれぞれ近似する必要がある．

一方，圧力項は次のように近似される．u 方程式に対しては，

$$Q_u^{\mathrm{p}} = -\int_S p\,\mathbf{i}\cdot\mathbf{n}\,\mathrm{d}S \approx -(p_{\mathrm{e}}S_{\mathrm{e}} - p_{\mathrm{w}}S_{\mathrm{w}})^{m-1} \tag{8.12}$$

v 方程式に対しては，

$$Q_v^{\mathrm{p}} = -\int_S p\,\mathbf{j}\cdot\mathbf{n}\,\mathrm{d}S \approx -(p_{\mathrm{n}}S_{\mathrm{n}} - p_{\mathrm{s}}S_{\mathrm{s}})^{m-1} \tag{8.13}$$

となる．デカルト座標系では，u 成分 CV 界面 "n" と "s" から u 方程式への圧力の寄与はなく，v 成分 CV 界面 "e" と "w" から v 方程式への圧力の寄与はない．

浮力が存在すれば，次のように近似される：

$$Q_{u_i}^{\mathrm{b}} = \int_V (\rho-\rho_0)g_i\,\mathrm{d}V \approx (\rho_{\mathrm{P}}^{m-1}-\rho_0)g_i\,\Delta V\ , \tag{8.14}$$

ここで u 成分 CV に対して $\Delta V = (x_{\mathrm{e}}-x_{\mathrm{w}})(y_{\mathrm{n}}-y_{\mathrm{s}}) = \frac{1}{2}(x_{i+1}-x_{i-1})(y_j-y_{j-1})$，$v$ 成分 CV に対して $\Delta V = \frac{1}{2}(x_i-x_{i-1})(y_{j+1}-y_{j-1})$ である．他の任意の体積力も，同様に近似できる．

u_i の運動方程式の近似をすべてまとめると，

$$A_{\mathrm{P}}^{\mathrm{t}}u_{i,\mathrm{P}} + F_i^{\mathrm{c}} = F_i^{\mathrm{d}} + Q_i^{\mathrm{p}} + Q_i^{\mathrm{b}} + Q_i^{\mathrm{t}} \tag{8.15}$$

となり，

$$F^{\mathrm{c}} = F_{\mathrm{e}}^{\mathrm{c}} + F_{\mathrm{w}}^{\mathrm{c}} + F_{\mathrm{n}}^{\mathrm{c}} + F_{\mathrm{s}}^{\mathrm{c}}, \quad F^{\mathrm{d}} = F_{\mathrm{e}}^{\mathrm{d}} + F_{\mathrm{w}}^{\mathrm{d}} + F_{\mathrm{n}}^{\mathrm{d}} + F_{\mathrm{s}}^{\mathrm{d}} \tag{8.16}$$

である．もし ρ と μ が一定値なら，拡散流束項の一部は連続の式により消去できる（7.1 節を参照）．（近似式においては厳密に消去されないこともあるが，離散化に先立ちこれらの項を消去しておけば方程式が単純化される）．例えば u 方程式で "e" と "w" の界面の τ_{xx} 項は半分になり，"n" と "s" 界面の τ_{yx} 項に対して $\partial v/\partial x$ の寄与はなくなる．ρ と μ が一定値でないときもそれらの項の和は F^{d} にわずかに効いてくるだけである．よって，「拡散による生成項」として陽的に扱うことができ，u に対して

$$Q_u^{\rm d} = \left[\mu_{\rm e} S_{\rm e} \frac{u_{\rm E} - u_{\rm P}}{x_{\rm E} - x_{\rm P}} - \mu_{\rm w} S_{\rm w} \frac{u_{\rm P} - u_{\rm W}}{x_{\rm P} - x_{\rm W}} + \mu_{\rm n} S_{\rm n} \frac{v_{\rm ne} - v_{\rm nw}}{x_{\rm ne} - x_{\rm nw}} - \mu_{\rm s} S_{\rm s} \frac{v_{\rm se} - v_{\rm sw}}{x_{\rm se} - x_{\rm sw}}\right]^{m-1} \tag{8.17}$$

となり，通常は先の外部反復 $m-1$ からの値で計算される．結果，$F^{\rm d} - Q_u^{\rm d}$ のみが陰的に扱われる．この近似を用いると，コロケート格子では式 (8.15) により与えられる行列は3つのすべての速度成分で同一となる．

すべての流束と生成項の近似を式 (8.15) に代入して，以下の形の代数方程式を得る：

$$A_{\rm P}^u u_{\rm P} + \sum_k A_k^u u_k = Q_{\rm P}^u\ , \quad k = {\rm E, W, N, S}\ . \tag{8.18}$$

v 方程式も同様の形式となる．各係数は用いる近似法に依存し，UDS を適用すると，u 方程式の係数は

$$A_{\rm E}^u = \min(\dot{m}_{\rm e}^u, 0) - \frac{\mu_{\rm e} S_{\rm e}}{x_{\rm E} - x_{\rm P}}\ , \quad A_{\rm W}^u = \min(\dot{m}_{\rm w}^u, 0) - \frac{\mu_{\rm w} S_{\rm w}}{x_{\rm P} - x_{\rm W}}\ ,$$
$$A_{\rm N}^u = \min(\dot{m}_{\rm n}^u, 0) - \frac{\mu_{\rm n} S_{\rm n}}{y_{\rm N} - y_{\rm P}}\ , \quad A_{\rm S}^u = \min(\dot{m}_{\rm s}^u, 0) - \frac{\mu_{\rm s} S_{\rm s}}{y_{\rm P} - y_{\rm S}}\ , \tag{8.19}$$
$$A_{\rm P}^u = A_{\rm P}^{\rm t} - \sum_k A_k^u\ , \quad k = {\rm E, W, N, S}$$

となる．このとき，対流流束および拡散流束による対角成分 $A_{\rm P}$ への寄与は，隣接係数の負の総和で表せることに注意されたい．実際に，離散化された流束の近似からこの分の寄与を取り出すと，以下のようになる：

$$A_{\rm P}^u = A_{\rm P}^{\rm t} - \sum_k A_k^u + \sum_k \dot{m}_k\ . \tag{8.20}$$

この右辺の最後の項は離散化された連続の式であり，非圧縮性流れではゼロとなるので，式 (8.19) では省略されている．このことはすべての保存的スキームで成り立つ．

また，節点 P を中心とする CV の $\dot{m}_{\rm w}$ は，隣接の節点 W を中心とする CV の $-\dot{m}_{\rm e}$ に等しいことにも注意されたい．生成項 $Q_{\rm P}^u$ には圧力や浮力項を含むだけでなく，遅延補正による対流や拡散の流束の一部や，非定常項の寄与を含んでいる．つまり，

$$Q_{\rm P}^u = Q_u^{\rm p} + Q_u^{\rm b} + Q_u^{\rm c} + Q_u^{\rm d} + Q_u^{\rm t} \tag{8.21}$$

であり，ここで，遅延補正を用いた際の「対流による生成項」

$$Q_u^{\rm c} = \left[(F_u^{\rm c})^{\rm UDS} - (F_u^{\rm c})^{\rm CDS}\right]^{m-1} \tag{8.22}$$

は，前の外部反復 $m-1$ での速度を用いて計算する．

v 方程式の係数も同様にして得られ同じ形式となるが，格子配置（例えば "e" や

"n" など）は異なった座標位置にある（図 8.1 を参照）．

線形化された運動方程式は外部反復の前ステップで得た質量流束と圧力を用いて逐次法（5.4 節を参照）で解かれる．このようにして得られた新しい速度 u^* と v^* は必ずしも連続の式を満足する必要はなく，その残差は

$$\dot{m}_{\mathrm{e}}^* + \dot{m}_{\mathrm{w}}^* + \dot{m}_{\mathrm{n}}^* + \dot{m}_{\mathrm{s}}^* = \Delta \dot{m}_{\mathrm{P}}^* \tag{8.23}$$

となる．ここで，質量流束は新しい速度 u^* や v^* を使って式 (8.4) により計算したものである．ここでは変数の配置はスタガードなので，質量（連続の式）の CV 界面の速度は，（速度 CV の）節点値となっている．以下で特に断らない限り，添字はこの質量 CV のものを示す（図 8.1 を参照）．

圧力修正方程式の離散化式は，SIMPLE と IFSM とで若干異なる．以下にまず，SIMPLE アルゴリズムでの表式を導こう．

8.1.1　スタガード格子での SIMPLE 法

運動方程式から計算される速度成分 u^* や v^* は以下のように表現される（A_{P} で圧力寄与を明示した式 (8.18) を割って与える．また，質量 CV の添字 "e" は，u 成分 CV では P を表していることに注意）：

$$u_{\mathrm{e}}^* = \tilde{u}_{\mathrm{e}}^* - \frac{S_{\mathrm{e}}}{A_{\mathrm{P}}^u}(p_{\mathrm{E}} - p_{\mathrm{P}})^{m-1} , \tag{8.24}$$

ここで $\tilde{u}_{\mathrm{e}}^*$ は次の式の略記である：

$$\tilde{u}^* = \frac{Q_{\mathrm{P}}^u - Q_u^{\mathrm{p}} - \sum_k A_k^u u_k^*}{A_{\mathrm{P}}} . \tag{8.25}$$

同じように v_{n}^* は以下のように表せる：

$$v_{\mathrm{n}}^* = \tilde{v}_{\mathrm{n}}^* - \frac{S_{\mathrm{n}}}{A_{\mathrm{P}}^v}(p_{\mathrm{N}} - p_{\mathrm{P}})^{m-1} . \tag{8.26}$$

速度成分 u^* や v^* は，質量保存を満たすように修正する必要がある．これは 7.2.2 項で概説したように圧力を修正することで得られる．$\tilde{u}$ と $\tilde{v}$ を変えずに修正した速度 $u^m = u^* + u'$ と $v^m = v^* + v'$ が m 番目の外部反復の最終的な値であり，線形化された運動方程式を満足することが求められるが，これは圧力が修正されたときのみ可能となる．以上より，次のように書ける：

$$u_{\mathrm{e}}^m = \tilde{u}_{\mathrm{e}}^* - \frac{S_{\mathrm{e}}}{A_{\mathrm{P}}^u}(p_{\mathrm{E}} - p_{\mathrm{P}})^m , \tag{8.27}$$

および

$$v_{\mathrm{n}}^m = \tilde{v}_{\mathrm{n}}^* - \frac{S_{\mathrm{n}}}{A_{\mathrm{P}}^v}(p_{\mathrm{N}} - p_{\mathrm{P}})^m , \tag{8.28}$$

ここで $p^m = p^{m-1} + p'$ で，これは新しい圧力であり，添字は質量 CV にてとる．速

度と圧力の修正量の関係は，式 (8.27) から式 (8.24) を引くことで，以下のようになる：

$$u'_{\mathrm{e}} = -\frac{S_{\mathrm{e}}}{A^u_{\mathrm{P}}}(p'_{\mathrm{E}} - p'_{\mathrm{P}}) = -\left(\frac{\Delta V}{A^u_{\mathrm{P}}}\frac{\delta p'}{\delta x}\right)_{\mathrm{e}} . \tag{8.29}$$

同様にして：

$$v'_{\mathrm{n}} = -\frac{S_{\mathrm{n}}}{A^v_{\mathrm{P}}}(p'_{\mathrm{N}} - p'_{\mathrm{P}}) = -\left(\frac{\Delta V}{A^v_{\mathrm{P}}}\frac{\delta p'}{\delta y}\right)_{\mathrm{n}} . \tag{8.30}$$

修正された速度は連続の式を満足する必要があるから，u^m と v^m を式 (8.4) の質量流束の式に代入して，式 (8.23) を使うと，

$$(\rho S u')_{\mathrm{e}} - (\rho S u')_{\mathrm{w}} + (\rho S v')_{\mathrm{n}} - (\rho S v')_{\mathrm{s}} + \Delta \dot{m}^*_{\mathrm{P}} = 0 \tag{8.31}$$

を得る．最後に u' と v' の上式 (8.29) と (8.30) を連続の式に代入すると，圧力修正の式

$$A^p_{\mathrm{P}} p'_{\mathrm{P}} + \sum_k A^p_k p'_k = -\Delta \dot{m}^*_{\mathrm{P}} \tag{8.32}$$

が導かれる．ここで各係数は，以下のようになる：

$$\begin{aligned}
A^p_{\mathrm{E}} &= -\left(\frac{\rho S^2}{A^u_{\mathrm{P}}}\right)_{\mathrm{e}} , \quad A^p_{\mathrm{W}} = -\left(\frac{\rho S^2}{A^u_{\mathrm{P}}}\right)_{\mathrm{w}} , \\
A^p_{\mathrm{N}} &= -\left(\frac{\rho S^2}{A^v_{\mathrm{P}}}\right)_{\mathrm{n}} , \quad A^p_{\mathrm{S}} = -\left(\frac{\rho S^2}{A^v_{\mathrm{P}}}\right)_{\mathrm{s}} , \\
A^p_{\mathrm{P}} &= -\sum_k A^p_k , \quad k = \mathrm{E, W, N, S} .
\end{aligned} \tag{8.33}$$

圧力修正方程式を解いた後，速度と圧力を修正する．7.2.2 項に示したように，もし非常に大きな時間ステップを用いて定常解を計算するなら，運動方程式には 5.4.2 項で述べた不足緩和を行う必要がある．このとき，圧力修正量 p' の一部のみが p^{m-1} に加えられる．大きな時間ステップで非定常計算を行う際にも，不足緩和は必要になることがある．

修正した速度は，圧力修正式を解いた精度で連続の式を満たす．ところが，$\tilde{u}$ と $\tilde{v}$ はそれぞれ式 (8.27) と (8.28) で修正していないので，非線形運動方程式を満足していない．したがって外部反復をもう一度始めなければならない．運動方程式と連続の式の両方が望むべき精度で満たされると，u'_i と p' は無視できるほど小さくなり，次の時間ステップへ進むことができる．新しい時間ステップでの反復を始める際には，前の時間ステップでの解がその初期の推定値になる．このとき，外挿法を用いるとさらに改善が可能であり，任意の陽的時間進行法を予測子として使うことができる．小さな時間ステップでの外挿はかなり精度が高く，これにより反復回数をいくぶん減らすことができる．

定常流を計算する場合，無限大の時間ステップを適用することができる．このとき，すべての非定常項の寄与がなくなり，外部反復は修正が生じなくなるまで繰り返される．一方，非定常流を計算する場合は，時間ステップ当たりの外部反復の回数は 3 回（時間ステップが小さく不足緩和係数が大きい場合）〜10 回（時間ステップが大きく相応の不足緩和係数を用いる場合）の範囲で選ばれる．その実例を 8.4 節に示す．このアルゴリズムを用いた計算コードがインターネット経由で入手できるので，詳細は付録を参照のこと．

ここで注意すべき点として，圧力修正方程式 (8.33) の係数は面積 S の 2 乗に比例するので，$A_{\mathrm{E}}/A_{\mathrm{N}}$ の比は格子アスペクト比 $(\Delta y/\Delta x)$ の 2 乗に比例する．そのため，もし格子セルが大きく引き伸ばされるとき（例えば，壁近傍で粘性低層を解像したいとき），これにより圧力修正方程式のスティッフネスが増すことで，数値的にも解きにくいものとなる．したがって，可能であれば格子アスペクト比が 100 を超えることは避けるべきであり，さもなくばある方向（上の例では壁に垂直な方向）の係数が他の方向に対して 1 万倍以上大きくなってしまう．

上記のアルゴリズムは，7.2.2 項に示した SIMPLEC 法に容易に修正できる．圧力修正方程式は式 (8.32) の形を持つが，その係数の式 (8.33) は，A_{P}^{u} と A_{P}^{v} がそれぞれ $A_{\mathrm{P}}^{u}+\sum_k A_k^u$ と $A_{\mathrm{P}}^{v}+\sum_k A_k^v$ に置き換えられる．PISO 法への拡張も同様に容易である．この場合，2 回目の圧力修正には 1 回目の方程式と同じ係数行列を使うが，生成項は $\tilde{u}_i'$ による値となる．これによって，最初の圧力修正式では無視された寄与が最初の速度修正 u_i' を用いて補正される．

上記の解法に高次精度の離散化を導入することも容易である．境界条件の与え方については，7.1.6 項に述べたので確認されたい．

8.1.2　スタガード格子での IFSM 法

SIMPLE 法と IFSM 法との主な違いは，後者ではたとえ定常解を計算する場合であっても常に有限の時間刻みを用いることにある．しかし，IFSM 法は不足緩和を必要としないので，問題ごとに適切な時間刻み幅を選択するだけで済む．

速度修正と圧力修正の関係は式 (7.64) により次式のように導かれる．つまり速度は時間項でのみ修正されて，対流，拡散の計算には予測値 u_i^* がそのまま使われる：

$$\frac{3\rho\Delta V}{2\Delta t}(u_{\mathrm{e}}^m-u_{\mathrm{e}}^*)=-S_{\mathrm{e}}(p_{\mathrm{E}}'-p_{\mathrm{P}}')\ \Rightarrow\ u_{\mathrm{e}}'=-\frac{2\Delta t S_{\mathrm{e}}}{3\rho\Delta V}(p_{\mathrm{E}}'-p_{\mathrm{P}}')\,. \tag{8.34}$$

セル体積 $\Delta V=S_{\mathrm{e}}(x_{\mathrm{E}}-x_{\mathrm{P}})=S_{\mathrm{n}}(y_{\mathrm{N}}-y_{\mathrm{P}})$ であるので，以下を得る：

$$u_{\mathrm{e}}'=-\frac{2\Delta t}{3\rho(x_{\mathrm{E}}-x_{\mathrm{P}})}(p_{\mathrm{E}}'-p_{\mathrm{P}}')=-\frac{2\Delta t}{3\rho}\left(\frac{\delta p'}{\delta x}\right)_{\mathrm{e}} \tag{8.35}$$

また，同様に

$$v'_{\mathrm{n}} = -\frac{2\Delta t}{3\rho(y_{\mathrm{N}} - y_{\mathrm{P}})}(p'_{\mathrm{N}} - p'_{\mathrm{P}}) = -\frac{2\Delta t}{3\rho}\left(\frac{\delta p'}{\delta y}\right)_{\mathrm{n}} \tag{8.36}$$

を得る．これらを連続の式 (8.31) に代入して SIMPLE 法（式 (8.32)）の場合と同様の圧力修正方程式が導かれる．両者の違いはその係数であり，各係数の式 (8.33) に替えて以下のようになる：

$$A^p_{\mathrm{E}} = -\frac{2\Delta t S_{\mathrm{e}}}{3(x_{\mathrm{E}} - x_{\mathrm{P}})}\ , \quad A^p_{\mathrm{W}} = -\frac{2\Delta t S_{\mathrm{w}}}{3(x_{\mathrm{P}} - x_{\mathrm{W}})}\ ,$$
$$A^p_{\mathrm{N}} = -\frac{2\Delta t S_{\mathrm{n}}}{3(y_{\mathrm{N}} - y_{\mathrm{P}})}\ , \quad A^p_{\mathrm{S}} = -\frac{2\Delta t S_{\mathrm{s}}}{3(y_{\mathrm{P}} - y_{\mathrm{S}})}\ , \tag{8.37}$$
$$A^p_{\mathrm{P}} = -\sum_k A^p_k\ , \quad k = \mathrm{E}, \mathrm{W}, \mathrm{N}, \mathrm{S}\ .$$

非定常流れを計算するときは，流れの変化を適切に解像できるように時間刻みがとられる（例えば，周期的な流れ場では1周期当たりおおよそ100程度の時間ステップ）．時間ステップ当たりに必要な外部反復の回数が時間刻み幅に依存することもSIMPLEと同じである．

IFSM法を用いた場合，定常解への収束を目指す場合であっても有限の時間刻みが必要ではあるが，その場合は比較的大きな値を用いてよい．ただし初期値として最終的な解の良い近似が与えられない場合のように解の変化が相対的に大きいときには，計算初期の時間ステップにのみ小さな値を用いることがしばしば有効となる．その場合，定常解に近づけば時間刻みは徐々に大きくできる．時間刻みに許される最大値は問題に依存するが，大抵は次のCFL数に関係する：

$$\mathrm{CFL}_x = \frac{u\Delta t}{\Delta x}, \quad \mathrm{CFL}_y = \frac{v\Delta t}{\Delta y}\ . \tag{8.38}$$

8.4節の事例のように，その値は通常1〜100の範囲にとる．

8.2　コロケート格子を用いた陰的反復解法

計算格子上で変数をコロケート配置すると問題が生じるため，しばらくの間この方法は好まれなかったことを前に述べた．ここではまずなぜ問題が起こるのかを示し，次にその対策法を示そう．

8.2.1　コロケート格子配置での圧力の扱い

まず，有限差分法と7.1.7.1で紹介した単純な時間進行法でみてみよう．圧力に対して離散化したポアソン方程式は次のように書ける：

$$\frac{\delta}{\delta x_i}\left(\frac{\delta p^n}{\delta x_i}\right) = \frac{\delta H^n_i}{\delta x_i}\ , \tag{8.39}$$

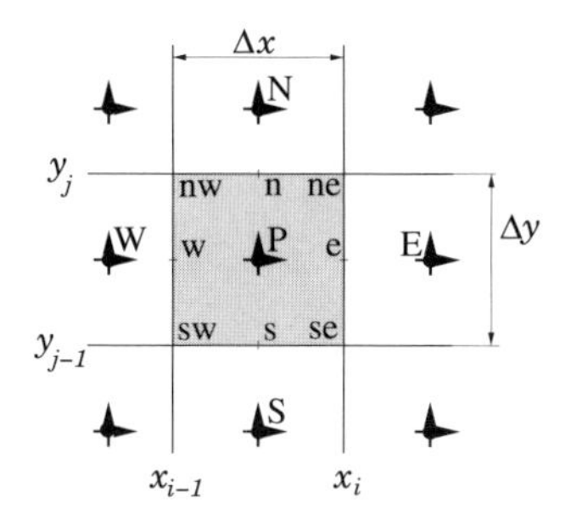

図 8.2　コロケート格子における CV と定義点の記号.

ここで H_i^n は対流項と拡散項の和を略記したもので

$$H_i^n = -\frac{\delta(\rho u_i u_j)^n}{\delta x_j} + \frac{\delta \tau_{ij}^n}{\delta x_j} \tag{8.40}$$

となる（j に総和規約を適用）. 式 (8.39) において微分の近似法は重要でないので, 離散化した微分演算を記号的な表示 $\delta/\delta x_i$ で表す. また, この表式では格子配置を特定していない.

次に, 図 8.2 に示したコロケート格子での変数の配置と, 運動方程式の圧力勾配項および連続の式の発散に対するさまざまな差分スキームをみてみよう. まず, 圧力項に前進差分を, 連続の式に後退差分の適用を考えることから始めるとする. 7.1.3 項で, この組み合わせがエネルギー保存性を満たすことを示した. 単純化のため, 格子は間隔 Δx および Δy で等間隔であると仮定する.

圧力項の外側の微分演算子 $\delta/\delta x_i$ を後退差分で近似すると, 次のようになる：

$$\frac{\left(\dfrac{\delta p^n}{\delta x}\right)_{\mathrm{P}} - \left(\dfrac{\delta p^n}{\delta x}\right)_{\mathrm{W}}}{\Delta x} + \frac{\left(\dfrac{\delta p^n}{\delta y}\right)_{\mathrm{P}} - \left(\dfrac{\delta p^n}{\delta y}\right)_{\mathrm{S}}}{\Delta y} = \frac{H_{x,\mathrm{P}}^n - H_{x,\mathrm{W}}^n}{\Delta x} + \frac{H_{y,\mathrm{P}}^n - H_{y,\mathrm{S}}^n}{\Delta y} \,. \tag{8.41}$$

右辺を Q_{P}^H と略記し, 圧力微分に前進差分を使うことで次の式を得る：

$$\frac{\dfrac{p_{\mathrm{E}}^n - p_{\mathrm{P}}^n}{\Delta x} - \dfrac{p_{\mathrm{P}}^n - p_{\mathrm{W}}^n}{\Delta x}}{\Delta x} + \frac{\dfrac{p_{\mathrm{N}}^n - p_{\mathrm{P}}^n}{\Delta y} - \dfrac{p_{\mathrm{P}}^n - p_{\mathrm{S}}^n}{\Delta y}}{\Delta y} = Q_{\mathrm{P}}^H \,. \tag{8.42}$$

よって, 圧力の連立代数方程式は以下のように書ける：

$$A_{\mathrm{P}}^p p_{\mathrm{P}}^n + \sum_k A_k^p p_k^n = -Q_{\mathrm{P}}^H \,, \quad k = \mathrm{E}, \mathrm{W}, \mathrm{N}, \mathrm{S} \,, \tag{8.43}$$

ここで, 係数は以下となる：

$$A_{\mathrm{E}}^p = A_{\mathrm{W}}^p = -\frac{1}{(\Delta x)^2}\,, \quad A_{\mathrm{N}}^p = A_{\mathrm{S}}^p = -\frac{1}{(\Delta y)^2}\,, \quad A_{\mathrm{P}}^p = -\sum_k A_k^p\,. \tag{8.44}$$

図8.2のCVを運動方程式と連続の式の両方に適用し，近似 $u_{\mathrm{e}} = u_{\mathrm{P}}$, $p_{\mathrm{e}} = p_{\mathrm{E}}$; $v_{\mathrm{n}} = v_{\mathrm{P}}$, $p_{\mathrm{n}} = p_{\mathrm{N}}$; $u_{\mathrm{w}} = u_{\mathrm{W}}$, $p_{\mathrm{w}} = p_{\mathrm{P}}$; $v_{\mathrm{s}} = v_{\mathrm{S}}$, $p_{\mathrm{s}} = p_{\mathrm{P}}$ を用いると，有限体積法からも式(8.42)が導出されることが確かめられる．

圧力もしくは圧力修正の方程式は，スタガード格子で中心差分を用いたときと同じ形になるが，これは，前進差分と後退差分による1階微分の積で2階微分を近似すると中心差分近似が得られるからである．しかし，運動方程式で主要な駆動力となる圧力勾配項に1次精度の近似を使うことには問題があり，これには高次精度の近似を使いたい．

そこで，もしコロケート格子において運動方程式の圧力勾配と連続の式の発散に中心差分近似を用いると何が起こるか考えてみる．式(8.39)の外側の微分演算子を中心差分で近似して，

$$\frac{\left(\dfrac{\delta p^n}{\delta x}\right)_{\mathrm{E}} - \left(\dfrac{\delta p^n}{\delta x}\right)_{\mathrm{W}}}{2\Delta x} + \frac{\left(\dfrac{\delta p^n}{\delta y}\right)_{\mathrm{N}} - \left(\dfrac{\delta p^n}{\delta y}\right)_{\mathrm{S}}}{2\Delta y} = \frac{H_{x,\mathrm{E}}^n - H_{x,\mathrm{W}}^n}{2\Delta x} + \frac{H_{y,\mathrm{N}}^n - H_{y,\mathrm{S}}^n}{2\Delta y} \tag{8.45}$$

となる．ここで，右辺を再び Q_{P}^H と略記するが，この値は前に得たものとは異なる．次に圧力微分に中心差分近似を施すと，

$$\frac{\dfrac{p_{\mathrm{EE}}^n - p_{\mathrm{P}}^n}{2\Delta x} - \dfrac{p_{\mathrm{P}}^n - p_{\mathrm{WW}}^n}{2\Delta x}}{2\Delta x} + \frac{\dfrac{p_{\mathrm{NN}}^n - p_{\mathrm{P}}^n}{2\Delta y} - \dfrac{p_{\mathrm{P}}^n - p_{\mathrm{SS}}^n}{2\Delta y}}{2\Delta y} = Q_{\mathrm{P}}^H \tag{8.46}$$

となることがわかる．よって，圧力の連立代数方程式

$$A_{\mathrm{P}}^p p_{\mathrm{P}}^n + \sum_k A_k^p p_k^n = -Q_{\mathrm{P}}^H\,, \quad k = \mathrm{EE}, \mathrm{WW}, \mathrm{NN}, \mathrm{SS} \tag{8.47}$$

における係数は

$$A_{\mathrm{EE}}^p = A_{\mathrm{WW}}^p = -\frac{1}{(2\Delta x)^2}\,, \quad A_{\mathrm{NN}}^p = A_{\mathrm{SS}}^p = -\frac{1}{(2\Delta y)^2}\,, \quad A_{\mathrm{P}}^p = -\sum_k A_k^p\,, \tag{8.48}$$

となる．この方程式は式(8.43)と同じ形をしているが，節点間隔が $2\Delta x$ あるいは $2\Delta y$ だけ離れている．すなわちこれは，元の格子の2倍粗い格子で離散化されたポアソン方程式となっており，4つ（i と j 両方が偶数，i が偶数で j が奇数，i が奇数で j が偶数，i と j 両方が奇数）の互いに連成していない方程式系に分かれる．これらの方程式系はそれぞれが別の解を持ち，均一な圧力分布を持つ流れ場であっても，図8.3に示すチェッカーボード状の圧力分布がそれぞれの方程式系を満足するような

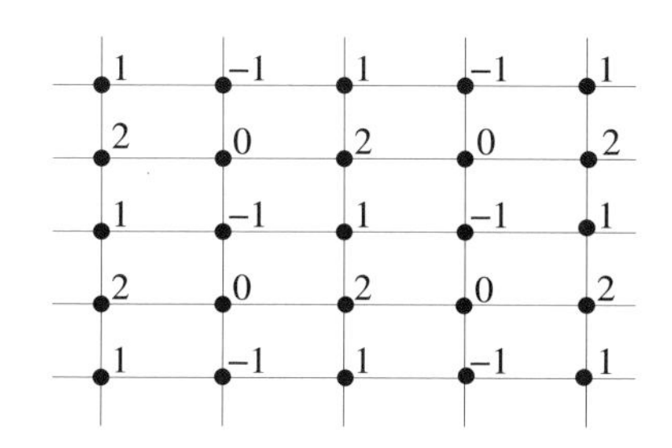

図 8.3　1つ跳びおきに定義された圧力は一定となる4つの場を重ね合わせて得られるチェッカーボード状の圧力分布（中心差分を用いた場合に一様圧力場と解釈されてしまう）.

数値解が生じ得る．ただし，この分布が離散化した圧力勾配に影響を与えることはなく，速度場は滑らかなままであり得る．また，収束した定常解を得られない可能性もある．

有限体積法でも，CV 界面の流束値を隣接2節点による線形補間で計算すれば似たような結果を得る．

上記の問題の原因は1階微分に $2\Delta x$ の近似を行ったことにある．そこで，さまざまな対処法が提案されている．非圧縮性流れでは圧力の絶対値は重要でなく，圧力微分だけに意味がある．そのため，圧力の絶対値をどこかで特定しなければ圧力の連立方程式は不定となり，一定値を全体に加えて同一となる無数の解を持つ．この知見を用いれば単純な対処が可能であり，振動解にフィルターを施す方法が van der Wijngaart (1990) よりなされた．

ここで，コロケート格子で圧力と速度をカップリングする方法の1つを紹介する．これは複雑形状で幅広く使われており，単純ではあるが効果的なのでほとんどすべての商用コードあるいは公開されている CFD コードに採用されている．

スタガード格子での中心差分近似は Δx の差に基づいているので，コロケート格子でも同じことができないだろうか．そこでまず，圧力方程式 (8.39) の外側の1階微分を Δx 幅で近似すると

$$\frac{\left(\dfrac{\delta p^n}{\delta x}\right)_{\mathrm{e}} - \left(\dfrac{\delta p^n}{\delta x}\right)_{\mathrm{w}}}{\Delta x} + \frac{\left(\dfrac{\delta p^n}{\delta y}\right)_{\mathrm{n}} - \left(\dfrac{\delta p^n}{\delta y}\right)_{\mathrm{s}}}{\Delta y} = \frac{H^n_{x,\mathrm{e}} - H^n_{x,\mathrm{w}}}{\Delta x} + \frac{H^n_{y,\mathrm{n}} - H^n_{y,\mathrm{s}}}{\Delta y} \quad (8.49)$$

となる．ここで問題は，左辺の圧力微分と右辺の H がセル界面には定義されていないことである．そこでまず，微分に対して用いた中心差分近似と同じ精度の線形補間を選ぶ．また，式 (8.39) の内側の圧力微分は中心差分で近似する．するとセル中心での微分の線形補間により，次式が得られる：

$$\left(\frac{\delta p^n}{\delta x}\right)_{\mathrm{e}} \approx \frac{1}{2}\left(\frac{p_{\mathrm{E}} - p_{\mathrm{W}}}{2\,\Delta x} + \frac{p_{\mathrm{EE}} - p_{\mathrm{P}}}{2\,\Delta x}\right) . \tag{8.50}$$

しかしこの補間では，圧力方程式 (8.46) が得られる．

そこでセル界面での圧力微分を，Δx 間隔の中心差分を用いて次のように評価する：

$$\left(\frac{\delta p^n}{\delta x}\right)_{\mathrm{e}} \approx \frac{p_{\mathrm{E}} - p_{\mathrm{P}}}{\Delta x} . \tag{8.51}$$

もし，この近似をすべてのセル界面に適用すると，次の圧力方程式（不等間隔格子でも有効である）が得られる：

$$\frac{\dfrac{p^n_{\mathrm{E}} - p^n_{\mathrm{P}}}{\Delta x} - \dfrac{p^n_{\mathrm{P}} - p^n_{\mathrm{W}}}{\Delta x}}{\Delta x} + \frac{\dfrac{p^n_{\mathrm{N}} - p^n_{\mathrm{P}}}{\Delta y} - \dfrac{p^n_{\mathrm{P}} - p^n_{\mathrm{S}}}{\Delta y}}{\Delta y} = Q^H_{\mathrm{P}} , \tag{8.52}$$

これは式 (8.42) と左辺は同じであるが，右辺は次の内挿により得られる点が異なる：

$$Q^H_{\mathrm{P}} = \frac{\overline{(H^n_x)_{\mathrm{e}}} - \overline{(H^n_x)_{\mathrm{w}}}}{\Delta x} + \frac{\overline{(H^n_y)_{\mathrm{n}}} - \overline{(H^n_y)_{\mathrm{s}}}}{\Delta y} . \tag{8.53}$$

この近似を用いることで圧力場の振動は除去されるが，一方，そのために運動量の圧力勾配と圧力方程式の取り扱いに整合性がなくなることを示しておく．2つの近似を比較すると，式 (8.52) と式 (8.46) の左辺の違いが

$$R^p_{\mathrm{P}} = \frac{4\,p_{\mathrm{E}} + 4\,p_{\mathrm{W}} - 6\,p_{\mathrm{P}} - p_{\mathrm{EE}} - p_{\mathrm{WW}}}{4(\Delta x)^2} + \frac{4\,p_{\mathrm{N}} + 4\,p_{\mathrm{S}} - 6\,p_{\mathrm{P}} - p_{\mathrm{NN}} - p_{\mathrm{SS}}}{4(\Delta y)^2} , \tag{8.54}$$

であることは簡単にわかり，これは次のように圧力微分の4次精度中心差分近似である：

$$R^p_{\mathrm{P}} = -\frac{(\Delta x)^2}{4}\left(\frac{\partial^4 p}{\partial x^4}\right)_{\mathrm{P}} - \frac{(\Delta y)^2}{4}\left(\frac{\partial^4 p}{\partial y^4}\right)_{\mathrm{P}} . \tag{8.55}$$

式 (8.54) は，2階微分の標準的な中心差分を2回繰り返し適用することで容易に得られる（3.4節を参照）．

この2つの近似の差は格子が細かくなるとゼロに近づき，生じる誤差は本検討で基本とする離散化誤差と同じ大きさになるため，全体解への重大な影響はない．ただし，この手法によってエネルギー保存性は失われる．実際，Ham and Iaccarino (2004) は，（非反復のフラクショナルステップ法を用いた際に）運動エネルギーへの影響は散逸的であることを示している．

上記は2次の中心差分と線形補間から得られる結果であり，同様の表式は任意の離散化スキームや補間法に対しても構築できる．以下では，このアイデアを有限体積法での陰的圧力修正法にどのように用いるかみてみよう．

8.2.2　コロケート格子での SIMPLE 法

コロケート格子の有限体積法で離散化した運動方程式の陰解法は，前節で示したスタガード配置の場合と同じ流れで構築できる．重要なことは，すべての変数に対する CV が同じであることを心に留めるだけでよい．その際，CV 界面中央の圧力は計算点にはなく補間によって求める必要がある．線形補間が 2 次精度の近似として適切であるが高次精度の補間法も使用できる．CV 中心での勾配が速度場[1]の計算に必要であるが，これはガウスの発散定理 (Gauss's theorem) を用いて得られる．すなわち，x と y 方向の圧力による体積力は，セルの全表面で総和しセルの体積でこれを割ることで対応する平均圧力微分が得られ，例えば以下のようになる：

$$\left(\frac{\delta p}{\delta x}\right)_{\mathrm{P}} = \frac{Q_u^p}{\Delta V} \,, \tag{8.56}$$

ここで Q_u^p は，x 方向の圧力による力の CV 界面での総和を表す（式 (8.12) を参照）．デカルト座標ではこれが簡略化されて標準的な中心差分近似（CDS 近似）と同じになる．

線形化された運動方程式の解として u^* と v^* が与えられる．離散化された連続の式では，セル界面での速度が必要となり補間によって求めるが，ここでも線形補間が自然な選択といえる．SIMPLE 法の圧力修正方程式は 7.2.2 項，8.1 節での手順に従って導かれる．ここで，連続の式に必要となるセル界面への速度補間には，圧力勾配の補間が含まれる．よって，その修正量は補間された圧力修正量の勾配に比例する（式 (8.29) を参照）：

$$u'_{\mathrm{e}} = -\overline{\left(\frac{\Delta V}{A_{\mathrm{P}}^u}\frac{\delta p'}{\delta x}\right)_{\mathrm{e}}} \,. \tag{8.57}$$

等間隔格子では，このセル界面の速度修正量を用いて圧力修正方程式を導くと式 (8.46) に一致する．一方，不等間隔格子では，圧力修正方程式の微分演算に計算点 P, E, W, N, S, EE, WW, NN, SS を含む．すでに述べたように，この方程式は振動解を生じ得る．振動はフィルターで除去できるが (van der Wijngaart, 1990)，任意の格子での圧力修正方程式は複雑になり，解法の収束が遅くなるかもしれない．先の述べたように，スタガード格子での方程式に似た簡潔な圧力修正方程式を得ることができる，これを以下に示す．

前節で示したように圧力勾配の補間は，セル界面での簡潔な中心差分近似で置き換えることができる．これにより，セル界面に補間された速度 ($\overline{u^*}$) は，補間された圧力勾配 ($\overline{\delta p/\delta x}$) と，計算された勾配値 ($\delta p/\delta x$) の差で修正される（式 (8.27)，(8.28)

[1] 訳注：原書では cell-face velocity とあるが，CV-center の誤植と思われる．

を参照）：

$$u_{\mathrm{e}}^{*} = \overline{(u^{*})}_{\mathrm{e}} - \Delta V_{\mathrm{e}} \overline{\left(\frac{1}{A_{\mathrm{P}}^{u}}\right)}_{\mathrm{e}} \left[\left(\frac{\delta p}{\delta x}\right) - \overline{\left(\frac{\delta p}{\delta x}\right)} \right]_{\mathrm{e}}^{m-1} . \tag{8.58}$$

セル界面の速度補間に対するこの修正は「Rhie–Chow の修正」(Rhie–Chow correction) (Rhie and Chow, 1983) として知られている．ここで，文字の上の棒線は補間を表し，直交座標系ではセル界面を中心とした体積を

$$\Delta V_{\mathrm{e}} = (x_{\mathrm{E}} - x_{\mathrm{P}})\,\Delta y$$

と定義する．

このスキームでは，補間した速度に対して圧力の3階微分に $(\Delta x)^2/4$ を掛けたものに比例する修正を加えており，セル中心に対しては発散演算子を適用することで4階微分となる．2次精度スキームではセル界面の圧力微分は中心差分を用いて計算する（式 (8.51) を参照）．不等間隔格子で中心差分近似 (8.51) を用いる場合，このスキームは格子が不等間隔であるかどうかを考慮していないので，セル中心での圧力勾配は単に 1/2 の重みを掛けて補間すればよい．

もし，圧力が急激に振動すれば修正は大きくなる．このとき，3階微分が大きくなることで圧力修正が働き，結果，圧力分布を滑らかにする．

SIMPLE 法でのセル界面速度の修正は結局，

$$u_{\mathrm{e}}' = -\Delta V_{\mathrm{e}} \overline{\left(\frac{1}{A_{\mathrm{P}}^{u}}\right)}_{\mathrm{e}} \left(\frac{\delta p'}{\delta x}\right)_{\mathrm{e}} = -S_{\mathrm{e}} \overline{\left(\frac{1}{A_{\mathrm{P}}^{u}}\right)}_{\mathrm{e}} (p_{\mathrm{E}}' - p_{\mathrm{P}}') \tag{8.59}$$

となり，その他のセル界面でも対応する式が得られる．他の界面での式もこれと同様に導かれる．これを離散化した連続の式に代入すると，その結果は再び，圧力修正方程式 (8.32) となる．唯一の違いは，セル界面での係数 $1/A_{\mathrm{P}}^{u}$ と $1/A_{\mathrm{P}}^{v}$ がスタガード格子のように計算点での値ではなく，セル中心に補間された値となることである．

式 (8.58) の修正項には $1/A_{\mathrm{P}}^{u}$ が掛かっているので，そこに含まれる不足緩和係数が収束したセル界面速度に影響する可能性がある．しかし，異なった不足緩和係数を用いて得られる解の違いは離散化誤差よりもずっと小さいので，実際には考える必要はない．このことは後の計算例で示す．さらに，コロケート格子を用いた陰解法とスタガード格子を用いたものとは，同じ収束率を持つこと，不足緩和係数の依存性が等しいこと，計算コストが等しいことが示される．その上で，格子上の異なる変数配置で得られる解の差異は離散化誤差よりもずっと小さいといえる．

以上本項では，コロケート格子上に2次精度近似で圧力修正方程式を導いた．この方法は高次精度にも拡張できるが，差分と補間を同じ精度に保つことが重要である．この手法の4次精度への拡張については Lilek and Perić (1995) を参照されたい．

8.2.3 コロケート格子での IFSM 法

前に説明したスタガード格子での IFSM 法は，容易にコロケート格子に拡張することができる．実際，圧力修正方程式は両者で変わらない（式 (8.32) と (8.37)）．唯一の違いは，質量流束を算出するために必要なセル界面速度の計算方法にある．すなわち，スタガード格子では連続の式の CV 界面に速度がもともと定義されており補間は必要ないが，一方，コロケート格子ではその速度を計算点の値から補間して計算しなければならない．IFSM 法で非定常流れを計算する際には，Rhie–Chow の修正を用いない単純な線形補間でも計算は通常正常に行える．しかし，8.4 節に示す計算例では，セル界面への速度の線形補間に以下に示す補正を加えている：

$$u_{\mathrm{e}}^{*} = \overline{(u^{*})_{\mathrm{e}}} - \frac{\Delta t}{\rho}\left[\left(\frac{\delta p}{\delta x}\right) - \overline{\left(\frac{\delta p}{\delta x}\right)}\right]_{\mathrm{e}}^{m-1} . \tag{8.60}$$

この式 (8.60) は SIMPLE で用いた式 (8.58) と同じであり，外側かっこ [ ] に乗ずる係数のみが異なる．SIMPLE 法と同じ手順で ISFM 法でも速度修正と圧力修正の以下の関係式を得る：

$$u_{\mathrm{e}}' = -\frac{\Delta t}{\rho}\left(\frac{\delta p'}{\delta x}\right)_{\mathrm{e}} = -\frac{\Delta t}{\rho(x_{\mathrm{E}} - x_{\mathrm{P}})}(p_{\mathrm{E}}' - p_{\mathrm{P}}') . \tag{8.61}$$

また，y 成分 $v_{\mathrm{n}}^{*}, v_{\mathrm{n}}'$ についても同様である．このアルゴリズムを組み込んだ計算コードをインターネット経由で入手できるので，詳細は付録をみよ．

8.3 非定常流れでの反復なし陰解法

反復なしの陰解法では，完全な陽解法と比較してより大きな時間刻み幅を使うことができる．非圧縮性流れでは，いずれにしても圧力あるいは圧力修正についてポアソン型の方程式を解く必要があるため，通常は陰解法が好まれる．特に（壁境界層や角周囲など）局所的に非常に細かい格子を切る場合，完全な陽解法では，拡散項に対する時間刻みの安定条件が厳しくなりすぎるため，このことは重視される．

なお，ここでいう「反復なし」とは，**外部反復** (outer iteration loop) を用いないことを意味する．すなわち，運動方程式と圧力修正方程式は，それぞれ時間ステップ当たり 1 回だけ解かれる．フラクショナル・ステップ法 (FSM) として分類される多くが，このタイプの解法である．PISO もこの意味では「反復なし」といえなくもない（運動方程式を 1 回しか解かないが，外部反復は圧力修正方程式と陽的な速度修正を含む）．

ここより前の節で示した IFSM に対して，ここでの反復なし FSM の主な違いは，(1) 対流流束計算のすべてか一部を陽的に行う点と，(2) 運動方程式と連続の式を十

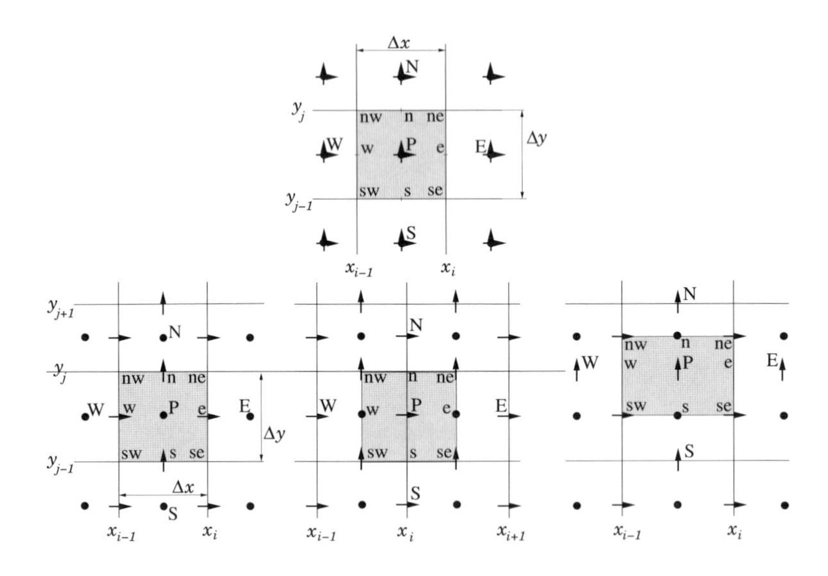

図 8.4　CV と記号表記の定義．コロケート格子上の変数（上）と，スタガード格子上のスカラー変数（左下），x 方向運動量（中下），y 方向運動量（右下）．

分満足するように線形化された連立方程式の収束条件を「反復あり」の場合より厳しくとる点である．また，速度の修正は非定常項でのみ行うので，分離解法を用いたことによる誤差が生じ，通常 $(\Delta t)^2$ に比例する．これに対して SIMPLE や IFSM では，この誤差は外部反復により除かれる．一方，反復なし FSM や PISO の 1 ステップに掛かるコスト（ここでは計算量を意味する）は，SIMPLE や IFSM で外部反復を 2〜3 回行う場合と概ね同等となる．この点については，8.4 節の計算例にて，再度触れる．

SIMPLE について前節で述べたさまざまな手段やアルゴリズムと関連するスキームは，フラクショナル・ステップ法でも有効に使われる．よって，本節で詳細を繰り返すことはせず，以下では反復なしのフラクショナル・ステップ法に特有のいくつかの点に焦点を絞って，順を追って述べる．すなわち，まず，陽的時間スキームのアダムス・バッシュフォース法の離散化から始め，以下順に，近似因数分解 ADI 法，圧力ポアソン方程式，および初期条件と境界条件について取り上げ，最後に，反復なし（シングルステップ）および反復ありのフラクショナル・ステップ法における計算速度と精度の比較を述べる．

前節と同様に，ここでもコロケート格子とスタガード格子の両方を考える．しかし，手近に図がなければ，それぞれの格子でどこに変数が配置されていて計算体積をどう定義するのが適当かを忘れがちである．例えば，スタガード格子ではセル界面に速度成分が与えられているのにその対流項にQUICK（3点近似の補間）をなぜ使う必要があるのか，などと素朴に思うかもしれない．そこで，図8.4に格子と関連するCV配置を改めて示しておく．まずコロケート格子では，速度と圧力に対して1つだけCVをとり，ここで考えている有限体積法の格子代表点Pにすべての変数が定義される．このため，CV界面での変数値を求めるための補間が必須となる．というのも有限体積法では常に，**CV界面を通過する流束**とその総和を計算するからである．実際，連続の式では質量流束を計算するのにCV界面での速度成分が必要となる．また，その他の輸送方程式では，対流流束を計算するために，**質量流量流束**とそれによって**輸送される**（速度成分や温度といった）変数の両方が必要となる．また，圧力に対しても，各速度成分のセル界面での力を得るために補間が必要である．

一方，スタガード格子では，各速度成分，および連続の式とスカラー量（温度，圧力，およびその他の流体の特性値がこのCV代表点に保存される）のそれぞれに別々のCVが与えられる．図8.4下図において，速度は矢印，圧力は点でそれらを与える場所を示している．連続の式において，CV界面に保存された速度によって流量流束を直接計算できるので，（中点公式を用いた2次精度の範囲では）補間を必要としない．しかし，その他のすべての輸送方程式の対流流束の計算には補間が必要である．（例えば温度のような）スカラー変数の輸送方程式の場合，セル中心に保存されている変数を補間して面の重心での輸送量を得る必要がある．また，速度成分のCVでは，セル界面での流量（質量）流束と輸送される速度成分の両方の計算で補間が必要となる．例えば，x方向の運動方程式における点“e”での対流流束を得るには，x方向の速度成分の補間が必要である．一方，その方向に作用する面“e”と面“w”の圧力項は，そこに保存されている圧力により補間の必要なく直接計算できる（デカルト座標格子では，x方向運動量CVにおいて面“n”と面“s”には圧力項の寄与がない．同様に，y方向運動量CVでは面“e”と面“w”には圧力項の寄与がなく，面“n”と面“s”での圧力項は直接計算される）．

中点公式以外（それより高次精度）の積分近似を用いる際には，いずれの格子形態，変数配置にかかわらず，定義点の値からセル界面上の積分点への補間が必要となる．

8.3.1 アダムス・バッシュフォース法による対流項の離散化

式(7.50)で用いたアダムス・バッシュフォース法はフラクショナル・ステップ法の典型であり，時間に対して2次精度を維持しつつ，方程式の一部を陽的にできるので，重要である．コロケート，スタガードいずれの格子でも対流項には補間が必要である．例えば，対流項に保存形を用いた場合，CVの各界面で運動量流束が必要になる．等間隔デカルト格子では，x方向運動量CVのx方向成分は$(\rho uu)_{\mathrm{e}}$である（図8.4を参照）．式(4.24)を用いて，u_{e}を正とすると

$$(\rho uu)_{\mathrm{e}} = (\rho u)_{\mathrm{e}}(u_{\mathrm{e}})_{\mathrm{QUICK}} = (\rho u)_{\mathrm{e}}\left(\frac{6}{8}u_{\mathrm{P}} + \frac{3}{8}u_{\mathrm{E}} - \frac{1}{8}u_{\mathrm{W}}\right)$$
$$= \frac{(\rho u)_{\mathrm{E}} + (\rho u)_{\mathrm{P}}}{2}\left(\frac{6}{8}u_{\mathrm{P}} + \frac{3}{8}u_{\mathrm{E}} - \frac{1}{8}u_{\mathrm{W}}\right) \tag{8.62}$$

と与えられる．この結果は，**スタガード格子，コロケート格子の両方に有効である．**これを，陰的反復解法の式(8.7)と比較すると，どちらの場合も，QUICK法の補間は**対流される**(convected)量に適用されており，流量流束を与える対流する(convecting)速度には適用されていない．後者は必要に応じて，通常は線形補間される（コロケート格子およびスタガード格子の運動量CVのいずれでも補間が必要である）．

定義点以外の位置で必要となる変数値は線形補間で与えるのが一般的である．しかし，他の補間法が有用な場合もある．例えば，圧力ポアソン方程式の離散化において，質量流束を与える界面速度を高次補間で近似し，さらに圧力補正項を加える方法が提案されている（Rhie and Chow, 1983; Armfield, 1991; Zang et al., 1994; Ye et al., 1999 など）．また，QUICKスキームを用いた項を，4.4節にて与えた他の離散化法，UDS, CDS, CUIあるいは，TVDに置き換えることもできる．

8.3.2　ADI法

ADI法（alternating-direction implicit scheme，近似因数分解法とも呼ばれる）は，5.3.5項の概説に従って構成できる．デカルト座標で式(7.53)を次のように変換する．

$$\left(\rho - \frac{\Delta t}{2}L\right)\mathbf{v}^* = \left(\rho + \frac{\Delta t}{2}L\right)\mathbf{v}^n + \Delta t\,[AP]\ , \tag{8.63}$$

ここでAPは，前時間ステップでの既知の対流項と圧力項を含むとする．今，密度と粘性係数を一定と仮定すると，次の形に書き直すことができる：

$$(1 - A_1 - A_2 - A_3)\mathbf{v}^* = (1 + A_1 + A_2 + A_3)\mathbf{v}^n + \frac{\Delta t}{\rho}\,[AP]\ , \tag{8.64}$$

ここで

$$A_1 = \frac{\mu\Delta t}{2\rho}\frac{\delta^2}{\delta x_1^2}\ ,\quad A_2 = \frac{\mu\Delta t}{2\rho}\frac{\delta^2}{\delta x_2^2}\ ,\quad A_3 = \frac{\mu\Delta t}{2\rho}\frac{\delta^2}{\delta x_3^2}$$

と書き直し，これを因数分解して

$$(1 - A_1)(1 - A_2)(1 - A_3)\mathbf{v}^* = (1 + A_1)(1 + A_2)(1 + A_3)\mathbf{v}^n$$
$$+ \frac{\Delta t}{\rho}\,[AP] + O((\Delta t)^2)(\mathbf{v}^* - \mathbf{v}^n) \tag{8.65}$$

を得る．ここで，$\mathbf{v}^* - \mathbf{v}^n \sim \Delta t\frac{\partial \mathbf{v}}{\partial t}$であるので，最終項は$(\Delta t)^3$に比例し，$\Delta t$が小

さければ無視できることがわかる．式 (8.65) によってその解法は，方向を順番に代えた三重対角行列を逐次的に解くことに簡略化できる．すなわち，速度に対して成分表記を用いると（式 (5.49) と (5.50) を参照），以下のようになる：

$$\left(1-\frac{\mu\Delta t}{2\rho}\frac{\delta^2}{\delta x^2}\right)\overline{v_i}^x=\left(1+\frac{\mu\Delta t}{2\rho}\frac{\delta^2}{\delta x^2}\right)v_i^n+\frac{\Delta t}{\rho}[AP] \ , \tag{8.66}$$

$$\left(1-\frac{\mu\Delta t}{2\rho}\frac{\delta^2}{\delta y^2}\right)\overline{v_i}^y=\left(1+\frac{\mu\Delta t}{2\rho}\frac{\delta^2}{\delta y^2}\right)\overline{v_i}^x \ , \tag{8.67}$$

$$\left(1-\frac{\mu\Delta t}{2\rho}\frac{\delta^2}{\delta z^2}\right)v_i^*=\left(1+\frac{\mu\Delta t}{2\rho}\frac{\delta^2}{\delta z^2}\right)\overline{v_i}^y \ . \tag{8.68}$$

各式は三重対角行列の連立方程式となり，TDMA 法で反復なしに効率的に解ける．ただし，この方法は構造型格子（デカルト座標，一般曲線座標いずれでもよい）でのみ有効で，非構造型格子では簡便かつ効率的にこの方法を適用することはできない．

8.3.3　圧力ポアソン方程式

圧力のポアソン方程式は，任意の楕円型微分方程式の解法で解くことができる（例えば，マルチグリッド，ADI, 共役勾配法，GMRES など，5 章を参照のこと）．ここでは，圧力方程式の離散化にかかわるいくつかの問題点に触れておこう．

1. 反復なしのフラクショナル・ステップ法では，Hirt and Harlow (1967) が主張したとおり，時間ステップごとに連続の式を満足するようポアソン方程式を反復的に解く際の非圧縮性条件の誤差の蓄積を避けることに注意する必要がある．彼らの洞察に従えば，これは，(1) 方程式の反復解に高いレベルの精度を維持する，あるいは，(2) 何らかの自己修正的な手順を用いる，ことで実現される．興味深いことに，式 (7.44) で圧力ポアソン方程式を導出する最初の段階で，現在 (n) と未来 $(n+1)$ の 2 つの時刻での速度ベクトルの発散を含むように定式化することを述べた．実際，7.2.1 項で導出した定式化では，速度 v^n の（ゼロではない）発散値を考慮できるようになっている．そこでここでは，式 (7.53) から（ここでの議論には重要でない）粘性項を除いた式から議論を始める：

$$(\rho\mathbf{v})^*=(\rho\mathbf{v})^n-\Delta t\left[\frac{3}{2}C(\mathbf{v}^n)-\frac{1}{2}C(\mathbf{v}^{n-1})\right]-\Delta tG(p^{n-1/2}) \ . \tag{8.69}$$

そしてこれを，$\mathbf{v}^{n+1}$ の発散をゼロにするために導かれた圧力ポアソン方程式 (7.57) に代入する．その結果は次のようになる：

$$
\begin{aligned}
D(G(p')) &= \frac{D(\rho\mathbf{v})^*}{\Delta t} \\
&= \frac{D(\rho\mathbf{v})^n}{\Delta t} - D\left(\left[\frac{3}{2}C(\mathbf{v}^n) - \frac{1}{2}C(\mathbf{v}^{n-1})\right]\right) - D(G(p^{n-1/2})) \\
&= \frac{D(\rho\mathbf{v})^n}{\Delta t} - \cdots \text{. QED}
\end{aligned} \tag{8.70}
$$

このようにして，前ステップの発散値の誤差が，次ステップでの修正量としてフィードバックされる[2]．Hirt and Harlow (1967) はこの方法により，例えば計算時間節約のために反復回数を減らして反復収束の精度が悪化した場合でも，非圧縮性条件の誤差の蓄積を抑えることができることを示した．

2. スタガード格子を用いた場合の計算の設定や戦略は本質的に 8.1 節で述べたとおりなので，ここではそれよりもコロケート格子に多くの議論を割こう．SIMPLE 法およびその関連するスキームに対して，コロケート格子を用いた場合の圧力計算の問題と解決策について 8.2.1 項で議論した．そこでは，ラプラス演算を隣接しない格子点を用いて離散化（原書では sparse Laplacian form，以下，非隣接点ラプラス演算）したときのチェッカーボード状（市松模様）の解を例示して，隣接点による離散化（原書では compact Laplacian，以下，隣接点ラプラス演算）を導出した．しかしその際，隣接点による離散化を用いるとエネルギー保存が成り立たなくなることを指摘した（7.1.3 項と 7.1.5.1）．そこでここでは，圧力場をうまく連成させる 2 つの定式化について述べる．1 つは連続の式の誤差を伴う隣接点ラプラス演算を使うこと，もう 1 つは非隣接点ラプラス演算を修正して用いることである．
3. コロケート格子に対して，7.2.1 項で述べた式を用いると式 (7.57) の圧力ポアソン方程式は 2 つの方法で離散化できる[3]．まず，ラプラス演算子に CDS（2 次精度中心差分）をそのまま用いて，2 次元の圧力ポアソン方程式を導くと以下になる（式 (8.52) を参照）：

$$
\left(\frac{p'_\mathrm{E} - 2p'_\mathrm{P} + p'_\mathrm{W}}{(\Delta x)^2}\right) + \left(\frac{p'_\mathrm{N} - 2p'_\mathrm{P} + p'_\mathrm{S}}{(\Delta y)^2}\right) \\
= \frac{1}{\Delta t}\left(\frac{(\rho u)_\mathrm{e} - (\rho u)_\mathrm{w}}{\Delta x} + \frac{(\rho v)_\mathrm{n} - (\rho v)_\mathrm{s}}{\Delta y}\right)^* . \tag{8.71}
$$

一方，7.1.5.1 に示した発散と勾配の離散化演算子を用いて同じ方程式を導出すると，次の結果が得られる（図 3.5 のように，2Δ 離れた計算点を EE,WW などと記す）：

---

[2] 訳注：右辺の $D(\rho\mathbf{v})$ が密度一定での連続の条件である．式 (7.51) を参照．

[3] いずれも有限体積法で正しく導出することができ，その違いは CV の界面流束をどのように定式するかの違いとなる．例えば，Ye et al. (1999)，Fletcher (1991), V.I, の Sect. 5.2 を参照．

$$\left(\frac{p'_{\rm EE}-2p'_{\rm P}+p'_{\rm WW}}{4(\Delta x)^2}\right)+\left(\frac{p'_{\rm NN}-2p'_{\rm P}+p'_{\rm SS}}{4(\Delta y)^2}\right)$$
$$=\frac{1}{\Delta t}\left(\frac{(\rho u)_{\rm e}-(\rho u)_{\rm w}}{\Delta x}+\frac{(\rho v)_{\rm n}-(\rho v)_{\rm s}}{\Delta y}\right)^* . \tag{8.72}$$

ここで，隣接点ラプラス演算を用いた式 (8.71) で実際に生じる連続の式の誤差は，$p' \sim \Delta t(\partial p/\partial t)$ より，

$$-\Delta t\left[(\Delta x)^2\frac{\partial^4 p'}{\partial x^4}+(\Delta y)^2\frac{\partial^4 p'}{\partial y^4}\right]=-(\Delta t)^2\left[(\Delta x)^2\frac{\partial^5 p}{\partial t\partial x^4}+(\Delta y)^2\frac{\partial^5 p}{\partial t\partial y^4}\right] \tag{8.73}$$

となり，8.2.1 項で求めたのと同等の結果である．これとは異なり，スタガード格子配置では離散化された発散および勾配演算子から隣接点ラプラス演算が導かれるので，連続の式の誤差は生じない．

式 (8.71) は**反復なし** (non-iterative) のシミュレーションで適切に働くことが示されている (Armfield, 2000; Armfield and Street, 2005; Armfield et al., 2010). そこでは各時間ステップで，計算更新された p' を用いて，例えば，CV 速度は

$$u_{\rm P}^{n+1}=u_{\rm P}^*-\frac{\Delta t}{2\rho\Delta x}(p'_{\rm E}-p'_{\rm W}) \tag{8.74}$$

と修正され，また CV 界面速度も同様に，

$$(\rho u)_{\rm e}^{n+1}=(\rho u)_{\rm e}^*-\frac{\Delta t}{\Delta x}(p'_{\rm E}-p'_{\rm P}) \tag{8.75}$$

により修正されることで，質量保存則を満たす対流速度場（流束）を与える．また，圧力における高次の誤差が圧力場の格子スケールの誤差の成長を抑制することが明らかになった．さらに，次ステップ計算で連続の式の誤差からのフィードバック効果により，この誤差の蓄積を抑制する（式 (8.70) を参照）．

4. 非隣接ラプラス演算 (8.72) は反復あり解法においては有効でなく，コロケート格子での圧力振動を生じる（8.2.1 項を参照）．一方，反復なしの解法における非隣接ラプラス演算の修正法が Armfield et al. (2010) により与えられている（スタガード格子でのフラクショナル・ステップ法は Choi and Moin (1994) を参照）．その修正を以下に述べる（原型のフラクショナル・ステップ法は 7.2.1 項）．

ここでは，式 (7.50) と式 (7.51) を以下のようにして解く．

(a) 過去時刻の圧力値 $p^{n-1/2}$ を用いて新しい速度予測値 $\mathbf{v}^*$ を以下で求める：

$$\frac{(\rho\mathbf{v})^*-(\rho\mathbf{v})^n}{\Delta t}+\left[\frac{3}{2}C(\mathbf{v}^n)-\frac{1}{2}C(\mathbf{v}^{n-1})\right]$$
$$=-G(p^{n-1/2})+\frac{L(\mathbf{v}^*)+L(\mathbf{v}^n)}{2} . \tag{8.76}$$

(b) 予測した速度場に過去の圧力勾配を加える：

$$(\rho\hat{\boldsymbol{v}})^* = (\rho\mathbf{v})^* + \Delta t\, G(p^{n-1/2})\,. \tag{8.77}$$

これは，前式から圧力勾配 $(-G(p^{n-1/2}))$ を消去したことに相当する．もし，陰的な粘性項計算がなければ，この補正は厳密に与えられる．

(c) 補正された予測値 $\hat{\boldsymbol{v}}^*$ からの修正は以下で与えられる：

$$(\rho\mathbf{v})^{n+1} = (\rho\hat{\boldsymbol{v}})^* - \Delta t\, G(p^{n+1/2})\,. \tag{8.78}$$

(d) 最後に，式 (8.78) を連続の式 (7.51) に代入して，次式を解いて新しい圧力 $p^{n+1/2}$ を得る：

$$D(G(p^{n+1/2})) = \frac{D(\hat{\boldsymbol{v}}^*)}{\Delta t}\,. \tag{8.79}$$

ここで非隣接点ラプラス演算 (8.72) を用いると，

$$\left(\frac{p_{\mathrm{EE}} - 2p_{\mathrm{P}} + p_{\mathrm{WW}}}{4\Delta x^2}\right)^{n+1/2} + \left(\frac{p_{\mathrm{NN}} - 2p_{\mathrm{P}} + p_{\mathrm{SS}}}{4\Delta y^2}\right)^{n+1/2} = \frac{1}{\Delta t}\left(\frac{\hat{u}^*_{\mathrm{e}} - \hat{u}^*_{\mathrm{w}}}{\Delta x} + \frac{\hat{v}^*_{\mathrm{n}} - \hat{v}^*_{\mathrm{s}}}{\Delta y}\right)\,. \tag{8.80}$$

となる．各時間ステップでのポアソン反復解法の初期値には前時刻の圧力値が使われる．

7.2.1 項において，式 (7.59) にフラクショナル・ステップ法を用いた結果は，基本解法に求める 2 次精度（$O(\Delta t)^2$ オーダー）となる誤差 $((1/2)\Delta t\, L(G(p')))$ を生じることを述べた．同様にして，ここでも正確に同じ誤差

$$\frac{1}{2}\Delta t\, L(G(p^{n+1/2} - p^{n-1/2})) = \frac{1}{2}\Delta t\, L(G(p')) \tag{8.81}$$

が現れる．このことは，ここで追加した圧力項の消去が，フラクショナル・ステップ法の分離解法の誤差を P1 アルゴリズムに対して一桁減少させることを意味する（$L = D(G(\ ))$ であることを確認されたい）．Armfield et al. (2010) によれば，この補正された非隣接点ラプラス演算は速度発散の誤差を本質的に生じない．一方，隣接点ラプラス演算（ポアソン方程式を直接差分して導出したもの．7.1.3 項または 7.1.5.1 の注意も参照）では，圧力ポアソン方程式の収束の度合いにかかわらず，ほぼ同じ程度の発散誤差を生じる．

それぞれの解法に伴う誤差から生じる結果が互いに同等であることから，2 つの解法の精度は近似的に等しいといえる．いずれの解法でも，格子レベル（チェッカーボード状）の振動を生じないのは，どちらにおいてもこの種の振動解を除くような修正によって新しい圧力場が解かれているからである．

8.3.4 初期条件と境界条件

まず，速度場は初期条件で発散ゼロであるべきである．また，フラクショナル・ステップ法の対流項に多用されるアダムス・バッシュフォース法は複数の過去時刻を参照するため，計算を最初の一時刻の情報だけで開始することができない．そこで，計算開始時だけ他の解法を用意する必要があり，例えば，圧力反復計算を伴うクランク・ニコルソン法が適用できる（6.2.2 項を参照）．その際，しばしば初期圧力場を一様にゼロとするが，これを間違った時刻（これは本来は時間ステップの中間点ではない）におくことに起因して，最初の時間ステップで計算された圧力修正場が時間に対して 1 次の誤差を含む場合がある (Fringer et al., 2003)．この問題は，複数時刻で初期値を与えて計算を始める (multilevel start) ならば生じない．というのも十分時間が進行し本来の時間スキームに移行するまで，完全な圧力場が正しい時刻，すなわち時間ステップの中間点で計算されるからである．

境界条件は，より複雑な問題をはらんでいる．基本となる P1 法では，新しい速度場を推定する最初のステップの後，特殊な中間の境界条件 (special intermediate boundary condition) を必要とする (Kim and Moin, 1985; Zang et al., 1994)．一般に，速度とスカラー量には物理的な境界条件を用いることができるが，一方で圧力に対しては，以下の扱いを要する．

1. スタガード格子では，圧力の境界条件は必要としないが，修正圧力（または，P1 スキームの擬似圧力）を解く際に境界法線方向の勾配をゼロとするのが適切である[4]．
2. 境界の外側に補助的な節点を用いたコロケート格子では，境界直近の内部節点での法線方向の運動方程式を解く際に境界直近の外部節点での圧力が必要となるため，内部から高次の外挿を用いる．この場合も，表面に対して法線方向の圧力修正（または P1 法における擬似圧力）の勾配をゼロにする設定が適切である[5]．
3. 壁に沿う (tangential) 方向の速度について以下のことに注意を要する．すなわち，解法の最初のステップでの速度予測には境界条件が課されるが，次の連続条件への射影ステップは本質的に非回転であるので，壁に沿う速度成分の修正を制約することができない．このことが，いくらかの誤差を生む (Armfield and Street, 2002)．最初のステップの速度予測精度がよければ，発散条件への修正量も小さくなり，結果，この誤差も小さくなる．それには，フラクショナル・

[4] この扱いは，速度にディリクレ条件を課す場合に正しい．流出境界などで速度場がノイマン条件を持つ場合の圧力の境界条件は，流れの状況に依存して複数の選択肢があり，専門家向けのソフトウェア解説にはその詳細が記載されている．Sani et al. (2006) も参照．

[5] 同上．

ステップ法の分離解法誤差が小さいものを選べばよい（式 (7.59)，(8.81) を参照）．

8.3.5　反復の有無による比較

フラクショナル・ステップ法において，反復をすることにメリットはあるのか，つまり圧力修正と速度更新を終えた後に，更新情報を用いて2回目（あるいは3回以上）の反復を時間ステップ内に行うことが有益かどうかという疑問が，常に持ち上がる．その際に問題となるのは，計算精度と効率である．なお，ここでは対流項に対して陽的なアダムス・バッシュフォース法を用いた古典的なフラクショナル・ステップ法と，前節で説明した反復型の完全陰解法の比較を考える．

反復法は，スタガード格子およびコロケート格子の両方に対して Armfield and Street (2000, 2002, 2003, 2004) により調べられている．その結果，格子配置のタイプでは大きく変わらないが，数値スキームには依存することがわかっている．そのすべての調査事例では，反復法は所定の精度に達するまでにより多くの CPU 時間を要して効率は低い一方，圧力修正または圧力差を連続した反復でゼロに近づけることで分離解法の誤差 $(1/2)\Delta t\, L(G(p'))$ を除去できるので，与えられた格子と時間ステップに対して精度がより高いことがわかった．

Armfield and Street (2004) は，基礎方程式として式 (7.50) と式 (7.51) に対してスタガード格子を用いて，反復法，P2 法，P3 法[6]，および，新たな「圧力法」(pressure method) を調べ，以下のことを明らかにしている．

P2 法：P2 法は式 (7.53)〜(7.57) で示されている通り，$\mathbf{v}^{n+1}$ と $p^{n+1/2}$ を得るときに上述の射影誤差 (7.59) を用いる手法である．

反復法：反復法は，圧力修正がゼロに近づくまで各方程式を順次繰り返し計算する手法であり，その解は運動方程式と連続の式の両方を満たす．ただし，対流項の陽的アダムス・バッシュフォース法に課される制約条件のため，計算安定性の制約は反復法を用いても反復なしの同じアルゴリズムからそれほど改善はされない．

P3 法：P3 法は反復法ではない．Gresho (1990) が類似の方法を提案しているが，その際は計算安定性の問題から実際の計算例はない．基本となる考え方は，予測ステップでの圧力評価の高精度化にあり，これを2次精度の外挿

$$\tilde{p}^{n+1/2} = 2p^{n-1/2} - p^{n-3/2} \tag{8.82}$$

[6] 訳注：7.2.1 項を参照．

で与える．よって，式 (7.53) は

$$\frac{(\rho\mathbf{v})^* - (\rho\mathbf{v})^n}{\Delta t} + \left[\frac{3}{2}C(\mathbf{v}^n) - \frac{1}{2}C(\mathbf{v}^{n-1})\right] = -G(\tilde{p}^{n+1/2}) + \frac{L(\mathbf{v}^*) + L(\mathbf{v}^n)}{2} \tag{8.83}$$

と書き換えられ，圧力修正は

$$p^{n+1/2} = \tilde{p}^{n+1/2} + p' \tag{8.84}$$

となる．この結果，運動方程式の圧力が時間に対して 2 次精度となり，射影誤差は P2 法より改善され 3 次精度となる．ただし，圧力と対流に 2 次精度外挿を用いるため，反復の初めの 2 ステップには別な解法を用意する必要がある．Kirkpatrick and Armfield (2008) は，運動方程式のすべての項にクランク・ニコルソン法を用いて圧力反復を行っている．

圧力法：この解法では，以下のように $p^{n-1/2}$ を与えた上で運動方程式の発散をとり，圧力修正方程式を最初に解く：

$$\begin{aligned} D(G(p')) = {} & \frac{D(\rho\mathbf{v})^n}{\Delta t} - D(1.5\,C(\mathbf{v}^n) - 0.5\,C(\mathbf{v}^{n-1})) \\ & + D(L(1.5\,\mathbf{v}^n - 0.5\,\mathbf{v}^{n-1})) - D(G(p^{n-1/2}))\,. \end{aligned} \tag{8.85}$$

新しい時刻の速度場を与える運動方程式には，更新した圧力 $p^{n+1/2} = p^{n-1/2} + p'$ が用いられる．これで時間ステップが完了する．

上記の解法はどれもすでに述べた計算法を用いて解くことができる．ここでは，QUICK，ADI（すべての方程式系で 4 回反復），GMRES を用いた．検証問題に 2 次元正方形キャビティ内の自然対流（Ra $=6\times10^5$，Pr $=7.5$，8.4 節を参照）を取り上げ，初期状態（速度静止，温度一様）から $t=2$ までの過渡応答を計算した．50×50 の等間隔格子に固定し，時間刻みの誤差評価として無次元時間 $t=0$ から 2 にて 0.003125 から 0.1 の範囲で変えた．誤差の評価には，時間刻み 7.8125×10^{-4} による計算結果を基準ベンチマークとして，これとの差異の L_2 ノルムを用いた．ここで，ADI 法の反復数は固定したが，GMRES の反復数は計算ケースにより異なり，反復なしアルゴリズムの場合は最も厳しい制約条件で 100 回に達するが，反復法では反復ステップ当たり 5 回まで減少した．その他の詳細については，元の文献を参照されたい．また，自然対流の基本的な物理現象については，次節の計算例にて解説する．

図 8.5 において，4 つのスキームでの時間刻みの違いによる誤差変化を比較する．ここでの誤差は，圧力，速度および温度の誤差の平均を示す．ここでも明らかなように，P3 と圧力法では，射影誤差を取り除くことで反復法と同程度のレベルまで誤差が減少している．一方，計算に要する CPU 時間を示した図 8.6 から，反復法が 4 つ

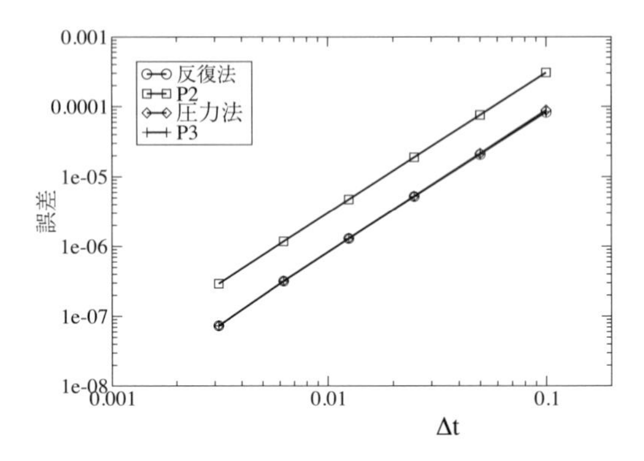

図 8.5 4つの有限体積法（スタガード格子）フラクショナル・ステップ法の精度比較（Armfield and Street, 2004 より許可を得て転載）.

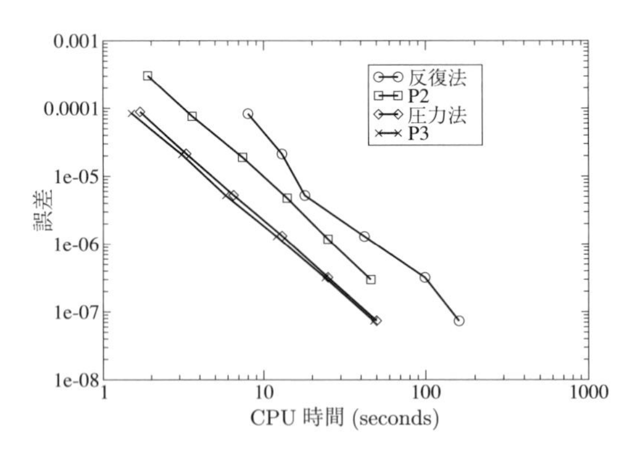

図 8.6 4つの有限体積法（スタガード格子）フラクショナル・ステップ法の効率比較（Armfield and Street, 2004 より許可を得て転載）.

の手法のうち最も計算効率が低く，P3と圧力法が最も効率的であることがわかる．この2つの解法は反復計算を用いることなく，設定により特定の精度レベルに達するための労力が大幅に削減されている．実際，同じ誤差レベルの結果を得るのに，反復法の 50 %，P2 の 60 % の CPU 時間しか要していない．Shen (1993) によれば P3 タイプの解法では時間進行解が発散し得ると指摘されているが，そのような傾向は本計算や Kirkpatrick and Armfield (2008) の結果でも生じていない．

ここでの検証結果（初期状態から定常解への過渡問題）は，必ずしもすべての非定常流れの典型とはいえないが，公平にみて，同じ時間刻みであれば，反復なしのフラクショナル・ステップ法は反復あり解法に対して概ね半分の計算量で実行できるといえよう．一方，本節に述べた対流項を陽的に扱う方法（反復ありなしにかかわらず）と比較して，前節に述べた完全陰解法は実質的に大きな時間刻みを使うことができる．そこで次節の計算例では，完全陰解法とP2型の反復なしフラクショナル・ステップ法との比較をいくつかを示す．

8.4 計 算 例

本節では，3つの異なる解法を用いた計算例を紹介する．すなわち，定常流れに対してはSIMPLE法および陰的反復ありフラクショナル・ステップ法(IFSM)，非定常流れに対してはSIMPLE法，IFSM，およびP2反復なしフラクショナル・ステップ法を用いる．最初にスタガード格子とコロケート格子を使用して，条件の異なる2つの正方形キャビティ内の定常流れ，すなわち上壁の運動により駆動されるキャビティから始め，その後，浮力が駆動力となるケースを調べる．次に，コロケート格子を用いて非定常かつ周期的に変動する流れ，すなわち振動する上壁や熱壁温度が振動することによって駆動される流れの特性を調べる．ここでは，反復誤差と離散化誤差を評価し，SIMPLE法の不足緩和係数やフラクショナル・ステップ法の時間ステップサイズ，スタガード配置とコロケート配置など，さまざまなパラメータが精度と効率に与える影響も評価する．

8.4.1 正方形キャビティ内の定常流れ

ここでは，陰的反復解法を定常な層流に適用した例を取り上げる．ここで示した結果を得るために用いた計算プログラムは必要な入力データとともにダウンロードできる．詳細は付録を参照のこと．取り上げるテスト問題は正方形の閉領域における2種類の流れ，すなわち1つは移動壁面によって，もう1つは浮力によって駆動される流れである．流れの形状と境界条件を図8.7に図示した．これらのテスト問題は多くの研究者が取り上げており，文献に正確な解をみることができる（例えばGhia et al., 1982; Hortmann et al., 1990を参照）．ここではSIMPLE法と反復ありフラクショナル・ステップ法(IFSM)の性能を比較し，特に反復誤差と離散化誤差をどのように評価するかを示す．ここではスタガードとコロケートの2つの格子配置を用いる．

最初に，ベンチマーク問題としてよく用いられる壁駆動型キャビティ流れを考える．この流れの詳細なレビューはErturk (2009)を参照されたい．移動する上面に駆動されて中心に強い渦と下面の両コーナーに弱い渦が形成される（レイノルズ数が高いと，左上の角にも第3の渦が形成されることが知られている）．図8.8に，不等間隔格子の例と，レイノルズ数 $\mathrm{Re} = U_L H/\nu = 1000$ での流線を示す．（キャビティ高

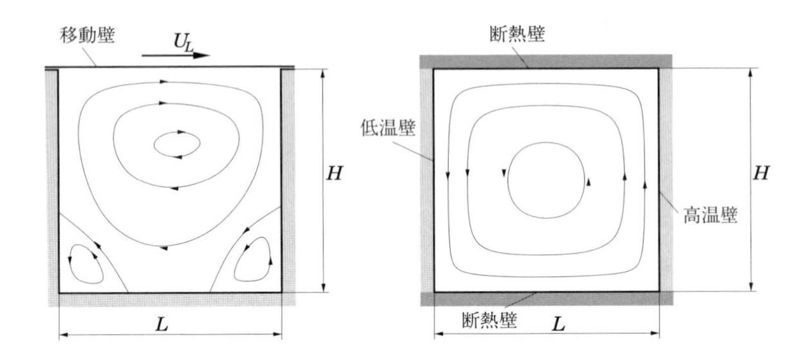

図 8.7　2D 定常流れのテストケースで用いた幾何形状と境界条件．壁駆動（左）と浮力駆動（右）キャビティ流れ．

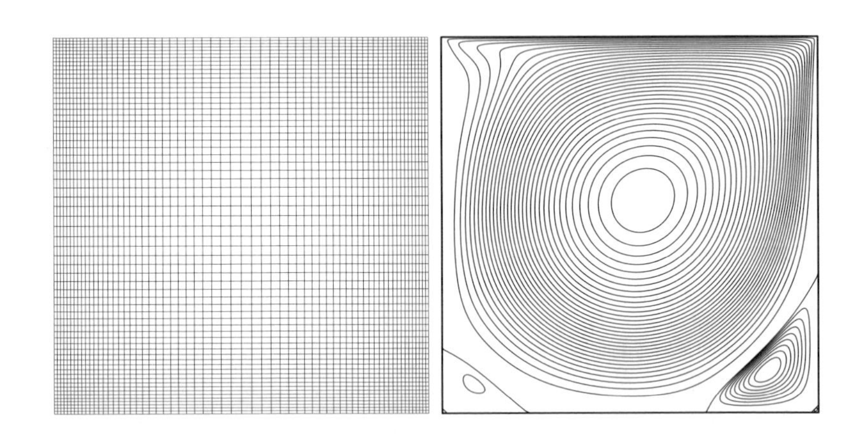

図 8.8　キャビティ流れに用いた不等間隔 (64 × 64 CV) 格子（左）と 256 × 256 CV で計算した Re = 1000 の壁駆動キャビティ流れの流線（右）（任意の隣接する 2 つの流線間の質量流量は一定となる）．

さ H，移動面の速度 U_L を代表値として表す．）

それでは，5.7 節での考察に従って反復誤差を評価してみよう．ここではまず，残差ノルムが無視できるほど（倍精度計算での丸め誤差のオーダーまで）小さくなるまで反復を続け正確な解を得た．その後計算を再度行い，正確な収束解に至るまでの中途の解との差として反復誤差を計算する．

図 8.9 に式 (5.89) および (5.96) で推定した反復誤差のノルム，2 つの反復間での変化量，および離散化式の残差を示す．計算は 32×32 の CV 格子で行い，速度の不足緩和係数を 0.7，圧力を 0.3（ただし計算効率は最適化していない）とした．ここで

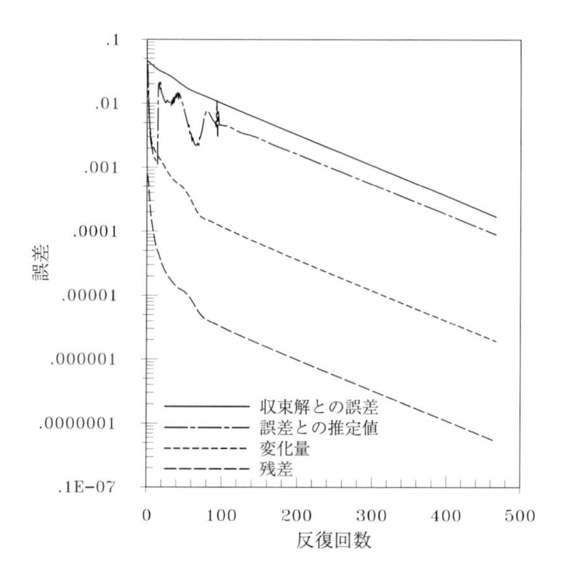

図 8.9 SIMPLE 法の反復における厳密および推定反復誤差のノルム，2 つの反復間の解の変化，および残差の推移（対流項と拡散項に中心差分を用いて Re = 10^3 の壁駆動型キャビティ流れを 32 × 32 の CV 格子で解析）．

用いたアルゴリズムは収束に多くの反復が必要になるため，誤差の推定に必要な固有値は最新の 50 回の反復で平均化した．計算の初期値には一段階粗い格子での解を補間して与えたため，初期誤差は比較的小さくなっている．

この図は，誤差評価法が非線形の流れ問題で良い推定を与えることを示している．ただし反復計算の初期は誤差が大きいので推定はあまり正しくない．前ステップとの差や方程式残差は，絶対値としてはいずれも反復誤差の信頼できる尺度にならない．これらの量は真の誤差と同じ速度で減少するが反復誤差を定量的に表すには適切に正規化する必要がある．また，この両値は反復の初期に急速に減少するが，実際の誤差の減少はずっと遅い．ただし，すべてのグラフが同じ傾きとなった以降は，初期誤差のおおよそのオーダーがわかるならば（初期値ゼロから開始すればそこでの解自体に相当），反復の収束基準として前ステップとの差や方程式残差のノルムにある係数（ここでは 3 ないし 4 桁の値）を掛けて用いることができる．なお，これ以外の格子や流れ問題においても図 8.9 と同様の結果が得られている．

次に離散化誤差の評価に移ろう．ここでは，CDS および UDS による離散化を用いて，5 つの格子で計算を行った．その際，最も粗いものは 16 × 16 CV，最も細かいものは 256 × 256 CV であった．また，格子は等間隔と不等間隔のコロケート配置とし，SIMPLE 法と IFSM 法の両方を用いた．まず，中心の主要な渦の強さ（渦中

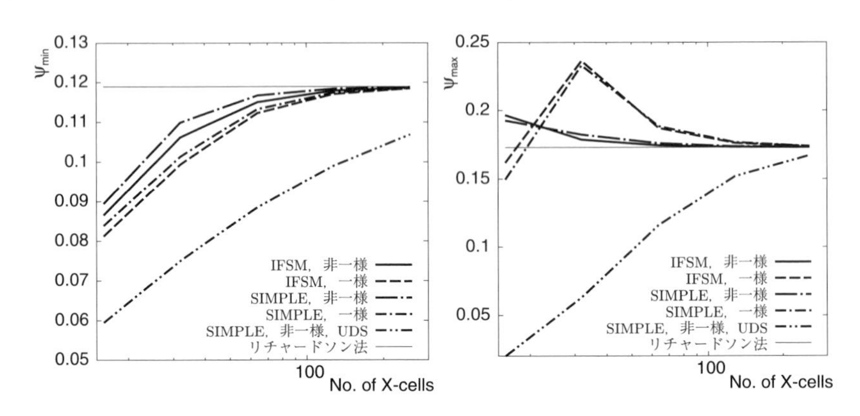

図 8.10　壁駆動型キャビティ流れにおける主要渦（$\psi_{\min}$，左）と2次渦（$\psi_{\max}$，右）の強さの変化．Re = 1000でSIMPLE法とIFSM法を用い，さまざまな解像度の等間隔および不等間隔格子を用いた．

心と境界壁面の間の質量流量を表す $\psi_{\min}$ で示す)，および2次渦のうちの大きい方の強さ ($\psi_{\max}$) をすべての格子に対して求めて比較する．これらの値はセルの角での流れ関数の最大値および最小値を求めることで得た．また流れ関数の値はセル面を通る体積流束の総和をとることで計算した．その際，計算領域の左下の角で値をゼロとおき，2つの頂点をつなぐ面を通る体積流束を加えることで次の頂点での値を計算した．図8.10は格子を細分化した際の渦強さの変化を示している．細かい方の4段階の格子では格子に依存しない解へ単調に収束しているのがみられる．また，不等間隔格子の結果は等間隔格子よりも明らかに高い精度を示している．その際，壁からキャビティの中心に向かう不等間隔セルの成長率は，最も粗い格子で1.17166，最も細かい格子で1.01とした．これは，粗い方の格子線が細かい方の格子でも維持されるように，1つ細かい方の格子の拡大率は1つ粗い格子の値の平方根になるように決めた(すなわち，粗い格子のCVは，正確に4つの細かい格子のCVを含んでいる)．

定量的に誤差評価を行うために，格子に依存しない解を推定した．これは，最も細かい2つの格子の結果からリチャードソンの外挿法（3.9節を参照）で求めることができ，$\psi_{\min} = -0.11893$ と $\psi_{\max} = 0.00173$ となる．等間隔格子と不等間隔格子，および，SIMPLE法とIFSM法で得られた解に対してこのリチャードソンの外挿法を適用した結果，4桁目までは同じ推定値が得られた．その際，主要渦については0.007 %，2次渦については0.027 %の差があった（CDS離散化の場合）．この推定値を参照解として，さまざまな解像度の格子で得られた結果から差し引くことで誤差の推定値を得ることができる．この推定誤差の平均格子サイズに対する変化を図8.11に示す．等間隔および不等間隔格子の双方で，CDS離散化を用いた場合には，

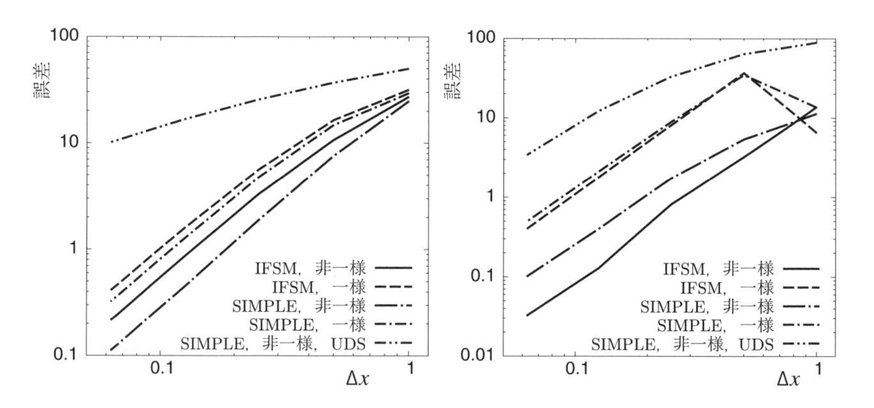

図 8.11 壁駆動型キャビティ流れにおける主要渦（$\psi_{\min}$，左）および 2 次渦（$\psi_{\max}$，右）の強さに対する離散化誤差の推定値．Re = 1000 で SIMPLE 法および IFSM 法を用いて等間隔および不等間隔格子で計算．

誤差は 2 次精度に相当する傾きで減少することがわかる．一方，UDS では誤差が大きすぎるため，その収束は 1 次精度の傾きに漸近的に近づく程度にとどまっている．また，誤差は不等間隔格子の方が小さく，特に $\psi_{\max}$ に対して顕著である．これは 2 次渦の生じる角部で格子が十分細かいことに対応している．ただしこの値は $\psi_{\min}$ より 2 桁小さいため，この推定値の信頼性は低い（$\psi_{\max}$ の正確な値を得るには，はるかに厳しい許容誤差まで反復を行う必要がある）．

対流項に対して 1 次風上差分による離散化を使用した場合の誤差は，CDS を使用して得られた解の誤差よりもはるかに大きいことに注意する必要がある．256 × 256 CV の（非常に細かい）格子でも，$\psi_{\min}$ の誤差は UDS を使用した場合は約 10 % であり，これは CDS を使用した場合の誤差よりもほぼ 2 桁大きい（図 8.11 を参照）．

SIMPLE 法と IFSM 法の結果の差は最も粗い 2 つの格子でのみ判別でき，それより細かい格子ではグラフ上では確認することができない．これは想定通りの結果であり，両者とも同じ離散化を用いていることから，その違いは圧力修正方程式だけである．この場合，影響するのは反復解法の収束速度であり，解そのものには影響しない．したがって，図 8.12 には IFSM 法を用いて得られたキャビティ中心線上の速度分布のみを示す．2 次精度の CDS を用いることで単調な収束が得られ，隣り合う解像度の格子間の誤差の比率は 4 倍になる．最も細かい 2 つの格子による速度分布は，ほとんど見分けることができない．

次に，コロケート格子とスタガード格子による解の違いを調べる．格子は等間隔とし CDS 離散化を用いる．速度の定義点が両方の格子で異なる位置にあるため，スタガード位置の値はセルの中心に線形補間して比較する（高次の補間がより望ましい

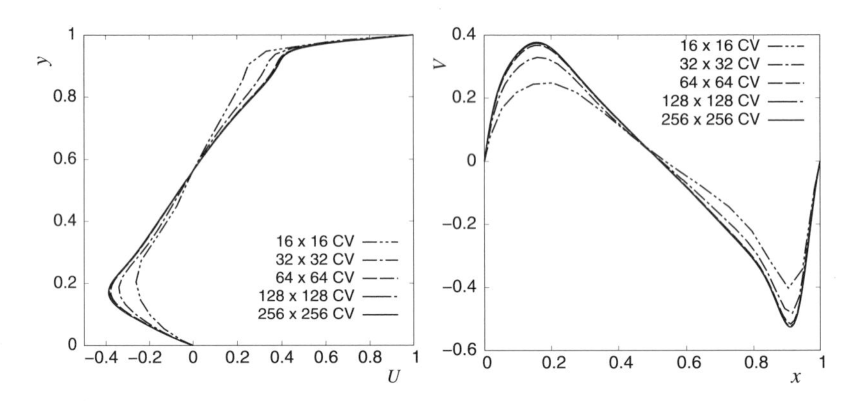

図 8.12　壁駆動型キャビティ流れの垂直方向中心線上の u_x 速度分布（左）および水平方向中心線上の u_y 速度分布（右）．Re = 1000 で 5 段階の不等間隔格子を用いて IFSM 法で計算．

が，線形補間でも十分である）．各変数 $(\phi = (u_x, u_y, p))$ に対して格子間の差の平均は次のようにして求めた：

$$\epsilon = \frac{\sum_{i=1}^{N} |\phi_i^{\text{stag}} - \phi_i^{\text{col}}|}{N} , \tag{8.86}$$

ここで，N は CV の数である．u_x と u_y の両方に対して，ϵ はどの格子でも同じ格子上の離散化誤差よりも 1 桁小さかった．これに対して圧力の差はさらに小さく補間は不要であった．

次に，SIMPLE 法と IFSM 法の収束性について調べる．格子は不等間隔のコロケートとし CDS を用いて離散化する．SIMPLE アルゴリズムには，速度と圧力に対する不足緩和という 2 つの調整可能なパラメータがある．一方 IFSM は，どの変数に対しても不足緩和を必要とせず時間ステップのみをパラメータとして持つ（通常は CFL 数として正規化された形式で表現される，$\text{CFL}_x = u_x \Delta t/\Delta x$ または $\text{CFL}_y = u_y \Delta t/\Delta y$）．まず，SIMPLE の収束に対する圧力の不足緩和係数 α_p（式 (7.84) を参照）の影響について速度の不足緩和係数を変化させて調べる．図 8.13 は，さまざまな不足緩和係数の組み合わせと 32 × 32 CV の均一格子を使用して，すべての方程式における残差レベルを 3 桁減少させるために必要な外部反復回数を示している．

この図から，不足緩和係数 α_p に対する依存性が 2 種類の変数配置でほぼ同じであることがわかる．ただし，コロケート格子の方が一定の不足緩和係数の有効な範囲がやや広い．速度を強く不足緩和する場合，α_p の値は 0.1 から 1.0 の間の任意の値を使用できるが収束は遅くなる．これに対して α_u の値が大きいときは収束は速くなるが，α_p の有効範囲が制限される．式 (7.89) で示唆された α_p の値はほぼ最適であり，$\alpha_p = 1.1 - \alpha_u$ がこの流れに対して最良の結果をもたらす．一般的には係数の一方の

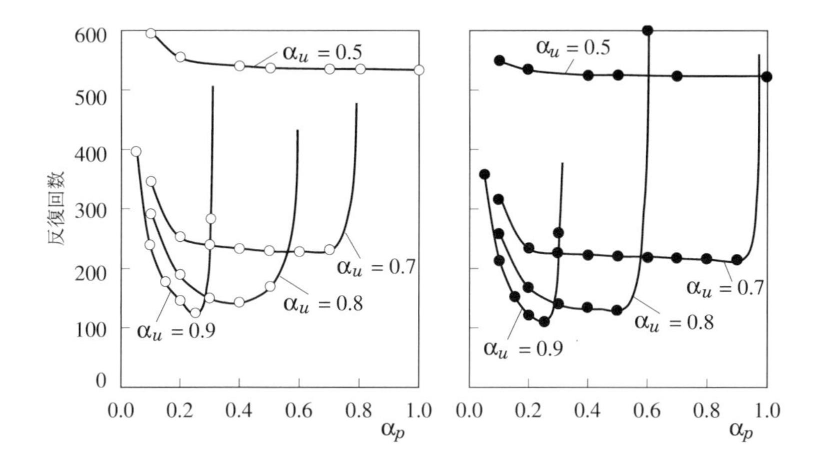

図 8.13 SIMPLE 法を用いた際に，さまざまな不足緩和係数に対してすべての方程式の残差レベルを 3 桁下げるのに必要な外部反復回数．32 × 32 CV の等間隔格子を使用してスタガード配置（左）とコロケート配置（右）（Re = 1000 の壁駆動型キャビティ流れ）．

みを変化させ，もう 1 つの係数は上記の関係から決める．

図 8.14 は，コロケート変数配置の不等間隔格子を用いた Re = 1000 の壁駆動型キャビティ流れに対して，SIMPLE 法の収束に与える速度の不足緩和係数 α_u の影響と，IFSM 法の収束に与える CFL 数の影響を示している．なお，スタガード変数配置や等間隔格子でも同様の結果が得られている．どちらの解法でも，格子が細かくなるにつれて必要な反復回数が増加する．SIMPLE の場合，不足緩和係数の最適値は 1 に近いが，それよりは小さい．すべての格子で $\alpha_u = 0.99$ の場合に反復が発散し，また最も細かい 2 つの格子では $\alpha_u = 0.98$ でも発散した．格子が細かくなるほど，α_u が最適値を下回るときに必要な反復回数が急激に増加する．一方 IFSM は，CFL 数に対して（ある程度の範囲内で）やや鈍感なようである．CFL が 10 未満の場合には多くの反復が必要だが，20 から 200 の範囲では特に粗い格子での増加が緩やかである．12 章では，マルチグリッド法を使用して細かい格子での計算効率をどのように向上させるかを示す．

次に，SIMPLE 法における速度の不足緩和係数と IFSM における CFL 数が，コロケート変数配置の不等間隔格子上での解に与える影響を調べる．SIMPLE 法では $\alpha_u = 0.95$ と $\alpha_u = 0.6$，IFSM では CFL = 6.4 と CFL = 102.4 で得られた解を比較する（CFL 数は壁速度と平均格子間隔を使用して求め，均一格子上での CFL 数と比較したが，使用した不等間隔格子では格子全体での最大 CFL 数が 50 % 程度高くなった）．2 つの解の差は，反復誤差の影響を最小化するために残差レベルを 4 桁以上減少させた後，式 (8.86) を用いて評価した．SIMPLE 法では，速度に対して ϵ 値

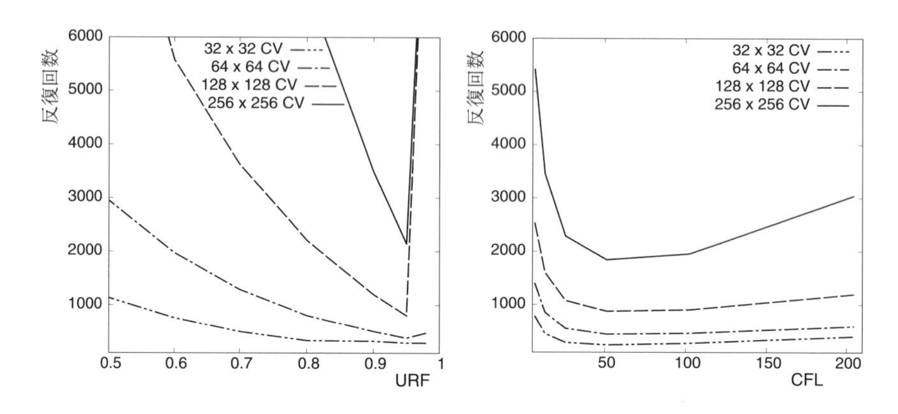

図 8.14　すべての方程式の残差レベルを 4 桁下げるのに必要な外部反復数．SIMPLE 法（左）では不足緩和係数 α_u を，IFSM 法（右）では CFL 数を変化させた場合の結果．対象は Re = 1000 の壁駆動型キャビティ流れ．

は 32×32 CV の格子で約 5×10^{-4}，64×64 CV の格子で 8×10^{-5}，128×128 CV の格子で 1.5×10^{-5} を得た．一方 IFSM 法では，2 つの解の差は SIMPLE 法よりも大きく，速度に対して 32×32 CV の格子で約 2×10^{-2}，64×64 CV の格子で 6×10^{-3}，128×128 CV の格子で 1.4×10^{-3} を得た．これらの差は対応する格子での離散化誤差（それぞれ約 10 %，2.5 %，0.6 %）よりもはるかに小さく，格子を細かくするにつれて離散化誤差と同じ割合で減少しているため，無視することができる．

コロケート格子による定常解がこのように不足緩和係数や時間ステップの大きさに依存するのは，セル界面での質量流束を計算する際に必要となる補間速度に対して，その修正時に影響を与えるからである．Rhie and Chow (1983) による修正は圧力と速度の連成が弱まる問題 (decoupling) を回避する標準的な手法であり，上記の計算でも使用している．ただし，コロケート格子上での圧力や速度の振動を回避する他のアプローチも存在する（Armfield and Street, 2005 を参照）．また，補間を常に不足緩和がないように対応させ，時間ステップの大きさに依存しないようにすることも可能である．詳細な議論とその方法については Pascau (2011)，動く格子への拡張については Tuković et al. (2018) を参照されたい．ほとんどの応用計算では，この依存性は離散化誤差よりも小さいため問題にならないが，流れが時間的に変化しないのに非常に小さな時間ステップを用いた場合は問題が発生することがあり，その場合はここで引用した文献で提示された方法の 1 つが必要になる場合がある．

次の計算例として，図 8.15 に示すような正方形キャビティ内の 2 次元浮力駆動流れを考える．この場合，速度場が解領域内の温度分布に依存するため，エネルギー方程式をナビエ・ストークス方程式と連立して解かなければならない．ここで考慮する

図 8.15 浮力駆動型キャビティ流れにおける等温線（左）と速度ベクトル（右）．レイリー数 $\mathrm{Ra} = 10^5$，プラントル数 $\mathrm{Pr} = 0.1$ の結果（隣接する 2 つの等温線の温度差はすべて同じ）．

非圧縮性流体のエネルギー方程式は，これまでに扱ってきた汎用スカラー輸送方程式で表される．その際，拡散係数はナビエ・ストークス方程式の粘性係数をプラントル数で割った値にするだけでよい．重力方向の速度成分に対する運動方程式には追加の生成項が加わる．この例ではブシネスク近似を使用しており，この生成項は次のように表される（1.4 節の最後にある説明を参照）：

$$q_i = \beta \rho_{\mathrm{ref}} g_i (T - T_{\mathrm{ref}}) , \tag{8.87}$$

ここで，β は体膨張係数，g_i は i 方向の重力成分である．T_{ref} は基準温度であり，密度 ρ_{ref} が温度の関数として計算できる．こうすることで密度は一定とみなすことができ，上記の運動方程式内の生成項は ρ_{ref} の周りの（線形化された）密度変化の効果を表している．このような近似は密度変化がほぼ線形である場合にのみ有効であることに注意が必要であり，この仮定が成り立つのは液体の流れに対して温度変化が比較的狭い範囲の場合に限られる．

このテストケースでも壁駆動型キャビティ流れの計算で用いた 5 つの格子を再利用する．低温壁と高温壁はどちらも一様な等温壁とする．加熱された流体は高温壁に沿って上昇し，冷却された流体は低温壁に沿って下降する．プラントル数は 0.1（つまり熱拡散が支配的）であり，温度差やその他の流体特性はレイリー数が

$$\mathrm{Ra} = \frac{\rho^2 g \beta (T_{\mathrm{hot}} - T_{\mathrm{cold}}) H^3}{\mu^2} \mathrm{Pr} = 10^5 \tag{8.88}$$

となるように与える．ここでは，$T_{\mathrm{hot}} = 10$, $T_{\mathrm{cold}} = 0$, $\rho = 1$, $\beta = 0.01$, $g = 10$, $\mu = 0.001$, $H = 1$（すべて SI 単位）とした．各格子での計算は，初期値 $u_x = 0$, $u_y = 0$, および $T = 6$ から始める．

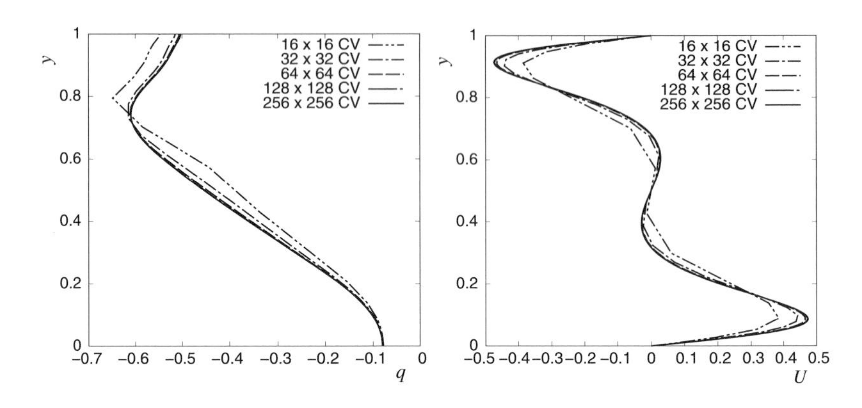

図 8.16　低温壁に沿った単位面積当たりの局所的な熱流束の変化（左）と浮力駆動型キャビティ流れの垂直中心線に沿った速度 u_x の変化（右）．Ra $= 10^5$ で5種類の不等間隔格子を用いて IFSM 法により解析．

計算で予測された速度ベクトルと等温線を図 8.15 に示す．流れの構造はプラントル数に大きく依存する．キャビティ中央部分にはほぼ静止した安定成層化した流体の大きなコアが形成される．等温線が（上下の）断熱壁に対して直角に接していることに注意されたい．これは，熱流束がゼロである境界（通常は断熱壁や対称面）で必ずそうなるべきであり，計算結果の妥当性を確認する際にチェックすべき特徴の1つである．しかしながら（学術論文でさえ），こうなっていない結果がみられる場合がある．等温線が密集している部分では，等温線に垂直な方向の温度勾配が大きいため伝導による熱流束も大きくなる．このことは，低温壁に沿った単位面積当たりの局所的な熱流束の変化を示す図 8.16 にもみてとれる（熱は「解析領域」に入ってくるので熱流束は負である）．熱い流体が低温壁に接触する上部では，冷却された流体が低温壁から離れる下部と比較して，熱輸送はずっと大きくなることがわかる（図 8.15 の等温線と速度ベクトルも参照のこと）．

図 8.16 は，計算結果の格子解像度に対する依存性を示している．細かい方の2つの格子の結果は視覚的に判別できず高い精度を示している．次に，離散化誤差の推定結果を示す．

不等間隔格子の結果は等間隔格子よりも正確であることは容易に予想できることであり，その通りの結果が得られている．図 8.17 は，さまざまな解像度の等間隔および不等間隔格子を用いて SIMPLE 法もしくは IFSM 法で計算した際の，等温壁での総熱流束と（リチャードソンの外挿を用いて推定した）離散化誤差を示している．最も細かい2つの格子解像度で得られた結果にリチャードソンの外挿を適用した場合，格子解像度に対する総熱流束の推定収束値は両タイプの格子および解法で5桁まで

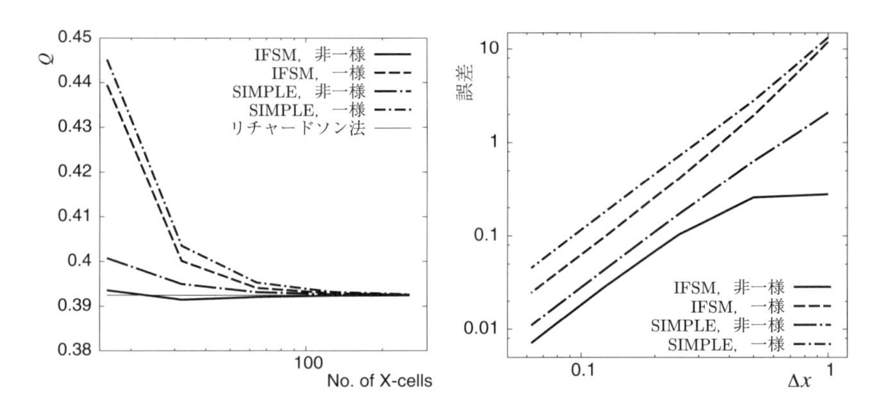

図 8.17 さまざまな解像度での浮力駆動型キャビティ流れにおける等温壁での熱流束 Q（左）およびその離散化誤差（右）の変化．レイリー数 $\mathrm{Ra} = 10^5$，プラントル数 $\mathrm{Pr} = 0.1$ での結果（等間隔および不等間隔格子の両方で CDS を用い，SIMPLE 法もしくは IFSM 法で計算）．

同じになった．この推定値は $Q = 0.39248$ で，純粋な熱伝導に対する熱流束で正規化すると $Q_{\mathrm{cond}} = 0.1$ となり，ヌセルト数 $\mathrm{Nu} = 3.9248$ となる．各格子で得られた解から推定収束値を差し引くことで離散化誤差の推定値が得られる．この総熱流束の推定離散化誤差を図 8.17 に示す．すべての誤差は，2 次精度スキームに期待される傾きに漸近的に収束することがわかる（すなわち，格子間隔が 1 桁減少すると，誤差は 2 桁減少する）．不等間隔格子の方が等間隔格子よりも熱流束の誤差がはるかに小さいのは，前者が境界層をより良く解像するためである．

ここで，壁駆動型キャビティ流れにおける主要渦の強さの誤差がどの格子でも SIMPLE 法よりも IFSM 法の方が大きかったことに注意されたい（図 8.11 を参照）．一方，浮力駆動流れの場合，総熱流束の誤差は SIMPLE 法よりも IFSM 法の方が小さい（図 8.17 を参照）．ただし，手法による解の違いは，どちらの場合も比較的小さいといえる．

ここで，2 つの解法の計算効率と，SIMPLE 法での不足緩和係数および IFSM 法での CFL 数への依存性を再度確認する．壁駆動型キャビティの場合と同様に，SIMPLE 法では速度の不足緩和係数を 0.5 から 0.98 の間で変化させた．IFSM 法では時間ステップの選択がより難しい．これは，事前に速度がどれくらい大きくなるか，すなわち，CFL 数がどの程度になるかがわからないためである．興味深いことに，壁駆動型キャビティ流れと同じ時間ステップを使用することで最も効率的な（つまり必要な反復回数が最も少ない）結果が得られた．ただし，計算結果の CFL 数は約 1/3 に小さくなった．これは，両方のケースで同じ流体特性（密度と粘度）と解領域が使用されたためである．式 (7.94) にみられるように，速度修正は時間ステップと密度

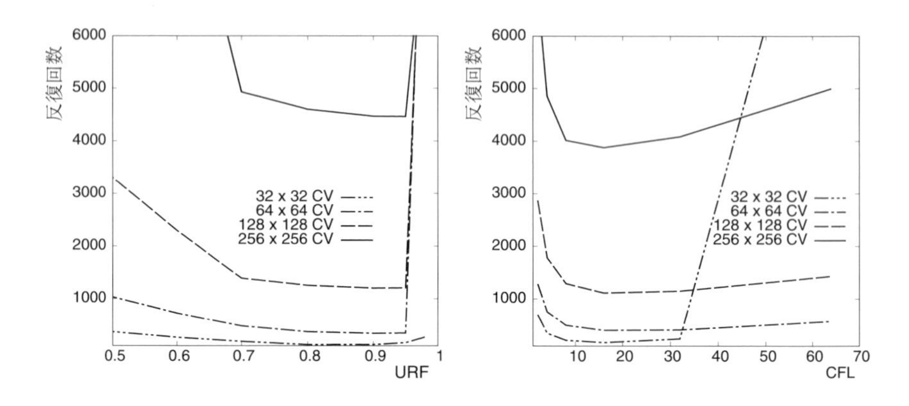

図 8.18　浮力駆動型キャビティ流れの計算ですべての方程式の残差レベルを 4 桁減少させるのに必要な外部反復の数．SIMPLE 法では不足緩和係数（左）を，IFSM 法では CFL 数（右）を変化させた場合の結果．レイリー数 Ra $= 10^5$．

の比に圧力修正の勾配を掛けたものに比例する．したがって，同じ時間ステップ，密度，および格子間隔の場合，手法は同様に動作することが期待できる．例外は粗い格子での最大の時間ステップを用いた場合で，浮力駆動型キャビティでは 6.4 秒の時間ステップでは解を得ることができなかったが，壁駆動型キャビティ流れでは計算可能であった．

図 8.18 は計算効率に関する分析結果を示している．IFSM 法は不足緩和を使わないので，時間ステップ（CFL 数）が唯一のパラメータとなる．一方，SIMPLE 法では別のパラメータとして温度の不足緩和係数が現れる．この値を速度の不足緩和係数と同じにすると収束は非常に遅くなる．しかし経験から層流でのエネルギー方程式の振る舞いは安定であり，通常は不足緩和は非常に小さいかあるいは不要であることがわかっている．したがってここでは，エネルギー方程式の不足緩和係数を 0.99 にした．この値であれば，SIMPLE 法の効率は IFSM 法と比較しても遜色ない．

SIMPLE 法や IFSM 法のような陰的手法を用いた定常非圧縮性流れの計算効率は，外部反復に対してマルチグリッド法を使用し，初期値として推測値を用いる代わりに，粗い格子から補間した解を用いて計算することで大幅に改善できる．この点については，ここで扱った 2 つのテストケースに関して 12 章で示す．

8.4.2　正方形キャビティ内の非定常流れ

次に本項では，非定常流れの予測に注意を向けてみよう．定常解を得るための時間発展計算では，繰り返し計算が発散しない限りは途中解に関心がないため，大きな時間ステップをとり時間ステップ内での反復を行わないことも可能であった．しかし非定常流れを扱うときには，時間ステップを進めるごとにすべての方程式を十分な精度で満足する必要がある．言い換えれば，変数の時間変化を解像する適切な時間ステップを定める必要があり，もう一方で，時間ステップごとにも反復誤差を十分小さくするよう十分に反復計算しなければならない．

時間発展に精度を求められるシミュレーションでは，時間積分スキームは少なくとも 2 次精度であるべきである．1 次精度の陰的オイラー法は，（例えば IFSM 法による）定常解を得るための時間発展計算には有用であるが，周期性のある流れで満足のいく精度を得るには時間ステップがあまりに小さくなりすぎる．そこで一般的な選択として，クランク・ニコルソン法，あるいは 3 時刻完全陰解法 (fully-implicit three-time-level-scheme) を用いることになる（特に前者はフラクショナル・ステップ法，後者は SIMPLE 法で，他の選択肢は考えにくい）．その際，空間離散化には対流項，拡散項とも中心差分が用いられる．

ここで用いる反復なしフラクショナル・ステップ法は 7.2.1 項で述べたものとは若干異なり，通常のクランク・ニコルソン法ではなく以下の 3 時刻完全陰解法に基づいている（この計算プログラムをインターネットで公開している．詳細は付録を参照）：

$$\frac{3(\rho\mathbf{v})^{n+1} - 4(\rho\mathbf{v})^{n} + (\rho\mathbf{v})^{n-1}}{2\Delta t} + C(\mathbf{v}^{n+1}) = L(\mathbf{v}^{n+1}) - G(p^{n+1}) \,. \tag{8.89}$$

この方法を反復なしで時間発展するために，時刻 t_{n+1} での非線形対流流束項の評価をアダムス・バッシュフォース法で行う．この結果，式 (7.52) とは少し異なり，以下のように与えられる：

$$C(\mathbf{v}^{n+1}) \sim 2C(\mathbf{v}^{n}) - C(\mathbf{v}^{n-1}) + O(\Delta t^2) \,. \tag{8.90}$$

これ以外は，7.2.1 項で述べた方法と同一のアルゴリズムに従う．

最初の流れ問題として，次式のように周期変動する壁を持つ正方形キャビティ流れを取り上げる：

$$u_{\mathrm{L}} = u_{\max} \sin(\omega t) \,, \tag{8.91}$$

ここで P を変動の周期とすると $\omega = 2\pi/P$ である．また，$u_{\max} = 1$，$P = 10$ 秒，キャビティ高さを 1，粘性係数を $\mu = 0.001$（ここではすべて SI 単位を用いる）と与えると，レイノルズ数は 0 から 1000 の範囲で変動する．なお，初期条件は速度，圧力とも 0（流れは静止状態）とする．格子には，（前項の定常流れと同じ）非等間隔で 128×128 CV を用いる．

まず，陰的オイラー法と 3 時刻完全陰解法の時間精度を調べるために，壁振動の 1/4 周期計算（$t = 0 \sim 2.5$ 秒，$\omega t = \pi/2$ に相当）をさまざまな時間刻み幅で実行する．完全陰解法 (SIMPLE および IFSM) では大きな時間ステップ幅が許されるので，

ここでは $\Delta t = 0.125$ 秒（変動周期10秒に対して80時間ステップに相当）から始めて，1/2ずつ4段階小さくする．このとき，最小時間刻み ($\Delta t = 0.0078125$ 秒) は周期当たり1280時間ステップとなる．一方，反復なしのフラクショナル・ステップ法（対流流束が陽的 (explicit) に扱われるのでEFSMと記す）は，時間刻みが0.0125秒以下でなければ実行できないため，0.0125秒，0.00625秒，0.003125秒を用いた．

離散化誤差の評価には積分量を用いるのがわかりやすい．そこで，$t = 2.5$ 秒時点で移動壁により生じる最も強い渦の強さの違いを評価に用いた．これは質量流束を積分してセル頂点での流れ関数の値（計算領域の左下角をゼロとおく）を得ることで求められ，解析領域内の最小値が壁の運動方向に対する渦の強さを表す．（格子に依存しない）渦強さの収束値は，最も細かい2つの格子の結果からリチャードソンの外挿を用いて推定した．この結果，いずれの時間進行法でも $\psi_{\min} = -0.043682$ を得た．これを参照値として，さまざまな手法や時間ステップで計算した値との差をとって離散化誤差を見積もった．

図8.19に予測された渦強さの違いと対応する時間離散化誤差を，時間ステップの関数として適用した時間進行法とともに示す．この例では，すべての時間ステップでSIMPLE法の結果がIFSM法よりも若干高精度であるが，この結果には一般性はなく，10倍大きな粘性（レイノルズ数は1/10）のときには逆となった．両アルゴリズムとも時間離散化スキームに対して同じ傾向を示す．明らかに，陰的オイラー法（IEと記す）は，2次精度の3時刻解法（TTLと記す）よりも誤差が1桁大きくなる．時間刻みを半分にすると，前者 (IE) は誤差が半分になるのに比して，後者 (TTL) は4分の1に減少する．

ここで用いた計算プログラムでは，反復計算誤差が無視できるように各時間ステップで残差を4桁から5桁まで収束させている．これは通常の計算例より過大で，特に時間ステップが小さいときには，通常はここまで厳しくしないので，計算効率にはあまり注目を払っていない．ただし，同じ残差レベルに達するのに必要とした時間ステップ当たりの計算時間は，SIMPLE法に比べてIFSM法が若干小さいようである．同じ時間ステップ数では，陽的FSM(EFSM)法は反復法よりも少ない計算時間で済む一方，IFSM法は所定の精度に達するために必要な計算量が最も少なかった．また，IFSM法とSIMPLE法は，EFSM法が安定性の問題で動作しない大きな時間ステップでも，約0.1％の離散化誤差のレベルで解を得ている．

次に，図8.20に4時刻，$\omega t = \pi/2$ ($u_{\rm L} = 1$), $\omega t = \pi$ ($u_{\rm L} = 0$), $\omega t = 3\pi/2$ ($u_{\rm L} = -1$) および $\omega t = 2\pi$ ($u_{\rm L} = 0$) における速度ベクトル場を示す．ここでは，初期条件から5周期目の結果を表示した．この時刻で流れは十分に周期的となっており，位相 π の違いでの解が完全に対称となっていることがみてとれる．1周期でかなり複雑な流れパターンの変化が起こっており，計算スキームがこの変化を正確に捉える必要があることは明らかである．

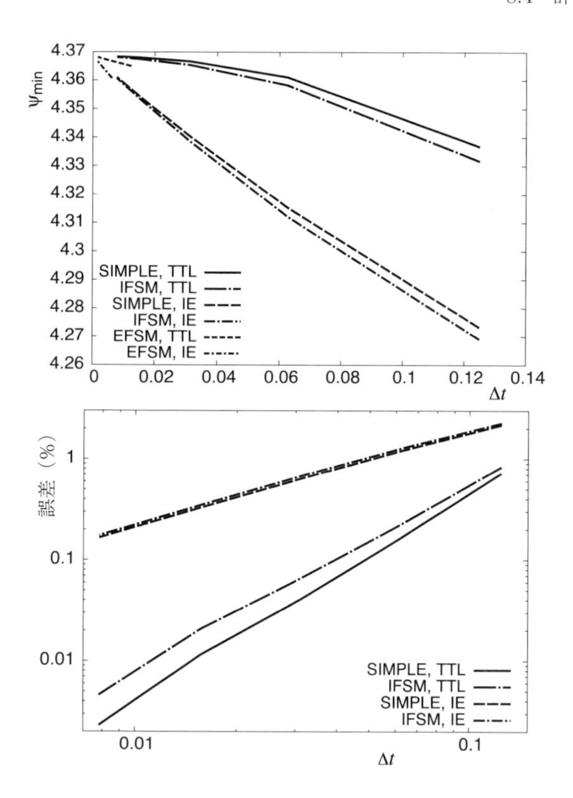

図 8.19 振動壁駆動型キャビティ流れにおける $t = 2.5$ 秒時点の主要渦の強さ（上）と時間ステップ幅の関数として表した時間離散化誤差（下）.

図 8.19 に示した誤差評価から，陰的な反復スキーム（SIMPLE 法と IFSM 法）では，1 振動周期を約 100 時間ステップ程度で刻めば高精度の解が得られることがわかる．実際，図 8.21 にもみられるように，時間ステップを小さくしたときの解の違いは，ピークでのみわずかにみられる程度である．これに対して 1 次精度の陰的オイラー法を用いると，予想通り，2 次精度の 3 時刻陰解法によるものから明らかな差を生じている．一方，2 次精度スキームでは，変動周期当たり 60 分割程度の時間刻みでもこの例のような複雑に時間変化する解が得られるのは注目に値する．

2 つ目の非定常流れの問題として，前項で取り上げた浮力駆動型キャビティ流れを簡単に取り上げる．ただしここでは，高温壁の温度を sin 関数で次のように与える：

$$T_{\mathrm{H}} = T_0 + T_{\mathrm{a}} \sin(\omega t) \,, \tag{8.92}$$

ここで，$T_0 = 10$ を高温壁の平均温度，$T_{\mathrm{a}} = 5$ を温度変化幅，$\omega = 2\pi/P$ で変動周期

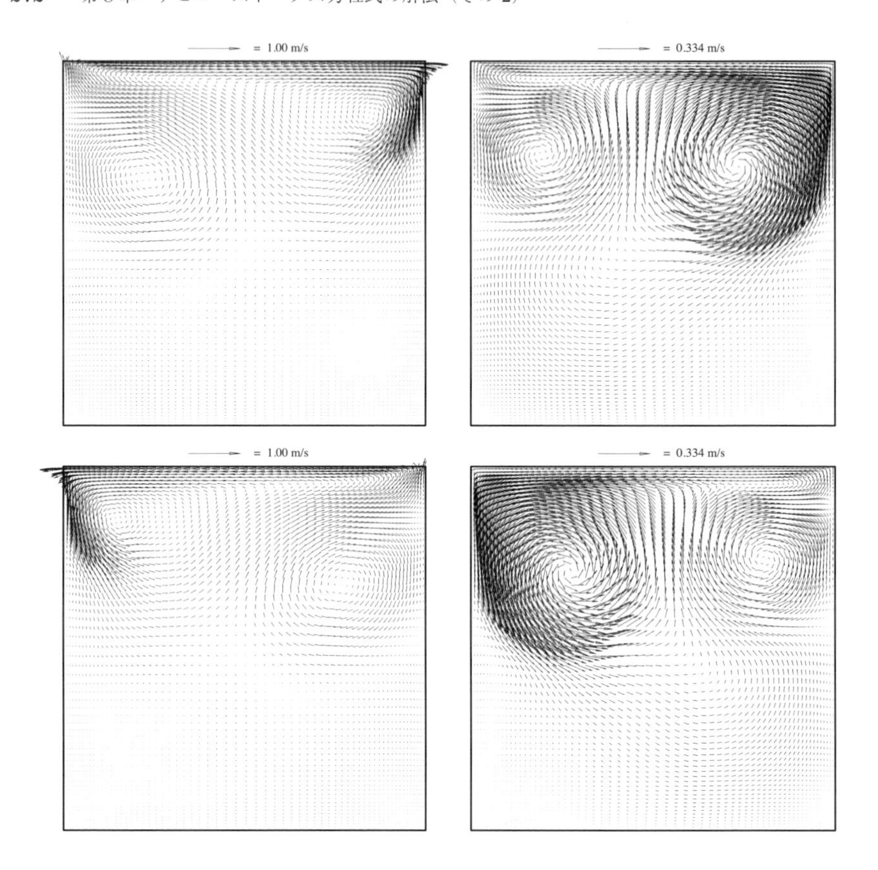

図 8.20　振動壁駆動型キャビティ流れにおける速度ベクトル．それぞれ（左上，右上，左下，右下の順に）4分の1周期，2分の1周期，4分の3周期および1周期の時間での分布．

を $P = 10$ 秒として与えた．流れは初期に静止しており，流体の温度は5.1に，低温壁は $T_{\mathrm{C}} = 0$，高温壁は $T_{\mathrm{H}} = 10$ とした．このとき，平均のレイリー数(Rayleigh number)は前項での定常問題と同じとなっているが，高温壁に与える周期変動によって流れは時間とともに大きく変化する．2，3周期後には，初期条件の影響は流れ場から失われ，完全な周期解となる．

図8.22に速度ベクトル場を，図8.23には等温線を，4つの時刻 $\omega t = \pi/2$ ($T_{\mathrm{H}} = 15$), $\omega t = \pi$ ($T_{\mathrm{H}} = 10$), $\omega t = 3\pi/2$ ($T_{\mathrm{H}} = 5$) および $\omega t = 2\pi$ ($T_{\mathrm{H}} = 10$) にてそれぞれ示す．変動を高温壁にのみ与えたため，流れは周期変動する壁駆動のキャビティのケースと違い対称ではないが，完全に周期的になっており時刻 t と $t + P$ での解は一致する．ここでも1周期で複雑に変化する流れパターンが生じ，その予測は容易で

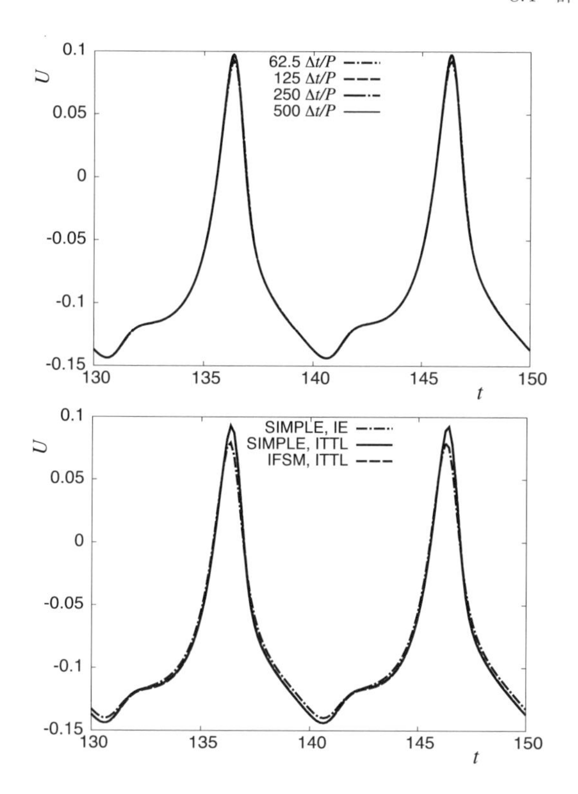

図 8.21　u_x 速度の $(x = 0.08672,\ y = 0.90763)$ での 2 周期分の時刻履歴．時間ステップの大きさに対する解の依存性（上；IFSM）および最大の時間ステップを使用した場合のスキームに対する依存性（下；1 振動周期当たり 62.5 時間ステップ）．

はない．

上下の断熱壁において等温線が常に壁に直交するのは，熱流束ゼロの境界条件によるものである．等高線の間隔の違いは局所熱流束の違いを表しており，間隔が密であれば等高線に垂直な温度勾配が大きいことを意味する．高温，低温壁の温度を固定した定常流れの場合では 2 つの定温壁の正味の熱流束は一致したが，非定常のケースでは熱流束が時間とともに変化し，両壁で異なる．これは，1 周期のある時刻では流体が蓄熱し，残りの時間にはそれを放出するためである．熱は通常，高温壁から流入するが，高温壁の温度が周期的に変化するため高温壁に沿って流れる流体が壁よりも高温になる短い時間があり，その結果，正味の熱流束の符号が変わりキャビティは両方の壁から熱を失う．このことは，高温壁からの全熱流束を 2 周期分示した図 8.24 でも確認でき，短い時間だけ熱流束が正となり熱が逃げていることがわかる．また，

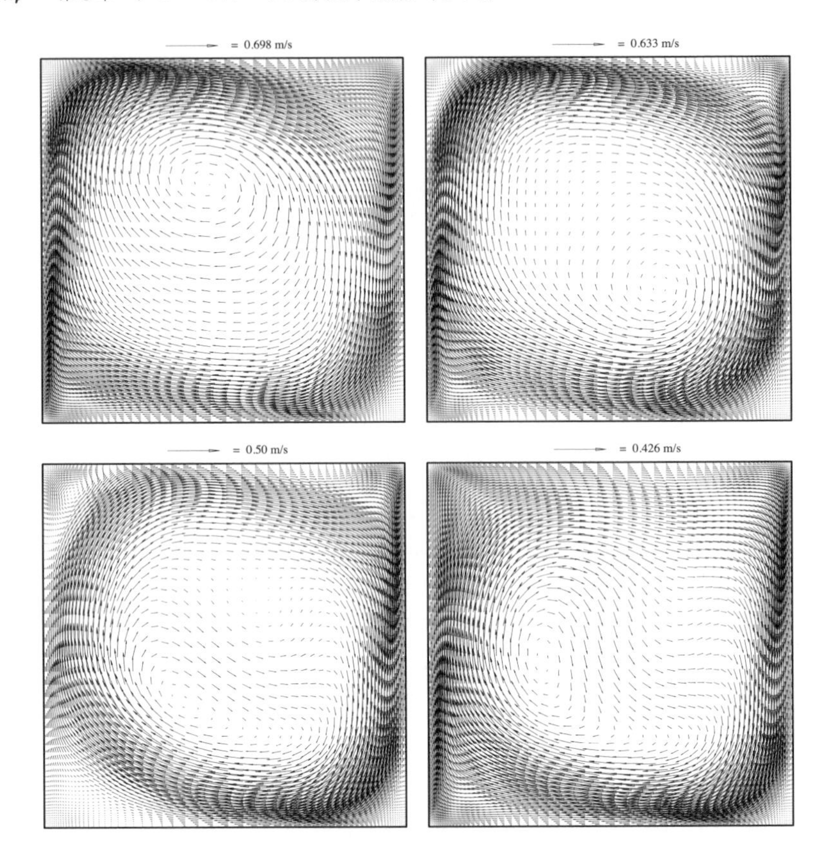

図 8.22　周期変動温度を高温壁に与えた浮力駆動型キャビティ流れの速度ベクトル．それぞれ（左上，右上，左下，右下の順に）4分の1周期，2分の1周期，4分の3周期，1周期での分布．

高温壁からの最大の熱流束は最大温度の時刻より前（ここでは振動周期の4分の1である $t = 182.5$，192.5秒）に生じており，速度場と温度場の変化に位相ずれがある．

図8.24からもわかるように，2次精度の時間進行法は1周期当たり62.5の時間ステップ数ですでに非常に正確な解を予測しており，それより細かい2つの数値解と区別がつかない．このことは，図8.25に示すあるサンプリング点における速度成分 u_x の2周期分の時間履歴をみてもわかる（最も大きな時間ステップで3つのスキームで計算した結果）．1次精度の陰的オイラー法 (IE) と2次精度の3時刻陰解法 (TTL) の結果とは明らかな違いがあり，前者では1次精度の時間離散化誤差による数値拡散によってピーク分布がなまされて低くなっている．一方，いずれも2次精

図 8.23　周期変動温度を高温壁に与えた浮力駆動型キャビティ流れの等温線．それぞれ（左上，右上，左下，右下の順に）4 分の 1 周期，2 分の 1 周期，4 分の 3 周期，1 周期での分布．

度である SIMPLE 法と IFSM 法の違いは無視できる程度である．この誤差は時間刻みが小さくなればさらに減少する．

本書ではこれまで，長方形の解析領域とデカルト格子のみを扱ってきたが，実際の工学応用ではこのような単純な問題は少なく，もっと複雑な形状に対しての流れと熱伝達が問われる．次章では，これまで述べた方法論をどのようにして非デカルト座標系格子や非構造型の多角形格子に拡張して，より複雑形状の解に適用し得るかを説明する．

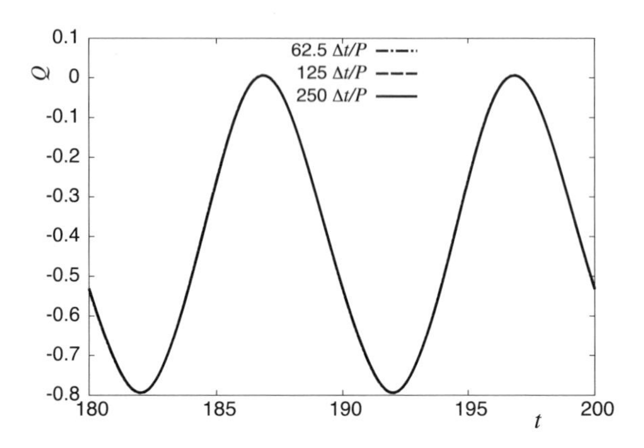

図 8.24　高温壁での熱流束の 2 周期分の時間変化．IFSM 法および 3 段階の 2 次精度スキームを使用して，3 つの異なる時間ステップで計算（凡例の数字は 1 周期当たりの時間ステップ数）．

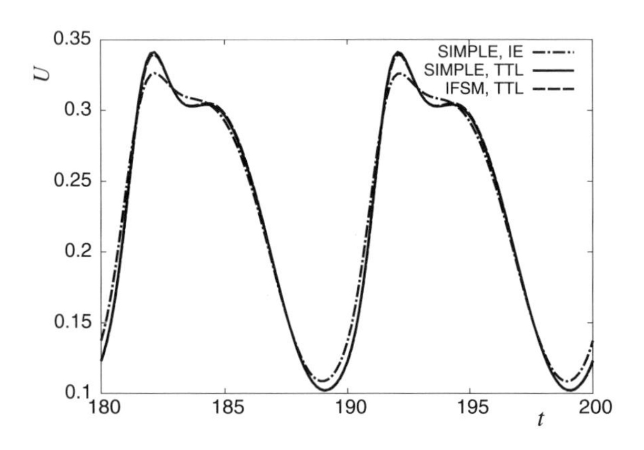

図 8.25　u_x 速度のサンプル点 $(x = 0.15479,\ y = 0.83722)$ での 2 周期分の時刻履歴．最も大きな時間ステップ幅（1 周期当たり 62.5 ステップ数）を使用した場合の，時間積分スキームへの依存性．

第9章　複雑形状

工学で扱う多くの流れは直交格子では表現できないような複雑な形状をしている．そのような複雑形状に対して，本書でこれまで述べてきた離散化や解法の原理を適用する際には多くの修正を必要とする．解法アルゴリズムの特性は格子の選択，ベクトルやテンソルの成分の選択，あるいは格子点上における変数配列などにも依存する．この章ではそれらの問題を取り上げる．

9.1　格子の選択

形状が単純であるとき（矩形や円形など），格子の選択も簡単であり，その形状から明らかな座標軸に沿って配置すればよい．しかし，複雑な形状のときの格子選択は自明ではない．計算格子は離散化手法による制約を受ける．例えば，解析アルゴリズムが曲線直交格子で与えられたときに非直交格子は使用できない．検査体積 (CV) が四角形あるいは六面体と仮定すると三角形や四面体を含む格子は使用できない．計算領域形状が複雑で格子に対する制約が守れないときには何らかの妥協が必要となる．一方，離散化や計算法がいずれも任意の多面体 CV に対応していれば，どのような格子でも利用可能となる．

9.1.1　曲がった境界の階段近似

最も単純な計算法は直交格子（デカルト座標や円筒座標）を用いるものである．このタイプの格子を適用して傾斜したり曲がった境界を持つ領域を解くのには，そのための余分な近似，すなわち境界を階段状とみなすか，もしくは，境界近傍の空間近似のために格子を境界の向こう側にも拡張する必要がある．

前者が使われることもあるが，そのときには 2 つの問題が生じる：

- 規則的な格子配列であっても格子線に沿った点数（あるいは，CV 数）が一定ではないときには，間接的なアドレス指定を必要とするか，各格子線上の添字範囲を与える特別な配列を用意する必要を生じる．このとき，計算コードは問題ごとに書き換える必要があるかもしれない．
- 滑らかな境界の階段近似は，特に格子が粗い場合に解析誤差を発生させる．階

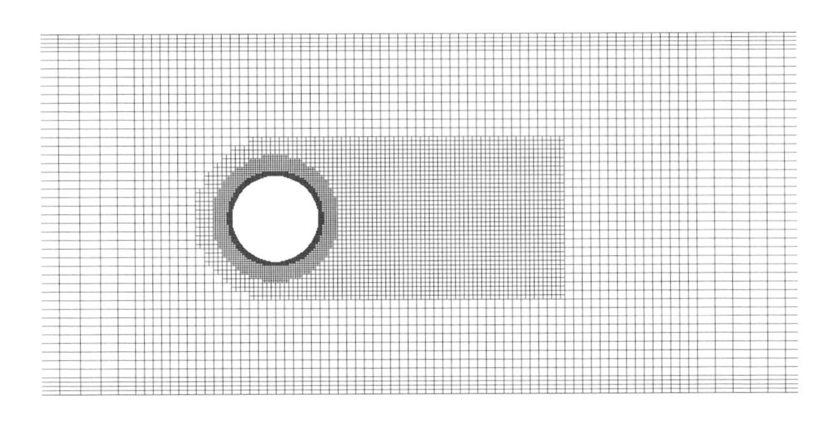

図 9.1　曲がった境界の階段近似における格子細分化法の適用例.

段近似した壁面境界条件の取り扱いにあたっては，その影響が局所にとどまらず広がることに特別な注意が必要となる.

このような格子の例を図 9.1 に示す．壁せん断応力や熱伝達が重要であるとき（例えば，飛行機の翼や機体，船体，流線形タービン翼など），この手法は大きな誤差を生じやすい．よって，圧力が支配的な問題で，壁面に格子細分化法が適用できる場合にのみ推奨される（格子の局所細分化は 12 章に述べる）．これは特に非流線形物体に生じ，多数の物体による排除効果 (blockage effect) が個々のせん断応力より重要となる場合である．このような例は建築・土木分野に多くみられる（例えば，ビル群の中や周囲の流れ，河川や湖，大気流など）．理論的には，壁面の格子間隔が壁面の粗さのオーダーであれば，階段近似が良い精度の結果を与えるであろう.

階段近似を用いる理由のもう 1 つが，複雑な物理モデル（例えば，燃焼，多相流，相変化など）を扱う既存の解析法のように境界適合格子に実装することが難しい場合や，あるいは，壁境界条件を正確に扱うことがさほど重要ではない場合である（例えば，物理的に表面が非常に粗いとき）．実際，いくつかの研究では局所細分化した階段近似を壁粗さモデルとして用いている．例えば，Manhart and Wengle (1994) による平板におかれた半球の流れの LES や，Xing-Kaeding (2006) による円筒から出入りする水流シミュレーションが報告されている.

先にも述べたように，格子細分化を適用することで，直交格子の最大の利点である近傍点との関係性の単純さが失われる．格子 CV は細分化された界面では多面体として扱われるか，もしくは，いわゆるゴーストノード（ghost nodes または hanging nodes）を用いなければならない．これらは不規則格子や移動境界と同様の方法で扱われるので，9.6.1 項で詳しく説明しよう.

9.1.2 埋め込み境界法

埋め込み境界法 (immersed-boundary method) は，規則的格子（主にデカルト座標格子）を用いて，壁で切断されたセルを部分的に埋め込むことで不規則な壁境界を表す．このようなアプローチの最初の提案は Peskin (1972) の論文にみられる．近年，埋め込み境界法に多数の手法が開発されている．その主な目的の 1 つは，移動・変形する物体の流れの予測解析であり，物体適合格子よりも柔軟に対応できると考えられる．

埋め込み境界の実装にはさまざまな方法があるが，それらの詳細は壁境界条件の処理にのみ関連していて，計算法の残りの部分は本書で説明する解法のいずれかに対応するため，ここでは述べない．基本的に最初に壁境界により切断されるセルを（場合によっては隣接セルを含めて）特定する必要がある．この作業には，CAD データよりも三角形分割（ステレオリソグラフィー，stereolithography: STL）による面の記述を用いることが多い．この方法の最大の問題は，どのようにして正しい位置に正しい壁境界条件を適用するかにある．つまり，壁境界を横切る場所で壁速度を与えるように近傍格子点での分布を決めて，セルの切断面あるいは固体内部のゴーストセルに速度を与えることになる．さらに壁が動いているときは，セルの切断場所や計算領域の内外の判定を時間ステップごとに実行する必要がある．

格子が十分に細かい場合，この方法は正確な結果を与える．ただし，飛行機翼やタービンブレード，またはその他の滑らかに湾曲した壁周りの高レイノルズ数の流れを計算する場合は，壁に沿ってプリズム格子層を備えた境界適合格子の方が正確といえる．特に，壁の法線方向に非常に小さな格子間隔を必要とするいわゆる「低レイノルズ数」型乱流モデルが使用される場合，埋め込み境界法は壁接線方向にも細分化がされるため効率が悪くなる．

埋め込み境界法の詳細については，Peskin (2002) による解説論文ほか，Tseng and Ferziger (2003), Mittal and Iaccarino (2005), Taira and Colonius (2007), Lundquist et al. (2012) など多数の文献を参照できる．特に，非常に詳細な説明が Peller (2010) や Hylla (2013) にある．

9.1.3 オーバーラップ格子

解析領域の形状が複雑な場合，構造型やブロック構造型の境界適合格子の適用では，精度が最も高くあるべき壁付近で格子品質が低下する，という問題がしばしば生じる．オーバーラップ格子法は，壁近くにはプリズム格子を持つ境界適合格子を，離れたところには単純な格子（例えばデカルト座標格子）を使用することで，壁近くで高い格子品質を維持するのに役立つ．この種の方法は文献によって，**キメラ (Chimera) 格子**（キメラとはライオンの頭，ヤギの体，ヘビの尾を持つ神話上の

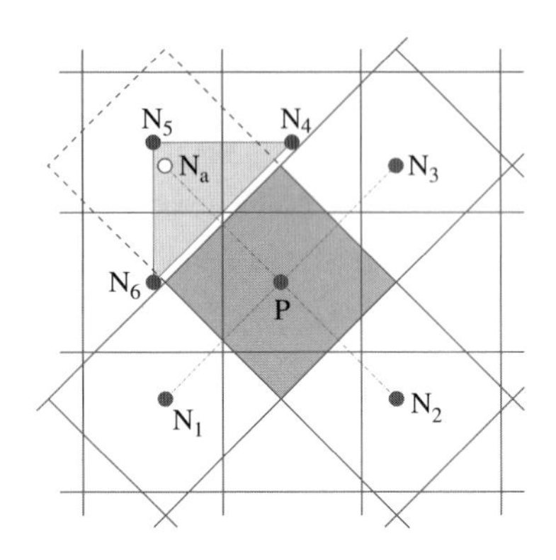

図 9.2　オーバーラップ格子における補間方法.

生き物), **オーバーセット格子** (overset grid), **複合格子** (composite grid) などの名前で呼ばれる．この手法は，物体が移動するか否かにかかわらず，その物体の周りの流れを調べる場合に，特に魅力的である．通常，まずは物体を考えずに通常は移動しない外部境界（入口，出口，対称または遠方界の境界など）にのみ適合する **背景格子** (background grid) を作成する．次に，背景格子と重なるように物体格子を一定の距離まで作成する．もし，物体が動いている場合には物体と一緒に格子も動かす (NASA Chimera Grid Tools User's Manual (NASA CGTUM, 2010) を参照).

背景格子のうち物体格子と重複する部分では，両格子の計算をオーバーラップさせる狭い領域を除いて計算が無効（非アクティブ，deactivated）となる．離散化および解法は本書で解説したものでよく，両格子の解の連成がこの解法に特有な問題となる．可能な方法の1つは，物体格子の外面，および背景格子の無効となった穴の表面を境界として扱うことである．流れが格子に入る境界部分では流入（ディリクレ）条件が，流れが格子から出る部分では圧力が規定される．課される境界値は他の格子から補間によって取得する．これらの境界条件の更新は，内部反復の後，または，外部反復後に実行する．（並列計算のときと同様に）前者がより陰的であり，より良い収束特性につながる．

別の方法として，計算解がすべての格子で同時に得られるように方程式を解くごとに線形方程式系の行列 A に格子連成を記述することもできる．この方法については図 9.2 にて説明しよう．ここには，重複する 2 つの格子上に必要な計算セルが示されており，そこでの離散化が可能となるように隣接して**アクセプターノード** (accepter nodes)（ゴースト，ハンギングとも呼ばれる）が定義される．また，**アクセプターセル**の変数値は他方の格子上に対応する**ドナー**セルから補間される．この関係を図 9.2 に示す．P とラベル付けしたセルの離散化方程式からは，白丸で示した隣接するアク

セプターセル N_a が P との間の面を通る流束を介して参照される．離散化された流束式でアクセプターセルの変数値が参照されると，それは補間式

$$\phi_{N_a} = \alpha_4 \phi_{N_4} + \alpha_5 \phi_{N_5} + \alpha_6 \phi_{N_6} \tag{9.1}$$

に置き換えられる．ここで，$\alpha_4, \alpha_5, \alpha_6$ は合計が 1 になる内挿係数で，他の格子での 3 つの近傍点による線形関数を当てはめて得られる．したがって，セル P の方程式では線形方程式行列に 6 つの非対角係数が存在し，そのうちの 3 つが同じ格子の近傍点 (N_1, N_2, N_3) から，残りの 3 つがオーバーラップ格子 (N_4, N_5, N_6) からとなっている．使用する線形方程式の解法によっては，アルゴリズムに変更が必要になる場合がある．また，ドナーセルの数や補間式によって多くの選択があり得るが，その 1 つは変数値と最近傍との勾配のみを使用する方法になる．勾配による影響を考慮するには遅延補正法 (deferred-correction approach) が必要になるが，これはそれほどの負担にはならない．

オーバーラップ格子の利点を挙げると以下のようになる；

- 単一の格子を用いるよりも適切に壁近くの格子の品質を最適化できる．
- 壁近くの格子品質は物体が動いても維持される．
- 物体の迎え角変化のパラメータ解析がオーバーセット格子を回転するだけで格子や境界条件を変更せず簡単に実現できる．
- オーバーラップ格子を用いることで他の方法では不可能な任意の物体の動きを考慮できる．

さらに，オーバーラップ格子では空間補間は変数の変化が大きくない壁から遠方に適用されるが，一方，埋め込み境界法では最高精度が必要な壁において特別な補間が適用されることに注意されたい．

オーバーラップ格子は以前から使われていたが，最近この機能が商用コードでも利用できるようになった．1992 年より 2 年ごとにオーバーセット格子に関するシンポジウムが開催されている．詳細は公式 Web サイトを参照のこと（`www.oversetgridsymposium.org`）．いくつかの方法の詳細な説明が Hadžić (2005) および Hanaoka (2013) に記載されており，どちらもインターネットからダウンロードできる．13.4 節，13.10.1 項にオーバーセット格子の応用例を紹介する．

9.1.4 境界適合非直交格子

境界適合非直交格子 (boundary-fitted non-orthogonal grids) は複雑な形状での流れを計算するために最もよく使用されるもので，大抵の汎用コードが採用している．詳しくは，構造型格子（一般座標系格子），ブロック構造型格子，非構造型格子などに分類される．これらに共通の利点は，(1) 任意の形状に適応でき，(2) 最適化が直

交格子よりも行いやすいことである．また，CV境界が境界条件に沿ってとられるので，曲がった境界での境界条件設定が階段近似よりも容易である．格子線の1つを流れに沿って選ぶことで解析精度の向上を図ったり，ブロック構造型格子や非構造型格子では空間形状が大きく変化する領域で格子サイズを十分小さくとることが可能となる．

一方，非直交格子はいくつかの欠点も持っている．輸送方程式が複雑で多くの項を含むものとなり，プログラミング上でも，方程式を解くコスト面でも負担が増加する．その結果，格子の非直交性が非物理的な解を引き起こしたり，格子の配列変化がアルゴリズムの精度と効率に影響を与えるなどの問題を生じる．これらの問題は以下で詳しく議論する．

これ以降において格子は非直交 (non-orthogonal) で非構造的 (unstructured) であるとする．非直交格子に対して述べた離散化法や解法の原理は，その特別な場合である直交格子においてもそのまま成り立つ．また，ブロック構造格子の取り扱いも併せて議論しよう．これは，非構造格子においてもスライディング面などの非適合界面に用いられる．

9.2　格子生成

複雑な形状に対する格子生成については，本書で詳しく取り上げるには，問題があまりにも大きい．ここでは，格子生成の考え方と格子に課すべき特性について基本的なものを示すことにする．格子生成のさまざまな手法の解説は Thompson et al. (1985)[1]，Arcilla et al. (1991) などに詳しい．

非直交格子が適用できる場合でも，できる限り直交に近づけることは重要である．有限体積法においては，CV頂点での格子線の直交性の代わりに，2つのCV中心線と界面法線ベクトルとの角度が重要となる．したがって，正三角形からなる2次元格子も中心点を結ぶ線が面に対して直角になることから，直交格子（デカルト格子）と同等といえる．このことは，9.7.2項でもう一度取り上げよう．

格子のトポロジーもまた重要である．方程式の離散化に点積分近似，線形補間，中心差分などの定式を適用するとき，CVが2次元なら四角形（3次元では六面体）であると精度は高くなる．その理由は，四角形（六面体）のCVにおいて拡散項の打ち切り誤差が，対向する2つの面で部分的にキャンセルされるからである（セル界面が平行で同じ面積であれば拡散項の打ち切り誤差は完全に消える）．三角形（あるいは四面体）で同じ精度を得るには，より洗練された補間と差分近似が必要となる．特に物理量の変化が激しい固体境界近くでの解析精度は重要であるので四角形（六面

[1] 訳注：日本語訳は小国力・河村哲也訳 (1994)：数値格子生成の基礎と応用，丸善．

体）(もしくはプリズム格子層，9.2.3 項）を用いることが望ましい.

また，格子線が流線に沿っていると，特に対流項に対して解析精度を改良できることがある．三角形や四面体が使われる場合には適用できないが，四角形や六面体であればそれが可能である.

複雑形状に対して非一様格子は例外ではなく一般的といえる．格子の品質が重要となるので，この課題には別に 12 章を割いて述べる.

CFD に習熟した読者は速度，圧力，温度などの変化が大きい場所をあらかじめ知っており，そこでは誤差が最も大きくなるので当然ながら格子を細かくする．しかし，そのような経験者であっても時折予想しない結果に出会うこともあり得るので，経験に頼らない洗練された手法があるならば有用である．3.9 節でも議論したように誤差は計算領域全体に対流，拡散するので，できる限り打ち切り誤差の分布を一様にすることがよい．しかし，粗い格子でスタートして，打ち切り誤差を見積もった後，局所的に格子を細かくすることも可能である．このような手法は一般に「解適合格子法 (solution-adaptive grid methods)」と呼ばれており，これについては 12 章で改めて述べる.

結局，格子生成そのものが 1 つの課題といえる．形状が複雑であるとき，格子生成の作業には多くの時間が費やされる．解が並列計算で数時間で求められる問題で 1 つの格子を作るのに 1 週間も費やすのも珍しくない．解の精度は方程式の離散化の近似式だけでなく，それを適用する格子の品質にも大きく依存するため，格子の最適化には時間をかける価値がある.

格子生成に対しては多くの商用コードや公開コードが存在する．自動化により，ユーザーの作業時間を削減し，作業行程のスピードアップを図るのがこの分野での大きな目標である．良質なオーバーラップ格子は構造格子や非構造格子より容易であるが，多くの不規則な部品が存在するときなどのように適用が難しい形状もある．しかし，軍用機の流れ計算などに 100 以上のブロックを適用した例も報告されている.

三角形（四面体）によるメッシュの生成は自動化が容易であることから広く普及している．多くの商用コードでは（切り欠きを持つ）六面体や多面体が用いられるが，多面体格子を生成する際にもはじめに四面体格子を生成してから多面体に変換することが多い．工学応用における格子生成ではさらに付加的な作業を伴うので，それらを以下の項にて取り上げる.

9.2.1 流れ領域の定義

自動メッシュ生成では，はじめに計算領域の境界に閉曲面が必要となる．ほとんどの場合，境界面は既成の CAD データ形式のいずれかで定義される．ただし，固体部品の CAD データを取得する際には，固体の内部，外部，または固体間で流体がどこを占めるかを抽出する必要が生じる．格子生成用のほとんどの商用ソフトウェアに

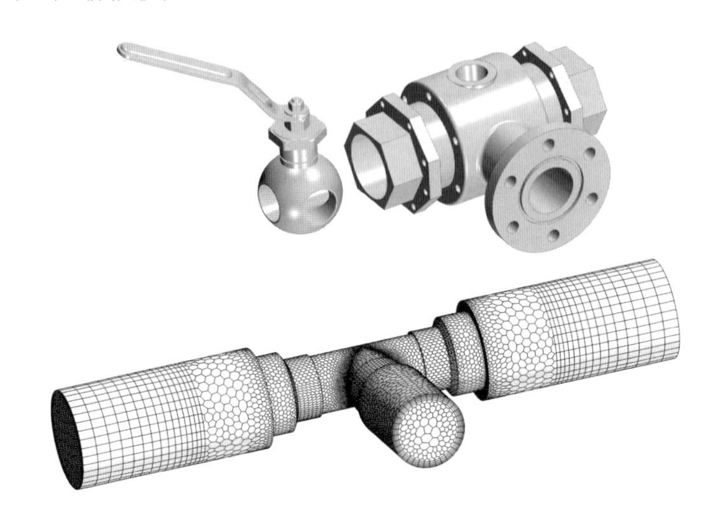

図 9.3　バルブ流れ計算における流体領域の抽出と境界拡張の例：CAD データ（上），および流出境界での流体領域格子の拡張（下）.

は，固体部分をブール演算 (Boolean operations) で表して流体領域を抽出する機能が含まれている．図 9.3 にその例が示されている．CAD データには，ボール弁，ハンドル，容器の形状が含まれる．ボール弁の流れを計算するには，それを含むような流体領域を抽出して，管路に流入面，流出面を与える必要がある．また，流出境界は弁の十分下流にとることが望ましいので，図 9.3 に示すように，CAD データには含まれない出口流路を補うために断面格子を軸方向に押し出して延長したり，新たに適当な流路を作成することもある．

管路の高温流れから外部への熱伝達に関心があるなら，管路外壁を通した熱伝達を計算するための固体領域やバルブ全体をとりまく広い周囲領域も考慮する．これは，周辺領域からバルブ形状を切り抜くように作成され，流体部およびすべての固体要素に格子が生成される．固体と流体の界面では格子が一致していることが望ましいが，これについては格子の品質の問題として，12 章で改めて取り上げる．

数百さらには数千の固体部品を含む非常に複雑な形状の場合，ブール演算や固体の埋め込みによって流れ領域の境界を直接作成するには複雑すぎる恐れがある（例えば車両の熱管理では，固体部品の熱伝導計算のために車両周囲，エンジンコンパートメント内，客室内などの流れも必要となる）．これに当てはまる例として，要素を組み上げる際に手動修復が必要な境界面の隙間や交差・重複がある場合，または入力形状に流れにとって重要ではない詳細が多すぎて計算セル数が不必要に増加する場合などが挙げられる．このような状況では，いわゆる「表面ラッピング」機能が利用できる．これは，壁に貼り付くまで風船を膨らませるのと同じように，すべての固体部品を取り囲むように境界を貼り付けることで，結果，閉曲面が離散形式（通常は三角形格子）で生成される．

「表面ラッピング」では通常，閉曲面における細部の忠実度を利用者が制御できる機能を提供する（例えば，鋭い角や材質境界などの特徴線の保存，表面曲率の解像，要素間の隙間の保存など）．逆に，形状の一部を「再現しない (de-feature)」ことも可能で，不要な詳細が削除される（例えば，穴や隙間を閉じる，小さな部品の削除など）．精密な制御を行えば，細部の忠実度を大幅に損なうことなく形状を正確に表現できる．

9.2.2 表面格子の作成

CAD データでの「テッセレーション (tessellation)」（CG における面分割の細分化法）による離散化表現は格子生成には適していない．これによる三角形分割は形状を正確に表しているが，通常，流れ計算で許容される形状と解像度の条件からは大きく異なる．よって格子生成のはじめに，正三角形に近く，かつ，解像度が適度な成長率となるよう適切な境界面格子を再作成し，少なくともドロネー条件 (Delaunay-condition) が満たされる必要がある（すなわち，各三角形の頂点に適合する円には他の頂点が含まれてはならず，この条件がすべての三角形の最小角度を最大化する）．境界格子生成の詳細については扱わないが，興味のある読者は関連文献を参照されたい (Frey and George, Chap. 7, 2008)．ここでは，格子生成の多くのアルゴリズムは，開始点として適切な三角形格子によって離散化された解領域の閉曲面を必要するという事実を強調しておこう．図 9.4 には，入力の三角形分割と再生成された境界格子の例を示す．

9.2.3 計算領域の格子生成

四面体格子生成のほとんどは領域境界の三角形格子から始める．まず，領域境界に底面を持つ四面体が最初に生成され，それを新たな境界 (marching front) として生成手順が領域内側に向かって進められる．この手順は格子生成の進行方向へ方程式を解くのに似ており，実際にいくつかの格子生成法は楕円型や放物型偏微分方程式の解法に基づいて構成されている．

四面体格子は境界層を解くのには望ましくない．なぜなら境界層では，最初の格子点が壁に非常に近くなければならないが，壁に平行な方向には比較的大きな格子幅が許されるため，結果，四面体格子は細長くなってしまい，拡散流束の近似に問題を生じる．そのため，多くの格子生成方法では表面の三角形から境界直交方向に押し出すようにして固体境界付近にプリズム格子層を生成する．プリズム格子は徐々に厚みを増していくが，1.5 倍より大きい拡大率を避けるべきで通常は 1.2 倍以下で良好な結果が得られる．この層の外縁を新たな境界として残りの部分に四面体メッシュが自

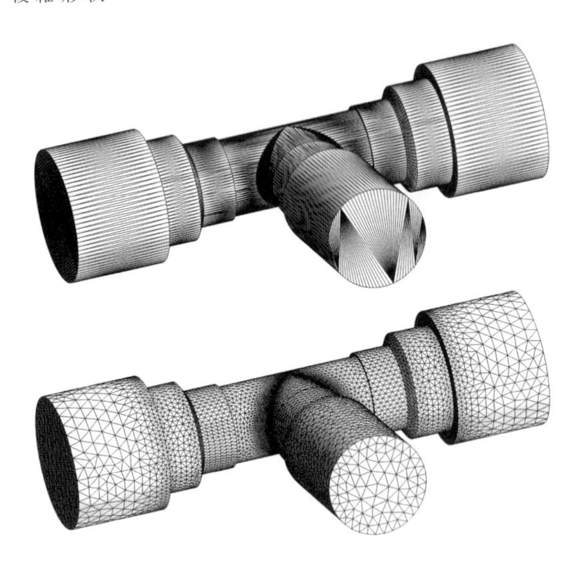

図 9.4　ボール弁（図 9.3）での入力 CAD データ（上），および格子生成のために再生成した三角形境界格子（下）.

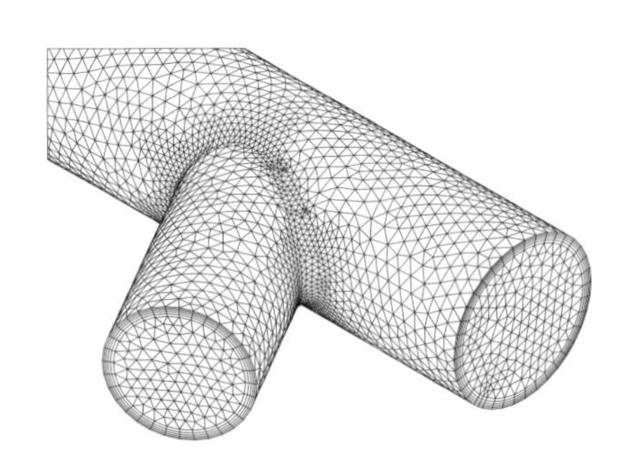

図 9.5　壁近傍にプリズム格子層をおき，残りの計算領域を四面体で格子生成した事例.

動的に生成される．このような格子生成例を図 9.5 に示す．プリズム格子層を何層与えるかは境界層に適用する物理モデルによって異なり，詳細については次章で説明する．

上記の方法によって壁付近の格子の品質が向上し，正確な解法の適用と数値解法のより良い収束がもたらされる．原理的にはいずれの解法（有限差分法，有限体積法，有限要素法）にも適用できるが，例えば，有限体積法であれば混合タイプの CV 適用が許される場合に限られる．

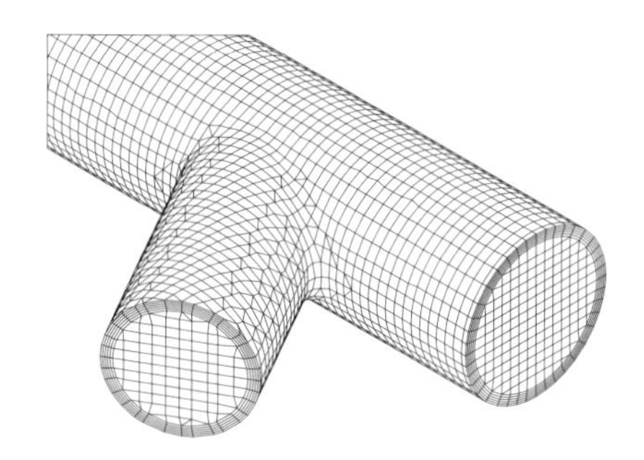

図 9.6 壁近傍のプリズム格子層と残り領域の規則的な直交格子を組み合わせて作成された格子例．切り取った面に沿って不規則な多面体セルが含まれる．

自動格子生成のもう 1 つの方法が，直交格子で計算領域を覆ったのち，物体境界で切り取られたセルを境界に合わせて調整することである．切り取ったセル頂点を境界に投影するか，あるいは，切り取られたセルを多面体 CV としてそのまま用いることで実装される．後者では任意の多面体セルに対応する離散化と計算解法を必要とする．この手法の問題点は，計算精度が最も要求されること，あるいは壁境界近くの格子が不規則で品質が劣ることにある．しかし，この方法を非常に粗い格子から始めて何度も細分化することで改良していき，結果，不規則な箇所が限定されるならば精度にさほど大きな影響を与えない．ただし，複雑な形状に対して初期の粗い格子を適切に与えることは必ずしも容易ではない．

不規則に切り取られたセルを壁近傍に作らないためには，最初に壁近傍にプリズム格子層を作成するのが良く，そのあとで，規則的な直交格子をプリズム層の外面に沿って切断する．このような格子生成例を図 9.6 に示す．この方法では高速な格子生成が可能であるが，任意面で直交格子を切断することで作られる多面体セルを処理できる解法が必要となる．カットされたセルは小さく不規則な形状になる可能性があるため格子の品質も問題になる．非常に大きなセルと非常に小さなセルが隣接する（拡張率が大きい）ことは好ましくない．

任意のトポロジー（一般多面体）の非構造格子に適応した解析法を用いるならば，格子生成に課される制約が緩和する．現在，流れシミュレーション用の商用ソフトウェアのほとんどは任意の多面体格子に対応している．上述のとおり，このような格子は四面体から作成でき，通常，これが多面体格子生成の最初のステップとなる．ただし，多面体格子にはトポロジーに関する制限がないため（セル面と隣接点の数が任意），通常，さらに最適化ステップを必要とする．各セルごと，または複数セルをまとめて，さまざまな方法で変更することで格子品質を向上させる．これには，頂点の移動，面やセルの分割・結合などが含まれる．多面体格子の作成例を図 9.7 に示す．

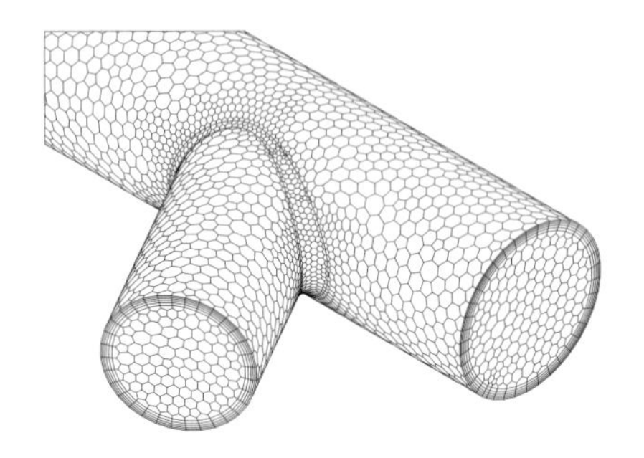

図 9.7　壁近傍にプリズム格子層をおき，残りの全体領域を任意多面体で分割した格子例.

多面体格子は局所細分化によって生成される．このとき，修正されていない隣のセルは原型（例えば六面体）のままであっても，細分化したセルと複数に分割された面で接するため，任意多面体として扱われる.

この方法では，計算領域はあとで再分割しやすいようなブロックにまず分割される．それぞれのブロックにはそれぞれ最もよい格子トポロジー（H 型構造格子，O 型構造格子，C 型構造格子または非構造四面体格子，非構造六面体格子など）を選ぶことができる．ブロック境界上の格子は互いに影響し合う．（境界を挟んで隣り合うセル同士が界面を共有するように）元のセル界面がいくつかの面に細分化される．ブロックが接触する面上の格子セルは一般に不規則な形状の面を持つので，多面体として扱われなければならない．矩形容器から円管につなぐ例を図 9.8 に示す．矩形容器には明らかにデカルト格子が，円管には O 型の境界適合格子が適している．図 9.8 には 2 つの格子がブロック境界で重ね合わされて不規則セル面を生じている．不整合な境界面を扱う解法も可能である．それについては 9.6.1 項で述べる.

複雑形状において不整合格子を伴うブロック単位の格子生成は形状の一部がパラメトリックに変化する問題（例えば，形状最適化）において特に有効といえる．このとき，変化しない形状部分ではそのまま同じ格子を用いることで，格子の再生成を計算全体に比べて小さい領域に限ることができる．この手法は，全体格子を一度に生成するより良い格子品質を与える.

流れの解法においてすべての CV が特定の形状（例えば，四角形や六面体）に限定されると，複雑な形状に対する格子生成は難しくなる．CFD の実際のアプリケーションでは，格子生成の作業に何週間もかかることも例外ではない．よって，工学応用において，効率的な自動格子生成は CFD ソフトウェアの重要な機能とされており，これがなければ，プロセス全体を自動化して処理時間を適切な規模に短縮することができない.

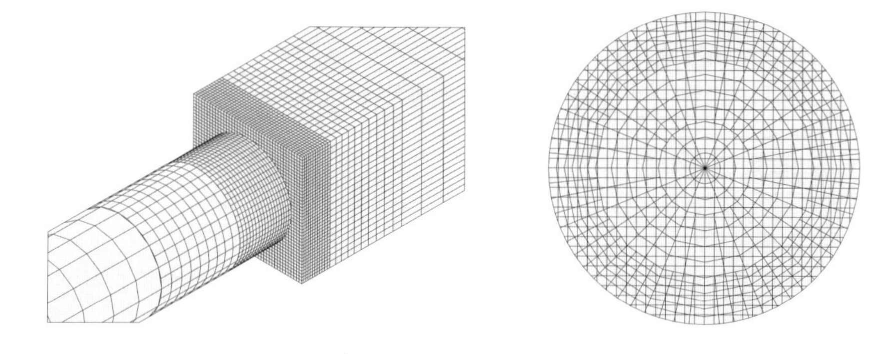

図 9.8　不整合境界と局所セル再分割を伴う 2 つのブロックによる格子例．接合面に不規則セルが生じる．

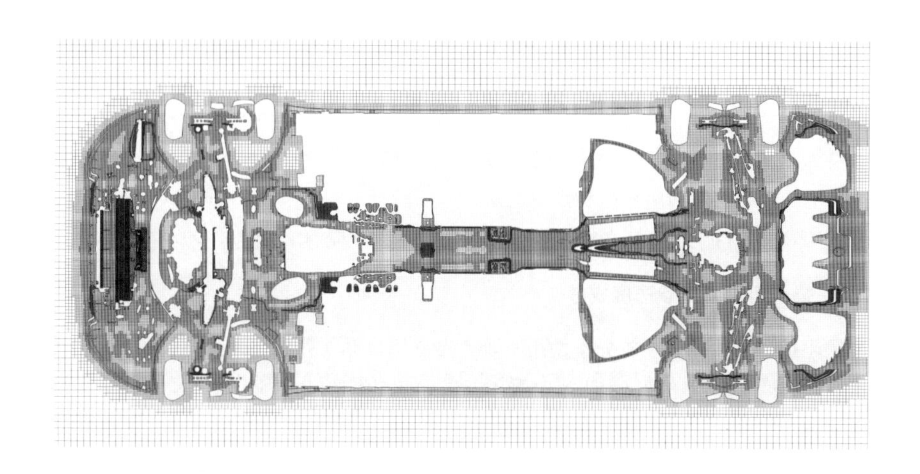

図 9.9　直交格子を局所細分化する格子生成の工学応用例（自動車の熱管理解析）．計算格子の水平断面を示す．提供元：Daimler AG.

複雑な産業用 CFD アプリケーションの例を図 9.9 に示す．ここでは，車両の熱管理解析への適用のために処理生成された格子の断面が示されている．自動車設計における計算作業の大部分が熱管理に費やされており，実際，動作中の車両部品の過熱が故障につながる可能性があるためである．

車両外観の空力設計は工学者だけでなくデザイナーの意見にも強く依存するが，エンジンルームや車両床下は空間的制約の範囲で工学者が自由に形状や位置を最適化できる領域となる．2014 年に作成された図 9.9 は，CFD 工学応用における計算領域の幾何学的複雑さを示している．平均セル数が約 2000 万～5000 万あれば形状詳細がすべて解像できる．通常，利用者は特定のアプリケーション向けの格子設計テンプレート（局所格子の細分化改良を含む）を作成しており，最初のテンプレートが慎重に準備された後には，その後の解析では前処理時間が短縮される．

9.3　速度成分の選択

1章では運動量の成分の選択に関連した問題を取り扱った．図1.1に示したように固定した座標系を基準に成分をとるときにのみ運動方程式は完全な保存形となる．運動量保存を保証したければ，固定座標系を使うのがよく，その最も単純な選択がデカルト座標である．流れが3次元であるとき他の座標系（格子座標の共変成分，または反変成分など）を使う利点は見当たらない．ベクトル成分の選択によって問題の単純化，例えば，問題の次元を減らすことなどができるときのみ，デカルト座標以外を使用する価値がある．そのような例として，管路やその他の軸対称な形状を持つ流れがあり，周方向に変化分布がないときの速度ベクトルは，円筒座標系では2成分のみであるが，デカルト座標系では3成分が必要である．つまり，デカルト座標では3つある従属変数が，円筒座標では2つに減り，単純化されたことになる．ただし，速度分布に周方向の変化があればいずれの座標系でも3次元となる．座標が流れの境界に沿うことに円筒座標の利点があるように思えるが，図9.5でのこの種の形状の取り扱いをみれば，方程式が保存性を保つデカルト座標の優位は変わらない．

9.3.1　格子座標による速度成分

格子座標に基づく速度成分が使用されるときには非保存項が運動方程式に現れる．これは速度成分間の運動量の再分配を表している．例えば，円筒座標では対流項テンソル $\rho\mathbf{vv}$ の発散は2つの湧き出し項を生じる：

- 運動方程式の r 成分（半径方向）には見かけ上の**遠心力**を表す $\rho v_\theta^2/r$ の項が現れる．これは回転場（ポンプやタービンなど）の遠心力とは違い，単にデカルト座標から円筒座標への変換によるものである．この項は θ 方向変化によって運動量の r 成分から θ 成分への輸送を表している．
- 運動方程式の θ 成分（周方向）には**コリオリ力**を表す $-\rho v_r v_\theta/r$ 項を生じる．この項は速度成分の正負によって運動量の θ 成分の湧き出し，あるいは吸い込みとなる．

運動方程式における曲率項の作用の例を図9.10に示す．ここでは，速度場が一様，すなわち，領域全体で速度ベクトルが同じであるにもかかわらず，速度ベクトルの半径および周成分が格子に沿って変化する様子を示している．この速度成分の変化は，格子線の方向変化によって発生したもので，流れの物理とは何の関係もない．いずれ

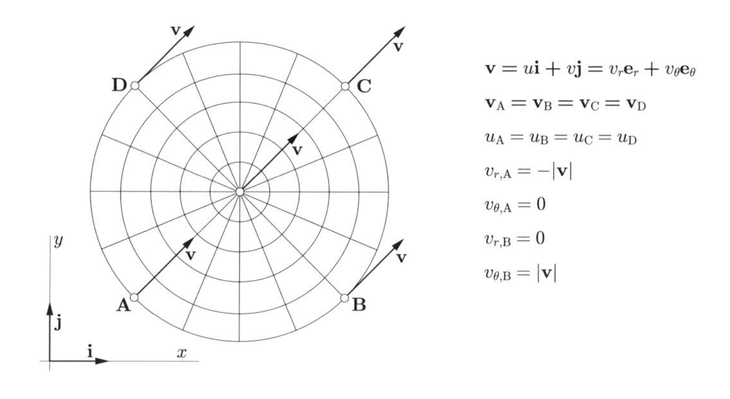

図 9.10　一様流れを円筒座標に表す事例，半径および周成分が格子上の定義に依存する．

の形式でも支配方程式の数学的意味は等価であるが，数値解法を適用する際には明らかに困難を生じやすい場合がある．図 9.10 に示す例で明らかにみてとれるように，円筒座標または球座標を使用すると数値誤差によって速度場の均一性が損なわれ得る一方，デカルト座標では正確な解が容易に維持される．

一般曲線座標においては同様の湧き出し項が他にも現れる（Sedov, 1971; Truesdell et al., 1991 の本を参照）．これらの項はクリストッフェル記号（Christoffel symbols, 曲率項，高次の調和微分）を含み，しばしば数値誤差の源となる．よって，格子を**滑らか**に，すなわち計算点間の格子方向変化を小さく連続的にすることが必要となる．特に非構造型格子では格子線が座標方向と一致していないので，この条件を満たすのは難しい．

9.3.2　デカルト座標による速度成分

本書の中では，これ以降はデカルト座標の速度成分，テンソル成分のみを使うことにする．他の成分が使われるときには近似に必要な項数が増えることを除いて離散化と解法に基本的な違いはない．デカルト座標に対する保存式は 1 章で与えた通りである．

有限差分法を使用するときは，非直交座標に対する発散と勾配の適切な演算子を採用しさえすればよい（または，非直交格子からデカルト座標への変換をすべての微分について行うと考えることもできる）．この操作により項数は増加するが，方程式の保存特性は後節で述べるようにデカルト座標で与えたのと同様となる．

有限体積法においては座標変換の必要はない．そのかわりに，CV 面に対する法線方向の勾配を近似するのに局所的な座標変換が使用される．これについても後で改めて述べよう．

9.4　変数配置の選択

7 章において，速度成分をすべて同じ格子点におくコロケート変数配置に対していろいろなタイプのスタガード配置が可能であることを述べた．デカルト座標格子では特定の配置に利点が認められないが，非直交格子が使用されるときには状況が異なる．

9.4.1　スタガード格子配置

デカルト座標に対して 7 章で述べたスタガード配置は，格子座標に基づく速度成分が使われていれば非直交格子に対しても適用できる．図 9.11 にそのような格子を，格子方向が 90° 傾く例で示した．スタガード配置に対して速度が反変成分とデカルト成分で表示されている．スタガード配置は速度と圧力勾配とのカップリングのために導入されたことを思い出して欲しい．その目的は図 8.1 のように圧力点間のセル面に垂直な速度成分を与えることであった．図 9.11(a) にみられるように反変または共変の格子座標成分を用いることで，非直交格子でもこの条件は満たされる．図 9.11(b) で明らかなように，デカルト成分では，格子が 90° 傾くとセル面に定義された速度成分は面に平行となり，そこを通過する質量流束にはまったく寄与しない．よって，CV 面を通過する質量流束を計算するために周囲の計算点から内挿した速度を使わなければならない．これは圧力修正方程式の誘導を複雑にし，さらに重要なことには，速度と圧力の適切なカップリングを保証できないため一方の解に振動を許す結果となる．

工学問題で特に非構造格子を使用している場合には，格子線の向きが 180° またはそれ以上に変化することも例外ではないのでスタガード格子配置の使用は難しい．この問題はデカルト成分をすべての CV 面に定義することで一部克服されるが，それでも任意形状の CV が許される 3 次元の場合には複雑なものとなる．具体的な導出方法は Maliska and Raithby (1984) を参照されたい[2].

9.4.2　コロケート格子配置

7 章では，すべての変数が同じ CV を共有するという意味でコロケート配置が最も単純な配列であると述べたが，その代償として多くの内挿が必要となる．ただし，図 9.11(c) でわかる通り，格子が非直交であるときには他の配置と比べて特に複雑というわけではない．CV 面を通過する質量流束はセル面の両側の計算点の速度を内挿して得られ，その算出法は等間隔デカルト格子のときと同様である．汎用的な商用の

---

[2] 訳注：小垣ら (1999)：非圧縮性乱流数値解析に適した一般座標系差分スキーム（第 1, 2 報），日本機械学会論文集 B 編 65–633, pp. 1559–1576 にはコロケート法との比較が示されている．

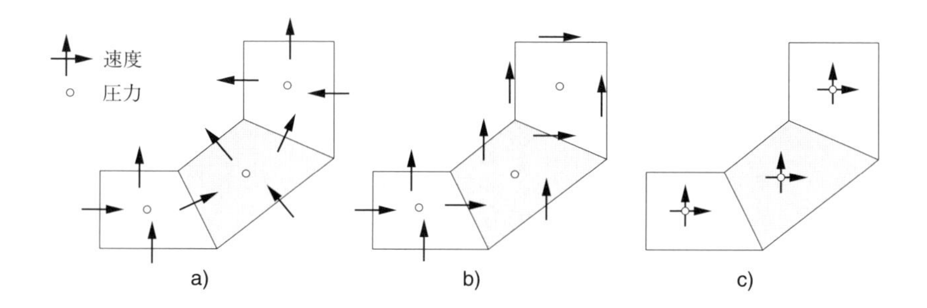

図 9.11　非直交格子での変数配置：(a) 反変速度成分によるスタガード配置，(b) デカルト速度成分によるスタガード配置，(c) デカルト速度成分によるコロケート配置．

CFD コードのほとんどがデカルト速度成分をコロケート配置で使用している．本書でもこの速度配置を採用する．

以下では非直交格子での離散化おいて新たに生じる問題について述べ，また，デカルト格子で示したことを非直交格子にも再構築する．

9.5　有限差分法

有限差分法 (finite-difference methods) は，工学用途の CFD ではそれほど使用されていないが，地球物理学の用途では役割を果たしている（13.7 節を参照）．そこでは，3 章に述べた方法が役立つ．一般に，有限差分法では（地球物理学問題で望まれるような）高次の手法を開発するのが簡単であるが，2 次精度近似でよいのならば任意多面体 CV に対して有限体積法が適している．後述するように 2 次以上の精度近似では複雑さがかなり増す．ここでは，非直交座標系での有限差分法についてのみ簡単に触れておく．

9.5.1　座標変換に基づく方法

有限差分法は通常，構造型格子と組み合わせて使用され，その格子は座標系 ξ_i に沿って与えられる．座標系を $x_i = x_i(\xi_j)$，$j = 1, 2, 3$ で定義すると，それはヤコビアン J によって以下のように特徴付けられる：

$$J = \det\left(\frac{\partial x_i}{\partial \xi_j}\right) = \begin{vmatrix} \dfrac{\partial x_1}{\partial \xi_1} & \dfrac{\partial x_1}{\partial \xi_2} & \dfrac{\partial x_1}{\partial \xi_3} \\ \dfrac{\partial x_2}{\partial \xi_1} & \dfrac{\partial x_2}{\partial \xi_2} & \dfrac{\partial x_2}{\partial \xi_3} \\ \dfrac{\partial x_3}{\partial \xi_1} & \dfrac{\partial x_3}{\partial \xi_2} & \dfrac{\partial x_3}{\partial \xi_3} \end{vmatrix} . \tag{9.2}$$

デカルト座標に基づくベクトル成分を得るには，デカルト座標に関する微分を一般座標に変換する必要がある：

$$\frac{\partial \phi}{\partial x_i} = \frac{\partial \phi}{\partial \xi_j}\frac{\partial \xi_j}{\partial x_i} = \frac{\partial \phi}{\partial \xi_j}\frac{\beta^{ij}}{J} , \tag{9.3}$$

ここで β^{ij} はヤコビアン J の $\partial x_i/\partial \xi_j$ の余因子を表しており，2次元では

$$\frac{\partial \phi}{\partial x_1} = \frac{1}{J}\left(\frac{\partial \phi}{\partial \xi_1}\frac{\partial x_2}{\partial \xi_2} - \frac{\partial \phi}{\partial \xi_2}\frac{\partial x_2}{\partial \xi_1}\right) \tag{9.4}$$

となる．これらを用いて，デカルト座標で表した一般的な保存式

$$\frac{\partial(\rho\phi)}{\partial t} + \frac{\partial}{\partial x_j}\left(\rho u_j \phi - \Gamma\frac{\partial \phi}{\partial x_j}\right) = q_\phi \tag{9.5}$$

から，一般座標系へは

$$J\frac{\partial(\rho\phi)}{\partial t} + \frac{\partial}{\partial \xi_j}\left[\rho U_j \phi - \frac{\Gamma}{J}\left(\frac{\partial \phi}{\partial \xi_m}B^{mj}\right)\right] = Jq_\phi \tag{9.6}$$

と変換される．ここで，

$$U_j = u_k\beta^{kj} = u_1\beta^{1j} + u_2\beta^{2j} + u_3\beta^{3j} \tag{9.7}$$

は ξ_j =const. の座標面に垂直な速度成分に比例する値を示す．また，係数 B^{mj} は

$$B^{mj} = \beta^{kj}\beta^{km} = \beta^{1j}\beta^{1m} + \beta^{2j}\beta^{2m} + \beta^{3j}\beta^{3m} \tag{9.8}$$

で定義される．

変換された運動方程式にはさらに追加項が含まれるが，これらは，式 (1.16), (1.18), (1.19) をみるとわかるように，運動方程式の拡散項が一般保存式にはない微分係数を含むために生じるものである．これらの項は以前に示したのと同様な形を持つので，ここでは省略する．

式 (9.6) は式 (9.5) と同様の形を持つが各項が 3 つの項の和で置き換えられている．上に示したように各項は係数として 1 階微分を含んでいる．これらは（2 階微分よりも）数値的に評価することが容易である．非直交格子に特有の問題としては，混合微分が拡散項の中に現れることである．これは，式 (9.6) を展開してみると以下のように明らかである：

$$\begin{aligned} J\frac{\partial(\rho\phi)}{\partial t} &+ \frac{\partial}{\partial \xi_1}\left[\rho U_1 \phi - \frac{\Gamma}{J}\left(\frac{\partial \phi}{\partial \xi_1}B^{11} + \frac{\partial \phi}{\partial \xi_2}B^{21} + \frac{\partial \phi}{\partial \xi_3}B^{31}\right)\right] \\ &+ \frac{\partial}{\partial \xi_2}\left[\rho U_2 \phi - \frac{\Gamma}{J}\left(\frac{\partial \phi}{\partial \xi_1}B^{12} + \frac{\partial \phi}{\partial \xi_2}B^{22} + \frac{\partial \phi}{\partial \xi_3}B^{32}\right)\right] \\ &+ \frac{\partial}{\partial \xi_3}\left[\rho U_3 \phi - \frac{\Gamma}{J}\left(\frac{\partial \phi}{\partial \xi_1}B^{13} + \frac{\partial \phi}{\partial \xi_2}B^{23} + \frac{\partial \phi}{\partial \xi_3}B^{33}\right)\right] = Jq_\phi \, . \end{aligned} \tag{9.9}$$

勾配演算子から生じる ϕ の 3 つの微分は式 (1.27) と同様に，すべて発散演算子による外側の微分項の中に現れる．ϕ の混合微分にはそれぞれ異なるインデックスを持っ

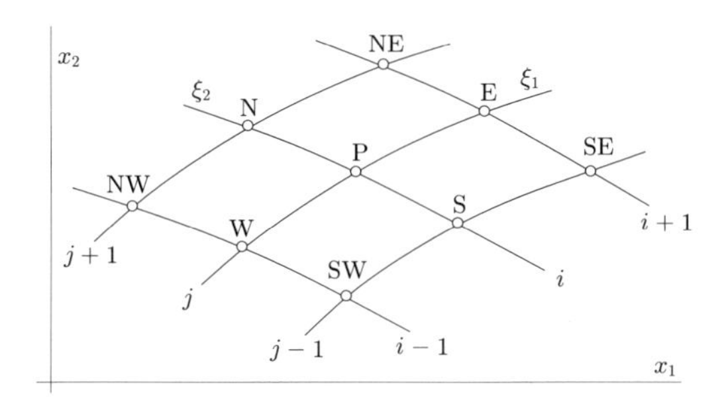

図 9.12 非直交格子での座標変換.

たメトリック（計量行列）係数 B^{mj} を持つ．この係数は格子が（直線，曲線によらず）直交であるときに 0 となる．格子が非直交であるときの対角成分 B^{ii} の大きさは格子線の角度と格子のアスペクト比に依存する．格子線の角度が小さくアスペクト比が大きいとき混合微分に掛かる係数が対角係数に対して大きくなり，数値的な問題（収束性の悪化，解の振動など）をもたらす．強い非直交性と過大なアスペクト比を避けることで，これらの混合微分項を対角項より小さく押さえることができて，問題は解消する．混合微分項は大抵は陽的に扱われる．これを陰的な計算の中に含めると定式化の参照構造 (computational molecule) が多くなり計算負荷を増加させる．陽的な扱いでは外部反復は増加するが，内部反復を単純化し計算負荷を下げる効果の方が大きい．

図 9.12 に示すように微分方程式 (9.6) にも 3 章に述べた有限差分法が適用でき，曲線座標に沿った微分は直線に沿った微分と同じように近似される．

複雑な非直交格子は座標変換によって単純で一様なデカルト格子（変換された空間座標は任意であるが通常は $\Delta\xi_i = 1$）に移される．変換された空間格子が単純であるので離散化も単純化されるとの主張がしばしばみられるが，この単純化は外見上だけのものであり，流れの複雑な形状を座標変換によって隠すことは本質的にできない．変換された格子は非直交格子よりも単純にみえるが，複雑性が形状係数 (metric coefficients) として含まれている．変換した一様な格子上での離散化は単純で正確であるが，形状の情報を表すヤコビアンや他の形状係数の計算は必ずしも単純ではなく付加的な離散化誤差などを生じやすい．困難さが隠されているというのはこの意味である．

変換された格子の間隔 $\Delta\xi_i$ を陽的に与える必要はない．物理空間での体積 ΔV は

$$\Delta V = J\Delta\xi_1\Delta\xi_2\Delta\xi_3 \tag{9.10}$$

で定義されるが，方程式全体に $\Delta\xi_1\Delta\xi_2\Delta\xi_3$ を掛けて $J\Delta\xi_1\Delta\xi_2\Delta\xi_3$ を ΔV に置き換

えれば格子間隔 $\Delta\xi_i$ はすべての項から消える．ここで，係数 β^{ij} を中心差分により近似すると2次元においては

$$\beta_{\mathrm{P}}^{11} = \left(\frac{\partial x_2}{\partial \xi_2}\right)_{\mathrm{P}} \approx \frac{x_{2,\mathrm{N}} - x_{2,\mathrm{S}}}{2\,\Delta\xi_2}\,, \quad \beta_{\mathrm{P}}^{12} = -\left(\frac{\partial x_2}{\partial \xi_1}\right)_{\mathrm{P}} \approx \frac{x_{2,\mathrm{E}} - x_{2,\mathrm{W}}}{2\,\Delta\xi_1}\,, \tag{9.11}$$

となる（図9.12を参照）．最終的な離散式は，（変換された）デカルト格子での隣接点との差分と格子点周りの仮想セル体積のみを用いて表される．よって必要なことは，各格子点の周りに重なりのないような仮想セルをとり体積を計算するだけとなる．このとき座標変換という概念は隠されており，座標 ξ_i に具体的な値を割り当てる必要はない．

9.5.2　形状関数に基づく方法

これまで誰かが試みたのかはわからないが，有限差分法は任意の非構造格子にも適用できる[3]．まず，特定の格子点の近傍で変数 ϕ を記述するために微分可能な形状関数を用意する．形状関数（大抵は多項式）の係数は形状関数を周囲の格子点の ϕ の値に適合させることで定められる．形状関数を解析的に微分すればデカルト座標系の原点（離散化する格子点）の周りにおける変数や幾何パラメータを1階および2階の導関数の形で表現でき，方程式中の各項は変換することなくそのまま離散化される．結果として得られる係数行列は疎 (sparse) 行列であるが，格子が構造化されていない限り対角構造とはならない．

また，局所格子のトポロジーに依存した別の形状関数を用いることもでき，これは参照構造（計算分子構造）で近傍の数を増加させるが，この種の複雑性を扱う解法（例えば，代数的マルチグリッド法や共役勾配法）によって簡単に処理することができる．

格子生成の代わりに計算領域にわたって計算点を適切に配置するだけでも有限差分法の適用は可能である．適切な形状関数を得るには各点の近くに一定の数の近接点を配置し，形状関数を用いて微分の近似を得る．この方法は微分方程式が非保存形（例えば，式 (1.20)）であれば離散化は容易に適用できるが，どのような場合でも完全な保存性を与えることはできない．このことは，計算点が十分密集して配置されている場合には問題とはならない．

適切なCVや要素格子を作るのに比べて，空間に点を配置するのは明らかに容易である．上述のように，有限体積法での最大の課題は計算領域をもれなく包む境界をどのように生成するかにある．一方，有限差分法での計算点生成にはより自由度があり，例えば，2つの格子点の隙間は単に無視してもよい．また，有限体積法の積分セルが一定の品質を満たさなければ，解が発散したり非物理的な解を生じる恐れが

---

[3] 訳注：離散点の運動をラグランジュ的に解析する，いわゆる「粒子法」においては類似の計算が用いられている．

ある．CV 形状の最適化は複雑で，その多く（不適合な格子界面の補正など）は判定基準に強く依存する．一方，有限差分法では，計算点の距離を保つように計算点を移動，追加するのは簡単である．

この方法では，まず，境界面に点を配置し，有限体積法でのプリズム格子生成と同様に境界の法線方向に少し離して点を加える．2 列目以降の点は計算領域内に規則的（例えば，直交格子状）に境界に近いところほど密に（セルの局所細分化と同様に）配置する．2 つの点の重なりを確認して，近すぎる点は移動，削除するか，または 1 つにまとめる．局所的な細分化はとても簡単で，すでにある点の間に計算点を加えるだけでよい．境界が移動する場合は境界に近い計算点もそれに伴い移動するが，残りの点は動かさなくてもよい．

唯一困難なことは，適切な圧力方程式や圧力修正方程式の導出であるが，これについては後述の節を参照されたい．本書のさらなる改訂の際には，この種の方法の実現を解説できることを楽しみにしている．

これまでに述べられた原則はすべての方程式に当てはめることができる．圧力や圧力修正の方程式の導出や，非直交格子を用いた有限差分法での境界条件実装についてはここでは詳しく扱わないが，すでに述べた方法をそのまま拡張すればよい．

9.6 有限体積法

有限体積法は，積分形の保存方程式，例えば，以下の一般的な保存方程式を基礎とする：

$$\frac{\partial}{\partial t}\int_V \rho\phi \,\mathrm{d}V + \int_S \rho\phi\mathbf{v}\cdot\mathbf{n}\,\mathrm{d}S = \int_S \Gamma \mathrm{grad}\phi\cdot\mathbf{n}\,\mathrm{d}S + \int_V q_\phi \,\mathrm{d}V \,. \tag{9.12}$$

有限体積法の原理は 4 章に述べたとおりで，矩形 CV で多用される近似法を示した．ここでは，任意多面体 CV に適用する際の特殊性についてのみ取り上げる．

直交座標のベクトル成分を用いるならば支配方程式には曲率項が含まれないため，単に頂点をつなぐだけで CV を定義できる．このとき，直交座標への射影（面ベクトル成分を表す）が同じであればセル面の実際の形状は重要ではない．

以下では，まず，ブロック構造格子，および非構造格子について格子データをどのように定義するかを説明する．

9.6.1 ブロック構造格子

構造格子で複雑形状を構成するのは困難で，時に不可能なものとなる．例えば，自由流内の円柱周りの流れを計算するには円柱の周りに O 型構造格子を容易に生成することができるが，円柱が狭い管内にある場合はもはや不可能となる．このような場合，ブロック構造格子は，(1) 容易さと (2) 構造格子に有効である多様な解析手法との折衷案を提供し，非構造格子を適用するような複雑形状を扱うこともできる．

このアイデアは，（各ブロックが1つのセルを表すような）非常に粗い非構造格子によって不規則な領域を埋めて，各ブロック内には規則的なデータ構造[4]を与えるようにも適用できる．

これには多くの方法が可能で，オーバーラップするブロックを使う方法（例えば，Hinatsu and Ferziger, 1991; Perng and Street, 1991; Zang and Street, 1995; Hubbard and Chen, 1994, 1995），あるいはオーバーラップさせない方法（例えば，Coelho et al., 1991; Lilek et al., 1997b）もある．また，並列計算に適合した方法（12章を参照）もあり，通常は各ブロックを並列プロセッサに割り当てて解く．

まず，計算領域のサブ領域への分割を，それぞれが構造格子に適した形（直角から外れすぎず，またCVの体積の比が大きすぎない）となるように行う．その例を図2.2に示されている．それぞれのブロック内のCVを示す添字i, jに加えて，さらにブロックを示す値が必要となる．データを1次元配列に保存すると，1次元配列におけるブロック3内の節点(i, j)の指示は，

$$l = O_3 + (i-1)N_j^3 + j \ ,$$

となる（表3.2を参照）．ここで，O_3はブロック3のオフセット（前にあるすべてのブロックの節点数，つまり$N_i^1 N_j^1 + N_i^2 N_j^2$）であり，$N_i^m$, N_j^mはブロックm内のi, j方向の節点数を示す．

2つの隣り合ったブロックの格子は必ずしも境界で一致する必要はない（図2.3の例）．不整合な境界節点の扱いを図9.13, 9.14に示す．このような状況は次の2つの理由，(1) 一方のブロック格子が計算精度を保つため他方よりも細かい，あるいは，(2) 一方が他方に対して移動することによりに生じる．後者はスライディング境界と呼ばれ，回転する要素の周りの流れによくみられる．

これらへの対応の1つとして，境界の向こう側に仮想的な格子点（これをゴーストノード (ghost node)，ハンギングノード (hanging node) とも呼ぶ）をおいて格子構造がそこまで連続しているように扱う方法がある（図9.13）．これらの仮想点の変数値は，隣接する周囲格子点から補間される．例えば，図9.13のブロックAの仮想点Eの変数値は，ブロックBでの最も近い計算点の値と勾配を用いて算出される：

$$\phi_{\mathrm{E}} = \phi_{\mathrm{N_e}} + (\boldsymbol{\nabla}\phi)_{\mathrm{N_e}} \cdot (\mathbf{r}_{\mathrm{E}} - \mathbf{r}_{\mathrm{N_e}}) \ . \tag{9.13}$$

反対にブロックBの仮想点Wにも同じ処理が適用できる．これらの補間値は，内部反復後あるいは外部反復後に更新される．このような処理は領域分割による並列計算と類似している（詳細は12.6.2項を参照されたい）．あるいは，内部反復後に式

[4] 訳注：原書では “lexicographic” と述べているが，ここでは直交格子的の意味であろう．

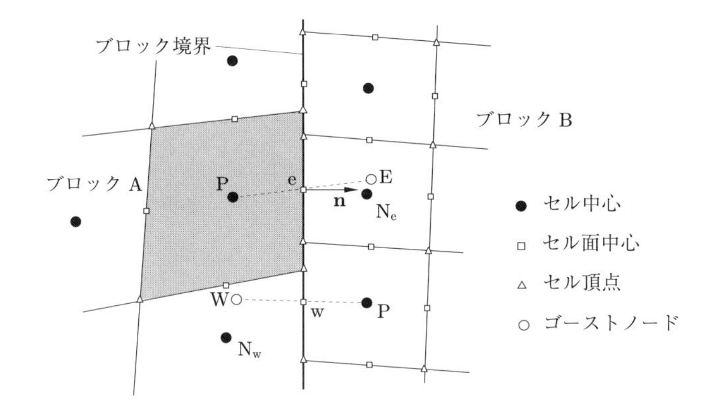

図 9.13 不整合格子を持つブロック境界：仮想格子点による方法.

(9.13) の右辺の格子点値を更新し，残りの部分を外部反復後に更新することもできる．ほかにも実装にあたって記述すべきことはあるが，ここで詳細は扱わない．

この方法の唯一の問題は，完全な保存性がないことである．つまり，一方のブロック A から境界面を通過する流束の合計が，反対側のブロック B の境界面を通過する流束合計と等しくない可能性がある．ただし，保存性を強制する修正も考案されている（例: Zang and Street, 1995）.

完全に保存的な別のアプローチは，境界に沿った CV が 4 つ以上の面（2 次元の場合）または 6 つ以上の面（3 次元の場合）を持つ（任意多角形または多面体となる）ように修正して得られる．このとき，境界の両側にある 2 つの格子に共通する界面部分を再設定する必要がある．元の格子境界は流束算出には用いず，新たな境界面の作成にのみ参照する．例えば，図 9.14 に示すブロック A のセル（濃灰色）の右面 (east) はブロック A の計算に用いられず，この CV の係数行列とソース項からは右面からの寄与が除かれ（係数 $A_{\rm E}$ はゼロ），このままでは離散化式は不完全となる．

図 9.14 において，ブロック A の CV（濃灰色）には右側（3 つの境界面に分割）に 3 つの隣接点があるため，構造格子の通常の表記法を使用できない．ブロックの境界に生じる不規則な境界面を処理するには，データ構造を書き直す必要がある．これは，格子全体が非構造である場合と同様のデータ構造となり，2 つの CV に共通する境界の各部分を（前処理ツールによって）識別して，表面積分近似に必要なすべての情報とともにリストアップする必要がある：

- 隣り合う左 (L) と右 (R) セルを示すインデックス，
- （隣接セル L から R への）境界面ベクトル，および
- セル面中心の座標.

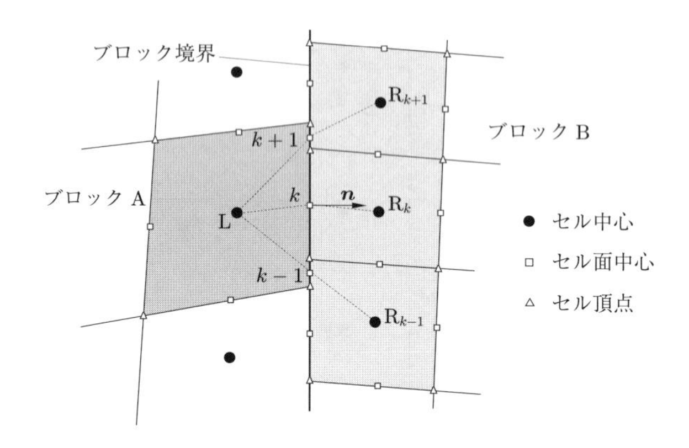

図 9.14　不整合格子を持つブロック境界：保存性のための格子構造の修正.

これらの情報があれば，各ブロックの内部と同様の方法でブロック境界面を通る流束を近似できる．この方法は，O 型格子や C 型格子に現れるカット面でも使用される（この場合では同じブロックの 2 つの境界間の接続が扱われており，A と B は同じブロック内であるが，格子構造が整合しない可能性がある）.

各境界面は，隣接 CV の生成項（遅延補正 (deferred correction) で処理される対流，拡散への陽的寄与項），対角係数 (A_{P})，および 2 つの非対角係数（点 R には A_L，点 L には A_R）に寄与する．右側に 3 つの隣接面を持つデータ構造の不規則性は，全体の係数行列への寄与が CV 体積にではなく，CV 境界面（常に 2 つの隣り合うセルを持つ）に属すると考えることで解決される．結局，どのようにブロックを関連付けるかは任意（ブロックの右面は他のブロックのどの面とも接続可）であり，隣り合う CV の番号を境界セル面に与えるだけでよい.

セル境界面，つまり A_L と A_R からの寄与により，全体係数行列 A は不規則になり，行当たりの要素数も帯域幅も一定ではない．ただし，これは簡単に対処でき，必要なのは反復行列 M（5 章を参照）を変更して，ブロック境界面による要素を除くだけでよい．これは，並列計算のサブ領域境界に使用されるのと同じであり，このとき境界面からの寄与は 1 反復分遅れる.

以下には ILU (incomplete LU) 型解法に基づいたアルゴリズムについて述べるが，他の線形方程式解法にも容易に適用できる：

1. それぞれのブロックについて，ブロック境界面の寄与を無視し，行列 A の要素と生成項 Q とを集める.
2. 節点 L, R における A_{P}, Q_{P} を更新しながら，境界セル面リストを繰り返していき，セル面に蓄えられた行列要素 A_L, A_R を計算する.

3. 隣のブロックを無視して，それぞれのブロックの行列 L, U の要素を計算する．
4. 行列 A の規則的部分 ($A(A_\mathrm{E}, A_\mathrm{W}, A_\mathrm{N}, A_\mathrm{S}, A_\mathrm{P}$ および Q_P)) を用いてそれぞれのブロックの残差を計算する．隣接ブロックによる係数は 0 なので，ブロック境界部の CV 残差計算は未完成である．
5. 境界セル面リストを参照し，計算点 L, R における残差に生成 $A_R\phi_R$, $A_L\phi_L$ をそれぞれに加えて更新する．すべての面を参照すれば残差計算が完成する．
6. それぞれのブロックの各節点の変数を更新し，1 に戻る．
7. 収束判定基準に達するまで繰り返す．

隣のブロックの節点に関する行列要素は反復行列 M には寄与しないので，ブロックが 1 つの場合に比べて収束するまでの反復回数は増えると考えられる．この効果は構造格子を人工的にいくつかのサブ領域に分割し，それぞれの部分をブロックとして扱うことにより検証できる．前述のように，領域を空間分割することにより陰的手法が並列化される場合と同じく（12 章参照），線形方程式解法の収束率の低下は**計算効率**によって評価される．

Schreck and Perić (1993)，Seidl et al. (1996) らによる数値検証では，特に共役勾配法やマルチグリッド法を用いた場合には，多数のサブ領域を用いても計算効率は非常に良いままに保たれることを示した．適切な構造格子を作成できるならそれが望ましい．これに対して，ブロック構造は計算負荷を増加させるが複雑な問題の解決を可能にし，複雑なアルゴリズムを必要とする．

この手法の適用例が 9.12 節にあり，O 型，C 型格子でのプログラムがディレクトリ `2dgl` 内の `caffa.f` にある（付録 A.1 を参照）．より詳しいブロック構造非適合格子の実行例は Lilek et al. (1997b) を参照されたい．

どれかのブロック内の格子が移動するとき，例えば，1 つのブロックが 1 時間ステップ内で $\Delta\theta$ だけ回転し別のブロックが固定されている状況では（つまり，スライディング境界を扱う場合），各ブロック内の格子が構造的か非構造的かに関係なく近傍点の接続を変更することにつながる．上記の保存的なアプローチを使用する場合，境界面での補間は時間ステップごとに実行する必要があり，前の時刻の境界面リストも新しい時刻に更新作成される．ハンギングノードを使用する場合にも，補間のための相手方の計算点を各時刻で再定義する必要がある．

9.6.2 非構造格子

非構造格子では領域境界適応の柔軟性が非常に高くなる．一般に，CV は任意の形状，つまり任意の数の面を持つ．初期の CFD コードは，最大 6 つの面を持つ格子（四面体，プリズム，ピラミッド，六面体）で構成されていた．これらはすべて六面体の特殊なケースとみなされ，一般化された六面体格子で 6 面またはそれ未満の境

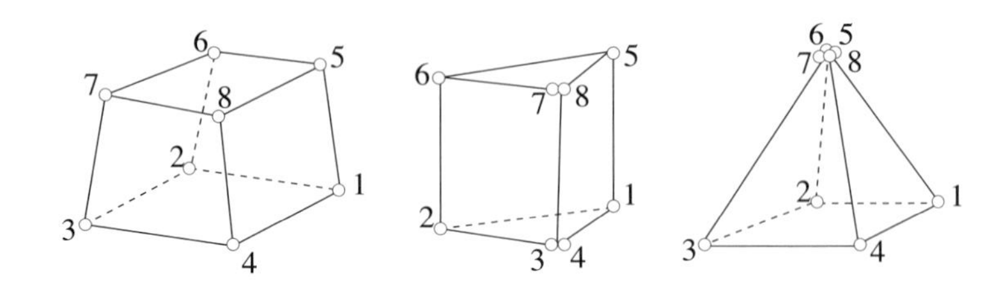

図 9.15　8 頂点リストで定義される一般化六面体 CV.

界面を持つ場合とされる．CV は 8 つの頂点で定義され，そのリストと関係付けられる．リスト内の頂点の順序は境界面の相対的な位置を表す．例えば，最初の 4 つの頂点が底面を最後の 4 つの頂点が上面を定義する（図 9.15 を参照）．同様に 6 つの隣接する CV の位置も暗黙的に定義される．例えば，頂点 1, 2, 3, 4 によって定義される底面は下側に隣接する CV（例えば，No.1 と順序付ける）と共有される．このようなデータ構造が CV 間の接続の定義に必要な配列の数を減らすために採用された．

1990 年代後半には多面体格子が導入され，CV の面数や頂点数の制限がなくなったためデータ構造の変更が必要となった．最新の CFD コードでは直交座標系であっても，通常，格子内のすべての CV に対して以下に説明するようなデータ構造を使用する．すべてのデータは頂点，面，および体積のリストとして関係付けられる．

まず，すべての頂点が添字（参照番号）と 3 つの直交座標値としてリストされる．次に，面リストが作成され各面がその添字および多角形を定義する頂点の添字によって定義される（頂点はリスト順に直線で接続され，最後の頂点が最初の頂点と接続して多角形が閉じられる）．最後に，計算点セルの添字とそれを囲む面のリストが作成される．

面のリストとして保存される情報には以下を含む：

- 面ベクトル成分（直交座標面への射影）；
- 面重心の座標;
- 面を挟む計算点セルの参照番号（通常，セル参照順（1 から 2 へ）の方向に対流を定義する）；
- 係数行列 A のうち，面を挟む隣接セルの相互参照に乗ずる係数成分．

計算点セルのリストとして保存される情報には以下を含む：

- セル体積;
- セル中心（計算点）の座標;
- 変数値，流体物性値;
- 係数行列 A の対角成分 A_{P}.

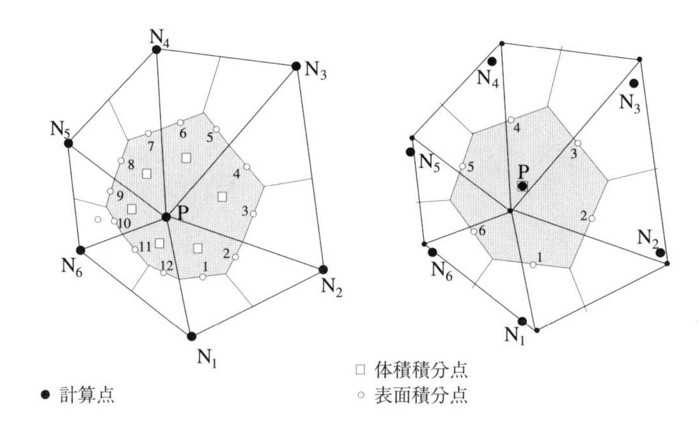

図 9.16　四面体から多面体セルの構築法（2 次元の例）.

近年では多面体格子が一般的となった．多面体は通常，最初に作成された四面体格子の頂点の周りに CV を作成することで得られる（ただし，他の生成方法もある）．2 次元での例を図 9.16（右）に示す．3 次元の四面体では面と体積の重心を持つ辺の中点を接続することで 4 つの六面体に分割される．1 つの四面体頂点の周りの CV は，その頂点を含む四面体を分割して得た六面体部分をすべて結合して定義される．すなわち，多面体の内部となる 2 つの六面体の境界面は接合し，同じ 2 つの CV で共有するすべての面が結合されて，結果，1 つの多面体面が作成される．計算点は CV の重心に再配置され，元の四面体格子は破棄される．これにより，多面体 CV の面の数が最小限に抑えられる．このあと，通常は，いくつかの最適化手順（多面体 CV 頂点の移動，面やセルを分割・結合など）により格子特性の向上を図る．

四面体格子を多面体格子に変換するもう 1 つの方法は，各四面体の稜線を直交する平面で切断して得る．切断点を稜線の中点とする場合や，そうでない場合もある．さまざまな CV タイプの利点と欠点については，格子品質の問題を扱う 12 章で説明する．

9.6.3　検査体積に基づく有限要素法

ここでは，三角形要素と線形形状関数を使用した有限体積法／有限要素法のハイブリッド法について簡単に説明する．有限要素法のナビエ・ストークス方程式への適用の詳細については，Oden (2006)，Zienkiewicz et al. (2005)，Fletcher (1991) などの書籍を参照されたい[5]．

[5] 訳注：日本語では日本計算工学会編 (2017)：第 3 版 有限要素法による流れのシミュレーション，丸善出版など．

この方法では，三角形（2次元）または四面体（3次元）で構成された非構造格子が使用されるが，四角形や六面体（特別なケースとしてプリズムやピラミッドを含む）で構成された格子にも同じ原理が適用できる．格子は変数を記述し，具体的には形状関数を定義する**要素**を表す．通常，計算点は要素の頂点にあり変数 ϕ は要素内で線形分布すると想定され，その形状関数は（2次元の場合）次のようになる：

$$\phi = a_0 + a_1 x + a_2 y \,. \tag{9.14}$$

ここで，係数 a_0, a_1, a_2 は節点での変数値に適合するように決定され，節点の座標と変数値の関数となる．

2次元では要素の重心と要素の頂点の中点を結合して各要素の節点の周囲に検査体積 (CV) が形成され，図9.16（左）に示すように各計算点の周囲に四角形のサブ要素が作成される．3次元では前述の四面体格子を多面体格子に変換する方法で，体積，面，稜線の中点で四面体を分割することで六面体のサブ要素が作成される．有限体積法との主な違いは，節点が元の四面体頂点のまま使われ，前節で説明した方法のようにCV重心（図9.16（右））ではないことである．四面体分割によるCVの境界面は保持され，その重心に表面積分の積分点が配置される．

積分形の保存方程式が，多数の面（2次元では約10，3次元では約50）を持つ不規則な多面体形状のCVに適用される．表面積分と体積積分は各要素に定義された形状関数を使用して**要素ごと**に計算される．図9.16に示す2次元CVの場合，CV面は12個のサブ面で構成され，その体積は6個のサブ体積（同じ頂点を共有し，CVに寄与する6つの要素）で構成されている．要素上の変数分布は形状関数で規定されるため積分は簡単に計算できる．通常，形状関数はサブ面またはサブ体積の重心での変数値を計算するように単純化して使用される（以下で説明するように，中点近似で表面積分と体積積分を評価）．

CVの代数方程式には点Pとその隣接点（図9.16の N_1 から N_6）が含まれる．この図に示す2次元格子は三角形のみで構成されているが，1つの頂点を共有する三角形の数に応じてCVごとの隣接点の数は異なる．このため，不規則な行列構造になり使用できる解法が制約される．通常は，共役勾配法かガウス・ザイデル法が単独で，または代数的マルチグリッド法の一部として使用される．

このアプローチでは多面体CVを利用するが，それらは明示はされず，計算結果は元の初期格子により定義した要素において与えられる．このあと説明する多面体CVを用いる有限体積法との主な違いは，以下となる：

- 表面・体積積分に中点近似を使う際に，両者での積分点の数が異なる．有限体積法では，2つの隣接セルの間に1つの面があり，CV重心に1つの体積積分点を持つが，本方法では同じ2つの隣接セルにより複数の面が共有され，また，サブ体積ごとに積分評価が必要となる．したがって，反復当たりの計算負荷と記憶容量は有限体積法の方が小さい．

- 多くの小さな面と体積により積分実行することで精度がわずかに高くなるとの予想もあるが，同じ数の計算点と同じ種類の近似を使用してデータが補間されるため，これは疑わしい．
- 本方法では，計算領域の境界上にある元の格子頂点の周囲にも CV が生成される．境界値が指定されている場合，これらの CV には解くべき方程式がないため特別な処理が必要となる．

このアプローチにより 2 次元で 2 次精度近似を使用した例が，Baliga and Patankar (1983)，Schneider and Raw (1987)，Masson et al. (1994)，Baliga (1997) などで採用され，また，3 次元の例が Raw (1985) に報告されている．

9.6.4 格子変数の計算法

3 次元のセル表面は必ずしも平面ではない．セル体積とセル面ベクトルを計算するには適切に近似することが必要である．簡単な方法は三角形によってセル面を表す方法である．Kordula and Vinokur (1983) によれば，構造格子で六角形が用いられる場合には CV を重複しない 8 つの四面体（それぞれの CV 面は 2 つの三角形に再分割される）に分解する．

任意の CV のセル体積を計算する方法のもう 1 つはガウスの定理に基づく．恒等式 $1 = \mathrm{div}(x\mathbf{i})$ を用いることにより，以下のように体積を計算することができる：

$$\Delta V = \int_V \mathrm{d}V = \int_V \mathrm{div}(x\mathbf{i})\,\mathrm{d}V = \int_S x\mathbf{i}\cdot\mathbf{n}\,\mathrm{d}S \approx \sum_c x_k\,S_k^x\ , \tag{9.15}$$

ここで “c” はセル面を表し，S_k^x はセル面の表面ベクトルを表す（図 9.17 を参照）：

$$\mathbf{S}_k = S_k\,\mathbf{n} = S_k^x\,\mathbf{i} + S_k^y\,\mathbf{j} + S_k^z\,\mathbf{k}\ . \tag{9.16}$$

$x\mathbf{i}$ の代わりに $y\mathbf{j}$ や $z\mathbf{k}$ を用いることもできるが，その場合は $y_k\,S_k^y$，または $z_k\,S_k^z$ の総和をとる．それぞれのセル面が，両側の CV に同じ方法で定義されていれば，この手順により重複を防ぎ，CV 体積の総和が計算領域の全体積に等しいことを保証する．

重要なことはセル面における面ベクトルの定義である．最も簡単な方法は共通の頂点を持つ三角形への分割である（図 9.17）．三角形の面積と単位法線ベクトルは簡単に計算でき，セル面の表面ベクトルは三角形の表面ベクトルの総和である（図 9.17 の面 c_1 とベクトル $\mathbf{S}_1$）：

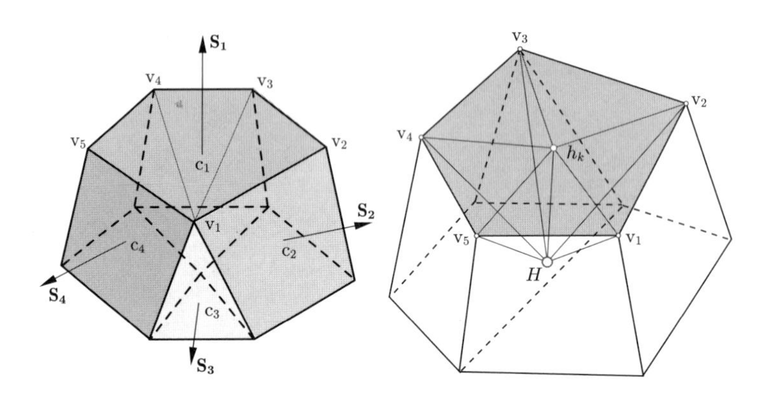

図 9.17　任意形状 CV のセル体積と面ベクトルの計算：2 つの方法.

$$\mathbf{S}_k = \frac{1}{2} \sum_{i=3}^{N_k^{\mathrm{v}}} \left[(\mathbf{r}_{i-1} - \mathbf{r}_1) \times (\mathbf{r}_i - \mathbf{r}_1) \right] , \tag{9.17}$$

ここで N_k^{v} はセル面での頂点の数，$\mathbf{r}_i$ は頂点 i の位置ベクトルである．三角形は $N_k^{\mathrm{v}} - 2$ 個ある．上式はセル面に凹凸があっても正しい．共通の頂点の選択は重要ではない．

セル面中心は面積によって重み付けられた三角形の中心座標（3 つの頂点座標の平均である）を平均することによって得られる．セル面の面積はその表面ベクトルの大きさで近似され，例えば，

$$S_k = |\mathbf{S}_k| = \sqrt{(S_k^x)^2 + (S_k^y)^2 + (S_k^z)^2} \tag{9.18}$$

となる．ここでは，セル面のデカルト座標系平面への投影のみが必要とされる．CV の稜線が直線であるとき投影は厳密である．

流体の流れに加えて粒子の動きも計算する場合は，分割した三角形の表面ベクトルが同じく外側を向いている（分割した表面ベクトル同士のスカラー積がすべて正である）ことが必要となるが，上で示した方法では必ずしも保証されない．面データを計算するためのもっと堅実な方法を図 9.17（右）に示す．これには，より多くの三角形が生成され計算負荷が増える．

この方法では，各面 k に補助点 (hub-point) h を例えば，面頂点の平均位置となるように定義する：

$$\mathbf{r}_{h,k} = \frac{1}{N_k^{\mathrm{v}}} \sum_{i=1}^{N_k^{\mathrm{v}}} \mathbf{r}_{v_i} , \tag{9.19}$$

$\mathbf{r}_{v_i}$ は，k 面を定義する頂点リスト内の i 番目の頂点を表す．

次に，各頂点と補助点 h によりセル面を N_k^{v} 個の三角形に分割すると，m 番目の三角形の面ベクトルは次のように表される：

$$\mathbf{S}_{k,m} = \frac{1}{2}(\mathbf{r}_{v_{m-1}} - \mathbf{r}_{h,k}) \times (\mathbf{r}_{v_m} - \mathbf{r}_{h,k}) . \tag{9.20}$$

結果，全体の面ベクトルは，すべての三角形の面ベクトルの合計と等しくなる：

$$\mathbf{S}_k = \sum_{m=1}^{N_k^{\mathrm{v}}} \mathbf{S}_{k,m} . \tag{9.21}$$

各三角形 m の重心座標 $\mathbf{r}_{k,m}$ は

$$\mathbf{r}_{k,m} = \frac{1}{3}(\mathbf{r}_{h,k} + \mathbf{r}_{v_m} + \mathbf{r}_{v_{m-1}}) \tag{9.22}$$

と定義され，離散化のため保存する面重心の座標は

$$\mathbf{r}_k = \frac{\sum_{m=1}^{N_k^{\mathrm{v}}} |\mathbf{S}_{k,m}| \mathbf{r}_{k,m}}{\sum_{m=1}^{N_k^{\mathrm{v}}} |\mathbf{S}_{k,m}|} \tag{9.23}$$

となる．

セル体積を計算するには，別の補助点 H（すべてのセル頂点の座標の平均）を定義すると都合が良い．すなわち，各面の三角形頂点と補助点 H を結ぶ四面体の体積は以下のように簡単に計算できる：

$$V_{k,m} = \frac{1}{3}\mathbf{S}_{k,m} \cdot (\mathbf{r}_{h,k} - \mathbf{r}_H) . \tag{9.24}$$

結果，セルの体積は，各セル面で計算した四面体の体積を，さらにすべての面で合計することで

$$V_{\mathrm{P}} = \sum_{k=1}^{N_{\mathrm{P}}^{\mathrm{f}}} \sum_{m=1}^{N_k^{\mathrm{v}}} V_{k,m} \tag{9.25}$$

と計算される．ここで，$N_{\mathrm{P}}^{\mathrm{f}}$ は計算点 P を囲む面の数を表し，そのセルの重心 P の座標は各四面体の座標を体積で重み付け平均して

$$\mathbf{r}_{\mathrm{P}} = \frac{\sum_{k=1}^{N_{\mathrm{P}}^{\mathrm{f}}} \sum_{m=1}^{N_k^{\mathrm{v}}} (\mathbf{r}_{C,m})_k V_{k,m}}{V_{\mathrm{P}}} \tag{9.26}$$

と算出される．ここで，各四面体の重心の座標は頂点の平均座標：

$$(\mathbf{r}_{C,m})_k = \frac{1}{4}(\mathbf{r}_{h,k} + \mathbf{r}_{v_m} + \mathbf{r}_{v_{m-1}} + \mathbf{r}_H) \tag{9.27}$$

である．

9.7　流束と生成項の近似

9.7.1　対流流束の近似

ここでは，表面積分と体積積分に中点公式のみを使用する．これは，任意の形状の積分領域に適用できる唯一の 2 次精度近似であり，任意多角形での近似には面の重心座標を与えれば十分で，その計算方法は前節に述べた．高次精度の方法を導く手順については 9.10 節で説明する．

まず，質量流束の計算として，図 9.18 に示す CV に添字 k で示す面について考える．添字を置き換えることで他の面にも同じ手順が適用され，任意の個数の面を扱うことができる．

面 k を通る質量流束の中点公式は

$$\dot{m}_k = \int_{S_k} \rho \mathbf{v} \cdot \mathbf{n} \, \mathrm{d}S \approx (\rho \mathbf{v} \cdot \mathbf{n} \, S)_k \tag{9.28}$$

と書ける．面 k における単位法線ベクトルは面ベクトル $\mathbf{S}_k$ と面積 S_k により定義され，その直交座標平面への投影が S_k^i となる：

$$\mathbf{S}_k = \mathbf{n}_k S_k = S_k^i \, \mathbf{i}_i \; . \tag{9.29}$$

また，面積 S_k は

$$S_k = \sqrt{\sum_i (S_k^i)^2} \tag{9.30}$$

である．任意の多面体での面ベクトル成分の計算方法は 9.6.4 項を参照されたい．

上記の定義によって質量流束は

$$\dot{m}_k = \rho_k \sum_i S_k^i u_k^i = \rho_k S_k v_k^n \tag{9.31}$$

となる．ここで，面重心 k に補間された直交座標の速度成分を u_k^i，面 k に直交する速度成分を v_k^n と表す．

直交座標格子との違いは，面ベクトルが複数の座標方向成分を持つためすべての速度成分が質量流束に寄与することであり，流束は速度成分と面ベクトル成分（セル面の直交座標平面への投影）との内積として計算される（式 (9.31) を参照）．

一般の輸送方程式の対流流束は，通常，質量流束を既知として，中点公式により

$$F_k^{\mathrm{c}} = \int_{S_k} \rho \phi \, \mathbf{v} \cdot \mathbf{n} \, \mathrm{d}S \approx \dot{m}_k \phi_k \tag{9.32}$$

と与える．ここで，ϕ_k は面の重心 k における値である．これは，5 章で説明したピカール反復 (Picard-iteration) に基づく線形化を表す．

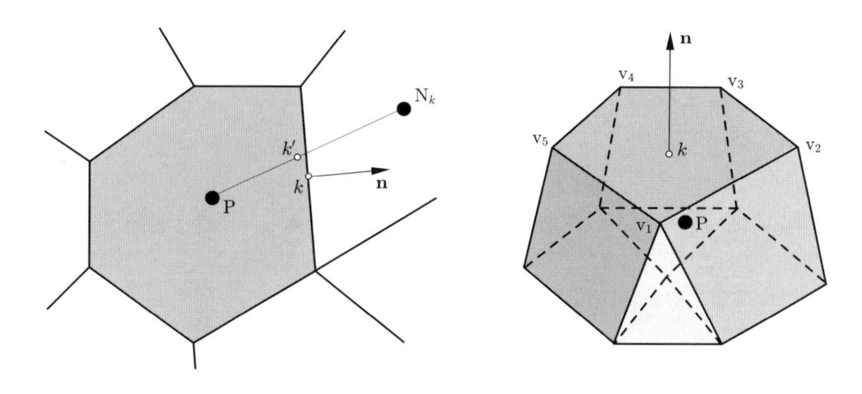

図 9.18　一般の 2 次元，3 次元 CV と記号．

面重心における変数値には計算点からの補間が必要となる．いくつかのやり方を 4 章に示したが，計算点（CV 重心）は一般には補間が容易な線上にないため任意の多面体格子へ簡単に拡張できるわけではない．より高次精度の補間には多次元の形状関数が必要となる．

ただし，幾何学データとベクトル演算を使用すれば任意の多面体 CV に対する単純な 2 次精度の方法を簡単に構築できる．図 9.18 の 2 つの任意の CV を考えてみよう．セル中心と面重心の座標に基づいて

$$\mathbf{d}_k = \mathbf{r}_{\mathrm{N}_k} - \mathbf{r}_{\mathrm{P}} \tag{9.33}$$

が定義される．また，セル P と隣接セル N_k の中心を結ぶ線に沿って線形補間係数を次のように導入する：

$$\xi_k = \frac{(\mathbf{r}_k - \mathbf{r}_{\mathrm{P}}) \cdot \mathbf{d}}{\mathbf{d} \cdot \mathbf{d}} \, . \tag{9.34}$$

ベクトル $(\mathbf{r}_k - \mathbf{r}_{\mathrm{P}})$ をセル中心を結ぶ線に投影すると，この線上の補助点 k' が

$$\mathbf{r}_{k'} = \mathbf{r}_{\mathrm{N}_k} \xi_k + \mathbf{r}_{\mathrm{P}}(1 - \xi_k) \tag{9.35}$$

と定義される．

面の両側のセル中心間の線形補間は最も単純な 2 次近似であるが，補間値は面の重心ではない場所 k' に得られている：

$$\phi_{k'} = \phi_{\mathrm{N}_k} \xi_k + \phi_{\mathrm{P}}(1 - \xi_k) \, . \tag{9.36}$$

上記の補間による値を面重心の値とみなすと，点 k' と点 k がほぼ一致しない限り，結果は 2 次精度にはならない．

そこで，補間点 k' からの勾配を使用して，面の重心位置 k の2次精度の補間が

$$\phi_k = \phi_{k'} + (\nabla\phi)_{k'} \cdot (\mathbf{r}_k - \mathbf{r}_{k'}) \tag{9.37}$$

と表される．ここで，右辺の初項が式(9.36)で与えられるとき，係数行列 A への寄与とみなされる．一方，第2項は陽的な遅延補正として扱われる．k' での勾配は，式(9.36)に従ってセル中心値からの補間により計算できる．ベクトル $\mathbf{d}$ が面中心 k を通過する場合，勾配を含む遅延補正は0になる．これは，k' と k が一致する場合であり，面の値はセル中心値のみから計算される．

もう1つの方法では，面を挟むセル中心から面中心までの外挿を，距離（中心差分近似に相当）や流れの方向（2次精度風上差分に相当），またはその他の基準に応じて，両者に重み付けて使用する：

$$\phi_{k1} = \phi_{\mathrm{P}} + (\nabla\phi)_{\mathrm{P}} \cdot (\mathbf{r}_k - \mathbf{r}_{\mathrm{P}}) , \quad \phi_{k2} = \phi_{\mathrm{N}_k} + (\nabla\phi)_{\mathrm{N}_k} \cdot (\mathbf{r}_k - \mathbf{r}_{\mathrm{N}_k}) . \tag{9.38}$$

距離で重み付けるならば，

$$\phi_k = \phi_{k2}\xi_k + \phi_{k1}(1 - \xi_k) \tag{9.39}$$

となる．式(9.38)の値 ϕ_{k1} と ϕ_{k2} は，それら自体が2次精度近似を表している．上流側からの外挿によって得られた値を採用すると線形風上スキームが得られ，これは，ほとんどの市販のCFDコードに実装されている．

セル面の法線上にその重心を通る2つの補助点を追加で定義する方法もある．まず，2つのセル中心とその間の面重心を結ぶベクトルの面法線への投影のうち，短い方を採用する：

$$a = \min((\mathbf{r}_k - \mathbf{r}_{\mathrm{P}}) \cdot \mathbf{n}, (\mathbf{r}_{\mathrm{N}_k} - \mathbf{r}_k) \cdot \mathbf{n}) . \tag{9.40}$$

補助点 P' と N'_k は，面の重心 k から等距離 a にあると定義される（1つはセルの中心位置を面の法線に投影したもので，もう1つは面に近づくようにとられる（図9.19を参照））：

$$\mathbf{r}_{\mathrm{P}'} = \mathbf{r}_k - a\mathbf{n} , \quad \mathbf{r}_{\mathrm{N}'_k} = \mathbf{r}_k + a\mathbf{n} . \tag{9.41}$$

面の重心における変数値は，補助節点 P' と N'_k（これらは面の中心から等距離にある）の値の平均として計算できる：

$$\phi_{\mathrm{P}'} = \phi_{\mathrm{P}} + (\nabla\phi)_{\mathrm{P}} \cdot (\mathbf{r}_{\mathrm{P}'} - \mathbf{r}_{\mathrm{P}}) , \quad \phi_{\mathrm{N}'_k} = \phi_{\mathrm{N}_k} + (\nabla\phi)_{\mathrm{N}_k} \cdot (\mathbf{r}_{\mathrm{N}'_k} - \mathbf{r}_{\mathrm{N}_k}) . \tag{9.42}$$

$$\phi_k = \frac{1}{2}(\phi_{\mathrm{P}'} + \phi_{\mathrm{N}'_k}) . \tag{9.43}$$

3つの方法はすべて，面の両側のセル中心にある変数値を参照する部分（行列係数

に寄与する）とセルの中心の勾配に依存する部分（通常は遅延補正で処理される）を含む 2 次精度近似を与えている．最初の方法は直交格子上では標準的な中心差分近似（線形補間）に簡約される．第 2，第 3 の方法は，両方のセルの中心の勾配が同じであれば同じ近似となるが，そうでない場合は，直交格子であっても勾配の差に比例する項が残る．

2 次関数（3 次精度）および 3 次関数（4 次精度）の補間は，4 章で説明したように節点 P および N_k の変数値と勾配を使用して簡単に構築できるが，正確な近似は位置 k' でのみ得られる．計算格子が十分に細かい場合に近似精度は高まるが，式 (9.37) の補正と積分近似はどちらも 2 次であるため，対流流束近似の全体的な次数精度を 2 次より高くすることはできない．この問題の詳細は 4.7.1 項を参照されたい．

1 次精度風上スキームは，どのような格子でも簡単に実装できる（4.4.1 項を参照）．ただし，数値拡散が極めて大きいため，通常は格子品質が極端に悪く 2 次精度近似が破綻する場合にのみ使用される．1 次精度風上スキームを使用するもう 1 つの対象は振動解を生じる高次スキームの安定化である．これは，5.6 節で説明したように，2 つのスキームを混合して実現される．その際の混合率は，ユーザーが指定することも，特定の基準に基づいてプログラムされることもある．

9.7.2　拡散流束の近似

拡散流束の積分に中点公式を適用すると

$$F_k^{\mathrm{d}} = \int_{S_k} \Gamma\, \boldsymbol{\nabla}\phi \cdot \mathbf{n}\, \mathrm{d}S \approx (\Gamma\, \boldsymbol{\nabla}\phi \cdot \mathbf{n})_k S_k = \left(\Gamma \frac{\partial \phi}{\partial n}\right)_k S_k \tag{9.44}$$

となる．セル面中心における ϕ の勾配は，大域的な直交座標 x_i または局所直交座標 (n, t, s) の微分で表す：

$$\boldsymbol{\nabla}\phi = \frac{\partial \phi}{\partial x_i}\mathbf{i}_i = \frac{\partial \phi}{\partial n}\mathbf{n} + \frac{\partial \phi}{\partial t}\mathbf{t} + \frac{\partial \phi}{\partial s}\mathbf{s}\,, \tag{9.45}$$

ここで，n, t, s は面に垂直および接線の座標方向を表し，$\mathbf{n}$, $\mathbf{t}$, $\mathbf{s}$ は各座標方向の単位ベクトルである．座標系 (n, t, s) も直交座標系であるが，1 つの座標を面に垂直に，他の 2 つを面の接線になるように定義している．

面の法線方向微分やセル中心の勾配ベクトルを近似する方法は複数あるので，ここではそのいくつかを説明する．セル面付近の ϕ 変化が形状関数で記述される場合，この関数を位置 k で微分して直交座標に対する微分を求めることができる．拡散流束は

$$F_k^{\mathrm{d}} = \Gamma_k \sum_i \left(\frac{\partial \phi}{\partial x_i}\right)_k S_k^i \tag{9.46}$$

と表される．これを**陽的**に実装するのは簡単であるが，陰的近似では形状関数の順序

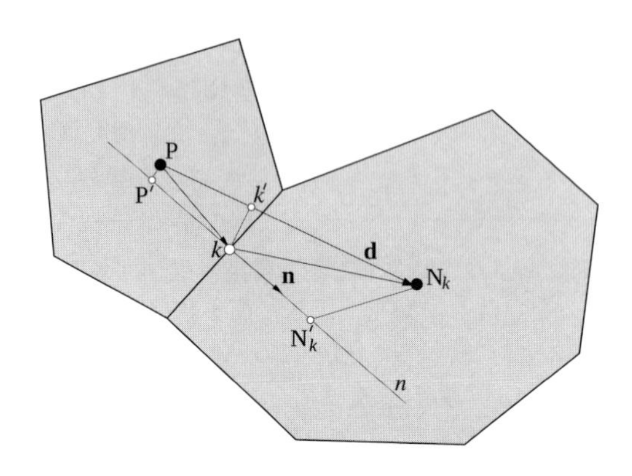

図 9.19　任意の多面体 CV における拡散流束の近似.

と関係する計算点の数に応じて複雑になる.

拡散流束の 2 次精度近似を導く簡単な方法は，前節で紹介した補助節点 P′ と N_k' の値を使用することである（図 9.19 を参照）．中心差分として近似された n に関する導関数は単純に以下となる：

$$\left(\frac{\partial \phi}{\partial n}\right)_k \approx \frac{\phi_{N_k'} - \phi_{P'}}{|\mathbf{r}_{N_k'} - \mathbf{r}_{P'}|} . \tag{9.47}$$

式 (9.42) を参照すると，上記の式は

$$\left(\frac{\partial \phi}{\partial n}\right)_k \approx \frac{\phi_{N_k} - \phi_{P}}{|\mathbf{r}_{N_k'} - \mathbf{r}_{P'}|} + \frac{(\boldsymbol{\nabla}\phi)_{N_k} \cdot (\mathbf{r}_{N_k'} - \mathbf{r}_{N_k}) - (\boldsymbol{\nabla}\phi)_{P} \cdot (\mathbf{r}_{P'} - \mathbf{r}_{P})}{|\mathbf{r}_{N_k'} - \mathbf{r}_{P'}|} \tag{9.48}$$

と書き直すことができる．右辺の初項は（係数行列に寄与する）陰的な部分を，第 2 項は前回の反復からの値を使用して計算（遅延補正）する陽的な部分を表す.

面法線が両側のセル中心を通過し，それらが面中心から等しく離れている場合，勾配を含む遅延補正は消える．このとき，法線微分は，均一な直交座標格子の場合と同様に，セル中心の値のみから計算される．ただし，格子が均一でない場合，上記の近似 (9.48) には面の重心 k で 2 次精度になるための補正項が含まれる.

セル面の導関数を計算する別の方法は，最初に CV 中心で導関数を取得し，次に ϕ_k を与えたのと同じやり方でセル面に補間することである．ただし，これは振動解を生じる可能性があり，コロケート格子で振動圧力を回避するために使用されたのと同様の補正が必要となる．まず，セル中心の勾配を計算する方法をみてみよう.

簡単な方法としては，ガウスの定理から得られるセル全体の平均値

$$\left(\frac{\partial \phi}{\partial x_i}\right)_P \approx \frac{\displaystyle\int_V \frac{\partial \phi}{\partial x_i}\, \mathrm{d}V}{\Delta V} \tag{9.49}$$

によって CV 中心の導関数を近似する．次に，導関数 $\partial\phi/\partial x_i$ をベクトル $\phi\mathbf{i}_i$ の発散として考え，ガウスの定理により体積積分を表面積分に変換する：

$$\int_V \frac{\partial\phi}{\partial x_i}\,\mathrm{d}V = \int_S \phi\,\mathbf{i}_i\cdot\mathbf{n}\,\mathrm{d}S \approx \sum_k \phi_k S_k^i\ . \tag{9.50}$$

これは，CV のすべての面における表面ベクトルの x 成分と ϕ の積を合計し，その合計を CV の体積で割ることで，CV 中心での x に関する ϕ の微分が計算されることを示している：

$$\left(\frac{\partial\phi}{\partial x_i}\right)_\mathrm{P} \approx \frac{\sum_k \phi_k S_k^i}{\Delta V}\ . \tag{9.51}$$

ϕ_k については対流流束での値を使用できるが，必ずしも両方の項に同じ近似を使用する必要はない．直交座標格子と線形補間であれば，標準の中心差分近似が得られる：

$$\left(\frac{\partial\phi}{\partial x_i}\right)_\mathrm{P} \approx \frac{\phi_\mathrm{E}-\phi_\mathrm{W}}{2\,\Delta x}\ . \tag{9.52}$$

（他の面ベクトルの x 成分がゼロであるため，東面と西面のみが x 方向の微分に寄与する．セルの体積は $\Delta V = S_e\Delta x$ と表すことができる．）

セル中心の勾配は線形の形状関数を用いて 2 次精度で近似することもできる．隣接するセル中心（例えば P と N_k）間の変数値 ϕ が線形に変化すると仮定すると，

$$\phi_{\mathrm{N}_k} - \phi_\mathrm{P} = (\boldsymbol{\nabla}\phi)_\mathrm{P}\cdot(\mathbf{r}_{\mathrm{N}_k} - \mathbf{r}_\mathrm{P}) \tag{9.53}$$

と書ける．計算点 P の近傍点の数だけこのような方程式を書くことができるが，実際には 3 つの導関数成分 $\partial\phi/\partial x_i$ を計算すればよい．任意の CV 形状での過剰な条件式からは，最小二乗法を適用して必要な導関数を計算できる．詳細については，Demirdžić and Muzaferija (1995) を参照されたい．

このようにして計算された導関数はセル面に補間され，拡散流束は式 (9.46) から計算できる．この方法の問題点としては，反復手順の過程で計算式には含まれない振動解が生成され得る．これを回避する方法について以下で説明する．

陽的方法での実装は非常に簡単であるが，多数の近傍点が参照されるため陰的方法の実装には適さない．5.6 節で説明した**遅延補正**により実装の問題は回避できるが，必ずしも振動を排除するのには役立たない．

この問題に対処するための多くの方法が過去 20 年間に開発されてきた．Demirdžić (2015) はそれらを概観し，非直交座標で拡散項を離散化するのと同等な最良の方法として以下を与えている：

$$F_k^{\mathrm{d}} \approx \Gamma_{\phi,k} S_k \frac{\phi_{N_k} - \phi_{\mathrm{P}}}{(\mathbf{r}_{N_k} - \mathbf{r}_{\mathrm{P}}) \cdot \mathbf{n}_k} + \Gamma_{\phi,k} S_k \underline{\left[(\boldsymbol{\nabla}\phi)_k \cdot \mathbf{n}_k - \overline{(\boldsymbol{\nabla}\phi)}_k \cdot \frac{\mathbf{r}_{N_k} - \mathbf{r}_{\mathrm{P}}}{(\mathbf{r}_{N_k} - \mathbf{r}_{\mathrm{P}}) \cdot \mathbf{n}_k} \right]} . \tag{9.54}$$

右辺の第1項は陰的に扱われ係数行列 A に寄与する．下線付きの項は変数の既知値を使用して計算され遅延補正として扱われる．この項の $(\boldsymbol{\nabla}\phi)_k$ は2つのCV中心からの勾配を面からの距離に応じて補間して取得するが，$\overline{(\boldsymbol{\nabla}\phi)}_k$ はPと N_k での勾配の平均を表す．これらを区別する理由は，中心差分近似である右辺の第1項は節点Pと N_k の中間点で2次精度であり，ϕ の変化が滑らかな場合にのみ右辺の最後の項で第1項を打ち消して，勾配をセル面の中心ではなく中間点に補間するためである．

上記の式の右辺のすべての項は，実際には位置 k ではなく k' での近似値を提供している．したがって，k' から k までの距離が無視できない場合，流束近似値は2次精度にはならない．また，式(9.54)による法線方向の導関数の近似値は補助節点 P' および N'_k を用いて得る式(9.48)と似ているが，異なる方法で導出されている．式(9.48)からの近似値は，セル中心Pと N_k を結ぶ線が面の重心を通らない場合でも，面の重心 k で2次精度となる．

運動方程式では，拡散流束には一般的な保存方程式にはない項がいくつか含まれる．例えば，u_i の場合

$$F_k^{\mathrm{d}} = \int_{S_k} \mu \, \boldsymbol{\nabla} u_i \cdot \mathbf{n} \, \mathrm{d}S + \underline{\int_{S_k} \mu \frac{\partial u_j}{\partial x_i} \, \mathbf{i}_j \cdot \mathbf{n} \, \mathrm{d}S} \tag{9.55}$$

となる．下線付きの項は，一般的な保存方程式には存在しない．ρ と μ が定数の場合，連続の式により下線付きの項のすべてのCV面における合計はゼロになる（7.1節を参照）．ρ と μ が定数でない場合，それらは（衝撃波付近を除いて）滑らかに変化し，CV面全体における下線付きの項の積分は主項の積分よりも小さい．このため通常，下線付きの項は陽的に扱う．上記のように，CV中心からの勾配ベクトルを使用して，セル面における導関数を簡単に計算できる．この項は振動を引き起こさないので勾配を単に補間して計算できる．

9.7.3　生成項の近似

体積積分に中点公式を用いるならば，CV中心の値とCV体積の積によって

$$Q_{\mathrm{P}}^{\phi} = \int_V q_\phi \, \mathrm{d}V \approx q_{\phi,\mathrm{P}} \, \Delta V \tag{9.56}$$

と近似される．この近似はCV形状によらず2次精度となる．

ここで，運動方程式の圧力項をみてみよう．圧力項は，CV面上の保存力，あるいは，非保存的な体積力としても扱うことができる．u_i の方程式において，前者の近

似は以下となる：

$$Q_{\mathrm{P}}^{p}=-\int_{S}p\,\mathbf{i}_i\cdot\mathbf{n}\,\mathrm{d}S\approx\sum_{k}p_k S_k^i\ . \tag{9.57}$$

一方，後者では

$$Q_{\mathrm{P}}^{p}=-\int_{V}\frac{\partial p}{\partial x_i}\,\mathrm{d}V\approx-\left(\frac{\partial p}{\partial x_i}\right)_{\mathrm{P}}\Delta V \tag{9.58}$$

と表される．式 (9.57) は完全に保存的であるが，式 (9.58) は導関数 $\partial p/\partial x_i$ がガウスの定理により計算される場合にのみ保存的となる（前者と同等）．CV 中心での圧力微分が形状関数を微分して計算される場合には，この方法は一般に保存的とはならない．

他の生成項の体積積分も同様に近似され，まず，CV 重心で値を計算し，それに CV 体積を単純に乗ずればよい．ただし，生成項が非線形であれば線形化する必要がある．これには，5.5 節で説明した方法が用いられる．

9.8 圧力修正方程式

非直交あるいは非構造格子では，SIMPLE アルゴリズム（8.2.1 項を参照）を修正する必要がある．本節でその方法について説明する．前章で紹介した陰的フラクショナル・ステップ法の拡張も同じ手順によるが，2 つの方法の違いはわずかで，また，8.2.3 項に詳しく説明したので，ここでは触れない．

格子タイプによらず，離散化された運動方程式は次の形式となる：

$$A_{\mathrm{P}}^{u_i}u_{i,\mathrm{P}}+\sum_{k}A_k^{u_i}u_{i,k}=Q_{i,\mathrm{P}}\ . \tag{9.59}$$

ここでの下付き添字 k は，面の重心ではなく，セル中心 N_k を表すことに注意されたい．

生成項 $Q_{i,\mathrm{P}}$ には離散化された圧力勾配項が含まれ，近似法にかかわりなく，次のように記述できる：

$$Q_{i,\mathrm{P}}=Q_{i,\mathrm{P}}^{*}+Q_{i,\mathrm{P}}^{p}=Q_{i,\mathrm{P}}^{*}-\left(\frac{\delta p}{\delta x_i}\right)_{\mathrm{P}}\Delta V\ , \tag{9.60}$$

ここで，$\delta p/\delta x_i$ は直交座標 x_i で離散化した圧力微分を表す．圧力項が保存的（表面力の合計として）に近似される場合，CV 上の平均圧力勾配は次のように表される：

$$Q_{i,\mathrm{P}}^{p}=-\int_{S}p\,\mathbf{i}_i\cdot\mathbf{n}\,\mathrm{d}S=-\int_{V}\frac{\partial p}{\partial x_i}\,\mathrm{d}V\quad\Rightarrow\quad\left(\frac{\delta p}{\delta x_i}\right)_{\mathrm{P}}=-\frac{Q_{i,\mathrm{P}}^{p}}{\Delta V}\ . \tag{9.61}$$

前述のとおり，補正は圧力勾配の形をとり，連続の式を満たすように導いたポアソン方程式から算出される．目的は連続性を満たすことであり，結果，すべてのCVへの正味の質量流束はゼロとなる．質量流束を計算するにはセル面の中心での速度が必要であり，スタガード配置では直接与えられるが，コロケート配置では補間により求める．

7章で説明したように，セル面の補間速度を用いて圧力修正方程式を導出すると計算点の参照範囲が大きくなり，圧力や速度に振動が生じ得る．そこで，補間速度を修正して参照範囲が小さい圧力修正方程式を導出して振動解を回避する方法を説明した．以下に，8.2.1項で示した方法の非直交格子への拡張を簡単に説明する．これは，運動方程式の圧力項近似が保存的，非保守的のいずれにも有効であり，少し修正するだけで非直交格子の有限差分法にも適用できる．また，任意形状のCVにも有効である．ここでは，面kについて着目する（図9.19を参照）．

8.2.1項の説明に従えば，補間されたセル面の速度はセル面で計算された圧力勾配と補間された勾配を差し引きすることで補正される：

$$u^*_{i,k} = \overline{(u^*_i)}_k - \Delta V_k \overline{\left(\frac{1}{A_\mathrm{P}^{u_i}}\right)}_k \left[\left(\frac{\delta p}{\delta x_i}\right)_k - \overline{\left(\frac{\delta p}{\delta x_i}\right)}_k\right]^{m-1} , \tag{9.62}$$

ここで，$*$は，前回反復での圧力値を用いて運動方程式を解いて予測した外部反復m回目の速度を表す．8.2.1項で示したように，2次元均一格子の場合，補間された速度に適用する補正は圧力の3階導関数に$(\Delta x)^2$を乗じた中心差分近似に対応する．これにより振動が検出され平滑化される．A_Pが大きすぎると補正項が小さくなり，その役割を果たさない可能性がある．これは，A_Pに$\Delta V/\Delta t$が含まれるため，非常に小さな時間ステップで非定常問題を解くときに発生する恐れがあるが，この問題はめったに発生しない．よって，近似の一貫性に影響を与えることなく，補正項に定数を乗じることができる．コロケート格子での圧力と速度のカップリングに対するこの方法は1980年代初頭に開発され，Rhie and Chow (1983) によるものとされている．これは広く使用され，ほとんどの商用CFDコードに採用されている．

法線速度成分のみがセル面を通る質量流束に寄与するので，これは法線方向の圧力勾配に依存する．そこで，セル面における法線速度成分$v_n = \mathbf{v} \cdot \mathbf{n}$を以下の式で表す（ただし，この成分の輸送方程式は解かない）：

$$v^*_{n,k} = \overline{(v^*_n)}_k - \Delta V_k \overline{\left(\frac{1}{A_\mathrm{P}^{v_n}}\right)}_k \left[\left(\frac{\delta p}{\delta n}\right)_k - \overline{\left(\frac{\delta p}{\delta n}\right)}_k\right]^{m-1} . \tag{9.63}$$

$A_\mathrm{P}^{u_i}$は特定のCV内のすべての速度成分に対して同じであるため（一部の境界付近を除く），$A_\mathrm{P}^{v_n}$を$A_\mathrm{P}^{u_i}$に置き換えることができる．

隣接するCV中心で面kに垂直な方向の圧力の微分を計算し，それをセル面中心に補間することができる．セル面の法線微分を直接計算するには座標変換が必要となる．任意の形状の CV を使用する場合は，座標変換を用いる代わりに形状関数を使用することも可能であるが，複雑な圧力修正方程式となる．遅延補正を用いることで複雑さを軽減できる．

別のアプローチとしては，拡散流束について 9.7.2 項で説明したように，図 9.19 に示す面法線上の補助点を使用することもできる．このとき，n に関する圧力微分は中心差分により

$$\left(\frac{\delta p}{\delta n}\right)_k \approx \frac{p_{\mathrm{N}'_k} - p_{\mathrm{P}'}}{|\mathbf{r}_{\mathrm{N}'_k} - \mathbf{r}_{\mathrm{P}'}|} \tag{9.64}$$

と近似される．2 つの補助点での圧力値は，セル中心の値と勾配より

$$\begin{aligned} p_{\mathrm{P}'} &\approx p_{\mathrm{P}} + (\boldsymbol{\nabla} p)_{\mathrm{P}} \cdot (\mathbf{r}_{\mathrm{P}'} - \mathbf{r}_{\mathrm{P}}) \,, \\ p_{\mathrm{N}'_k} &\approx p_{\mathrm{N}_k} + (\boldsymbol{\nabla} p)_{\mathrm{N}_k} \cdot (\mathbf{r}_{\mathrm{N}'_k} - \mathbf{r}_{\mathrm{N}_k}) \,, \end{aligned} \tag{9.65}$$

と計算される．これらを用いて，式 (9.64) は

$$\left(\frac{\delta p}{\delta n}\right)_k \approx \frac{p_{\mathrm{N}_k} - p_{\mathrm{P}}}{|(\mathbf{r}_{\mathrm{N}'_k} - \mathbf{r}_{\mathrm{P}'})|} + \frac{(\boldsymbol{\nabla} p)_{\mathrm{N}_k} \cdot (\mathbf{r}_{\mathrm{N}'_k} - \mathbf{r}_{\mathrm{N}_k}) - (\boldsymbol{\nabla} p)_{\mathrm{P}} \cdot (\mathbf{r}_{\mathrm{P}'} - \mathbf{r}_{\mathrm{P}})}{|(\mathbf{r}_{\mathrm{N}'_k} - \mathbf{r}_{\mathrm{P}'})|} \tag{9.66}$$

と与えられる．右辺の第 2 項は，節点 P と N_k を結ぶ線がセル面と直交してその中心を通過するとき，つまり P と P′ および N_k と N'_k が一致するときには消える．コロケート配置での圧力振動を防ぐことだけであれば，式 (9.66) の右辺第 1 項のみを使用すれば十分で，式 (9.63) を次のように近似できる：

$$v^*_{n,k} = \overline{(v^*_n)}_k - \frac{\Delta V_k}{|(\mathbf{r}_{\mathrm{N}'_k} - \mathbf{r}_{\mathrm{P}'})|} \overline{\left(\frac{1}{A^{v_n}_{\mathrm{P}}}\right)_k} \left[(p_{\mathrm{N}_k} - p_{\mathrm{P}}) - \overline{(\boldsymbol{\nabla} p)}_k \cdot (\mathbf{r}_{\mathrm{N}_k} - \mathbf{r}_{\mathrm{P}})\right] \,. \tag{9.67}$$

したがって，[ ] 内の補正項は，圧力差 $p_{\mathrm{N}_k} - p_{\mathrm{P}}$ と，補間された圧力勾配を使用して計算した近似値 $\overline{(\boldsymbol{\nabla} p)}_k \cdot (\mathbf{r}_{\mathrm{N}_k} - \mathbf{r}_{\mathrm{P}})$ との差を表す．圧力分布が滑らかな場合，この補正項は小さく，格子が細分化されるにつれてゼロに近づく．運動方程式における CV 中心の圧力勾配は修正なく利用できる．

セル面に補間された圧力勾配は，セル面までの距離に従って補間されるのではなく，2 つのセル中心の（1/2 で重み付けされた）平均値であることに注意されたい．その理由は，面で計算された勾配は，面ではなくセル中心の中間で 2 次精度となるためである．圧力の変化が滑らかな場合に補正項が正しくキャンセルされるには，セル中心からの勾配を同じ場所に補間する，つまり単純に平均化する必要がある．

補間速度を用いて計算された質量流量

$$\dot{m}^*_k = (\rho v^*_n S)_k \,, \tag{9.68}$$

は連続の式を満たさないため，CV のすべての面の合計が質量の増減となる：

$$\sum_k \dot{m}_k^* = \Delta \dot{m} \ . \tag{9.69}$$

当然，これをゼロに減らす必要があり，各CVで質量保存が満たされるように速度を修正する必要がある．ただし，陰的方法では，外部反復ごとに質量保存が正確に満たされる必要はない．前述の方法に従って，圧力修正の勾配を介して速度補正を表すことで質量流束が

$$\begin{aligned}
\dot{m}'_k = (\rho v'_n S)_k &\approx -(\rho \, \Delta V \, S)_k \overline{\left(\frac{1}{A_{\mathrm{P}}^{v_n}}\right)_k} \left(\frac{\delta p'}{\delta n}\right)_k \\
&\approx -(\rho \, \Delta V \, S)_k \overline{\left(\frac{1}{A_{\mathrm{P}}^{v_n}}\right)_k} \left[\frac{p_{\mathrm{N}'_k} - p'_{\mathrm{P}}}{|(\mathbf{r}_{\mathrm{N}'_k} - \mathbf{r}_{\mathrm{P}'})|}\right. \\
&\qquad \left. - \frac{(\boldsymbol{\nabla} p')_{\mathrm{N}_k} \cdot (\mathbf{r}_{\mathrm{N}'_k} - \mathbf{r}_{\mathrm{N}_k}) - (\boldsymbol{\nabla} p')_{\mathrm{P}} \cdot (\mathbf{r}_{\mathrm{P}'} - \mathbf{r}_{\mathrm{P}})}{|(\mathbf{r}_{\mathrm{N}'_k} - \mathbf{r}_{\mathrm{P}'})|}\right]
\end{aligned} \tag{9.70}$$

と修正される．同じ近似を他のCV面に適用し，補正された質量流束が連続の式を満たすように圧力修正方程式

$$\sum_k \dot{m}'_k + \Delta \dot{m} = 0 \tag{9.71}$$

を得る．

式(9.70)の右辺の最終項は圧力修正方程式の参照点を増やすため，非直交性が厳しくない場合にこの項は小さいとして無視するのが一般的である．解が収束すると圧力修正はゼロになるため，この項を省略しても最終的な解には影響しないが，収束速度には影響する．実際，非直交格子の場合は，不足緩和係数 α_p を小さく設定する必要がある（式(7.84)を参照）．

上記の近似を使用すると，圧力修正方程式は通常の形になり，係数行列は対称なのでそれ専用の解法を利用できる（例えば，共役勾配法の一種であるICCG法など．5章およびプログラム保存ディレクトリ `solvers`（付録A.1）を参照されたい）．

圧力修正方程式を解き，セル面を通る質量流束を式(9.70)により補正して，外部反復 m の最終値を得る：

$$\dot{m}_k^m = \dot{m}_k^* + \dot{m}'_k \ . \tag{9.72}$$

また，セル中心の速度と圧力は

$$u_{i,\mathrm{P}}^m = u_{i,\mathrm{P}}^* - \frac{\Delta V}{A_{\mathrm{P}}^{u_i}} \left(\frac{\delta p'}{\delta x_i}\right)_{\mathrm{P}}, \quad p_{\mathrm{P}}^m = p_{\mathrm{P}}^{m-1} + \alpha_p p'_{\mathrm{P}} \ , \tag{9.73}$$

と修正される．

格子の非直交性は，予測子–修正子法 (predictor-corrector approach) を用いて圧力修正方程式で反復的に考慮することができる．すなわち，式(9.70)にて非直交項を無視した p' の方程式を解き，2番目のステップの修正で，最初のステップで発生し

たエラーを修正する：

$$\dot{m}'_k + \dot{m}''_k = -(\rho\,\Delta V\,S)_k \overline{\left(\frac{1}{A_{\mathrm{P}}^{v_n}}\right)}_k \left(\frac{\delta p'}{\delta n} + \frac{\delta p''}{\delta n}\right)_k , \tag{9.74}$$

ここでは，2 回目の修正 p'' の非直交項を無視し，（利用可能になった）最初の修正 p' を考慮に入れて 2 回目の質量流束修正の式：

$$\dot{m}''_k = -(\rho\,\Delta V\,S)_k \overline{\left(\frac{1}{A_{\mathrm{P}}^{v_n}}\right)}_k \left[\frac{p''_{\mathrm{N}_k} - p''_{\mathrm{P}}}{|(\mathbf{r}_{\mathrm{N}'_k} - \mathbf{r}_{\mathrm{P}'})|} - \frac{(\boldsymbol{\nabla} p')_{\mathrm{N}_k}\cdot(\mathbf{r}_{\mathrm{N}'_k} - \mathbf{r}_{\mathrm{N}_k}) - (\boldsymbol{\nabla} p')_{\mathrm{P}}\cdot(\mathbf{r}_{\mathrm{P}'} - \mathbf{r}_{\mathrm{P}})}{|(\mathbf{r}_{\mathrm{N}'_k} - \mathbf{r}_{\mathrm{P}'})|}\right] , \tag{9.75}$$

を導く．ここでは，p' が既知であり，右辺の第 2 項が陽的に計算できる．

補正された質量流束 $\dot{m}^* + \dot{m}'$ は連続の式を満たすように修正されており，$\sum_c \dot{m}''_c = 0$ が満たされる．このように導かれた 2 回目の圧力修正 p'' の方程式は，右辺が異なるだけで 1 回目の修正 p' と同じ行列 A を持つので，解法プログラムを共有できる．このとき，2 回目の圧力修正の生成項には $\dot{m}''$ の陽的成分の発散が含まれる．

さらに，3, 4 回目と修正手順を続行でき，追加の修正はゼロに収束する．ただし，SIMPLE アルゴリズムの圧力修正方程式には格子の非直交性の非正確な処理よりも大きな近似誤差が含まれるため，そのような追加の修正は実際にはほとんど必要ない．

格子がほぼ直交している場合，2 回目の圧力修正を追加してもアルゴリズムのパフォーマンスにはほとんど影響しない．ただし，**n** と **d** の間の角度 (図 9.19 を参照) が計算領域の多数で 45° より大きい場合，1 回の補正だけでは収束が遅くなる可能性がある．このときには速度および圧力修正の不足緩和を強める（例えば，p' の 5–10 % のみを p^{m-1} に追加する）ことで，効率を犠牲にして収束性を保つ場合がある．それに対して 2 回の圧力修正を用いれば，直交格子と同程度のパフォーマンスが非直交格子でも得られる．

2 回目の補正を行わない場合の非直交格子でのパフォーマンス低下の例を図 9.20 に示す．側壁が 45° 傾斜している上面移動壁で駆動するキャビティ内の流れを Re = 1000 で計算した．図 9.20 に領域形状と計算された流線を示す．格子は壁に平行にとったので 45° 傾いている．2 回目の圧力修正を行うと，収束に必要な反復回数の圧力の不足緩和係数 α_p への依存性が直交格子の場合と同程度になる（図 8.13 を参照)．一方，2 回目の補正を行わない場合，適用可能なパラメータ α_p の範囲は非常に狭く，また必要な反復数も増える．速度の不足緩和係数 α_u を変えた場合でも同様の結果が得られ，α_u が大きいほど差が大きくなる．格子の角度が小さいときに圧力修正が 1 回だけであると，収束が得られる α_p の範囲は狭くなることがわかる．．

ここで説明した方法を実装したプログラムをディレクトリ `2dgl` においた（付録を

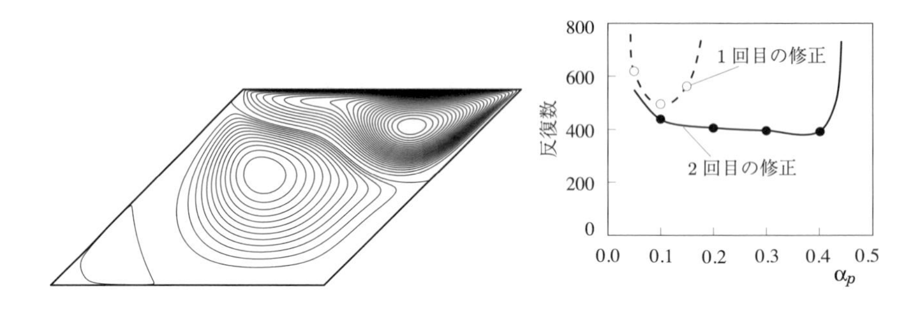

図 9.20　45° 傾いたキャビティ流れの計算領域形状と予測された流線 (Re = 1000)（左）と，1回および2回の修正を適用した際の不足緩和 α_p に対する反復回数（ただし，$\alpha_u = 0.8$）（右）．

参照）．

構造格子では，セル面の法線圧力微分を格子方向に沿った導関数成分に変換して，混合導関数を含む圧力修正方程式を得ることもできる（9.5 節を参照）．混合導関数を陰的に処理する場合，圧力修正方程式の計算参照点は2次元では少なくとも9点，3次元では19点となる．上記の2段階の手順を用いれば，混合導関数を陰的に離散化して直接使用した場合と同様の収束特性が得られ（Perić, 1990 を参照），特に3次元では計算効率が向上する．

9.9　軸対称問題

軸対称の流れは，デカルト座標に対して3次元，つまり速度成分が3つすべての座標値の関数となるが，円筒座標系では2次元とみなせる（円周方向の導関数はゼロで，3つの速度成分は軸方向 z と半径方向 r のみの関数）．さらに，旋回がない場合，円周方向の速度成分もゼロとなる．軸対称の流れでは，独立変数が3つとなる直交座標系ではなく，2つとなる円筒座標系で扱うのが理にかなっている．

微分形での質量と運動量の保存方程式は，円筒座標系によって以下のように記述される（Bird et al., 2006 などを参照）：

$$\frac{\partial \rho}{\partial t} + \frac{\partial(\rho v_z)}{\partial z} + \frac{1}{r}\frac{\partial(\rho r v_r)}{\partial r} = 0 \,, \tag{9.76}$$

$$\frac{\partial(\rho v_z)}{\partial t} + \frac{\partial(\rho v_z v_z)}{\partial z} + \frac{1}{r}\frac{\partial(\rho r v_r v_z)}{\partial r} = -\frac{\partial p}{\partial z} + \frac{\partial \tau_{zz}}{\partial z} + \frac{1}{r}\frac{\partial(r\tau_{zr})}{\partial r} + \rho b_z \,, \tag{9.77}$$

$$\frac{\partial(\rho v_r)}{\partial t} + \frac{\partial(\rho v_z v_r)}{\partial z} + \frac{1}{r}\frac{\partial(\rho r v_r v_r)}{\partial r} = -\frac{\partial p}{\partial r} + \frac{\partial \tau_{rz}}{\partial z} + \frac{1}{r}\frac{\partial(r\tau_{rr})}{\partial r} + \frac{\tau_{\theta\theta}}{r} + \frac{\rho v_\theta^2}{r} + \rho b_r \,, \tag{9.78}$$

$$\frac{\partial(\rho v_\theta)}{\partial t}+\frac{\partial(\rho v_z v_\theta)}{\partial z}+\frac{1}{r}\frac{\partial(\rho r v_r v_\theta)}{\partial r}=-\frac{\rho v_r v_\theta}{r}+\frac{\partial \tau_{\theta z}}{\partial z}+\frac{1}{r^2}\frac{\partial(r^2\tau_{r\theta})}{\partial r}+\rho b_\theta\ , \quad (9.79)$$

ここで，非ゼロの応力テンソル成分は次のとおりである：

$$\begin{aligned}
\tau_{zz}&=2\mu\frac{\partial v_z}{\partial z}-\frac{2}{3}\mu\,\nabla\cdot\mathbf{v}\ ,\quad \tau_{rr}=2\mu\frac{\partial v_r}{\partial r}-\frac{2}{3}\mu\,\nabla\cdot\mathbf{v}\ ,\\
\tau_{\theta\theta}&=-2\mu\frac{v_r}{r}-\frac{2}{3}\mu\,\nabla\cdot\mathbf{v}\ ,\quad \tau_{rz}=\tau_{zr}=\mu\left(\frac{\partial v_z}{\partial r}+\frac{\partial v_r}{\partial z}\right)\ ,\\
\tau_{\theta r}&=\tau_{r\theta}=\mu r\frac{\partial}{\partial r}\left(\frac{v_\theta}{r}\right)\ ,\quad \tau_{\theta z}=\tau_{z\theta}=\mu\frac{\partial v_\theta}{\partial z}\ .
\end{aligned} \quad (9.80)$$

9.3.1 項で説明したように，上記の式にはデカルト座標にはない 2 つの項が含まれる．すなわち，v_r の式における見かけの**遠心力** $\rho v_\theta^2/r$，および v_θ の式における見かけの**コリオリの力** $\rho v_r v_\theta/r$ である．これらの項は座標変換から生じるものであって，回転座標系に現れる実際の遠心力やコリオリの力と混同してはいけない．旋回速度 v_θ がゼロの場合，見かけの力はゼロになり 3 番目の式は不要となる．

有限差分法を適用する場合，軸方向と半径方向の導関数はデカルト座標と同じように近似され，3 章で説明した任意の方法が使用できる．

有限体積法の適用には注意が必要となる．前述の積分形の保存方程式（例えば式 (8.1) や (8.2)）は同じままだが，見かけの力が生成項として追加される．θ 方向の CV 幅を 1，つまり 1 ラジアンとすれば，これらは，4.3 節の説明のとおり体積積分される．ただし，圧力項に注意が必要である．これを体積力として扱い z 方向および r 方向の圧力微分を式 (9.58) で体積積分するならば追加の手順は必要ない．しかし，式 (9.57) のように圧力を CV 面にわたって積分する場合，2 次元平面問題のように 4 つのセル面を積分するだけでは不十分で，周方向の面に掛かる圧力の（セル中心での）半径方向成分を考慮する必要がある．

したがって，2 次元平面問題にはない項を v_r の運動方程式に追加する必要がある：

$$Q^r=-\frac{2\mu\,\Delta V}{r_{\mathrm{P}}^2}v_{r,\mathrm{P}}+p_{\mathrm{P}}\Delta S+\left(\frac{\rho v_\theta^2}{r}\right)_{\mathrm{P}}\Delta V\ , \quad (9.81)$$

ここで，ΔS は周方向のセル面の面積である．

v_θ の方程式を解く必要がある場合には，さらに見かけのコリオリの力

$$Q^\theta=-\left(\frac{\rho v_r v_\theta}{r}\right)_{\mathrm{P}}\Delta V \quad (9.82)$$

を生成項に含める必要がある．

このほかに 2 次元平面問題との違いはセル面の面積とセル体積の計算に現れる．軸方向および半径方向のセル面の面積 “n”, “e”, “w”, “s” は，係数 r_k（k はセル面の中心を示す）が掛かるだけで平面問題と同様に計算される（式 (9.29) を参照）．周方

向のセル面の面積は平面問題の体積（3 番目の次元を 1 としたもの）と同じ方法で計算される．任意の数の面を持つ軸対称 CV の体積は以下となる：

$$\Delta V = \frac{1}{6}\sum_{i=1}^{N_\mathrm{v}}(z_{i-1} - z_i)(r_{i-1}^2 + r_i^2 + r_i r_{i-1}) , \tag{9.83}$$

ここで，N_v は反時計回りに数えた頂点の数を表し，$i = 0$ は $i = N_\mathrm{v}$ に対応する．

軸対称旋回流れにおいて重要な問題は，半径方向と円周方向の速度成分のカップリングである．すなわち，v_r の方程式には v_θ^2 が含まれ，一方，v_θ の方程式には v_r と v_θ の積が生成項として含まれる（上記を参照）．これに対して，逐次（分離）解法とピカールの線形化法の組み合わせでは効率が悪い場合がある．この問題は，外部反復にマルチグリッド法（12 章を参照）を使用する解法か，あるいは，もっと陰的な線形化スキームを使用する（5.5 節を参照）ことで改善できる．

円筒座標系の座標 z と r を x と y に置き換えると，デカルト座標系での方程式との類似性が明らかになる．実際，r を 1 に設定し，v_θ と $\tau_{\theta\theta}$ を 0 に設定すると，これらの方程式は直交座標の方程式と同じになり，$v_z = u_x$ および $v_r = u_y$ となる．したがって，同じプログラムを平面および軸対称の 2 次元流れの両方に使用できる．軸対称の問題の場合は $r = y$ として $\tau_{\theta\theta}$ を加え，さらに，周成分が 0 でない場合は v_θ 方程式を加えればよい．

9.10　高次精度の有限体積法

高次精度の有限体積法の導出は，有限差分法の構築よりも難しい．有限差分法では格子点での 1 階と 2 階の導関数に高次精度の近似を与えるだけであり構造格子では比較的簡単に実装できる（3 章を参照）．これに対して有限体積法では，次の 3 種類の近似が考えられる：

- 面および体積の積分近似
- セル中心以外の場所へ変数補間
- セル中心からセル面への微分の近似

中点公式による 2 次精度が体積積分を単一点近似で達成できる最高の精度となる．より高次の精度の有限体積法を得るには，対流流束の計算でセル面の複数の位置への高次補間と，複数点による積分近似が必要となる．拡散流束に対してはさらに，セル面の複数の位置での導関数を高次精度で近似する必要がある．これを構造格子で得ることは可能であるが，非構造化格子，特に任意の多面体 CV で作成された格子では困難となる．プログラムの実装，拡張，デバッグ，および保守の簡素化を考えると，2 次精度近似が精度と効率の間の最良の妥協点と思われる．

高次精度法は，非常に高い精度（離散化誤差が 1 % 未満）が求められる場合にのみコストパフォーマンスが良いといえる．さらに，高次精度法が 2 次精度の方法よりも正確な結果が得られるのは格子が**十分に細かい**場合に限られることにも留意せねばならない．格子が十分に細かくない場合，高次精度法は振動解を生じる可能性があり，平均誤差は 2 次精度の解法よりも大きくなり得る．また，高次精度では，2 次精度よりも格子点当たりのメモリと計算時間が多く必要になる．1 % 程度の誤差が許容される産業用途では，2 次精度と格子の局所改良を組み合わせることで，予測精度，プログラミングとコード保守の簡便性，計算の堅牢性，効率性の組み合わせが最適となろう．

すでに述べたように，高次精度の解法は，有限差分法や有限要素法ではより簡単に実現できる．高次の有限要素法は，特に構造力学の線形問題では標準的となっている．非圧縮性流れでは，通常，運動方程式と連続の式に次数精度の異なる近似を使用してカップリングの問題を解決している．非構造格子での有限差分法も現在は一般的ではないが，近い将来，これによる高次精度法が得られるだろう．

9.11　境界条件の実装

境界の向きが一般にはデカルト座標の速度成分と一致しないため，非直交格子での境界条件の実装には特別な注意が必要となる．有限体積法では，境界での流束が既知であるか，既知量と内部点の値で表現される必要がある．もちろん，CV の数が未知数の数と一致しなくてはいけない．

以下では，局所座標系 (n, t, s) を，n が境界の外向きの法線，t と s が境界の接線方向となる直交座標系で表す．

9.11.1　流 入 境 界

通常，流入境界ではすべての変数量を既知とする．入口の状態がよくわかっておらず変数分布に近似が必要となる場合は，境界を対象領域からできるだけ上流に設置するのがよい．速度やその他の変数が与えられれば，すべての対流流束を直接計算できる．拡散流束は通常は不明であるが，変数の既知の境界値から勾配を片側有限差分近似して算出できる．

境界で速度が指定されている場合は，反復中に速度を補正する必要はない．境界での速度補正がゼロに等しい場合，それは SIMPLE アルゴリズムでの圧力修正がゼロ勾配となる条件に変換される（式 (9.70) を参照）．したがって，速度が指定されているすべての境界で，圧力修正方程式にはノイマン境界条件が与えられる．

9.11.2 流出境界

出口では通常，あらかじめわかっている流れの情報はほとんどない．このため，流出境界は，対象領域のできるだけ下流におく必要がある．さもなければ，誤差が上流に伝わる可能性がある．流れは出口の断面全体にわたって計算領域の外側に向くべきであり，可能であれば平行で出口境界と直交していると望ましい．高レイノルズ数の流れでは，誤差の上流への伝わりは (少なくとも定常流では) 弱いため，境界条件の適切な近似値を見つけるのは難しくない．通常，内部から境界まで格子に沿って（より適切には流線に沿って）変数値を外挿する．最も単純な近似値は格子に沿って勾配をゼロとするもので，対流流束の近似では1次風上近似値に相当する．格子に沿って勾配ゼロの条件は，陰的な近似が簡単に実装できる．例えば，2次元構造格子のe面とするならば，1次精度の後退差分は $\phi_{\mathrm{E}} = \phi_{\mathrm{P}}$ となる．この式を境界に隣接するCVの離散化方程式に挿入すると，

$$(A_{\mathrm{P}} + A_{\mathrm{E}})\phi_{\mathrm{P}} + A_{\mathrm{W}}\phi_{\mathrm{W}} + A_{\mathrm{N}}\phi_{\mathrm{N}} + A_{\mathrm{S}}\phi_{\mathrm{S}} = Q_{\mathrm{P}} \tag{9.84}$$

となる．このとき，境界値 ϕ_{E} は式に陽には現れない．ただしこれは，格子が境界に直交している場合を除き，出口境界で拡散流束がゼロを意味するのではない．

もっと高い精度が必要な場合は，流出境界での導関数に高次精度の片側差分近似を使用して，対流流束と拡散流束の両方を内部点の変数値で表現する必要がある．

流出境界に速度を外挿する場合，通常は流れが非圧縮性であると仮定するなら，流出境界の質量流束が流入境界のそれと一致するように速度を修正することで連続の式が全体的に満たされる．すなわち，すべてのCVの質量保存方程式を合計するとすべてのセル面の質量流束が打ち消されるため，境界流束の一致によって全体の質量変化がゼロとなる．このように境界速度を修正すると，外部反復では境界速度が固定されているものとして扱うことができるため，圧力修正方程式のゼロ勾配条件が実現される．ノイマン条件がすべての境界に適用される場合は，圧力修正方程式のソース項の代数和がゼロになるよう指定しなければ全体の離散式系が不整合となる．上記の流出速度の修正によって，この条件を満たすことが保証される．ただし，ノイマン条件がすべての境界に適用される場合，圧力修正方程式の解は一意とはならず，すべての値に定数を加えても方程式は満たされる．このため，通常は圧力を1つの参照位置で固定し，参照位置との差で圧力を修正する．

流れが非定常の場合，特に乱流の直接シミュレーションでは，出口境界での誤差が領域内に反映するのを避けるよう注意する必要がある．この問題については10.2節と13.6節で解説する．

9.11.3 透過しない壁境界

速度が透過しない壁では，次の条件が適用される：

$$u_i = u_{i,\mathrm{wall}} \; . \tag{9.85}$$

この条件は，粘性流体が固体境界に付着するという事実（滑りなし条件）から生じる．

壁を通り抜ける流れがないため，すべての量の対流流束はゼロである．拡散流束には注意が必要で，熱エネルギーなどのスカラー量ではゼロになる場合（断熱壁），指定される場合（既知の熱流束），またはスカラー値が指定される場合がある（等温壁）．流束が既知であれば，壁付近の CV の保存方程式に代入でき，例えば，境界面 “s” の場合，

$$F_\mathrm{s}^\mathrm{d} = \int_{S_\mathrm{s}} \Gamma\,\boldsymbol{\nabla}\phi \cdot \mathbf{n}\,\mathrm{d}S = \int_{S_\mathrm{s}} \Gamma \left(\frac{\partial \phi}{\partial n}\right) \mathrm{d}S = \int_{S_\mathrm{s}} f\,\mathrm{d}S \approx f_\mathrm{s} S_\mathrm{s} \tag{9.86}$$

となる．ここで，f は単位面積当たりの既知の流束で，壁面で ϕ の値が指定されている場合は片側差分を使用して ϕ の法線勾配を近似する必要がある．この近似を逆に用いて，流束が与えられた壁面の ϕ 値を計算することもできる．近似法には多くのやり方が考えられ，その 1 つは法線 n 上にある補助点 P' で ϕ を用いる近似である（図 9.21 を参照）：

$$\left(\frac{\partial \phi}{\partial n}\right)_\mathrm{s} \approx \frac{\phi_{\mathrm{P}'} - \phi_\mathrm{S}}{\delta n} \; , \tag{9.87}$$

ここで，$\delta n = (\mathbf{r}_\mathrm{S} - \mathbf{r}_{\mathrm{P}'}) \cdot \mathbf{n}$ は点 P' と点 S の間の距離で，非直交性がそれほど厳しくない場合は $\phi_{\mathrm{P}'}$ の代わりに ϕ_P を使用してもよい．形状関数，あるいはセル中心からの外挿勾配を使用することもできる．結果，流束は中点公式を使用して次のように近似される：

$$F_\mathrm{s}^\mathrm{d} \approx \Gamma_\mathrm{s} \left(\frac{\partial \phi}{\partial n}\right)_\mathrm{s} S_\mathrm{s} \approx \Gamma_\mathrm{s} \frac{\phi_{\mathrm{P}'} - \phi_\mathrm{S}}{\delta n} S_\mathrm{s} \; . \tag{9.88}$$

運動方程式の拡散流束の離散化には特別な注意が必要となる．速度成分 v_n, v_t, v_s を解く場合，7.1.6 項で説明した方法が使用できる．このとき，壁面での粘性応力は

$$\tau_{nn} = 2\mu \left(\frac{\partial v_n}{\partial n}\right)_\mathrm{wall} = 0 \; , \quad \tau_{nt} = \mu \left(\frac{\partial v_t}{\partial n}\right)_\mathrm{wall} \tag{9.89}$$

と与えられる．ここで，座標 t は壁のせん断力の方向にあると仮定しており，$\tau_{ns} = 0$ である．この力は速度ベクトルの壁への投影に平行な成分 (s はこれに直交する) とされ，速度ベクトルが最近傍点と壁との間で方向を変えないという仮定に相当する．これは完全に正しいわけではないが，最近傍点と壁の距離が短ければ妥当な近似である．

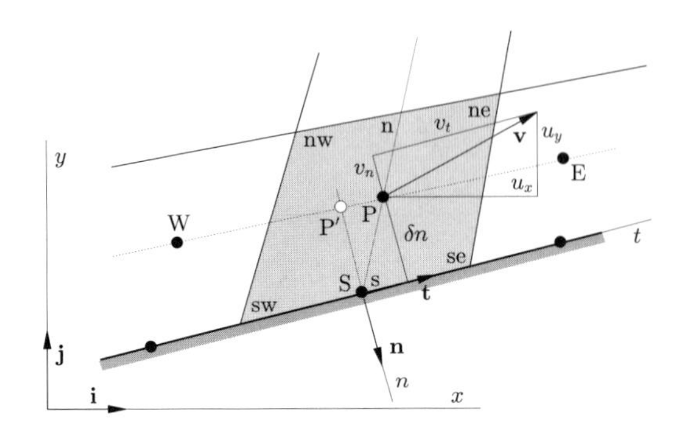

図 **9.21**　壁での境界条件の実装.

v_t と v_n は両方とも P 点で簡単に計算できる．2 次元では単位ベクトル $\mathbf{t}$ は斜め位置の点 “se” と “sw” の座標から簡単に取得できる（図 9.21 を参照）．3 次元では，ベクトル $\mathbf{t}$ の方向を決定する必要があり，壁に平行な速度から単位ベクトル $\mathbf{t}$ を次のように定義する：

$$\mathbf{v}_t = \mathbf{v} - (\mathbf{v} \cdot \mathbf{n})\mathbf{n} \quad \Rightarrow \quad \mathbf{t} = \frac{\mathbf{v}_t}{|\mathbf{v}_t|} \ . \tag{9.90}$$

また，応力を近似するために必要な速度成分は以下となる：

$$v_n = \mathbf{v} \cdot \mathbf{n} = un_x + vn_y + wn_z \ , \quad v_t = \mathbf{v} \cdot \mathbf{t} = ut_x + vt_y + wt_z \ . \tag{9.91}$$

導関数は式 (9.87) により計算される．

応力 τ_{nt} を変換して τ_{xx}, τ_{xy} を取得することもできるが，これは必須ではない．τ_{nt} の面積分は面へのせん断力

$$\mathbf{f}_{\text{wall}} = \int_{S_\text{s}} \mathbf{t}\tau_{nt} \, \mathrm{d}S \approx (\mathbf{t}\tau_{nt}S)_\text{s} \tag{9.92}$$

を与える．ここで，x, y, z 成分は離散化された運動方程式に必要な積分に対応し，例えば，u_x の式では次のようになる：

$$f_x = \int_{S_\text{s}} (\tau_{xx}\mathbf{i} + \tau_{yx}\mathbf{j} + \tau_{zx}\mathbf{k}) \cdot \mathbf{n} \, \mathrm{d}S = \mathbf{i} \cdot \mathbf{f}_{\text{wall}} \approx (t_x\tau_{nt}S)_\text{s} \ . \tag{9.93}$$

セル中心の速度勾配（ガウスの定理などを使用して計算，式 (9.49) を参照）を壁に接するセル面の中心に外挿し，せん断応力 τ_{xx}, τ_{xy} などを計算することで，上記の式からせん断力成分を計算することもできる．

結果，壁面の運動方程式の拡散流束がせん断力に置き換えられる．これに前回の反復からの値を使用した陽的スキームを適用すると収束性が損なわれる可能性がある．そこで，せん断力を点 P での直交座標の速度成分の関数として記述することで，一

部を陰的に扱うことができる．この場合（内部セルの場合とは異なり），係数 A_P がすべての速度成分に対して同じとはならない．係数 A_P を圧力修正方程式で用いるために3つの速度成分の値を個別に保存することは，プログラム構成上は望ましくない．そこで，遅延補正を使用して，陰的スキームでは内部セルの場合と同じく

$$f_i^{\mathrm{i}} = \mu S \frac{\delta u_i}{\delta n} \,, \tag{9.94}$$

と近似し，上記のいずれかの方法で計算された力との差を方程式の右辺に追加する．ここで，δn は壁からの節点Pの距離である．係数 A_P はすべての速度成分に対して同じになり，陽的な項は部分的に打ち消されるので，収束率はほとんど変わらない．

速度が壁で与えられるならば，圧力修正方程式はノイマン境界条件となる．

9.11.4　対 称 境 界

1つ以上の対称面を持つ流れの問題は多い．流れが定常の場合，この面に対して対称な解が存在する（ただし，急激に拡張するディフューザーやチャネルでは対称解よりも安定な非対称定常解も存在する）．対称解は，対称境界条件を用いて解領域の一部のみを解くことで得られる．

対称面ではすべての量の対流流束はゼロである．また，対称面に平行な速度成分の法線勾配とすべてのスカラー量の法線勾配もゼロであり，対称面ではすべてのスカラー量の拡散流束がゼロとなる．法線速度成分はゼロであるが，その法線方向の微分は必ずしもゼロではない．したがって，法線応力 τ_{nn} はゼロではない．τ_{nn} の表面積分は，境界法線方向の力

$$\mathbf{f}_{\mathrm{sym}} = \int_{S_\mathrm{s}} \mathbf{n} \tau_{nn} \,\mathrm{d}S \approx (\mathbf{n} \tau_{nn} S)_\mathrm{s} \tag{9.95}$$

となる．

対称境界が直交座標平面と一致しない場合，3つの直交速度成分すべての拡散流束が非ゼロになる．これらの流束成分は，まず式 (9.95) から得られる法線力と，前節で説明した法線微分の近似値を取得し，この力を直交成分に配分することで計算できる．あるいは，速度勾配を内部から境界に外挿して式 (9.93) に類似した式を導くこともできる．例えば，面 “s” の u_x 成分（図 9.21 を参照）は，

$$f_x = \int_{S_\mathrm{s}} (\tau_{xx}\mathbf{i} + \tau_{yx}\mathbf{j} + \tau_{zx}\mathbf{k}) \cdot \mathbf{n} \,\mathrm{d}S = \mathbf{i} \cdot \mathbf{f}_{\mathrm{sym}} \approx (n_x \tau_{nn} S)_\mathrm{s} \tag{9.96}$$

と与えられる．壁境界の場合と同様に，対称境界での拡散流束を CV 中心での速度成分（係数 A_P に寄与）を含む陰的成分に分割するか，遅延補正を適用すれば，すべての速度成分に対して A_P を同じに保つことができる．

前述のように，圧力修正方程式については法線速度成分が規定されているため，対称境界でノイマン境界条件が適用される．

9.11.5　圧力による境界条件

非圧縮性の流れでは，通常，入口で質量流量を指定して出口では外挿を用いるが，それ以外にも，質量流量が未知で入口と出口の圧力降下が与えられる場合や，遠方境界での圧力が指定される場合もあり得る．

境界で圧力が指定されている場合，速度は指定できない．このとき，速度は2つのCV間のセル面と同じ考え方に従い内部から外挿する必要がある（式(9.63)を参照）．一般のCV面との違いは，セル面と1つの隣接節点の位置が一致することで，境界での圧力勾配は片側差分を使用して近似される．例えば，“e”面には1次精度差分

$$\left(\frac{\partial p}{\partial n}\right)_e \approx \frac{p_{\rm E} - p_{\rm P}}{(\mathbf{r}_{\rm E} - \mathbf{r}_{\rm P}) \cdot \mathbf{n}} \tag{9.97}$$

が用いられる．

こうして決定された境界速度は質量保存則を満たすように補正する必要があり，圧力が指定されている境界では質量流束補正 $\dot{m}'$ はゼロではない．ただし境界では $p' = 0$ となり，境界圧力は修正されず，圧力修正方程式のディリクレ境界条件を表す．境界で静圧が指定されている場合の境界条件の実装については11章を参照されたい．

レイノルズ数が高い場合，入口と出口に圧力が指定されているときに上記のアプローチを適用する場合の計算収束は遅くなる．そこで，最初に入口の質量流量を推測して外部反復では既知として扱い，圧力は出口でのみ指定する方法が考えられる．これには，外部反復が終わるごとに入口境界での外挿圧力を指定された圧力と一致させることで流入速度を修正する必要があり，反復的な修正手順によって2つの圧力の差をゼロに収束させる．

9.12　計　算　例

以下では，物体適合格子が必要となるような計算領域での層流計算として，定常状態の流れを2例，非定常状態の流れを1例扱う．最初の例は構造格子を用いるものでインターネットから計算コードを入手できる．他の2例では市販のCFDソフトウェアが使用される．これらの計算の目的は，どのような流れの問題を，どのように解決できるか，また，解決の精度を分析する方法を知り，さまざまなタイプの格子が計算量と結果の品質にどのような影響を与えるかを示すことである．

9.12.1　円柱周りの流れ (Re = 20)

最初の計算例として，一様流におかれた円柱周りの2次元層流を考える．

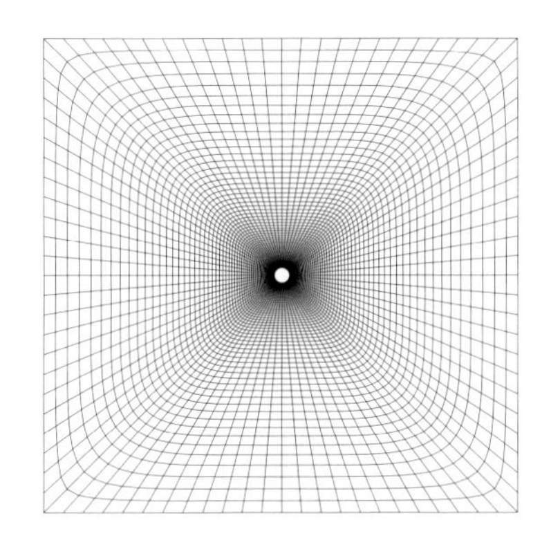

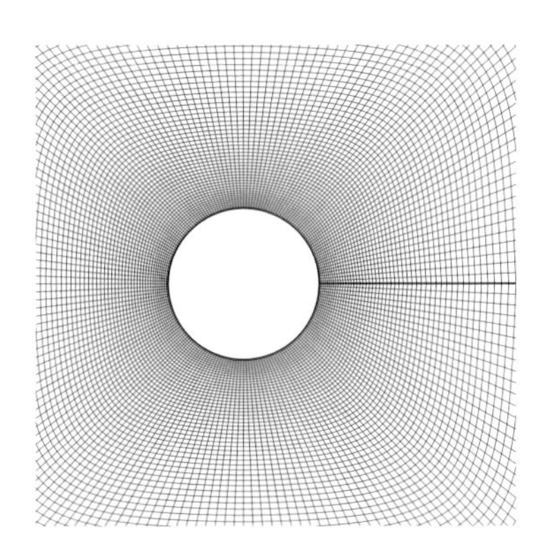

図 9.22 円柱周り流れの定常，非定常計算におけるレベル 3 格子（左），レベル 4 格子の円柱近傍（右）．

一様流の速度 U_∞，円柱直径 D および粘性係数 μ によるレイノルズ数 $\mathrm{Re} = 20$ とする．計算領域の全体と円柱近傍の格子例を図 9.22 に示す．物体適合の O 型構造格子で，円柱の上流，下流にそれぞれ $16D$ とし，上下にも同様に与える．SIMPLE 法，および，陰的フラクショナル・ステップ法（以下，IFSM）による 2 つの計算コードが用いられ，それらはインターネットで入手できる．詳細は付録 A.1 を参照のこと．

計算格子は 5 段階で細分化（1 段階ごと各 CV を 4 つに分割）して離散化誤差を評価した．最も粗い格子レベル 1 で 24×16 個，最も細かいレベル 5 が 384×256（周方向 CV 数 × 半径方向 CV 数）である．円柱壁上は等間隔とした．半径方向には遠方に向けて間隔を広げており，最も粗い格子での拡大率を 1.25，1 段階細かくするごとに 1/2 乗とした．よって，最密格子での拡大率は 1.014044 となり円柱から外部境界までほぼ等間隔に 256 分割となった．O 型格子によって，周方向の始め (east) と終わり (west) の境界は円柱後方中央で互いに一致する（図 9.22（レベル 4）に太線で示す）．左側上流境界に速度 $U_\infty = 1\,\mathrm{m/s}$（円柱直径 $D = 1\,\mathrm{m}$）を与え，右側下流では速度勾配 0，上下は対称境界とした．これらの遠方境界は半径方向の格子線の始点 (south) に位置し，円柱壁は終点 (north) となる．空間離散化には 2 次精度中心差分 (CDS) を用いた．

このレイノルズ数 ($\mathrm{Re} = 20$) における流れは定常となり，流線（図 9.23）および速度ベクトル（図 9.24）でわかるように，円柱表面から流れがはく離し，円筒の背後に 2 つの弱い再循環渦を形成する．一様流れは円柱周囲の広い領域で影響は受けており，円柱面から領域外側境界までの距離 $16D$ は，おそらく一様流れが保たれる真に乱れのない遠方界条件を表すのには十分ではないものの，その影響はそれほど強

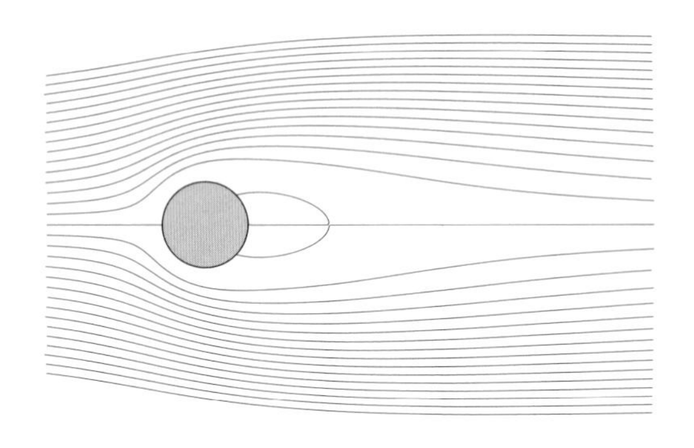

図 **9.23**　円柱近傍の流線予測 (Re = 20).

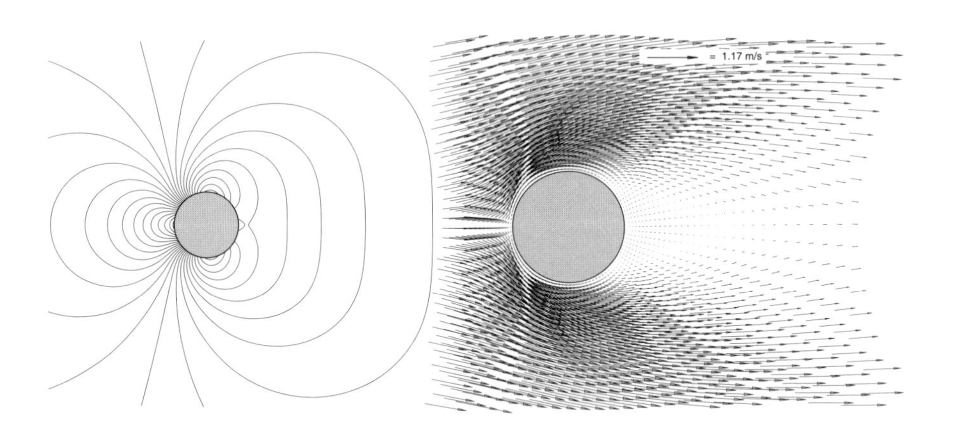

図 **9.24**　円柱近傍の等圧線（左），速度ベクトル（右）の予測 (Re = 20)；速度ベクトルは 4 点ごとに表示，最大値を図中に示す．

くはない．いずれにしろ以下での離散化誤差の評価は特定の境界条件のもとでの結果である．

図 9.24 に圧力等高線を併せて示した．圧力が 0 ではないことから明らかなように円柱影響が遠方まで及んでいる．予想されるとおり，最高圧力が前部のよどみ点にみられ，密な等圧線は，赤道直後で最小値に達するまで円柱面の上下部のいずれでも圧力が急速に低下していることを示す．そこから圧力が再び上昇し始め，この逆圧力勾配により流れのはく離，および，円柱後方に再循環領域が形成される．

非粘性流れでは，圧力等高線は垂直中心線でも完全に対称となり再循環がなくなる．後部よどみ点の圧力が前部と同じになるため抗力は 0 となる．一方粘性流れで

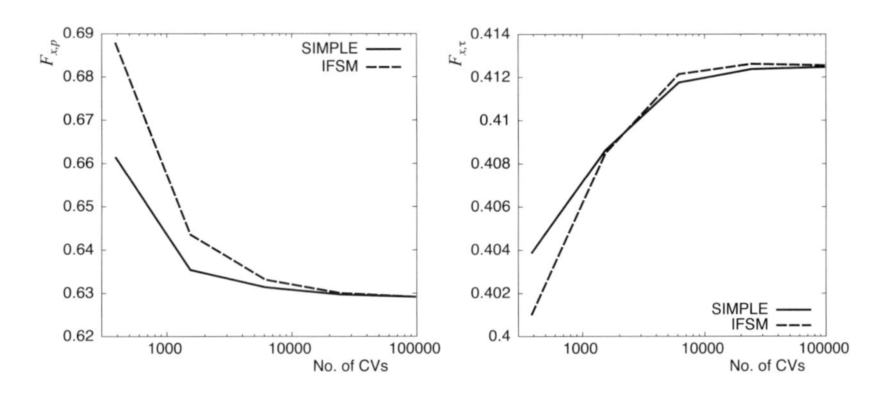

図 9.25 円柱抗力 (Re = 20) の圧力成分（左），せん断力成分（右）の予測.

は流体の粘度により，円柱面上の圧力（壁の垂直方向）とせん断力（壁の接線方向）が流れ方向の正味の力（すなわち抗力）としてゼロではなくなる．ただし，定常流では水平中心線に対して対称であるため揚力はゼロに等しい．格子細分化による圧力とせん断力による抗力成分の収束を図 9.25 に示す.

すべての格子で，外部反復は残差（残差絶対値の全 CV 総和）が 7 桁減少するまで繰り返した．ここでは反復誤差が打ち切り誤差に対して無視できるように必要以上に厳しくとった．SIMPLE 法と IFSM 法の結果はいずれも格子細分化により同じ収束解を与えるが，粗格子での誤差は SIMPLE 法で小さい．興味深いことに図 9.25 では，粗い格子で抗力の圧力成分が過大評価されたのに対し，せん断力成分は過小評価された．結果，抗力の相対誤差は各成分の誤差よりも低くなった．これはすなわち，成分の符号が反対で部分的に相殺されたためである．異なる要因からの誤差が相殺されるのは珍しいことではなく，逆に増大することもある．したがって，計算解の格子依存性を調べることが常に重要である.

図 9.26 にはリチャードソンの外挿により推定された離散化誤差を示す（詳細は 3.9 節を参照)．予想のとおり，格子に依存しない解への 2 次の収束が得られた．最も粗い格子（レベル 1）では，抗力の圧力成分とせん断力成分のいずれにも誤差がそれぞれ約 10 % と 3 % ある．最も細かい格子（レベル 5）で誤差はかなり低くなり，それぞれ 0.03 % と 0.007 % となる．レベル 4 の格子では 0.1 % 程度の誤差を伴う解を与え，これはほとんどの応用課題で十分に小さいといえる.

物体周りの流れの抗力係数と揚力係数は次のように定義される：

$$C_{\mathrm{D}} = \frac{F_x}{\frac{1}{2}\rho U_\infty^2 S}\ , \quad C_{\mathrm{L}} = \frac{F_y}{\frac{1}{2}\rho U_\infty^2 S}\ , \tag{9.98}$$

ここで，F_x と F_y は流れにより物体に及ぼされる力の x と y 成分であり，S は流れ

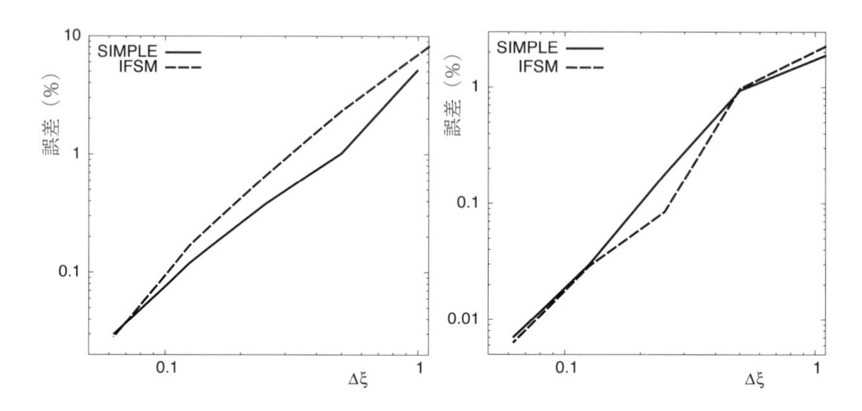

図 9.26　円柱抗力 (Re = 20) の圧力成分（左）およびせん断力成分（右）の離散化誤差，リチャードソンの外挿で評価.

の方向に垂直な物体断面積である．2 次元流れシミュレーションでは，z 方向に寸法を 1 と仮定し，本計算では $D = 1$ であるので，面積も $1\,\mathrm{m}^2$ となる．遠方の一様流速は $U_\infty = 1\,\mathrm{m/s}$ としたので，流体密度 $\rho = 1\,\mathrm{kg/m}^3$ の場合，抗力係数と揚力係数は計算された力を 2 倍するだけで得られる．物体へのすべての力をリチャードソンの外挿により与えて算出した抗力は 2.083 であった．この値は文献にある実験，計算値とよく一致する．

規定の残差レベルに到達するための必要な外部反復回数（SIMPLE の場合），または，時間ステップ（IFSM の場合）は，速度の不足緩和係数（SIMPLE の場合）または時間刻み幅（IFSM の場合）に依存する．これは，前章にて定常流れでみた結果と非常によく似ている（図 8.14 と図 8.18 を参照）．ここでは図示はしないが，最適な設定下で SIMPLE と IFSM の計算量は同等であるといえる．

レイノルズ数が増加すると，円柱の後ろの 2 つの渦が長く強くなる．両方の渦を等しく保つことが難しくなり，Re = 45 付近では，たとえ小さな乱れでも一方の渦が大きくなり流れの対称性が失われる．対称性が崩れると流れは不安定になる．渦が交互に大きくなり始め，円柱の両側から離れて有名なカルマン渦列 (von Karman vortex street) の生成に至る．実験とシミュレーションのいずれでも，Re = 200 付近で流れが 3 次元的になり完全には周期的でなくなることが示されている．レイノルズ数がさらに大きくなると流れは乱流になる．もちろん，これは 3 次元シミュレーションでのみ再現される．次節では，Re = 200 での円柱周りの非定常流れを詳しくみる．

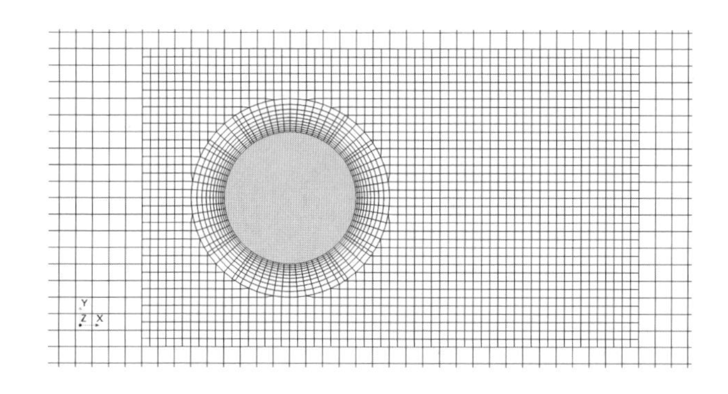

図 9.27 円柱近傍の最も粗い格子 (Re = 200).

9.12.2 円柱周りの流れ (Re = 200)

ここでは，商用の流れ解析ソフトウェア STAR-CCM+ により 3 段階に細分化された格子（各段階ですべての座標方向に格子幅を 1/2 とする）を使用して，Re = 200 での 2 次元流れの計算を実行した結果を紹介する．円柱の周りには 10 層プリズム格子を配し，その外側で直交格子を切り取って残りの計算領域を埋める．計算領域の大きさは前例と同じとし，円柱の中心から x, y 方向のいずれもにも $16D$ の矩形とする．直交格子は 4 段階に細分化されており，円柱の周囲とその後流の矩形領域での格子幅 6.25 % を基準とする．図 9.27 は，最も粗い格子の円柱近傍を示す．最も粗い格子で CV 数 6,196，中間サイズで 21,744，また，最も細かい格子で 109,320 となった．プリズム層の厚さも基準幅に比例するため，格子細分化ごとに半分になる．最も細かい格子では円周に沿って約 220 個の CV が置かれる．実行プログラムとその解説がインターネットで入手できるので付録を参照されたい．

6.4 節で，時間精度の高い解が必要な場合に 1 次精度の時間スキームは非定常問題の計算には適さないことが実証されているので，ここでは，2 次精度の時間離散化 (3 時間レベルスキーム，6.3.2.4 を参照）のみを使用した．計算結果の時間刻みへの依存性を評価するために 4 つの時間刻み幅（0.04 秒，0.02 秒，0.01 秒，および 0.005 秒) を用いた．これは，抗力振動の 1 周期当たりの時間ステップがそれぞれ約 63 回，126 回，253 回，および 506 回に対応する．

Re = 200 での円柱周り流れは非常に不安定で，強い渦が定期的に円柱から放出される．最も細かい格子でこの周波数は $f = 0.1977$ と予測され，（本計算では D と U_∞ はいずれも 1 としたため）これが無次元のストローハル数 (Strouhal-number) に対応する：

$$\mathrm{St} = \frac{fD}{U_\infty} = \frac{D}{U_\infty P}, \tag{9.99}$$

ここで，P は揚力の振動周期であり，5.059 秒に等しいことがわかる．この値は，文献に記載されている数値とよく一致する．抗力は，渦の放出ごとに最大，最小値が現れるため，2 倍の周波数で振動する．一方揚力は，一方の側で渦が放出されるときに最大になり，次の渦が反対側で放出されるときに最小となる．

図 9.28 に，最も細かい格子と最小時間刻みで計算された瞬時の速度ベクトルと圧力等高線を示す．1 つの大きな渦が下側から抜出されているのがみえ，また，別の渦が円柱の上側で形成され始めており，先にできた渦が遠ざかるとともに成長しつつある．

円柱の前面の等圧線の分布は Re = 20 の場合と似ている（図 9.24 を参照）．ただし，最小圧力の位置は上流に移動して赤道の手前で生じる点が異なり，円柱表面の上下の分布は対称ではない．また，前部よどみ点 (最大圧力が検出される場所) と最小圧力位置の間の等高線は密になっており，圧力勾配がより強いことを示している．実際，図 9.24 と図 9.28 の 2 つの速度ベクトル場を比較するとわかるように，流れの加速度は Re = 20 よりも Re = 200 の方がはるかに強い．計算領域の最大速度は Re = 20 で 1.17 m/s（自由流の速度より 17 % 高い）に対して，Re = 200 では 1.47 m/s（自由流の速度より 47 % 高い）となる．

ナビエ・ストークス方程式の解法には SIMPLE アルゴリズムを用いた．前述のように，SIMPLE では不足緩和係数を 2 つ選択する必要がある．定常状態の流れの場合，通常は速度に 0.8，圧力に 0.2 を選択するが，流れが非定常で小さな時間刻みが使用される場合は両方の不足緩和係数を大きくしてよい．安全のため，ここではすべての格子および時間刻みで速度に 0.8，圧力に 0.5 を使用し，時間ステップごとに 10 回の外部反復を強制的に実行した．時間刻みが小さい 2 ケースでは，速度の不足緩和係数を 0.9 に増やすことができ，時間ステップごとの反復回数を固定する代わりに，適切な基準を使用して外部反復を停止することができる（例えば，到達すべき残差のレベルを指定する）．図 9.29 に，最も細かい格子に最小時間刻みで 4 時間ステップ分の計算において，外部反復による連続条件と運動方程式の残差ノルムの変化を示す．注目すべきは，運動方程式の残差が 10 回の反復で 3 桁以上低下するのに対して，連続の式の残差ノルムは約 2 桁しか減少していない点である．その理由は，運動方程式が非線形であるため，次の時間ステップに進む際に線形の質量保存方程式よりも大きなバランスの乱れを引き起こすと考えられる．

非定常流れを計算する場合の離散化誤差の解析は，定常状態の流れの場合よりも困難となる．前章で検討した例のように非定常性が境界条件によって課される場合（8.4.2 項を参照）は振動周期が既知であるため状況はいくぶん単純になるが，この例での境界条件は定常であり，非定常性は流れに固有の不安定性から生じている．ま

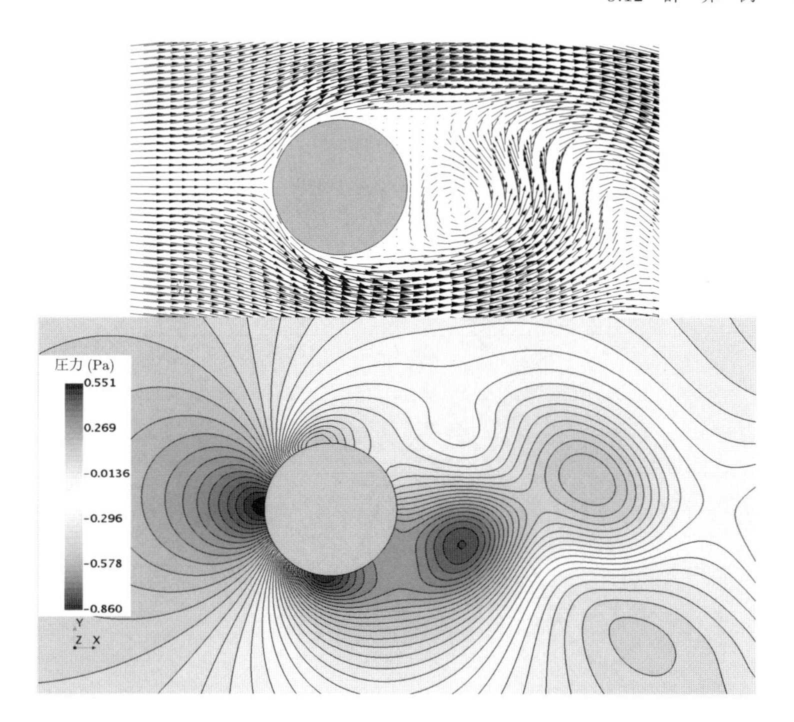

図 9.28 円柱周りの非定常流れ (Re = 200) における瞬時の速度ベクトル（上）と等圧線（下）の予測結果．速度ベクトルは等間隔格子に補間して示す．

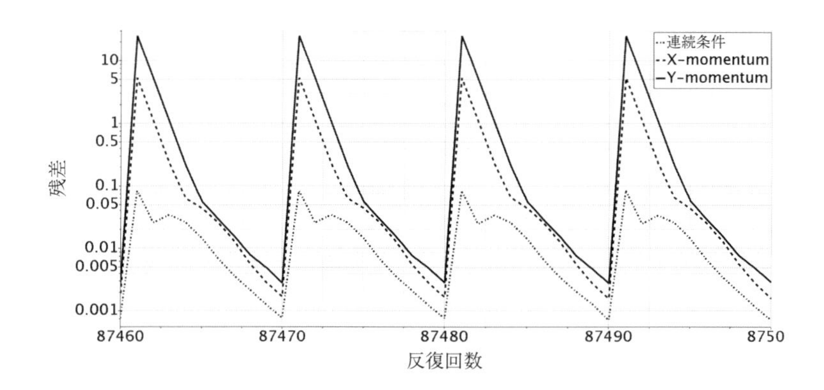

図 9.29 異なる時間刻みにおける外部反復での残差減少．

た，円柱の表面は滑らかで，矩形断面を持つ場合のように流れのはく離点が固定されてはいない．したがって，時間ステップと格子サイズの両方が変化すると，流れ場の

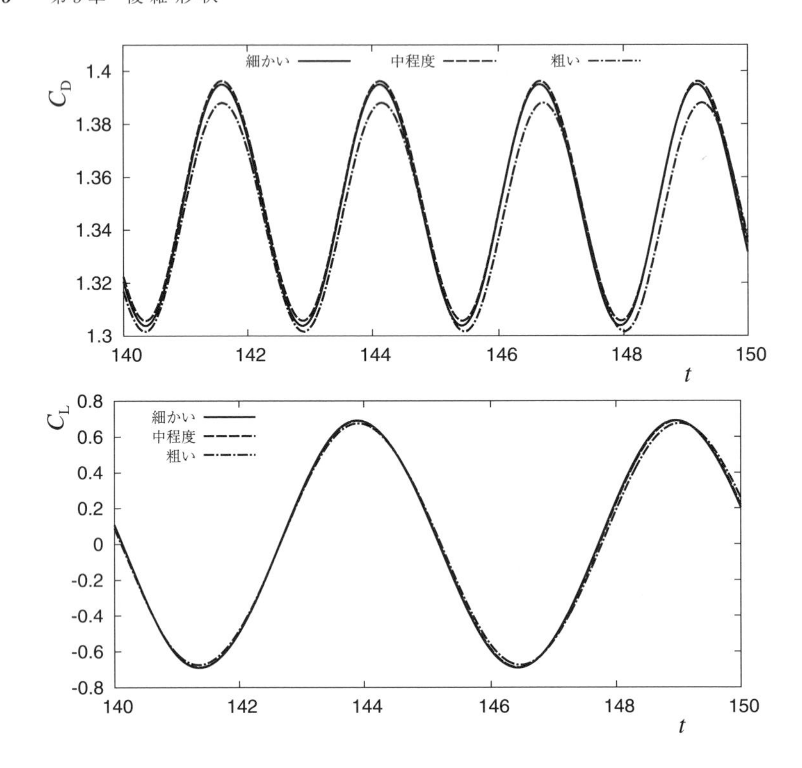

図 9.30 格子依存性の検証結果：揚力変化 2 周期分の抗力（上）および揚力（下）の時間履歴，3 段階の格子で同じ時間刻み $\Delta t = 0.01$ s を用いて計算.

すべての特徴が変化してしまうのである.

図 9.30 に，予測された抗力と揚力の格子細分化への依存性を示した．3 つの格子の結果がすべて示されており，時間刻みは 0.01 秒に固定した（抗力振動の 1 周期当たり約 253 時間ステップに相当）．この図から明らかに，粗い格子と中程度の格子の解の差が，中程度と細かい格子の解の差よりもはるかに大きい．2 次精度離散化では，格子間隔を半分にしていくとき一連の解の差は 4 分の 1 で減少すると期待され，まさに本例で示されている.

次に，図 9.31 には（細かい）格子を固定したときの時間刻み幅に対する解の依存性を示した．周期状態に達するまで最大時間刻み（0.04 秒）で計算実行した結果を初期値として用いて，そのあと，時間刻み幅を変えた 4 ケースすべてを揚力振動 10 周期まで計算継続した．新しい時間幅に調整されたのち，数値解は再び周期状態に達した．図 9.31 は，時間刻み幅に依存しない解に 2 次の収束が得られたことを明示している．すなわち，2 つの最小の時間刻みに対応する 2 つの曲線は互いに区別できな

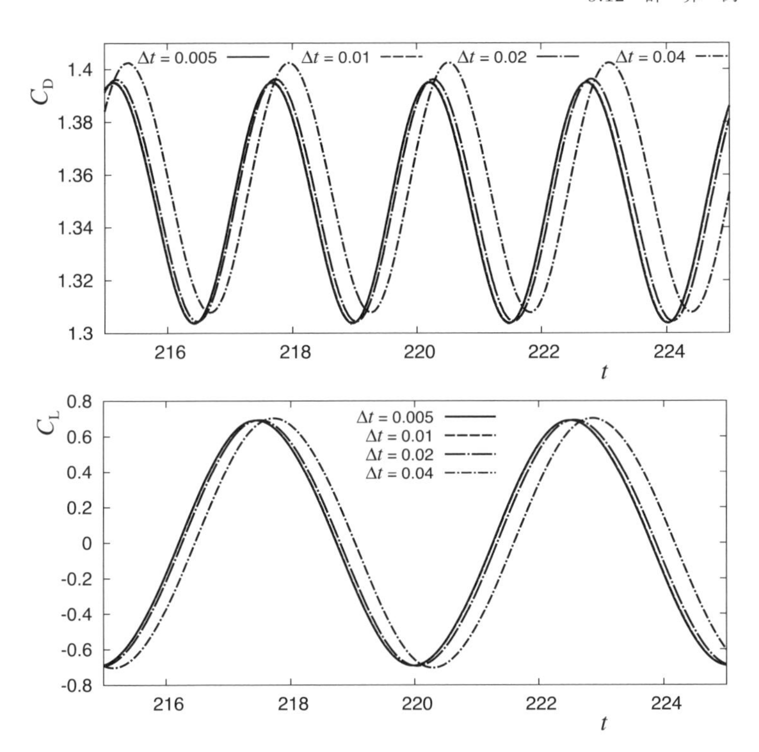

図 9.31 時間刻み依存性の検証結果：揚力変化 2 周期分の抗力（上）および揚力（下）の時間履歴，最も細かい格子で 4 段階の時間刻みを用いて計算．

いが，次に粗い時間刻みとの差は 4 倍に増加する．この結果は，2 次精度の時間離散化スキームに予想される通りである．

実際の非定常流れシミュレーションにおける離散化誤差の解析では，まず適切な初期格子と時間刻み幅（一緒に変更することが基本）を選択して，次にそれを基準として格子と時間幅の両方を同時に細分化する必要がある．

9.12.3 矩形ダクト内に置かれた円柱周りの流れ (Re = 200)

最後に，正方形断面を持つダクト内の 2 つの壁の間に取り付けた円柱周りの層流について 3 次元計算を実行した．適切なブロック構造格子を生成することも可能な対象ではあるが，ここでは，格子生成と流れ計算に非構造格子を用いる商用ソフトウェアの適用例を示す．流れ解析には，切り欠きのある直交格子（前例と同様），四面体，および多面体の 3 種の格子生成法を適用した．円柱とダクト外壁に沿ったプリズム層を 3 つのケースすべてに同様の方法で配置した．ダクト軸を x 方向，円柱

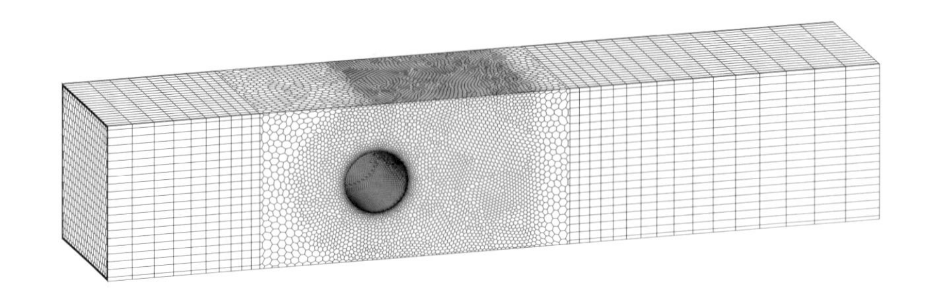

図 9.32　ダクト内の円柱：計算領域の形状と境界上での粗い多面体格子.

軸を y 方向（水平）と定義する.

図 9.32 に計算領域の形状と粗い多面体格子を境界上で示す．また，図 9.33 は 3 種類の格子すべての $y = 0$ における縦断面図を示す．計算領域（矩形ダクト）は $-1.75 \leq x \leq 3.25$, $-0.5 \leq y \leq 0.5$, $-0.5 \leq z \leq 0.5$（単位メートル）とし，座標系の原点に直径 0.4 m の円柱を配置した．したがって，円柱の占有比はダクト断面積の 40 % となる．流体の密度は $1\,\mathrm{kg/m^3}$，粘度は 0.005 Pa·s とした．入口 ($x = -1.75\,\mathrm{m}$) に $u_x = 1\,\mathrm{m/s}$ の一様速度，出口 ($x = 3.25\,\mathrm{m}$) は圧力一定を与えた．ダクトの高さに基づくレイノルズ数は Re = 200 となる．速度の初期条件は，入口速度と等しく x 方向に一定速度を与えた．前例で示したように無限領域の円柱流れは同じ条件下（レイノルズ数）で不安定となるが，ダクト内に閉じ込められた本ケースの場合では定常層流が維持される.

ダクト流路の円柱の周囲のみに 3 種類の格子を生成したのち，上流，下流のダクト断面から流路に沿っていわゆる**格子の押し出し** (grid extrusion) を実行した．これによって，図 9.32 のようにダクト入口から円柱部へ，また，円柱部から出口へ向けて，x 方向に格子幅が徐々に収縮，拡張するように多角形の底面を持つ柱状格子を生成した．四面体格子の場合，押し出された格子は三角形底面のプリズム，六面体格子の場合，押し出された領域は細長い六面体となる．また，円柱周囲とその下流部（円柱周囲の大きな円筒形状と下流側のブロック）を指定して格子細分化を行う．格子生成のためのソフトウェアでは図 9.33 のように，規則的形状の多面体（十二面体）と細分化計算領域では四面体のセルを生成する.

流れ計算は，Siemens 社の STAR-CCM+ソフトウェアを使用して実行した．これは，有限体積法による中点公式の近似積分に基づいている．対流は 2 次精度風上スキーム（2 点の変数値と上流での勾配値を使用したセル面中心への線形補外）により，勾配の近似には線形形状関数（直交格子の中心差分に相当）が使用される．SIMPLE アルゴリズムを適用し，不足緩和係数を速度に 0.8，圧力に 0.2 とした．図

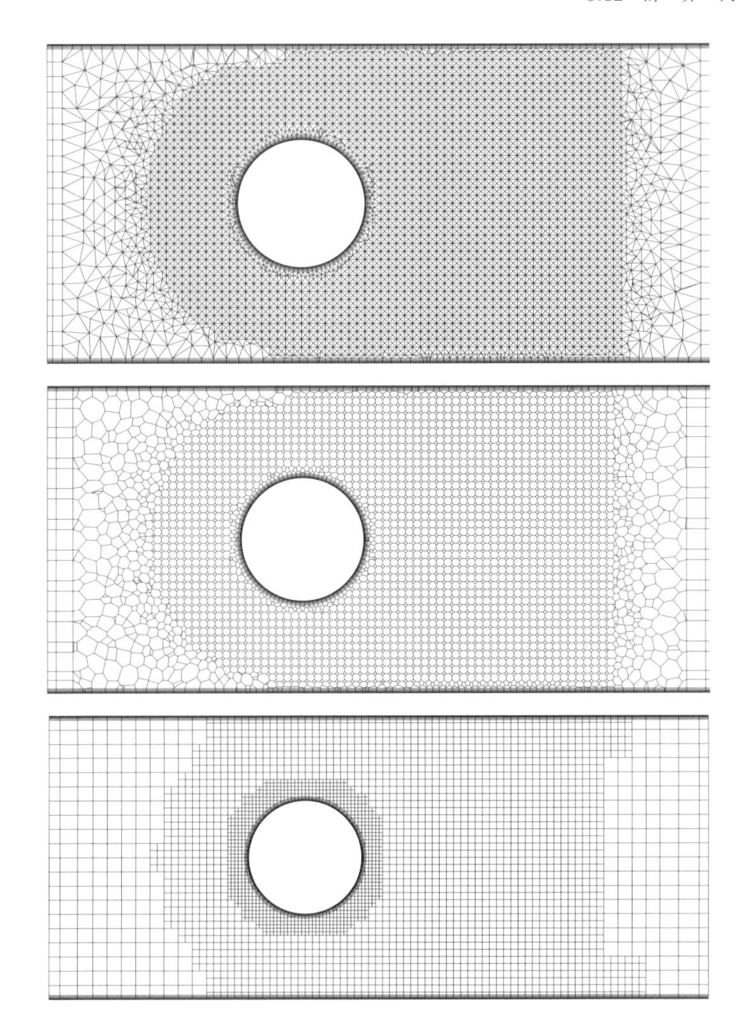

図 9.33 対称断面 ($y = 0$) の計算格子：四面体格子（上），多面体格子（中），および，切り欠き直交格子（下）.

9.34 に中程度の多面体格子（約 190 万セル）での外部反復による残差の変化を示す．残差はすみやかに 1 桁減少するが，反復誤差は通常，計算ごく初期ではこれに従わない（前章の図 8.9 を参照）．残差変化から反復誤差を推定する安全な方法は，最終の収束状態から逆方向に外挿することである．例えば，図 9.34 において u_x 速度の残差ノルムは反復 800 で約 10^{-6} であり，平均の傾きに沿って逆方向に延長すると，約 0.01 のレベルで反復 0 に到達する．したがって，反復誤差の真の減少が約 4 桁であ

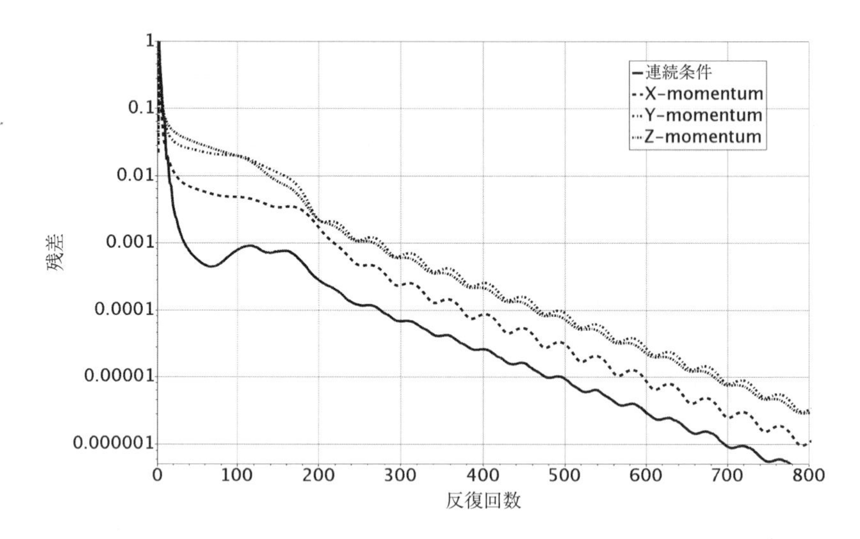

図 9.34　ダクト内の円柱流れの 3 次元層流計算における SIMPLE 法外部反復数による残差変化.

ることを示している．実際，速度と圧力の履歴を詳しくみると最初の有効数字 4 桁に変化がないことがわかるが，これは解が本当に収束していることを確認するためのもう 1 つの有用な検査法である．

図 9.35 に，切り欠き六面体格子を使用して計算された速度ベクトルを 2 つの対称面で示す．水平面 ($z = 0$) では，円柱の両端で速度ベクトルが後方に向かって曲がっているのがわかる．これは馬蹄形渦の形成を示している．垂直面では，流れが円柱周りを通過する際に流れが大きく加速しており，速度ベクトルは円周近くで上流の 2 倍の大きさになる．円柱の後方には直径のほぼ 2 倍の再循環領域が形成される．流れは定常であり，幾何学的対称性により速度場はいずれの断面でも対称となる[6]．ただし，円柱後方の再循環領域の長さは横方向 ($y = 0$) で変化することに注意されたい．すなわち，再循環領域はダクト中央で最も長く，側壁に向かうにつれて小さくなるが，壁に近づくと再び長くなる．したがって，3 次元効果は側壁に接する円柱端部に限定されず，側壁の効果は円柱全体にわたってみられる．

図 9.36 に垂直対称面内の圧力分布を示す．円柱周囲の等圧線は無限領域の円柱流れの 2 次元計算で得たものと似ており，最高圧力は流れが円柱壁に衝突する前面のよどみ点でみられ，最低圧力は円柱の側面にある．圧力は下流側である程度回復するが，粘性損失により下流のよどみ点では上流より圧力が大幅に低くなる．円柱下流で

[6] 幾何学的対称の場合でも，定常状態の流れが対称であるとは限らない．例えば，ディフューザーや急拡大流路などが対称形状であっても，実験にもシミュレーションにも非対称な定常状態の流れが得られる例がある．

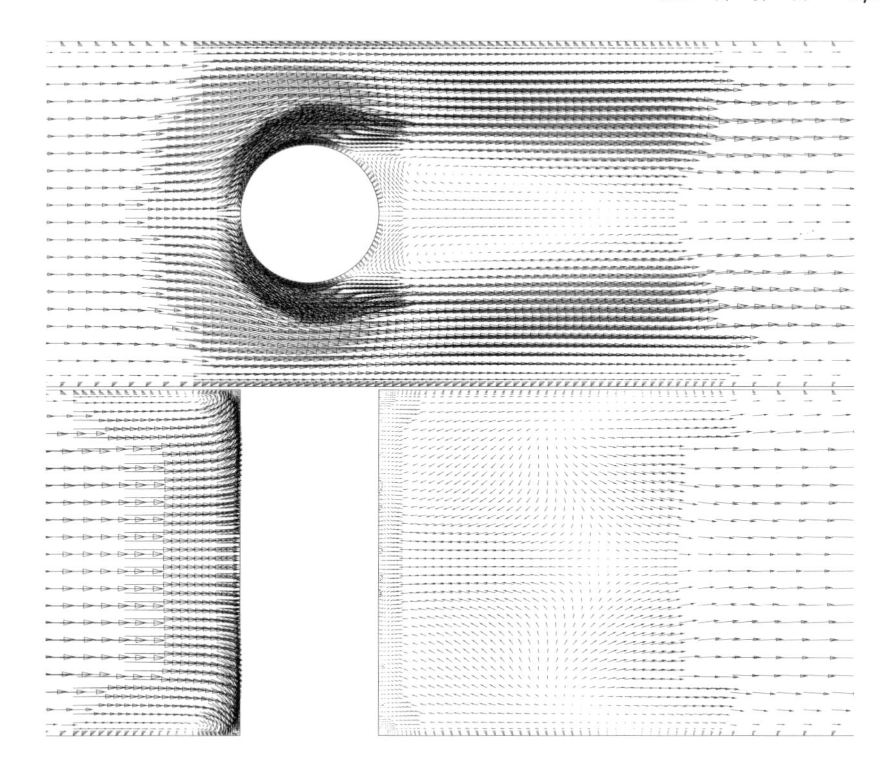

図 9.35 切り欠き直交格子による速度ベクトルの予測：断面 $y = 0$（上），および，断面 $z = 0$（下）.

1つに閉じる圧力等高線は再循環ゾーンの終わりを示す．ここでは円柱上下からの2つの流れが合流し，これが局所的な圧力上昇になる.

いずれのタイプの格子でも，段階的に細分化した3つの格子で計算を実行し，計算解の格子依存性を確認した．図 9.37 は，垂直対称面の円柱下流 $0.875D$，および，水平対称面の円柱下流 $1.875D$ での u_x 速度分布を示す．切り欠きあり六面体にすべての壁（ダクト面および円周）に沿って5つのプリズム格子層を配置して段階的に細分化した3つの格子での結果を表示した．CV 数はそれぞれ，粗い格子で 377,006，中程度で 1,611,904，細かい格子で 8,952,321 とした（格子間隔は各段階で半分）．垂直線に沿った分布では，3つの格子の計算解の差はどれも小さい．ピーク値は粗い格子で約 2 % 低く予測されるが，中程度と最も細かい格子の分布はこのグラフではほとんど区別できない．計算解の違いは円柱下流の水平断面でより顕著にみえる．ここでのピーク値はダクト内の平均速度よりも1桁小さいため，解の小さな違いも明確に区別できる．2 次精度手法に予想されるとおり，粗い格子と中程度と

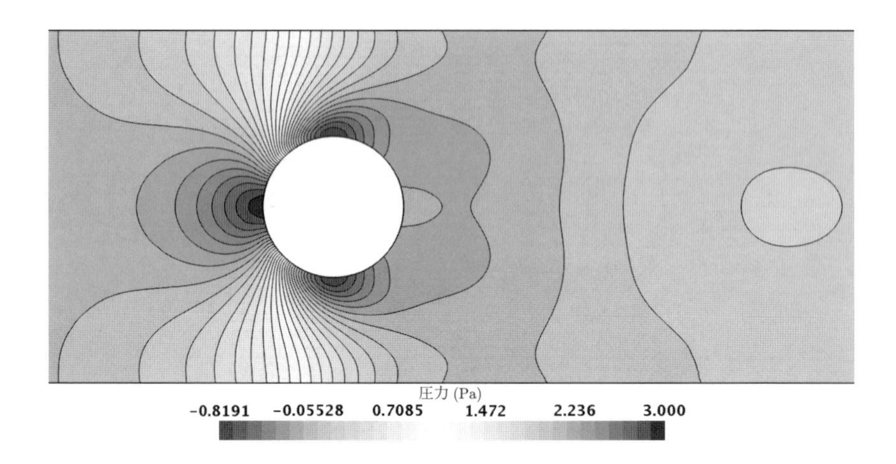

図 9.36　切り欠きあり直交格子による垂直対称面 ($y = 0$) での圧力分布予測（流れは左から右）.

の差は，中程度と最も細かい格子の間の差よりも約 4 倍大きくなった．したがって，最も細かい格子での平均離散化誤差はダクト内平均速度の 0.1 % 程度であると推定できる．

図 9.38 には，前述と同じ線上で，異なるタイプの（最も細かい）格子で計算された速度分布の比較を示す．これらの差は，同じタイプ格子での中程度と細格子の差よりも小さい．これらの違いは，同じタイプの中格子と最も細かい格子の差よりも小さく（図 9.37 を参照），格子が十分に細かい場合には，格子の形状に依存しない同じ解が得られることを裏付けている．これらで異なるのは格子生成とナビエ・ストークス方程式の解法に必要な労力となる．

このような市販ソフトウェアを使用する場合，一般に，切り欠きありの六面体格子を使用するのが，同じレベルの離散化誤差を得るのに必要な労力が最も小さい．一方，最も効率が低いのは四面体格子であり，同じレベルの離散化誤差に達するには，多面体または六面体格子を使用する場合よりも多くの CV 数が必要となる．また，同じ数の CV では，同じ条件（線形方程式系，不足緩和係数，外部反復ごとの内部反復数が同じ）での反復収束が遅くなる．

ここに述べたことは，同じ離散化近似をすべての格子に適用した場合に有効であることに注意されたい．（ここでは，中点公式の積分近似，線形の内挿・外挿，線形の形状関数による勾配近似．）特定の格子タイプに調整された離散化を適用する場合，比率は異なるかもしれない．

同じレベルの離散化誤差を保証するようには格子を変更しなかったこと，また，速度比率が問題に依存することから，ここでは計算時間の定量的な比較はしない．上記

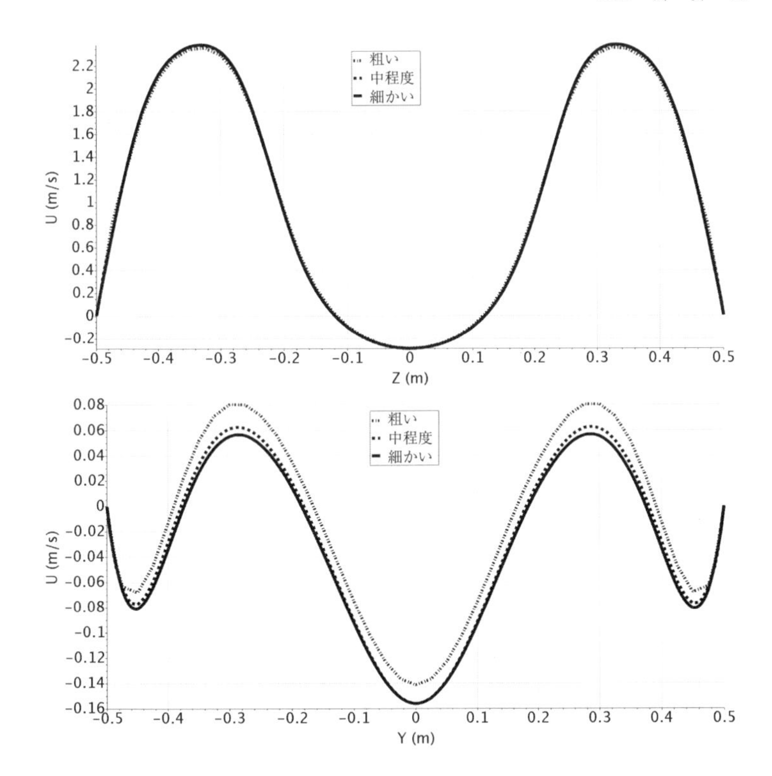

図 9.37 3段階に細分化した切り欠きあり直交格子による円柱下流の u_x 方向速度分布，$x = 0.35$, $y = 0$（上）および $x = 0.75$, $z = 0$（下）.

の記述は，CFD の多くの産業用途での経験に基づいてる．さらに，離散化過程で使用する有限近似の種類や，使用する線形方程式の解法によっても比較結果は変わる．

3 次元の流れは，2 次元の流れよりも視覚化するのがはるかに難しい．2 次元では速度ベクトルと流線がよく使用されるが，3 次元では描画も結果の解釈も困難となる．選択した 2 次元面上（平面，一定量の等値面，境界面など）に等高線やベクトルを投影表示し，それらをさまざまな方向から表示するのが，おそらくは 3 次元流れを解析する最良の方法といえる．さらに，非定常流れの結果にはアニメーション表示が必要となる．ここでは，可視化表示の問題にこれ以上は触れないが，その重要性は強調しておきたい．

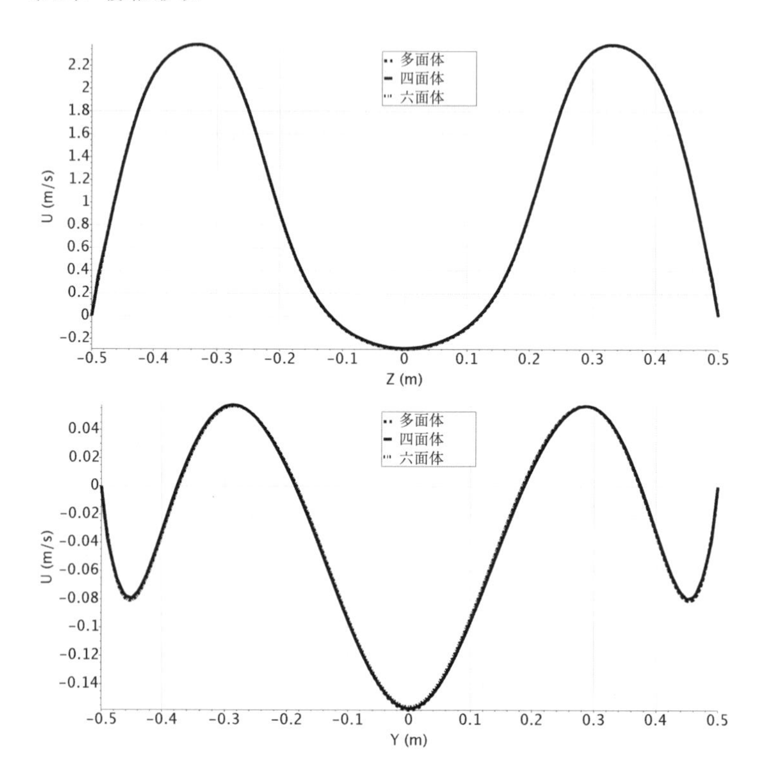

図 9.38　異なるタイプ格子で計算された円柱下流の u_x 成分速度分布：$x = 0.35$, $y = 0$（上）および $x = 0.75$, $z = 0$（下）.

第10章　乱　流

10.1　は じ め に

ほとんどの工学的な実用問題で取り扱われる流れは乱流 (Pope, 2000; Jovanović, 2004) であり，これまでに述べてきた層流とは異なる扱い方が必要になる．乱流は以下のように特徴付けられる：

- 乱流は極めて非定常である．乱流場の速度を時間の関数としてプロットすると，ほとんどの場所で，この種の流れに精通していない観測者にはランダムに見えるだろう．「カオス的な」という言葉が当てはまるかもしれないが，近年ではこの言葉には別の定義が与えられている．
- 乱流は 3 次元的である．時間平均した速度は 2 つの座標の関数で与えられるかもしれないが，瞬時の流れ場は 3 つの空間次元すべてで急激に変動する．
- 乱流は多くの渦を含む．実際，渦の伸長は乱流の主要なメカニズムの 1 つであり，これにより乱れの強さが増大する．
- 乱れは流体中の各種保存量の攪拌速度を増加させる．攪拌 (stirring) とは保存量の濃度の異なる流体塊が乱れによって接触し合うプロセスであり，実際の**混合** (mixing) は拡散効果によって達成される．それにもかかわらず，この過程はしばしば**乱流拡散** (turbuleut diffusion) と呼ばれる．
- 上述の過程によって，乱流は異なる運動量を持つ流体塊を接触させあう．このとき，粘性の作用によって速度勾配が減少することで，流体の運動エネルギーも減少する．言い換えれば混合は**散逸** (dissipation) 過程である．失われた運動エネルギーは，流体の内部エネルギーに不可逆的に変換される．
- 近年では，乱流には**コヒーレント構造** (coherent structures) と呼ばれる，混合の大部分を担い，再現性があり，本質的に決定論的な現象が含まれていることが示されている．しかし，乱流のランダム成分によってこれらの現象はその大きさ，強さ，発生間隔が事象ごとに異なり，その研究を非常に難しくしている．
- 乱流は幅広い時空間スケールで変動する．この特性により，乱流の直接数値シミュレーションは非常に難しくなる（詳細は以下を参照）．

これらの乱流の性質はいずれも重要である．乱流によって生み出される効果は望ましいとも望ましくないともいえる．例えば，化学反応や熱輸送の問題を考えるときに，混合が強いことは有利に働き，乱流により桁違いに大きな効果が得られることがある．一方，運動量の強い混合は大きな摩擦力を生み出すことになり，その結果，流体をポンプで送る場合や乗り物を推進する場合に必要な動力が増える．ここでの負の効果もまた，桁違いに大きくなることがある．エンジニアがより良い設計をするためには，これらの効果を理解し予測できる必要がある．場合によっては，少なくとも一部では乱流を制御することも可能となっている．

過去における乱流研究の手段は実験に限られていた．時間平均された抗力や熱伝達などの全体的なパラメータは比較的簡単に測定できるが，工学装置がより精巧になるにつれてより詳細さや正確さが要求されるようになり，それに伴いコストや測定の困難さも増大している．設計を最適化するためには問題の根元を理解することが必要となってくるが，これには費用と時間がかかる詳細な計測が要求される．しかし，例えば，流れにおける変動圧力の計測などは現在でもほとんど不可能とされており，その他の測定も要求精度で実施することは難しい．その結果，数値解析が重要な役割を担うこととなり，なかでも商業用および軍用の航空機や船舶の設計と最適化は最も進展している分野である．ここでは，部品（翼型，プロペラ，タービンなど）や全体構造の CFD 解析が日常的に行われている．しかし，数値解析手法の要件は解析したい流れの対象によって異なり，この原則については 12.1.1 項で再度説明する．例えば時間平均流れで流体力や熱流束を求める際は，レイノルズ応力やさらにやっかいな三重相関と比較して，（精度と時間の両面で）それほどシミュレーションに要求される条件は厳しくない．

数値解析手法の議論に進む前に，まず乱流予測のアプローチをまとめておくと有用である．Bardina et al. (1980) は 6 つのカテゴリに分類しており，要約すると以下の通りである：

- 最初のアプローチは，摩擦係数をレイノルズ数の関数として，あるいは熱伝達率を示すヌッセルト数をレイノルズ数とプラントル数の関数として与え，**相関式** (correlations) を用いるものである．この方法は通常，流体力学の入門コースで教えられ，また大変有効な方法でもあるが，その適用は少数のパラメータで特徴付けられる単純な流れに限られる．この方法では CFD を使う必要がないので，ここではこれ以上触れない．
- 2 つ目のアプローチは**積分方程式** (integral equations) を利用するものであり，これは運動方程式を 1 つ以上の座標で積分して得られる．通常，この操作により問題は 1 つまたは複数の常微分方程式に簡約化され，容易に解くことができる．常微分方程式に対するこの方法の適用は 6 章で述べた．
- 3 つ目のアプローチは，運動方程式を平均成分と変動成分に分解して得られる

方程式に基づく (Pope, 2000). 残念ながら, こうして分解された方程式は閉じた形にはならない (10.3.5.1 を参照) ため, これらの手法には**乱流モデル** (turbulence models) を導入する必要がある. 今日よく用いられる乱流モデルのいくつかと, 乱流モデルを含む方程式の数値解法に関連する問題については本章で後述する. ここではいわゆる**一点完結** (one-point closures) モデルに焦点を当てる[1].

乱流モデルを扱う際の具体的なアプローチは, それぞれ平均場と変動場の方程式を導く際のやり方の性質で決まり, これによりこの 3 つ目のアプローチはさらに以下のサブカテゴリに分けられる：

- 運動方程式の平均化に対して, 時間平均やアンサンブル平均（ある流れに対して, 制御できる要素はすべて固定して再現される一連の流れの集まり）を行うことで, **レイノルズ平均ナビエ・ストークス** (Reynolds-averaged Navier–Stokes) 方程式（RANS 方程式）と呼ばれる連立偏微分方程式を得る. この結果得られる方程式は, 以下で述べるように, 時間依存もしくは定常流れを表す場合がある.
- 空間内のある有限な体積で平均化（またはフィルタリング）を行うことにより, **ラージ・エディ・シミュレーション** (large-eddy simulation: LES) 方程式と呼ばれる一連の方程式を得る[2]. LES は流れの大規模な運動を正確に表現する一方, 小規模な運動のみ近似またはモデル化する. これは, RANS（上記参照）と直接数値シミュレーション（下記参照）の間の妥協点とみなすことができる.

- 最後は, 「直接数値シミュレーション」(direct numerical simulation: DNS) と呼ばれるアプローチで, 乱流のすべての運動に対してナビエ・ストークス方程式を解くものである.

この分類は下の方に位置するものほど, より多くの乱流運動が捉えられ, モデル化の割合も少なくなる. よって, 下のものほど正しい解が得られるが, 計算時間は大幅に増大する.

本章で述べるすべての方法では, 質量, 運動量, エネルギーあるいは化学種に対する何らかの形での保存式を解くことが必要となる. 乱流解析の難しさは, 層流に比べ

---

[1] これに対して 2 つの空間点での速度成分の相関や, より一般にはこれらの方程式のフーリエ変換を用いる**二点完結** (two-point closures) モデルがある. これらの手法は実用的には広く用いられておらず (Leschziner, 2010), 純粋な研究目的で使用されることが多いため, ここでは取り扱わない. なお, Lesieur (2010, 2011) はその歴史と最新動向に関する洞察に富んだレビューを提供している.

[2] これに対して, 空間内の「比較的」大きな体積で平均化することにより, **ベリー・ラージ・エディ・シミュレーション** (very large-eddy simulation: VLES) が得られる. この「比較的」の定義については, 後述（10.3.1, 10.3.7 項）する.

てはるかに大きい長さと時間スケールの変動を含んでいることである．したがって，解く方程式は層流方程式と似ているものの，乱流を解くことははるかに難しく計算負荷も大きい．

10.2　直接数値シミュレーション (DNS)

10.2.1　概　要

乱流シミュレーションの最も正確なアプローチは，何の平均も近似も行わずにナビエ・ストークス方程式を（その誤差が推定でき制御も可能である数値的な離散化誤差を除いて）正しく解くことである．これは概念的には最も単純明快なアプローチであるといえる．このようなシミュレーションでは，流れのすべての運動が解像されることになり，解析結果はある流れの瞬間，あるいは実験のある短い時間の流れを再現したものに等しいといえる．上述の分類では，この方法は直接数値シミュレーション (DNS) と呼ばれる．

乱流の重要な構造はすべて捕捉されていることを保証するために，DNS では，計算が行われる領域は対象とする物理領域もしくは最大の乱流渦よりも少なくとも同等の大きさでなければならない．後者の大きさを測る有効な指標として，乱流の積分スケール (L) がある．これは，速度の変動成分が相関を保つ距離を表しており，計算領域の各寸法は積分スケールの数倍以上でなければならない．また，DNS が妥当といえるためには，すべての運動エネルギー散逸を捕える必要がある．これは，粘性が作用する最小のスケールで起こるので，格子サイズは粘性により決定されるスケール，すなわちコルモゴロフスケール (η) のオーダーでなければならない．通常，格子解像度に対する要件は次のように表される：

$$k_{\max}\eta = \frac{\pi}{\Delta}\eta \geq 1.5. \tag{10.1}$$

したがって格子サイズ Δ は，2η 以下である必要がある．Schumacher et al. (2005) は，散逸がさまざまなスケールで発生し（散逸スペクトルのピークは $k\eta \sim 0.2$ である），流れには局所的に η よりも小さいスケールが現れることを指摘している．彼らのシミュレーションでは，$k_{\max}\eta$ の値を最大で 34 まで使用した．これに対して彼らと同じ流れの本質を捉えるために，Kaneda and Ishihara (2006) および Bermejo-Moreno et al. (2009) は，それぞれ $k_{\max}\eta$ の値として最大 2 および 4 を使用した．

一様等方性乱流は最も単純な乱流であり，等間隔格子を用いる以外の選択肢はないが，上述の議論からこの場合の各方向の格子点数は L/η のオーダーでなければならない．Tennekes and Lumley (1976) が示しているように，このスケール比は $\mathrm{Re}_L^{3/4}$

に比例する[3]．ここで Re_L は速度変動成分の大きさと積分スケールに基づくレイノルズ数であり，工学的流れの問題を規定するのに一般的に用いる巨視的なレイノルズ数の 1/100 程度となる．3 次元の各方向に同様の格子数が必要であり，また，時間ステップ数も格子幅に線形的に関係付けられるので，全体のシミュレーション負荷はおおよそ Re_L^3 のオーダーになる．これに対してエンジニアが一般に利用するレイノルズ数の定義では，このシミュレーション負荷のオーダーはいくぶん異なるものとなることに注意されたい．

計算に使用できる格子点数は，使用するマシンの処理速度やメモリによって制限されるため，DNS は通常，幾何的に単純な領域に対して行われる．現在のマシンでは，最大 4096^3 の格子点を用いて，乱流レイノルズ数が 10^5 オーダーの一様流れの DNS が可能である (Ishihara et al., 2009)．前述の通り，これは全体の流れレイノルズ数がさらに 2 桁大きい値に対応し，工学で関心のあるレイノルズ数の範囲の下限に到達するため，DNS も場合によっては有用な手法となる．他の場合には，ある種の外挿法を用いてシミュレーションのレイノルズ数から実際の関心のあるレイノルズ数へ外挿することが可能である．DNS に関するさらなる詳細については，Pope (2000) や Moin and Mahesh (1998) の概説，またフーリエスペクトル法（3.11 節）を用いて等方性乱流を研究する Ishihara et al. (2009) や，フラクショナル・ステップ法（7.2.1 項）と有限差分法を用いて境界層流れを研究する Wu and Moin (2009) の各論文を参照されたい．

10.2.2　問　題　点

DNS の解析結果は流れの詳細なデータを含んでいる．それ自体は大変に有用であるが，工学設計で要求される情報量をはるかに超えたものともいえ，また，DNS を実行することは非常に計算負荷が高いので，設計ツールとして実際に適用されることは少ない．したがって，DNS が何に利用できるのかを問う必要がある．DNS では膨大な格子点における速度，圧力やその他の物理量の詳細なデータを得ることができる．これらの結果は実験計測データと等価なものとみなせるだけでなく，統計的な情報を算出することも，「数値的流れの可視化」を行うことも可能である．例えば，数値的可視化からは流れの中にどのようなコヒーレント構造が存在しているかについての多くの知識を得ることができる（図 10.1）．これらの豊富な情報から流れの物理構造の理解を深めることや，RANS や LES の定量的モデルを構築したりするのに利用

---

[3] この見積もりはもっと悪くなり得る．NSF (National Science Foundation) のシミュレーションベースの工学に関する報告書 (2006) は，流体力学を含む多くの分野で**スケールの過酷さ** (tyranny of scales) がシミュレーションの負荷として支配的であることを指摘している．例えば，$\mathrm{Re}_L \sim 10^7$ の場合でも長さのスケール比は約 2×10^5 のオーダーとなる．これに対してタンパク質の立体構造予測では時間スケール比が 10^{12} であり，高度な材料設計では空間スケール比が 10^{10} のオーダーとなることを指摘している．

図 10.1　平板境界層の十分発達した乱流領域におけるヘアピン渦群．速度勾配テンソルの第二不変量の等値面を表示し，壁からの無次元距離の局所値に基づいて色分けされている．300 以上の値は濃く示されており，流れは左から右へ向かっている．出典：Wu and Moin (2011).

できる．このようなモデルは，他の類似した流れを低コストで計算することを可能にし，工学設計ツールとして有用となる．

DNS が今まで使用されてきた具体例として，以下のような用途がある：

- 層流から乱流への遷移プロセスの理解，および乱流の生成，エネルギー輸送，散逸構造の理解
- 空力騒音発生のシミュレーション
- 乱流における圧縮性の影響の理解
- 燃焼と乱流の相互作用の理解
- 固体表面の抗力の制御と低減

この他にもさまざまな DNS アプリケーションが存在し，これから先もさまざまな適用例が現れることは疑う余地もない．

コンピュータの進歩により，ワークステーション上でも低レイノルズ数の単純流れの解析であれば DNS を実行することが可能となっている．ここでいう単純流れとは，（多くの種類がある）一様乱流，平板チャネル流，自由せん断流などを指す．前述の通り，超並列コンピュータでは 4096^3 ($\sim 6.9 \times 10^{10}$) 以上の格子点数の DNS が実行可能となっている．計算に要する時間は使用するマシンや格子点数に依存するため，何か有益な情報をここで述べることは難しい．実際，通常はシミュレーションする流れとグリッド点数を利用可能な計算リソースに合わせて選択する．最新のシミュレーションでは，数十万のコアを使用し，数百万コア時間を消費することもある．計算機がより速く，かつ記憶容量が大きくなれば，さらに複雑で高レイノルズ数の流れのシミュレーションが可能となろう．

DNS や LES で用いられる数値解法にはいろいろあり，この本で紹介する手法もほぼすべてが利用できる．ただし，大規模並列システム上での本格的な大規模計算には，CDS やスペクトル法に基づく本質的に陽的なコードが最も頻繁に使用される．

これに対して以下で述べるように，方程式の特定の項に対しては陰的手法が使用されることもある．これらの手法はこれまでの章ですでに紹介しているため，ここでは詳述しない．ただし，DNS や LES には定常流れのシミュレーションとは重要な違いがあり，これについて論じることが重要である．

DNS や LES の数値解法に求められる最も重要な要件は，広範囲な長さおよび時間スケールを含む流れを正確に再現しなければならないことに起因する．正確な時間履歴が求められるので，定常流れ向けに設計された手法は非効率的であり修正なしに使うべきではない．精度上の問題から時間ステップは小さくする必要があり，当然ながら，選択した時間ステップに対して時間進行が安定に行われることが要求される．ほとんどの場合，精度上求められる時間ステップ幅に対して安定な陽解法が利用できるので，特に陰解法を用いてさらに多くの計算時間をかける理由はない．したがって，ほとんどのシミュレーションで陽的時間進行法を用いる．よく知られた（ただし唯一ではない）例外は固体壁面近傍である．このような領域では，重要な流れ構造が非常に小さくなり，特に壁面に垂直な方向で非常に細かい計算格子を使用する必要がある．この結果，壁面垂直方向の導関数を含む粘性項から数値的不安定性が生じる可能性があり，これらの項はしばしば陰的に処理される．複雑な形状の場合には，さらに多くの項を陰的に処理する場合がある．

DNS と LES では時間進行に対して 2 次から 4 次精度のものが広く用いられている．その中でもルンゲ・クッタ (Runge–Kutta) 法が最も一般的であり，アダムス・バッシュフォース (Adams–Bashforth) 法や蛙跳び (Leapfrog) 法も用いられる．一般的には，同一精度ではルンゲ・クッタ法が 1 ステップ当たりの計算量はより多くなる．それにもかかわらずこの手法が好まれるのは，ある時間ステップ幅での誤差が他の手法と比べてずっと小さいからである．したがって，実際の計算では求められる精度に対してより大きな時間ステップを用いることができ，計算負荷の増大を十分に補うことができる．一方，粘性項や壁面法線方向の対流項などの陰的に取り扱われるべき項に対してはクランク・ニコルソン (Crank–Nicolson) 法がしばしば用いられる．

時間進行法の課題の 1 つは，1 次より高い精度の手法では（中間時間ステップを含む）複数の時間ステップでのデータの保存が必要になることである．そのため，できるだけ少ないメモリ使用量で済む手法を開発し使用することにメリットがある．Leonard and Wray (1982) は，標準的な 3 次精度のルンゲ・クッタ法よりもさらに少ないメモリで実行可能な 3 次ルンゲ・クッタ法を提案している（この手法の応用例については Bhaskaran, 2010 を参照）．一方で，圧縮性流れや音響計算では，低散逸および低分散のルンゲ・クッタ法など，異なる特性が求められる（Hu et al., 1996 と Bhagatwala and Lele, 2011 における適用を参照）．

DNS のさらなる重要な課題は，広範囲にわたる長さスケールの取り扱いである．これには，離散化手法に対する考え方を変える必要がある．空間離散化手法の精度を表す最も一般的な指標はその次数であり，これは格子サイズを小さくしたときの離散化誤差の減少割合を示す数値である．これがなぜ DNS や LES における精度を示すものとして適切でないかを理解するには，速度場のフーリエ分解を用いて考えるのがよい．すでに3章で述べたように（3.11節）等間隔格子の場合，流れ場はフーリエ成分を用いて次のように表すことができる：

$$u(x) = \sum \tilde{u}(k)\, \mathrm{e}^{\mathrm{i}kx} \, . \tag{10.2}$$

計算格子の大きさ Δx で解像できる最大波数 k は $\pi/\Delta x$ であるので $0 < k < \pi/\Delta x$ の範囲のみを考える．式(10.2)の級数は項ごとの微分が可能であり，$\mathrm{e}^{\mathrm{i}kx}$ の正確な微分は $\mathrm{i}k\mathrm{e}^{\mathrm{i}kx}$ であるが，有限差分近似によりこれを $\mathrm{i}k_{\mathrm{eff}}\mathrm{e}^{\mathrm{i}kx}$ に置き換えることができる．ここで k_{eff} は3.11節で定義した差分近似を用いた場合の有効波数である．図3.12に示される k_{eff} のプロットから，中心差分法は，関心のある波数範囲の前半である $k < \pi/2\Delta x$ に対してのみ精度が高いことがわかる．

定常流れシミュレーションには見られない乱流シミュレーションの難しさは，乱流スペクトル（波数や長さスケールの逆数に対する乱流エネルギーの分布）が通常，波数範囲 $\{0, \pi/\Delta x\}$ の大部分にわたって広がっているため，図3.12のスキームの次数精度の振る舞いが重要になる場合がある．この図では，理想的には数値スキームの有効波数が正確なスペクトルの線に近づくことが望ましい．4次精度の中心差分法(CDS)は確かに2次精度より改善されてはいるが，まだ理想的とはいえない．これに対してコンパクトスキーム（Lele, 1992; Mahesh, 1998; 3.3.3項を参照）は，スペクトルに近い高次スキームを提供することができる．圧縮性流れのシミュレーションや音響計算では，このようなスキームが人気である（例えば，Kim, 2007の4次コンパクトスキームや Kawai and Lele, 2010の6次スキームの実装を参照）．一方で，DNS において解像可能な最小構造を定義する際には格子解像度が重要であるため，格子が十分に細かければ，2次精度の CDS でも優れた結果が得られる (Wu and Moin, 2009).

ここで，空間差分にエネルギー保存スキームを用いる重要性に再度触れておこう．すべての風上スキームを含む多くの離散化手法は散逸的であり，非定常計算を行った場合にエネルギーを散逸させる拡散項が打ち切り誤差の一部として含まれている．この散逸効果は数値解析を安定化させるため，CFD における利用が支持されてきた．実際，定常問題への適用に当たっては定常解に与える散逸誤差の影響はそれほど大きくはないが（ただし前の章ではこの誤差がかなり大きくなる場合もあることを示したが），DNS への適用にあたっては事情が異なる．すなわち打ち切り誤差により生み出された散逸効果は物理的な分子粘性効果による散逸効果と比較してかなり大きくなり，得られた結果が物理的な解と大きくかけ離れてしまう可能性がある．エネルギー保存に関する議論については7.1.3項を参照のこと．また，7章で示されているように，エネルギー保存は速度が際限なく成長することを防ぎ，安定性を維持することができる．

時間と空間のスキームに対するそれぞれの刻み幅は互いに関連付けられていなければならない．空間と時間に対する離散化から生じる誤差は可能な限り同じ程度になるよう，両者のバランスをとるべきである．このことを各節点，時間ステップごとに実現するのは不可能であるが，平均的な意味でもこの条件が満足すれば，精度を下げずに最も低コストでシミュレーションを実行できるであろう．さもなければ，いずれかの独立変数に細か過ぎる刻み幅を用いている恐れがある．

DNS や LES における精度の評価は困難であり，その理由は乱流の性質に由来する．すなわち，乱流では初期状態における小さな擾乱が時間が経つにつれて指数的に増長し，あっという間に原型をとどめないものになってしまう．これは数値スキームとは関係ない物理現象である一方，どのような数値スキームもある種の誤差を持ちスキームパラメータを変えることでこの誤差は変化することから，誤差を評価する目的で 2 つの解を直接比較することはできない．代わりに異なる計算格子（これは元の格子と大きく異なることが望ましい）を用いてシミュレーションを行い，それぞれの結果を統計平均量で比較することは容易であり，その違いから誤差を推定することができる．ただし残念なことに，格子のサイズによりどのように誤差が変化するかを知ることは難しく，この種の誤差評価は近似にすぎない．これに対して，単純流れの解析でよく使われる簡単な誤差評価方法は，乱流のスペクトルを調べるものである．最も小さいスケールの持つエネルギーがエネルギースペクトルのピーク位置のエネルギーよりも十分小さければ，流れを精度良く解析していると考えて問題はないであろう．

DNS や LES において精度を要求する場合には，領域の設定や境界条件が許す限りスペクトル法の適用が一般的である．スペクトル法については 3.11 節ですでに簡単に述べているが，その本質は，微係数を与える手段としてフーリエ級数を用いる点である．高速フーリエ変換 (FFT) アルゴリズム (Cooley and Tukey, 1965; Brigham, 1988) を用いることで演算を $n \log_2 n$ に減らすことができ，このことがフーリエ変換の実用性を高くしている．ただしこのアルゴリズムは，残念ながら等間隔格子点やその他のいくつかの特別な場合にしか適用できない．この種の特別な方法がナビエ・ストークス方程式を解くために多く開発されている．スペクトル法に関するさらなる詳細は 3.11 節や Canuto et al. (2007) に記されている．

ナビエ・ストークス方程式を直接近似するのではなく，スペクトル法の興味深い応用として，方程式に「テスト関数」または「基底関数」を掛け，全領域で積分した後，結果として得られる方程式を満たす解を求める方法がある（3.11.2.1 を参照)．この形式で方程式を満たす関数は「弱形式の解」として知られている．その際，ナビエ・ストークス方程式の解を，発散がゼロである一連のベクトル関数による展開式として表現することができる．これにより積分形の方程式から圧力が取り除かれ，計算および保存が必要な従属変数の数が減少する．さらに，発散がゼロである関数の場合，第3成分は他の2つの成分から計算できることにより，従属変数の組をさらに減少させることが可能である．その結果，計算する必要のある従属変数は2つだけとなり，必要とされるメモリは半分に削減される．これらの手法は非常に専門的であり詳細な説明には多くの紙面を要するため，詳細は省略する．興味のある読者は Moser et al. (1983) の論文や Canuto et al. (2007) の 3.4.2 項を参照されたい．

10.2.3 初期条件と境界条件

DNS におけるもう1つの課題は，初期条件と境界条件の与え方である．初期条件は，計算開始時に3次元速度場の詳細をすべて含んでいなければならない．組織的渦構造は流れ場を構成する重要な要素であるが，そのような構造を含む初期条件を作ることは大変難しい．その上，初期条件は数値解析を行っている間，かなり長期間にわたって「記憶」されており，その長さは「渦の回転 (eddy-turnover)」時間の数倍に匹敵する．この渦の回転時間は，流れの積分時間スケール，もしくは積分長さスケールを速度変動の2乗平均平方根 (q) で割ったものであり，結果的に初期条件は解に大きな影響を与える．実際，人工的に造った初期条件から始めたシミュレーションの初期の結果については，物理現象として信頼できないとして捨てなければならない場合も多い．初期条件をどのように選択すればよいのかということについては，科学というよりは技巧といった側面が強く，すべての流れに適用可能な唯一の方法というのは存在しないが，ここではいくつかの例を挙げることにする．

一様等方性乱流の場合，単純なケースとして周期境界条件が適用されていることから，最も容易な方法として初期条件をフーリエ空間で構築できる．すなわち，ここでは初期値として $\hat{u}_i(\mathbf{k})$ を求めることを考える．これは各フーリエモードの大きさ $|\hat{u}_i(\mathbf{k})|$ を与えることで行われる．このモードに対してもう1つの条件として，連続の条件 $\mathbf{k}\cdot\hat{u}_i(\mathbf{k})$ を課す．この結果，$\hat{u}_i(\mathbf{k})$ を定義するのに1つの乱数の組を自由に選ぶことができ，大抵の場合は位相角がとられる．このようにして構築された初期条件を用いた場合，実際の乱流場を得るまでにおおよそ渦の回転時間の2倍程度，計算を進めればよい．

その他の流れ場に対して最良の初期条件は，それ以前に行われたシミュレーション結果を用いる方法である．例えば，一様乱流にひずみが加わる場合，最も良い初期条件は発達した等方性乱流である．チャネル乱流では，平均流速に（ほぼ正しい構造といえる）不安定モードとノイズを加えたものがよいことが知られている．これに対して曲率を持ったチャネル流では，上記の十分発達したチャネル流の解を初期値とするのがよいであろう．

解析領域内に流れが流入する境界条件（流入条件）に対しても，類似の考え方が適用できる．正確な条件としては，各時間ステップで境界面での完全な乱流速度場を与えなければならないが，これを実際に構築するのは大変難しい．この条件を与えることができる1つの例として，曲率を持ったチャネル内発達流の解析が挙げられる．この場合には，平板チャネル流のシミュレーションを（同時または事前に）行い，主流方向に垂直な平面上の速度分布を流入条件として用いればよい．Chow and Street (2009) は，メソスケール大気流れを予測するためのコードを用いてスコットランドの丘の上を通る流れを予測する際にこのような戦略をとった[4]．

すでに述べたように，ある方向に対して流れが（統計的意味で）変化しないような場合には，周期境界条件の適用が可能である．周期境界条件は簡単に適用でき，特にスペクトル法との相性がよく，適用した境界に対して最も現実に忠実な条件となっている．

一方，流出境界の取り扱いはそれほど難しくない．1つは外挿条件を用いるものであり，これはすべての物理量について次のように境界に垂直方向の導関数をゼロとするものである：

$$\frac{\partial \phi}{\partial n} = 0 \,, \tag{10.3}$$

ここで ϕ は任意の従属変数を示す．この条件は定常流れではよく用いられるが，非定常流れにおいては満足な結果を得られない．非定常流れに対しては，この条件の代わりに非定常移流型条件を用いるのが望ましい．この種の条件は数多く試されているが，最も良いとされているのはその中で最も単純な次式である：

$$\frac{\partial \phi}{\partial t} + U \frac{\partial \phi}{\partial n} = 0 \,, \tag{10.4}$$

ここで U は流出面上の場所によらない代表流速で，全体の流出入のバランスが保たれるように選ばれる．すなわち，流出する質量流束が流入する質量流束と等しくなるために必要な速度である．この条件によれば，流出境界での圧力擾乱が内部に反射される問題を回避できることがわかっている．もう1つの選択肢として，13.6節で説明したフォーシングを用いて，流出境界に向かってある距離にわたって，主流方向に垂直な方向の速度変動を減衰させる方法がある．このようにすることで，境界に到達する前にすべての渦が消失し，反射が回避できる．しかし，最適な強制パラメータを決定する問題が残り，この点については13.6節でさらに詳しく論じる．

滑らかな固体壁においては，8章および9章で説明した滑りなし境界条件を使用できる．このタイプの境界では，乱流により小さいながらも非常に重要な構造（「ストリーク」）が発展する傾向にあり，特に壁面に垂直な方向で，非常に細かい格子が必要になる．また，壁面と主流方向の両方に垂直な方向（横方向）でもある程度

[4] 「メソスケール」とは，水平方向におおよそ5 km から数百 km，場合によっては 10^3 km に及ぶ規模を持つ気象系を指す．

の細かさが求められる．これに代わるアプローチとして，複雑な形状 (Kang et al., 2009; Fadlun et al., 2000; Kim et al., 2001; Ye et al., 1999) や粗い壁面 (Leonardi et al., 2003; Orlandi and Leonardi, 2008) に対しては，埋め込み境界法 (immersed boundary method: IBM) を使用する方法がある．この手法では，支配方程式をレギュラー格子上で離散化して解くが，境界条件は例えば実際の境界上の体積力を通じて課され，規則的な格子上の関連する点（これは境界近傍にあるが，境界上ではない）で適当なフォーシングとして与えられる．また，実際の境界上の条件からレギュラー格子境界への速度の補間も使用でき，このとき質量保存を満たさなければならない．これらの IBM 手法の多くはフラクショナル・ステップ法を使用し（7.2.1 項，8.3 節を参照），Kim と Ye の研究では有限体積法が使用されているほか，有限差分法が使用される場合もある．

対称境界条件は，しばしば RANS 計算で解析領域を小さくするために用いられるが，通常 DNS や LES においては適用できない．なぜなら，平均流れがある特定な面に対して対称であったとしても，瞬時の流れは一般に対称でなく，この境界条件を適用することにより重要な物理的効果が失われる可能性があるためである．これに対して自由表面境界では，対称境界条件がしばしば適用されている．

初期条件や境界条件をできる限り実現象に近いものにしたとしても，シミュレーションは流れの物理的性状が発達するまでのある時間は少なくとも実行しなければならない．この状況は乱流の物理に起因するため，この過程を加速する方法はほとんどない．これに対する 1 つの可能性について以下に示す．すでに述べたように，流れ場の時間スケールはいわゆる渦の回転時間であり，多くの流れでは，乱れの時間スケールはほぼ流れの代表時間スケール，すなわち平均流の時間スケールに関連付けることができる．しかし，はく離流れにおいては流れが停滞して速度の遅い領域があり，発達過程も非常に遅くなるために非常に長い計算実行時間が必要となる場合がある．

流れが完全に発達しているかを確かめる最善の方法は，流れの発達が遅い部分の影響を反映するような適切な検査値をモニターすることである．何を検査値として調べるかは対象とする流れによるが，例えば，はく離流れの再循環領域においては，表面摩擦の空間平均を時間の関数として求めるのもその 1 つである．計算の初期では，通常は検査値の規則的な増減が見られるが，流れが発達するとその値は時間に対して統計的な変動を示すようになる．流れが発達した後は，統計量（例えば平均流速やその変動）は時間平均や統計的に一様な方向の平均によって得ることができる．この平均過程において重要なことは，乱流は純粋なランダム過程ではないのでサンプルの大きさと平均過程で用いたデータ数は一致しないということにある．平均過程における積分スケールに相当する直径を持つ体積（そして積分時間に相当する時間間隔）は，単にサンプルの 1 つを表しているにすぎないと考えるのが安全である．

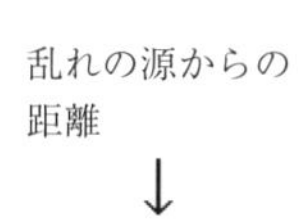

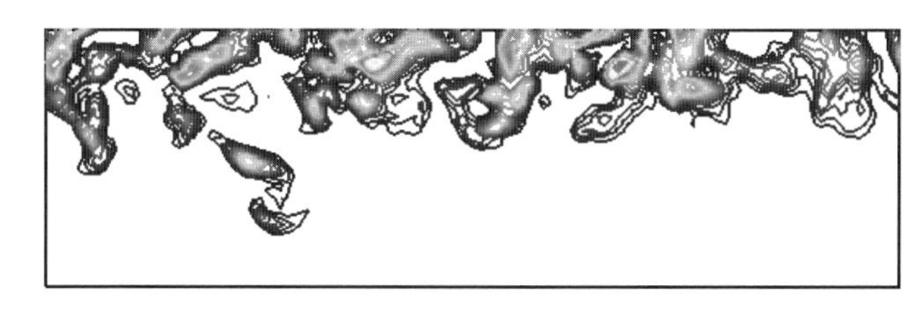

図 10.2 静止流体の中の振動格子より生じる流れの，ある断面における運動エネルギーの等値線図．図の上側に振動格子が配置されている．豊富な運動エネルギーを持つ流体塊により，エネルギーが振動格子から遠ざかる方向に輸送されている．出典：Briggs et al. (1995).

流れの発達過程の計算は，初めに粗い計算格子を用いることにより高速化することができる．粗い格子で流れが発達した後により細かい計算格子を導入する．この方法では，細かい格子に変更した直後には解の緩和に少し時間がかかる可能性があるが，計算全体を通して細かい計算格子を使った場合に必要とされる計算時間よりは短くなると期待できる．

Wu and Moin (2009) によるゼロ圧力勾配境界層のシミュレーションに関する論文は，初期条件および境界条件の設定に関する傑出した研究であり，これらの条件に非常に敏感な問題に対して，流れの物理が条件設定の進め方の良い指針となることを示している．

10.2.4 DNS の適用例

10.2.4.1 空間減衰する格子乱流

DNS で達成できることを示す例として，一見すると単純にみえる静止流体中で格子を振動させて作り出される流れを取り上げる．この流れ場は格子の振動により乱れが発生し，その乱れの強さは格子から離れるに従って減少していく．このエネルギーが振動格子から離れる際のプロセスは，「乱流拡散」(turbulent diffusion) と呼ばれる．この乱流によるエネルギー輸送は多くの流れにおいて重要な役割を担うことからその予測は重要であるが，現象をモデル化することは非常に難しい．Briggs et al. (1996) はこの流れの DNS を行い，格子からの距離に伴う乱れの減衰率が実験計測とよく一致する結果を得た．このとき，乱流エネルギーはおおよそ $x^{-\alpha}$ のように減衰し，$2 < \alpha < 3$ の範囲にあるとされる．しかしエネルギーの急激な減衰は十分広い領域で起きているわけではないので，α の値を正確に算出することは実験的にも数値シミュレーションからも難しい．

Briggs et al. (1996) は，この流れのシミュレーションに基づく可視化を用いて，乱流拡散の支配的なメカニズムは，エネルギーを保有した流体塊がまだ乱されていない領域を通り抜けていく動きであることを示した．これは一見するとシンプルで理に

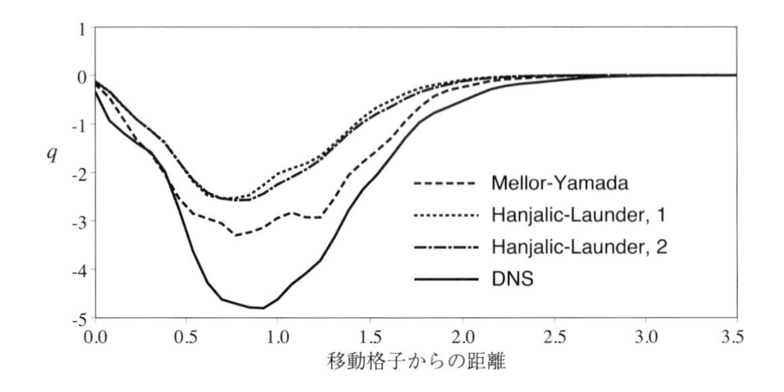

図 10.3　乱流エネルギー流束 q の分布を，一般的な乱流モデル (Mellor and Yamada, 1982; Hanjalić and Launder, 1976, 1980) の予測と比較したもの．出典：Briggs et al. (1996).

かなった説明に思われるが，前述した急激な乱流拡散とは相容れないようにも思われる．図 10.2 はこの流れの運動エネルギーの等値線をある断面で示したものである．高いエネルギーを保有した流体塊は流れ領域のどこでも同程度の大きさを持つが，格子から離れたところでは個数が少なくなっていく様子が見られる．これは，流体塊が格子に平行な方向には広がるが，垂直な方向にあまり遠くまで移動できず，高エネルギーのもっと「小さな塊」は粘性拡散によってすぐに消えてしまうことによるものだと思われる．

これらの解析結果は乱流モデルの検証に用いられてきた．図 10.3 はそのような検証の典型的な例であり，乱流エネルギー流束に関して DNS データから算出した分布と一般的に用いられる乱流モデルの予測結果とを比較したものである．このような単純流れでさえも乱流モデルがあまりうまく機能しないことが明らかに見てとれる．この理由はおそらく，これらの乱流モデルがせん断により生成される乱流への適用を考慮して開発されたものであり，せん断乱流と格子乱流はその特性が大きく異なるからである．

ここに示した DNS の計算には，一様乱流のシミュレーションのために作られたコード (Rogallo, 1981) を使用している．境界条件は 3 方向すべてに周期境界を適用しており，これは実際には周期的な格子配列を意味することになるが，乱れが減衰するのに必要な距離よりも十分広く格子が配置されているのであれば特に問題を生じない．また，このコードではフーリエスペクトル法と時間に対しては 3 次精度のルンゲ・クッタ法を用いている．

これらの結果から，DNS の重要な特徴がいくつか見てとれる．まず，シミュレーション結果の有効性を示すために，すでに実験で得られている統計量について算出し比較を行うことができる．さらに，実験計測が難しい統計量の算出も可能であり，このような値を用いて乱流モデルの評価が可能となる．同時に，シミュレーション結果を可視化することで流れの物理的性状についての理解を深めることができる．実験で流れ場に対して統計量算出と可視化を同時に行うことは大変困難であり，上の例で示したように両者の組み合わせは非常に価値がある．

DNS ではまた，実験では実現困難か，あるいは不可能なやり方で流れの条件を制御することもできる．DNS の結果が実験結果と異なる場合がいくつかあったが，DNS の結果の方がより正確であると判明した例もある．チャネル流の壁面近傍の乱流統計量の分布がその例であり，Kim et al. (1987) による DNS 結果は，両者が慎重に再検討された結果，実験よりも正確であることが示された．他にも Bardina et al. (1980) の DNS 結果は，等方性乱流における回転の影響に関する実験で見られた一見異常な結果の理由を説明したことがある．

DNS により，特定の条件がもたらす効果を従来よりもはるかに正確に調べることが可能となり，実験的には実現できない制御方法を試すこともできる．その結果，流れの物理に対する深い洞察を与え，制御方法を実現できる可能性（現実的なアプローチの方向性）を示すことができる．例えば，Choi et al. (1994) は，平板上の抗力の減少や制御に関する研究において，壁面（あるいは振動する壁面）を通して吹き出し吸い込みを制御して平板の抗力を 30 % 減らすことができることを DNS により予測した．また，Bewley et al. (1994) は，最適制御の手法を用いて低レイノルズ数の流れを再層流化することが可能であり，高レイノルズ数においても表面摩擦を低減することができることを示した．

10.2.4.2 Re = 5000 の球周りの流れ

球は非常に単純な物体形状であるが，その周りの流れは大変複雑である．中程度のレイノルズ数であれば，このような流れの DNS が可能であり，Seidl et al. (1998) は 2 次精度の時間および空間離散化と局所的に細分化された非構造六面体格子を用いて，このシミュレーションを行った．ここでは流れの物理の詳細には立ち入らないが (LES を用いたアプローチの説明後にさらに詳述する)，このようなシミュレーションの実現性を調べる方法と，異なる流れ領域での乱流構造の変化を分析する方法を紹介する．

図 10.4 は，シミュレーションと実験の流れパターンを示している．色素分布（はく離線の前の球の前面とはく離後の後面の 2 つの穴から放出）と，渦度の周方向成分は正確には対応しないが，主要な流れの特徴を特定する意味で両者が一致していることは明らかである．流れのはく離は赤道の少し手前で発生し，せん断層が不安定化して巻き上がり渦輪を形成する．この流れ構造は下流で崩壊し，最終的に等方性乱流になる．再循環領域内の逆流は，実験とシミュレーションの両方が示すように乱流となっている．

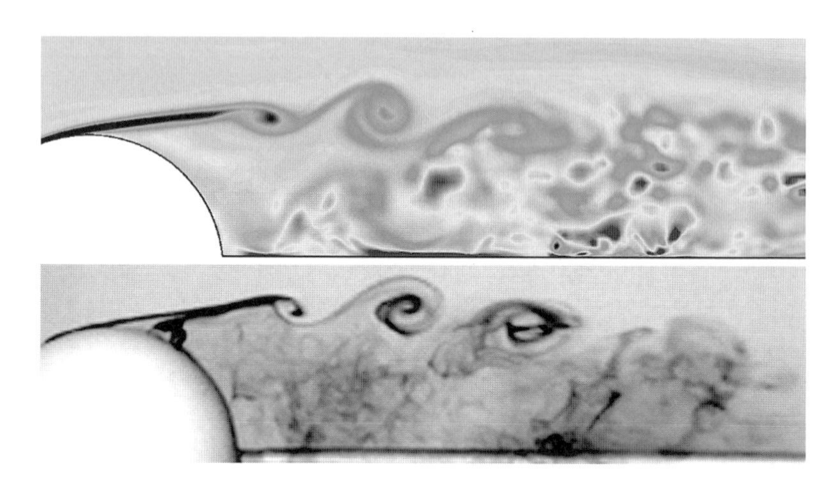

図 10.4　DNS と実験の流れパターンの比較：計算で得られた瞬時渦度の周方向（紙面垂直方向）成分（上）と，実験で得られた色素分布のスナップショット（下）．出典：Seidl et al. (1998).

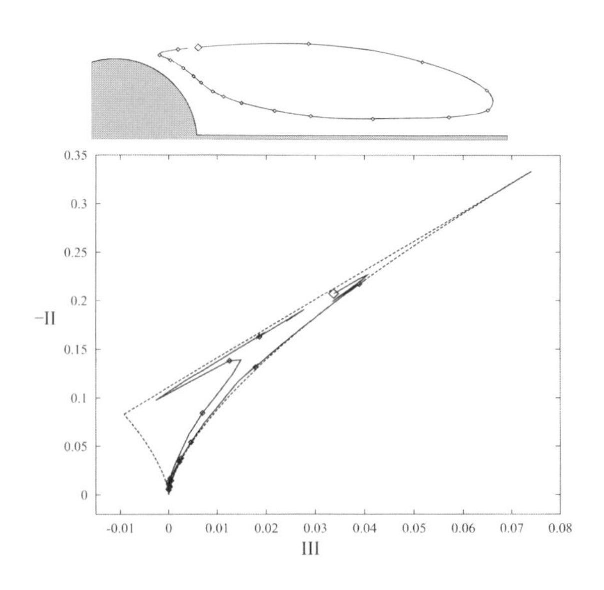

図 10.5　平均場の流線上での乱流の非等方テンソルの不変量の評価点（上）と，不変量マップ上の位置（下）．出典：Seidl et al. (1998).

流れの構造を分析し同時にシミュレーションで得られた解の実現性を確認するもう1つの興味深い方法は，流れ場内のさまざまな点で計算された非等方テンソルの不変量を Lumley (1979) によって最初に導入されたあるマップ上にプロットすることである．非等方テンソルの成分は以下のように定義される：

$$b_{ij} = \frac{\overline{u_i u_j}}{q} - \frac{1}{3}\delta_{ij} \ , \tag{10.5}$$

ここで，u_i は速度ベクトルの変動成分，q は乱流強度 ($q = \overline{u_i u_i}$)，δ_{ij} はクロネッカーのデルタである．このテンソルの 2 つの非ゼロ不変量 II および III は以下の通りである：

$$\mathrm{II} = -\frac{1}{2} b_{ij} b_{ji} \ , \quad \mathrm{III} = \frac{1}{3} b_{ij} b_{jk} b_{ki} \ . \tag{10.6}$$

Lumley (1979) は，–II と III のパラメータ空間における乱流として可能な状態が図 10.5 に示す三本の線で囲まれていることを示した．右上の角は一成分乱流を表し，下部の角は等方性乱流を表し，左側の角は等方な二成分乱流を表す．下部の角から伸びる 2 つの限界線は軸対称乱流状態を示し，三本目の線は平面二成分乱流を示している．図 10.5 は，平均流れ場のある閉じた流線に沿って選択された一連の点での，マップ上の 2 つの不変量の値を示している．このマップから，ここで選択された流線に沿って乱流の状態が大きく変化することがわかる．開始点（大きなシンボルで示されている）は右上の角に比較的近く，レイノルズ応力の一成分が支配的であることを示している．さらに外側の経路に沿って進むと，軸対称限界に近づき，やがて完全な等方状態に向かう．これは再付着点付近および再循環領域の大部分で見られる状態である．最後の部分は球体表面に近い点に対応し，乱流の状態が 2 つの成分によって支配されていることを示している．

流線上のすべての点は限界線で囲まれた三角形の内部に適切に位置しており，シミュレーションが物理法則に反していないこと，すなわち解の実現性を示している．球の上流の流れが層流であり，その後方のはく離領域が閉じていない（新しい流体が連続的に流入し，古い流体が流出する）ため，興味深い疑問が生じる．すなわち，非乱流である上流領域からの流体要素が，どのようにしてマップ内で乱流状態に入るのかということである．図 10.5（下）から，唯一の可能性は三角形の上部の角にあるように見える．はく離流線の近傍の流体要素は，最初に 1 次元的に変動し，それが成長して多次元の乱流になる．再循環領域を離れた流体要素は乱流ウェーク内にとどまり，その乱流自体は下流に行くに従い減衰していく．

10.2.5 DNS のその他の応用例

球後方の流れは，すべての種類の乱流状態を含むため，非常に挑戦的な研究対象である．球の乱流ウェークをスキャンしていくと，不変量マップ内のすべての位置に対応する点が見つかる．一方で，平板チャネルや円管内の完全発達流のように DNS でよく研究されるその他の流れは，マップの一部分しかカバーしない．ただし球後方の流れは乱流領域内でのみ非常に細かい格子が必要なため，局所的な細分化ができる手法が望ましい．このような手法は通常，有限体積法に基づき2次精度の離散化に基づく非構造格子を使用するため，満足な精度を得るためには単純な幾何形状に使用される高次精度の手法よりも細かい格子が必要となる．これに対して構造格子を用いた場合，例えば，Pal et al. (2017) が行ったレイノルズ数3,700の亜臨界領域[5]における球後方の中程度フルード数を持つ成層流の研究のように，細かい格子を必要としない領域に対して無駄に多くの格子を用いることになってしまう．この問題は，特に高いレイノルズ数で顕著になる．

単純な幾何形状に特化した解法の利点は，より高いレイノルズ数での流れを適切に解像できることである．Lee and Moser (2015) の平板チャネル流のDNSでは，平均速度とチャネル幅に基づくレイノルズ数で $\mathrm{Re} = 2.5 \times 10^5$ に達した．この流れは，高レイノルズ数の壁面乱流の特徴を示し，境界層のより詳細な解析を可能にすることで新しい乱流モデルの開発や既存のモデルの改良に貴重な情報を提供する．いわゆる対数則に基づく壁関数についての議論について10.3.5.5を参照されたい．ここでDNSは，これまで普遍的とされてきた「対数則」のパラメータのいくつかが実はそうではないことを示唆している．

計算技術の進展に伴い，DNSは今後もより複雑な形状や高いレイノルズ数にも適用され続け，実験ではそもそも測定できない，あるいは望むべき精度では測定できないような科学と工学の両分野にとって非常に有用なデータを提供するであろう．

10.3　数理モデルを用いた乱流シミュレーション

10.3.1　乱流モデルの分類

前述のように，ナビエ・ストークス方程式に何らかの方法で平均化を行うと，非線形の対流項のために方程式自体が閉じなくなる．つまり，平均方程式には，未知の変数の変動に関する非線形の相関項が含まれる．これらの相関に対する正確な方程式を導出することも可能だが，それにはさらに複雑な未知の相関項が含まれ，これは変数の平均値や既知の項からは決定できない．したがって，これらの未知の相関項に対して**モデル**，すなわち近似式や近似方程式を構築する必要がある．Leschziner (2010) は，モデルに対する制約や望むべき特性についての有用なリストを提示しており，以下のように要約される：

すなわち，乱流モデルは，

- 直感ではなく合理的な原理や物理的な概念に基づくこと．
- 次元の同次性や整合性および座標に対する不変性といった，適切な数学的原則

[5] 球周りの亜臨界流れは，球表面で層流はく離し，抗力係数がレイノルズ数に依存しない．

に基づいて構築されていること.
- 物理的に実現可能 (realizable) な振る舞いをするよう制約されていること.
- 広範囲に適用可能であること.
- 数学的に単純であること.
- 境界条件が設定しやすい変数で構築されていること.
- 計算上，安定であること.

本項および次項では，モデル構築のための手法について説明する．これらの手法は以下のように分類できる：

1. RANS，非定常 RANS (URANS)，および過渡 RANS (TRANS)：Osborne Reynolds (1895) が後にレイノルズ平均ナビエ・ストークス方程式と呼ばれる方程式を提示した際には，それは時間ではなく空間的な体積平均がなされていた．しかし，従来の文献における平均化は時間またはアンサンブルに基づいている.
   (a) 全時間にわたる平均：平均が全時間にわたる場合，得られる方程式は本来の意味での**定常** RANS 方程式である．つまり，この平均によって定義される流れは定常である.
   (b) **乱流の積分スケールなどの時間スケールに比べて長い**時間にわたる平均 (Chen and Jaw, 1998 を参照)：平均が乱流の時間スケールに比べて長い時間にわたる場合，得られる方程式は非定常で，これは元の方程式に対する時間的なローパスフィルター版となる．このアプローチは，実際にはほとんど使用されない．その理由の 1 つは，高周波の乱流に対するモデルがフィルタースケールに依存する必要があるためである (以下で詳述する).
   (c) アンサンブル平均：方程式がアンサンブル (統計的に同一となる現象が複数再現されたものの集合) にわたって平均される場合，異なるアンサンブル間では乱流渦がランダムな位相を持つため，これらの渦はすべて除去される．アンサンブルが統計的に定常であれば，平均流れも定常となる．しかし，対象とする流れ運動に組織的で決定論的な構造が存在する場合，得られる平均流れの方程式は非定常となる可能性がある[6]．すなわち，アンサンブル平均は定常とは限らない．例として，境界の周期運動によって駆動される流れがある (例えば，ピストンとバルブの繰り返し運動によって駆動される内燃エンジンのシリンダー内の流れ)．この場合，方程式はしばしば**非定常** RANS または URANS (unsteady RANS; Durbin, 2002; Iaccarino et al., 2003; Wegner et al., 2004) と呼ばれる．Hanjalić (2002) はこれに類似し

---
[6] Chen and Jaw (1998) は，彼らの本の図 1.8 でアンサンブル平均の仕方を示している.

たモデル構築として，過渡 RANS (transient RANS: TRANS) を示している (10.3.7 項を参照)．いずれの場合も，平均化された方程式は閉じていないため，乱流の影響をモデル化する必要がある．Wyngaard (2010) は，「アンサンブル平均された場は，それ自体が実際の乱流のどのような場としても再現される可能性は非常に低い」と述べ，平均化の過程に伴う影響を指摘している．

文献では，平均化やフィルタリングの過程が明確にされていないことが多い．実際には，ここで示したすべての手法でその平均化やフィルタリングが明示的に行われることは稀であり，平均化時間や必要なアンサンブルの数も定義されない．そのため，平均化された方程式は本質的にすべてのケースで同じ形であり，一般的に同じ乱流モデルが適用される．このアプローチは，RANS やアンサンブル平均化（URANS および TRANS）の方程式に対しては正しい．この場合は，乱流（ランダム運動）の全体が平均化されていると仮定されるためである．そのため，乱流モデルは，平均化されて残された流れ（たとえそれが非定常であっても例えば決定論的な運動とみなす）に対する欠落部分の効果を表すと期待される．一方で，時間フィルタされた RANS 方程式では，流れの低周波運動を解く一方，高周波または短時間スケールの運動はモデル化される．したがって，このようなシミュレーションでは，乱流モデルは実際に解像する最高周波数の時間スケールに依存し，LES によるアプローチ（下記参照）と整合したやり方に従う必要がある．しかし，実際に後者のアプローチをとる研究はほとんどなく，このカテゴリーに入る事実上すべてのシミュレーションは，長時間平均され定常とみなされる RANS か，アンサンブル平均化され非定常である可能性のある URANS/TRANS のいずれかであり，いずれの場合にも乱流は解像されていない．

2. LES, VLES：ラージ・エディ・シミュレーション (LES) およびベリー・ラージ・エディ・シミュレーション (VLES) では，ナビエ・ストークス方程式やスカラー輸送方程式を空間的にフィルタリング（平均化）する．得られる方程式は本質的には URANS 方程式と同一だが，モデル化すべき項に対する意味とともに，（おそらく）定式化も異なるであろう．重要な点として，**URANS では乱流エネルギーの大部分がサブフィルタスケールに存在するが，LES では乱流エネルギーの大部分が解像される**．したがって，LES および VLES はフィルターサイズより大きな非定常特性をすべて解像し，小スケール（サブフィルタースケール）の乱流特性のみモデル化する．このスケールに関してはさまざまな考えがある．Pope (2000) は次のようなガイドラインを示している．「フィルターおよび格子がどこでもエネルギーの 80 % を解像できるならば」，そのシミュレーションは LES である．このとき，壁面近傍については特に注意が必要である．「フィルターおよびグリッドがエネルギーの 80 % を解像するには粗すぎる場合」，そのシミュレーションはVLESである．これらの場合，サブフィルターモデルに可能な限り多くの物理的効果を含めることがより重要視されることは想像に難くない．Bryan et al. (2003) および Wyngaard (2004) は，LESのグリッドスケールはエネルギースペクトルのピークの長さスケールよりもかなり小さくあるべきだと主張している．Matheou and Chung (2014) は，コルモゴロフエネルギースペクトルを用いて，大気境界層内の流れに対してこれらの基準を定量化した．彼らは，乱流運動エネルギーの80 % を解像するためには，グリッドスケールがピークスペクトルスケールの1/12以下であるべきだとし，90 % を解像するためには1/32以下であるべきだとした．彼らの経験では，理にかなった解の収束を得るためには90 % の水準が必要であるとしている．

3. ILES：この手法は実際にはモデルを暗黙的に用いるため，陰的ラージ・エディ・シミュレーションと呼ばれる．次項でこの手法について説明する．

10.3.2　陰的ラージ・エディ・シミュレーション (ILES)

陰的ラージ・エディ・シミュレーション (implicit large-eddy simulation: ILES) は，特定の数値解析手法をナビエ・ストークス方程式に直接適用し，数値スキームを調整することで，結果として得られる手法が渦を解像するとともに適切に散逸するという概念に基づく．つまり，ILESはラージ・エディ・シミュレーションであるが，サブグリッドスケールの変動に対する明示的なモデルを持たない．そのような変動は，格子が空間フィルタ（格子上で解像可能な最大波数は $\pi/\Delta x$ である）として働くため，結果として解では表現されない．

ILESの概念を理解する簡単な方法は，修正方程式によるアプローチ（6.3.2.2を参照）を用いて数値解析手法の打ち切り誤差項を調べることである．Rider (2007) は圧縮性乱流についてこの分析を行っており，打ち切り項が何なのか，およびそれがどのように有効なサブグリッドスケールモデルを構成するかがわかる．Grinstein et al. (2007) が編集した本では，ILESの実装に関する広範な概要と具体的な例がいくつか提供されている．その中で，Smolarkiewicz and Margolin (2007) は，MPDATAが地球物理学的流れ，特に大気循環や境界層運動を正確にシミュレートできるILESコードであるという説得力のある結果を提供している．MPDATAの核心は，移流項に対する反復的な有限差分近似であり，これは2次精度で保存的である．反復はまず風上差分項に対して行い，その後に2回目の計算で精度を高める．著者らは，MPDATAが非振動型のLax-Wendroffスキームに属することを述べている．

Aspden et al. (2008) はILESに対してスケーリング解析に基づき，異なる視点から洞察力に富んだ考察を行っている．彼らの計算では，ローレンス・バークレー国立研究所のCCSE IAMRコードを使用しており，これは密度変化を許す非圧縮性有限体積法によるフラクショナル・ステップ法で，空間および時間に対して2次精度で

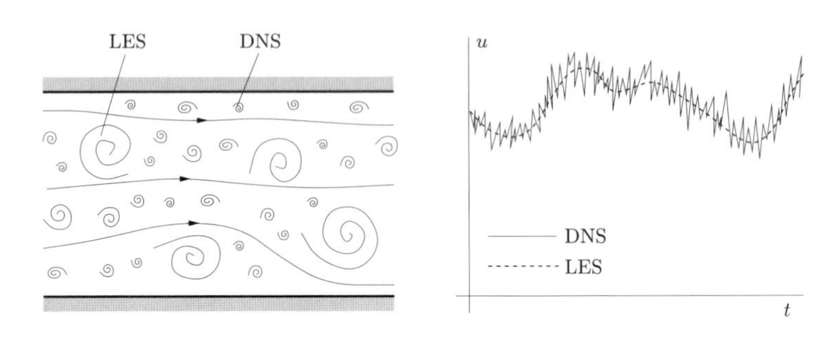

図 10.6　乱流渦運動の模式図（左）とある計測点での速度成分の時間変化（右）.

ある．また，非分割ゴドノフ法 (Colella, 1990) と単調性制限付き 4 次精度 CDS による勾配近似 (Colella, 1985) を用いている．

このタイプの手法は，次の要件を満たすべきである：格子を細かくするにつれて，より多くの乱流が解像され，モデル化される部分が減少し，最終的にはすべての乱流が解像されるグリッドの細かさ（すなわち，DNS）に到達した際に，サブグリッドスケールモデルの寄与が無視できるほど小さくなることである．ILES は明らかにこの要件を満たしている．

10.3.3　ラージ・エディ・シミュレーション (LES)

10.3.3.1　ラージ・エディ・シミュレーション（LES）の支配方程式

乱流には広範囲にわたる長さと時間のスケールが含まれている．図 10.6 の左側には，流れ中に見られる可能性のある渦のサイズが概略的に示されている．図の右側には，流れ中のある点における典型的な速度成分の時間履歴が示されており，変動が発生するスケールの範囲が明確にわかる．

大スケールの運動は，一般的に小スケールの運動よりもはるかに多くのエネルギーを保有しており，その大きさや強さは流体中の保存量の輸送に大きく影響する．一方，小スケールの運動は通常，大スケールの運動に比べてはるかに弱く，物理量の輸送にはほとんど寄与しない．そこで，より大きな渦をより正確に取り扱うシミュレーションを行うことが合理的な手法と考えられる．ラージ・エディ・シミュレーション (large eddy simulation: LES) はまさにそのようなアプローチを用いている．**ラージ・エディ・シミュレーションは空間的に 3 次元かつ時間依存であり**，その計算コストは高いものの同じ流れを DNS で行うよりもずっと低コストである．一般的に DNS の方が精度が高いので，可能であれば DNS を用いることが望ましいが，一方でレイノルズ数が高すぎたり，形状が複雑すぎて DNS の適用が困難な流れには LES が適している（例として，Rodi et al., 2013; Sagaut, 2006 を参照）．例えば，LES は大気科学において主要なツールとなり，雲，降水，汚染物質の輸送，谷間の風の流れなどを扱う研究に用いられている（例：Chen et al., 2004b; Chow et al., 2006; Shi et al., 2018a, b）．また，大気境界層の研究におけるLESは，浮力，回転，巻き込み，凝縮，粗い地面や海面との相互作用などの物理過程を扱う (Moeng and Sullivan, 2015)．LESは高圧ガスタービンの設計 (Bhaskaran and Lele, 2010) や，空力音響シミュレーションの主要な手法（例：Bodony and Lele, 2008; Brès et al., 2017）としても利用されている．

まず，LESで計算する量を正確に定義することが不可欠である．すべての流れ場の中で大スケールの成分のみ含む速度場が必要であり，これを得るには速度場をフィルタリングするのが最適である (Leonard, 1974)．このアプローチでは，大規模または実際に解像されるスケールの場（シミュレーションが対象とする場）は，完全な場の局所平均に相当する．ここでは1次元で表すが，3次元への一般化は簡単である．このとき，フィルタリングされた速度は次のように定義できる：

$$\overline{u}_i(x) = \int G(x, x')\, u_i(x')\, \mathrm{d}x' \,, \tag{10.7}$$

ここで，$G(x, x')$ はフィルターのカーネルであり，局所化された関数である[7]．LESで用いるフィルターカーネルには，ガウスフィルター，ボックスフィルター（単純な局所平均），およびカットオフフィルター（カットオフ以上の波数に属するすべてのフーリエ係数を除去するフィルター）がある．各フィルターには，Δ という長さスケールが関連付けられている．おおよそ，サイズが Δ 以上が大きな渦である一方，Δ 以下が小さな渦でこれらはモデル化の対象となる．

密度一定のナビエ・ストークス方程式（非圧縮性流れ）にフィルターを施すと[8]，URANS方程式に非常に類似した一連の方程式が得られる：

$$\frac{\partial(\rho\overline{u}_i)}{\partial t} + \frac{\partial(\rho\overline{u_i u_j})}{\partial x_j} = -\frac{\partial\overline{p}}{\partial x_i} + \frac{\partial}{\partial x_j}\left[\mu\left(\frac{\partial\overline{u}_i}{\partial x_j} + \frac{\partial\overline{u}_j}{\partial x_i}\right)\right] \,. \tag{10.8}$$

連続の式は線形であるので，フィルターを施しても元の方程式と同じ表式をとる：

$$\frac{\partial(\rho\overline{u}_i)}{\partial x_i} = 0 \,. \tag{10.9}$$

また，LESのフィルター方程式で注意すべき点として，

---

[7] ここでは計算格子には触れていないことに注意されたい．フィルターサイズは少なくとも格子サイズと同程度であり，しばしばそれよりも大きい．従来のLESでは，フィルター幅は格子サイズと同一と仮定されており，ここではその慣例に従う．10.3.3.4 および 10.3.3.7 では，格子幅とフィルター幅の関係やそれがモデル化に与える影響について詳しく探る．

[8] 上記の時間平均およびアンサンブル平均方程式の場合と同様，フィルター操作は定義されているが，方程式は一般に明示的にフィルタリングされていない．従来のLESでは，方程式は本質的に陰的で未知のフィルターの結果である．これに対して Bose et al. (2010) は，フィルタリングを明示的に行うことのメリットを示している．

$$\overline{u_i u_j} \neq \overline{u}_i \overline{u}_j \tag{10.10}$$

であり，この不等式の左辺の量は容易に計算できないため，両辺の差

$$\tau^{\mathrm{s}}_{ij} = -\rho(\overline{u_i u_j} - \overline{u}_i \overline{u}_j) \tag{10.11}$$

に対してモデル近似を導入する必要がある．この結果，LESで解かれる運動方程式は次のようになる：

$$\frac{\partial(\rho\overline{u}_i)}{\partial t} + \frac{\partial(\rho\overline{u}_i\overline{u}_j)}{\partial x_j} = \frac{\partial\tau^{\mathrm{s}}_{ij}}{\partial x_j} - \frac{\partial\overline{p}}{\partial x_i} + \frac{\partial}{\partial x_j}\left[\mu\left(\frac{\partial\overline{u}_i}{\partial x_j} + \frac{\partial\overline{u}_j}{\partial x_i}\right)\right] . \tag{10.12}$$

LESでは，τ^{s}_{ij} を**サブグリッドスケール** (subgrid scale) **レイノルズ応力**と呼ぶ．「応力」という名称は，その物理的性質よりも方程式中におけるこの項の取り扱い方に由来するものであり，実際には，これは大スケール成分の運動量輸送のうち，格子より小さな解像できないスケールの運動によって生じたものを表している．また，「サブグリッドスケール」という名称も若干誤解を招く．フィルター幅 Δ は，$\Delta > h$ という明確な条件を満たしさえすれば，必ずしも格子幅 h に関連させる必要はない．LESの歴史として，著者たちはこれを関連付けて述べてきたため，このような名称が定着している．現在では，サブグリッドスケールレイノルズ応力 τ^{s}_{ij} を近似するためのモデルは，使用されるモデルに応じて**サブグリッドスケール** (SGS) **モデル**または**サブフィルタースケール** (SFS) **モデル**と呼ばれる．

サブグリッドスケールレイノルズ応力は，小スケール変動場の局所平均が含まれるため，そのモデルは局所的な速度場，あるいはその運動の過去の履歴に基づいて構築されるべきである．後者の場合にはSGSレイノルズ応力に含まれるモデルパラメータを決めるための偏微分方程式を解くことになる．

10.3.3.2　スマゴリンスキーモデルとその関連モデル

SGSモデルとして最も歴史が古く，かつ一般的に使われているのは，Smagorinsky (1963) によって提案されたモデルであり，これは渦粘性モデルである．このモデルは，SGSレイノルズ応力の主な効果が輸送の増加と散逸であるという概念に基づく．それらの現象は層流の場合には粘性に起因するので，次のようなモデルが妥当であると考えられる：

$$\tau^{\mathrm{s}}_{ij} - \frac{1}{3}\tau^{\mathrm{s}}_{kk}\delta_{ij} = \mu_{\mathrm{t}}\left(\frac{\partial\overline{u}_i}{\partial x_j} + \frac{\partial\overline{u}_j}{\partial x_i}\right) = 2\mu_{\mathrm{t}}\overline{S}_{ij} , \tag{10.13}$$

ここで μ_{t} は渦粘性であり，$\overline{S}_{ij}$ は大スケール場もしくは解像場の歪み率である．Wyngaard (2010) は，Lillyが1967年に τ^{s}_{ij} の発展方程式を用いてこのモデルをどのように導出したかを示している．類似のモデルはRANS方程式に関連してもよく使用される（以下を参照）．

SGS 渦粘性は次元解析から以下のように与えられる：

$$\mu_\mathrm{t} = C_\mathrm{S}^2 \rho \Delta^2 |\overline{S}| \,, \tag{10.14}$$

ここで C_S はあらかじめ決めておくべきスマゴリンスキー係数，Δ はフィルター幅のスケール，$|\overline{S}| = (\overline{S}_{ij}\overline{S}_{ij})^{1/2}$ である．この形の渦粘性はいろいろな方法で導くことができ，そのモデルパラメータも理論的に推定することができる．ただしその方法の多くは等方性乱流にのみ適用され，その場合すべて $C_\mathrm{S} \approx 0.2$ で一致する．しかし残念ながら実際には C_S は定数ではなく，レイノルズ数や他の無次元パラメータの関数である可能性があり，流れ場に応じて異なる値を持つようである．

スマゴリンスキーモデルは比較的成功を収めているけれども，問題がないわけではなく，以下に述べるより洗練されたモデルが普及するにつれ，その使用は減少している（推奨はされないが，依然として使用され続けている）．このモデルの問題点として，チャネル流れをシミュレーションするには，いくつかの修正が必要である．まず流れの大部分において，パラメータ C_S の値は 0.2 からおよそ 0.065 にまで小さくする必要があり，これにより渦粘性がほぼ 1 桁小さくなる．これと同程度のパラメータの変更はすべてのせん断流で必要とされる．さらにチャネルの壁近くの領域では，値をさらに減らす必要がある．成功している方法の 1 つは，RANS モデルで長年使用されてきた壁近傍の渦粘性を減少させるための van Driest 減衰をここでも借用することである：

$$C_\mathrm{S} = C_\mathrm{S0} \left(1 - \mathrm{e}^{-n^+/A^+}\right)^2 \,, \tag{10.15}$$

ここで n^+ は壁粘性座標表記（$n^+ = n u_\tau/\nu$，u_τ はせん断速度で $u_\tau = \sqrt{\tau_\mathrm{wall}/\rho}$，$\tau_\mathrm{wall}$ は壁面でのせん断応力）による壁からの距離であり，A^+ は定数で通常約 25 が与えられる（式 (10.62) を参照）．この修正は望ましい結果をもたらすものの，LES での適用に根拠を持たせるのは難しい．

さらに壁面近傍では流れの構造が極めて非等方的であるという問題もある．壁面近傍では低速の流れと高速の流れの領域（ストリーク）が形成され，これらは壁粘性単位で流れ方向におおよそ 1,000，幅はスパン方向と鉛直方向にそれぞれ 30〜50 である．したがって，壁近傍のストリーク流れを解析するには極めて非等方的な格子が必要であるが，SGS モデルに用いられる長さスケール Δ に関しては明らかでない．通常，長さスケールとしては $(\Delta_1\Delta_2\Delta_3)^{1/3}$ が用いられるが，$(\Delta_1^2+\Delta_2^2+\Delta_3^2)^{1/2}$ も可能であり他の形も簡単に作り出せる．ここで Δ_i は i 方向のフィルターに関係する幅である．

安定成層化した流れにおいても，スマゴリンスキー係数を小さくすることが必要である．成層流は地球物理学で一般的であり，通常はこのモデルパラメータをリチャードソン数やフルード数の関数にする．これらは成層とせん断の相対的な重要性を表す無次元パラメータである．回転や曲率が重要な役割を果たす流れでも同様の効果が見られる．典型的にはリチャードソン数は平均流れ場の特性に基づいているが，一部のコードでは，サブグリッドスケール乱流運動エネルギー $k = \frac{1}{2}\overline{u'_i u'_i}$（ここで $u'_i = u_i - \overline{u}_i$）の輸送を計算し (Pope, 2000)，係数を定義する際に次のように用いる：

$$\mu_{t,j} \sim k^{\frac{1}{2}} l_j \ ,$$

ここで，乱流長さスケールの鉛直成分 l_3 は浮力に応じて調整される．$l_1 = l_2 = \Delta$ または h（すなわち，名目上は格子またはフィルタースケールに等しい）とされる．詳細は，例えば Xue (2000) を参照されたい．

このようにスマゴリンスキーモデルには多くの課題がある．したがってもし，より複雑なまたは高レイノルズ数の流れをシミュレーションする場合，スマゴリンスキーモデルよりもさらに精度の高いモデルを用いることが必要になるであろう（例えば，Shi et al., 2018 a, b を参照）．実際，DNS データに基づく詳細な精度検証を行うと，スマゴリンスキーモデルがサブグリッドスケール応力の詳細な表現においてかなり不十分であることが示されている．渦粘性モデルでは，応力 τ^{s}_{ij} とひずみ速度 $\overline{S}_{ij}$ の方向の一致を強要するが，実際にはそうではないのである．

10.3.3.3　ダイナミックモデル

シミュレーションで解像できる最小スケールは，モデルによって取り扱われるさらに小さいスケールと多くの点で類似している．このような考えのもとに導出された別の SGS モデルが**スケール相似則モデル** (scale-similarity model, Bardina et al., 1980) である．このモデルの基本概念は，解像できるスケールと解像できないスケールの間の重要な相互作用が，前者の最小渦と後者の最大渦（すなわちフィルタに関連する長さスケール Δ より少し大きいあるいは小さい渦）に重要な相互作用があるということである．この概念に基づく議論から，以下のモデルが導かれる：

$$\tau^{s}_{ij} = -\rho(\overline{\overline{u}_i\overline{u}_j} - \overline{\overline{u}}_i\overline{\overline{u}}_j) \ , \tag{10.16}$$

ここで，二重の上線はフィルターを二度施した量であることを示す．このモデルは，実際の SGS レイノルズ応力と非常に高い相関を示すが，エネルギーをほとんど散逸しないので，「単独の」SGS モデルとしては機能しない．このモデルは，エネルギーを大スケールから最小スケールへ（**フォワードスキャッター** (forward scatter)），また最小解像スケールから大スケールへ（**バックスキャッター** (back scatter)）のほぼ均等な輸送を再現するのに有用である．散逸の不足を補正するためにはスマゴリンスキーモデルとスケール相似則モデルと組み合わせた「混合」モデルを構築することもでき，これによりシミュレーションの質が向上する．詳細については，Sagaut

(2006) を参照されたい．

スケール相似則モデルの根底にある概念，すなわち最小の解像スケールの運動が最も大きなサブグリッドスケール運動をモデル化するための情報を提供できるという考え方をさらに発展させると，ダイナミックモデルまたはダイナミック操作 (Germano et al., 1991) に至る．この手法は，上述のモデルのいずれかが小スケールを適切に表現できていると仮定することに基づいている．

Germano による操作の本質は，スケール不変性という考え方にある (Meneveau and Katz, 2000)．すなわち，「スケール不変性とは，流れの特定の特徴が異なる運動スケールにおいても同じであることを意味する」．ここでは，ある SGS モデルの定式と含まれる係数がグリッドスケールおよびその定数倍のスケールでも同じであると仮定する．したがって，まずスケール Δ での元来のフィルター操作に対して次式が得られ，

$$\tau_{ij}^{\mathrm{s}} = -\rho(\overline{u_i u_j} - \overline{u}_i \overline{u}_j) \ ,$$

ここにスマゴリンスキーモデルを用いると次式のようにモデル化される：

$$\tau_{ij}^{\mathrm{s}} - \frac{1}{3}\tau_{kk}^{\mathrm{s}}\delta_{ij} = 2C_S^2 \rho \Delta^2 |\overline{S}| \overline{S}_{ij} \ ,$$

このフィルター操作した式 (10.8) に対してさらにスケール $\hat{\Delta}$ で与えられる「テストフィルター」を操作すると次式が得られ，

$$T_{ij}^{\mathrm{s}} = -\rho(\widehat{\overline{u_i u_j}} - \hat{\overline{u}}_i \hat{\overline{u}}_j) \ ,$$

以下のようにモデル化される：

$$T_{ij}^{\mathrm{s}} - \frac{1}{3}T_{kk}^{\mathrm{s}}\delta_{ij} = 2C_S^2 \rho \hat{\Delta} |\hat{\overline{S}}| \hat{\overline{S}}_{ij} \ ,$$

ここで，$\hat{\Delta}/\Delta$ の比はこの手法において調整可能なパラメータとなり，これまでさまざまな選択がなされてきたが，通常は約 2 が用いられる．ここで Germano は，「Germano の恒等式」として知られる $\mathcal{L}_{ij} = T_{ij}^s - \hat{\tau}_{ij}^s$ を導出し，これから次のように表すことができる：

$$\mathcal{L}_{ij} = \rho\left(\widehat{\overline{u_i}\,\overline{u_j}} - \hat{\overline{u}}_i \hat{\overline{u}}_j\right) = 2C_S^2 \rho \left(\hat{\Delta} |\hat{\overline{S}}| \hat{\overline{S}}_{ij} - \Delta^2 \widehat{|\overline{S}| \overline{S}_{ij}}\right) + \frac{1}{3}\delta_{ij}\mathcal{L}_{kk} \ , \qquad (10.17)$$

$\mathcal{L}_{kk}$ は左辺の等方成分である[9]．この式 (10.17) では，係数 C_S^2 が唯一の未知数であり，いくつかの方法で決定することができる．なお，非圧縮性流れでは $S_{ii} = 0$ であり，実際の解法では等方成分が $S_{ij}\delta_{ij}\mathcal{L}_{kk}$ の形で現れるため等方成分はキャンセルさ

[9] 洞察力のある読者は，係数 C_S^2（空間と時間の関数）をテストフィルター操作の外に注意なしに取り出したことに気づくかもしれない．これは，C_S^2 がテストフィルターの体積内で一定であると仮定するのと同等である．これは簡便であるが唯一の選択肢ではない．

れる．これについては例えば Sagaut (2006)，Lilly (1992)，Germano et al. (1991) を参照されたい．

ダイナミックモデルの本質的なポイントは，(1) 解像場の最小渦からの情報を用いて係数を計算することと，(2) 同じモデルと同じモデル係数が，実際の LES と粗いスケールでのフィルタリングされた方程式の両方に適用可能であると仮定していることである．このダイナミックモデルでは，モデル係数を 2 つの量の比として与え，各空間格子点と各時間ステップで実際に解いている変数から直接係数を計算する．実際の手順はここでは示さないが，式 (10.17) は 1 つの未知数に対して 6 つの方程式を生じ，式が過剰であることに留意されたい．したがってダイナミックモデルでは，次に誤差を最小化するスキームを設定する：

$$\epsilon_{ij} = \mathcal{L}_{ij} - 2C_S^2\rho\left(\hat{\Delta}|\hat{\overline{S}}|\hat{\overline{S}}_{ij} - \Delta^2\widehat{|\overline{S}|\overline{S}_{ij}}\right) - \frac{1}{3}\delta_{ij}\mathcal{L}_{kk}\,. \tag{10.18}$$

Germano et al. (1991) は，誤差をひずみ速度で縮約し，$\epsilon_{ij}\overline{S}_{ij}$ によってスマゴリンスキー係数の 2 乗に対する単一の方程式を構築した．Germano et al. (1991) によって提案されたモデルに対するその後の 2 つの重要な改良は，(1) Lilly (1992) によって提案された係数を評価するための最小二乗法による手順と，(2) Wong and Lilly (1994) によるスマゴリンスキーモデルに置き換える新しいモデルの導入がある．(2) のモデルはコルモゴロフスケーリングに基づいており，ダイナミック操作の過程でひずみ速度を計算する必要がないため，壁面境界条件がそれほど重要でなくなる．彼らの渦粘性は次のように表される：

$$\mu_{\rm t} = C^{2/3}\rho\Delta^{4/3}\epsilon^{1/3} = C_\epsilon\rho\Delta^{4/3}\,. \tag{10.19}$$

ここで C_ϵ はダイナミック操作で決定される係数であり，この場合には散逸率がサブグリッドスケール (SGS) エネルギーの生成率と等しくなる必要はない．

スマゴリンスキーモデルや Wong–Lilly モデルを基礎とするダイナミック操作は，前述の多くの問題を解決する：

- せん断流では，スマゴリンスキーモデルの係数は等方性乱流に比べてはるかに小さくする必要がある．ダイナミックモデルは自動的にこの補正ができる．
- 壁面近くではモデル係数をさらに小さくする必要がある．ダイナミックモデルは壁面近傍でモデル係数を適切な方法で自動的に減衰させることができる．
- アスペクト比の大きな格子や，フィルターに対する長さスケールの定義は不明確である．ダイナミックモデルでは，長さスケールの誤差をパラメータの値を変更することで補正するため，この問題は解決される．

ダイナミックモデルはスマゴリンスキーモデルに対して大幅な改良ではあるが，ダイナミックモデルにも問題はある．まず，得られるモデル係数は空間座標および時間に対して急速に変動する関数となり，その結果，渦粘性は正負の両方で大きな値をとる．小スケールから大スケールへのエネルギー移動（**バックスキャッター**と呼ばれる）を表す方法として負の渦粘性が提案されているが，負の渦粘性が広範囲の空間領域や長時間にわたる場合，数値的不安定性が生じる可能性がある．対策の1つは，渦粘性 $\mu_t < -\mu$ を $-\mu$（分子粘性の負の値）にリセットする方法で，これを**クリッピング**と呼ぶ．もう1つの有効な代替手段は，空間または時間での平均化を用いる方法である．詳細については上述の文献を参照されたい．これらの技術による改善が得られるが，依然として完全に満足のいくものではない．したがって，よりロバストな SGS モデルの開発が現在の研究課題となっている．

ダイナミックモデルの基礎となる理論は，スマゴリンスキーモデルに限られたものではない．代わりにスマゴリンスキーモデルとスケール相似則モデルの混合モデルを適用することも可能であり，Zang et al. (1993) や Shah and Ferziger (1995) によって用いられてかなりの成功を収めている．

最後に，ダイナミック操作の最も簡単なモデルに対する問題を克服するために，別の改良型モデルが提案されていることに触れておく．その中でも優れたものの1つが，Meneveau et al. (1996) のラグランジュダイナミックモデルである．このモデルでは，ダイナミック操作のモデル係数の式の分子と分母の項が，流れの軌跡に沿って平均化される．この操作は実際は，ラグランジュ軌跡に沿う各項の積分に対して偏微分で表される「緩和–輸送」方程式を解くことで行われる．このモデルの応用例については 10.3.4.3 に示されている．

10.3.3.4 サブフィルタースケールの再構築を用いたモデル

Carati et al. (2001) は，SFS と SGS の混合モデルが自然に導かれ，ナビエ・ストークス方程式の明示的なフィルター操作と数値計算のための離散化を区別できるような LES の支配方程式を導出した．LES の明示的なフィルターは式 (10.7) で与えられるが，離散化の効果も（残念ながら未知ではあるが）フィルターとして扱える（10.3.2 項の ILES 手法を参照）．離散格子上の支配方程式は，密度変化のない非圧縮性ナビエ・ストークス方程式および連続の式に明示的なフィルター（変数の上に直線）と離散化演算子（変数の上に波線）を適用することで，それぞれ次のように得られる：

$$\frac{\partial(\tilde{\bar{u}}_i)}{\partial t} + \frac{\partial(\widetilde{\tilde{\bar{u}}_i \tilde{\bar{u}}_j})}{\partial x_j} = -\frac{1}{\rho}\frac{\partial \tilde{\bar{p}}}{\partial x_i} + \frac{\partial}{\partial x_j}\left[\nu\left(\frac{\partial \tilde{\bar{u}}_i}{\partial x_j} + \frac{\partial \tilde{\bar{u}}_j}{\partial x_i}\right)\right] - \frac{\partial}{\partial x_j}\left[\frac{\tilde{\tau}_{ij}}{\rho}\right], \tag{10.20}$$

$$\frac{\partial(\tilde{\bar{u}}_i)}{\partial x_i} = 0\,. \tag{10.21}$$

ここでSFS応力[10]は，次のように定義される：

$$\tau_{ij} = \rho(\overline{u_i u_j} - \overline{\tilde{u}}_i \overline{\tilde{u}}_j) \,, \tag{10.22}$$

この式から，次のような非常に洞察に富んだ分解が直接導かれる：

$$\tau_{\mathrm{SFS}} = \tau_{ij} = \rho\left(\overline{u_i u_j} - \overline{\tilde{u}_i \tilde{u}_j}\right) + \rho\left(\overline{\tilde{u}_i \tilde{u}_j} - \overline{\tilde{u}}_i \overline{\tilde{u}}_j\right) = \tau_{\mathrm{SGS}} + \tau_{\mathrm{RSFS}} \,. \tag{10.23}$$

このとき，流れ場が3つの領域に効果的に分割されることがわかる．すなわち，実解像場 $\overline{\tilde{u}}_i$，実解像サブフィルタースケール (RSFS) 場 $(\tilde{u}_i - \overline{\tilde{u}}_i)$，およびサブグリッドスケール (SGS) 場 $(u_i - \tilde{u}_i)$ である．実解像場はコードによって実際に計算されるものである一方，RSFS場は格子上に存在するため，Stolz et al. (2001) や Chow et al. (2005) が行ったように，実解像データからある程度の近似で再構築することができる．これに対して SGS 場の効果はモデル化しなければならない．上記の式からこれがSFS応力項にどのように現れるかを理解でき，これらの項が定義されると，LES で使用される「モデル」となる．

実解像サブフィルタースケール (RSFS) 応力　RSFS応力は，Stolz et al. (2001) の逆畳み込み (deconvolution) 法を用いることで，モデル化せずに実際に計算することが可能である．この方法は，実解像場から元の速度場を近似的に再構築する（Carati et al., 2001; Chow et al., 2005 も参照）．再構築には van Cittert の反復級数展開法を使用し，フィルタリングされた速度 $(\overline{\tilde{u}}_i)$ に基づいてフィルタリングされていない速度 $(\tilde{u}_i)$ の推定値を得る：

$$\tilde{u}_i^{\star} \sim \overline{\tilde{u}}_i + (I - G) * \overline{\tilde{u}}_i + (I - G) * [(I - G) * \overline{\tilde{u}}_i] + \cdots \,, \tag{10.24}$$

ここで，I は恒等演算子，G は式 (10.7) でのフィルター，$*$ は畳み込み (convolution) を意味する．すると，近似速度 $\tilde{u}_i^{\star}$ を RSFS 応力の第1項に代入することで，次のようにモデルを使用せずに応力を計算することが可能となる：

$$\tau_{\mathrm{RSFS}} = \rho\left(\overline{\tilde{u}_i \tilde{u}_j} - \overline{\tilde{u}}_i \overline{\tilde{u}}_j\right) \approx \rho\left(\overline{\tilde{u}_i^{\star} \tilde{u}_j^{\star}} - \overline{\tilde{u}}_i \overline{\tilde{u}}_j\right) \,. \tag{10.25}$$

こうして展開された速度は，他の RSFS 項にも代入可能だが，これは必須ではない．なお，RSFS 項 $\rho\overline{\tilde{u}_i^{\star} \tilde{u}_j^{\star}}$ は，計算で明示的にフィルター操作される必要がある (Chow et al., 2005；Gullbrand and Chow, 2003)．なお，再構築のレベルは選択が可能である．レベル0は1項のみを使用し，本質的に Bardina et al. (1980) のスケール相似則モデルと同等の近似を提供する．レベル1は2項を使用し，結果に大きな影響を与える混合モデルとして計算コストと物理近似精度のバランスをとる有用な妥協案

[10] Carati et al. (2001)，Chow et al. (2005)，および他の多くの研究者は，密度を含まない速度の積として応力を定義していることに注意されたい．

と考えられる[11]．Stolz et al. (2001) はこの再構築を完全なモデルとして使用し，実質的に SGS 応力部分を無視した．ただし，再構築項にはエネルギー散逸項をフィルター操作したナビエ・ストークス方程式の右辺に追加する必要があることがわかった．なお，再構築項は，サブフィルタから実解像スケールへのエネルギーのバックスキャッターをゆるすモデルである（Chow et al., 2005 を参照）．

サブグリッドスケール (SGS) 応力　次の式で表される SGS 応力は，（フィルター操作されていない）厳密な速度の相関を含んでいるため，モデル化が必要である：

$$\tau_{\mathrm{SGS}} = \rho\left(\overline{u_i u_j} - \overline{\tilde{u}_i \tilde{u}_j}\right) \tag{10.26}$$

これには，上記で述べたモデルや以下で説明する代数応力モデルを含む，任意の SGS モデルを使うことができる．

Carati et al. (2001) のアプローチにより，全 SFS 応力に対する混合表現が得られる．Chow et al. (2005) は，ダイナミック SGS モデル（Wong and Lilly, 1994 のダイナミックモデル）に再構築を組み合わせ，さらに壁面近傍モデル（10.3.3.2 で説明した van Driest モデルに似た役割を担う）を加えることで，ダイナミック再構築モデル (dynamic-reconstruction model: DRM) を構築した．Ludwig et al. (2009) はこのモデルの性能を他のモデルと比較し，DRM がスマゴリンスキーモデルや TKE モデルよりも優れていることを見出した．Zhou and Chow (2011) は，DRM を安定大気境界層に適用した．

これに対して，RSFS または SGS 項のいずれかを無視して，機能的 (functional) モデルを作ることもできる．例えば，Stolz et al. (2001) の近似逆畳み込みでは，RSFS 項とエネルギー散逸項のみを使用しているが，ダイナミックスマゴリンスキー単独や，次に説明する Enriquez et al. (2010) の代数応力モデルもその一例である．それのみで自立する SGS モデルの理論的根拠として，フィルター幅 Δ とグリッドサイズ h が等しいと仮定し RSFS 領域を消滅させる方法がある．明示的フィルターと（暗黙的な）グリッドフィルターは異なるのでこれは厳密には正しくないが，実用上は十分である．一般に，Chow and Moin (2003) の SGS 応力の大きさと誤差に関する助言に従い，混合モデルでは $2 \leq \Delta/h \leq 4$ とする．

10.3.3.5　陽的代数レイノルズ応力モデル (EARSM)

上記の SGS モデルの問題の 1 つは，実験や実計測で認められている地面や壁近くの法線応力の非等方性を考慮していない点である（Sullivan et al., 2003 を参照）．代替手法として，以下のものがある．

---

[11] したがって，レベル n は展開式 (10.24) から $n+1$ 項を持つ．その詳細と応用については，Shi et al. (2018b) の付録を参照されたい．

- Kosović (1997) の非線形 SGS モデル．このモデルはエネルギーのバックスキャッターと法線方向の SGS 応力の非等方性を再現する（RSFS でバックスキャッターと異方性を再現する再構築モデルも参照のこと）．
- SGS 応力の輸送方程式を導出し，スマゴリンスキーモデルを導く項に加えて追加の項を残す方法．Wyngaard (2004) および Hatlee and Wyngaard (2007) はこれらの方程式を示し，性能が向上した新しい非等方 SGS モデルを提案している．このアプローチをさらに発展させ，Ramachandran and Wyngaard (2010) は SGS 応力に対する完全な偏微分輸送方程式に対してその短縮版を導き，Sullivan et al. (2003) が報告した HATS 実験と一致する中程度の対流を伴う大気境界層に対してこれを適用した．
- SGS 応力輸送方程式から代数応力モデルを導出し，新たな物理現象をコストを抑えて捉える方法．ここでは 2 つの代数応力モデルについて簡単に述べる．

一般に，陽的代数応力によるアプローチは，微分方程式の解を必要とせず，渦粘性を使わないモデルの構築を目指している．Rodi (1976) は URANS 向けにそのようなモデルを導出し，Wallin and Johansson (2000) がそれをさらに拡張した（10.3.5.4 を参照）．Marstorp et al. (2009) は，回転チャネル流れの LES のために EARSM を構築した．彼らは，Wallin and Johansson と同様に，SGS 応力非等方テンソルの輸送方程式の項を切り捨てるかモデル化し，2 つのモデル係数（SGS 運動エネルギーと SGS 時間スケール）を用いた陽的代数モデルを導出した．また，これらのモデル係数を評価するために，ダイナミック操作を使うものと使わないものの 2 つを提供している．彼らのシミュレーション結果は DNS データとよく一致し，計算の結果得られたレイノルズ応力の非等方性と SGS 応力の非等方性の両方が，渦粘性を使用しないことで改善されている．

最近では，Rasam et al. (2013) が，Wallin and Johansson et al. (2000) の陽的代数スカラー流束モデルと，Marstorp et al. (2009) の LES 向けの EARSM を組み合わせた．このモデルにより，SGS スカラー流束の非等方性を再現し，フィルター操作した DNS データと比較することでスカラー分布をうまく予測できることを示した．

Findikakis and Street (1979) は，Launder et al. (1975) の RANS による乱流モデルの考えに基づき，LES における SGS 項のための EARSM を求めた（10.3.5.4 を参照）．また，Carati et al. (2001) の分解（上記で説明）に基づき，Enriquez et al. (2010) は，Findikakis and Street の研究および Chow et al. (2005) の研究をもとに，RSFS 応力の再構築を組み合わせた線形代数サブグリッドスケール応力モデルを構築し，中立大気境界層に適用した．SGS 応力に対する輸送方程式は，これらの方程式の生成，散逸，圧力再分配項のみを表すように簡略化され，この結果 6 つの線形代数方程式が得られ，各格子点で各時間ステップごとに計算される．このモデルでは，

Launder et al. (1975) のモデルに採用された定数を除き，新たに決定するモデル係数はない．このモデルは，ARPS メソスケール LES コード (Xue et al., 2000；Chow et al., 2005) に組み込まれている．SGS レイノルズ応力方程式では，対流，拡散，粘性が無視されている一方，垂直応力成分に対しては散逸がモデル化され，乱流運動エネルギーは偏微分の輸送方程式を実際に解くことで得られる．報告された結果によると，再構築なしで使用した場合でも，この EARSM はスマゴリンスキーモデルのシミュレーションより優れており，ダイナミック Wong–Lilly モデルと同等の結果を生み，観測される法線応力の非等方性を再現している．中立・安定・対流大気境界層への適用例は Enriquez (2013) に示されている．

10.3.3.6　LES のための境界条件

LES で使う境界条件と数値手法は DNS のものと非常に似ている．最も重要な違いは，LES が複雑な形状の流れに適用される際に一部の数値手法（例えばスペクトル法）の適用が難しくなる点である．このような場合には，有限差分法，有限体積法，または有限要素法が必要になる．原則として，本書で前述した任意の手法が使用可能であるが，格子解像度と同程度の大きさの構造が流れのほぼどこにでも存在する可能性があることを念頭に置くことが大切である．このため，可能な限り高精度な手法を採用することが重要となる．

10.2 節と 10.3.5.5 で述べたように，壁近くの流れの挙動により境界条件の特別な処理や壁近傍領域での壁関数の使用が必要となることがある．Sagaut (2006) は，Rodi et al. (2013) と同様，その代替案についての議論を行っており，特に粗面壁に対する代替案についても述べている．さらに Stoll and Porté-Agel (2006) も多数の粗面壁モデルを紹介している．ここではその中で，ほとんどのケースで適切といえる最も単純な代替案の 1 つを説明する．このモデルは，大気科学や海洋学から生じたものであり，そこでは固体境界が粗面なことが多く，滑りなし境界条件は適切でない．というのも，粗さが正確に表現できない場合や，粗さが平均流速の粘性底層を貫通することで，圧力と粘性の両方の効果を含む強制力が働く場合があるためである．そのため，速度が拘束されない自由滑り条件を適用し，速度と運動量流束（壁応力）の関係を境界で設定する．これは，RANS 流れに対してよく行われる処理（10.3.5.5 を参照）を反映しており，境界近くで対数速度分布を仮定する（あるいは，流れが中立的に安定していない場合は，モーニン・オブコフの相似則分布が使用されることもある (Porté-Agel et al., 2000; Zhou and Chow, 2011)）．したがって，壁方向に非常に細かい格子が必要となる流れを直接解像する代わりに[12]，この対数則に従う挙動を強制する境界条件を用いる (Rodi et al., 2013; Porté-Agel et al., 2000; Chow et al.,

[12] 注：DNS でも壁に沿って細かい格子が必要であるが，LES では壁や地面近くでかなり高い（水平方向対壁垂直方向の）格子アスペクト比を持つことが多い．

2005)．このとき，壁応力は次のように与えられる：

$$(\tau_x)_{\text{wall}} = \rho C_D u_1 \sqrt{u_1^2 + v_1^2}, \qquad (\tau_y)_{\text{wall}} = \rho C_D u_2 \sqrt{u_1^2 + v_1^2}, \tag{10.27}$$

ここで，C_D は抗力係数であり，u_1 と v_1 は壁の最近傍格子点での流れ方向と横方向の速度成分で平均速度の壁垂直方向分布から得られる[13]．通常，$(\tau_x)_{\text{wall}} = \rho u_\tau^2$ であり，粗面壁の対数則は

$$\frac{u_1}{u_\tau} = \frac{1}{\kappa}\ln\frac{z_1 + z_0}{z_0}\ , \tag{10.28}$$

したがって，抗力係数は次のようになる：

$$C_D = \left[\frac{1}{\kappa}\ln\left(\frac{z_1 + z_0}{z_0}\right)\right]^{-2}\ , \tag{10.29}$$

ここで，z_0 は粗さ長さであり，z_1 は壁の最近傍格子点までの距離である（式 (10.63) も参照のこと）．

LES では，細かい格子をなるべく避けるために，滑らかな壁に対して RANS モデルで使用される類の壁関数（10.3.5 項を参照）を使用することも可能である．Piomelli and Balaras (2002)，および Piomelli (2008) は，さまざまな壁モデルのレビューを行っており，後者において「明らかに他の方法より優れた唯一の方法はない」と結論付けている．

10.3.3.7　打ち切り誤差と計算上の混入

ラージ・エディ・シミュレーションの精度は，離散化の打ち切り誤差の大きさがサブグリッドスケール (SGS) やサブフィルタースケール (SFS) の力と比較してどの程度か，SFS/SGS モデルの定式，数値計算のアルゴリズム，および計算上の混入などの要因によって影響を受ける可能性がある．計算上の混入は，5 次精度や 6 次精度といった特に高次の移流スキームが使用される地球物理学的流れのシミュレーションで典型となる特徴である．この文脈で，Xue (2000) は「ほとんどの数値モデルは，数値分散，非線形不安定性，不連続な物理プロセス，さらには外部からの強制力によって生じる可能性のある（波長が格子間隔の 2 倍程度の）高波数の振動を制御するために，数値拡散もしくは計算上の混入を用いている」と述べている．

この節の以下では，誤差，混入の効果，およびシミュレーションの質に関するいくつかの指針を示す．

誤差と精度：Chow and Moin (2003) は，数値誤差と SFS の力のバランスに関する研究を行った．安定成層せん断流の直接数値シミュレーション (DNS) のデータセッ

13　コリオリ力が作用する流れでは，境界からの距離に伴って速度が回転し，境界から離れた場所で流れが一方向であっても，両成分がゼロでない場合がある．これについては 10.3.4.3 を参照．

トを用いて**アプリオリ** (a priori) テストを実施し，いくつかの有限差分スキームから生じる数値誤差を SFS の力の大きさと比較した．その結果，非線形対流項に対する数値スキームに含まれる数値誤差よりも SFS 項が大きくなるようにするために，以下のことを見出した：

1. 2 次精度の有限差分スキームの場合，フィルターサイズは格子間隔の少なくとも 4 倍であるべきである．
2. 6 次精度のパデスキームの場合，フィルターサイズは格子間隔の少なくとも 2 倍であればよい．

これに対して Celik et al. (2009) は，「これは工学的な LES の応用問題ではほとんど実現不可能である」と主張している．上記の基準を満たさない場合の結果として，LES にはモデル化された SGS 応力に加えて，数値誤差からの未知の（しかし，場合によっては重要な）寄与が含まれることになる．

混入の影響：計算上の混入項は通常，4 次精度以上の高次粘性項であり，運動量およびスカラー方程式に適用される．商業用または専門的に開発されたコードでは，ガイドラインに従い，安定性を確保するために必要最小限の混合を行うよう係数値が設定されている．しかし，これでも結果に大きな影響を与える可能性がある．Bryan et al. (2003) の浮力対流のテストケース（引用文献の付録参照）では，6 次精度の対流スキームと 6 次精度の陽的フィルターを用いたところ，エネルギースペクトルにおいて，格子間隔の 6 倍以上の波長でのみ物理的な解が表現されることが確認され，格子サイズの 6 倍未満のスケールでは計算上の混入に対する係数を変えることで，スペクトルの勾配を自由に変えられることを示した．メソスケールコードを用いた Michioka and Chow (2008) の複雑地形上のスカラー輸送の高解像度 LES では，次のことが示された：

1. 計算上の混入に対する係数を大きくとっても，メソスケールの流れ場に対しては劇的な変化をもたらさない可能性がある（計算上の混入は格子スケール付近の数値振動のみを減衰させるため）．
2. 計算上の混入は，高解像度シミュレーションにおいて乱流の変動や地表近くの速度分布に大きな影響を与える可能性がある．これは，この領域の小スケールの運動が実際に解像された乱流場の一部となっているためである．
3. スカラーの地表最大濃度について，シミュレーション結果と実測データの良好な一致を得るためには，可能な限り小さい混入係数を使用することが重要である．

シミュレーションの質：LES の検証 (verification) や妥当性確認 (validation) を実際に行うことは難しい．例えば，格子サイズを小さくすると数値的な打ち切り誤差とSGSまたはSFSモデル誤差がともに減少し，解像される流れの割合も変化する．したがって，ある意味でLESはDNSに向かって収束していくことになり，Celik et al. (2009) が述べているように「格子に依存しないLESというものは存在しない」．もちろん，収束をテストするために一連の小さい格子サイズを使用することは理にかなっている（ここでの収束とは，ある格子から別の格子に移ったときの流れの変化が，シミュレーションに求められる目的に対して十分小さいことを意味する）．Sullivan and Patton (2011) は，格子サイズを小さくすることに伴う収束について詳細に評価し，シミュレーション性能の一部の指標の収束が，他の指標に対して遅くなること，また格子サイズを小さくするにつれて界面や急激な勾配の領域での物理現象が変化する可能性があることを指摘している．

Meyers et al. (2007) は，一様等方流れにおいて誤差評価を行い，スマゴリンスキー係数を系統的に変化させたり，異なる離散化を用いたりすることで，数値誤差とモデル誤差の影響の分離を試みている．一連の先行論文に続いて，Celik et al. (2009) は工学的なLESの応用計算の評価に対する具体的な方法を提案している．彼らもまた，格子と乱流モデルを系統的に変化させることを推奨しており，複数の計算の実行が必要になるが，多くのケースに適用して視覚的な証拠を示している．しかし，Sullivan and Patton (2011) は，Celik et al. (2009) がしばしばDNSをそのテスト基準として利用しているが，高レイノルズ数の大気境界層に対してはDNSが利用できないことに注意を促している．

10.3.4　LESの応用計算の例

10.3.4.1　壁面上に置かれた立方体周りの流れ

この手法の適用例として，チャネルの片方の壁面に置かれた立方体周りの流れを示す．流れ場の様子を図10.7に示す．このShah and Ferziger (1997) によるシミュレーションで，流入の最大速度と立方体の高さに基づくレイノルズ数は3,200である．流入は十分発達したチャネル流であり，別のシミュレーションにより作成する．流出条件は式 (10.4) で示される移流条件を用いている．スパン方向には周期境界条件を，すべての壁面には滑りなし条件を与えている．

このLESでは，$240 \times 128 \times 128$ のCV格子を用いて，2次精度で計算を行った．時間進行手法にはフラクショナル・ステップ法を採用し，対流項は3次のルンゲ・クッタ法によって時間に陽的に，粘性項は陰的に扱っている．特に後者にはクランク・ニコルソン法の近似因数分解法を用いた．また圧力のポアソン方程式はマルチグリッド法で解いている．

図10.8は，下壁付近の領域における時間平均流れの流線を示しており，流れに関する多くの情報が読みとれる．流入した流れははく離をすることなく，よどみ点または鞍点（図中のA）に到達し，物体周辺に流れ込む．さらに下壁から上方の一部の

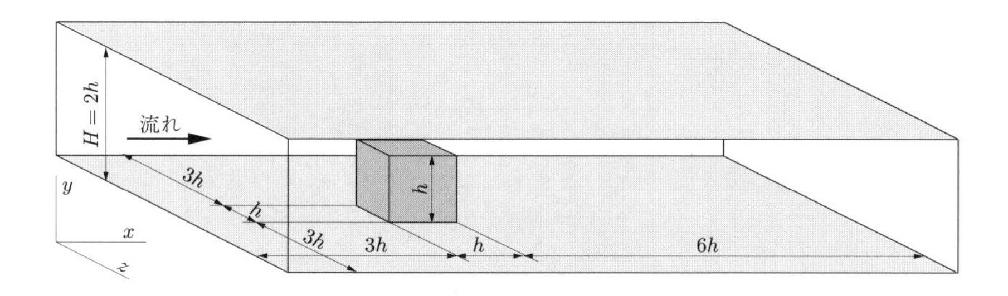

図 10.7　チャネル壁面に置かれた立方体周りの流れの解析領域．出典：Shah and Ferziger (1997).

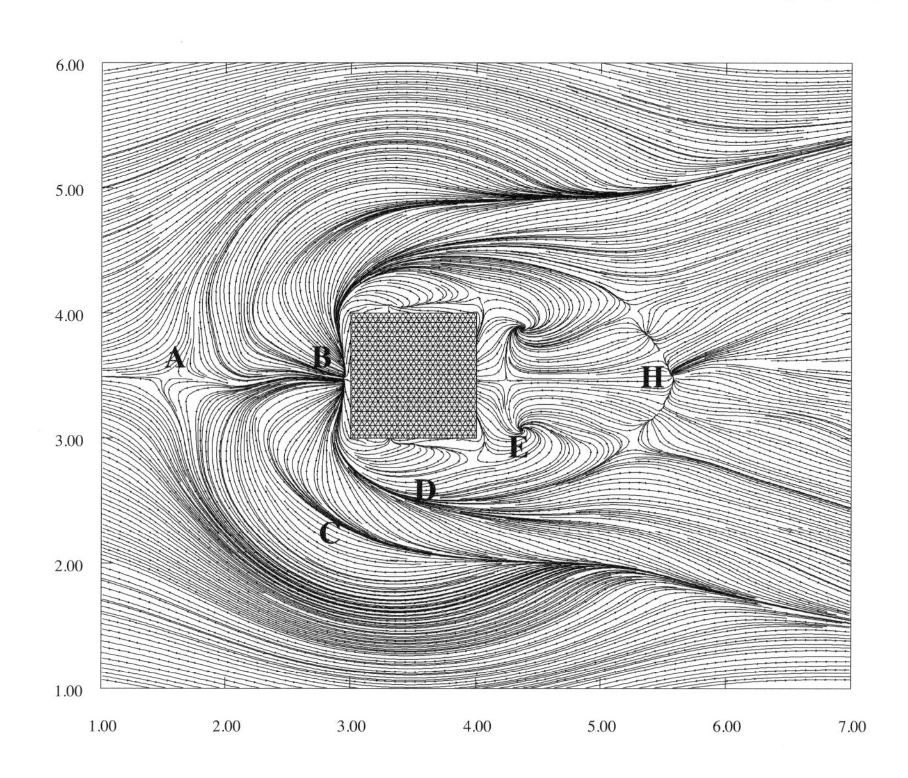

図 10.8　壁面に置かれた立方体周りの流れにおける下壁近傍の流線．出典：Shah and Ferziger (1997).

流れは立方体の前面に衝突し，その約半分が下向きに流れ，物体の前方に逆流域を形成する．立方体の前面を下向きに流れる流れが下壁に近づくと，2 次はく離と再付着線（図中の B）が立方体の直前に現れる．立方体の両側には，流線が集まり収束する領域（図中の C）と発散して離れていく領域（図中の D）があり，これらは馬蹄渦

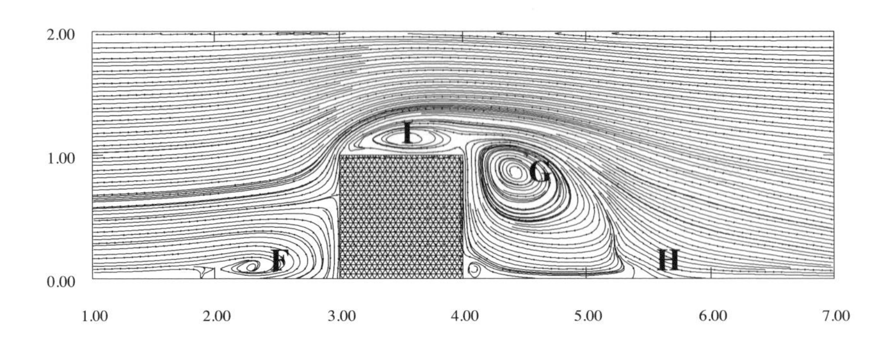

図 10.9　壁面に置かれた立方体周りの流れにおける垂直中心断面上の流線．出典：Shah and Ferziger (1997).

の痕跡である（詳細は後述）．立方体の後ろには，2つの渦領域（図中のE）があり，これはアーチ渦の痕跡を示している．最後に，物体のさらに下流には再付着線（図中のH）が見られる．

図 10.9 は，流れの中心断面における時間平均流れの流線を示している．前述した特徴の多くがここでも明確に見られ，上流の角にあるはく離域（図中のF，馬蹄渦の頭部でもある），アーチ渦の頭部（図中のG），再付着線（図中のH），および物体上部に再付着しない再循環域（図中のI）が含まれている．

最後に，図 10.10 は，物体下流の立方体の背面と平行な平面上の時間平均流れの流線を示している．馬蹄渦（図中のJ）が明確に見られ，さらに小さなコーナー渦も確認できる．

ここでは，瞬時の流れが時間平均された流れとは大きく異なることに注意することが重要である．例えば，アーチ渦は瞬時的には存在せず，流れ中に渦は見られるが，それらはほとんど常に立方体の両側で非対称である．実際，図 10.8 に見られるほぼ対称な流線は，平均時間が（ほぼ）十分に長いことを示している．

これらの結果より，LES（あるいは単純流れのDNS）が流れについて多くの情報を提供することは明らかである．このようなシミュレーションを行うことは，10.3.5 項で説明する手法に対して，より実験との共通点が多く，そこから得られる質的な情報は非常に価値のあるものである．

10.3.4.2　Re = 50,000 の球周りの流れ

10.2.4.2 で，Re = 5000 での滑らかな球周りの流れの DNS について簡単に述べたが，Re = 50,000 での流れでは，適切な DNS を行うために非常に細かい格子が必要となる．そこで論理的な手順としては，LES に切り替えて大規模スケールを解像し，サブグリッドスケールの乱流はモデル化することになる．ただし LES とはいっても，

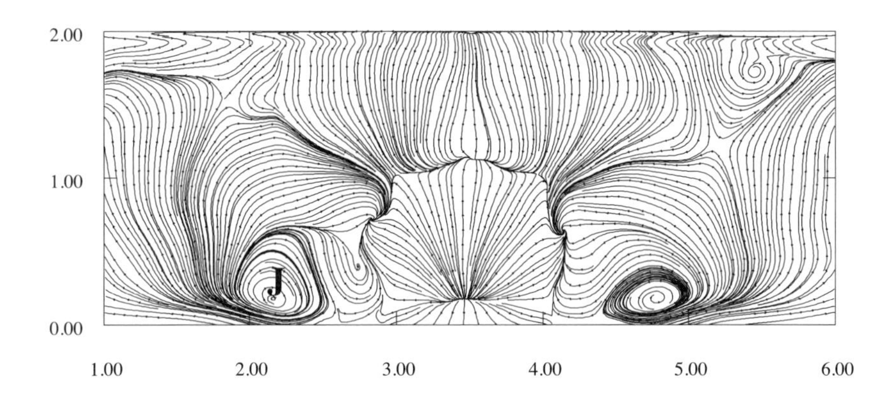

図 10.10　壁面に置かれた立方体周りの流れの流線を，立方体の背面と平行で立方体高さの 0.1 倍後方の平面に投影したもの．出典：Shah and Ferziger (1997).

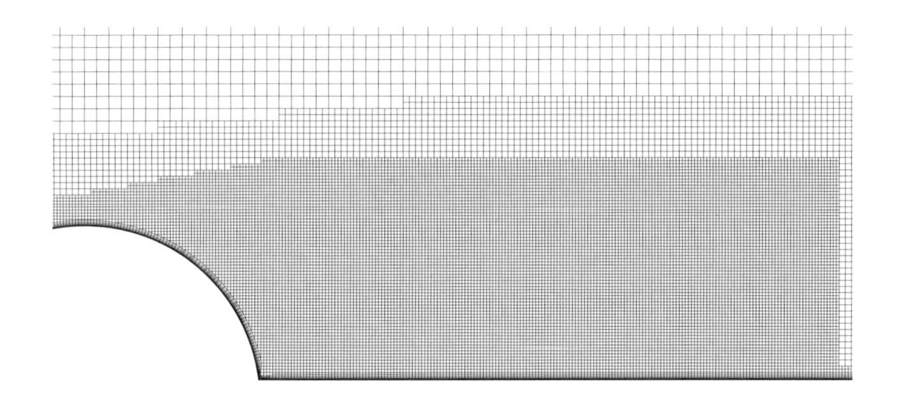

図 10.11　滑らかな球の解析領域の $y = 0$ での縦断面．球周りの格子構造を示す（最も細かい格子では，全方向で間隔が 2 倍小さくなっている）．

低レイノルズ数での DNS で使用した格子よりは細かい格子が必要である．結果的に，約 4000 万セルを用いて局所的な後流の細分化と壁に沿ったプリズム層によるトリミングが施された直交格子に基づく非構造格子を用いた．図 10.11 は球の後流における格子構造を示しており，その構造を視覚化するために実際に使用した格子の 2 倍粗いものを示している．

Re = 50,000 の球周りの流れは，Bakić (2002) によって実験的に研究されている．その際，直径 $D = 61.4\,\mathrm{mm}$ のビリヤードボールを直径 $d = 8\,\mathrm{mm}$ の棒で支持し，断面 $300 \times 300\,\mathrm{mm}$ の小型風洞で実験を行った．また，球の前面よどみ点から 75° の位置に周方向にトリップワイヤー（直径 0.5 mm）を取り付けた場合の測定も行っている．

シミュレーションの解領域は実験の風洞形状に一致しており，流入境界は球の中心から上流 300 mm，流出境界は下流 300 mm の位置に設定している．流入には 12.43 m/s の一様な速度が指定され，流体は密度 $\rho = 1.204$ kg/m^3，粘性係数 $\mu = 1.837 \times 10^{-5}$ Pa·s の空気である．シミュレーションは，滑らかな球とトリップワイヤー付きの球の両方に対して行われた．滑らかな球の後流における格子間隔（図 10.11 参照）は，3 方向すべてで 0.265 mm であり，これはおおよそ $D/232$ に相当する．この間隔は後方よどみ点から約 $1.7D$ の距離まで維持され，最も細かい格子領域の直径はほぼ $1.5D$ である．図 10.11 に示すとおり，最も細かい領域から離れるにつれて格子は段階的に粗くなっている．風洞壁に沿って成長する境界層を解像する試みはここでは行われていないが，球と支持棒の表面にはプリズム層が設定され，壁に最も近いセルの厚さは 0.03 mm ($D/2407$) であった．

これに対してトリップワイヤー付きの場合，格子配置を変更する必要があった．トリップワイヤー表面での層流境界層のはく離を捉えるため，トリップワイヤーの直径の約半分上流および上方，トリップワイヤーから下流に直径の 4 倍までの領域では格子サイズを 0.041667 mm ($D/1474$) とした．さらにその 2 倍の格子間隔を持つ領域は，球の下流側での境界層はく離まで球の表面に沿って延びている．図 10.12 は，トリップワイヤー周辺と球の直後の実際の格子の詳細を示している．球の後流の大部分では，格子サイズは 0.3333 mm ($D/184$) である．壁に隣接する最初のプリズム層の厚さは 0.02 mm ($D/3070$) である．トリップワイヤーがある場合，後流が非常に狭くなるため，球の後ろの細かい格子の領域は，滑らかな球の場合と比較して小さく設定されている．

時間ステップは両ケースで 10 μs とし，滑らかな球の最も細かい格子領域での平均的なクーラン数は 0.5 となった．トリップワイヤー周辺の最も細かい格子ではクーラン数がさらに大きくなっていた．空間および時間で 2 次精度のスキーム（対流と拡散には中心差分法，時間には 2 次式による後退近似）を使用した．商用コードの STAR-CCM+がソルバーとして用いられ，時間的には完全陰解法であり（すなわち，対流流束，拡散流束，および生成項が新しい時間レベルで計算される），圧力と速度のカップリングには SIMPLE アルゴリズムが使用された．流れは非圧縮性と仮定している．緩和係数は速度に対して 0.95，圧力に対して 0.75 で，時間ステップごとに非線形項を更新するため 5 回の外部反復を行っている．シミュレーションは 1 つの粗い格子と 3 種類のサブグリッドスケールモデルで行われているが，これは現在進行中の研究の一部なので，その詳細は省略する．重要なポイントは，局所的に細分化された非構造格子（多面体格子も可能）を使用することで，流れが乱流でなく変数が空間的に急変しない領域で格子を無駄にすることなく，乱流後流は解像できる点で

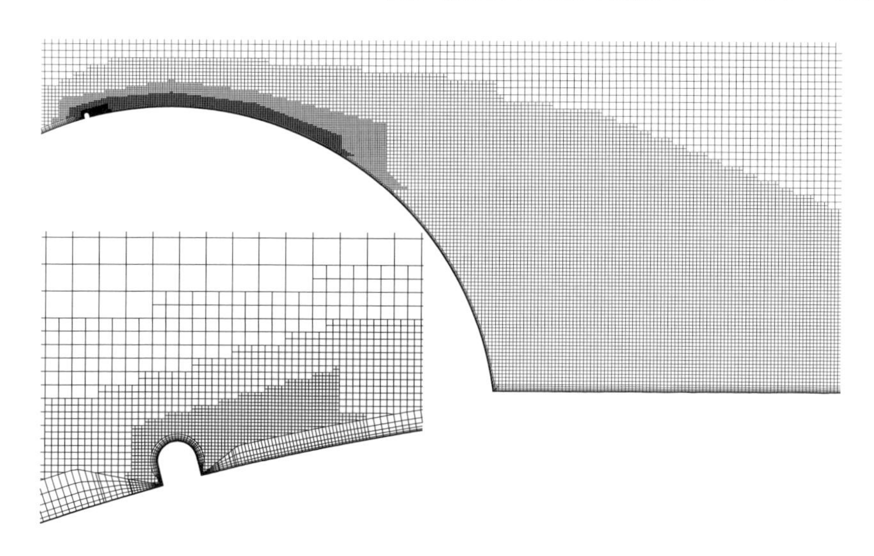

図 10.12　$y = 0$ におけるトリップワイヤー付き球の解析領域の縦断面．球とトリップワイヤー周辺の格子構造を示している．

ある．図 10.13 と 10.14 に示された渦度構造の可視化により，使用された格子が LES として適切な解像度を持っている可能性が示唆されている．すなわち，再現された流れ構造は細かい格子間隔に対して十分大きくなっている．

この亜臨界流れは，RANS モデルでは十分に予測することができない．ここではその計算結果は示さず，テストしたすべてのモデルが抗力を大幅に過小評価し，球の後ろの再循環域の長さを過大評価することを指摘するにとどめる（「大幅に」とは 25 % 以上の誤差を意味する）．一方，ダイナミックスマゴリンスキーサブグリッドスケールモデルを用いた LES では，滑らかな球に対する平均抗力係数を約 0.48 と予測しており，文献に見られる実験データに近い値となっている．トリップワイヤーは流れのはく離を遅らせ，球後方の再循環域の大きさを縮小させることで抗力を大幅に低下させることが期待されるが，シミュレーションは実際にその通りの結果を示した．図 10.15 に示すように，予測された抗力は 0.175 付近の値で変動しており，これは滑らかな球の場合のほぼ 3 分の 1 である．この結果は CFD の有効性を示しており，適切な格子と乱流モデルを用いることで，小さな形状変更が流れに及ぼす影響を予測できることを示している．

LES は，設計の改善が求められるエンジニアにとって重要な流れの挙動についての洞察を提供する．LES で生成された画像を所定の時間間隔で使用して，流れのアニメーションを簡単に作成できる．本書ではアニメーションは再現できないが，図 10.13，10.14，および 10.16 には，滑らかな表面とトリップワイヤー付き表面を持つ

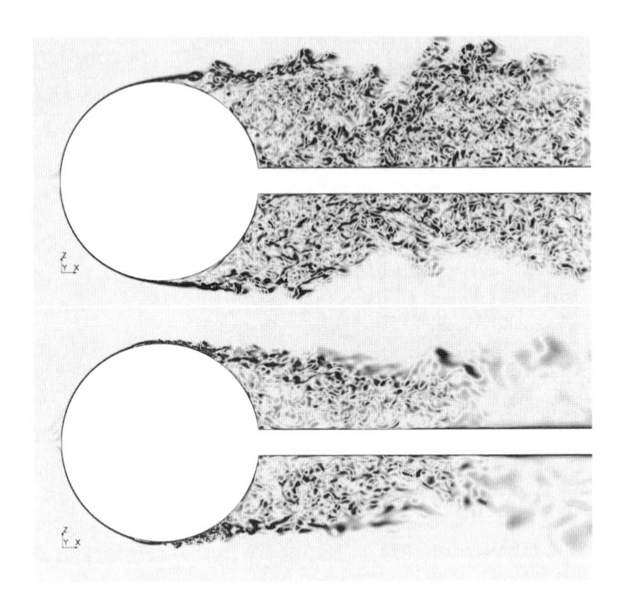

図 10.13　$y=0$ 平面における渦度成分 ω_y の瞬時等高線図．滑らかな球（上）およびトリップワイヤー付き球（下）．

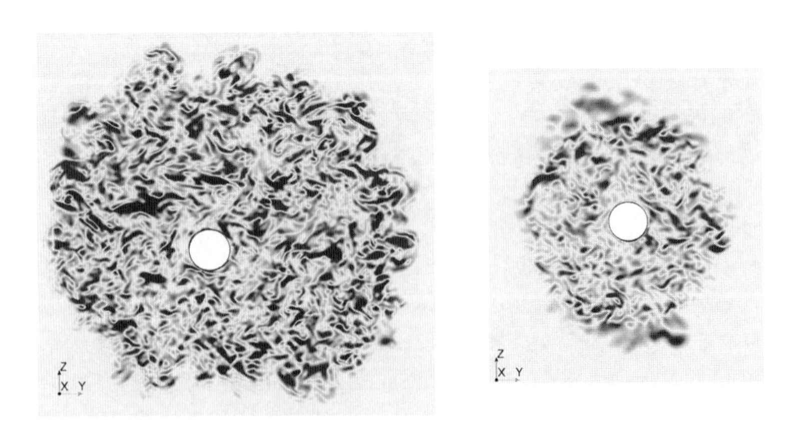

図 10.14　$x/D=1$ 平面における渦度成分 ω_x の瞬時等高線図．滑らかな球（左）およびトリップワイヤー付き球（右）．

球の瞬時流れの構造が示されており，流れのはく離と後流の挙動の詳細を明らかにしている．これらの図はトリップワイヤーが流れに与える影響を明確に示しており，境

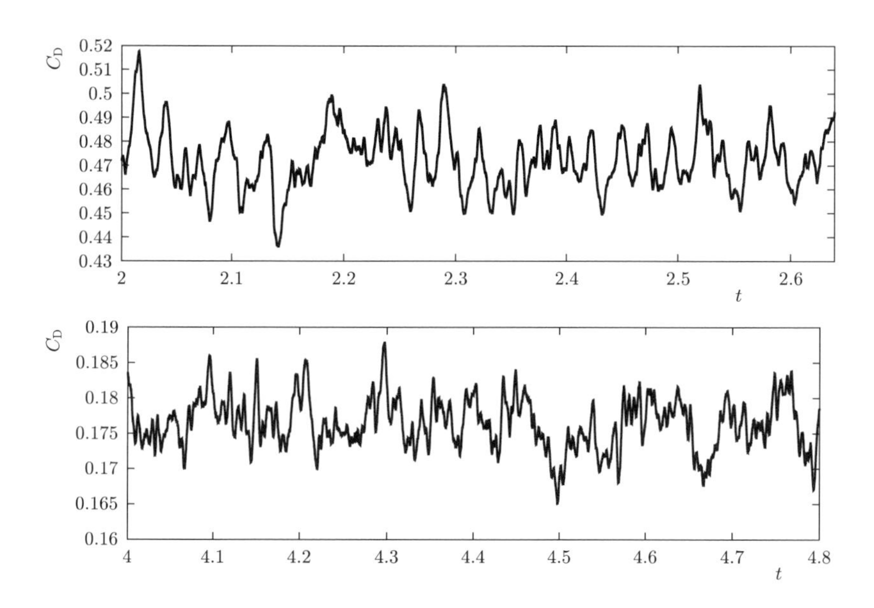

図 10.15　滑らかな球（上）およびトリップワイヤー付き球（下）の抗力係数の変動（計算の最後の 65,000 時間ステップの間）.

界層はトリップワイヤーからのはく離後に再付着して乱流となり，これにより主要なはく離が遅れて後流が大幅に狭くなる．このような流れ挙動の変化が抗力の大幅な低減につながることは，エンジニアならば直ちに理解できるであろう．

エンジニアは，平均値やその変動の rms 値 (root-mean-square) に関心を持つことが多い．この情報は，例えば物体に作用する抗力のような積分量に対しては，図 10.15 に示されるような時系列信号を処理することで簡単に得られる．一方，平均速度や圧力に対する空間分布を得ることはそれほど容易ではない．チャネル流やパイプ流の LES では，通常，時間と 1 つの空間方向（チャネルの場合はスパン方向，パイプの場合は周方向）で平均化を行い，より少ないサンプル数で定常値を得ることが可能である．これに対して複雑な形状では，空間的な平均化は通常不可能である．ここで示したケースでは，球が矩形断面の風洞内に設置されているため，流れは断面全体で軸対称ではない（ただし，球やそれを支える棒の近くでは軸対称である可能性がある）．ここで次の 3 つの問題が発生する：

- 空間平均ができない場合，定常的な時間平均流れを得るために必要なサンプル数は非常に多くなる．今回のシミュレーションでは，滑らかな球で最後の 6 万 5 千サンプル，トリップワイヤー付き球で 7 万サンプルを用いて平均化したが，

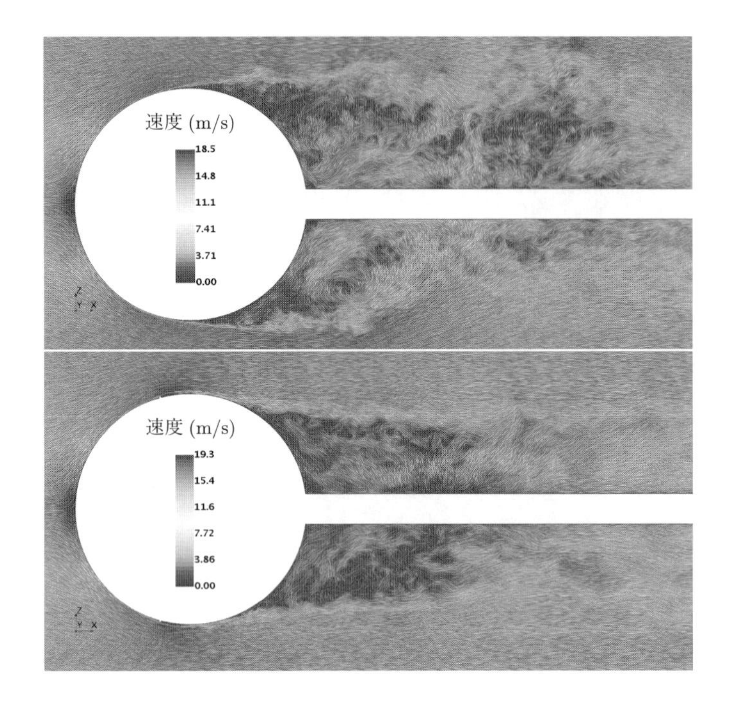

図 10.16 滑らかな球（上）およびトリップワイヤー付き球（下）の瞬時流れパターン.

それでも時間平均流れは軸対称にはなっていない. 平均した速度分布が完全な対称性を示すには, さらに多くのサンプルが必要となる. これに対して実験では対称性を仮定して, 対称軸から外半径に向かう 1 本の線に沿って分布を測定することが多い.

- 非構造格子を用いる場合, 空間平均は容易ではない. 本ケースでは計算セルはそのサイズが変化する直交格子であり, 周方向で解を平均化するには, 新たに円筒座標の構造格子を作成し, 時間平均した解をこの格子に補間し, 直交格子系での速度成分から軸方向, 半径方向および周方向の成分を計算し, それらを周方向で空間平均する必要がある.
- 平均流が軸対称であるという仮定は, たとえ幾何形状が完全に軸対称であったとしても誤りである可能性がある. 実際, シミュレーション（例：Constantinescu and Squires, 2004）や実験（例：Taneda, 1978）から, 球の後流が流れ方向に対して傾く傾向があることが示されている. したがって周方向の平均化によって軸対称性を強制すると, 誤まった結果を与える可能性がある.

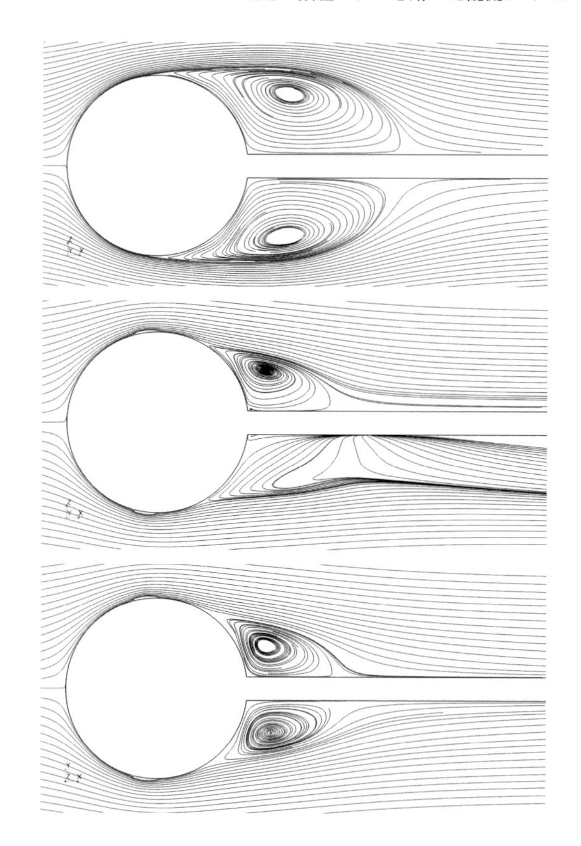

図 10.17　$y=0$ 平面における滑らかな球の時間平均流れパターン（上），$y=0$ 平面におけるトリップワイヤー付き球の時間平均流れパターン（中央），および $z=0$ 平面におけるトリップワイヤー付き球の時間平均流れパターン（下）．

図 10.17 に両方の球の時間平均流れパターンを示す．滑らかな球の場合，平均流れ場はほぼ対称に見えるが，トリップワイヤー付き球では，流れパターンが厳密に対称なのは $z=0$ 平面内のみであり，$y=0$ 平面では流れが大きく非対称である．10.3.6 項で示すように，一部の RANS モデルも滑らかな球周りの流れに対して，非対称な定常流れを予測するため，これはシミュレーションの欠陥ではなく，流れの特徴であると考えられる．再循環域の長さは両ケースとも Bakić (2002) の実験結果とよく一致しており，滑らかな球では再循環域の後端が $x/D=1.43$，トリップワイヤー付き球では $x/D=1$ であることが確認された．

ここでもう一度，以下の点に注意したい．すなわち時間平均流れは，異なる時点で現れるさまざまな流れを平均化することによって得られる構造であり，現実には存在せず，瞬間的にさえ観測されることはない．平均流れは測定データやシミュレーションデータの平均化によって得られるが，実際に自然界で観測することはできない．実験で長時間露光を行った場合，平均化と異なり正負の値が相殺されることはないため，異なる画像が得られるだろう．興味深いことに図 10.14 に示される $x/D = 1$ の平面での渦度成分 ω_x の瞬時プロットでは，トリップワイヤー付き球はほぼ対称に見えるのに対し，滑らかな球は非対称である．これは平均流れの結果とは対照的である．

シミュレーションで予測された平均速度およびレイノルズ応力と Bakić (2002) の実験データの比較も十分な一致を示している．図 10.18 には，軸方向速度成分 U_x およびその分散 $(u_x')^2$ の分布を $x/D = 1$ で示している．時間平均値は，棒の軸から開始し，正の y 方向，負の y 方向，正の z 方向，および負の z 方向に延びる 4 本の線に沿ってプロットされている．

流れが軸対称でかつ平均時間が十分に長ければ，これら 4 つの分布はすべて一致するはずであるが，ここではそうなっていない．滑らかな球の場合，平均速度分布はお互い比較的近いが，分散はピーク値付近で 4 つの分布で大きな差異を示し，最高値と最低値の差は約 30 % である．この差は平均時間（サンプル数）を長くすることで減少する可能性がある．トリップワイヤー付き球の場合，負の z 方向の平均速度分布は他の 3 つの分布と大きく異なり，残りの 3 つはほぼ重なっている．しかし，分散の分布は y 方向に沿ったものだけが一致し（測定データとも非常によく一致する），z 方向の両分布は互いに異なり，他の 2 つの分布とも異なる．前述のようにこの流れの後流は傾いているようである．

これらのシミュレーションの詳細（計算格子や SGS モデルへの依存性および実験データを含む）は，今後，発表予定である．

10.3.4.3　再生可能エネルギーに関するシミュレーション：大型風力発電ファーム

Jacobson and Delucchi (2009) は，「2030 年までの持続可能なエネルギーへの道」について概説している．その計画には，太陽，水，地熱，および風力を利用したエネルギー源が求められおり，その中には 380 万基の大型風車発電が含まれている．実際，風力エネルギーは急速に成長している電力源であり，例えば 2016 年にはドイツで消費される電力の 12.3 % が風力発電によって生産され，その割合は増加傾向にある．Sta. Maria and Jacobson (2009) は，大規模な風車群（すなわち「風力発電所」）が大気中のエネルギーに与える影響についての概要と基礎的な解析を示している．風力発電所によって地表面近くの乱流が増加（ローター後流からの乱流）し，そこでの熱や水蒸気流束に影響を及ぼす可能性があり，一部の研究では境界層内での混合が増加することが示されている．さらに，風力発電ファームでは風車同士が相互に影響を及ぼし合う．

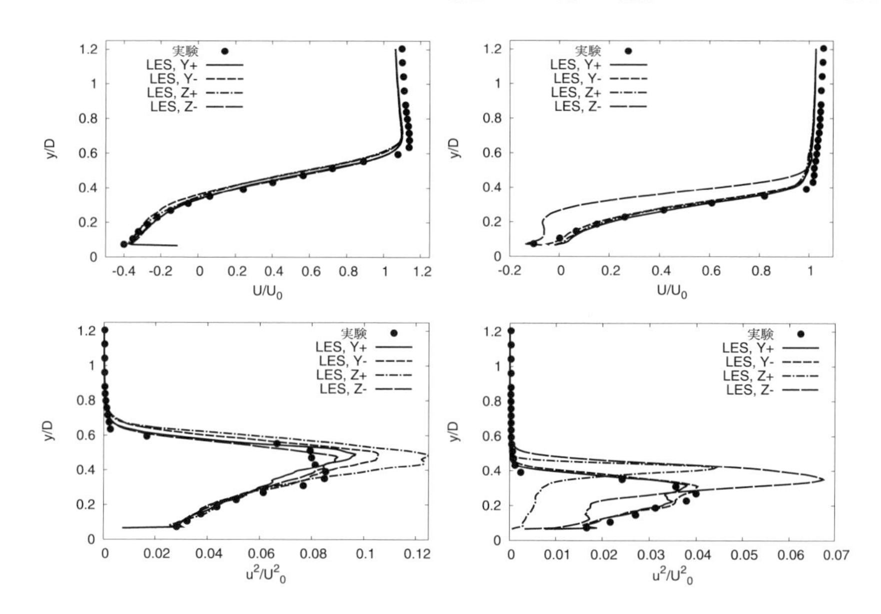

図 10.18 $x/D = 1$ における軸方向速度成分の時間平均（上）およびその分散（下）の 4 つの半径方向（正の y，負の y，正の z，負の z）の分布．実験データ (Bakić, 2002) との比較．滑らかな球（左）およびトリップワイヤー付き球（右）．

現在および近未来の技術では，ローター直径 150 m 以上，ハブ高さ（支持塔の頂部にあるローターの軸の高さ）が約 200 m，出力が約 10 MW の発電用風車を想定している．Lu and Porté-Agel (2011) は，安定大気境界層内における非常に大規模な風力発電ファームの 3 次元 LES を実施した．彼らのローター直径は 112 m で，ハブ高さは 119 m である．以下にその研究を概説する．

流れ領域：解析領域と物理的設定は，境界層高さが約 175 m のよく知られた安定境界層 (SBL) ケースから決められている．すなわちこれは，GABLS (Global Energy and Water Cycle Experiment Atmospheric Boundary Layer Study) に基づく Beare et al. (2006) の相互比較の研究によっている．したがって，発電用風車がない状態で流れ領域とシミュレーションを完全にテストし，数値コードも検証済みであったため，風車の影響評価を容易に評価し定量化できるようになっている．

図 10.19 の左側に解析領域を示す．基本的な考え方は，1 基の発電用風車を横方向に周期境界条件を持つ領域に配置し，指定された風車配置で無限に大きい風力発電ファームを作り出すことである．領域の寸法は，垂直方向の高さが $L_z = 400$ m，横幅が $L_y = 5D = 560$ m であり，ここで $D = 112$ m は前述のローター直径である．風車の配置は 2 つあり，1 つは $L_x = 5D$（5D ケース），もう 1 つは $L_x = 8D$（8D

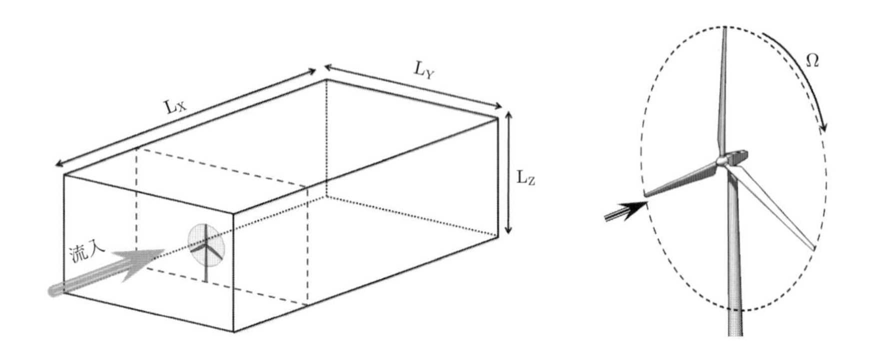

図 10.19　解析領域と風車のレイアウトの概略図（左）および 3 枚羽根風力タービン，発電機，およびタワー（右）(Lu and Porté-Agel, 2011，AIP Publishing の許可を得て再掲).

ケース）である．この構成により，各風車は実際の風力発電ファームのように隣接する風車に影響を与える．

発電用風車：図 10.19 の右側に三枚羽根の風車を示す．これは領域の左端から $x_c = 80$ m，高さ $z_c = 119$ m，および領域の中心線上 ($y_c = 260$ m) に位置している．風車の間隔は流れ方向に 5 または 8 直径分，横方向に 5 直径分離れており，これらは一般的な風力発電ファームの間隔とみなされる．風車の回転速度は 8 rpm で，ここで選択した風車の発電能力やブレードなどに適合している．

この計算では，風車はアクチュエータライン法 (actuator-line method: ALM) でパラメータ化され，ブレードの実際の動きが考慮されている (Ivanell et al., 2009)．ブレードに作用する力は，ブレード軸に沿ったライン上で表現されている．各ブレードの各ライン上の点での揚力および抗力によって生じる体積力は，ブレード要素の局所迎角を用いて計算し，これはブレードの形状と，瞬時に解像された流速，および，実際のブレードの翼型性能データに依存する．これにより，タービン面上に非定常で空間的に変化する力が生じ，ガウス平滑化を通じて周囲の格子点に接続され，流れの運動方程式に伝達される．この流れの結果は ALM にフィードバックされ，ブレード沿いの揚力および抗力に影響を与える．詳細は，引用した ALM 論文や Lu and Porté-Agel の論文およびその参考文献に記載されている．

LES コードとモデル：使用されているコードは，Porté-Agel et al. (2000) の LES コードを改良したもので，水平方向に擬似スペクトル法を使用し，垂直方向にはスタガード格子による 2 次精度の CDS を用いている．連続の式，ALM からの風力による外力項を含む運動量保存方程式，および温位の輸送方程式[14]を，ブシネスク近似

[14]　温位もしくはポテンシャル温度は，大気層流の研究に適した特性を持つため，気象学で広く使用されている．これは，高度 z の空気の一部分が周囲と熱交換せずに（断熱的に）地面に移動した場

(1.7.5 項) のもとで非圧縮性流れとして解き，ここにはコリオリ力も含んでいる．領域の上端には応力なし/ゼロ勾配の境界条件が使用されている．地面では，瞬時の壁面応力が最初の垂直節点での水平方向速度と，成層した流れに適用可能な粗い壁に対するモーニン・オブコフ相似則に基づいて関連付けられている（上記の式 (10.27) および (10.29) を参照）．同様の境界条件は熱流束にも適用している．

格子は等間隔で配置され，格子間隔は約 3.3 m である．8D ケースには $270 \times 168 \times 120$ 点，5D ケースには $168 \times 168 \times 120$ 点が使用されている．これらの選択を検証するためにいくつかのテストを実施した．クーラン条件は $C = 0.06$ に設定し，時間積分には 2 次精度のアダムス・バッシュフォース法を用いている．スペクトル計算は標準の 3/2 ルールに従ってデエイリアス処理が施されている．各種データ収集の前に，統計的な定常状態が得られるまで計算を実行している．この流れは 3 次元で非定常であり，乱流運動と風車によって誘発されたコヒーレント運動の両方が再現されていることに留意されたい．

運動量および熱流束に対する SGS モデルは，前述の 10.3.3.3 のダイナミックモデルの変種であり，Stoll and Porté-Agel (2008)，Porté-Agel et al. (2000) およびその後の論文で説明されている．ここでは 2 つの重要な特徴が追加され，ダイナミック手法の挙動が大幅に改善されている．すなわち，(1) ダイナミック過程における誤差を最小化するために，局所誤差をラグランジュ軌跡（流れ中の流体粒子の経路線）に沿って積分し，その誤差を最小化する (Meneveau et al., 1996)，および，(2) スケール相似性が緩和して用いられ，モデルの定式とその係数がスケール依存する．また基準となるフィルター/グリッド幅は $(\Delta x \Delta y \Delta z)^{1/3}$ として計算される．グリッドフィルターと 2 つのテストフィルターは水平方向の 2 次元ローパスフィルターであり，垂直方向にはフィルター操作は行わない．変数はフーリエ空間でのシャープカットオフフィルターでフィルタリングされ，フィルタースケールより大きいすべての波数が除去される．ダイナミック方程式の構造は本質的に上述のものと同じであるが，スケール不変性が強制されないため，格子間隔による係数の変化を仮定して 2 つのテストフィルターが使用される．その際，1 つはグリッドサイズの 2 倍，もう 1 つは 4 倍のフィルターである．その後は，従来のダイナミックモデルと同じ誤差の最小化を用いて未知数を決定できる．ここでは SGS 温位にもダイナミック手法が適用されることに留意する．ダイナミック過程で最小解像スケールを使用するため，SGS モデルには安定化の補正を含める必要はなく，その影響はすでに小さな解像スケールに含まれている（10.3.3.2 を参照）．

シミュレーション結果：風力発電ファームの空間スケールと（熱的成層の）安定条件から，高度による速度分布の変化から垂直方向のせん断が生じ，コリオリ力の影響

合の温度である．すなわち $\Theta(z) = T(z)[p_{\mathrm{ground}}/p(z)]^{0.286}$ である．

図 10.20　タービンブレードの移動によって $t = 150\,\mathrm{s}$ で発生した翼端渦の可視化．渦度 $\omega(\sim 0.3|\omega|)$ の等値面を使用．Lu and Porté-Agel (2011) より AIP Publishing の許可を得て再掲．

により水平方向のせん断も生じる（図 10.20）．これらの要因により風車に大きな非対称荷重が作用する．LES の力がここで発揮されており，タービンブレードの移動によって生じる翼端渦が実際に解像されていることが確認できる．また，コリオリ力は発電風車に付加的に横方向のせん断荷重をかけるだけでなく，風車の後流の中心から乱流エネルギーの一部を遠ざける働きもしている．また，発電風車の運動は熱の垂直混合を促進し，風車の後流内の空気温度を上昇させ地表面の熱流束を低下させることで熱エネルギー収支に影響を与えている．

この研究より 3 つの図を示す．図 10.21 は，水平方向の速度成分と温位の鉛直方向平均分布（空間と時間で平均）が風車の存在によって大きな影響を受けていることを明確に示している．境界層の上部にあるジェットは風車によるエネルギーの抽出によって取り除かれ，風車が存在することでコリオリ効果が変化している．2 つの $S_x = L_x/D$ ケース間の差は大きくない．混合層の深さの増加は温位において顕著である．

図 10.22 は，下流のさまざまな S_x 距離における平均流れ方向速度分布の変化を示している．風車は $S_{\mathrm{turbine}} \sim 0.7$ に位置している．風車が近接して配置されている場合，流れからより多くのエネルギーが抽出されることがわかる．

最後に，図 10.23 に示すように，風車が流れのエネルギースペクトルに与える影響を確認する．**N** はブラント・ヴァイサラ（または**成層**）振動数で，安定成層中での自然振動数をいう．ここに示されている風車下流での乱流エネルギーの増加以外に

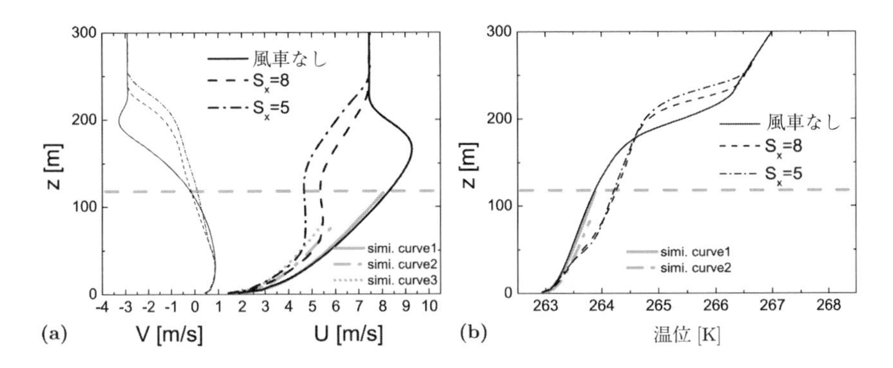

図 10.21　速度と温位の鉛直平均分布．破線は風車のハブの高さを示す．曲線の背景にある淡い線はモーニン・オブコフ相似曲線である．Lu and Porté-Agel (2011) より AIP Publishing の許可を得て再掲.

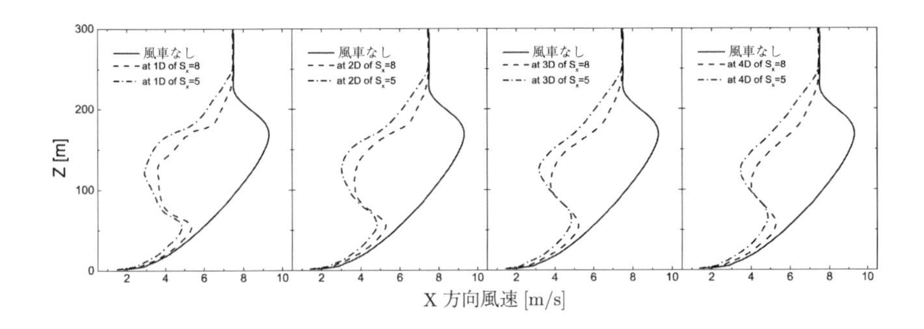

図 10.22　計算領域の中心線での，主流方向（軸方向）速度の垂直方向分布と下流方向への変化．Lu and Porté-Agel (2011) より AIP Publishing の許可を得て再掲.

も，論文では風車の影響下での乱流流束について詳細に議論し，気象状況への解釈を行っている．

Lu and Porté-Agel は，「ラージ・エディ・シミュレーション (LES) は，風力発電風車の後流および風力発電ファーム内外の熱と運動量の乱流流束に対する影響を定量的に記述するために必要な，3 次元で高解像度の速度場と温度場を提供できる」ことを示している．彼らの結果では，地表面の運動量流束が 30 % 以上減少し，地表面の浮力流束は 15 % 以上減少した．したがって，風力発電ファームは運動量および熱の鉛直乱流流束に大きな影響を与え，局地的な気象に影響を及ぼす可能性がある．

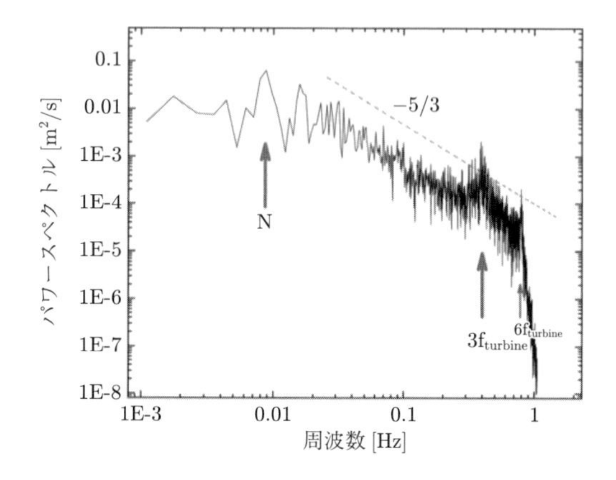

図 10.23　風車平面の下流 $x = 3D$，$y = y_c$，および $z = z_c + D/2$（ブレードの先端の高さ）における乱流エネルギースペクトルへの風車の影響．Lu and Porté-Agel (2011) より AIP Publishing の許可を得て再掲．

10.3.5　レイノルズ平均ナビエ・ストークス (RANS) シミュレーション

従来，エンジニアが興味を持つ乱流の定量的な特性は，物体に作用する流体力の平均値（およびその分布），流入する 2 つの流体の混合度合い，あるいは反応生成物の量といった限られたものであった．これらの値を算出するのに今まで述べたような方法を用いるのは，控えめに言っても過剰で無駄が多い．しかし状況は変化しており，今日の問題はより複雑で，設計はより厳密になり，全体のプロセスがそこで起こっている細かいことに依存するようになっている．したがって，すでに述べた DNS および LES と，本項で述べる RANS を賢く使い分けることが重要になる．

すでに述べたように，この節の手法は一世紀以上前のオズボーン・レイノルズの業績によって，**レイノルズ平均** (Reynolds-averaged) 法と呼ばれる．Leschziner (2010) は「…この原稿の執筆時点で，産業界でみられる流れの数値予測の大部分は RANS 方程式に基づいている」と述べている．乱流に対するレイノルズ平均のアプローチでは，支配方程式は 10.3 節に記載した何らかの形で平均化される．以下の各項目を見る際には，これらの平均化手法の影響に注意を払う必要がある．実用的な手法として以下が挙げられる．

1. **定常流れ**：すべての非定常成分は平均化される．すなわち，非定常成分はすべて乱流の一部とみなされる．その結果得られる平均流れの方程式は，定常となる．これを**レイノルズ平均ナビエ・ストークス** (RANS) 方程式とする．
2. **非定常流れ**：方程式は，統計的に同一とみなせる流れの再現（アンサンブル）

の集合全体で平均化される[15]．その結果，すべてのランダムな変動は平均化され，これは暗黙的に「乱流」の一部とみなされる．一方で，流れに決定論的でコヒーレントな構造が存在する場合，それらは平均化後も残るべきである．したがって，このようにアンサンブル平均された方程式は，非定常な平均成分を持つ可能性がある．このような流れは，前述の通り，非定常 RANS (URANS) または過渡 RANS（TRANS）として定義される (Durbin, 2002; Hanjalić, 2002).

ここで改めて，ナビエ・ストークス方程式の非線形性により，平均化の過程でモデル化が必要な項が生じることを思い出してほしい．すでに述べた乱流の複雑さにより，どのようなモデルをもってしても，唯一のモデルがすべての乱流を適切に表現できる可能性は低く，乱流モデルは科学的法則というよりも工学的近似として捉えるべきである．Hanjalić (2004) は，RANS およびその乱流モデルに関する包括的なレビューを提供している．

10.3.5.1 レイノルズ平均ナビエ・ストークス (RANS) 方程式

統計的に定常である流れでは，すべての変数は時間平均値とその値からの変動量の和として表すことができる：

$$\phi(x_i, t) = \overline{\phi}(x_i) + \phi'(x_i, t)\ , \tag{10.30}$$

$$\overline{\phi}(x_i) = \lim_{T\to\infty} \frac{1}{T} \int_0^T \phi(x_i, t)\,\mathrm{d}t\ . \tag{10.31}$$

ここで，t は時間を表し，T は平均に要した時間である．この平均時間は，図 10.24 に示すように変動量の代表時間スケールに比べ十分大きくなければならない．したがって，$T \to \infty$ の極限での考察になる．もし T が十分大きいならば，$\overline{\phi}$ は時間平均を始めた時点によらない．

流れが非定常である場合，用いる乱流モデルの時間スケールを平均に用いた時間区間 $\Delta T < \infty$ に合わせて調整しない限り，時間平均を使用することはできない．ほとんどの場合，非定常流れはアンサンブル平均によって処理される．この概念はすでに述べており，図 10.24 に示してある[16]：

[15] 特に気象予報では，（統計的に同一とはみなせないかもしれない）有限のシミュレーション結果をアンサンブル平均することで，予測精度を向上させることがある．

[16] 非定常流れに持続的な構造が含まれる場合，流れは単調に変化しない可能性がある．この場合の結果は，図 10.6 で LES の線をアンサンブル平均した流れにおけるコヒーレント構造を表すとすれば，このように見えるかもしれない．Chen and Jaw (1998) の図 1.8 も参照のこと．

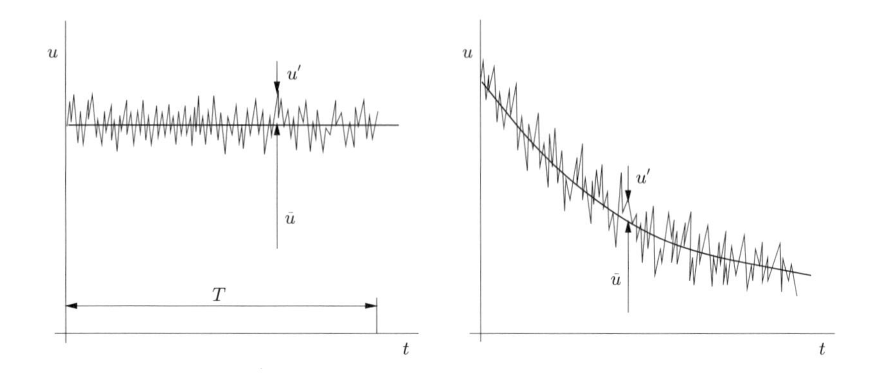

図 10.24　統計的に定常な流れに対する時間平均（左）と，非定常な流れに対するアンサンブル平均（右）.

$$\overline{\phi}(x_i,t) = \lim_{N\to\infty}\frac{1}{N}\sum_{n=1}^{N}\phi(x_i,t)\ , \tag{10.32}$$

ここで，N はアンサンブル平均する集合の要素数であり，乱流の（ランダムな）変動の影響を除去するのに十分大きくなければならない．この種の平均化は，あらゆる流れに適用可能である．ここで，このような平均化操作を一般に**「レイノルズ平均」**(Reynolds average) と呼び，これをナビエ・ストークス方程式に適用することで，定常の場合にはレイノルズ平均ナビエ・ストークス (RANS) 方程式，非定常の場合には URANS (unsteady RANS) または TRANS (transient RANS) が得られる．

式 (10.31) より，$\overline{\phi'} = 0$ となるので，保存方程式の任意の線形項を平均化すると平均量に対して同じ形の項が得られる．一方，2 次の非線形項からは，平均量の積と共分散の 2 つの項が得られる：

$$\overline{u_i\phi} = \overline{(\overline{u}_i + u_i')(\overline{\phi}+\phi')} = \overline{u}_i\overline{\phi} + \overline{u_i'\phi'}\ . \tag{10.33}$$

この式の最後の項は，2 つの量が相関を持たないならばゼロとなる．しかし，こういった場合は乱流では稀であり，その結果として，保存方程式には $\rho\overline{u_i'u_j'}$ や $\rho\overline{u_i'\phi'}$ のような項が現れる．前者は**レイノルズ応力** (Reynolds stress)[17] と呼ばれ，後者は**乱流スカラー流束** (turbulent scalar flux) として知られている．これらの項は，平均量のみを用いて一意に表すことはできない．

非圧縮性流れかつ体積力がない場合に，平均化された連続の式と運動方程式は，テンソル表記および直交座標系で次のように書ける：

[17] サブグリッドスケールのレイノルズ応力に似ていることに注意（式 (10.11)）.

$$\frac{\partial(\rho\overline{u}_i)}{\partial x_i} = 0 \,, \tag{10.34}$$

$$\frac{\partial(\rho\overline{u}_i)}{\partial t} + \frac{\partial}{\partial x_j}\left(\rho\overline{u}_i\overline{u}_j + \rho\overline{u'_i u'_j}\right) = -\frac{\partial\overline{p}}{\partial x_i} + \frac{\partial\overline{\tau}_{ij}}{\partial x_j} \,, \tag{10.35}$$

ここで $\overline{\tau}_{ij}$ は，平均粘性応力テンソルの成分であり，

$$\overline{\tau}_{ij} = \mu\left(\frac{\partial\overline{u}_i}{\partial x_j} + \frac{\partial\overline{u}_j}{\partial x_i}\right) \,. \tag{10.36}$$

同様に，平均スカラー量の方程式は，以下のように表される：

$$\frac{\partial(\rho\overline{\phi})}{\partial t} + \frac{\partial}{\partial x_j}\left(\rho\overline{u}_j\overline{\phi} + \rho\overline{u'_j\phi'}\right) = \frac{\partial}{\partial x_j}\left(\Gamma\frac{\partial\overline{\phi}}{\partial x_j}\right) \,. \tag{10.37}$$

保存方程式におけるレイノルズ応力および乱流スカラー流束の存在は，これらの方程式が閉じていないことを意味する．つまり，方程式の数よりも未知数の方が多いということである．方程式を閉じるためには何らかの近似が必要であり，通常はレイノルズ応力テンソルおよび乱流スカラー流束を平均量で表す形がとられる．

これに対して，高次の相関（例えば，レイノルズ応力テンソル）の輸送方程式を導くことも可能であるが，これらはさらに多くの（かつより高次の）未知の相関を含み，さらにモデル化の近似が必要となる．このような方程式は後で導入するが，重要な点は，厳密な方程式の閉じた系を導出することは不可能であるということである．工学で使用される近似的な**乱流モデル** (turbulence model) は，地球科学ではしばしば**パラメータ化** (parameterization) と呼ばれる．

10.3.5.2 単純な乱流モデルとその適用例

方程式を閉じるためには乱流モデルを導入する必要がある．そこで，どのようなモデルが理にかなっているかを検討するために，前節で述べたように，層流ではエネルギー散逸や質量，運動量，エネルギーの流線に対する法線方向の輸送は粘性が担うことに注目する．これによれば，乱流の効果が粘性を増加することで表現できるという仮定は自然であり，レイノルズ応力に対する以下の渦粘性モデルが導かれる：

$$-\rho\overline{u'_i u'_j} = \mu_{\mathrm{t}}\left(\frac{\partial\overline{u}_i}{\partial x_j} + \frac{\partial\overline{u}_j}{\partial x_i}\right) - \frac{2}{3}\rho\delta_{ij}k \,. \tag{10.38}$$

スカラーに対するこれに対応する渦拡散モデルは以下のようになる：

$$-\rho\overline{u'_j\phi'} = \Gamma_{\mathrm{t}}\frac{\partial\overline{\phi}}{\partial x_j} \,. \tag{10.39}$$

式 (10.38) 中の k は乱流エネルギーであり，以下のように与えられる：

$$k = \frac{1}{2}\overline{u_i' u_i'} = \frac{1}{2}\left(\overline{u_x' u_x'} + \overline{u_y' u_y'} + \overline{u_z' u_z'}\right) , \tag{10.40}$$

ここで，μ_t は乱流（または渦）粘性，Γ_t は乱流拡散係数を表す．この方程式自体はまだ閉じていないが，未知数の数は9つ（レイノルズ応力テンソルの6成分と乱流流束ベクトルの3成分）から2つ（μ_t および Γ_t）に減っている．

式 (10.38) の最後の項は，縮約をとった（2つの添字が等しいときに総和をとる）ときに方程式が成り立つことを保証するために必要である．渦粘性仮説は細かくみれば正しくはないが，実装が容易であり，慎重に用いれば多くの流れに対して妥当な良い結果を得ることができる．

乱流は最も単純な記述では，2つのパラメータ，すなわち運動エネルギー k または速度 $q = \sqrt{2k}$ と長さスケール L で特徴付けられる．次元解析によれば，以下が成り立つ：

$$\mu_t = C_\mu \rho q L , \tag{10.41}$$

ここで，C_μ は無次元定数であり，その値については後で述べる．

最も簡単な実用的な混合長モデルでは，k は平均速度場から近似式 $q = L\partial u/\partial y$ を用いて求め，L は座標の関数としてあらかじめ定義される．単純な流れに対しては L を正しく与えることも可能であるが，はく離流れや3次元性の強い流れに対しては適用が難しい．そのため，混合長モデルは比較的単純な流れにのみ適用可能であり，ゼロ方程式モデルとも呼ばれる．

乱流に関する量をあらかじめ定めることは困難であることから，乱流量を計算するために偏微分方程式を使用することが考えられる．乱流を最小限に記述するためには少なくとも速度スケールと長さスケールが必要であり，このような2つの方程式から必要な量を導くモデルが論理的な選択となる．このようなモデルのほとんどは，乱流運動エネルギー k に対する方程式で速度スケールを決定する．この量に対する厳密な方程式を導出することは難しくなく，以下のようになる：

$$\frac{\partial(\rho k)}{\partial t} + \frac{\partial(\rho \overline{u}_j k)}{\partial x_j} = \frac{\partial}{\partial x_j}\left(\mu \frac{\partial k}{\partial x_j}\right) - \frac{\partial}{\partial x_j}\left(\frac{\rho}{2}\overline{u_j' u_i' u_i'} + \overline{p' u_j'}\right)$$
$$- \rho \overline{u_i' u_j'} \frac{\partial \overline{u}_i}{\partial x_j} - \mu \overline{\frac{\partial u_i'}{\partial x_k}\frac{\partial u_i'}{\partial x_k}} . \tag{10.42}$$

導出の詳細については，Pope (2000)，Chen and Jaw (1998)，または Wilcox (2006) を参照されたい[18]．この方程式の左辺の項および右辺の最初の項はモデル化を必要としない．右辺の最後の項は，密度 ρ と散逸 ε の積，すなわち乱流エネルギーが不可逆的に内部エネルギーに変換される率を表している．散逸のための方程式について

[18] 訳注：数値流体力学編集委員会編 (1995)：数値流体力学シリーズ 乱流解析，東京大学出版会．

は，後に示す．

右辺第二項は，運動エネルギーの**乱流拡散** (turbulent diffusion) を表している（これは実際には速度変動自体による変動の輸送である）．この項は，ほとんど常に勾配拡散の仮定を用いてモデル化される：

$$-\left(\frac{\rho}{2}\overline{u'_j u'_i u'_i} + \overline{p' u'_j}\right) \approx \frac{\mu_t}{\sigma_k}\frac{\partial k}{\partial x_j}\,, \tag{10.43}$$

ここで，μ_t は前述の渦粘性であり，σ_k は**乱流プラントル数** (turbulent Prandtl number) でその値はおおよそ 1 に近い．渦粘性の大きな弱点の 1 つは，それがスカラーであるために一般的な乱流過程を表現する能力が非常に制限されることである．ここでは詳細を述べないが，より複雑なモデルでは渦粘性をテンソルにしたり，さらには渦粘性なしでモデルを構築することが可能である（10.3.5.4 や 10.3.3.5 で紹介する EARSM を参照）．

式 (10.42) の右辺第三項は，平均流れによる乱流運動エネルギーの**生成率** (rate of production) を表しており，これは平均流れから乱流への運動エネルギーの輸送である．ここで，レイノルズ応力を推定するのに渦粘性仮説 (10.38) を用いると，この項は以下のように書くことができる：

$$P_k = -\rho\overline{u'_i u'_j}\frac{\partial \overline{u}_i}{\partial x_j} \approx \mu_t\left(\frac{\partial \overline{u}_i}{\partial x_j} + \frac{\partial \overline{u}_j}{\partial x_i}\right)\frac{\partial \overline{u}_i}{\partial x_j}. \tag{10.44}$$

このようにして方程式の右辺は既知の値から求めることができるので，乱流運動エネルギーの方程式は解くことができるようになった．

一方，すでに述べたように乱流の長さスケールを決めるには，別の方程式が必要である．この選択は自明ではなく，いくつかの方程式がこの目的で提案されている．最も一般的なものは，エネルギー方程式には散逸項が必要である点と，いわゆる平衡状態の乱流（すなわち乱流の生成と散逸の速度がほぼ均衡している流れ）では，散逸 ε と k および L が以下の関係で結びついているという点に基づいている[19]：

$$\varepsilon \approx \frac{k^{3/2}}{L}\,. \tag{10.45}$$

この考えは，高レイノルズ数流れではエネルギーが大きなスケールから小さなスケールへカスケードし，小さなスケールへ輸送されたエネルギーは散逸するという事実に，さらに式 (10.45) は慣性領域でのエネルギー輸送の評価に基づいている．

式 (10.45) によって，散逸の方程式を用いて，ε と L の両方を得ることができる．完結したモデルでは，モデル定数は他の定数に結びつけることになるので，式 (10.45) には陽に定数を含まなくてよい．

ナビエ・ストークス方程式から正確な散逸の方程式を導くことは可能であるが，各

[19] この関係は，TKE に基づく SGS モデルを用いる LES において重要な役割を果たす．その場合，$L = \Delta$ であり，比例定数として $O(1)$ の値が用いられる．

項のモデル化が非常に厳しいので，この方程式全体をモデルとみなすのがよい．したがって，ここではその導出を試みないこととする．この方程式の最も一般的な形は次のようになる：

$$\frac{\partial(\rho\varepsilon)}{\partial t} + \frac{\partial(\rho u_j \varepsilon)}{\partial x_j} = C_{\varepsilon 1} P_k \frac{\varepsilon}{k} - \rho C_{\varepsilon 2} \frac{\varepsilon^2}{k} + \frac{\partial}{\partial x_j}\left(\frac{\mu_\mathrm{t}}{\sigma_\varepsilon}\frac{\partial \varepsilon}{\partial x_j}\right) . \tag{10.46}$$

このモデルでは，渦粘性は次のように表される：

$$\mu_\mathrm{t} = \rho C_\mu \sqrt{k} L = \rho C_\mu \frac{k^2}{\varepsilon} , \tag{10.47}$$

ここでは式 (10.45) を用いて L を求める．

式 (10.42) および (10.46) に基づくモデルは k–ε モデルと呼ばれ，広く用いられている．このモデルには5つのパラメータが含まれ，最も一般的に使用される値は次の通りである：

$$C_\mu = 0.09; \quad C_{\varepsilon 1} = 1.44; \quad C_{\varepsilon 2} = 1.92; \quad \sigma_k = 1.0; \quad \sigma_\varepsilon = 1.3 . \tag{10.48}$$

このモデルの計算コードへの実装は比較的簡単であり，分子粘性係数 μ を実効粘性係数 $\mu_\mathrm{eff} = \mu + \mu_\mathrm{t}$ で置き換えれば，RANS 方程式は層流方程式と同じ形をしている．最も重要な違いは，新たに2つの偏微分方程式を解く必要があることと，μ_t が流れの領域内で通常数桁のオーダーで変化することである．乱流に関連する時間スケールは平均流に関連する時間スケールよりもはるかに短いため，k–ε モデル（実質的には他の乱流モデルも同じく）を用いた方程式は，層流方程式よりもスティッフネス（数値不安定性，数値的な方程式の解き難さ）が高くなる．したがって，これらの方程式の離散化にはほとんど困難はないが，その解法には増加したスティッフネスを考慮に入れる必要がある．

このため，数値解法の手順においては，まず運動方程式と圧力修正方程式の外部反復を行う．このとき，渦粘性の値は前回の反復の終了時点での k と ε の値に基づいて設定する．この処理が完了したら，乱流運動エネルギーと散逸の方程式の外部反復を行う．これらの方程式は強い非線形性を持つため，反復前に線形化する必要がある．これらのモデル方程式の反復が完了したら，渦粘性を再計算し，新たな外部反復を開始する．

渦粘性モデルを用いた方程式のスティッフネスにより，収束した定常解を得るには時間進行法または不足緩和が必要である．このとき，時間ステップ（または反復法における不足緩和係数）が大きすぎると，特に壁付近で k や ε の値が負になることがあり，その結果，数値不安定を引き起こす可能性がある．また，時間進行法を使用する場合でも，数値安定性を向上させるために不足緩和が必要になることもある．その際，不足緩和係数は，運動方程式で使用されるものと近い値が用いられる（時間ステップの大きさ，格子の品質，流れの問題に応じて0.6から0.9の範囲で，格子の品質が高く，時間ステップが小さい場合はより大きな値が適用される）．

この他にも多くの **2 方程式** (two-equation) モデルが提案されているが，ここではその 1 つだけを説明する．すぐに思いつくアイデアとして，長さスケールそのものに対する微分方程式を使うことが考えられるが，これはすでに試みられているものの大きな成功は得られていない．一般的に普及している 2 つ目のモデルとしては，もともとは Saffman により提案され，Wilcox によって広がった k–ω モデルである．このモデルでは時間の逆数のスケール ω に対する方程式が使用されるが，この量に対してはいくつかの解釈が与えられているものの，特にわかりやすくはないためここでは省略する．k–ω モデルは乱流運動エネルギー方程式 (10.42) を使用するが，若干の修正が必要である：

$$\frac{\partial(\rho k)}{\partial t} + \frac{\partial(\rho \overline{u}_j k)}{\partial x_j} = P_k - \rho\beta^* k\omega + \frac{\partial}{\partial x_j}\left[\left(\mu + \frac{\mu_{\mathrm{t}}}{\sigma_k^*}\right)\frac{\partial \omega}{\partial x_j}\right] . \tag{10.49}$$

上で述べたほぼすべてのことを，ここでも使っている．Wilcox (2006) によって示された ω 方程式は次の通りである：

$$\frac{\partial(\rho \omega)}{\partial t} + \frac{\partial(\rho \overline{u}_j \omega)}{\partial x_j} = \alpha\frac{\omega}{k} P_k - \rho\beta\omega^2 + \frac{\partial}{\partial x_j}\left[\left(\mu + \frac{\mu_{\mathrm{t}}}{\sigma_\omega^*}\right)\frac{\partial \omega}{\partial x_j}\right] . \tag{10.50}$$

このモデルでは，渦粘性は次のように与える：

$$\mu_{\mathrm{t}} = \rho\frac{k}{\omega} . \tag{10.51}$$

このモデルに含まれる係数は，k–ε モデルのものより少し複雑であり，以下の通りである：

$$\alpha = \frac{5}{9} , \quad \beta = 0.075 , \quad \beta^* = 0.09 , \quad \sigma_k^* = \sigma_\omega^* = 2 , \quad \varepsilon = \beta^*\omega k . \tag{10.52}$$

このモデルの数値的挙動は，k–ε モデルとよく似ている．

このモデルについてさらに詳しく知りたい読者は，Wilcox (2006) の書籍を参照されたい．このモデルの有名な変種として，1993 年に Menter によって提案されたものがあり (Menter, 1994)，このせん断応力輸送乱流モデルは飛行機やトラックなどの空力研究に用いられている (Menter et al., 2003)[20].

10.3.5.3 v2f モデル

これまで述べてきたことから明らかなように，乱流モデルの大きな問題は，壁近傍で用いるべき適当な条件がわからないという点にある．この難しさは，単に我々がモ

---

[20] NASA Turbulence Modeling Resource (NASA TMR, 2019) は，RANS 乱流モデルに関するドキュメントを提供しており，Spalart-Allmaras，Menter，Wilcox などのモデルの最新（しばしば修正された）バージョンや，検証および妥当性確認用のテストケース，格子，データベースを含んでいる．

デルで用いる物理量の壁近傍での挙動がわかっていないことに由来する．また，乱流運動エネルギー，さらに言えば散逸はそれ以上に壁近傍で非常に急激に変化する．これは，この領域でこれらの量の条件を設定しようとすること自体が適切でないことを示唆している．もう1つの大きな問題は，長年にわたる努力にもかかわらず，壁近傍領域を扱うための「低レイノルズ数」モデルの開発が，あまりうまくいっていないことである．

Durbin (1991) は，壁近傍での問題が乱流レイノルズ数が低いことにあるのではなく（粘性の影響は確かに重要であるが），不透過条件（壁での法線速度がゼロ）であることを示唆した．これは，低レイノルズ数モデルを開発する代わりに，不透過条件により壁近傍で非常に小さくなる量を使うべきであることを示唆している．そのような量として，壁面垂直方向速度（通常，エンジニアは v と呼んでいる）やその変動成分 (v'^2) があり，Durbin はこの量に対する方程式を導出している．さらにモデルには減衰関数 f が必要であることがわかったため，v^2–f（または $v2f$）モデルと名付けた．このモデルは，k–ε モデルとほぼ同等の計算コストで，より良い結果を示すようである．Iaccarino et al. (2003) は，この $v2f$ モデルを用いて，非定常はく離流に対して非定常 RANS (URANS) シミュレーションを行い，大きな成功を収めている．

壁近傍での問題を解決するために，Durbin は楕円型方程式による緩和を使用することを提案した．そのアイデアは次の通りである．ϕ_{ij} はモデル化されるある物理量としよう．これに対してモデルによって予測される値を ϕ_{ij}^{m} とする．この値をモデルでそのまま用いる代わりに，次の方程式を解く：

$$\nabla^2 \phi_{ij} - \frac{1}{L^2}\phi_{ij} = \phi_{ij}^{\mathrm{m}}\,, \tag{10.53}$$

ここで L は乱流の長さスケールであり，通常は $L \approx k^{3/2}/\varepsilon$ とされる．この手法の導入により，上述の問題がかなり解決できることがわかった．このモデルやその他の類似モデルに関する詳細は，Durbin and Pettersson Reif (2011) の最近の書籍，および Durbin (2009) に記載されている．

10.3.5.4　レイノルズ応力および代数レイノルズ応力モデル

渦粘性モデルは重大な結果を持っているが，そのいくつかは渦粘性の仮定（式 (10.38)）が妥当でないことによる．2次元流れの場合には，渦粘性を適切に選択すれば，この式がせん断応力（τ_{ij} の 1-2 成分）の正しい分布を与えるようにすることは可能である．しかし3次元流れでは，レイノルズ応力とひずみ速度がそのような単純な関係にあるとは限らない．これは，渦粘性がもはやスカラーでなくなる可能性があることを意味する．実際，実験計測とシミュレーションの両方から，渦粘性がテンソル量となることが示されている．

これに対して，k および ε の方程式を使用した非等方（テンソル）モデルが提案されている．Abe et al. (2003) は，壁近傍の極端な乱流の非等方性を特によく捉える非線形渦粘性モデルを提案している．Leschziner (2010) は，線形渦粘性モデル，非線形渦粘性モデル，およびレイノルズ応力モデルを含む幅広い乱流モデルについて述べている．

現在一般的に使用されているモデルのうち最も複雑なものは，レイノルズ応力モデルであり，これはレイノルズ応力テンソル $\tau_{ij} = \rho\overline{u'_i u'_j}$ 自体の輸送方程式に基づく．これらの方程式はナビエ・ストークス方程式から導出することができ，以下のようになる：

$$\frac{\partial \tau_{ij}}{\partial t} + \frac{\partial(\overline{u}_k \tau_{ij})}{\partial x_k} = -\left(\tau_{ik}\frac{\partial \overline{u}_j}{\partial x_k} + \tau_{jk}\frac{\partial \overline{u}_i}{\partial x_k}\right) + \rho\varepsilon_{ij} - \prod_{ij} + \frac{\partial}{\partial x_k}\left(\nu\frac{\partial \tau_{ij}}{\partial x_k} + C_{ijk}\right) . \tag{10.54}$$

このテンソルは対称なので，解くべき方程式は 6 つのみである．右辺の最初の 2 項は生成項であり，近似やモデル化の必要はない．

その他の項として，

$$\prod_{ij} = \overline{p'\left(\frac{\partial u'_i}{\partial x_j} + \frac{\partial u'_j}{\partial x_i}\right)} \tag{10.55}$$

は，しばしば**圧力歪相関** (pressure-strain) 項と呼ばれ，レイノルズ応力テンソルの成分間で，乱流運動エネルギーをその総量は変えないで再分配する効果がある．次の項は，

$$\rho\varepsilon_{ij} = 2\mu\overline{\frac{\partial u'_i}{\partial x_k}\frac{\partial u'_j}{\partial x_k}} \tag{10.56}$$

であり，これは散逸テンソルである．最後の項は，

$$C_{ijk} = \rho\overline{u'_i u'_j u'_k} + \overline{p' u'_i}\delta_{jk} + \overline{p' u'_j}\delta_{ik} \tag{10.57}$$

であり，しばしば**乱流拡散** (turbulent diffusion) と呼ばれる．

散逸項，圧力歪相関項，および乱流拡散項は，他の項を用いて正確に計算することができないため，モデル化が必要である．散逸項に対する最も単純で一般的なモデルは，次のように等方性を仮定する方法である：

$$\varepsilon_{ij} = \frac{2}{3}\varepsilon\delta_{ij} . \tag{10.58}$$

これは，レイノルズ応力方程式とあわせて散逸のための方程式を同時に解かなければならないことを意味している．その際通常は，k–ε モデルで使用される散逸方程式が

用いられる．ただしより高度（したがってより複雑）なモデルも提案されている．

圧力歪相関項に対する最も単純なモデルは，この項が乱流をより等方的にする働きを仮定するものであるが，実はこのモデル化はあまりうまくいっていない．最も成功しているモデル化は，圧力歪相関項を「ラピッド (rapid)」成分と「スロー (slow)」成分に分解する方法である．「ラピッド」成分は乱流と平均流の勾配間の相互作用を含み，「スロー」成分は乱流量間の相互作用のみを含む（この成分は通常，等方性回帰 (return-to-isotropy) 項でモデル化される）．詳細については，Lauder et al. (1975) または Pope (2000) を参照されたい．

乱流拡散項は，通常，勾配拡散型の近似を用いてモデル化される．最も単純な場合には，拡散係数が等方的であると仮定し，前述のモデルで用いた渦粘性係数の倍数として簡単に表す．近年では，非等方性および非線形モデルが提案されているが，ここではその詳細は避ける．

3 次元の場合，レイノルズ応力モデルは平均流れの方程式に加えて 7 つの偏微分方程式を解く必要がある．また，スカラー量の予測が必要な場合にはさらに多くの方程式が必要となる．これらの方程式は，k–ε 方程式と同様の方法で解くことができるが付加的問題として，レイノルズ平均ナビエ・ストークス方程式をレイノルズ応力モデルとともに解くと，k–ε 方程式と比較してより方程式のスティッフネスが強くなる．この結果，解法にはさらに注意が必要で，通常，計算の収束はさらに遅くなる．この問題に対する一般的なアプローチとしては，まず k–ε 乱流モデルを用いて流れを計算し，渦粘性仮説からレイノルズ応力成分の初期値を推定し，その後レイノルズ応力モデルを用いて計算を続ける．この方法は，単純な初期化でレイノルズ応力モデルを使って計算を開始する場合に比べて，全変数のより合理的な初期場を提供するため，有用であることが多い．同時に，この方法により 2 つの乱流モデルによる解が得られ，その比較も有益な情報となる．

レイノルズ応力モデルは，渦粘性を排除することで乱流の非等方性を扱えるが，追加の微分方程式を解かなければならないため計算コストが上がる．それでも，レイノルズ応力モデルが 2 方程式モデルよりも乱流現象を正確に表現できることは間違いない（いくつかの例については Hadžić, 1999 を参照）．特に，k–ε モデルが不十分な結果を示す流れにおいて（例えば，旋回流，よどみ点またはよどみ線のある流れ，強い曲率や曲面からのはく離を伴う流れなど）優れた結果が得られている．どの流れにどのモデルが最適か（すべての流れに良いモデルはないと考えられている）についてはまだ明らかではないが，Leschziner (2010) は現在利用可能なモデルについて詳述し，Hanjalić (2004) もその詳細について多くを述べている．乱流モデルの選択や性能については常に確実とはいえないため，解の違いがモデルの違いによるものであり，数値誤差によるものでないことを確認することが重要である．これが本書で数値解析の精度を強調している理由の 1 つであり，その重要性はいくら強調してもしすぎることはなく，常に注意を払う必要がある．

10.3.3.5 で述べたように，LES において代数レイノルズ応力モデル (explicit algebraic Reynolds-stress model: EARSM) を明示的に用いることは魅力的な選択肢であり，レイノルズ応力モデルの微分方程式の計算負荷を軽減しつつ，乱流の非等方性やその他の重要な物理現象を再現することが期待できる．Wallin and Johansson (2000) の EARSM は，非圧縮性および圧縮性の回転流を対象として，平均ひずみ率テンソルと平均回転率テンソルを通して流れの非等方性を表している．このモデルは，Rodi (1976) の仮定を用い，レイノルズ応力の対流および拡散を，レイノルズ応力，乱流エネルギー生成，および乱流エネルギー散逸率によって表現している．これにより，非線形な陰的モデルが導かれるが，これを簡略化して EARSM を得ている．この手法は，乱流運動エネルギーと散逸率の輸送方程式が必要であり，さらに線形方程式の組と，生成と散逸の比に関する非線形代数方程式を解くことが必要である．この EARSM は回転の影響を正しく考慮しており，従来の渦粘性に基づくモデルよりも優れていることが示されている．

以上で述べたすべてのモデルには，さらに多くのバージョンが存在する．これらの修正は，基本モデルのさまざまな欠点，例えば乱流の非等方性を考慮していない，よどみ点やはく離，逆圧力勾配や順圧力勾配，流線曲率，固体壁近傍での乱流の減衰，または層流から乱流への遷移を十分に考慮できていないといった問題を改善する．これらすべての詳細について本書で取り上げることは範囲外であるが，興味のある読者は上記の参考文献，特に Patel et al. (1985) および Wilcox (2006) を参照すれば十分な情報が見つかるだろう．商業用の CFD コードには通常，20 以上の乱流モデルのバージョンが用意されており，ほとんどのモデルには壁境界条件の取り扱いによって 2 つのバリエーションが存在する．すなわち，「高レイノルズ」バージョンは，すべての計算点が境界層の乱流部分内にあると仮定するのに対し，「低レイノルズ」バージョンは，壁面近傍のグリッドが粘性底層を解像し，この領域での乱流の減衰を考慮することを前提としている．壁面での扱いについては次節でさらに詳しく述べる．

10.3.5.5 RANS 解析のための境界条件

RANS 計算における入口，出口，および対称面での境界条件の設定は層流の場合と同じであるため，ここでは詳細を繰り返さない．詳しくは 9.11 節を参照されたい．ただし，入口境界において k と ε が未知であることが多いことは留意すべきである．これらの値が既知であれば，もちろん前章で一般的なスカラー変数について述べたのと同様に使用すべきである．もし k が未知の場合，通常は乱流強度 $I_\mathrm{t} = \sqrt{\overline{u'^2}}/\overline{u}$ を仮定して推定できる．例えば，$I_\mathrm{t} = 0.01$（低乱流強度 1 %）を指定し，$\overline{u_x'^2} = \overline{u_y'^2} = \overline{u_z'^2} = I_\mathrm{t}^2\overline{u}^2$ と仮定すると，$k = \frac{3}{2}I_\mathrm{t}^2\overline{u}^2 = 1.5 \times 10^{-4}\overline{u}^2$ が得られる．ε の値は，式 (10.45) から得られる長さスケールがせん断層の厚さまたは計算領域サイズのおよそ

1/10になるように選定するべきである．もし入口でレイノルズ応力と平均速度が計測されている場合，ε は局所平衡の仮定を用いて推定でき，(x = const. の断面で) 以下の式が得られる：

$$\varepsilon \approx -\overline{uv}\frac{\partial \overline{u}}{\partial y} \,. \tag{10.59}$$

解析領域入口での速度場自体は，(特に内部流れの場合) 正確にはわからないことが多い．これに対して通常は流量が既知であり，さらに入口断面面積がわかっていれば平均速度が計算できる．その際，最も簡単な近似は入口で一定の速度を与えることである．もし入口境界を横切る速度の変動を適切に近似できる場合は，それを指定するのが望ましい．例えば，入口がダクト，パイプ，または環状流路を横切る断面を表す場合，そのような形状では十分発達した流れの速度プロファイルを指定することができる．このような十分発達した流れは，入口と出口に所定の流量を持つ周期境界条件を適用して，一層の計算セルのみを使って容易に計算できる．このようにして得られた計算結果を，より複雑な解領域の入口での変数値の指定に利用すればよい．

これに対して入口での変数値の分布が未知で，何らかの予測として与えなければならない場合は，入口境界をできるだけ調べたい領域から上流に移動させるようにすべきである．上流の流路の形状が利用できない場合は，1つの方法として，入口断面を上流方向に押し出し，入口で与えた値が調べたい領域に到達するまでに，適当な分布に発展するようにすればよい．ほとんどの商用格子生成ツールでは，入口と出口の両方でこのような形状の押し出しが可能である．同様に，出口断面を関心領域から可能な限り下流に移動させることも推奨される．これにより，出口で行ったなんらかの近似が解析領域の重要な部分の流れに与える影響を最小限に抑えることができる．さらに，出口に向かって格子を粗くしたり，対流項の近似次数を徐々に低くしたりして数値拡散を増やし，出口境界での擾乱の反射を避けることも一般的である．

乱流のRANS計算のための壁面境界条件を説明する前に，壁のごく近傍では乱流の効果は比較的小さく，流れは基本的に層流であることをまず理解しておこう．壁面境界層のこの部分は**粘性底層** (viscous sublayer) と呼ばれ，実験およびDNSによると，壁に平行な速度成分は壁からの距離 (ここでは壁法線方向の局所座標 n で表す) に対して線形に変化することがわかっている (図9.21を参照)．もしこの粘性底層が計算格子で解像されている場合，運動方程式の境界条件は層流の場合と同じである (詳細は9.11節を参照)．ここで，壁垂直方向の速度成分の壁面方向 n の微分はゼロなので壁面方向の粘性垂直応力 τ_{nn} は壁でゼロであること，さらにせん断応力は分子粘性係数と壁に平行方向の速度成分 v_t の n 方向微分の積で表されることを思い出そう：

$$\tau_{nn} = 2\mu\left(\frac{\partial v_n}{\partial n}\right)_{\text{wall}} = 0 \,, \quad \tau_{nt} = \mu\left(\frac{\partial v_t}{\partial n}\right)_{\text{wall}} \,. \tag{10.60}$$

壁近傍では v_t の分布は壁からの距離に対して線形であるため，最も単純な片側（前方または後方）差分をセルの半分でとるだけでも精度よく計算ができる．

問題は，高レイノルズ数の 3 次元流れに対して粘性底層を解像しようとする場合，壁近傍の格子が極端に薄くならざるを得ないことである．この場合，壁に隣接する多くのプリズム層が必要になる一方で，格子のアスペクト比が非常に大きくなってしまう．離散化されたラプラス演算子（輸送方程式の拡散項や圧力修正方程式の対応する項）の係数はアスペクト比の 2 乗に比例するため，壁垂直方向の係数は他の方向に比べて数桁大きくなる．この結果，方程式のスティッフネスが増してしまい，より高い計算精度を必要とし，離散化された方程式を解くことも困難になる．さらに，壁面が曲面である場合，壁に隣接する薄いセルが過度に歪む可能性があり，接線方向にも格子を大幅に細かくする必要が生じる．このため，粘性底層を解像する格子を用いる低レイノルズ乱流モデルの適用は，中程度までのレイノルズ数の流れ（例えば，模型スケールでの実験との比較）に限定される．すなわち，船舶や飛行機などの大規模模物体周りの非常に高いレイノルズ数の流れに対しては，代替となるより安価なアプローチが必要となる．

エンジニアは常に一般的に用いることができるスケーリング則を見つけようと努めており，およそ 100 年前に，異なるレイノルズ数での境界層内の速度分布が，いわゆる**せん断速度** (shear velocity) u_τ（「摩擦速度」とも呼ばれる）をスケーリングに用いることで，うまく一致することがわかっている：

$$u_\tau = \sqrt{\frac{\tau_{\mathrm{wall}}}{\rho}}\ , \tag{10.61}$$

ここで，τ_{wall} は壁面せん断応力の大きさである（もし局所的な壁面接線方向の座標 t がせん断応力ベクトルの方向に沿っているならば，$\tau_{\mathrm{wall}} = |\tau_{nt}|$ となる）．速度は u_τ でスケーリングされ，次式により次元のない壁面からの距離 n^+ に対して u^+ がプロットされる：

$$u^+ = \frac{\overline{v}_t}{u_\tau}, \quad n^+ = \frac{\rho u_\tau n}{\mu}\ . \tag{10.62}$$

従来，文献では壁からの無次元距離を表すために y^+ が用いられてきた．これは，初期の計算が 2 次元であり，y が壁面に垂直な座標であったことによる．しかし，複雑な形状においては意味をなさないため，本書では壁面からの距離を n とし，これは壁面に垂直な局所座標とする．

図 10.25 は，レイノルズ数が異なる 3 種類の乱流の正規化された速度分布を示している（これらは x 方向の 2 次元流れであるため $n^+ = y^+$ である）．図から確かに，3 つの分布は壁から離れた部分を除くと互いに重なっていることがわかる．また，分布には 3 つの異なる領域が識別できる．すなわち，すでに述べた壁のごく近傍の粘性底層に加えて，対数則に従う重要な領域があり，線形則と対数則領域の間にバッ

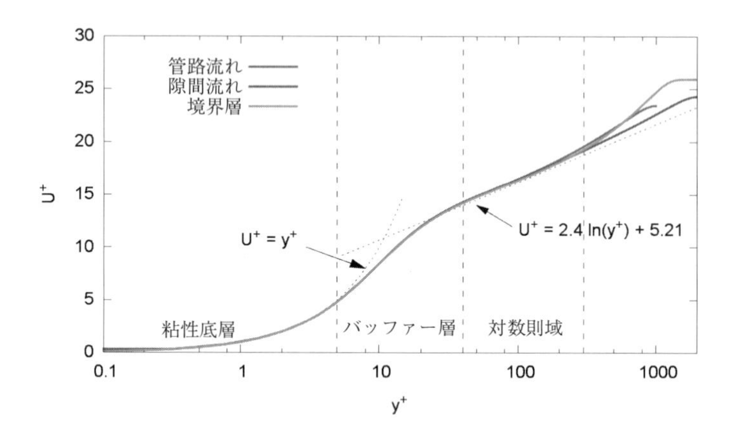

図 10.25　平面チャネル，円形断面のパイプ，および平板境界層乱流の正規化された速度分布．それぞれ Lee and Moser (2015)，El Khoury et al. (2013)，および Schlatter and Örlü (2010) の DNS データ．

ファー層が存在する．レイノルズ数が増加すると，対数則の範囲は n^+ のより高い値にまで拡大する（例えば，Wosnik et al., 2000 や Lee and Moser, 2015 を参照）．いわゆる**壁面の対数則**は，実験および DNS データによってすでに裏付けられている．しかし最新の研究では，この法則はかつて考えられていたほど普遍的ではないことも示唆されている．レイノルズ数や流れ領域の形状に依存して重要な差異が現れるようであるが，その詳細にはここでは立ち入らない．興味のある読者は，このテーマに関する最近の文献（例えば，Smits et al., 2011 や Smits and Marusic, 2013）を参照されたい．本節の目的は，乱流モデルの CFD コードへの実装方法を示すことなので，対数則範囲の速度分布を次のような古典的な方法に従って表す：

$$u^+ = \frac{1}{\kappa} \ln n^+ + B \,, \tag{10.63}$$

ここで，κ はカルマン定数と呼ばれ，B は経験則に基づく定数である．通常，$\kappa = 0.41$ および $B \approx 5.2$ とされるが，これらの定数も厳密には普遍的ではない．Lee and Moser (2015) は，平均速度とチャネル幅に基づく $\mathrm{Re} = 2.5 \times 10^5$ の平面チャネル流れの DNS を用いて，より小さい値，すなわち $\kappa = 0.384$ および $B = 4.27$ を導き出した．粗い壁に対しては B の値がさらに小さくなり，これは図 10.25 に示される速度分布が，下方にシフトすることを意味する．

壁面最近傍計算点を粘性底層内を避けて対数則領域に配置できる場合，計算コストは大幅に削減することができる．壁せん断応力を計算するためには壁での速度勾配が必要だが，層流の場合のように高次の多項式からそれを十分な精度で得ることはできない．しかし，対数則といくつかの仮定から，壁せん断応力と速度分布の対数則領域

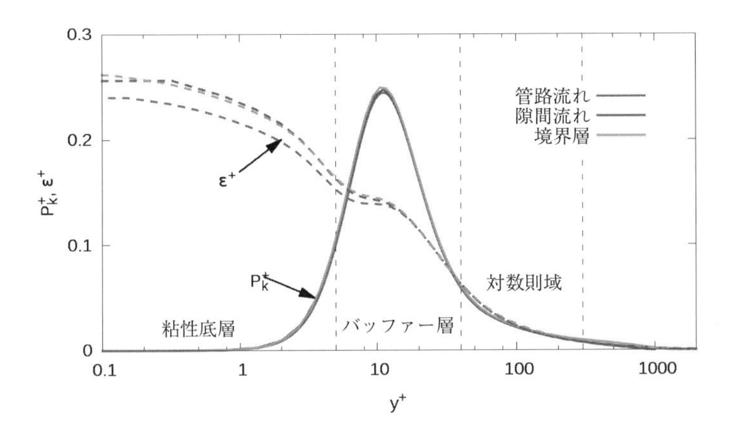

図 10.26 平面チャネル，円形断面のパイプ，および平板境界層流れにおける乱流運動エネルギーの正規化された生成および散逸の変化（データ元は図 10.25 参照）.

にある点での速度との関係を導き出すことが可能である．これがいわゆる**壁関数**の役割である．

Launder and Spalding (1974) は，後に「高レイノルズ壁関数」として知られるものを提案した[21]．その際，対数速度分布の仮定に加えて，次の 2 つの仮定がなされる：

- 流れは局所平衡にあると仮定し，乱流の生成と散逸がほぼ等しいとする．
- 壁と壁面最近傍格子点の間では，総せん断応力（粘性成分と乱流成分の合計）は一定であるとし，これは壁面せん断応力 τ_{wall} に等しいとする．

図 10.26 は，平面チャネル，パイプおよび平板境界層流れの境界層内の乱流運動エネルギーの（正規化した）生成と散逸の変化を DNS データから得たものである．このデータおよび数多くの計測結果は，少なくともこのような比較的単純な流れでは，対数則領域内で生成と散逸がほぼ釣り合っていることを示している．また，DNS と計測データから，第 2 の仮定が正しいこともわかっている．すなわち壁近傍では速度が線形に変化し，粘性応力は明らかに一定である．バッファー層を通過すると粘性成分は減少する一方，乱流成分は増加してその和はほぼ一定となる．

これらの仮定から，次の関係が成り立つ：

$$u_\tau = C_\mu^{1/4}\sqrt{k}\ . \tag{10.64}$$

[21] 「高レイノルズ」や「低レイノルズ」という表現は，特定の流れ問題における実際のレイノルズ数とは関係なく，計算点が壁にどれほど近づくかに関連している．

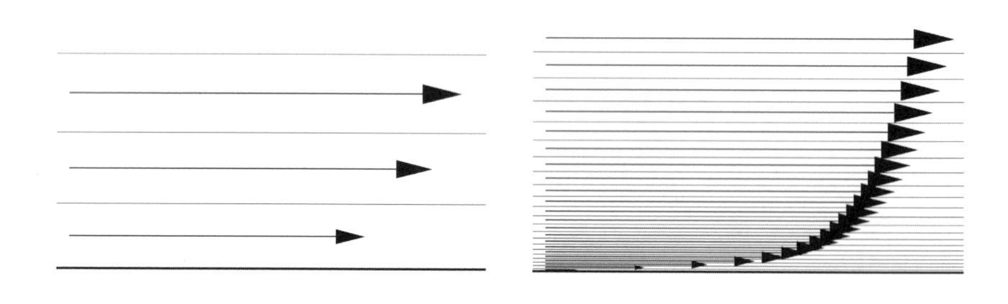

図 10.27　チャネル流れにおける壁付近の速度ベクトル（平均速度とチャネル壁間距離に基づくレイノルズ数 5×10⁵）．壁関数を用いた粗い格子での計算（左）と完全に解像された境界層の計算（右）の結果．ベクトル間の細線は CV 境界（格子線）を表す．

この方程式と式 (10.63) から，壁面最近傍点における速度と壁せん断応力を結びつける式を導出できる[22]：

$$\tau_{\mathrm{w}} = \rho u_\tau^2 = \rho C_\mu^{1/4} \kappa \sqrt{k} \frac{\overline{v}_t}{\ln(n^+ E)} , \tag{10.65}$$

ここで $E = \mathrm{e}^{\kappa B}$ である．これにより，壁近傍の検査体積 (CV) の中心での壁平行速度成分と乱流運動エネルギーの値から，壁せん断応力を計算できる．壁せん断応力と面積の積は力となり，それを直交座標方向に射影することで，（層流の場合に 9.11 節で説明したように）壁近傍 CV の離散化された運動方程式に，壁からの必要な寄与を与えることができる．

図 10.27 は，平面チャネル流れの下部壁近傍の速度ベクトルを，粗い格子で壁関数を用いて計算した場合と粘性底層を解像できる細かい格子で計算した場合の比較を示している．レイノルズ数は $5{\times}10^5$ でチャネル幅は 100 mm である．壁関数を用いた場合，壁面最近傍の格子の厚さは 0.315 mm（CV 中心で $n^+ = 31$）である．壁近傍には 15 層のプリズム層があり，最大で壁から 10 mm の距離まで層が広がり，その拡大率は 1.1 である．一方，「低レイノルズ」アプローチでは，同じ距離に 40 層のプリズム層があり，拡大率は同じで壁近傍の最初のセルの厚さは 0.013 mm である（壁関数の場合の 23.4 倍の薄さで CV 中心で $n^+ = 1.32$）．平面チャネル壁の場合はこのような非常に薄いセルでも問題ないのは明らかであるが，壁が曲面の場合には，過剰なセルの変形を避けるためには接線方向にも細かいメッシュが必要である（格子品質の問題は，12 章を参照）．この図は，壁関数を使用した場合，壁と最初の計算点との間の速度の差が著しくなることを強調している．

実際の CFD の応用計算の多くで，壁面最近傍計算点を常に粘性底層内（「壁近傍の低レイノルズ的扱い」）または対数層内（「壁関数を用いた高レイノルズ的扱い」）

---

[22] 壁が粗い場合は，10.3.3.6 で導いた，式 (10.27) および式 (10.29) の条件を使用できる．

に保つことは困難である．流れのはく離，よどみ域，再付着領域の存在により壁面せん断応力は大きく変化し，実質的にゼロになる部分も生じる．そのため，壁関数の基本となる仮定が成り立たなくなる場合や，計算点が局所的に粘性底層外になってしまう場合もある．このため多くの研究者が，より一般的な乱流の壁面境界条件を開発しようと試みてきた．Jakirlić and Jovanović (2010) は，壁面最近傍計算点を粘性底層の端に近づけることを可能にするアプローチを提案し，標準の「低レイノルズ壁処理」における壁近傍格子の解像度に対する要件を緩和している．また，Reichardt の法則 (Reichardt, 1951) を修正した手法を使用し，「全 y^+ 壁処理」として知られる手法も開発されている．この方法では，格子が十分に細かければ速度の線形分布を仮定し，壁面最近傍計算点が対数則領域内にある場合には標準の壁関数を用いる．計算点がその中間にある場合には 2 つのアプローチをブレンドする．ここではこれ以上の詳細には立ち入らないが，実用的な応用問題の観点から 13 章で再びこの問題を扱う．

壁近傍での乱流運動エネルギーとその散逸率の分布は，通常，平均速度に比べて著しい鋭いピークを示す．これらのピークを正確に捉えるのは難しく，本来ならばこのような乱流量に対しては，平均流よりも細かい格子を使用すべきである．しかし実際はそのような対応はほとんど行われず，すべての量に対して同じ格子を使用する結果，乱流量の分解能が不十分になる可能性がある．このような場合，高次スキームを使用するとこの領域で数値振動が発生し，これらの量が負の値をとる可能性も生じる．このような問題の対策として，k および ε 方程式の対流項に対して，中心差分スキームに低次の風上離散化を局所的にブレンドするとよい．当然，これにより計算精度は低下するが，格子が十分に細かくない場合には必要な措置といえる．

モデル方程式に対する壁面境界条件にも，特別な配慮が必要である．1 つの方法は，格子が粘性底層を解像しているならば壁近傍を含めてその方程式を正確に解くことである．その際 k–ε モデルでは，壁で $k = 0$ と設定するのが適切であるが，散逸率はゼロではない．代わりに次の条件を用いることができる：

$$\varepsilon = \nu \left(\frac{\partial^2 k}{\partial n^2} \right)_{\text{wall}} \quad \text{または} \quad \varepsilon = 2\nu \left(\frac{\partial k^{1/2}}{\partial n} \right)^2_{\text{wall}} . \tag{10.66}$$

すでに述べたように，壁付近では乱流の変動が抑えられ，事実上の層流である粘性底層が形成されるため，モデル自体を修正する必要がある．

壁関数 (wall function) 型の境界条件を使う場合は，壁を通した k の拡散流束を通常ゼロとすることで，k の壁垂直方向微分がゼロであるという境界条件を使う．これに対して散逸の境界条件は，壁近傍領域での乱流の生成と散逸の平衡を仮定して導出される．このとき，壁領域での生成は次式から計算される：

$$P_k \approx \tau_{\mathrm{w}} \frac{\partial \overline{v}_t}{\partial n} , \tag{10.67}$$

これは式 (10.44) の主要項に対する近似であり，壁近傍では有効である．これはこの領域でせん断応力がほぼ一定であり，壁に平行な方向の速度勾配が壁に垂直な方向の勾配よりもかなり小さいためである．この式で必要なセル中心での速度勾配は，対数速度分布 (10.63) から導出できる：

$$\left(\frac{\partial \overline{v}_t}{\partial n} \right)_{\mathrm{P}} = \frac{u_\tau}{\kappa n_{\mathrm{P}}} = \frac{C_\mu^{1/4} \sqrt{k_{\mathrm{P}}}}{\kappa n_{\mathrm{P}}} . \tag{10.68}$$

上記の近似を使用すると，壁に隣接するCVでは ε の離散化方程式は適用されず，代わりにCV中心で ε は次のように設定される：

$$\varepsilon_{\mathrm{P}} = \frac{C_\mu^{3/4} k_{\mathrm{P}}^{3/2}}{\kappa n_{\mathrm{P}}} . \tag{10.69}$$

この式は式 (10.45) に対して，長さスケールを次のように近似することで導くことができる：

$$L = \frac{\kappa}{C_\mu^{3/4}} n \approx 2.5\, n , \tag{10.70}$$

これは，壁関数の導出に用いた条件のもと，壁近傍において有効である．

上記の境界条件は，壁面最近傍格子点が対数則領域内すなわち $n_{\mathrm{P}}^+ > 30$ の場合にのみ有効であることに注意が必要である．逆流領域や特にはく離と再付着領域ではこの条件が満たされないので，はく離流れでは問題が生じる．しかし通常は，このような壁関数が有効ではないかもしれないという可能性は無視されることが多く，実際はどのような場所にも使われてしまう．その結果，もし上で述べた条件が固体壁近傍の大部分で破られるような場合には重大なモデル誤差が生じる可能性がある．したがってその代替となる壁関数や「all-y^+」モデルが提案されており，多くの商用コードで利用可能である．このような改良モデルは，モデル誤差を完全には排除できないものの最小化する助けとはなる．

有用な壁面処理を構築する際に役立ちそうな論文を以下に示す．まず，Durbin (2009) は，壁面を対象とした乱流のモデル化について，その制約条件，壁関数，および楕円型緩和モデルなどに関して洞察に富んだレビューを行っている．また，Popovac and Hanjalić (2007) は，乱流および熱伝達のための壁面境界条件を紹介している．Billard et al. (2015) は，壁面近傍を対象とした楕円緩和型渦粘性モデルの観点から，熱伝達計算を対象として，適用性の高い (adaptive) 壁関数を導出するために強力 (robust) な定式化を紹介している．

壁面から遠く離れた計算領域（遠方場または自由流れ境界）での境界に対しては，

次の条件が使える：

- 周囲の流れが乱流である場合，

$$\overline{u}\frac{\partial k}{\partial x} = -\varepsilon; \quad \overline{u}\frac{\partial \varepsilon}{\partial x} = -C_{\varepsilon 2}\frac{\varepsilon^2}{k} \, . \tag{10.71}$$

- 自由流中である場合，

$$k \approx 0; \quad \varepsilon \approx 0; \quad \mu_{\mathrm{t}} = C_\mu \rho \frac{k^2}{\varepsilon} \approx 0 \, . \tag{10.72}$$

レイノルズ応力に対する境界条件の設定はさらに複雑である．ここでは詳細には立ち入らないが，一般的には，各境界の近傍で各変数の変化に対しての近似が必要となる．多くの場合，この条件は指定された境界値（ディリクレ条件）または境界法線方向での勾配（ノイマン条件）としてまとめることができる．このような条件は，層流の場合の一般スカラー変数で用いた方法で，境界に隣接するセルに対する離散化方程式に実装することができる．詳細については，9.11 節を参照のこと．

10.3.6 RANS の適用事例: Re = 500,000 の球周りの流れ

以前述べたように RANS モデルは，層流のはく離の後に乱流の後流が形成される亜臨界レイノルズ数での球周りの流れをうまく予測できない．この種の流れに対してはLES が理想的である．一方，超臨界レイノルズ数では，LES は非常に細かい格子と短い時間ステップを必要とし，シミュレーションコストが非常に高くなる．この種の流れには通常 RANS または URANS が使用される．ここでは，レイノルズ数 Re = 500,000 の球周りの流れを考察する．このレイノルズ数は，例えば自動車や船舶，航空機周りの流れの場合のように高すぎることはないため，境界層を解像することが可能であり，ここでは壁に接する最初の層の厚さが 0.01 mm の 15 層のプリズム層を持つ格子を作成した．プリズム層の外側では，後流の格子サイズは 0.4375 mm ($D/140$) である．また，格子の概略はレイノルズ数 Re = 50,000 の LES ケースと同様（局所的な精細化を行ったトリミングされた直交格子）で，同じ商用流れソルバー (STAR-CCM+) を用いて解析した．球周囲とその後流の格子構造を図 10.28 に示す．解析領域の幾何形状も LES と同様で，直径 $D = 61.4$ mm の滑らかな球が直径 $d = 8$ mm の棒で保持され，断面が 300×300 mm の風洞内に配置されている．また，速度と粘性係数は前回の LES ケースと同じであるが，10 倍高いレイノルズ数になるように密度を 1.204 から 12.04 kg/m^3 に 10 倍に増やしている．

球周りの流れには，通常 RANS モデルがうまく対処できない特徴がいくつか存在する．その中で最も重要なのは，滑らかな曲面からの流れのはく離である．ここでは市販の流体解析ソルバーで利用可能な多くのバージョンの中から，以下の 4 つの RANS モデルを試した．すなわち，(i) 標準的な低レイノルズ数型の k-ε モデル，

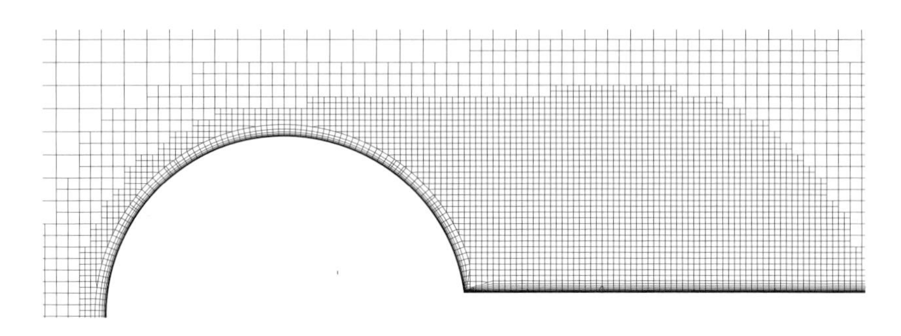

図 10.28　RANS 計算に用いた Re = 500,000 での球周りおよびその後流の格子（図は最も粗い場合の格子で，この他に格子幅が 1/1.5 ずつ減少する 2 種類の細かい格子を用いている）.

(ii) SST 版の k-ω モデル，(iii) 遅延 EB k-ε モデル，(iv) レイノルズ応力モデル，である．文献から得られる実験データに近い結果を出したのは遅延 EB k-ε モデルのみであり，他のすべてのモデルは抗力を過大評価し，再循環領域はかなり大きくなった．

遅延 EB k-ε モデルは，このソルバーの k-ε モデル群に比較的新たに追加されたものであり，その詳細は Lardeau (2018) に記されている．「遅延 (lag)」という名称は，平均応力とひずみが常には一致せずに一方が他方に遅れることを考慮していることを意味し，「EB」は楕円混合 (elliptic blending) を表している．このモデルでは，k および ε に加えて，さらに 2 つの変数の輸送方程式が解かれる．このモデルを用いた計算は 3 種類の格子で行われた．壁に隣接する最初のプリズム層の厚さおよびプリズム層の総厚は 3 つの格子で同じにしたが，層の数は粗い格子では 10 層，中程度の格子では 12 層，最も細かい格子では 15 層としている．プリズム層の外側では，格子間隔は細かい格子から中程度へ，中程度から粗い格子へと 1.5 倍に増加する．細かい格子の値は上記に示した通りである．CV の数は，粗い格子で 728,923，中程度の格子で 2,131,351，細かい格子で 6,591,260 となっている．計算された抗力値は，粗い格子で 0.0679，中程度で 0.0638，細かい格子で 0.0619 であった．リチャードソンの外挿により，格子に依存しない値の推定は 0.0604 であり，文献のデータに近い結果となった．他の乱流モデルは，最も細かい格子のみで用いた．

これに対して，低レイノルズ数型の k-ε モデルは定常解に収束しなかった．計算を非定常モードで続けると，抗力係数は 0.108 から 0.146 の間で振動し，文献に報告されている実験値（例えば Achenbach, 1972）よりもかなり高くなる．一方，SST k-ω モデルと遅延 EB k-ε モデルはほぼ定常状態に収束する．図 10.29 は遅延 EB k-ε モデルを用いた計算の残差を示している．残差はほぼ 5 桁のオーダーで低下し，小さな振動を伴いながらそのオーダーを維持し，抗力値も有効桁数 5 桁で変化しなくな

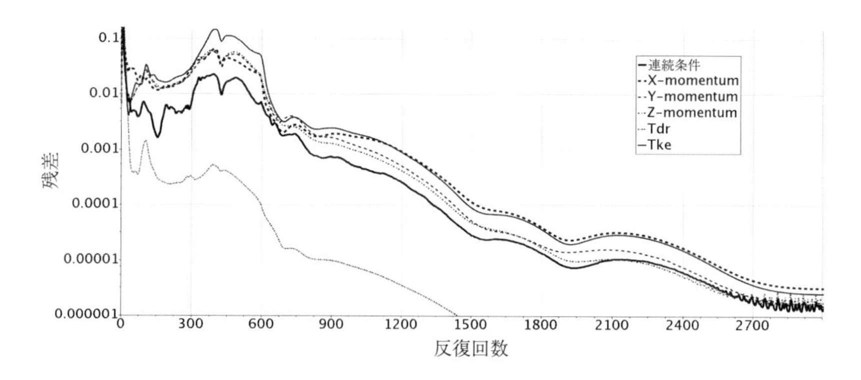

図 10.29 遅延 EB k-ε モデルを使用して Re = 500,000 の球周りの流れの計算を行った際の残差履歴（最も細かい格子を用いた場合）.

る．非定常モードで計算を継続しても流れには大きな変化が生じず，実用上は定常状態に収束したとみなせる．ただし SST k-ω モデルで得られた抗力係数 0.146 は実験値の約 2 倍である．レイノルズ応力モデルによる計算は，遅延 EB k-ε モデルで得られた解を初期値として開始したが，収束は振動的で非常に遅い．ただし抗力係数自体はあまり変動せず，おおよそ 0.108 に近い平均値に収束する．この値も実験結果よりはかなり高い．

Leder (1992) は，レイノルズ数が 150,000 から 300,000 の範囲における球後方の再循環領域の長さを約 $0.2D$ で一定であるとしている．これに対してすべての計算結果はこれより長い再循環領域を予測しており，最も短い値は遅延 EB k-ε モデルによる計算から得られた（$0.4D$ をやや超える程度である）．図 10.30 は，$y = 0$ および $z = 0$ の断面における SST k-ω モデルおよび遅延 EB k-ε モデルの流れパターンを示している．解は実質的に定常となっているにもかかわらず，流れが軸対称ではないことが確認できる．特に，SST k-ω モデルを用いた解はかなり非対称的である．ただし前述のように，他の数値解析や実験研究でも非対称な後流が観察されている (Constantinescu and Squires, 2004; Taneda, 1978).

球周り流れの計算領域の幾何学形状は非常に単純であるが，RANS モデルで球体周りの流れを正確に予測することは非常に難しい．次の章で示すように，多くの産業問題に関連する流れでは，実験結果と RANS 計算の間の一致が今回のテストケースよりもはるかに良好であることがわかる（例えば，船の抵抗予測では，通常は実験値の 2 % 以内で予測されるが，多くの場合に一致はさらに良好であり，2 % を超える差異は稀にしか見られない）．これは球の場合，RANS モデルが得意ではない流れの特徴が支配的であることが理由である．一方，より複雑な形状では，RANS モデルが得意とする流れの特徴が支配的となってくるからである．

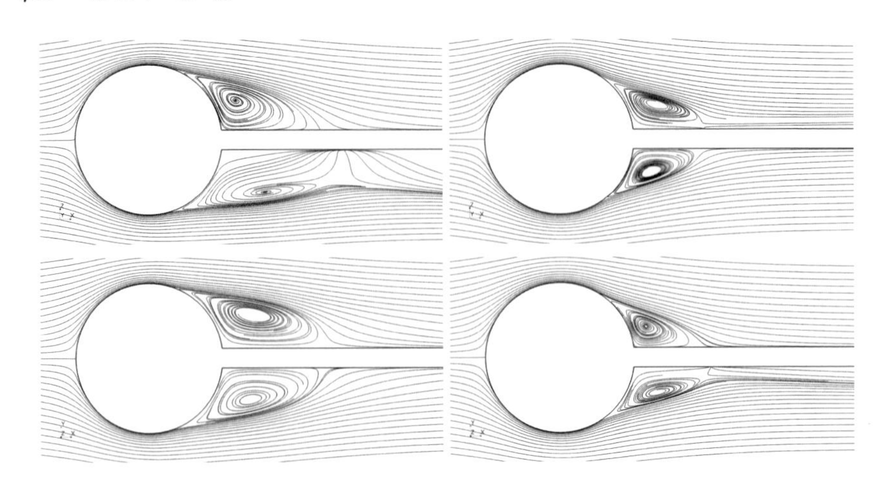

図 10.30　SST k-ω モデル（左）および遅延 EB k-ε モデル（右）で予測された流れパターン．$y = 0$（上）および $z = 0$（下）の断面．

10.3.7　VLES/TRANS/DES

流れのシミュレーションの目的は，通常，最小限のコストである特定の流れの特性に関する情報を得ることである．したがって，さまざまな手法の中から望む結果が得られる最も簡単なものを使うのが賢明だが，各手法がどれほどうまくいくかを事前に知るのは易しくない．乱流シミュレーションの手法として，ここでは定常 RANS，非定常 RANS，VLES，LES，DNS のように，単純なものから複雑なものまで階層的にみてきたが，最後に LES と URANS を組み合わせた興味深い手法である**デタッチド・エディ・シミュレーション** (detached eddy simulation: DES) をこの階層に加えたい．これには DDES や IDDES といったさまざまなバリエーションが存在する．

RANS がうまくいく場合には，LES やその他の手法を使う理由がないのは明らかである．一方で，一連の RANS モデルがうまく機能しない場合には，URANS や LES タイプのシミュレーションを試すことがよい選択となるであろう．ただし，URANS はアンサンブル平均に基づくので，乱流エネルギーはすべてモデル化されている可能性があることを思い出してほしい．一方，LES は乱流エネルギーの大部分を解像する．

シミュレーションの 1 つの使い方としては，我々が実際に解きたい複雑な流れ構造に類似した，その「構成要素」となるような流れ場に対して非定常 RANS，LES，DNS などを実施することである．この結果から，より複雑な流れに使えそうな RANS モデルを検証し，改良することができる．こうして RANS 計算が日常的なツールとして使用できるようになるであろう．そして設計に大きな変更がある場合のみ，LES を使えばよい．ただし，さまざまなシミュレーションの対象には，LES の使用が大前提となっている分野もある．例えば，メソスケールおよび大気境界層を対象とした研究や気象予測，工学における空力音響シミュレーションなどがそうである．

どうやら我々は，コストが低く抑えられる RANS を使用するか，あるいは精度は高いがコストがかさむ LES を使用するかの選択を迫られるようである．したがって，RANS と LES の双方の利点を取り入れつつ，それぞれの欠点を回避できる方法がないかを問うことは自然であろう．

進め方としては，10.3 節で述べた LES の定義を検討するのが簡単である．特定の領域の流れ場で格子サイズを大きくすると，解像される流れ中のエネルギーが 80 % のレベルをやがて下回り，これは**ベリー・ラージ・エディ・シミュレーション** (very-large-eddy simulation: VLES) と呼ばれる．したがって，VLES では，非定常流を計算するために LES コードが使えるが，より大きな格子と，必要に応じてモデル化された乱流を適切に表現するためのより高度な乱流モデル（例えば 10.3.5.4 のレイノルズ応力モデルや代数レイノルズ応力モデル）を用いて解析を行う．以下は VLES の例である：

- 水力発電所のドラフトチューブ内の非定常流れに対する VLES (Gyllenram and Nilsson, 2006).
- 直噴燃焼器内の流れに対する VLES (Shih and Liu, 2009).
- 大気圏深部の重力波破壊によって誘発される乱流の VLES．Smolarkiewicz and Prusa (2002) は，非振動型前進時間積分法 (NFT) や陰的 LES を VLES として使用し，格子で解像可能な大規模なコヒーレント渦を実際に計算している．

一方で，ブラフボディ周りの流れでは，その後流中に強い渦が生成されることが多い．これらの渦は，流れの進行方向および横断方向に物体に変動的な力を生じさせるため，その予測は非常に重要である．これには，建物周りの流れ（風工学），海洋プラットフォーム，および車両周りの流れなどが含まれる．もし渦が「乱流」を構成する運動の大部分よりも十分に大きい場合，乱流モデルは小規模な運動のみを取り除くことになり，非周期的な流れを周期的なものに変える可能性がある．これは重要な影響をもたらす場合がある．Durbin (2002)，Iaccarino et al. (2003)，Wegner et al. (2004) は，標準的なアンサンブル平均による URANS アプローチが，残りの構造が周期的である場合にこの目的を達成することを示している．一方，もし周期的でない場合，長時間のシミュレーションの後，流れは定常に至ることを示している．さらに Iaccarino et al. (2003) は，統計的に定常でない流れに対しても，URANS が実験データとの定量的および定性的な一致を提供できることを示している．

これに対して浮力が支配的である場合，例えば，過渡的RANS (TRANS) (Hanjalić and Kenjereš, 2001; Kenjereš and Hanjalić, 1999) と呼ばれる一連の手法も成功を収めている．Hanjalić et al. のTRANSシミュレーションでは，熱浮力とローレンツ力によって駆動される流れにおけるコヒーレント渦構造の解析で，元の運動を以下の3つの分解に明示的に分けた．すなわち，(1) 長時間平均の定常成分，(2) 準周期的（コヒーレント構造）成分，(3) ランダム（確率的）揺らぎである．大規模なコヒーレント渦構造は，3次元のアンサンブル平均したナビエ・ストークス方程式の時間積分によって完全に解かれる．非コヒーレントな部分はRANSタイプのクロージャーによってモデル化される．特にこのケースでは，浮力による強い外力が存在し，明確に定義された準周期的な構造が現れるため，著者らはその流れの分解を可能とするスペクトルギャップの概念に訴えた．Hanjalić (2002) はレイノルズ・ベナール対流について説得力のある結果を示しており，Kenjereš and Hanjalić (2002) は，日中サイクルにおける大気境界層のメソスケールモデリングで地形と熱成層の影響を示すためにこの方法を用いている．強い不安定化力や周期的な外力の存在が，TRANSシミュレーションを前述のURANSシミュレーションと区別する要因となるようである（Durbin, 2002を参照）．

1997年に開発されたDESは，大規模なはく離流れの予測を目的としていた．最近，Spalart et al. (2006) によってオリジナルの欠点を修正した改訂版の遅延DES (delayed DES, DDES) が発表された．はく離流の主要な領域で，DESの予測精度は通常，定常または非定常RANS法よりも優れている．DESでは，「平均」流れの方程式は流れの領域全体で同一であるが，壁面近傍では乱流モデルがRANSの形式に縮約され，壁面から離れるとLESのサブグリッドモデルが適用される．遷移距離は特定のルールに基づいたアルゴリズムによって計算される．多くの定式化はSpalart and Allmaras (1994) のRANSモデルを使用するか，それから派生したものである．特に工学設計において興味深い適用事例がいくつかある．例として以下を紹介する：

1. Viswanathan et al. (2008) は，有限体積の非構造格子コード（時間および空間に2次精度）を用いて，迎角を持つ空力ボディ周りの大規模なはく離流れをDESで調べている．この研究では物体の運動も再現されている．
2. Konan et al. (2011) は，DESとラグランジュ粒子追跡を粗い壁面の乱流チャネル流に適用し，流れ中の分散相に対する壁面粗さの影響を調べている．

現在では，ほとんどの商用CFDコードは，RANSからURANS，DES，LES，さらにはDNSに至るまで，乱流を計算するためのあらゆるアプローチを提供している．商用コードの離散化手法は通常，空間および時間で2次精度に限定されている（対流項のために高次補間が可能な場合もある）が，多くの実用問題で十分に良好な結果が報告されている．

第 11 章　圧縮性流れ

11.1　は じ め に

圧縮性流れは特に航空機やターボ機械において重要である．航空機周りの高速気流のレイノルズ数はかなり高く，よって乱流効果は薄い境界層に限定される．流体抵抗は 2 つの成分，すなわち，境界層での粘性に起因する摩擦抵抗と，本質的に非粘性な効果である圧力抵抗（形状抵抗）からなる．衝撃波に起因する造波抵抗が存在することもあるが，これも，熱力学第 2 法則に従った扱いに注意すれば非粘性の流れ場方程式から計算される．ここで摩擦抵抗を無視するならば，これらの流れは非粘性運動方程式である**オイラー** (Euler) 方程式を用いて計算される．

圧縮性流れの解析はある種の民生および軍事的アプリケーションにおいて重要視されてきたため，そのための解法が数多く開発された．その中には粘性流に拡張可能な方法とともに，非粘性のオイラー方程式に対する特性曲線法などもある．大部分の手法は圧縮性流れのために特別に設計されており，それを非圧縮性流れに適用すると非常に効率の悪いものとなる．それにはいくつかの理由が挙げられる．ひとつの理由として，圧縮性流れ解析法には，非圧縮性の極限で消滅する連続の式の時間微分が含まれていることである．その結果，弱い圧縮性の条件で方程式は非常に解きにくい (stiff) ものとなり，非常に小さい時間刻みあるいは陰解法を使用する必要が生じる．別の見方をすると，圧縮性方程式はその解の一部として有限速度を有する音波を与えるからともいえる．何らかの解の情報が流れ速度で伝播するとき，流れ速度と音速のうちの大きい方が陽解法における可能な時間刻みを決定する．低速の極限では，流体の速度によらず時間刻みは音速により決まるので，その逆数に比例する小さな値に制限される．このときの時間ステップは，非圧縮性流れのために設計された手法の場合よりもかなり小さい．

圧縮性流れの方程式に対する離散化とその解法については，すでに述べた方法を適用することが可能である．例えば，時間依存方程式を解くためには 6 章で議論された時間進行法のいずれもが使用できる．圧縮性流れでは大抵はレイノルズ数も大きいため拡散の効果は小さいが，流れ場には例えば衝撃波などの不連続が存在し得る．そこで，衝撃波近傍で滑らかな解を生成するための特別な方法が構築されている．これら手法のなかには，単純な風上法，流束混合法，本質的非振動スキーム (essentially non-oscillatory (ENO) method)，そして，トータル変動減衰スキーム (total variation diminishing method: TVD) を含む．これらについては 4.4.6 項および 11.3 節で触れるが，他にも多くの文献，例えば Tannehill (1997) や Hirsch (2007) が参考となろう．

まず次節では，7 章，8 章および 9 章で述べた非圧縮性流れのために設計された手法を，圧縮性の流れも扱えるように拡張する．また，11.3 節では圧縮性流れに特化して設計された手法についていくつかの観点で説明する．そこには，圧縮性流れの解法を非圧縮性の流れへ適用する逆方向の拡張も含まれる．

11.2　任意のマッハ数に対する圧力修正法

圧縮性流れを計算するためには，連続の式と運動方程式に加えて，熱エネルギーの保存方程式（あるいは全エネルギーに対する保存方程式）と状態方程式を解く必要がある．後者は密度，温度そして圧力を結びつける熱力学についての関係式である．エネルギー方程式は 1 章でも取り上げたが，非圧縮性流れに対しては温度に関するスカラーの輸送方程式に書き換えられ，そこでは対流と熱伝達のみが重要となる．一方，圧縮性流れでは粘性消散が無視できない熱生成源となり，また，流体の膨張・圧縮による内部エネルギーと運動エネルギーの変換も重要である．よって，方程式中のすべての項を考慮する必要がある．このとき，エネルギー方程式は積分形で以下のように表される：

$$\frac{\partial}{\partial t}\int_V \rho h \,\mathrm{d}V + \int_S \rho h \mathbf{v}\cdot\mathbf{n}\,\mathrm{d}S = \int_S k\boldsymbol{\nabla} T\cdot\mathbf{n}\,\mathrm{d}S + \int_V \left[\mathbf{v}\cdot\boldsymbol{\nabla} p\ + \mathsf{S}:\boldsymbol{\nabla}\mathbf{v}\right]\,\mathrm{d}V + \frac{\partial}{\partial t}\int_V p\,\mathrm{d}V\ . \tag{11.1}$$

ここで h は単位質量当たりのエンタルピー，T は絶対温度 (K)，k は熱伝導率，S は応力テンソルの粘性部分であり，$\mathsf{S} = \mathsf{T} + p\mathsf{I}$ と書ける．一定の比熱 $c_\mathrm{p}, c_\mathrm{v}$ を持つ完全気体の場合，エンタルピーは $h = c_\mathrm{p}T$ となり，エネルギー方程式を温度に関して記述することが許される．さらに，上記の仮定のもとでは，状態方程式は次のようになる：

$$p = \rho R T\ , \tag{11.2}$$

ただし，R は普遍気体定数である．方程式系は，以下の連続の式と運動方程式を加えることにより閉じることができる：

$$\frac{\partial}{\partial t}\int_V \rho\,\mathrm{d}V + \int_S \rho\mathbf{v}\cdot\mathbf{n}\,\mathrm{d}S = 0 \tag{11.3}$$

$$\frac{\partial}{\partial t}\int_V \rho \mathbf{v}\,\mathrm{d}V + \int_S \rho \mathbf{v}\mathbf{v}\cdot\mathbf{n}\,\mathrm{d}S = \int_S \mathsf{T}\cdot\mathbf{n}\,\mathrm{d}S + \int_V \rho \mathbf{b}\,dV\ , \tag{11.4}$$

ここで，T は応力テンソル（圧力項を含む）であり，$\mathbf{b}$ は単位質量当たりの体積力である；これらの方程式に対するさまざまな形式の議論は 1 章を参照されたい．

ここから，連続の式により密度を計算すること，および，エネルギー方程式から温度を導出することは方程式の形式をみれば自然な手順といえ，状態方程式には圧力を決定する役割が残される．このとき圧縮性流れにおける各方程式の役割が，非圧縮性流れにおけるものとはまったく異なっていること，特に圧力の持つ役割が完全に異なっていることに気がつく．非圧縮性流れにおいては絶対値自体には意味のない力学的圧力のみが存在するが，一方，圧縮性流れではその絶対値が重要な意味を持つ熱力学的圧力がその役割にとって替わる．

方程式の離散化は 3, 4 章において記述した手法を用いて実行できる．必要な変更は，境界条件（圧縮性方程式は双曲型の特性を持つため，この違いが重要），密度と圧力のカップリングの性質の取り扱い，および圧縮性流れ中には衝撃波（変数，物性値が急変する薄い領域）が存在する可能性があることに関連している．以下では，Demirdžić et al. (1993) のアプローチに従い，任意のマッハ数流れに対して圧力修正法を拡張する．同様の手法は Issa and Lockwood (1977)，Karki and Patankar (1989) と Van Doormal et al. (1987) によっても報告されている．

上述の通り，圧縮性の運動方程式の離散化も本質的には 7, 8 章でみられるように非圧縮性の場合の方程式に採用されている離散化と同一のものであるので，それらを繰り返し述べることはしない．本節では 7 章で述べた陰的圧力修正法に対する議論に限定するが，その考え方は他の手法にも同様に適用できる．

陰解法を用いて新しい時間レベルの解を得るためには，複数回の外部反復を行う必要がある．これに関して，非圧縮性流れに対するフラクショナル・ステップ法と SIMPLE 法についての詳細な説明は，7.2.1 項，7.2.2 項を参照のこと．ここで，時間刻みが小さいならば，1 時間刻み当たりにたかだか数回の外部反復で十分である．これに対して定常問題では時間刻みが無限大で，実際の計算では不足緩和係数が擬似的な時間刻みのように働く．ここでは，速度成分，圧力修正，温度および他のスカラー変数に対する（前の外部反復計算での値に基づき）線形化された方程式を順次解くような，分離解法のみについて考えている．1 つの変数に対して解いている間は，他の変数は既知として取り扱われる．以下の 2 つの項では，7.2.1 項および 7.2.2 項で説明した非圧縮性流れの解法を拡張して，任意のマッハ数で流れを計算するのに必要な手順を説明する．

11.2.1 任意の流速に対する陰的フラクショナル・ステップ法

運動方程式の扱いは，基本的に非圧縮性流れの場合と変わらない（式 (7.62)～

(7.64) を参照）；注意すべき唯一のことは，新しい時刻レベルの外部反復 m で計算された項の密度は，前の反復 $m-1$ から取得されることである．非圧縮性流れでは，連続の式が速度場に対する制約（常に発散がゼロである）のみを表していた．一方，圧縮性流れでは時間微分を含み，他の項と同様に一貫して扱う必要がある．完全な理解のためにここで変更のない部分も含めてもう一度すべての計算ステップを示す．以下に述べるアルゴリズムは非圧縮性のいずれにも適用可能である．

1. 新しい時間ステップ内の m 回目の反復で新しい時間の解を推定するために，時間積分の 2 次精度の完全陰的な 3 時刻スキームを使用して，以下の形式の運動方程式を解く（6.3.2.4 を参照）：

$$\frac{3(\rho^{m-1}\mathbf{v}^*) - 4(\rho\mathbf{v})^n + (\rho\mathbf{v})^{n-1}}{2\Delta t} + C(\rho^{m-1}\mathbf{v}^*) = L(\mathbf{v}^*) - G(p^{m-1}) , \tag{11.5}$$

ここで，$\mathbf{v}^*$ は $\mathbf{v}^m$ の予測値であり，連続条件を満たすには修正の必要がある．ここでは空間離散化スキームの特定は重要ではないため，対流流束 (C)，拡散流束 (L)，および勾配演算子 (G) には記号表記を使用する．対流項の密度が，1 つ前の外部反復からの値であることに注意されたい．また，粘度が温度やその他の変数に依存する場合にも，粘性項において前の反復の値を使用する．

2. 修正された速度と圧力は，以下の形式の運動方程式を満たす必要がある：

$$\frac{3(\rho^{m-1}\mathbf{v}^m) - 4(\rho\mathbf{v})^n + (\rho\mathbf{v}^{n-1})}{2\Delta t} + C(\rho^{m-1}\mathbf{v}^*) = L(\mathbf{v}^*) - G(p^m) . \tag{11.6}$$

式 (11.6) から式 (11.5) を減算すると，速度と圧力の修正の間に次の関係が得られる．

$$\frac{3}{2\Delta t}\left[(\rho^{m-1}\mathbf{v}^m) - (\rho^{m-1}\mathbf{v}^*)\right] = -G(p') \quad \Rightarrow \quad \rho^{m-1}\mathbf{v}' = -\frac{2\Delta t}{3}G(p') . \tag{11.7}$$

ここで $\mathbf{v}' = \mathbf{v}^m - \mathbf{v}^*$, $p' = p^m - p^{m-1}$ とした．

3. 離散化された連続の式は ρ^{m-1} と $\mathbf{v}^*$ では満たされず，質量の不均衡が生じる：

$$\frac{3\rho^{m-1} - 4\rho^n + \rho^{n-1}}{2\Delta t} + D(\rho^{m-1}\mathbf{v}^*) = \Delta\dot{m} . \tag{11.8}$$

4. 連続の式は，修正された密度場 ρ^* と速度場 $\mathbf{v}^m$ によって満たされなければならない．すなわち，

$$\frac{3\rho^* - 4\rho^n + \rho^{n-1}}{2\Delta t} + D(\rho^*\mathbf{v}^m) = 0 . \tag{11.9}$$

ここで ρ^* は反復 m における密度の推定値であり，最終的な値は，T^m が計算された後の状態方程式から計算される．密度補正 $\rho' = \rho^* - \rho^{m-1}$ を導入して，修正された密度と速度の積を次のように展開する：

$$\rho^* \mathbf{v}^m = (\rho^{m-1} + \rho')(\mathbf{v}^* + \mathbf{v}') = \rho^{m-1}\mathbf{v}^* + \rho^{m-1}\mathbf{v}' + \rho'\mathbf{v}^* + \underline{\rho'\mathbf{v}'} . \tag{11.10}$$

下線を引いた項は 2 つの修正値の積であり，他の項よりも早くゼロになるため以下では無視される．式 (11.8) と (11.10) を使用すると，式 (11.9) を次のように書き直すことができる：

$$\frac{3\rho'}{2\Delta t} + \Delta\dot{m} + D(\rho^{m-1}\mathbf{v}') + D(\rho'\mathbf{v}^*) = 0 . \tag{11.11}$$

5. 式 (11.11) から圧力修正方程式を得るには，圧力修正値を通じて速度と密度の修正を表現する必要がある．速度については方程式 (11.7) ですでに行われており，非圧縮性の流れの場合と同様，速度修正は圧力修正値の勾配に比例する．一方，密度と圧力の修正値の関係については，状態方程式を参照する必要がある（11.2.3 項に後述）：

$$\rho = f(p, T) \quad \Rightarrow \quad \rho' = \frac{\partial \rho}{\partial p} p' = \frac{\partial f(p, T)}{\partial p} p' = C_\rho p' . \tag{11.12}$$

これらの式を使用すると，式 (11.11) をすべての速度域に適用できる圧力修正式として書き直すことができる：

$$\frac{3C_\rho p'}{2\Delta t} + D(C_\rho \mathbf{v}^* p') = \frac{2\Delta t}{3} D(G(p')) - \Delta\dot{m} . \tag{11.13}$$

6. 上記の圧力修正方程式を解くと，速度，圧力，密度が補正されて $\mathbf{v}^m$, p^m, ρ^* が得られる．これらの値は次のステップでエネルギー方程式を解くために使用され，そこから更新された温度 T^m が取得される．最後に，新しい密度が状態方程式 $\rho^m = f(p^m, T^m)$ から計算される．十分な回数の反復が実行されると，すべての修正は無視できるようになり，$\mathbf{v}^{n+1} = \mathbf{v}^m$, $p^{n+1} = p^m$ と設定できる．$T^{n+1} = T^m$ および $\rho^{n+1} = \rho^m$ とし，次の時間ステップに進む．

非圧縮性流れの場合，圧力修正方程式 (11.13) の左辺はゼロになり，7.2.1 項で陰的フラクショナル・ステップ法を導入したときに得たポアソン方程式に帰着する．圧縮性流れでは，圧力修正方程式 (11.13) は他の輸送方程式と似ている．左辺に時間変化と対流の項があり，右辺が拡散と生成の項となる．この方程式の特性については，同様の変更を SIMPLE アルゴリズムに導入した後で改めて説明する．

11.2.2 任意の流速に対する SIMPLE 法

7.2.2 項で示したように，陰的フラクショナル・ステップ法と SIMPLE 法の唯一の重要な違いは，前者は時間項の速度のみを補正するのに対し，後者は主対角成分に寄与するすべての項（時間項および対流項と拡散項の一部からなる）に補正を適用することにある．本項には，すべての流速に拡張された SIMPLE 法の手順を簡単に要約する：

1. 新しい外部反復 m の最初のステップでは，運動方程式が $\mathbf{v}^*$ に対して解かれる．その際，密度，圧力，およびすべての流体特性は前の反復 $m-1$ の値を用いる（これを示す上付き文字は，特に必要な場合を除いて省略されている）．係数行列を，主対角成分 A_D と非対角成分 A_OD に分割すると

$$(A_\mathrm{D} + A_\mathrm{OD})u_i^* = Q - G_i(p^{m-1}) \tag{11.14}$$

を得る．ここで，G は離散化された勾配演算子を示す．離散化スキームを特定する必要はないため，記号表記を使用している．この方程式を解くことによって得られる速度場 $\mathbf{v}^{m*}$ は，一般に連続条件を満たさない．よって，密度と圧力を更新する必要があるが，まず，密度を前の反復レベルに維持したまま，最初に圧力修正による速度修正を導入する：

$$p^* = p^{m-1} + p' \,, \quad u_i^{**} = u_i^* + u_i' \,. \tag{11.15}$$

2. 速度と圧力の修正の関係は，修正された速度と圧力が式 (11.14) の簡略式

$$A_\mathrm{D} u_i^{**} + A_\mathrm{OD} u_i^* = Q - G_i(p^*) \tag{11.16}$$

を満たすとして得られる．すなわち，式 (11.16) から式 (11.14) を減算すると，速度と圧力の修正の間に次の関係式

$$A_\mathrm{D} u_i' = -G_i(p') \quad \Rightarrow \quad u_i' = -(A_\mathrm{D})^{-1} G_i(p') \tag{11.17}$$

が得られる．

3. そのあとの質量保存方程式への手続きは，前述の陰的フラクショナル・ステップ法の手順 3 および 4 と同じとなるため，説明は繰り返さない（式 (11.8) から (11.11) を参照，同じく 3 時間レベルを持つ完全陰的スキームが適用できる）．
4. 密度と圧力の修正の関係は前と同じであり（式 (11.12) を参照），また，速度と圧力の修正の関係は式 (11.17) で与えられる．これらの関係を式 (11.11) に代入すると，次の形式の圧力修正方程式が得られる：

$$\frac{3C_\rho p'}{2\Delta t} + D(C_\rho \mathbf{v}^* p') = D[\rho^{m-1}(A_\mathrm{D})^{-1} G(p')] - \Delta \dot{m} \,. \tag{11.18}$$

簡単のため，ここでは主対角係数が 3 つの速度成分すべてで同じであると仮定した．通常はこれに当てはまるが，そうでない場合でも違いは簡単に考慮できる．

SIMPLE の圧力修正方程式 (11.18) を IFSM の対応する方程式 (11.13) と比較すると，右辺の最初の項（離散ラプラス演算子に似ている）が異なる．これは，速度修正

と圧力修正の間の関係式が異なるためであり，IFSM の場合は式 (11.7)，SIMPLE の場合は式 (11.17) が参照される．

11.2.3　圧力修正方程式の特性

式 (11.12) の係数 C_ρ は状態方程式から決定され，完全気体の場合は以下となる：

$$C_\rho = \left(\frac{\partial f(p,T)}{\partial p}\right)_T = \frac{1}{RT} \; . \tag{11.19}$$

完全気体ではない，あるいは，液体が圧縮可能であると考えられる場合は，導関数を数値的に計算する必要がある．すべての修正がゼロになり収束した解はこの係数には依存せず，中間結果のみが影響を受ける．密度修正と圧力修正の間の関係が定性的に正しいことが重要であるが，係数は当然ながら計算法の収束率に影響を与える可能性がある．

圧力修正式の係数は，セル面での圧力修正値の勾配の近似法によって異なる．また，速度修正から生じる部分は非圧縮性と圧縮性で同じであり，圧力修正値のセル面に垂直な方向の圧力修正値の導関数近似が必要となるが，これは，運動方程式の圧力項と同じ方法で近似する必要がある．一方，密度修正から生じる部分は，一般の保存方程式における対流流束に対応し，これにはセル面中心での圧力修正値の近似が必要である．一般的に使用されるさまざまな近似の例については，4 章および 7 章を参照されたい．

圧縮性と非圧縮性の圧力修正式の見た目は似ているが，重要な違いがある．非圧縮性の圧力修正は離散化されたポアソン方程式であり，係数はラプラス演算子の近似を表す．一方，圧縮性の場合には，圧力方程式に対流項と非定常項が含まれ，これは対流や波動を表す．また，非圧縮性の流れの場合に質量流束が境界で規定されている場合，圧力場は定数の分だけ不定になる可能性があるが，圧縮性流れの圧力修正方程式には対流項が存在するため，解は特定される．

速度と密度の修正から得られる項の相対的な重要性は，流れのタイプによって異なる．拡散項は対流項に対して $1/\mathrm{Ma}^2$ のオーダーであるため，マッハ数が決定要因となる．低いマッハ数ではラプラシアン項が支配的となり，ポアソン方程式に帰着する．一方，高いマッハ数（圧縮性の強い流れ）では流れの双曲的な性質を反映して対流項が支配的になり，圧力修正方程式を解くことが密度の連続の式を解くことと同等となる．したがって，圧力修正法は流れの局所的な性質に応じて自動的に調整され，計算内に高マッハ数と低マッハ数の空間領域の両方が含まれている場合（例えば，ブラフボディ周りの流れ）にも，同じ方法を流れ領域全体に適用できる．

ラプラシアンの近似には中心差分近似が常に適用される．一方，対流項の近似には，運動方程式の対流項の場合と同様に，さまざまな近似が使用される．高次精度の近似を使用する場合には「遅延補正」法が適用できる．このとき方程式の左辺（陰的記述）の係数行列は1次風上近似に基づいて構築され，右辺（陽的記述）には高次精度近似と1次風上近似の差を含めることで，高次精度の近似解に収束することを保証する（詳細は5.6節を参照）．また，格子非直交性が著しい場合にも，9.8節に述べたように，遅延補正を使用して圧力修正方程式を簡素化することができる．

これらの圧縮性と非圧縮性の違いは，別の形でも圧力修正式に反映される．この方程式はもはや純粋なポアソン方程式ではないため，中心の係数 A_P は隣接する係数の合計の負値になるとは限らず，$\nabla \cdot \mathbf{v} = 0$ の場合にのみこの特性が保持される．また，非圧縮性流れの圧力修正方程式は対称係数行列となりいくつかの特殊な解法を使用できるが，圧縮性流れの場合は対流項の寄与によりこの特性を失う．

11.2.4　境界条件

非圧縮性の流れでは，一般に以下の境界条件が用いられる：

- 流入境界で速度，温度を与える．
- 対称境界ではすべてのスカラー量と接線速度成分について対称面に垂直な勾配を0とし，法線速度成分は0とおく．
- 固体表面では「滑りなし (no-slip) 条件」，すなわち相対速度を0とし，流線応力をゼロ，ならびに既知の温度または熱流束を与える．
- 流出境界ではすべての変数を勾配条件（通常0）で与える．

上記の境界条件は圧縮性においても成り立ち，非圧縮性のときと同様に扱われるが，圧縮性流れにおいてはさらに以下の条件が加えられる：

- 全圧の条件
- 全温度の条件
- 流出境界における静圧の条件[1]
- 超音速流の流出境界では，通常，すべての変数に勾配ゼロの条件が与えられる．

境界条件の実装について以下で説明する．

11.2.4.1　流入境界での全圧条件

これらの境界条件の実装を図11.1を用いて，2次元領域の西 (W) 側境界を例に述べる．1つの方法は，完全気体の等エントロピー流れを仮定することで，全圧は以下で定義される：

[1] 非圧縮性流れの場合，静圧は流入境界または流出境界のいずれかで規定できる．質量流束は流入と流出の圧力差の関数であるため，流入境界と流出境界の両方で圧力が規定されている場合，流入境界での速度を規定することはできない．

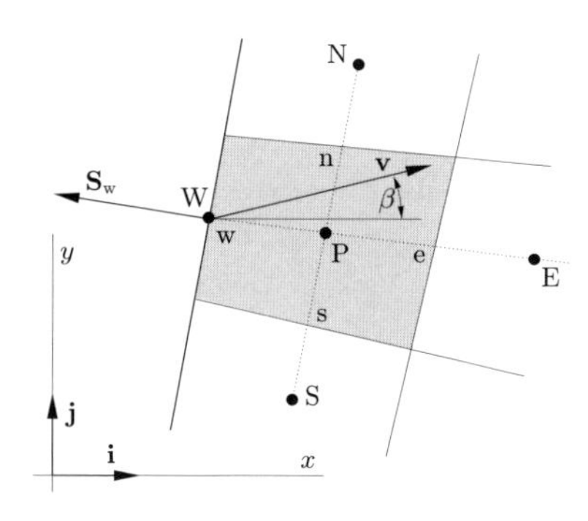

図 11.1　流入境界に接する CV での流れ方向の推定.

$$p_\mathrm{t} = p\left(1 + \frac{\gamma - 1}{2}\,\frac{u_x^2 + u_y^2}{\gamma RT}\right)^{\frac{\gamma}{\gamma-1}} , \tag{11.20}$$

ここで，p は静圧，$\gamma = c_\mathrm{p}/c_\mathrm{v}$ で，流れの方向を規定する必要があり，それは次のように定義される：

$$\tan\beta = \frac{u_y}{u_x} , \quad \text{すなわち} \quad u_y = u_x \tan\beta . \tag{11.21}$$

これらの境界条件は，解領域の内部から境界まで圧力を外挿し，式 (11.20) と (11.21) を使用してそこでの速度を計算することによって実装できる．この速度は外部反復では既知のものとして処理できる．温度は既知とすることも，全温度から計算することもできる：

$$T_\mathrm{t} = T\left(1 + \frac{\gamma - 1}{2}\,\frac{u_x^2 + u_y^2}{\gamma RT}\right) . \tag{11.22}$$

式 (11.20) を満たす圧力と速度の組み合わせは複数存在するため，この処理では反復法の収束が遅くなる．その対応として，流入時の速度に対する圧力の影響を暗黙的に考慮する必要がある．以下にその方法の 1 つを説明する．

外部反復の開始時に，流入境界（図 11.1 の ‘w’ 側）での速度を式 (11.20) と (11.21)，および圧力代表値から計算する必要がある．この速度は，運動方程式の外部反復中は固定された値として扱われる．また，流入部の質量流束は 1 つ前の外部反復から取得され，連続の式を満たしている必要がある．運動方程式の解 (u_x^*, u_y^*) から，新しい質量流束 $\dot{m}^*$ が計算される．流入境界上の「予測」速度は，そこでの質量流束を計算に使用される．次の修正ステップでは，質量流束（流入境界での値を含む）が修正され，質量保存が強制される．境界での質量流束修正と内部検査体積面での修正の違いは，流入境界では速度のみが修正され，密度は修正されないことである．なお，速度修正は圧力修正値（勾配ではなく）で表される：

$$u'_{x,\mathrm{w}} = \left(\frac{\partial u_x}{\partial p}\right)_{\mathrm{w}} p'_{\mathrm{w}} = C_u p'_{\mathrm{w}} \; ; \quad u'_{y,\mathrm{w}} = u'_{x,\mathrm{w}} \tan\beta \; . \tag{11.23}$$

係数 C_u は，式 (11.20) を使用して決定される：

$$C_u = -\frac{\gamma R T^{m-1}}{p_{\mathrm{t}} u_x^{m*} \gamma \left(1+\tan^2\beta\right) \left[1 + \dfrac{\gamma-1}{2} \dfrac{(u_x^*)^2 (1+\tan^2\beta)}{\gamma R T^{m-1}}\right]^{\frac{1-2\gamma}{\gamma-1}}} \; . \tag{11.24}$$

流入境界における質量流束の修正は次のように表される：

$$\dot{m}'_{\mathrm{w}} = \left[\rho^{m-1} u'_x (S^x + S^y \tan\beta)\right]_{\mathrm{w}} = \left[\rho^{m-1} C_u (S^x + S^y \tan\beta)\right]_{\mathrm{w}} \overline{(p')}_{\mathrm{w}} \; . \tag{11.25}$$

境界における圧力修正 $\overline{(p')}_{\mathrm{w}}$ は，隣接する CV 中心からの外挿によって，つまり p'_{P} と p'_{E} の線形結合として表される．上式から，境界に隣接する検査体積の圧力修正方程式の係数 A_{P} および A_{E} への寄与が得られる．流入部では密度が修正されないため，そこでの圧力修正方程式に対する対流の寄与はなく，係数 A_{W} はゼロになる．

圧力修正方程式を解いた後，流入境界を含む領域全体の速度成分と質量流束が修正される．修正された質量流束は，収束許容範囲内で連続の式を満たす．これらは，次の外部反復のすべての輸送方程式の係数計算に使用される．流入境界における対流速度は方程式 (11.20) と (11.21) から計算される．速度が連続条件と全圧の境界条件を満たすように，圧力は自動的に調整される．流入境界の温度は方程式 (11.22) から計算され，密度は状態方程式 (11.2) から算出される．

11.2.4.2 静圧条件

亜音速の流れでは，流出境界では通常，静圧が規定される．この場合，この境界上の圧力修正はゼロとする（これは圧力修正式の境界条件として使用される）が，質量流束の修正はゼロではない．速度成分は，例えば "e" 面と m 番目の外部反復など，同じ場所に配置された格子上のセル面速度の計算と同様の方法で隣接する CV 中心から外挿して取得される：

$$v^*_{n,\mathrm{e}} = \overline{(v^*_n)}_{\mathrm{e}} - \Delta V_{\mathrm{e}} \overline{\left(\frac{1}{A^u_{\mathrm{P}}}\right)}_{\mathrm{e}} \left[\left(\frac{\delta p^{m-1}}{\delta n}\right)_{\mathrm{e}} - \overline{\left(\frac{\delta p^{m-1}}{\delta n}\right)}_{\mathrm{e}}\right] , \tag{11.26}$$

ここで，v^*_n は流出境界に垂直な方向の速度成分であり，運動方程式を解いて得られるデカルト座標成分 u^*_i と単位外向き法線ベクトルを用いて，$v^*_n = \mathbf{v}^* \cdot \mathbf{n}$ のように簡単に計算される．ただし，内部セル面での速度の計算との唯一の違いは，ここでは "—" が，面の西側のセル中心間の内挿ではなく，内部セルからの外挿を表すことである．流速が速く流出境界が十分に下流にある場合，通常は単純な風上スキームを使用でき，“—” で示される面での値にセル中心値（点 P）が使用される．また，構造格子では，点 W と点 P からの線形補外も簡単に実装できる．

これらの速度から構築された質量流束は一般に連続条件を満たさないため，通常上述のように，速度と密度の両方を修正する必要がある．速度修正は以下のように記述される：

$$v'_{n,\mathrm{e}} = -\Delta V_\mathrm{e} \overline{\left(\frac{1}{A^u_\mathrm{P}}\right)_\mathrm{e}} \left(\frac{\delta p'}{\delta n}\right)_\mathrm{e} . \tag{11.27}$$

質量流束修正において，$\rho'_\mathrm{e} = (C_\rho p')_\mathrm{e}$ および $p'_\mathrm{e} = 0$ により圧力は既知であるため，対応する対流（密度）の寄与はゼロとみなせる．ただし，圧力は規定されているが温度は固定されていない（内部から外挿される）ため，密度を修正する必要がある．最も単純な近似では，1 次風上近似つまり $\rho'_\mathrm{e} = \rho'_\mathrm{P}$ となる．このとき，質量流束修正は次のようになる：

$$\dot{m}'_\mathrm{e} = (\rho^{m-1} v'_n + \rho' v^*_n)_\mathrm{e} S_\mathrm{e} . \tag{11.28}$$

ここでの密度修正は流出境界での密度の修正には使用されないことに注意されたい．新しい密度は，常に，圧力と温度から状態方程式により計算される．一方，質量流束は，圧力修正方程式の導出に使用される修正のみが質量保存を保証するため，上記の式を使用して修正する必要がある．収束時にはすべての修正がゼロになるため，上記の密度修正の処理は他の近似と同様に，最終的な解の精度には影響せず，反復法の収束率にのみ影響する．（風上法を用いるので）対流項からの寄与は圧力修正方程式の境界節点の係数に含まれない．その寄与は中心係数 A_P に含まれる．法線方向の圧力微分値は通常，9.8 節および式 (9.66) で説明した手順に従い，次のように近似される：

$$\left(\frac{\delta p'}{\delta n}\right)_\mathrm{e} \approx \frac{p'_\mathrm{E} - p'_\mathrm{P}}{(\mathbf{r}_\mathrm{E} - \mathbf{r}_\mathrm{P}) \cdot \mathbf{n}} . \tag{11.29}$$

したがって，境界に隣接する CV の圧力修正方程式の係数 A_P は内部 CV の係数から修正されている．圧力修正方程式の対流項と静圧が指定されるディリクレ境界条件により，通常，非圧縮性流れの場合よりも速く収束する（非圧縮性流れでは，ノイマン境界条件がすべての境界に適用されると方程式が完全な楕円型になる）．

11.2.4.3 自由流れ境界での非反射条件

境界によっては，本来適用すべき正確な境界条件がわからない場合もあるが，少なくとも圧力波や衝撃波が境界で反射せずに通り抜けるように設定されるべきである．その目的，すなわち遠方境界の自由流れでの与えられた圧力と温度から速度境界条件を定めるのに，通常は1次元の理論解が用いられる．自由流れが超音速の場合は衝撃波が境界を横切ることがあり，そのときには境界へ単に外挿される接線成分と理論解によって与える法線成分に分けて評価される．後者の条件は，境界を横切るのが圧縮波か膨張波 (Prandtl–Meyer wave) かによっても異なる．圧力については通常は境界の内部からの外挿でよいが，その圧力と境界で与えられた自由流マッハ数から法線速度成分が算出される．

非反射条件を満たす自由流れ境界には多数のスキームが提案されている．それらは1次元の理論解から流出特性量を計算する仕方に依存しており，具体的な計算方法は用いている離散化や解析手法にも依存する．これらの（**数値計算上の**）境界条件については Hirsch (2007) や Durran (2010) に詳しく述べられている．

自由流れまたは出口の境界を横切る衝撃波がない場合は，上述のように，そこに静圧を規定する解強制法（13.6節を参照）を適用してこれらの境界からの圧力波の反射を回避できる．これは音波を再現できる弱圧縮性流れ（空力音または水中音の解析）で特に実用的である．このような場合には境界での音波反射を避けなければならない．この問題の詳細については，Perić (2019) を参照されたい．

11.2.4.4　超音速流れの流出境界

流出境界の流れが超音速であるときは，境界でのすべての変数を内部領域からの外挿で与えなければならない．よって，それ以外に前もって境界条件を与える必要はない．圧力修正方程式の扱いについては静圧条件を与える場合と同様となる．ただし，境界の圧力は与えられておらず外挿されるので，圧力修正値についても静圧条件における既定値は0ではなく，内部領域からの外挿となる．ここで，p'_{E} を p'_{P} と p'_{W} からの線形式（圧力勾配を無視できるなら単に $p'_{\mathrm{E}} = p'_{\mathrm{P}}$ でもよい）で表すならば，点Eは差分式には現れず，$A_{\mathrm{E}} = 0$ となる．これに対応して，流量流束を修正の離散化近似式において境界条件に関わる係数が書き換えられる．

圧力–速度修正法によって圧縮性流れの問題を解く事例のいくつかを以下に紹介しよう．Demirdžić et al. (1993)，Lilek (1995)，Riahi et al. (2018) にはさらに多くの事例が述べられている．

11.2.5　計　算　例

まず，円弧バンプのあるチャネル流れのオイラー解析例を紹介する．図11.2に流れ場の形状と予測された等マッハ線図を亜音速，遷音速，超音速の各条件について示す．バンプ長さと厚みの比は，亜音速と遷音速で10 %，超音速では4 % である．一様流入のマッハ数は，それぞれ，Ma = 0.5（亜音速），0.675（遷音速），1.65（超音速）とした．オイラー解析であるので，粘性は0で，壁面には滑り条件がとられる（対称面と同じ，流れは壁面に沿う）．この例題は1981年のワークショップ (Rizzi

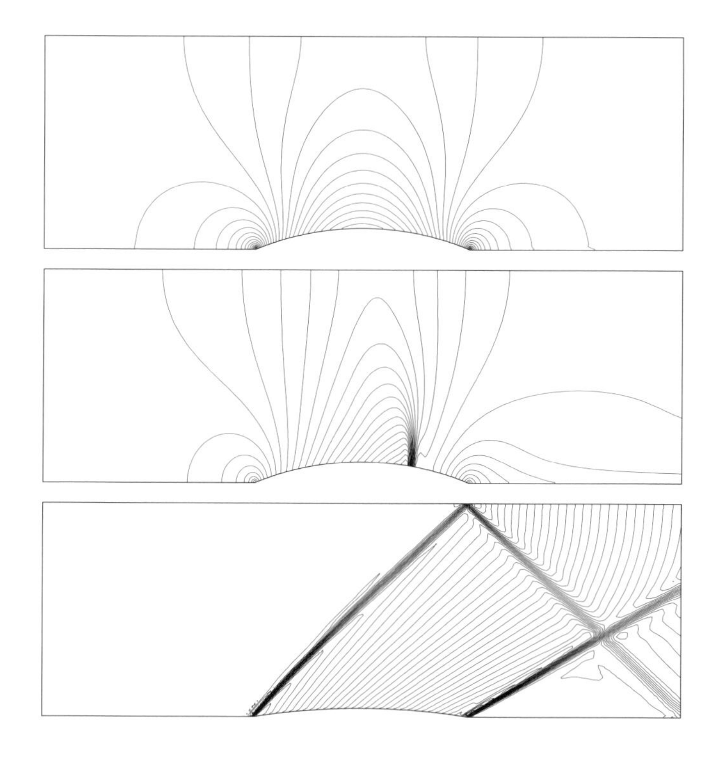

図 11.2 下壁に円弧バンプのあるチャネルを通る非粘性流れのマッハ数等値線の予測：$\mathrm{Ma_{in}} = 0.5$ での亜音速流れ（上），$\mathrm{Ma_{in}} = 0.675$ での遷音速流れ（中央），$\mathrm{Ma_{in}} = 1.65$（下）での超音速流；Lilek (1995) より．

and Viviand, 1981) で取り上げられ，その後も数値スキームの精度評価にしばしば用いられている．

亜音速条件では，対称形状の非粘性流れであるので解も前後対称となる．理論的には全圧が領域全体にわたって一定値となるため，数値誤差の評価には都合がよい．遷音速の条件では，下壁面に衝撃波がみられる．入口流れが超音速になると，流れがバンプに到達するところに衝撃波が立つ．この衝撃波は上壁面で反射して，もう 1 つの衝撃波と交差する（バンプ後縁のもう一度壁面の傾斜が急に変化するところから発生）．

図 11.3 に 3 つの条件における上壁，下壁面に沿ってのマッハ数分布をそれぞれ示す．格子細分化における変化から，最も細かい格子の亜音速での解析誤差は極めて小さいことがみてとれる．また，その精度は両壁面での出口マッハ数が入口値と一致することからも確認でき，全圧の計算誤差は 0.25 % 以下である．遷音速および超音速の条件では，格子細分化は予測される衝撃波の傾きの急峻さにのみ影響しており，衝

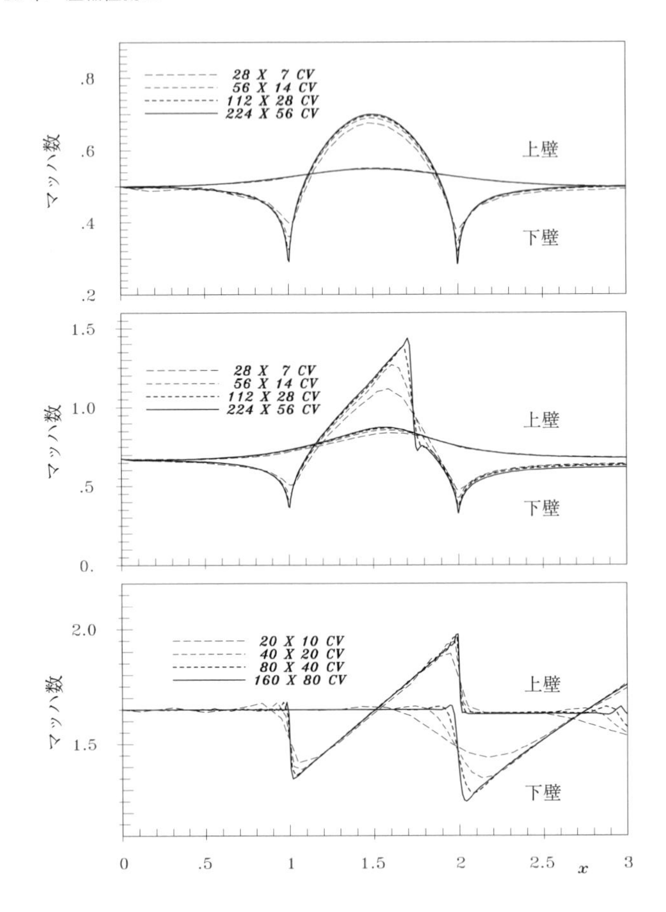

図 11.3　下壁に円弧バンプのあるチャネルを通る非粘性流れの下壁面と上壁面に沿ったマッハ数分布の予測：$\mathrm{Ma_{in}} = 0.5$ での亜音速流れ（上; 95 % CDS, 5 % UDS），$\mathrm{Ma_{in}} = 0.675$（中央; 90 % CDS, 10 % UDS），$\mathrm{Ma_{in}} = 1.65$（下段の超音速流; 90 % CDS, 10 % UDS）；Lilek (1995) より.

撃波は3格子点のうちで解析されている．すべての方程式のすべての項に中心差分を用いると，衝撃波において激しい数値振動を生じて解析が困難となる．ここに示した計算例では，1次風上差分 (UDS) 10 % と中心差分 (CDS) 90 % の混合スキームを用いることで数値振動を抑えている．図 11.3 からわかるように若干の振動が残るが，その範囲は衝撃波の近傍2点に限られている．格子を細分化しても予測される衝撃波の位置は変わらず，勾配だけが修正されることに注目したい（このことは，他の多くの計算対象でもみられる）．有限体積法の保存性と中心差分近似に基づくスキームによってこれらの好ましい特性が得られている．

図 11.4 に，超音速条件で中心差分のみをすべてのセル境界近似に用いた場合に得

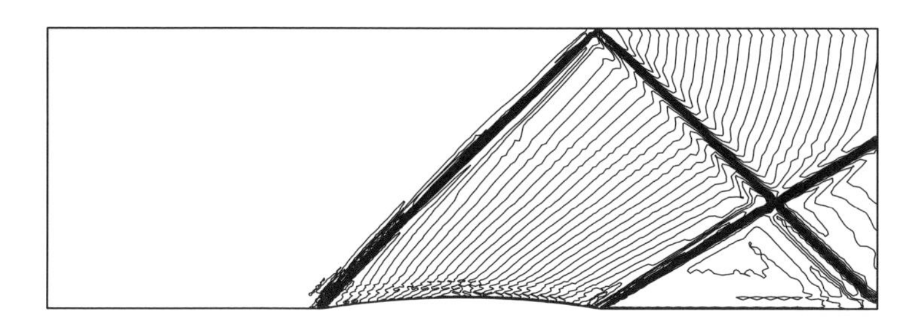

図 11.4　円弧バンプを持つチャネルの超音速非粘性流れに予測されるマッハ数等値線（CV 格子数 160 × 80，100 % CDS），Lilek (1995) より．

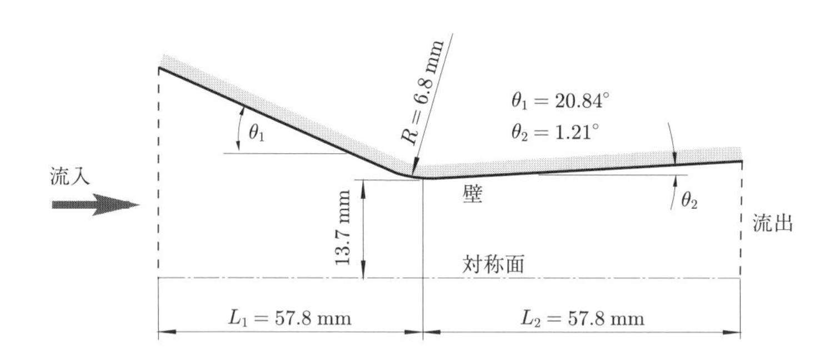

図 11.5　圧縮性チャネル流れの形状と境界条件．

られるマッハ数分布を示す．等間隔格子において CDS では対角係数 A_{P} が 0 となるが，遅延補正法 (deferred correction approach) を適用することで，方程式に粘性項がなく，衝撃波がある場合でも解を得ることができ，計算解には振動がみられるが衝撃波はよく解像されている．

高速流れへの圧力–速度修正法のもう 1 つの適用例として上下対称の縮小 − 拡大チャネル流れを取り上げる．図 11.5 に上半面の流れ形状と境界条件を示す．流入境界に全圧とエンタルピーを与え，流出境界ではすべての変数を外挿した．粘性は 0 としたオイラー解析である．計算格子は，粗格子 42 × 5 から細格子 672 × 80 まで 5 段階で変えた．

マッハ数等値線を図 11.6 に示す．この壁面形状の変化では流れがに十分に加速膨張できないため，絞り部の後方で衝撃波が生じている．衝撃波は上下壁面で 2 回反射して出口断面に至る．

図 11.7 に，粗さの異なる 5 ケースの格子についてのチャネル壁面上の圧力分布の計算結果を Mason et al. (1980) と比較して表す．最も粗い格子では解に振動がみら

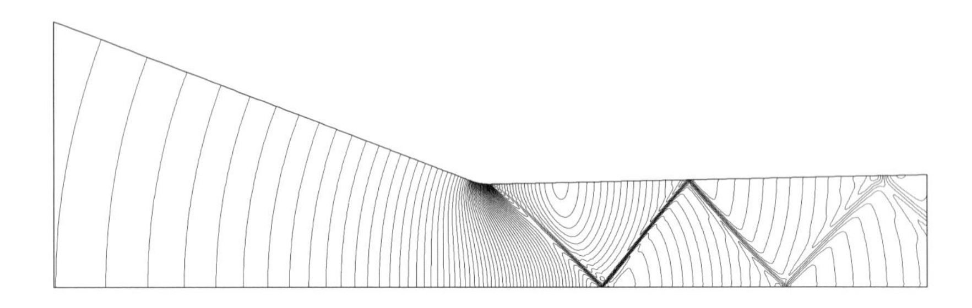

図 11.6　圧縮性チャネル流れのマッハ数等値線の予測（マッハ数最小（流入）Ma = 0.22, 最大 Ma = 1.46, 時間ステップ 0.02）；Lilek (1995) より．

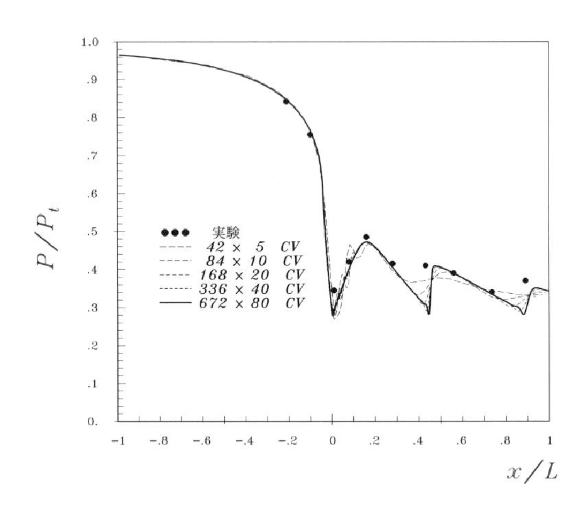

図 11.7　チャネル壁面上の圧力の分布，計算予測 (Lilek, 1995) と実験計測 (Mason et al., 1980).

れるが，その他の格子では滑らかな結果が得られている．従前の事例と同様に，格子を細分化しても衝撃波の位置は変わらず，分布の急峻さのみが改善される．格子が比較的粗い出口近傍を除いて数値誤差は全域で小さく，最も細かい2つの格子での結果はこの図ではほとんど区別できない．また，実験データとの一致も極めて良好である．

この節で述べた解析法は，マッハ数が高いほど収束が速くなる傾向がある（CDSの比率が高すぎて衝撃波で強い振動解を生じる場合は例外となる．ほとんど問題でおよそ 90〜95 % が限界であった）．バンプ付きチャネル流れ（図 11.4）の解の収束を，非圧縮性流れ解析（層流 Re = 100）と超音速流れ (Ma = 1.65) の場合とを比較して図 11.8 に示す．ここでは，両者とも同じ格子，同じ緩和係数が使われている．圧縮

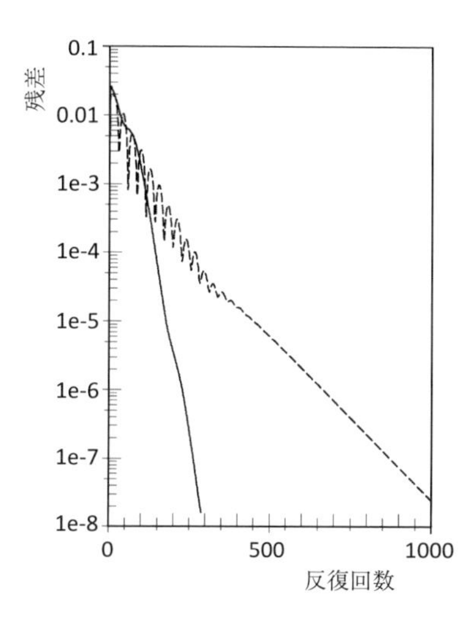

図 11.8 バンプを越えるチャネル流れにおける圧力修正法の収束性（層流 Re = 100，超音速 $\mathrm{Ma_{in}} = 1.65$）; Lilek (1995) より．

性流れの場合には収束速度がほぼ一様なのに対して，低いレイノルズ数の非圧縮性流れでは許容誤差を厳しくとるほど収束速度は落ちてくる．十分高いマッハ数では，格子を細分化したときの計算時間は格子点数にほぼ比例して増加するにすぎない（対数グラフの傾きが非圧縮性では 1.8 なのに対して圧縮性では 1.1）．ただし，12 章で後述するように，楕円型問題の解法の収束性はマルチグリッド法を適用することで実質的に改善され得るので，それによって十分効率的な解法となる．圧縮性流れに拡張したこの解法は定常，非定常のいずれの流れ問題にも適している．

結果的に解の精度を向上させるには，解が急変する衝撃波の近傍で局所的に格子細分化を行うのがよい．局所格子細分化の方法と適用場所の基準については 12 章に述べる．また，中心差分と風上差分の混合率も全領域に同じではなく，例えば上記の事例において衝撃波近傍においてのみ局所的に調整するのがよい．風上差分をどこで，どれだけ混合するかは，解の単調性の要件や，トータル変動減衰（TVD，次節参照）の条件などの適切な要件に基づいてきめることができる．

11.3 圧縮性流れのための解法

11.3.1 はじめに

前節までに述べた手法は，非圧縮性流れの計算方法を圧縮性流れを扱えるように拡張したものである．この本でもすでに何度も述べたように，圧縮性流れに対して特別に開発された解析法が数多くある．特に，これらの解析法は7章に述べた人工圧縮性の手法と組み合わせて用いられる．ここでは，本章で説明した解析法と比較してその相違がわかるように，圧縮性解法の代表的なものを簡単に紹介する．圧縮性流れ解法のコードを書くのに十分なほど詳しくは述べられないので，これらの解法の扱い方に興味のある読者はHirsch (2007)，Tannehill et al. (1997) などの教科書を参考とされたい[2]．

歴史的にみて圧縮性流れの計算法はいくつかの段階をたどって発展した．まずはじめには（1970年ごろまで）線形化されたポテンシャル流れの方程式のみが解かれた．その後，計算機能力が向上するにつれて，非線形のポテンシャル流れ方程式へ，さらに1980年代にはオイラー方程式へと興味が向けられた．この20年の主な関心が粘性流れのナビエ・ストークス方程式（高速の高レイノルズ数流れは乱流にあったことから，より正確にはRANS（時間平均乱流モデル）方程式）が最近の研究対象となってきた．

これらの計算手法に共通して取り入れられている概念があるとすれば，それは，方程式が双曲型で，実数の特性ベクトル（特性曲線）を持ち，解の情報がその方向に有限速度で伝播するということである．もう1つの重要な課題は，これも解が特性曲線を持つことから生じることであるが，圧縮性流れの方程式は衝撃波などの不連続性な解を持ちうるという点である．この不連続性は，非粘性ではシャープだが，粘性がゼロでない場合には有限の厚さを持つ．ほとんどの圧縮性流れの解法では，これらの重要な解の特徴について特別な考慮がされている[3]．

これらの解析法は主に飛行機やロケットあるいはタービン翼の空気力学の問題に適用されている．速度が速いために陽的解法は非常に小さな時間刻みを必要とし計算効率が大変悪い．そこで，より望ましい陰的な解法が開発されてきた．以下にも述べるように，陽的解法がまだ多く用いられている．

11.3.2 不連続解の扱い

不連続性を扱うということはさらに別な問題も生じる．これまでもみてきたように，解の急峻な変化を解像しようとするときには常に何らかの振動（あるいは‘wiggle’）を生じる傾向がある．このことは，非散逸的な離散化（基本的にすべての中心差分が含まれる）を用いる場合に特に顕著となる．衝撃波（他の不連続性も含め）は解が急変する問題の極端な代表例であり，そのための離散化手法に多大な労力が注がれてきた．解に不連続性が含まれるとき，1次より高い次数のいかなる離散化法も解の単調性を保障できないことがわかっている (Hirsch, 2007, Sect. 8.3)．精度につい

---

[2] 訳注：日本語の教科書としては藤井孝藏 (1994)：流体力学の数値計算法，東京大学出版会など．

[3] 訳注：圧縮性流れ解析法の一般的特徴として，基礎変数に測度 $\mathbf{v}$ ではなく運動量 $\delta\mathbf{v}$ を用いることも挙げられる．

ては中心差分（あるいは，それと同等の有限体積法スキーム）が最善の解を与えるので，圧縮性流れ解法の多くでは衝撃波近傍にだけ空間差分を風上化し他の領域には中心差分を適用する．

これらは圧縮性流れ解法を設計する際には避けられない問題である．以下に，ごく一般的で表面的にではあるが，これらの問題を扱うために提案された代表的な手法について概観してみる．

最も初期に用いられた手法は陽解法と中心差分に基づくものであった．なかでも，MacCormack (2003)（1969 年からの再版）手法は今でも用いられている．この種の手法で解の振動を避けるには方程式に人工粘性を導入する必要がある．その際単なる 2 次の散逸項（普通の粘性項と同等）はすべての場所で解を鈍らせるので，衝撃波の急峻な変化に対してより強く利くような項が望ましい．4 次の散逸項（すなわち，速度の 4 次微分を含む付加項）が一般的であるが，さらに高次の項も使われることがある．

最初の効果的な陰解法は Beam and Warming (1978) によって開発された．彼らの手法は，クランク・ニコルソン法の近似因数分解法に基づくもので，5 章と 8 章に紹介した ADI 法の圧縮性流れへの拡張とみることもできる．ADI 法がそうであったように，この手法でも定常解への収束のために時間刻みの最適化を行う．ここでも，中心差分を用いてさらに陽的な 4 次の散逸項が方程式に付加される．

最近になって，風上差分のより巧妙な適用に興味がもたれるようになってきた．問題は常に同じで，解の滑らかなところで不要な数値誤差の混入を避けつつ，不連続性をよく再現することにある．このための手法の 1 つとして Steger and Warming (1981) による流束ベクトル分離法 (flux-vector-splitting) が挙げられる．これには，多数の改良や拡張が提案されている．ここでは，流束（オイラー解析を対象としているので，運動方程式の対流流束を意味する）を方程式の特性曲線に沿った成分に分解するという考え方が用いられる．一般にこれらの流束は異なる方向を向いているので，それぞれの流束の方向に沿って適切な風上差分が適用される．得られる解法はかなり複雑なものとなるが，基本的には風上差分によって不連続な解に滑らかさと安定化がもたらされる．

11.3.3 制限条件による方法

最後に，解の滑らかさと正確さをもたらすような制限条件 (limiter) を用いるタイプの手法について述べておこう．最も早くには，Boris and Book (1973) によって対流流束修正法 (flux-corrected transport: FCT) が提案されている（Kuzmin et al., 2012 も参照）．これは，この種の方法の中では理解しやすく，1 次元の問題であれば 1 次風上差分を用いて容易に解を計算できるであろう．解に含まれる拡散誤差は評価でき（例えば，高次スキームを用いた結果と比較する），次いで，逆拡散ステップ

(anti-diffusive step) と呼ばれる手続きにより，この誤差が振動を生じないように調整して解から取り除かれる．Kuzmin et al. (2012) には Zalesak (1979) による対流流束修正法の多次元への拡張が紹介され，また，Parrott and Christie (1986) はこれを非構造格子の有限要素に一般化している．

さらに，同様の考え方に基づいたより巧妙な手法として，一般に，**フラックスリミッター** (flux limiters) として知られている一連の方法がある．4.4.6 項に多数の例を紹介するので，ここでは，CV に入る保存量変数の流束値を，CV 内に変数分布の極値を生じないような範囲に制限する，という考え方を示しておく．このタイプの最も代表的な手法である TVD（total variation diminishing：トータル変動減衰）法では，参照する格子点 k についての変数 q の全変動量

$$TV(q^n) = \sum_k |q_k^n - q_{k-1}^n| \tag{11.30}$$

を指標量として，これを減少させるように変数 q のコントロール面での流束を制限することで，この考え方を定式化している．

この種の解法は，1 次元問題では衝撃波を極めてきれいに再現し得ることが示されている．多次元問題に対しては，各方向にそれぞれ 1 次元の解法を適用するのがわかりやすい考え方であろう．ただし，これでは完全にはうまくいかない．それは，4.7 節でも説明したように，非圧縮性流れでの風上差分法が多次元では 1 次元より精度が劣るのと同じ理由による．

TVD 法は不連続解の近傍で近似の次数精度を下げている．そこには 1 次精度が適用され，これが解の単調性を保証する唯一の方法である．よって，1 次精度スキームの性質として大きな数値散逸が与えられている．別のタイプのスキームとして，**ENO**（essentially non-oscillatory：本質的に非振動）法が開発されている．この方法は単調性を保証しない．不連続解の近傍で近似次数を下げる代わりに，不連続解を横切らない片側近似になるよう計算点の取り方 (stencil) や，形状関数を変える．

重み付き ENO 法では，（計算点の取り方の違う）複数の近似式を定義して，それぞれが生じる振動に対して制限する．抽出された振動の種類に応じて各式に重み付けをして最終的な形状関数（reconstruction polynomial：**再構成多項式**）を決定する．計算効率のためには近似式の計算点が少なく連続しているのがよいが，高い近似精度を保ちつつ振動を除くには多数の計算点を含むスキームにならざるを得ない．

大気境界層と衝撃波の研究では，勾配が大きいときに WENO スキームは散逸的であるため，対流スキームが切り替わると計算結果に過大な変化をもたらすことが指摘されている．Fu et al. (2016，2017) は「選択的 ENO(targeted ENO)」と呼ぶ方法でこの問題に取り組んでいる．そこでは，高次精度（6 次または 8 次）スキームが散逸が小さくかつ衝撃波近傍で良い解になるように最適化されている．

非構造型の解適合格子に対しても，いくつかの巧妙な方法が Abgrall (1994)，Liu

et al. (1994)，Sonar (1997)，Friedrich (1998) などによって提案されている．これらの手法を陰的解法にすることは難しい．陽解法でも時間ステップ当たりの計算時間は他の手法よりも増加するが，これは振動のない高精度の解を得る代わりには避けられないコストといえよう．

最後に，これは楕円型方程式の解析のために開発されたものではあるが，マルチグリッド法が圧縮性流れ問題でも効果的であることを指摘しておく．

11.3.4　前　処　理

また，上述した最近の手法のほとんどが陽的に定式化されていることを注意しておこう．よって，これらの手法を用いる際には，時間ステップ（または，同等のそれに代わる係数）に制限を生じる．通常は，その制限はクーラン (Courant) 条件で与えられるが，音波の存在を考慮して次のように修正される：

$$\frac{|u \pm c|\,\Delta t}{\Delta x} < \alpha \,, \tag{11.31}$$

ここで，c は気体中の音速であり，係数 c は時間進行の手法に依存する．

流れの圧縮性が弱い場合 ($\mathrm{Ma} = u/c \ll 1$)，この条件は

$$\frac{c\,\Delta t}{\Delta x} < \alpha \tag{11.32}$$

となり，非圧縮性流れ解析で用いられるクーラン条件

$$\frac{u\Delta t}{\Delta x} < \alpha \tag{11.33}$$

に比べて極めて厳しいものとなる．このため圧縮性を小さくしていくと圧縮性流れ解法はまったく効率の劣るものとなってしまう．その意味では，本書で述べた圧力修正法は圧縮性／非圧縮性，あるいは，定常／非定常のいずれに対してもある程度の計算効率を持っている．非圧縮性から圧縮性の高い流れまで適用範囲を広く取りたい汎用の市販コードにおいてこの手法が多く用いられているのは，まさにこの理由による．

もともと圧縮性流れ用に開発され，その後，すべてのマッハ数の流れを処理できるように拡張された方法もある．11.1 節で述べたように，マッハ数が低い場合，支配方程式は数値的に非常に解きにくく (stiff) なる．これに対応するには前処理を使用できる（この概念については 5.3 節で説明した）．ここでは，そのような手法の 1 つとして，2 つの商用コードに実装されている計算の考え方を紹介する．詳細については Weiss and Smith (1995) および Weiss et al. (1999) を参照されたい．この方法は非圧縮性の流れに適用できるように，時間微分の前処理を使用する．このアプローチは Turkel (1987) によって最初に提案された．圧力 p，デカルト速度成分 u_i，温度 T を解変数として，保存方程式の連成システムとして考慮する．前処理行列 K は，連成方程式の時間導関数で各項を乗算し，次のように定義される：

$$K = \begin{bmatrix} \theta & 0 & 0 & 0 & \dfrac{\partial \rho}{\partial T} \\ \theta u_x & \rho & 0 & 0 & u_x \dfrac{\partial \rho}{\partial T} \\ \theta u_y & 0 & \rho & 0 & u_y \dfrac{\partial \rho}{\partial T} \\ \theta u_z & 0 & 0 & \rho & u_z \dfrac{\partial \rho}{\partial T} \\ \theta h - \delta & \rho u_x & \rho u_y & \rho u_z & h \dfrac{\partial \rho}{\partial T} + \rho c_p \end{bmatrix} . \tag{11.34}$$

温度に対する密度の導関数は，一定の圧力で取得される．理想気体の場合

$$\left(\frac{\partial \rho}{\partial T} \right)_p = - \frac{p}{RT} \tag{11.35}$$

となり，δ は 1 に設定される．非圧縮性流体の場合は両方の量に 0 を設定する．最も重要なパラメータは θ で，次のように定義される：

$$\theta = \frac{1}{U_r^2} - \frac{\partial \rho / \partial T}{\rho c_p} , \tag{11.36}$$

ここで，U_r は基準速度を表す．これは，対流および拡散の時間スケールに関するシステムの固有値が良好な状態を保つように選択される．つまり，方程式のスティッフネスを排除するためにリスケールされる．これは，その値が局所的な対流速度または拡散速度を下回らないように U_r を制限することで実現される：

$$U_r = \max \left(|\mathbf{v}|, \nu / \Delta x, \epsilon \sqrt{\delta p / \rho} \right) , \tag{11.37}$$

そして 3 番目の制限値は数値安定性の理由から選択される（特によどみ点／線の領域に対応，ϵ は通常 10^{-3} に設定される）．Δx は，グリッド格子に基づく拡散の局所長さスケールである．圧縮性の流れの場合，U_r は局所音速 c によってさらに制限される．

2 次空間離散化による有限体積法が使用される．（Barth and Jespersen, 1989 によって提案された方法）に基づき変数をセル面の重心に補間するために使用されるセル中心の勾配は振動を避けるために制限されている．

時間微分の事前調整は時間精度を損うため，この方法は定常状態の問題にのみ適用できる．これは，最終的な解のみが重要な場合，つまり時間微分がゼロになり事前調整が害を及ぼさない場合に限定される．過渡問題に対する時間精度の高い解決策が必要な場合は，デュアルタイムステッピングを使用する必要がある．この場合，まず非定常流れの支配方程式系を考える．それぞれの式には「物理時間」に対する微分項を含んでいるが，これに擬似時間に関する前処理された時間微分を追加する．物理時間

ステップに対して，解の変化が止まるまで擬似時間でいくつかのステップが実行される（つまり，擬似時間での定常状態が達成され，前処理された時間導関数がゼロになり元の方程式が復元される）．

擬似時間のステップは，前述した逐次圧力修正スキームの外部反復に対応する．擬似時間での積分には大きな時間ステップが可能であり，擬似時間での精度が必要ないため 1 次陰的オイラースキームが使用される．非定常流れの問題を解決するときは，精度要件に従って物理時間ステップのサイズを選択する必要がある．使用されるスキームは，通常は 2 次のものであり，例えば 3 つの時間レベルを備えた陰的後退スキームやクランク・ニコルソンスキームなどである．

8 章および 9 章で提示されているような定常状態の非圧縮性流れ問題は，クーラン数が非常に大きく (1000〜10000) なるように擬似時間のステップが選択されている場合に，この連成ソルバーを使用して非常に効率的に解くことができる．これに対して，より小さい時間ステップが規定されている場合には，この方法はあまり効率的ではない．通常，商用のコードでは 1〜10 のクーラン数のデフォルト値が指定されているが，これが最適であることはほとんどない．クーラン数の使用可能な最大値（通常，最高の効率が得られる）が問題に依存し，数桁変動する可能性があることが難しさとなる．

上記の連成ソルバーの効率（非圧縮性流れと圧縮性流れの両方）は，線形化された連成方程式を解くための代数マルチグリッド法（12.4 節を参照）の使用に大きく依存する．さらなる解説といくつかの例示的な応用例が Weiss et al. (1999) に記載されている．

11.4 応用計算に関するコメント

圧縮性流れに関する文献には，高次精度の手法やラージ・エディ・シミュレーション，壁面モデル化などをまとめて記した応用例や論文が豊富にある．ここでは，それらのいくつかについてコメントする．

圧縮性流れとスカラーのラージ・エディ・シミュレーションに取り組んだ最初期の研究の 1 つは，Moin et al. (1991) である．彼らは，ダイナミック SGS モデル（10.3.3.3 を参照）の適用に加えて，ファブル (Favre) フィルター（密度重み付き）平均した変数を用いて，支配方程式を再定式化した．Bilger (1975) が指摘しているように，この平均化により「連続の式が厳密な形となり，乱流流束から密度変動を伴う二重相関が排除される」．ファブルフィルター変数は以下のように定義される：

$$\overline{u}_i = \frac{\overline{\rho u_i}}{\overline{\rho}} \, , \tag{11.38}$$

ここで，上付線（オーバーバー）は RANS または LES の平均化を意味する．このようにして得られる支配方程式は，平均密度が含まれることと連続の式に時間微分項が含まれる点を除けば，非圧縮性 RANS 方程式または LES 方程式と非常によく似た形をしている．したがって標準的な解法が適用可能であり，減衰する等方性乱流やチャネル流れに対して，優れた結果を示した．Garnier et al. (2009) の 2.3.6 項では，ファブルフィルタリングについて解説しており（ほとんどの著者がこの変数の変換を使用していることに注目している），Moin et al. (1991) は運動方程式とスカラー方程式へ展開を詳細に示している．

現在活発に研究が進められている分野の1つに，ジェットエンジン排気からの騒音予測が挙げられる．その際には，音の伝播に加えて離散化や境界条件に対して新たな制約が課せられる．Bodony and Lele (2008) は，ラージ・エディ・シミュレーションを用いたジェット騒音の予測に関するレビューを行っているが，それ以降もさらなる改良が加えられている．Brès et al. (2017) は非構造格子コードを用いて，超音速ジェットに対して LES を適用した．Housman et al. (2017) は，オーバーセット格子（9.1.3 項を参照）とハイブリッド RANS/LES モデルを用いて，低騒音超音速ビジネスジェットの開発を目的とした研究の一環として，ジェット騒音を調べた．また Brehm et al. (2017) は，NASA のプロジェクトであるエンジン騒音の遮蔽による地域騒音低減の一環として，超音速衝突噴流による騒音発生を研究するために，陰的 LES（10.3.2 項を参照）および修正版の6次精度衝撃波捕捉 WENO スキーム（11.3 節を参照）を使用した．その他，流れによって生成される音の予測や，高速流れに対する数値解析手法に関する概論が，Wang et al. (2016) および Pirozzoli (2011) に掲載されている．

最後に，壁に囲まれた圧縮性流れに関する Le Bras et al. (2017) の注目すべき研究を紹介する．そこでは，高次精度数値スキーム（例えば，6次精度コンパクトスキーム；3.3.3 項を参照），渦粘性 SGS モデル，および壁面モデル（速度に対して Reichardt, 1951 の解析式，温度に対して Kader, 1981 の解析式，10.3.5.5 を参照）を組み合わせて用いている．

NASA の乱流モデリングリソース (turbulence modeling resource: TMR）は，乱流モデルを圧縮性 RANS 方程式に実装するための指針を提供している．

第12章　計算効率と精度の改良

12.1　はじめに

12.1.1　格子と流れ現象の解像

この章では，数値手法の観点から計算効率と精度について取り上げる．まず，流れの物理予測として数値解の精度，すなわち，数値解が流れの物理現象を正確に表しているか？を問う．その際，シミュレーションの目的を明確化する，特に，流れの「どのような物理現象」を表そうとしているのかを正確に定めることが重要であり，物理現象に関する知識（多くの場合，理論，流れの観察，次元解析などから得られる）が必要な格子解像度を定義するのに役立つ．例えば，10 章で紹介した球体周りの流れシミュレーションにおいて，（小さな乱れを生成する）トリップワイヤーによる抗力係数の大きな変化（抗力が 50 % 以上減少）が格子解像度にあまり左右されずに予測できた．一方，滑らかな球体では，格子細分化によって流れのはく離付近の小さな渦の詳細が変化したことから，熱伝達に関心があるなら，流れの局所的な予測誤差が重要となるかもしれない．関心のある流れの物理を捉えれば，それこそがシミュレーションの成功であるとはっきり理解する必要がある．

当然ながら，予測すべき流れの物理特性が格子解像度によって大きく左右される可能性がある．その一例として，2 枚の水平プレート間にある流体が下から加熱される際のレイリー・ベナール対流を取り上げてみよう．この流れでは，熱伝達過程が拡散から対流に遷移する臨界レイリー数が初期不安定性を決定付け，そのときの（水平方向の）変動波長は実験や直接数値シミュレーションによってプレート間隔の約 2 倍となることが知られている．よって，シミュレーションでは格子解像度がプレート間隔と同程度より小さくなければ初期不安定性を適切に表現できない．実際，線形安定性理論を用いて初期波長を推定する場合，波長の 10 分の 1 程度の格子間隔を選択する必要がある．実例として，Zhou et al. (2014) の大気境界層の研究において，初期不安定構造のサイズと「臨界」乱流レイリー数が「流れの自然な状態」ではなく「格子間隔」に依存することが実証されている．シミュレーションで予測される（またはシミュレーションから解釈される）流れの物理特性は，流れ現象を計算格子がどれほど解像したかに依存し得るので，解像度が不十分な場合に私たちが見るものは現実（自然または実験）と同じとは限らない．

格子解像度がシミュレーションで予測される流体物理に与える影響について説得力をもって示した例として，Bryan (2007) および Bryan et al. (2003) らがある．彼らは，非静水型の圧縮性コード（WRF(Weather Research and Forecasting) モデルと同じソルバー）の LES モード（10.3.3 項を参照）で行った，暴風雨の前縁での深い湿潤対流シミュレーションの結果を報告している．その際の計算領域は，前線に沿って 128 km，前線を横切る方向に 512 km，高さ方向に 18 km としている．前線を横切る方向に 20 m/s の風速変化に対して，シミュレーション開始から 6 時間後の地上 5 km の高さにおける鉛直方向速度を示した結果を図 12.1 に示す．その結果は驚くべきものであり，上昇気流と下降気流の数と大きさ（すなわち雲の形状）が，格子解像度に大きく依存することが明らかになった．ただし，解像度が 125 m に達すると，その依存性は減少する．Bryan はエネルギースペクトルの分布（図 12.2）から，125 m の解像度で流れが適切に解像されていることを示した．この図でさらに注目すべきは，格子間隔が大きい場合，最もエネルギーの大きい渦のサイズが，流体物理ではなく格子サイズに支配されることである．実際，最もエネルギーの高い上昇気流のサイズは，格子サイズが増加するにつれて漸近的に格子サイズの 6 倍の大きさになる．このケースの簡易解析からは，対流セルの直径を 2 km と仮定すると（フィールドデータに基づく），LES のための水平格子解像度としては O(100 m〜200 m) が適切であると見積もられ，これは Bryan による詳細な格子解像度の研究と一致する．これについては Matheou and Chung (2014) も参照されたい．

まとめると，シミュレーションの格子の細分化や改良によって通常は精度が向上する．ただし，計算予測された流れの物理特性が格子解像度によって本質的に変化する可能性もある．求めるべき流れの物理特性をあらかじめ理解することは，シミュレーションを正しく実行するためのよきガイドとなる．

12.1.2　本章の構成

解法の性能を測る最良の方法は，求める予測精度を達成するために必要な計算量によるものである．CFD 法の効率と精度を向上させる方法はいくつかあるが，ここでは，ここまでの章で説明したどの解法にも適用できる一般的な 3 つの方法を紹介する．

12.2　誤差の分析と評価

2.5.7 項において，流体問題の数値解析を行う場合，避けることができないさまざまな誤差について簡単に述べた．ここではさまざまな種類の誤差についてより詳細に議論し，その評価方法や除去方法について述べる．さらに計算プログラムとモデルの検証に関する問題についても言及する．

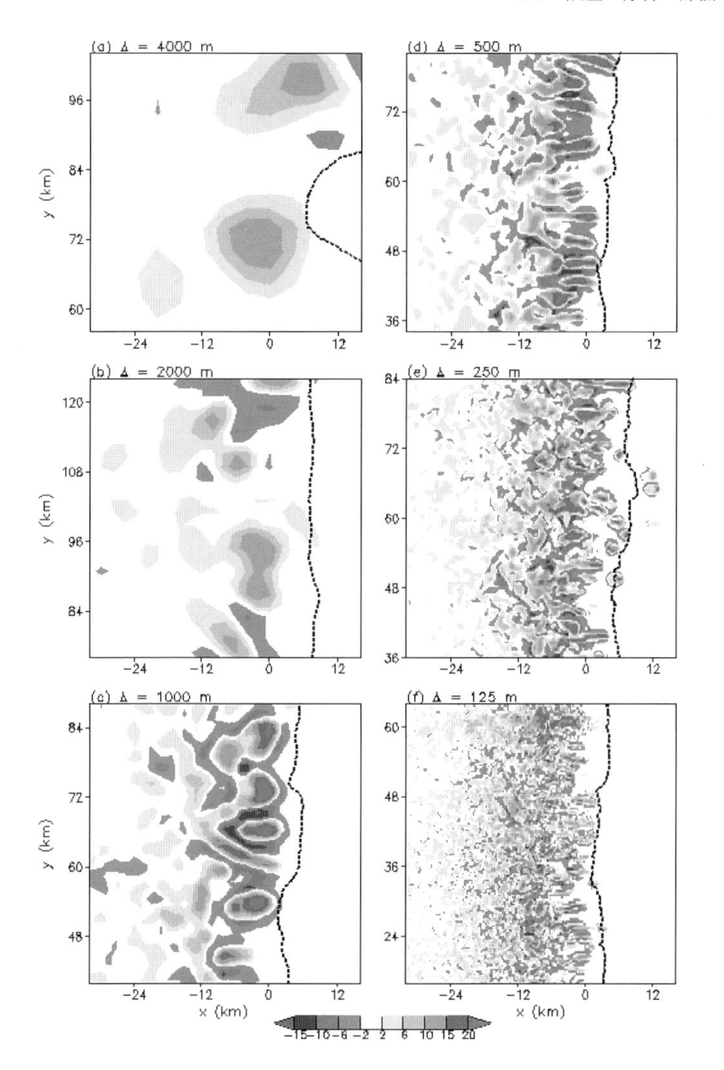

図 **12.1**　格子幅 (△) 4 km〜125 m による前線予測における 5 km AGL(地上高) での垂直方向速度の分布 (m/s) の 6 時間の変化．破線は気象前線を示す（George Bryan 氏（米国立気象研究所）の好意による）．

12.2.1　誤差の種類

12.2.1.1　モデリング誤差

流体運動とそれに関連する現象は，通常，基本的な物理量の保存則を表す積分方程

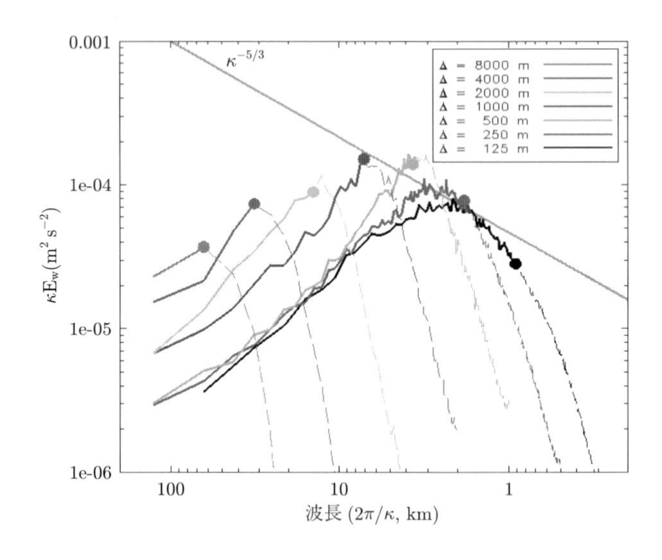

図 12.2　格子幅 (△) 8 km〜125 m による前線予測における 5 km AGL(地上高) での垂直方向速度スペクトル，κ は波長，破線の右端が格子幅相当．（George Bryan 氏（米国立気象研究所）の好意による）．

式もしくは偏微分方程式で表され，これらの方程式自体が対象とする問題の**数理モデル** (mathematical model) と考えることもできる．ナビエ・ストークス方程式は厳密であると考えてもよいが，工学的に重要なほとんどの流れ場でこの方程式を解析的に解くことはできないし，直接数値解析するにしても流れ場が乱流状態になると莫大な計算資源が必要となる．さらには燃焼，多相流，化学反応プロセスなどでは厳密な数学的表現さえ困難となり，モデル化による近似の導入が不可欠となる．またニュートンの法則やフーリエの法則は，流体に対する多くの実験によって強く裏付けられてはいるが，それ自体が数理モデルである．

たとえ基本的な数理モデルが厳密であったとしても，モデルに含まれる流体の物性値については厳密にはわからない場合もある．流体のすべての物性値は温度，濃度そして恐らくは圧力にも強く依存していると考えられるが，この依存性についてはしばしば無視され，結果として新たなモデル誤差の要因となる（例えば自然対流におけるブシネスク近似の適用は低マッハ数流れにおける圧縮性の効果を無視したものである）．

また，方程式を解く場合には初期値と境界条件が必要となる．これらを厳密に与えることは，通常，非常に困難であり，さまざまな理由で近似を適用せざるを得ない．例えば，解析領域として無限遠であるべき方向に対して領域を限定して人為的な境界条件を適用することがしばしばある．また，解析領域の側面や流出境界と同様に，流入における流れについても仮定が必要となる場合が多い．したがって，支配方程式が厳密であったとしても，境界条件に対して適用した近似が解に影響を与えることもある．

最後になったが，実際に数値解析を行う場合，流れ場の形状を厳密に再現することは困難である．したがって，格子で再現できないような形状の詳細についてはしばしば無視される．構造格子やブロック構造格子を適用した解析プログラムの場合，複雑形状問題を扱う際には形状を単純化せざるを得ないことが多い．

以上のように，ある問題に対して数学的に厳密な物理境界条件を設定して，厳密に方程式が解けたとしても，得られた解は仮定した数理モデルの誤差により厳密に流れを表現しない場合がある．したがってこのような**モデリング誤差** (modeling error) を，特定の形状，流体特性および初期境界条件に対して真の流れと数理モデルの厳密解との差として定義する．

12.2.1.2 離散化誤差

さらにまた，与えられた支配方程式を数値的に厳密に解くことは大変難しい．すべての数値解析手法により得られた解は**近似解** (approximate solutions) であり，計算機で解けるように支配方程式を代数方程式系に変換する際にさまざまな近似を適用している．例えば有限体積法では，面および体積積分，定義点間の変数値，時間積分に対して適切な近似を行う必要がある．このような場合，空間的時間的な離散要素が細かいほど，近似はより正確になることは明らかであろう．より高度な近似を用いると近似精度は改善するが，これは簡単なことではない．というのも，より高精度な近似を用いた場合，プログラムが困難となり，計算負荷も増大し，さらには複雑形状問題への適用も難しくなる．大抵の場合，プログラム開発の前に近似方法は確定しており，ユーザーが解の正確さをコントロールできる要素としては，空間および時間に対する解像度のみである．

同じ近似方法を用いても，流れ場のある場所では大変正確であって他の場所では不正確となる場合がある．一般に流れは空間的にも時間的にも場所によって大きく変化することから，（時間もしくは空間的に）等間隔な格子が最適である場合はほとんどなく，変数の変化が小さい場所では誤差も小さくなっている．したがって，ある特定の離散点の数と近似を想定した場合，解に含まれる誤差は場所によって1桁かそれ以上も違う可能性がある．計算負荷と離散点の数は比例関係にあるので，計算効率（適用した近似に見合った精度を得るのに必要なコスト）を考えれば，離散点を最適に配置しその間隔を場所に応じて決めることは大変重要である．

ここでは**離散化誤差** (discretization error) を，支配方程式の厳密解と支配方程式の離散化により得られる代数方程式の厳密解との差として定義する．

12.2.1.3　反 復 誤 差

基礎式に対する離散化プロセスを経て，通常は非線形の代数方程式を連立した系が得られる．この方程式系は線形化され，大抵の場合に直接法は一般に計算コストが非常に大きいため，反復法により解が求められる．

すべての反復過程はどこかで反復を停止する必要があり，この判断のために**収束判定基準** (convergence criterion) を定義する必要がある．通常は残差のレベルがある特定の値に減少するまで反復は続けられ，これは誤差の量を同じオーダーまで減少させることに等しい．

解は必ず収束するとして十分に反復を繰り返したとしても，離散化方程式に対する**厳密**解を得ることはできない．というのも計算機の演算精度は有限であり，この結果，計算の丸め誤差が生じる．したがって反復誤差をこの丸め誤差以下にすることはできない．幸いなことに，この丸め誤差は解の誤差が計算機の演算精度に近づかない限りは問題とならず，通常，解に要求される精度はこれよりずっと低い．

ここでは**反復誤差** (iteration error) を離散化方程式の厳密解と反復計算で得られた解の差として定義する．反復誤差は離散化そのものとは切り離して考えてよいが，この誤差をある決められた大きさにとどめるために必要な計算労力は，離散化に用いる格子点の増加に伴い増大する．したがって反復誤差に対して，その大きさの最適値を選定することは大変重要である．すなわち反復誤差は他の誤差と比較して十分小さくあるべきであるが（さもなければ他の誤差を正確に評価することができない），小さくなりすぎてもいけない（必要以上の計算コストがかかってしまう）．

12.2.1.4　プログラミングとユーザーに起因する誤差

「すべての解析プログラムにはバグが含まれている」とまでいわれており（そして恐らくこれは真実であろう），バグを除去するよう努めるのはプログラム開発者の義務である．ここではこの問題について議論する．解析プログラムをながめてプログラミングの誤りを突き止めるのは通常困難であり，よりよい方法として，含まれているバグにより引き起こされる誤差が顕著に現れるようなテストケースを考案することが挙げられる．そして開発したプログラムを日常業務に適用する前にこのテスト計算を実施し，解析プログラムが期待した速度で収束しているか，離散点の数と解析誤差の減少は期待した通りか，得られた解は解析解や別のプログラムで得られた解と比較して妥当であるかなど，詳細に吟味する必要がある．

解析プログラムの特に注意すべきところは境界条件に関する部分であり，得られた解が適用した境界条件を本当に満足しているか，チェックしなければならない．実際，期待した境界条件を満足しない場合も珍しくなく，Perić (1993) はその一例について議論している．解析上の問題が起きるその他の要因として，お互い強く関連した項に対する近似の不整合性が挙げられる．例えば安定状態の気泡では，自由表面上の圧力差と表面張力が釣り合っている必要がある．解析解がわかっているような単純流れは，解析プログラムの検証に大変都合がよい．例えば，移動格子を用いるような解析プログラムでは，初期状態として静止状態を選び，境界格子を固定したまま内部格子を移動させることで検証できる．もしプログラムが正常ならば，流体は静止したままで格子の移動によって流れは影響を受けないはずである．

解の正確さは離散化手法と解析プログラムに依存するだけでなく，解析プログラムの利用者にも依存し，優秀な解析プログラムを用いたとしても誤った利用をすれば，当然ながら正しくない解が得られる．このユーザーによる誤差のほとんどは，結果として上で述べた3つの誤差の範疇のどれかとして現れるが，解析手法に由来する系統だった誤差か，あるいは解析コードを誤って利用した結果引き起こされる本来避けられるべき誤差かを区別することは重要である．

ユーザーによる誤差の多くは誤った入力データによるものであり，この間違いは多くの計算が実行された後になって初めて見つかるものである（もしくは時として最後まで気付かれない場合もある）．基礎方程式に対して無次元化を行っている場合は，幾何形状のスケーリングやパラメータの設定に起因する間違いがしばしば起こる．ユーザーにより引き起こされるその他の種類の誤りとしては，粗悪な計算格子によるものが挙げられ，不適当な配置の格子点を用いると誤差は1桁かそれ以上も増加し，ときにはまったく解が得られない場合も起こり得る．

12.2.2 誤 差 評 価

数値計算の結果はすべて誤差を含んでおり，重要なことはそれぞれの誤差がどの程度の大きさか，その大きさは対象とする問題に対して許容範囲内かどうか，ということを知っておくことである．誤差の許容範囲は目的により大きく変わる．デザイン変更に対する定性的評価や系全体としての応答のみが重要であるような新製品デザインの初期段階の最適化問題に対しては十分許容範囲の誤差であっても，問題が変わればまったく使い物にならないということもある．

したがって，まず解を求めることは大切ではあるが，ある問題に対してその解がどの程度要求を満たしているかを知ることも大切である．特に商用のプログラムを用いる場合は，ユーザーは得られた解の詳細な分析と誤差評価を，可能な限り綿密に行うことに集中すべきである．初心者にとってはこれは大きな負担となろうが，経験豊かな CFD 実務者はこれを慣用的に行っているものである．

誤差解析は上で述べた誤差の順番とは逆に行われる．すなわち，まず反復誤差の評価から始め（これはある1つの計算のみで実施できる），離散化誤差の評価に進み（これは異なる格子を用いて行った最低2つの計算結果を必要とする），最後にモデリング誤差の評価を行う（これはより多くの計算結果を必要とする）．それぞれの誤差はそれに続く誤差よりも1桁は小さくあるべきであり，そうでなければ，その後の誤差評価の正確さが十分に確保できない.

12.2.2.1　反復誤差の評価

ナビエ・ストークス方程式は非線形であるため，その解法には2つの反復ループが生じる（図7.6を参照）. **内部反復**は，特定の変数について線形化された（場合によっては分割された）線形方程式系を解くときに使用され，**外部反復**は線形方程式系の係数および右辺項を更新するために使用される.

計算効率を考えた場合，反復過程をいつ止めるべきかを判断することは重要である. 内部反復については，非線形の連立方程式が適切に解かれる前に行列係数と右辺を何度も更新する必要があるため過剰な反復には意味がなく，ほとんどの場合，係数更新の前に残差レベルを1桁減らすだけで十分となる. 内部反復数を増やしても必要な外部反復回数は減らないため，ただ計算時間が長くなるだけとなる. 一方，内部反復の停止が早過ぎると多くの外部反復が必要になり，計算の労力が再び増加する. 最適な反復の停止基準は，いつものとおり，問題により異なる.

外部反復を制御することはより重要である. 離散化された非線形方程式は，行列係数と右辺の更新によって解の変化が収束したときに初めて適切に解かれたといえる. 経験則として，外部反復誤差（収束誤差とも呼ばれる）は，離散化誤差よりも少なくとも1桁低くする必要があるが，丸め誤差レベルまで反復することには意味がない. ほとんどの工学問題では，どの変数にも3〜4桁の有効数字の相対精度（基準値と比較した誤差）があれば十分といえる.

これらの誤差を評価する方法は数多く存在する. Ferziger and Perić (1996) はこのうちの3つの方法について詳細に調べ（5.7節を参照），反復の初期過程を除き，残差と連続する反復間の差と残差との減少率と同じである. 図8.9に示されるように，残差のノルム，連続する反復間の差のノルム，推定誤差，および実際の反復誤差の曲線は，いくつかの反復の後，すべて同じ傾きとなる. 外部反復では，線形化された方程式の現在の解と更新された行列係数および右辺を使用して計算された残差（つまり，新しい内部反復ループの開始時に計算された残差）が関連していることに注意が必要であり，それは2つの連続するループの最後の内部反復からの差によって得られる.

したがってもし反復の初期に誤差のレベルがわかれば（もし初期値をゼロとするならばこれは解そのものであり，適切に見積もった理にかなった予測値を使えばそれよりやや小さな値となる），残差ノルム（もしくは連続する反復間の差のノルム）が3から4桁下がる間に誤差は初期の誤差に対して2から3桁下がっていると確信してよい. これは有効数字の2桁目から3桁目までの数字について，これ以上反復を行っても変化しないことを示しており，解は0.01から0.1 %の誤差で正確であるといえる.

上記の説明は定常問題の解法に対するもので，非定常問題を解く場合の反復誤差の推定はもう少し複雑になる．陽的解法の場合は，圧力方程式または圧力修正方程式が十分に厳しい許容値で解かれ，質量保存方程式が適切に満たされていることを保証するだけで十分であり，残差を3桁減らせば通常は十分となる．陰的解法の場合には，（LESのように）時間ステップが非常に小さいならば，外部反復にこのような厳格な基準を要求する必要はない．解が時間ステップ間であまり変化しなければ各時間ステップ内で残差レベルを3桁減らすのは厳しすぎる可能性があり，非線形性や連成効果を更新するには大抵は3〜5回の外部反復で十分となる．新たな対象に応用する際には，収束基準を変えたときの影響テストを行って反復誤差が十分に小さいと確認することを勧める．

よく犯す間違いとしては，連続する反復間の差の大きさのみに着目し，この大きさがある小さな値より小さくなった場合に計算を終了するやり方である．反復計算が緩やかに収束するときにはその差は小さくなり得るが，一方で反復誤差は大きなままである可能性もある．誤差の大きさを正しく評価するためには，連続する反復間の差を適切に規格化して，緩やかな収束ではその規格化した値が大きくなるように評価する必要がある（5.7節を参照）．一方，この差のノルムが反復により3から4桁下がることを収束条件として採用しておけば，大抵の場合は十分安全である．CFDに用いられる線形方程式の解法の多くは残差の計算を必要とするので，最も簡単な方法はこれらのノルム（絶対値の総和や二乗平均の平方根）をモニターすることである．

粗い格子を用いた場合には離散化誤差が大きくなるので大きな反復誤差が許される一方，細かい格子ではより厳しい収束条件が要求される．収束判定として，残差を離散点の平均ではなく総和として計算した場合，格子が増えるに従ってその総和も大きくなり，収束条件も厳しくなることから，この傾向は自動的に考慮されることになる．

新しい解析コードを開発したり，新たな機能をコードに加えた場合には，反復計算において本当に解の残差が丸め誤差のレベルに達するのか？という懸念を払拭しておかなければならない．収束がそのレベルまで達しない場合は，しばしば間違いがどこかに含まれており，特に境界条件の設定の誤りである場合が多い．しかし，その限界が収束したと判断される閾値をたまたま下回っているためにコードの誤りに気付かない場合もあり得る．別の条件では反復の初期に収束が止まり発散傾向に移行するかもしれない．ひとたび徹底的なテストを行えば，その後は通常の収束条件に戻ればよい．

また，もし本質的に非定常であるような問題（例えばカルマン渦列が発生するようなレイノルズ数での円柱周り流れ）に対して定常解を得ようとするならば，反復解法は収束しない場合がある．それぞれの反復過程は擬似的な時間ステップと解釈することができ（7.2.2項を参照），その結果，反復過程は収束せず，残差は無限に振動を繰り返すであろう．

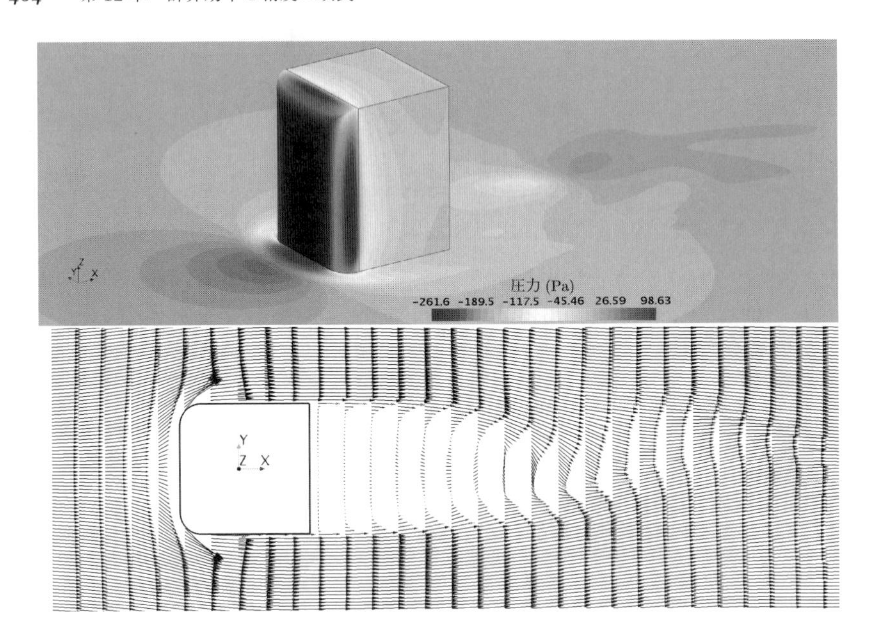

図 12.3　壁面障害物周りの流れのシミュレーション：非定常計算による障害物と底壁の瞬間圧力分布（上），障害物の中間高さにおける底壁に平行な断面の速度ベクトル（下）．

このようなケースは幾何形状が対称で定常対称解が不安定な場合にしばしば起こる（例えばディフューザーや急拡大流れでは，層流やレイノルズ平均場では，定常解にもかかわらず，解はしばしば非対称となり，一方に大きなはく離域が現れる）．このような問題に直面した場合には，レイノルズ数を小さくしたり，対称境界条件を用いて流れ場の半分のみを解析したり，時間的に過渡的な計算を行うことで原因を突き止めることができる．

複雑な形状では，解析領域の一部でしばしば局所的に流れが不安定になる（例えば，車のミラーの後ろ）．このような場合，残差は通常の収束レベルを下回ることもあるが，さらに減らそうとするとある段階で振動し始める．不安定性は非常に弱い場合が多く，計算を不安定なまま続行すると積分量（力，モーメント，全熱流束など）の時間変化が小さくとも計算は定常状態へは収束しないであろう．

図 12.3 と図 12.4 は，壁面障害物の周りの定常乱流を計算しようとしたときに発生する可能性のある問題の例を示している．定常計算を試みると，残差は同じ（実際よりは過大な）値の周りを振動し，振動減衰の兆候はみられない．2000 回の反復後に非定常シミュレーションに切り替えると，新しい各時間ステップの開始時の残差は高いレベルのままで減少する傾向をみせないが，各時間ステップ間の外部反復は収束

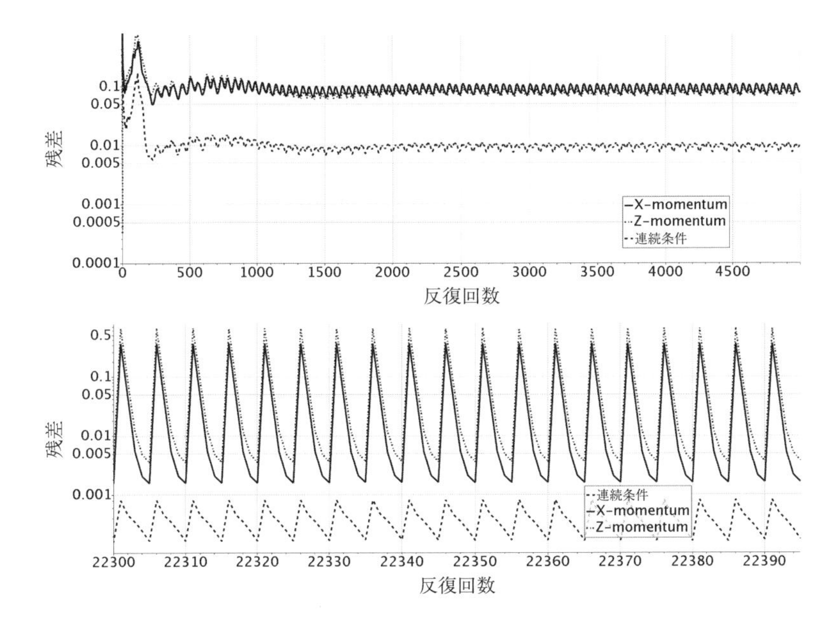

図 12.4 壁面障害物周りの流れのシミュレーション：定常計算（上）と非定常計算（下）における残差変化.

し，時間ステップごとに 5 回の外部反復のみで運動方程式の残差は 2 桁以上減少する．明らかに，障害物の後流は時間的に不安定であり，速度ベクトルの予測結果からわかるように，流れは対称ではなく定常解を持たない．

定常および過渡シミュレーションによる障害物に対する抗力と揚力を図 12.5 と図 12.6 に示す．定常計算では，抗力係数は過渡の場合よりも低い値を挟んで振動する．揚力はどちらの場合もゼロを中心に振動するが，振幅は定常計算の場合にほぼ 2 倍になる．これらの結果は CFD コードのユーザーに以下の警告を与えている．すなわち，定常計算の残差が通常の収束基準よりも高いレベルで振動し始めた場合，支配方程式の解は得られておらず，結果可視化から画像を解釈したり，単に振動力を平均化して定めてはならない．過渡シミュレーションに切り替えることによってのみ，各時間ステップごとに物理的に解釈できる支配方程式の有効な解を得る．その結果，力やその他の積分値の振動は，時間平均（平均抗力や熱伝達係数の評価）やその他の処理（振動周波数，平均値の周りの変動の rms 値などの取得）が可能となる．

格子を細分化したり，低次の離散化スキームから高次の離散化スキームに切り替えたりすると，収束の問題が発生することは珍しくない．その理由は，流れの不安定性が弱い場合，離散化誤差によって十分な減衰（例えば，1 次風上スキームの数値拡散）が発生し，反復が定常状態に収束し得るためである．流れの不安定性は多くの場

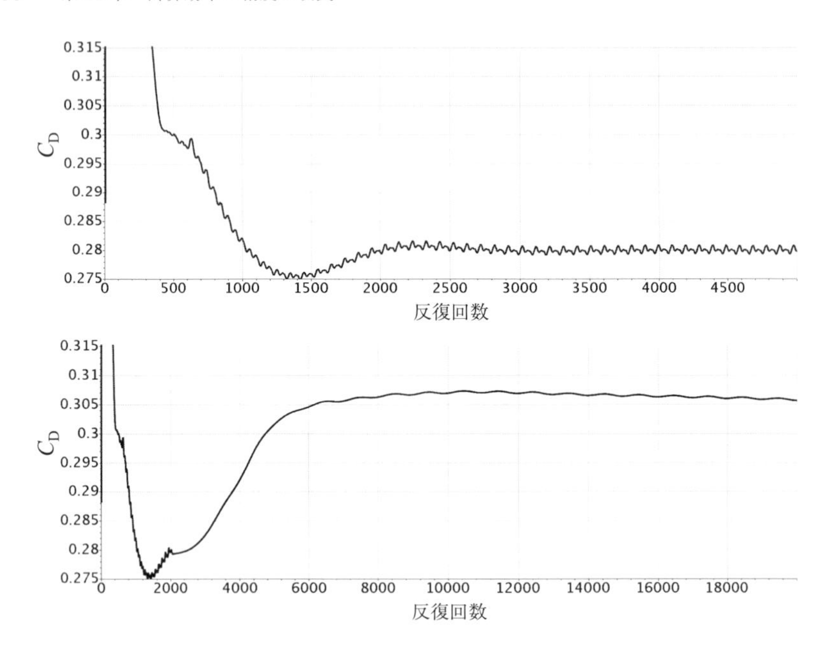

図 12.5　壁面障害物周りの流れのシミュレーション：抗力係数の定常計算での反復変化（上），非定常計算での時間変化（下）.

合にはく離と関連しており，小さなはく離領域（例えば，翼の負圧側）は格子が十分に細分化された場合にのみ現れることがある．いずれにしても，非定常計算の各時間ステップ内の外部反復が収束し，一方，定常計算の残差が振動する場合，流れは本質的に不安定であり，それを考慮した計算が必要となる．外部反復が非定常計算の各時間ステップ内で収束しない場合は，(i) 時間ステップが大きすぎる，(ii) 不足緩和係数が高すぎる，(iii) 解析条件の設定ミス（格子品質，境界条件，流体特性など）が原因として考えられる．

12.2.2.2　離散化誤差の評価

離散化誤差の評価は，系統的に格子を細かくした場合の複数の数値解析結果を比較することで，初めて可能になる（詳細は 3.11.1.2 と 3.9 節を参照）．先に述べたように，これらの誤差は基礎式の各項や境界条件に近似を施すことにより生じ，滑らかな解を持つ問題に対して近似の優劣はその**次数** (order) により表現することができる．ここで次数は近似による**打ち切り誤差**と格子幅のべき乗とを関連付け，空間微分の打ち切り誤差が格子幅に対して $(\Delta x)^p$ に比例する場合の近似が p 次精度であると表現する．この次数は誤差の**大きさ**を直接表す指標ではなく，格子幅を変化させた場合

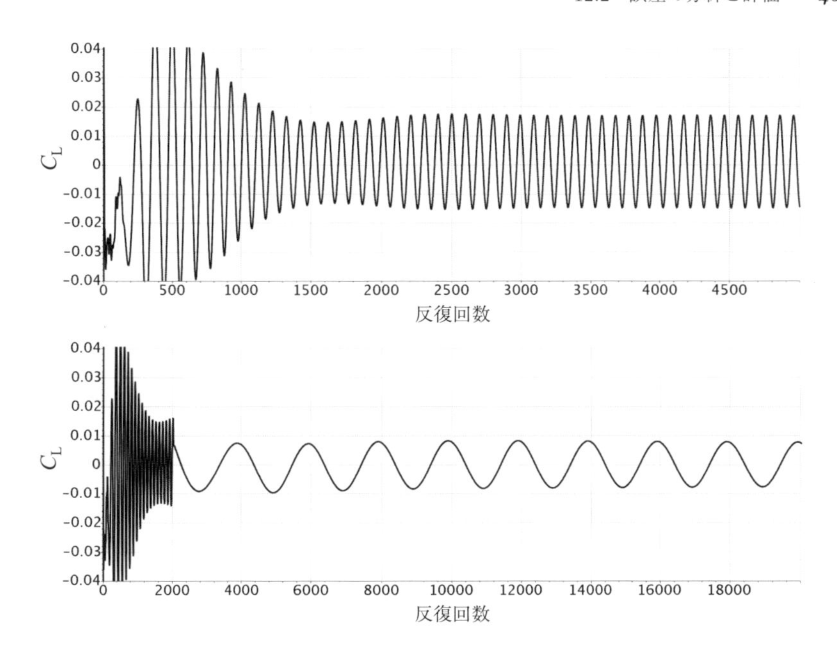

図 12.6 壁面障害物周りの流れのシミュレーション：揚力係数の定常計算での反復変化（上），非定常計算での時間変化（下）．

に誤差の大きさがどのように変化するかを示している．すなわち，同じ次数の近似でも，その誤差の大きさが桁違いに異なる場合もあるし，低次の近似がある格子に対してはより高次の近似よりも小さな誤差を持つこともある．しかしながら，格子幅が十分に小さくなれば，より高次の近似は確実により正確である．

多くの離散化方程式はテイラー展開を用いることで近似精度の次数を容易に求められる．一方，支配方程式のそれぞれの項に異なる次数の近似を適用する場合もあり，解法全体の次数は明確ではない場合もある（通常は，方程式の重要ないくつかの項に対する最も低い次数が相当する）．また解析プログラムへのアルゴリズムの組み込みにより誤差の次数が期待したものと異なってしまう場合もある．したがって手法の次数については，対象とする問題に応じて実際のコードを用いてチェックすることが重要である．

構造格子を用いた場合の離散化誤差解析の最善の方法は，それぞれの方向の格子幅を半分に細分化することである．しかしこれは容易ではなく，3 次元の場合は格子数が 8 倍に増加する．すなわち 3 段階の細分化を行った場合，3 番目の格子数は最初の格子数の 64 倍となり，これ以上の細分化は望めそうにない．また，誤差はいつも一様に分布しているわけではなく，格子のすべてを細分化するのは理にかなっているとはいえない．その上，任意形状の CV や要素による非構造格子を用いた場合は局所的な座標方向は存在せず，要素の細分化はまったく異なる方法によらなければならない．

重要なことは，格子の細分化は**十分** (substantial) かつ**系統的** (systematic) でなければならない，ということである．すなわち，ある方向の格子数が（例えば 112 から 128 に）増加したとしても，等間隔格子を用いた誤差が一様に分布するようなアカデミックな問題を除いては，それほど有効ではない．細分化した格子は元の格子に対して，各方向少なくとも 50 % は格子数が増加しているべきである（もしくは格子幅の比が少なくとも 2/3 倍に小さくなる）．系統的な細分化とは，格子のトポロジーと相対的な格子点の空間分布の密度が，すべての細分化のレベルで同等であるということである．格子点の分布が異なる場合，格子総数は一定のまま離散化誤差に大きな変化が生じる可能性がある．その例を図 8.10 に示す．壁面近くで格子をより細かく配した不等間隔格子により得られた結果 ψ_{max} は，同じ格子数で等間隔格子を用いた結果より 1 桁も正確である．どちらの結果も格子数を増加するに従い，同じ次数（2 次）で同じ解に漸近していくが，その誤差の大きさは 10 倍かそれ以上も異なる．類似の結果が図 6.4，図 6.6，図 8.17 にも示されている．

上述の例は良好な格子を生成することの重要性を強調しており，CFD で実用的な工学問題を扱う場合に格子生成の部分は最も時間を消費する．質の高い格子の生成は言うまでもなくどのような形であれ困難を伴う．良い格子とは可能な限り直交に近くあるべきである（直交性とは手法によりその意味が異なることに注意されたい．例えば有限体積法ではセル面と近傍セルの中心を結んだ線がなす角度がこれに相当し，この意味で四面体格子は直交性を有しているといえる）．打ち切り誤差が大きいと思われる場所では格子はより密にすべきであり，したがって格子の設計者は対象の流れ場の解をある程度見積もれなければならない（12.1.1 項を参照）．これは格子の優劣を判定する最も重要な基準であり，局所的な細分化を施した非構造格子を用いることで最もうまく対処することができる．その他の格子判定の基準については適用する手法により異なる（格子の滑らかさ，アスペクト比，拡大比など）．格子品質の測定については 12.3 節で詳しく説明する．

離散化誤差の評価方法で最も簡便なものはリチャードソンの外挿に基づくものであり，計算を行う格子は単調収束する解が得られる程度に十分細かいことが前提となる（もしそうでなければ，誤差は望んだ以上に大きなものとなろう）．したがってこの手法は，2 つの格子が**十分細かく**かつ誤差の減少の次数がわかっているときにおいてのみ正確であるといえる．誤差の減少の次数は，格子が上で述べた意味で十分細かいときには 3 種類の段階的に細かくしていった格子に対して得られた結果から，次に示す式を用いて求めることができる（詳細は Roache, 1994, Ferziger and Perić, 1996 を参照）：

$$p = \frac{\log\left(\dfrac{\phi_{rh} - \phi_{r^2h}}{\phi_h - \phi_{rh}}\right)}{\log r} \,, \tag{12.1}$$

ここで r は格子密度の増加率を表し（格子を 2 分割していく場合は $r = 2$），ϕ_h は平均幅 h の格子で得られた解を表している．このとき，離散化誤差は次のように評価される（詳しくは 3.9 節を参照）：

$$\epsilon_h \approx \frac{\phi_h - \phi_{rh}}{r^p - 1} \,. \tag{12.2}$$

したがってもし格子幅を 2 分割する場合には，ある格子で得られた解が含む誤差は，2 次精度の場合その格子系における解と 2 分割した格子系における解の差の 1/3 に等しくなり，1 次精度の場合には誤差は前述の解の差そのものとなる．

図 8.10 に示した例では，リチャードソンの外挿を等間隔と不等間隔の両方に適用した結果，格子に依存しない解の推定値は両格子で 5 桁まで一致するが，解に含まれる誤差自体は 1 桁も異なる．

誤差は場の変数のみならず，積分量（抗力，揚力など）に対しても求めることができることに注意されたい．ただしこのとき，収束の次数はすべての量に対して同じではない可能性がある．例えば層流などの滑らかな解が得られるような問題に対して大抵の場合は理論的な次数（例えば 2 次）と一致するが，一方，（乱流，燃焼，二相流などの）複雑な数理モデルや，スイッチやリミッターなどを用いた複雑なスキームを用いた場合には，次数の定義自体が難しくなるであろう．しかし，次数 p や Roache (1994) が言うところの**格子収束指数** (grid convergence index) を算出する必要はなく，系統的に細かくしたいくつかの格子（願わくば 3 種類）を用いて計算を行い得られた物理量の変化を示すだけで十分である．もし，その変化が単調であり，かつ格子の細分化に従ってその差が小さくなるのであれば，格子に依存しない漸近解がどの程度の格子解像度で得られるかは容易に見積もることができる．もちろん，この場合にもリチャードソンの外挿を用いて格子に依存しない解を求めるべきである．

また，格子の細分化は解析領域全体にわたる必要はないことに注意されたい．もし誤差評価により，誤差がある場所ではかなり小さくなることがわかっていれば，局所的な格子の細分化を用いることができる．物体周り流れはその一例であり，物体の近傍と後流域にのみ高い格子解像度が要求される．この局所細密化を用いた方法は大変効果的であるが，適用にあたっては注意が必要である．すなわち，打ち切り誤差が大きいような場所に格子の細分化が行われていない場合，別の場所に大きな誤差が発生する場合がある．それは，誤差が物理量自体と同様の（対流や拡散といった）輸送過程に従うからである．

ここで，離散化誤差を推定する際に問題となる 2 つの原因について言及しておく．1 つは，乱流を計算する際の壁関数の使用に関連する（10.3.5 項を参照）．このとき，境界条件は壁上に指定されず，代わりに壁のせん断応力を壁に隣接するセルの中心の速度に関連付けられて，この位置が境界層の対数則の範囲内にあると仮定する．対数則は，壁法線方向と壁接線方向の両方に顕著な勾配が存在するような複雑な壁形状を伴う流れでは通常厳密には成り立たない．格子が細分化されると壁に隣接するセルの重心の位置が移動し，したがって運動方程式の境界条件も実質的に変化する．そのため，離散化スキームからの予想に従わない積分量の変化が発生し得る．これは特に細分化格子で壁に隣接するセルの重心がバッファー層 ($5 < n^+ < 30$) に入ってしまう場合に当てはまる．壁関数を使用する場合には，すべての粗さレベルの格子で壁隣接計算点が対数範囲内 ($n^+ > 30$) に収まる必要がある．別の方法としては，すべての粗さ格子で壁に隣接する最初のプリズム層の厚さを固定して壁近くのセルの n^+ を同じままに保ち，壁近傍格子を接線方向にのみ細分化することである．

境界層が計算格子によって解像されている（いわゆる「低レイノルズ」アプローチを用い壁近傍セルの中心で $n^+ \approx 1$）場合，運動方程式には滑りなしの自明な境界条件が使用される．この場合，積分量（力，モーメント，熱伝達など）の変化には，通常，リチャードソンの外挿を使用した誤差推定が有効に働く．ただし，すべての粗さレベルの格子で壁近傍セルが $n^+ < 2$ であることを必要とする．n^+ 値が両者の中間範囲になる場合は，「高レイノルズ」バージョンに代えていわゆる「全 y^+」バージョンの壁関数を使用するのがよいが，それよりも壁関数を使用して壁面で n^+ が 30 を超えるようにする方が優る．

もう 1 つの問題は，計算格子による物体形状の解像度，特に壁面の曲率に関連する．典型的な例には，ターボ機械のブレード前縁（船舶のプロペラ，ファン，水力タービンまたはガスタービンのブレード，風力タービンまたは潮力タービンのブレードなど）が挙げられる．前縁が尖って曲率が非常に大きい場合，最大と最小の圧力位置が非常に近くなるため壁法線方向だけでなく壁接線方向にも細かい格子が必要となる．しかし，市販ソフトウェアの自動格子生成ツールでは生成プロセス中に特別な注意を払わない限り（例えば，前縁に沿った格子間隔，または，曲率を解像する円周上の点数を指定），前縁の曲率を適切に解像できない場合がある．その際，粗い格子では前縁が丸みを帯びる代わりに，かえって鋭くなる可能性もある．このような場合，格子細分化によって計算領域の形状が実質的に変更されるために一部変数量の収束変化が期待どおりとはならず，リチャードソンの外挿の使用が困難になる．したがって，初期格子が計算領域形状を可能な限り適切に表現していることが重要である．例を図 12.7 に示す．

12.2.2.3　モデリング誤差の評価

モデリング誤差の評価は最も難しく，それには実際の流れ場のデータが必要となるが，大抵の場合には必要なデータの入手は困難である．したがってモデリング誤差を

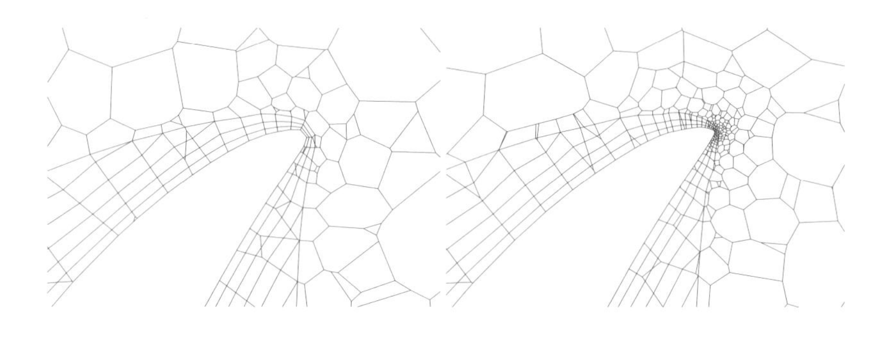

図 12.7　計算格子におけるプロペラブレードの前縁の解像度：前縁角の壁接線方向の格子が粗い場合（左），局所的改良による改善（右）.

評価する場合は，詳細で正確な実験データか（LES や DNS といった）正確なシミュレーションデータが存在するような限られたテストケースに対してのみ行うのが普通である．どのような場合でも，実験値と計算値を比較する前に，反復誤差および離散化誤差の分析を十分行いこれらが十分小さいことを示しておくべきである．さもなければ時としてモデリング誤差と離散化誤差が打ち消しあい，細かい格子で得られた結果よりも粗い格子で得られた計算値が実験値とよく合うという結果が得られる場合がある．したがって実験データは，プログラムの検証を行う場合には用いるべきではない．このような場合にはまず得られた計算結果の系統的な分析を行い，格子を細かくするに従って計算結果が格子依存性のない解に漸近しかつ離散化誤差が十分小さくなっているか，という点を明らかにしてから，初めて計算結果と実験データの比較に進むことができる．

モデリング誤差を定量化する前に，離散化誤差を推定するための格子依存性の調査を非常に慎重に実行する必要がある．格子が適切に設計されていない場合，一部の流れ特性が，どの格子でも再現できないことがあり，この結果，粗さの異なる格子の解がわずかしか違わないので離散化誤差が小さいという間違った結論に至る可能性がある．その結果，最も細かい格子でのシミュレーション結果と実験の違いが，モデリング誤差として誤って解釈されてしまう．その例を 13.8 節に示す．先端渦が占める空間内で格子が局所的に高度に細分化されていない限り，渦核の低圧が過小評価され，先端渦キャビテーションは捕捉されない．格子依存性の調査で使用するすべての格子が渦核の低圧を正確に捕捉できるほどに先端渦を十分に解像していない場合，推力とトルクは十分に収束しているようにみえても，先端渦キャビテーションの情報は欠落してしまう．このとき，先端渦キャビテーションの欠落をキャビテーションのモデル誤差が原因とするのは不公平な評価といえる．実際には，格子が適切に局所的に細分化されている場合結果は非常に良好となるのだから，同様の問題は他の状況でも発生し得る．例えば，シミュレーションと実験の食い違いの原因がしばしば乱流モデルのせいにされるが，実はその多くが不適切な格子によるものである．境界層の特徴を捉えるのに壁法線方向格子を細かくする必要があることは誰もが知っているが，曲面壁，せん断層，渦，あるいは2次流れに対して，商用ソフトウェアの経験の浅いユーザーには気がつかれない理由のために，接線方向にも局所的な細分化が必要になることがよくある．

また実験データもあくまで近似値であり，時として計測およびデータ処理に伴う誤差が無視できない場合があることを心に留めておくことは大切である．実験データにはかなり大きな系統的誤差が含まれている場合がある．しかしながらモデルの評価のためには実験データは不可欠であり，計算結果を比較する場合は常に高い精度の実験データを用いるべきであり，実験データをこのようなモデル評価に利用する場合には実験データそのものの信頼性の分析も不可欠である．

モデリング誤差は対象とする物理量が異なればその大きさも異なることに注意されたい．例えば，計算により得られた圧力抵抗が計測値とよく合っていたとしても，摩擦抵抗には多くの誤差が含まれている場合がある．平均速度分布が良好に予測されている一方で，乱流強度は2倍程度過大評価されたり，半分に過小評価されるようなことも時として起こり得る．モデルが本当に正確であるかどうかを見極めるには，さまざまな物理量に対して結果を比較してみる必要がある．

12.2.2.4 プログラミングとユーザーに起因する誤差の発見

プログラミングの間違いにより引き起こされる誤差は，定量化が難しい誤差の一種である．それは「バグ」（コンパイルで引っかかるような打ち間違い）と呼ばれる単純なものから，アルゴリズム自体の間違いのような本質的なものまでさまざまである．反復誤差や離散化誤差を分析する過程でこのようなプログラミング誤差は見つかることが多いが，一方でプログラム内で整合性がとれているような場合には（極めてまれに）何年もの間見つからないでいる場合も起こり得る．特に比較すべき厳密なデータが存在しないような場合には注意すべきである．

ユーザーの間違いにより引き起こされた可能性のある誤差を発見するには，結果を批判的に分析することが大切である（12.1.1 項も参照）．一般的な流体力学と特に対象とする問題についてユーザーが精通していることは，重要である．用いているCFD コードが別の流れ場で十分評価されていたとしても，セットアップの段階でユーザーが間違いを犯し，結果として得られた解に大きな誤差が含まれてしまうこともあり得る（例えば格子生成における流れ形状の再現や境界条件，流れのパラメータなど）．ユーザー誤差を特定することは難しく（例えば，スケーリングに関する間違いを起こして，期待したのとは異なるレイノルズ数の流れを計算してしまった場合など），したがって得られた結果を常に批判的に評価することが大切である．可能ならば計算を行った本人以外に結果を評価してもらうべきである．

12.2.3 CFDの不確かさ解析の薦めと実践

新しく開発したCFDプログラム（もしくは既存のコードに新しい機能を加えた場合）の**検査** (verification) と，すでにその有用性がある程度確立したプログラムをある特別な問題に適用する場合の**検証** (validation) は分けて考えるべきである．

12.2.3.1 CFDプログラムの検査

新しく開発した，もしくは新しい特徴を加えたCFDプログラムは，（空間的時間的な）離散化誤差を評価し，反復誤差を小さくするための収束判定基準を明確にし，可能なかぎり「バグ」を除去することを目的として系統的な分析を行うべきである．この目的のためには，対象とするCFDコードで対応できるさまざまな問題を代表するようなテストケースを設定する必要がある．このとき，解析的数値的に十分正しいといえる解がすでに存在している必要がある．すでにわかっている詳細な境界条件に対して方程式が正しく解かれているかを確認したいので，数値解析結果の優劣を評価する上で実験データの利用は必ずしもベストな選択ではない．反復誤差や離散化誤差評価のためのテストで見過ごされてしまったアルゴリズムやプログラミングにおける間違いを特定するために作られた参照解が必要となる．

コードの検査に当たっては，いくつかの項がゼロになる状況を回避するように計算格子を設計する必要があることに注意したい．さもなければ，ゼロとなる項の実装の誤ちを見過ごす恐れがある．単純な計算対象に直交格子を使用する場合でも，わざと計算領域を回転すれば，容易に格子線が直交座標と一致しないようにできる（セル面の3つの表面ベクトル成分のうち2つがゼロになる状況が回避される）．さらに，解が座標系に対する解析領域の向きに依存しないことを確認する必要がある．

最初に，格子（もしくは時間ステップ）を細かくして格子（もしくは時間ステップ）依存性のない解へ計算結果が漸近していくときの次数を調べるために，離散化に用いられている近似について解析を行う．これは方程式中の重要な項（すべての項が等しく重要なわけではなく，その重要性は問題に依存することに注意されたい）に対して適用されている近似のうち，最も低い次数が相当する．時として全体的な次数を下げることなく，境界条件において内部領域より低次の近似が用いられる場合がある．一例として内部領域に2次精度中心差分を用い，境界に対して1次片側差分を用いる場合が挙げられ，この場合，全体的な収束は2次となる．しかしながらもしノイマン境界条件に対して低次の近似を用いた場合は，このことは確かではなくなる．

次に反復誤差についての解析を行う．手始めとして，倍精度で丸め誤差のレベルまで反復計算を実行する（これは残差が少なくとも12桁下がることを必要とする）．

このとき，既知の定常解が存在するテストケースを選ばなければならない．さもなければ，反復計算は擬似的な時間ステップとみなされることから，流れが自然に持つ不安定性は期待した定常解を許さず，あるレベル以下には収束しなくなる．適切な例としてレイノルズ数が50程度の円柱周りの流れが挙げられる．ひとたび正確な解が得られれば，この解と反復の途中段階での結果を比較することで反復誤差を評価することができる．後は前述した通りこの厳密な反復誤差を利用して，あらかじめ予測した誤差と比較したり，この誤差の減少率と残差や連続する反復計算値の差の減少率（反復回数に対する）との関係を調べることができる．この結果は，内部反復（すなわち線形方程式の解法）と，外部反復（すなわち非線形方程式の解法）の両方に対して収束判定基準を決めるのに役立つ．

離散化誤差についても解析を行わなければならない．これには，格子と時間ステップを段階的に系統立って細分化して得られた解を比較すればよい．構造格子やブロック構造格子に対してはこの系統的な格子の細分化は容易に行うことができ，例えばそれぞれの格子サイズが異なる3つの格子系を作ればよい．非構造格子の場合は構造格子ほど単純ではないが，相対的な格子サイズの分布が類似しつつも格子1つ1つの絶対的なサイズが異なるような格子系を作ることはできるであろう．打ち切り誤差の大きな領域では系統的な格子の細分化は重要であり，これは離散化誤差の源として作用し，流れ場の従属変数と同様に対流と拡散の影響を受ける．おおまかに言って，解の2階（より高階の）微分が大きくなるような場所では，格子は細かく，かつ系統的に細分化されていなければならない．壁面の近くやせん断層，後流域はその典型である．

このようにして少なくとも粗さの異なる3種類の格子系に対して反復誤差が十分小さい解を求める．このとき，格子が十分細かく，解が単調に収束しているという条件のもと，収束次数と離散化誤差を推定することができる．もしそうでなければさらなる格子の細分化が必要となる．この結果得られた次数が期待したものと異なる場合は，どこかに間違いが潜んでおり，見つけ出さなければならない．また，推定された離散化誤差についても要求された精度に達しているか調べるべきである．

このCFDプログラムに対する検証手順は，可能な限り多くの誤差の要因を根絶するために，実際に適用するアプリケーションと類似する数多くのテストケースに対して繰り返し行わなければならない．このようにCFDプログラムで得られた解に対して系統的な分析を行い，格子や時間ステップに依存しない収束解（信頼できる離散化誤差の評価が行われ，かつその大きさが十分小さいという意味で）が得られて初めて，計算結果を理論解や検証用データと比較すべきである．これはプログラミングやアルゴリズムに含まれる間違いの最終チェックを意味するので，ある1つの格子に対して得られた計算結果を検証用の結果と比較しただけでは意味がない．なぜなら，ある物理量がたまたまよく合ったり，いくつかの誤差がうまく打ち消しあうということはしばしば起こるからである．

CFD プログラムの検証は，数値的に正確な計算結果が現実の流れ場を再現しているかどうかという意味での正確さとは無関係である．どのような乱流モデルを用いようとも，我々はそのモデルが組み込まれた方程式について正しく解かれているかどうかを常に心に留めておかなければならない．同じ格子と同じ乱流モデルを用いて異なるプログラムで解析した結果の相違が，同じプログラムで異なる乱流モデルを用いた結果の相違よりもしばしば大きくなることが観察されている（これは1990年代の多くのワークショップで得られた結論である）．モデルをプログラムに組み込む際に相違点があったり，境界条件の扱いに相違点があったり，その原因は色々である．この問題は難しく，いまだ満足のいく解決策はみつかっていない．計算結果の相違は恐らく解析プログラムへの組み込みに関する相違により発生するものであると考えられる．いずれにしても，もし適用しているモデルが本当に同じものであり，そのプログラムへの組み込みが正しく行われ，誤差が正しく評価および間違いが除去されていれば，すべての解析プログラムからは同じ結果が得られ相違はなくなるはずである．解析プログラムの検証と誤差評価の必要性を強調する理由はここにある．

12.2.3.2 CFD 計算結果の検証

計算結果の検証には離散化誤差とモデリング誤差の解析が含まれ，このとき十分検証されたプログラムを用いて適当な収束判定条件が設定されているという前提から，反復誤差については除去されているとみなされる．

CFD の計算結果の正確さを左右する最も重要な要因の1つとして計算格子の優劣が挙げられる．たとえ質の低い格子を用いても，十分細かければ正しい解を得ることはできるが計算負荷は増大する．質の低い格子で不十分な細かさで解析を行えば，最高の解析プログラムを用いても結果は不正確なものとなるし，逆にもし格子を対象とするある問題に特化してチューニングすれば，より単純で低精度の近似に基づくプログラムでもすばらしい結果を得ることができる（しかしながら，さまざまな誤差が互いに打ち消しあうというのは問題である）．離散化誤差は格子点をうまく分布させることで減らすことができる（図 8.10 参照）．

多くの商用プログラムは十分安定に設計されており，ユーザーが提供するどのような格子においても計算が実行できるようになっている．しかしながらこの安定さは通常，（例えば風上近似を用いるといった）正確さの犠牲によって成り立っている．不注意なユーザーは格子の優劣についてはそれほど注意を払わず，結果，たやすく不正確な結果を得ることになる．計算結果に対して求める正確さのレベルに応じて，格子生成，誤差評価，最適化に努力を払うべきである．もし流れの定性的な特徴のみを求めるのであればそれほど時間をかける必要はないであろうが，定量的に正しい結果を手ごろな計算費用で望むのであれば，格子に対しては高い質が要求される．

実験データと比較する場合には，データに含まれる不確かさについてあらかじめ知っておかなければならない．このとき，（反復誤差と離散化誤差が取り除かれた）完全な収束解に対してのみ比較を行うのが最善の選択である．なぜならば，こうして初めてモデルの効果のみを評価することができるからである．実験データのグラフにみられる不確かさを示すエラーバーは通常計測で得られた値の幅で表され，もし離散化誤差がこの計測における不確かさの幅と比較して小さくなければ適用したモデルの評価として判断できることはなにもない．CFD においてモデリング誤差を評価することは最も難しいといえよう．

多くの場合，厳密な境界条件は未知であり，なんらかの仮定が必要となる．物体周りの流れにおける遠方場の条件や入口での乱流特性はその例である．このような場合，境界条件に関する重要パラメータ（遠方場境界の場所や乱流を表す物理量）を大きな幅で振ってみて，得られた解がどの程度このパラメータに対して敏感であるかを評価しておくことは重要である．この場合，このパラメータの手ごろな値に対してよい一致が得られることがしばしば起こるが，この値に対する実験データが提供されていなければ，これはせいぜい離散データに対する精密なカーブフィッティング程度のものでしかない．必要な物理量がすべて提供してある実験データを選択すること，そして計測を実施する当事者とそのようなデータを収拾することの大切さを議論することが重要な理由はまさにここにある．一部の乱流モデルは，入口条件と自由流れの乱流レベルに非常に敏感であり，パラメータのわずかな変化により解が大きく変化することが知られている．

ある流れ形状を基準としてそこから派生した類似の流れ形状を数多く解析しようとする場合は，代表的な形状を表す場合をテストケースとして実施し，その検証結果を信頼することになろう．テストケースと同じ格子解像度と同じモデルを用いれば，そこから発生する離散化誤差やモデリング誤差もテストケースと同程度のオーダーになると仮定することは理にかなっている．実際，多くの場合このことは真実であるが，必ずしもいつもそうであるとは言えず注意が必要である．すなわち，幾何形状の変化は時として新たな流れ現象を引き起こし（はく離，2 次流れ，不安定性など），適用したモデルがそのような現象を再現できないケースが起こり得る．したがってこのような場合には，幾何形状のわずかな変化にもかかわらず，モデリング誤差が劇的に増加する（例えばエンジンバルブ周りの流れ解析において，バルブの開放状態では，その誤差は 3 % 以内であったのにもかかわらず，わずかに開放状態を変化させるだけで定性的にも誤った解を得てしまう．詳細については Lilek et al., 1991 を参照）．

12.2.3.3　総括としての提言

CFD プログラムとその計算結果の検討のための厳格なルールを定義することは難しく非現実的である．離散化誤差を評価する場合はいつでも可能な限りリチャードソンの外挿を用いることを薦めるが，すべての問題に対して総括的な解答を得ることは難しい（例えば誤差の次数は対象とする物理量が変われば，変化する可能性がある）．10.3.3 項で述べたように，LES の品質を評価することは困難であるが，Sullivan and Patton (2011) には LES 品質評価の詳細な例が示されている．

多くの学術誌や専門組織により，CFD 解析の不確実性を評価し定量化するために以下のような独自ルールとガイドラインが開示されている：

- アメリカ機械学会 (ASME) は，検証と妥当性確認を標準化した (https://www.asme.org/products/codes-standards/v-v-20-2009-standards-verification-validation)．また，このトピックに関する会議を定期的に開催している (https://event.asme.org/V-V) [Celik et al. (2008) による ASME 評価手順の要約がある]
- アメリカ航空宇宙学会 (AIAA) も，CFD シミュレーションの検証と妥当性確認を標準化した（計算流体力学シミュレーションの検証と妥当性確認の手引き (https://doi.org/10.2514/4.472855; AIAA G-077-1998(2002))
- 国際曳航水槽会議 (ITTC) は，海洋工学における CFD の使用に関するガイドラインを公開している (https://ittc.info/media/4184/75-03-01-01.pdf)．

リチャードソンの外挿はすべての誤差推定手順に欠かせない要素であるが，これらのガイドラインではさらに広い意味で不確実性を評価している．ここでガイドラインの詳細説明はしないが，特定の応用分野で作業するときにはこれらのガイドラインに従うことを勧める．

さまざまなタイプの数理モデルを用いた場合（乱流，二相流，自由表面効果など），それぞれのモデルに起因する互いに異なる効果を分離することは難しい．しかしながらここでは，すべての定量的解析を目指す CFD 解析に共通に適用できる最も重要な手順を次のようにまとめておく：

- 適切な構造と細分化を施した格子を作成する（流れの変化が急な場所や壁面が湾曲したような場所では局所的な細分化を施す）．
- 系統的に格子の細分化を行う（非構造格子に対しては選択的な格子の細分化を行い，誤差が小さいような場所では細分化は必要ない）．
- 少なくとも 3 つの格子系に対して流れの計算を行い結果を比較する（このとき，反復誤差はいずれの場合にも十分小さいことを確認すること）．格子解像度の変化に応じた解の収束が単調でない場合は格子の細分化を再度行う．そして最も細かい格子において離散化誤差を評価する．
- 入手可能ならば計算結果の比較のための参照データを用意し，モデリング誤差の評価を行う．

ある程度理にかなった数値誤差評価であれば，どのようなものであれ，やらないよりはましである．数値解は常に**近似解** (approximate solution) であり，**いつも**その精度について問う姿勢を忘れてはならない．

多くの教育機関が，一般的な不確実性の定量化，特に CFD に関する専門コースを提供したり研究を行っている．例としては，スタンフォード大学の UQLab(http://web.stanford.edu/group/uq/) やフォン・カルマン研究所の講義シリーズ（VKI 講義シリーズ STO-AVT-236「計算流体力学における不確実性定量化」）などがある．CFD における不確実性定量化に関する出版物の数も急増しており，最近の例としては，Bijl et al. (2013) が編集した書籍や，Rakhimov et al. (2018) の論文などが挙げられる．

12.3　格子の品質と最適化

離散化誤差は格子を細分化することで減少する．離散化誤差を高い信頼性で評価するには，新たに対象とする流れ場ごとに格子細分化による誤差解析が必要となる．一方，ある決められた格子数に対して格子を最適化することで，最適化を行っていない格子に系統的な細分化を行った場合と同程度あるいはそれ以上に離散化誤差を減らすことができる．したがって格子の優劣に注意を払うことは重要である．

格子最適化の目的は，有限体積法においては面積積分および体積積分の近似精度を向上させることであり，具体的には用いる離散化手法に依存する．したがって本節では，この本で紹介した手法の精度に影響を与えるような格子の特性にのみ着目して議論する．

線形補間と中点公式を用いて対流流束を求める場合に最も高い精度が得られるのは，2 つの隣接する CV に対してその中心点を結ぶ線が両者に共通のセル界面の中心を通過するときである．これに対して特にブロック型構造格子を採用したような場合には，図 12.8 に示すような状況が生じることは避けがたい．実際，大抵の自動格子生成のプログラムでは，物体の突き出た角部でこの種の格子を生成してしまう．これは格子を生成する際に境界部分で六面体や四面体の層を形成するからである．図 12.9 が示すように境界面に平行な CV が薄く，格子の非直交性が強ければ，CV 面の非整合性も強くなる．このような場合，境界に対する格子の適合を考えずに対流流束の精度を向上させるには，図 12.8 に示すように格子を局所的に細分化すればよい．この細分化により共通セル界面の中心 k と CV 中心点 C と N_k を結ぶ線とセル面との交点 k' との距離は小さくなる．セル界面のサイズを表す値（例えば $\sqrt{S_k}$）に対する 2 点間の距離は，格子品質の優劣を示す指標となる．この距離が大きくなるような CV の配置については局所的な格子の細分化を行い，k' と k の距離を許容範囲まで小さくすればよい．非整合的なブロック型格子では，ブロック境界を挟む両側のセ

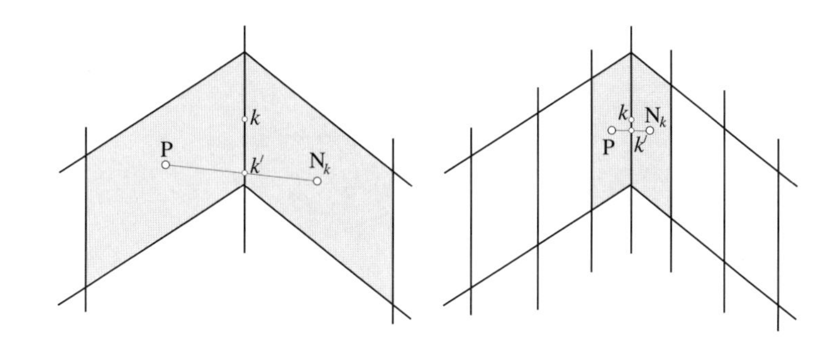

図 12.8　品質の劣る格子の例．k と k' の距離が大きい例（左）と局所的な格子細分化による改善（右）．

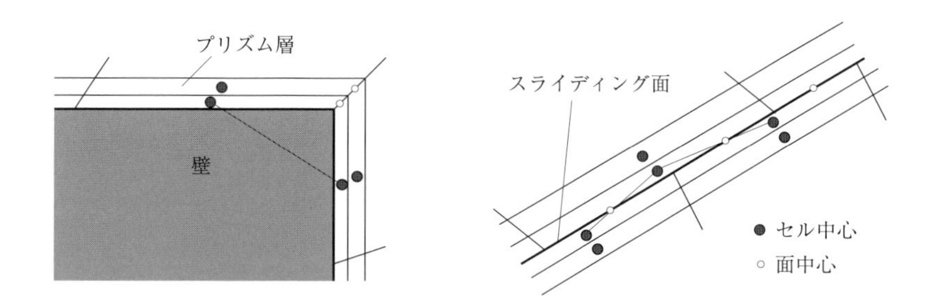

図 12.9　格子非直交性が顕著な例：プリズム層が鋭角を囲んでいる場合（左）と非等角界面にある場合（右）．

ルが同程度の大きさでアスペクト比が大きくなりすぎないように調整すべきで，これにより非直交性が許容できる範囲におさめられる．

拡散流束に対して最も高い精度が得られるのは，隣接する CV 中心を結ぶ線がセル界面と直交し，かつセル中心を通る場合である．このとき，格子直交性はセル界面に垂直な方向の微分に対する中心差分近似の精度を以下により向上させる：

$$\left(\frac{\partial \phi}{\partial n}\right)_{k'} \approx \frac{\phi_{N_k} - \phi_{\mathrm{C}}}{(\mathbf{r}_{N_k} - \mathbf{r}_{\mathrm{C}}) \cdot \mathbf{n}} \, . \tag{12.3}$$

この式で示した近似は，隣接する CV 中心を結んだ線の中点において 2 次精度であり，k' が中点にない場合でも多項式によるあてはめを利用することで高次の近似も可能である．もし非直交性が無視できないような場合には，垂直方向微分の近似には多くの格子点の値が必要になり，解の収束に関して問題を引き起こす場合がある．

もし k' がセル界面の中心になければ，k' での値がセル界面で平均した値を表しているという仮定は 2 次精度では成立しなくなる．これに対する修正や別の近似も可

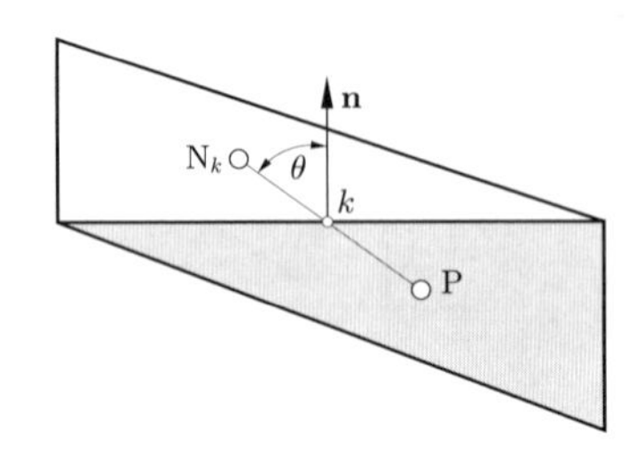

図 12.10　格子の非直交性の例：面法線と両側の CV 中心を結ぶ線との間の角度 θ で測定される．

能ではあるが，大抵の一般利用を目的とした CFD プログラムは式 (12.3) のような単純な近似を採用しており，この結果，格子の特性が好ましくない場合にはその精度が著しく低下する．9.7.1 項と 9.7.2 項では，この問題に対して 2 次精度を回復する方法を示した．任意の格子に対して高次精度の近似値を取得することもできるが，それはコードの複雑さを増しロバスト性が低下する．また，高次の方法では，品質の悪い比較的粗い格子では低次の方法よりも近似の精度がかえって低くなる可能性がある．

ほとんどの有限体積法では格子線が CV の角で直交することは重要ではなく，隣接 CV の中心を結ぶ線とセル面の法線がなす角度が重要である（図 12.10 の角度 θ を参照）．したがってこの意味で正四面体は直交性を有しているといえる．

角度 θ が 0 度から大きくずれている場合は大きな誤差とそれに伴う収束に関する問題を引き起こす可能性があり避けるべきである．図 12.8 で示した状況では，隣接 CV の中心を結んだ線とセル界面は直交しており，k' における勾配は正確に求めることができる．しかし k' と k の間の距離は大きく，この結果，流束をセル界面で積分した値の精度は悪くなる．

これとは別の種類の望ましくない歪んだ CV として，2 つの例を図 12.11 に示す．1 つは正六面体型の CV で上面がその垂直方向を回転軸として 90 度回転したもので，隣接する側面がねじ曲がってしまっている．もう 1 つのケースは同じ正六面体型でその上面が同じ面内でせん断変形してしまっている．このような変形は望ましくなく何としてでも避けるべきである．

湾曲した壁に薄いプリズム状セルが存在する場合，セルのひずみは特に問題になる．特にセルの重心の位置がセルの外側にずれると深刻な問題につながる可能性がある．解決策としては，プリズム層の厚さを増やすか，壁の接線方向に格子を細分化するか，またはその両方を行う必要がある．

2 次元では三角形，3 次元では四面体で構成された格子が，オイラー方程式を解くときによく使用される．しかし，ナビエ・ストークス方程式をこのタイプの格子で解く場合，四面体の品質が悪いと問題が発生する可能性がある．そのような問題は 2

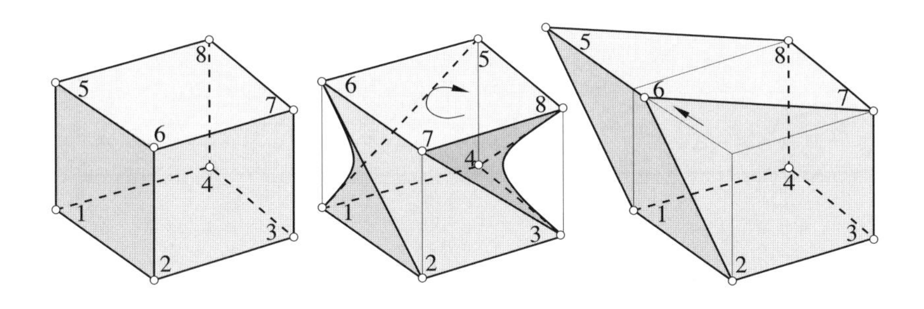

図 **12.11** ねじれ（中）やひずみ（右）によって品質が劣った格子の例.

つの境界の角で発生する．計算領域の境界にあるセルで2つの境界が交わるエッジ付近の四面体には，隣接するセル面が2つだけ，あるいは1つだけとなり得る（他のCV面は計算領域の境界に接している）．その場合，隣接するセル面のデータのみを使用して勾配（つまり，3つの座標方向の導関数）を正確に計算することができない．

計算格子にこのようなセルが存在しそこに通常の離散化が使用される場合，それらのセルの変数が振動し収束解が得られない可能性がある．一般的な解決策は境界に沿ってプリズム層を生成することである（特に，壁法線方向に高い勾配が存在する壁に沿って，また壁が湾曲している場合は接線方向にも適用する）．これにより，境界に隣接するセルに少なくとも4つの隣接セルが存在することが保証され，図12.12に示すように四面体が壁の近くで平坦になりすぎるとグリッドの非直交性が高くなるという問題も併せて解決される．特に粘性流や乱流の場合，主な格子タイプが三角形または四面体であれば壁近くのプリズム層は必須となる．

平坦で歪んだ四面体で発生する可能性があるもう1つの問題は，すべての隣接セルの重心がほぼ1つの平面に収まるケースで，この平面に垂直な方向の勾配成分の近似が困難になる．この場合もしばしば変数値振動と収束の問題が発生する．解決策としては，四面体格子の生成時にドロネー基準（9.2.2項を参照）を適用し，セルを平坦にする必要がある壁の近くにプリズム層を作成する．

計算節点をCVの重心にとった場合，中点公式を用いて体積積分の近似を行うとその精度は2次となる．しかしながらCVの形状が時として非常に歪んでしまった結果，重心がCVの外側にきてしまう場合があり，このような事態は避けなければならない．格子生成のプログラムは，生成された格子を自動的に検査し，（自動的に修復できない場合は）少なくともユーザーに問題がある格子が存在することを通知すべきである．少なくとも，ユーザーは格子の品質を高めるために，格子を制御するパラメータの最適化を図るべき．

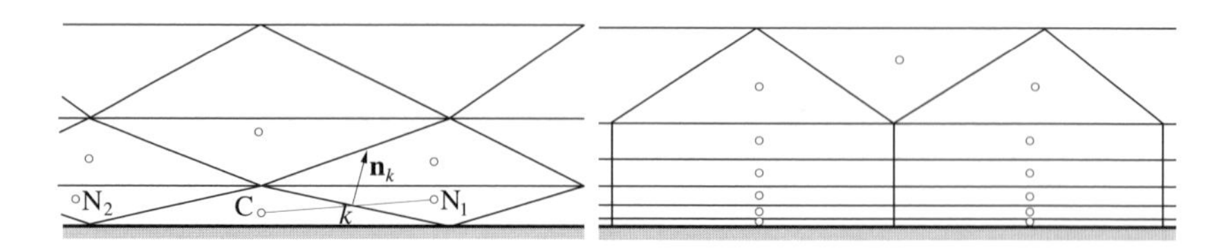

図 12.12 品質の悪い三角形または四面体グリッドの例（左）と，境界近くのプリズム層追加による改善（右）．

ここで示した格子に関する問題のいくつかは，問題となっている格子（さらにあるいは周囲の格子も含めて）を細分化することで回避できるが，解決のためには新たにすべての格子をはじめから作り直さねばならない不幸なケースもあり得る．

12.4 流れ解析におけるマルチグリッド法

ほとんどの反復解法は細かい格子になるほど収束に計算時間がかかる．収束性はそれぞれの解法に依存し，また多くの場合に収束解を得るための外部反復の計算回数は，1つの座標方向の格子数に線形的に比例する．これは1回の反復計算につき情報が1つの格子分だけ伝達され，それが収束までに領域内を前後にわたって何回も行われることに関係している．そのため，反復計算回数が格子数に依存しないマルチグリッド法が1990年代に大いに注目された（Brandt, 1984やBriggs et al., 2000を参照）．マルチグリッド法によるナビエ・ストークス方程式の解法が大変有効であるということは本書も含め多くの著者が指摘している．実際に多数の層流解析や乱流解析の経験からも，マルチグリッド法の適用により計算負荷が大幅に削減されることが示されている（Wesseling, 1990の解説）．ここでは我々が用いた手法の要約を例として示す．この他にもCFDにおけるマルチグリッド法に関する国際会議などで多くの可能な手法が報告されている（例えば，McCormick, 1987; Hackbusch and Trottenberg, 1991など）．

5章では線形方程式系の効率の良い解法としてマルチグリッド法を示し，またその基本的な考え方として階層構造を持つ複数の格子を利用することを述べた．これを簡単にいえば，粗い格子が細かい格子の部分集合となることである．非定常流れ場に分離解法（フラクショナル・ステップ法）などの陽解法を適用した場合，圧力方程式に対して高精度の解が要求される．そのため，圧力もしくは圧力修正量のポアソン方程式の解法としてマルチグリッド法は理想的であり，複雑形状流れ場におけるLESもしくはDNS解析にもしばしば適用されている．一方，陰解法を適用した場合，線形方程式は各反復計算においてそれほど正確に解く必要はなく，一般に残差レベルを1

桁減少させるだけでも十分である．そのような収束精度であればILU法やCG法のような基本的なソルバーによる数回の反復計算でもほとんどの場合達成できる．逆に，もっと正確な解法を用いたとしても外部反復計算回数を減らすことはできないため，結果として全体の計算時間はかえって増加することになる．これは，陰解法における線形化した方程式の求解にマルチグリッドを適用しても得られる加速化は限定的ということになる．

定常流れの問題に関しては陰解法が多用されるが，この場合には外部反復計算の収束速度が非常に重要になる．幸いにもマルチグリッド法はそのような外部反復計算にも適用できる．また1回の外部反復計算を構成する一連の操作は，そのまま，マルチグリッド法での平滑化操作として考えることができる．

定常流れ場を構造型格子上で有限体積法で離散化してマルチグリッド法を適用した場合，粗格子のCVは2次元では次の細格子上の4つのCVにより，3次元では8つのCVにより構成される．通常の計算手順では，最も粗い格子が最初に形成され，その格子から全体の計算が開始される．各CVは順次細かいCVに細分割され，粗格子上で収束解が得られた後その収束解を補間して次の細格子上での初期値を与えていく．この手順によって順に細格子の計算が開始されていく．このプロセスは最密格子上での解が得られるまで繰り返される．前述したように，この手法はFMG(**full multigrid**)法と呼ばれている．間隔 h の格子上での m 回目の外部反復計算の後には誤差の短波長成分は取り除かれていると考えられ，中間的な解は以下の式を満足する：

$$A_h^m \boldsymbol{\phi}_h^m - \mathbf{Q}_h^m = \boldsymbol{\rho}_h^m \, , \tag{12.4}$$

ここで，$\boldsymbol{\rho}_h^m$ は m 番目の緩和計算後の残差ベクトルである．ここで，解法の過程は格子間隔が $2h$ である次の粗い格子に移る．はじめに述べたように，1回の緩和計算の負荷と収束率は粗い格子の方がずっと有利であり，解法の効率を向上させる．

粗い格子上で解かれた方程式は細かい格子上での方程式が滑らかにされたものであるが，慎重に定義すれば，解かれる方程式はそれ以前に解く細かい格子上での方程式と同じもの（すなわち係数行列を同じ）にできる．その方程式は付加項

$$\hat{A}_{2h} \hat{\boldsymbol{\phi}}_{2h} - \hat{\mathbf{Q}}_{2h} = \underline{\tilde{A}_{2h} \tilde{\boldsymbol{\phi}}_{2h} - \tilde{\mathbf{Q}}_{2h} - \tilde{\boldsymbol{\rho}}_{2h}} \, , \tag{12.5}$$

を含む．もし付加項を0にしたならば，式(12.5)の左辺は粗い格子の方程式となる．右辺は粗い格子の解そのものというよりも滑らかにされた細かい格子の解を保証する修正量を含んでいることになる．付加項は細かい格子の解と残差を滑らかにする（制限近似する）ことにより得られ，それらは粗い格子上の緩和計算においては定数として扱われる．また上式の左辺のすべての項の初期値は右辺で対応する項と同じである．もし細かい格子での残差が0ならば，その解は $\hat{\phi}_{2h} = \tilde{\phi}_{2h}$ となる．

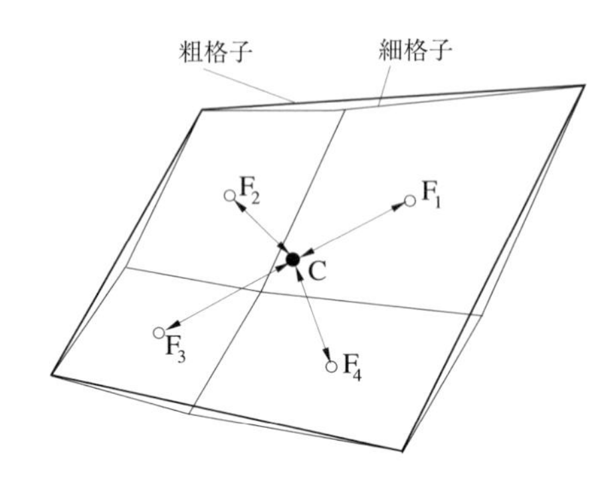

図 12.13　細格子から粗格子，および，その逆への変数変換．

一方，細かい格子の残差が0でないならば，粗い格子の近似精度はその初期値によって変わる．問題は非線形であるので，係数行列と付加項もまた変わる．そのためこれらの項には ^ という記号が付加されている．この場合，粗い格子上での解が得られたならば（ある許容誤差の範囲で），その修正量

$$\phi' = \hat{\phi}_{2h} - \tilde{\phi}_{2h} \tag{12.6}$$

が補間（延長補間）により細かい格子に移され既存の解 ϕ_k^m に加えられる．この修正により細格子上での解の低周波数誤差のほとんどは取り除かれ，細格子上での大半の緩和計算を省くことになる．この過程は細かい格子上での解が収束するまで続けられる．この後，リチャードソンの外挿法が次の細かい格子における改良された初期推測値を得るために使われ，3段階Vサイクルが初期化される．

構造格子に対しては，大抵単純な2重線形補間（2次元）もしくは3重線形補間（3次元）が細格子から粗格子への変数変換や粗格子から細格子への修正量の変換に使われる．さらに複雑な補間も可能で実際に適用されてもいるが，大抵の場合はここに述べた簡単な手法でも十分となる．

ある格子から他の格子へ変数を移す別の方法は，格子（粗格子もしくは細格子）のCV中心で変数の勾配を計算することである．ガウスの定理を用いて任意のCV中心の勾配を計算する有効な方法を9章で示している．この勾配を用いて近傍の任意の変数値を計算することは簡単であり（線形補間に対応する），図12.13に示すように，細格子CVでの勾配を用いて計算された値を平均することによってC点での粗い格子の変数値が以下で計算できる：

$$\phi_{\mathrm{C}} = \frac{1}{N_{\mathrm{f}}} \sum_{i=1}^{N_{\mathrm{f}}} \left[\phi_{\mathrm{F}_i} + (\boldsymbol{\nabla}\phi)_{\mathrm{F}_i} \cdot (\mathbf{r}_{\mathrm{C}} - \mathbf{r}_{\mathrm{F}_i}) \right] , \tag{12.7}$$

ここで N_{f} は1つの粗格子のCV中に含まれる細格子のCVの数（構造格子では2次元の場合に4，3次元の場合に8）である．粗格子CVでは，細格子のどのCVが含まれているかを知る必要はなく，そこに何個の細格子CVが含まれるかさえわかればよい．一方，それぞれの細格子のCVでは，それぞれがどの粗格子CVに含まれるかを認識すればよい．対応する粗格子CVは1つだけ見つけられる．

また同時に，粗格子における修正量は簡単に細格子上に変換される．これにはまず粗格子のCV中心での修正量の勾配を計算し，それからこのCV内にある細格子点での修正量は次式から計算されることになる：

$$\phi'_{\mathrm{F}_i} = \phi'_{\mathrm{C}} + (\boldsymbol{\nabla}\phi')_{\mathrm{C}} \cdot (\mathbf{r}_{\mathrm{F}_i} - \mathbf{r}_{\mathrm{C}}) \,. \tag{12.8}$$

この補間は，粗格子CVに含まれるすべての細格子CVに対して粗格子CV上での修正量を単純に代入するよりも正確である（可能ではあるが，修正量の平滑化に多くの時間が必要となる）．また，構造格子上では他の多項式補間を用いることも可能である．

有限体積法では，保存則を用いれば質量流束や残差を細格子から粗格子へ変換することができる．2次元では粗格子のCVは4つの細格子のCVにより構成される．そのため粗格子の方程式はその構成要素である細格子でのCVの方程式の和となるべきであり，またその残差は単純に細かい格子のCVの残差の和となる．また，粗いCV界面での初期質量流束は細かいCV界面での質量流束の和となる．粗い格子上での計算の間，質量流束は制限補間された速度を用いて計算するのでなく，速度修正量を用いて**修正される**（修正量は変数自体より滑らかであるので，前者の方法では精度の面で劣る）．一般的な変数に対しては，以下のように表記する：

$$\tilde{\phi}_{k-1} = I_k^{k-1}\phi_k^m, \quad \phi_k^{m+1} = \phi_k^m + I_{k-1}^k \phi'_{k-1} \,, \tag{12.9}$$

ここで，I_k^{k-1} は細かい格子から粗い格子への変換を表す演算子であり，I_{k-1}^k は粗い格子から細かい格子への変換を表す演算子である．式(12.7)と式(12.8)はこれらの演算子の例を示している．

運動方程式中の圧力項の取り扱いには特別な注意が必要である．初期条件としては $\hat{p} = \tilde{p}$ で，また圧力項は線形であるので，その差 $p' = \hat{p} - \tilde{p}$ に注目すればよい．そのとき，細格子から粗格子へと圧力を制限近似する必要はない．これは，SIMPLE法の圧力修正量 p' やアルゴリズムに関連したものではないことに注意されたい．細かい格子の圧力修正量であって速度修正量 $u'_i = \hat{u}_i - \tilde{u}_i$ に基づいている．すでに述べたように，粗格子の初期の質量流束 $\tilde{m}$ はそれに対応する細格子の質量流束の和によって得ることができ，これらの変化は速度の変化によってのみ変わる．つまり，細格子の質量流束はマルチグリッド法の格子反復の初期における質量保存を表すと考えられる．そうでないのならば質量の非保存成分が粗格子上での圧力修正式に含まれてしま

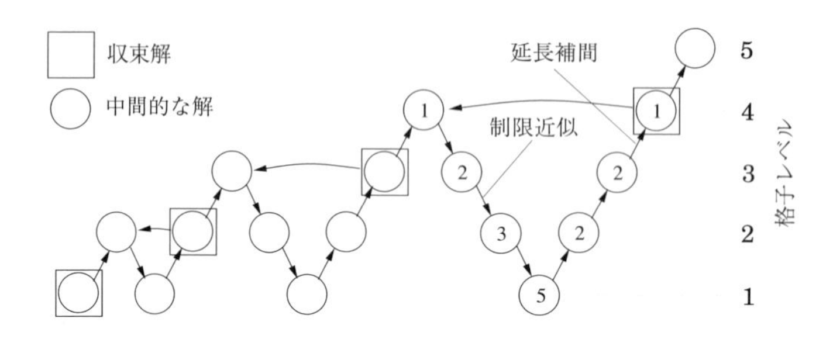

図 12.14　V-cycle を用いた場合の FMG 法の概念，1 サイクルにおける異なった格子レベルでの一般的な外部繰り返し計算回数を示す．

う．

境界条件の設定においても必要条件を満たすように注意を払うことが重要である．例えば，境界近傍の格子点と境界とで値を等しく設定することで対称境界条件を与える場合，制限近似の演算子では細格子の境界値の補間から粗格子 $\tilde{\phi}$ の境界値を与えることはできない．制限近似をすべての内部格子点 $\tilde{\phi}$ に行ったあとで，境界近傍の格子点 $\tilde{\phi}$ に等しくなるように対称境界を与えることで境界条件を設定するべきである．また，境界条件を $\hat{\phi}$ に適用するならば ϕ' は上記の方法ではなく ϕ' の勾配によって細かい格子に移される．そのとき，細かい格子上での解はある制限までしか収束させることはできない．ここではすべてを示すことはしないが，類似した状況は他の境界条件の取り扱いにおける矛盾からも生じうる．商品化された解析コードには収束規準に使われていないかもしれないが，収束性が計算機の精度に伴って向上することを確かめることは重要である．この条件が満たされないならば何かが間違っていることが疑われる．

格子間の反復として他の手法（例えば W-cycle）が使われることもある．収束性を判定規準として格子段階を移動することにより効率が改善できることもある．このうち最も簡単なものは，上述のように各格子レベルでの緩和計算回数を一定とした V-cycle である．各格子レベルで，決まった回数の緩和計算を行う V-cycle についての FMG 法の過程を概念的に図 12.14 に示す．ここに現れるいくつかのパラメータを最適化することもできるが，その影響は単一格子による方法のときほど重要ではない．マルチグリッド法の詳細は Hackbusch (2003) の著書に譲る．

マルチグリッド法は構造格子同様に非構造格子においても適用することができる．有限体積法においては，通常，細格子の CV を結合して粗格子の CV を構成する．粗い CV を構成する細かい CV の数はその形状（四面体，ピラミッド，プリズム，六面体など）によって異なる．ここで粗格子と細格子が体系的な細分化（粗視化）のアルゴリズムで関係付けられない任意の分割であっても，マルチグリッドの概念自体は適用することができる．本質的には，解析領域および境界条件がすべての格子レベルで同じであり，ある格子が他の格子より実質的に粗いということだけが重要である（そうでなくては計算効率が改善されない）．そのとき，制限近似と延長補間の演算子は一般的な補間・近似手法をベースにすることになり，このタイプのマルチグリッド法は**代数的マルチグリッド法** (algebraic multigrid method) と呼ばれる（Raw, 1995 や Weiss et al., 1999 を参照）．

陰解法において時間ステップを小さくして非定常流れ場を解析する場合，外部反復計算は大抵非常に速く収束する（典型的には反復ごとに 1 桁ずつ残差が減少していく）ので，マルチグリッド法による高速化は必要とされない．マルチグリッド法が最も効果的であるのは（拡散が卓越する）完全な楕円型の問題の場合であり，逆に対流が卓越する問題（オイラー方程式）においては加速率は小さい．一般的に加速因子は 5 段階の格子 (five grid level) を用いた場合，10 から 100 の範囲である．実用例を以下に示そう．

k-ε モデルで乱流解析を行う場合，マルチグリッド法の初期のサイクルにおける補間によって k もしくは ε の値を負に評価してしまうことがあるので，修正量は正を維持するように制限される必要がある．また変数の特性として解析領域内でその大きさが数桁も変化してしまうという問題もある．また方程式のこのような非線形性の強い連成はマルチグリッド法を不安定にすることがある．特定の物理量（例えば k-ϵ モデルでは渦粘性係数）は最細格子でのみ更新して，マルチグリッド法のサイクル内ではそれを一定に保った方がよい．

層流解析にマルチグリッド法を適用した場合に不足緩和の係数はそれほど重要ではなく，また単一格子に基づく方法に比べて緩和係数が大きな影響をもたすことはない．図 12.15 に，2 種類の格子数で Re = 1000 での移動壁キャビティ問題を解くために必要とされる外部反復の回数について速度の不足緩和を変えたとき結果を示した（8.4 節の圧力修正の最適緩和を用いている）．ここで，反復数は α_u が 0.5 から 0.9 の間で約 30 % 変化する．一方，単一格子法での反復数の変動は 5 から 7 倍に達する（細かい格子ほど多い：図 8.14 参照）．ただし，乱流や熱伝達の問題では，不足緩和係数がマルチグリッド法においても大きな影響を与える．

上述した FMG 法はすべての格子上で解を与えるので，粗格子上でのすべての計算コストは最密格子上での解を求めるためのコストの約 30 % 程度になる．初期値を 0 として最密格子上で計算を開始するならば FMG 法を適用するよりも多くのコストがかかるが，一方，正確な初期条件から計算を開始すれば正しい解を得るために必要とされるコストは節約できる．3.9 節でも格子細分化の基礎として述べたことを改めて付け加えるならば，一連の格子上で解を得ることは離散化誤差の評価を与えることにもなっている．よって，望ましい精度が得られたところで格子解像度の細分化は完了する．ここではリチャードソンの外挿法も適用し得る．

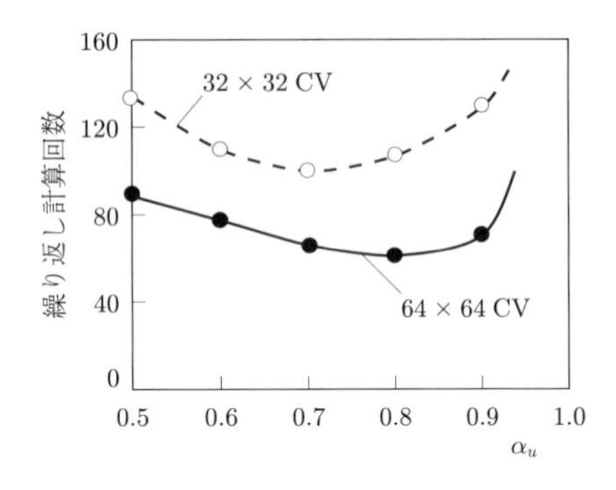

図 12.15　Re = 1000 の移動壁キャビティ流れに対して過小緩和係数 α_u を関数とした場合の最細格子上でのマルチグリッド法の外部反復計算回数.

以上に述べた外部反復計算を高速化するためのマルチグリッド手法は，ナビエ・ストークス方程式の解法すべてに対して適用できる．Vanka (1986) はマルチグリッド法を点カップル法 (point-coupled solution method) に，また，Hutchinson and Raithby (1986)，Hutchinson et al. (1988) は線カップル法 (line-coupled solution technique) に適用している．SIMPLE 系解法とフラクショナル・ステップ法もまたマルチグリッドを適用するのに適している (Hortmann et al., 1990; Lilek et al., 1997a; Thompson and Ferziger, 1989)．これらの解法の基本アルゴリズムが平滑化 (smoother) の役割を果たすので，このとき線形方程式の解法部分は補助的な働きとなる．

表 12.1 では，異なった解法を用いてレイノルズ数 Re = 100 と Re = 1000 の 2 次元移動壁キャビティ流れを解いて必要とされる外部反復計算の回数を比較している．SG 法は単一格子法を初期値 0 から適用したもの，PG 法は同じ解法で粗格子からの解を延長補間により次の細格子の初期条件として与えるものである．MG 法は最密格子での初期値をゼロとして V-サイクルを使用したマルチグリッド法である．最後に FMG 法はこの節で述べたマルチグリッド法を示しており，これは，PG 法と MG 法を組み合わせたものと考えることができる．

Re = 100 の場合，MG 法と FMG 法は最密格子上でほぼ同じ外部反復数を必要とする結果となり，初期条件は繰り返し回数の減少にほとんど寄与していないと考えられる．単一格子の解法である SG 法と PG 法でも繰り返し回数の減少は顕著で，128 × 128 格子上で反復数は約 3.5 倍である．さらに，マルチグリッド法では同じ格子上の反復数は 1/15 に減少している．この比率は格子が細かくなるに従い拡大する．MG 法と FMG 法では 3 番目 (32 × 32) より大きな格子サイズでは反復回数が変化しないが，SG 法では格子を 2 倍に細かくするごとに約 4 倍，PG スキームでは約

表 12.1 2 次元移動壁キャビティ流れを各種手法で解き，残差ノルム L_1 を 4 桁減少させる外部反復の計算回数と CPU 時間（$\alpha_u = 0.8$, $\alpha_p = 0.2$, 不等間隔格子，PG 法と FMG 法においては CPU 時間はすべての粗い格子上での計算時間を含む）．

Re	格子	外部反復数				CPU 時間			
		SG	PG	MG	FMG	SG	PG	MG	FMG
100	8^2	58	58	58	58	0.3	0.3	0.3	0.3
	16^2	61	51	47	45	0.9	1.2	1.4	1.5
	32^2	156	99	41	41	9.1	7.0	4.0	5.0
	64^2	555	256	40	40	140.8	71.1	13.0	16.9
	128^2	2119	620	40	40	2141.9	702.6	50.9	66.5
	256^2	–	–	40	40	–	–	242.2	293.8
1000	8^2	124	124	124	124	0.5	0.5	0.5	0.5
	16^2	156	162	123	132	2.2	2.5	2.8	2.9
	32^2	250	288	132	132	14.0	19.2	11.2	13.8
	64^2	433	400	93	73	97.0	120.7	32.0	38.5
	128^2	1352	725	83	41	1383.4	851.1	121.5	92.4
	256^2	–	–	83	31	–	–	512.9	278.8

2.5 倍の比率で反復回数が増加している．

一方，高レイノルズ数流れでは状況が少し変わり，SG 法では中心差分の適用すると収束が遅くなる粗格子（32×32 以下）を除くと Re = 100 の場合よりも反復回数が少ない．PG 法による加速効果は 2 倍以下に落ちる．MG 法では Re = 100 の場合と比較して約 2 倍の反復回数を必要する．これに対して FMG 法は格子が細かくなるに従い効果的となり，256×256 格子での反復回数は Re = 100 の場合より少なくなっている．これは，ナビエ・ストークス方程式にマルチグリッド法を適用したときの典型的な傾向であり，一般的に FMG 手法が最も効率的な手法であるといえる．

3 次元キャビティ流れでも結果は表 12.1 に示したものと同様となる（詳細は Lilek et al., 1997a）．

図 12.16 は，k-ϵ モデルによる管内乱流の計算において乱流運動エネルギー k の誤差ノルム（すべての CV の残差の絶対値の合計）の減少を示している．この図では MG 法と SG 法の特徴がよく示されている．実際の適用では 3 から 4 桁の残差の減少があれば十分であるが，これらの解法では残差をさらに減少させても収束率はそれほど悪化しないことを示している．計算時間は適用するものによって異なるが，拡散が支配的な流れ場よりも対流が支配的な流れ場の方が計算時間は短い．

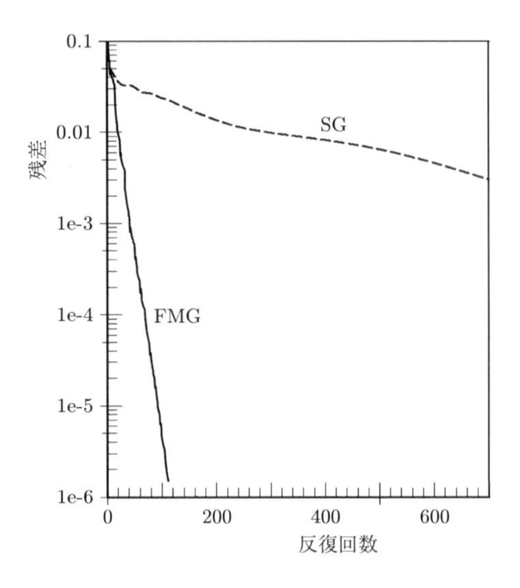

図 **12.16**　管内流の解析における乱流運動エネルギー k の誤差ノルムの減少；最も細かい格子で 176×48 分割し，5 段階の格子を用いている．（Lilek, 1995 より引用）

12.5　解適合格子

12.5.1　解適合格子細分化の目的

数値流体力学の研究は，この分野の創生期から計算精度の問題に悩まされており，重大な誤差を伴った計算結果が発表されたことも多数みられる．モデルの妥当性を示すための計算が，モデルの影響より大きな数値誤差を生じた不適切な検証であったことが示されたケースもある．同じ問題に対して別の研究グループが異なるコードを用いて解析した結果を比較してみると，同じ物理モデルで異なったコードを使用して得られた解の差が，異なったモデルで同じコードを使用して得られた解の差より大きいという指摘もしばしばある (Bradshaw et al., 1994; Rodi et al., 1995)．本当に同じモデルが用いられたとしても（実際には定式，プログラム実装や境界条件が異なっていることが少なくない）これらの結果の差異は単に数値誤差もしくは使用者のミスによっても生じうるモデルの正確な比較のために誤差を評価し小さくすることが重要であることがわかる．

なによりもまず誤差評価の手法が重要であり，先に述べたリチャードソンの外挿法は良い選択といえる．2 つの異なる格子で計算を行う必要のない誤差評価手法としては，解析に適用したものより高次の離散化手法を用いて算出し直した CV 界面を通る流束と実際の計算上の流束を比較する方法である．これはリチャードソン法ほど正確ではないが誤差が大きい位置を示すのには役立つ．高次の近似は大抵複雑であるため，基本的な解法で収束解を得たのちに流量を算出し，この値を誤差を評価するためだけに使う．例えば，ある特定のセル界面に対してその両側のセル中心に対して 3 次の多項式をあてはめ，これら 2 つのセル中心での変数の値とその勾配を用いて多項式の係数を求めることができる（例えば 4.4.4 項を参照）．

ここで，通常の近似により得られた現在の解 ϕ の代わりにもしこの多項式による近似を計算に用いれば，厳密な解 Φ が得られていたと仮定する．このとき，3 次多項式を用いて求めた流束 (F_k^{Φ}) と通常の線形補間により求めた流束 (F_k^{ϕ}) との差を離散化した方程式の生成項として新たに加えると，「厳密」な解を得ることができる．したがって離散化誤差 ϵ^{d} と，この生成項 τ（これは**タウ誤差** (tau-error) と呼ばれる）を次のように示すことができる：

$$\epsilon^{\mathrm{d}} = \Phi - \phi, \quad \tau_{\mathrm{P}} = \sum_k (F_k^{\Phi} - F_k^{\phi}) , \tag{12.10}$$

この評価により推定した離散化誤差とタウ誤差の間には次のような関係がある：

$$A_{\mathrm{P}}\epsilon_{\mathrm{P}}^{\mathrm{d}} + \sum_k A_k \epsilon_k^{\mathrm{d}} = \tau_{\mathrm{P}} . \tag{12.11}$$

この ϵ^{d} に関する方程式系を実際に解く代わりに，通常は τ_{P} を A_{P} で規格化するだけで十分であり，この値を離散化誤差として評価すればよい．これは式 (12.11) に対して初期値をゼロとするヤコビ法による反復を一度行ったことに相当する．このような単純化を行ってよい理由は，ここで述べた誤差解析の方法は単に近似であり，計算された値は離散化誤差そのものの**指標** (indication) ではなく**推定** (estimation) に過ぎないからである．この方法の詳細と実際の適用例については Muzaferija and Gosman (1997) を参照されたい．

重要な点は，流れ領域全体の誤差を計算点ごとに定義する方法が示されたことにある．この情報を利用して格子を調整し誤差レベルを均一にできる．基本的に特定の格子点での誤差推定値が規定のレベルより大きい場合，その格子セルは改良すべき対象としてラベル付けされる．

12.5.2 解適合法の戦略

もしある特定の格子点における誤差の推定値が，あらかじめ決めておいたレベルを超えた場合は，そのセルを細分化する候補として印をつけておく．この細分化を行う領域の境界についてはある程度のマージンをとっておくべきであり，これは局所的な格子のサイズの関数となる．それには格子幅の 2 倍から 4 倍程度をとっておけばよいであろう．

ブロック構造格子では格子をブロック状に細かく分割する必要があるので，すべてのブロックを分割しないときには非接合の境界面を採用する必要がある．非構造格子ではセル単位での細分化が可能である．あるいは，細分化すべきセルをひとまとまりにして，そこに新たに細格子ブロックを定義する方法もある．これらの格子細分化の詳細については後述する．

ここでの目的は，すべての場所で誤差を絶対誤差 $\|\epsilon\|$ もしくは相対誤差 $\|\epsilon/\phi_{\rm ref}\|$ に換算して許容量 δ より小さくすることである（$\phi_{\rm ref}$ は正規化のための代表値）．常微分方程式の解法では異なった精度の手法を適用することが好んで行われるが，この手法は流れ解析ではほとんど用いられない．全格子を細かくする方法もあるが，これは無駄が多い．より柔軟な方法は誤差の大きい場所で**局所的**に格子を細かくすることである．CFD プログラムの使用に慣れたユーザーは，あらかじめ必要とされる場所では細かく，そうでない場所では粗くするという格子を設計することができ，その結果，離散化誤差を全体でほぼ均一にすることができる．しかし，幾何形状は小さいが重要な突起，例えば車のミラー，船やその他の大型船の付属物，巨大な燃焼器内の壁面の小さな流入出孔などにおいては，そのような格子生成は一般に困難であり，局所的に格子を細かくすることは必要不可欠である．複雑な形状では局所的な細分化を「手作業」で行うのが困難となる．さらに過渡的な流れでは細分化が必要な領域も時間とともに変化する可能性がある．したがって最小限の労力で必要な精度を達成するには，自動の適合格子細分化 (adaptive mesh refinement: AMR) 方法が不可欠となる．例えば，C++コードの Combo パッケージ (Adams et al., 2015) は，ブロック構造の AMR アプリケーションをサポートしている．AMR については，Berger and Oliger (1984) をはじめ，Skamarock et al. (1989) や Thompson and Ferziger (1989) などの多数の論文で説明されている．

いくつかの流れの問題では，どこで格子を細分化する必要があるかが明らかであり，適合格子細分化の自動化が容易である．例えば，衝撃波を伴う圧縮性流れ（衝撃波周辺での精細な格子が必要．例：翼型周りの流れやターボ機械内部の流れなど），自由表面を伴う流れ（自由表面を解像するための精細な格子が必要．例：噴流の破壊，浮上する気泡，剛体の水中侵入，波中の船舶など），キャビテーションを伴う流れなどが挙げられる．衝撃波への適合格子の例を図 12.17 および図 12.18 に示す（自由表面およびキャビテーション領域への適応例は次章で示す）．適切な誤差指標または推定法を使用することで，初期格子が十分に細かいとはいえない他の領域を特定することが可能である．場合によっては，ある変数の誤差が特定の領域で高い一方で，別の変数は別の領域で格子精細化を必要とする場合がある．そのため，各変数とその誤差レベルに対して重みを適用したり，妥協が必要になることもある．このことは，格子をどこでどのレベルまで細分化するかを決定する問題が，決して単純ではないことを示している．そのため，商用 CFD コードは，局所適合格子細分化が標準機能としてはまだ提供していない．しかし，そのプロトタイプはすでに示されており，将来

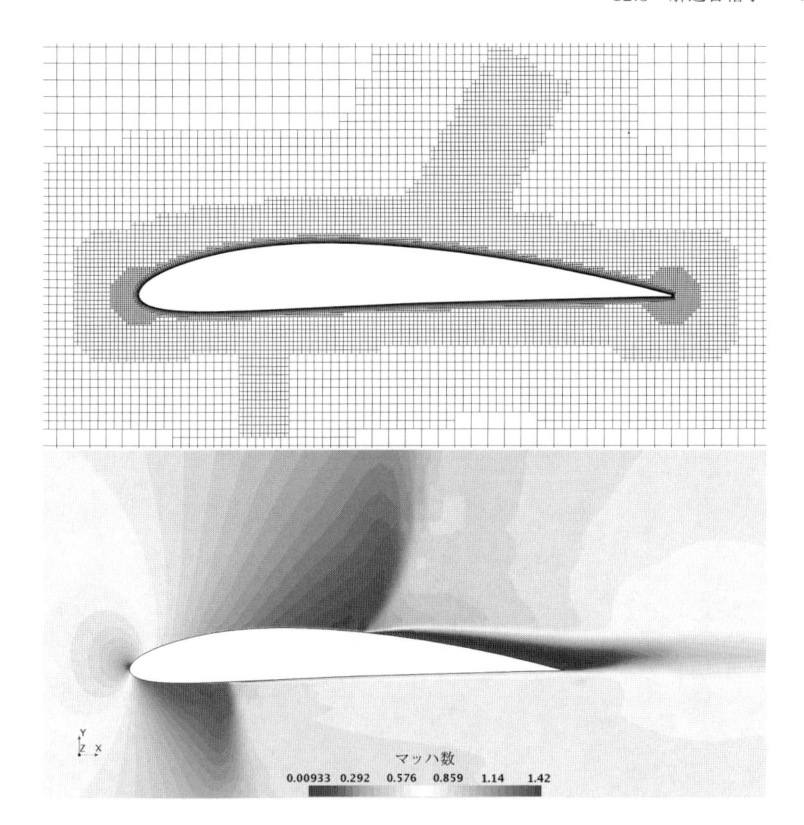

図 **12.17** Ma = 0.8 翼周りの乱流解析の初期格子（上）と計算されたマッハ数等高線（下）.

のバージョンにはこれが含まれることは明らかである.

細分化の境界面で粗い格子の解を境界条件として用い，格子の細分化された部分のみで計算を行っている研究者もいる．これは，細分化を行っていない粗い格子で再計算を行わないため，**パッシブ**（passive）法と呼ばれる（Berger and Oliger, 1984 を参照)．ただしこの方法は，どの領域での変化も全体の解に影響を及ぼす楕円型問題に対しては不適切である．これに対して，細分化された格子での解の影響を全領域に広げることを可能にする手法は，**アクティブ**（active）法と呼ばれ，Caruso et al. (1985) や Muzaferija (1994) によって開発されている.

アクティブ法の 1 つ（例えば Caruso et al., 1985）として，パッシブ法によって細かい格子の解を計算するが，そこで計算過程を終了させないという手法がある．このとき，新しい粗格子の解を計算することが必要となるが，そこで得られる解は領域全体を粗格子で計算したものではなく細格子の解を平滑化したものとする．これは，以

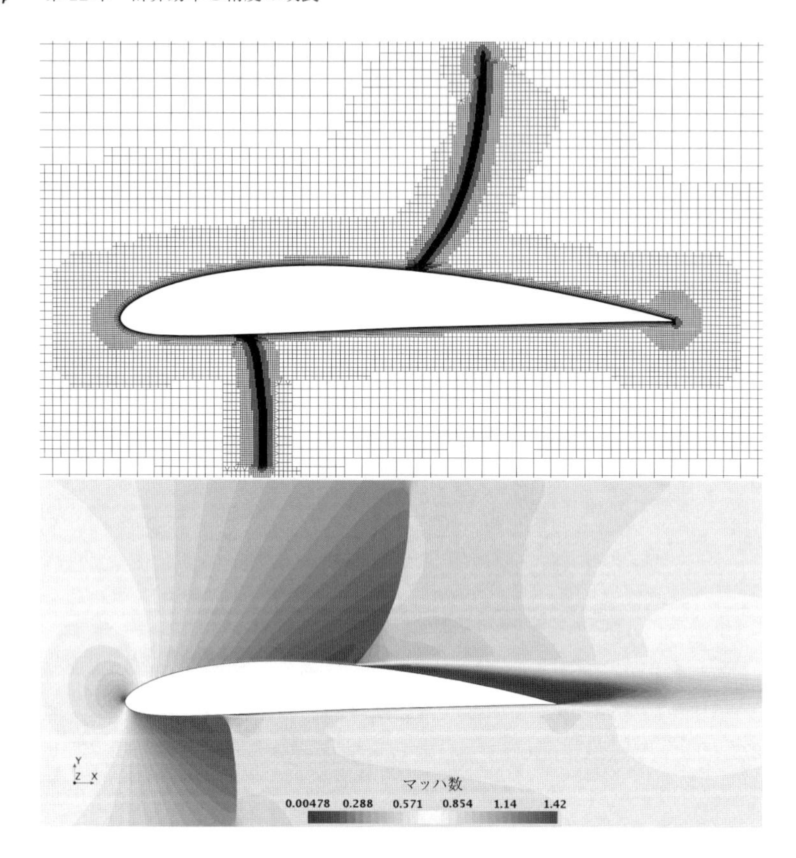

図 12.18　Ma = 0.8 の翼周りの乱流解析の衝撃波適応格子（上）と計算されたマッハ数等高線（下）.

下のように考えればよい：

$$\mathcal{L}_h(\phi_h) = Q_h \tag{12.12}$$

これは，幅 h の格子上での離散化であり，$\mathcal{L}$ は演算子を表す．格子の密な領域の細かい格子上の解を滑らかな解に移すには，粗い格子の解を以下のように取り扱う：

$$\mathcal{L}_{2h}(\phi_{2h}) = \begin{cases} \mathcal{L}_{2h}(\tilde{\phi}_h), & \text{格子の密な領域；} \\ Q_{2h}, & \text{その他の領域,} \end{cases} \tag{12.13}$$

ここで，$\tilde{\phi}_h$ は細かい格子で求めた解を平滑化した解であり，すなわち粗格子上での解にもなる．その解について粗い格子と細かい格子の間で収束誤差が十分小さくなるまで繰り返し計算する．通常 4 回程度の反復計算で十分である．それぞれの格子上での解は各時間ステップで最終的な許容誤差に到達するまで繰り返し計算する必要はないので，この方法はパッシブ法より少し多くの計算負荷を必要とするだけである．

他のアクティブ法 (Muzaferija, 1994; Muzaferija and Gosman, 1997) では，もとの格子だけでなく細分化格子も含めてすべてを単一の大きな格子に結合する．この手法では任意の数の界面を有するCVを生じうるので，それに対する解法を必要とする．格子分割の細かい領域と粗い領域の間の界面でのCVは通常の格子点より多数の界面で別のCVと隣接する（図12.19を参照）．有限体積法の全体的な保存則を保つためには，細分化された格子との境界になる粗いCVの界面は2次元では2つ（3次元の場合では4つ）に分離したサブ界面として扱い，それが細かい格子での2つのCVの界面となる．離散化においても，サブ界面が細かい格子の2つのCV間の界面となるように正しく取り扱われなければならず，計算プログラムはこの状況に対処できるデータ構造を持つことになり，結果として不規則な反復行列を取り扱う必要がある．このような問題に対して共役勾配法系の行列解法は扱いやすい方法であり，あるいは，ガウス・ザイデル法を平滑化に用いるマルチグリッド法も（いくらかの制約はあるが）適用することができる．この際のデータ構造は別々の配列でセル界面とセル中心のそれぞれに対応する値を保存することによって最適化することができる．例えば，9章で示したような単純な離散化スキームに対しては容易に実行できる．このとき各セル界面は2つのCVに共通であり，それぞれの界面に対して隣接するCVの格子点や界面のベクトル成分や行列の係数を保存しておく必要がある．その際に，局所的に細分化した格子と標準的な格子に対して同一の流れ計算コードを用いるためには，細分化格子でのデータも取り扱うことが可能になるように前処理の改良が必要となる．これは，非一致型ブロック格子のインターフェースの処理に似ている（9.6.1項を参照）．

一方，キメラ (chimera) 格子を用いた場合は，計算プログラムを変更する必要はないが，各段階における格子細分化を行った後に補間係数と補間に含まれる格子点を再定義する必要がある．

必要に応じて格子細分化は多段階に行うが，大抵は少なくとも3段階の細分化が必要とされ，多くの場合に8段階程度が用いられる．適合格子法の利点として，最も細かい格子を解析領域のわずかな部分にだけ設けるので，格子点の総数を比較的少なくし計算コストと必要メモリの双方を大幅に節約できる．もう1つの利点は，ユーザーが格子設計に必ずしも習熟しなくともよい．特に，車や飛行機や船などで非流線的な物体周りの流れ場に対しては，物体境界層と後流に非常に細かい格子が必要とされるが，それ以外の領域では粗い格子を用いることができる．そのため，局所的な格子細分化は正確で効率的なシミュレーションを行うのに不可欠となる．ユーザー定義によるセル単位の格子改良の例が10.3.4項で紹介される．

これらの手法はマルチグリッド法と非常によく適合し，入れ子型の格子はまさにマ

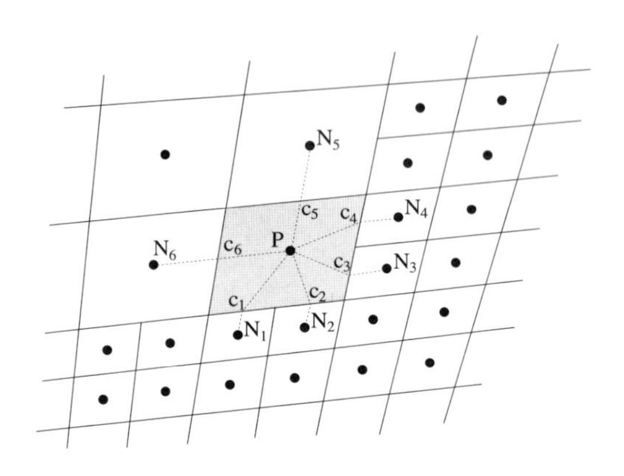

図 12.19　細かい格子に接する粗い CV：この CV は 6 つの隣接 CV ($N_1, \ldots, N_6$) と共通する 6 つの面 ($c_1, \ldots, c_6$) を持つ.

ルチグリッド法に用いられるものと同じである．解適合法で唯一大きく違うのは，格子の細かさを必要としないところでは粗格子で十分な精度が得られるので領域全体に最も細かい格子を用いなくてよい点である．格子の粗い領域で解かれる方程式は両手法とも同じである．マルチグリッド法の最大の計算負荷は最も細かい格子上での緩和計算によるもので，特に，3 次元では大幅に計算負荷を減少させることができる．詳細は，Thompson and Ferziger (1989), Muzaferija (1994) を参照されたい.

12.6　CFD における並列計算

この本の第 1 版が出版された 1996 年当時，ワークステーションはシングルプロセッサ・コンピュータだったが，その時点ですでに，計算性能をさらに高めるには複数のプロセッサつまり並列コンピュータの必要性が明らかであった．現在 (2020 年代)，すべてのコンピュータが複数の処理ユニット（コアと呼ばれる）を備えている．ワークステーションには通常，約 36 個のコアと 120 ギガバイトのメモリが搭載されており，その数は増える傾向にある．複数のワークステーションを接続したクラスターを形成すれば，それは数千個のコアとテラバイトのメモリを搭載できる．このようなクラスターが従来のベクトルスーパーコンピュータよりも優れている点はスケーラビリティ（拡張性）にあり，標準チップを使用するため製造コストも低くできる．ただし，従来のシリアル処理用に設計されたアルゴリズムは，並列コンピュータでは効率的に実行できない可能性がある.

もし，並列化をすべてのループ計算に対して実行したならば（自動並列化コンパイラを用いる場合にあたる)，実質的に計算速度は計算コードの最も効率的でない部分により決定されるとするアムダールの法則に従う．よって，計算の効率を高くするためには計算コードの並列化できない部分を小さくしなければならない．

より良い方法は計算領域を小領域に細分割して，それぞれの小領域に 1 つのプロセッサを割り当てることである．このような場合，同一の計算コードがすべてのプロセッサ上で各領域の一連のデータに対して実行される．各プロセッサは他の小領域のデータも必要とするので，プロセッサ間のデータの交換もしくは重複したデータの保存が必要である．

陽的スキームを用いるとすべての操作が前の時間ステップのデータのみで実行されるため，各ステップの計算が完了したあと隣接する小領域間の界面領域のデータ交換が必要となるだけで比較的に簡単に並列化が行える．また，一連の操作とその結果は 1 プロセッサで実行した場合と複数個使った場合とで等しくなる．このとき，最も難しい問題は圧力の楕円型ポアソン方程式の解法にある．（他の事例には，2 次元の x-y 平面分解を用いて大気境界層の非圧縮性流れ問題を解いた Sullivan and Patton, 2008 を参照．）

陰的スキームの場合には並列化がさらに困難である．係数行列と定数ベクトルの計算には古いデータを使用して効率よく並列計算を実行できるが，連立線形方程式の解法を並列化することは容易ではない．例えば，逐次的に前プロセスの計算結果を必要とするガウスの消去法は並列計算機上で実行するのが非常に難しい．他の解法では並列化が可能で単一プロセッサ上と同じように n 個のプロセッサ上で一連の操作を行うことができるものもあるが，それらの解法は効率的でないか，通信負荷が非常に大きいかのどちらかである．以下に 2 つの例を示す．

12.6.1 連立線形方程式の反復解法の並列化

5.3.8 項に示した**ガウス・ザイデル法**の改良版で 2 組の格子系を交互に使う方法は，並列計算にもうまく適合する．2 次元では，2 次中心差分で得られる 5 点近似式に対して格子点をチェッカーボードのように色付けし，まず赤い格子点で黒の隣接する格子点のデータのみを用いてヤコビ反復計算で新しい赤い格子点での値を算出し，次に黒い格子点に逆の計算を行う．この解法の収束特性はその名の通りガウス・ザイデル法そのものとなる．

この場合，赤黒の一方の格子点上で新しい値を求める計算は並列に行うことができ，その際に前ステップでの結果のみが必要とされ，その結果は単一プロセッサ上で行われたものとまったく同じとなる．隣接する小領域で作動するプロセッサ間のデータ通信は，それぞれの一連のデータが更新されたあとで反復計算ごとに 2 回行われる．この局所的なデータ通信は新しい値を求める計算と重複するため，この解法は実際にはかなり非効率的となりマルチグリッド法と併用するときのみ適切なものといえる．

ILU 分解に基づく方法（例えば，5.3.4 項で示した SIP 法）は計算が再帰的になるため並列化が容易ではない．SIP アルゴリズムでは L 行列と U 行列の要素，式 (5.41) でわかるように（前のステップで計算される）W 格子点と S 格子点での要素に依存するため，計算開始点（南西隅）を除いては隣接点からのデータが得られるまでは小領域での係数の計算を始めることができない．2 次元で最良の方法は鉛直方向に帯状に領域を細分割することで，つまり幾何学的に 1 次元方向にプロセッサを割り当てることである．この場合には L 行列と U 行列の計算と反復計算を並列的に非常に効率よく実行することができる (Bastian and Horton, 1989)．図 12.20 に示すように，小領域 P1 に対応するプロセッサは他のプロセッサからのデータを必要とせずに計算を始めることができ，計算は領域の最も下もしくは最南のラインに沿って進められる．最も右の格子点の要素まで計算された後，そのプロセッサは小領域 P2 のプロセッサにそれらの計算値を送ることができ，最初のプロセッサがその次のライン上で計算を始めるのと並列に 2 つ目のプロセッサが最下行を計算することができる．このようにして，最初のプロセッサが最下行から n 行目に到達したとき n 個すべてのプロセッサが稼働することになる．ただし，計算の終わりに最初のプロセッサが上部の境界に到達したとき，このプロセッサは n 行下を実行している最後のプロセッサが計算を終えるまで待たなければならない．反復計算スキームにおいては 2 つの計算順路が必要で，1 つは今示したもの，2 つ目は本質的にこれの鏡像である．

その計算アルゴリズムは以下のようにまとめられる．

for $j = 2$ to $N_j - 1$ do:
　receive $U_E(i_s - 1, j)$, $U_N(i_s - 1, j)$ from west neighbor;
　for $i = i_s$ to i_e do:
　　calculate $U_E(i,j)$, $L_W(i,j)$, $U_N(i,j)$, $L_S(i,j)$, $L_P(i,j)$;
　end i;
　send $U_E(i_e, j)$, $U_N(i_e, j)$ to east neighbor;
end j;

for $m = 1$ to M do:
　for $j = 2$ to $N_j - 1$ do:
　　receive $R(i_s - 1, j)$ from west neighbor;
　　for $i = i_s$ to i_e do:
　　　calculate $\rho(i,j)$, $R(i,j)$;
　　end i;
　　send $R(i_e, j)$ to east neighbor;
　end j;

　for $j = N_j - 1$ to 2 step -1 do:

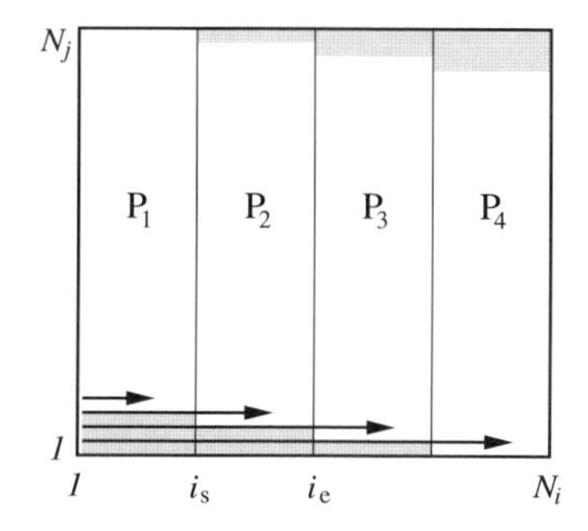

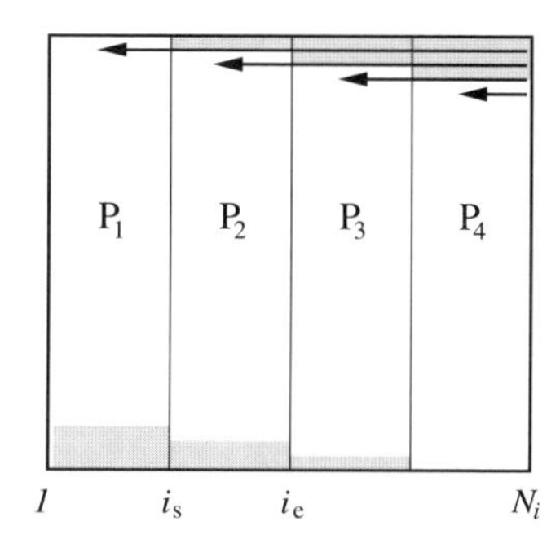

図 12.20 前進ループ（左）と後退ループ（右）で SIP 法を用いたときの並列処理：影の付いた部分はプロセッサが均一に稼働しない領域.

```
        receive δ(i_e + 1, j) from east neighbor;
        for i = i_e to i_s step -1 do:
            calculate δ(i, j);
            update variable;
        end i;
        send δ(i_s, j) to west neighbor;
    end j;
end m.
```

この並列化技術では多数回の小さなデータ通信を必要とし，各反復計算の始めと終わりでプロセッサが使用されない無駄な時間が生じることで効率を低下させる．また，この手法は構造格子に制限される．Bastian and Horton (1989) は，計算速度に対するデータ通信効率の高い専用のトランスピュータ上でよい結果を得ている．しかし，データ通信効率が悪ければこの手法も効果的ではない．

前処理なしの共役勾配法もまた容易に並列化が可能である．そのアルゴリズムは広域的なデータ通信（各プロセッサの計算結果を収集し，共通の値をすべてに分配する）を含むが，その性能は単一プロセッサで行ったものとほとんど等しくなる．しかし，実際に共役勾配法を効率的に実行するには最良の前処理を必要とする．最良の前処理の代表的なものが ILU 型（SIP もその 1 つ）であるので，上述した問題が再び生じることになる．

このように並列計算ではアルゴリズムを再構築し直す必要がある．逐次計算機上ではよいとされる解法も並列計算機上ではほとんど使用できない場合が多い．また，並列計算では解法の効率を評価するのに新しい規準を用いる必要がある．陰解法で並列化をうまく行うには解法アルゴリズムの修正が必要である．総演算数に関しては逐次計算機より悪くなるかもしれないが，各プロセッサが扱うデータ量を等しくし，データ通信時間と計算時間が適合するように選ぶならば，修正された解法は全体的にはより効率的となるであろう．

12.6.2　空間的な領域分割

陰解法の並列化は，通常，空間的，時間的に実行可能であるデータの並列処理もしくは**領域分割**が基本となる．空間的な領域分割では解析領域はいくつかの小領域に分割されるが，これはブロック構造型の格子生成に似ている．ブロック構造型格子生成では解析領域の幾何学的形状によって格子分割の過程が決定されるが，一方，領域分割における目的は同等の必要な計算量をそれぞれのプロセッサに与えることによって効率を最大限に発揮することである．それぞれの小領域は1つのプロセッサに割り当てられるが，複数の格子ブロックを1プロセッサで扱う場合にはそれらのすべてを1つの論理的な小領域としてみなすこともできる．

すでに述べたように，並列計算においては反復計算法を修正しなければならない．一般的な手法は広域の係数行列 A を，i 番目の小領域に属する格子点を連結する要素を含んでいる対角ブロック行列 A_{ii} のシステムと，i と j の異なるブロックの相互作用を表す対角成分を含まない結合行列 A_{ij} $(i \neq j)$ に分割する．例えば，正方形の2次元解析領域を4つの小領域に分割し，それぞれの小領域のすべてのCVが連続した指標 (index) を持つように番号付けされているならば，その行列は図12.21に示すような構造を有する（この図では5点の離散化が用いられている）．以下に示す手法はより大きなデータ参照構造 (computational molecule) を用いた計算スキームにも適用可能であり，この場合，係数行列はかなり大きなものとなる．

効率化のためには，内部反復の解法はデータ依存性（隣接点から供給されるデータ）をできるだけ小さくすべきである．データ依存性が大きいと相互通信時間やプロセッサの待ち時間が長くなってしまう．これを満たすために，全体行列はブロック同士が分離 (decouple) するよう，つまり，$i \neq j$ では $M_{ij} = 0$ となるように決定される．このとき小領域 i 上での反復計算スキームは以下のようになる：

$$M_{ii}\boldsymbol{\phi}_i^m = \mathbf{Q}_i^{m-1} - (A_{ii} - M_{ii})\boldsymbol{\phi}_i^{m-1} - \sum_j A_{ij}\boldsymbol{\phi}_j^{m-1} \quad (j \neq i)\,. \tag{12.14}$$

ここで，隣の小領域からのデータは1つ前の内部反復からとられる既値とみなされ，反復ごとに更新される．この方法にはSIP法が容易に適用できる．各対角ブロック行列 M_{ii} は L 行列と U 行列に分解できるが，全体行列 $M = LU$ は単一プロセッサの場合におけるものとは異なる．各小領域で1回の反復計算が実行された後，残差 ρ^m が小領域境界近傍の格子点で計算できるように未知数 ϕ^m の更新された値を交換しなければならない．

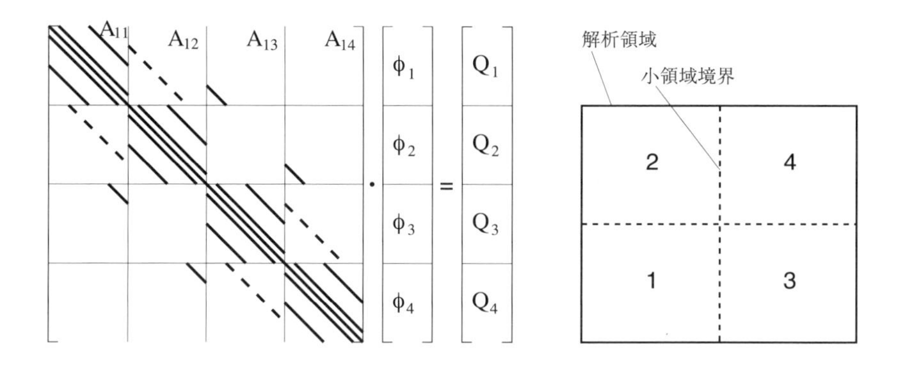

図 12.21　正方形の 2 次元領域を 4 つのサブ領域に分割した場合の大域係数行列の構造.

このような方法で SIP ソルバーが並列化されたとき，プロセッサの数が増加するにつれて実効速度は悪化し，プロセッサ数が 1 から 100 に増加したときに反復計算回数は 2 倍に増える．しかし，7，8 章で述べたいくつかの陰的スキームの場合のように内部反復計算が厳密に収束する必要がなければ，SIP は最初の数回の反復計算で急速に誤差を減少させる傾向があるので並列 SIP は非常に効率的になり得る．特に，マルチグリッド法が外部反復計算の速度を向上させるために使用されるならば，全体的な効率は非常に高くなる (80 % から 90 % にもなる．例えば，Schreck and Perić, 1993; Lilek et al., 1995)．このような方法で並列化された 2 次元流れの解析コードをインターネットを介して公開している（詳細は付録を参照)．

共役勾配 (CG) 法もまた上記の手法を適用することによって並列化が可能である．以下では前処理付き CG ソルバーの改良版を示す．CG 法の反復計算ごとに 2 回の前処理を実行することによって，単一プロセッサでも並列プロセッサ上でも実行速度が最も速くなることが確認されている (Seidl et al., 1996)．流れ解析への応用として圧力修正量を求めるポアソン方程式をノイマン境界条件で解いた結果を図 12.22 に示す．CG 法での反復計算ごとに 1 回の前処理の掃引を行うと，収束に必要とされる反復計算回数はプロセッサの数に伴い増加するが，2 回以上の前処理掃引が行われれば反復計算回数はほとんど一定のままである．計算アルゴリズムを以下に示す．

- 初期設定: $k = 0$, $\boldsymbol{\phi}^0 = \boldsymbol{\phi}_{\text{in}}$, $\boldsymbol{\rho}^0 = \mathbf{Q} - A\boldsymbol{\phi}_{\text{in}}$, $\mathbf{p}^0 = \mathbf{0}$, $s_0 = 10^{30}$
- 反復進行: $k = k + 1$
- 小領域ごとに求解: $M\mathbf{z}^k = \boldsymbol{\rho}^{k-1}$

  LC: 隣りの小領域と $\mathbf{z}^k$ を交換
- 計算: $s^k = \boldsymbol{\rho}^{k-1} \cdot \mathbf{z}^k$

  GC: s^k を集め再配分

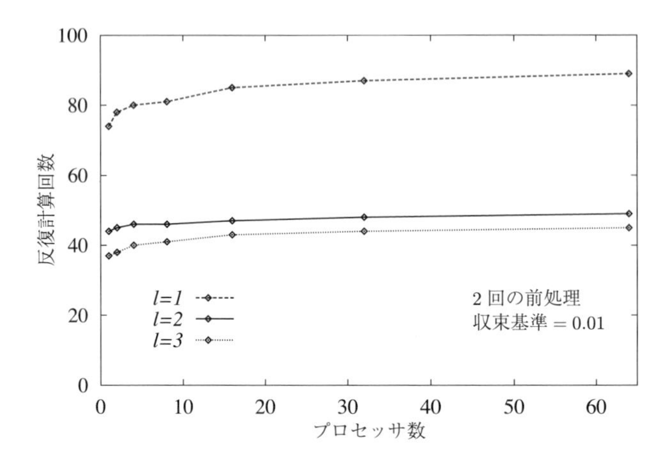

図 12.22　プロセッサ数に対する ICCG ソルバーにおける反復計算回数（64^3 の CV を有する等間隔格子でノイマン境界条件によるポアソン方程式を前処理計算のあと LC を行い解く．l は CG 反復計算ごとの前処理計算の掃引回数で，残差ノルムを 2 桁減少させた場合を表示）．

$\beta^k = s^k / s^{k-1}$

$\mathbf{p}^k = \mathbf{z}^k + \beta^k \mathbf{p}^{k-1}$

LC: 隣りの小領域と $\mathbf{p}^k$ を交換

$\alpha^k = s_k / (\mathbf{p}^k \cdot A\mathbf{p}^k)$

GC: α^k を集め再配分

$\boldsymbol{\phi}^k = \boldsymbol{\phi}^{k-1} + \alpha^k \mathbf{p}^k$

$\boldsymbol{\rho}^k = \boldsymbol{\rho}^{k-1} - \alpha^k A\mathbf{p}^k$

- 収束まで繰り返す

式 (12.14) の右辺の項の値を更新するには隣接するブロックからのデータが必要である．図 12.21 の例においてはプロセッサ P_1 はプロセッサ P_2 と P_3 からのデータを必要とする．共有メモリを備えた並列計算機ではこのデータは直接プロセッサからアクセスできるが，分配メモリを有する計算機（ほとんどのクラスタ計算機でも同じ）を使用した場合にはプロセッサ間の通信が必要となり，その際に各プロセッサは界面のセルの 1 列（もしくはそれ以上の列）のデータを記憶する必要がある．このとき，以下に述べる**局所**通信 (local communication: LC) と**広域**通信 (global communication: GC) を区別することは重要である．

局所通信 (LC) は隣接するブロック上で作動するプロセッサ間で行われ，同時に一対のプロセッサ間で生じる．上記で考察した問題における内部繰り返し計算での通信がその例である．広域通信 (GC) はマスタープロセッサがすべてのブロックからの情報を集め，あるいは，すべてのプロセッサに情報を返すこと指し，例としては各プロセッサでの残差を収集し，その結果をプロセッサに返すことによる残差ノルムの計算がある．

この目的に使用できる汎用通信ライブラリがある．現在では，Message-Passing Interface (MPI, https://www.mpi-forum.org/docs/を参照) がデファクトスタンダードとなっているが，PVM (Sunderam, 1990) や TCGMSG (Harrison, 1991) などの他のライブラリも過去に使用されており現在でも利用できる可能性がある．これにより，コードが移植可能になり，通常，異なる並列コンピュータで使用するときに CFD コードを修正する必要がなくなる．

格子を細かくしても各プロセッサに割り当てられた格子点の数（=1 プロセッサの負荷）が同じ（すなわち，多くのプロセッサが使われる）であるならば，計算時間に対する局所通信 (LC) 時間の割合は同程度のままでありLCは単に線形に増える．しかし，プロセッサの数が増加したとき，プロセッサごとの負荷とは関係なく GC 時間は増加し，結果的に広域な通信時間 (GC) はプロセッサの数が増加するにつれて計算時間そのものより大きくなる．その結果，GC はスケーラブルではなくなり，巨大な並列処理における制約条件となる．その効率化を図る手法について以下に述べる．

12.6.3 時間分割法

定常流れ問題を解くには大抵陰解法が用いられる．これらの手法は並列計算にあまり適さないように思われがちであるが，空間と同様に時間においても領域分割することによって効率的に並列化することができる．これは，異なった時間ステップの小領域を複数のプロセッサが同時に作動することであり，この手法は Hackbusch (1984) によって最初に提案された．

定常解析では 1 回の外部反復計算ですべての方程式が正確に解かれる必要はなく，離散化方程式では“古い”（前の時間ステップ）値を未知数のように取り扱うこともできる．このとき，2 つの時間レベルのスキームにおいて時間ステップ n での解に対する方程式は以下のようになる：

$$A^n \boldsymbol{\phi}^n + B^n \boldsymbol{\phi}^{n-1} = \mathbf{Q}^n \ . \tag{12.15}$$

ここでは陰的スキームを考えているので，係数行列と定数ベクトルは新しい解に依存する．それらの新しい解については添字 n をつけている．複数の時間ステップを同時に解く最も簡単な反復計算スキームは各時間ステップに方程式を分離し，必要とされるところで変数の古い値を用いることである．これにより，1 回の外部反復計算が実行された直後に次の時間ステップでの計算を始められ，その時間ステップでの解の最初の評価が待ち時間なしに実行できる．このとき，前時間ステップからの情報を含む特別な付加項は，逐次処理のように定数のまま維持されるのではなく，外部反復計

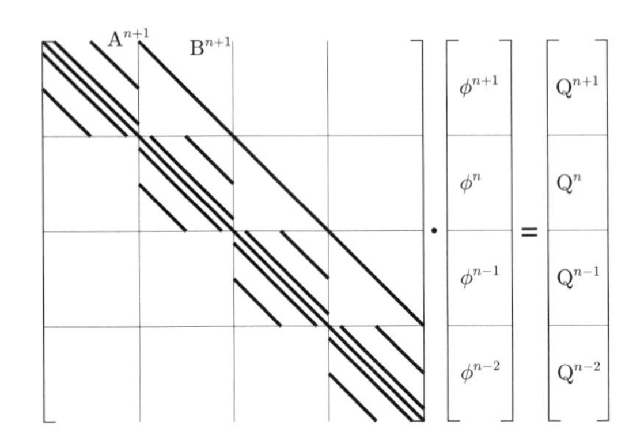

図 12.23　4つの時間ステップが並列に計算されるときの広域的な係数行列の構造.

算後に更新される．時間ステップ t_n で作動するプロセッサ k が m 番目の外部反復計算を実行しているとき，時間ステップ t_{n-1} で作動するプロセッサ $k-1$ が $m+1$ 番目の外部反復計算を実行する．その際 m 番目の外部反復計算でプロセッサ k によって解かれる方程式系は以下のようになる：

$$(A^n \boldsymbol{\phi}^n)_k^m = (\mathbf{Q}^n)_k^{m-1} - (B^n \boldsymbol{\phi}^{n-1})_{k-1}^m \,. \tag{12.16}$$

このときプロセッサは外部反復計算ごとに一度だけデータを交換する必要があり，そのため線形方程式系の解法は効果的に働かない．空間的な領域分割を基とした手法よりも各時間でより多くのデータが交換される．ただし，並列的に取り扱われる時間ステップの数が時間ステップごとの外部反復計算より多くないならば，時間的に遅れた古い値を用いることにより時間ステップごとの計算負荷が大きく増加することはない．一連の並列計算における最新の時間ステップでは $(B^n \boldsymbol{\phi}^{n-1})_{k-1}$ 項は外部反復計算中には変化しないので，付加項中に含めることができる．

図 12.23 は 4 つの時間ステップ上で同時に解かれる 2 つの時間並列スキームに対する行列の構造を示す．流れ解析問題における時間並列解法は Burmeister and Horton (1991)，Horton (1991)，Seidl et al. (1996) によって適用されている．その手法はルンゲ・クッタ法のような多段階スキームにも適用でき，その場合プロセッサは 1 つかそれ以上の時間レベルからデータを送受信しなければならない．

12.6.4　並列計算の効率

多くの場合に，並列プログラムの性能分析は以下のように定義された**加速率**と**効率**によって評価することができる：

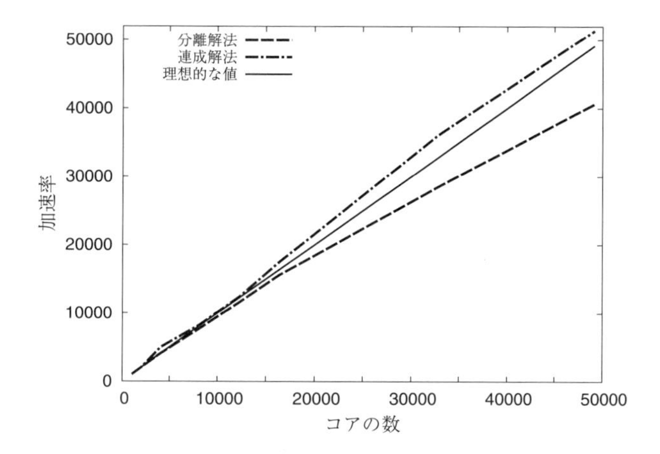

図 12.24 商用コード STAR-CCM+の分離解法 (segregated) と連成解法 (coupled) にて，10 億 2 千万セルのグリッドを使用してルマンレーシングカーの周りの乱流を計算，使用するプロセッサユニット（コア）の数に応じて速度が向上．

$$S_n = \frac{T_s}{T_n} , \quad E_n^{tot} = \frac{T_s}{n\,T_n} . \tag{12.17}$$

ここで，T_s は単一プロセッサを使用したときの最良の逐次計算アルゴリズムによる計算時間，T_n は n 個のプロセッサを使用したときの並列計算アルゴリズムによる計算時間である．最良の逐次計算アルゴリズムは最良の並列計算アルゴリズムと異なるため，一般的には $T_s \neq T_1$ である．そのため，単一プロセッサ上で実行された並列計算アルゴリズムの性能の効率を基本とすべきではない．

大抵は加速率は n（理想的な値）以下であり，効率は 1(100 %) 以下である．しかし，非線形方程式を連成させて解くときには 2 個もしくは 4 個のプロセッサで解く方が 1 つのプロセッサで解くより効率的であり得ることが知られており，その場合には 100 % 以上の効率も実現可能である（その効率の増加は，1 プロセッサの解かれる問題が小さいとキャッシュメモリを高い頻度で使用できることによる）．例を図 12.24 に示す．

常にそうではないが，多くの場合にすべてのプロセッサが各反復計算のスタートの時点で同時に作動する．1 回の反復計算時間は最大数の CV を持ったプロセッサによって決まるため，他のプロセッサは作動していない時間が生じることになる．また各プロセッサの作動時間の遅れは，小領域ごとの境界条件の違いや隣接する CV の数やさらに複雑な通信によっても生じる．

また，計算時間 T_s は以下のように与えられる：

$$T_s = N^{cv} \tau i_s\ , \tag{12.18}$$

ただし，N^{cv} は CV の総数，τ は 1 回の浮動小数点演算ごとの時間，i_s は収束に必要とされる CV ごとの浮動小数点演算回数である．一方，空間的な領域分割を用いたときに n 個のプロセッサ上で実行される並列計算アルゴリズムに対して，計算時間と通信時間で構成される全計算時間は以下のようなる：

$$T_n = T_n^{calc} + T_n^{com} = N_n^{cv} \tau i_n + T_n^{com}\ , \tag{12.19}$$

ここで，N_n^{cv} は分割された小領域うち最大の CV の数，T_n^{com} は計算が行われてない間の全通信時間である．これらの表記式を全効率の定義式に代入すると以下のようになる：

$$E_n^{tot} = \frac{T_s}{n\,T_n} = \frac{N^{cv} \tau i_s}{n\,(N_n^{cv} \tau i_n + T_n^{com})} = \frac{i_s}{i_n} \frac{1}{1 + T_n^{com}/T_n^{calc}} \frac{N^{cv}}{n\,N_n^{cv}} = E_n^{num} E_n^{par} E_n^{lb}\ . \tag{12.20}$$

CV ごとの浮動小数点演算回数は一定ではないので（アルゴリズムの違いや，特定の CV に境界条件の影響が与えられるため），この方程式は正確ではないが，全体の効率に影響を与える主要な要素を明確にするのには十分である．式 (12.20) 中の各乗数の意味は以下の通りである．

- E_n^{num}：**計算効率** (numerical efficiency) は，並列化のためのアルゴリズムの修正により収束するまでに必要とされる格子点ごとの演算回数が変化する影響を示す．
- E_n^{par}：**並列効率** (parallel efficiency) は，計算が行われない間に通信に費やされる時間（その間，計算を実行できない）を示す．
- E_n^{lb}：**負荷分散効率** (load balancing efficiency) は，不均一な負荷のためにいくつかのプロセッサがアイドル状態になる影響を示す．

時間的，空間的の両方に並列化が実行されたとき，全体的な効率はそれぞれの効率の積に等しくなる．

全体的な効率は収束解を得るために必要な計算時間を調べることによって簡単に決定できる．一般には内部反復の計算回数がすべての外部反復に対して同じではないので（意図的に反復計算回数が固定されていなければ），並列効率を直接的に調べることはできない．しかし，仮にプロセッサ上で外部反復計算ごとの内部反復の回数を固定して，決まった回数の外部反復を 1 個および n 個のプロセッサで実行するならば計算効率は 1 となり，そのときの全効率は並列効率と負荷均等効率の積となる．すべての小領域を等しくすることによって負荷均等効率を 1 にできるならば，並列効率を求めることもできる．また，ライブラリツールなどにより，演算実行回数を数えられるときは計算効率を直接的に調べることもできる．

時間的，空間的な領域分割に対して3つのすべての効率は，与えられた格子に対してプロセッサの数を増加させるにつれて，非線形性と問題依存性にはよるが，大抵は減少する．LC 時間がほぼ一定であるのに対して GC 時間は増加し，プロセッサごとの計算時間は小領域を小さくすることにより減少するので，並列効率はこれらの配分によって影響を受ける．時間の並列化において同じ問題に対してより多くの時間ステップに対して並列計算が行われるとき，GC 時間は増加するが LC 時間と計算時間は変化しない．しかし，プロセッサの数が（時間ステップごとの外部繰り返し計算回数に依存する）ある制限以上に増加したならば，計算効率は今度は不均一に減少するであろう．特に非構造型で局所的に格子が細かいならば負荷を均一にする最適化は一般的に難しい．最適化のアルゴリズムは可能であるが，ときには流れ場の計算以上に時間がかかることになる．

並列効率は次の3つの主なパラメータの関数として表現できる．

- データを送るためのセットアップ時間（**待ち時間**と呼ばれる）；
- データ転送率（通常 Mbytes/s で表現される）；
- 浮動小数点演算ごとの計算時間（通常 Mflops で表現される）．

特定のアルゴリズムと通信形式に対して，これら3つのパラメータと領域のトポロジーの関数として並列効率を表すモデル方程式を構築することができる．Schreck and Perić (1993) はそのようなモデルを提案し，並列計算効率を十分に予測できることを示した．同じように計算効率も，解法アルゴリズムの選択，ソルバーの選択，およびサブ領域間の結合パターンに依存する関数としてモデル化することができる．しかし，アルゴリズムは解く問題に依存するので，類似した流れ場解析の経験に基づく入力情報が必要となる．解法アルゴリズムにおいて相互通信形式を用いるならば，これらの評価モデルは有益であり，使用するコンピュータに最も適したもの，例えば，データ交換をすべての内部反復後，すべての2回目の内部繰り返し計算後，あるいは，各外部反復の後だけ，とするように選択できる．前述の改良型の CG 法では反復計算ごとに1回，2回（もしくはそれ以上）の前処理反復計算が適用可能であり，また，前処理反復計算は各ステップ後，もしくは最後のステップにだけ局所的な通信を含むように選定できる．これらの選択肢は数値計算効率と並列効率の両方に影響を与えるので，最適なバランスを見つけるにはトレードオフが必要である．

通信の頻度は，並列計算において明らかに重要な要素となる．連成解法（速度，圧力，温度をひとまとまりの未知数ベクトルとして扱う）では，各変数を順番に解く分離法に比べてデータ交換 (LC) の回数が 1/5 になる．さらに，連成解法では通常，分離解法に比べて反復ごとに大幅に多くの計算操作を実行する必要がある．一度に交換されるデータの量は5倍多いが，データ待ちの時間が節約され，通信と計算時間の

表 **12.2**　振動壁キャビティの3次元流れの解析における空間的，時間的分割による数値計算効率．

空間時間の分割 $x \times y \times z \times t$	時間ステップ当たりの平均外部反復数	時間ステップ当たりの平均内部反復数	計算効率 (%)
$1 \times 1 \times 1 \times 1$	11.3	359	100
$1 \times 2 \times 2 \times 1$	11.6	417	90
$1 \times 4 \times 4 \times 1$	11.3	635	68
$1 \times 1 \times 1 \times 2$	11.3	348	102
$1 \times 1 \times 1 \times 4$	11.5	333	104
$1 \times 1 \times 1 \times 8$	14.8	332	93
$1 \times 1 \times 1 \times 12$	21.2	341	76
$1 \times 2 \times 2 \times 4$	11.5	373	97

比率がよりよいため，連成解法は一般に分離解法よりも効率が高くなる．また，連成解法が線形則以上の性能を出す（スーパーリニア）ことも頻繁に起こる（図12.24を参照）．この例では，セルの総数が10億を超えたため，計算を1つのコアで実行することができない．使用したプロセッサの最小数は1024（コア当たり約100万セル）で，48倍のコア数（コア当たり約20,000セル）での計算では連成解法を使用すると50倍以上高速になり，分離解法では約40倍高速になった．

ある決まったサイズの与えられた問題に対しては，プロセッサの数が増加するにつれて空間的な並列化だけでは並列効率が低下するので，時間的な並列化も併用したほうがより効率的である．表12.2には，壁駆動型の立方体キャビティ内の3次元非定常流れ場の解析結果を示している．最大Re数は10^4で，$32 \times 32 \times 32$のCV格子を用い，時間ステップは$\Delta t = T/200$（Tは壁面の移動周期）である．4つの時間ステップを並列に計算し，さらに空間領域を4つの小領域に分割して16個のプロセッサを使用すると，全体的な数値計算効率は97 %となっている．もしすべてのプロセッサが空間的あるいは時間的な分割のみで使用されるならば，数値計算効率は70 %以下に下がる．

多くの計算機ではプロセッサ間の通信の際には計算を停止するが，もし通信と計算が同時に行うことができるならば（新しい並列計算機上では可能なものがある），これを利用して解法アルゴリズムの多くの部分を再構成することができる．例えば，局所通信 (LC) を行っている間に小領域内部での計算を行うことができ，また時間的な並列化ではLCを行っている間に新しい係数行列と定数列を組み立てることができる．Demmel et al. (1993) によって提案されているようにアルゴリズムが再構成されるならば，計算実行を遅らせる原因であるCG法の広域通信 (GC) でさえ，計算と重複させることができる．収束判定は計算の初期段階においてはスキップしたり，あるいは収束基準を前の反復計算での残差レベルで判定するように再構成することで並列化を行っても，その判定基準値や減少率に基づいて従来の手法と同様に計算の終了を決めることができる．

Perić and Schreck (1995) は通信と計算を重複させることの可能性について詳細に検討して，十分に並列効率を改良できることを示した．新しいハードウエアとソフトウエアによって計算と通信を同時に行うことが可能になりつつあり，それに応じて並列効率を最適化しなおすことが期待される．並列化における陰的な流れ解析アルゴリズムの発展の主な関心の1つは計算効率である．並列アルゴリズムが同精度を持つ逐次計算アルゴリズムより多くの演算を必要としないことは必要不可欠であり，これにより並列計算は流れ解析へ有効に適用できることになる．

結論として，並列計算はCFDに有効である．一般には計算負荷の大きい解析が継続して行われることはないので，そのような状況でのワークステーション・クラスターの使用は魅力的である．多くのコンピュータ（パソコンやワークステーションなどを含み）が，将来複数プロセッサマシンとなると考えられ（すでに実現しつつある），それゆえ，新しい解法を開発するときには並列処理を考慮することが必要不可欠である．

12.6.5 GPUおよび並列計算

グラフィックスプロセッサ (GPU) はもともとインタラクティブなゲーム向けに設計されたが，流れ問題の解法でも効果的であることが示されている．そのCPUとは異なる独自の設計により，専用のプログラミング言語 (compute unified device architecture: CUDA) が開発され，この分野の文献も増加している．例えば，GPUを単一プロセッサとして使用した場合，ワークステーション環境でCPUに比べて約20倍の速度向上が得られる．さらに，数百コアを備えたマルチGPUワークステーションでは，計算の大幅な加速が可能となる．

これまでの多くのGPUのアプリケーションは，既存のソフトウェアパッケージをGPUフレームワークにリンクさせるプロジェクトから生まれているが，より汎用的なソフトウェアも存在する．ここでは，この技術の可能性を読者に知らせることと，いくつかの参考文献を提供することを目的とする．Khajeh-Saeed and Perot (2013) は，GPUを加速器として備えたスーパーコンピュータを用いて乱流の直接数値計算 (DNS) を行い，GPU，MPI，スーパーコンピュータをどのようにリンクし最適化できるかを示した．基本的な数値手法のアルゴリズム自体は変更せず，多くの労力がCUDAでのコーディング，リンク作業，および最適化に費やされている．Schalkwijk et al. (2012) は気象学への適用例として，GPUをリンクしたデスクトップPCで乱流雲をシミュレーションしている．特に彼らのサイドバー「Porting to the GPU（GPUへの移植）」は非常に参考になる．多くの場合，既存のコードの計算負荷が高い部分を抜き出してGPUソルバーを実装することで，顕著な速度向上を達成している（例えばWilliams et al., 2016は，非構造格子の疎線形行列圧力ソルバーのGPUバージョンを開発）．また，一部の商用コードは，計算の適切な部分を高速化するためにGPUをリンクすることが可能である．

複雑な流れ（乱流，燃焼，多相流などのモデル化を含む）を解適合型の非構造格子上で，CPUとGPUの両方を用いて計算することは挑戦的な課題である．しかし，計算の高効率化を実現するためには避けて通れない道である．単純な流れ問題や構造格子用に開発されたアプローチは，それ単独では複雑な問題に対しては最適とはならない．すなわち，現状の問題にダイナミックに適応するよりスマートな並列化の概念を開発する必要がある．そのために，解法アルゴリズムとデータ構造の両方を再編成する必要が生じる可能性がある．例えば，面や体積に対するループを複数のループに分割したり，一部のデータを2回保存して特定のステップ間でコピーすることで，データ依存性を最小化し，計算と通信の同時実行を可能にする必要がある．今後10年で，この分野に多大な研究努力が注がれることを期待したい．

第13章　その他の問題

13.1　はじめに

これまでの議論では，単相で化学反応を含まない流れを扱ってきた．流体現象には，そこでは扱っていない幅広い物理現象が含まれる場合がある．実際，流れの中では多くの物理過程が起こっており，それぞれが流れと相互作用することで，驚くほど多様な新たな現象を生み出すことがある．このような物理過程のほとんどが重要な流体の応用分野で発生し，数値計算を適用することで大なり小なり成功をおさめている．

単純な流れ現象に新たに考慮すべき最も単純な要素は，溶解している化学種の濃度や温度といったスカラー量である．これらが流体の物性に影響を与えない場合については，すでに前の章で扱った．このようなスカラー量をパッシブスカラー（passive scalar）と呼ぶ．より複雑な場合として，スカラーの存在によって流体の密度や粘性が変化することがある．このとき，アクティブスカラー（active scalar）と呼ぶ．単純な例として，流体の物性が温度や化学種の濃度の関数となることがある．この分野は熱・物質輸送と呼ばれる．

このほか，溶解したスカラーや流体自体の物理的性質によって，流体の応力とひずみ率が単純なニュートン則（式 (1.9)）では関係付けられないような振る舞いを示すことがある．一部の流体では，粘性が瞬時ひずみ率の関数となり，このような流体をシアシニング (shear-thinning) 非ニュートン流体，あるいはシアシックニング (shear-thickening) 非ニュートン流体と呼ぶ．さらに複雑な流体では，応力が非線形偏微分方程式系によって決定される．この場合，その流体は粘弾性体と呼ばれる．多くの高分子材料（生体材料を含む）はこのような振る舞いを示し，予想外の流れ現象を引き起こす．これが非ニュートン流体力学の分野である．

さらに，流れにはさまざまな種類の界面が存在することがある．これらは流体中に固体物体が存在することによって生じるだろう．このような単純な場合には，物体とともに移動する座標系に変換可能であることから，複雑な幾何学形状ではあるものの，これまでに扱った問題に帰着することができる．これに対して，物体同士が相対的に運動する場合には，移動座標系を導入せざるを得ないこともある．この種の中でも特に重要かつ対応が難しいケースは，物体表面が変形する場合である．液体の物体の表面はその代表的な例である．

さらに別の流れとして，複数の相が共存する場合もあろう．このような場合にはすべての相の組み合わせが重要になる．固体-気体のケースとしては，空気中の埃や流動層，多孔質体中の流れなどを挙げることができる．固体-液体のケースとしては，多孔質体中の流れのほか，スラリー（ここでは液体が連続相として扱えるもの）があり，気体-液体の流れでは噴霧（ここでは気体が連続相として扱えるもの）や，気泡や液滴を含む流れが挙げられる．最後に，3つの相が共存するような流れも考えられよう．ここで述べたさまざまなケースは，さらに多くの細かな種類に分類することができる．

流れの中で化学反応が起こる場合も考えられ，この流れもまたさまざまなケースに分類することができる．反応物質の濃度が希薄である場合，化学反応速度は一定であるとみなすことができ（ただし温度には依存する），反応物質は流れに対しては基本的にパッシブスカラーとすることができる．この種の流れとしては，大気中や海洋中の汚染物質が挙げられる．これとは別の反応として，反応物質が流れの主要な部分を占め，反応により非常に大きなエネルギーが発生する場合があり，燃焼はこの典型である．さらに別の例として高速気体流れが挙げられ，圧縮性効果により大きな温度上昇を伴い，結果，気体が解離しイオン化する場合がある．

地球物理学や天文物理学においても，流体運動の方程式の解が必要になる．以下で述べるプラズマ効果のほか，この分野の流れでは工学的流れと比較して非常に大規模なスケールの効果を考えねばならない．また，気象学や海洋学では，回転や成層の効果が流れに大きな影響を与える．

最後にプラズマ流（イオン化した流体）について述べておく．ここでは，電磁気の効果が重要な役割を担う．すなわち流体の運動方程式は電磁気学の方程式（マックスウェル方程式）とともに解く必要があり，この結果，非常に多くの特徴的な現象が現れる．

この章では，上記のような困難な問題に対処するための方法（すべて網羅しているわけではなく）のうちの限られた問題についてのみ述べる．これらのトピックスはすべて流体力学の重要な専門分野に挙げられるものであり，これまでに非常に多くの研究がなされている．したがってこれから述べる各分野に対しても代表的な教科書を参考として挙げておいた．それぞれのトピックスについて本書の限られたスペースですべて公平に扱うのは不可能であることをあらかじめ断っておく．

13.2 熱物質輸送

通常，この分野の講義で取り上げられる熱伝達の3つの機構——伝導，放射，対流——のうち，最後の対流が流体力学と最も密接に関連している．その結びつきは非常に強いため，対流熱伝達は流体力学の一分野とみなすことができる．

定常熱伝導はラプラス方程式（あるいは類似の方程式）で，非定常熱伝導は熱伝導方程式で記述され，これらの方程式は3章，4章，6章で示された方法で簡単に解くことができる．物性値が温度に依存する場合は取り扱いが複雑になる．すなわち，今わかっている温度を用いて物性値を計算し，その値を用いて温度を更新するという手続きを繰り返す．この場合の収束性は，物性値を固定した場合と大きくは変わらない．

固体表面との放射は流体力学とはほとんど関係を持たない．例外として熱伝達に複数の能動的機構があるような，流体力学とガス内の放射熱伝達の両方が重要となる興味深い問題（ロケットノズルや燃焼器内の流れなど）がある．この組み合わせは天体物理学や気象学の分野でも現れるが，この種の問題は本章では扱わない（13.7節を参照）．

層流対流熱伝達において支配的な過程は，流れ方向の**移流** (advection)（先に対流 (convection) と呼んだ），および流れに垂直な方向の熱伝導である．流れが乱流のとき，層流において伝導がなす役割の多くは乱流に引き継がれ，乱流モデルによって表される．このようなモデルは10章で述べた．いずれの場合も，興味の対象は固体表面と流体との間における熱エネルギーの交換にある．

温度差が小さく（水なら5 K以下，空気なら10 K以下）レイノルズ数が高い場合，流体の物性値の変化は重要ではなく温度はパッシブスカラーとして振る舞う．この種の問題は本書ですでに述べた方法によって扱うことができる．例えば，温度場がパッシブスカラーであるなら，速度場の計算が完全に収束した後でそれを計算すればよい．流れが密度差で駆動されている場合も，後で述べるブシネスク近似を用いることでこの効果を表すことができる．

その他の重要かつ特別な場合として，滑らかな物体を通過する流れの熱伝達がある．このような流れの場合，はじめに物体周りのポテンシャル流れを計算し，得られた圧力分布から熱伝達を予測する境界層計算を行う．境界層が物体からはく離しない場合は，これらの流れを計算するのにナビエ・ストークス方程式の境界層近似 (Kays and Crawford, 1978; Cebeci and Bradshaw, 1984を参照）を用いることができる．境界層近似の方程式は放物形で，現代のワークステーションやパソコン上では2次元であればたかだか数秒，3次元でも数分で解くことができる．この種の計算法について本書では詳しくは述べなかった（一般的な原理は3〜8章に示されている）．興味のある読者はCebeci and Bradshaw (1984)，Patankar and Spalding (1977) を参照されたい．

一般に流れ場において温度変化は重要な条件の1つであり，それは流れに2通りの影響を与える．1つ目は，輸送に関する物性値の温度依存性によるものであり，温度変化が非常に大きい場合には当然考慮すべきことではあるが数値的な扱いは難しくはない．注意深く考慮すべき問題は，エネルギー方程式と運動方程式をカップリングして同時に解く必要を生じることである．幸いなことに，この種のカップリングは通常，方程式の逐次解法を妨げるほど強くはない．毎回の外部反復において，まず前の時間ステップの温度場から計算された物性値を用いて運動方程式を解いて解を得たのち，温度場を計算して次の反復のための物性値を更新する．この方法は，10章で述べた乱流モデルを用いた運動方程式の解法とよく似ている．

温度変化のもう1つの影響は密度変化を通して起こるものである．これは重力（浮力）の効果により体積力を生じて流れを大きく左右する．これが流れの主要な駆動力となるとき**浮力駆動流れ** (buoyancy-driven) もしくは**自然対流** (natural convection) と呼ばれる．**強制** (forced) 対流と浮力効果の相対的な大きさはグラフホフ (Grashof) 数とレイノルズ数との比によって表される（レイリー (Rayleigh) 数は式 (1.33) で定義される）．この比が，

$$\frac{\mathrm{Gr}}{\mathrm{Re}^2} = \frac{\mathrm{Ra}}{\mathrm{Pr}\,\mathrm{Re}^2} \ll 1$$

であるときには，浮力の影響は無視してよい．純粋な浮力流れでは，密度変化が十分に小さければ，運動方程式において鉛直方向の体積力以外の項では密度変化の影響を無視することができる．これはブシネスク近似と呼ばれる．このとき方程式は，非圧縮性流れと本質的にまったく同じ方法で解くことができる．この例は8.4節に示されている．

浮力が重要であるような流れの計算では，通常，上述のように速度場の反復計算を先に，温度場，密度場の更新をそのあとに逐次的に行うタイプの解法が用いられる．しかし，変数場の相互カップリングが非常に強いと，この方法は等温流れの場合に比べて収束が遅くなる．これに対して方程式系をカップリングしたまま解く（連成解法）と，解法の複雑さと大きなメモリ容量という犠牲によって，収束率を向上させることができる．その具体例が Galpin and Raithby (1986) にみられる．

また，カップリングの強さはプラントル数にも依存する．高プラントル数流体ではより強い連成となり，このとき，定常流れ計算に限ってではあるが，連成解法の方が逐次解法に対してかなり高い収束性を示す．

レイリー数が高くなると，たとえ境界条件が定常であっても浮力によって動かされる流れは不安定になり，最終的には乱流を生じる．また，不安定性は時間変化する境界条件によっても引き起こされ得る．時間精度の高い解が必要な場合，時間ステップは十分に小さい必要がある．その場合，計算解は時間ステップの間にあまり変化しないため陰的解法において時間ステップの外部反復数が減り，逐次解法が実際には連成解法よりも計算効率が高い可能性がある．一方，連成解法は1反復ごとに多くの計算時間を必要とし，必要な反復回数を大幅に削減できる場合にのみ有益となるが，このことは，定常または弱い過渡流れの場合にのみ当てはまる．時間ステップが十分に

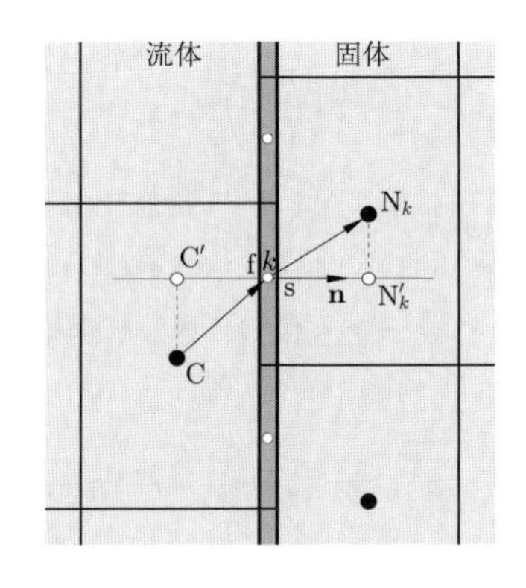

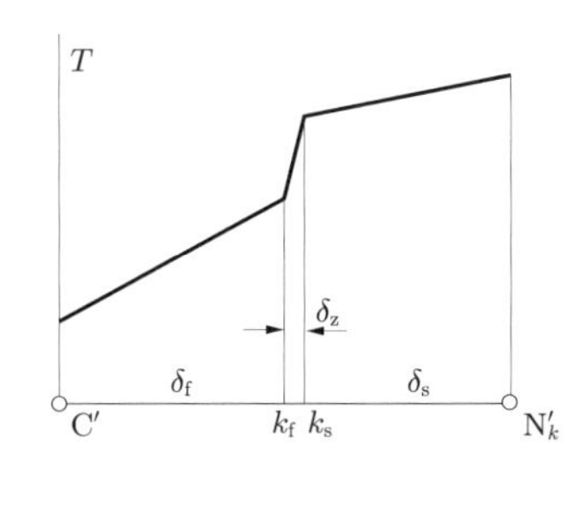

図 13.1 非接続格子を仮定したときの流体領域，固体領域，およびコーティング層での拡散流束の離散化.

小さい場合は，7 章で説明したフラクショナル・ステップ法のような非反復時間進行法も使用できる．その例には，Armfield and Street (2005) を参照されたい．

一部の応用では，隣接する流体中の対流とともに固体内の熱伝導を考慮する必要がある．これは**共役熱伝達** (conjugate heat transfer) 問題と呼ばれ，2 種類の熱伝達方程式に対して反復計算で解く必要がある．あるいは，エネルギー方程式を流体領域および固体領域全体にわたって同時に解くことも可能である．以下では，離散化の手順について説明し，特に注意が必要な点に触れるとともに，格子では解像できないほど薄いが熱伝達に対して顕著な抵抗を示すようなコーティングやバッフル (baffles) の取り扱いについても述べる．

流体側と固体側でエネルギー方程式を別々に解き，それぞれの領域の境界条件を外部反復ごとに更新する方法は，通常効率的ではない．すなわち，両者を連続した媒体としてエネルギー方程式を同時に解くことが望ましい．これを実現するには，固体–流体界面における熱流束を，界面そのものの温度に依存せず，隣接する固体および流体セル中心の温度の関数として表現する必要がある．以下では，この方法がどのように達成されるかを説明する．図 13.1 に示す状況を考える．流体側で境界層が解像されていると仮定すると，セル面 k に垂直な線に沿った温度分布は，図 13.1 の右側に示されるような形になる．一般性を保つため，固体と流体の格子が界面で一致しないと仮定する．ここでは直交格子として描かれているが，この場合でも特別な処理が必要であることがわかる．なお，格子が界面に対して非直交である場合でも，同様のアプローチが適用可能である．

節点 C と N_k を中心としたセルに共通する面 k を通る単位面積当たりの熱流束（図 13.1 を参照）は以下で表される：

$$q_k = \lambda_{\rm f} \left(\frac{\partial T}{\partial n} \right)_{k_{\rm f}} = \lambda_{\rm z} \left(\frac{\partial T}{\partial n} \right) \Bigg|_{k_{\rm f}}^{k_{\rm s}} = \lambda_{\rm s} \left(\frac{\partial T}{\partial n} \right)_{k_{\rm s}} , \tag{13.1}$$

ここで T は温度，λ は熱伝導率，n はセル面に垂直な方向，インデックス‘f’，‘z’，‘s’ はそれぞれ流体側，コーティング層，固体側の界面を示す（図 13.1 を参照）．コーティング層は通常，非常に薄いので熱伝導率 $\lambda_{\rm z}$ は一定と仮定でき，層全体で温度勾配も一定とみなせる．流体および固体については，熱伝導率が温度依存性を持つ場合は，それぞれの界面温度 $T_{k_{\rm f}}$ と $T_{k_{\rm s}}$ での値を用いる．

壁のごく近傍では，流体内の温度変化は常に線形であるが，粘性層が解像されていない場合（すなわち，壁関数が使用されている場合），その近似では有効熱伝導率を用いる必要がある．線形温度分布の場合，熱流束の離散近似は次のようになる：

$$q_k = \lambda_{\rm f} \frac{T_{k_{\rm f}} - T_{\rm C'}}{\delta_{\rm f}} = \lambda_{\rm z} \frac{T_{k_{\rm s}} - T_{k_{\rm f}}}{\delta_{\rm z}} = \lambda_{\rm s} \frac{T_{{\rm N}'_k} - T_{k_{\rm s}}}{\delta_{\rm s}} . \tag{13.2}$$

点 ${\rm C}'$ と ${\rm N}'_k$ は面法線 n 上にあり，面からの距離 $\delta_{\rm f}$ と $\delta_{\rm s}$ はそれぞれ，セル中心と面中心を結ぶベクトルの投影を表す．つまり，

$$\delta_{\rm f} = (\mathbf{r}_k - \mathbf{r}_{\rm C}) \cdot \mathbf{n}_k , \quad \delta_{\rm s} = (\mathbf{r}_{{\rm N}_k} - \mathbf{r}_k) \cdot \mathbf{n}_k \tag{13.3}$$

であり，抵抗係数 α を

$$\alpha_{\rm f} = \frac{\lambda_{\rm f}}{\delta_{\rm f}} , \quad \alpha_{\rm z} = \frac{\lambda_{\rm z}}{\delta_{\rm z}} , \quad \alpha_{\rm s} = \frac{\lambda_{\rm s}}{\delta_{\rm s}} \tag{13.4}$$

として導入すると，式 (13.2) は次のように書き直される：

$$q_k = \alpha_{\rm f}(T_{k_{\rm f}} - T_{\rm C'}) = \alpha_{\rm z}(T_{k_{\rm s}} - T_{k_{\rm f}}) = \alpha_{\rm s}(T_{{\rm N}'_k} - T_{k_{\rm s}}) . \tag{13.5}$$

この式から界面温度 $T_{k_{\rm f}}$ と $T_{k_{\rm s}}$ を消去すると次の式が得られる：

$$q_k = \frac{T_{{\rm N}'_k} - T_{\rm C'}}{\dfrac{1}{\alpha_{\rm f}} + \dfrac{1}{\alpha_{\rm z}} + \dfrac{1}{\alpha_{\rm s}}} . \tag{13.6}$$

ここで，次式の有効抵抗係数 $\alpha_{\rm eff}$ と有効導伝率 $\lambda_{\rm eff}$ を導入しよう：

$$\alpha_{\rm eff} = \frac{1}{\dfrac{1}{\alpha_{\rm f}} + \dfrac{1}{\alpha_{\rm z}} + \dfrac{1}{\alpha_{\rm s}}} = \frac{\lambda_{\rm eff}}{\delta_{\rm f} + \delta_{\rm z} + \delta_{\rm s}} . \tag{13.7}$$

すると，熱流束は次のように簡単に表現できる：

$$q_k = \alpha_{\rm eff}(T_{{\rm N}'_k} - T_{\rm C'}) = \lambda_{\rm eff} \frac{T_{{\rm N}'_k} - T_{\rm C'}}{\delta_{\rm f} + \delta_{\rm z} + \delta_{\rm s}} . \tag{13.8}$$

格子が非直交または非適合である場合，補助ノード ${\rm C}'$ および ${\rm N}'_k$ における温度は，適切な補間を通じてノードの値から表現する必要がある．次の近似は，離散化過程で

使用される他の近似と整合性があり，かつ 2 次精度である：

$$T_{C'} = T_C + (\nabla T)_C \cdot (\mathbf{r}_{C'} - \mathbf{r}_C), \quad T_{N'_k} = T_{N_k} + (\nabla T)_{N_k} \cdot (\mathbf{r}_{N'_k} - \mathbf{r}_{N_k}) \,. \tag{13.9}$$

補助節点 C′ と N'_k の座標は次のように簡単に得られる（式 (13.3) と図 13.1 を参照）：

$$\mathbf{r}_{C'} = \mathbf{r}_k - \delta_f \mathbf{n}_k, \quad \mathbf{r}_{N'_k} = \mathbf{r}_k + \delta_s \mathbf{n}_k \,. \tag{13.10}$$

結果，単位面積当たりの熱流束は以下で表される（式 (13.8) を参照）：

$$q_k = \alpha_{\text{eff}}(T_{N_k} - T_C) + \underline{\alpha_{\text{eff}} \left[(\nabla T)_{N_k} \cdot (\mathbf{r}_{C'} - \mathbf{r}_C) - (\nabla T)_C \cdot (\mathbf{r}_{N'_k} - \mathbf{r}_{N_k}) \right]} \,. \tag{13.11}$$

セル面を通る総熱流束を得るには，q_k に面積 S_k を掛ける必要があるが，下線の項は遅延補正，つまり前回の反復からの値を使用して計算される．一方，右辺第 1 項は陰的に扱われ行列方程式の係数に寄与する．セル中心と補助節点間がセル面までの距離に比べて小さい，つまり非直交性が中程度の場合，下線部の項は主項に比べて小さくなり，面中心を通る面法線がセル中心を通過するとき下線部の項は消える．一方，非直交性が著しい場合，2 種類の問題が発生する可能性がある．すなわち，(i) 非物理的な解（オーバーシュートまたはアンダーシュート），あるいは (ii) 収束の問題である．このような場合，下線部の項を制限（または最後の手段として 0 に設定）することがある．これにより近似の次数精度が下がるが，格子品質を改善できない場合に問題を回避するのには役立つ．例えば，下線部の項を完全に無視すると，実質的に $T_{C'} = T_C$ と設定され，これはセル内の温度一定に対応する（1 次精度の近似となる）．式 (13.8) は壁から環境への熱伝達を記述する際によく使われる式に似ている：

$$q_{\text{wall}} = \alpha(T_{\text{wall}} - T_\infty) \,, \tag{13.12}$$

ここで，q_{wall} は壁面の熱流束，T_{wall} は壁面温度，T_∞ は環境温度，α はいわゆる**熱伝達係数**であり，実験データの多くがこの形式で提示されている．CFD コードユーザーの多くは，タービンブレードや高温のエンジン表面などの内部流れの壁面の熱伝達係数を計算して視覚化したいと考えているが，熱伝達係数は直接に定義される量ではないため難しい作業となる．ここで明示されるのは壁面熱流束だけである（実際にはこれが注目すべき量である）．T_{wall} が局所的な壁面温度であることは明らかだが，そこに内部流れで環境のどの基準温度を使用すべきかは明らかでない．したがって，α と T_∞ は常に関連付けて定める必要がある．一部の商用コードでは，シミュレーション結果から熱伝達係数の複数の異なる計算方法を選択抽出できる．格子が改良されるときの変化は大きいこともあり，計算解を比較する際には注意を要する．

以下に閉領域内の空気の自然対流を対象として例を示す．同様の問題は，8.4.1 項でも説明したが，その際は流体領域でエネルギー方程式を解く際に上部境界と下部境界で断熱条件，側壁では温度規定としていた．ここでは，キャビティの周囲の固体領

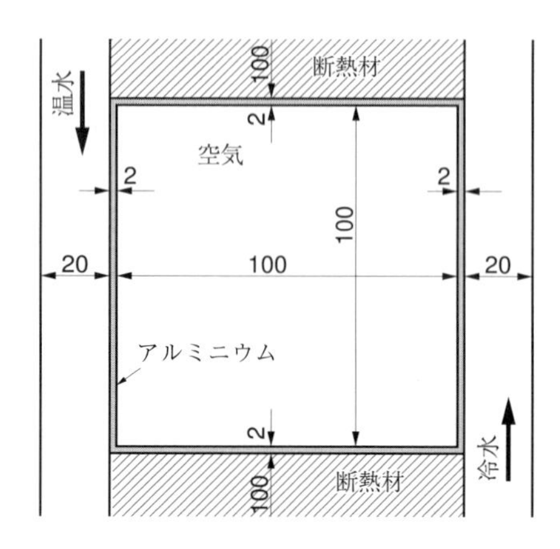

図 **13.2**　エネルギー方程式を同時に解くテスト問題，固体領域と流体領域を示す．

域，つまり上部壁の上と下部壁の下の断熱材，およびほぼ一定の壁温度を保つことを目的として側壁を流れる温水と冷水を併せて考慮する（図13.2を参照）．実験では一定の壁温度とゼロ熱流束（断熱境界条件に対応）の両方を実現することは困難であるため，このような境界条件は常に近似でしかなく，誤差も不明である．よって，このような近似境界条件は，可能な限り関心領域からできるだけ離れた場所に指定すべきである．

この2次元の例では，空気が2 mm厚のアルミニウム壁で囲まれた100 × 100 mmの空間を占める．左側の壁は幅20 mmのチャネルを平均速度10 m/sで下向きに流れる310 Kの温水によって加熱され，右側では幅20 mmのチャネルを300 Kの冷水が平均速度10 m/sで上向きに流れる．空気で満たされた空間のレイリー数は約1.5×10^6で，空気の流れが層流であることを意味する．一方，水チャネル内のレイノルズ数は200,000で，水の流れが乱流となるため，k-ε乱流モデルを使用して解析される．水が外側の壁に熱を奪われないとするのは近似であるが，流量がかなり速いため，たとえ壁からいくらかの放熱があっても，内部キャビティの空気に伝わる熱には影響を与えない．また，2つの断熱層の上部と下部の境界での熱が失われない仮定についても，断熱層の厚さが100 mmで材料の熱伝導率は非常に低い（0.036 W/mK，アルミニウムフレームの237 W/mKと比較）ため，この近似の影響も小さいと予想される．キャビティ内の空気流れの解析領域には人為的な境界条件は課されない．流れを駆動する温度は共役熱伝達解析の一部であり，外部条件としては2つの水入口の速度と温度のみが課せられる．格子生成を簡素化するため，全領域にわたって0.5 mm間隔の直交均一格子を使用した．これは，壁付近の流体領域の典型例として十分であり，以下に示す結果から明らかなように，断熱条件に対しては格子が細かすぎる．ここでは，定常流れの計算について前述した反復解法の手順に従う．外部反復ごとに，まず，前回反復から流体領域の速度場を引用して全領域にわたってエネルギー方程式を解くことにより温度が更新される．次に，SIMPLE アルゴリズムの一連の手順（運動方程式と圧力修正方程式を順に解く）が流体領域で実行され，更新された温度を参照して空気の流体特性が決定される．強制対流となる温水・冷水領域の中では温度の変化がほとんどないため，特性は一定に保たれる．空気は理想気体として扱い，ブシネスク近似は使用しない．よって，すべての項における密度は状態方程式によって外部反復ごとに更新される．また，粘度の温度依存性は多項式モデルを使用して考慮される．不足緩和係数は，速度場および k，ε に 0.8，圧力には 0.3，温度は 0.99 とした．約 500 回の外部反復が実行され，すべての方程式の残差レベルを 6 桁減少させた．対流には 2 次精度となる線形風上スキーム（4.4.5 項を参照）を，拡散項には中心差分を適用した．シミュレーション結果を含む詳細な資料がダウンロードできる（詳細は付録を参照）．

図 13.3 に流体領域（キャビティ内空気と温・冷水）における流れのパターンと，空気，アルミニウムフレーム，断熱材の等温線を示す．空気は高温の壁を上昇し，次に低温の壁に向かって向きを変え，高温の壁から集めた熱を放出し，底壁に沿って戻る．キャビティの中央部分では，図 13.4 の速度分布からわかるように，空気はほとんど停滞しており，そこは，安定成層ゾーン（等温線がほぼ水平）となる．空気側の等温線は，空気と断熱材を分離するアルミニウムフレームに鋭角で近づいており，空気とアルミニウムフレーム間の熱伝達が大きいことを示す．一方，金属と断熱材の間では，等温線は界面に対してほぼ直交しており，これら 2 つの材料間の熱交換が非常に少ないことを示す．すなわち，上部と下部の界面で空気とアルミニウムフレームの間で交換される熱は，主にフレームに沿って伝導されている．断熱材内部では，温度は予想どおりに高温の壁から低温の壁まで直線的に変化するが，不規則な変化がキャビティの角の近くにのみ見られる．速度と温度はいずれも高温壁と低温壁の近くで大きな勾配を持つため，そこには壁法線方向に細かい格子が必要である．

高温壁と低温壁に沿って温度が一定かどうかをみるのは興味深いことである．図 13.5 は，空気側の高温壁に沿った温度変化を示している．その分布は一定ではないだけでなく，中央部分では温水温度 (310 K) よりも高くなっている．コードのバグだと思う人もいるかもしれないが，温水チャネル全体の温度変化を詳しくみると，水はチャネルの両壁に沿って少し加熱されているのに対し，中央部分では入口で指定されたとおり 310 K で一定温度であることがわかる．これは，解かれたエネルギー方程式に粘性熱発生による生成項が含まれているためである．幅 20 mm のチャネルで水が 10 m/s で流れると，実際に測定可能な熱増加が発生する．これが，流体がテストセクションを通って再循環するすべての実験で，発生した熱を取り除き動作温度を一定に保つために熱交換器が必要な理由である．したがって，高温壁の約 65 % では温

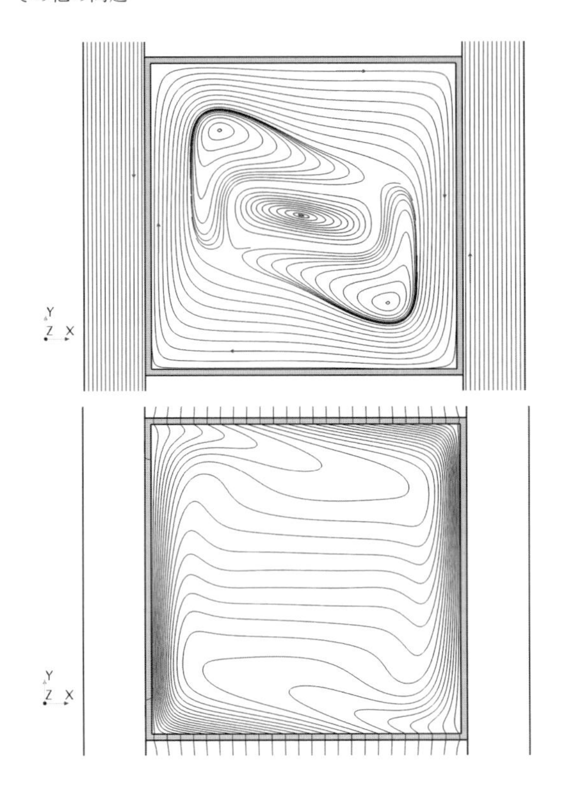

図 13.3 流体領域（キャビティ内空気と温・冷水）の流れパターン（上）と空気，アルミニウムフレーム，断熱材の温度等高線（下）．

度が 310 K よりわずかに高くなるが，コーナー付近では約 0.3 K 低くなる．高温壁と低温壁の温度差は 10 K であるため，一定温度からの偏差は大きくなる．したがって，可能な限りすべての実験セットアップをシミュレーションに含める必要がある．

この例では，空気の流れは層流であったが，対象の流れが乱流である場合は低レイノルズ数壁モデルを適用して壁近くの層を十分解像することが望ましい．これが不可能な場合は，壁近くの最初の計算ポイントが対数速度則の範囲にあることを確認して，適切な壁関数を与える必要がある．いわゆる「全 y^+ 壁関数」をほとんどの商用コードで使用できるが，これは，格子幅が両者モデルの中間範囲（$y^+ = 5〜20$（境界層の）バッファー領域とも呼ぶ）となるのが壁面の小領域に限られる場合にのみ有効である．壁面の大部分が中間範囲になるような格子での結果はおそらく悪くなる．よって，格子依存性の研究を行うときは，このことを十分考慮する必要がある．例えば，格子を細かくしたときに壁近傍格子点がバッファー領域に入ってしまう場合，計

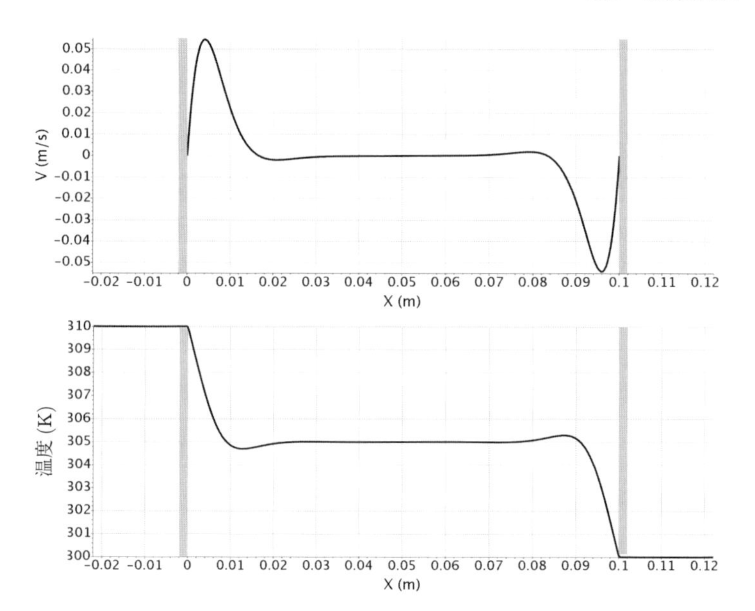

図 13.4 中央高さでの水平面分布：空気流れの垂直成分（上）と全領域の温度（下）．灰色はキャビティ壁を示す．

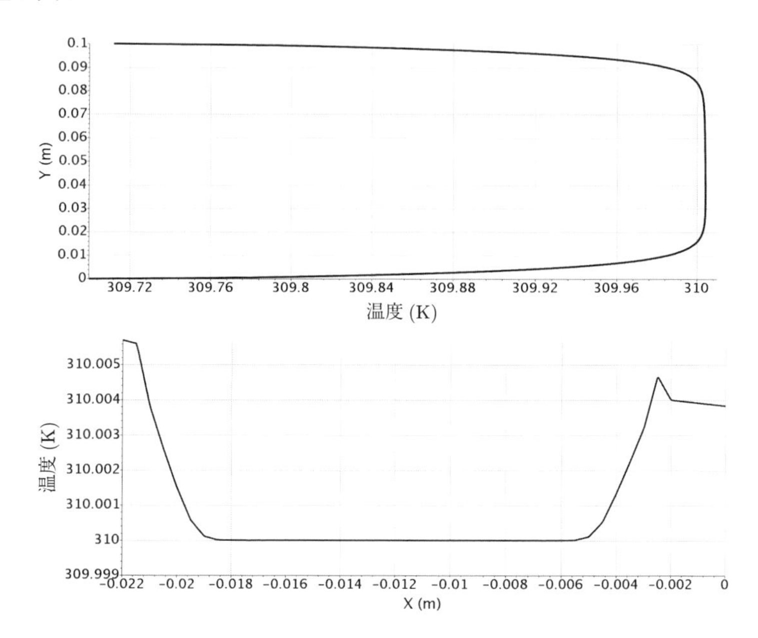

図 13.5 温度分布：高温壁に沿ったキャビティ空気（上），中央高さ水平面でのアルミニウムフレームと温水（下）．

算解の誤差は減少せず，かえって増加する可能性がある．

13.3　流体物性が変化する流れ

ここまでは主に非圧縮性流れを扱っていたが，密度，粘性係数やその他の流体の物性値は微分演算子の内側に入れておいた．これによって，既述の離散化法および解法を流体の物性値が変化するような問題にも用いることが可能となる．

流体の物性値の変化は多くの場合に温度依存によって起こるが，圧力変化も密度を通して影響する．圧力–密度変化の効果は圧縮性流れを扱った11章で考察した．物性値の圧力依存性が無視できる問題は多いが，その場合でも温度や溶質濃度などが流体の物性値に大きな変化を生じ得る．例えば，減圧下の気体の流れ，液体金属中の流れ（結晶の成長，凝固および融解の問題など），あるいは塩分による成層流体の環境流れが挙げられる．

密度，粘性係数，プラントル数および比熱の変化は方程式の非線形性を増大させる．温度依存性を伴う場合とほぼ同様に，これらの流れにも逐次解法が適用できる．すなわち，流体の物性値を毎回の外部反復の後で更新し，次の反復ではそれを既知の値として扱う．ただし，物性値の変化が大きい場合は収束が相当遅くなる．定常流の場合はマルチグリッド法を用いれば大幅な高速化が可能である．例えば，この方法の MOCVD（揮発性有機金属の気相化学析出）への適用例が Durst et al. (1992) に，熱放射を伴う問題への適用例が Kadinski and Perić (1996) に紹介されている．

非定常流れの場合，特に時間ステップが比較的小さければその間の解の変化が大きくないため，前述の逐次解法がうまく機能する可能性が高い．時間ステップ内の外部反復は通常，遅延補正（格子の非直交性による補正など）や非線形項（対流流束，流体特性，乱流モデルからの寄与など）を更新するために必要である．対象の問題が厳密性を求めるなら，より強力な不足緩和が必要になり，時間ステップごとに外部反復を増やす必要があるだろう．

さらに，密度変化流れの特別な場合として大気や海洋中の流れが挙げられる．それらについては後に触れる．

13.4　移 動 格 子

多くの応用分野において，解析領域がその境界の移動によって時間とともに変化する場合がある．領域境界の移動は外力の影響によって決定されるか，あるいは解の一部として計算されるかのどちらかである．前者の例としてはピストン駆動の流れ，後者には例えば自由表面流れが挙げられる．これらの問題を計算格子で表現するには，格子をその境界とともに移動させることになる．ここでもし，座標系を固定したままで，デカルト座標系に従う速度成分を用いるならば，保存方程式は対流項の相対速度の表現のみが書き換えられる（1.2 節を参照）．以下に移動格子系の方程式がどのようにして導かれるかを簡単に述べる．

はじめに，1 次元の連続の式を考えよう：

$$\frac{\partial \rho}{\partial t} + \frac{\partial(\rho v)}{\partial x} = 0 \,. \tag{13.13}$$

この式を境界が $x_1(t)$ から $x_2(t)$ まで時間変化する CV にわたって積分すると，

$$\int_{x_1(t)}^{x_2(t)} \frac{\partial \rho}{\partial t} \,\mathrm{d}x + \int_{x_1(t)}^{x_2(t)} \frac{\partial(\rho v)}{\partial x} \,\mathrm{d}x = 0 \tag{13.14}$$

を得る．第 2 項は問題ないが，第 1 項にはライプニッツ (Leibniz) 則を適用する必要があり，その結果，式 (13.14) は以下のようになる：

$$\frac{\mathrm{d}}{\mathrm{d}t} \int_{x_1(t)}^{x_2(t)} \rho \,\mathrm{d}x - \left[\rho_2 \frac{\mathrm{d}x_2}{\mathrm{d}t} - \rho_1 \frac{\mathrm{d}x_1}{\mathrm{d}t} \right] + \rho_2 v_2 - \rho_1 v_1 = 0 \,. \tag{13.15}$$

導関数 $\mathrm{d}x/\mathrm{d}t$ は格子（積分境界）の移動速度を表す．これを v_s と表すことにする．すると，括弧中の項はその後ろの流速を含む 2 項と類似形になるので，式 (13.14) を以下のように書き直すことができる：

$$\frac{\mathrm{d}}{\mathrm{d}t} \int_{x_1(t)}^{x_2(t)} \rho \,\mathrm{d}x + \int_{x_1(t)}^{x_2(t)} \frac{\partial}{\partial x} [\rho(v - v_\mathrm{s})] \,\mathrm{d}x = 0 \,. \tag{13.16}$$

境界が流速と同じ速度 $v_\mathrm{s} = v$ で動くとき，第 2 項の積分はゼロとなり，ラグランジュの質量保存方程式 (Lagrangian mass conservation equation)，$\mathrm{d}m/\mathrm{d}t = 0$ が得られる．

3 次元での式も同様にライプニッツ則を用いて，

$$\frac{\mathrm{d}}{\mathrm{d}t} \int_V \rho \,\mathrm{d}V - \int_S \rho \frac{\mathrm{d}\mathbf{r}}{\mathrm{d}t} \cdot \mathbf{n} \,\mathrm{d}S + \int_S \rho \mathbf{v} \cdot \mathbf{n} \,\mathrm{d}S = 0 \tag{13.17}$$

と表され，前述の表記を用いると以下となる：

$$\frac{\mathrm{d}}{\mathrm{d}t} \int_V \rho \,\mathrm{d}V + \int_S \rho(\mathbf{v} - \mathbf{v}_\mathrm{s}) \cdot \mathbf{n} \,\mathrm{d}S = 0 \,. \tag{13.18}$$

1.2 節では，式 (1.4) を用いて保存則を検査質量から検査体積 (CV) の形へと変換できることを示したが，この関係は上記のラグランジュ表記の質量保存方程式にも適用でき，また，同様の原理があらゆる輸送方程式に適用できる．

CV 界面が速度 $\mathbf{v}_\mathrm{s}$ で動くとき，運動量の i 方向成分に対する保存方程式の積分形は以下のような形をとる：

$$\frac{\mathrm{d}}{\mathrm{d}t}\int_V \rho u_i \,\mathrm{d}V + \int_S \rho u_i(\mathbf{v}-\mathbf{v}_\mathrm{s})\cdot\mathbf{n}\,\mathrm{d}S = \int_S (\tau_{ij}\mathbf{i}_j - p\,\mathbf{i}_i)\cdot\mathbf{n}\,\mathrm{d}S + \int_V b_i\,\mathrm{d}V \ . \quad (13.19)$$

スカラー量の保存方程式は相対速度 $\mathbf{v}-\mathbf{v}_\mathrm{s}$ を含む対流項の速度ベクトルを置き換えることで簡単に得られる．

もし境界が流体と同じ速度で移動するなら，CV 境界を通過する質量流束は明らかにゼロである．もし，これが境界だけでなくすべての CV 界面において正しいならば，その中には同じ流体が存在し続け CV は**検査質量**となる．これは，流体運動をラグランジュ的に記述していることになる．一方，CV が移動しなければ方程式は今までのどおりになる．

上記方程式の時間微分も同じ方法で近似されるが，固定格子と移動格子では異なる意味を持つ．CV が移動しない場合，時間微分は固定位置での保存量の局所的な変化を表し $\partial\phi/\partial t$ で表される．一方，CV が移動するとき，$\mathrm{d}\phi/\mathrm{d}t$ は空間内で CV とともに移動する位置での ϕ の時間変化を示す．その極端な例として表面が厳密に流体速度に従って動くとき，CV には常に同じ流体が含まれており，したがって，時間微分は実質微分になる．この時間微分の意味の変化は，CV の運動に応じた対流流束の変化にも反映する．

格子の位置が時間の関数として既知であるとき，ナビエ・ストークス方程式の解法に新たな問題は発生しない．よって，対流流束（例えば質量流束）を単純にセル表面の相対速度を用いて計算できる．しかし，セル表面が移動するとき格子の速度を質量流束の計算に用いると，質量保存（その他の保存量も同様）は必ずしも保証されない．具体的な問題として時間積分に陰的オイラー法を用いた連続の式を考える．簡単のために長方形の CV を用い，流体は非圧縮性で流速は一定と仮定する．図 13.6 は CV のサイズの時間変化を示している．また，それぞれの格子線（CV 界面）は一定ではあるが異なる速度で，時間とともに CV が大きくなるように移動すると仮定する．

図 13.6 に示す長方形 CV に対する連続の式を陰的オイラー法を用いて離散化すると以下の式を得る：

$$\frac{\rho\left[(\Delta V)^{n+1}-(\Delta V)^n\right]}{\Delta t} + \rho\left[(u-u_\mathrm{s})_\mathrm{e}-(u-u_\mathrm{s})_\mathrm{w}\right]^{n+1}(\Delta y)^{n+1} + \rho\left[(v-v_\mathrm{s})_\mathrm{n}-(v-v_\mathrm{s})_\mathrm{s}\right]^{n+1}(\Delta x)^{n+1} = 0\ , \quad (13.20)$$

ただし，u および v はデカルト絶対座標での速度成分である．流速が一定であると仮定するならば，上記の方程式の流速の効果は打ち消しあい，格子の速度差のみが残って以下のようになる：

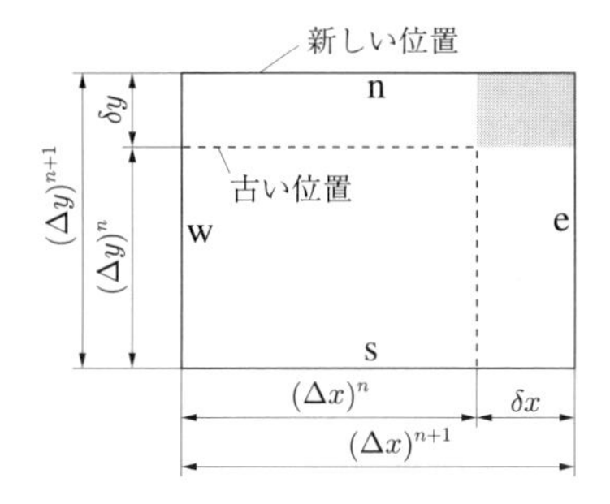

図 13.6 境界格子の速度の違いによって時間の経過とともにサイズが増加する長方形 CV の例.

$$\frac{\rho}{\Delta t}[(\Delta V)^{n+1} - (\Delta V)^n] - \rho(u_{\mathrm{s,e}} - u_{\mathrm{s,w}})(\Delta y)^{n+1} - \rho(v_{\mathrm{s,n}} - v_{\mathrm{s,s}})(\Delta x)^{n+1} = 0 \; . \tag{13.21}$$

ここでなされた仮定のもとでは，対面する CV 境界における格子の速度差は以下のように表される（図 13.6 参照）：

$$u_{\mathrm{s,e}} - u_{\mathrm{s,w}} = \frac{\delta x}{\Delta t} \; , \quad v_{\mathrm{b,n}} - v_{\mathrm{s,s}} = \frac{\delta y}{\Delta t} \; . \tag{13.22}$$

これらを (13.21) 式に代入し，$(\Delta V)^{n+1} = (\Delta x \, \Delta y)^{n+1}$，$(\Delta V)^n = [(\Delta x)^{n+1} - \delta x][(\Delta y)^{n+1} - \delta y]$ と書くと，離散化された質量保存方程式（連続の式）は完全には満たされていないことがわかる．すなわち，以下のような質量の生成項が存在する：

$$\delta \dot{m} = \frac{\rho \, \delta x \, \delta y}{\Delta t} = \rho(u_{\mathrm{s,e}} - u_{\mathrm{s,w}})(v_{\mathrm{s,n}} - v_{\mathrm{s,s}}) \, \Delta t \; . \tag{13.23}$$

オイラー陽解法を用いても同様の誤差（符号は逆）が生じる．その誤差は，格子の速度が一定ならば，時間ステップに比例する 1 次精度の離散化誤差である．時間スキーム自体が 1 次精度なので，この誤差は問題にならないと考える向きもあるかもしれないが，この人工の質量生成は時間とともに蓄積されるため重大な問題を引き起こす可能性がある．もし，1 辺のみが移動するか，あるいは格子の速度が向かい合う CV の両側で等しければこの誤差は現れない．

流体と格子の速度が一定であるという上記仮定のもとでは，クランク・ニコルソン法と陰的な 3 時刻スキームのいずれもが連続の式を厳密に満たす．流速，格子速度が均一でない一般的な場合には，これらのスキームでも人工的な質量生成を生じる．

質量保存は，速度 $v = 0$ とした連続の式，いわゆる**体積保存則** (space conservation law：SCL) を適用することで得られる：

$$\frac{\mathrm{d}}{\mathrm{d}t} \int_V \mathrm{d}V - \int_S \mathbf{v}_\mathrm{s} \cdot \mathbf{n} \, \mathrm{d}S = 0 \; . \tag{13.24}$$

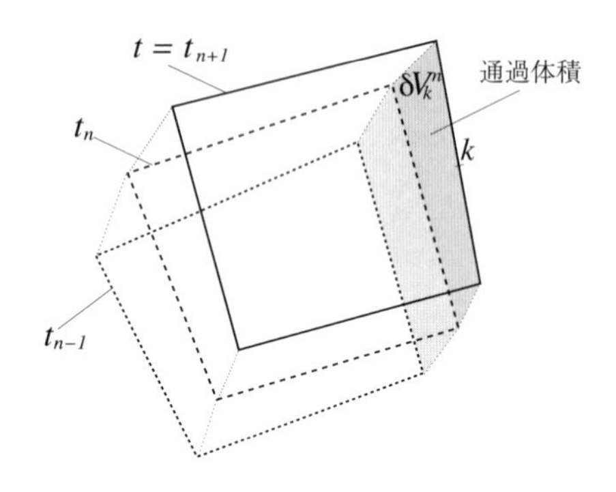

図 13.7　時間発展ステップで典型的な 2 次元 CV とセル面が通過する体積.

この方程式は CV が時間とともに形や位置を変えるときの体積の保存を記述している.

体積保存則が重要である理由は，一定密度の流体の質量保存方程式 (13.18) を考えることでわかる．それは，以下で記述される：

$$\frac{\mathrm{d}}{\mathrm{d}t}\int_V \mathrm{d}V - \int_S \mathbf{v}_\mathrm{s}\cdot\mathbf{n}\,\mathrm{d}S + \int_S \mathbf{v}\cdot\mathbf{n}\,\mathrm{d}S = 0\,. \tag{13.25}$$

最初の 2 つの項が体積保存則を表し，合計するとゼロになる（式 (13.24) 参照)．したがって，密度が一定の流体の場合，質量保存方程式は次のようになる：

$$\int_S \mathbf{v}\cdot\mathbf{n}\,\mathrm{d}S = 0 \quad \text{または} \quad \nabla\cdot\mathbf{v} = 0\,. \tag{13.26}$$

上記の 2 つの項が離散化方程式でも確実に相殺されることが重要である（つまり，CV 面の動きによるセル面を通る体積流束の合計は，体積変化率と等しくなければならない)．さもなければ，質量に数値誤差が導入されてしまい，Demirdžić and Perić (1988) が実証したように，それらが時間の経過とともに蓄積して解をまったく無効にする恐れがある.

以下では，時間積分に陰的な 3 時刻スキームと SIMPLE アルゴリズムを例に説明する．これは，クランク・ニコルソンスキームや陰的オイラースキームの式と同様に簡単に導出でき，陰的フラクショナル・ステップ法での実装も簡単である．境界が移動する非定常流れの場合，時間積分に 1 次精度の時間スキームを使用することは，ある種の浮体問題の場合のような，流れが定常解に向かうことがわかっている場合にのみ意味を持つ（例えば，船舶などが穏やかな水の中を移動する場合，一定速度の移動で発生する波によって船の傾きと水面位置が船と流体の両方が静止している初期状態から変化する)．空間積分には中点公式と中心差分スキームを使用する.

式 (6.25) を離散化すると以下のようになる：

$$\frac{3\,(\Delta V)^{n+1} - 4\,(\Delta V)^{n} + (\Delta V)^{n-1}}{2\,\Delta t} = \left[\sum_k (\mathbf{v}_\mathrm{s} \cdot \mathbf{S})_k\right]^{n+1} , \tag{13.27}$$

総和はすべての CV 面についてとる．ここで，新旧時間ステップでの体積の差はセル界面が 1 ステップの間に通過する体積 δV_k の和として表される（図 13.7 を参照）：

$$(\Delta V)^{n+1} - (\Delta V)^{n} = \sum_k \delta V_k^n . \tag{13.28}$$

これを式 (13.27) に代入して次式を得る：

$$\frac{3\sum_k \delta V_k^n - \sum_k \delta V_k^{n-1}}{2\,\Delta t} = \left[\sum_k (\mathbf{v}_\mathrm{s} \cdot \mathbf{S})_k\right]^{n+1} . \tag{13.29}$$

上記の方程式は別のやり方でも満たすことができ，それには両辺の総和計算の対応部分が等しい（つまり，各面からの寄与が両側で等しい）と仮定するのが合理的である．この仮定のもとでセル面を通る体積流束が次のように定義されていれば，体積保存則が同様に満たされることがわかる：

$$\dot{V}_k^{n+1} = [(\mathbf{v}_\mathrm{s} \cdot \mathbf{S})_k]^{n+1} \approx \frac{3\,\delta V_k^n - \delta V_k^{n-1}}{2\,\Delta t} . \tag{13.30}$$

時間ステップで各面が通過する体積 δV_k は，2 つの時間レベルでの格子位置から算出され，体積流束 $\dot{V}_k^{n+1}$ の計算に使用される．したがって，CV 表面の速度 $\mathbf{v}_\mathrm{s}$ を明示的に定義する必要はない．

1 つのセル面を通過する質量流束は次のように計算できる（式 (13.18) を参照）：

$$\dot{m}_k^{n+1} = \left(\int_{S_k} \rho \mathbf{v} \cdot \mathbf{n}\,\mathrm{d}S - \int_{S_k} \rho \mathbf{v}_\mathrm{s} \cdot \mathbf{n}\,\mathrm{d}S\right)^{n+1} \approx (\rho v_i S^i)_k^{n+1} - (\rho_k \dot{V}_k)^{n+1} , \tag{13.31}$$

ここで $(v_i)_k$ と $(S^i)_k$ は，面 k における流体速度ベクトル $\mathbf{v}$ と表面ベクトル $S\mathbf{n}$ のデカルト成分を表す．

SIMPLE アルゴリズムの反復では，（特定の許容範囲内で）満たされるべき離散化された質量保存方程式は以下となる：

$$\frac{3\,(\rho\,\Delta V)^{n+1} - 4\,(\rho\,\Delta V)^{n} + (\rho\,\Delta V)^{n-1}}{2\,\Delta t} + \sum_k \dot{m}_k^{n+1} = 0 . \tag{13.32}$$

SIMPLE アルゴリズムでは外部反復を介して新しい時間レベル t_{n+1} の値に近づいていく．新しい質量流束の近似は，まず，運動方程式を解くことで得た密度と速度を使用して，方程式 (13.31) に従って外部反復ごとに計算される．次に，セル面速度の修正（圧力修正の勾配に比例）を適用することにより，質量保存方程式を満たすように質量流束が修正される．圧縮性流れの場合はセル面での密度（圧力修正に直接比例）

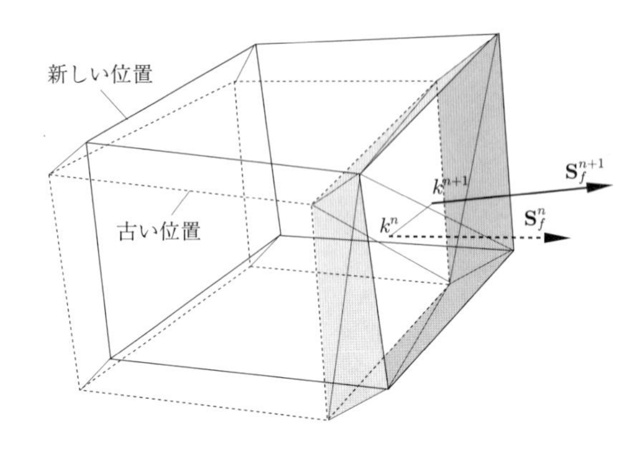

図 13.8　3次元CVのセル面が通過する体積の計算．隣接CVとのセル面の移動を灰色で示す．

にも修正が適用される．これらの修正は7.2.2項および11.2.1項で説明した手順に従うので，ここでは繰り返さない．

3次元の場合は，さらにセル面が通過する部分の体積の計算にも注意しなくてはならない．セル面の稜線移動は捩れを伴うかもしれないため，そこを通過する部分の体積の計算の際に図13.8中の陰影の面を三角形に分割する必要がある．体積は9.6.4項に述べたアプローチを用いて計算される．ここで，陰影の面は2つのCVに共有されているため，空間保存を満足するためには両方のCVにおいて同じ分割でなければならない．

質量保存方程式から得られる圧力修正方程式は，圧縮性流れ，非圧縮性流れのいずれでも時間項を除いて固定格子の場合と同じ形式になる．新しい時間ステップの格子位置がわかっている場合（ピストン駆動流れ，回転機械の周りの流れなど），セル面を通る体積流束 $\dot{V}_k^{n+1}$ は外部反復では変化せず，新しい時間ステップの開始時に1回計算される．ただし，固体位置（流体構造連成などで）や物理界面（自由表面の追跡計算など）の計算結果に従って格子を更新する場合は，外部反復中に他の修正とともに体積流束を修正する必要がある．その詳細と実例については，Demirdžić and Perić (1990)を参照されたい．

圧縮性流れの場合は解析領域内の質量の時間変化がゼロではないため，非圧縮性流れについて上で説明したように体積保存則の実装によって保存則を保証することを厳密には証明できない．その理由は，式(13.32)の左辺に現れる密度はセル中心の値であるのに対し，右辺（セル面の質量流束）では密度のセル面上の値が使用されるためである．ただし，3時刻スキームは時間に関して2次精度であるため，時間ステップが半分になると時間的な離散化誤差（質量の変化率に影響）は1/4に減少する．このとき，格子の動きによる追加誤差は，固定格子の離散化誤差と同じオーダーであり，時間ステップが細分化されると同じ割合で減少する．

解領域の形状と体積が変化する閉鎖系（入口と出口なし）の圧縮性流れの場合，上記の離散化された体積保存則を適用すると全体の質量が保存される．3 時刻スキームでの結果を以下に示す．

離散化された質量保存方程式 (13.32) から，すべての CV を合計することで解領域内の総質量が得られる．それは，すべての内部セル面を通過する質量流束によって打ち消され，境界面を通過する質量流束の合計のみが残る（質量流束には，流体の速度と境界運動の両方からの寄与が含まれることに注意．式 (13.31) を参照）．したがって，不浸透性の壁では，それが動くかどうかに関係なく，質量流束はゼロになる：

$$3M^{n+1} - 4M^n + M^{n-1} = -\sum_{\mathrm{B}} \dot{m}_{\mathrm{B}} \;, \tag{13.33}$$

ここで，$\dot{m}_{\mathrm{B}}$ は境界セル面を通過する質量流束であり，

$$M^n = \sum_{\text{all cells}} (\rho \Delta V)^n \tag{13.34}$$

が，時刻 t_n における解領域内の質量を表す．

流入も流出もない閉鎖系の場合，境界セル面を通過する質量流束の合計はゼロになる．式 (13.33) から

$$M^{n+1} = \frac{4M^n - M^{n-1}}{3} \tag{13.35}$$

となる．シミュレーションの開始時に，連続する時間ステップで質量が同じである場合，つまり $M^n = M^{n-1} = M^0$ である場合，上記の式から $M^{n+1} = M^0$ も成り立ち，格子の動きに関係なく質量は解析領域内で保存される．

流束と生成項が最新の時間レベルでのみ計算される陰的時間積分法（いわゆる**完全陰解法**）では，格子の動きは境界付近を除いて無視できる．このような方法の例には，陰的オイラー法や 3 時刻法がある（6 章を参照）．流束は時刻 t_{n+1} で計算されるため，前の時刻 t_n で格子がどこにあったか（または CV がどのような形状であったか）を知る必要はない．よって，式 (13.19) の代わりに，空間固定 CV の通常の式

$$\frac{\partial}{\partial t}\int_V \rho u_i \,\mathrm{d}V + \int_S \rho u_i \mathbf{v}\cdot\mathbf{n}\,\mathrm{d}S = \int_S (\tau_{ij}\mathbf{i}_j - p\,\mathbf{i}_i)\cdot\mathbf{n}\,\mathrm{d}S + \int_V b_i \,\mathrm{d}V \tag{13.36}$$

を使用できる．式 (13.19) とこの式とでは変化率と対流項（左辺項）の定義が異なる．空間固定 CV での対流流束は流体速度を使用して計算され，時間微分は空間内の固定点 (CV 中心など) における局所的な変化率を表す．一方，移動する CV での対流流束は流体と CV 表面間の相対速度を使用して計算され，時間微分は CV 位置に沿って変化する体積変化率を表す．

過去の時間ステップの解は面積積分と体積積分の計算には必要ないため，格子には移動だけでなくトポロジーの変更も許される．つまり，CV の数と形状の両方が時間

ステップごとに変化してもよい．過去解が現れる唯一の項は非定常項であり，この項では新しいCV上での一部の古い量の体積積分を近似する必要がある．ここに中点公式を使用する場合，古い解を新しいCV中心の場所に補間するだけで済む．それには，古いCVの中心で勾配ベクトルを計算しておき，新しいCV中心ごとに最も近い古いCV中心を見つけて，そこからの線形補間を使用して新しいCV中心での古い値を取得する：

$$\phi^{\mathrm{old}}_{\mathrm{C^{new}}} = \phi^{\mathrm{old}}_{\mathrm{C^{old}}} + (\boldsymbol{\nabla}\phi)^{\mathrm{old}}_{\mathrm{C^{old}}} \cdot (\mathbf{r}_{\mathrm{C^{new}}} - \mathbf{r}_{\mathrm{C^{old}}}) \, . \tag{13.37}$$

移動境界の近くでは，境界が時間ステップ中に移動して流体を押しのけた，あるいは流体で満たされる空間を作った，という事実を考慮する必要がある．動きが小さい場合，この効果は境界近くのCVに質量の発生または消失を規定することで考慮できる．それは境界が移動する速度を流体速度として使用して，境界面を通る入出口の質量流束と同じ方法で計算される．ある時間ステップでCVが移動方向に格子幅を超えて移動すると，新しいCVの中心が古い格子の外側に出てしまうことで問題を生じる可能性がある．したがって，移動壁の近くで格子が細かい場合，移動格子CVに基づく方程式の使用が望ましい．一方，壁から離れると離散化式における格子の動きは無視できるので，過度の変形による格子特性が劣化した場合に格子の再生成が可能となる．上記方法の実例を示したHadžić (2005) の論文では，この方法と移動CVの方程式を使用する方法との比較を行い，急膨張を伴うパイプ内のピストン駆動流れについて両方の方法の結果と実験データがいずれもよく一致することを示している．

多くの工学的問題で移動格子の利用が必要とされているが，問題が異なればその解法も異なる．重要な例として流体機械やミキサーにおいてしばしばみられる，回転体のローターとステーターの相互作用を取り上げよう．このとき，格子の一部はステーターとともにあり移動しない一方，格子の別の部分はローターとともにあってローター回転に従って移動する．格子の移動面と固定面の境界は通常，滑らかな円環形状となっている．初期時間において両者が界面で一致しているとして，回転側の格子の変形が大きくなるまでは（回転角度にして45°が許される限界であろう）境界点を固定側格子に一致させておいて，その後，1セル分だけ前に進めまたしばらくは（変形が大きくなるまで）固定点に一致させておくという方法が使える．回転機械の問題ではこの種の格子 (クリッキング (clicking) 格子) がしばしば用いられている．

この問題では，回転側の格子を界面で変形させずそのまま「スライド」させる方法もある．その場合境界で格子は一致しないため，境界に属する一部のCVは固定CVの場合より多くの隣接CVを持つ．このような状況は界面が一致しないブロック構造格子と完全に類似であり，9.6.1項ですでに述べた方法で取り扱うことができる．ただし，界面でのセルの接合関係が時間により変化するので，各時間ステップで接合関係を再構築しなければならない．この方法は前述の方法よりも柔軟性があり，回転側と固定側は別のタイプの格子や解像度が適用でき界面の格子点も一致している必要がない．また，すれ違う複数物体の流れ，トンネルへの突入，閉鎖領域内の既知軌道に沿った運動などへの適用も可能である．すべての商用コードがこの機能を提供しており，多種の回転機械，船プロペラの回転などローターとステーターの相互作用を含む流れを計算するのに使用される．

3番目の方法としては，重合（キメラ）格子を用いる方法が挙げられる．この場合も格子の一部は空間に固定されており，別の部分はローターの回転に従って移動する．この方法は，移動物体の軌跡があらかじめ未知であったり複雑であっても適用することができる．また周囲の境界が複雑形状で，例えば境界格子を界面に沿ってスライドさせられないような場合にも適用できる．

重合格子では固定格子は物体が移動する全領域をカバーしており，移動格子と重合する領域が時間とともに変化するので，格子間の関係は時間ステップごとに再構築しなければならない．厳密な保存則を満たすことが困難なこと（9.1.3項を参照）を除けば，この方法の適用に関する限界はほとんどないといってよい（物体が互いに接近する場合の接触も考慮できる）．

上で述べたように，同じ方程式と離散化法が固定・移動格子の両方に適用できるが，唯一の違いは固定格子で格子速度 $\mathbf{v}_s$ が明らかにゼロとなる．ある場所にはデカルト座標，もう一方には円筒座標というように，2つの領域で異なる座標系の使用が有利になる場合もある．これは，(i) 座標系の加速による体積力を追加し，(ii) インターフェースまたはオーバーラップ領域でベクトル成分を変換すれば可能となる．どちらも原理的にはやさしいが，実際のプログラミングは非常に面倒なものとなる．

移動物体の適用例を図13.9に示す，船体に取り付けられた固定格子とプロペラとともに回転する格子を結合した重合格子法が使われている．船には垂直軸を中心に回転できるポッドドライブ (POD) が装備されていて推力方向を変更できるため舵が不要となっている．この計算例では，POD は固定され，プロペラのみが一定速度で回転している．船速は抵抗がプロペラの推力に一致するまで変化する．この例では，プロペラが挿入される領域の固定格子は回転格子の外側部分より2倍粗くなっている．両格子のサイズがほぼ等しいのが最適であり，不一致が大きいことは望ましくない．本書で詳細説明はできないが，図13.9の2つのセクションで重なり合う格子を，図13.10に速度と圧力の等高線を示す．両格子のアクティブセルが重なり合う領域では等高線が二重に表示されていることに注目されたい．一方は固定格子，もう一方は回転格子の表示で，必然的に2つの線は同一にはならないが，すべてが正しく行われていれば不一致は小さい．本ケースでは圧力と速度の両方の等高線がよく一致している．このシミュレーションに関するより詳細なレポートが本書の Web サイトからダウンロードできる（詳細は付録を参照）．

もっと単純なアプローチでは直交座標系の速度成分を使用し，固定領域と移動領域

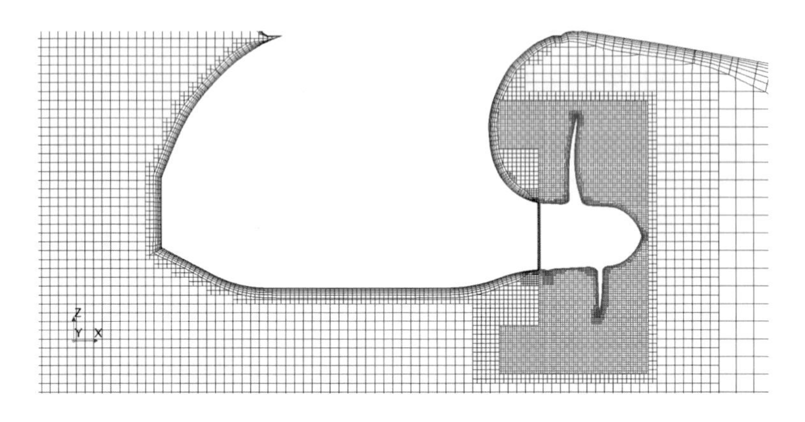

図 13.9　ポッドドライブを搭載した実物大の船プロペラの縦断面．プロペラに伴う回転格子と船体に伴う固定格子の重なりを示す．

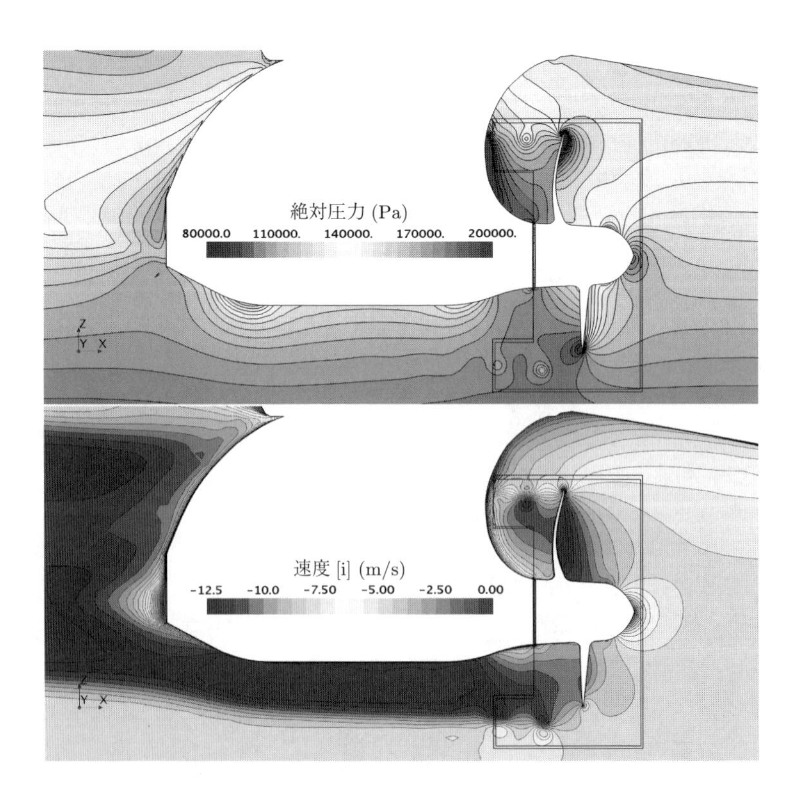

図 13.10　重合格子（図 13.9）により計算されたプロペラの縦断面における圧力（上）と軸方向速度（下）の等高線．

で異なる参照座標を使用する．この方法は，部品とともに移動する参照座標で見たときに移動領域（回転など）の流れが定常な場合によく行われる．移動領域の方程式は参照座標の動きから生じる追加項によって拡張する必要があり，移動部品と固定部品の相互作用（ターボ機械のブレード通過効果など）を考慮できないことによる追加のモデリング誤差が発生する．この誤差はインターフェース付近の両方の参照座標で流れが定常かつ軸対称である場合は小さいが，移動部品と固定部品のギャップが小さい場合は誤差が大きくなり得る．このようなアプローチは過去には，計算時間を節約するために渦粘性タイプの乱流モデルや定常解析と組み合わせてよく使用されていたが，移動部品と固定部品の相互作用は解析の重要な要素となることが多いため，将来的にはこの種のアプリケーションほとんどで移動格子が使用されるであろう．

13.5　自由表面流れ

自由表面を伴う流れは移動境界流れの中でも特に難しい部類に属する．境界の位置は初期においてのみ既知であり，それ以降の位置は解の一部として決定されなければならない．この問題は自由表面の位置を体積保存則と境界条件によって解かねばならない．

自由表面の最も一般的な例は水と空気の境界であるが，他の気液界面や液液界面もあり得る．もし自由表面における相変化が無視できるなら，以下の境界条件が適用できる：

- **運動学的条件**として，自由表面は 2 種類の流体間の厚みのない境界で，境界を通過する流れは存在しない．すなわち，

$$[(\mathbf{v}-\mathbf{v}_{\mathrm{s}})\cdot\mathbf{n}]_{\mathrm{fs}}=0 \quad \text{または} \quad \dot{m}_{\mathrm{fs}}=0 \tag{13.38}$$

  となる．ただし，添字 fs は自由表面を表し，これは流速の境界に直交する成分が自由表面の移動速度の境界に直交する成分に等しいことを示す（式 (13.18) を参照）．

- **力学的条件**として，自由表面において流体に働く力は平衡状態にあり，（自由表面での運動量保存）．これは自由表面の両側にはそれぞれ大きさが同じで逆方向の表面に垂直な力がかかることを意味する．さらに，接線方向の力も大きさと向きが同じである．すなわち，

$$
\begin{aligned}
(\mathbf{n}\cdot\mathsf{T})_{\mathrm{l}}\cdot\mathbf{n}+\sigma K &= -(\mathbf{n}\cdot\mathsf{T})_{\mathrm{g}}\cdot\mathbf{n}\,,\\
(\mathbf{n}\cdot\mathsf{T})_{\mathrm{l}}\cdot\mathbf{t}-\frac{\partial\sigma}{\partial t} &= (\mathbf{n}\cdot\mathsf{T})_{\mathrm{g}}\cdot\mathbf{t}\,,\\
(\mathbf{n}\cdot\mathsf{T})_{\mathrm{l}}\cdot\mathbf{s}-\frac{\partial\sigma}{\partial s} &= (\mathbf{n}\cdot\mathsf{T})_{\mathrm{g}}\cdot\mathbf{s}\,.
\end{aligned}
\tag{13.39}
$$

ただし，σ は表面張力，$\mathbf{n}$，$\mathbf{t}$ および $\mathbf{s}$ は自由表面上の局所直交座標系 (n,t,s)（n は液体側から表面に直交し外向き，t,s は互いに直交し面に接する）における単位ベクトルである．添字 'l' および 'g' はそれぞれ液体，気体を示す．K は自由表面の平均曲率であり，

$$
K=\frac{1}{R_t}+\frac{1}{R_s}
\tag{13.40}
$$

と表される．R_t および R_s はそれぞれ座標軸 t，s に沿って見た曲面の半径である（図 13.11 を参照）．表面張力 σ は表面要素の単位長さ当たりの力であり自由表面の接線方向に働く．図 13.11 の表面張力による力 $\mathbf{f}_\sigma$ の大きさは $f_\sigma=\sigma\,\mathrm{d}l$ である．無限小の面要素 $\mathrm{d}S$ を考えると，σ が一定のときには表面張力の接線方向成分は相殺され，垂直方向成分は局所的に働く力となり，式 (13.39) にみるように結果として表面での圧力の不連続を引き起こす．

表面張力は液体の熱力学的特性であり，温度のほか，化学組成や表面清浄度といった状態変数に依存する．温度差が小さい場合，σ の温度依存性を線形化して $\partial\sigma/\partial T$ を一定とすることができる．この値は通常，負値をとる．これに対して自由表面に沿って温度が大きく変化する場合，表面張力の勾配がせん断力を生じ，これにより流体は高温領域から低温領域に移動する．この現象は**マランゴニ** (Marangoni) もしくは**熱毛細管対流** (capillary convection) と呼ばれ，以下の無次元のマランゴニ数によって特徴付けられる：

$$
\mathrm{Ma}=-\frac{\partial\sigma}{\partial T}\frac{\Delta T\,L}{\mu\kappa}\,,
\tag{13.41}
$$

ここで，ΔT は領域全体にわたる温度差，L は表面の代表長さ，κ は熱拡散係数である．

多くの応用（例えば風が十分弱いときの海の波など）において，自由表面上のせん断応力は無視することができる．また，垂直応力および表面張力の影響もしばしば無視される．この場合，力学的境界条件は $p_{\mathrm{l}}=p_{\mathrm{g}}$ に簡略化することができる．

このような境界条件の適用は一見して些細なことに見えるが，実際にはそうではない．もし自由表面の位置が既知であれば，自由表面上にあるセル表面の質量流束を 0 とし外側からセル表面に働く力を簡単に計算できるが（表面張力を無視していれば，圧力のみが残る），実際には自由表面の形状や位置は基本的に未知であるためこの計

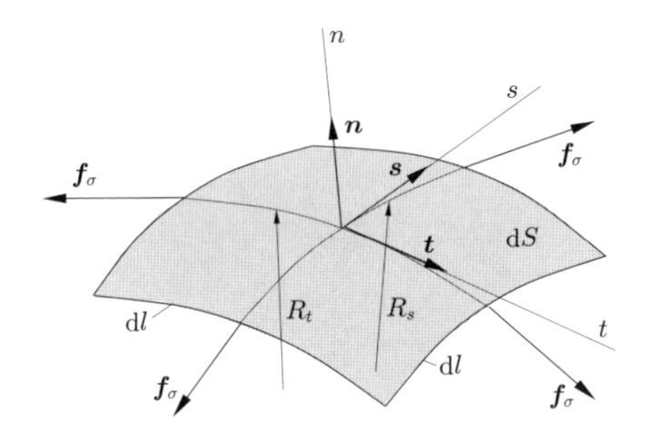

図 13.11 自由表面上の境界条件の記述.

算が一般には連成問題となり容易には解けない．そこで，上記の条件では自由表面での境界条件を陽に 1 つ適用して，もう一方は繰り返し計算による表面位置の決定に用いることになる．

自由表面の位置の特定は反復的に行う必要があり，計算複雑さが大幅に増大する．界面の片側の流れ（通常は液体の流れ）のみが対象となることもあるが，多くのアプリケーションでは界面両側の流体の流れを同時に計算する必要がある（例：液体中を移動する気泡の流れ，またはガス中を移動する液滴の流れ）．

自由表面の形状を決定するために多くの方法が用いられてきた．それらは以下のように大きく 2 つに分類される．

- 自由表面を明確な界面として扱い，自由表面の運動を追従する方法（**境界追跡法**：interface-tracking methods）：この方法では境界適合格子を用いて表面を表し，その格子は各時間ステップで自由表面の動きにあわせて更新される．陽解法を用いる場合には小さな時間ステップを用いなければならないが，前述の格子の移動に伴う問題はしばしば無視される．一例として，Hodges and Street (1999) が自由表面流れの LES に移動境界直交格子を使用した有限体積フラクショナル・ステップ法を提案している．
- 界面を明確な境界として定義しない方法 (**境界捕捉法**：interface-capturing methods)：自由表面と両相すべてを含む固定格子上で計算が行われる．自由表面の形状は，界面近傍のセルに対して液体の全体積に占める割合により決定される．**MAC**(Marker-and-Cell) 法 (Harlow and Welsh, 1965) などの初期に液相の自由表面付近に質量を持たない粒子を混入してその運動を追う方法や，**VOF** (Volume-of-Fluid) 法 (Hirt and Nichols, 1981) などの流体占有率の輸送方程式を解く方法がある．

これら 2 つの手法のハイブリッド法もある．ここでは気液二相流について述べているが，後述のようにその他の二相流への適用も可能である．

13.5.1　境界捕捉法

波の崩壊のような複雑な現象を扱うことができるなどの点で，MAC 法は興味深い手法である．ただし，流れの支配方程式を解くのに加え多くの粒子の動きを追わなくてはならないため，特に 3 次元の場合に計算負荷が大きくなる．

VOF 法では，質量と運動量の保存方程式に加え流体占有率 c の方程式を導入して連成して解く．ここで，$c = 1$ のとき CV は液体で満たされ，$c = 0$ ならば CV は気体で満たされていると定義される（$1 - c$ はボイド率）．変数 c の変化は輸送方程式

$$\frac{\partial c}{\partial t} + \boldsymbol{\nabla}\cdot(c\mathbf{v}) = 0 \quad \text{または} \quad \frac{\partial}{\partial t}\int_V c\,\mathrm{d}V + \int_S c\mathbf{v}\cdot\mathbf{n}\,\mathrm{d}S = 0 \tag{13.42}$$

に支配される．非圧縮性流体では c と $1-c$ とを入れ替えても方程式は変わらないが，この関係が数値解法においても保証されるためには質量保存則が厳密に満たされなければならない．

このアプローチは MAC 方式よりも効率的で，砕波を含む複雑な自由表面形状にも適用できる．ただし，自由表面形状は通常は複数のセルに分散された分布で定義される（圧縮性流れの衝撃波と同様）．よって，自由表面を正確に解析するには局所的な格子細分化が重要となる．細分化の基準は単純で $0 < c < 1$ のセルを細分化すればよい．この種の解法として，マーカー微小セル (marker and micro-cell) 法と呼ばれる手法が Raad らのグループにより提案されている（例えば，Chen et al., 1997 を参照）．

このアプローチにはいくつかのバリエーションがある．オリジナルの VOF 法 (Hirt and Nichols, 1981) では，自由表面の位置を探すために式 (13.42) を全領域で解き，質量と運動量の保存方程式は液相のみで解いた．この方法では気相と液相が入れ替わるような自由表面の計算はできるが，液相に囲まれた気体の浮力の効果が考慮できず，その結果，非現実的な挙動を示すことがある．

Kawamura and Miyata (1994) は式 (13.42) を用いて**密度関数** (密度と VOF の積) の分布の計算を行っている．密度関数とは自由表面の位置（$c = 0.5$ の等値面）を探すために用いられるものであり，この場合，自由表面は運動力学的境界条件および力学的境界条件が適用されている境界として扱われ，両流体の占める格子を判別することにより液体および気体の流れの計算を別々の支配方程式に従って行うことができる．自由表面によって切断されて不規則な形状になったセルには特別な扱いを要する (境界の外側にある格子上の変数の値を外挿する)．この方法は，船体の周りの流れと水面下の船体の計算に用いられる．

また流体占有率を用いることで，2 つの流体を場所によって物性値が変化する単一の流体として扱うこともできる．式に表すと以下のようになる：

$$\rho = \rho_1 c + \rho_2 (1-c)\,, \quad \mu = \mu_1 c + \mu_2 (1-c)\,, \tag{13.43}$$

ここで添字1および2はそれぞれの流体（例えば液体と気体）を表す．この場合，両流体の界面の部分は境界としては扱わず，計算上は流体の物性の不連続性として扱う．しかし，式(13.42)の解には運動学的条件および力学的条件の満足が暗に含まれている．もし，自由表面での表面張力が非常に大きい場合は，その結果生じる力を体積力に変換すればよい．

表面張力は界面領域つまり部分的に満たされたセルにのみ作用する．完全に満たされたセルあるいは空のセルでは c の勾配はゼロなので，表面張力の法線成分は次のように表すことができる（**連続体表面力**アプローチ，Brackbill et al., 1992）．

$$\mathbf{F}_{\mathrm{fs}} = \int_V \sigma \kappa \, \boldsymbol{\nabla} c \; \mathrm{d}V \,. \tag{13.44}$$

しかしながら，液滴や気泡の直径オーダーで1 mmかそれ以下で非常にゆっくりと動くような場合には，表面張力の影響が支配的になり問題が起こる．すなわち，このような場合には運動方程式において2つの項（圧力勾配項と表面張力の効果を表す体積力の項）が非常に大きくなり，この2つは互いにバランスし合わなければならない．実際，もし液滴や気泡が安定静止状態にあるのならばこれ以外の項はすべてゼロとなる．ここで界面の曲率は c にも依存する（cの勾配が界面の法線方向を与える）ことから，

$$\kappa = \boldsymbol{\nabla} \cdot \mathbf{n} = -\boldsymbol{\nabla} \cdot \left(\frac{\boldsymbol{\nabla} c}{|\boldsymbol{\nabla} c|} \right) \tag{13.45}$$

であり，任意の3次元格子においてこの2つの項を同じに保つことは非常に困難である（一方が圧力に線形であるのに対して，他方が c に非線形となる）．そのため，両項の差によりいわゆる**随伴流動** (parasitic currents) が引き起こされる．2次元に限っていえば，この問題は特別な離散化手法を適用することで回避することができるが（そのような特別な離散化として Scardovelli and Zaleski, 1999，および Harvie et al., 2006 の解析を参照），非構造格子系による任意の3次元格子に対してこの問題を回避する方法は現在のところ知られていない．

この種の方法において肝心なことは，式(13.42)中の対流項をいかに離散化するかにある．低次のスキーム（1次風上差分など）は数値粘性によって境界を不明確にし双方の流体を人工的に混合させてしまうため，高次のスキームを用いることが望ましい．変数 c は条件

$$0 \leq c \leq 1$$

を満たさなければならないから，数値解法も解がこの範囲を外れないように保証しなければならない．幸いにも，境界を明確に保ちつつ c の分布を単調にするスキー

ムが存在する．Leonard (1997) にいくつかの計算法の例が，Lafaurie et al. (1994), Ubbink (1997), Muzaferija and Perić (1999) には自由表面の境界捕捉のために特に考案された方法が示されている．

過去20年間に，界面捕捉法やハイブリッド法のさまざまなバリエーションが発表されている．その例としてここでは，Muzaferija and Perić (1999) による HRIC スキーム（高解像度界面捕捉法）について簡単に説明しよう．セル面 k での対流値 c は，風上値と風下値の混合として表される．

$$c_k = \gamma_k \, c_{\mathrm{U}} + (1 - \gamma_k) c_{\mathrm{D}} \; , \tag{13.46}$$

ここで，添字 U と D は面 k の上流側と下流側のセル中心を表す（図 13.12 を参照）．$\gamma_k = 0.5$ の場合，2 次中心差分スキームが得られる．それ以外の場合，スキームは形式的には 1 次精度となる．ただし，ここでの目的は滑らかに変化する関数のセル面中心への正確な補間（速度やその他のスカラー変数の対流値を計算する場合など）ではなく，2 つの混ざらない流体間の明確な界面を維持することである．したがって，近似の次数は他の輸送方程式ほど重要ではない．HRIC スキームでは，混合係数 γ_k が計算解の 3 つの特性を考慮した関数として決定される：

- 上流 2 点と下流 1 点のセル中心における c の値に基づく界面全体の c の変化
- 1 回のタイムステップで界面がどれだけ移動するかを推定する局所 CFL 数
- 界面の法線（c の勾配によって定義）とセル面の法線の間の角度 θ（図 13.12 を参照）

界面位置は明示的には計算されないが，等値面 $c = 0.5$ が自由表面を表すものと想定される．界面がセル面に対して直交している場合 ($\nabla c \cdot \mathbf{n} = 0$)，風上・風下近似の両者に同じ値が得られるため，$\gamma_k$ にどちらの値を割り当てるかは重要ではない．一方，界面がセル面に対して平行である場合（ベクトル ∇c と $\mathbf{n}$ の向きがそろう場合），CFL 数が最も重要な役割を果たす．流れが界面に向かっていて界面が現在の時間ステップ中にセル面に到達しないならば，界面は下流側にあるため風下近似を使用する．界面方向が任意の場合，3 つの要因すべてが重要になる可能性がある．詳細については，Muzaferija and Perić (1999) を参照されたい．

流体の特性は界面全体で数桁異なる場合があるため，補間によってセル面の値を計算する際には注意を要する．最も顕著な例は圧力の計算で，例えば，圧力を静水圧変化で与える場合に傾きは密度に比例するため界面で急激に変化する．CV に作用する圧力を正しく計算するには，界面厚さ全体から補間するのではなく片側外挿を使用すべきである．適切な実装の詳細説明については Vukčević et al. (2017) などを参照されたい．

この方法を適用した例を図 13.13 に示す．これは自由表面流れの解法の標準的課題

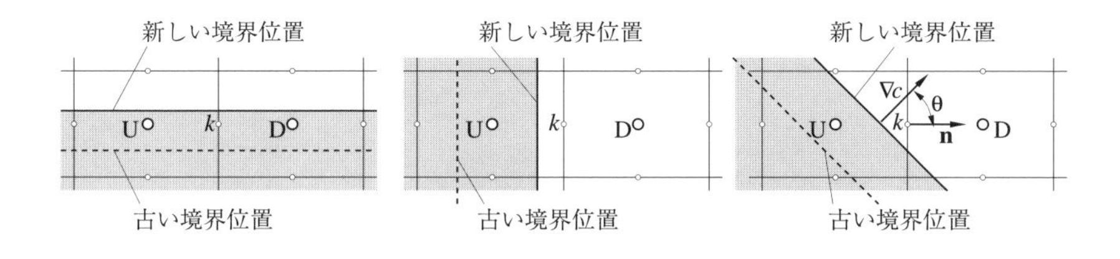

図 13.12 セル k における自由表面の移動方向の場合分け.

として知られる「ダム崩壊 (dam-break)」の解である．堤防に仕切られた水位差のある状況から瞬時に堤防が取り除かれ，そのあとに垂直方向の水の表面が残る．これを初期条件として，水は地面に沿って右方向に移動し障害物に当たる．その後，流れは障害物を乗り越え反対側の壁に達する．水が障害物の反対側の地面に落ちてくるに従って閉じ込められた空気は上方に移動する．数値解は Koshizuka et al. (1995) による実験結果とよく一致している．この例は，液体と気体の両相の流れを計算することの重要性を示している．気体相を無視すると液体は閉じ込められた空気の抵抗を感じることなく落下し，その動きは大きく異なる．表面張力も重要となる次の例ではこのことがさらに重要となる．

浮力効果は，気体が液体に閉じ込められているとき，またはその逆のときに常に重要となる．表面張力の効果は，自由表面の曲率が大きい場合，あるいは，表面張力係数が温度または濃度勾配により自由表面に沿って変化する場合にのみ重要である．浮力と表面張力の両方が重要な例として小さな気泡の上昇が挙げられる．図 13.14 はこのような状況の例を示している．空気は一端が直径 40 mm のパイプに速度 1 mm/s で流れ込み（もう一端は閉じられている），そこから直径 5 mm の接続パイプを通って深さ 45 mm の液体で満たされた大きな容器に注入される．液体の密度は 1500 kg/m^3，粘度は 1 Pa · s に対して，空気の密度は 1.18 kg/m^3，粘度は 0.0000185 Pa · s である．表面張力係数は一定で $\sigma = 0.074$ N/m とした．流体特性のこの大きな変化はシャープな界面を得る計算法を用いた際に大きな課題となる．ここでは，Muzaferija and Perić (1999) の HRIC スキーム（高解像度界面捕獲法）が使用され，シャープであるべき界面では，通常，1 セルだけが流体占有率が 0〜1 の中間値をとる．気泡の曲率を適切に解決するために解適応型の格子再分割が使用された．細分化の基準は界面の存在（つまり，流体占有率が 0.01 から 0.99 の間）であり，界面の周囲の 2 つのセル層も併せて細分化した．界面が細分化領域の端に達すると細分化と粗大化をやり直す必要がある．したがって，格子適応は 10 回の時間ステップごとに実行された．これに並列計算を使用する場合（並列化は特別ではなく一般的になった），プロセッサ間でセルを再分配するための追加作業が発生する．2 次精度の時間離散化を使用すると，オーバーシュートやアンダーシュート（一般に 2 次関数分布

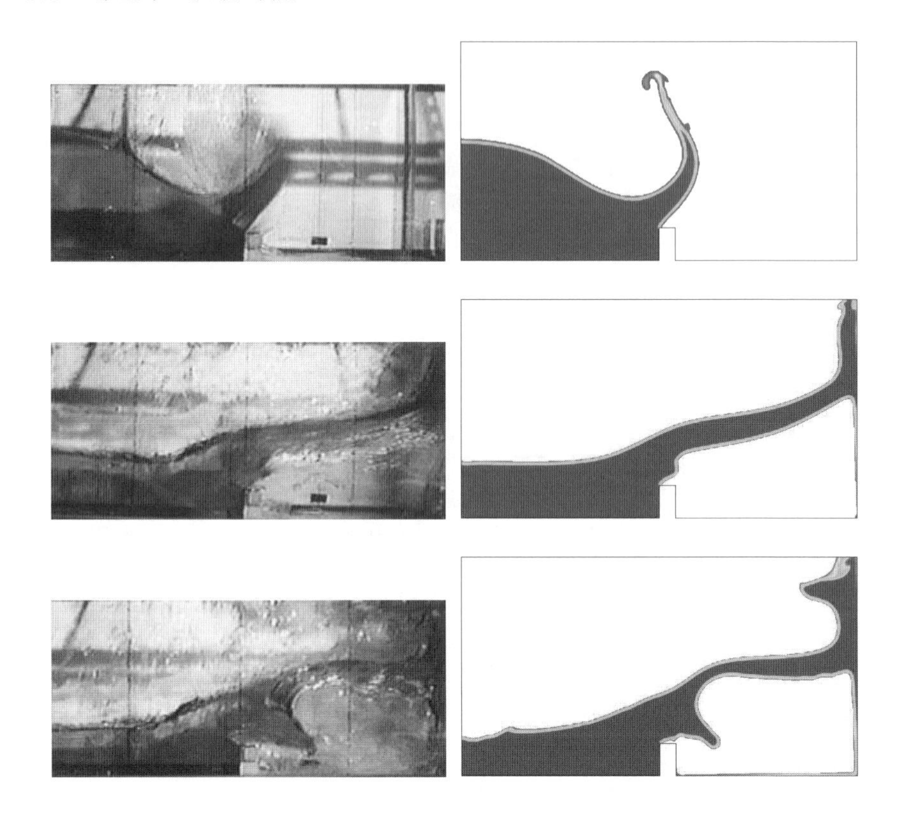

図 13.13　障害物を越える水柱の崩壊に関する実験結果の可視化（左）と数値予測（右）との比較（実験は Koshizuka et al., 1995，数値予測は Muzaferija and Perić, 1999）.

がステップを通過するときに発生する）を回避するために界面は1時間ステップでセルの1/3以上移動できない．適合型の格子細分化を使用しない場合，自由表面が存在する可能性のあるすべての場所に最も細かいレベルの格子が必要になり，セル数（したがって計算時間）が10倍に増加してしまう．このシミュレーションに関するより詳細な資料が本書Webサイトから入手できる（付録を参照）.

境界捕獲を基本とした別の方法として，Osher and Sethian (1988) による**レベルセット法** (level-set formulation) による定式化が挙げられる．この方法ではレベルセット関数の等値面 $\phi = 0$ として界面が定義される．この関数のゼロ以外の値には深い意味はないが，この関数が滑らかである条件を満たすために必要があれば，例えば ϕ は界面からの符号付距離となるように初期化される．すなわち，ある計算点における値は界面上の最近傍点からの距離を示し，界面に対して一方にある場合は正，反対側にある場合は負の値をとる．そしてこの関数は次に示す輸送方程式に従って変

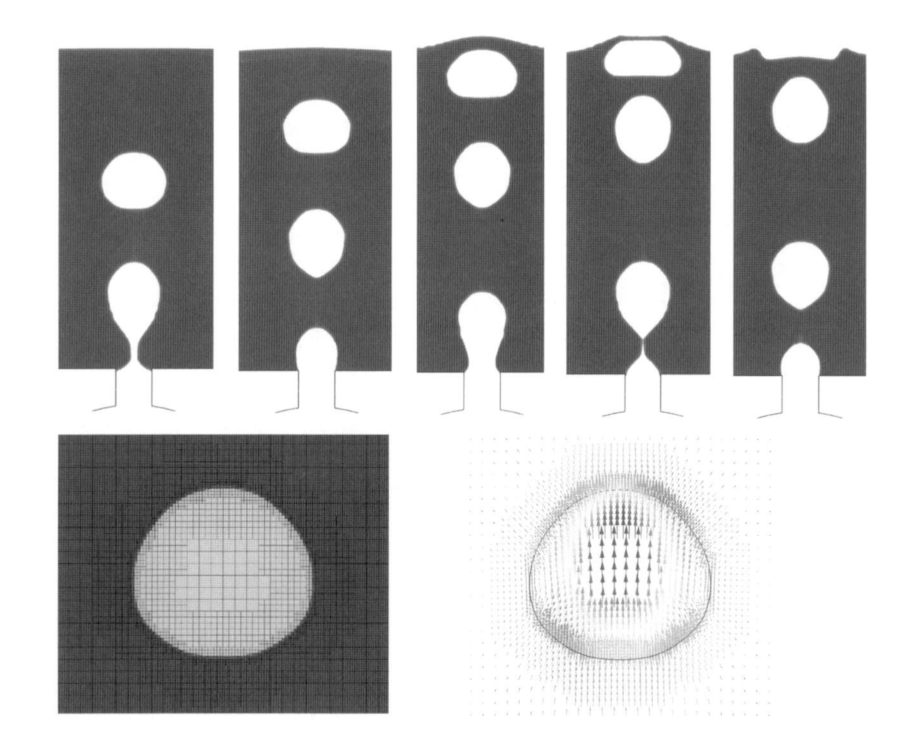

図 13.14　HRIC スキームを使用した上昇気泡の周囲の動きと流れのシミュレーション：上昇して自由表面で破裂する一連の気泡（上），蒸気体積分率（ボイド率）の分布と気泡の自由表面に適合した格子（左下），気泡の輪郭と内外の速度ベクトル（右下）．

化する：

$$\frac{\partial \phi}{\partial t} + \boldsymbol{\nabla} \cdot (\phi \mathbf{v}) = 0\,, \tag{13.47}$$

ここで $\mathbf{v}$ は局所的な流体の速度であり，$\phi = 0$ の等値面は任意の時刻における自由界面を表している．ここでもし関数 ϕ があまりに複雑になりすぎたなら，上で述べた方法で初期化しなおせばよい．VOF と同様に流体特性は ϕ の局所的な値によって決定されるが，ここでは ϕ の符号のみが重要である．

VOF 法での流体占有率 c が界面において不連続であるのに対して，ϕ が界面を横切る方向に滑らかに変化することがこの方法の利点となる．VOF 法では流体占有率 c を解くとき界面上の段階的な変化は通常維持されず，数値近似によって界面がぼやけてしまう．その結果として流体特性も界面上で滑らかに変化する．レベルセット法では特性値（例えば密度）が次のように定義されるため，特性のシャープな変化が維持される.

$$\rho = \rho_\mathrm{l} \quad \text{if} \quad \phi < 0\,, \quad \rho = \rho_\mathrm{g} \quad \text{if} \quad \phi > 0\,.$$

しかし，粘性流体に対して実際にこのような定義は問題が生じるため，界面を通して特性値が急激ではあるが滑らかに変化するように，ある有限な厚さ ϵ（通常はセルサイズの3倍程度）の領域を導入する必要がある．そのため解はVOF法と似たものになる．

上述したように，計算で求めた解 ϕ は必要に応じて再初期化を行う必要がある．Sussman et al. (1994) はこの再初期化として，次の式を定常解が得るまで解くことを提案した：

$$\frac{\partial \phi}{\partial \tau} = \mathrm{sgn}(\phi_0)(1 - |\boldsymbol{\nabla}\phi|)\,. \tag{13.48}$$

この方法は初期化の過程で ϕ の符号とゼロレベルが ϕ_0 と同じでありかつ $|\boldsymbol{\nabla}\phi| = 1$ を保証することから，符号を持った距離と類似の意味を持つ．

ここで ϕ は保存方程式のどこにも陽的には現れないので，レベルセット法は質量保存則を厳密には満たさない．質量保存則を満たすためには，Zhang et al. (1998) が行ったように，式 (13.48) 右辺を局所的な質量バランス $\Delta\dot{m}$ の関数として表せばよい．この方程式を解く頻度が高ければ，定常解を得るのにかかる反復回数は少なくなる．もちろん頻度を増すと計算負荷を高めるので，その関係はトレードオフである．

今までに多種のレベルセット法が提案されており，それぞれさまざまな段階での差異がある．一例として，Zhang et al. (1998) は，気泡の合体や溶解物の凝固を含む鋳造に適用した．ここでは保存則を解くのに非直交構造格子による有限体積法が，一方，レベルセット方程式には有限差分法が用いられている．なお，レベルセット方程式の対流項にはENOスキームが用いられている．Enright et al. (2002) は，より優れた界面捕獲法となるラグランジュ・マーカー粒子とレベルセット法について説明している．

レベルセット法の別の使い方として火炎伝播への適用がある．この場合，火炎は流体中を伝播し，その結果火炎表面に尖頭（カスプ）が形成され，界面垂直方向に不連続面が形成される場合がある．この問題については後に詳しく述べる．

レベルセット法に関するより詳細は Sethian (1996) や Osher and Fedkiw (2003) の著書を参照されたい．また，Smiljanovski et al. (1997)，Reinecke et al. (1999) には火炎面の追跡に類似のアプローチを用いた例がある．

界面捕獲法またはVOF法は，自由表面流れを計算するための最も広く使用される手法となった．これらは，すべての主要な商用コードや公開コードで利用可能であり，浸水，物体の液体表面への衝突，船舶や水中物体周りの流れ，噴流の液滴分裂，壁付近での気泡の崩壊，液滴と壁の相互作用など多様な問題に効果的に適用されてきた．いくつかの適用例を後に簡単に紹介する．

13.5.2　界面追跡法

水面を含む船体周り流れの計算においては自由表面をもっと正確に表現する手法が数多く試みられてきた．その例には高さ関数 (hight function: HF) を導入する手法があり，自由表面の位置を以下のように表す：

$$z = H(x, y, t) \; . \tag{13.49}$$

さらに，運動学的境界条件 (13.38) から高さ H の局所変化を表す以下の式が導かれる：

$$\frac{\partial H}{\partial t} = u_z - u_x \frac{\partial H}{\partial x} - u_y \frac{\partial H}{\partial y} \; . \tag{13.50}$$

この方程式は 6 章に述べられた方法のいずれかを用いて時間積分される．自由表面上の流速は，内部の流速を用いて外挿するか，力学的境界条件 (13.39) を用いることで得られる．

このアプローチは通常，構造格子による空間離散化とオイラー陽解法による時間積分により計算される．多くの研究者は流れの計算に有限体積法を，高さ関数には差分法を用いている．両者の自由表面における境界条件は収束した定常状態においてのみ満たされる（Farmer et al., 1994 参照）．

Hino (1992) は空間保存則を有限体積法において用い，その結果，各時間ステップですべての条件を満たし体積保存を保証できることを示した．同様の方法が Raithby et al. (1995)，Thé et al. (1994), Lilek (1995) によっても開発されている．以下にこの種の方法の 1 つを述べる．これは完全保存有限体積法と呼べるもので，要約すると以下のようになる：

- 速度 u_i^* を得るために，現在の自由表面上の圧力を用いて運動方程式を解く．
- 現在の自由表面において圧力修正がゼロとなる境界条件を用いて圧力修正方程式を解くことによって，各 CV に局所的な質量保存を課す（11.2.4 項を参照）．質量は各 CV および領域全体においても保存されるが，自由表面上で得られた圧力によって速度修正が生じ，その結果として自由表面を通過する質量流束が生じる．
- 運動学的境界条件を課すために，自由表面の位置を修正する．セルの移動によって生じる体積流束が前のステップで生じた自由表面流束と釣り合うように自由表面上の各セルを移動させる．
- 表面位置の調整が不要になり連続の式と運動方程式の双方が満たされるまで，繰り返し計算する．

- 次のタイムステップに進む.

この方法の効率および安定性に関する要点は，自由表面の移動のアルゴリズムである．すなわち，自由表面上のセルに対して離散化方程式は1つしかないが，非常に多くの格子点を同時に移動させなければならないところに問題がある．もし，波の反射や計算不安定性を避けたければ，その他の境界（入口，出口，対称面，壁面）と自由表面とが接する部分に特別な考慮が不可欠になる．考えられる手法として2時刻法 (two-time-level scheme) のみが挙げられるが，このアプローチはまだ発展途中にある．

移動している自由表面上のセルを通過する質量流束は，

$$\dot{m}_{\mathrm{fs}} = \int_{S_{\mathrm{fs}}} \rho \mathbf{v} \cdot \mathbf{n} \, \mathrm{d}S - \int_{S_{\mathrm{fs}}} \mathbf{v}_{\mathrm{s}} \cdot \mathbf{n} \, \mathrm{d}S \approx \rho (\mathbf{v} \cdot \mathbf{n})_{\mathrm{fs}}^{\tau} S_{\mathrm{fs}}^{\tau} - \rho \dot{V}_{\mathrm{fs}} \tag{13.51}$$

と書ける（式 (13.31) を参照）．ここで，上付き添字 τ は，その値が計算されている時刻 $(t_n < t_\tau < t_{n+1})$ を示しており，オイラー陰解法では $t_\tau = t_{n+1}$，クランク・ニコルソン法では $t_\tau = \frac{1}{2}(t_n + t_{n+1})$ がとられる．自由表面上で与えられた圧力を用いた圧力修正方程式から得られる質量流束は0ではないので，自由表面を移動させて釣り合いをとる．式に表すと

$$\dot{m}_{\mathrm{fs}} + \rho \dot{V}'_{\mathrm{fs}} = 0 \tag{13.52}$$

となる．

この方程式から，自由表面の動きによってCVを出入りする流体の体積 $\dot{V}'_{\mathrm{fs}}$ が得られる．ここから自由表面上にあるCVの頂点の座標を得る際には特に注意が必要である．なぜなら，体積変化がCV頂点の動きによって定義されているとき，方程式の数よりも未知数の数の方が多いからである．

Thé et al. (1994) は自由表面付近の領域で連続の式（圧力修正方程式）を解く場合にのみ，スタガード格子を用いることを提案している．この方法はいくつかの2次元問題に適用され良好な結果が示されている．しかし，3次元の場合に用いるには数値解法の最適化が要求される．詳細は Thé et al. (1994) を参照されたい．

その他に考えられるものとして，自由表面直下のCVを頂点でなくセル表面の中点によって定義する方法がある．このとき，CVの頂点はセル表面の中点の位置を補間することによって定義される．2次元構造格子の場合を図13.15に示す．すると，自由表面のセル面が通過する体積は，

$$\delta V'_{\mathrm{fs}} = \frac{1}{2} \Delta x \, (h_{\mathrm{nw}} + 2\, h_{\mathrm{n}} + h_{\mathrm{ne}}) \tag{13.53}$$

となる．ここで h は自由表面が1時間ステップの間に動く距離である．なお，$h_{\mathrm{n}} = h_i$ であり，h_{nw} と h_{ne} はそれぞれ h_i と h_{i-1}，h_i と h_{i+1} の線形補間で得られる．こ

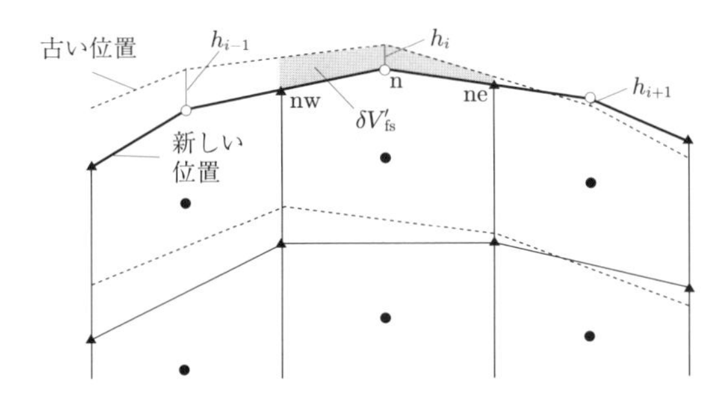

図 13.15　自由表面上 CV の定義：頂点が自由表面上にあるセルは表面中点座標（白丸）によって定義される．陰影は 1 時間ステップ間にセル表面が通過する部分の体積．

のように，$h_{\rm nw}$，$h_{\rm n}$，$h_{\rm ne}$ を h_i, h_{i-1}, h_{i+1} によって表し，上式を式 (13.52) に代入すると，セル表面の中点の位置 h_i を表す連立方程式が得られる．2 次元の場合，その連立方程式は三重対角行列であり TDMA 法（5.2.3 項）によって直接解くことができる．3 次元の場合の方程式はブロック三重対角行列となり，最適な解法は 5 章に示した反復解法のうちの 1 つとなろう．このとき自由表面の端にある CV 頂点での境界条件を明示的に定式化しなければならない．まず，境界が移動しないならば $h = 0$ であり，開放系のように自由表面の端が移動することができるなら境界条件は波を反射しない非反射型 (non-reflective type)，あるいは「波動透過型」(wave-transmissive type) をとるべきであり，式 (10.4) で与える条件が適当である．

この方法は Lilek (1995) によって構造格子を用いた 2 次元，3 次元の解析に用いられた．船体のように側面境界が不規則な形状をしているときには，体積 $\delta V'_{\rm fs}$ の表現は複雑になり，外部反復計算の各ステップにおいて反復解法が必要になる．

Muzaferija and Perić (1997) は，より簡単な方法を提案し，セル表面の通過体積を自由表面上にあるセルの頂点から計算する必要なく，式 (13.52) から得ることができるとした．このとき自由表面は，既知である体積とセル表面の領域から得られるセル表面中心の高さ h によって定義される．この方法で計算されるセル表面の通過体積は厳密さを欠くため反復修正が必要であり，各時間ステップに外部反復を必要とする陰的スキームに適している．図 13.15 に示される新旧の表面位置はそれぞれ現在および 1 つ前の時刻での外部反復ステップにおいて得られた値であり，各外部反復計算では式 (13.52) で得られた通過体積を修正する．1 時間ステップを完了して外部反復計算が収束したときには，すべての修正量がゼロになる．この方法の詳細と任意の非構造格子への適用については Muzaferija and Perić (1997, 1999) を参照されたい．

一般に，開放チャネル流れや船体周りの流れなどの自由表面を伴う流れは，以下のフルード (Froude) 数によって特徴付けられる：

$$\mathrm{Fr} = \frac{v}{v_\mathrm{w}} = \frac{v}{\sqrt{gL}} , \tag{13.54}$$

ここで，g は重力加速度，v は代表速度，L は代表長さであり，$\sqrt{gL}$ は深水における波の速度を表す．$\mathrm{Fr} > 1$ のとき流速は波の速度より大きく，流れは**超臨界** (supercritical) にあると呼ばれ，超音速圧縮性流れの場合の音波と同様に，表面波は上流方向に伝播できない．これに対して，$\mathrm{Fr} < 1$（亜臨界）のときは波はすべての方向に伝播できる．ここで自由表面の計算方法が適切に与えられていないと，小さな波の擾乱が生じて定常解を得られなくなることがあり得る．物理的に存在するはずのないところ（例えば船の前方）には波を生じないような方法を**放射条件** (radiation condition) を満たしているという．また，別の方法を 13.6 節に示す．

ここでは，界面追跡法と界面捕捉法の両方を使用して比較した例を示す．上流の深さに基づくフルード数が 1 より低い条件で，チャネル底に配置された半円筒上の乱流が対象である．流れは円筒上を通過するときに超臨界状態になり得る．臨界状態の流れではフルード数が円筒上で 1 に等しくなり，流れは円筒の上流の亜臨界状態 ($\mathrm{Fr} < 1$) から下流の超臨界状態 ($\mathrm{Fr} > 1$) に移行する．上流の水位と速度の両方を独立して設定することはできないため，これらの量のいずれかを臨界状態に適合させる必要がある（例えば，流量を増やすと上流の水深が増加する）．ここでは，上流の水位と円筒半径の比率が 2.3 の場合を選択し，入口速度を Forbes (1988) の結果に従って 0.275 m/s に設定した．図 13.16 は，界面追跡法で使用される粗いメッシュの初期形状と最終形状を示している．この方法での問題として格子を移動して自由表面の形状に合わせる必要があり，任意の状況で自動化するのが簡単ではない．表面格子点を垂直方向に簡単に移動できる場合には解を得るのが比較的簡単である．ただし，計算領域内の格子を表面格子点の動きに合わせる必要があり，非構造格子や大きな変形の場合は複雑になり得る．この特定のケースではブロック構造格子が使用され，計算セルが解法全体を通じて適切な品質を維持するように設計するために代数的緩和法を使用して内部格子を自由表面の動きに合わせた．計算格子はシリンダーの上部と下流で初期形状から大きな変形を受ける．

同じ流れが，界面捕捉法と壁に沿ってプリズム層を持つトリミングされた直交座標格子を使用しても計算されている．図 13.17 に格子と計算された体積分率分布を示す．図 13.18 は 2 つの方法にて最細格子で計算された自由表面の高さ分布を Forbes (1988) の実験データと比較したもので，一致はいずれも非常に良好である．実際，図 13.16 に示す粗いメッシュでも自由表面の形状は比較的良好に予測される．界面捕捉法の場合，図 13.17 からわかるように，水の体積分率が 1 から 0 の間で変化する領域はほぼセル幅ひとつ分である．この場合，格子細かさを変えても体積分率 0.5 の等値面の位置はあまり変わらない．ただし，波を補足する必要がある場合など他の事例では，計算結果の格子依存性が大きくなる可能性がある．

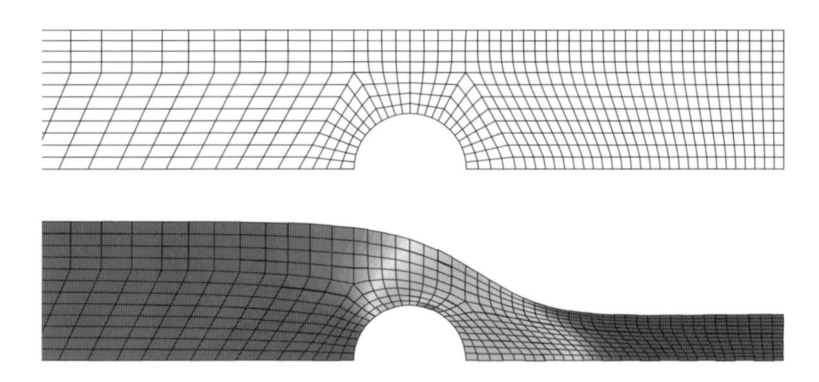

図 13.16　半円筒上の臨界流を計算するための 2 次元モデル：界面追跡法で使用される初期（上）および最終（下）の最も粗いレベルの格子形状（下のグラフに動圧分布も示す）．

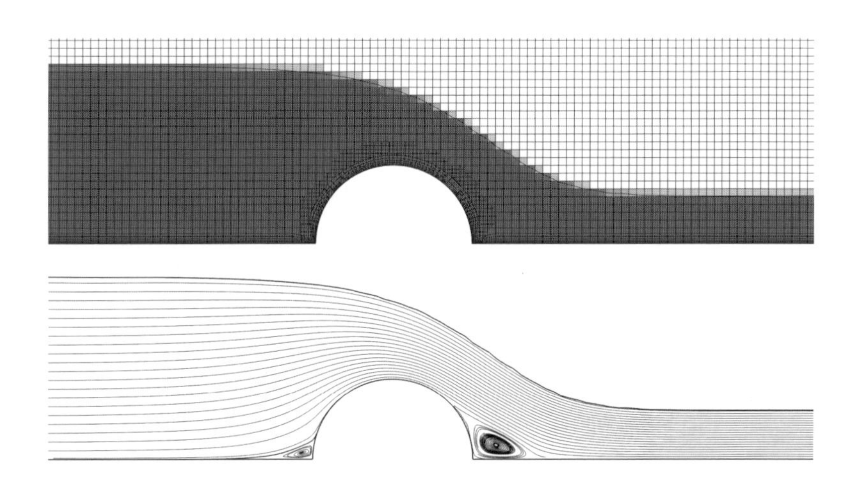

図 13.17　界面捕捉法による半円筒上の臨界流の計算：中レベルの格子と水の体積分率（界面位置を示す）（上），流線（下）．

13.5.3　ハイブリッド法

最後に，二相流を計算するのに上記のいずれにも当てはまらない方法がある．これらの方法は，界面捕捉法と界面追跡法の両方の要素を取り入れているため，ハイブリッド法と呼ぶことができる．これらの中には，Tryggvason らによって開発され気泡流に適用された方法がある．Tryggvason and Unverdi (1990) および Bunner and Tryggvason (1999) を参照されたい．

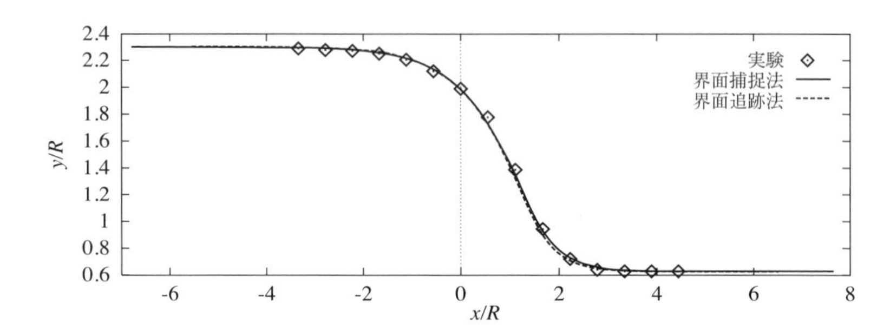

図 13.18　界面追跡法と界面捕捉法を用いて予測された自由表面高さの Forbes (1988) 実験データとの比較.

この方法では，流体特性は界面に垂直な何点かの格子に分散される．その後，2 つの相は，界面捕捉法と同様に，可変特性を持つ単一の流体として扱われる．加えて，界面が分散されないように界面追跡法と同様の追跡も行われる．これは，流れ解析によって生成された速度場を使用してマーカー粒子を移動することにより計算される．精度を維持するためにマーカー粒子の間隔がほぼ等しくなるように粒子は追加または削除される．また，レベルセット法の適用もこの目的の代替として提案される．Enright et al. (2002) または Osher and Fedkiw (2003) の粒子レベルセット法を参照されたい．そこでは，各時間ステップの後に，流体物性が再計算される．

Tryggvason らはこの方法を使用して，水中の水蒸気の泡が数百個含まれる流れなど多数計算を示した．この方法では，相変化，表面張力，泡の合体と分裂をすべて処理できる．同様のハイブリッド法として，1 つの相の体積分率に関する追加の方程式と界面追跡法を併用する解法が Scardovelli and Zaleski (1999) によって報告されている．

もう 1 つのハイブリッド法は，PLIC（または VOF-PLIC）という略語で知られており，区分線形界面構築 (piece-wise linear interface construction) (Youngs, 1982) を意味する．1 つの相の体積分率の方程式は上記の界面捕捉法と同様に解くが，その界面は各セル内で 2 次元では線分，3 次元では平面を使用して幾何学的に再構築され，セルは相の体積分率と界面の法線方向（体積分率の勾配によって指定）に対応する 2 つの部分に分割される．同様の方法のレビューが Rider and Kothe (1998) にある．また，直交座標系格子に専用の特別な方法がいくつか開発されている（Weymouth and Yue, 2010; Qin et al., 2015 などを参照）．さらに，VOF 法とレベルセット法の組み合わせも報告されている（Sussman, 2003 などを参照）．また，圧縮性の流体相を扱う場合には特別な注意が必要となる（例えば，Johnsen and Ham, 2012 や Beig and Johnsen, 2015 を参照）．

上記で説明した同様の方法をDNSに適用して，砕波時の空気の巻き込みや混合（例えば，Deike et al., 2016）や跳水(Mortazavi et al., 2016)などの詳細な自由表面現象を正確に予測計算するために使用される．噴流の解像，上昇する泡，壁の近くでの泡の崩壊などを扱った文献も多数ある．これらの方法は，乱流のLESおよびRANSモデリングのいずれとも組み合わせて使用される．多くの応用例で，二相の流体の界面は明確ではない．例えば，砕波や跳水では水と空気が泡状の混合物を形成する領域が存在する．このような場合，単相流の乱流輸送モデルに似た二相流体の混合モデルを追加する必要がある．このようなモデルは，Deike et al. (2016)によって取得されたDNSデータを使用して開発できる．沸騰中の加熱による気泡の成長や，自由表面を持つその他の流れを計算する場合にも，特別な処理が必要となる．本書では，それぞれの特定のアプリケーションの詳細について説明することはしないが，使用されている方法のほとんどは上記の方法のいずれかに関連している．

13.6 解強制法

境界で波を反射しない数値スキームを構築する代わりに，**解の強制**を適用して同じ目的を達成することができる．このアプローチでは，ナビエ・ストークス（またはRANS）方程式の解に対して参照解を強制する．参照解は通常，自明な解（一様流や平坦な自由表面など），理論的な解，または別の方法（例えば，ポテンシャル流理論に基づく方法）や異なる境界条件（例えば，障害物のない無限領域での波の伝播）を使用して得られた解のいずれかである．解の強制は，離散化された運動方程式に（自由表面流れを計算するのに界面捕捉法が使用されている場合は，1つの相の体積分率の方程式にも）次の形式の生成項を追加することによって実現する：

$$A_{\mathrm{P}}\phi_{\mathrm{P}} + \sum_{k} A_k \phi_k = Q_{\mathrm{P}} - \gamma \left[\rho V (\phi - \phi^*)\right]_{\mathrm{P}} \ , \tag{13.55}$$

ここで，ϕ^*_{P}はセルの重心における基準解を表す．生成項による解の強制は徐々に行う必要があり，強制係数γをゼロ（強制ゾーンの開始時）から最大値（ソリューション領域の境界）まで変化させることによって実現される．通常は，ブレンドゾーンの開始時に漸近的にゼロになる変化，例えば指数関数または$\cos^2$の変化を使用するのが望ましい．γは無次元係数ではないことに注意されたい．その次元は[1/s]であり，最適値は問題によって異なる．解強制法の一般的なアプローチは多くの著者によってさまざまな目的で使用されており，適用分野に応じてさまざまな名称（緩和ゾーン，減衰ゾーン，スポンジ層など）が散見される．さまざまなバリエーションの詳細についてここでは説明しない．重要な問題は，強制係数γの最大値の選択である．ほとんどの文献にて，このパラメータの最適値を決定するために試行錯誤のアプローチが使用されている．最近，Perić and Abdel-Maksoud (2018)は，自由表面波を出口境界に向かって減衰させるときに反射係数が目標値を下回るパラメータ範囲を決定できる方法を発表した．最適値は波長と強制ゾーンの幅に依存し，値が高いほど波長が短くなる．自由表面波の場合，強制係数に1（非常に長い海洋波）から100（実験室実験での短い波長）の間の値と，1〜2波長幅の強制領域が良好な結果につながるようである．

波を平坦な自由表面に向かって強制したいだけなら，垂直速度成分を徐々にゼロに近づけるだけで十分である．ただし，この波を入口境界にも強制したい場合は，すべての速度成分を，例えば5次ストークス波（Fenton，1985などを参照）に向かって強制することもできる．入口での速度と体積分率の理論値を指定するのではなく，例えば1つの波長に対して強制する利点は，後者は上流に移動する擾乱の反射を回避するが，前者では回避できないことにある．また，例えば船体周りの流れの解析で，境界を対称面として扱う場合，横方向の速度成分をゼロに固定することで境界からの波の反射を回避できる．波中の船体周りの流れ解析の際に境界での波の反射を回避するために強制を使用する例を13.10.1項で示す．同じアプローチは，圧縮性流れ（気体と液体の両方）の音響圧力波を減衰させて境界からの反射を回避するためにも使用できる．この場合も，Perić and Abdel-Maksoud (2018) の理論を使用してγの最適値を決定することができる．例えば，水中で500 Hzの音響圧力変動を減衰させるには，強制ゾーンが2波長の幅である場合，γの最適値は約8,000となる．流れが渦を運び，擾乱を反映しない適切な境界条件を指定するのが難しい場合は，強制アプローチを使用してDNSおよびLESシミュレーションの下流境界での擾乱を回避することもできる．例えば，出口条件が単純で圧力規定で十分な場合，流れ方向の速度を一定にし，交差方向の速度をゼロにすることで（自由流れ中の物体の周りの流れでは適切），乱流から均一な流れへのスムーズな遷移を実現できる．

13.7　気象学，海洋学への応用

大気と海洋は，地球上で最も大きなスケールの流れが観察される場である．速度は数十メートル，長さスケールはずば抜けて大きく，結果，レイノルズ数も非常に大きくなる．流れのアスペクト比は非常に大きいため（水平方向には数千キロメートル，垂直方向には数キロメートル），小さなスケールの運動は3次元であるものの，大きなスケールの流れはほぼ2次元である（しかし垂直方向の運動は重要である）．この大きなスケールでは地球の回転が主要な力として働く一方，小さなスケールではこの回転効果は重要ではなく，密度分布の安定成層化が重要になってくる．すなわちスケールが変わると重要になる力や現象が異なってくる．

また，さまざまな時間スケールに対する適切な予測が必要になる．一般的に最も注目されているのは，大気や海洋の状態を比較的近い将来にわたって予測することであろう．天気予報では時間スケールは数日の範囲であるし，海洋の場合はその変化はもっと緩やかであり数週間から数ヶ月といったところであろう．どちらの場合にも，時間的に正確な解析手法が要求される．一方，この対極として気候変化の研究が挙げられる．これは比較的長い時間にわたる大気の平均的な状態の予測を必要とするため，短い時間の時間変化については平均化することができ，要求される時間精度もそれほど高くはない．この場合には大気や海洋のさまざまな現象をモデル化することが重要である．シミュレーションで必要な解像度（キロメートルまたはメートルなど）に応じて，通常，乱流の処理方法が分けられる．流れの3次元性が重要な場合は，ラージ・エディ・シミュレーション (LES) が実行されることが多く，一方，主に2次元的だが垂直混合を伴う流れの場合，種々の乱流モデリングを備えたレイノルズ平均 (RANS) アプローチが使用される．

計算はさまざまな長さスケールで行われる．関心のある最小の領域は，数百メートルの大きさの大気境界層または海洋混合層である．次のスケールは盆地スケールと呼ばれ，都市とその周辺で構成される．地域スケールまたはメソスケールでは，大陸または海洋の重要な部分である領域を考慮する．最後に，大陸（または海洋）スケールと地球スケールがある．いずれの場合も，計算リソースによって使用できる格子点数つまり格子サイズが決まる．格子より小さなスケールで発生する現象は近似モデルで表現する必要がある．関心のある最小のスケールとしても，平均化を行う必要がある領域のサイズは工学的流れの場合よりも明らかに大きい．したがって，小さなスケールを表現するために使用されるモデルは，10章で説明した工学的ラージ・エディ・シミュレーションにおいてよりもはるかに重要となる．

最大規模のシミュレーションによってさえ重要な構造をすべて解像できないため，複数の異なるスケールで計算を行い，各スケールにおいてそのスケール特有の現象を研究することが目的となる．気象学者は，シミュレーションを行うスケールを4段階から10段階まで区分している（これは数える研究者によって異なる）．予想される通り，この分野に関する文献は膨大であり，ここでそのすべてを網羅することはできない．

すでに述べたように，最も大きなスケールでは大気や海洋の流れは実質的に2次元である（ただし垂直方向の運動による重要な影響もある）．地球規模の大気や海洋全体のシミュレーションを行う場合，現在の計算機の能力から水平方向の格子解像度はおおよそ10〜100キロメートルになる．この結果，前線（異なる特性を持つ2つ大気の間に存在する領域）のような重要な流れ構造については近似モデルを用いて扱う必要がある．これによりその現象の幅が十分厚くなり，用いている格子で解像できるようになる．このような近似モデルは実際には構築することが大変難しく，予測結果に大きな誤差をもたらす原因となる．

3次元の運動は，大気海洋学上の問題では最も小さなスケールにおいてのみ重要である．また高レイノルズ数条件下であるにもかかわらず，乱流状態となっているのは表面のごく近傍においてのみである．この乱流層は大気境界層と呼ばれ，通常 1 km から 3 km 程度の厚さとなっている．この境界層の上では大気は成層化しており，層流状態を維持している．同様に海洋もその界面近傍のみが乱流となっており，その厚さは 100 m から 300 m 程度であり混合層と呼ばれる．大気や海洋がお互いに関係を及ぼし合うのはこの乱流層であり，大きなスケールの運動にも重要な影響を与えることから，そのモデル化は重要である．

これらの流れ場を解析する場合に用いる数値解析手法は適用するスケールによって多少異なる．大気または海洋の最小スケール，例えば大気または海洋境界層でのシミュレーションでは，工学的流れのラージ・エディ・シミュレーションの手法がそのまま使えるであろう（10 章を参照）．例えば，Sullivan et al. (2016) は，極限解像度 (0.39 m) の非静水力学コードを使用して夜間の安定成層大気境界層を解析した．この LES コードには，3 段階ルンゲ・クッタ法による時間進行，および水平方向にスペクトル定式化と垂直方向の有限差分が用いられている．Skyllingstad and Samelson (2012) は有限体積法の非静水力学 LES コードを海洋気象に用いて，3 m 解像度で海洋表面境界層における前線不安定性と乱流混合を解析した．また，地域海洋コードとしては，静水力学の流動方程式とその他の結合モデルを解く地域海洋モデル (ROMS, regional ocean modeling system; https://www.myroms.org) がある．これは，予測子（蛙跳び法；6.3.1.2）と修正子（アダムス・モールトン法；6.2.2 項）を時間進行スキームによる有限体積法で定式化している．ここで静水力学とは，垂直加速度が小さく垂直圧力勾配と重力がバランスしていることを意味する．

雲を含まないシミュレーションでは標準コードで十分であるが，雲とそれに関連する液体の水，水蒸気，氷などが存在する場合は，湿潤過程を処理するために微物理パッケージを追加する必要がある（Morrison and Pinto, 2005 を参照）．これにより，解決すべき偏微分方程式がかなり多くなるが，計算量はそれほど大きく変わらない．CM1 コード (http://www2.mmm.ucar.edu/people/bryan/cm1/) はそのようなシステムの直接的な実装で，ルンゲ・クッタ法時間進行による圧縮性流体用の非静水力学的な差分法コードとなる．また，多くの大気解析コードと同様に 5 次または 6 次精度の移流スキームを使用する．LES は大気モデリングにおいてこれまで以上に重要な役割を果たしているため，Shi et al. (2018 a, b) は CM1 などの雲解像 LES コードで使用されるサブフィルター・スケールおよびサブグリッド・スケール・モデルの精度を調査した（Khani and Porté-Agel，2017 も参照）．

別の例として，Schalkwijk et al. (2012, 2015) は GPU コンピュータにて Dutch Atmospheric Large-Eddy Simulation (DALES) コード (Heus et al., 2010) を使用して乱流雲を生成する方法を示した．DALES コードは，ルンゲ・クッタ時間進行を伴う Arakawa C グリッド上の非静水圧ブシネスク近似の有限差分法定式化である．このコードは，7つの主な予測変数（つまり，偏微分方程式による時間的に進行）を解くことができる．一般に，高解像度や渦/雲解像度を目的としたアプリケーションは非静水圧型 LES によるであり，地球規模の大気および海洋モデルは静水圧型 RANS に分類される．気候モデリングの概要については，例えば Washington and Parkinson (2005) を参照されたい．地球規模スケールの解析には有限体積法が使用されることもあるが，球面用に特別に設計されたスペクトル法がより一般的といえる．この方法では，基底関数として球面調和関数が使用される．

時間を進める方法を選択する際には，解析精度の考慮が重要であるが，気象学と海洋学のいずれでも波動現象が重要な役割を果たすことにも留意がいる．天気図や衛星写真でおなじみの大規模な気象システムは，非常に大規模な進行波とみなすことができる．数値計算では，これらの波を増幅または消散させてはいけない．このため，これらの分野では蛙跳び法が一般的に使用されていた (6.3.1.2)．この方法は，波に対して 2 次精度で中立的に安定している．残念ながら，この方法は無条件に不安定（指数関数的に減衰する解を増幅）でもあるため安定化が必要となる．このためルンゲ・クッタ法（6.2.3 項）が取って代わった．特に，現在では 3 次精度で時間的に正確な 3 段階ルンゲ・クッタ法が一般的に使用されている（6.2.3 項）．

13.8 多 相 流

工学的な応用を考えた場合，流れはしばしば混相流体となっている．例として気体や液体流れに含まれる固体粒子の流れ（流動層，粉塵，スラリー）や，液体中の気泡（気泡流や沸騰），気体中の液滴（噴霧）などを挙げることができる．混相流がしばしば燃焼系で起こることが，この問題をさらに複雑にしている．多くの燃焼器では，液体燃料や粉状の石炭が噴霧状に吹き込まれる．また石炭を流動層内で燃焼させる場合もある．最後に，相変化（キャビテーション，沸騰，凝縮，溶融，凝固）を伴う多相流も工学問題ではしばしば生じる．

13.5 節で述べてきた方法には，ある種の二相流，特に両相が流体の場合に適用でき，このような場合，2 種類の流体の界面は陽的に扱われる．実際，このような方法の中には二相流を想定して開発されたものもある．しかし界面の取り扱いに伴う計算負荷により，この種の方法が適用できるのは界面の領域が比較的小さい場合に限られる．

この他にも二相流を計算するためのアプローチが数多く提案されている．それらにおいて，媒質 (carrier) 相もしくは連続相は常にオイラー的に解かれる一方，分散 (dispersion) 相に対してはオイラー，ラグランジュ両手法が用いられる．

分散層の質量荷重がそれほど大きくなく，分散相を形成する粒子がそれほど大きくない場合は，ラグランジュ的なアプローチがとられる．粉塵や燃料噴霧はその例である．この手法を用いた場合，分散相は有限数の粒子や液滴で表され，その運動はすべてラグランジュ的に計算される．このとき計算で捕えられる粒子の数は，流体に含まれる実際の数より通常はずっと少ない．したがって計算上の粒子は実際の粒子の集合体（パケット）を表しており，これはパケット法と呼ばれる[1]．もし相変化や燃焼を考慮する必要がなく荷重も小さい場合は分散相が連続相に与える影響は小さく無視することができ，その場合は連続相を先に計算することができる．粒子は連続相を計算した後で流れ場に挿入し，その軌跡をすでに得られている速度場を用いて計算すればよい（この方法は流れの可視化にも用いられ，質量を無視できる微小な粒子を用いて運動を追うことで流脈線を描くことができる）．この方法では粒子の場所に対して速度場を補間する必要があり，その補間は少なくとも時間進行法と同じ精度である必要がある．さらに用いる時間ステップについても，1時間ステップで粒子が1つ以上のセルをまたがないように決める必要がある．これに対して分散相の質量荷重が無視できないような場合には，流体運動に対する粒子の影響を考慮する必要が生じる．パケット法を用いた場合には粒子の追跡計算と流れ計算は同時に行う必要があり，反復計算が必要になる．すなわち，それぞれの粒子は自身が存在しているセル中の気体の運動量（そしてエネルギーや質量にも）に影響を与える．粒子間の相互作用（衝突，凝縮，分裂）や粒子と壁の間の相互作用についてもモデル化が必要である．このような両相の相互作用の交換モデルには実験値が利用されてきたが，計測誤差に伴う不確定性は大きい．これらの問題の詳細については別の書籍に譲りたい．Crowe et al. (1998) にこの分野でよく用いられている手法の詳細が述べられている．

質量荷重が大きくかつ相変化が起こるような場合には，オイラー法（**二流体モデル**，two-fluid model）が両相に対して用いられる．この場合，どちらの相もそれぞれ異なる速度場と温度場を持つ連続体として取り扱われる．2つの相は，オイラー・ラグランジュ混合法からの類推として得られた交換項を通して相互作用を及ぼしあう．このとき，計算セルに含まれる2種類の流体の割合を示す関数が用いられる．二流体モデルの原理についてはIshii (1975) やIshii and Hibiki (2011) にその詳細が述べられる．また固体粒子や液滴を含む気体流れへの適用についてはCrowe et al. (1998) を参照されたい．このような流れを計算する方法は基本的にはこの本でこれまでに述べた方法とよく似ており，相間の相互作用を表す項の追加，境界条件，そして当然2倍の方程式を解く必要である点が異なる．方程式系は単相流の場合よりも解きにくいものとなり，強い不足緩和と小さな時間ステップを必要とする．

キャビテーションは二相流に分類される重要な現象であり，数値予測には特殊なモデルが必要となる．最も広く使用されているアプローチでは多相流の均質モデルを使用する．つまり，相間に滑りがなく（同じ速度，圧力，温度場を共有），物性が変化

[1] 訳注：パーセル (parcel) 法と呼ぶ場合もある．

する仮想流体の流れが計算される．各相の分布は，蒸気の体積分率 c_v によって決定され，次の方程式を解く必要がある：

$$\frac{\partial}{\partial t}\int_V c_\mathrm{v}\,\mathrm{d}V + \int_S c_\mathrm{v}\mathbf{v}\cdot\mathbf{n}\,\mathrm{d}S = \int_V q_\mathrm{v}\,\mathrm{d}V\ . \tag{13.56}$$

自由表面流れの界面捕捉法との類似性は明らかだが，2 つの重要な違いがある．(i) キャビテーションは必ずしも格子スケールで相間の明確な界面を生じさせるわけではないため対流項の特別な離散化は必要ない（一般のスカラー変数に使用される方法が使用できる）．(ii) 蒸気体積分率の式には蒸気泡の成長と崩壊をモデル化するための生成項 q_v が含まれる．キャビテーションモデルの生成項の導出は，通常，単一の蒸気泡のダイナミクスを記述するレイリー・プレセット (Rayleigh-Plesset) 方程式に基づく：

$$R\frac{\mathrm{d}^2R}{\mathrm{d}t^2} + \frac{3}{2}\left(\frac{\mathrm{d}R}{\mathrm{d}t}\right)^2 = \frac{p_\mathrm{s}-p}{\rho_\mathrm{l}} - \frac{2\sigma}{\rho_\mathrm{l}R} - 4\frac{\mu_\mathrm{l}}{\rho_\mathrm{l}R}\frac{\mathrm{d}R}{\mathrm{d}t}\ . \tag{13.57}$$

ここで，R は気泡の半径，t は時間，p_s は与えられた温度での飽和圧力，p は周囲の液体の局所圧力，σ は表面張力係数，ρ_l は液体の密度である．

ほとんどのアプリケーションでは，モデル化に慣性項を含めても実質的なメリットがないにもかかわらず複雑さが大幅に増加するため，慣性項は無視されることが多い．また，表面張力の影響は気泡の成長の初期にのみ重要である（成長できる種気泡のサイズの制限を設定する．小さな気泡は表面張力によって膨張できない）．簡略化されたレイリー・プレセット方程式（慣性項，表面張力項，粘性項は無視されている）は，厳密にいえば，漸近解を表す気泡の成長段階でのみ意味がある．周囲の圧力が飽和圧力より大きい場合，右辺が負になるため 2 次方程式を解くことができない．ほとんどの著者が採用しているこの問題の解決策は，圧力差の絶対値の平方根をとり，その結果にその符号を適用する：

$$\frac{\mathrm{d}R}{\mathrm{d}t} = \mathrm{sign}(p_\mathrm{s}-p)\sqrt{\frac{2}{3}\frac{|p_\mathrm{s}-p|}{\rho_\mathrm{l}}}\ . \tag{13.58}$$

この欠点にもかかわらず，ほとんどの実用的なアプリケーションでは，この近似に基づくモデルによってかなり良好な結果が得られる．

この簡略化によって気泡半径の変化率は局所的な圧力にのみ依存することになるため，気泡を明示的に追跡する必要がなくなる．CV 内に存在する各気泡については，その直径やこれまでの運動履歴に関係なく，成長率が流体内の局所的な圧力にのみ依存する．蒸気体積分率の式における生成項を決定するために 式 (13.58) を使用するキャビテーションモデルがいくつかの文献にみられる．ここでは，Sauer (2000) によって提案された最も広く使用されているモデルについて簡単に説明する．別の同様のモデルについては，Zwart et al. (2004) を参照されたい．

このモデルでは，初期半径 R_0 の球状の種泡が液体中に存在し，液体の単位体積当たりの泡の数 n_0 で特徴付けられる均一に分布していると仮定する．したがって，CV 内の泡の数は液体の量によって決まる．上記のモデルパラメータは液体の「品質」に関連している．純粋な液体（溶解または遊離ガスや固体粒子を含まない）は非常に高い引張応力に耐えられることがよく知られている．しかし，ほとんどの工業用液体には不純物が含まれており，パラメータ n_0 は通常 10^{12} のオーダーとされる．実験的には濾過と脱ガスによってキャビテーションを減らすか回避することができるが，これはシミュレーションでは n_0 を数桁下げることに相当する．上記の仮定のもとでは，CV 内の気泡の数は任意の時点で

$$N = n_0 c_\mathrm{l} V \tag{13.59}$$

となる．c_l は CV 体積 V 内の液体の体積分率で，明らかに，$c_\mathrm{l} + c_\mathrm{v} = 1$ であるので，c_v が蒸気の体積分率となる．よって，総蒸気量は

$$V_\mathrm{v} = N V_\mathrm{b} = N \frac{4}{3} \pi R^3 \tag{13.60}$$

となる．ここで，V_b は 1 つの気泡の体積で，R は局所的な気泡半径である．蒸気の体積分率 c_v は，n_0，R，およびキャビテーション液体の体積分率 c_l で次のように表すことができる：

$$c_\mathrm{v} = \frac{N V_\mathrm{b}}{V} = \frac{4}{3} \pi R^3 n_0 c_\mathrm{l}\ . \tag{13.61}$$

蒸気の体積分率がわかっている場合，局所気泡半径は次の式から計算できる：

$$R = \left(\frac{3 c_\mathrm{v}}{4 \pi n_0 c_\mathrm{l}} \right)^{1/3}\ . \tag{13.62}$$

上記モデリングの考え方を用いるとき，式 (13.56) で蒸気の生成または消費の速度を定義する必要がある．明らかに蒸気の生成は気泡の成長につながり，その逆も同様であるため，気泡半径の変化率が重要なパラメータとなる．もう 1 つのパラメータはキャビテーションを発生できる CV 内の液体量となる．

蒸気泡は流れとともに移動する．したがって，任意の瞬間に蒸気が生成される速度は，特定の時間に CV 内に存在する泡の体積が変化する速度

$$q_\mathrm{v} \approx \frac{N}{V} \frac{\mathrm{d} V_\mathrm{b}}{\mathrm{d}t} = n_0 c_\mathrm{l} \frac{\partial V_\mathrm{b}}{\partial R} \frac{\mathrm{d}R}{\mathrm{d}t} = n_0 c_\mathrm{l} 4 \pi R^2 \frac{\mathrm{d}R}{\mathrm{d}t} \tag{13.63}$$

で近似できる．気泡半径が大きくなる速度は式 (13.58) から計算でき，これでキャビテーションモデルが完成する．モデルのより詳細な導出が Sauer (2000) および Schnerr and Sauer (2001) に記載されている．このモデルはほとんどの商用および公開

CFD コードで使用でき，船のプロペラ，ポンプ，タービン，燃料インジェクター，その他のデバイスでのキャビテーション流れの解析に効果的に適用される．事例の中には，生成項に成長フェーズと崩壊フェーズで異なる値（正または負の生成量）となる別のパラメータを乗算する場合もある．

開水テスト条件（つまり，プロペラが均一な流れの中で動作し，固定された規定の速度で回転している）でのプロペラ周りの流れの例を使用して，上記のキャビテーションモデルの性能と誤差推定のいくつかの側面，および，さまざまな原因での誤差の相互作用を示そう．開水条件下では，円周方向の周期境界条件と回転座標系を使用して単一のプロペラブレード周りの流れを計算できる．船と舵が存在する場合よりもはるかに細かい格子を使用でき，これによって計算コストが削減される（図 13.9 と図 13.10 に示すように船や舵とともにプロペラ全体をシミュレーションに含めるならば，プロペラに取り付けられた格子はプロペラと一緒に回転する必要がある）．このプロペラ問題は，2011 年と 2015 年の海洋推進装置に関するシンポジウムでテストケースとして使用されたものである (www.marinepropulsors.com)．動作条件はキャビテーションのテストケースから採られた（SVA Potsdam のプロペラ VP1304，テストケース 2.3.1．テストケースの詳細な説明と曳航水槽実験の報告はワークショップの議事録を参照，Heinke，2011）．

先端渦を捕捉するための特別な局所的細分化を行わずに系統的に細分化された格子（図 13.19 の上）を使用した場合，キャビテーションパターンと推力，トルクの予測値が 2 つの最も細かいグリッドであまり変化しない結果を得る（差は 0.1 % のオーダー）．そこから，次の 2 つの誤った結論が導かれる．(i) 離散化誤差は非常に小さい．(ii) 先端渦の範囲でキャビテーションがみられないため，モデリング誤差は非常に大きい（図 13.20 の左図）．これらの解では，図 13.20 の右に示すように渦度の大きさの等値面を使用して先端渦を識別できる．そこで，渦度分布を参照して先端渦内の局所的な格子細分化を導ける．その結果，渦核のセルサイズは，図 13.19 の格子（下）の縦断面で示されるように，圧力と速度の急激な変化を解像するまで小さくなる（プロペラ直径の 1/1000 未満）．これにより，非定常 RANS モデルによる計算で先端渦のキャビテーションが発生する（図 13.21（左））．しかし，局所的な格子細分化の領域よりはるかに手前でキャビテーションが消失する．これは，先端渦内の乱流粘性が過大評価されるためで，圧力と速度の分布ピークがぼやけ，早期に圧力が飽和レベルを超えて回復上昇してしまう．一方，乱流モデルを LES に切り替えると，キャビテーションは局所的格子細分化領域の最後まで続く（図 13.21（右））．LES でのサブグリッドスケールモデルからの乱流粘性は，RANS モデルからの乱流粘性よりもはるかに低い．LES の計算解は図 13.22 に示されている実験で観測されたパターンと非常によく一致している．先端渦とハブ渦の平均形状と位置は LES と実験の両方で安定しているが，平均形状の周囲での変動も観察される．

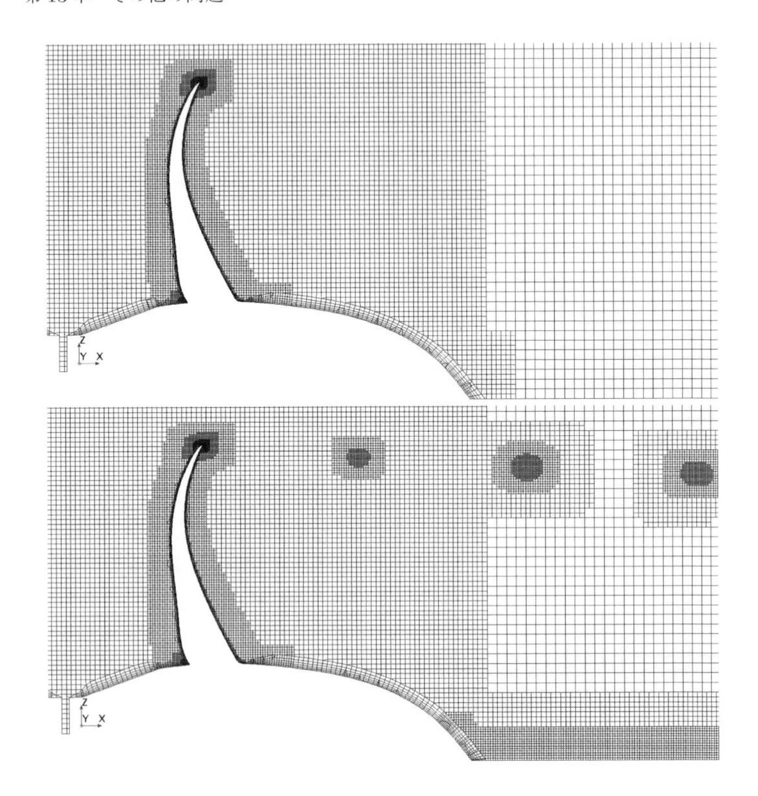

図 13.19　プロペラの縦断面における計算格子：先端渦を捕捉するための特別な局所的改良なし（上）と，改良あり（下）.

上記の例で最細格子はかなり細かく（プロペラブレード 1 枚当たり約 1500 万セル），これより粗い格子の解と比較して RANS モデルの解に大きな改善はみられなかった．これは，モデリング手法（RANS 乱流モデル）の欠点によるものといえる．離散化誤差がモデリング誤差よりも小さくなると，格子をさらに細分化してもメリットはない．一方，LES モデルでは，格子を細分化すると離散化誤差が減るだけでなく，乱流スペクトルのモデル化が必要な成分も減少する．結果，十分に細かい格子レベルでは，基本的に DNS となり，乱流粘性は無視できる．さらにこの例では，粗い格子の LES によって脈動する先端渦キャビテーションが生成される．すなわち，キャビテーション領域が，局所的な格子細分化の領域最後までの拡張と，RANS 解と同程度まで位置まで縮小を定期的に繰り返す．格子をさらに細分化（約 500 万セル）すると，キャビテーション領域は安定した．さらに細分化すると，予想どおり，先端渦とハブ渦の両方でより細かい構造が再現された．このシミュレーションに関す

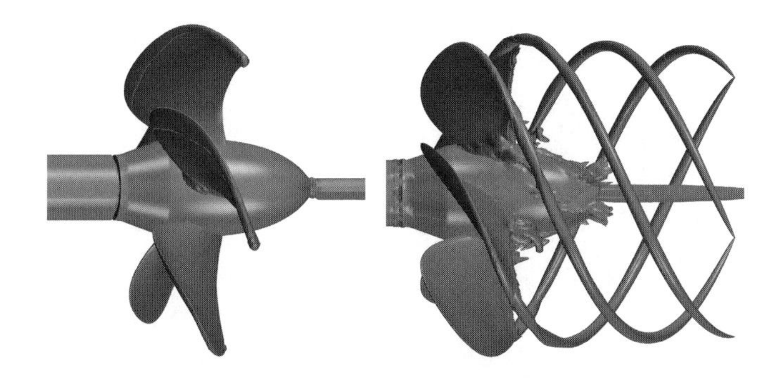

図 13.20 k-ω 乱流モデルを用いて局所的格子改良なしで計算された翼端渦の捕捉：蒸気体積分率 0.05 の等値面（左）と渦度の大きさの等値面（右）.

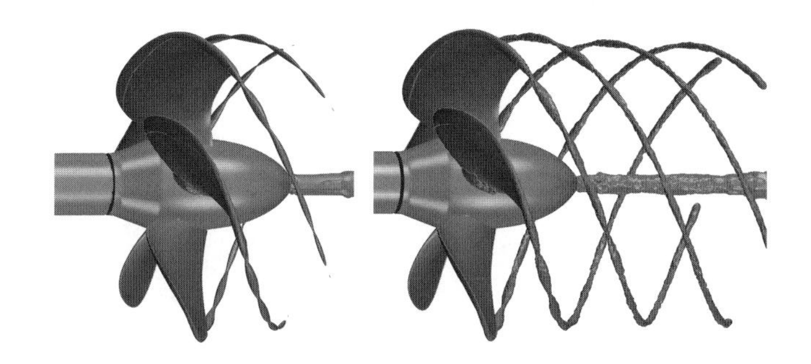

図 13.21 局所的格子改良ありで計算された翼端渦の捕捉：k-ω 乱流モデルによる蒸気体積分率 0.05 の等値面（左），および同じ格子を用いた LES 結果（右）.

る詳細を記載した報告が本書の Web サイトから入手できる（付録を参照）．この例は，離散化とモデリングの誤差の両方を評価する際の注意点も示している．推力やトルクなどの積分量を監視するだけでは（それらの量だけに興味がある場合を除き）十分ではない．特に物体の後流では積分量があまり変化しなくなっても，（特に高レイノルズ数では上流の影響が限られているため）局所的な流れの特徴がまだ収束していない可能性がある．上記の特定のケースでは，解はキャビテーションモデルよりも，局所的なグリッドの細分化と乱流モデルに対してはるかに敏感であった．一方，キャビテーションモデル自体は，式 (13.58) で示される気泡の成長率と圧力の関係がレイリー・プレセット方程式の非常に粗い近似であることを考慮すると，驚くほどうまく機能している．

図 13.22　実験により異なる2時刻で観察されたキャビテーションパターンの写真：先端とハブの渦キャビテーションの安定した特徴と変動する特徴を示す（出典：SVA Potsdam）.

13.9　燃　焼

その他の重要な問題として，燃焼，すなわち大きな熱の発生を伴う化学変化が重要な役割を担う流れが挙げられる．この分野の実用例は読者にとってもなじみの深いものであろう．燃焼器のあるものはほぼ一定の圧力下で運転されるため，熱の発生は原理的に密度低下につながる．多くの燃焼器系では火炎面を通してその絶対温度が5倍から8倍に増加することも珍しくなく，この結果，同じ割合で密度は減少する．このような場合，密度変化を前に述べたブシネスク近似を用いて扱うことは不可能である．さらに別の問題では（エンジンシリンダー内の流れはそのよい例である），圧力と密度がともに変化する場合もある．

乱流燃焼に対して直接数値解析を行うことも可能ではあるが，その適用は非常に簡単な流れに限られる．ここで，気体に対して火炎が伝播する速度が1m/sを超えることはまれであり（爆発やデトネーションは除く），この速度は気体中の音速よりもずっと遅い．また流体の速度も通常は音速よりずっと遅いので，結果，マッハ数は1よりずっと小さくなり，大きな温度と密度変化が流れの中に存在するにもかかわらず，流れは本質的に非圧縮とみなせる奇妙な状態になっている．

燃焼流れを圧縮性運動方程式を用いて計算することも可能ではあるが（Poinsot et al., 1991を参照），前にも述べたとおり圧縮性解法を低速流に適用すると非常に計算効率が悪くなり計算コストが高くなるという問題が生じる．結果，この種の計算は非常に高価となり，特に簡単な反応モデルを用いた場合にはその傾向が顕著である．これに対して，より現実的な（すなわち，より複雑な）化学反応を想定した場合には，化学反応にかかわる時間スケールの幅が非常に広くなることから小さな時間ステップを用いざるを得ず，方程式系は非常に解きにくいものとなる．このような場合には，圧縮性解法を用いる際の制約が大幅に解消される．

これに対する別の選択肢として低マッハ数近似を用いる方法がある（McMurtry et al., 1986）．この方法ではまず，圧縮性流れの方程式に対してすべての従属変数がマッハ数のべき級数で表されると仮定する．これは非特異的な摂動法であり，特別な注意なく導入することができるが，多少とも意外な結果が得られる．最も低い次数（ゼロ次）では，運動方程式は簡略化され圧力 $p^{(0)}$ があらゆる場所で一定になる状態を示す．この圧力は熱力学的な圧力で，これと気体の密度と温度との関係は状態方程式に従う．一方，連続の式は圧縮性流れ（密度変化）の定式化となる．これらは特に驚くに値しない．これに対して次の次数では，運動方程式は通常の定式化に戻るが，この式には 1 次の圧力 $p^{(1)}$ の勾配のみが含まれる．この 1 次の圧力は非圧縮性流体に現れる動水頭 (dynamic head) と本質的に同じであり，この結果，この方程式は非圧縮性ナビエ・ストークスと類似したものになる．したがってこれまで述べてきた手法を用いて解くことができる．

燃焼理論では，燃焼形態を 2 つの理想化した状態に分類している．1 つは反応が起こる前に反応物質が完全に混合している状態で，この状態での燃焼を予混合燃焼と呼ぶ．ガソリンエンジンの流れはこの燃焼形態に近い．予混合燃焼では反応帯（もしくは火炎）は流体に対して層流燃焼速度で伝播する．これに対してもう一方の場合には，反応物質の混合と反応が同時に起こり，このような燃焼を非予混合燃焼と呼ぶ．この 2 つのケースは互いに大きく異なり，別の対応が必要である．もちろんこの 2 つの燃焼形態のどちらにも近くないような場合も多々想定され，このような燃焼は部分予混合火炎と呼ばれる．燃焼理論のこのような燃焼形態への適用については，この分野で有名な Williams (1985) の著書を参照することを勧める．

反応流体で鍵となるパラメータは流れと化学反応の時間スケールの比である．これはダムケラー (Damköhler) 数として知られており，Da で表される．ダムケラー数が非常に大きい場合，化学反応は非常に早く，反応物質が混合するやいなや瞬時に反応が起こるとみなせる．この極限では火炎は非常に薄く，流れは混合支配であるということができる．実際，もし反応に伴う熱の放出を無視できるのならば，$\mathrm{Da} \to \infty$ の極限では火炎はパッシブスカラーとして扱うことができ，この章のはじめに述べた方法を用いることができる．

実際の燃焼器の計算では流れはいつも乱流状態にあり，レイノルズ平均ナビエ・ストークス (RANS) 方程式の解に頼る必要がある．乱流モデルを含むこの方法の非反応系流れへの適用については 10 章で述べた．ここで燃焼を想定すると，反応化学物質の濃度を表す方程式を新たに解き，反応速度を計算できるように燃焼モデルを組み込む必要がある．最後にこの方法について述べる．

まず思いつく方法として，反応性流れの方程式をレイノルズ平均することが考えられるが，この方法はうまくいかない．理由は，反応速度が温度に対して強く依存するからである．例えば，化学種 A と B の間の反応速度は次のように与えることができる：

$$R_{\mathrm{AB}} = K\mathrm{e}^{-E_a/RT} Y_{\mathrm{A}} Y_{\mathrm{B}} \ , \tag{13.64}$$

ここで E_a は活性化エネルギー，R は気体定数，Y_{A} と Y_{B} はそれぞれ化学種の濃度である．このアレニウス形の因子 $e^{(-E_a/RT)}$ が問題を難しくしている．すなわち，この値は温度に対して大きく変化し，変動する瞬時値 T をレイノルズ平均値に置き換えるならば大きな誤差を生じる．

高ダムケラー数を想定した非予混合乱流火炎の場合，反応は薄いしわ状火炎の領域で反応が起こる．この条件下ではさまざまなアプローチが可能となる．ここではそのうちの 2 つについて簡単に述べる．この 2 つはアプローチ方法や基本概念が大きな違うが，その見た目にかかわらず似ているところがある．

第 1 の方法では，流体中の混合が時間的に緩やかな物理過程なので反応速度は混合過程がどれだけ速く起こるかで律速される，という視点に立つ．この場合，2 つの化学種 A と B 間での反応速度は次のように定式化される：

$$R_{\mathrm{AB}} = \frac{Y_{\mathrm{A}} Y_{\mathrm{B}}}{\tau} \ , \tag{13.65}$$

ここで τ は混合の時間スケールである．例えばもし k-ε モデルを用いた場合には，$\tau = k/\varepsilon$ であり，k-ω モデルを用いた場合には $\tau = 1/\omega$ となる．この種のモデルは数多く提案されており，その中で最も知られているのは Spalding (1978) による渦崩壊 (eddy break-up) モデルであろう．このタイプのモデルは実用燃焼炉の性能の予測計算によく用いられている．

これに対して非予混合燃焼に対するもう一方のモデルは，層流火炎片 (laminar flamelet) モデルである．流れがない場合，火炎は時間とともにその厚さが大きくなり緩やかに衰えていく．このとき火炎を維持するためには，火炎面に圧縮ひずみが存在する必要があり，火炎の状態はこのひずみ率，もしくはより一般的にはこの効果を表すスカラー散逸率 χ を用いて表される．この結果，火炎の局所的性状はほんの数個のパラメータで決定できることになり，少なくとも反応物質の濃度とスカラー散逸率がわかれば求めることができる．なお，このパラメータに対して火炎の構造を表すデータベースをあらかじめ作成しておく必要がある．この表を用いることで反応速度が求められ，この反応速度と単位体積当たりの火炎領域の積をとることで体積当たりの反応速度が求められる．単位体積当たりの火炎領域の計算には多くの式が提案されている．ここでは具体的な式については示さないが，火炎伸張による火炎領域の増加と消散を表す項が含まれる．

予混合火炎では流れに対して火炎面が伝播するので，火炎片モデルに相当するモデルはレベルセット法の一種となる．ここで火炎面はある値 $G = 0$ に存在すると仮定すると，G は次の方程式を満たす：

$$\frac{\partial G}{\partial t} + u_j \frac{\partial G}{\partial x_j} = S_L |\nabla G| \, , \tag{13.66}$$

ここで S_L は層流火炎伝播速度を表す．ここで反応物質の消費率は $S_L|\nabla G|$ で表すことができる．より複雑なモデルとして，火炎の伝播速度を非予混合火炎におけるスカラー散逸率への依存性のように局所的なひずみ率の関数として表す方法もある．

最後になったが，どのような燃焼モデルを用いても表すことが難しい多くの現象が存在することに注意されたい．点火（火炎の始まり）や消炎（火炎の終り）はその一例である．現在，乱流燃焼モデルは急速に開発が進んでおり，この分野の現状を述べてもその状況は近い将来にはまったく別物になるであろう．この分野に興味を持たれた読者は Peters (2000) の著書を参照されたい．

13.10 流体構造連成

流体は常に（流れがない場合でも）水中構造物に力を及ぼす．これまでは固体壁が剛体であると想定していた．**流体構造連成** (fluid-structure interaction: FSI) とは，流体の流れにさらされた固体物体の動きや変形を意味する．したがって，流れは固体壁の動きの影響をも受けるため，両方の動きの連成シミュレーションが必要となる．

FSI の最も単純な例は，飛行または浮遊する剛体の動きである．固体構造物が流れによって誘発される力によって変形するならば，さらに次のレベルの複雑さが生じる．本節では，これらの現象を扱う数値解析方法について簡単に説明して，いくつかの例を示そう．

13.10.1 浮遊または飛行する物体

飛行体または浮遊体が剛体であるとみなせる場合，その動きは，質量中心の移動とその周りの回転に関する常微分方程式を解くことで得られる：

$$\frac{\mathrm{d}(m\mathbf{v})}{\mathrm{d}t} = \mathbf{f} \, , \tag{13.67}$$

$$\frac{\mathrm{d}(\mathsf{M}\boldsymbol{\omega})}{\mathrm{d}t} = \mathbf{m} \, , \tag{13.68}$$

ここで，m は物体の質量，$\mathbf{v}$ は物体の質量中心の速度，$\mathbf{f}$ は物体に作用する合力，M は空間固定（慣性）座標系に対する物体の慣性モーメントテンソル，$\boldsymbol{\omega}$ は物体の角速度，$\mathbf{m}$ は物体に作用する合モーメントである．運動する物体は座標系に対して連続的に方向を変えるため，各時間ステップで慣性モーメントを再計算する必要がある．単純な物体形状を除いて，これをすべて計算することはまったく非現実的となる．このため，通常は物体の質量中心に固定された局所座標系を使用して，物体が動いても慣性モーメントが変化しない修正形式で角運動方程式を解く（Shabana，2013 などを参照）：

$$\mathsf{M}_{\mathrm{b}} \frac{\mathrm{d}\boldsymbol{\omega}}{\mathrm{d}t} + \boldsymbol{\omega} \times \mathsf{M}_{\mathrm{b}} \boldsymbol{\omega} = \mathbf{m} \,, \tag{13.69}$$

ここで，M_{b} は物体固定（移動）座標系における慣性モーメントテンソルを表す．

物体に作用する力には，常に重力と流れによる圧力（物体表面に対して垂直）およびせん断力（物体表面に対して接線方向）が含まれる．さらに，流れとは無関係な外力（例えば，物体内部のモーターによって生成される推進力など）や流れと物体の動きに依存する外力（係留索から生じる力など）が存在する場合もある．重力（定義上，質量の中心に作用するためモーメントを発生しない）を除き，他のすべての力は一般に物体の回転運動に影響を与えるモーメントを生成する．粒子を含む二相流のラグランジュ・モデリングにおける固体粒子の運動方程式とは異なり，流れと物体の相互作用から生じる特殊な効果を考慮する抗力，揚力，仮想質量，または，その他の力を $\mathbf{f}$ に含める必要がないことに注意しておこう．これらの力は，ラグランジュ・アプローチで流体と粒子の相互作用をモデル化するために使用されるが，それは，格子が個々の粒子の周りの流れを解像しないためである．一方，ここでは，物体と流れの相互作用は流体と固体の界面で直接考慮されるため，すべての効果が圧力とせん断力に含まれる．

方程式 (13.67) と (13.69) は，各速度ベクトル（平行移動と回転）の 3 つの成分に対する 6 つの常微分方程式の系を表す．したがって，運動が何ら制約されていない場合，運動物体は **6 自由度** (6 DoF) を持つといえる．これらの方程式は，新しい時刻での $\mathbf{v}$ と $\boldsymbol{\omega}$ を取得するために 6 章で説明した方法を使用して解くことができる．流れと物体運動の連成シミュレーションでは，両方の方程式系で同じ方法を使用して時間を進めるのが一般的である．物体の質量中心の新しい位置とその新しい方向を取得するには，次の方程式系（これらは $\mathbf{v}$ と $\boldsymbol{\omega}$ の定義となる）も積分する必要がある：

$$\frac{\mathrm{d}\mathbf{r}}{\mathrm{d}t} = \mathbf{v}, \quad \frac{\mathrm{d}\boldsymbol{\Omega}}{\mathrm{d}t} = \boldsymbol{\omega} \,, \tag{13.70}$$

ここで，$\mathbf{r}$ は物体の重心の位置を定義するベクトルであり，$\boldsymbol{\Omega}$ は物体固定座標系に対する物体の向きを定義するベクトルである．

流れによって誘起される力は物体の運動に影響し，物体の位置と方向の変化は流れに影響するため，2 つの問題は（双方向に）強く連成している．したがって，2 セットの運動方程式を結合して解く必要がある．運動物体の周りの流れは常に不安定であるが，時間ステップがそれほど大きくなければ，図 7.6 に示すような順次解法が使用される．こうすると，剛体の運動方程式の解を外部反復ループ内に含めることが容易になる．まず，物体が前の時間ステップで計算された位置にある間に，新しい時間ステップでの流れ場を推定する．次に，物体に作用する力を推定して，新しい物体の位置の推定値を決定する（両方の手順に不足緩和を使用できる）．次に，流体領域の格子が新しく推定された物体の位置に合わせて調整され，次の外部反復ループが開始される．これらの反復は，新しい時刻で推定される流れから生じる力と物体の推定位置が，規定の許容値を超えて変化しなくなるまで継続される．非反復的な時間前進法（7.2.1 項および 7.2.2 項で説明した PISO 法またはフラクショナル・ステップ法など）を使用して流体の流れを計算する場合でも，特に軽い物体が重い流体固定座標系で移動している場合は，流体の流れと物体の動きの解を陰的に結合するために外部反復ループを導入することが望ましい．

例として，密度 1 の軽量物体が密度 1000 の液体に沈んでいる場合を考える．物体はロープで底壁に固定されており，シミュレーションの開始時には流体と物体は両方とも静止していると仮定する．物体に垂直方向に作用する力は，重力 $-\rho_\mathrm{b}Vg$，浮力 $\rho_\mathrm{l}Vg$，およびロープの拘束力（浮力と重力の差に等しい）である．ここで，ρ_b は物体の密度，ρ_l は液体の密度，V は物体の体積，g は垂直方向の重力の大きさである．ここでロープを切って物体を放すと，浮力が重力よりも大きいため，物体は上向きに動き始める．陽的な解法の場合，物体がまだ過去の位置にあるため，流体は最初の時間ステップでは静止したままになる．物体に作用する力は重力と浮力だけになり，天文学的な加速度 $999g$ が生じることになる（式 (13.67) を参照）：

$$\rho_\mathrm{b}V\frac{\mathrm{d}v}{\mathrm{d}t} = (\rho_\mathrm{l} - \rho_\mathrm{b})Vg \quad \Rightarrow \quad \frac{\mathrm{d}v}{\mathrm{d}t} = \frac{(\rho_\mathrm{l} - \rho_\mathrm{b})g}{\rho_\mathrm{b}} = 999g\,.$$

その結果，最初の時間ステップで物体が過度に移動し，2 番目の時間ステップで流れへの過度に大きな下方向の抵抗力に反映する．物体の動きの 2 番目の時間ステップでは流体抵抗が浮力よりも大きいため，今度は動きの方向が逆になり結果として振動発散が生じる．流体の流れと物体の動きの両方に陰的連成と不足緩和を使用すれば，数回の外部反復の後，一方では計算された物体の加速度と，他方では重力，浮力，抵抗力の合計とのバランスが取れた状況が実現する．このバランスの取れた方程式系により妥当な物体の動きが実現される．この種のシミュレーションにおける最大の課題は，流体内の計算格子を物体の動きに適合させることにある．物体運動が既知の問題では計算格子は新しい時間ステップの開始時に 1 回だけ適合させればよかったが，この場合には外部反復ごとに格子適合を実行する必要がある．そのため効率的解法に対する要求が高い．最も広く使用されている 2 つのアプローチは，オーバーラップ格子，あるいは格子モーフィングである．最初のアプローチでは，1 つの格子が物体に適合して変形することなく物体運動とともに移動する．格子品質は常に同じまま保たれ，他のアプローチの場合のように格子品質の変化によって物体周りの離散化誤差が変化しない．欠点としては，オーバーラップ格子と背景格子の2つの解のカップリングのための補間式（計算点数も含めて）が変わるので，外部反復ごとに更新する必要がある．

一方，格子モーフィングは，追加の（偏微分または代数）方程式の解，または，格子点座標の何らかの代数的平滑化により実行される．このアプローチの1つは，流体領域を（好ましい特性を持つ）擬似固体とみなすことで得られる．物体の運動の結果としての境界頂点の運動は（格子点変位を与える）方程式のディリクレ境界条件として課され，擬似固体の運動方程式を解くことによって，この変位は流体領域の物体に伝播する．擬似固体の特性を変えることによって，例えば，固体壁の近くのプリズム層ゾーンがほぼ剛体のように動き，格子が境界から離れたところで大きく変形することを実現できる．ただし，初期格子は中程度の物体の運動（波の中の船の運動など）に対してのみモーフィングによって変形できる．極端な運動は格子のひずみを引き起こし，最終的に初期格子が使用できなくなる可能性がある．原理的には，格子品質が悪くなったときにシミュレーションを停止し，特定の物体位置に対して新しい格子を生成する．旧格子の解（現在および必要数の過去時刻）を新しいセルの重心に補間し，それを改めて初期条件として扱ってシミュレーションを再開することができる．

ここで，浮遊体と飛行体の流れと運動の連成シミュレーションの2つの実例を紹介する．最初の例では，船が一定速度で向かい波の中を移動するときに増加する抵抗を予測する．実際には，船は（ほぼ）一定の推力で推進され，波が存在すると，静かな水面での速度と比較して前進速度が低下する．ただし，曳航水槽での実験は，多くの場合，一定速度で船のモデルを曳航することによって実行される．答えるべき質問は，(i) 波の存在によって静かな水面の抵抗と比較して平均抵抗がどれだけ増加するか？ (ii) 船に搭載されている利用可能なパワーで船は波の中でどのくらいの速度を達成できるか？である．

波がある場合，格子設計を少し変更する必要がある．静かな水面では，船体から遠く離れたすべての方向，特に前方と横方向の格子を粗くすることができるが，波がある場合は，領域全体にわたって波の伝播方向の波長，および垂直方向の波の高さ当たりにほぼ一定のセル数を維持する必要がある．格子解像度の変更（特に，それが急に生じて，波の分布の解像度が粗すぎる場合）により乱れが生じ，それが領域全体にさらに伝播する可能性もある．図13.23では，波長の最小解像度が維持され，格子入ってくる長い波が乱されないスパン方向では粗くされている．船体はコンテナ船のモデルで長さは約7.5 mである（いわゆるKCS–KRISOコンテナ船．これは実際に建造されてはいないが，そのモデルが多くの曳航水槽で高価なテストを受けている）．波長は船の長さに等しく，解の領域は長さが約3.3波長で，幅は1波長強となる．プロペラはなく流れが船の対称面に対して対称であると想定されるため，流れ

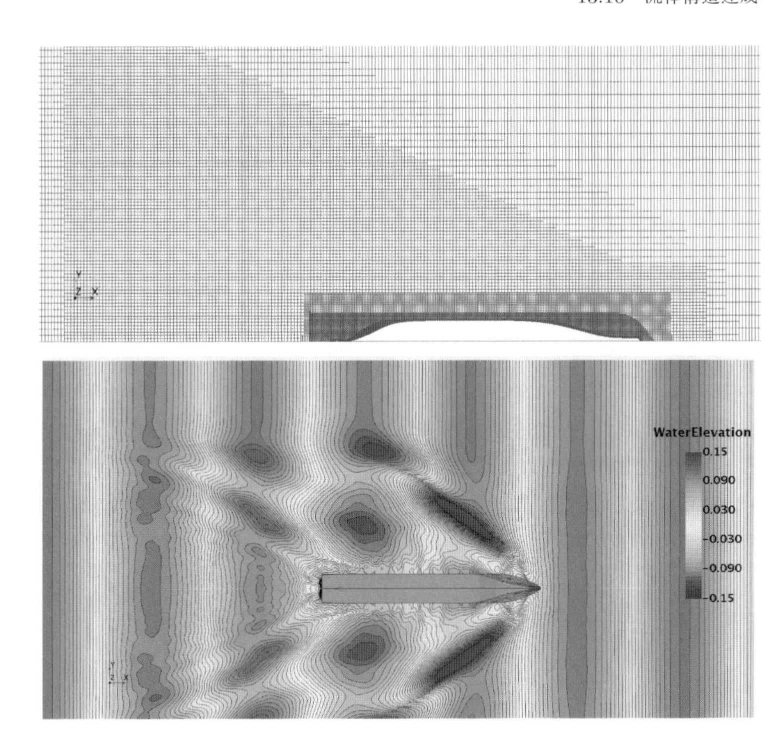

図 **13.23**　乱れがない自由表面を移動する船舶モデル周り流れの計算格子（上）と計算された瞬間自由表面標高（下）.

の領域の半分だけが解析される．船は上下に縦揺れするが，他のすべての動きは抑制されている．計算は船体とともに一定速度（ここでは 1.2 m/s）で移動する座標系で実行される．波高は 0.2 m，波周期は 2.184 秒である．これは，Fenton (1985) によって提示された解を使用して，ストークスの 5 次波としてモデル化される．船の動きは，重合格子を使用して考慮され，自由表面は HRIC スキーム (Muzaferija and Peric，1999) を使用して捕捉される．このシミュレーションに関するより詳細な情報が本書 Web ページにある（付録を参照).

解の領域をできるだけ小さく保ち，境界からの波の反射を避けるために，13.6 節で示した解強制法が使用される．つまり，水の速度と体積分率の両方が，入口，側方，出口の境界から 5 m の距離にわたって Fenton (1985) の理論解が強制される．この強制は，強制係数の分布 $\cos^2$ を使用して，強制開始時の 0 から境界での 10 まで変化させる．船舶によって誘起される入来波の擾乱はすべての方向に伝播するが，強制領域では徐々に消失し，RANS 方程式の解は理論解にスムーズに移行する (図

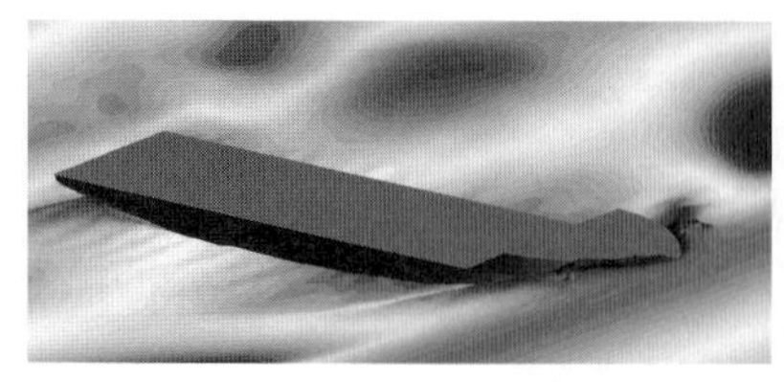
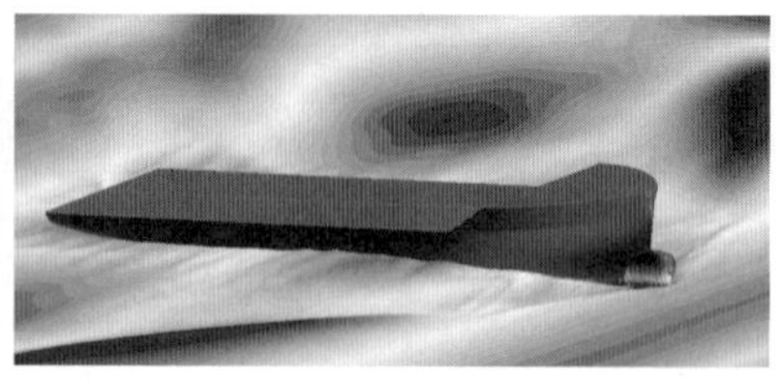

図 13.24　波の中での船の動き：波頭に船体が飛び込むとき（左），波頭が船体の中央に達する直前に船首が水面から出るとき（右）．

13.23)．すべての境界に対するこの種の強制は，基準解がナビエ・ストークス方程式を十分に満たす場合にのみ適用できる．そうでなければ，解領域内のナビエ・ストークス方程式による波の伝播と理論解の不一致により，強制ゾーン内に乱れが生じる（これは，線形理論に基づく理論解，例えば線形波の重ね合わせに基づく長い波頭を持つ不規則波モデルの場合に当てはまる）．ストークスの5次理論は非常に正確な波モデルであり，計算格子による波長と波高の十分な解像度を持つナビエ・ストークス方程式の解はこの理論と非常によく一致する．

図13.24は，船が波間を移動する2つの段階，つまり船首が入波の頂上に深く潜るときと，波の頂上が船の中央に向かって移動するにつれて船が完全に水面から出るときを示している．船とその動きに作用する力が図13.25に示されている．せん断力はほぼ一定であるが，圧力は平均値の周りで大きな振幅で変化する．振動振幅は平均値の5倍であり，周期の1/3以上にわたって抵抗が負になる．船は $\pm 3^\circ$ だけ縦揺れし，± 5.5 cm だけ上下動する．動きの周期は波の周期よりも短く，1.62秒対2.184秒となる．これは，船が波に向かって移動し，遭遇頻度が増加するためである．約4波周期後，解はほぼ周期的になる．

2番目の例は，救命ボートの入水のシミュレーションを扱っている．救命ボートは，沖合のプラットフォームまたは船から切り離されると，最初は空中を飛行し，次に水中に潜り，再浮上したあとは通常のボートと同様に自らの推進力で浮上して移動し続ける．ここでの重要な質問は，(i) 救命ボートが着水したときにボート内の人が経験する減速はどの程度か？ (ii) 入水中に救命ボートの構造はどのような負荷にさらされるか？ (iii) 救命ボートはいつどこで水に潜って再浮上するか？である．これらの質問の答えは，救命ボート内の人の生存にとって重要となる．すなわち，(i) 人体は長時間にわたってあまりに大きな減速に耐えることはできない，(ii) 入水中に高すぎる負荷がかかると救命ボートの構造が損傷し，ボート内の人の命が脅かされる可能性がある，(iii) 救命ボートが深く潜りすぎて水面から出るのが非常に遅くなったり間違った場所で出てきたりすると，落下物に当たったりプラットフォームや船舶に衝突したりする可能性がある．

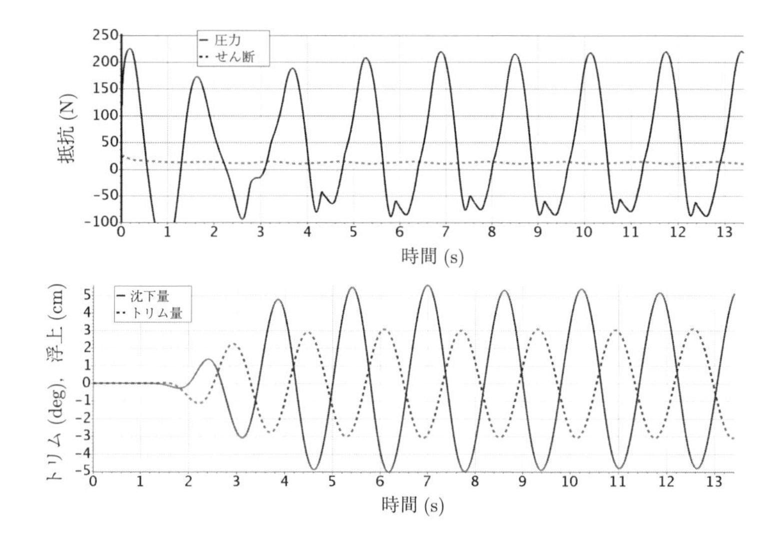

図 13.25 せん断抵抗と圧力抵抗成分（上）と船体の上下動と縦揺れ（下）の時間変化予測.

主な問題は，すべての質問に対する答えが，落下高さ，波の伝播方向，波長と波高，救命ボートが入水する波のプロファイル上の点，風向と風速など，あまりにも多くのパラメータに依存していることである．これらの要因はすべて相互に影響を及ぼしているため，検討すべき組み合わせの数は膨大となる．多くの効果はモデル実験では実現できないため，シミュレーションに対する関心が最近非常に高い．救命ボートの入水に関する初期研究の 1 つとして，限定された条件の実験データとシミュレーション結果の比較が Mørch et al. (2008) によって発表されている．さらに，Mørch et al. (2009) では，波の伝播方向，波長，波高が同じ場合でも，ボートが波に当たる場所に応じて入水時の救命ボート表面の最大圧力が 4 倍も異なることを示した．

救命ボートの入水シミュレーションは，重合格子を使用することでと最も簡単に実行できる．例えば，ボートとともに剛体として移動する円筒から救命ボートの本体を差し引くことによって得られる領域に格子を作成し，波の伝播を解析するように調整され，プラットフォーム，船，またはその他のオブジェクトを含む可能性のある環境用の別の格子を作成する．通常，救命ボートの解放と空中での初期の動きは，より簡単な方法を使用して再現計算される．CFD を使用した詳細なシミュレーションは，水面から少し離れたところから開始し，方向，線速度，角速度を他のシミュレーション方法から取得して初期条件として課す．救命ボートは非常に重いため，周囲の空気の流れは大きな外乱を引き起こすことなく，すぐにその動きに応答する（空気中の抵抗は，ボートの重量と初期の運動量に比べて比較的低い）．図 13.26 は，静かな水面

図 13.26　救命ボートの浸水に関する実験研究の写真（Mørch et al., 2008 より）.

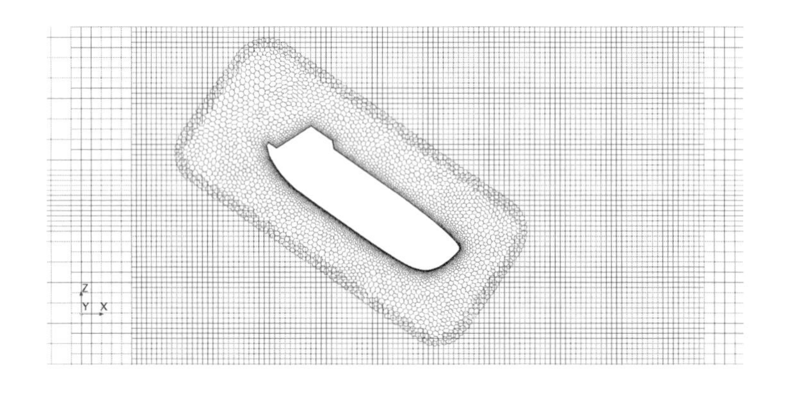

図 13.27　救命ボートの浸水シミュレーションに使用される重合格子.

への救命ボートの入水実験研究から得た2枚の写真で，ボートの周囲に生じる二相流の複雑さが明確に示されている．幸いなことに，上記の質問に対して妥当な回答を提供するために，すべての流れの特徴（薄い水面，その水滴への移行，再浮上後の後流の泡沫領域など）を解像する必要はない．

図 13.27 は，実験と同じ条件下で，図 13.26 に示す救命ボートの周りの流れを計算するために使用された重合格子を示す．理想的には，背景格子は救命ボートが前進するにつれて救命ボートの前方では細分化され，後方では粗くすべきであるが，このシミュレーション実行時にその機能は利用できなかった．そのため，背景格子は救命ボートが移動することが予想されるより広い領域で，救命ボートに適合した重合格子の外側層のセルのサイズと同様に細分化された．さらに，救命ボートが水に浸かって再浮上する間の変形を捉えるために，自由表面の周囲でも格子は細分化されている．この例では，救命ボートの長さは約 15 m，落下高さは 36 m，進水角度は 35° と

した．本例や類似例シミュレーションの詳細については Mørch et al. (2008, 2009) を参照されたい．

空中を自由落下している間，空気抵抗が大きくないため救命ボートはほぼ重力加速度 g で加速する．しかし，救命ボートが水面にぶつかると，運動に対する抵抗が突然増加し大幅な減速につながる．図 13.28 は，救命ボートの 2 つの場所，つまり前部と後部の 2 か所で評価した重力に対する加速度の変化を示している（ゼロは加速度が重力に等しいことを意味する）．非常に短い期間で前部の減速は $5g$ に達する．同時に，救命ボートの後部は $3g$ の加速を経験する．これは，船首が水にぶつかると，ボートが船首の周りを回転し始めるためである．約 0.3 秒以内に，後部の加速度は重力方向の $3g$ から反対方向の $6g$ に変化し，合計で $9g$ の減速になる．これは普通の人間にとってはすでに臨界値であるが，いくつかの実験では最大 $30g$ の減速が測定されている．その場合は，たとえボートの構造がそのまま残っていたとしても，中の人は誰も生き残れないであろう！

図 13.28 からわかるように，シミュレーションでは比較的粗い格子（ボートの半分に対して約 100 万セルとした）が使用され，水は穏やかで対称条件（ボートは x 方向と z 方向にのみ自由に移動でき，y 軸を中心に回転するため）が適用されたにもかかわらず，シミュレーションと実験の一致は非常に良好であった．すべての詳細においての一致は完璧ではないが，入水と再浮上の主要な特徴はよく捉えられている．5 秒での 2 回目の減速は，再浮上後，ボートがまず水から飛び出し，次に再び着水し，約 $1g$ の減速につながるために発生する．

ボート表面の最高圧力は，水に接触したときに船首で記録されると思われるかもしれないが，実際にはそうではない．図 13.28 からわかるように，圧力は乱されていない自由表面とボート表面の交差点で最も高く，進入段階ではボートの軸と自由表面の間の角度が減少するため，この間，圧力は船首から船尾に向かって増加する．最高圧力は，ボート底の船尾湾曲が始まる直前の位置で得られる．その位置では，デッドライズ角度が最小となる．この例では，5 bar を超える圧力が測定されているが，さまざまな条件下でははるかに高い圧力が得られる可能性もある．

ボートが水中に突入すると水に浸かった体が液体を横に押しのけるため，ボートの後ろに空気の空洞が形成される．物体が前進すると，液体が戻ってきて空洞を閉じる．これにより，表面に大きな水しぶきが上がり，ボートの後部に高い圧力負荷がかかる．Tregde (2015) は空気の空洞の挙動を調査し，このようなシミュレーションでは空気の圧縮性の影響を考慮することが不可欠であることを発見した．気相を非圧縮性として扱うと圧力負荷が大幅に過小評価されるのに対して，圧縮性を考慮に入れた場合，実験との比較は非常に良好となった．Berchiche et al. (2015) は，規則的な波への自由落下救命ボートの出動時の CFD シミュレーションを実験データと比較した広範な検証を報告している．

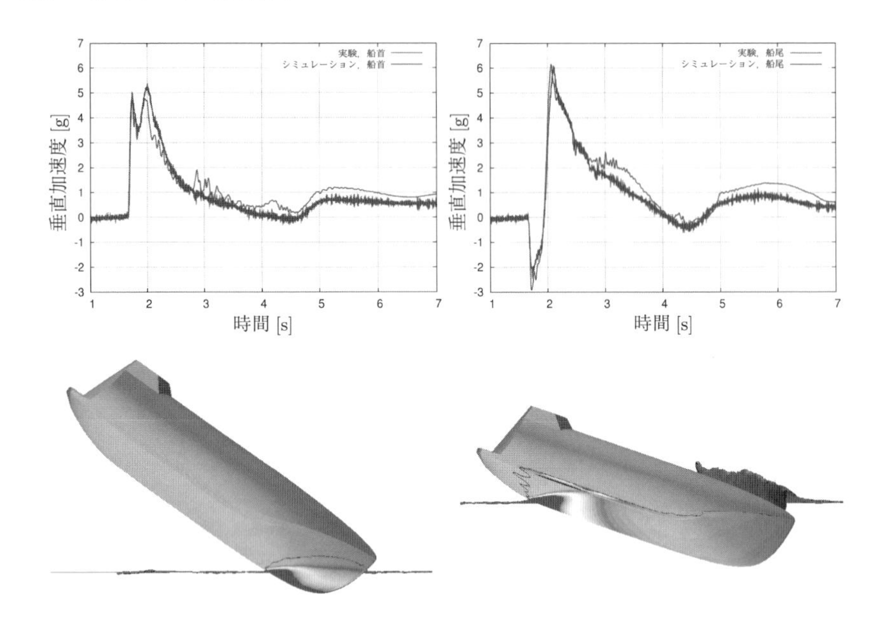

図 13.28　救命ボートの前部と後部の加速度の予測時間変化（上）と，2 つの時点における救命ボート表面の圧力と自由表面の変形（下）.

13.10.2　変形する物体

流体の流れと相互作用する物体が流れによって生じる力を受けて変形する可能性がある場合，複雑さは次のレベルに移る．解が定常状態にある場合（例えば，飛行機が一定の速度で静かな空気中を巡航している場合，翼は上向きに曲がり，乱流に遭遇するまでその位置で安定している），流体の流れと構造の変形の一連の独立したシミュレーションを実行できる．まず，変形していない物体の流体の流れを計算し，それが（ほぼ）定常状態に収束するまで計算する．計算された圧力とせん断力が構造の変形を計算するための負荷として渡される．次に，変形した物体に合わせて流体領域格子を与えて計算を続行し，物体に作用する力が再び収束するまで計算を続ける．このプロセスは，流れによって生じる力と物体の変形の変化が規定の制限よりも小さくなるまで繰り返される．通常，収束したソリューションを得るには 5〜10 回の反復が必要となる．流れと構造の変形の計算の両方の収束許容値は，最初は緩めておき，収束状態に近づくにつれて厳しくすることができる．上で説明したシナリオでは，流れと構造変形のシミュレーションは，通常，異なるコードを使用して異なる人によって実行される．流れは，おそらく本書で説明されているような有限体積法に基づく社内製または商用コードを使用して計算され，構造変形は商用の有限要素コードを使用して計算される可能性が高い．2つのシミュレーションチームはファイル交換を介して通信する．流れチームは各壁境界面に作用する力を含むファイルを書き出し，構造チームは新しいボディ形状または境界点セットの変位を送り返す．通常，流体と固体では格子サイズが大きく異なるため，解の補間（「マッピング」とも呼ぶ）が必要となる．2つのコード内の形状情報が同じではないこともしばしば生じる．例えば，流体の流れ解析では飛行機の翼の外皮が関連する壁境界だが，外皮は構造解析にはほとんど関係しない．外皮は流体荷重を受けるだけで，構造的に重要なボディは外皮の下のフレームである．したがって，外皮に沿った流体の流れをシミュレートして計算された荷重をフレームに渡す必要があり，フレームの変形（一連の離散的な位置での変位）を外皮表面の流体格子の頂点にマッピングする必要がある．したがって，カップリングは思ったほど簡単ではない．

問題が過渡的である場合，流れと構造の計算間のより緊密な連成が必要となる．少なくとも，力と変位の交換は時間ステップごとに1回発生する必要がある．ただし，剛体運動のシミュレーションですでに述べたように，陽的な結合（流れ解が固定された物体形状を使用して1つの時間ステップを完了し，次に構造解析が固定された流れによって誘発された力を使用して変形を計算する）は，必ずしも収束しない可能性がある．理想的には，緊密な（陰的な）結合を実現するには各時間ステップのすべての外部反復の後に交換を行う必要がある．2つの異なるコードを使用する場合，これらのコードがそのような連成シミュレーション（一方のコードがリードし，もう一方のコードが追従する）用に設計されていない限り，これを実現するのは困難となる．著者は，このように通信できる市販コードを1セットだけ知っている．これらのコードは同時に実行でき，メモリソケットを介してデータを交換できるため，交換ファイルを作成する必要がない．

理想的な状況は，同じコードを使用して流体の流れと構造の変形の両方を計算することである．この用途には，有限体積法が両方のタスクに適していると考えられていた．Demirdžić and Muzaferija (1994, 1995) は，流体の流れと構造の変形の両方に対して任意の多面体CVと2次精度の離散化に基づく有限体積法を提示した．その後も同様の方法が多数発表されている．Demirdžić et al. (1997) は，有限体積法を使用した構造の変形の計算がマルチグリッド法を使用することで大幅に高速化できることを実証している．

しかし，流体の流れを計算するために通常使用される2次精度の離散化（積分近似の中点公式，勾配の線形補間および中心差分）は，一部の構造問題，特に特定の条件下での薄い構造の変形（片持ち梁が典型的な例）には不十分であることが判明している．Demirdžić (2016) は，表面積分のシンプソン則近似，3次多項式による補間および4次中心差分に基づく4次精度の2次元有限体積法が，片持ち梁問題を解く際に効率的かつ正確であることを実証した．ただし，任意の多面体に対する高次有限体積法の開発は簡単な作業ではなく，構造解析用の確立された有限要素法と比較して利点がない可能性がある．後者では，すべての構造に対して同じ方程式を使用するのではなく，シェル，プレート，膜，梁，および一般的な体積要素に対して（異なる理論に基づく）異なる要素を使用する．

商用コードの最新の傾向では，有限体積流れソルバーと有限要素構造ソルバーを同じコードに統合している．この場合，外部との通信のない直接的な結合を外部反復レベルで実現できるため，流れと構造の変形の両方を同時に計算できる．このアプローチの唯一の問題は，両方のシミュレーションの設定方法を同じ人が知っておく必要がある，あるいは，連成シミュレーションの設定を2人のチーム（1人は流体の専門家，もう1人は構造側の専門家）が実行する必要があることである．シミュレーションが適切に設定されると，1人のコードユーザー（3人目のユーザーでもかまわない）が簡単にパラメトリックスタディを実行できる．その際は，形状データや入力条件を変更するだけで済む．

流体と構造の相互作用の分野は広大である．ここでも，いくつかの実例に触れないわけにはいかない．工学的応用では，通常，**共鳴**につながる可能性のある状況を予測することに関心がある．例えば，流体の流れが構造物の共鳴周波数に近い周波数で構造物に振動荷重を生じさせる場合，構造物は振幅を増大させながら振動し始め，最終的には破損に至る可能性がある．構造物によっては，異なる変形モード（曲げやねじれなど）に対して複数の共鳴周波数を持つ場合がある．顕著な流体誘起力の振動周波数と構造物の固有周波数の間に十分なギャップを確保するには，流れまたは構造のいずれかを変更する必要がある．

ここでは，図13.29に示す流体の流れと変形可能な構造の運動の連成シミュレーションの例を簡単に説明する．詳細はインターネット上の別のレポートを参照されたい（付録を参照）．テストケースは，計算方法の検証用に設計されており，Gomes et al. (2011) および Gomes and Lienhart (2010) に詳細が記されている．長さ50 mm，厚さ0.04 mmの薄いステンレス鋼のシートが，直径22 mmの剛性シリンダーに取り付けられている．シートの端には，長さ10 mm，幅4 mmの長方形の剛体が取り付けられている．シリンダーは軸を中心に回転できる．装置のスパン方向の寸法は177 mmで，240 mm × 180 mmの長方形断面を持つトンネル内のテストセクションの中央に配置される．装置はトンネルの全幅を占めるため，いわゆる2次元流れが生じる．速度1.08 m/sで流れる非常に粘性の高い流体（動粘度 $\mu = 0.1722$ Pa · s，密度 $\rho = 1050\,\mathrm{kg/m^3}$）によって流れは層流とする．

シミュレーションは，市販のコード Simcenter STAR-CCM+を使用して実行された．このコードには，剛体部品の動きとフレキシブルシートの変形を計算する有限要素ルーチンが含まれており，流れは通常の有限体積法を使用して計算される．外部反復は，流体の流れの場合と同じ方法でSIMPLEアルゴリズムを使用して実行される．

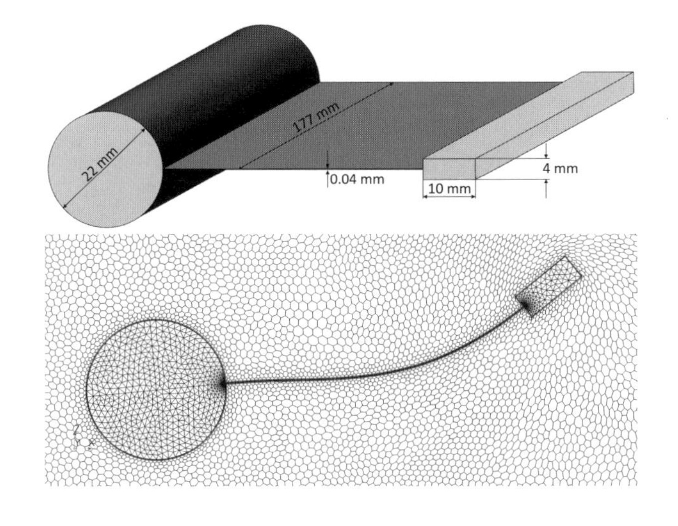

図 13.29　対象装置の概要図（上）と固体構造と流体部の格子例（下）.

反復ループは，構造側に 1 つの反復を追加することだけで拡張される．構造に作用する流体力と構造の変位は外部反復ごとに更新される．図 13.29 に使用された格子を示す．流体には多面体，剛体部品には四面体，フレキシブルシートには六面体 (4 層) を与えた．時間ステップは 1 ミリ秒とした．

図 13.30 は，尾部の 2 つの最大の変位における構造の形状と位置，および構造付近の流体の速度ベクトルを示している．シミュレーションは，構造が流れと一直線になった状態で開始され，時間の経過とともに円筒の両側で渦が放出され尾部の揺れが発生する．図 13.31 は，円筒の回転と尾部の横方向の変位を時間に対してプロットすることで，この時間発展を示している．変動ははじめは指数関数的に増加するが，2 秒後に周期的な状態が確立される．振動の周期と振幅は，Gomes and Lienhart (2010) によって公開された実験データとかなりよく一致する．

非定常流体構造相互作用の実際の例としては，風力タービンブレードの周りの流れ (10.3.4 項を参照)，帆船の帆の周りの流れ，心臓弁を通る流れ[2]，複合材料で作られたプロペラの周りの流れなどがある．構造物の流体誘起振動によってノイズが発生することもあり，これが流体構造相互作用を研究するもう 1 つの理由となる．構造が動作中に大きく変形する場合（飛行機の翼など），製造プロセスでそれを考慮するために変形の大きさを知ることが重要である．例えば，最適化ソフトウェアを流れコードと組み合わせると，飛行機の翼の最適な形状を見つけることができるであろうが，

[2] Gilmanov et al. (2015) は，フラクショナル・ステップ法に LES を使用した心臓弁を含むいくつかの問題に対する FSI に関するレポートを報告している．

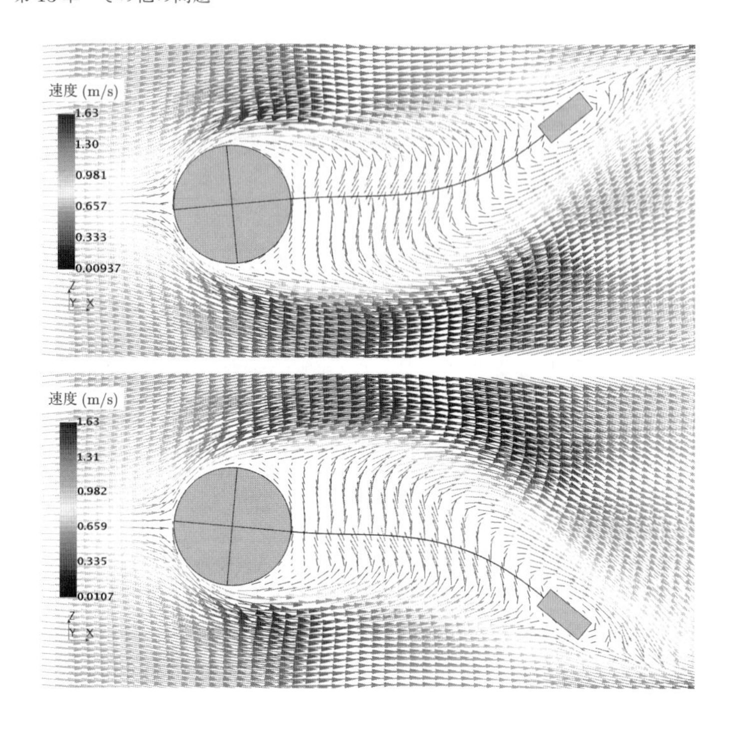

図 13.30　尾部が両側で最大変位したときの構造の予測される変形とその周囲の速度ベクトル.

これは動作負荷を受けたときの形状である必要がある．そのため，翼が流体誘起力によって変形したときに目的の最適な形状になるように，製造する際の変形していない形状を見つける必要がある．

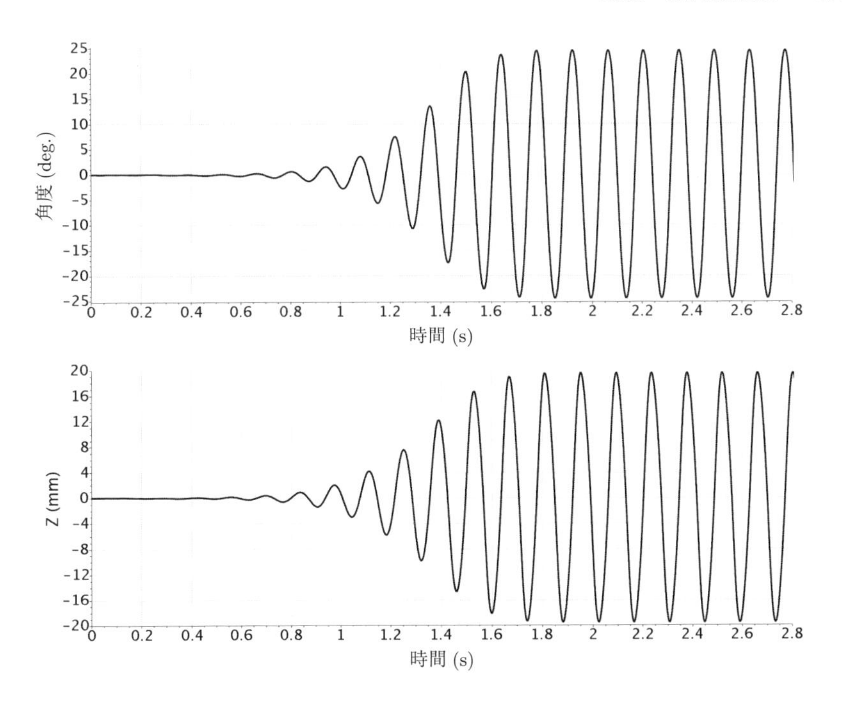

図 13.31 シリンダーの回転（上）と尾部の垂直変位（下）の予測される時間発達過程.

付録　追加情報

A.1　計算プログラムのリストと入手方法

本書で紹介した解析手法の一部を取り込んださまざまな計算プログラムが用意されており，読者はインターネットを介して入手できる．これらのプログラムはそれ自体がすぐに役立つものであると同時に，読者がさらに手を加えて発展させることもできる．すべてのプログラムコードがダウンロード web サイト `www.cfd-peric.de` にて提供されている．

これらの中には，1 次元，2 次元の一般化した保存方程式を解くコードが含まれ，3 章，4 章，および，6 章で示した解析例を実行することができる．対流項と拡散項，時間積分に関する複数の離散化手法がこれらのプログラムに取り入れられており，それぞれのスキームの収束誤差と離散化誤差や解法の効率などを読者自身で確かめることができる．また，学生に対して，例えば離散化法や境界条件を変更するなど，授業の課題としても利用できる．

初期パッケージには以下の複数の解析法が含まれる：

- 1 次元問題の三重対角行列 (TDMA) 解法
- 2 次元問題（空間 5 点スキーム）の線交代三重対角行列 (line-by-line TDMA) 解法
- 2 (3) 次元問題（空間 5 (7) 点スキーム）のストーンの ILU 行列解法 (strongly implicit procedure: SIP)
- 2 (3) 次元対称行列問題（空間 5(7) 点スキーム）の不完全コレスキー分解前処理付き共役勾配法 (conjugate gradient solver preconditioned by the incomplete cholesky method: ICCG)
- 2 次元問題（空間 9 点スキーム）の修正 SIP 法
- 3 次元非対称行列問題の CGSTAB 法
- 2 次元問題のマルチグリッド法（平均化にガウス・ザイデル法，SIP 法および ICCG 法を用いる）

また，実際に流れと熱伝達の問題を解くためのコードがある．ここには以下のプログラムが含まれる．

- 2次元デカルト格子生成
- 2次元非直交格子（構造型）の生成
- 2次元デカルト格子および2次元非直交格子データの後処理プログラム：格子配置，速度ベクトル，その他の物理量の x = 一定（または y = 一定）での分布表示，物理量の等高線（またはカラー）表示．これらのデータはポストスクリプトファイルで出力される．
- 有限体積法プログラム：2次元デカルト座標格子（スタガード変数配置）の定常解
- 有限体積法プログラム：2次元デカルト座標格子（コロケート変数配置）の定常解／非定常解
- 有限体積法プログラム：3次元デカルト座標格子（コロケート変数配置）の定常解の定常解／非定常解，外部反復にマルチグリッド法を適用
- 有限体積法プログラム：2次元境界適合非直交座標格子（コロケート変数配置），層流定常／非定常流れ（移動格子法を含む）
- 有限体積法プログラム：同上，k-ε および k-ω 乱流モデル（壁関数モデルを適用／不適用）
- 有限体積法プログラム：同上（層流），外部反復にマルチグリッド法を適用

これらのコードは標準的なFORTRAN77でプログラムされて，さまざまな計算機環境でテスト済である．比較的大きなプログラムには解説が添えられている．また，プログラム中にはコメントが付されており，3次元問題や非構造格子への拡張法などが示されている．

最後に，ホームディレクトリのファイル `errata` にプログラムエラー（バグ）が報告される（まったくなくせないにしろ，極力減らしたい）．

A.2　計算例についての追加情報

9〜13章には複数のテスト問題の計算例を簡潔に紹介したが，本書では結果データの詳細を示す余地がなかった．これらの詳細報告をダウンロードwebサイトにpdfファイルにて提供している（多くでは計算に用いたシミュレーションファイルも含まれる）．これらの数値解析はSiemens提供の商用コードSimcenter STAR-CCM+による．シミュレーションファイルはパラメータ（格子形状，流体物性，境界条件，乱流モデルなど）を種々変更し実行することで，格子や時間ステップへの依存性を検討できる．

いくつかの実例には流れのアニメーションも示される．

A.3　他のオープン CFD コード

CFD 解析と格子生成について，インターネットでフリー提供されるオープンソース・コードも利用できる．もっとも普及しているものに OpenFOAM があり，広く利用され利用者コミュニティも大きい．現状，公式に 6 ヶ月ごとに更新されて，さまざまな物理モデル（混相流，燃焼，固体構造解析など）を含む非圧縮性，圧縮性流れ計算のためのビルトイン・モデルが提供されている．読者はこれを用い，また，将来のさらなる数値解法や物理モデルの改良開発に対応できよう．詳細情報は 公式 web サイト `www.openfoam.com` にアクセスされたい．

参考文献

Abe, K., Jang, Y.-J., & Leschziner, M. A. (2003). An investigation of wall-anisotropy expressions and length-scale equations for non-linear eddy-viscosity models. *International Journal of Heat Fluid Flow*, *24*, 181–198.

Abgrall, R. (1994). On essentially non-oscillatory schemes on unstructured meshes: Analysis and implementation. *Journal of Computational Physics*, *114*, 45–58.

Achenbach, E. (1972). Experiments on the flow past spheres at very high Reynolds numbers. *Journal of Fluid Mechanics*, *54*, 565–575.

Adams, M., Colell, P., Graves, D. T., Johnson, J. N., Johansen, H. S., Keen, N. D., et al. (2015). Chombo software package for AMR application design document (Technical Report). Berkeley, CA: Lawrence Berkeley National Laboratory, Applied Numerical Algorithms Group, Computational Research Division.

Amezcua, J., Kalnay, E., & Williams, P. D. (2011). The effects of the RAW filter on the climatology and forecast skill of the SPEEDY model. *Monthly Weather Review*, *13*, 608–619.

Arcilla, A. S., Häuser, J., Eiseman, P. R., & Thompson, J. F. (Eds.). (1991). *Numerical grid generation in computational fluid dynamics and related fields*. Amsterdam: North-Holland.

Aris, R. (1990). *Vectors, tensors and the basic equations of fluid mechanics*. New York: Dover Publications.

Armfield, S. (1991). Finite difference solutions of the Navier-Stokes equations on staggered and non-staggered grids. *Computers Fluids*, *20*, 1–17.

Armfield, S. (1994). Ellipticity, accuracy, and convergence of the discrete Navier-Stokes equations. *Journal of Computational Physics*, *114*, 176–184.

Armfield, S., & Street, R. (1999). The fractional-step method for the Navier-Stokes equations on staggered grids: The accuracy of three variations. *Journal of Computational Physics*, *153*, 660–665.

Armfield, S., & Street, R. (2000). Fractional-step methods for the Navier-Stokes equations on non-staggered grids. *ANZIAM Journal*, *42*(E), C134–C156.

Armfield, S., & Street, R. (2002). An analysis and comparison of the time accuracy of fractional-step methods for the Navier-Stokes equations on staggered grids. *International Journal for Numerical Methods in Fluids*, *38*, 255–282.

Armfield, S., & Street, R. (2003). The pressure accuracy of fractional-step methods for the Navier-Stokes equations on staggered grids. *ANZIAM Journal*, *44*(E), C20–C39.

Armfield, S., & Street, R. (2004). Modified fractional-step methods for the Navier-Stokes equations. *ANZIAM Journal*, *45*(E), C364–C377.

Armfield, S., & Street, R. (2005). A comparison of staggered and non-staggered grid Navier-Stokes solutions for the 8:1 cavity natural convection flow. *ANZIAM Journal*, *46*(E), C918–C934.

Armfield, S., Williamson, N., Kirkpatrick, M., & Street, R. (2010). A divergence free fractional-step method for the Navier-Stokes equations on non-staggered grids. *ANZIAM Journal, 51* (E), C654–C667.

Aspden, A., Nikiforakis, N., Dalziel, S., & Bell, J. (2008). Analysis of implicit LES methods. *Communications in Applied Mathematics and Computational Science, 3*, 103–126.

Asselin, R. (1972). Frequency filter for time integration. *Monthly Weather Review, 100*, 487–490.

Bakić, V. (2002). *Experimental investigation of turbulent flows around a sphere* (Ph.D. Dissertation). Germany: Technical University of Hamburg-Harburg.

Baliga, B. R. (1997). Control-volume finite element method for fluid flow and heat transfer. In W. J. Minkowycz & E. M. Sparrow (Eds.), *Advances in numerical heat transfer* (Vol. 1, pp. 97–135). New York: Taylor and Francis,.

Baliga, B. R., & Patankar, S. V. (1983). A control-volume finite element method for two-dimensional fluid flow and heat transfer. *Numerical Heat Transfer, 6*, 245–261.

Bardina, J., Ferziger, J. H., & Reynolds, W. C. (1980). Improved subgrid models for large-eddy simulation. In *13th Fluid and Plasma Dynamics Conference (AIAA Paper 80–1357)*.

Barth, T. J., & Jespersen, D. C. (1989). The design and application of upwind schemes on unstructured meshes. In *27th Aerospace Science Meeting (AIAA Paper 89–0366)*.

Bastian, P., & Horton, G. (1989). Parallelization of robust multi-grid methods: ILU factorization and frequency decomposition method. In W. Hackbusch & R. Rannacher (Eds.), *Notes on numerical fluid mechanics* (Vol. 30, pp. 24–36). Braunschweig: Vieweg.

Beam, R. M., & Warming, R. F. (1976). An implicit finite-difference algorithm for hyperbolic systems in conservation-law form. *Journal of Computational Physics, 22*, 87–110.

Beam, R. M., & Warming, R. F. (1978). An implicit factored scheme for the compressible navier-stokes equations. *AIAA Journal, 16*, 393–402.

Beare, R. J., MacVean, M. K., Holtslag, A. A. M., Cuxart, J., Esau, I., Golaz, J.-C., et al. (2006). An intercomparison of large-eddy simulations of the stable boundary layer. *Boundary-Layer Meteorology, 118*, 247–272.

Beig, S. A., & Johnsen, E. (2015). Maintaining interface equilibrium conditions in compressible multiphase flows using interface capturing. *Journal of Computational Physics, 302*, 548–566.

Berchiche, N., Östman, A., Hermundstad, O. A., & Reinholdtsen, S.-A. (2015). Experimental validation of CFD simulations of free-fall lifeboat launches in regular waves. *Ship Technology Research, 62*, 148–158.

Berger, M. J., & Oliger, J. (1984). Adaptive mesh refinement for hyperbolic partial differential equations. *Journal of Computational Physics, 53*, 484–512.

Bermejo-Moreno, I., Pullin, D. I., & Horiuti, K. (2009). Geometry of enstrophy and dissipation, grid resolution effects and proximity issues in turbulence. *Journal of Fluid Mechanics, 620*, 121–166.

Bewley, T., Moin, P., & Temam, R. (1994). Optimal control of turbulent channel flows. In *Active control of vibration and noise* (Vol. DE 75, pp. 221–227). New York: American Society of Mechanical Engineers, Design Engineering Division.

Bhagatwala, A., & Lele, S. K. (2011). Interaction of a Taylor blast wave with isotropic turbulence. *Physics of Fluids, 23*, 035103.

Bhaskaran, R., & Lele, S. K. (2010). Large-eddy simulation of free-stream turbulence effects on heat transfer to a high-pressure turbine cascade. *Journal of Turbulence, 11*, N6.

Bijl, H., Lucor, D., Mishra, S., & Schwab, C. (2013). *Uncertainty quantification in compu-*

tational fluid dynamics. Switzerland: Springer International Publishing.

Bilger, R. W. (1975). A note on Favre averaging in variable density flows. *Combustion Science and Technology*, *11*, 215–217.

Billard, F., Laurence, D., & Osman, K. (2015). Adaptive wall functions for an elliptic blending eddy-viscosity model applicable to any mesh topology. *Flow, Turbulence and Combustion*, *94*, 817–842.

Bini, D. A., & Meini, D. (2009). The cyclic reduction algorithm: from Poisson equation to stochastic processes and beyond. *Numerical Algorithms*, *51*, 23–60.

Bird, R. B., Stewart, W. E., & Lightfoot, E. N. (2006). *Transport phenomena* (Revised 2 ed.). New York: Wiley.

Bird, R. B., & Wiest, J. M. (1995). Constitutive equations for polymeric liquids. *Annual Review of Fluid Mechanics*, *27*, 169–193.

Blumberg, A. F., & Mellor, G. L. (1987). A description of a three-dimensional coastal ocean circulation model. In N. S. Heaps (Ed.), *Three-dimensional Coastal Ocean models, Coastal and Estuarine Science* (Vol. 4, pp. 1–16). Washington, D. C.: AGU.

Bodony, D. J., & Lele, S. K. (2008). Current status of jet noise predictions using large-eddy simulation. *AIAA Journal*, *46*, 364–380.

Boris, J. P., & Book, D. L. (1973). Flux-corrected transport. i. SHASTA, a fluid transport algorithm that works. *Journal of Computational Physics*, *11*, 38–69.

Bose, S. T., Moin, P., & You, D. (2010). Grid-independent large-eddy simulation using explicit filtering. *Physics of Fluids*, *22*, 105103.

Boyd, J. P. (2001). *Chebyshev and Fourier spectral methods* (Revised 2 ed.). Mineola: Dover Publications.

Brackbill, J. U., Kothe, D. B., & Zemaach, C. (1992). A continuum method for modeling surface tension. *Journal of Computational Physics*, *100*, 335–354.

Bradshaw, P., Launder, B. E., & Lumley, J. L. (1994). Collaborative testing of turbulence models. In K. N. Ghia, U. Ghia, & D. Goldstein (Eds.), *Advances in computational fluid mechanics* (Vol. 196). New York: ASME.

Brandt, A. (1984). Multigrid techniques: 1984 guide with applications to fluid dynamics. GMD-Studien Nr. 85, Gesellschaft für Mathematik und Datenverarbeitung (GMD). Bonn, Germany (see also Multigrid Classics version at http://www.wisdom.weizmann.ac.il/~achi/).

Brazier, P. H. (1974). An optimum SOR procedure for the solution of elliptic partial differential equations with any domain or coefficient set. *Computer Methods in Applied Mechanics and Engineering*, *3*, 335–347.

Brehm, C., Housman, J. A., Kiris, C. C., Barad, M. F., & Hutcheson, F. V. (2017). Four-jet impingement: Noise characteristics and simplified acoustic model. *International Journal of Heat and Fluid flow*, *67*, 43–58.

Brès, G. A., Ham, F. E., Nichols, J. W., & Lele, S. K. (2017). Unstructured large-eddy simulations of supersonic jets. *AIAA Journal*, *55*, 1164–1184.

Briggs, D. R., Ferziger, J. H., Koseff, J. R., & Monismith, S. G. (1996). Entrainment in a shear free mixing layer. *Journal of Fluid Mechanics*, *310*, 215–241.

Briggs, W. L., Henson, V. E., & McCormick, S. F. (2000). *A multigrid tutorial* (2nd ed.). Philadelphia: Society for Industrial and Applied Mathematics (SIAM).

Brigham, E. O. (1988). *The fast Fourier transform and its applications*. Englewood Cliffs: Prentice Hall.

Bryan, G. H. (2007). A comparison of convection resolving-simulations with convection-permitting simulations. NSSL Colloquium, Norman, OK. http://www2.mmm.ucar.edu/

people/-bryan/Presentations/bryan_2007_nssl_resolution.pdf.

Bryan, G. H., Wyngaard, J. C., & Fritsch, J. M. (2003). Resolution requirements for the simulation of deep moist convection. *Monthly Weather Review, 131*, 2394–2416.

Bückle, U., & Perić, M. (1992). Numerical simulation of buoyant and thermocapillary convection in a square cavity. *Numerical Heat Transfer, Part A (Applications), 21*, 101–121.

Bunner, B., & Tryggvason, G. (1999). Direct numerical simulations of three-dimensional bubbly flows. *Physics of Fluids, 11*, 1967–1969.

Burmeister, J., & Horton, G. (1991). Time-parallel solution of the Navier-Stokes equations. In *Proceedings of 3rd European Multigrid Conference*. Basel: Birkhäuser.

Butcher, J. C. (2008). *Numerical methods for ordinary differential equations.* Chichester: Wiley.

Calhoun, D. (2002). A cartesian grid method for solving the two-dimensional streamfunction-vorticity equations in irregular regions. *Journal of Computational Physics, 176*, 231–275.

Canuto, C., Hussaini, M. Y., Quarteroni, A., & Zang, T. A. (2006). *Spectral methods: Fundamentals in single domains.* Berlin: Springer.

Canuto, C., Hussaini, M. Y., Quarteroni, A., & Zang, T. A. (2007). *Spectral methods: Evolution to complex geometries and applications to fluid dynamics.* Berlin: Springer.

Carati, D., Winckelmans, G. S., & Jeanmart, H. (2001). On the modelling of the subgrid-scale and filtered-scale stress tensors in large-eddy simulation. *Journal of Fluid Mechanics, 441*, 119–138.

Caretto, L. S., Gosman, A. D., Patankar, S. V., & Spalding, D. B. (1972). Two calculation procedures for steady three-dimensional flows with recirculation. In *Proceedings of the Third International Conference on Numerical Methods in Fluid Mechanics.* Paris.

Caruso, S. C., Ferziger, J. H., & Oliger, J. (1985). An adaptive grid method for incompressible flows (Technical Report No. TF-23). Stanford CA: Department of Mechanical Engineering, Stanford University.

Casulli, V., & Cattani, E. (1994). Stability, accuracy and efficiency of a semi-implicit method for three-dimensional shallow water flow. *Computers & Mathematics with Applications, 27*, 99–112.

Cebeci, T., & Bradshaw, P. (1984). *Physical and computational aspects of convective heat transfer.* New York: Springer.

Celik, I., Ghia, U., Roache, P. J., & Freitas, C. J. (2008). Procedure for estimation and reporting of uncertainty due to discretization in cfd applications. *Journal of Fluids Engineering, 130*, 078001.

Celik, I., Klein, M., & Janicka, J. (2009). Assessment measures for engineering LES applications. *Journal of Fluids Engineering, 131*, 031102.

Chang, W., Giraldo, F., & Perot, B. (2002). Analysis of an exact fractional-step method. *Journal of Computational Physics, 180*, 183–199.

Chen, C.-J., & Jaw, S.-Y. (1998). *Fundamentals of turbulence modeling.* Washington: Taylor & Francis.

Chen, S., Johnson, D. B., Raad, P. E., & Fadda, D. (1997). The surface marker and micro-cell method. *International Journal for Numerical Methods in Fluids, 25*, 749–778.

Chen, C., Zhu, J., Zheng, L., Ralph, E., & Budd, J. W. (2004a). A non-orthogonal primitive equation coastal ocean circulation model: Application to lake superior. *Journal of Great Lakes Research, 30* (Supplement 1), 41–54.

Chen, Y., Ludwig, F. L., & Street, R. L. (2004b). Stably stratified flows near a notched transverse ridge across the salt lake valley. *Journal of Applied Meteorology, 43*, 1308–

1328.

Choi, H., & Moin, P. (1994). Effects of the computational time step on numerical solutions of turbulent flow. *Journal of Computational Physics*, *113*, 1–4.

Choi, H., Moin, P., & Kim, J. (1994). Active turbulence control for drag reduction in wall-bounded flows. *Journal of Fluid Mechanics*, *262*, 75–110.

Chorin, A. J. (1967). A numerical method for solving incompressible viscous flow problems. *Journal of Computational Physics*, *2*, 12–26.

Chorin, A. J. (1968). Numerical solution of the Navier-Stokes equations. *Mathematics of Computation*, *22*, 745–762.

Chow, F. K., & Moin, P. (2003). A further study of numerical errors in large-eddy simulations. *Journal of Computational Physics*, *184*, 366–380.

Chow, F. K., & Street, R. L. (2009). Evaluation of turbulence closure models for large-eddy simulation over complex terrain: Flow over Askervein Hill. *Journal of Applied Meteorology and Climatology*, *48*, 1050–1065.

Chow, F. K., Street, R. L., Xue, M., & Ferziger, J. (2005). Explicit filtering and reconstruction turbulence modeling for large-eddy simulation of neutral boundary layer flow. *Journal of the Atmospheric Sciences*, *62*, 2058–2077.

Chow, F. K., Weigel, A. P., Street, R. L., Rotach, M. W., & Xue, M. (2006). High-resolution large-eddy simulations of flow in a steep Alpine valley. part i: Methodology, verification, and sensitivity experiments. *Journal of Applied Meteorology and Climatology*, *45*, 63–86.

Colella, P. (1985). A direct Eulerian MUSCL scheme for gas dynamics. *SIAM Journal on Scientific and Statistical Computing*, *6*, 104–117.

Colella, P. (1990). Multidimensional upwind methods for hyperbolic conservation laws. *Journal of Computational Physics*, *87*, 171–200.

Coelho, P., Pereira, J. C. F., & Carvalho, M. G. (1991). Calculation of laminar recirculating flows using a local non-staggered grid refinement system. *International Journal for Numerical Methods in Fluids*, *12*, 535–557.

Constantinescu, G., & Squires, K. (2004). Numerical investigations of flow over a sphere in the subcritical and supercritical regimes. *Physics Fluids*, *16*, 1449–1466.

Cooley, J. W., & Tukey, J. W. (1965). An algorithm for the machine calculation of complex Fourier series. *Mathematics of Computation*, *19*, 297–301.

Courant, R., Friedrichs, K., & Lewy, H. (1928). Über die partiellen Differenzengleichungen der mathematischen Physik. *Mathematische Annalen*, *100*, 32–74.

Crowe, C., Sommerfeld, M., & Tsuji, Y. (1998). *Multiphase flows with droplets and particles*. Boca Raton: CRC Press.

Deike, L., Melville, W. K., & Popinet, S. (2016). Air entrainment and bubble statistics in breaking waves. *Journal of Fluid Mechanics*, *801*, 91–129.

Demirdžić, I. (2015). On the discretization of the diffusion term in finite-volume continuum mechanics. *Numerical Heat Transfer*, *68*, 1–10.

Demirdžić, I. (2016). A fourth-order finite volume method for structural analysis. *Applied Mathematical Modelling*, *40*, 3104–3114.

Demirdžić, I., & Perić, M. (1988). Space conservation law in finite volume calculations of fluid flow. *International Journal for Numerical Methods in Fluids*, *8*, 1037–1050.

Demirdžić, I., & Perić, M. (1990). Finite volume method for prediction of fluid flow in arbitrarily shaped domains with moving boundaries. *International Journal for Numerical Methods in Fluids*, *10*, 771–790.

Demirdžić, I., & Muzaferija, S. (1994). Finite volume method for stress analysis in complex domains. *International Journal for Numerical Methods in Engineering*, *37*, 3751–3766.

Demirdžić, I., & Muzaferija, S. (1995). Numerical method for coupled fluid flow, heat transfer and stress analysis using unstructured moving meshes with cells of arbitrary topology. *Computer Methods in Applied Mechanics and Engineering*, *125*, 235–255.

Demirdžić, I., Muzaferija, S., & Perić, M. (1997). Benchmark solutions of some structural analysis problems using finite-volume method and multigrid acceleration. *International Journal for Numerical Methods in Engineering*, *40*, 1893–1908.

Demmel, J. W., Heath, M. T., & van der Vorst, H. A. (1993). Parallel numerical linear algebra. *Acta Numerica*, *2*, 111–197.

Demirdžić, I., Lilek, V., & Perić, M. (1993). A colocated finite volume method for predicting flows at all speeds. *International Journal for Numerical Methods in Fluids*, *16*, 1029–1050.

Deng, G. B., Piquet, J., Queutey, P., & Visonneau, M. (1994). Incompressible flow calculations with a consistent physical interpolation finite volume approach. *Computers Fluids*, *23*, 1029–1047.

de Vahl Davis, G., & Mallinson, G. D. (1972). False diffusion in numerical fluid mechanics. Univ (Technical Report No. FM1). New South Wales, Australia: University of New South Wales, School of Mechanical Ind. Engineering.

Donea, J., & Huerta, A. (2003). *Finite element methods for flow problems*. Chichester: Wiley. (available at Wiley Online Library).

Donea, J., Huerta, A., Ponthot, J.-P., & Rodríguez-Ferran, A. (2004). Arbitrary Lagrangian-Eulerian methods. In *Encyclopedia of Computational Mechanics Vol. 1: Fundamentals* (pp. 413–437).

Donea, J., Quartapelle, L., & Selmin, V. (1987). An analysis of time discretization in the finite element solution of hyperbolic problems. *Journal of Computational Physics*, *70*, 463–499.

Durbin, P. A. (1991). Near-wall turbulence closure modeling without 'damping functions'. *Theoretical and Computational Fluid Dynamics*, *3*, 1–13.

Durbin, P. A. (2002). A perspective on recent developments in RANS modeling. In W. Rodi & N. Furyo (Eds.), *Engineering turbulence modelling and experiments* (Vol. 5, pp. 3–16).

Durbin, P. A. (2009). Limiters and wall treatments in applied turbulence modeling. *Fluid Dynamics Research*, *41*, 012203.

Durbin, P. A., & Pettersson Reif, B. A. (2011). *Statistical theory and modeling for turbulent flows* (2nd ed.). Chichester: Wiley.

Durran, D. R. (2010). *Numerical methods for fluid dynamics with applications to geophysics* (2nd ed.). Berlin: Springer.

Durst, F., Kadinskii, L., Perić, M., & Schäfer, M. (1992). Numerical study of transport phenomena in MOCVD reactors using a finite volume multigrid solver. *Journal of Crystal Growth*, *125*, 612–626.

El Khoury, G. K., Schlatter, P., Noorani, A., Fischer, P. F., Brethouwer, G., & Johansson, A. V. (2013). Direct numerical simulation of turbulent pipe flow at moderately high Reynolds numbers. *Flow, Turbulence and Combustion*, *91*, 475–495.

Enright, D., Fedkiw, R., Ferziger, J. H., & Mitchell, I. (2002). A hybrid particle level set method for improved interface capturing. *Journal of Computational Physics*, *183*, 83–116.

Enriquez, R. M. (2013). *Subgrid-scale turbulence modeling for improved large-eddy simulation of the atmospheric boundary layer* (*Ph.D. Dissertation*). Stanford: Stanford University.

Enriquez, R. M., Chow, F. K., Street, R. L., & Ludwig, F. L. (2010). Examination of the linear algebraic subgrid-scale stress [LASS] model, combined with reconstruction of the subfilter-scale stress, for large-eddy simulation of the neutral atmospheric boundary layer. In *19th Conference on Boundary Layers and Turbulence, AMS, Paper 3A*. (8 pages).

Erturk, E. (2009). Discussions on driven cavity flow. *International Journal for Numerical Methods in Fluids, 60*, 275–294.

Fadlun, E. A., Verzicco, R., Orlandi, P., & Mohd-Yusof, J. (2000). Combined immersed-boundary finite-difference methods for three-dimensional complex flowsimulations. *Journal of Computational Physics, 161*, 35–60.

Farmer, J., Martinelli, L., & Jameson, A. (1994). Fast multigrid method for solving incompressible hydrodynamic problems with free surfaces. *AIAA Journal, 32*, 1175–1182.

Fenton, J. D. (1985). A fifth-order Stokes theory for steady waves. *Journal of Waterway, Port, Coastal, Ocean Engineering, 111*, 216–234.

Ferziger, J. H. (1998). *Numerical methods for engineering application* (2nd ed.). New York: Wiley-Interscience.

Ferziger, J. H., & Perić, M. (1996). Further discussion of numerical errors in CFD. *International Journal for Numerical Methods in Fluids, 23*, 1–12.

Findikakis, A. N., & Street, R. L. (1979). An algebraic model for subgrid-scale turbulence in stratified flows. *Journal of the Atmospheric Sciences, 36*, 1934–1949.

Fletcher, C. A. J. (1991). *Computational techniques for fluid dynamics* (2nd ed., Vol. I & II). Berlin: Springer.

Fletcher, R. (1976). Conjugate gradient methods for indefinite systems. *Lecture Notes in Mathematics, 506*, 773–789.

Forbes, L. K. (1988). Critical free surface flow over a semicircular obstruction. *Journal of Engineering Mathematics, 22*, 3–13.

Fornberg, B. (1988). Generation of finite difference formulas on arbitrarily spaced grids. *Mathematics of Computation, 51*, 699–706.

Fox, D. G., & Orszag, S. A. (1973). Pseudospectral approximation to two-dimensional turbulence. *Journal of Computational Physics, 11*, 612–619.

Freitas, C. J., Street, R. L., Findikakis, A. N., & Koseff, J. R. (1985). Numerical simulation of three-dimensional flow in a cavity. *International Journal for Numerical Methods in Fluids, 5*, 561–575.

Frey, P. J., & George, P.-l. (2008). *Mesh generation: Application to finite elements* (2nd ed.). New Jersey: Wiley-ISTE.

Friedrich, O. (1998). Weighted essentially non-oscillatory schemes for the interpolation of mean values on unstructured grids. *Journal of Computational Physics, 144*, 194–212.

Fringer, O. B., Armfield, S. W., & Street, R. L. (2003). A nonstaggered curvilinear grid pressure correction method applied to interfacial waves. In *Second International Conference on Heat Transfer, Fluid Mechanics and Thermodynamics, HEFAT 2003, Paper FO1*. (6 pages).

Fringer, O. B., Armfield, S. W., & Street, R. L. (2005). Reducing numerical diffusion in interfacial gravity wave simulations. *International Journal for Numerical Methods in Fluids, 49*, 301–329.

Fringer, O. B., Gerritsen, M., & Street, R. L. (2006). An unstructured-grid, finite-volume, nonhy-drostatic, parallel coastal ocean simulator. *Ocean Modelling, 14*, 139–173.

Fu, L., Hu, X. Y., & Adams, N. A. (2016). A family of high-order targeted ENO schemes for compressible-fluid simulations. *Journal of Computational Physics, 305*, 333–359.

Fu, L., Hu, X. Y., & Adams, N. A. (2017). Targeted ENO schemes with tailored resolution property for hyperbolic conservation laws. *Journal of Computational Physics, 349*, 97–121.

Galpin, P. F., & Raithby, G. D. (1986). Numerical solution of problems in incompressible fluid flow: Treatment of the temperature-velocity coupling. *Numerical Heat Transfer, 10*, 105–129.

Gamet, L., Ducros, F., Nicoud, F., & Poinsot, T. (1999). Compact finite difference schemes on non-uniform meshes. Application to direct numerical simulations of compressible flows. *International Journal for Numerical Methods in Fluids, 29*, 159–191.

Garnier, E., Adams, N., & Sagaut, P. (2009). *Large-eddy simulation for compressible flows.* Berlin: Springer.

Germano, M., Piomelli, U., Moin, P., & Cabot, W. H. (1991). A dynamic subgrid-scale eddy-viscosity model. *Physics of Fluids A, 3*, 1760–1765.

Ghia, U., Ghia, K. N., & Shin, C. T. (1982). High-Re solutions for incompressible flow using the Navier-Stokes equations and a multigrid method. *Journal of Computational Physics, 48*, 387–411.

Gibbs, J. W. (1898). Fourier's series. *Nature, 59*, 200.

Gibbs, J. W. (1899). Fourier's series. *Nature, 59*, 606.

Gilmanov, A., Le, T. B., & Sotiropoulos, F. (2015). A numerical approach for simulating fluid structure interaction of flexible thin shells undergoing arbitrarily large deformations in complex domains. *Journal of Computational Physics, 300*, 814–843.

Glowinski, R., & Pironneau, O. (1992). Finite element methods for Navier-Stokes equations. *Annual Review of Fluid Mechanics, 24*, 167–204.

Göddeke, D., & Strzodka, R. (2011). Cyclic reduction tridiagonal solvers on GPUs applied to mixed-precision multigrid. *IEEE Transactions on Parallel and Distributed Systems, 22*, 22–32.

Golub, G. H., & van Loan, C. F. (1996). *Matrix computations* (3rd ed.). Baltimore: Johns Hopkins University Press.

Gomes, J. P., & Lienhart, H. (2010). Fluid-structure interaction-induced oscillation of flexible structures in laminar and turbulent flows. *Journal of Fluid Mechanics, 715*, 537–572.

Gomes, J. P., Yigit, S., Lienhart, H., & Schäfer, M. (2011). Experimental and numerical study on a laminar fluid-structure interaction reference test case. *Journal of Fluids Structures, 27*, 43–61.

Gottlieb, S., Mullen, J. S., & Ruuth, S. J. (2006). A fifth order flux implicit WENO method. *Journal of Scientific Computing, 27*, 271–287.

Gresho, P. M. (1990). On the theory of semi-implicit projection methods for viscous incompressible flow and its implementation via a finite element method that also introduces a nearly consistent mass matrix. Part 1: Theory. *International Journal for Numerical Methods in Fluids, 11*, 587–620.

Grinstein, F. F., Margolin, L. G., & Rider, W. J. (Eds.). (2007). *Implicit large-eddy simulation: Computing turbulent fluid dynamics.* Cambridge: Cambridge University Press.

Gullbrand, J., & Chow, F. K. (2003). The effect of numerical errors and turbulence models in large-eddy simulations of channel flow, with and without explicit filtering. *Journal of Fluid Mechanics, 495*, 323–341.

Gyllenram, W., & Nilsson, H. (2006). Very large-eddy simulation of draft tube flow. In *23rd IAHR Symposium Yokohama.* (10 pages).

Hackbusch, W. (1984). Parabolic multi-grid methods. In R. Glowinski & J.-R. Lions (Eds.), *Computing methods in applied sciences and engineering.* Amsterdam: North Holland.

Hackbusch, W. (2003). *Multi-grid methods and applications (2nd Printing)*. Berlin: Springer.

Hackbusch, W., & Trottenberg, U. (Eds.). (1991). In *Proceedings of Third European Multi-grid Conference, International Series of Numerical Mathematics*. Basel: Birkhäuser.

Hadžić, H. (2005). Development and application of a finite volume method for the computation of flows around moving bodies on unstructured, overlapping grids (Ph.D. Dissertation). *Technische Universität*, Hamburg-Harburg.

Hadžić, I. (1999). Second-moment closure modelling of transitional and unsteady turbulent flows (Ph.D. Dissertation). Delft University of Technology.

Hageman, L. A., & Young, D. M. (2004). *Applied iterative methods*. Mineola: Dover Publications.

Ham, F., & Iaccarino, G. (2004). Energy conservation in collocated discretization schemes on unstructured grids. In *Annals Research Briefs*. Stanford, CA: Center for Turbulence Research.

Hanaoka, A. (2013). *An overset grid method coupling an orthogonal curvilinear grid solver and a Cartesian grid solver (Ph.D. Dissertation)*. Iowa City, IA: University of Iowa.

Hanjalić, K. (2002). One-point closure models for buoyancy-driven turbulent flows. *Annual Review of Fluid Mechanics*, *34*, 321–347.

Hanjalić, K. (2004). Closure models for incompressible turbulent flows (Technical Report). Brussels, Belgium: Lecture Notes at the von Karman Institute for Fluid Dynamics.

Hanjalić, K., & Kenjereš, S. (2001). T-RANS simulation of deterministic eddy structure in flows driven by thermal buoyancy and Lorentz force. *Flow Turbulence and Combustion*, *66*, 427–451.

Hanjalić, K., & Launder, B. E. (1976). Contribution towards a Reynolds-stress closure for low Reynolds number turbulence. *Journal of Fluid Mechanics*, *74*, 593–610.

Hanjalić, K., & Launder, B. E. (1980). Sensitizing the dissipation equation to irrotational strains. *Journal of Fluids Engineering*, *102*, 34–40.

Harlow, F. H., & Welsh, J. E. (1965). Numerical calculation of time dependent viscous Incompressible flow with free surface. *Physics of Fluids*, *8*, 2182–2189.

Harrison, R. J. (1991). Portable tools and applications for parallel computers. *International Journal of Quantum Chemistry*, *40*, 847–863.

Harten, A. (1983). High resolution schemes for hyperbolic conservation laws. *Journal of Computational Physics*, *49*, 357–393.

Harvie, D. J. E., Davidson, M. R., & Rudman, M. (2006). An analysis of parasitic current generation in Volume-of-Fluid simulations. *Applied Mathematical Modelling*, *30*, 1056–1066.

Hatlee, S. C., & Wyngaard, J. C. (2007). Improved subfilter-scale models from the HATS field data. *Journal of the Atmospheric Sciences*, *64*, 1694–1705.

Heil, M., Hazel, A. L., & Boyle, J. (2008). Solvers for large-displacement fluid-structure interaction problems: segregated versus monolithic approaches. *Computational Mechanics*, *43*, 91–101.

Heinke, H. J. (2011). Potsdam propellet test case (Technical Report No. 3753). Potsdam, Germany: SVA Potsdam.

Hess, J. L. (1990). Panel methods in computational fluid dynamics. *Annual Review of Fluid Mechanics*, *22*, 255–274.

Heus, T., van Heerwaarden, C. C., Jonker, H. J. J., Siebesma, A. P., et al. (2010). Formulation of the dutch atmospheric large-eddy simulation (DALES) and overview of its applications. *Geoscientific Model Development*, *3*, 415–444.

Hinatsu, M., & Ferziger, J. H. (1991). Numerical computation of unsteady incompressible flow in complex geometry using a composite multigrid technique. *International Journal for Numerical Methods in Fluids*, *13*, 971–997.

Hino, T. (1992). Computation of viscous flows with free surface around an advancing ship. In *Proceedings of 2nd Osaka International Colloquium on Viscous Fluid Dynamics in Ship and Ocean Technology.* Osaka University.

Hirsch, C. (2007). *Numerical computation of internal and external flows* (2nd ed., Vol. I). Burlington: Butterworth-Heinemann (Elsevier).

Hirt, C. W., Amsden, A. A., & Cook, J. L. (1997). An arbitrary Lagrangean-Eulerian computing method for all flow speeds. *Journal of Computational Physics*, *135*, 203–216. (Reprinted from 14, 1974, 227–253).

Hirt, C. W., & Harlow, F. H. (1967). A general corrective procedure for the numerical solution of initial-value problems. *Journal of Computational Physics*, *2*, 114–119.

Hirt, C. W., & Nichols, B. D. (1981). Volume of fluid (VOF) method for dynamics of free boundaries. *Journal of Computational Physics*, *39*, 201–221.

Hodges, B. R., & Street, R. L. (1999). On simulation of turbulent nonlinear free-surface flows. *Journal of Computational Physics*, *151*, 425–457.

Hortmann, M., Perić, M., & Scheuerer, G. (1990). Finite volume multigrid prediction of laminar natural convection: Bench-mark solutions. *International Journal for Numerical Methods in Fluids*, *11*, 189–207.

Horton, G. (1991). *Ein zeitparalleles Lösungsverfahren für die Navier-Stokes-Gleichungen (Ph.D. Dissertation)*. Erlangen-Nürnberg: Universität.

Housman, J. A., Stich, G.-D., & Kiris, C. C. (2017). Jet noise prediction using hybrid RANS/LES with structured overset grids. In *23rd AIAA/CEAS Aeroacoustics Conference, AIAA Paper 2017–3213.*

Hu, F. Q., Hussaini, M. Y., & Manthey, J. L. (1996). Low-dissipation and low-dispersion Runge-Kutta schemes for computational acoustics. *Journal of Computational Physics*, *124*, 177–191.

Hubbard, B. J., & Chen, H. C. (1994). A Chimera scheme for incompressible viscous flows with applications to submarine hydrodynamics. In *25th AIAA Fluid Dynamics Conference (AIAA Paper 94–2210)*.

Hubbard, B. J., & Chen, H. C. (1995). Calculations of unsteady flows around bodies with relative motion using a Chimera RANS method. In *Proceedings of 10th ASCE Engineering Mechanics Conference.* Boulder, CO: University of Colorado at Boulder.

Hutchinson, B. R., Galpin, P. F., & Raithby, G. D. (1988). Application of additive correction multigrid to the coupled fluid flow equations. *Numerical Heat Transfer*, *13*, 133–147.

Hutchinson, B. R., & Raithby, G. D. (1986). A multigrid method based on the additive correction strategy. *Numerical Heat Transfer*, *9*, 511–537.

Hylla, E. A. (2013). *Eine Immersed Boundary Methode zur Simulation von Strömungen in komplexen und bewegten Geometrien (Ph.D. Dissertation)*. Berlin, Germany: Technische Universität Berlin.

Iaccarino, G., Ooi, A., Durbin, P. A., & Behnia, M. (2003). Reynolds averaged simulation of unsteady separated flow. *International Journal of Heat and Fluid Flow*, *24*, 147–156.

Ishihara, T., Gotoh, T., & Kaneda, Y. (2009). Study of high-Reynolds number isotropic turbulence by direct numerical simulation. *Annual Review of Fluid Mechanics*, *41*, 165–180.

Ishii, M. (1975). *Thermo-fluid dynamic theory of two-phase flow.* Paris: Eyrolles.

Ishii, M., & Hibiki, T. (2011). *Thermo-fluid dynamics of two-phase flow.* New York: Springer.

Issa, R. I. (1986). Solution of implicitly discretized fluid flow equations by operator-splitting. *Journal of Computational Physics*, *62*, 40–65.

Issa, R. I., & Lockwood, F. C. (1977). On the prediction of two-dimensional supersonic viscous interaction near walls. *AIAA Journal*, *15*, 182–188.

Ivanell, S., Sørensen, J., Mikkelsen, R., & Henningson, D. (2009). Analysis of numerically generated wake structures. *Wind Energy*, *12*, 63–80.

Jacobson, M. Z., & Delucchi, M. A. (2009). A path to sustainable energy by 2030. *Scientific American*, *301*, 58–65.

Jakirlić, S., & Jovanović, J. (2010). On unified boundary conditions for improved predictions of near-wall turbulence. *Journal of Fluid Mechanics*, *656*, 530–539.

Jakobsen, H. A. (2003). Numerical convection algorithms and their role in Eulerian CFD reactor simulations. *International Journal of Chemical Reactor Engineering*, *1*, Art. A1, 15.

Johnsen, E., & Ham, F. (2012). Preventing numerical errors generated by interface-capturing schemes in compressible multi-material flows. *Journal of Computational Physics*, *231*, 5705–5717.

Jovanović, J. (2004). *The statistical dynamics of turbulence.* Berlin: Springer.

Kader, B. A. (1981). Temperature and concentration profiles in fully turbulent boundary layers. *International Journal of Heat Mass Transfer*, *24*, 1541–1544.

Kadinski, L., & Perić, M. (1996). Numerical study of grey-body surface radiation coupled with fluid flow for general geometries using a finite volume multigrid solver. *International Journal of Numerical Methods for Heat and Fluid Flow*, *6*, 3–18.

Kaneda, Y., & Ishihara, T. (2006). High-resolution direct numerical simulation of turbulence. *Journal of Turbulence*, *7*, N20.

Kang, S., Iaccarino, G., Ham, F., & Moin, P. (2009). Prediction of wall-pressure fluctuation in turbulent flows with an immersed boundary method. *Journal of Computational Physics*, *228*, 6753–6772.

Karki, K. C., & Patankar, S. V. (1989). Pressure based calculation procedure for viscous flows at all speeds in arbitrary configurations. *AIAA Journal*, *27*, 1167–1174.

Kawai, S., & Lele, S. K. (2010). Large-eddy simulation of jet mixing in supersonic crossflows. *AIAA Journal*, *48*, 2063–2083.

Kawamura, T., & Miyata, H. (1994). Simulation of nonlinear ship flows by density-function method. *Journal of the Society of Naval Architects of Japan*, *176*, 1–10.

Kays, W. M., & Crawford, M. E. (1978). *Convective heat and mass transfer.* New York: McGraw-Hill.

Kenjereš, S., & Hanjalić, K. (1999). Transient analysis of Rayleigh-Bénard convection with a RANS model. *International Journal of Heat and Fluid Flow*, *20*, 329–340.

Kenjereš, S., & Hanjalić, K. (2002). Combined effects of terrain orography and thermal stratification on pollutant dispersion in a town valley: A T-RANS simulation. *Journal of Turbulence*, *3*, N26.

Khajeh-Saeed, A., & Perot, J. B. (2013). Direct numerical simulation of turbulence using GPU accelerated supercomputers. *Journal of Computational Physics*, *235*, 241–257.

Khani, S., & Porté-Agel, F. (2017). A modulated-gradient parameterization for the large-eddy simulation of the atmospheric boundary layer using the weather research and forecasting model. *Boundary-Layer Meteorology*, *165*, 385–404.

Khosla, P. K., & Rubin, S. G. (1974). A diagonally dominant second-order accurate implicit scheme. *Computers Fluids*, *2*, 207–209.

Kim, J. W. (2007). Optimised boundary compact finite difference schemes for computational aeroacoustics. *Journal of Computational Physics*, *225*, 995–1019.

Kim, D., & Choi, H. (2000). A second-order time-accurate finite volume method for unsteady incompressible flow on hybrid unstructured grids. *Journal of Computational Physics*, *162*, 411–428.

Kim, J., Kim, D., & Choi, H. (2001). An immersed-boundary finite-volume method for simulations of flow in complex geometries. *Journal of Computational Physics*, *171*, 132–150.

Kim, J., & Moin, P. (1985). Application of a fractional-step method to incompressible Navier-Stokes equations. *Journal of Computational Physics*, *59*, 308–323.

Kim, J., Moin, P., & Moser, R. D. (1987). Turbulence statistics in fully developed channel flow at low Reynolds number. *Journal of Fluid Mechanics*, *177*, 133–166.

Kim, S., Kinnas, S. A., & Du, W. (2018). Panel method for ducted propellers with sharp trailing edge duct with fully aligned wake on blade and duct. *Journal of Marine Science and Engineering*, *6*, 6030089.

Kirkpatrick, M. P., & Armfield, S. W. (2008). On the stability and performance of the projection-3 method for the time integration of the Navier-Stokes equations. *ANZIAM Journal*, *49* (EMAC2007), C559–C575.

Klemp, J. B., Skamarock, W. C., & Dudhia, J. (2007). Conservative split-explicit time integration methods for the compressible nonhydrostatic equations. *Monthly Weather Review*, *135*, 2897–2913.

Knight, D. D. (2006). *Elements of numerical methods for compressible flows*. Cambridge: Cambridge University Press.

Konan, N. A., Simonin, O., & Squires, K. D. (2011). Detached-eddy simulations and particle Lagrangian tracking of horizontal rough wall turbulent channel flow. *Journal of Turbulence*, *12*, N22.

Kordula, W., & Vinokur, M. (1983). Efficient computation of volume in flow predictions. *AIAA Journal*, *21*, 917–918.

Koshizuka, S., Tamako, H., & Oka, Y. (1995). A particle method for incompressible viscous flow with fluid fragmentation. *Computational Fluid Dynamics Journal*, *4*, 29–46.

Kosović, B. (1997). Subgrid-scale modelling for the large-eddy simulation of high-Reynolds-number boundary layers. *Journal of Fluid Mechanics*, *336*, 151–182.

Kundu, P. K., & Cohen, I. M. (2008). *Fluid mechanics* (4th ed.). Burlington: Academic (Elsevier).

Kuzmin, D., Löhner, R., & Turek, S. (Eds.). (2012). *Flux-corrected transport: Principles, algorithms, and applications* (2nd ed.). Dordrecht: Springer.

Kwak, D., Chang, J. L. C., Shanks, S. P., & Chakravarthy, S. R. (1986). A three-dimensional incompressible Navier-Stokes flow solver using primitive variables. *AIAA Journal*, *24*, 390–396.

Kwak, D., & Kiris, C. C. (2011). Artificial compressibility method. In *Computation of viscous incompressible flows*. Dordrecht: Springer.

Lafaurie, B., Nardone, C., Scardovelli, R., Zaleski, S., & Zanetti, G. (1994). Modelling merging and fragmentation in multiphase flows with SURFER. *Journal of Computational Physics*, *113*, 134–147.

Lardeau, S. (2018). Consistent strain/stress lag eddy-viscosity model for hybrid RANS/LES. In Y. Hoarau, S. H. Peng, D. Schwamborn, & A. Revell (Eds.), *Progress in Hybrid RANS-*

LES Modelling (pp. 39–51). Cham: Springer.

Launder, B. E., Reece, G. J., & Rodi, W. (1975). Progress in the development of a Reynolds-stress turbulence closure. *Journal of Fluid Mechanics*, *68*, 537–566.

Launder, B. E., & Spalding, D. B. (1974). The numerical computation of turbulent flows. *Computer Methods in Applied Mechanics and Engineering*, *3*, 269–289.

Le Bras, S., Deniau, H., Bogey, C., & Daviller, G. (2017). Development of compressible large-eddy simulations combining high-order schemes and wall modeling. *AIAA Journal*, *55*, 1152–1163.

Leder, A. (1992). *Abgelöste Strömungen. Physikalische Grundlagen.* Wiesbaden, Germany: Vieweg.

Lee, M., & Moser, R. D. (2015). Direct numerical simulation of turbulent channel flow up to $\mathrm{Re}_\tau \approx 5200$. *Journal of Fluid Mechanics*, *774*, 395–415.

Leister, H.-J., & Perić, M. (1994). Vectorized strongly implicit solving procedure for seven-diagonal coefficient matrix. *International Journal of Numerical Methods for Heat and Fluid Flow*, *4*, 159–172.

Lele, S. J. (1992). Compact finite difference schemes with spectral-like resolution. *Journal of Computational Physics*, *3*, 16–42.

Leonard, B. P. (1979). A stable and accurate convection modelling procedure based on quadratic upstream interpolation. *Computer Methods in Applied Mechanics and Engineering*, *19*, 59–98.

Leonard, B. P. (1997). Bounded higher-order upwind multidimensional finite-volume convection-diffusion algorithms. In W. J. Minkowycz & E. M. Sparrow (Eds.), *Advances in numerical heat transfer* (pp. 1–57). New York: Taylor and Francis.

Leonard, A., & Wray, A. A. (1982). A new numerical method for the simulation of three dimensional flow in a pipe. In E. Krause (Ed.), *Eighth International Conference on Numerical Methods in Fluid Dynamics.* Lecture Notes in Physics (Vol. 170). Berlin: Springer.

Leonardi, S., Orlandi, P., Smalley, R. J., Djenidi, L., & Antonia, R. A. (2003). Direct numerical simulations of turbulent channel flow with transverse square bars on one wall. *Journal of Fluid Mechanics*, *491*, 229–238.

Leschziner, M. A. (2010). Reynolds-averaged Navier-Stokes methods. In R. Blockley & W. Shyy (Eds.), *Encyclopedia of aerospace engineering* (pp. 1–13).

Lesieur, M. (2010). Two-point closure based on large-eddy simulations in turbulence, Part 2: Inhomogeneous cases. *Discrete & Continuous Dynamical Systems*, *28*, 227–241.

Lesieur, M. (2011). Two-point closure based on large-eddy simulations in turbulence, Part 1: Isotropic turbulence. *Discrete & Continuous Dynamical System Series S*, *4*, 155–168.

Li, G., & Xing, Y. (1967). High order finite volume WENO schemes for the Euler equations under gravitational fields. *Journal of Computational Physics*, *316*, 145–163.

Lilek, Ž. (1995). *Ein Finite-Volumen Verfahren zur Berechnung von inkompressiblen und kompressiblen Strömungen in komplexen Geometrien mit beweglichen Rändern und freien Oberflächen* (*Ph.D. Dissertation*). Germany: University of Hamburg.

Lilek, Ž., Muzaferija, S., & Perić, M. (1997a). Efficiency and accuracy aspects of a full-multigrid SIMPLE algorithm for three-dimensional flows. *Numerical Heat Transfer, Part B*, *31*, 23–42.

Lilek, Ž., Muzaferija, S., Perić, M., & Seidl, V. (1997b). An implicit finite-volume method using non-matching blocks of structured grid. *Numerical Heat Transfer, Part B*, *32*, 385–401.

Lilek, Ž., Nadarajah, S., Peric, M., Tindal, M., & Yianneskis, M. (1991). Measurement and simulation of the flow around a poppet valve. In *Proceedings of 8th Symposium Turbulent Shear Flows* (pp. 13.2.1–13.2.6).

Lilek, Ž., & Perić, M. (1995). A fourth-order finite volume method with colocated variable arrangement. *Computers Fluids*, *24*, 239–252.

Lilek, Ž., Schreck, E., & Perić, M. (1995). Parallelization of implicit methods for flow simulation. In S. G. Wagner (Ed.), *Notes on numerical fluid mechanics* (Vol. 50, pp. 135–146). Braunschweig: Vieweg.

Lilly, D. K. (1992). A proposed modification of the Germano subgrid-scale closure method. *Physics of Fluids A*, *4*, 633–635.

Liu, X.-D., Osher, S., & Chan, T. (1994). Weighted essentially non-oscillatory schemes. *Journal of Computational Physics*, *115*, 200–212.

Louda, P., Kozel, K., & Příhoda, J. (2008). Numerical solution of 2D and 3D viscous incompressible steady and unsteady flows using artificial compressibility method. *International Journal for Numerical Methods in Fluids*, *56*, 1399–1407.

Lu, H., & Porté-Agel, F. (2011). Large-eddy simulation of a very large wind farm in a stable atmospheric boundary layer. *Physics of Fluids*, *23*, 065101.

Ludwig, F. L., Chow, F. K., & Street, R. L. (2009). Effect of turbulence models and spatial resolution on resolved velocity structure and momentum fluxes in large-eddy simulations of neutral boundary layer flow. *Journal of Applied Meteorology and Climatology*, *48*, 1161–1180.

Lumley, J. L. (1979). Computational modeling of turbulent flows. *Advances in Applied Mechanics*, *18*, 123–176.

Lundquist, K. A., Chow, F. K., & Lundquist, J. K. (2012). An immersed boundary method enabling large-eddy simulations of flow over complex terrain in the WRF model. *Monthly Weather Review*, *140*, 3936–3955.

MacCormack, R. W. (2003). The effect of viscosity in hypervelocity impact cratering. *Journal of Spacecraft and Rockets*, *40*, 757–763. (Reprinted from AIAA Paper 69–354, 1969).

Mahesh, K. (1998). A family of high order finite difference schemes with good spectral resolution. *Journal of Computational Physics*, *145*, 332–358.

Mahesh, K., Constantinescu, G., & Moin, P. (2004). A numerical method for large-eddy simulation in complex geometries. *Journal of Computational Physics*, *197*, 215–240.

Malinen, M. (2012). The development of fully coupled simulation software by reusing segregated solvers. *Application of Parallel and Science Computing, Part 1, PARA 2010, LNCS 7133*, 242–248.

Maliska, C. R., & Raithby, G. D. (1984). A method for computing three-dimensional flows using non-orthogonal boundary-fitted coordinates. *International Journal for Numerical Methods in Fluids*, *4*, 518–537.

Manhart, M., & Wengle, H. (1994). Large-eddy simulation of turbulent boundary layer over a hemisphere. In P. Voke, L. Kleiser, & J. P. Chollet (Eds.), *Proceedings of 1st ERCOFTAC Workshop on Direct and Large Eddy Simulation* (pp. 299–310). Dordrecht: Kluwer Academic Publishers.

Marstorp, L., Brethouwer, G., Grundestam, O., & Johansson, A. V. (2009). Explicit algebraic subgrid stress models with application to rotating channel flow. *Journal of Fluid Mechanics*, *639*, 403–432.

Mason, M. L., Putnam, L. E., & Re, R. J. (1980). *The effect of throat contouring on two-dimensional converging-diverging nozzle at static conditions* (p. 1704). Paper No: NASA Techn.

Masson, C., Saabas, H. J., & Baliga, R. B. (1994). Co-located equal-order control-volume finite element method for two-dimensional axisymmetric incompressible fluid flow. *International Journal for Numerical Methods in Fluids*, *18*, 1–26.

Matheou, G., & Chung, D. (2014). Large-eddy simulation of stratified turbulence. Part II: Application of the stretched-vortex model to the atmospheric boundary layer. *Journal of the Atmospheric Sciences*, *71*, 4439–4460.

McCormick, S. F. (Ed.). (1987). *Multigrid methods*. Philadelphia: Society for Industrial and Applied Mathematics (SIAM).

McMurtry, P. A., Jou, W. H., Riley, J. J., & Metcalfe, R. W. (1986). Direct numerical simulations of a reacting mixing layer with chemical heat release. *AIAA Journal*, *24*, 962–970.

Mellor, G. L., & Yamada, T. (1982). Development of a turbulence closure model for geophysical fluid problems. *Review of Geophysics*, *20*, 851–875.

Meneveau, C., & Katz, J. (2000). Scale-invariance and turbulence models for large-eddy simulation. *Annual Review of Fluid Mechanics*, *32*, 1–32.

Meneveau, C., Lund, T. S., & Cabot, W. H. (1996). A Lagrangian dynamic subgrid-scale model of turbulence. *Journal of Fluid Mechanics*, *319*, 353–385.

Menter, F. R. (1994). Two-equation eddy-viscosity turbulence models for engineering applications. *AIAA Journal*, *32*, 1598–1605.

Menter, F. R., Kuntz, M., & Langtry, R. (2003). Ten years of industrial experience with the SST turbulence model. In K. Hanjalić, Y. Nagano, & M. Tummers (Eds.), *Turbulence, heat and mass transfer* (Vol. 4, pp. 625–632). (Proceedings of 4th International Symposium on Turbulent for Heat and Mass Transfer, Begell House, Inc).

Mesinger, F., & Arakawa, A. (1976). *Numerical methods used in atmospheric models*. GARP Publications Series No.17 (Vol. 1). Geneva: World Meteorological Organization.

Meyers, J., Geurts, B. J., & Sagaut, P. (2007). A computational error-assessment of central finitevolume discretizations in large-eddy simulation using a Smagorinsky model. *Journal of Computational Physics*, *227*, 156–173.

Michioka, T., & Chow, F. K. (2008). High-resolution large-eddy simulations of scalar transport in atmospheric boundary layer flow over complex terrain. *Journal of Applied Meteorology and Climatology*, *47*, 3150–3169.

Mittal, R., & Iaccarino, G. (2005). Immersed boundary methods. *Annual Review of Fluid Mechanics*, *37*, 239–261.

Moeng, C.-H. (1984). A large-eddy-simulation model for the study of planetary boundary-layer turbulence. *Journal of the Atmospheric Sciences*, *41*, 2052–2062.

Moeng, C.-H., & Sullivan, P. P. (2015). Large-eddy simulation. *Encyclopedia of atmospheric sciences* (2nd ed., Vol. 4, pp. 232–240). Cambridge: Academic.

Moin, P. (2010). *Fundamentals of engineering numerical analysis* (2nd ed.). Cambridge: Cambridge University Press.

Moin, P., & Kim, J. (1982). Numerical investigation of turbulent channel flow. *Journal of Fluid Mechanics*, *118*, 341–377.

Moin, P., & Mahesh, K. (1998). Direct numerical simulation: A tool in turbulence research. *Annual Review of Fluid Mechanics*, *30*, 539–578.

Moin, P., Squires, K., Cabot, W., & Lee, S. (1991). A dynamic subgrid-scale model for compressible turbulence and scalar transport. *Physics of Fluids A*, *3*, 2746–2757.

Mørch, H. J., Enger, S., Perić, M., & Schreck, E. (2008). Simulation of lifeboat launching under storm conditions. In *6th International Conference on CFD in Oil and Gas, Metallurgical and Process Industries*. Trondheim, Norway.

Mørch, H. J., Perić, M., Schreck, E., el Moctar, O., & Zorn, T. (2009). Simulation of flow and motion of lifeboats. In *ASME 28th International Conference on Ocean, Offshore and Arctic Engineering.* Honolulu, Hawaii.

Morrison, H., & Pinto, J. O. (2005). Intercomparison of bulk cloud microphysics schemes in mesoscale simulations of springtime arctic mixed-phase stratiform clouds. *Monthly Weather Review, 134*, 1880–1900.

Mortazavi, M., Le Chenadec, V., Moin, P., & Mani, A. (2016). Direct numerical simulation of a turbulent hydraulic jump: Turbulence statistics and air entrainment. *Journal of Fluid Mechanics, 797*, 60–94.

Moser, R. D., Moin, P., & Leonard, A. (1983). A spectral numerical method for the Navier-Stokes equations with applications to Taylor-Couette flow. *Journal of Computational Physics, 52*, 524–544.

Muzaferija, S. (1994). Adaptive finite volume method for flow predictions using unstructured meshes and multigrid approach (Ph.D. Dissertation). University of London.

Muzaferija, S., & Gosman, A. D. (1997). Finite-volume CFD procedure and adaptive error control strategy for grids of arbitrary topology. *Journal of Computational Physics, 138*, 766–787.

Muzaferija, S., & Perić, M. (1997). Computation of free-surface flows using finite volume method and moving grids. *Numerical Heat Transfer, Part B, 32*, 369–384.

Muzaferija, S., & Perić, M. (1999). Computation of free surface flows using interface-tracking and interface-capturing methods. In O. Mahrenholtz & M. Markiewicz (Eds.), *Nonlinear water wave interaction* (pp. 59–100). Southampton: WIT Press.

NASA CGTUM. (2010). Chimera grid tools user's manual, ver. 2.1. NASA Advanced Supercomputing Division. Retrieved from https://www.nas.nasa.gov/publications/software/-docs/chimera/index.html.

NASA TMR. (n.d.). Turbulence modeling resource. Langley Research Center. Retrieved from https://turbmodels.larc.nasa.gov/index.html.

NSF. (2006). *Simulation-based engineering science.* Retrieved from http://www.nsf.gov/-pubs/reports/sbes_final_report.pdf.

Oden, J. T. (2006). *Finite elements of non-linear continua.* Mineola: Dover Publications.

Orlandi, P., & Leonardi, S. (2008). Direct numerical simulation of three-dimensional turbulent rough channels: Parameterization and flow physics. *Journal of Fluid Mechanics, 606*, 399–415.

Osher, S., & Fedkiw, R. (2003). *Level set methods and dynamic implicit surfaces.* New York: Springer.

Osher, S., & Sethian, J. A. (1988). Fronts propagating with curvature-dependent speed: Algorithms based on Hamilton-Jacobi formulations. *Journal of Computational Physics, 79*, 12–49.

Pal, A., Sarkar, S., Posa, A., & Balaras, E. (2017). Direct numerical simulation of stratified flow past a sphere at a subcritical Reynolds number of 3700 and moderate Froude number. *Journal of Fluid Mechanics, 826*, 5–31.

Parrott, A. K., & Christie, M. A. (1986). FCT applied to the 2-D finite element solution of tracer transport by single phase flow in a porous medium. In K. W. Morton & M. J. Baines (Eds.), *Proceedings of ICFD-conference on Numerical Methods in Fluid Dynamics* (p. 609ff). Oxford: Oxford University Press.

Pascau, A. (2011). Cell face velocity alternatives in a structured colocated grid for the unsteady Navier-Stokes equations. *International Journal for Numerical Methods in Fluids, 65*,

812–833.

Patankar, S. V. (1980). *Numerical heat transfer and fluid flow.* New York: McGraw-Hill.

Patankar, S. V., & Spalding, D. B. (1972). A calculation procedure for heat, mass and momentum transfer in three-dimensional parabolic flows. *International Journal of Heat and Mass Transfer, 15*, 1787–1806.

Patankar, S. V., & Spalding, D. B. (1977). *Genmix: A general computer program for twodimensional parabolic phenomena.* Oxford: Pergamon Press.

Patel, V. C., Rodi, W., & Scheuerer, G. (1985). Turbulence models for near-wall and low-Reynolds number flows: A review. *AIAA Journal, 23*, 1308–1319.

Pekurovsky, D., Yeung, P. K., Donzis, D., Pfeiffer, W., & Chukkapallli, G. (2006). Scalability of a pseudospectral DNS turbulence code with 2D domain decomposition on Power41/Federation and Blue Gene systems. In *ScicomP12 and SP-XXL.* Boulder, CO: International Business Machines. Retrieved from http://www.spscicomp.org/ScicomP12/-Presentations/User/Pekurovsky.pdf.

Peller, N. (2010). *Numerische Simulation turbulenter Strömungen mit Immersed Boundaries (Ph.D. Dissertation).* Fachgebiet Hydromechanik, Mitteilungen: Technische Universität München.

Perić, M. (1985). A finite volume method for the prediction of three-dimensional fluid flow in complex ducts (Ph.D. Dissertation). Imperial College, London.

Perić, M. (1987). Efficient semi-implicit solving algorithm for nine-diagonal coefficient matrix. *Numerical Heat Transfer, 11*, 251–279.

Perić, M. (1990). Analysis of pressure-velocity coupling on non-orthogonal grids. *Numerical Heat Transfer. Part B (Fundamentals), 17*, 63–82.

Perić, M. (1993). Natural convection in trapezoidal cavities. *Numerical Heat Transfer. Part A (Applications), 24*, 213–219.

Perić, M., & Schreck, E. (1995). Analysis of efficiency of implicit CFD methods on MIMD computers. In *Proceedings of Parallel CFD '95 Conference.*

Perić, R. (2019). *Minimierung unerwünschter Wellenreflexionen an den Gebietsrändern bei Strömungssimulationen mit Forcing Zones (Ph.D. Dissertation).* Germany: Technische Universität Hamburg.

Perić, R., & Abdel-Maksoud, M. (2018). Analytical prediction of reflection coefficients for wave absorbing layers in flow simulations of regular free-surface waves. *Ocean Engineering, 47*, 132–147.

Perktold, K., & Rappitsch, G. (1995). Computer simulation of local blood flow and vessel mechanics in a compliant carotid artery bifurcation model. *J. Biomechanics, 28*, 845–856.

Perng, C. Y., & Street, R. L. (1991). A coupled multigrid–domain-splitting technique for simulating incompressible flows in geometrically complex domains. *International Journal for Numerical Methods in Fluids, 13*, 269–286.

Peskin, C. S. (1972). *Flow patterns around heart valves: A digital computer method for solving the equations of motion (Ph.D. Dissertation).* Albert Einstein College of Medicine, Yeshiva University.

Peskin, C. S. (2002). The immersed boundary method. *Acta Numerica, 11*, 479–517.

Peters, N. (2000). *Turbulent combustion.* Cambridge: Cambridge University Press.

Piomelli, U. (2008). Wall-layer models for large-eddy simulations. *Progress in Aerospace Sciences, 44*, 437–446.

Piomelli, U., & Balaras, E. (2002). Wall-layer models for large-eddy simulations. *Annual Review of Fluid Mechanics, 34*, 349–374.

Pirozzoli, S. (2011). Numerical methods for high-speed flows. *Annual Review of Fluid Mechanics, 43*, 163–194.

Poinsot, T., Veynante, D., & Candel, S. (1991). Quenching processes and premixed turbulent combustion diagrams. *Journal of Fluid Mechanics, 228*, 561–605.

Pope, S. B. (2000). *Turbulent flows*. Cambridge: Cambridge University Press.

Popovac, M., & Hanjalić, K. (2007). Compound wall treatment for RANS computation of complex turbulent flows and heat transfer. *Flow, Turbulence and Combustion, 78*, 177–202.

Porté-Agel, F., Meneveau, C., & Parlange, M. B. (2000). A scale-dependent dynamic model for large-eddy simulation: Application to a neutral atmospheric boundary layer. *Journal of Fluid Mechanics, 415*, 261–284.

Press, W. H., Teukolsky, S. A., Vettering, W. T., & Flannery, B. P. (2007). *Numerical recipes: The art of scientific computing* (3rd ed.). Cambridge: Cambridge University Press.

Pritchard, P. J. (2010). *Fox and McDonald's Introduction to fluid mechanics* (8th ed.). New York: Wiley.

Purser, R. J. (2007). Accuracy considerations of time-splitting methods for models using two-timelevel schemes. *Monthly Weather Review, 135*, 1158–1164.

Qin, Z., Delaney, K., Riaz, A., & Balaras, E. (2015). Topology preserving advection of implicit interfaces on Cartesian grids. *Journal of Computational Physics, 290*, 219–238.

Raithby, G. D. (1976). Skew upstream differencing schemes for problems involving fluid flow. *Computer Methods in Applied Mechanics and Engineering, 9*, 153–164.

Raithby, G. D., & Schneider, G. E. (1979). Numerical solution of problems in incompressible fluid flow: Treatment of the velocity-pressure coupling. *Numerical Heat Transfer, 2*, 417–440.

Raithby, G. D., Xu, W.-X., & Stubley, G. D. (1995). Prediction of incompressible free surface flows with an element-based finite volume method. *Computational Fluid Dynamics Journal, 4*, 353–371.

Rakhimov, A. C., Visser, D. C., & Komen, E. M. J. (2018). Uncertainty quantification method for CFD applied to the turbulent mixing of two water layers. *Nuclear Engineering and Design, 333*, 1–15.

Ramachandran, S., & Wyngaard, J. C. (2010). Subfilter-scale modelling using transport equations: Large-eddy simulation of the moderately convective atmospheric boundary layer. *Boundary-Layer Meteorology,*. https://doi.org/10.1007/s10546-010-9571-3.

Rasam, A., Brethouwer, G., & Johansson, A. V. (2013). An explicit algebraic model for the subgrid-scale passive scalar flux. *Journal of Fluid Mechanics, 721*, 541–577.

Raw, M. J. (1985). *A new control-volume-based finite element procedure for the numerical solution of the fluid flow and scalar transport equations (Ph.D. Dissertation)*. Waterloo, Canada: University of Waterloo.

Raw, M. J. (1995). A coupled algebraic multigrid method for the 3D Navier-Stokes equations. In W. Hackbusch & G. Wittum (Eds.), *Fast solvers for flow problems, notes on numerical fluid mechanics* (Vol. 49, pp. 204–215). Braunschweig: Vieweg.

Reichardt, H. (1951). Vollständige Darstellung der turbulenten Geschwindigkeitsverteilung in glatten Leitungen. *Z. Angew Mathematics and Mechanics, 31*, 208–219.

Reinecke, M., Hillebrandt, W., Niemeyer, J. C., Klein, R., & Gröbl, A. (1999). A new model for deflagration fronts in reactive fluids. *Astronomy and Astrophysics, 347*, 724–733.

Reynolds, O. (1895). On the dynamical theory of incompressible viscous fluids and the determination of the criterion. *Philosophical Transactions of the Royal Society London Series*

A, 186, 123–164.

Rhie, C. M., & Chow, W. L. (1983). A numerical study of the turbulent flow past an isolated airfoil with trailing edge separation. *AIAA Journal, 21*, 1525–1532.

Riahi, H., Meldi, M., Favier, J., Serre, E., & Goncalves, E. (2018). A pressure-corrected immersed boundary method for the numerical simulation of compressible flows. *Journal of Computational Physics, 374*, 361–383.

Richardson, L. F. (1910). The approximate arithmetical solution by finite differences of physical problems involving differential equations with an application to the stresses in a masonry dam. *Philosophical Transactions of the Royal Society London Series A, 210*, 307–357.

Richtmyer, R. D., & Morton, K. W. (1967). *Difference methods for initial value problems*. New York: Wiley.

Rider, W. J. (2007). Effective subgrid modeling from the ILES simulation of compressible turbulence. *Journal of Fluids Engineering, 129*, 1493–1496.

Rider, W. J., & Kothe, D. B. (1998). Reconstructing volume tracking. *Journal of Computational Physics, 141*, 112–152.

Rizzi, A., & Viviand, H. (Eds.). (1981). *Numerical methods for the computation of inviscid transonic flows with shock waves.*, Notes on numerical fluid mechanics (Vol. 3). Braunschweig: Vieweg.

Roache, P. J. (1994). Perspective: A method for uniform reporting of grid refinement studies. *ASME Journal of Fluids Engineering, 116*, 405–413.

Rodi, W. (1976). A new algebraic relation for calculating the Reynolds stress. *ZAMM, 56*, T219–T221.

Rodi, W., Bonnin, J.-C., & Buchal, T. (Eds.). (1995). In *Proceedings of ERCOFTAC Workshop on Databases and Testing of Calculation Methods for Turbulent Flows, April* 3–7. Germany: University of Karlsruhe.

Rodi, W., Constantinescu, G., & Stoesser, T. (2013). *Large-eddy simulation in hydraulics*. London: Taylor & Francis.

Roe, P. L. (1986). Characteristic-based schemes for the Euler equations. *Annual Review of Fluid Mechanics, 18*, 337–365.

Rogallo, R. S. (1981). Numerical experiments in homogeneous turbulence (Technical Report No. 81315). Ames Research Center, CA: NASA.

Saad, Y. (2003). *Iterative methods for sparse linear systems* (2nd ed.). Philadelphia: Society for Industrial and Applied Mathematics (SIAM).

Saad, Y., & Schultz, M. H. (1986). GMRES: A generalized residual algorithm for solving nonsymmetric linear systems. *SIAM Journal on Scientific Statistical Computing, 7*, 856–869.

Sagaut, P. (2006). *Large-eddy simulation for incompressible flows: An introduction* (3rd ed.). Berlin: Springer.

Sani, R. L., Shen, J., Pironneau, O., & Gresho, P. M. (2006). Pressure boundary condition for the time-dependent incompressible Navier-Stokes equations. *International Journal for Numerical Methods in Fluids, 50*, 673–682.

Sauer, J. (2000). *Instationär kavitierende Strömungen – ein neues Modell, basierend auf Front Capturing (VoF) und Blasendynamik (Ph.D. Dissertation)*. Germany: University of Karlsruhe.

Scardovelli, R., & Zaleski, S. (1999). Direct numerical simulation of free-surface and interfacial flow. *Annual Review of Fluid Mechanics, 31*, 567–603.

Schalkwijk, J., Griffith, E., Post, F. H., & Jonker, H. J. J. (2012). High-performance simulations of turbulent clouds on a desktop PC: Exploiting the GPU. *Bulletin of the American Meteorological Society*, *93*, 307–314.

Schalkwijk, J., Jonker, H. J. J., Siebesma, A. P., & van Meijgaard, E. (2015). Weather forecasting using GPU-based large-eddy simulations. *Bulletin of the American Meteorological Society*, *96*, 715–723.

Schlatter, P., & Örlü, R. (2010). Assessment of direct numerical simulation data of turbulent boundary layers. *Journal of Fluid Mechanics*, *659*, 116–126.

Schneider, G. E., & Raw, M. J. (1987). Control-volume finite-element method for heat transfer and fluid flow using colocated variables. 1. Computational procedure. *Numerical Heat Transfer*, *11*, 363–390.

Schneider, G. E., & Zedan, M. (1981). A modified strongly implicit procedure for the numerical solution of field problems. *Numerical Heat Transfer*, *4*, 1–19.

Schnerr, G. H., & Sauer, J. (2001). Physical and numerical modeling of unsteady Cavitation dynamics. In *Fourth International Conference on Multiphase Flow. New Orleans*, USA.

Schreck, E., & Perić, M. (1993). Computation of fluid flow with a parallel multigrid solver. *International Journal for Numerical Methods in Fluids*, *16*, 303–327.

Schumacher, J., Sreenivasan, K., & Yeung, P. (2005). Very fine structures in scalar mixing. *Journal of Fluid Mechanics*, *531*, 113–122.

Sedov, L. (1971). *A course in continuum mechanics*, (Vol. 1). Groningen: Wolters-Noordhoft Publishing.

Seidl, V. (1997). *Entwicklung und Anwendung eines parallelen Finite-Volumen-Verfahrens zur Strömungssimulation auf unstrukturierten Gittern mit lokaler Verfeinerung (Ph.D. Dissertation)*. Germany: University of Hamburg.

Seidl, V., Muzaferija, S., & Perić, M. (1998). Parallel DNS with local grid refinement. *Applied Scientific Research*, *59*, 379–394.

Seidl, V., Perić, M., & Schmidt, S. (1996). Space- and time-parallel Navier-Stokes solver for 3D block-adaptive Cartesian grids. In A. Ecer, J. Periaux, N. Satofuka, & S. Taylor (Eds.), *Parallel Computational Fluid Dynamics 1995: Implementations and results using parallel computers* (pp. 577–584). Amsterdam: North Holland, Elsevier.

Senocak, I., & Jacobsen, D. (2010). Acceleration of complex terrain wind predictions using many-core computing hardware. In *5th International Symposium on Computational Wind Engineering (CWE2010) (Paper 498).* International Association for Wind Engineering.

Sethian, J. A. (1996). *Level set methods.* Cambridge: Cambridge University Press.

Shabana, A. A. (2013). *Dynamics of multibody systems* (4th ed.). New York: Cambridge University Press.

Shah, K. B., & Ferziger, J. H. (1995). Large-eddy simulations of flow past a cubic obstacle. In *Annual Research Briefs*. Stanford, CA: Center for Turbulence Research.

Shah, K. B., & Ferziger, J. H. (1997). A fluid mechanicians view of wind engineering: Large-eddy simulation of flow over a cubical obstacle. *Journal of Wind Engineering* & *Industrial Aerodynamics*, *67* & *68*, 211–224.

Shen, J. (1993). A remark on the Projection-3 method. *International Journal for Numerical Methods in Fluids*, *16*, 249–253.

Shewchuk, J. R. (1994). An introduction to the conjugate gradient method without the agonizing pain. Pitt., PA: School of Computer Science, Carnegie Mellon University. Retrieved from http://www.cs.cmu.edu/quake-papers/painless-conjugate-gradient.pdf.

Shi, X., Chow, F. K., Street, R. L., & Bryan, G. H. (2018a). An evaluation of LES turbulence models for scalar mixing in the stratocumulus-capped boundary layer. *Journal of the Atmospheric Sciences*, *75*, 1499–1507.

Shi, X., Hagen, H. L., Chow, F. K., Bryan, G. H., & Street, R. L. (2018b). Large-eddy simulation of the stratocumulus-capped boundary layer with explicit filtering and reconstruction turbulence modeling. *Journal of the Atmospheric Sciences*, *75*, 611–637.

Shih, T.-H., & Liu, N.-S. (2009). A very-large-eddy simulation of the nonreacting flow in a single element lean direct injection combustor using PRNS with a nonlinear subscale model (Technical Report No. 2009-21564). Cleveland, OH: NASA Glenn Research Center.

Skamarock, W. C., & Klemp, J. B. (2008). A time-split nonhydrostatic atmospheric model for weather research and forecasting operations. *Journal of Computational Physics*, *227*, 3465–3485.

Skamarock, W. C., Oliger, J., & Street, R. L. (1989). Adaptive grid refinement for numerical weather prediction. *Journal of Computational Physics*, *80*, 27–60.

Skyllingstad, E. D., & Samelson, R. M. (2012). Baroclinic frontal instabilities and turbulent mixing in the surface boundary layer. Part I: Unforced simulations. *Journal of Physical Oceanography*, *42*, 1701–1716.

Smagorinsky, J. (1963). General circulation experiments with the primitive equations. Part I: The basic experiment. *Monthly Weather Review*, *91*, 99–164.

Smiljanovski, V., Moser, V., & Klein, R. (1997). A capturing-tracking hybrid scheme for deflagration discontinuities. *Combustion Theory and Modelling*, *1*, 183–215.

Smits, A. J., & Marusic, I. (2013). Wall-bounded turbulence. *Physics Today*, *66*, 25–30.

Smits, A. J., McKeon, B. J., & Marusic, I. (2011). High-Reynolds number wall turbulence. *Annual Review of Fluid Mechanics*, *43*, 353–375.

Smolarkiewicz, P. K., & Margolin, L. G. (2007). Studies in geophysics. In F. Grinstein, L. Margolin, & W. Rider (Eds.), *Implicit large-eddy simulation: Computing turbulent fluid dynamics*. Cambridge: Cambridge University Press.

Smolarkiewicz, P. K., & Prusa, J. M. (2002). VLES modelling of geophysical fluids with nonoscillatory forward-in-time schemes. *International Journal for Numerical Methods in Fluids*, *39*, 799–819.

Sonar, T. (1997). On the construction of essentially non-oscillatory finite volume approximations to hyperbolic conservation laws on general triangulations: Polynomial recovery, accuracy and stencil selection. *Computer Methods in Applied Mechanics and Engineering*, *140*, 157.

Sonneveld, P. (1989). CGS, a fast Lanczos type solver for non-symmetric linear systems. *SIAM Journal on Scientific Computing*, *10*, 36–52.

Spalart, P. R., & Allmaras, S. R. (1994). A one-equation turbulence model for aerodynamic flows. *La Recherche Aerospatiale*, *1*, 5–21.

Spalart, P. R., Deck, S., Shur, M. L., Squires, K. D., Strelets, M. K., & Travin, A. (2006). A new version of detached-eddy simulation, resistant to ambiguous grid densities. *Theoretical and Computational Fluid Dynamics*, *20*, 181–195.

Spalding, D. B. (1972). A novel finite-difference formulation for differential expressions involving both first and second derivatives. *International Journal for Numerical Methods in Fluids*, *4*, 551–559.

Spalding, D. B. (1978). General theory of turbulent combustion. *Journal of the Energy*, *2*, 16–23.

Spotz, W. (1998). Accuracy and performance of numerical wall boundary conditions for steady,

2D, incompressible streamfunction vorticity. *International Journal for Numerical Methods in Fluids*, *28*, 737–757.

Spotz, W. F., & Carey, G. F. (1995). High-order compact scheme for the steady streamfunction vorticity equations. *International Journal for Numerical Methods in Fluids*, *38*, 3497–3512.

Sta. Maria, M., & Jacobson, M. (2009). Investigating the effect of large wind farms on the energy in the atmosphere. *Energies*, *2*, 816–838.

Steger, J. L., & Warming, R. F. (1981). Flux vector splitting of the inviscid gas-dynamic equations with applications to finite difference methods. *Journal of Computational Physics*, *40*, 263–293.

Stoll, R., & Porté-Agel, F. (2006). Effect of roughness on surface boundary conditions for large-eddy simulation. *Boundary-Layer Meteorology*, *118*, 169–187.

Stoll, R., & Porté-Agel, F. (2008). Large-eddy simulation of the stable atmospheric boundary layer using dynamic models with different averaging schemes. *Boundary-Layer Meteorology.*, *126*, 1–28.

Stolz, S., Adams, N. A., & Kleiser, L. (2001). An approximate deconvolution model for large-eddy simulation with application to incompressible wall-bounded flows. *Physics of Fluids*, *13*, 997–1015.

Stone, H. L. (1968). Iterative solution of implicit approximations of multidimensional partial differential equations. *SIAM Journal on Numerical Analysis*, *5*, 530–558.

Street, R. L. (1973). *Analysis and solution of partial differential equations.* Monterey: Brooks/Cole Publishing Co.

Street, R. L., Watters, G. Z., & Vennard, J. K. (1996). *Elementary fluid mechanics* (7th ed.). New York: Wiley.

Sullivan, P. P., Weil, J. C., Patton, E. G., Jonker, H. J. J., & Mironov, D. V. (2016). Turbulent winds and temperature fronts in large-eddy simulations of the stable atmospheric boundary layer. *Journal of the Atmospheric Sciences*, *73*, 1815–1840.

Sullivan, P. P., Horst, T. W., Lenschow, D. H., Moeng, C.-H., & Weil, J. C. (2003). Structure of subfilter-scale fluxes in the atmospheric surface layer with application to large-eddy simulation modelling. *Journal of Fluid Mechanics*, *482*, 101–139.

Sullivan, P. P., & Patton, E. G. (2008). A highly parallel algorithm for turbulence simulations in planetary boundary layers: Results with meshes up to 1024^3 . In *18th Conference on Boundary Layers and Turbulence, AMS (pp. Paper 11B.5, 11). Stockholm, Sweden.*

Sullivan, P. P., & Patton, E. G. (2011). The effect of mesh resolution on convective boundary layer statistics and structures generated by large-eddy simulation. *Journal of the Atmospheric Sciences*, *68*, 2395–2415.

Sunderam, V. S. (1990). PVM: A framework for parallel distributed computing. *Concurrency and computaton: Practice and Experience*, *2*, 315–339.

Sussman, M. (2003). A second-order coupled level set and volume-of-fluid method for computing growth and collapse of vapor bubbles. *Journal of Computational Physics*, *187*, 110–136.

Sussman, M., Smereka, P., & Osher, S. (1994). A level set approach for computing solutions to incompressible two-phase flow. *Journal of Computational Physics*, *114*, 146–159.

Sweby, P. K. (1984). High resolution schemes using flux limiters for hyperbolic conservation laws. *SIAM Journal on Numerical Analysis*, *21*, 995–1011.

Sweby, P. K. (1985). High resolution TVD schemes using flux limiters. *Large-scale computations in fluid mechanics*, Lecture notes in applied mathematics, Part2 (Vol. 22, pp. 289–309). Providence: American Mathematical Society.

Taira, K., & Colonius, T. (2007). The immersed boundary method: A projection approach. *Journal of Computational Physics*, *225*, 2118–2137.

Taneda, S. (1978). Visual observations of the flow past a sphere at Reynolds numbers between 10^4 and 10^6. *Journal of Fluid Mechanics*, *85*, 187–192.

Tannehill, J. C., Anderson, D. A., & Pletcher, R. H. (1997). *Computational fluid mechanics and heat transfer* (Vol. 2). Penn.: Taylor & Francis.

Tennekes, H., & Lumley, J. L. (1976). *A first course in turbulence*. Cambridge, MA: MIT Press.

Thé, J. L., Raithby, G. D., & Stubley, G. D. (1994). Surface-adaptive finite-volume method for solving free-surface flows. *Numerical Heat Transfer, Part B*, *26*, 367–380.

Thibault, J. C., & Senocak, I. (2009). CUDA implementation of a Navier-Stokes solver on multi-GPU desktop platforms for incompressible flows. In *47th AIAA Aerospace Science Meeting, AIAA Paper 2009-758*.

Thompson, J. F., Warsi, Z. U. A., & Mastin, C. W. (1985). *Numerical grid generation – foundations and applications*. New York: Elsevier.

Thompson, M. C., & Ferziger, J. H. (1989). A multigrid adaptive method for incompressible flows. *Journal of Computational Physics*, *82*, 94–121.

Tokuda, Y., Song, M.-H., Ueda, Y., Usui, A., Akita, T., Yoneyama, S., et al. (2008). Three-dimensional numerical simulation of blood flow in the aortic arch during cardiopulmonary bypass. *European Journal of Cardio-Thoracic Surgery*, *33*, 164–167.

Tregde, V. (2015). Compressible air effects in CFD simulations of free fall lifeboat drop. In *ASME 34th International Conference on Ocean, Offshore and Arctic Engineering. St John's, Newfoundland, Canada.*

Truesdell, C. (1991). *A first course in rational continuum mechanics* (2nd ed., Vol. 1). Boston: Academic.

Tryggvason, G., & Unverdi, S. O. (1990). Computations of 3-dimensional Rayleigh-Taylor instability. *Physics of Fluids A*, *2*, 656–659.

Tseng, Y. H., & Ferziger, J. H. (2003). A ghost-cell immersed boundary method for flow in complex geometry. *Journal of Computational Physics*, *192*, 593–623.

Tu, J. Y., & Fuchs, L. (1992). Overlapping grids and multigrid methods for three-dimensional unsteady flow calculation in IC engines. *International Journal for Numerical Methods in Fluids*, *15*, 693–714.

Tuković, Ž., Perić, M., & Jasak, H. (2018). Consistent second-order time-accurate non-iterative PISO algorithm. *Computers Fluids*, *166*, 78–85.

Turkel, E. (1987). Preconditioned methods for solving the incompressible and low speed compressible equations. *Journal of Computational Physics*, *72*, 277–298.

Ubbink, O. (1997). *Numerical prediction of two fluid systems with sharp interfaces* (*Ph.D. Dissertation*). London: University of London.

van der Vorst, H. A. (1992). BI-CGSTAB: a fast and smoothly converging variant of BI-CG for the solution of non-symmetric linear systems. *SIAM Journal on Scientific Computing*, *13*, 631–644.

van der Vorst, H. A. (2002). Efficient and reliable iterative methods for linear systems. *Journal of Computational and Applied Mathematics*, *149*, 251–265.

van der Vorst, H. A., & Sonneveld, P. (1990). CGSTAB, a more smoothly converging variant of CGS (Technical Report No. 90-50). Delft, NL: Delft University of Technology.

van der Wijngaart, R. F. (1990). *Composite-grid techniques and adaptive mesh refinement in computational fluid dynamics* (*Ph.D. Dissertation*). Stanford CA: Stanford

University.

Van Doormal, J. P., & Raithby, G. D. (1984). Enhancements of the SIMPLE method for predicting incompressible fluid flows. *Numerical Heat Transfer*, *7*, 147–163.

Van Doormal, J. P., Raithby, G. D., & McDonald, B. H. (1987). The segregated approach to predicting viscous compressible fluid flows. *ASME Journal of Turbomachinery*, *109*, 268–277.

Vanka, S. P. (1986). Block-implicit multigrid solution of Navier-Stokes equations in primitive variables. *Journal of Computational Physics*, *65*, 138–158.

Van Leer, B. (1977). Towards the ultimate conservative difference scheme. IV. A new approach to numerical convection. *Journal of Computational Physics*, *23*, 276–299.

Van Leer, B. (1985). Upwind-difference methods for aerodynamic problems governed by the Euler equations. *Large-scale computations in fluid mechanics,* Lecture notes in Applied Mathematics, Part 2, (Vol. 22, 327–336). Providence: American Mathematical Society.

Viswanathan, A. K., Squires, K. D., & Forsythe, J. R. (2008). Detached-eddy simulation around a forebody with rotary motion. *AIAA Journal*, *46*, 2191–2201.

Vukčević, V., Jasak, H., & Gatin, I. (2017). Implementation of the ghost fluid method for free surface flows in polyhedral finite volume framework. *Computers Fluids*, *153*, 1–19.

Wakashima, S., & Saitoh, T. S. (2004). Benchmark solutions for natural convection in a cubic cavity using the high-order time-space method. *International Journal of Heat and Mass Transfer*, *47*, 853–864.

Wallin, S., & Johansson, A. V. (2000). An explicit algebraic Reynolds stress model for incompressible and compressible turbulent flows. *Journal of Fluid Mechanics*, *403*, 89–132.

Wang, R., Feng, H., & Huang, C. (2016). A new mapped weighted essentially non-oscillatory method using rational mapping function. *Journal of Scientific Computing*, *67*, 540–580.

Warming, R. F., & Hyett, B. J. (1974). The modified equation approach to the stability and accuracy of finite-difference methods. *Journal of Computational Physics*, *14*, 159–179.

Washington, W. M., & Parkinson, C. L. (2005). *An introduction to three-dimensional climate modeling* (2nd ed.). Sausalito: University Science Books.

Waterson, N. P., & Deconinck, H. (2007). Design principles for bounded higher-order convection schemes - a unified approach. *Journal of Computational Physics*, *224*, 182–207.

Watkins, D. S. (2010). *Fundamentals of matrix computations* (3rd ed.). New York: Wiley-Interscience.

Wegner, B., Maltsev, A., Schneider, C., Sadiki, A., Dreizler, A., & Janicka, J. (2004). Assessment of unsteady RANS in predicting swirl flow instability based on LES and experiments. *International Journal of Heat and Fluid Flow*, *25*, 528–536.

Weinan, E., & Liu, J.-G. (1997). Finite difference methods for 3D viscous incompressible flows in the vorticity – vector potential formulation on nonstaggered grids. *Journal of Computational Physics*, *138*, 57–82.

Weiss, J. M., Maruszewski, J. P., & Smith, W. A. (1999). Implicit solution of preconditioned Navier-Stokes equations using algebraic multigrid. *AIAA Journal*, *37*, 29–36.

Weiss, J. M., & Smith, W. A. (1995). Preconditioning applied to variable and constant density flows. *AIAA Journal*, *33*, 2050–2057.

Wesseling, P. (1990). Multigrid methods in computational fluid dynamics. *ZAMM - Z. Angew Mathematics and Mechanics*, *70*, T337–T347.

Weymouth, G., & Yue, D. K. P. (2010). Conservative volume-of-fluid method for free-surface simulations on Cartesian grids. *Journal of Computational Physics*, *229*, 2853–2865.

White, F. M. (2010). *Fluid mechanics* (7th ed.). New York: McGraw Hill.

Wicker, L. J., & Skamarock, W. C. (2002). Time-splitting methods for elastic models using forward time schemes. *Monthly Weather Review, 130*, 2088–2097.

Wie, S. Y., Lee, J. H., Kwon, J. K., & Lee, D. J. (2010). Far-field boundary condition effects of CFD and free-wake coupling analysis for helicopter rotor. *Journal of Fluids Engineering, 132*, 84501-1–6.

Wikstrom, P. M., Wallin, S., & Johansson, A. V. (2000). Derivation and investigation of a new explicit algebraic model for the passive scalar flux. *Physics of Fluids, 12*, 688–702.

Wilcox, D. C. (2006). *Turbulence modeling for CFD* (3rd ed.). La Cañada: DCW Industries Inc.

Williams, F. A. (1985). *Combustion theory: The fundamental theory of chemically reacting flow systems.* Menlo Park: Benjamin-Cummings Publishing Co.

Williams, J., Sarofeen, C., Shan, H., & Conley, M. (2016). An accelerated iterative linear solver with GPUs and CFD calculations of unstructured grids. *Procedia Computer Science, 80*, 1291–1300.

Williams, P. D. (2009). A proposed modification to the Robert–Asselin time filter. *Monthly Weather Review, 137*, 2538–2546.

Wong, V. C., & Lilly, D. K. (1994). A comparison of two dynamic subgrid closure methods for turbulent thermal convection. *Physics of Fluids, 6*, 1016–1023.

Wosnik, M., Castillo, L., & George, W. K. (2000). A theory for turbulent pipe and channel flows. *Journal of Fluid Mechanics, 412*, 115–145.

Wrobel, L. C. (2002). The boundary element method. Vol. 1: Applications in thermo-fluids and acoustics. New York: Wiley.

Wu, X., & Moin, P. (2009). Direct numerical simulation of turbulence in a nominally zero-pressuregradient flat-plate boundary layer. *Journal of Fluid Mechanics, 630*, 5–41.

Wu, X., & Moin, P. (2011). Evidence for the persistence of hairpin forest in turbulent, zero-pressuregradient flat-plate boundary layers. In *7th International Symposium for Turbulence and Shear Flow Phenomena (TSFP-7), Paper 6A4P. Ottawa, Canada.*

Wyngaard, J. C. (2004). Toward numerical modeling in the “Terra Incognita”. *Journal of the Atmospheric Sciences, 61*, 1816–1826.

Wyngaard, J. C. (2010). *Turbulence in the atmosphere.* Cambridge: Cambridge University Press.

Xing-Kaeding, Y. (2006). *Unified approach to ship seakeeping and maneuvering by a RANSE method* (Ph.D. Dissertation, TU Hamburg-Harburg. Hamburg). Retrieved from http://doku.b.tu-harburg.de/volltexte/2006/303/pdf/Xing-Kaeding-thesis.pdf.

Xue, M. (2000). High-order monotonic numerical diffusion and smoothing. *Monthly Weather Review, 128*, 2853–2864.

Xue, M., Drogemeier, K. K., & Wong, V. (2000). The advanced regional prediction system (ARPS)- a multi-scale nonhydrostatic atmospheric simulation and prediction model. Part I: Model dynamics and verification. *Meteorology and Atmospheric Physics, 75*, 161–193.

Yang, H. Q., & Przekwas, A. J. (1992). A comparative study of advanced shock-capturing schemes applied to Burger’s equation. *Journal of Computational Physics, 102*, 139–159.

Ye, T., Mittal, R., Udaykumar, H. S., & Shyy, W. (1999). An accurate Cartesian grid method for viscous incompressible flows with complex immersed boundaries. *Journal of Computational Physics, 156*, 209–240.

Youngs, D. L. (1982). Time-dependent multi-material flow with large fluid distortion. In K. W. Morton & M. J. Baines (Eds.), *Numerical methods for fluid dynamics* (pp. 273–285). New York: Academic.

Zalesak, S. T. (1979). Fully multidimensional flux-corrected transport algorithms for fluids. *Journal of Computational Physics*, *31*, 335–362.

Zang, Y., & Street, R. L. (1995). A composite multigrid method for calculating unsteady incompressible flows in geometrically complex domains. *International Journal for Numerical Methods in Fluids*, *20*, 341–361.

Zang, Y., Street, R. L., & Koseff, J. R. (1993). A dynamic mixed subgrid-scale model and its application to turbulent recirculating flows. *Physics of Fluids A*, *5*, 3186–3196.

Zang, Y., Street, R. L., & Koseff, J. R. (1994). A non-staggered grid, fractional-step method for time-dependent incompressible Navier-Stokes equations in curvilinear coordinates. *Journal of Computational Physics*, *114*, 18–33.

Zhang, H., Zheng, L. L., Prasad, V., & Hou, T. Y. (1998). A curvilinear level set formulation for highly deformable free surface problems with application to solidification. *Numerical Heat Transfer*, *34*, 1–20.

Zhou, B., & Chow, F. K. (2011). Large-eddy simulation of the stable boundary layer with explicit filtering and reconstruction turbulence modeling. *Journal of the Atmospheric Sciences*, *68*, 2142–2155.

Zhou, B., Simon, J. S., & Chow, F. K. (2014). The convective boundary layer in the Terra Incognita. *Journal of the Atmospheric Sciences*, *71*, 2547–2563.

Zienkiewicz, O. C., Taylor, R. L., & Nithiarasu, P. (2005). *The finite element method for fluid dynamics* (6th ed.). Burlington: Butterworth-Heinemann (Elsevier).

Zwart, P. J., Gerber, G., & Belamri, T. (2004). A two-phase flow model for prediction of cavitation dynamics. In *Fifth International Conference on Multiphase Flow. Yokohama, Japan.*

旧版訳者あとがき

流体力学の分野において，20 世紀後半の大容量高速コンピュータの出現は研究の方法を大きく変容させた．コンピュータシミュレーションの発展であり，また一方で計測・データ処理のコンピュータ化である．バイオサイエンスやナノテクノロジーに代表されるように，21 世紀の未来産業を支えるであろう基盤技術としてコンピュータシミュレーションは欠くことのできないものであると同様に，流体力学が関与する十分に完成されたといわれる工業分野においてもコンピュータシミュレーションの重要性は増大している．

訳者の個人的な経験を述べさせていただくと，1982 年 12 月，当時の西ドイツ Wolfsburg にあるフォルクスワーゲン社で自動車空力性能の数値予測に関する欧州シンポジウムが開催され参加した．このとき，欧州自動車メーカーの空力研究者が多数集まっており，数値流体力学の胎動の熱気に接することができた．前年の 1981 年には複雑乱流についてのスタンフォード会議が開かれ，大学の研究者を中心に数値流体力学の有効性が論議されているが，このフォルクスワーゲン・シンポジウムでは大学ばかりでなく，産業界も新しい手法の出現に大きな期待を寄せていることを実感した．

一方，わが国において流れのコンピュータシミュレーションが目に見える形で胎動してきたのは文部省科学研究費補助金重点領域研究の設定であろう．重点領域研究 “数値流体力学” が 1987 年に，続いて 1993 年には “乱流の数理モデル” が発足し，これらがわが国における数値流体力学の発達のひとつの原動力となった．1987 年には重点領域研究グループを中心に数値流体力学シンポジウムが開始され，2003 年 12 月には 17 回を数えるに至っている．流れのコンピュータシミュレーション技術や乱流解析技術の開発，応用に関する情報交換の場となっている．

再び，個人的なことになるが，訳者らは東京大学生産技術研究所の中に Numerical Simulation for Turbulent Flows という研究グループ（通称，NST グループ）を 1984 年に立ち上げたが，その中心課題は乱流解析技術の開発と実用化であった．今回，幸いにも Prof. J. Ferziger，Prof. M. Perić の “*Computational Methods for Fluid Dynamics*” を翻訳する機会を得た．両教授ともに数値流体解析分野における世界的権威であり，特に Ferziger 教授とは上記 NST グループの発足当初から情報の交換はもちろん，招聘教授として，あるいは記念講演者としての来日，留学生の派遣等を通じてお世話になっている．この訳書を発行できることは私たちにとって大変に嬉しいことである．

数値流体力学はサイエンス追求の手法としての発展とともに，実産業の基幹部分において利用されるレベルに達しており，また，さらなる実証が進み新たな分野に拡大していくことは必然である．この訳書は，

- 流体解析の精度や信頼性を左右するのは何かを，「豊富な」計算例を挙げて解説している
- 流体解析を実際に使いこなすために必要な知識が新しい資料と独特の切り口で簡潔にまとめられている

と考えている．流体解析をブラックボックスとして使うだけでなく，より良い結果を得るために“もう一歩踏み込んで考えてみたいという人”に特に推薦したい．

最後に，この訳書の刊行に際してシュプリンガー・フェアラーク東京のスタッフの方々の深いご理解とご協力があったことを付記し，心より謝意を表したい．

2003 年 11 月　小林敏雄

原著4版訳者あとがき

原書である“*Computational Methods for Fluid Dynamics*”の初版出版から約30年，その改訂3版を基に翻訳した『コンピュータによる流体力学』を上梓してからも約20年が経ちました．その間のコンピュータとシミュレーションの目覚ましい発展は期待されていたことではありましたが，確かに現実のものとなりました．本書が主題とする「流れのシミュレーション」も多数の研究成果と応用例が蓄積されるとともに，さまざまな商用および公開コードの普及が進み，一部の専門家が扱う新技術から工学・科学者の多くが利用できる一般的なツールへと成長してきました．そうとはいうものの，「流れのシミュレーション」を使いこなすためには利用者のレベルやニーズに合った相応の知識や技術が求められます．そのひとつの指針となる原書の翻訳に引き続きかかわれましたことは大変光栄であるとともに，丸善出版株式会社をはじめ，ご関係皆様に感謝申し上げます．

原書改訂4版では新たな著者も加わり，この30年間のコンピュータとシミュレーションの発展に沿うように内容が改められましたが，本書の骨子は年を経ても変わらず，流れのシミュレーションの初心者から熟練者までの幅広い読者に「役立つ」ものと思います．

ここにはさまざまな手法と近似モデルが具体的な応用例とともに紹介されますが，それらは特定の数式・モデルの解説やソフトウェアの利用法である以上に，流れのシミュレーションを「正しく使うための作法」(基本的な考え方) を示すものと思います．

初級者には1〜4章が良い教材となるでしょう．ここにはシミュレーションの要点が短くまとめられています．商用コードや公開コードを用いて実務・応用に取り組む読者には5〜9章に詳しい解説があり，複数の手法や近似モデルを選択する際の指針となるでしょう．すでに経験を積んだ読者には10〜13章が新しい技術や研究（例えば，並列コンピュータを駆使した乱流予測など）に向かう際のガイドとして，最新成果の系統立てた紹介となっています．

本書では「シミュレーションは近似であり必ず誤差がある」ことが繰り返し述べられています．しかし，これは決して商用コードや汎用コードの利用を批判するものではなく，むしろ，「正しい方法」で積極的に利用すべきと勇気づける（encourage）ような筆致であることに，本書を注意深く読まれた方は気づくかと思います．自動車やスマートフォンをその複雑な中身を知らずとも多くの人がルール・手引きに従って使いこなしている状況と同じように，正しく使うための作法を身に着つけることで，「流れのシミュレーション」が複雑なシステムであることを知っても怖がらずに使いこなしていけるでしょう．訳者の力はおよばずながら，原著者の意図が誤りなく読者に伝わることを願います．

2024 年 大雪　恩師 Ferziger 先生を想いつつ

大島伸行

索　引

●た 行

●な 行

●は 行

●ま 行

●や 行

●ら 行

訳者紹介
大島　伸行（おおしま・のぶゆき）
北海道大学大学院工学研究院機械・宇宙航空工学部門　教授

坪倉　誠（つぼくら・まこと）
神戸大学大学院システム情報学研究科　教授
理化学研究所計算科学研究センター　チームリーダー

小林　敏雄（こばやし・としお）
東京大学名誉教授

流体力学の計算手法　原著4版

令和7年1月30日　発　行

訳　者　大　島　　伸　行
　　　　坪　倉　　　　誠
　　　　小　林　　敏　雄

発行者　池　田　和　博

発行所　丸善出版株式会社
〒101-0051 東京都千代田区神田神保町二丁目17番
編集：電話 (03) 3512-3266／FAX (03) 3512-3272
営業：電話 (03) 3512-3256／FAX (03) 3512-3270
https://www.maruzen-publishing.co.jp

組版印刷・製本／大日本法令印刷株式会社

ISBN 978-4-621-31078-6　C 3050　Printed in Japan